第 11 版

數位系統原理與應用

Digital Systems Principles and Applications 11 Edition

Ronald J. Tocci
Neal S. Widmer 著
Gregory L. Moss
羅志正 譯

東華書局

PEARSON
台灣培生教育出版股份有限公司
Pearson Education Taiwan Ltd.

國家圖書館出版品預行編目資料

數位系統原理與應用 / Ronald J. Tocci, Neal S. Widmer, Gregory L. Moss 著；羅志正譯 . -- 11 版 . -- 臺北市：臺灣培生教育, 2011.07
面；　公分
譯自：Digital systems : principles and applications, 11th ed.
ISBN 978-986-280-071-3(平裝)

1. 電路

448.62　　　　100012979

數位系統原理與應用（第 11 版）

Digital Systems Principles and Applications 11 Edition

原　著	Ronald J. Tocci Neal S. Widmer Gregory L. Moss
譯　者	羅志正
出 版 者	台灣培生教育出版股份有限公司 地址／台北市重慶南路一段 147 號 5 樓 電話／ 02-2370-8168 傳真／ 02-2370-8169 網址／ www.Pearson.com.tw E-mail ／ Hed.srv.TW@Pearson.com 台灣東華書局股份有限公司 地址／台北市重慶南路一段 147 號 3 樓 電話／ 02-2311-4027 傳真／ 02-2311-6615 網址／ www.tunghua.com.tw E-mail ／ service@tunghua.com.tw
總 經 銷	台灣東華書局股份有限公司
出版日期	2011 年 8 月 11 版一刷
I S B N	978-986-280-071-3
訂　價	850 元

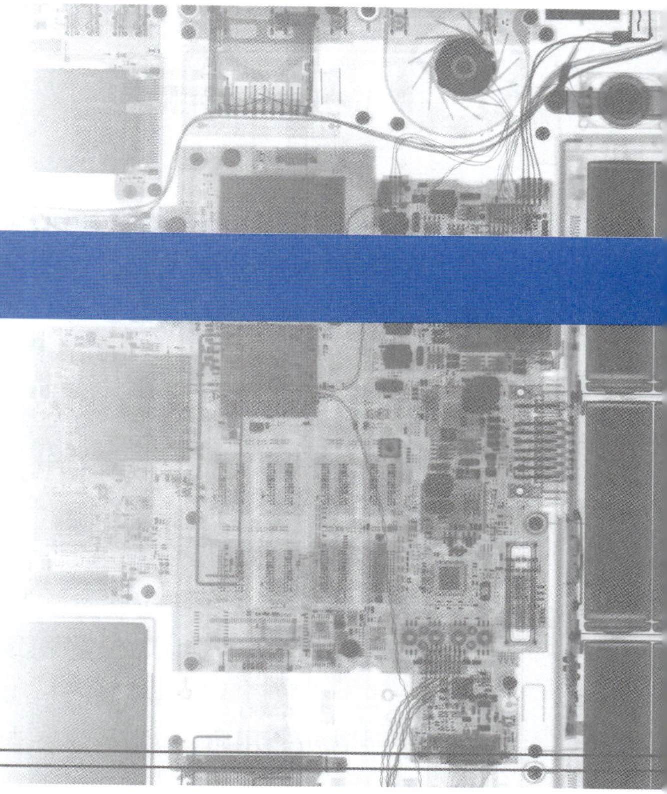

序　言

本書就現代數位系統中所用到的原理與技術作廣泛的研究。它將教授數位系統的基本原理，且詳盡的涵蓋了傳統與最新之應用數位系統設計之方法與發展技術，包括了如何處理系統層次之專案。本書可供兩年制或四年制技術、工程及電腦科學課程使用。雖然具有基本的電子知識背景是有幫助的，但大部分教材中的主要內容並不需先有電子方面的研習。因此，略過教材中有關電子方面的概念並不會影響邏輯原理的理解。

新版增訂了哪些？

以下所列總結了第 **11** 版改進部分，詳情請參考標示“特殊修改”部分。

- 第 1 章修訂的概述。該章將聚焦於常見的通訊範例以舉證說明從電報到手機系統的基本概念。
- 每章將加入更多的實例與圖形。
- 將加入更多簡易與幾則較複雜的習題。
- 針對數位系統，特別於巨函數的如何使用予以全新的重視，並且簡易的定義(使用“wizard”軟體) 基本的建構方塊。

- 第 8 章有一新的主要部分是將微波爐控制器以完整系統專案提出，展現出專案管理的完整步驟。
- 記憶裝置系統題材 (第 9 章) 已作更新，說明了目前以及未來計畫使用的裝置。
- FPGA 則於第 10 章作了大幅的翻新。

一般增訂

今日的工業中，我們看到了快速將產品推向市場的重要性。最新設計工具的使用、CPLD 以及 FPGA 使得工程人員非常迅速的從概念推向功能的矽晶片。微控制器已經取代了許多曾經是以數位電路設計的應用，而 DSP 也已用來取代許多的類比電路。更令人驚訝的是微控制器、DSP 以及所有必要的隨附邏輯，現今可經由先進的發展工具使用硬體描述語言來結合到單獨一個 FPGA 上。今日的學子們必須勇於面對這些先進的工具，即使只是介紹性的課程。每位授課者必須負起讓畢業生在職場生涯上做好準備的責任。

標準的 SSI 與 MSI 元件在過去幾乎 40 年的歲月裡扮演了建構數位系統的“磚塊與水泥”角色，如今已近老舊。過去那個年代教授出來的許多技術人員如今已投注於將這些過時的裝置作電路之最佳化。那些只能應用於舊技術而對瞭解新技術一無貢獻的課題將從課程上刪去。但無論如何，從教學的觀點來看，這些小型 IC 確實提供了探討簡易數位電路的一種方式，而使用麵包板連線的電路則是很有價值的課堂實作練習。它們有助於加強諸如二進制輸入與輸出、實體元件運作以及實務限制等觀念，而且只使用極簡單的一個平台。因此，我們仍持續選擇來介紹數位電路的概念性描述，並且使用傳統的標準邏輯元件來提供範例。如果教師們仍持續使用 SSI 與 MSI 電路來教授基本原理，此版本仍保留著過去廣受接納之內容的品質。許多的硬體設計工具甚至提供了易於使用的設計入口技術，它是以可規劃邏輯裝置的彈性來引用傳統標準元件的功能性。數位設計可利用具有等效於傳統標準元件的預行產生之建構方塊的概念圖示來描述，它能被編譯後直接規劃到目標 PLD 中，並且在相同的發展工具內兼具有易於模擬的能力。

我們相信大學畢業生實際上將使用高階描述語言方法以及較複雜的可規劃裝置來應用本書中所提出的概念，主要的轉變傾向於愈是需要瞭解描述方法而非專注於實際裝置的架構上。軟體工具已發展到只需些許的考量到硬體內部的運轉，而是更要專注於輸入為何、輸出為何以及設計人員如何來描述裝置預計要做什麼。我們也相信大學畢業生將使用最新的設計工具與硬體解決方案來從事專案之設計。

本書對於教導重要新的硬體描述語言予數位領域中之初學者提供了策略性的優

勢。VHDL 於此刻為工業界的標準語言是無庸置疑的，但它也極為複雜且較具崎嶇的學習過程。剛入門的學子總是被各種不同資料類型的嚴格要求弄得灰心之至，而且也掙扎於瞭解 VHDL 中邊緣觸發式之事件的困境中。幸運的，Altera 提供了 AHDL，它與 VHDL 使用相同的基本觀念，但卻要求較少的語言，能使初學者更易於熟練。所以，教師們可選擇使用 AHDL 來教導初學者，或者以 VHDL 作為進階的課程。此版本提供了超過 40 個 AHDL 範例、超過 40 個 VHDL 範例，以及許多模擬測試的例子。所有的這些檔案皆可在隨附的光碟上找到。

Altera 最新的軟體發展系統為 Quartus II。本書中的題材並非想要教授特殊的硬體平台或者是如何使用軟體發展的細節。軟體工具的升級相當的頻繁，使得教科書若不嘗試說明所有的細節就無法趕上流行。我們已盡可能的指出此工具能做什麼，而不是訓練讀者如何使用它。但無論如何，網站上包含了教學示範，使得學習任何一種軟體工具變得容易。

大部分實驗室硬體皆可在本書中找到。許多 CPLD 與 FPGA 發展電路板都可讓學子們在實驗室中來使用，而且能經由簡易的列印埠界面或者使用 Altera/Terasic 的 USB 快速界面線。已有完整的發展用電路板可用來提供諸如邏輯開關、按鈕、時脈信號、LED、7 段顯示等常見的輸入與輸出形式。而且也提供了許多電路板作為電腦硬體隨插即用的標準連接器，如標準鍵盤、滑鼠、VGA 視訊顯示器、COM 埠、語音輸出入插口，以及二個 40 隻腳的通用 I/O 帶狀連接器以連接任意數位周邊硬體。Altera UP3 發展用電路板如圖 P-1 所示。Terasic DE0、

圖 P-1 Altera 公司的 UP3 發展用電路板

圖 P-2 Altera 公司的 DE2 發展用電路板

DE1，以及 DE2 (如圖 P-2 所示) 電路板則強烈推薦作為實驗型訓練之需且價格合理。

對於 HDL 與 PLD 的介紹方式可以有幾項選擇：

1. HDL 題材可整個略過，並不影響本文的一貫性。
2. HDL 可看成個別的課題，在一開始即可跳過，而後再回到第 3、4、5、6 與 7 章之最後幾節，然後再涵蓋第 8 章。
3. HDL 與 PLD 的使用可被涵蓋成補充性課程——逐章的——且編排成講演／實驗性教材。

談到特殊的硬體描述語言，VHDL 顯然是工業界之標準語言，且最可能為大學畢業生選擇作為其終生之職業。無論如何，我們始終認為於介紹性課程中嘗試教授 VHDL 是大膽的主張。語法的本質、物件類型的難以分辨以及較高層次的抽象皆會造成初學者的障礙。就因這個理由，我們已將 Altera 的 AHDL 建議為新鮮人課程的介紹性語言。我們也將 VHDL 建議為進階課程或者是提供予較成熟學生的語言。但我們不建議將此二語言同時列於相同的課程中。書中涵蓋語言之細節的章節將清楚的於邊欄中以不同的顏色直條標示出。HDL 程式圖形則以相同顏色來說明。讀者只要專注於自己所選用的語言上，可以略過另一個。顯然的，我們已嘗試迎合市場上多種不同的興趣，但相信我們已經設計出一本可用於多種課程且亦可於畢業後當作極佳參考的書籍。

每章編排

極少有教師完全採用本書各章所列的順序來教學。大體而言，本書所編寫的各章係採用在此之前的內容為基礎，但或可改變某些順序而不致引起問題。第 6 章的前面部分 (算術運算) 可緊接在第 2 章 (數字系統) 之後介紹，但這可能會使研習第 6 章的算術電路時稍覺生疏。

本書可供一學期或二學期教學使用。當於一學期教學使用時，可視時數限制而刪減部分課題，如以下所列，教師可斟酌是否予以刪除。當然，選擇刪除的章節需視課程目標與學生基礎等因素而定。關於檢測、PLD、HDL 或微型計算機應用之每章中的各節皆可延後至高階課程時討論。

習題配置　此版包含了六大類之習題：基本 (B)、具挑戰 (C)、檢修性 (T)、創新性 (N)、設計性 (D) 與 HDL (H)。未特別標示的習題則視成介於基本與挑戰性間中等難度者。解答列印於書本後面，或隨附光碟上的習題皆以星號標示 (參閱圖 P-3)。

習　題

9-1 節

B 9-1　參考圖 9-3。試求出下列輸入條件組合下每個解碼器輸出的準位。
(a)* 全部的輸入為低電位。
(b)* 全部的輸入為低電位，但 E_3＝高電位除外。
(c)　全部的輸入為高電位，但 $\overline{E}_1=\overline{E}_2$＝低電位除外。
(d)　全部的輸入為高電位。

B 9-2*　能接受 64 個不同輸入組合之解碼器的輸入與輸出個數為何？

* 標示星號之習題的解答請參閱本書後面。

圖 P-3　字母標示出習題的類別，而星號則指出對應的解答是在書本最後

專案管理與系統層次設計　許多實際生活的例子包含在第 8 章裡以闡述用來管理專案的方法。這些應用通常是大部分學習電子學之學生熟稔者，而且主要的數位時脈範例則是大家所熟悉的。課文裡有許多是談論由上而下的設計，但此版則以各種不同的實例來說明此方法之特性以及如何使用最新的工具完成之。

模擬檔案　本版也包括了能被載入到 Electronics Workbench Multisim® 中的模擬檔案。文中許多的電路圖與插圖皆已被蒐集作為此種常用模擬工具的輸入檔案。

每個檔案皆有某種方式來驗證電路之操作或加強某一概念。在許多案例中，儀器可連接到電路上，並且加上輸入序列以驗證內文中某一插圖所呈現之觀念。這些而後可加以修改以擴展課題或創造出更多之研究課題與個案予學子們研究。文中所有那些在網站上有對應之模擬檔案皆以圖 P-4 所示的插圖加以識別。

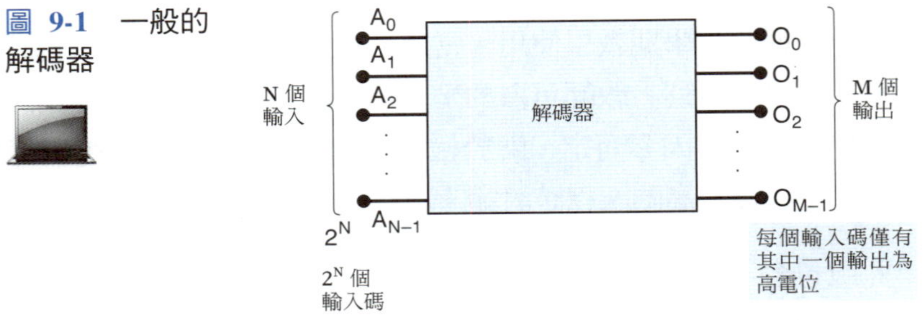

圖 P-4 網站上對應的模擬檔案

特殊修改

主要的修改部分編列如後：

- **第 1 章** 現今於讀者內心世界鑄造一個夢想比起往昔而言是非常重要的。現今的數位系統雖然非常複雜，但可用來驗證基本的概念。為讓讀者知曉原理並非新穎的，實現原理的方法已發展不少，第 1 章將以電信系統演進來說明數位原理開始。簡單的電報說明了如何利用 1 與 0 來將資訊編碼。電話是用來說明聲音的類比表示方式。類比與數位表示方式則是在系統的上下文中加以比較與對照。最後，新的數位系統術語與基本原理的結合則可在現今的手機中看到。
- **第 2 章** 加入許多新的習題以進一步加強那些概念並賦予教師們更具彈性的作為。
- **第 4 章** 本章介紹 PLD 規劃與發展的軟體題材已經加以更新與改進。
- **第 5 章** 本章變更的部分包括使用標準 FF 與閂鎖器、資料庫，以及各式巨函數 LPM 元件。另外也多提供了功能模擬範例。
- **第 6 章** 本章增加 Quartus II 圖形輸入範例，主要是強調易於使用的巨函數。HDL 加法器的討論作了簡化。同時也增加幾則關於算術運算的習題。
- **第 7 章** 本章已作了修改以提供另一種圖形抓取法，改以 Quartus II 巨函數而非僅使用標準的 MSI 邏輯晶片來探討計數器和暫存器，也加入了更多的圖形與範例。習題部分也配合示意圖的設計輸入法——學期課程的選讀作了局部的修訂。

- **第 8 章** 提出了關於微波爐控制器的新專案範例。它主要是分解成整個前面幾章所提出的基本建構方塊，顯示出各個方塊的角色以及連接各個方塊的信號。如此即加強了若干階層的需求，並且驗證依此方式所作的策略性決定。這些基本方塊則留予讀者來描述／製作以當作類似於整個前幾章所提供的許多範例。
- **第 9 章** 記憶器電路的通用描述修訂成能顯示出於現今 IC 最常見的控制信號：三態輸出激能與寫入激能。讀出／寫入匯流排週期描述也作了修訂。速掠記憶器部分已作修訂且能更一般性的包含了現今的速掠 IC。提出了新的題材來區分 NAND 與 NOR 速掠技術：電路、特性以及優缺點。動態 RAM 部分亦作了更新，以更一般性的描述現今常用的 IC。磁阻式記憶器定義且解釋成未來頗具潛力的主要記憶器技術。光學記憶器部分也作了加強，並且新增一節來說明磁碟。
- **第 10 章** PLD 裝置的例子已更新成較新的技術。刪除了較舊式的 GAL 晶片的介紹性題材。

保留的特色

本版保留在前幾版中廣為接受的所有特色。藉由方塊圖的方式來講授基本邏輯運算，而不以詳細的內部操作來混淆讀者。

各新主題與裝置乃依下列步驟論述：首先介紹操作原理；其次以例題且盡可能使用實際 IC 的應用來徹底的解析；接著在各小節末提出一些簡要的複習問題；最後則在各章末習題中列出一些較有深度的問題。教師可廣泛的選擇這些由淺入深的習題以供學生課後練習。學生可藉應用這些習題於不同場合以實地瞭解其操作原理。此方式亦有助於學生建立自信及擴展對於本教材所含知識的變通性。

PLD 與 HDL 上的題材分布於整個課文中，且於每個應用中加上了強調主要特徵的範例。這些課題乃安排在每章之末尾處，使得易於將每個課題與本章中稍早的一般性論述關聯一起，或者提出與 PLD/HDL 涵蓋內容分開的一般性論述。

分布於第 4 到 9 章內之廣泛的除錯題材包括除錯原理及技巧、實例研究、除錯例題及真實的除錯問題。若輔以動手的實驗，則此題材將有助於獲致較佳的除錯技巧。

本書提供超過 220 個有解例題、660 個以上的回顧問題及 640 個以上的章末習題。這些問題有的是指出在該章所出現的邏輯裝置是如何使用在典型的微型計算機系統中。重要辭彙提供了書中以粗體字強調之所有名詞的簡潔定義。

本書提供的 IC 目錄則協助讀者易於找到課文中所用到或引用到的 IC 題材所

在。書末提供了極常用到的布爾代數理論真值表、邏輯閘總結及演練習題或於實驗時能快速索引的正反器真值表。

網站資源

隨同本書已有許多教學及學習工具的補充教材出現。每個教材皆提供單一的功能，且每個皆可獨立使用或與其他合用。

- **Altera 公司的 Quartus II 網路型軟體**。此乃為 Altera 公司最新開發出來的發展系統軟體，它提供了更先進的特性，並且支援比如常見於最新型教學用發展電路板上的 FPGA Cyclone 族系。
- **教學軟體**。Gregory Moss 已成功開發出行之多年用於教授入門學子如何使用 Altera Quartus II 的教學軟體。這些軟體為 PDF 格式。有了這些教學軟體的協助，任何人皆可學習修改並測試本書中提出的所有例題，也可開發自己的設計。
- **來自書中圖形的設計檔案**。每種語言各有超過 40 個設計檔案呈現於整本書的圖形中。學子們可下載這些至 Altera 軟體中且加以測試。
- **精選習題的解答：HDL 設計檔案**。有一些章末習題的解答可提供學生來參考。(全部的 HDL 解答，教授們可參考 *Instructor's Resource Manual*。)
- **取自於 Multisim® 文中的電路**。學子們可開啟且與近乎 100 個電路做互動式的工作，以增加他們對概念的理解且準備做實驗。Multisim 電路檔案是由任何一位擁有 Multisim 軟體的人士提供使用的。如果你沒有 Multisim 軟體而希望能購買來使用電路檔案者，可由 www.prenhall.com/ewb 上訂購。
- **介紹微處理器與微控制器的補充教材**。為了更有彈性的提供許多不同學校的多樣化需求，將對此主題有一入門的介紹，以作為數位系統課程與微處理器／微控制器簡介之間的橋樑。

學生資源

- *Lab Manual：A Design Approach*。 此實驗手冊為 Gregory Moss 所著，包含那些強調模擬及設計實驗專案的概括性單元。它使用了 Altera Quartus II 軟體於其可規劃邏輯習題中。並且將圖形抓取與硬體描述語言技術作為主要特色。此新版包含了許多新的專案與範例 (ISBN 0-13-215381-5)。
- *Lab Manual：A Troubleshooting Approach*。此手冊為 Jim DeLoach 與 Frank Ambrosio 合著。提供了一個分析及檢測的方法，且完全為此版本之課

文而作更新。(ISBN 0-13-512395-X)

- **指南網站 (www.pearsonhighered.com/tocci)**。 此網站提供學子們免費線上導讀以複習課文中所學習到的題材，並檢驗他們對一些重要課題觀念上的瞭解。

教師資源

- *Online Instructor's Resource Manual*。此手冊包含了本書中所有章末習題的詳盡解答。(ISBN 0-13-512385-2)
- *Online Lab Solutions Manual*。此手冊的主要特色為二本實驗手冊的詳盡實驗結果。(ISBN 0-13-512382-8)
- *Online PowerPoint® presentation*。除了每一章的講課摘要外，課文中的圖檔皆可在光碟上取得。(ISBN 0-13-512386-0)
- *Online TestGen*。為光碟式的電腦測驗題庫。(ISBN 0-13-512383-6)

若要在線上取得補充教材，教師們必須獲取教師出入碼。請前往 **www.pearsonhighered.com/irc** 來取得教師出入碼。註冊後 48 小時內，您將收到一封內含教師出入碼的確認電子郵件。當您收到此出入碼時，再回到此網站並且登錄，您就會看到下載想要使用之題材的完整指導說明。

致　謝

我們非常感謝多位教授先進對於第 10 版的評價：

Kyung Bae, Liberty University
Dr. Scott Grenquist, Wentworth Institute of Technology
Andy Huertaz, CNM Community College
Elias Kougianos, University of North Texas
Vern Sproat, Stark State College of Technology
Tristan Tayag, Texas Christian University
Emil Vazquez, Valencia Community College
Dr. Ece Yaprak, Wayne State University

他們的說明、批評及建議皆經慎重考慮，且於第 11 版最後定版的決定上彌足珍貴。

我們也非常感謝 Monroe Community College 的 Frank Ambrosio 對於索引以及 *Instructor's Resource Manual* 精心工作；而 Purdue University 的 Tomas

L. Robertson 教授提供了他的磁浮系統作為例子；以及 Purdue University 的 Russ Aubrey 與 Gene Harding 二位教授對於一些主題的技術審查以及改進上的許多建議。我們感謝 Mike Phipps 與 Altera 公司的協力合作，支持授權使用他們的套裝軟體以及取自於技術刊物的圖片。

如本書的規模與撰寫專案需要嚴謹且專業編輯的支援，而 Prentice Hall 再次如期的完成此項工作。我們感謝 Prentice Hall 以及 Aptara 公司 Sudip Sinha 工作同仁的鼎力協助，讓整個出版工作圓滿成功。我們特別感謝 Lois Porter 小姐在編輯與校對上傑出的表現，除了改善我們的寫作外，屢屢協助辨識出許多技術上的錯誤。

最後，我們要讓妻兒們知道我們是多麼的感激他們的支持及諒解，希望最終能彌補出版此書時占去他們的時間以表歉意。

Ronald J. Tocci

Neal S. Widmer

Gregory L. Moss

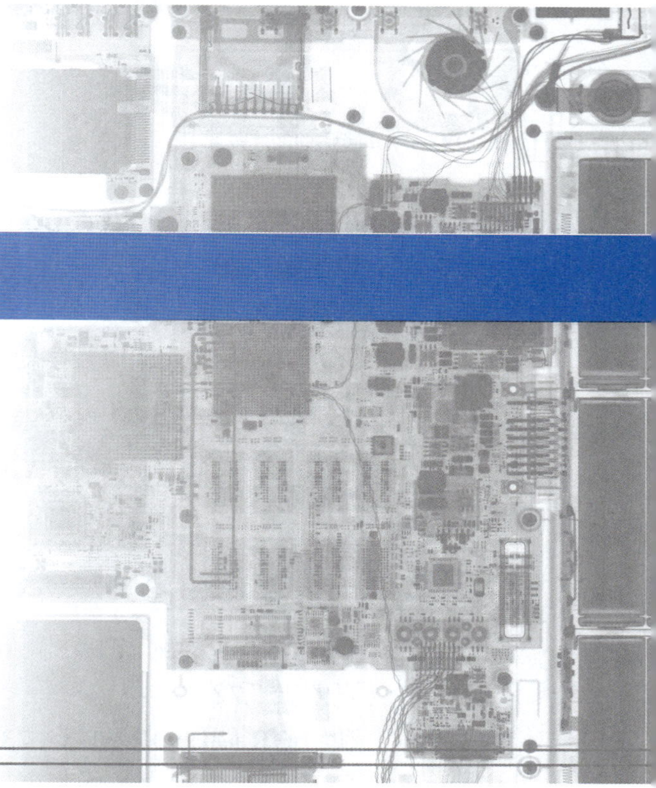

目　次

序　言　iii

第一章　概　念　2

1-1　數位 1 與 0 導論　4
1-2　數值表示法　5
1-3　數位與類比系統　9
1-4　數位數字系統　14
1-5　二進數量的表示　19
1-6　數位電路／邏輯電路　21
1-7　並聯與串聯傳輸　23
1-8　記憶器　24
1-9　數位計算機　25

第二章　數字系統與數碼　34

2-1　二進數至十進數的換算　36
2-2　十進數至二進數的換算　37
2-3　十六進數系統　40

2-4 BCD 碼 45
2-5 格雷碼 48
2-6 全部放在一起 49
2-7 位元組、半位元組以及字組 50
2-8 文數碼 52
2-9 同位偵錯法 55
2-10 應 用 58

第三章 描述邏輯電路 68

3-1 布爾常數與變數 71
3-2 真值表 72
3-3 利用 OR 閘作 OR 運算 73
3-4 利用 AND 閘作 AND 運算 77
3-5 NOT 運算 80
3-6 用代數式描述邏輯電路 82
3-7 解析邏輯電路輸出 85
3-8 由布爾表示式製作電路 88
3-9 NOR 閘與 NAND 閘 90
3-10 布爾定理 94
3-11 笛摩根定理 98
3-12 NAND 閘與 NOR 閘的通用性 102
3-13 互換邏輯閘表示法 104
3-14 使用何種閘表示 109
3-15 傳遞延遲 115
3-16 描述邏輯電路的各種方法總結 116
3-17 描述語言相對於程式語言 118
3-18 利用 PLD 製作邏輯電路 121
3-19 HDL 格式與語法 122
3-20 中間信號 126

第四章 組合邏輯電路 140

4-1 積項之和式 142
4-2 化簡邏輯電路 143
4-3 代數化簡 144
4-4 設計組合邏輯電路 149
4-5 卡諾圖法 157
4-6 互斥-OR 與互斥-NOR 電路 169
4-7 同位產生器及檢查器 175
4-8 激能／禁抑電路 177
4-9 數位 IC 的基本特性 180
4-10 數位系統的故障檢修 188
4-11 數位 IC 的內部錯誤 189
4-12 外部錯誤 194
4-13 故障檢修實例 196
4-14 可規劃邏輯元件 198
4-15 HDL 中的資料表示 205
4-16 使用 HDL 的真值表 211
4-17 於 HDL 中的決策控制結構 214

第五章 正反器與相關裝置 240

5-1 NAND 閘閂鎖 243
5-2 NOR 閘閂鎖 249
5-3 故障檢修實例 252
5-4 數位脈波 254
5-5 時脈信號與時脈式正反器 255
5-6 時脈式 S-R 正反器 258
5-7 時脈式 J-K 正反器 262
5-8 時脈式 D 正反器 265
5-9 *D* 閂鎖 (透通的閂鎖) 267
5-10 非同步輸入 269
5-11 正反器時序考慮 272

5-12 正反器電路的可能時序問題 276
5-13 正反器應用 278
5-14 正反器同步化 278
5-15 檢測輸入順序 280
5-16 資料儲存與傳送 280
5-17 串聯資料傳送：移位暫存器 283
5-18 除頻與計數 287
5-19 微算機應用 292
5-20 史密特觸發裝置 294
5-21 單擊 (單穩態多諧振盪器) 294
5-22 時脈產生器電路 299
5-23 正反器電路故障檢修 303
5-24 PLD 中使用圖形輸入的序向電路 308
5-25 使用 HDL 的序向電路 310
5-26 邊緣觸發式裝置 317
5-27 含有多個元件的 HDL 電路 323

第六章 數位算術：運算與電路 344

6-1 二進加法與減法 346
6-2 帶號 (正負號) 數的表示 347
6-3 2 的補數系統之加法 355
6-4 2 的補數系統之減法 357
6-5 二進乘法 360
6-6 二進除法 361
6-7 BCD 加法 362
6-8 十六進算術 364
6-9 算術電路 368
6-10 並聯二進加法器 369
6-11 全加器之設計 371
6-12 含暫存器的完整並聯加法器 374
6-13 進位傳遞 377
6-14 積體電路並聯加法器 377
6-15 2 的補數系統 380

6-16 ALU 積體電路 383
6-17 故障檢修實例 388
6-18 使用 Altera 資料庫功能 390
6-19 使用 HDL 之位元陣列的邏輯運算 396
6-20 HDL 加法器 399
6-21 電路的位元容量參數化 400

第七章 計數器與暫存器 416

第 I 部分
7-1 非同步 (漣波) 計數器 418
7-2 漣波計數器的傳遞延遲 422
7-3 同步 (並聯) 計數器 425
7-4 具有模數 $< 2^N$ 的計數器 428
7-5 同步下數與上／下數計數器 435
7-6 可預置計數器 438
7-7 IC 同步計數器 439
7-8 計數器解碼 450
7-9 分析同步計數器 454
7-10 同步計數器設計 458
7-11 Altera 的計數器資料庫功能 468
7-12 HDL 計數器 472
7-13 將 HLD 模組接在一起 486
7-14 狀態機 495

第 II 部分
7-15 暫存器資料傳送 508
7-16 積體電路暫存器 509
7-17 移位暫存器式計數器 518
7-18 故障檢修 523
7-19 巨函數暫存器 525
7-20 HDL 暫存器 529
7-21 HDL 環式計數器 537
7-22 HDL 單擊 539

第八章　使用 HDL 的數位系統專案　570

8-1 小型專案管理 572
8-2 步進式馬達驅動器專案 574
8-3 鍵盤編碼器專案 582
8-4 數位時鐘專案 589
8-5 微波爐專案 608
8-6 頻率計數器專案 616

第九章　記憶裝置　626

9-1 記憶器術語 628
9-2 一般記憶器操作 632
9-3 CPU 與記憶器連接 636
9-4 僅讀記憶器 638
9-5 ROM 結構 640
9-6 ROM 時序 642
9-7 ROM 的形式 644
9-8 速掠記憶器 652
9-9 ROM 應用 658
9-10 半導體 RAM 660
9-11 RAM 結構 661
9-12 靜態 RAM (SRAM) 663
9-13 動態 RAM (DRAM) 669
9-14 動態 RAM 結構與操作 670
9-15 DRAM 讀出／寫入週期 676
9-16 DRAM 回復 678
9-17 DRAM 技術 680
9-18 其他的記憶器技術 683
9-19 擴展字元大小與容量 685
9-20 特殊的記憶器功能 694
9-21 RAM 系統的故障檢修 697
9-22 測試 ROM 703

第十章　可規劃邏輯裝置架構　720

10-1　數位系統族譜　722
10-2　PLD 電路的基本原理　728
10-3　PLD 架構　731
10-4　Altera MAX7000S 族系　736
10-5　Altera MAX II 族系　740
10-6　Altera Cyclone 族系　745

重要辭彙　751

部分習題解答　773

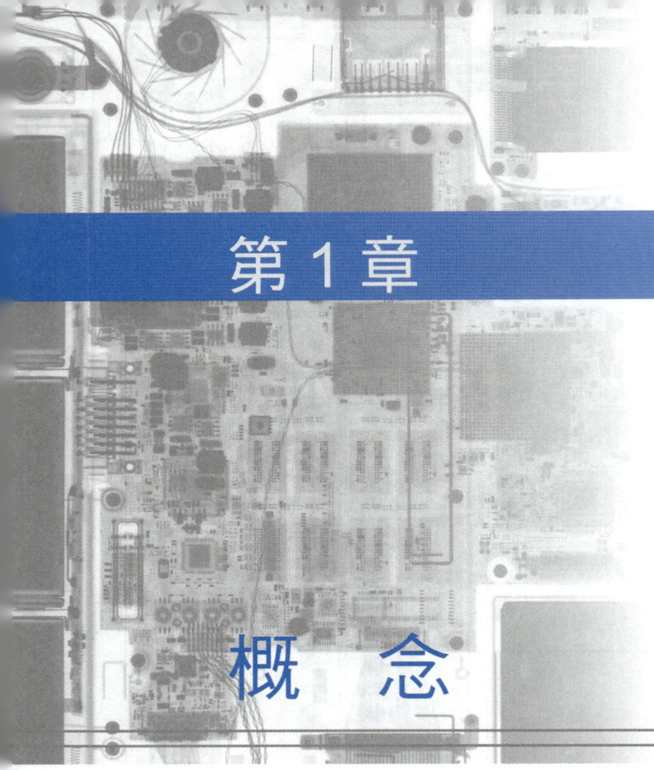

第 1 章

概　念

大　綱

1-1　數位 1 與 0 導論
1-2　數值表示法
1-3　數位與類比系統
1-4　數位數字系統
1-5　二進數量的表示
1-6　數位電路／邏輯電路
1-7　並聯與串聯傳輸
1-8　記憶器
1-9　數位計算機

學習目標

讀完本章之後，將可學會以下幾點：

- 辨別類比與數位表示法。
- 描述如何將資訊僅以二種狀態來表示 (1 與 0)。
- 描述類比、數位及混合系統的主要區別，並說明其優劣點。
- 瞭解為什麼我們需要類比至數位轉換器 (ADC) 及數位至類比轉換器 (DAC)。
- 認清二進數系統的基本特性。
- 將二進數轉換成其十進數等效值。
- 以二進數系統來計數。
- 確認典型的數位信號。
- 認清時序圖。
- 辨別並聯與串聯傳輸。
- 描述記憶器的特性。
- 描述數位計算機的主要部分，並瞭解各主要部分的功能。
- 區別微型計算機、微處理器及微控制器的不同。

引　論

在現今的世界裡，數位 (digital) 一詞已成為日常用語，蓋數位電路及數位技術已廣泛地使用於生活的領域：計算機、自動化、機器人、醫學及醫技、運輸、通訊、娛樂、太空探險及其他等。在本書中，我們所要學習的數位系統原理與技術，包含最簡單的 on/off 開關及最複雜的計算機。讀完本書，將對所有數位系統如何運作有深刻的瞭解，且這些概念可應用於任一數位系統的分析與故障檢修。

我們將以幾乎眾所皆知的裝置：手機，來介紹基礎概念。此一了不起的裝置是由許許多多常見於數位系統 (digital systems) 的基本建構方塊所組成。為分解手機的複雜性，我們將先討論電信技術的演進過程。您過去與現在對於通信系統的熟悉將有助於瞭解每個建構方塊的功能角色，知曉定義每個方塊的術語，連結諸方塊之信號的本質，期能藉由看看如何將這些方塊用於其他系統來提升您的視野。學習數位系統重要的術語將列於每章最後，而且會在辭彙上有完整的定義。

1-1　數位 1 與 0 導論

看來以世上最大型電子系統之一，世界各地皆有的電信系統的數位系統作為本文的起頭是適當不過的。現今，此系統的絕大部分落屬於“數位系統”的範疇。更令人驚訝的，它開始於僅使用二種狀態來表示資訊的簡單數位系統。此一觀念很基本且易於藉由早期技術來瞭解。

電報系統，如圖 1-1 所描述，為一項簡易機電系統組成的革命性通訊。它的組成有電池、代碼鍵 (通常是打開的瞬間式接觸開關)、一條極長的電報線，且在另一端則為電磁的“瓣閥”。當電報員按下代碼鍵，它將藉由連接電池的正極至纜線來完成電路。負的電池端則是連接到一根驅動至地的導電線上。電流自電池流經電報線到接受站的電磁線圈，然後再流回到地端的導電棒。電流經過線圈後產生電磁場將金屬極板吸住而製造出“嗶剝”雜音。金屬極板將停留在此位置一直到代碼鍵被鬆開 (中斷電路) 且彈回原位置的極板，產生出不同的“拍答”雜音。請注意此系統的二種狀態：編碼鍵與按下；編碼鍵與按上。

電報系統使用了二種明顯不同的“符號”來傳遞任意的語句或數值：較短或較長的電動脈波，用來表示摩斯碼的短音與長音。正如吾人所見，這就描述了訊息的數位形式。訊息看似什麼？圖 1-2 顯示出當電報員按下且放開代碼鍵時於電報線上的電壓脈波 (流經纜線的電流已被描繪成如同電壓波形)。請注意脈波的性質。電信號無時無刻不是導通就是斷路。這就好比現今以電氣信號來表示 0 與 1 來表示

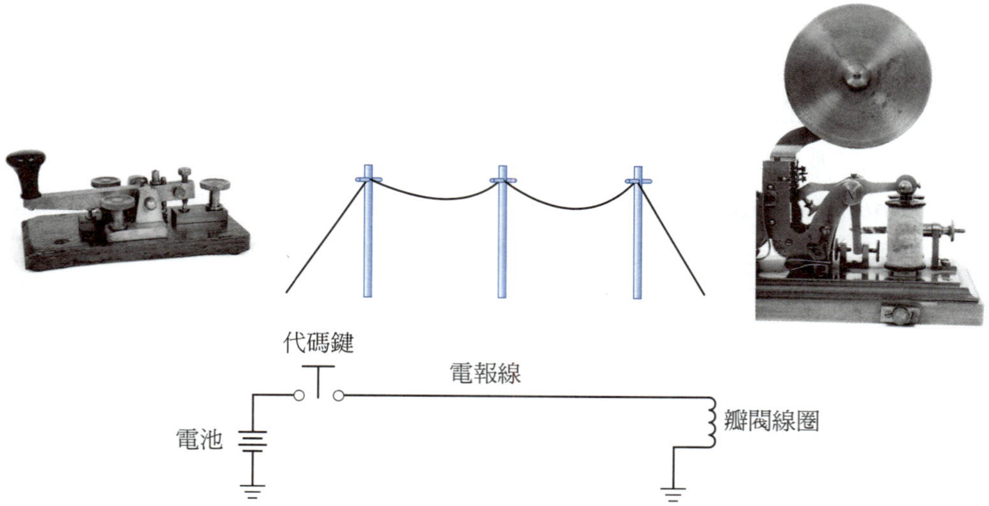

圖 1-1　電報系統

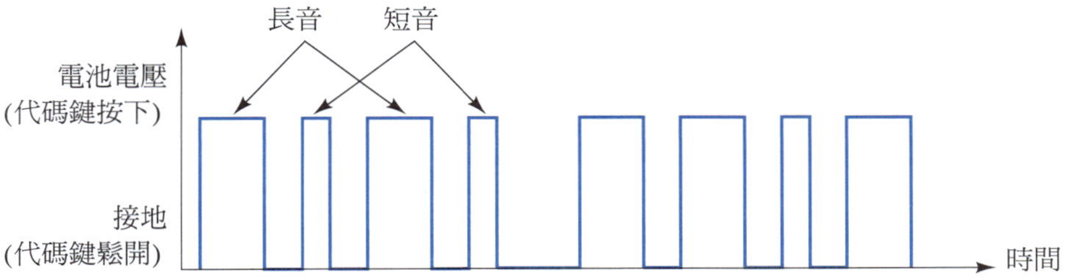

圖 1-2　電報線的時序圖

的數位系統。每個訊息是編碼成脈波的寬度 (時間長度) 與脈波序列。像這樣的脈波波形廣泛使用來描述數位系統的活動。由於 x 軸為時間，這些圖形稱之為**時序圖 (timing diagram)**。時序圖指出在任何某一時刻系統是在哪一種狀態 (1 或 0)，而且也指出了狀態改變的正確時刻。

時序圖是用來描述數位系統的細部操作。於此時序圖上從低電壓準位 (當代碼鍵鬆開時) 變換成高電壓準位 (代碼鍵按下時) 之間過渡時係描繪成垂直線。當然，於原始的電報系統中，由於觸碰的動作、長電纜線以及電磁線圈的自然效應，因此波形並非如此完美的。事實上，即使在現今的數位系統中，過渡變換並非真正瞬間的 (垂直線)。但無論如何，在許多情況下，過渡時間相對於過渡變換間的時間是很短的，因此可合理地將它們於時序圖上顯示成直線。稍後我們將會碰到若干情況是必須將過渡瞬間於時間刻度上作擴展以精確地顯示出。

時序圖廣泛的用來顯示數位信號是如何隨時間改變，尤其是顯示同一電路或系統中二個或者更多信號之間的關係。藉由使用如示波器的測試儀器來顯示一個或更多個數位信號，如圖 1-3 所示，我們即可將實際的信號與系統預期的操作比較。邏輯分析儀是另一種能將許多同時發生的數位信號顯示成時序圖的儀器。熟練這些儀器是數位系統中用來測試與檢修的重要部分。

複習問題

1. 數位系統中有多少種基本狀態？
2. 於時間上顯示出二種狀態 (1 與 0) 的圖形，我們如何稱之？

1-2　數值表示法

在科學、技術、商業及其他的領域內，我們常處理**數量 (quantities)**。在大多數的物理系統中，這些數量都是用算術的方式加以度量、監督、記錄以及處理，且以其

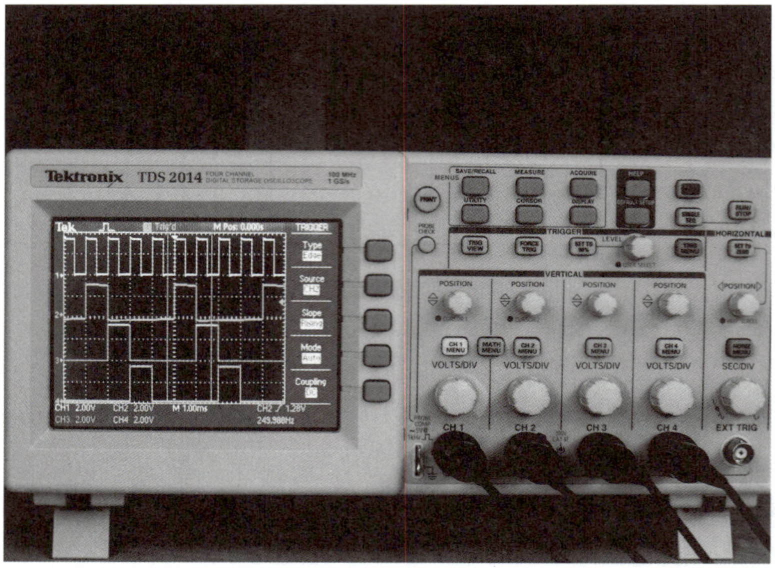

圖 1-3 顯示出 4 條軌跡時序圖的示波器

他的方式加以觀測或利用。重要的一項原則是在處理各種不相同的量時，我們能夠有效且精確地表示其值的多寡。有二種基本的方式可以用來表示量的數值：類比 (analog) 與數位 (digital)。

類比表示法

類比表示法 (analog representation) 中的數量是以連續性變化之成比例指示器來表示。譬如 1960 與 1970 年代之古典壯碩型汽車中的速度計。指針的偏移是正比於車速且隨著加速或減速而改變。舊式汽車上都會有一個彈性的機械軸承將傳動連接到儀表板上的速度計上。值得一提的是，新型的汽車上即使速度已經做數位化量測，但仍較常採用類比表示。

在數位化革命之前，溫度計是使用類比表示方式來量測溫度，而且至今仍廣泛使用。水銀溫度計是使用水銀柱之高低成比例於溫度來顯示。這些裝置目前因環境上的考量已被市場淘汰，但無庸置疑地，它們是類比表示的極佳範例。另一例子為室外氣溫計，當指針的位置隨著溫度改變時，金屬線圈將伸縮而於刻度盤上轉動。不管溫度變化多小，指示上皆會有成比例的變動。

以上二個例子中，物理量 (速度與溫度) 皆純粹以機械方式耦合到顯示器上。於電氣類比系統中，要量測或處理的物理量則是轉換為成比例的電壓或電流 (電氣信號)。此電壓或電流隨後即被系統用來顯示、處理或控制。

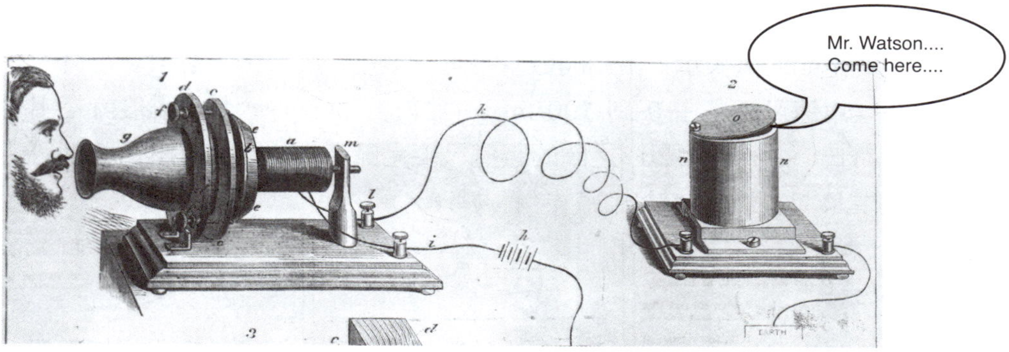

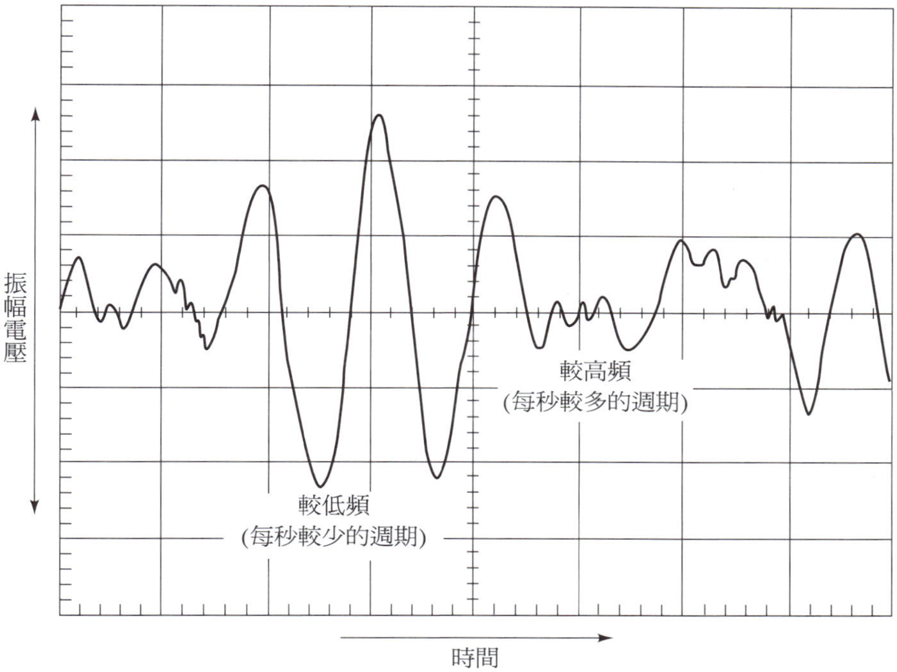

圖 1-4　聲音波

聲音則是可利用電氣類比信號來表示的另一物理量範例。於 1875 年，Alexander Graham Bell 弄清楚了如何將聲音改變成連續性變化的電信號，將它傳經電纜線，於另一端再將它變換回聲音能量。現今，將聲音能量轉換成類比電壓信號的裝置稱為麥克風。圖 1-4 顯示出類比聲音信號的樣子。訊息是包含在此持續變化聲音信號的音調與語調中，且經由說話者的口語來編碼。音調是以**頻率** (frequency, f) 來量測，能告訴我們在某一時間內發生了多少週期的波 (每秒的週期數)。水平軸 (時間) 則指出了每個循環的時間，稱為**週期** (period, T)。音量則以垂直軸的單位 (如電壓) 來量測其振幅。振幅的改變代表某些聲音的語調或加強。

換言之，較高的振幅會導致較大聲，而較小的振幅則會是較安靜的聲音。

無論它們是如何來表示，沿用的數量將有一項重要的特徵：*它們在連續的數值範圍內變化*。車速可能是在 0 到 100 mph (比方)。同樣地，類比溫度計指出的溫度可能是從華氏 −20° 到 120° 之間的數值。麥克風產生的類比電壓信號則可能具有介於 0 與其最大正或負值輸出。

數位表示法

數位表示法 (digital representation) 中的數量並非藉由連續性變化的指示器，而是以稱為*數位* (digits) 的符號表示。舉室內外溫度計為例。它具有 4 個位數且能量測到 0.1° 的變化。實際的溫度是逐漸地從 72.0 改變成 72.1 (比方)，但數位表示則是突然自 72.0 跳到 72.1。換言之，室外溫度的數位表示則是依*離散* (discrete) 步級改變，而比較於溫度的類比表示則是由流體液柱或金屬線圈所提供，此時的讀數是連續性改變的。

類比量與數位量的主要區別可簡述如下：

類比≡連續性
數位≡離散性 (步進式)

由於數位表示法為離散性，所以在讀一個數位量之值時，不會發生模稜兩可的情形，而類比量則經常隨人解釋的。實際上，量測類比值時，我們經常將它“捨入”成方便的精確值。換言之，我們將它數位化了。數位化的表示乃為將連續的變化量指定予有限精確的數值。

我們周遭的世界有著許多經常性變化的物理變量。如果能量測這些變量且將它們表示成數位量，我們即可記錄、算術處理或依某種其他的方式來控制事物。

例題 1-1

下列何者表類比量？何者表數位量？

(a) 使用階梯量測的高度
(b) 使用舷梯量測的高度
(c) 經由電插座流經馬達的電流
(d) 使用尺碼棒量測兒童的身高
(e) 於牆上標示量測兒童的身高
(f) 桶子中沙的體積
(g) 桶子中水的體積

解答

(a) 數位
(b) 類比

(c) 類比　　(d) 數位：量測到接近 1/8 時

(e) 類比　　(f) 數位：僅能依離散的沙粒來增加／遞減

(g) 類比：除非你想要達到奈米技術層次

複習問題

1. 電報系統的二種二進狀態為何？
2. 電報系統的訊息是如何使用此二種狀態來編碼？
3. 聲音波形的何種性質會影響音量？
4. 聲音波形的何種性質會影響音調？
5. 表示數量的哪種方法包含了離散步級？
6. 表示數量的哪種方法為連續性變數？

1-3 數位與類比系統

數位系統 (digital system) 係為處理以數位形式表示的邏輯資訊或物理量而設計的裝置組合；亦即，這些數量僅能取用成離散值。這些裝置可以是電氣性、機械性或氣動性的。常見的數位系統包括數位計算機與計算器、數位音響與影像設備以及電話系統。

類比系統 (analog system) 所包含的裝置負責類比量的處理，其中的類比量可以在一範圍內連續變化。例如，無線電接收器的輸出信號振幅可以是零與最大值間的任一值。

混合式系統：數位與類比

經常看到數位與類比技術共同應用在相同的系統中。此種形式的系統能夠從每種技術裡獲得好處。在這些混合式系統中，設計階段時的其中一項重要的部分包括了決定系統的哪些部分應為類比或數位。現今絕大多數系統的趨勢為儘早將信號數位化且將它們儘量延後在系統的信號流向中再轉換回類比。

為仔細檢視同時使用數位與類比技術的系統，以下討論電話的演進過程。我們這樣做，將找出許多種方式來表示系統中的訊息。Bell 體認到電話要能實用需要架構成如圖 1-5 中所示。他的解決方式是將手搖式的發電器置於每個電話端。當轉動搖桿時，它將產生電壓使得連接到網路上的電話響鈴。搖桿一停即會停止

圖 1-5 “共線”電話網路

圖 1-6 轉盤式電話

鈴響。每位在此電話網路上的人會被指定一個獨一無二長短鈴聲的碼 (類似數位脈波)。共線上的發話方將每人的識別碼藉由搖轉方式來編碼。收話方則依判斷來解碼 (decode) 鈴響樣式以知曉何時拿起收話筒來完成連線。響鈴是使用數位表示，但於此連線上的聲音通訊形式則純粹為類比。

圖 1-6 中所示的轉盤式電話接著問世，並且使用了較複雜的一串脈波，代表十進制數字系統的 10 個位數。人們在撥號時是將手指插入編號的數字孔內，轉動撥號直到停止柄端，然後鬆開。當轉動用來打開與關閉開關接觸之凸輪軸的同時，彈簧將把撥號送回到原來的位置，並且產生脈波。一串的脈波代表每個撥號上的數字。譬如，9 個脈波代表數字 9，2 個脈波代表數字 2，而 10 個脈波即代表數字 0。電磁式交換機構將脈波解譯 (解碼)，以使得連接到網路上正確電話的電纜線上，並產生鈴響直到有人回答為止。注意到這些系統中使用了不同形式的數位碼，編碼與解碼的動作是藉由電磁機制來自動地連線以作類比通訊。

按鍵式電話隨後問世。結合二個相異正弦頻率所組成之複雜不同的聲音信號代表了電話號碼的每個位數。這些熟悉的按鍵聲音則稱為雙音多頻 (Dual Tone, Multiple Frequency, DTMF)。電子電路能辨認出每個“按鍵”，轉譯這些按鍵成一串的位數，使得正確地連接到單一個電話鈴響。注意到此範例中的數位式交換訊息是藉由類比聲音信號來傳送，但每個聲音信號則是由二個不同的頻率所組成。訊息的類比與數位表示於電子通訊中始終是一起運作的。

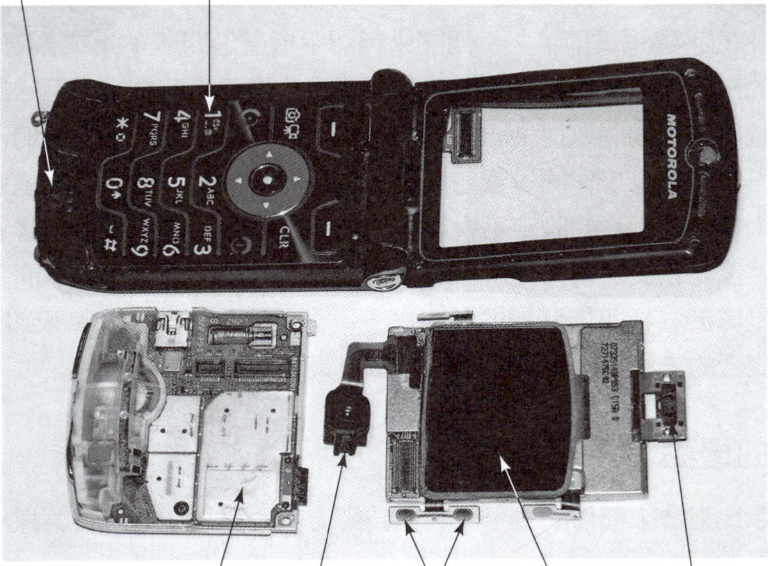

圖 1-7　手機解剖

手機 (Cell Phone)　考慮圖 1-7 中的手機或拿起你自己的手機且好好瞧瞧它的功能。或許此時此刻你可能無法瞭解如此複雜的系統是怎麼運作的。手機內部是某種非常複雜的電子產品，它們絕大部分是覆蓋在由金屬屏蔽的電路板上。所有複雜的系統 (如手提式電腦、HDTV 以及自動控制系統) 都是由相同的基本建構方塊所構成。經由學習基本的建構方塊以及利用現今可用的技術，你就可設計且微型化如手機般的數位系統。

手機是一個混合式的數位系統，意味著它具備了數位與類比組件且使用了二種形式的信號。你的聲音是由類比麥克風來擷取，但隨即轉換成數位信號。數位聲音信號以及多種如電話號碼、全球定位座標、文字訊息等等的數位訊息，皆與極高頻的無線電波結合在一起且傳送到手機信號中繼塔。你的手機也接收類比無線電波信號，隔離數位訊息，並將數位聲音信號轉換回類比送到你的手機喇叭上。

鍵盤是手機上最為明顯的輸入。每個按鍵都處於二種位置或狀態的其中之一：按下或未按下。僅具有二種狀態的系統就是二進系統。當然，每個鍵必須依獨一無二的方式表示予數位系統以使得數值 (按鍵上的數字) 能易於區隔開來。**二進數系**

統 (binary number system) 利用了一組**二進位數** (binary digit) 或位元 (bit，1 或 0) 來表示數位系統中的十進數字。本章稍後我們將開始二進數字的探討。

圖 1-7 中的手機也具備了一個開關來辨認手機蓋是開著 (1) 或蓋著 (0)。此一打開／蓋上的感應器也是用來決定何時打亮背景燈以及何時結束通話。數位系統充滿著類似的感應器與開關以提供訊息告知系統中究竟發生了何事。邏輯決策是利用這些輸入所得到的訊息來作的。譬如，音量按鈕於手機打開時將遞增或遞減音量大小，但手機未打開時音量的設定不會有作用。某個感應器的狀況會影響若干輸入對系統的作用。重點在於數位系統所作的反應取決於若干輸入的組合，而其中的每個輸入裝置都是處於二種可能狀態的其中之一。你將於第 3 與 4 章學到所有關於表示這些邏輯組合的方法以及根據一些輸入做決策的數位電路。

數位技術的優點

以前曾利用類比方法來運作的電子及其他技術方面的應用，今日轉為採用數位方法的原因可整理如下：

1. 數位系統通常易於設計。由於使用於數位系統中之電路乃為交換電路 (switching circuit)，因此我們只關心它們所落入的範圍 (高電位或低電位)，而不在意其正確值。
2. 資訊儲存容易。可利用能將數位資訊鎖住且可隨意保存很長一段時間的特殊裝置與電路，同時能儲存數以兆計之位元訊息於實際空間相當小之大量儲存技術來完成。相反地，類比儲存能力則相當有限。
3. 準確度與精密度於整個系統中較易於維持。一旦信號被數位化後，它所含有的訊息於處理過程中則不易被扭曲。於類比系統中，電壓與電流信號容易受到因溫度、溼度以及元件於其處理信號之電路中的容度變化效應等之影響。
4. 運作能被程式化。數位系統的運作可輕易地以一組稱為程式 (program) 的指令加以控制。雖然類比系統亦可程式化 (programmed)，然嚴重受囿於類比系統的多變性與複雜性。
5. 數位電路較不易受雜訊所影響。由於數位電路並不關注於正確的電壓值，因此對雜訊較不敏感。只要雜訊大小不使高電位與低電位混淆即可。
6. 數位電路能以高密度 IC 晶片製作。雖然積體電路 (IC) 技術的突飛猛進使類比電路受益匪淺，但由於類比電路的複雜性及所需裝置的積體化不夠經濟 (高電容值、精密電阻、電感器、變壓器)，使類比電路不似數位電路般能以高密度的 IC 晶片製作。

數位技術的限制

使用數位技術時之缺點甚少，唯以下二項為最大的問題：

真實世界大抵都是類比的。
處理數位化信號較費時。

絕大多數物理量在本質上是類比的，這些物理量也常作為某一系統的輸入及輸出，並加以監督、運作及控制。常見的這些物理量如溫度、壓力、位置、速度、液位及流速等。當我們說溫度是 64° 時 (或更精確地說 63.8°)，事實上我們已將本質上是類比的溫度利用一估計值加以數位化 (digitally) 了。

處理類比輸入與輸出時要能利用數位技術的優點，必須遵循以下四個步驟：

1. 轉換物理變量成電氣信號 (類比)。
2. 轉換電氣 (類比) 信號成數位形式。
3. 處理 (操作) 數位資訊。
4. 將數位輸出轉換回真實類比形式。

關於步驟 1 就可寫成一本書。有許多種類的裝置可將不同的物理變量轉換成電氣性的類比信號 (感應器)。這些都是用來量測“真實”類比世界中所看到的事物。單以您的汽車來看，其中的感應器就有油位 (汽油箱)、溫度 (氣候控制與引擎)、車速 (速度表)、加速 (氣囊防撞偵測)、壓力 (機油、歧管) 以及流速 (燃燒)，僅列一些。

為說明使用此方法的一典型系統，圖 1-8 描述了一套精密溫度調節系統。使用人將按鈕拉起或壓下以 0.1° 的增減量 (數位表示) 來設定想要的溫度。加熱室中有

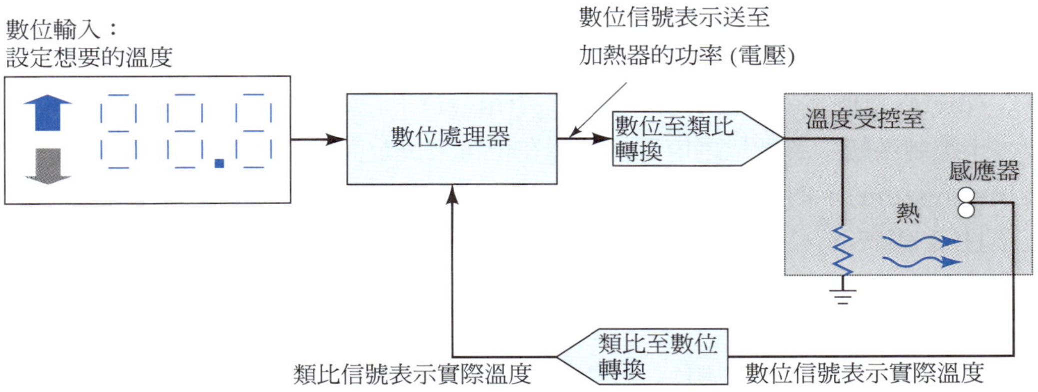

圖 1-8　精密數位溫度控制系統方塊圖

一個溫度感應器能將量測到的溫度轉換成一定比例的電壓。此類比電壓則經由**類比至數位轉換器** (analog-to-digital converter, ADC) 轉換成數位量。此數值接著與要求的值作比較，並用來決定需要多少熱量的數位值。此數位值則經由**數位至類比轉換器** (digital-to-analog converter, DAC) 轉換成類比量。此電壓將被送到加熱元件，而它則將產生出與送至的電壓有關的熱量，且將影響室內溫度。

複習問題

1. 試說出三種利用二進數位系統將訊息編碼方法的名稱。
2. 於早期的電話系統中的所謂數位與類比為何？
3. 現今手機系統中的所謂數位與類比為何？
4. 數位技術優於類比技術的原因何在？
5. 數位技術的主要限制為何？

1-4 數位數字系統

在數位技術領域中應用不少數字系統。比較普遍的是十進制、二進制、八進制及十六進制等數字系統。由於十進制數字系統是我們日常生活中常用的一種計數工具且為我們所熟知。現在來檢驗一下十進制數系，將有助於瞭解其他的數字系統。

十進制系統

十進制系統 (decimal system) 是由 10 個數字或符號所組成。這 10 個符號為 0，1，2，3，4，5，6，7，8，9。使用上述的符號來作為一數的*數位* (digit)，便可表達出任何數量。十進制系統也稱為*基數-10* (base-10) 的系統，這是因其有 10 個數字之故，且也由於人們實際上具有 10 根手指而很自然地被使用。事實上，“*數位*” (digit) 這個字就是拉丁字 “手指” (finger)。

十進制系統中各數位之值是依其所在位置來決定而為*位置值系統* (positional value system)。例如，我們考慮十進數 453，數位 4 實際上代表四百、5 代表五十且 3 代表三。因為 4 是三個數字中具最大權重者，稱*最高有效位數* (most significant digit, MSD)，3 則為最小權重者，稱*最低有效位數* (least significant digit, LSD)。

現在我們來看另一範例為 27.35。這個數實際上是等於 2 個十，加上 7 個一，加上 3 個十分之一，再加上 5 個百分之一。上述亦可表示為 $2\times10+7\times1+$

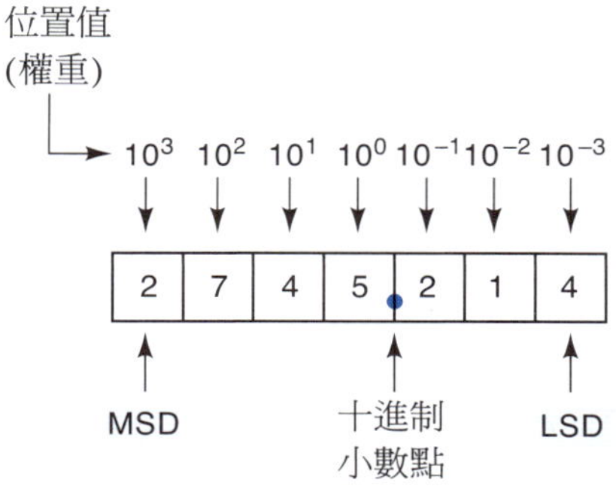

圖 1-9　十進位置值作為 10 的乘冪

$3\times0.1+5\times0.01$。該數的十進制小數點是用來將整數部分與小數部分分開。

更嚴謹的表示方式是將一數中各數字以其位置 10 的乘冪表示出來。以圖 1-9 所示為例，此處的數為 2745.214。小數點是將 10 的正乘冪與負乘冪分開。2745.214 則可表為：

$$(2\times10^3)+(7\times10^2)+(4\times10^1)+(5\times10^0)+(2\times10^{-1})+(1\times10^{-2})+(4\times10^{-3})$$

一般而言，任何數即是其各數字乘所具位置權重值乘積的總和。

十進制計數

當於十進制系統計數時，起先是在個位數位置由 0 開始逐一計數且數至 9 時便進 1 至十位數位置，這時個位數位置又從 0 開始計數 (見圖 1-10)。這個計數過程持續進行直到算至 99 時便又進 1 至百位數位置，此時個位數與十位數皆又從 0 開始計數。這種計數的模式持續進行便可算至我們所欲求的數。

要注意在十進制計數中的個位數 (LSD) 是每數一次便向上變換一個數，十位數每數十次便向上變換一個數，百位數則每數一百次才向上變換一個數，其餘可依此類推。

十進制系統的另一項特點是只使用 2 個十進制位置便可計數 $10^2=100$ 個不同的數 (0 至 99)*。若用 3 個十進制位置便可計數 1000 個不同的數 (0 至 999)，依此類推。一般而言，有 N 個十進制位置便可計數 10^N 個不同的數，但皆要由 0 開始計數。最大的計數值總是為 10^N-1。

* 0 在計數上當作一個數。

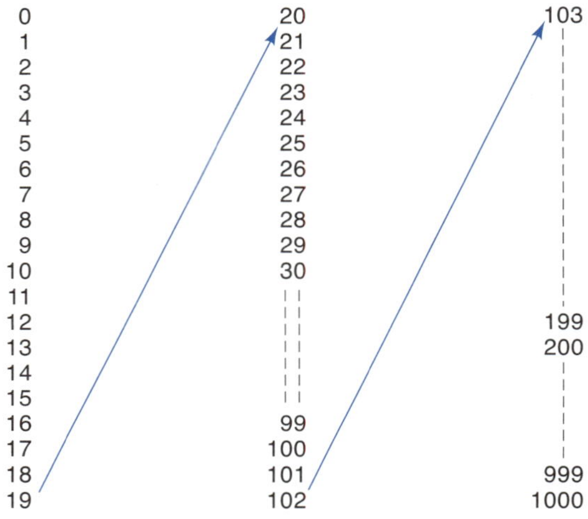

圖 1-10　十進計數

二進制系統

不幸地，十進制系統應用在數位系統中並不是很便利。例如，要設計出可操作於 10 個不同電位 (每個電位代表 0 到 9 中一個十進數字) 的電子裝置是很困難的。另一方面，若是要設計出簡易且僅操作於兩種電位的準確電子電路將是很容易的事。基於這個理由，幾乎所有的數位系統都使用二進制數字系統 (基數為 2) 作為其操作上的基本數目系統，其他數目系統則常用來解釋或表示二進制數值以利於哪些工作時皆使用到數位系統的人們。

在二進制系統中僅有 0 與 1 兩個數字或符號來代表二進數，但是二進制系統也能用來表示十進制系統或其他數字系統所能表示的任何數。就一般觀念而言，二進制系統是需要用較多位的二進數字來表示數字。

上述對十進制系統所提出的說明也適用於二進制系統。二進制系統也是位置值系統，各二進數有其以 2 的乘冪所代表的權重值，如圖 1-11 所示的範例。此處二進制小數 (binary point)(類似十進制小數點) 左邊為具有 2 個正乘冪的二進數，在右邊者為具有 2 的負乘冪二進數位。二進數 1011.101 示於圖 1-11。若要求出等值的十進數可將各二進數 (0 或 1) 乘其位置權重值乘積的總和即為所求，即：

$$\begin{aligned}1011.101_2 &= (1\times 2^3)+(0\times 2^2)+(1\times 2^1)+(1\times 2^0)\\ &\quad +(1\times 2^{-1})+(0\times 2^{-2})+(1\times 2^{-3})\\ &= 8+0+2+1+0.5+0+0.125\\ &= 11.625_{10}\end{aligned}$$

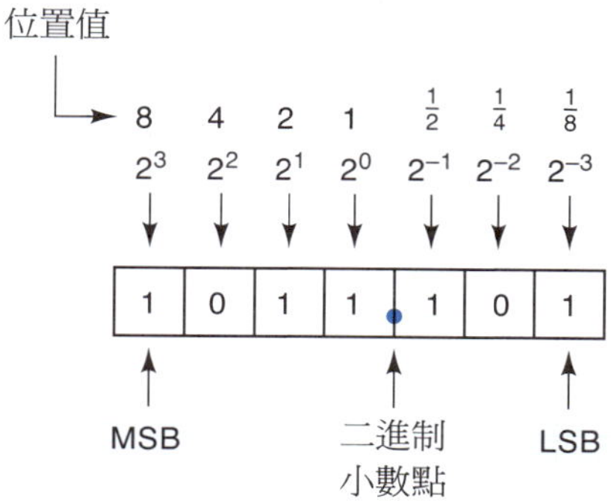

圖 1-11　二進位置值作為 2 的乘冪

請注意上面所示運算式中的下標 (2 與 10) 是用來代表所表示的數的基數。這個慣用方式的應用將可使多種數目系統一起運算時有避免混淆的妙用。

在二進制系統中，二進數字 (binary digit) 這個名詞常被縮寫為位元 (bit)，因此圖 1-11 所示的二進數有四位元在二進制小數點的左邊，此部分代表整數部分；有三位元在二進制小數點的右邊，此部分代表小數部分。最高有效位元 (most significant bit, MSB) 為最左邊的位元 (具有最大的權重)。最低有效位元(least significant bit, LSB) 則為最右邊的位元 (具有最小的權重)，上述皆示於圖 1-11。此處的 MSB 具有權重值 2^3；而 LSB 之權重值則為 2^{-3}。

二進制計數

當用二進數時，常限制用某些數量的位元，這種限制程度是依用來表示二進數的電路而定。下面將使用四位元的二進數來說明二進制的計數法。

計數的順序 (示於圖 1-12) 是從所有的位元定為 0 開始；這時稱為零計數 (zero count)。對每個計數而言，二進制個位 (2^0) 位置的位元便會跳換 (toggle)，即是由某二進值換至另一二進值。每次當 2^0 位置的位元由 1 變為 0 時，2^1 位置的位元便跳換。每次當 2^1 位置的位元由 1 變為 0 時，2^2 位置的位元便跳換。同樣的，每次當 2^2 位置的位元由 1 變為 0 時，2^3 位置的位元便跳換。若此二進數超過四位元，則同樣的程序將可持續推進至更高階的位元位置。

二進計數順序具有一項很重要的特性，如圖 1-12 所示。個位位元 (LSB) 在每次計數時由 0 變 1 或由 1 變 0。第二個位元 (二進位置) 每二次計數時停留於 0，然後再二次計數時則為 1，然後再二次計數時為 0，依此類推。第三個位元 (四進位置) 則每四個計數時停留於 0，然後再四個計數時則為 1，依此類推。第四個位元 (八進位置) 則每八個計數停留於 0，然後再八個計數時則為 1。如果要更進一

權重 → $2^3=8$	$2^2=4$	$2^1=2$	$2^0=1$	十進同等值
0	0	0	0	0
0	0	0	1	1
0	0	1	0	2
0	0	1	1	3
0	1	0	0	4
0	1	0	1	5
0	1	1	0	6
0	1	1	1	7
1	0	0	0	8
1	0	0	1	9
1	0	1	0	10
1	0	1	1	11
1	1	0	0	12
1	1	0	1	13
1	1	1	0	14
1	1	1	1	15
			↑ LSB	

圖 1-12　二進計數順序

步計數，便可加添更多的位元位置，而此一樣式則依 2^{N-1} 群組以多個 0 與多個 1 交替持續著。例如，第五個位置的位元將交替著十六個 0，然後十六個 1，依此類推。

就如同在十進制系統中所見，二進制系統用 N 位元時便可以有 2^N 個計數。例如，用 2 位元便可以有 $2^2=4$ 個計數 (00_2 至 11_2)；用四位元便可以有 $2^4=16$ 個計數 (0000_2 至 1111_2)，其餘可類推下去。最後的計數值總是全為 1 且其值等於十進系統的 2^N-1。例如，使用四位元所得的最後計數值為 $1111_2=2^4-1=15_{10}$。

例題 1-2

用 8 位元所能代表的最大數為何？

解答：$2^N-1=2^8-1=255_{10}=11111111_2$。

這裡我們即簡短地介紹二進制系統及其與十進制系統的關係。我們將花費一些工夫在此二系統，在下一章則著重在若干其他的系統。

複習問題

1. 1101011_2 的十進等值為何？
2. 在計數順序中，10111_2 的下一個二進數為何？
3. 用 12 位元所能代表的最大數為何？

1-5　二進數量的表示

記得手機是將類比聲音信號數位化且實際上是將訊息以一連串的 0 與 1 來傳送。我們現在來看看將類比信號表示成一連串數位信號的概念。由前一節可知，任意的數量皆可以表示成二進制數字，正如可用十進制數字來表示一樣地簡單。假定你做了一項科學實驗，其間需要長時間記錄溫度的變化。氣溫為類比量：連續性可變的。然而，溫度通常變化極為緩慢。因此，無需連續地描繪出目前的溫度，改以每小時準點量測一次即可。實驗訂為春天一開始執行到秋天結束，因此，確定氣溫不為低於 0 度且也不會高於 127 度。於特定某一天記錄到數據如圖 1-13 中所示。

實際的類比溫度信號如實線所示。由於只是每一小時才指定一個離散的整數，因此，所記錄到的數據是數位的。列出的數據為數位信號。數據可作儲存、傳送，且最終加以描繪來顯示出對類比信號極佳的近似。為了將數據儲存在數位系統中，每個溫度讀數將被轉換成二進制的等效值。

現今且設想於整個實驗所看到的圖形將是什麼樣子。時間線 (x 軸) 將擴展到幾個月，因此以每小時為點將會非常接近。在早春期間，一天之內可能有較大的溫度變化。在圖形上看幅度較大，也就是高頻率的變化。於夏季時，超過一週也不會超過 10 度的變動。看似較低的幅度，低頻率的變化。問題是溫度的圖形可能看起來像電話線上人們聲音的類比波形。主要的差異在於時間刻度，因為溫度比起聲線所產生之音波處於更為低頻的變化。主要的概念為：

- 類比信號可藉由規則性間隔對連續性變化信號作量測或 “ 取樣 ” 來轉換成數位信號。

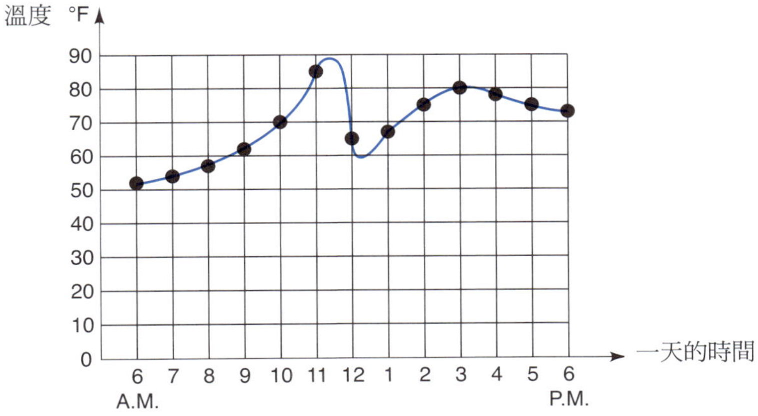

圖 1-13　每小時取樣的溫度數據。實線表示類比

- 取樣之間的合適時間取決於類比信號的最大變化速率。
- 量測到的數值則以二進制數來儲存。

1 與 0 的電氣表示

稍早我們已確認數位系統優於類比系統的一項好處在於正確的電壓或電流值並非重要的事實；重點在於這些數值所落在的範圍。換言之，數位系統中必須是依照電路能識別 1 不同於 0 來僅表示此二種狀態。回想電報的例子。1 是表示有電壓在電報線上。需要有多少電壓來表示 1？答案是包含在今日的技術中，電池電壓要充足以保證夠多的電流通過數哩遠且經過電磁線圈來產生嗶剝聲。於電報線上的電壓隨著電池放電而降低且視在電線之哪一端量測而定，但只要它能激發嗶剝聲即代表 1。

電子數位電路隨著技術的演進已改變許多次，但表示 1 與 0 的這些原理仍是相同的。圖 1-14(a) 指出了數位信號的二種狀態的典型表示。注意到較高範圍的電壓代表有效的 1 且較低範圍的電壓代表有效的 0。高電壓 (HIGH) 與低電壓 (LOW) 將常用來分別取代“1”與“0”來描述數位系統的二種狀態。於此二個有效範圍之間存在一段電壓範圍是被視成無效的。它既非 1 也非 0。對於特定的技術會有個別具體的電壓範圍。譬如，電報的電壓範圍極不同於那些使用於手機中者。在數位系統發展的歷程中，諸如電磁開關 (繼電器)、真空管、二極電晶體以及 MOSFET 電晶體，都已用來製作數位邏輯電路：每一種都有自己的特性定義來表 1 與 0。

回想於 1-1 節在討論使用電壓對時間之圖形的觀念來描繪行經電話線之訊息。圖 1-14(b) 表示一個定義於 (a) 部分的典型電壓範圍時序圖。時間軸標示著特定的時間點，t_1，t_2，⋯，t_5。注意到介於 t_1 與 t_2 之間的高電壓位準是在 4 V。於數位系統中，電壓的確切值並不重要。同樣地，0.3 V 的低電位與 0 V 是代表著相同的

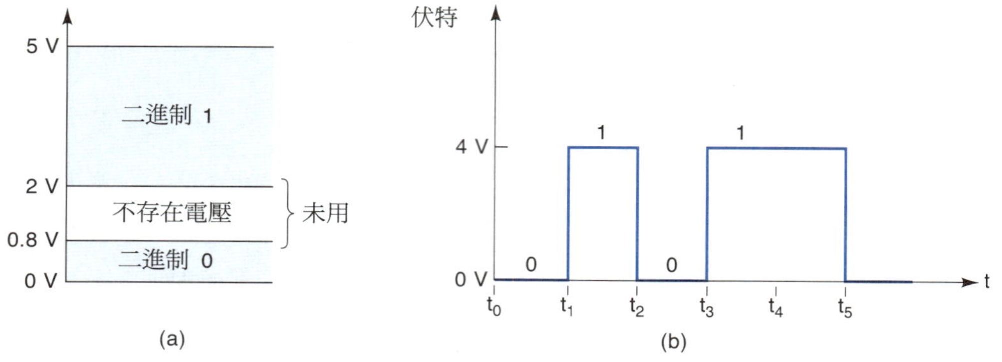

圖 1-14 (a) 在數位系統中的電壓標定；(b) 典型數位信號時序圖

訊息。此即指出了類比與數位系統的明顯不同。於類比系統中，確切的電壓就很重要了。譬如，如果來自感應器的類比電壓正比於溫度，3.7 V 將是代表不同於 4.3 V 時的溫度值。換言之，於類比系統中電壓攜帶著重要的訊息。保存著正確電壓的電路比起只要辨認電壓於其中一個範圍的數位電路複雜許多。

複習問題

1. 數位系統中如何表示類比信號？
2. 電器上如何表示 1 與 0？

1-6 數位電路／邏輯電路

在上節的說明中，**數位電路** (digital circuits) 的設計是使輸出電壓值位於如圖 1-14 所定義 0 與 1 的電壓範圍內。同樣的，數位電路的設計在對 0 與 1 電壓範圍的輸入電壓有特定響應。此即表示數位電路將對在 0 電壓範圍的輸入電壓有相同的響應，同樣的，對在 1 電壓範圍的輸入電壓亦無差別待遇。

舉例說明之，如圖 1-15 所示為具有輸入 v_i 與輸出 v_o 的典型數位電路，得到的輸出是用兩個不同的輸入信號波形。注意有兩個不同輸入信號波形卻得到相同的 v_o 輸出，即輸出電位在實際上稍有不同，但是對二進電位 (0 電位或 1 電位) 而言卻是相同的。

邏輯電路

數位電路對輸入電壓響應的方式係依照電路的邏輯 (logic)。各種形式的數位電路須遵循特定的一套邏輯準則。基於這個理由，數位電路便稱為**邏輯電路** (logic circuits)。在本書中將交替使用這二個名詞。在第 3 章將更加詳述電路的“邏輯”為何物。

我們將學習目前應用在數位系統中的各種邏輯電路。首先，我們著重討論這類電路所執行的邏輯運算——即電路的輸入與輸出間的關係。至於邏輯電路的內部電路操作情形，則留待熟知邏輯運算後再行探討。

數位積體電路

現今技術的數位電路主要係使用非常複雜的積體電路 (IC) 來製作的，主要是針對它們應用作電子上的配置或量身訂造。過去的許多技術皆已完全過時了。譬如，

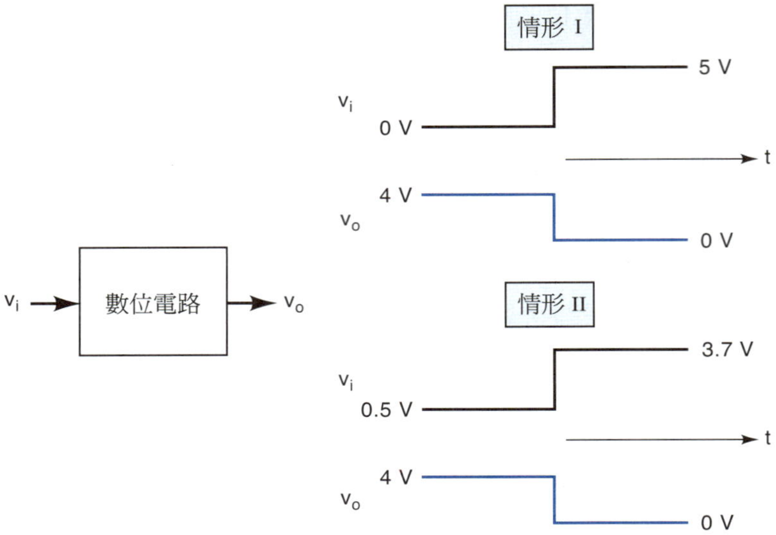

圖 1-15 數位電位響應於一個輸入二進電位 (0 或 1) 且不是其真正電壓

真空管邏輯電路現今已完全不用了，其理由有：太大、太耗功率，而且真空管極難找得到。有時是合乎常理地使用既經濟且零件在產品產品壽期內仍取得到的成熟技術。譬如，絕大部分於 1970 年代製造的數位系統之 IC 已不再生產，但仍在市場上有大量的庫存。這些裝置微乎其微使用於新的產品中，但它們卻仍以使用於高中或大學數位課程的實驗教學上。這整本書裡我們將嘗試提供各種技術範疇的足夠資訊，能讓你從舊式簡單的裝置來獲得必要的基本常識以利使用未來的工具。

現今用來製作數位電路的常見技術 (包括大量的計算機硬體) 都是 CMOS，它是**互補金氧半導體** (Complementary Metal-Oxide-Semiconductor) 的簡稱，其他的技術在市場可是寥寥無幾。CMOS 技術問世前，雙極電晶體技術稱王且對數位系統有著深遠的影響。自雙極技術異軍突起的主要邏輯族系稱為 **TTL (電晶體／電晶體邏輯, Transistor/Transistor Logic)**。

複習問題

1. 真或偽：輸入電壓的實際值對數位電路而言不是最重要的。
2. 數位電路對不同的輸入電壓值可產生相同的輸出電壓嗎？
3. 數位電路亦稱為______電路。
4. 顯示一個或更多數位信號如何隨時間改變者稱為______。

1-7　並聯與串聯傳輸

資訊從某一地方傳送到另一地方是數位系統中常見的一種運作。資訊傳輸的距離可小至零點幾吋，如在同一電路板上，且可大至好幾哩，如兩城市間計算機操作員的資訊傳輸。資訊是以二進形式傳送且由發射電路的輸出端送出代表資訊的電壓，該電壓再傳送到接收電路的輸入端。圖 1-16 所示為兩種數位資訊傳輸的方式：**並聯** (parallel) 與**串聯** (serial)。

圖 1-16(a) 舉例說明了自一台計算機到一台印表機使用了計算機的並聯列印埠 (LPT 1) 來作資料的並聯傳送。於此場景中，假設我們嘗試列印出“ Hi ”一字於印表機上。“H”的二進碼為 01001000 且“i”的二進碼為 01101001。每個字元 (“H”與“i”) 皆由 8 個位元所組成。“H”先被送出，隨後為“i”。

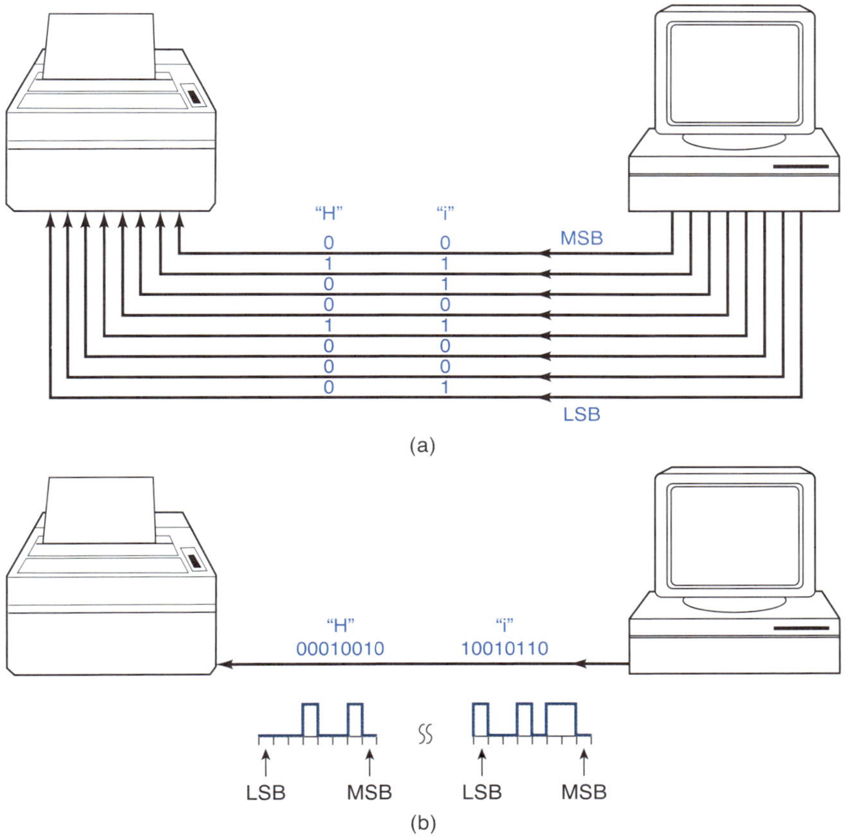

圖 1-16　(a) 並聯傳送時每個位元使用一條連線，且全部的位元皆同時傳送出；(b) 串聯傳送時只使用一條信號線，而且各個位元是依序傳送出 (一次只有一個位元)

圖 1-16(b) 舉出了利用計算機上的串聯 COM 埠傳送資料到數據機上的並聯傳送，或利用 USB (Universal Serial Bus) 埠來傳送資料到印表機上的說明例子。雖然資料格式的細節與傳送速度於 COM 埠與 USB 埠有著極不同之處，但實際的資料則是以相同的方式送出：於單獨一條電線上某一時刻只有一個位元。這些位元是以宛如實際於電線依照所示的順序移動著。“H”的最低效位元第一個送出，而“i”的最高效位元則為最後一個送出。當然，實際上於某一時刻只能有一個位元在電線上，而時間通常描繪於圖上是以左邊為起點，然後往右前進。這將產生出邏輯位元對於串聯傳送時間的圖形，稱之為時序圖。特別注意於此表示中，最低效位元之所以顯示於左邊，乃因它是第一個被送出。

在並聯與串聯二種表示方式之間的主要權衡在於操作速率與電路簡化之爭。由數位系統的某一部分至其他部分的二進資訊傳送以並聯表示可較快完成，這是因為所有的位元同時傳送的緣故，而串聯表示法的傳送是因一次只有一位元故較慢。另一方面，並聯傳送方式在二進資訊傳送器與接收器間的連接信號線卻較串聯傳送方式為多。換言之，並聯方式較快而串聯方式需較少的信號線。在並聯與串聯表示二進資訊方式間差異的比較，於本書所討論的內容中將經常遇到。

複習問題

1. 說明二進資訊的並聯與串聯表示方式的相對優點。

1-8 記憶器

當輸入信號送入至大多數的裝置或電路中時，其輸出將對輸入有某種程度的響應變化；而當輸入信號移開時，輸出便會恢復其原態。這類的電路並未具備有記憶 (memory) 的特性，因為其輸出會恢復至原態。若當輸入送入另一電路中，輸出會轉態，但當輸入信號移開後亦保持新的狀態，這種記憶性輸入保留響應變化的特性稱為**記憶器** (memory)。圖 1-17 所示為無記憶與有記憶的操作狀態。

記憶的裝置與電路在數位系統中扮演一重要的角色，這是因為它可以儲存暫時性或永久性的二進資訊，且亦具有在任何時候改變所儲存資訊的能力。如所見者，各種形式的記憶元件包括磁與光的形式，以及哪些利用電子閂鎖電路者，稱為閂鎖器 (latch) 及正反器 (flip-flops)。

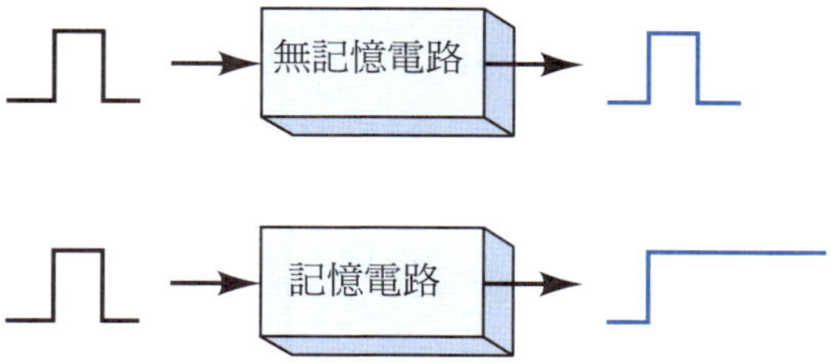

圖 1-17　無記憶與記憶操作的比較

1-9　數位計算機

數位技術以自動化**數位計算機** (digital computer) 的應用領域為其主要大宗，也應用於各項技術領域。雖然數位計算機影響我們的部分生活層面，但是計算機所能真正執行的工作也為不少人所存疑。計算機用最簡易的術語解釋為：計算機為可執行算術運算，常以二進形式處理資料且可決定的硬體系統。

大體而言，人們能執行計算機所能執行的任何事件，但計算機卻能執行的更快且更準確。這還不考慮計算機是每次逐步執行計算的事實。例如，人們在計算十個數的總和時，一般是將這些數逐一疊在一起，並逐步地進行相加求得其總和。另一方面，對計算機而言，則每次僅能將兩數相加，故將十個數相加便需有九次的實際相加步驟。當然，由於計算機每次算術步驟需少許的奈秒或更少的運算時間而使計算的速率相當快。

計算機比人有更快的執行工作速率及更準確的計算結果，但它不像人類有自主的能力，而是需要有一套指令來指引其每個執行步驟能正確進行。指令的組合便稱為**程式** (program)，此程式是需有一人或多人來為計算機所要執行的各工作而準備。程式是以二進碼形式放在計算機的記憶單元中，各指令有其特定的二進碼。計算機每次可由記憶器取得這些指令碼，並以這些碼的指示來執行運算。詳細內容於稍後再說明。

計算機的主要部分

計算機系統有多種形式，但都可劃分為相同功能的單元。各單元可執行特定的功能，如將所有單元所具有的操作功能組合在一起便可執行程式中的指令。圖 1-18 所示為數位計算機的五大主要功能單元與其間的相互關係。帶有箭頭的實線代表資訊的流程，具箭頭的虛線則表定時與控制信號的流程。

各單元的主要功能如下所述：

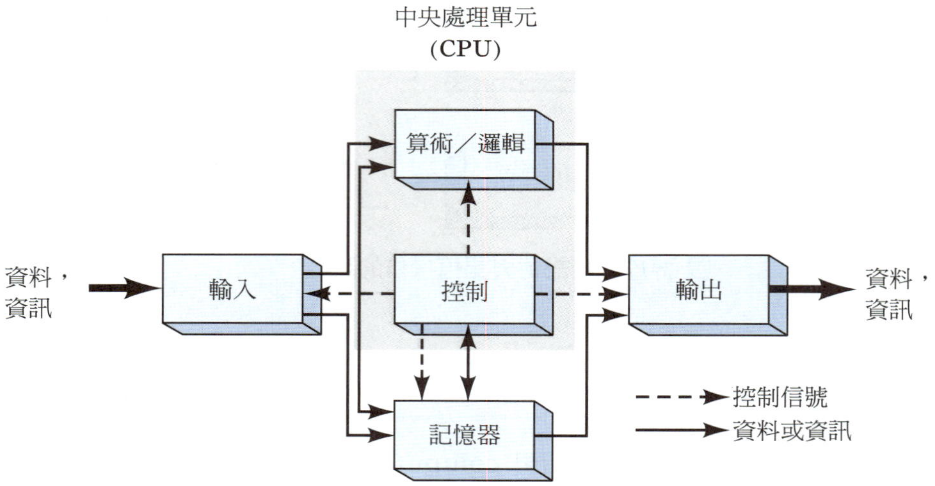

圖 1-18　數位計算機的功能方塊圖

1. **輸入單元** (input unit)：經由此單元可將整組指令與資料送入計算機系統中的記憶單元內，該資訊被儲存以待需求。資訊一般是利用鍵盤或磁碟送入輸入單元。
2. **記憶單元** (memory unit)：記憶器儲存由輸入單元接收到的指令與資料，也儲存由算術單元所產生的算術運算結果，且可提供送至輸出單元的資訊。
3. **控制單元** (control unit)：此單元由記憶單元每次取一條指令並解譯之，接著送出正確的控制信號至其他單元使指令能被執行。
4. **算術單元／邏輯單元** (arithmetic/logic unit)：所有的算術計算及邏輯決策於該單元中執行，執行的結果再送至記憶單元儲存。
5. **輸出單元** (output unit)：此單元由記憶單元提取資訊並以印出、顯示或其他方式將該資訊呈現給操作者 (或程序，如程序控制計算機的情形)。

如圖 1-18 所示者，控制及算術／邏輯單元經常稱為**中央處理單元** (Central Processing Unit, CPU)。CPU 包含所有用來擷取與解譯指令及由指令呼叫的控制和執行各種運算的電路。

計算機形式

全部的計算機皆由上述的基本單元所組成，但在實際尺寸、操作速度、記憶容量、計算能力及其他特性上是有所差異的。現今的計算機系統是以許多不同方式來組成，其中有許多是常見的特性，但也有非常顯著的差異。永遠裝置於多個箱架中的大型計算機系統，都是由公司或大學用作資訊技術支援。桌上型個人電腦則使用在家庭與辦公室中，執行那些能增進我們的日常生活並且提供與其他電腦互通的常用應用程式。手提式電腦則常見於 PDA 中，而特殊型電腦則常見於影像遊戲系統中。最為流行的計算機形式則是執行我們周遭專用之例行工作的應用與系統。

今日，除了最大型的計算機系統外，都是利用**微處理器** (microprocessor) 問世後不斷演進的技術。微處理器本質上為積體電路中的中央處理單元 (CPU)，用來連通到計算機系統的其他方塊上。使用微處理器作為它們的 CPU 之計算機通常稱為**微算機** (microcomputer)。一般用途型的微算機 (如 PC、PDA 等) 將視它們所執行的軟體 (程式) 處理廣泛應用的多種不同的工作。不同於這些專用型計算機，尚有如操作汽車引擎、控制汽車反鎖死剎車系統或者運轉微波爐等。這些計算機無法為使用者規劃，而僅能執行預定的控制工作，稱之為**微控制器** (microcontroller)。由於這些微控制器為較大型系統不可或缺的一部分且作專門用途，它們也稱為*內嵌式控制器* (embedded controller)。微控制器通常擁有一部完整計算機的所有元素 (CPU、記憶器及輸入／輸出埠)，全部內含於單個積體電路上。您可發現它們內建於廚房家電、娛樂設備、醫療設備及許許多多設備上。

手機內的嵌入式計算機

手機加入所有其他內建式應用之數位次系統的基本功能，都是由一個內置於手機中的完整微型計算機系統來控制的。微型計算機 CPU 內部係 ALU，為藉由執行二進制數目相加為基本算術的數位電路。於第 6 章裡，你將會學到如何來表示負值的二進制數目，能讓你的計算器或計算機作減算。乘算則是基於加算，而除算則是基於減算；結果就是完整的算術引擎。許多的記憶器也內置於你的小小手機的計算機內，而且也有介面電路來讓資訊能進出計算機中。

例題 1-3

你是否對手機的嵌入式計算機角色有所瞭解了？試回答以下的問題：

(a) 說出手機計算機的 2 個輸入的名稱。

(b) 說出 2 種儲存於記憶器中的訊息形式。

(c) 說出手機計算機的 2 個輸出的名稱。

解答：針對這些問題有許多種正確的答案，以下列出幾種可能的答案。

(a) 輸入：照相機／喇叭手機按鈕、升／降音量按鈕、鍵盤按鈕、麥克風 (數位化聲音訊息)、照相機 (數位化聲音訊息)、收音機、電池充電狀態。

(b) 記憶器：電話號碼、名字、鬧鐘設定、圖片、鈴聲與響音、使你的手機運作的應用程式。

(c) 輸出：主螢幕 (影像界面)、聲音放器輸出 (喇叭)、電波發射器、能源 (電池) 管理電路。

記憶器　當你在鍵盤上按下數字時，手機需要記住每一個號碼。能夠儲存 (記住) 這些二進制位數的電路稱為記憶電路，且在第 9 章將有詳細介紹。記憶器也用來儲存你喜愛的音樂、相片、影片成數位格式。

現在我們來思考儲存如何於記憶器中運作。手機中的內建照相機是由稱為電荷耦合裝置 (CCD) 的特殊感應器所構成，它是安裝於光學鏡頭後方。CCD 有許多用來測光的微小列與行鏡頭且能產生 CCD 上每個點之亮度的二進制數值。每個影像是由這些稱為像素 (pixel) 的點所合成的。每一列與每一行都有一個數值與之關聯，所以每個像素都標識著一個唯一的列／行組合。照相時，手機即從 CCD 的最左上角開始，並將每個點的亮度轉換成二進制數值且須儲存在記憶器的最左上方的記憶胞 (列 0；行 0)。緊鄰的右方點 (列 0；行 1) 接著被轉換成二進制數值且儲存於對應的記憶胞中，依此類推，直到已儲存了那一列的最後一個像素。下一個像素必須是在左行第二列上 (列 1；行 0)。圖 1-19 中的箭頭指出了掃描過程的順序。於第 9 章將學到更多關於記憶器技術如何運作的細節。

若要完成掃描過程，必須有電路能使用二進制數目系統來計算列與行號。這種通用類型的電路稱為**計數器** (counter)，而且將於第 5 章開始介紹。同時也必須有電路能夠辨識二進制數目且隨後激發出對應的列／行輸出。這些邏輯電路稱為數目檢測器或**解碼器** (decoder)。計數器的此種應用要求列計數器一旦行計數器完成它的週期即向前或遞增。依此方式連接計數器稱為**串接** (cascading)。所有關於這些先進的計數器概念將在第 7 章提出來討論。

影像　顯示影像於 LCD 螢幕並將儲存於記憶器中是相反的過程。表示像素亮度的

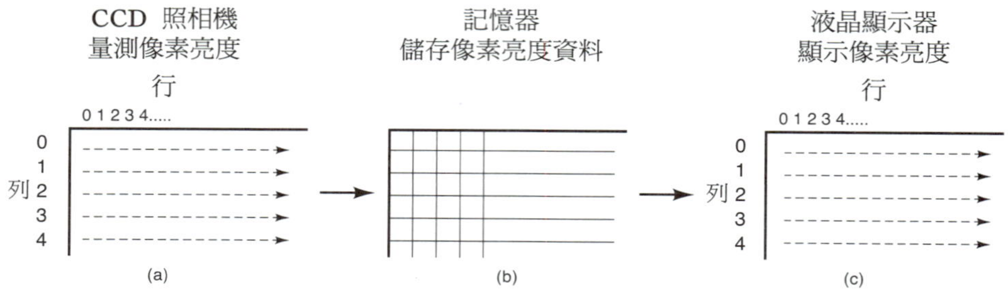

圖 1-19　數位圖形／影像訊息，指出 (a) 資料取自感測器 (CCD) 的順序，(b) 資料依類似的結構／順序儲存，及 (c) 資料顯示於影像畫面的順序

二進制數值必須自記憶器中取出、轉換成類比電壓並且用來控制光亮，使能於對應的像素位置打亮 LCD 螢幕。記憶器系統中的計數器與解碼器係與計數器及解碼器同步著以控制 LCD 螢幕。現在你已具備如何讓影像儲存並且顯示於手機 LCD 螢幕上的觀念，但想想要多快才能顯示移動的影像。整個螢幕的每個像素必須在 1/30 秒內完成更新。那些計數器則必須計數的非常快！

聲音　近代電信與娛樂工業和過去主要不同者為，即是聲音都不再使用類比信號而是改以數位式傳送。當你對著手機說話時，從麥克風進去的聲音信號被轉換成一串的數位 (二進制) 數目。這些二進制數目則是使用頻率大於 2 GHz (即每秒大於 2 億的週期) 的類比信號來傳送。手機中繼塔收取你的信號以及在你區域附近的其他人的信號，並且傳送你的談話至大型網路上。這些信號被分離開並且透過數位**多工器** (multiplexers) 和**解多工器** (demultiplexers) 路由到合適的地點。

今日與明日的數位進展

我們且回頭想想討論手機的理由。如此微型的手機是由基本的數位與類比電路所組成，此二種電路在其他諸如藍光視訊、各種大小的計算機、寬頻網路服務硬體、器具用品、汽車系統以及視頻遊戲等 (僅列一些) 的近代電子系統同樣有用。有許許多多的需求都需要數位技術，你的手機無時無刻都在管理著來自於電池的電能使用，使得能持續幾天再充電。不久的將來，我們即將利用手機的這種電能管理於家庭與商業上，做自動節能用途。整個全新的數位工業將廣泛地應用在此目的之設備與插座上。FCC 已停止 NTSC 格式電視信號的類比傳輸，而僅提供新數位格式的傳輸。HDTV 變革進行得很順利。無線 WIFI 網路讓我們在餐廳、機場及整個校區使用電腦上線。GPS 系統則收取太空中送來的微波信號並且正確地告訴你在世界地圖的哪個位置，並且協助你導航至目的地。農夫已能讓他們的拖拉機自動行駛於農田上。汽車要能自動駕駛還要多久呢？你就有可以能成為此先進技術的先驅。

複習問題

1. 解釋具有記憶器的數位電路與不具有者的差異為何？
2. 說出計算機五種主要功能的單元。
3. CPU 是由哪二者構成？
4. 含有 CPU 的 IC 晶片稱為______。
5. 說出在手機系統中能找到的三種基本數位電路。

結　論

1. 用以表示物理量數值的兩種基本方式為類比 (連續的) 與數位 (離散)。
2. 真實世界中大多數的數量皆為類比的，但數位技術通常是優於類比技術，且大部分可預期的精進將是數位的範疇。
3. 二進制數字系統 (0 與 1) 為使用於數位技術的基本系統。
4. 數位或邏輯電路乃運作於代表二進數 0 或 1 規定的電壓範圍。
5. 兩種傳送數位訊息的基本方式為並聯式 —— 全部的位元同時一起，及串聯式 —— 一次一個位元。
6. 所有計算機的主要部分為輸入、控制、記憶器、算術／邏輯及輸出單元。
7. 算術／邏輯單元與控制單元的組合構成 CPU (中央處理單元)。
8. 微算機通常皆擁有一個位於單一晶片上名為*微處理器* (microprocessor) 者。
9. 微控制器為特別設計作為專屬 (非一般用途) 控制應用的微算機。

重要辭彙*

時序圖 (timing diagram)
類比表示法 (analog representation)
頻率 (frequency, f)
週期 (period, T)
數位表示法 (digital representation)
數位系統 (digital system)
類比系統 (analog system)
解碼 (decode)
二進數系統 (binary number system)
二進位數 (binary digit)
類比至數位轉換器 (analog-to-digital converter, ADC)
數位至類比轉換器 (digital-to-analog converter, DAC)
十進制系統 (decimal system)
十六進制系統 (hexadecimal system)
二進制系統 (binary system)
位元 (bit)
數位電路／邏輯電路 (digital circuits/logic circuits)
互補金氧半導體 (Complementary Metal-Oxide-Semiconductor, CMOS)
電晶體／電晶體邏輯 (Transistor/Transistor Logic, TTL)
並聯傳送 (parallel transmission)
串聯傳送 (serial transmission)
記憶器 (memory)
數位計算機 (digital computer)
程式 (program)
輸入單元 (input unit)
記憶單元 (memory unit)
控制單元 (control unit)
算術／邏輯單元 (arithmetic/logic unit)
輸出單元 (output unit)
中央處理單元 (central processing unit, CPU)
微處理器 (microprocessor)
微算機 (microcomputer)
微控制器 (microcontroller)
計數器 (counter)
解碼器 (decoder)
串接 (cascading)
多工器 (multiplexer)
解多工器 (demultiplexer)

* 這些辭彙可在每章的內文中以粗體字出現，並於本書結束時的“重要辭彙”中定義。這適用於全書各章。

習　題

1-3 節

1-1★　下面所列何者為類比量？而何者為數位量？
- (a) 材料樣品中的原子數。
- (b) 飛機的飛行高度。
- (c) 腳踏車輪胎中的壓力。
- (d) 揚聲器的電流。
- (e) 微波爐中設定的時間。

1-2　下面哪些為類比量？而哪些則為數位量？
- (a) 一塊木板的寬度。
- (b) 烤箱蜂鳴器停止前的時間。
- (c) 石英錶上顯示的一天之時刻。
- (d) 以階梯來量測高於海平面之高度。
- (e) 以活動梯量測高於海平面之高度。

1-4 節

1-3★　換算下列二進數為等效的十進數：
- (a) 11001_2
- (b) 1001.1001_2
- (c) 10011011001.10110_2

1-4　轉換下列之二進數成十進制。
- (a) 10011_2
- (b) 1100.0101
- (c) 10011100100.10010

1-5★　使用三個位元來顯示出 000 到 111 的二進制計數序列。

1-6　使用 6 位元來表示由 000000 至 111111 的二進數順序。

1-7★　使用 10 位元所能計數的最大數為何？

1-8　使用 14 位元所能計數的最大數為何？

1-9★　需多少個位元才能計數到最大值 511？

1-10　需多少個位元才能計數到最大值 63？

1-5 節

1-11★　試描繪一個連續變換於 0.2 V (二進數 0) 2 ms 與 4.4 V (二進數 1) 4 ms 間的數位信號。

1-12　試描繪出信號交替於 0.3 V (二進數 0) 共 5 ms 且於 3.9 V (二進數 1) 共 2 ms 的時序圖。

★ 標示星號之習題的解答請參閱本書後面。

1-7 節

1-13* 若欲以二進碼形式來傳輸十進整數值 0 至 15，則
(a) 若以並聯方式傳輸，則需多少條傳輸線？
(b) 若以串聯方式傳輸，則需多少條傳輸線？

1-9 節

1-14 微處理器與微算機有何不同？

1-15 微控制器與微算機有何不同？

每節複習問題解答

1-1 節

1. 二種。 **2.** 時序圖。

1-2 節

1. 代碼鍵／瓣閥吸下 (已激發) 以及代碼鍵／瓣閥彈開 (未激發)。
2. 將代碼鍵按住的長短間隔代表點與破折號。
3. 振幅。 **4.** 頻率。 **5.** 數位。 **6.** 類比。

1-3 節

1. 摩斯碼 (寬度與脈波樣式)、撥碼、二進制數目。
2. 撥出的信號與開關交換都是數位；聲音傳輸是類比。
3. 撥出的信號、開關交換以及聲音是數位式編碼；攜帶數位訊息的電波頻率都是類比的。麥克風將聲音改變成類比信號，而喇叭則改變類比信號成聲音。
4. 易於設計；易於儲存訊息；更高的準確度與精確度。
5. 真實物理量是類比的。數位處理需要時間。

1-4 節

1. 107_{10} **2.** 11000_2 **3.** 4095_{10}

1-5 節

1. 一串的二進制數目，代表於固定時間間隔所量測到的信號值。
2. 為位於高電位或低電位的可接受範圍內之電壓。

1-6 節

1. 偽。
2. 是，但假設兩個輸入電壓皆在相同的邏輯準位內。

3. 邏輯。
4. 時序圖。

1-7 節

1. 並聯較快速；串聯僅需要一條信號線。

1-9 節

1. 具有記憶器者將使其輸出改變，且對輸入信號的瞬間變化維持改變者。
2. 輸入、輸出、記憶器、算術／邏輯、控制。
3. 控制與算術／邏輯。
4. 微處理器。
5. 計數器、解碼器、多工器、解多工器。

第 2 章

數字系統與數碼

大　綱

2-1　二進數至十進數的換算
2-2　十進數至二進數的換算
2-3　十六進數系統
2-4　BCD 碼
2-5　格雷碼
2-6　全部放在一起
2-7　位元組、半位元組以及字組
2-8　文數碼
2-9　同位偵錯法
2-10　應　用

學習目標

讀完本章之後，將可學會以下幾點：

- 將某一數從一種數字系統 (十進制、二進制、八進制、十六進制) 轉換成另一種相等值的數字系統。
- 描述八進數與十六進數系統的諸多優點。
- 以八進制與十六進制來計數。
- 利用 BCD 碼來表示十進數；說明使用 BCD 碼的優缺點。
- 辨別 BCD 碼與直接二進碼。
- 瞭解文數碼 (尤其是 ASCII 碼) 的目的。
- 說明同位偵錯法。
- 如何求出附加於數位資料串的同位位元。

引　論

二進數系統在數位系統中是最重要者，但是其他的數系亦很重要。十進數系統的重要性是由於在數位系統外都用它來表示數量。此即表示在十進數要送入數位系統前要先將其換算為二進數。例如，當我們將十進數輸入計算器 (或計算機) 時，機器內部電路便會將該十進數換算 (轉換) 為二進數。

同樣的，當二進數由數位電路輸出時，也需要換算為外界常用的十進數。例如，我們的計算器 (或計算機) 使用二進數來計算問題的答案，接著便將該答案在顯示出來前轉換為十進數。

如您將見到，如果只注視著大的二進數並且將它轉換成等效的十進數並非易事。於鍵盤上按入冗長的 1 與 0 序列或者是在紙張上寫下一較大的二進數是非常繁瑣的。尤其是與人交談時嘗試傳遞二進數量尤其困難。十六進數 (基數-16) 系統於數位系統中已成為互通數值的極標準方式。最大的優點為十六進數可容易地與二進數互作轉換。

其他種將十進數量以二進編碼位數表示的方法設計則非真正的數字系統，但提供了二進碼與十進數系統間的方便轉換。此稱為二進碼的十進數。於任何已知的數字系統以及整個支援此數字系統的題材中，數值與位元串可依任何一種這些方法表示，所以於任何的數字系統中能解讀數值，並且於這些數值表示之間作轉換是很重要的。其他使用 1 與 0 來表示如文數字元的數碼亦會詳加探討，畢竟它們是常見於數位系統中。

2-1　二進數至十進數的換算

如第 1 章所述，二進數系統是位置值系統，且各二進數位 (位元) 皆具有相關於 **LSB** 的位置權重值。任何二進數要轉換為同等的十進數僅需將二進數為 1 的各位置權重值相加即可。為說明起見，且將 $\mathbf{11011_2}$ 變換成其等效十進數。

$$\begin{aligned}&1 \quad\; 1 \quad\; 0 \quad\; 1 \quad\; 1_2\\&2^4 + 2^3 + 0 + 2^1 + 2^0 = 16 + 8 + 2 + 1\\&\qquad\qquad\qquad\qquad\;\;= 27_{10}\end{aligned}$$

再試試下面具有更多位元的二進數例子：

$$\begin{aligned}&1 \quad\; 0 \quad\; 1 \quad\;\; 1 \quad\; 0 \quad\;\; 1 \quad\; 0 \quad\; 1_2 =\\&2^7 + 0 + 2^5 + 2^4 + 0 + 2^2 + 0 + 2^0 = 181_{10}\end{aligned}$$

注意求出各位元位置是 1 之權重 (即 2 的乘冪) 的程序，同時也要注意 **MSB** 雖為第八個位元但其權重卻是 2^7，這是由於 **LSB** 是第一個位元且其權重總是為 2^0。

另一種避開了大數相加且追蹤行加權者稱為雙倍輾轉法。運算程序如下：

1. 記下二進數中的最左邊的 1。
2. 將它乘以 2 並加到右方下一個位元。
3. 記下此下一個位元的結果。
4. 持續步驟 2 與 3 直到完成二進數。

且使用此相同的二進數來驗證此方法。

已知：　1　1　0　1　1_2

結果：

$$
\begin{array}{l}
1 \times 2 = 2 \\
\quad +1 \\
\quad 3 \times 2 = 6 \\
\qquad +0 \\
\qquad 6 \times 2 = 12 \\
\qquad\qquad +1 \\
\qquad\qquad 13 \times 2 = 26 \\
\qquad\qquad\qquad +1 \\
\qquad\qquad\qquad 27_{10}
\end{array}
$$

已知：　1　0　1　1　0　1　0　1_2

結果：　1 →　2 →　5 →　11 →　22 →　45 →　90 →　**181_{10}**

複習問題

1. 換算 (轉換) 100011011011_2 為其同等十進數。
2. 16 個位元的二進數其 MSB 權重為何？
3. 利用雙倍輾轉法重複問題 1 的轉換。

2-2　十進數至二進數的換算

有兩種方法可以將十進數換算為同等的二進數。第一種方法為 2-1 節中所述第一道程序的反向換算。十進數僅由 2 的乘冪之和表示，並將 1 與 0 寫於正確的位元位置處。如下列所示：

$$
\begin{aligned}
45_{10} = 32 + 8 + 4 + 1 &= 2^5 + 0 + 2^3 + 2^2 + 0 + 2^0 \\
&= 1 \quad 0 \quad 1 \quad 1 \quad 0 \quad 1_2
\end{aligned}
$$

注意，0 被放在 2^1 與 2^4 位置處，這是因為所有的位置均需計算到之故。另一例如下：

$$
\begin{aligned}
76_{10} = 64 + 8 + 4 &= 2^6 + 0 + 0 + 2^3 + 2^2 + 0 + 0 \\
&= 1 \quad 0 \quad 0 \quad 1 \quad 1 \quad 0 \quad 0_2
\end{aligned}
$$

另一種轉換十進整數的方法為連續除以 2。如下所示為 25_{10} 的換算，需要將此十進數連續除以 2 且在除完之後要記下餘數，這個連續除 2 的步驟進行至商為 0 時才結束。注意所求的二進數是把第一個餘數當作 LSB 且最後的餘數為 MSB。此一過程，如圖 2-1 流程圖所示，也可用來轉換十進制系統成任何其他的數字系統，如稍後所述。

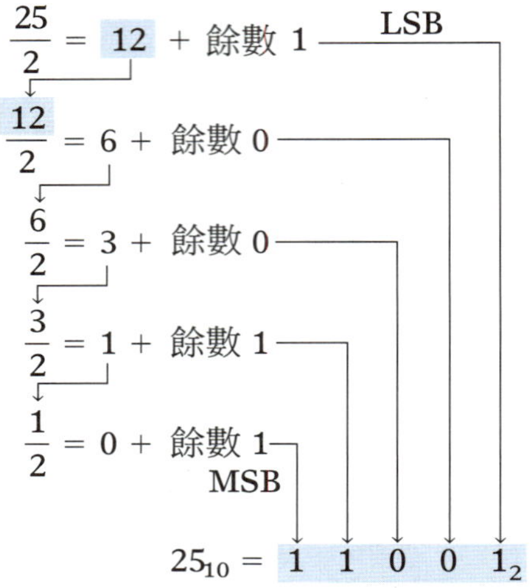

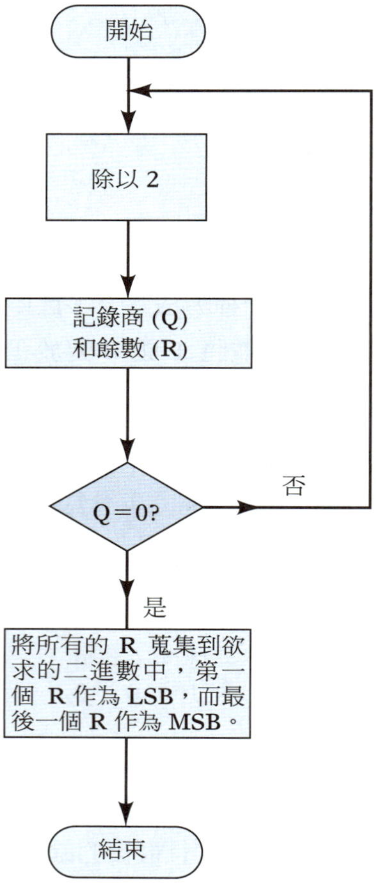

圖 2-1 整數之十進到二進制換算之連除法的流程圖。相同的程序可用於換算十進整數到任何其他的數字系統

計算器提示

如果計算器用來執行除以 2 的除法，則不論結果有無帶小數，仍可決定出餘數為 0 或 1。例如，計算器可產生 25/2＝12.5。這個小數點（.5）便可表示餘數為 1。若無小數，如 12/2＝6，則表示餘數為 0。例題 2-1 作了說明。

例題 2-1

將 37_{10} 轉換成二進數。不看解答先嘗試自行解之。

解答：

$$\frac{37}{2} = 18.5 \longrightarrow \quad \text{餘數 } 1\ (\text{LSB})$$

$$\frac{18}{2} = 9.0 \longrightarrow \quad 0$$

$$\frac{9}{2} = 4.5 \longrightarrow \quad 1$$

$$\frac{4}{2} = 2.0 \longrightarrow \quad 0$$

$$\frac{2}{2} = 1.0 \longrightarrow \quad 0$$

$$\frac{1}{2} = 0.5 \longrightarrow \quad 1\ (\text{MSB})$$

故，$37_{10} = \mathbf{100101_2}$。

計數範圍

記得若使用 N 個位元，我們就可計數從 0 到 2^N-1 範圍的 2^N 個不同的十進數值。例如，$N=4$ 時，可計數 0000_2 到 1111_2，即 0_{10} 到 15_{10}，總共有 16 個不同的數值。此處的最大十進數值為 $2^4-1=15$，且有 2^4 個不同的數字。

因此，一般而言可敘述如下：

使用 N 個位元可表示從 0 到 2^N-1，總共 2^N 個不同的數值。

例題 2-2

(a) 以八個位元可表示出多少個十進數值？

(b) 若要表示出 0 到 12,500 的十進數值，需要多少個位元？

解答：

(a) $N=8$，因此，我們可表示出從 0 到 $2^8-1=255$ 個十進數值。這可由檢驗得知 11111111_2 換算成 255_{10}。

(b) 若使用 13 個位元，可計數十進數 0 到 $2^{13}-1=8191$。若使用 14 個位元，則可計數 0 到 $2^{14}-1=16,383$。顯然地，13 個位元並不夠，且 14 個位元則超過 12,500。因此，所需的位元數為 14。

複習問題

1. 使用上述二法將 83_{10} 換算為二進數。
2. 使用上述二法將 729_{10} 換算為二進數，並將所得二進數換算回十進數以檢查前述換算是否正確。
3. 若計數到 1 百萬則需多少個位元？

2-3 十六進數系統

十六進數系統 (hexadecimal number system) 的基數為 16。因此，便有 16 個可能的數字符號，即使用數字 0 至 9，再加上字母 A、B、C、D、E 及 F 等 16 個數字符號。數字位置為如下的 16 冪之權重，而非十進系統的 10 之冪數。

16^4	16^3	16^2	16^1	16^0	. 16^{-1}	16^{-2}	16^{-3}	16^{-4}

十六進小數點

表 2-1 指出了十六進、十進與二進數之間的關係。要注意的是每個十六進位數乃代表四個二進位數。要記住，我們通常是以 hex (“hexadecimal” 之縮寫) 代表 A 到 F 且等效於十進值 10 到 15。

十六進數至十進數的換算

藉各十六進數的位置具有 16 乘冪的權重事實，我們便可將十六進數換算為同等的十進數。LSD 的權重為 $16^0=1$，次一高位數的權重為 $16^1=16$，再次一高位數的權重為 $16^2=256$，換算程序以下例子說明之。

表 2-1

十六進數	十進數	二進數
0	0	0000
1	1	0001
2	2	0010
3	3	0011
4	4	0100
5	5	0101
6	6	0110
7	7	0111
8	8	1000
9	9	1001
A	10	1010
B	11	1011
C	12	1100
D	13	1101
E	14	1110
F	15	1111

計算器提示

您可使用計算器的 y^x 函數來估算 16 的冪次。

$$
\begin{aligned}
356_{16} &= 3 \times 16^2 + 5 \times 16^1 + 6 \times 16^0 \\
&= 768 + 80 + 6 \\
&= 854_{10}
\end{aligned}
$$

$$
\begin{aligned}
2AF_{16} &= 2 \times 16^2 + 10 \times 16^1 + 15 \times 16^0 \\
&= 512 + 160 + 15 \\
&= 687_{10}
\end{aligned}
$$

注意第二個例子，是以 10 代替 A，且以 15 代替 F，如此便可換算為十進數。

請自行練習驗證 $1BC2_{16}$ 等於 7106_{10}。

十進數至十六進數的換算

還記得我們使用連除 2 的方法做十進數至二進數的換算。同樣的，十進數至十六進數的換算也可使用連除 16 的方法 (圖 2-1)。以下例子包含了此一轉換的說明。

例題 2-3

(a) 換算 423_{10} 為十六進數。

解答：

$$\frac{423}{16} = 26 + \text{餘數 } 7$$

$$\frac{26}{16} = 1 + \text{餘數 } 10$$

$$\frac{1}{16} = 0 + \text{餘數 } 1$$

$$423_{10} = 1A7_{16}$$

(b) 換算 214_{10} 為十六進數。

解答：

$$\frac{214}{16} = 13 + \text{餘數 } 6$$

$$\frac{13}{16} = 0 + \text{餘數 } 13$$

$$214_{10} = D6_{16}$$

同樣地，要注意除法運算中產生的餘數是如何組成十六進數，同時也要注意餘數若大於 9 時是以字母 A 到 F 來表示。

計算器提示

若是計算器用來執行換算過程中的除法運算時，則結果將使商有小數而無餘數，但餘數仍然可以小數部分乘上 16 而求得。如例題 2-3(b)，若用計算器便可以得到

$$\frac{214}{16} = 13.375$$

餘數則變為 $(0.375) \times 16 = 6$。

十六進數至二進數的換算

如同八進數系統，十六進數系統也可以用來作為一種表示二進數的“速記”方法。將十六進數換算為二進數是極為簡單的事。每個十六進數可換算為其對等的四

位元二進數 (見表 2-1)。以 $9F2_{16}$ 為例。

$$
\begin{aligned}
9F2_{16} &= \quad 9 \qquad\qquad F \qquad\qquad 2 \\
&\quad\ \ \downarrow \qquad\qquad \downarrow \qquad\qquad \downarrow \\
&= 1\ 0\ 0\ 1 \quad 1\ 1\ 1\ 1 \quad 0\ 0\ 1\ 0 \\
&= 100111110010_2
\end{aligned}
$$

試證 $BA6_{16} = 101110100110_2$ 作為練習。

二進數至十六進數的換算

這種換算與上述換算程序相反。二進數可區分為四個位元一組，且各組可換算為其等效的十六進數。加上零以使其滿足四個位元為一組 (如方格部分所示)。

$$
\begin{aligned}
1110100110_2 &= \underbrace{0\ 0\ 1\ 1}_{3}\ \underbrace{1\ 0\ 1\ 0}_{A}\ \underbrace{0\ 1\ 1\ 0}_{6} \\
&= 3A6_{16}
\end{aligned}
$$

為了要在十六進數與二進數間執行換算，則需要知道四位元的二進數 (0000 至 1111) 與其對等的十六進數。當對這些都十分瞭解後，便可在不需要任何計算情況下快速地執行換算。這便是為何十六進數 (與八進數) 用來表示大的二進數是非常有用的理由。

試證 $101011111_2 = 15F_{16}$ 以作為練習。

十六進制的計數

當用十六進制計數時，由 0 至 F 的每個數位置都逐次加 1。當一數字位置達到 F 時，則變為 0 且次一高位數加 1。十六進制的計數順序如下所示：

(a) 38，39，3A，3B，3C，3D，3E，3F，40，41，42

(b) 6F8，6F9，6FA，6FB，6FC，6FD，6FE，6FF，700

注意當達到 9 時，再加 1 便為 A。

若為 N 個十六進位數，則可從十進數 0 數到 16^N-1，共有 16^N 個不同的數值。例如，若為三個十六進位數，則可由 000_{16} 數到 FFF_{16}，即 0_{10} 到 4095_{10}，共有 $4096 = 16^3$ 個不同值。

十六進制的好用之處

十六進制常使用於“速記法”之類的數位系統中以表示一串的位元。於計算機工作上，超過 64 個位長的字串即屬少見。這些二進制字串並非都表示某一數值，而是 (您終將發現) 某種傳遞非數值訊息的編碼。處理此種大量位元個數較方便且不易出錯的方式是將這些二進數寫成十六進，且 (如前所述) 很容易地將二進數與十六進數作來回的轉換。為說明以十六進來表示二進字串的優點，並假設您面臨將 50 個記憶位置的內容列印出，而每個內容皆是 16 個位元長的數值，且要與某一目錄作核對。試問您是要核對 50 個這樣的數值：0110111001100111，抑或 50 個這樣的數值：6E67？且哪一種您較不容易讀錯？切牢記，數位電路皆是二進制來運作的。十六進只是方便人們使用罷了。務必記住四個位元是代表一個十六進位數。屆時您將體會到此一工具在數位系統中的好用之處。

例題 2-4

利用先換算為十六進數，將 378 換算為 16 個位元的二進數。

解答：

$$\frac{378}{16} = 23 + \text{餘數 } 10_{10} = A_{16}$$

$$\frac{23}{16} = 1 + \text{餘數 } 7$$

$$\frac{1}{16} = 0 + \text{餘數 } 1$$

於是，$378_{10} = 17A_{16}$。十六進數 $17A_{16}$ 可輕易地換算為二進數 000101111010。最後，為了添足 16 位元，故在前面多加了四個 0，因此 378_{10} 的同等 16 位元二進數為：

$$378_{10} = 0000\ 0001\ 0111\ 1010_2$$

例題 2-5

將 $B2F_{16}$ 換算為十進數。

解答：

$$\begin{aligned} B2F_{16} &= B \times 16^2 + 2 \times 16^1 + F \times 16^0 \\ &= 11 \times 256 + 2 \times 16 + 15 \\ &= 2863_{10} \end{aligned}$$

換算總結

現在您可能因嘗試將全部這些不同數字系統互換加以釐清而搞得昏頭轉向。您可能清楚許多的這些轉換皆可經由計算器在彈指之間自動地加以互換，但精通這些互換以瞭解整個過程是很重要的。此外，萬一您的計算器的電池在重要時刻突然沒電且無法即時替換時該怎麼辦？以下的摘要必然對您有所幫助，但務必反覆地勤加練習方為上策！

1. 若從二進數 [或十六進數] 換算成十進數，則利用每個位數位置權重和的方法。
2. 若從十進數換算成二進數 [或十六進數]，則利用連除以 2 [或 16] 並採用餘數的方法 (圖 2-1)。
3. 若從二進數換算成十六進數，則以每四個位元為一組，並將每一組換算成正確的十六進制位數。
4. 若從十六進數換算成二進數，將每個位數換算成其四位元等效值。

複習問題

1. 將 $24CE_{16}$ 換算為十進數。
2. 將 3117_{10} 換算為十六進數，再由十六進數換算為二進數。
3. 換算 1001011110110101_2 為十六進數。
4. 寫出下面十六進數序列次進四個數：E9A，E9B，E9C，E9D，______，______，______，______。
5. 換算 3527_{10} 為十六進數。
6. 四個位數的十六進數可表示多大的十進數值？

2-4　BCD 碼

用一組特定的符號來表示數字、字母與文字時，即稱為編碼，這組符號就稱為碼 (code)。一般最為常見者大概算是摩斯電碼 (Morse code)，它是採用一連串的點或短線來代表字母。

對於任何的十進數，可以使用同等的二進數來表示。故在二進數中的 0 與 1 的組合便可以視為表示十進數的碼。當十進數用其等效的二進數表示時，就可稱為**直接二進編碼** (straight binary coding)。

數位系統的內部操作都採用二進數的形式，但是在外面的世界卻自然地使用十進數。上述便表示在二進數與十進數間的換算是經常地進行，特別是在對大的數進行十進數與二進數間的換算時既費時又繁雜。基於這個原因，在某些情形下需用另一種可包含十進數與二進數特性的編碼數系。

二進碼的十進數碼

如果十進數的各數字為其同等的二進數所表示，所產生的碼便稱為**二進碼的十進數碼** (binary-coded-decimal, BCD)。因十進數最大為 9，故需四位元將各數字編碼 (9 的二進碼為 1001)。

以十進數 874 為例來說明 BCD 碼。各個位數可變換成其等效的二進數如：

```
  8      7      4      (十進數)
  ↓      ↓      ↓
1000   0111   0100     (BCD)
```

另一例是將 943 變為 BCD 碼，如下所示：

```
  9      4      3      (十進數)
  ↓      ↓      ↓
1001   0100   0011     (BCD)
```

再次地，各十進數可直接地換算為對等二進數。注意，各數通常以四位元表示。

BCD 碼是用四位元的二進數碼表示十進數的各數位。很顯然地只可以用 0000 至 1001 的四位元二進數碼來表示。BCD 碼並不使用 1010、1011、1100、1101、1110 及 1111。換言之，16 種可能的四位元二進數碼僅有 10 種被用到。如果在使用 BCD 碼的機器中產生上述的任何“禁用”四位元數碼時，通常便表示有個錯誤產生了。

例題 2-6

換算 0110100000111001 (BCD) 為其對等十進數。

解答：將此 BCD 碼分為四位元一組且換算各組為十進數。

```
0110 1000 0011 1001
 6    8    3    9
```

例題 2-7

將 BCD 碼 011111000001 換算為其對等十進數。

解答：

$$\underbrace{0111}_{7}\ \underset{\downarrow}{1100}\ \underbrace{0001}_{1}$$

禁用碼組指出此 BCD 碼是錯誤的。

BCD 與二進數的比較

我們必須知道 BCD 碼並不是另外的一種數系 (數系如二進數、十進數及十六進數等)。事實上，十進數系統的各個位數是以其對等的二進數來編碼。瞭解 BCD 碼與直接二進數碼間的差異也是很重要的事。直接二進數碼是將所有的十進數以對等二進數表示；但 BCD 碼則是將各個十進位數個別換為對等二進數。以 137 為例來比較直接二進數與 BCD 碼間的不同：

$$137_{10} = 10001001_2 \qquad \text{(二進數碼)}$$
$$137_{10} = 0001\ \ 0011\ \ 0111 \qquad \text{(BCD 碼)}$$

直接二進數碼僅需八位元來表示 137，而 BCD 碼則需要 12 位元。BCD 碼表示一個數位以上的十進數總是比直接二進數碼需要較多的位元。這是由於 BCD 碼未使用所有可能的四位元組，這是我們在前面已詳述過不便的理由。

BCD 碼的主要優點是易與十進數換算，僅需要記住用於表示十進數位 0 到 9 的四位元數碼組即可。這個容易換算的特點就硬體立場而言是特別地重要，因為在數位系統中是具有可將十進數換算的邏輯電路。

例題 2-8

銀行自動櫃員機 (ATM) 能讓你按下十進位數符號鍵以十進數作為欲提領現金的現金額度。計算機是否將此十進數轉換成標準二進數或 BCD？試說明。

解答：表示你結餘的數目 (你在銀行所有的錢) 是儲存成標準的二進數。一旦輸入要提取的額度，必須自餘額扣除。由於是對這些數目作運算，因此，這二個數目 (餘額與提領的現金) 必須都是標準的二進數。它將轉換十進制輸入成標準的二進數。

例題 2-9

手機能讓你輸入／儲存十進位的電話號碼。手機是將電話號碼儲存成標準二進或 BCD 數？試說明。

解答：電話號碼是許多十進數的組合。並不需將這些位數作數學組合 (即你絕不可能將二個電話號碼相加一起)。手機只需要將它們依輸入的順序儲存，並且當你按下 send 鍵時，依序地將它們一次取回一個。因此，它們將在你手機之計算機的記憶器儲存成 BCD 位數。

複習問題

1. 以直接二進數碼表示十進數 178，然後再用 BCD 碼表示上述十進數。
2. 用 BCD 碼來代表有八數位的十進數需用多少位元？
3. 用 BCD 碼表示十進數較直接二進數碼表示的優點為何？缺點為何？

2-5 格雷碼

數位系統係以極快的速度運作且對數位輸入中的變化來做反應。正如日常生活中，若同時有多個輸入條件改變時，可能會將狀況誤解而產生錯誤的反應。如果仔細端倪二進計數序列中的位元時，顯然經常在同時刻有若干個位元必須改變狀態。譬如，3 的三個位元之二進數改變成 4：全部三個同時改變狀態。

為了降低數位電路誤譯改變中之輸入的可能性，**格雷碼** (Gray code) 已被開發用來表示一串數字的方法。格雷碼的獨特之處為一串的連續數字間僅有一個位元會改變。表 2-2 指出了三個位元之二進碼與格雷碼值間的變換。若要將二進碼轉換成格雷碼，只要從最高效位元開始且將它用作成圖 2-2(a) 中所示的格雷碼之 MSB (最高效位元)。接著將 MSB 二進位元與下一個二進位元 (B_1) 作比較。如果它們是相同的，則 $G_1=0$。如果它們是不同的，則 $G_1=1$。G_0 則可比較 B_1 與 B_0 而得到。

從格雷碼轉換回二進碼時如圖 2-2(b) 中所示。請注意格雷碼中的 MSB 始終是相同於二進碼中的 MSB。下一個二進位元於左方的二進位元與對應的格雷碼位元

表 2-2　三個位元的二進碼與格雷碼對等值

B_2	B_1	B_0	G_2	G_1	G_0
0	0	0	0	0	0
0	0	1	0	0	1
0	1	0	0	1	1
0	1	1	0	1	0
1	0	0	1	1	0
1	0	1	1	1	1
1	1	0	1	0	1
1	1	1	1	0	0

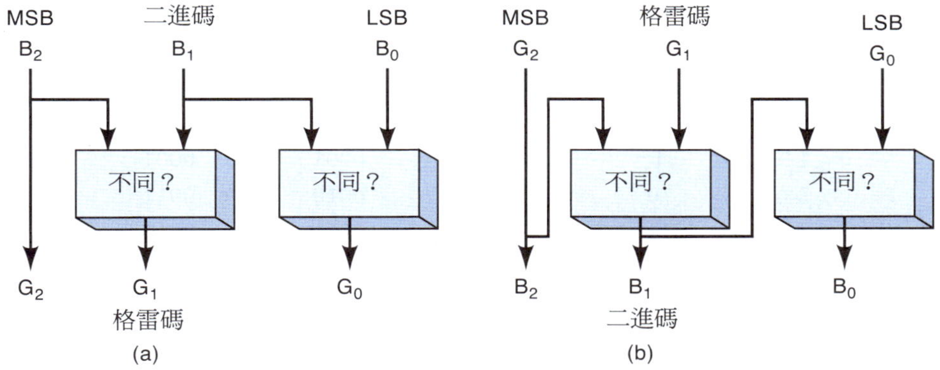

圖 2-2　轉換 (a) 二進碼至格雷碼以及 (b) 格雷碼至二進碼

比較後得到。格雷碼常見的應用為如圖 2-3 中所示的軸承位置編碼器。這些裝置將產生代表轉動中之機械軸承的位置。實際的軸承編碼器將是使用更多於三個位元，且將轉動分割成多於八個方塊，所以更可偵測出更微細之轉動增量。

複習問題

1. 將數字 0101 (二進碼) 轉換成對等的格雷碼。
2. 將數字 0101 (格雷碼) 轉換成對等的二進碼。

2-6　全部放在一起

表 2-3 列出十進數 1 到 15 的二進制、十六進制及 BCD 和格雷碼的表示。務必仔細地檢驗並確定如何得到這些數據。特別要注意 BCD 表示是如何使用四個位元予每個十進位數。

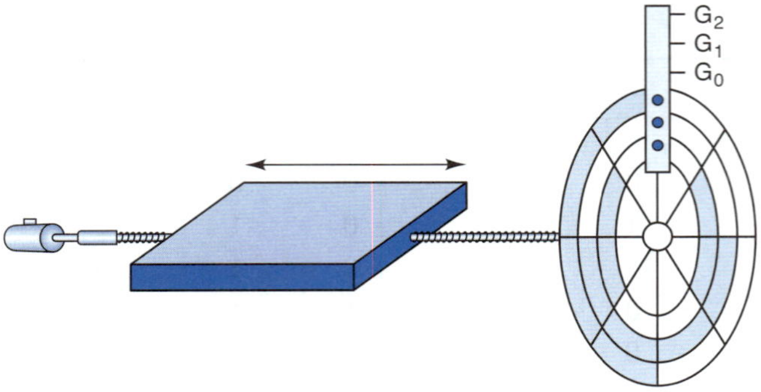

圖 2-3　具有八個位置以及三個位元的軸承編碼器

表 2-3

十進制	二進制	十六進制	BCD	格雷碼
0	0	0	0000	0000
1	1	1	0001	0001
2	10	2	0010	0011
3	11	3	0011	0010
4	100	4	0100	0110
5	101	5	0101	0111
6	110	6	0110	0101
7	111	7	0111	0100
8	1000	8	1000	1100
9	1001	9	1001	1101
10	1010	A	0001 0000	1111
11	1011	B	0001 0001	1110
12	1100	C	0001 0010	1010
13	1101	D	0001 0011	1011
14	1110	E	0001 0100	1001
15	1111	F	0001 0101	1000

2-7　位元組、半位元組以及字組

位元組

大多數的微算機皆以八位元為一組來處理並儲存二進制資料及訊息，故此串的八位元有一特別的名稱：**位元組 (byte)**。一個位元組都是由八位元所組成，用以表示多種形式的資料及訊息。列舉數例說明如下。

例題 2-10

一串的 32 個位元有多少個位元組？

解答：32/8＝4，一串的 32 個位元中，有四個位元組。

例題 2-11

使用兩個位元組可表示的最大十進數值為何？

解答：兩個位元組為 16 個位元，因此最大的二進數值等於十進數值 $2^{16}-1=$ 65,535。

例題 2-12

要表示十進數值 846,569 成 BCD，需要多少個位元組？

解答：每個十進位數轉換成一個四位元的 BCD 碼。因此，六個位數的十進數需要 24 個位元。這些 24 個位元等於三個位元組。其圖示如下。

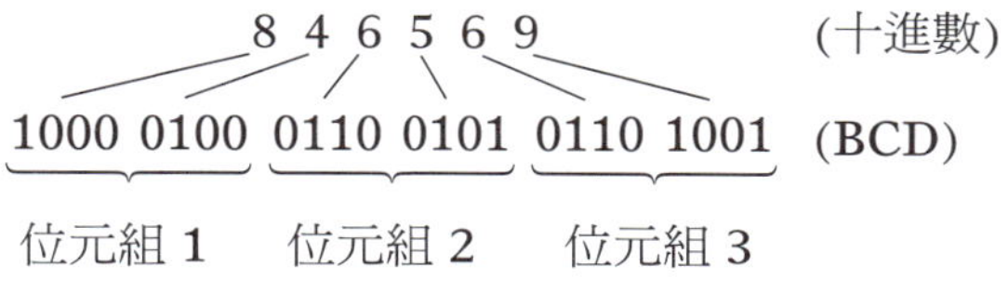

半位元組

二進數通常是分開成四個位元成一組的形式，如同 BCD 碼與十六進數轉換時所見者。早期的數位系統中，有一名詞是用來形容四個位元成組時，稱為**半位元組** (nibble)。以下諸例即說明了此一名詞的使用。

例題 2-13

一個位元組中有多少個半位元組？

解答：2

例題 2-14

二進數 1001 0101 的最低效半位元組的十六進值為何？

解答： 1001 0101

最低效半位元組為 0101＝5。

字　組

位元、半位元組以及位元組皆為表示固定個數之二進位數。當系統成長幾年後，它們處理二進數據的容量也隨著增加。**字組** (word) 乃為表示特定單位訊息的一群位元。字組的大小乃是利用到此訊息之系統的數據通路大小而定。**字組大小** (word size) 可定義成數位系統運作時二進字元的位元個數。譬如，微波爐中的電腦可能某一時刻只能處理一個位元組，而個人電腦則一次可處理八個位元組，所以它的字組大小為 64 個位元。

複習問題

1. 要將 235_{10} 表成二進制數值需要多少個位元組？
2. 使用二個位元組能將十進數表成 BCD 的最大值為何？
3. 半位元組能表示多少個十六進位數？
4. 一個 BCD 位數中有多少個半位元組？

2-8　文數碼

除了數字性的資料外，計算機必須兼具處理非數字性的資訊。換言之，計算機必須能辨認哪些可代表字母、標點及特殊字元的碼；該碼歸類為**文數碼** (alphanumeric codes)。一個完整的文數碼必須包括 26 個小寫字母、26 個大寫字母、10 個數字符號、7 個標點符號及 20 至 40 個其他字元，如 +，/，#，%，* 等。換言之，文數碼必須包括計算機鍵盤上的各種字元及功能。

ASCII 碼

最廣為使用的文數碼是**美國標準資訊交換碼** (American Standard Code for Information Interchange, ASCII) 。大多數的微算機、迷你計算機及其他的構造物都使用該碼。ASCII 碼 (ASCII 讀作 askee) 是一種七位元碼，因此共可組成 $2^7=128$ 種碼組。這些碼組足以代表標準鍵盤上的所有字元與控制功能，如〈RETURN〉及〈LINEFEED〉等。表 2-4 所列者為標準的七位元 ASCII 碼。表中也列出了十六進與十進制對等值。每個字的二進碼可經由轉換十六進值成二進值來得到。

例題 2-15

利用表 2-4 來找出斜線字元 (\) 的七位元 ASCII 碼。

解答：表 2-4 中所列的十六進值為 5C。將每個十六進位數轉譯成四位元二進數以產生 0101 1100。較低階的七個位元表示 \ 的 ASCII 碼或 1011100。

ASCII 碼常用來作為計算機與諸如印表機或另一計算機之外部裝置間文數碼資訊的傳送。計算機內部亦常使用 ASCII 碼來儲存由操作人員在計算機鍵盤上所按各鍵的訊息。下舉一例說明之。

例題 2-16

有一操作員於一台微型計算機之鍵盤鍵入一則 C 語言程式。計算機將把每個按鍵轉換成 ASCII 碼，且將此碼以一個位元組方式儲存於記憶器中。試求出當操作員鍵入下面的 C 敘述時，會有什麼二進數串進入到記憶器中？

```
if (x>3)
```

解答：先標示出每個字元 (包括空白字元) 於表 2-4 中的位置，且記錄下它的 ASCII 碼。

i	69	0110	1001
f	66	0110	0110
space	20	0010	0000
(	28	0010	1000
x	78	0111	1000
>	3E	0011	1110
3	33	0011	0011
)	29	0010	1001

由於每個 ASCII 碼要以位元組 (八個位元) 來儲存，因此碼的最左位元必須附加一個 0。

表 2-4 標準的 ASCII 碼

字　元	十六進數	十進數	字　元	十六進數	十進數	字　元	十六進數	十進數	字　元	十六進數	十進數
NUL (null)	0	0	Space	20	32	@	40	64	.	60	96
Start Heading	1	1	!	21	33	A	41	65	a	61	97
Start Text	2	2	“	22	34	B	42	66	b	62	98
End Text	3	3	#	23	35	C	43	67	c	63	99
End Transmit.	4	4	$	24	36	D	44	68	d	64	100
Enquiry	5	5	%	25	37	E	45	69	e	65	101
Acknowlege	6	6	&	26	38	F	46	70	f	66	102
Bell	7	7	`	27	39	G	47	71	g	67	103
Backspace	8	8	(	28	40	H	48	72	h	68	104
Horiz. Tab	9	9	)	29	41	I	49	73	i	69	105
Line Feed	A	10	*	2A	42	J	4A	74	j	6A	106
Vert. Tab	B	11	+	2B	43	K	4B	75	k	6B	107
Form Feed	C	12	,	2C	44	L	4C	76	l	6C	108
Carriage Return	D	13	-	2D	45	M	4D	77	m	6D	109
Shift Out	E	14	.	2E	46	N	4E	78	n	6E	110
Shift In	F	15	/	2F	47	O	4F	79	o	6F	111
Data Link Esc	10	16	0	30	48	P	50	80	p	70	112
Direct Control 1	11	17	1	31	49	Q	51	81	q	71	113
Direct Control 2	12	18	2	32	50	R	52	82	r	72	114
Direct Control 3	13	19	3	33	51	S	53	83	s	73	115
Direct Control 4	14	20	4	34	52	T	54	84	t	74	116
Negative ACK	15	21	5	35	53	U	55	85	u	75	117
Synch Idle	16	22	6	36	54	V	56	86	v	76	118
End Trans Block	17	23	7	37	55	W	57	87	w	77	119
Cancel	18	24	8	38	56	X	58	88	x	78	120
End of Medium	19	25	9	39	57	Y	59	89	y	79	121
Substitue	1A	26	:	3A	58	Z	5A	90	z	7A	122
Escape	1B	27	;	3B	59	[	5B	91	{	7B	123
Form separator	1C	28	<	3C	60	\	5C	92	|	7C	124
Group separator	1D	29	=	3D	61	]	5D	93	}	7D	125
Record Separator	1E	30	>	3E	62	^	5E	94	~	7E	126
Unit Separator	1F	31	?	3F	63	_	5F	95	Delete	7F	127

複習問題

1. 將下列訊息編成 ASCII 碼並用十六進數表示之：

   COST＝$72

2. 下列 ASCII 碼訊息是儲存於記憶器中的連續記憶位置中：

   01010011 01010100 01001111 01010000

   此訊息為何？

2-9　同位偵錯法

數位系統中，把二進資料與二進碼由一處傳送至另一處的操作是很普遍的。茲舉數例說明：

- 數位化語音經由一條微波路徑發射出去。
- 於諸如磁碟與光碟之外部記憶裝置上儲存與提取資料。
- 計算機與另一遠端計算機間經由電話線 (即使用數據機) 的資訊傳輸。此係於網路上傳送與接收訊息的其中一種主要的方式。

資訊由一裝置 (發送器) 傳送至另一裝置 (接收器) 總是有可能發生錯誤，以致於接收器所接收到的資訊無法與發送器發送出者完全相同。電氣雜訊 (electrical noise) 是造成傳輸錯誤的主要原因。電氣系統上的偽造電壓或電流波動即是一種電氣雜訊。圖 2-4 所示為傳輸錯誤的一個圖例。

發送器送出無雜訊的原始信號並經由傳輸線傳送至接收器。原始信號到達接收器時，將添加一些雜訊，如圖 2-4 所示。有時雜訊的振幅大到足以改變原始信號的邏輯準位，如圖中 x 點所示，此時接收器所接收到的信號並非發送器所發送者，於是造成資料傳輸錯誤。

雖然近代的數位設備以減低錯誤的可能性甚或完全沒有傳輸錯誤的方式設計，但我們必須瞭解，數位系統所傳送的訊息每秒約有幾千個位元，甚至幾百萬個位元，因此，低錯誤發生率雖不會造成重大災害，但亦會造成煩人的錯誤結果。基於這個理由，多數數位系統乃運用此種方法以便偵測 (甚或更正) 錯誤。一種最簡單且最廣用的錯誤偵測法為**同位法** (parity method)。

同位位元

同位位元 (parity bit) 是一種碼組附加位元。同位位元可為 0 或 1，依據傳送碼組中 1 的數量而定。在使用上有兩種不同方式。

偶同位 (even-parity) 法中，同位位元的值是選用成使碼組中所有 1 的總數 (包括同位位元) 為偶 (even) 數。例如，若碼組為 1000011，此為 ABCII 碼的

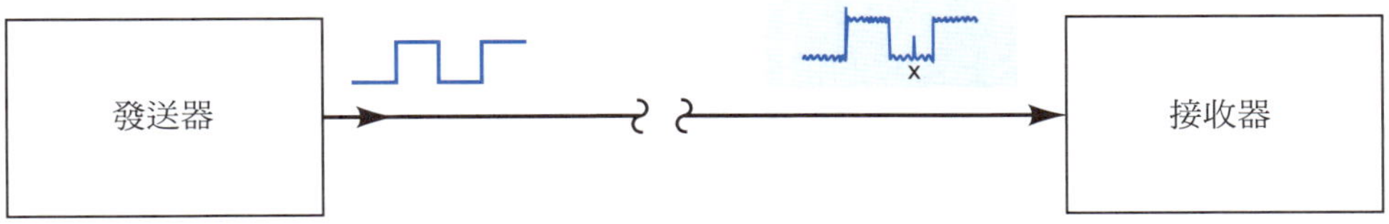

圖 2-4　雜訊所造成數位資料傳輸錯誤的實例

“C”，則此碼組有三個 1。故需添加同位位元 1，使 1 的總數為偶數。因此，包括同位位元在內的新碼組為：

1 1 0 0 0 0 1 1
└── 添加的同位位元 *

如果碼組原本即有偶數個 1，則同位位元為 0。例如，若碼組為 1000001 (ASCII 碼的 A)，則添加同位位元為 0，故包括同位位元在內的新碼組為 01000001。

奇同位 (odd-parity) 法也是一樣，只是加上所選定的同位位元後，要使碼組中所有 1 的總數 (含同位位元) 為奇數。例如，碼組為 1000001，選定的同位位元為 1。若碼組為 1000011，則同位位元為 0。

不論是使用偶同位法或奇同位法，同位位元實際上將為碼的一部分。例如，加上同位位元至七位元的 ASCII 碼便產生八位元碼，故同位位元可視為與碼中的任一位元並無兩樣。

同位位元是在數碼由一處傳送至另一處時 (即由計算機傳送至終端機) 用來檢驗出任何單位元 (single-bit) 錯誤的發生。例如，若字元“A”被傳送且使用奇同位法檢測錯誤。傳送的碼為：

1 1 0 0 0 0 0 1

當接收電路接收到這些碼時，便將檢驗該碼所包括 1 的總數 (含同位位元) 是否為奇數。若是，則接收器可判定所接收的碼是正確地。現若假設因雜訊或故障產生，接收器實際上接收到下列數碼：

1 1 0 0 0 0 0 0

接收器將發現該碼有偶數個 1，如此便通知接收器在該碼中有錯誤產生，這是因為在傳送前發送器與接收器皆同意使用奇同位法之故。但是這種方法並不能告知接收器哪個位元有錯誤，此乃因接收器並不知道該碼原先為何。

很顯然，同位法在雙位元有錯誤時便無法使用，這是因為雙錯誤對碼中 1 的“奇數性”或“偶數性”並無改變。實際上，同位法是僅用在單一錯誤產生率很低，且雙錯誤產生率基本上為零的情形下。

使用同位法時，發送器與接收器必須事先取得一致，以便決定傳送時係以偶

---

* 同位位元亦可放在數碼的末端，但是一般放在 MSB 的左邊。

同位或奇同位方式。雖然偶同位較常被採用，但這兩種同位方式並無孰優孰劣之分。發送器必須在所發送資訊單元上添加一適當的同位位元。例如，若發送器所發送資訊係以 ASCII 碼編碼，則發送器將會在各七位元 ASCII 碼組中添加一同位位元。接收器接收到由發送器送出的資訊時，它將檢視各碼組中 1 的總數 (含同位位元) 以查看是否與所協同的同位形式一致。上述程序即為同位核對 (checking the parity)。一旦接收器偵測到有錯誤發生，隨即送出要求重送的訊息以要求發送器重送最近發送出去的資訊。資訊重送的正確程序端視各系統的設計而定。

例題 2-17

計算機經常是透過電話線與其他遠方之計算機作通訊。如何藉由網際網路來作通訊即為一例。若有一部計算機要傳送訊息到另一部計算機時，訊息通常是以 ASCII 來編碼。如果是利用偶同位的 ASCII，則計算機傳送訊息 HELLO 時實際的位元串為何？

解答：首先找出訊息中各字元的 ASCII 碼。然後計算各碼組中 1 的總數。若 1 的總數為偶數，則在 MSB 處添加 0，否則添加 1。最後所得到的各八位元碼組，將如以下所述含有偶數個 1 (含同位位元)。

添加的偶同位位元
↓

H	=	0	1 0 0 1 0 0 0
E	=	1	1 0 0 0 1 0 1
L	=	1	1 0 0 1 1 0 0
L	=	1	1 0 0 1 1 0 0
O	=	1	1 0 0 1 1 1 1

錯誤更正

錯誤更正有助於系統接收到資料時，能知曉已收到“損壞貨品”有錯誤。如果能更進一步知曉是哪一個位元錯誤，會更有幫助。如果是二進位元錯誤，則正確的值僅是它的互補值。有許多種方法能夠來完成此事。但每種情況都需要加上幾個“錯誤偵側／更正碼”位元至每個傳送出的訊息封包上。當資料封包被接收到時，數位電路就能夠在有錯誤發生時偵測出 (即使是多個錯誤也可以) 並且將它們更正。這種技術是用於大量高速資料傳輸的情況，如磁碟驅動、速掠記憶器驅動、CD、DVD、藍光光碟、數位電視以及寬頻網際網路等應用。

複習問題

1. 加上奇同位位元至 $ 符號的 ASCII 碼中，並將所得結果以十六進數表示。
2. 加上偶同位位元至十進數 69 的 BCD 碼中，並表示其結果。
3. 為什麼同位法無法偵測出雙錯誤的傳送資訊？

2-10 應　用

在此吾人將舉幾則應用的例子作為本章中一些觀念的複習。這些例子應能提供各位認知到不同的數字系統與編號是如何使用的數位世界。章末的習題也會提供更多的應用範例。

應用 2-1

典型的 CD-ROM 可儲存 650 百萬個位元組的數位資料。因百萬 $=2^{20}$，一片 CD-ROM 可儲存多少個位元的資料？

解答：記得一個位元組為八位元。因此，650 百萬個位元組為：

$$650\times2^{20}\times8=\mathbf{5,452,595,200}\text{ 位元}$$

應用 2-2

若要規劃許多個微控制器，二進制指令將以所謂之 Intel Hex Format (Intel 公司自有的十六進格式) 儲存於個人電腦上的一個檔案中。十六進制的訊息係編碼成 ASCII 字元，使得能容易地顯示於 PC 螢幕、列印，且易於一次傳送一個字元於標準 PC 的串聯 COM 埠上。有一行 Intel He Format 檔案顯示如下：

:10002000F7CFFFCF1FEF2FEF2A95F1F71A95D9F7EA

Intel Hex Format：

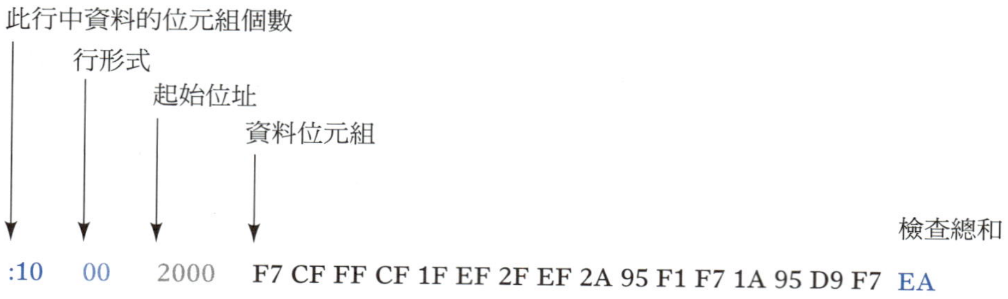

第一個傳送出的字元為冒號的 ASCII 碼，隨後為 1。每個都附加一個偶同位位元作為最高效位元。有一部測試儀器於此位元串行經電纜線到微控制器時能抓取到它：

(a) 此二進位元串 (含同位位元) 是什麼樣子？(MSB－LSB)

(b) 數值 10，隨後為冒號，代表將被載入到微控制器之記憶器中之位元組的整個十六進數字。

(c) 數值 0020 為代表第一個位元組將被存入之位址的四個位數的十六進值。可能最大的位址為何？需用到多少個位元來表示此位址？

(d) 第一個數據位元組為 F7。此位元組的最低效半位元組的數值 (二進碼) 為何？

FFFF　1111 1111 1111 1111　十六個位元

解答：

(a) ASCII 碼為 3A (冒號) 與 31 (1)　　00111010　10110001

偶同位位元 → (指向兩個位元組的最高效位元)

(b) 10 的十六進制＝1×16＋0×1＝16 個十進制位元組。

(c) FFFF 為最大的可能值。每個十六進位數為四個位元，所以我們需要 16 個位元。

(d) 最低效半位元組 (四個位元) 以十六進數 7 表示。若以二進制表示則將為 0111。

應用 2-3

一部較小型的程序控制計算機是利用十六進制碼來表示其十六位元長的記憶位址。

(a) 需要多少個十六進制位數？

(b) 以十六進制表示的位址範圍為何？

(c) 共有多少個記憶位置？

解答：

(a) 由於四個位元轉換成單獨一個十六進制位數，因此共需要 16/4＝4 個十六進制位數。

(b) 二進數範圍為

0000000000000000_2 到 1111111111111111_2。

若以十六進數表示，其範圍變成 0000_{16} 到 $FFFF_{16}$。

(c) 若使用四個十六進制位數，則總共的位址數為 16^4＝**65,536**。

應用 2-4

數值係以 BCD 形式鍵入到以微控制器為基礎的系統中，但以直接二進格式儲存。若您是程式設計人員，必須決定需要一個位元組或二個位元組的儲存空間。

(a) 如果系統是鍵入二個位數的十進數，則需要多少個位元組？

(b) 如果是鍵入三個位數，則需要多少個位數？

解答：

(a) 若為二個位數，則可鍵入的值最多為 99 ($1001\ 1001_{BCD}$)。若為二進制，則此值為 01100011，將填入到一個八位元的記憶位置。因此您可單獨使用一個位元組即可。

(b) 三個位數可表示多達 999 (1001 1001 1001)。以二進數表示，此值為 1111100111 (十個位元)。因此無法只使用一個位元組；您將需要二個位元組。

應用 2-5

當 ASCII 字元必須於二個獨立系統 (譬如，計算機與數據機) 之間作傳輸時，若有一個新的字元進來時，必須要有一種方式來告知接收方。同樣地，傳輸中也要能偵測出錯誤。這種互傳的方法稱為非同步數據通訊。傳輸線的正常休止狀態為邏輯 1。當發送器送出一個 ASCII 字元時，它必須“裝框”方能讓接收器知道數據之開頭與結尾所在。第一個位元始終必須為起始位元 (邏輯 0)。接著的 ASCII 碼則先送出 LSB 且最後為 MSB。MSB 之後，會附加一個同位位元來檢查傳輸錯誤。最後，傳輸將由送出一個終止位元 (邏輯 1) 作結束。# 字號 (十六進數 23) 的七位元 ASCII 碼 (且有一個同位位元) 的典型非同步傳輸如圖 2-5 所示。

應用 2-6

你的 PC 於執行應用程式時遇到錯誤。對話方塊回報了關於無法讀出或寫入位址的訊息。它是使用何種數目系統來回報位址區域？

解答：這些數目通常是以十六進制回報。除了使用本文中所使

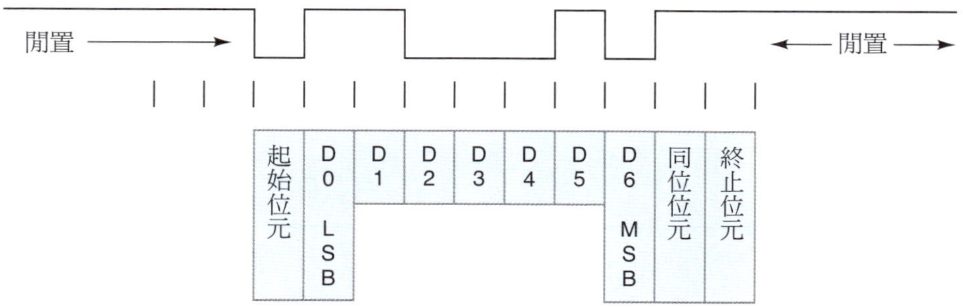

圖 2-5　具有偶同位的非同步串聯數據

用的下標 16 外，其他的方法也可用來指出十六進制 (如附加一個 0x 字首於數目前)。

結　論

1. 十六進制數系是使用於數位系統與計算機中作為表示二進制數字的有效率方式。
2. 十六進數與二進數間的轉換，每個十六進制位數則相當於四位元。
3. 連除法是用來將十進數轉換成二進數或十六進數。
4. 若使用 N 個位元的二進數，我們可表示出從 0 到 2^N-1 的十進數值。
5. 十進數的 BCD 碼為由轉換十進數的每個位數成其四位元的二進數等效值而構成的。
6. 格雷碼定義一串的位元，連續位元串之間僅有一個位元改變。
7. 一個位元組為一串的八個位元。半位元組則為四個位元。字組大小則視系統而定。
8. 文數碼為使用一群的位元來表示典型計算機鍵盤上的所有各種字元及功能鍵。ASCII 碼為使用最廣的文數碼。
9. 同位偵錯法是將一個特殊的同位位元附加到每個要傳送出的位元群上。

重要辭彙

十六進數系統 (hexadecimal number system)
直接二進編碼 (straight binary coding)
二進碼的十進數碼 (binary-coded-decimal, BCD)
格雷碼 (Gray code)
位元組 (byte)
半位元組 (nibble)
字組 (word)

字組大小 (word size)
文數碼 (alphanumeric code)
美國標準資訊交換碼 (American Standard Code for Information Interchange, ASCII)
同位法 (parity method)
同位位元 (parity bit)

習　題

2-1 至 2-2 節

2-1 換算下列二進數為十進數：

(a)* 10110	(e)* 11111111	(i)* 100110
(b) 10010101	(f) 01101111	(j) 1101
(c)* 100100001001	(g)* 1111010111	(k)* 111011
(d) 01101011	(h) 11011111	(l) 1010101

2-2 換算下列十進數為二進數：

(a)* 37	(e)* 77	(i)* 511
(b) 13	(f) 390	(j) 25
(c)* 189	(g)* 205	(k) 52
(d) 1000	(h) 2133	(l) 47

2-3 (a)* 用八位元二進數所能表示的最大十進數為何？
(b) 若用十六位元二進數表示又為何？

2-4 節

2-4 換算下列十六進數為其對等十進數：

(a)* 743	(e)* 165	(i) E71
(b) 36	(f) ABCD	(j) 89
(c)* 37FD	(g)* 7FF	(k) 58
(d) 2000	(h) 1204	(l) 72

2-5 換算下列十進數為十六進數：

(a)* 59	(e)* 771	(i) 29
(b) 372	(f) 2313	(j) 33
(c)* 919	(g)* 65,536	(k) 100
(d) 1204	(h) 255	(l) 200

2-6 將習題 2-4 的十六進數換算為二進數。

2-7 將習題 2-1 的二進數換算為十六進數。

2-8 列出由 195_{16} 至 180_{16} 的十六進數序列。

2-9* 當某大數值十進數換算為二進數時，有時先換算為十六進數較為便捷，接著再由十六進數換算為二進數。對 2133_{10} 使用上述換算程序，再與習題 2-2(h) 的換算程序作比較。

2-10 若要表示十進數達 20,000，需要多少個十六進制位數？達 40,000 時又需要多少個

* 標示星號之習題的解答請參閱本書後面。

十六進制位數？

2-11　將十六進數換算為十進數：

(a)⋆ 92	(e)⋆ 000F	(i) 19
(b) 1A6	(f) 55	(j) 42
(c)⋆ 37FD	(g)⋆ 2C0	(k) CA
(d) ABCD	(h) 7FF	(l) F1

2-12　將十進數換算為十六進數：

(a)⋆ 75	(e)⋆ 7245	(i) 95
(b) 314	(f) 498	(j) 89
(c)⋆ 2048	(g)⋆ 25,619	(k) 128
(d) 24	(h) 4095	(l) 256

2-13　無需手算或計算器，試將下列四個位元之二進數寫出其等效的十六進數：

(a) 1001	(e) 1111	(i) 1011	(m) 0001
(b) 1101	(f) 0010	(j) 1100	(n) 0101
(c) 1000	(g) 1010	(k) 0011	(o) 0111
(d) 0000	(h) 1001	(l) 0100	(p) 0110

2-14　無需手算或計算器，試將下列的十六進數寫出其等效的四個位元之二進數：

(a) 6	(e) 4	(i) 9	(m) 0
(b) 7	(f) 3	(j) A	(n) 8
(c) 5	(g) C	(k) 2	(o) D
(d) 1	(h) B	(l) F	(p) 9

2-15　三個十六進位數能表示的最大值為何？

2-16⋆　換算習題 2-11 的十六進數為二進數。

2-17⋆　依序列出 280 至 2A0 的十六進數。

2-18　若要表示十進數達 1 百萬，需要多少個十六進制位數？達 4 百萬又需要多少個十六進制位數？

2-4 節

2-19　將下列十進數編成 BCD 碼。

(a)⋆ 47	(e)⋆ 13	(i)⋆ 72
(b) 962	(f) 529	(j) 38
(c)⋆ 187	(g)⋆ 89,627	(k)⋆ 61
(d) 6727	(h) 1024	(l) 90

2-20　(a) 使用直接二進碼表示 0 至 999 的十進數範圍，需用多少位元？

(b) 使用 BCD 碼又為何？

2-21　下列為 BCD 碼，將其換算為十進數。

(a)⋆ 1001011101010010	(d) 0111011101110101	(g) 10111
(b) 000110000100	(e)⋆ 010010010010	(h) 010110
(c)⋆ 011010010101	(f) 010101010101	(i) 1110101

2-7 節

2-22★ (a) 有多少位元含於八個位元組中？
(b) 四個位元組能表示的最大十六進數為何？
(c) 三個位元組能表示的最大 BCD 編碼十進數值為何？

2-23 (a) 參閱表 2-4。字母 X 之 ASCII 碼的最高效半位元組為何？
(b) 一個 16 位元的字組可儲存多少個半位元組？
(c) 構成 24 位元的字組需用到多少個半位元組？

2-8 與 2-9 節

2-24 用 ASCII 碼表示敘述 “X＝3×Y” 。附加上奇同位位元。

2-25★ 加上偶同位位元至習題 2-24 的各 ASCII 碼並用十六進數表示。

2-26 下面的位元組 (十六進制) 代表某個人的名字，且將儲存在計算機的記憶器中。每個位元組為填充式的 BCD 碼。試判定此人的名字。
(a)★ 42 45 4E 20 53 4D 49 54 48
(b) 4A 6F 65 20 47 72 65 65 6E

2-27 換算下列十進數為 BCD 碼。附加上奇同位位元。

(a)★ 74	(c)★ 8884	(e)★ 165	(g) 11
(b) 38	(d) 275	(f) 9201	(h) 51

2-28★ 在某數位系統中，由 000 至 999 的十進數以 BCD 碼表示，且各碼組末端加上一奇同位位元。檢查各碼組且設各碼組剛由某處傳送至另一處。有些碼組有錯誤並假設各碼組錯誤未超出二個。試判定出哪個碼組具有單錯誤，且何者具有明確的雙錯誤。(提示：要記住這些是 BCD 碼)
(a) 1001010110000
↑msb 1sb ↑↑—— 同位位元
(b) 0100011101100
(c) 0111110000011
(d) 1000011000101

2-29 假設例題 2-17 的發送器所送出的資料到達接收器時如下所示：

0 1 0 0 1 0 0 0
1 1 0 0 0 1 0 1
1 1 0 0 1 1 0 0
1 1 0 0 1 0 0 0
1 1 0 0 1 1 0 0

試說明接收器所能決定錯誤的情形。

精選問題

2-30★ 執行下列的換算。對於某些題目，讀者可試用數種不同的方法來核驗哪種作法最適用。例如，二進數至十進數換算可直接執行，或可先執行二進數至十六進數的換算，接著再執行十六進數至十進數的換算。

(a) 1417_{10} = ________ $_2$
(b) 255_{10} = ________ $_2$
(c) 11010001_2 = ________ $_{10}$
(d) 1110101000100111_2 = ________ $_{10}$
(e) 2497_{10} = ________ $_{16}$
(f) 511_{10} = ________ (BCD)
(g) 235_{16} = ________ $_{10}$
(h) 4316_{10} = ________ $_{16}$
(i) $7A9_{16}$ = ________ $_{10}$
(j) $3E1C_{16}$ = ________ $_{10}$
(k) 1600_{10} = ________ $_{16}$
(l) $38{,}187_{10}$ = ________ $_{16}$
(m) 865_{10} = ________ (BCD)
(n) 100101000111 (BCD) = ________ $_{10}$
(o) 465_{16} = ________ $_2$
(p) $B34_{16}$ = ________ $_2$
(q) 01110100 (BCD) = ________ $_2$
(r) 111010_2 = ________ (BCD)

2-31★ 將十進制數值 37 依下列每種方式表示：

(a) 直接的二進數
(b) BCD
(c) 十六進制
(d) ASCII (亦即將每個位數看成一個字元)

2-32★ 將以下的空白以正確的一個 (或幾個) 字填入。

(a) 從十進制到 ________ 需連除以 16。
(b) 從十進制到二進制需要連除以 ________ 。
(c) 於 BCD 碼中，每個 ________ 將被換算成對等的四位元二進數。
(d) ________ 碼於自某一步到下一步只有其中一個位元改變的特性。
(e) 發送器附加上一個 ________ 到碼組上以允許接收器能偵測 ________ 。
(f) ________ 碼乃為最常用於計算機系統中的文數碼。
(g) ________ 通常是被用來表示較大二進數的簡便方式。
(h) 八位元串稱為 ________ 。

2-33 寫出當下列每個數字遞增 1 時所得到的二進數字。

(a)★ 0111　(b) 010011　(c) 1011　(d) 1111

2-34 試遞減每個二進數。

(a)★ 1100　(b) 101000　(c) 1110　(d) 1001 0000

2-35 寫出當下列每個數字被遞增時所得到的數字。

(a)★ 7779_{16}　(c) $0FFF_{16}$　(e)★ $9FF_{16}$　(g) F_{16}
(b) 9999_{16}　(d) 2000_{16}　(f) $100A_{16}$　(h) FE_{16}

2-36★ 重複習題 2-35 於遞減時的運算。

具挑戰性的習題

2-37★ 在微算機中，記憶位置的位址 (address) 為用來識別位元組儲存所在的每個記憶電路。組成一個位址的位元個數乃視有多少個記憶位置而定。由於位元數可能很大，因此位址經常是以十六進數而非二進數來表示。

(a) 如果微算機使用一個 20 個位元長的位址，則總共有多少個不同的記憶位置？

(b) 要表示記憶位置的位址需要多少個十六進制位數？

(c) 第 256 個記憶位置的十六進制位址為何？(提示：第一個位址為 0。)

(d) 計算機程式儲存於記憶器的最低 2k 個位元組中。試指出此區塊的起始與結束的位址。

2-38 在音響 CD 中，聲音電壓信號基本上約以每秒 44,000 來取樣，每個取樣值則是以二進數記錄於 CD 表面上。換言之，每個記錄的二進數在聲音信號波形上係表示單一電壓值。

(a) 如果二進數是六個位元長，則單獨一個二進數能表示多少個不同的電壓值？八位元及十位元又為何？

(b) 如果是使用十位元長的數值，則 1 秒之內將有多少個位元記錄在 CD 上。

(c) 如果一片 CD 基本上可儲存 50 億個位元，則使用十位元的數值下有多少秒的聲音可被記錄下來？

2-39★ 黑白電子照相機在影像上放置一微小的格點，而後在每個格胞中量度並記錄其所代表的灰階二進數值。例如，若使用四位元的數值，則黑色設定成 0000，白色為 1111，而任何的灰階是介於 0000 與 1111 之間。若使用六位元的數值，則黑色為 000000，白色為 111111，而所有的灰階是介於其間。

假設吾人欲於每個格胞內區別出 254 個不同的灰階。我們需要多少個位元來表示出這些灰階？

2-40 一部三百萬像素的數位照相機將儲存一個八位元數值作為每個成像元素 (像素) 的主要色彩 (紅、綠、藍)。如果每個位元皆被儲存 (不作數據壓縮)，則有多少張相片可儲存於一片 128 M 位元組的記憶卡中？(註：於數位系統中，M 表 2^{20}。)

2-41 試建構一個表用以指出能表示出全部從 0 到 15 的十進數的二進數、十六進數及 BCD 表示，並將您的表與表 2-3 作比較。

每節複習問題解答

2-1 節

1. 2267　　**2.** 32768　　**3.** 2267

2-2 節

1. 1010011　　**2.** 1011011001　　**3.** 20 個位元

2-3 節

1. 9422　　**2.** C2D；110000101101　　**3.** 97B5

4. E9E，E9F，EA0，EA1　　**5.** 11010100100111　　**6.** 0 到 65,535

2-4 節

1. 10110010_2；000101111000 (BCD)

2. 32

3. 優點：容易換算；缺點：BCD 需要較多個位元。

2-5 節

1. 0111

2. 0110

2-7 節

1. 1 個

2. 9999

3. 1 個

4. 1 個

2-8 節

1. 43，4F，53，54，20，3D，20，24，37，32

2. STOP

2-9 節

1. A4

2. 001101001

3. 數據中出現二個錯誤將不會改變 1 在數據中為奇數個或偶數個。

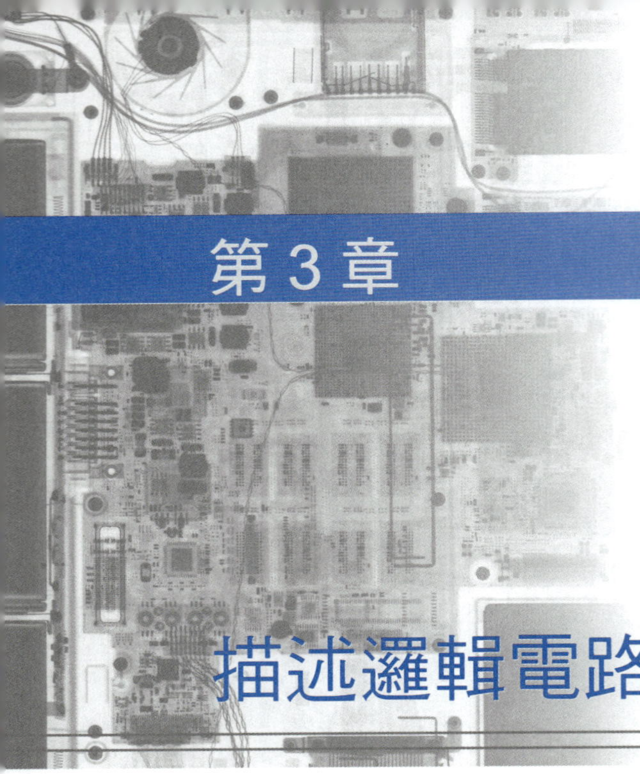

第 3 章

描述邏輯電路

大　綱

3-1　布爾常數與變數

3-2　真值表

3-3　利用 OR 閘作 OR 運算

3-4　利用 AND 閘作 AND 運算

3-5　NOT 運算

3-6　用代數式描述邏輯電路

3-7　解析邏輯電路輸出

3-8　由布爾表示式製作電路

3-9　NOR 閘及 NAND 閘

3-10　布爾定理

3-11　笛摩根定理

3-12　NAND 閘與 NOR 閘的通用性

3-13　互換邏輯閘表示法

3-14　使用何種閘表示

3-15　傳遞延遲

3-16　描述邏輯電路的各種方法總結

3-17　描述語言相對於程式語言

3-18　使用 PLD 製作邏輯電路

3-19　HDL 格式與語法

3-20　中間信號

學習目標

讀完本章之後，將可學會以下幾點：

- 執行三種基本的邏輯運算。
- 描述 AND、NAND、OR 及 NOR 閘的運算並建構其真值表及 NOT (INVERTER) 電路。
- 繪出各種邏輯閘的時序圖。
- 寫出邏輯閘及邏輯閘組合的布爾表示式。
- 運用 AND、OR 和 NOT 閘完成邏輯電路設計。
- 運用各種布爾代數法則化簡複雜的邏輯電路。
- 運用笛摩根定理化簡複雜的布爾方程式。
- 利用通用閘 (NAND 或 NOR) 製作以布爾表示式描述的電路。
- 說明以互換邏輯閘符號而不用標準邏輯閘符號建構邏輯電路圖的優點。
- 試述高電位動作與低電位動作的邏輯信號觀念。
- 繪出並解釋以新式 IEEE/ANSI 標準符號建構的邏輯電路。
- 使用幾種方法來描述邏輯電路的操作。
- 試闡述由硬體描述語言 (HDL) 所定義的簡單電路。
- 說明 HDL 與計算機程式語言的區別。
- 對簡單的邏輯電路產生出 HDL 檔案。
- 對具有中間變數的組合電路產生出 HDL 檔案。

引　論

第 1 與第 2 章介紹了邏輯準位與邏輯電路的概念。在邏輯中，對於任何的輸入或輸出只有二種可能的狀況存在：真與偽。二進數系統僅使用二個位數，1 與 0，因此對於表示邏輯關係是很完美的。數位邏輯電路即利用預先定義的電壓範圍來表示這些二進狀態。利用這些觀念，我們即可簡單地製作出具有協調、智慧以及邏輯決策的電路。我們擁有一套描述由這些電路所產生之邏輯決策的方法是極其重要的。換言之，我們必須描述它們是如何運作的。本章裡，我們將探索許多方法來描述它們的運作。每種描述方法皆是重要的，因為所有的這些方法皆常見於技術文獻與系統文件上，且皆與現代設計及發展工具密切相關。

日常生活中隨處可見的情況為處於其中一個狀態或另一個狀態。譬如，生物是活或死的，燈是開或關著，門是上鎖或未上鎖，或是否下著雨。**1854** 年，有位名叫 George Boole 的數學家寫了一本書，*An Investigation of the Laws of Thought*，書中描述到我們根據真或假的狀況來作邏輯決策。他所描述的一些方法今日則稱之為布爾邏輯，而使用符號與運算子來描述這些決策者稱為布爾代數。依同樣的方式我們利用了諸如 x 與 y 的符號來表示正規代數中的未知數值，布爾代數則使用符號來表示具有二種可能數值 (真或偽) 之一的邏輯表示式。邏輯表示式可能為門是關著的，按鈕已壓下的，或者油料很少。寫出這些表示式很冗長，也因此我們傾向以諸如 A、B 與 C 等符號來替代。

這些邏輯表示式的主要目的是描述邏輯電路輸出 (決策) 與它輸入 (狀況) 之間的關係。本章將探討最基本的邏輯電路——邏輯閘 (logic gates)——它們為所有其他邏輯電路與數位系統建構時的基本構築方塊。我們將看到不同的邏輯閘及由多個邏輯閘所組成較複雜電路的運作如何使用布爾代數來描述及分析。我們也將檢視如何使用布爾代數來簡化電路的布爾表示式，以使能以較少的邏輯閘及／或連線來重新構築電路。在第 **4** 章對電路的簡化會有更多的探討。

布爾代數不僅只用作分析與簡化邏輯系統的工具，它也可當作產生邏輯電路的工具，而此電路則將產生想要的輸入／輸出關係。此過程乃稱之為合成而非分析。其他已被用於邏輯系統與電路的分析、合成與文件化的技術則有真值表、圖示符號、時序圖，以及最後但非最終者——語言。若要將這些方法分類，我們可言布爾代數乃為數學工具，真值表為資料組織工具，圖示符號為佈線工具，時序圖為繪圖工具，而語言則是通用描述工具。

今日，任何的這些工具皆可提供輸入予計算機。計算機則可用來簡化並轉譯這些不同形式的描述，且最終提供了製作數位系統所需的輸出形式。為了利用計算機軟體強大功能之優點，首先必須完全知曉描述這些系統時計算機所能瞭解的用語。本章將為您打下深入探討這些用來合成與分析數位系統之重要工具的基礎。

很明顯地，此處所描述的一些工具於描述、分析、設計及製作數位電路上有其無比的價值。若想在數位領域工作的學生，務必多下工夫去瞭解並熟悉布爾代數 (請相信我們，它的確比傳統的代數容易許多) 以及其他的工具。做完全部的例題、習題及問題，即使教授沒有指定也要如此，做了後要消化成自己的。當您看到自己的技巧精進且自信滿滿時，就會發現所下的工夫是很值得的。

3-1　布爾常數與變數

布爾代數不同於一般代數之處，主要是布爾常數與變數僅允許具有兩種可能的數值，即 0 或 1。布爾變數在不同的時間可為 0 或 1 的數值。布爾變數常用來表示在電線上或電路輸入／輸出端的電壓準位。例如，在某數位系統中為 0 的布爾變數值是表示在 0 V 至 0.8 V 間的電壓，而為 1 的布爾變數值是表示在 2 V 至 5 V 間的電壓。*

因此，布爾 0 與 1 並未代表實際的數，只是表示電壓變數的狀態或稱為**邏輯準位** (logic level)。在數位電路中的電壓稱為處於邏輯準位 0 或處於邏輯準位 1，這是依其實際數值而定。在數位邏輯領域中所使用的其他術語是與 0 和 1 同義。表 3-1 列出常用者，我們在大多數情形下將使用 0/1 與低／高 (LOW/HIGH) 術語。

表 3-1

邏輯 0	邏輯 1
偽	真
關閉	打開
低	高
否	是
打開開關	閉合開關

如前面引論中所言者，**布爾代數** (Boolean algebra) 為陳述邏輯電路之輸入與輸出間關係的方法。輸入乃被視成邏輯變數，它們於任意時刻的邏輯準位即決定了輸出準位。接下來的討論將使用字母符號來表示邏輯變數。例如，字母 A 可以表示某個數位電路的輸入或輸出，且在任何時候為 $A=0$ 或 $A=1$，即必為兩者之一。

由於只有兩種可能的數值，布爾代數是比一般代數易於運算。布爾代數中並無分數、十進數、負數、平方根、立方根、對數、虛數等可言。實際上，布爾代數僅有三種基本的運算：*OR*、*AND* 及 *NOT*。

這些基本的運算稱為**邏輯運算** (logic operations)。稱為**邏輯閘** (logic gate) 的數位電路可從二極體、電晶體及電阻依使電路輸出為對輸入所做基本邏輯運算 (*OR*、*AND*、*NOT*) 結果的方式連接。我們首先將使用布爾代數來描述並分析這些基本邏輯閘，而後再分析邏輯閘連接成邏輯電路的組合。

* 0.8 V 與 2 V 間的電壓仍未定義 (不是 0 也不是 1) 且在正常情形下不會產生。

3-2 真值表

真值表 (truth table) 是一種用來描述邏輯電路輸出如何視電路輸入端上所出現邏輯準位而決定的方法。圖 3-1(a) 說明某種類型雙輸入邏輯電路的真值表。表中列出所有可能輸入 A 與 B 上所出現的邏輯準位及所對應的輸出準位 x 的組合。表中第一項指出當 A 與 B 皆為 0 準位時，輸出 x 位於準位 1，或相當於狀態 1。第二項則指出當 B 改變成狀態 1 時，即 $A=0$ 且 $B=1$，輸出 x 將變成 0。依此類推，可得表中其他在任意輸入組合下的輸出狀態。

圖 3-1(b) 與 (c) 為三個輸入及四個輸入的邏輯電路真值表抽樣。同樣地，每個表皆將所有可能的輸入邏輯準位組合置於左方，而得到輸出 x 的邏輯準位則置於右方。當然，x 的實際值則視邏輯電路的類型來決定。

應注意兩個輸入端的真值表有 4 種輸入輸出關係狀態，三個輸入端的真值表有 8 種輸入輸出關係狀態，四個輸入端的真值表有 16 種輸入輸出關係狀態。對於 N 個輸入端的真值表，則具有 2^N 個輸入組合狀態。也要注意所有可能輸入組合狀態的排列是依照二進計數順序，故如此很容易寫下所有的組合狀態而不會有所遺漏。

複習問題

1. 圖 3-1(c) 所表示的是四個輸入的電路，除 B 為 1 外，當所有的輸入皆為 1 時，請問輸出狀態為何？
2. 重複問題 1 於下列的輸入條件：$A=1$，$B=0$，$C=1$，$D=0$。
3. 對於五個輸入的電路，真值表中要有多少項？

輸入　　輸出

A	B	x
0	0	1
0	1	0
1	0	1
1	1	0

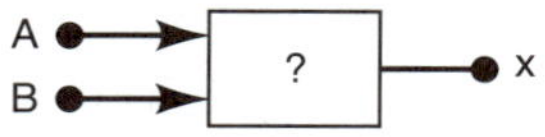

(a)

A	B	C	x
0	0	0	0
0	0	1	1
0	1	0	1
0	1	1	0
1	0	0	0
1	0	1	0
1	1	0	0
1	1	1	1

(b)

A	B	C	D	x
0	0	0	0	0
0	0	0	1	0
0	0	1	0	0
0	0	1	1	1
0	1	0	0	1
0	1	0	1	0
0	1	1	0	0
0	1	1	1	1
1	0	0	0	0
1	0	0	1	0
1	0	1	0	0
1	0	1	1	1
1	1	0	0	0
1	1	0	1	0
1	1	1	0	0
1	1	1	1	1

(c)

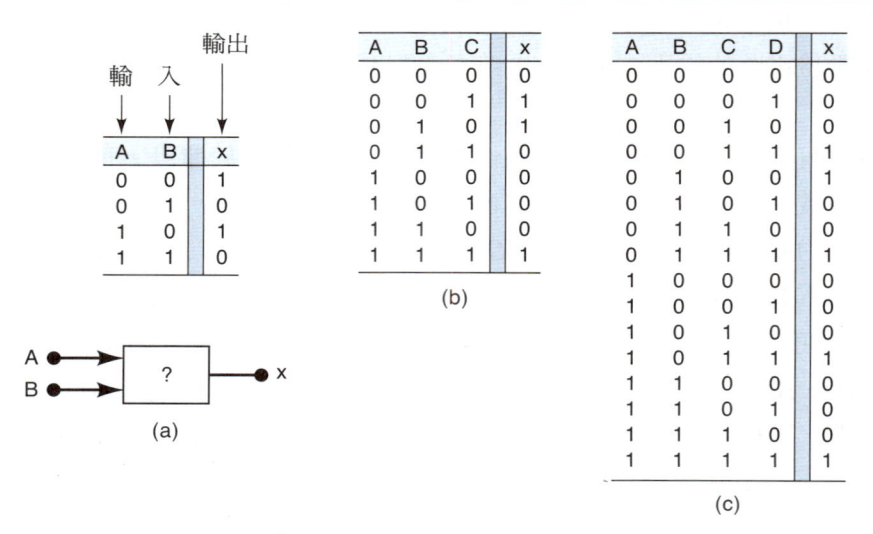

圖 3-1 **(a)** 二個輸入、**(b)** 三個輸入及 **(c)** 四個輸入電路的範例真值表

3-3　利用 OR 閘作 OR 運算

OR 運算 (OR operation) 為三個基本布爾運算的首要學習者。廚房烤箱即為一例。烤箱內的燈光若烤箱燈開關打開 OR 烤箱門未關時就會開亮。我們可使用字母 A 來表示烤箱燈開關是開著，且以字母 B 來表示門是開著的。圖 3-2(a) 的真值表指出 A 與 B 二個邏輯輸入，使用 OR 運算結合後產生輸出 x 的情形。表中指出只要有一個輸入準位為 1 時則 x 為邏輯 1。x 為 0 的唯一情況係發生於二個輸入皆為 0。

OR 運算的布爾表示為：

$$x=A+B$$

在此表示式中，+ 號並非表示一般的加法，而是代表 OR 加法，故於此真值表中將很明顯地看出除了 A 與 B 皆為 1 外，OR 加法運算是與一般的加法運算一樣，但 $1+1=1$ 為 OR 運算的總和，而非一般的加法運算 $1+1=2$。這是容易記憶的，如果我們回想布爾代數中僅有 0 與 1 為可能值，則所能得到的最大值必為 1。使用 OR 運算三個輸入的情況相同。此原則若是用於 $x=A+B+C$ 且在三個輸入皆為 1 的情形下亦為真。亦即：

$$x=1+1+1=1$$

$x=A+B$ 的表示式可讀成 "x 等於 A OR B"，表示當 A 或 B 或二者皆為 1 時，x 將為 1。同樣地，$x=A+B+C$ 一式乃讀成 "x 等於 A OR B OR C"，表示當 A 或 B 或 C 或其任意組合為 1 時，x 將為 1。若以英文來描述此電路時可說 "**WHEN** *A is ture (1)* **OR** *B is ture (1)* **OR** *C is ture (1)*；*x is ture (1)*"

OR 閘

於數位電路中，**OR 閘** (OR gate)⋆ 的電路為具有兩個或更多個輸入端，且其輸出

OR

A	B	x = A + B
0	0	0
0	1	1
1	0	1
1	1	1

(a)

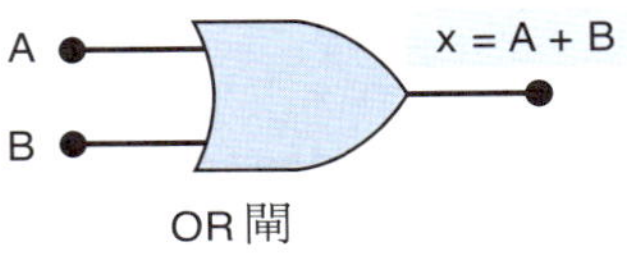

(b)

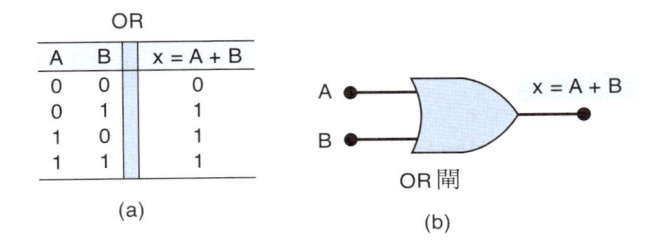

圖 3-2　**(a) 定義 OR 運算的真值表；(b) 兩個輸入 OR 閘的電路符號**

⋆ 閘 (gate) 一詞乃來自於第 **4** 章中將討論到的禁抑／激能運算。

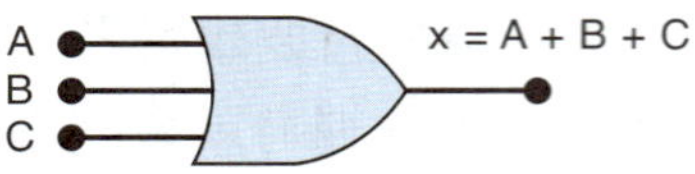

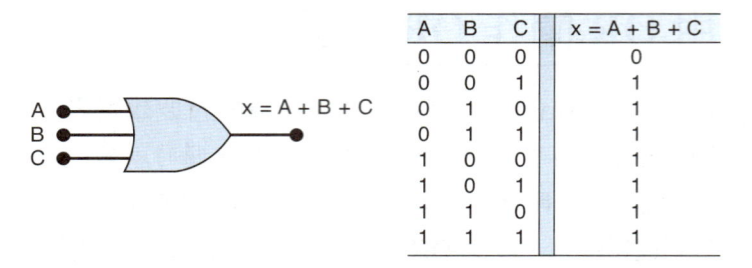

A	B	C	x = A + B + C
0	0	0	0
0	0	1	1
0	1	0	1
0	1	1	1
1	0	0	1
1	0	1	1
1	1	0	1
1	1	1	1

圖 3-3 三輸入 OR 閘的符號與真值表

等於輸入的 OR 組合。圖 3-2(b) 所示為兩個輸入端的 OR 閘的邏輯符號。輸入端 A 與 B 為邏輯電位，且輸出 x 為 A 與 B 之 OR 運算結果的邏輯電位，亦即 $x=A+B$。換言之，OR 閘的運算為若輸入 A 或 B 或兩者都為邏輯 1 電位，則輸出為高電位 (邏輯 1)。然而，若所有的輸入為邏輯 0 時，則 OR 閘輸出為低電位 (LOW，邏輯 0)。

相同的觀念可以推廣到兩個以上輸入端的情形。圖 3-3 所示為三個輸入端 OR 閘與其真值表。核驗真值表便可再次地驗證在任何情形下僅有一個或多個輸入為 1 時，則輸出為 1。對於具有任意輸入端數的 OR 閘而言，此原理是不變的。

應用布爾代數的語法，則輸出 x 可表示為 $x=A+B+C$，此時將再次地強調 + 號代表 OR 運算。任何 OR 閘的輸出可表示為其各輸入的 OR 組合。當我們往下要分析邏輯電路時，便會應用到。

OR 運算摘要

有關 OR 運算與 OR 閘所要記憶的重點如下：

1. OR 運算在任何一個輸入變數為 1 時產生 1 的結果 (輸出)，否則輸出為 0。
2. OR 閘為一個對電路輸入執行 OR 運算的邏輯電路。
3. $x=A+B$ 一式係讀成“x 等於 A OR B”。

例題 3-1

在很多工業控制系統中，需要任何一個輸入或多個輸入啟動時啟動輸出的功能。例如，在化學處理中，處理溫度高過最大值或當壓力大於某一限度時，便使警報器啟動鳴叫。圖 3-4 為滿足該狀況的方塊圖。溫度轉換器電路產生的輸出電壓是處理的溫度。電壓 V_T 與在電壓比較電路中的參考電壓 V_{TR} 比較。比較器輸出 T_H 正常狀況下是低電壓 (邏輯 0)，但 V_T 超越 V_{TR} 時便變為高電壓 (邏輯 1) 且表示處理溫度已超過。類似的配置可用於壓力測定，其相關的比較器輸出為 P_H，當壓力超過

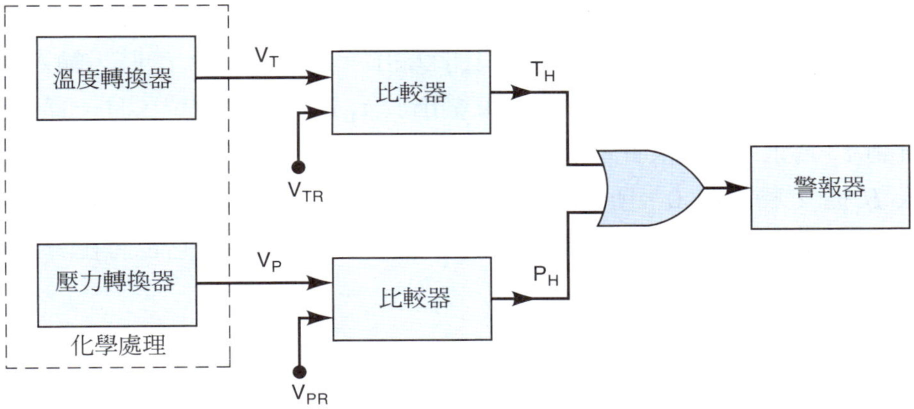

圖 3-4　OR 閘在警報系統中的應用範例

時，使比較器輸出由低電壓變換為高電壓。

解答：因為我們要警報器在溫度或壓力或兩者超過時能啟動鳴叫，故該比較器的輸出可接至一個二輸入端的 OR 閘。如此一來 OR 閘輸出對任一種警報情況皆可為高電位 (邏輯 1) 而啟動警報器。同一原理可擴充應用至兩個以上處理變數的情形。

例題 3-2

試決定圖 3-5 所示的 OR 閘輸出。其中 OR 閘的輸入 A 與 B 係根據圖中的時序圖改變。例如，A 始於 t_0 且為低電位，在 t_1 時變為高電位，而在 t_3 時又回復低電位，依此類推。

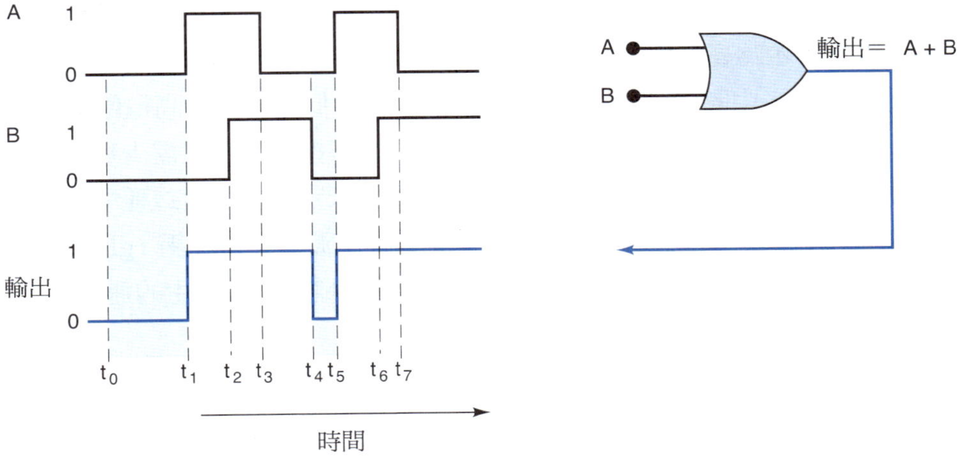

圖 3-5　例題 3-2

解答：當 OR 閘的任何一個輸入為高電位時，則其輸出將為高電位。由於 t_0 與 t_1 期間，它的兩個輸入皆為低電位，因此輸出＝低電位。於 t_1 時，輸入 A 轉變成高電位，而 B 仍維持低電位。這將使輸出於 t_1 時轉成高電位，且一直停留於高電位直到 t_4 為止，因為於此段間隔期間，其中一個或二個輸入為高電位。於 t_4 時，輸入 B 從 1 轉換成 0，所以現在二個輸入皆為低電位，而這將驅動輸出回復到低電位。於 t_5 時，A 轉變成高電位，使輸出又回到高電位，它也將在隨後剩下的時間一直維持於此狀態。

例題 3-3A

對於圖 3-6 所表的情形決定出 OR 閘的輸出波形。

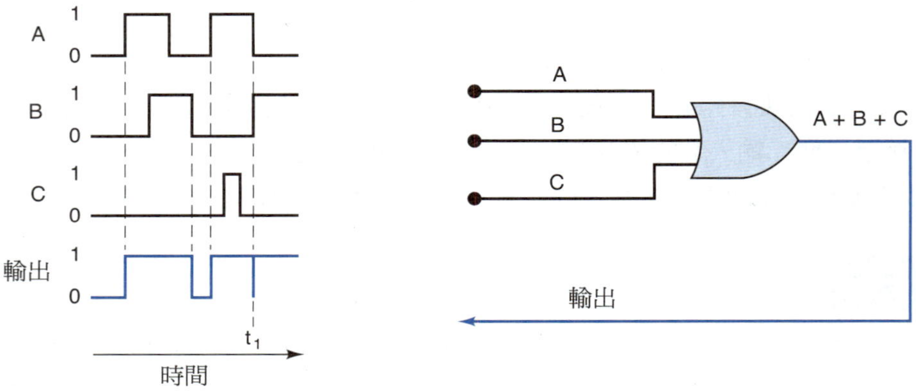

圖 3-6　例題 3-3A 與 B

解答：三個 OR 閘輸入 A、B 及 C 的變化，如波形圖所示。OR 閘的輸出是當任一輸入為高電位時才為高電位。依此推論，OR 閘的輸出波形如圖所示。要特別注意 t_1 時產生的情形，由圖中顯示該瞬間，當輸入 B 由低電位變為高電位時，輸入 A 是由高電位變為低電位。由於這些輸入是大約同時轉換且轉換又需少量時間，所以於此短暫時間中，OR 閘的輸入是介於 0 與 1 間的未定範圍。當這種情形發生時，則 OR 閘輸出在此未定範圍間，故在 t_1 便見到輸出波形為假脈衝 (glitch) 或尖波 (spike)。此假脈衝的產生與其大小 (振幅與寬度) 依輸入轉換產生的速率而定。

例題 3-3B

若當 A 與 B 於時間 t_1 變化時，圖 3-6 的輸入 C 維持在高電位狀態，則輸出中的假脈衝將發生何事？

解答：若在 t_1 時 C 輸入為高電位，OR 閘的輸出則不管其他輸入發生何事皆將維持在高電位，因任何的高電位輸入將維持 OR 閘輸出在高電位。因此，假脈衝將不會出現在輸出中。

複習問題

1. 對 OR 閘而言，使其產生低電位輸出的唯一輸入條件組合為何？
2. 寫出六輸入 OR 閘的布爾表示式。
3. 若圖 3-6 的 A 輸入永遠保持為邏輯 1 電位，產生的輸出波形為何？

3-4　利用 AND 閘作 AND 運算

AND 運算 (AND operation) 是第二個基本的布爾運算。舉一個使用 AND 邏輯的例子，考慮一部典型的乾衣機，只當定時器設定超過零 AND 門是關著時才乾衣 (加熱、翻轉)，如果指定 A 來表示定時器已設定，B 表示門關著，且 x 表示加熱器與馬達是啟動著。圖 3-7(a) 的真值表指出 A 與 B 二個邏輯輸入，利用 AND 運算結合時產生輸出 x 的情形。表中指出只有當 A 與 B 皆位於邏輯 1 準位時，x 才會有邏輯 1。其他情況只要有一個輸入為 0，則輸出為 0。

AND 運算的布爾表示式：

$$x = A \cdot B$$

於此表示式中 "•" 符號表示布爾 AND 運算而非乘法運算。然而，若審視真值表，則可發現對布爾變數的 AND 運算與一般的乘法是相同的。此特性有助於計算包含有 AND 運算的邏輯表示式。

表示式 $x=A \cdot B$ 讀成 "x 等於 A AND B"，意味只有當 A 與 B 皆為 1 時，x 才會為 1。• 符號通常皆省略，所以前式簡寫成 $x=AB$。如果是三個輸入作 AND 一起時，則寫成 $x=A \cdot B \cdot C=ABC$。此讀成 "x 等於 A AND B AND C"，表示只當 A 與 B 與 C 皆為 1 時，x 才會為 1。

AND 閘

圖 3-7(b) 所示為雙輸入 **AND 閘** (AND gate)。AND 閘的輸出是等於邏輯輸入的

AND

A	B	x = A · B
0	0	0
0	1	0
1	0	0
1	1	1

(a)

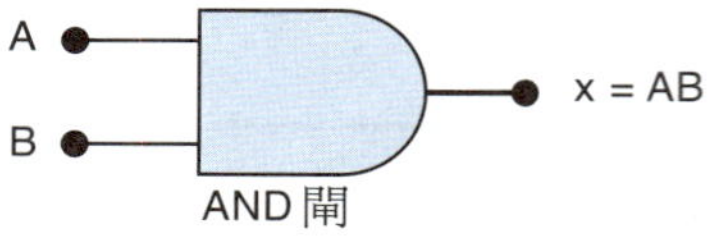

(b)

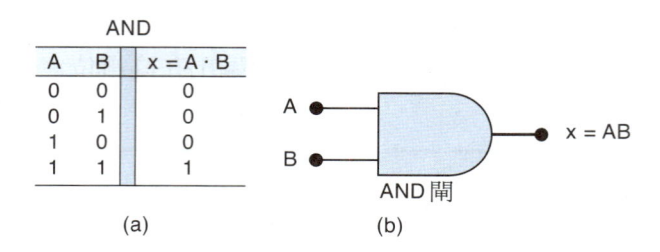

圖 3-7 (a) AND 運算的真值表；(b) AND 閘符號

A	B	C	x = ABC
0	0	0	0
0	0	1	0
0	1	0	0
0	1	1	0
1	0	0	0
1	0	1	0
1	1	0	0
1	1	1	1

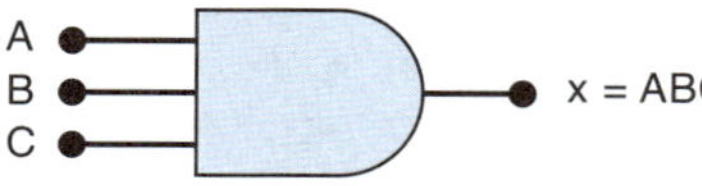

圖 3-8 三輸入 **AND** 閘的真值表與符號

AND 乘積，即 $x = AB$。換言之，AND 閘是一種僅當其所有輸入全為高電位且其輸出才為高電位的電路。在其他狀況下，該 AND 輸出為低電位。

同樣地，AND 閘的運算特性亦可適用於兩個輸入以上的電閘。例如，三輸入 AND 閘與其真值表示於圖 3-8，再一次要注意電閘的輸出為 1 是僅當 $A = B = C = 1$ 的情形下，其輸出表示式為 $x = ABC$。對於四輸入的 AND 閘而言，輸出為 $x = ABCD$，依此類推。

注意 AND 閘與 OR 閘符號間的區別。當在邏輯電路圖中見到 AND 閘符號時，便須知僅當所有輸入為高電位時才有高電位輸出。一旦見到 OR 閘符號時，便須知當任一輸入為高電位時才有高電位輸出。

AND 運算摘要

1. AND 運算是恰與一般 1 與 0 的乘法運算一樣。
2. AND 閘為對電路之輸入執行 AND 運算的邏輯電路。
3. AND 閘輸出只當全部之輸入皆為 1 時之情況才將為 1；所有其他的情況則輸出將為 0。
4. 表示式 $x = AB$ 係讀成"x 等於 A AND B"。

例題 3-4

已知 AND 閘的輸入波形如圖 3-9 所示，試決定其輸出 x。

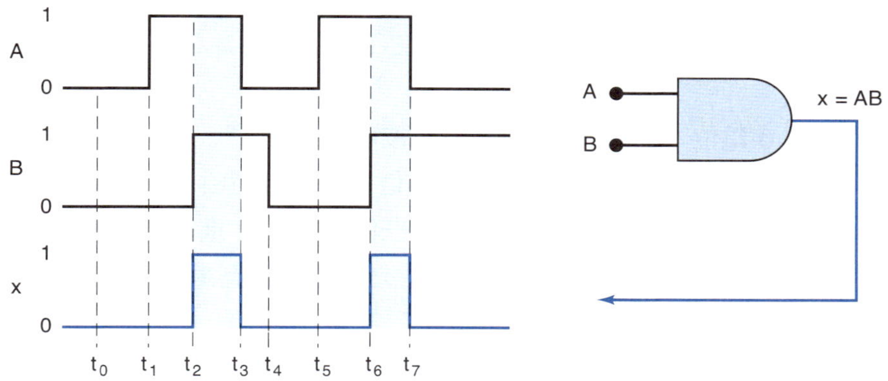

圖 3-9　例題 3-4

解答： AND 閘的輸入必須同時都是高電位，輸出方為高電位。對於圖中所示的輸入波形而言，僅區間 t_2-t_3 與 t_6-t_7 滿足上述條件，因此該段區間的輸出為高電位。其餘時間，總有一個或一個以上的輸入為低電位，於是產生低電位輸出。注意，只要 AND 閘的一個輸入為低電位，則輸出將無視其他輸入的邏輯準位而呈現低電位。

例題 3-5A

試決定出圖 3-10 AND 閘的輸出波形。

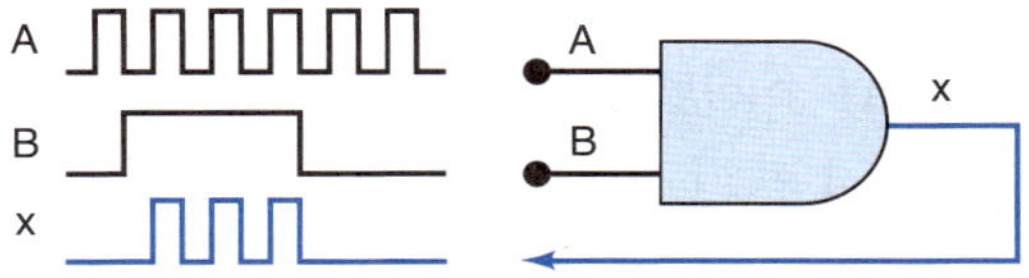

圖 3-10　例題 3-5A 與 B

解答： 只有當 A 與 B 同時為高電位時，輸出 x 為高電位。依此事實，x 的波形則如圖所示。

注意，一旦 B 為 0 時，x 波形為 0 且與 A 的信號不相干。也要留意，一旦 B 為 1 時，x 波形是與 A 信號相同。故我們可認為 B 輸入是可以決定 A 波形是否

可送至 x 輸出的控制輸入。在此情形下，AND 閘可用來作為禁抑電路 (inhibit circuit)。故我們可以說 $B=0$ 為產生 0 輸出的禁抑條件。反之，若 $B=1$ 即為激能 (enable) 條件，則可使 A 波形送至輸出端。這種禁抑操作是 AND 閘的一項重要應用，稍後將會再次遇到。

例題 3-5B

若 B 輸入保持 0 電位，則圖 3-10 的 x 輸出波形為何？

解答：B 保持為低電位，則 x 輸出將保持為低電位。有兩項不同的說明理由。第一項是 $B=0$ 時，則 $x=A \cdot B=A \cdot 0=0$，因任何變數與 0 進行 AND 運算將為 0。另一項則是 AND 閘需要所有輸入為高電位來使輸出為高電位，故若 B 保持低電位，則輸出為高電位將無法發生。

複習問題

1. 在五個輸入 AND 閘的輸出產生高電位的唯一輸入狀態組合為何？
2. 若兩個輸入的 AND 閘在第一輸入端的邏輯信號被禁抑 (阻止) 送至輸出端，則第二輸入端的邏輯電位將為何？
3. 真或偽：對相同的輸入條件而言，AND 閘的輸出將總是不同於 OR 閘的輸出。

3-5 NOT 運算

NOT 運算 (NOT operation) 不同於 OR 與 AND 運算的地方，乃其可於單一輸入變數上執行。例如，若變數 A 執行 NOT 運算，則結果 x 可表示為

$$x=\overline{A}$$

A 上的短線是代表 NOT 運算。此表示式可讀成"x 等於 NOT A"或"x 等於 A 的反相"或"x 等於 A 的補數"。上述為常用的讀法且其皆表示 $x=\overline{A}$ 的邏輯值與 A 的邏輯值相反。圖 3-11(a) 的真值表便清楚地表明在 $A=0$ 與 $A=1$ 兩種情形下的 NOT 運算結果，即

$$0=\overline{1} \qquad \text{因為 0 不為 1}$$

及

$$1=\overline{0} \qquad \text{因為 1 不為 0}$$

NOT

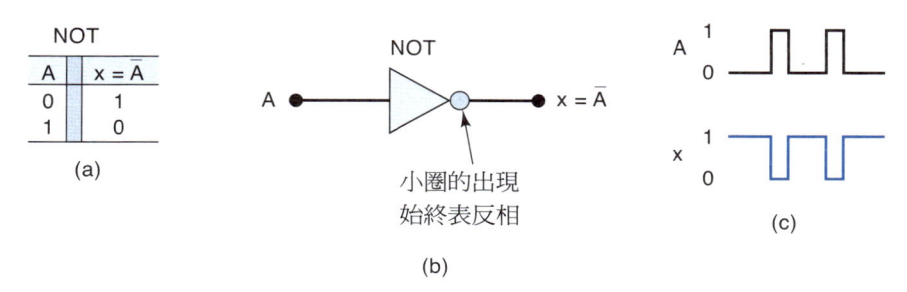

A	x = $\overline{A}$
0	1
1	0

(a)

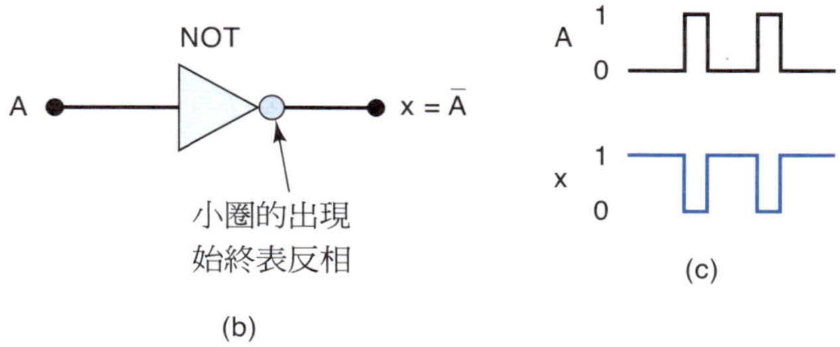

圖 3-11　**NOT 電路的 (a) 真值表、(b) 符號與 (c) 取樣波形**

NOT 運算亦稱為**反相** (inversion) 或**互補** (complementation)，且上述術語於本書中常交互使用。雖然我們總是使用變數上的橫線代表反相，但仍須提及另一種表示反相的方式，便是在變數上加上撇號 (′)，即：

$$A' = \overline{A}$$

上述兩種表示方式皆代表反相運算。

NOT 電路 (反相器)

圖 3-11(b) 所示為 **NOT 電路** (NOT circuit) 的符號，該電路通稱為**反相器** (INVERTER)。這個電路僅有一個輸入端，且其輸出邏輯準位總是與其輸入邏輯準位相反。圖 3-11(c) 所示為 INVERTER 如何對輸入信號有反相的效應。它將輸入信號波形的各部分加以反相，是故當輸入＝0 時，輸出＝1，反之亦然。

應用 3-1

圖 3-12 為一典型的 NOT 閘應用實例。按鈕鍵乃接線成當它被按下時即產生出邏輯 1。有時我們想知曉按鈕是否被按著，所以此電路提供了一個表示式，當按鈕未被按下時為真。

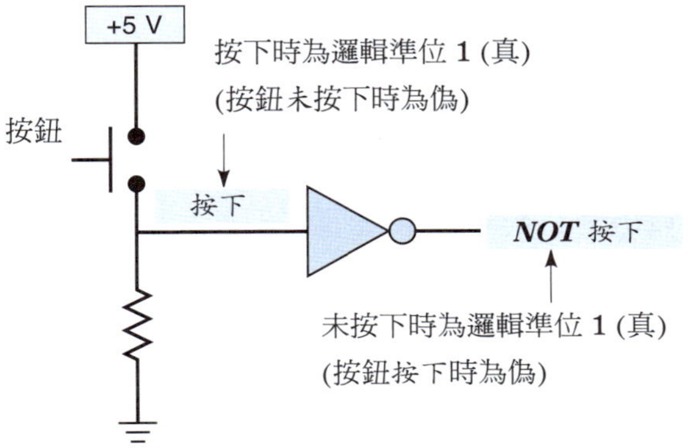

圖 3-12　**NOT 閘指出了當輸出為真時，顯示出按鈕未被按下**

布爾運算摘要

對於 OR、AND 及 NOT 運算可摘要如下所示：

OR	***AND***	***NOT***
$0+0=0$	$0\cdot 0=0$	$\overline{0}=1$
$0+1=1$	$0\cdot 1=0$	$\overline{1}=0$
$1+0=1$	$1\cdot 0=0$	
$1+1=1$	$1\cdot 1=1$	

複習問題

1. 圖 3-11 中 INVERTER 的輸出被連接至第二個 INVERTER 的輸入端。試求對輸入 A 的各電位而言，第二個 INVERTER 的輸出電位。
2. 圖 3-7 的 AND 閘被連接至 INVERTER 的輸入端。試寫出在 A 與 B 輸入的各狀態組合下，可表明 INVERTER 輸出 y 的真值表。

3-6 用代數式描述邏輯電路

任何邏輯電路無論如何的複雜皆可用三種基本的布爾運算來完全加以定義，因 OR 閘、AND 閘及 NOT 電路是數位系統的基本組成單元。例如，考慮圖 3-13(a) 的電路，該電路具有三個輸入 A、B 及 C，且具有單個輸出 x。利用布爾代數式表示各電閘，便很容易地求得輸出的表示式。

AND 閘的輸出表示式可寫成 $A\cdot B$。此 AND 運算輸出與另一輸入 C 相接連至 OR 閘來作為其輸入。OR 閘對其輸入運算且其輸出為其輸入的 OR 總和。因此，我們可表示 OR 輸出為 $x=A\cdot B+C$。(最後的表示式可寫成 $x=C+A\cdot B$，因為 OR 總和的哪一項先寫毋須介意。)

運算順序

偶爾會對表示式中哪個運算先執行產生困擾。$A\cdot B+C$ 表示式有兩種不同的說明方式，即：(1) $A\cdot B$ 與 C 相互 OR，或 (2) A 與 $B+C$ 相互 AND。要避免這種混

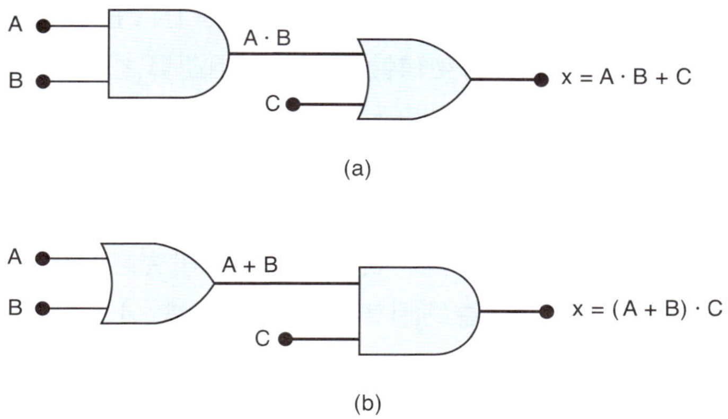

圖 3-13　**(a)** 具布爾表示式的邏輯電路；**(b)** 表示式需要括弧的邏輯電路

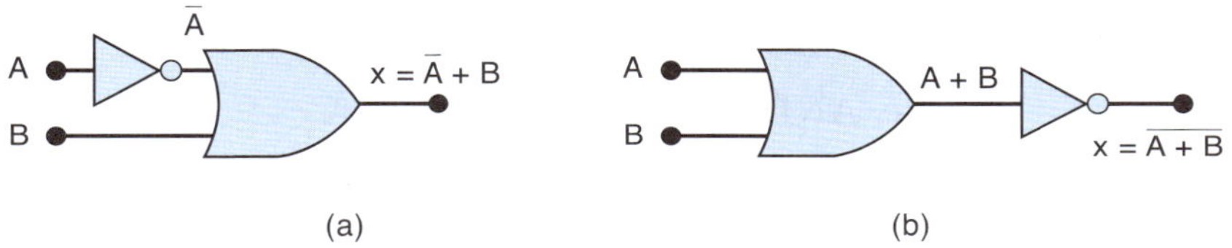

圖 3-14　使用 **INVERTER** 的電路

淆，必須瞭解若表示式中含有 AND 與 OR 的運算，則 AND 運算要先執行，除非表示式中含有括號，在這種情況下要先執行括號中的運算。在一般的代數中決定執行運算的順序亦是使用這種相同的原則。

再舉一例，考慮圖 3-13(b) 中的電路。OR 閘輸出的表示式為 $A+B$。這個輸出與另一輸入 C 皆為 AND 閘的輸入。因此，AND 閘的輸出表示式為 $x=(A+B)\cdot C$。注意式中括號的應用是用來表明 A 與 B 是要先執行 OR 運算，接著再執行與 C 相互 AND 的運算。若不使用括號，則將表成錯誤式子，因為 $A+B\cdot C$ 係指 A 是與 $B\cdot C$ 相互 OR。

含有 INVERTER 的電路

當 INVERTER 出現在邏輯電路圖時，則輸出表示式僅是等於在輸入表示式上加一短線。圖 3-14 便表示出使用 INVERTER 的兩個範例。在圖 3-14(a) 的輸入 A 經由一 INVERTER，則輸出為 $\overline{A}$。$\overline{A}$ 與 B 又皆為 OR 閘的輸入，故 OR 閘輸出為 $\overline{A}+B$。注意表示反相的短線只放在 A 之上，此即表示先將 A 反相後再與 B 相互 OR。

圖 3-14(b) 的 OR 閘輸出為 $A+B$ 且再經由一 INVERTER。INVERTER 的輸出等於 ($\overline{A+B}$)，此乃因其將整個輸入執行反相運算之故。注意，短線是全覆於 ($A+B$) 表示式之上，這是很重要的，因為稍後會提及表示式 ($\overline{A+B}$) 與 ($\overline{A}+\overline{B}$) 的不同。表示式表示 A 與 B 相互 OR 且再反相，表示式 ($\overline{A}+\overline{B}$) 則表示 A 被反相與 B 被反相後再相互 OR 在一起。

圖 3-15 再表明兩個例子，我們要更加留意地研究之。特別要注意圖 3-15(b) 兩個不同括號的應用，也要留意到圖 3-15(a) 輸入變數 A 被接連作為兩個不同邏輯閘的輸入。

複習問題

1. 在圖 3-15(a) 中將每個 AND 閘改為 OR 閘，每個 OR 閘改為 AND 閘，再寫出輸出 x 的表示式。
2. 在圖 3-15(b) 中將每個 AND 閘改為 OR 閘，每個 OR 閘改為 AND 閘，再寫出 x 的表示式。

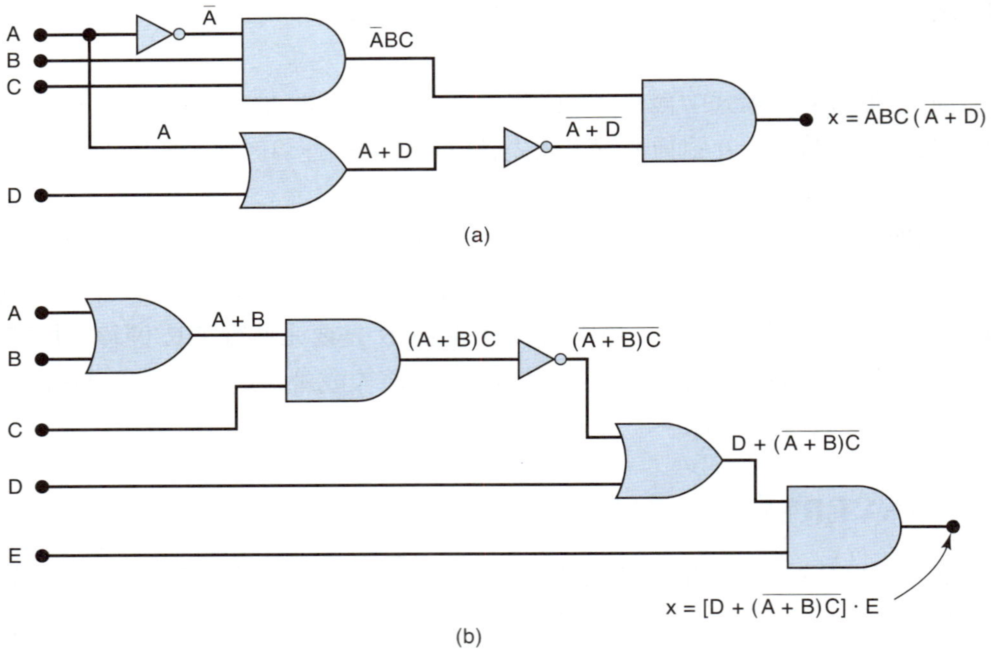

圖 3-15　更多例子

3-7　解析邏輯電路輸出

一旦有了電路輸出的布爾表示式後，輸出的邏輯電位將為電路輸入值所決定。例如，若我們想要知道圖 3-15(a) 的電路在輸入 $A=0$、$B=1$、$C=1$ 及 $D=1$ 的情形下輸出 x 的邏輯電位值，則如同一般的代數一樣，可以將變數的各值代入式中，且執行所示的運算而得 x 的輸出值如下：

$$\begin{aligned} x &= \overline{A}BC(\overline{A+D}) \\ &= \overline{0}\cdot 1\cdot 1\cdot(\overline{0+1}) \\ &= 1\cdot 1\cdot 1\cdot(\overline{0+1}) \\ &= 1\cdot 1\cdot 1\cdot(\overline{1}) \\ &= 1\cdot 1\cdot 1\cdot 0 \\ &= 0 \end{aligned}$$

另一例是要求出圖 3-15(b) 的電路在 $A=0$、$B=0$、$C=1$、$D=1$ 及 $E=1$ 情形下的 x 輸出，則：

$$\begin{aligned} x &= [D + \overline{(A+B)C}]\cdot E \\ &= [1 + \overline{(0+0)\cdot 1}]\cdot 1 \\ &= [1 + \overline{0\cdot 1}]\cdot 1 \\ &= [1 + \overline{0}]\cdot 1 \\ &= [1 + 1]\cdot 1 \\ &= 1\cdot 1 \\ &= 1 \end{aligned}$$

一般而言，在解析布爾表示式時，應遵循下列的法則：

1. 首先要執行各項的所有反相部分，即 $\overline{0}=1$ 或 $\overline{1}=0$。
2. 再執行括號中的所有運算。
3. 除了有括號表示外，在執行 OR 運算前要先執行 AND 運算。
4. 如果表示式上帶有橫線，則先執行該表示式的運算並將結果反相。

讀者可嘗試決定全部輸入設為 1 時，圖 3-15 中二個電路圖的輸出。答案分別為 $x=0$ 與 $x=1$。

利用表來分析

一旦您有一個組合邏輯電路並且想要知曉它是如何工作的，最佳的分析方式為利用真值表。此方法的優點如下：

能讓您某一刻分析一個閘或邏輯電路。

能讓您易於重複檢查手頭上的工作。

當您完成工作時，您會得到一個在偵錯邏輯電路時非常有利的表。

記得真值表將以數值順序列出所有可能的輸入組合。對於每種可能的輸入組合，我們就可找出邏輯電路中包含輸出在內的每個點 (節點) 的邏輯狀態。請參考圖 3-16(a) 的例子。此電路中有若干個中間節點既非電路之輸入亦非輸出。它們僅是其中一個閘輸出與另一個閘輸入間的連線罷了。於此圖中，它們是標示成 u、v 與 w。列出所有輸入組合後的第一步為產生出每個中間信號 (節點) 之真值表中的行，如圖 3-16(b) 中所示，節點 u 已被 A 的補數填入。

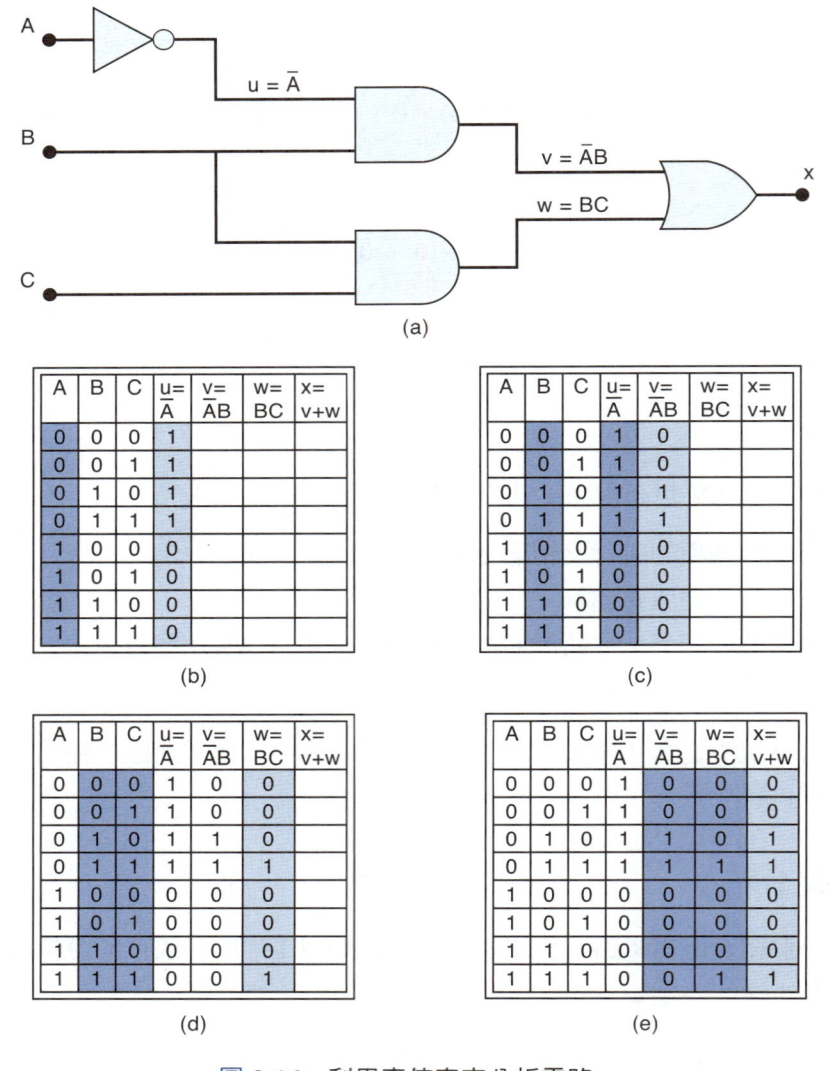

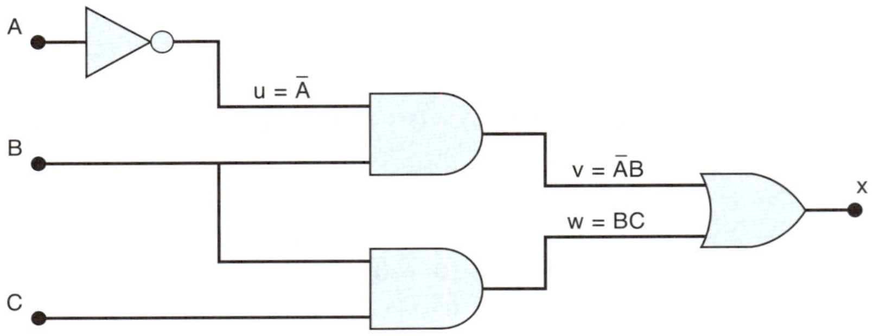

(a)

A	B	C	$u=\bar{A}$	$v=\bar{A}B$	$w=BC$	$x=v+w$
0	0	0	1			
0	0	1	1			
0	1	0	1			
0	1	1	1			
1	0	0	0			
1	0	1	0			
1	1	0	0			
1	1	1	0			

(b)

A	B	C	$u=\bar{A}$	$v=\bar{A}B$	$w=BC$	$x=v+w$
0	0	0	1	0		
0	0	1	1	0		
0	1	0	1	1		
0	1	1	1	1		
1	0	0	0	0		
1	0	1	0	0		
1	1	0	0	0		
1	1	1	0	0		

(c)

A	B	C	$u=\bar{A}$	$v=\bar{A}B$	$w=BC$	$x=v+w$
0	0	0	1	0	0	
0	0	1	1	0	0	
0	1	0	1	1	0	
0	1	1	1	1	1	
1	0	0	0	0	0	
1	0	1	0	0	0	
1	1	0	0	0	0	
1	1	1	0	0	1	

(d)

A	B	C	$u=\bar{A}$	$v=\bar{A}B$	$w=BC$	$x=v+w$
0	0	0	1	0	0	0
0	0	1	1	0	0	0
0	1	0	1	1	0	1
0	1	1	1	1	1	1
1	0	0	0	0	0	0
1	0	1	0	0	0	0
1	1	0	0	0	0	0
1	1	1	0	0	1	1

(e)

圖 3-16 利用真值表來分析電路

下一步就是填滿 v 行內的值，如圖 3-16(c) 中所示。從圖中即可看到 $v=\overline{A}B$。節點 v 於 $\overline{A}$ (節點 u) 為高電位 AND B 為高電位時一定為高電位。此結果一旦 A 為低電位 AND B 為高電位時即會發生。第三步為預測 BC 之邏輯乘積的節點 w 之值。此行於 B 為高電位 AND C 是高電位就會為高電位，如圖 3-16(d) 中所示。最後一步為將 v 與 w 行作邏輯地組合來預測輸出 x。由於 $x=v+w$，因此，x 輸出於 v 為高電位 OR w 是高電位時將為高電位，如圖 3-16(e) 所示。

如果您建構了此電路但在所有的條件下未產生 x 的正確輸出，則此表可用來找出問題所在。一般採取的步驟是在每種的輸入組合下來測試電路。如果任何的輸入組合皆產生不正確的輸出 (即有錯誤)，則將電路中每個中間節點的真實邏輯狀態與真值表中送上彼輸入條件時的理論值作比較。如果中間節點的邏輯狀態是*正確的*，則問題必定出在該節點的很右方。如果中間節點的邏輯狀態是*不正確的*，則問題必定在該節點左方 (或者該節點短路到某東西上)。詳細的除錯步驟以及可能的電路錯誤於第 4 章裡將作廣泛的介紹。

例題 3-6

試藉由產生一個能顯示出電路每個節點之狀態的表來分析圖 3-15(a) 的操作。

解答：於 $A=0$ 且 $B=1$ 且 $C=1$ 處之所有項目填入 1 來填滿 t 行。

於 $A=1$ 或 $D=1$ 處之所有項目填入 1 來填滿 u 行。

A	B	C	D	$t=\overline{A}BC$	$u=A+D$	$v=\overline{A+D}$	$x=tv$
0	0	0	0	0	0	1	0
0	0	0	1	0	1	0	0
0	0	1	0	0	0	1	0
0	0	1	1	0	1	0	0
0	1	0	0	0	0	1	0
0	1	0	1	0	1	0	0
0	1	1	0	1	0	1	1
0	1	1	1	1	1	0	0
1	0	0	0	0	1	0	0
1	0	0	1	0	1	0	0
1	0	1	0	0	1	0	0
1	0	1	1	0	1	0	0
1	1	0	0	0	1	0	0
1	1	0	1	0	1	0	0
1	1	1	0	0	1	0	0
1	1	1	1	0	1	0	0

將 u 行中的所有項目取補數來填滿 v 行。
於 $t=1$ 與 $v=1$ 處之所有項目填入 1 來填滿 x 行。

複習問題

1. 試求圖 3-15(a) 電路在 $A=0$、$B=1$、$C=1$ 及 $D=0$ 的情形下，x 輸出值為何？
2. 試求圖 3-15(b) 電路在 $A=B=E=1$、$C=D=0$ 的情形下，x 輸出值為何？
3. 以同圖 3-16 由電路圖直接解析的方式求出問題 1 與 2 各邏輯閘的輸入與輸出邏輯準位。

3-8 由布爾表示式製作電路

當電路的運算已由布爾表示式定義時，則邏輯電路圖可直接由該式描繪出。例如，若我們需要定義為 $x=A\cdot B\cdot C$ 的電路，則我們將立即知道是需要一個具有三輸入端的 AND 閘；如果我們需要定義為 $x=A+\overline{B}$ 的電路，則知需使用其一輸入端具有單個 INVERTER 的雙輸入端 OR 閘。對於各情形下使用同樣的解析原則可擴展出更為複雜的電路。

假設我們想要製作出具有輸出為 $y=AC+B\overline{C}+\overline{A}BC$ 的電路。布爾表示式具有的三項 (AC，$B\overline{C}$，$\overline{A}BC$) 是 OR 在一起，此即告訴我們需要一個三輸入端的 OR 閘且其輸入各別為 AC、$B\overline{C}$ 及 $\overline{A}BC$，此例示於圖 3-17(a)，這個三輸入端的 OR 閘所具有的輸入標示為 AC、$B\overline{C}$ 及 $\overline{A}BC$。

OR 閘的各輸入為 AND 乘項，此即表示需用到具有正確輸入的 AND 閘來產生這些乘項，前文示於圖 3-17(b)，此為最後的電路圖。注意 INVERTER 的使用是用來產生式中所需的 $\overline{A}$ 與 $\overline{C}$。

雖然有更高明且更為有效的技術可以應用，但此法仍可沿用。目前這種直接方法是用來將所要學習的新東西減至最少。

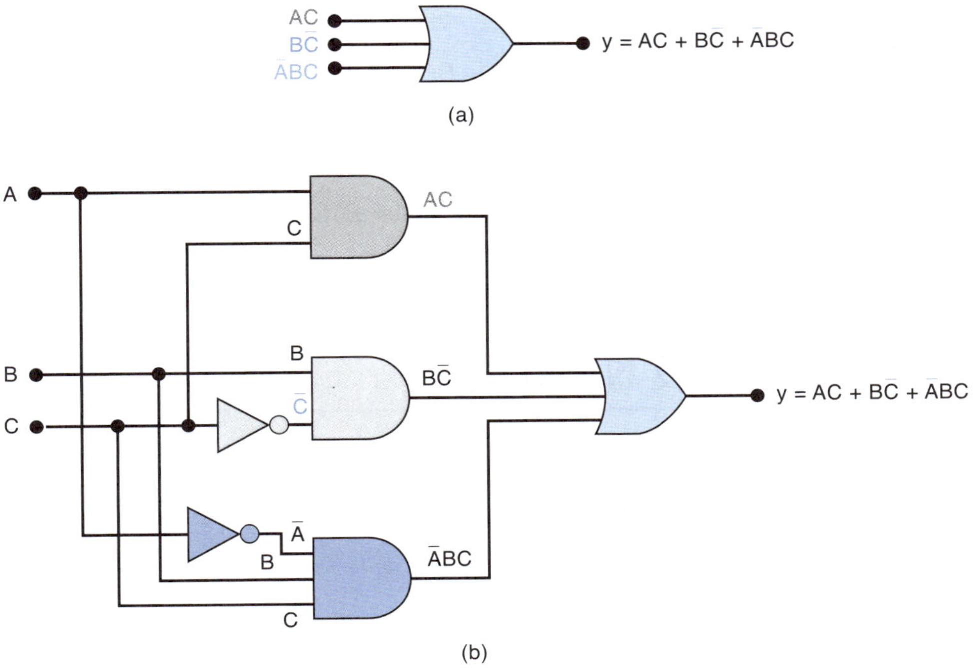

圖 3-17　由布爾表示式建立邏輯電路

例題 3-7

試繪出製作 $x=(A+B)(\overline{B}+C)$ 表示式的電路圖。

解答：此式指出 $A+B$ 與 $\overline{B}+C$ 項係為 AND 閘的輸入，且此二項的每一個皆是由獨立分開的 OR 閘所產生。結果如圖 3-18 所示。

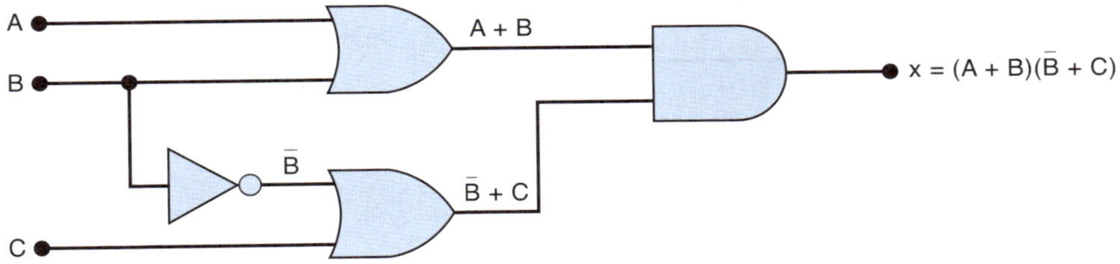

圖 3-18　例題 3-7

複習問題

1. 試繪出可輸出 $x=\overline{A}BC(\overline{A+D})$ 的電路圖，並使用不超過三個輸入端的電路閘。
2. 試繪出可輸出 $y=AC+B\overline{C}+\overline{A}BC$ 的電路圖。
3. 試繪出可輸出 $x=[D+\overline{(A+B)C}]\cdot E$ 的電路圖。

3-9 NOR 閘及 NAND 閘

有兩種其他類型的邏輯閘為 NOR 閘與 NAND 閘，此兩者亦廣用於數位電路。這些電閘實際上是由基本的 AND、OR 及 NOT 運算所組合，所以寫出它們的布爾表示式是相當容易的事。

NOR 閘

兩個輸入端的 **NOR 閘** (NOR gate) 符號示於圖 3-19(a) 中，除了有一個小圈置於輸出端外，它與 OR 閘符號十分相同。小圈即代表反相運算，所以 NOR 閘的運算有如 OR 閘後隨著 INVERTER，即圖 3-19(a) 與 (b) 是同等的，此 NOR 閘的輸

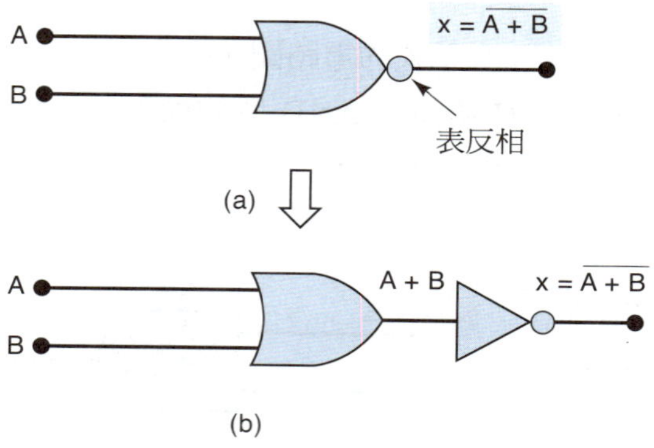

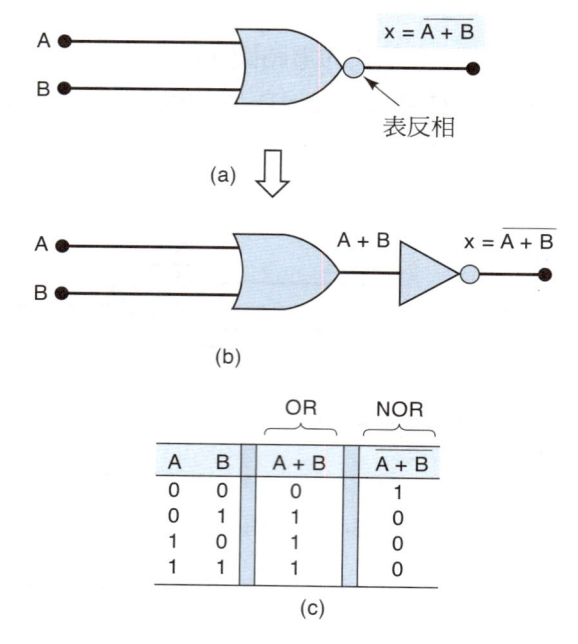

A	B	OR: A + B	NOR: $\overline{A+B}$
0	0	0	1
0	1	1	0
1	0	1	0
1	1	1	0

(c)

圖 3-19 **(a) NOR** 符號；**(b)** 等效電路；**(c)** 真值表

出表示式為 $x=\overline{A+B}$。

圖 3-19(c) 的真值表表示對所有的可能輸入情形而言，NOR 閘輸出恰為 OR 閘輸出的反相。當 OR 閘的任一輸入為高電位時，則輸出為高電位。但當 NOR 閘的任一輸入為高電位時，則輸出為低電位。同樣的運算可擴展至具有二個輸入端以上的 NOR 閘。

例題 3-8

試求出圖 3-20 所示輸入波形的 NOR 閘輸出波形。

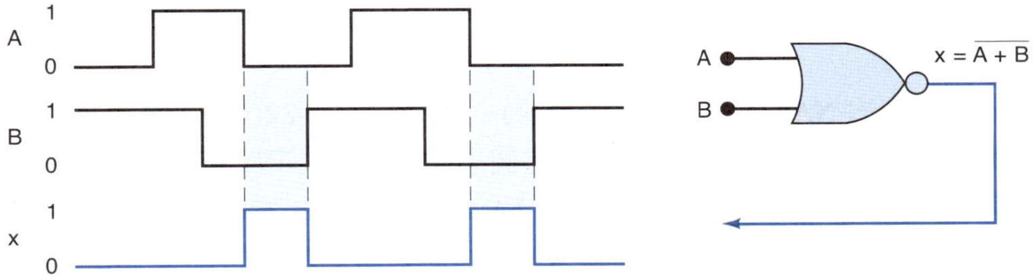

圖 3-20　例題 3-8

解答：求出 NOR 輸出波形的其中一種方法是先求出 OR 閘輸出波形後再將其反相(改變所有的 1 為 0，反之亦然)。另一種方法是使用 NOR 閘輸出是僅當所有輸入為低電位時才為高電位的特性。因此，便可核驗輸入波形以求出在哪些時間區間的輸入波形全為低電位，則 NOR 閘於該區間的輸出便為高電位。對於其他的時間區間而言，NOR 閘輸出則為低電位。最後結果的輸出波形表示於圖中。

例題 3-9

試求出後隨一個 INVERTER 三輸入端 NOR 閘的布爾表示式。

解答：參考圖 3-21 所示的電路圖，則 NOR 閘輸出表示式為 $(\overline{A + B + C})$，再經由一個 INVERTER 產生：

$$x = (\overline{\overline{A + B + C}})$$

兩條橫線表雙反相符號，即說明 $(A+B+C)$ 被反相二次。顯然表示該式仍為 $(A+B+C)$ 的結果而未有變化，即：

$$x = (\overline{\overline{A + B + C}}) = (A + B + C)$$

不論何時，當雙反相橫線置於同一變數之上時，其互為抵銷，如上例所示。但是在 $\overline{\overline{A}+\overline{B}}$ 情形下的反相橫線並未互相抵銷，這是由於較短的反相橫線只將變數 A 與 B 反相，而較長的反相橫線是將 $(\overline{A}+\overline{B})$ 全反相。因此 $\overline{\overline{A}+\overline{B}} \neq A+B$。同樣地，$\overline{\overline{A}\,\overline{B}} \neq AB$。

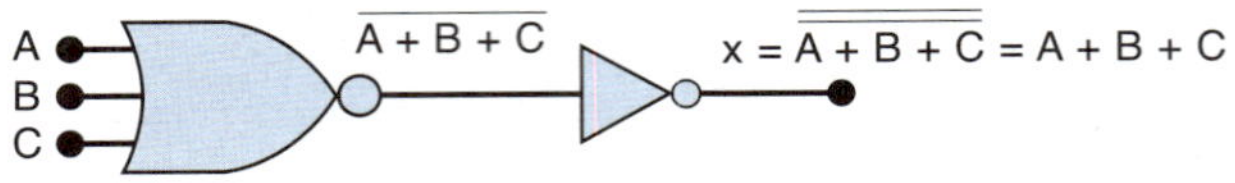

圖 3-21　例題 3-9

NAND 閘

兩個輸入端的 **NAND 閘** (NAND gate) 符號示於圖 3-22(a)。除了有個小圈擺在輸出端外，其與 AND 閘符號相同。這個小圈同樣是表示反相運算。因此，NAND 閘運算有如 AND 閘後跟隨一個 INVERTER，故圖 3-22(a) 與 (b) 的電路是等效的，且 NAND 閘的輸出表示式為 $x=\overline{AB}$。

圖 3-22(c) 的真值表說明對所有可能輸入情形而言，NAND 閘的輸出恰為 AND 閘的反相。AND 閘的輸出為高電位是僅當所有輸入為高電位的時候，而 NAND 閘卻只在所有輸入為高電位時有低電位輸出。此特性對具有兩個以上輸入端的 NAND 閘而言仍為真。

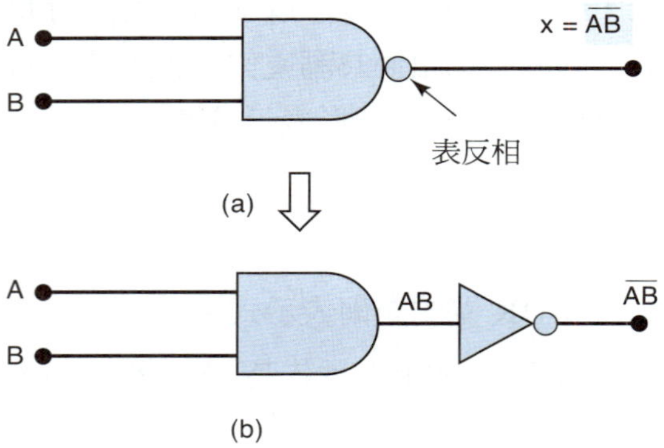

		AND	NAND
A	B	AB	$\overline{AB}$
0	0	0	1
0	1	0	1
1	0	0	1
1	1	1	0

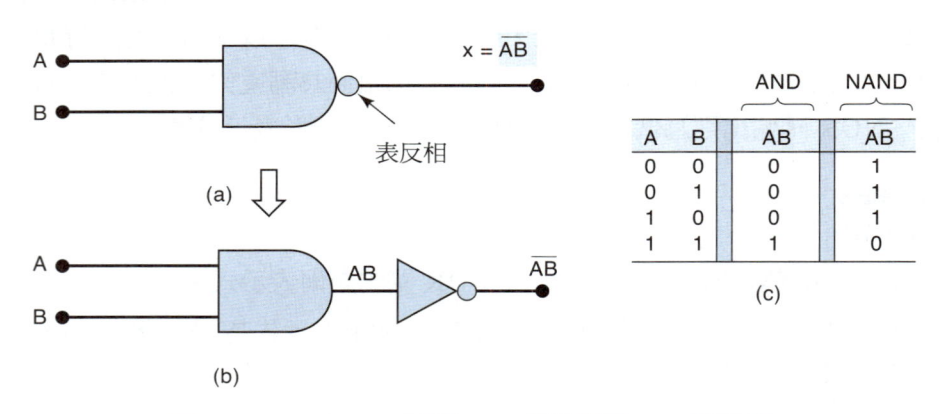

(c)

圖 3-22　**(a) NAND 符號；(b) 等效電路；(c) 真值表**

例題 3-10

試求出示於圖 3-23 輸入波形的 NAND 閘輸出波形。

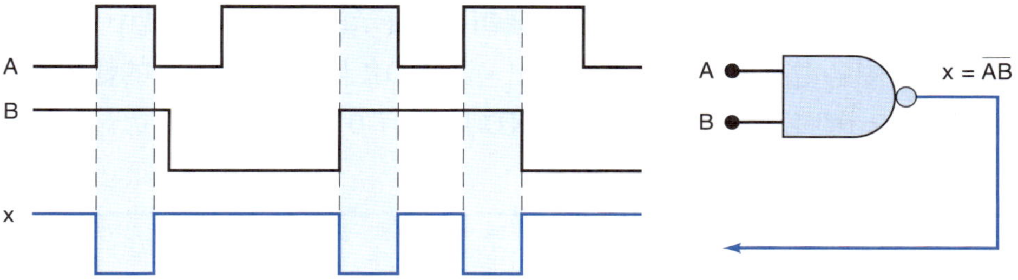

圖 3-23　例題 3-10

解答：輸出波形有數種求法。一種方法是先繪出 AND 閘的輸出波形，然後將其反相。另一種方法是利用 NAND 閘輸出是僅當所有輸入為高電位時才為低電位的特性。因此，我們可以求出在哪些時間區間的輸入全為高電位，則 NAND 閘於該區間便輸出低電位，在其他的時間區間輸出為高電位。

例題 3-11

僅用 NOR 閘與 NAND 閘來組成輸出為 $x = \overline{AB \cdot (\overline{C + D})}$ 的邏輯電路。

解答：$(\overline{C + D})$ 項是 NOR 閘輸出的表示式。這項與 A 和 B 相 AND 且結果被反相，故為 NAND 運算。本電路示於圖 3-24。注意 NAND 閘先將 A、B 及 $(\overline{C + D})$ 項 AND 在一起後再反相。

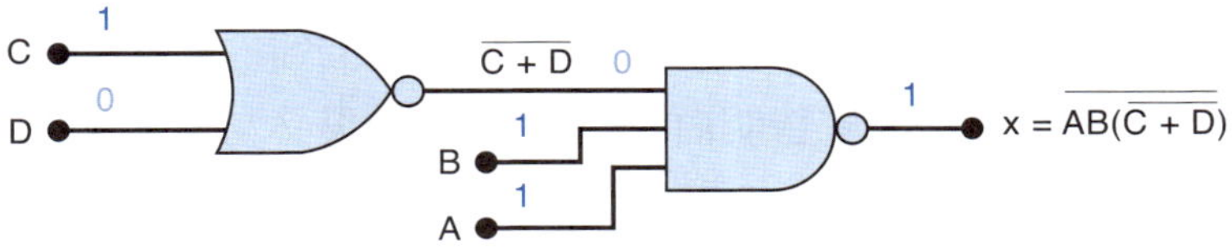

圖 3-24　例題 3-11 與 3-12

例題 3-12

試求圖 3-24 於 $A=B=C=1$ 與 $D=0$ 情形下的輸出電位。

解答：第一種方法是用 x 表示式，即

$$
\begin{aligned}
x &= \overline{AB(\overline{C + D})} \\
&= \overline{1 \cdot 1 \cdot (\overline{1 + 0})} \\
&= \overline{1 \cdot 1 \cdot (\overline{1})} \\
&= \overline{1 \cdot 1 \cdot 0} \\
&= \overline{0} = 1
\end{aligned}
$$

第二種方法是寫出在電路圖上的各輸入邏輯準位 (示於圖 3-24 括號中)，且這些輸入邏輯準位經由各電閘以得到最後的輸出。該 NOR 閘具有 1 與 0 的輸入而產生 0 輸出 (如為 OR 閘將產生 1 輸出)。NAND 閘具有 0、1 的輸入準位，且 1 產生 1 的輸出 (如為 AND 閘則產生 0 輸出)。

複習問題

1. 由三輸入 NOR 閘產生高電位輸出的唯一輸入狀態組合為何？
2. 在圖 3-24 中，當 $A=B=1$，$C=D=0$ 時，輸出準位為何？
3. 將圖 3-24 中的 NOR 閘改為 NAND 閘且 NAND 閘改為 NOR 閘，則 x 的新表示式為何？

3-10 布爾定理

我們已見識到布爾代數如何用來幫助分析邏輯電路與用數學方式以表示其運算。本節將核驗各項有助於我們化簡邏輯表示式及邏輯電路的**布爾定理** (Boolean theorems) 來繼續進行布爾代數的研習。圖 3-25 所示者為第一組定理。在各項定理中，x 是可為 1 或 0 的邏輯變數。各項定理伴隨一個可驗證其效用的邏輯電路。

定理 (1) 表任何變數與 0 相 AND，則結果必為 0。由於該 AND 運算恰如一般的乘法易於記憶，即大家皆明白任何數乘 0 結果必為 0。我們也知道 AND 閘的輸出是在任一輸入為 0 時即為 0，不論其他輸入電位為何。

定理 (2) 與一般乘法作比較是不述自明的。

定理 (3) 可嘗試用各種情形來證明。若 $x=0$，則 $0 \cdot 0=0$；若 $x=1$，則 $1 \cdot 1=1$。所以 $x \cdot x=x$。

定理 (4) 可以相同方式來驗證。但是在任何時間中不論 x 或其反相 $\overline{x}$ 為 0 電位，其 AND 乘積總是為 0。

定理 (5) 因 0 加上任何數皆不影響其原值且甚為直截了當，在一般加法或 OR 加法中皆是如此。

定理 (6) 即說明如果任何變數與 1 相 OR，則結果將總是為 1。核驗 x 兩種值的結果為：$0+1=1$ 及 $1+1=1$。同樣的，我們也記得當任一輸入為 1 時，則 OR 閘輸出將為 1，且不論其他輸入為何。

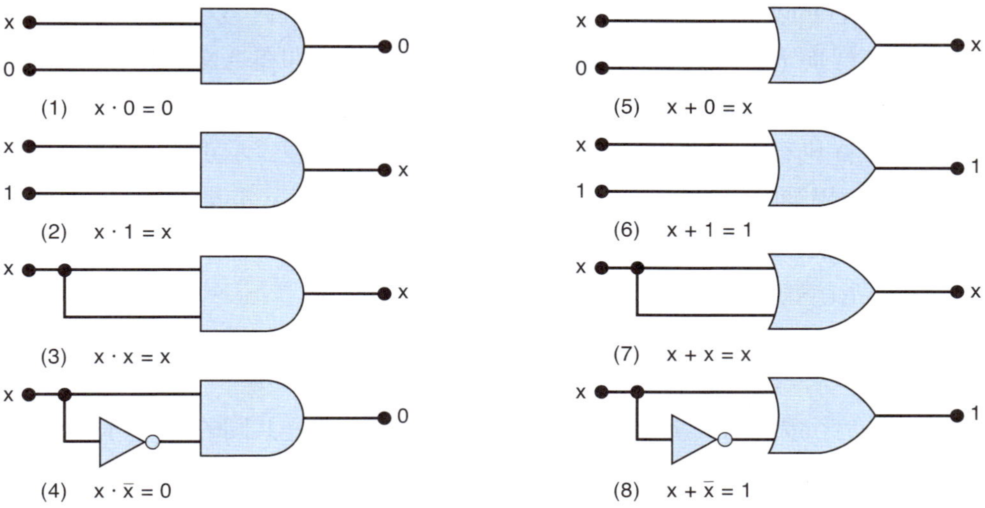

圖 3-25　單變數定理

定理 (7) 可核驗 x 兩種值的結果為：$0+0=0$ 及 $1+1=1$。

定理 (8) 同樣可被證明或瞭解任何時候 x 或 $\overline{x}$ 為邏輯 1 電位而導致總是 0 與 1 相 OR，則結果總是為 1。

在介紹更多其他定理之前，將要指出前述的定理 (1) 至 (8) 中變數 x 實際上是可代表多個變數。例如，若 $A\overline{B}(\overline{A\overline{B}})$ 亦可使 $x = A\overline{B}$ 而利用定理 (4)，故我們可以說，$A\overline{B}(\overline{A\overline{B}}) = 0$。相同的觀念也可施及這些定理的任何應用。

多變數定理

下列的定理包括更多的變數，即：

定理 (9)　$x + y = y + x$

定理 (10)　$x \cdot y = y \cdot x$

定理 (11)　$x + (y + z) = (x + y) + z = x + y + z$

定理 (12)　$x(yz) = (xy)z = xyz$

定理 (13a)　$x(y + z) = xy + xz$

定理 (13b)　$(w + x)(y + z) = wy + xy + wz + xz$

定理 (14)　$x + xy = x$

定理 (15a)　$x + \overline{x}y = x + y$

定理 (15b)　$\overline{x} + xy = \overline{x} + y$

定理 (9) 與 (10) 稱為交換律 (commulative law)。這些定理表示兩變數相

OR 與相 AND 的次序並不重要，其結果是相同的。

定理 (11) 與 (12) 稱為結合律 (associative law)，即在 AND 表示式與 OR 表示式中的變數可隨意加以組合成我們所欲求的組合類型。

定理 (13) 則稱為分配律 (distributive law)，此定理表示正如同一般的代數而可將式中各項相乘展開。這個定理也表示可進行因子分解，亦即若兩項 (或更多項) 之和含有共變數，則此共變數可如同一般代數而加以提出。例如，若有一個表示式為 $A\overline{B}C + \overline{A}\,\overline{B}\,\overline{C}$，則可提出 $\overline{B}$ 變數，即：

$$A\overline{B}C + \overline{A}\,\overline{B}\,\overline{C} = \overline{B}(AC + \overline{A}\,\overline{C})$$

另一個例子，考慮表示式 $ABC+ABD$，其變數 A 與 B 是共同的，則可由此二項提出 $A \cdot B$，即：

$$ABC + ABD = AB(C + D)$$

定理 (9) 至 (13) 類似一般的代數，容易記憶與應用。另一方面，定理 (14) 與 (15) 在一般代數中並無相對的定理。對於 x 與 y 可嘗試以所有可能的情形來加以證明。這可藉由產生方程式 $x+xy$ 的分析表來加以說明 (定理 14) 如下：

x	y	xy	x + xy
0	0	0	0
0	1	0	0
1	0	0	1
1	1	1	1

注意表示式 $(x+xy)$ 的值始終相同於 x。

定理 (14) 也可以提出共變數且使用定理 (6) 與 (2) 證明：

$$\begin{aligned} x+xy &= x(1+y) \\ &= x \cdot 1 && \text{[使用定理 (6)]} \\ &= x && \text{[使用定理 (2)]} \end{aligned}$$

在化簡邏輯表示式時，上述布爾定理甚為有用——即可減少表示式中的項數。當完成這些法則，已縮減的表示式便可較原來表示式製作出更精簡的電路。下一章將有段內容提及電路化簡的處理方法。從現在起，以下的例子便將說明如何應用布爾定理。註：本書最後列出全部的布爾定理。

例題 3-13

化簡表示式 $y = A\overline{B}D + A\overline{B}\,\overline{D}$。

解答：使用定理 (13) 提出共同變數 $A\overline{B}$，即：

$$y = A\overline{B}(D + \overline{D})$$

使用定理 (8)，括號中的項則等於 1，因此：

$$\begin{aligned} y &= A\overline{B}\cdot 1 \\ &= A\overline{B} \qquad \text{[使用定理 (2)]} \end{aligned}$$

例題 3-14

化簡 $z = (\overline{A} + B)(A + B)$。

解答：可乘出各項並將表示式展開 [定理 (13)]：

$$z = \overline{A}\cdot A + \overline{A}\cdot B + B\cdot A + B\cdot B$$

使用定理 (4)，則 $\overline{A}\cdot A=0$，同樣地，$B\cdot B=B$ [定理 (3)]：

$$z = 0 + \overline{A}\cdot B + B\cdot A + B = \overline{A}B + AB + B$$

提出共同變數 B [定理 (13)]，則：

$$z = B(\overline{A} + A + 1)$$

最後，使用定理 (2) 及定理 (6)，則：

$$z = B$$

例題 3-15

化簡 $x = ACD + \overline{A}BCD$。

解答：提出共同變數 CD，則：

$$x = CD(A + \overline{A}B)$$

使用定理 (15a)，則可以 $A+B$ 來取代 $A+\overline{A}B$，故：

$$\begin{aligned} x &= CD(A + B) \\ &= ACD + BCD \end{aligned}$$

複習問題

1. 使用定理 (13) 與 (14) 化簡 $y=A\overline{C}+AB\overline{C}$。
2. 使用定理 (13) 與 (8) 化簡 $y=\overline{A}\,\overline{B}C\overline{D}+\overline{A}\,\overline{B}\,\overline{C}\,\overline{D}$。
3. 使用定理 (13) 與 (15b) 化簡 $y=\overline{A}D+ABD$。

3-11 笛摩根定理

布爾代數中有兩項最重要的定理是由一位名為笛摩根的偉大數學家所貢獻。**笛摩根定理** (DeMorgan's theorems) 在待化簡式中變數的積或和為補數 (反相) 時是極為有用的。此二項定理為：

定理 (16) $\overline{(x+y)}=\overline{x}\cdot\overline{y}$

定理 (17) $\overline{(x\cdot y)}=\overline{x}+\overline{y}$

定理 (16) 說明當兩變數的 OR 總和取補數時，其與各變數個別取補數且 AND 在一起的結果是一樣的。定理 (17) 則說明當兩變數的 AND 乘積取補數時，則與各變數個別取補數且 OR 在一起的結果一樣。兩項笛摩根定理可代以 x 與 y 的所有可能狀態組合來加以驗證，這個問題將留置於本章的習題。

雖然上述定理皆是以單變數 x 與 y 來表示，但是對於 x 與／或 y 含有多個變數時亦是成立的。例如，應用其至 $\overline{(A\overline{B}+C)}$ 的表示式中，則：

$$\overline{(A\overline{B}+C)}=\overline{(A\overline{B})}\cdot\overline{C}$$

注意，我們是利用了定理 (16) 且視 $A\overline{B}$ 為 x 且 C 為 y。這個結果因 $A\overline{B}$ 亦被反相而可再化簡，使用定理 (17)，則表示式為：

$$\overline{A\overline{B}}\cdot\overline{C}=(\overline{A}+\overline{\overline{B}})\cdot\overline{C}$$

注意，可以用 $\overline{\overline{B}}$ 代替 B，則最後為：

$$(\overline{A}+B)\cdot\overline{C}=\overline{A}\,\overline{C}+B\overline{C}$$

最後的結果是僅有反相符號將單一變數反相。

例題 3-16

化簡表示式 $z = \overline{(\overline{A} + C)\cdot(B + \overline{D})}$ 成只為單獨一個具反相的變數表示。

解答：使用定理 (17)，且將 $(\overline{A} + C)$ 視成 x 且 $(B + \overline{D})$ 視成 y，因此

$$z = \overline{(\overline{A} + C)} + \overline{(B + \overline{D})}$$

我們可視為將大的反相符號由中央拆開時，將 AND 符號（·）改為 OR 符號（+）。現在 $\overline{(\overline{A} + C)}$ 亦可用定理 (16) 化簡。同樣的，$\overline{(B + \overline{D})}$ 亦可被化簡：

$$\begin{aligned} z &= \overline{(\overline{A} + C)} + \overline{(B + \overline{D})} \\ &= (\overline{\overline{A}}\cdot\overline{C}) + \overline{B}\cdot\overline{\overline{D}} \end{aligned}$$

上述運算仍是將較大反相符號由中央拆開時以（·）號代替（+）號。雙反相符號相消，最後可得：

$$z = \boldsymbol{A\overline{C} + \overline{B}D}$$

例題 3-16 指出在使用笛摩根定理化簡表示式時，表示式中的反相符號在任何部分被拆開是將拆開部分的邏輯運算符號變號 (即+改為 ·，反之亦然)。這種化簡的程序持續進行到表示式只具有單反相變數而已。再舉二例說明之。

範例 1

$$\begin{aligned} z &= \overline{A + \overline{B}\cdot C} \\ &= \overline{A}\cdot(\overline{\overline{B}\cdot C}) \\ &= \overline{A}\cdot(\overline{\overline{B}} + \overline{C}) \\ &= \overline{A}\cdot(B + \overline{C}) \end{aligned}$$

範例 2

$$\begin{aligned} \omega &= \overline{(A + BC)\cdot(D + EF)} \\ &= \overline{(A + BC)} + \overline{(D + EF)} \\ &= (\overline{A}\cdot\overline{BC}) + (\overline{D}\cdot\overline{EF}) \\ &= [\overline{A}\cdot(\overline{B} + \overline{C})] + [\overline{D}\cdot(\overline{E} + \overline{F})] \\ &= \overline{A}\,\overline{B} + \overline{A}\,\overline{C} + \overline{D}\,\overline{E} + \overline{D}\,\overline{F} \end{aligned}$$

笛摩根定理容易擴展至兩個以上的變數，例如，其可證明：

$$\begin{aligned} \overline{x + y + z} &= \overline{x}\cdot\overline{y}\cdot\overline{z} \\ \overline{x\cdot y\cdot z} &= \overline{x} + \overline{y} + \overline{z} \end{aligned}$$

於此處可發現，大的反相符號在表示式中的二個點處被分開，且運算子符號被改變成其相反者。此可延伸到任何數目的變數情形。同樣地，變數本身也可能就是表示式而非單獨是變數罷了。以下是另一個例子。

$$\begin{aligned} x &= \overline{\overline{AB}\cdot\overline{CD}\cdot\overline{EF}} \\ &= \overline{\overline{AB}} + \overline{\overline{CD}} + \overline{\overline{EF}} \\ &= AB + CD + EF \end{aligned}$$

笛摩根定理的涵義

由邏輯電路的觀點來核驗定理 (16) 與 (17)。首先考慮定理 (16)，即：

$$\overline{x+y} = \bar{x}\cdot\bar{y}$$

式子的左邊可視為輸入為 x 與 y 的 NOR 閘輸出。另一方面，式子的右邊則是 x 與 y 先反相再送入 AND 閘後的輸出。此二式相等且示於圖 3-26(a)。此意指在其各輸入端具有 INVERTER 的 AND 閘是等於 NOR 閘。事實上，兩種符號表示法皆可用來表示 NOR 功能。當輸入端被反相的 AND 閘用來表示 NOR 功能時，則常繪成圖 3-26(b) 所示者，此處在輸入端所具有的小圈便代表 INVERTER。

現在考慮定理 (17)：

$$\overline{x\cdot y} = \bar{x} + \bar{y}$$

式子的左邊視輸入為 x 與 y 的 NAND 閘輸出。右邊則是先將輸入 x 與 y 反相再送至 OR 閘的輸出。此二種同等表示法示於圖 3-27(a)。各輸入端具有 INVERTER 的 OR 閘是等於 NAND 閘。事實上，上述兩種符號表示法皆可用來代表 NAND 功能。當具有反相輸入的 OR 閘被用來代表 NAND 功能時，常繪成如圖 3-27(b) 所示者，此處的小圈表 INVERTER。

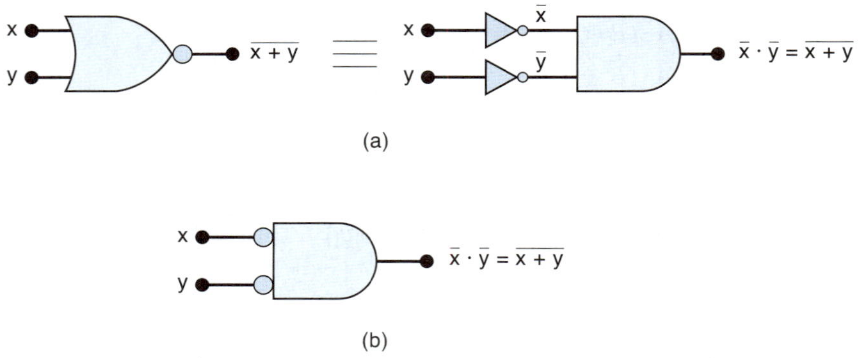

圖 3-26 **(a) 隱含定理 (16) 的等效電路；(b) NOR 功能的互換符號**

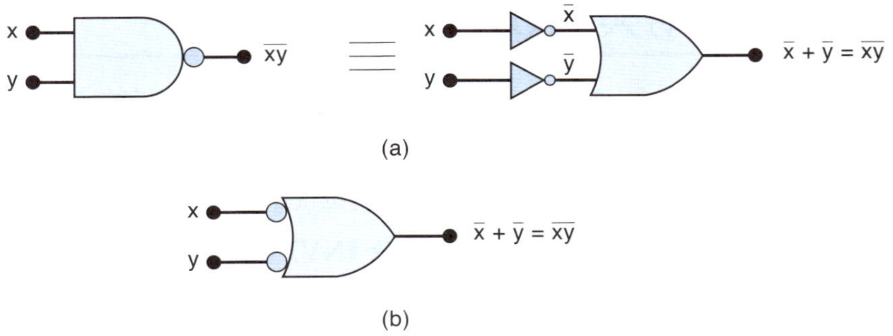

圖 3-27　**(a)** 隱含定理 **(17)** 的等效電路；**(b) NAND** 功能的互換符號

例題 3-17

試找出圖 3-28 的電路的輸出表示並使用笛摩根定理來簡化。

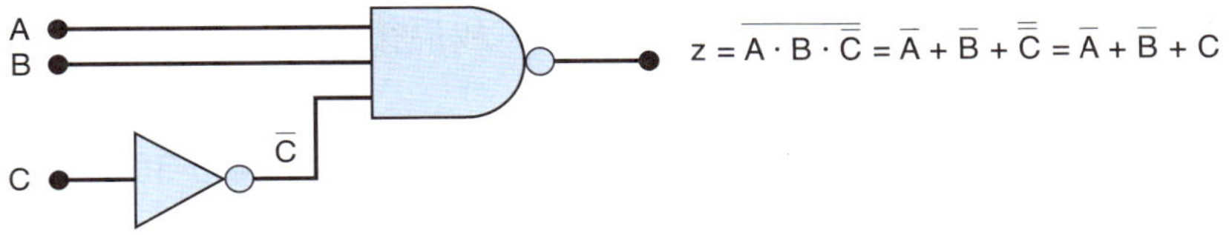

圖 3-28　例題 **3-17**

解答：z 的表示式為 $z=\overline{AB\overline{C}}$。使用笛摩根定理來分析最大的反相符號：

$$z=\overline{A}+\overline{B}+\overline{\overline{C}}$$

抵銷 C 上方的雙反相符號可得：

$$z=\overline{A}+\overline{B}+C$$

複習問題

1. 使用笛摩根定理來運算表示式 $z=\overline{(A+B)\cdot\overline{C}}$ 為僅具有單反相變數。
2. 以問題 1 的作法運算表示式 $y=\overline{R\overline{S}T+\overline{Q}}$。
3. 僅使用 NOR 閘與 INVERTER 以完成輸出表示式為 $z=\overline{A}\,\overline{B}C$ 的電路。
4. 使用笛摩根定理來運算表示式 $y=\overline{A+\overline{B}+\overline{C}D}$ 為僅具有單反相變數。

3-12 NAND 閘與 NOR 閘的通用性

所有的布爾表示式均是含有 OR、AND 及 INVERTER 基本運算的各種組合。因此，任何表示式皆可以由 OR 閘、AND 閘及 INVERTER 來執行。但也有可能不用其他類型的邏輯閘而只用 NAND 閘執行任意邏輯表示式。這是由於 NAND 閘是很適合用來執行布爾代數中的 OR、AND 及 INVERTER 運算。圖 3-29 即有明確的驗證。

首先，圖 3-29(a) 的兩個輸入端的 NAND 閘，其二輸入端接在一起使輸入變數 A 皆經由此二輸入端。在此圖中，NAND 閘作用上僅如同 INVERTER，因其輸出 $x = \overline{A \cdot A} = \overline{A}$。

在圖 3-29(b) 的兩個 NAND 閘相接使 AND 運算被執行。NAND 閘 2 被用來作為 INVERTER 以改變 $\overline{AB}$ 為 $\overline{\overline{AB}} = AB$，此即為所需的 AND 運算。

OR 運算係由圖 3-29(c) 所示的 NAND 閘連接方式來完成。此處 NAND 閘 1 與 2 用來作為 INVERTER 而將輸入反相，故最後的輸出為 $x = \overline{\overline{A} \cdot \overline{B}}$，利用笛摩根定理可變為 $x = A + B$。

同樣的，NOR 閘也可用來執行任何的布爾運算。如圖 3-30 所示。圖 3-30(a) 中將輸入端皆連接在一起的 NOR 閘作用上便有如 INVERTER，因輸出表為 $x=\overline{A + A} = \overline{A}$ 之數。

在圖 3-30(b)，兩個 NOR 閘連接在一起便可執行 OR 運算。NOR 閘 2 用來作為 INVERTER，可將 $\overline{A + B}$ 改為 $\overline{\overline{A + B}} = A + B$，此即所需的 OR 運算。

AND 運算亦可以圖 3-30(c) 所示的 NOR 閘來執行。此處的 NOR 閘 1 與 2

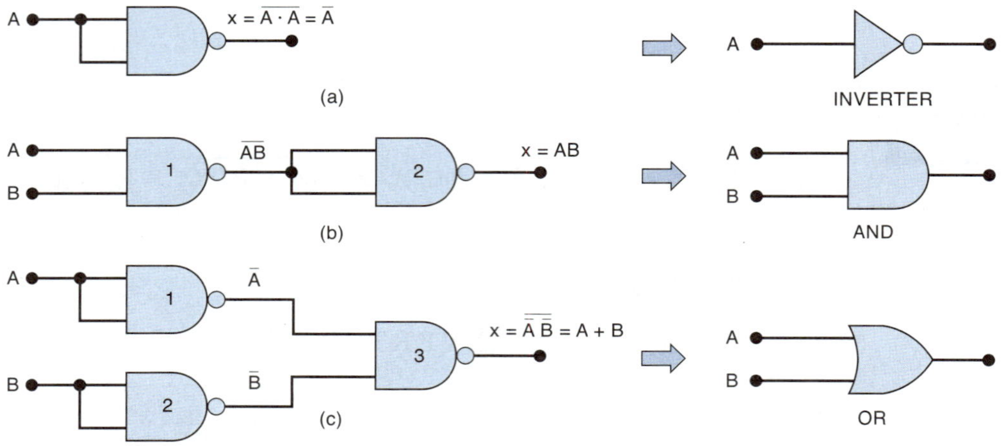

圖 3-29 NAND 閘可用來執行任何布爾函數

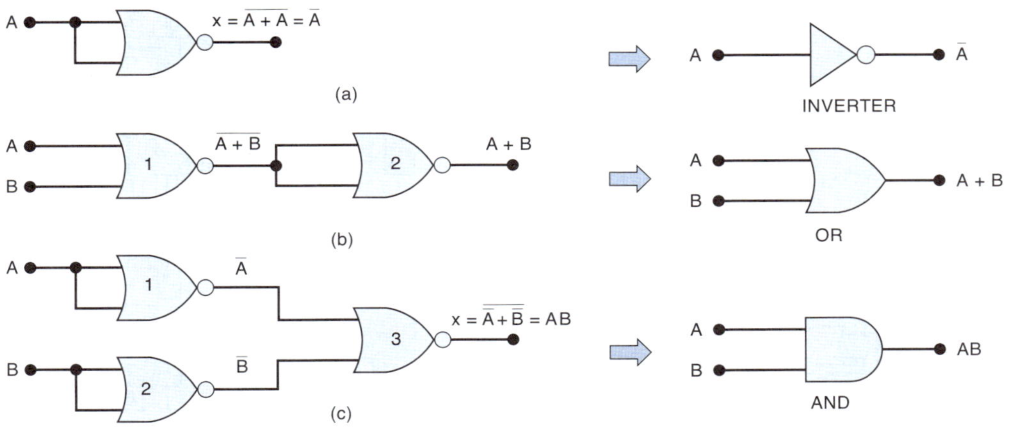

圖 3-30　**NOR 閘可用來執行布爾運算**

皆被用來作為 INVERTER 使輸入反相，故最後的輸出為 $x = \overline{\overline{A} + \overline{B}}$，利用笛摩根定理可變為 $x = A \cdot B$。

因任何的布爾運算皆只可用 NAND 閘來執行，於是任何的邏輯電路可僅使用 NAND 閘製作。對用 NOR 閘而言亦同樣可行。這種 NAND 閘與 NOR 閘的特性於如下例所示的邏輯電路設計是很有用的，如例題 3-18 所說明者。

例題 3-18

在某製程中，傳送帶在遇到特殊的狀況下皆會停止運作。這些狀況是由四個邏輯信號狀態來監控，並作如下反應：當傳送帶速度太快時信號 A 為高電位；當傳送帶末端的收集箱滿時則信號 B 為高電位；當傳送帶的張力太強時信號 C 為高電位；當人工操作結束時信號 D 將為高電位。

我們需要一個邏輯電路來產生信號 x 使在狀況 A 與 B 同時存在或當狀況 C 與 D 同時出現時將變為高電位。很顯然，x 的邏輯表示式將為 $x = AB + CD$。此電路將以最少數的 IC 來完成。圖 3-31 所示的 TTL 積體電路皆可得到。這些 IC 稱為成四型 (quad)，意指一個晶片中含有四個同型的雙輸入閘。

解答：要完成已知表示式的直接方式是使用圖 3-32(a) 所示的兩個 AND 閘與一個 OR 閘，因此，便需要二片 74LS08 與一片 74LS32 的 IC。在圖 3-32 輸入輸出接腳上括號所標示的號碼為每個 IC 的接腳數。這些總是會在邏輯電路的線路圖中表示出來。就我們目前的目的而言，大多數的邏輯圖將不表示出接腳數，除非在描述電路操作時所必須。

另一種方式是將圖 3-32(a) 的電路所具有的 AND 閘與 OR 閘全替換為圖 3-29

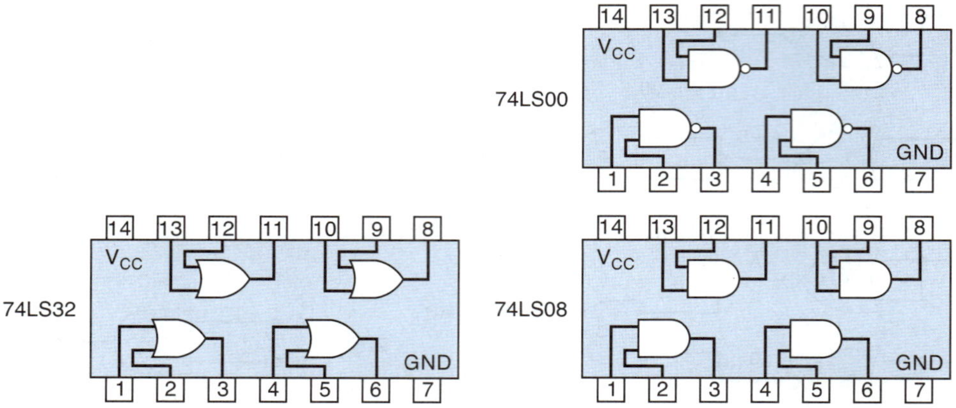

圖 3-31 例題 **3-18** 可使用的 **IC**

的等效 NAND 閘。此結果示於圖 3-32(b)。

我們第一眼望見此新電路便認為要用到七個 NAND 閘，但是 NAND 閘 3 與 5 作為 INVERTER 並串接在一起則可互相抵銷其對 NAND 閘 1 的信號輸出執行雙次反相的運算。同樣的，NAND 閘 4 與 6 亦可被抵銷。在抵銷了兩組雙 INVERTER 後，最後的電路如圖 3-32(c) 所示。

最後的電路是較圖 3-32(a) 者更為有效用，因其僅使用三個二輸入端的 NAND 閘，且可由一個 74LS00 IC 來完成。

複習問題

1. 到目前為止有多少種方式可表示邏輯電路的反相運算？
2. 使用 OR 閘與 AND 閘完成表示式 $x=(A+B)(C+D)$。然後只使用如圖 3-30 所示的等效 NOR 閘取代各 OR 閘與 AND 閘，新電路是否更有效用？
3. 寫出圖 3-32(c) 電路的輸出表示式，並使用笛摩根定理來驗明是否與圖 3-32(a) 的電路表示式等效。

3-13 互換邏輯閘表示法

我們已經介紹過五種基本的邏輯閘 (AND、OR、INVERTER、NAND 及 NOR) 與它們在邏輯電路圖所表示的標準符號。雖然可發現很多電路圖中仍個別使用這

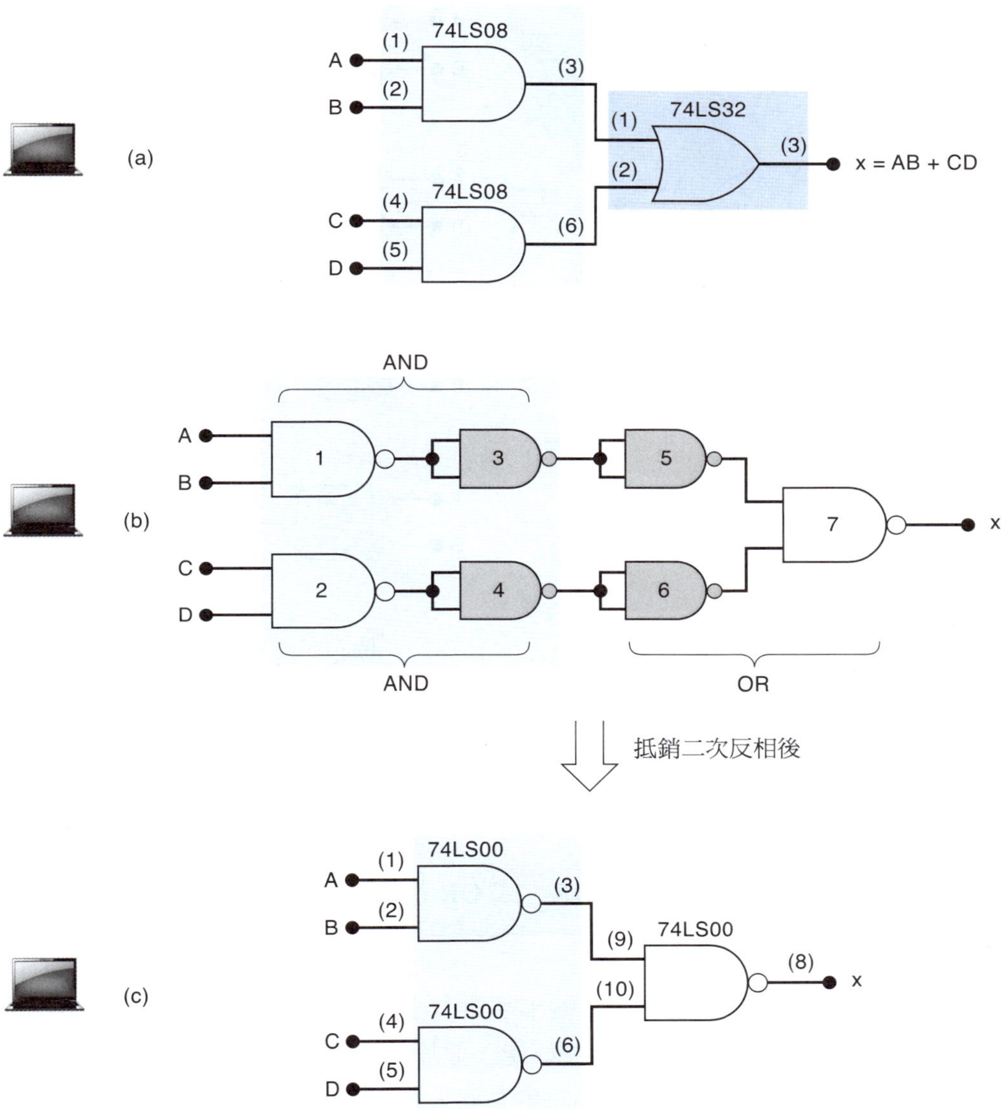

圖 3-32　例題 **3-18** 的可能完成電路圖

些標準符號，但更常發現電路圖是慣用附有標準符號可供核驗的**互換邏輯符號** (alternate logic symbols) 來表示。

在討論以互換符號表示邏輯閘的理由之前，先要介紹可代表各型電閘標準符號的互換符號。參見圖 3-33，左邊所示為各邏輯閘的標準符號，右邊則為互換符號。由各電閘的標準符號得到互換符號要遵循下列原則：

1. 將標準符號的各輸入與輸出反相。即指加小圈在原本未有小圈的輸入端與輸出

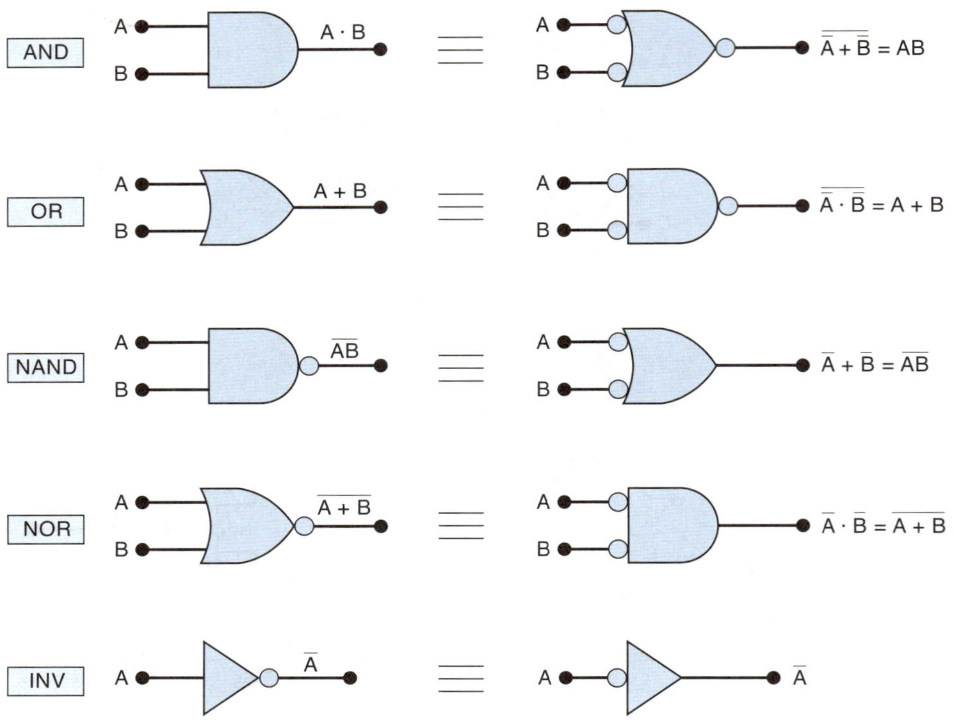

圖 3-33　各種邏輯閘與反相器的標準與互換符號

端，原已有的小圈要移走。

2. 改變運算符號，即 AND 改為 OR，或 OR 改為 AND (INVERTER 是特殊情形，運算符號未變)。

例如，標準的 NAND 閘符號是輸出端帶有小圈的 AND 閘符號。依上述所提及的原則，將此 NAND 閘的輸出小圈移走，並加上小圈至各輸入端，然後把 AND 符號改為 OR 符號，則新的同等互換符號為輸入端帶有小圈的 OR 符號。

利用笛摩根定理及記得小圈表反相運算，便可容易地證明互換符號是同等於標準符號。標準 NAND 符號的輸出表示式為 $\overline{AB}=\overline{A}+\overline{B}$，此即互換符號的輸出表示式。同樣的程序亦可施用於圖 3-33 的各符號對。

關於上述邏輯符號的同等性有數點需要加以強調，即：

1. 同等性對任何輸入端數的邏輯閘而言仍有效用。
2. 沒有標準符號有小圈於其輸入端，而所有互換符號則有。
3. 邏輯閘的標準符號與互換符號是代表相同的實際電路；在這二種符號表示出來的電路中並無差異。

4. NAND 與 NOR 二閘為反相閘，故兩者的標準與互換符號將具有小圈在其輸入端或輸出端。AND 與 OR 二閘為非反相閘，故兩者標準與互換符號要具有小圈時必置於其輸入端與輸出端。

邏輯符號說明

在圖 3-33 的各邏輯閘符號提供一個該閘如何運算的說明。在論述此一說明前，先要建立**動作邏輯準位** (active logic levels) 的觀念。

當邏輯閘符號的輸入線或輸出線無小圈時，此線稱為**高電位動作** (active-HIGH)。當輸入線或輸出線真正具有小圈時，則稱為**低電位動作** (active-LOW)。小圈的有無，可判定邏輯閘輸入與輸出是處於高電位動作／低電位動作的狀態，如此便可用來說明邏輯閘的運算。

如圖 3-34(a) 所示為 NAND 閘的標準符號。標準符號具有小圈於其輸出端且在輸入端無小圈，故其處於輸出低電位動作且輸入高電位動作的情形。由該符號所代表的邏輯運算可說明如下：

當所有輸入為高電位時輸出才變至低電位。

注意，此為輸出要達到其動作狀態是當所有輸入為動作狀態時；使用“所有”這個字眼是因為有 AND 符號之故。

NAND 閘的互換符號則示於圖 3-34(b)，其具有輸出高電位動作且輸入低電位動作的功能。邏輯運算可表為：

當任何輸入為低電位時輸出才變為高電位。

再一次說明輸出要達到其動作狀態是當任何輸入有動作狀態的時候。用到“任何”

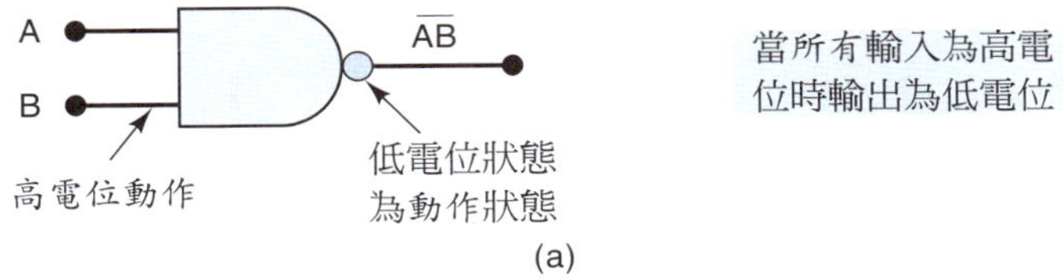

(a)

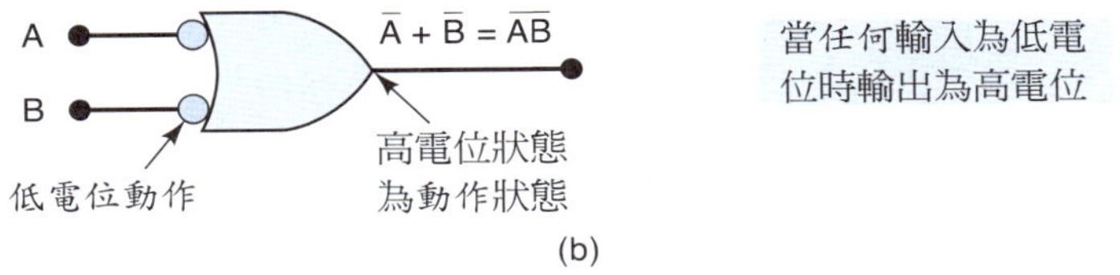

(b)

圖 3-34　兩種 NAND 閘符號的表示

這個字眼是因為有 OR 符號之故。

稍加思考便可瞭解示於圖 3-34 中兩種 NAND 符號是表示同一事件的不同說法罷了。

摘 要

此時我們可能想知道何以對各型邏輯閘需要兩種不同的表示符號與說明。讀完下一節後期望能明白這個道理。此刻，就有關邏輯閘表示法摘錄的重點如下：

1. 要得到某邏輯閘的互換符號，則要取用標準符號並改變其運算符號 (OR 改為 AND，或 AND 改為 OR) 及改變在輸入端與輸出端的小圈 (即刪除原存有的小圈，並添加小圈於原來沒有之處)。
2. 要說明邏輯閘的運算，首先要留意輸入的動作邏輯狀態及輸出的動作邏輯狀態是 1 或 0。接著使所有輸入為動作狀態且產生輸出動作狀態 (若 AND 符號被使用)，或使任何輸入為動作狀態而產生輸出動作狀態 (若 OR 符號被使用)。

例題 3-19

描述出兩種 OR 閘符號的說明。

解答：結果示於圖 3-35。要注意當邏輯符號包括有 OR 符號時是用“任何”的字眼，且當包括有 AND 符號時是用“所有”的字眼。

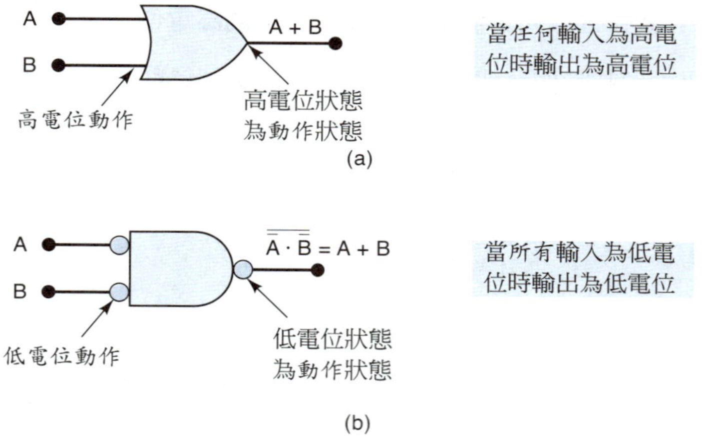

圖 3-35 兩種 OR 閘符號的表示

複習問題

1. 寫下在圖 3-33 標準 NOR 閘符號所執行運算的說明。
2. 以互換 NOR 閘符號重做問題 1。
3. 以互換 AND 閘符號重做問題 1。
4. 以標準 AND 閘號重做問題 1。

3-14　使用何種閘表示

有些邏輯電路設計者及很多課本於其電路圖中僅使用標準邏輯閘符號，當實作練習無誤時，電路的運算是很容易追蹤下去的；但若用互換邏輯符號在電路圖中將使電路運算更為清楚。這可以示於圖 3-36 的範例來說明。

圖 3-36(a) 的電路包含三個 NAND 閘的連接以產生依輸入 A、B、C、D 而定的 Z 輸出。該電路圖的各 NAND 閘使用標準符號。當此圖的邏輯是正確時，並不需太顧及該電路是如何作用。此電路的改進類型示於圖 3-36(b) 與 (c)，可更容易分析以判定出電路的運算情形。

圖 3-36(b) 表示電路是原先電路以互換符號來取代 NAND 閘 3 後得到。在此圖中的輸出 Z 是來自具有輸出高電位動作 NAND 閘的互換符號。因此，當 X 或 Y 為低電位時，Z 將變為高電位。現在，因 X 與 Y 是出現在具輸出低電位動作的 NAND 符號輸出端，故可知 X 僅當 $A=B=1$ 時變為低電位，且 Y 也是只在 $C=D=1$ 時才變為低電位。將這些論點集合在一起，便可說明此電路的運算：

輸出 Z 是當 $A=B=1$ 或 $C=D=1$ (或兩者皆是) 時才變為高電位。

上述的結果可置定 Z 於 $A=B=1$ 與 $C=D=1$ 時等於 1，且全列於真值表；對其他情形而言，則 Z 輸出為 0 (低電位)。此真值表示於圖 3-36(d)。

圖 3-36(c) 的表示是由原先電路以互換符號來取代 NAND 閘 1 與 2 後得到的。於此等效表示圖中的 Z 輸出是來自具有輸出低電位動作的 NAND 閘。因此，我們也可說當 $X=Y=1$ 時，Z 將變為低電位。因 X 與 Y 為輸出高電位動作，則 X 是當 A 或 B 為低電位時才為高電位，且 Y 是當 C 或 D 為低電位時才為高電位。將這些論點集合在一起，便可說明電路的運算如下：

輸出 Z 僅當 A 或 B 為低電位與 C 或 D 為低電位時才變為低電位。

上述結果的置定 Z 於至少有 A 或 B 輸入為低電位且同時至少有 C 或 D 輸入為低

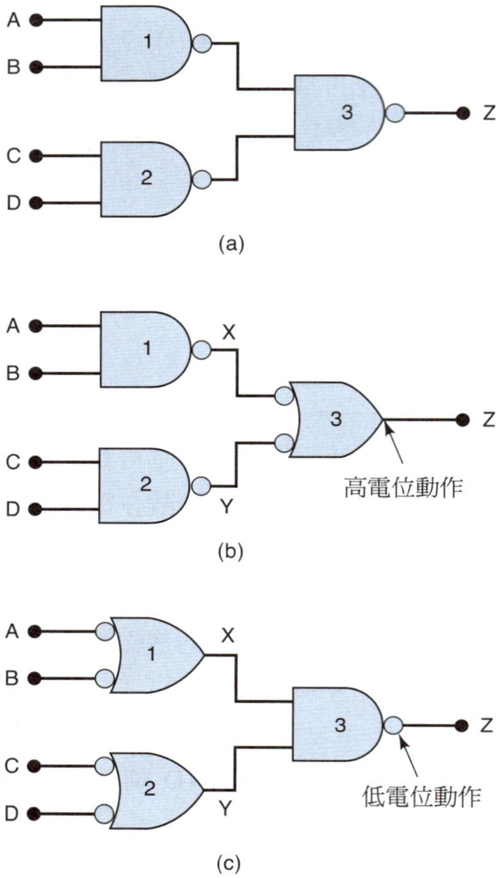

A	B	C	D	Z
0	0	0	0	0
0	0	0	1	0
0	0	1	0	0
0	0	1	1	1
0	1	0	0	0
0	1	0	1	0
0	1	1	0	0
0	1	1	1	1
1	0	0	0	0
1	0	0	1	0
1	0	1	0	0
1	0	1	1	1
1	1	0	0	1
1	1	0	1	1
1	1	1	0	1
1	1	1	1	1

(d)

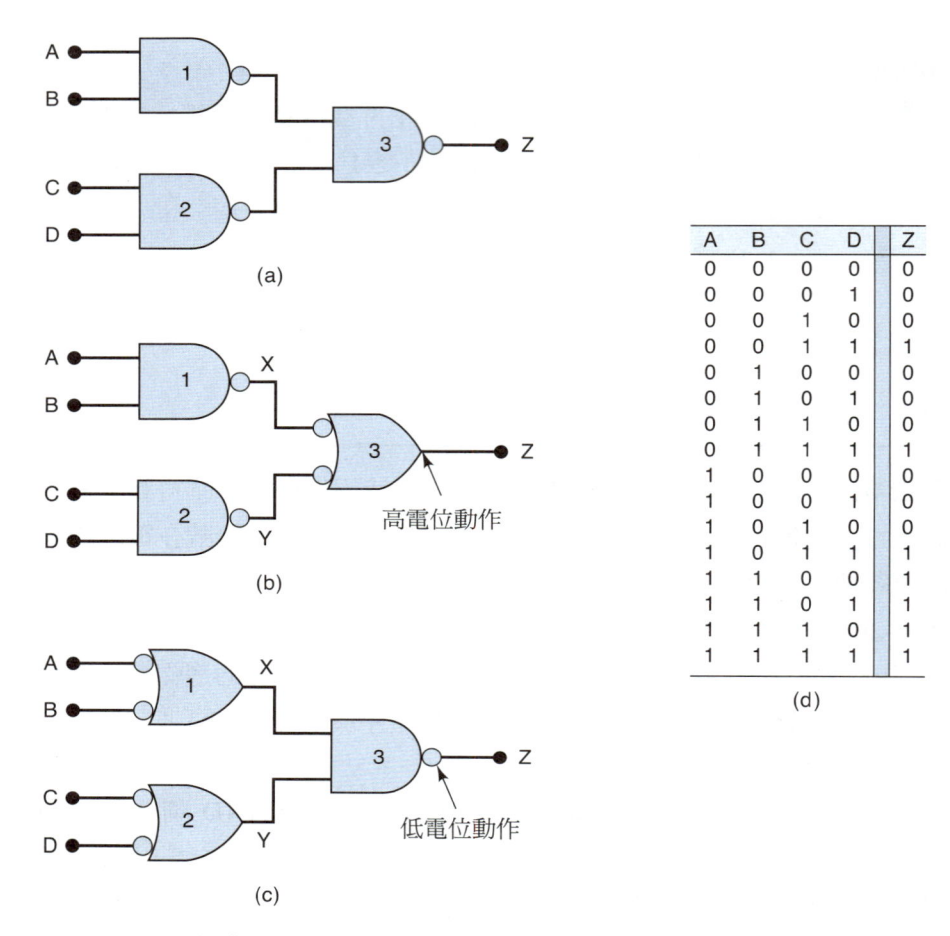

圖 3-36　**(a)** 用標準 **NAND** 符號的原本電路；**(b)** 輸出 **Z** 為高電位動作的同等表示；**(c)** 輸出 **Z** 為低電位動作的同等表示；**(d)** 真值表

電位的所有情形下才等於 0，且全列於真值表中；對其他情形而言，則 Z 輸出為 1。結果所得的真值表與圖 3-36(b) 電路圖的真值表同。

要使用哪個電路圖？

這個問題的答案端賴電路輸出所執行的特定功能而定。若電路是用來產生某些功用 (如點亮 LED 或激發另一邏輯電路) 且需輸出 Z 為 1 狀態，則可說 Z 為高電位動作，於是便需用到圖 3-36(b) 的電路圖。另一方面，若電路所要產生的功用是需輸出 Z 為 0 狀態，則 Z 為低電位動作且將用到圖 3-36(c) 的電路圖。

當然，有些情形是兩種輸出狀態皆用來產生不同的作用，且只有一種被考慮為真正動作的狀態，在此情形下，也只有任一種電路表示法被用到。

小圈放置

參見圖 3-36(b) 所示的電路並注意到 NAND 閘 1 與 2 的輸出為低電位動作是匹配 NAND 閘 3 互換符號的低電位動作輸入。參見圖 3-36(c) 的電路並注意 NAND 閘 1 與 2 互換符號的輸出為高電位動作是匹配 NAND 閘 3 的高電位動作輸入。對配備合宜的邏輯電路圖而言，須遵循下列的通則：

> 當有任何可能時，將帶有小圈的輸出接至帶有小圈的輸入，及不帶小圈的輸出接至不帶小圈的輸入。

以下的例題可說明上述通則的使用。

例題 3-20

圖 3-37(a) 的邏輯電路在輸出 Z 為高電位時，便可用來啟動警報器。修改此電路圖並使其能更為有效地表示該電路的操作。

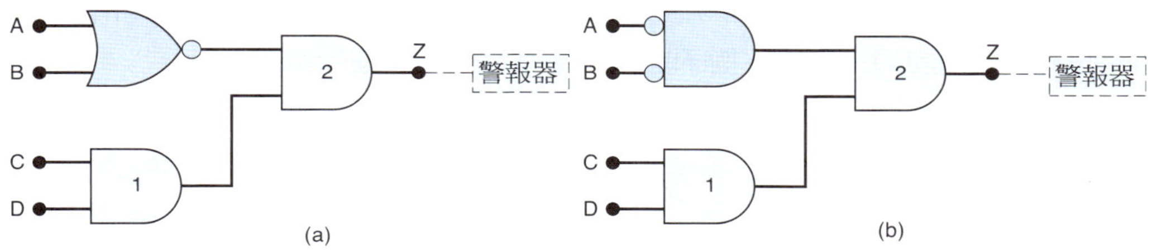

圖 3-37　例題 3-20

解答：因 Z＝1 將可啟動警報器，Z 為高電位動作。因此，AND 閘 2 符號並未改變。NOR 閘符號可被改變成具有不帶小圈 (高電位動作) 輸出的互換符號，如此便可匹配不帶小圈的 AND 閘 2 輸入。該結果示於圖 3-37(b)。請注意，此時的電路具有不帶小圈的輸出，且其為連到閘 2 的不帶小圈輸入。

例題 3-21

當圖 3-38(a) 中邏輯電路的輸出為低電位時，則其可推動另一邏輯電路。試修改此電路圖並使其能更為有效地表示出電路的操作。

解答：因為 Z 將為低電位動作，OR 閘 2 的符號可改變為如圖 3-38(b) 所示的互換符號。此新的互換符號具有小圈輸入。故 AND 閘與 OR 閘 1 符號也需要改為如圖 3-38(b) 所示的小圈輸出。INVERTER 已具有小圈的輸出。此時的電路則具有所有的小圈輸出皆連接到閘 2 的小圈輸入。

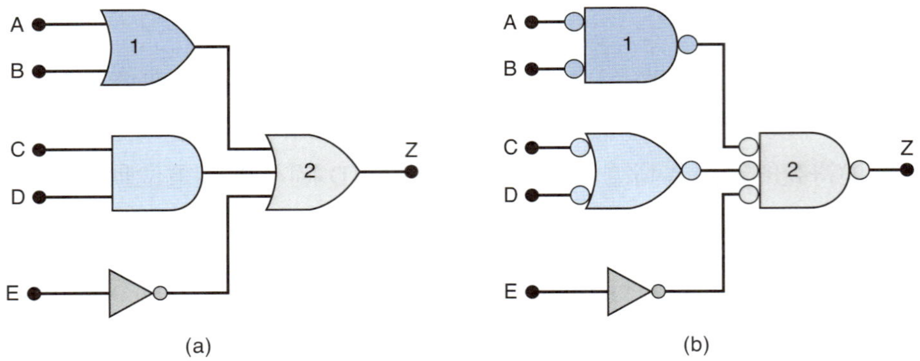

圖 3-38　例題 3-21

分析電路

當邏輯電路圖依這些例子所使用的通則來繪製，則對於工程師或技術員 (或學生) 而言，將可易於追蹤流經電路的信號，並可判定何者是需要使輸出動作的輸入條件。此將再舉例說明——這些例子是實際某微算機中的邏輯電路。

例題 3-22

圖 3-39 中的邏輯電路產生可用來使某微算機中記憶 IC 動作的 *MEM* 輸出。試決定出需要產生 *MEM* 的輸入條件。

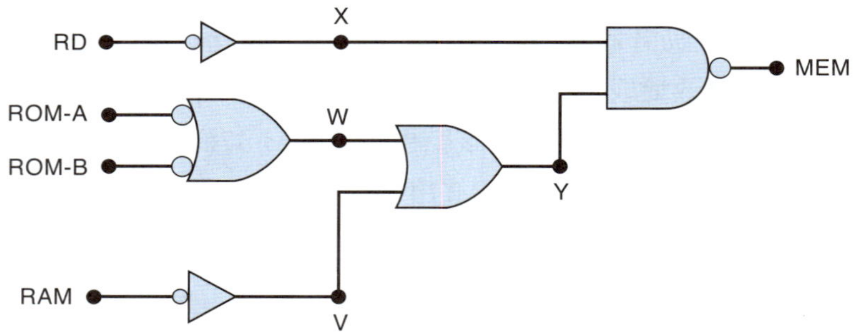

圖 3-39　例題 3-22

解答：要完成此事的一種方式是寫出產生 *MEM* 的輸入信號 *RD*、*ROM-A*、*ROM-B* 及 *RAM*，並就 16 種可能的輸入狀態組合來加以評斷。當用此法時，則有事倍功半的結果。

另一種更為有效的方法便是使用在前二節中所發展出的觀念來表明出電路圖。這些步驟是：

1. *MEM* 為低電位動作，且只在 X 與 Y 為高電位時，才變為低電位。
2. X 只在 *RD*=0 時才變為高電位。
3. *Y* 僅於 *W* 或 *V* 為高電位時才變為高電位。
4. *V* 僅在 *RAM*=0 時才變為高電位。
5. *W* 於 *ROM-A* 或 *ROM-B* 為 0 時才變為高電位。
6. 將上述綜合起來，*MEM* 只在 *RD*=0 且 *ROM-A*、*ROM-B* 或 *RAM* 三輸入中至少有一個為低電位時才變為低電位。

例題 3-23

圖 3-40 的邏輯電路是當微控制器傳送資料至或自 LCD 控制器接收資料時，將 LCD 激能。電路當 LCD=1 時，便啟動 LCD。試求要啟動 LCD 所需的輸入條件。

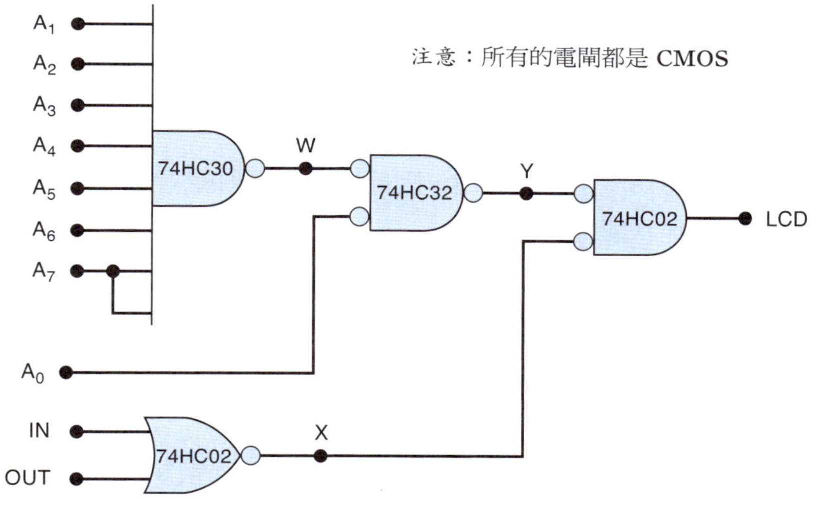

圖 3-40　例題 3-23

解答：再次地逐步解析此電路，即：

1. LCD 為高電位動作，僅當 X=Y=0 時才變為高電位。
2. *X* 是僅當 *IN* 或 *OUT* 為高電位時才為低電位。
3. *Y* 是當 *W*=0 且 A_0=0 時才為低電位。
4. *W* 是當 A_1 至 A_7 全為高電位時才變為低電位。

5. 綜合上述，LCD 為高電位是當 $A_1=A_2=A_3=A_4=A_5=A_6=A_7=1$ 且 $A_0=0$，及 *IN* 或 *OUT* 或兩者皆為 1 時才變為高電位。

注意八個輸入端的 CMOS NAND 閘 (74HC30) 的陌生符號及訊號 A_7 被同時接到兩個 NAND 閘輸入端的情形。

準位聲明

我們已介紹過邏輯信號的低電位動作與高電位動作的觀念。例如，圖 3-39 所示的 *MEM* 輸出為低電位動作，且圖 3-40 中的輸出 LCD 則為高電位動作。同樣的，圖 3-40 具高電位動作的輸入 A_1 至 A_7 與低電位動作的輸入 A_0。

處於動作狀態的邏輯信號是以**聲明** (asserted) 稱之。換言之，當我們說圖 3-40 中輸入 A_0 為聲明，意指輸入 A_0 處於低電位動作的狀態。而處於不動作狀態的邏輯信號則以**不聲明** (unasserted) 稱之。因此，當我們說圖 3-40 的 LCD 輸出為不聲明，係指 LCD 輸出處於不動狀態，即低電位。

很清楚的，“聲明”與“不聲明”分別與“動作”與“不動作”同義。亦即

聲明＝動作

不聲明＝不動作

上述兩組名詞在數位領域中甚為廣用，因此，我們必須確認如何以上述兩種方式來描述邏輯信號的動作狀態。

低電位動作邏輯信號的標示

以橫線的方式來標示低電位動作的信號是非常廣用的。橫線是低電位動作信號的另一種表徵；當然，橫線消失時即指信號為高電位動作。

例如，在圖 3-39 所示的所有信號都為低電位動作，故可分別標示如下：

$$\overline{RD},\quad \overline{ROM\text{-}A},\quad \overline{ROM\text{-}B},\quad \overline{RAM},\quad \overline{MEM}$$

記住，橫線是描述低電位動作信號的一種簡易方法。因此，只要場合適當，我們將持續以這種方式來標示邏輯信號。

標示雙狀態信號

我們常會碰到輸出信號會有兩個動作的狀態；即在高準位狀態及低準位狀態皆有其重要的功能。習慣上都會標示出這些信號以使兩個動作的狀態都很明顯。常見的例

子是讀取／寫入信號 $RD/\overline{WR}$，其意義為：當此信號為高準位時，則執行讀取運算 (RD)；而當其為低準位時，則執行寫入運算 ($\overline{WR}$)。

複習問題

1. 使用例題 3-22 與 3-23 的方法求出使圖 3-37(b) 中電路輸出動作所需的輸入條件。
2. 對圖 3-38(b) 的電路重做上題。
3. 在圖 3-39 中有多少 NAND 閘？
4. 在圖 3-40 中有多少 NOR 閘？
5. 在圖 3-38(b) 中若所有的輸入均為聲明，則輸出準位為何？
6. 在圖 3-37(b) 中若欲獲得聲明的警報器輸出，則所需的輸入條件為何？
7. 下列信號何者是低電位動作：RD，$\overline{W}$，$R/\overline{W}$？

3-15　傳遞延遲

傳遞延遲 (propagation delay) 可簡單的定義成當系統接收到輸入並產生適當之輸出所花費的時間。想想典型的自動販售機。首先，將硬幣投入機器中，然後壓下某按鈕作選擇，您不會馬上收到商品；需花上一點時間等商品移離機架並放到販售機門上。這就是傳遞延遲。生物的例子可見於反射動作上。當您看到前車開剎車燈，一直到將腳放到剎車上的這段時間，會有量測延遲或反應時間。

實際的數位電路同樣會有一段量測的傳遞延遲。當您仔細探討電路與半導體 (電晶體) 的真實特性而不是將它視成理想化的操作時，其理由就很明顯。如圖 3-41(a) 中所示的 AND 閘可作為傳遞延遲的確存在的例子而且可量測出。

當 IN 信號轉變成高電位時，它將於稍後一段時間促使 OUT 信號轉變成高電位。同樣的，當 IN 信號轉變成低電位時，它將於稍後一段時間將促使 OUT 轉變成低電位。由圖 3-41(b) 中的時序圖有二件重要的事須注意：

1. 過渡期並非真正的垂直 (瞬間的)，所以，我們量測輸入上的 50% 點到輸出上的 50% 點。
2. 使輸出轉變成高電位所需的時間並非要相同於使輸出轉變成低電位所需的時間。這些延遲時間稱為 t_{PLH} (自低電位轉變成高電位的時間傳遞) 與 t_{PHL} (自高電位轉變成低電位的時間傳遞)。

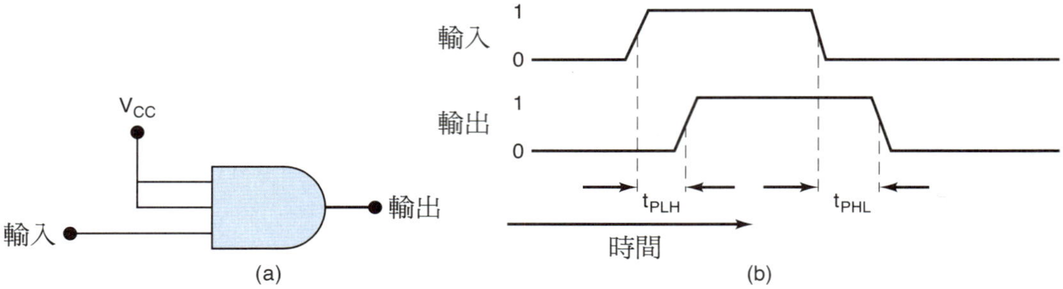

圖 3-41 於邏輯閘中量測傳遞延遲

邏輯電路的速度是與此傳遞延遲特性有關。不管是選擇哪一部分來製作，邏輯電路將有資料說明表敘述著傳遞延遲值。此訊息是用來確保電路能符合應用操作的夠快速。

複習問題

1. 為何量測傳遞延遲時的變換並非垂直的？
2. 當變換並非垂直時要從何處量測時間？
3. 量測輸入改變一直到輸出能從高電位轉換成低電位之時間的參數為何？
4. 量測輸入改變一直到輸出能從低電位轉換成高電位之時間的參數為何？

3-16 描述邏輯電路的各種方法總結

本章至今所涵蓋的課題皆只專注於三種簡單的邏輯功能：AND、OR 以及 NOT。此觀念對任何人而言並非新穎的，因吾人日常做決策時都會用到這三個邏輯功能。以下是幾個邏輯的例子。如果正在下雨 OR 報紙報導可能會下雨，那麼我們會帶雨傘。如果我今天帶了支票 AND 去了銀行，那麼今晚我就有錢可花了。如果課堂成績及格 AND 於實驗課堂 NOT 失敗，那麼數位課程就將通過。至此，您或許懷疑為何要如此煞費周章來描述如此熟悉的觀念。答案可歸納成二個重點：

1. 我們要能表示出這些邏輯決策。
2. 我們要能結合這些邏輯功能並且製作出一個決策系統。

我們已學會利用以下之方法來表示每個基本的邏輯功能：

以自己的語言來描述邏輯敘述
真值表
傳統的圖示邏輯符號
布爾代數表示
時序圖

例題 3-24

下面的敘述描述了某一邏輯電路須操作的方式以驅動汽車內之安全帶警示燈。

如果駕駛在車上 AND 駕駛 NOT 扣帶 AND 引擎點火，THEN 點亮警示燈。

試說明利用布爾代數、含邏輯符號之示意圖、真值表以及時序圖等之電路。

解答：請閱圖 3-42。

布爾代數

$$\text{warning_light} = \text{driver_present} \cdot \overline{\text{buckled_up}} \cdot \text{ignition_on}$$

(a)

示意圖

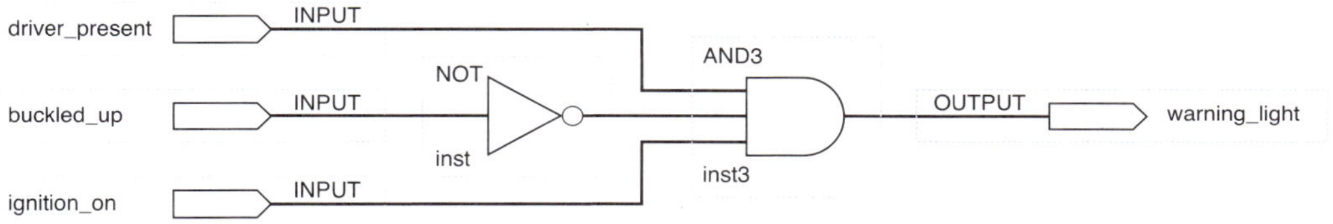

(b)

真值表

driver_present	buckled_up	ignition_on	warning_light
0	0	0	0
0	0	1	0
0	1	0	0
0	1	1	0
1	0	0	0
1	0	1	1
1	1	0	0
1	1	1	0

(c)

時序圖

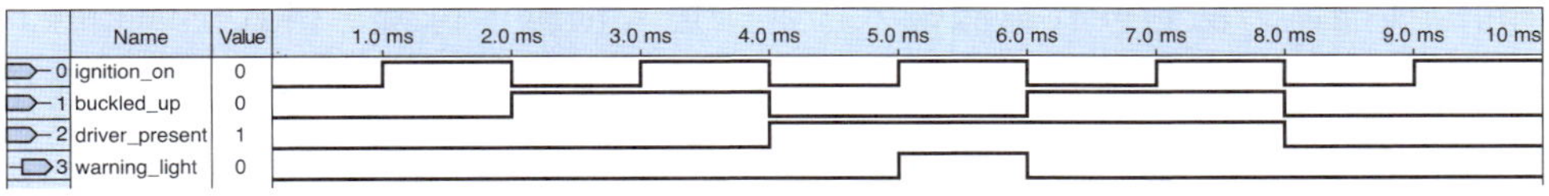

(d)

圖 3-42　描述邏輯電路的方法：(a) 布爾表示；(b) 示意圖；(c) 真值表；(d) 時序圖

圖 3-42 指出了用來描述例題 3-24 所陳述之問題的四種不同表示方式。尚有許多種此一決策邏輯的表示方法。我們可想像全新的圖示組合或整個邏輯關係以法語或日語的陳述即為一例。當然，我們無法涵蓋所有可能的邏輯電路之描述方法，但至少必須能瞭解最常用的方法以便能與此專業的同好作溝通。再者，某些情況時使用某種方法勝於他種。若干情況時，圖形勝過千言萬語，但在另一些不同場合下，文字就夠簡潔且與他人易於溝通。此處的重點在於我們需要能描述與溝通數位系統運作的方式。

已有許多的工具開發來讓設計人員基於電路記錄、電路模擬以及最終產生功能電路之目的輸入電路描述至計算機中。我們推薦的工具是來自於 Altera 公司，為世上最頂尖的數位電路供應商之一。它的 Quartus II 軟體是免費的，且可從它的網站下載。它不僅易於學習如何使用，尤其是擁有本書的讀者可加以利用 www.pearsonhighered.com/electronics 網站上透過教學課程。Quartus II 藉由描繪邏輯圖的方式來提供您描述電路的方法。圖 3-42(b) 中的邏輯圖是利用 Quartus II 軟體所產生的方塊描述檔案 (.bdf)。注意到此圖形是由標記的輸入符號、標記的輸出符號，以及邏輯閘符號所組成。全部的這些符號是由含於 Quartus II 中的元件庫來提供。元件之間可容易的利用線路描繪工具來互連。

設計人員描繪出方塊描述檔案 (.bdf) 後，即可開啟時序圖形式的模擬檔案。它將產出輸入波形，而後模擬器即描繪出輸出波形。顯示圖 3-42(d) 中的時序圖即為 Quartus II 時序圖模擬的例子。

複習問題

1. 說出用來描述邏輯電路操作的五種方式之名稱。
2. 說出使用於 Quartus II 軟體中的二種工具。

3-17 描述語言相對於程式語言 *

數位系統領域的最近趨勢傾向於對數位電路的文字式語言描述。您可能也注意到圖 3-42 中的每種描述方法對於計算機輸入，無論是上橫線、符號、格式化或布線式等，都是挑戰。本節裡，我們將開始學習幾種在數位領域專業人士用來描述製作出其想法之電路的較進階工具。這些工具乃稱為**硬體描述語言** (hardware description language, HDL)。即使現今我們已擁有功能極強的計算機，也不可能以英文

* 所有關於硬體描述語言的章節可略過而不失其與第 1 至第 10 章的連貫性。

語法即能描述邏輯電路，且期盼計算機就瞭解您的想法為何。計算機需要一套更為嚴謹定義的語言。本文裡我們將專注於二種語言：**Altera 硬體描述語言** (Altera hardware description language, AHDL) 與**極高速積體電路** (very high speed integrated circuit, VHSIC) **硬體描述語言** (hardware description languabe, VHDL)。

VHDL 與 AHDL

VHDL 並非一種新的語言。它是由美國國防部於 1980 年代早期所發展出來的，是一種將極高速積體電路 (VHSIC) 程式設計文件化的簡潔方式。若將 HDL 加到其前頭又嫌太長，即使對軍方而言亦如此，因此，才將此語言縮寫成 VHDL。計算機程式則是發展來取入 VHDL 語言檔案且模擬電路之運作。隨著複雜的可規劃邏輯裝置不斷於數位系統中成長，VHDL 已演化成用於設計與製作數位電路 (合成) 的主要高階硬體描述語言之一。此語言已被 IEEE 標準化，且普遍成為工程人員以及哪些製造出將設計結果轉譯成能燒錄至實際元件的位元圖樣的軟體工具製造商所追求。

AHDL 為 Altera 公司開發來提供建構他們所供應之邏輯元件的便利方法。Altera 也是第一家推出可電子式再重組邏輯裝置的公司。這些裝置乃稱為**可規劃邏輯元件** (programmable logic device, PLD)。異於 VHDL 者為此語言並非要使用作描述任何邏輯電路的通用語言。它是以一種通常在直覺上易於學習且極相似於 VHDL 語言，用於規劃複雜的數位系統至 Altera 公司的 PLD 中。它亦具有完全採取 Altera 元件架構之優點的特徵。本文中的所有範例將使用 Altera 公司之 MAX+PLUS II 或 Quartus II 軟體來發展 AHDL 與 VHDL 設計檔案。當您在規劃真實元件時，您將發現使用 Altera 發展系統於此二語言的好處。Altera 系統使得電路發展變得極為容易，且包含了將 HDL 設計檔案轉譯成能下載至 Altera PLD 全部所需之工具。它也使您能利用示意圖輸入、AHDL、VHDL 以及其他的方法來發展構築方塊，而後將它們互連後形成完整的系統。

其他的 HDL 則可用於較適合規劃簡單之可規劃邏輯元件。當您學會了本文中之 AHDL 或 VHDL 基礎後，將發現任何的這些種語言皆容易使用。

計算機程式語言

用來描述電路之硬體組態的硬體描述語言與一串表示為計算機用來執行某工作之指令的程式語言間的區分是件重要的事情。於上述兩種情況中，我們皆利用了語言

(language) 來規劃 (program) 元件。無論如何，計算機是邏輯電路組成的複雜數位系統。計算機是根據冗長的一串任務來操作 (即指令或所謂的"程式")，每個任務皆須依序執行。操作的速度是由計算機執行每個指令多快來決定。例如，如果計算機要反應四個不同的指令，它至少需要分開的指令 (循序的任務) 來偵測並識別出哪一個輸入改變了狀態。數位邏輯電路則剛好相反，它的速度只受限於其電路如何迅速對輸入反應其輸出。它是**同時地** (concurrently) 監視所有的輸入 (同一時刻) 且對任何的改變作反應。

以下的類比論述將有助您瞭解計算機操作與數位邏輯電路操作，同時用來描述系統所為何事的語言要素之角色間的不同。思考如何描述一部 Indy 500 賽車於停車加油修復期間需做哪些事情。如果只有一個工作人員要在同一時刻完成全部需做的工作，那麼他或她執行每項工作必須非常快速。當然在 Indy 會有整群的加油修復人員蜂擁到賽車旁，且每位工作人員就只做所分配到的事。他們皆同時進行著，正如數位電路的每個元件一樣。您現在就想想如何利用：(1) 單個技術人員或 (2) 整群工作人員向他人描述 Indy 賽車停車加油修復時需做的事情。上述二個語句描述看似極為相似？如吾人將見到者，用來描述數位電路的語言 (HDL) 極相似於描述計算機程式語言者 (如 BASIC、C、JAVA)，即使最終之製作結果其操作非常不一樣。任何這些計算機程式語言的知識並無助於瞭解 HDL。重要的是當您學會了 HDL 與計算機語言後，您必須瞭解它們在數位系統中所扮演之不同角色。

例題 3-25

試比較在執行簡單之邏輯運算 $y=AB$ 時，計算機與邏輯電路的操作情形。

解答：邏輯電路為簡單的 AND 閘。輸出 y 於 A 與 B 同時為高電位時約 10 ns 內將為高電位。於任一個輸入轉成低電位時約 10 ns 內，輸出 y 則將為低電位。

計算機則必須執行一則作決策的指令程式。假設每個指令耗費 20 ns (已經很快了！)，並且圖 3-43 中所示之流程中的每個方塊皆代表一個指令。顯然的，它至少將花費二到三個指令 (40～60 ns) 來對輸入中的變化作反應。

複習問題

1. HDL 代表何義？
2. HDL 之目的何在？
3. 計算機程式語言之目的何在？
4. HDL 與計算機程式語言之主要差異為何？

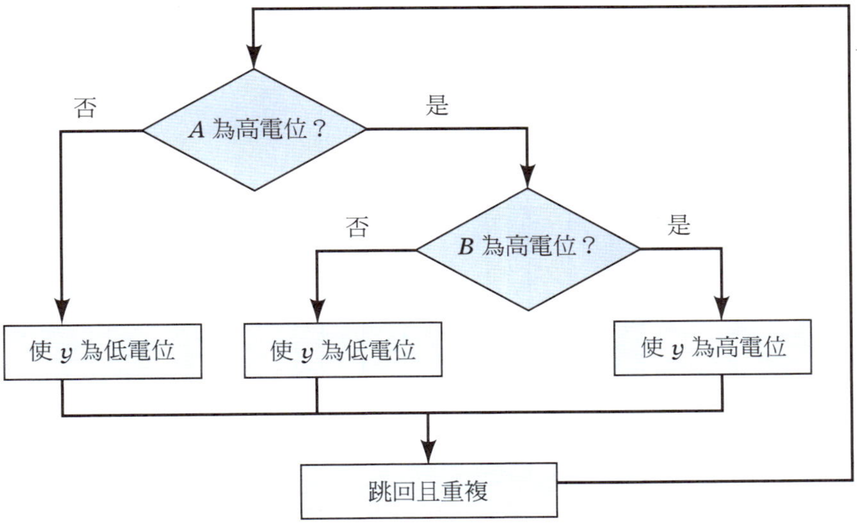

圖 3-43　計算機程式的決策過程

3-18　使用 PLD 製作邏輯電路

現今的許多邏輯電路都是利用可規劃邏輯裝置 (PLD) 來製作的。這些元件並非像“執行”指令程式的微型計算機或微型控制器。取而代之的，它們是依電子式的加以組態，而且它們內部的電路是依電子式的“接線”在一起以構成邏輯電路。此種可規劃接線可想像成數以千計的連線接在一起 (1) 或未相接 (0)。圖 3-44 指出了一小區域的可規劃連線。列 (水平連線) 與行 (垂直連線) 的每個交接處皆為可規劃連線。您可想像出若嘗試以手動方式 (這可回溯到 1970 年代) 將 0 與 1 置於格子上來組態這些元件是多麼繁瑣的。

硬體描述語言的角色是為了提供簡潔方便的方法予設計人員依循個人電腦能方便處理與儲存的格式來描述電路之操作。計算機將執行一種稱為**編譯程式**(compiler) 的特殊軟體應用來將硬體描述語言轉譯成可下載至 PLD 中的 0 與 1 格點。如果能熟稔高階硬體描述語言，則實務上將使規劃 PLD 的工作比嘗試使用布爾代數、示意圖或真值表更為容易。我們將以陳述簡單的事情開始，然後再逐步學習這些語言較為複雜的方面，非常像您學習英語一樣。我們的目標是要學會足夠的 HDL 使能與其他人溝通並且執行簡單的任務。至於要能全盤瞭解這些語言的全部細節則非本文所及，而且實際上僅常用者方需精通。

在本書全部涵蓋 HDL 的章節中，我們提出 AHDL 與 VHDL 的格式是要讓您在專注某一語言且略過另一者時，不至於遺漏重要的訊息。當然，此一安排也意味

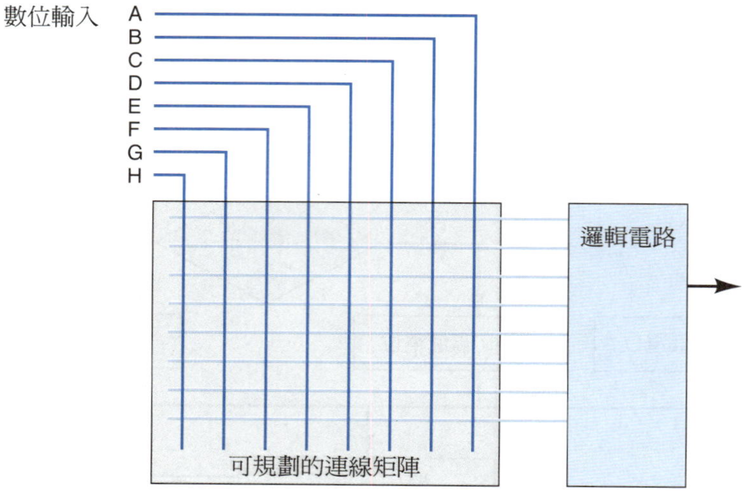

圖 3-44 使用可規劃邏輯裝置組態硬體連線

著當您選擇同時閱讀此二語言時將遇著冗餘的訊息。我們認為此冗餘的部分值得付出，畢竟這樣就更有彈性來專注其中一種語言，或以比較與對照相似例子來同時學習二者。建議使用本書之方法是專注其中一種語言。其實要有雙語能力且流利自如的最容易的方式，就是置身於常說的環境中。然而卻也易於陷入瑣碎中，因此，我們也將使特定的例子維持分離且獨立。我們也希望版面之安排現在能提供您學習一種語言的機會，往後在您工作上需要學習第二種語言時能善用本書。

複習問題

1. PLD 代表何意？
2. 於 PLD 中如何依電子方式重新組態電路？
3. 編譯程式有何作用？

3-19 HDL 格式與語法

任何的語言皆有其特質、與其他語言之相似性以及它的適當語法。當我們於小學與初中教育學習文法時，我們會學到諸如單字於句子中的順序以及合適的標點，此乃稱之為語言的**語法** (syntax)。設計予計算機翻譯的語法必須遵循嚴謹的語法規則。計算機就是將看似無任何“概念”可言的沙粒與金屬絲加以分類，因此，您必須使用正確的語法，將它表示成計算機期待且瞭解的指令。任何硬體電路描述

(以任意語言) 的基本格式包含二項必備的要素：

1. 進入與出去者之定義 (即輸入／輸出規格說明)。
2. 輸出如何對輸入作反應的定義 (即它的操作)。

如圖 3-45 的電路示意圖則可為稱職的工程師或技術人員理解，因為他們都知曉繪圖中的每個符號。如果您瞭解每個成員如何工作與如何相接在一起，您就會知曉電路是如何操作的。圖中左方為輸入組合，右方則為輸出組合，中間的符號則定義它的操作。文字式的語言傳達相同的訊息。所有的 HDL 皆使用圖 3-46 中所示的格式。

文字式語言中，被描述的電路必須給予一個名稱。輸入與輸出 (有時稱為埠) 則須依據埠的性質賦予並定義名稱。是否為來自於雙態開關的單一位元？或者是來自於鍵盤的四個位元的數值？文字式語言或多或少必須傳達這些輸入與輸出的性質。埠的**模式** (mode) 定義了它是輸入、輸出或二者皆是。**類型** (type) 則指位元個數以及哪些位元是如何群組一起與被翻譯。如果輸入的類型為單個位元，則它僅可能有二種數值：0 與 1。如果輸入的類型為來自鍵盤的四個位元之數值，則它可能為 16 種不同數值 (0000_2—1111_2) 的任何一個。類型決定了可能數值的範圍。文字式語言的電路操作定義是包含在電路輸入／輸出 (I/O) 定義之後的一組敘述中。下面二節則描述了圖 3-45 的簡易電路，且說明了 AHDL 與 VHDL 的重要成員。

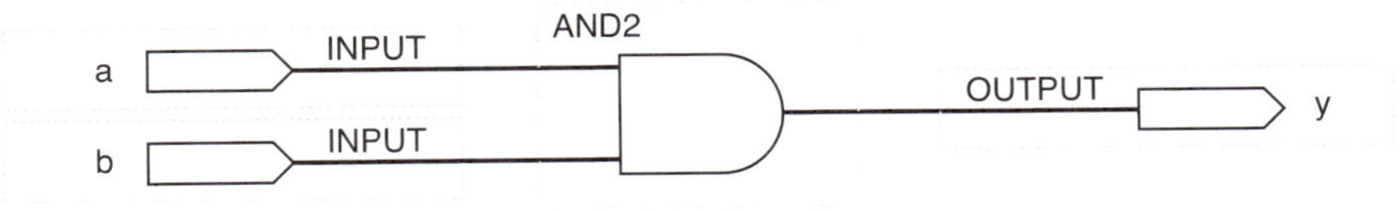

圖 3-45　示意圖描述

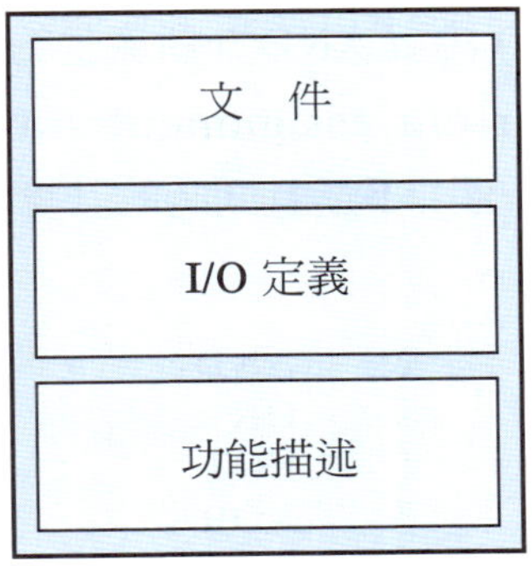

圖 3-46　HDL 檔案格式

使用 AHDL 作布爾描述

參閱圖 3-47。關鍵字 **SUBDESIGN** 賦予一個名稱予電路方塊，此例為 *and_gate*。檔案名稱也必須為 and_gate.tdf。請注意關鍵字 SUBDESIGN 為大寫。這並非軟體所需，但大寫使用的一致性則將使程式更易於閱讀。Altera 公司對 AHDL 編譯軟體所提供的命名指引則建議在語言中使用大寫字母予關鍵字。設計人員所命名的變數則應為小寫。

```
SUBDESIGN and_gate
(
    a, b        :INPUT;
    y           :OUTPUT;
)
BEGIN
    y = a & b;
END;
```

圖 3-47　AHDL 中的要素

SUBDESIGN 部分則定義了邏輯電路方塊的輸入與輸出。必須以某些東西圈住我們所要描述的電路，這非常像方塊圖圈住了構成設計部分之每一件事的方式。於 AHDL 中，此種輸入／輸出的定義則以括弧圈住。用作此方塊輸入的一串變數則以逗號分開且後隨著 :INPUT;。於 AHDL 中，除非變數是標示成多個位元，否則都是假設成單位元的類型。單位元輸出則以模式 :OUTPUT; 宣告之。我們將學到適當的方式來描述其他類型之輸入、輸出以及我們需用到的變數。

描述 AHDL 電路操作的一組敘述乃包含於介於關鍵字 BEGIN 與 END 之間的邏輯部分中。於此例中，硬體操作乃由一個極為簡單的布爾代數方程式來描述，敘述著：輸出 (y) 被指定予 (=) 由 a AND b 所產生的邏輯準位。此布爾代數方程式乃稱為**共點指定敘述** (concurrent assignment statement)。BEGIN 與 END 之間的任何敘述 (此例中只有一個) 不斷且同時的計算數值。它們排列的次序無所差異。基本的布爾運算子為：

&	AND
#	OR
!	NOT
$	XOR

複習問題

1. 於 SUBDESIGN 後之括弧內出現什麼？
2. BEGIN 與 END 之間出現什麼？

使用 VHDL 作布爾描述

參閱圖 3-48。關鍵字 **ENTITY** 賦予了電路方塊一個名稱，此時為 and_gate。要注意的是關鍵字 ENTITY 為大寫，但 and_gate 則否。這並非軟體所需，但大寫使用的一致性則將使程式更易於閱讀。Altera 公司對 VHDL 編譯軟體所提供的命名指引則建議在語言中使用大寫字母予關鍵字。設計人員所命名的變數則應為小寫。

```
ENTITY and_gate IS
PORT (    a, b    :IN BIT;
          y       :OUT BIT);
END and_gate;
ARCHITECTURE ckt OF and_gate IS
BEGIN
      y <= a AND b;
END ckt;
```

圖 3-48　VHDL 中的要素

ENTITY 宣告可視為方塊宣告。必須以某些東西必須圈住我們想嘗試描述的電路，這非常像方塊圖圈住了構成設計部分的每一件事的方式。於 VHDL 中，關鍵字 PORT 告訴編譯軟體，我們正在定義至此電路方塊的輸入與輸出。用作此方塊輸入的名稱 (以逗號分開) 則被列出，以冒號以及描述輸入之模式與類型作結尾 (:IN BIT;)。於 VHDL 中，**BIT** 描述告訴了編譯軟體串列中的每個變數為單一位元。我們將學到適當的方式來描述其他類型之輸入、輸出，以及我們需用到的變數。包含 END and_gate; 的那一行則結束了 ENTITY 宣告。

ARCHITECTURE 宣告乃用來描述方塊內每件事的操作。設計人員則補上一個名稱予這個 ENTITY 方塊之內部工作的結構描述。每個 ENTITY 至少必須有一個 ARCHITECTURE 與其關聯。OF 與 IS 則為此宣告中的關鍵字。結構描述的主體則圈住於 BEGIN 與 END 關鍵字之間。END 之後則跟隨著一個已被指定予此結構的名稱。主體之內為 (BEGIN 與 END 之間) 方塊操作的描述。此例中，硬體操作乃由一個極為簡單的布爾代數方程式來描述，敘述著：輸出 (y) 被指定

予 (< =) 由 *a* END *b* 所產生的邏輯準位。此布爾代數方程式稱為**共點指定敘述** (concurrent assignment statement)。BEGIN 與 END 之間的任何敘述 (此例中只有一個) 不斷且同時的計算數值。它們排列的次序並無差異。

複習問題

1. ENTITY 宣告的任務為何？
2. 定義電路運作的主要部分為何？
3. 用來賦予一值予邏輯信號的指定運算子為何？

3-20 中間信號

在許多的設計中，有必要定義電路方塊 " 內部 " 的信號點。它們是電路內既非方塊的輸入亦非輸出點，但卻是重要的參考點。它可能是方塊內部需連接到其他許多地方的信號。於類比或數位示意圖中，它們將被稱為測試點或節點 (node)。於 HDL 中，它們乃稱為**隱藏式節點** (buried node) 或**區域性信號** (local signal)。圖 3-49 指出了一個使用稱為 *m* 之中間信號的簡易電路。於 HDL 中，這些節點 (信號) 並非定義予輸入或輸出，而是在描述方塊操作的部分中。輸入與輸出乃為在系統中其他電路方塊中可使用者，但這些區域信號只在此方塊中才被承認。

隨後的範例程式中，請注意最上端的訊息。此訊息的目的完全是文件說明之用。設計必須詳載文件說明是非常重要的。最低程度是必須描述正在使用的計畫為何、誰撰寫的以及日期。此訊息通常稱為標頭語。我們在書中將標頭語儘量簡化是為了縮短篇幅，但請記住：記憶空間便宜但訊息無價。因此，不要怕記載太過詳實！程式中的許多敘述皆也跟隨著註解。這些註解則有助於設計人員回憶他們想嘗試做何事，以及協助其他任何人瞭解打算做什麼。

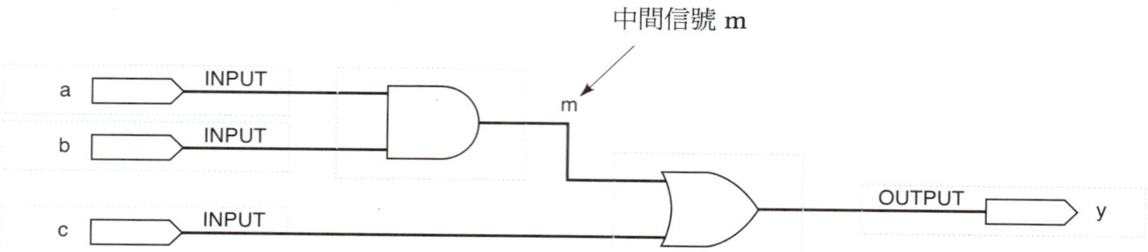

圖 3-49 含有中間變數的邏輯電路圖

AHDL 隱藏式節點

描述圖 3-49 中之電路的 AHDL 程式，如圖 3-50 所示。AHDL 中的**註解** (comment) 可圈住於 % 字元間，如圖中第 1 與第 4 行中所示者。此部分的程式允許設計人員寫下多行的訊息，它會被使用此檔案的計算機程式所忽略，但卻能為嘗試破解此程式的人們理解。請注意第 7、8、11、13 與 14 行末尾處的註解之前皆有二個虛線 (- -)。虛線以後的文字皆為文件說明用。任何類型的註解符號皆可使用，但 % 符號必須成雙使用以打開或關閉註解。雙虛線則指出了延伸至行尾的註解。

於 AHDL 中，區域性信號則宣告於 VARIABLE 部分內，它是介於 SUBDESIGN 與邏輯部分之間。中間信號 m 則定義於第 11 行上，跟隨於關鍵字 **VARIABLE** 之後。關鍵字 **NODE** 則標示出變數的本質。請注意冒號會將變數名稱與它的節點名稱分開來。於第 13 行上的硬體描述中，中間變數被指定予 (連接到) 一個數值 ($m=a$ & b;)，且而後 m 使用於第 14 行的第二個敘述以指定 (連接) 一數值予 y ($y=m$ # c;)。記得指定敘述是同時進行的，因此，它們的出現順序不重要。為了易於閱讀，中間變數尚未被其他指定敘述使用前，應指定予數值似乎較合乎邏輯，如此處所示。

```
1    % Intermediate variables in AHDL (Figure 3-49)
2      Digital Systems 11th ed
3      NS Widmer
4      MAY 24, 2010         %
5    SUBDESIGN fig3_50
6    (
7      a,b,c      :INPUT;    -- 定義方塊的輸入
8      y          :OUTPUT;   -- 定義方塊的輸出
9    )
10   VARIABLE
11     m        :NODE;       -- 命名中間信號
12   BEGIN
13     m = a & b;            -- 產生隱藏式乘積項
14     y = m # c;            -- 產生和至輸出
15   END;
```

圖 3-50　描述於圖 **3-49** 中之 **AHDL** 內之中間變數

複習問題

1. 使用於中間變數的命名為何？
2. 這些變數於何處宣告？
3. m 或 y 方程式誰先出現有否差別？
4. 哪個字元是用來限制一方塊的註解？
5. 哪個字元是用來註解單獨一行？

VHDL 區域性信號

描述圖 3-49 中之電路的 VHDL 程式如圖 3-51 所示。VHDL 中的**註解** (comment) 為二個虛線 (--) 之後。鍵入二個連續虛線後，即可自該處至末尾撰寫訊息。它會被使用此檔案的計算機程式所忽略，但卻能為嘗試破解此程式的人們理解。

中間信號 m 則定義於第 13 行上，跟隨於關鍵字 SIGNAL 之後。關鍵字 BIT 則標示出變數的本質。請注意冒號會將變數名稱與它的節點名稱分開來。於第 16 行上的硬體描述中，中間變數被指定予 (連接到) 一個數值 (m <= a AND b;)，且而後 m 使用於第 17 行上的敘述以指定 (連接) 一數值予 y (y=< m OR c;)。記得

```
1   -- Intermediate variables in VHDL (Figure 3-49)
2   -- Digital Systems 11th ed
3   -- NS Widmer
4   -- MAY 24, 2010
5
6   ENTITY  fig3_51 IS
7   PORT( a, b, c    :IN BIT;      -- 定義方塊的輸入
8   y                :OUT BIT);    -- 定義方塊的輸出
9   END fig3_51;
10
11  ARCHITECTURE ckt OF fig3_51 IS
12
13     SIGNAL m      :BIT;         -- 命名中間信號
14
15  BEGIN
16         m <= a AND b;           -- 產生隱藏式乘積項
17         y <= m OR c;            -- 產生和至輸出
18  END ckt;
```

圖 3-51 描述於圖 3-49 中之 VHDL 內之中間變數

指定敘述是同時進行的，因此，它們的出現順序不重要。為了易於閱讀，中間變數尚未被其他指定敘述使用前，應指定予數值似乎較合乎邏輯，如此處所示。

複習問題

1. 使用於中間變數的命名為何？
2. 這些變數於何處宣告？
3. m 或 y 方程式誰先出現有否差別？
4. 哪個字元是用來註解單獨一行？

結　論

1. 布爾代數為用來分析及設計數位電路的數學工具。
2. 基本的布爾運算為 OR、AND 及 NOT 運算。
3. OR 閘於任意一個輸入為高電位時產生出高電位輸出。AND 閘只在全部的輸入為高電位時才產生出高電位輸出。NOT 電路 (INVERTER) 則產生對照於輸入為相反邏輯準位的輸出。
4. NOR 閘相同於 OR 閘，只是其輸出是接到一個 INVERTER。NAND 閘則同於 AND 閘，只是它的輸出也是接到一個 INVERTER。
5. 布爾定理與法則可用來簡化邏輯電路的表示式，且可得到製作電路的較簡單方式。
6. NAND 閘可用來製作任何的基本布爾運算。NOR 閘亦作如此用。
7. 標準或互換符號用於每個邏輯閘，乃視輸出是高電位或低電位作用而定。
8. 邏輯符號的 IEEE/ANSI 標準係使用矩形符號於每個矩形內部具有特殊表示的邏輯裝置，以指出輸出如何與輸入相關。
9. 硬體描述語言已成為描述數位電路的重要方法。
10. HDL 程式應始終包含有說明其重要特徵的文件，如此方能使往後閱讀的人們能夠瞭解它所為何事。
11. 每個 HDL 電路描述包含了輸入與輸出之定義，而後是一段描述電路操作的部分。
12. 除了輸入與輸出外，隱藏於電路內部之中間連結也可定義。這些中間連結也稱為節點或信號。

重要辭彙

邏輯準位 (logic level)
布爾代數 (Boolean algebra)
真值表 (truth table)
OR 運算 (OR operation)
OR 閘 (OR gate)
AND 運算 (AND operation)
AND 閘 (AND gate)
NOT 運算 (NOT operation)
反相 (inversion)
互補 (complementation)
NOT 電路 (NOT circuit, INVERTER)
NOR 閘 (NOR gate)
NAND 閘 (NAND gate)
布爾定理 (Boolean theorem)
笛摩根定理 (DeMorgan's theorems)
互換邏輯符號 (alternate logic symbols)
動作邏輯準位 (active logic levels)
高電位動作 (active-HIGH)
低電位動作 (active-LOW)
聲明 (asserted)
不聲明 (unasserted)
硬體描述語言 (hardware description language, HDL)
Altera 硬體描述語言 (Altera hardware description language, AHDL)
極高速積體電路硬體描述語言 (very high speed integrated circuit hardware description language, VHDL)
可規劃邏輯元件 (programmable logic device, PLD)
同時地 (concurrently)
編譯程式 (compiler)
語法 (syntax)
模式 (mode)
類型 (type)
SUBDESIGN
共點指定敘述 (concurrent assignment statement)
ENTITY
BIT
ARCHITECTURE
隱藏式節點 (buried node)
區域性信號 (local signal)
註解 (comment)
VARIABLE
NODE

習　題

某些習題前面的英文字母係用來指出問題的本質及類型：

B　基本問題
T　檢修性問題
D　設計或電路修改問題
N　文中並未涉及的新觀念或技術
C　具挑戰性的問題
H　HDL 問題

3-3 節

B　3-1*　試繪出圖 3-52 OR 閘的輸出波形。

---

* 標示星號之習題的解答請參閱本書後面。

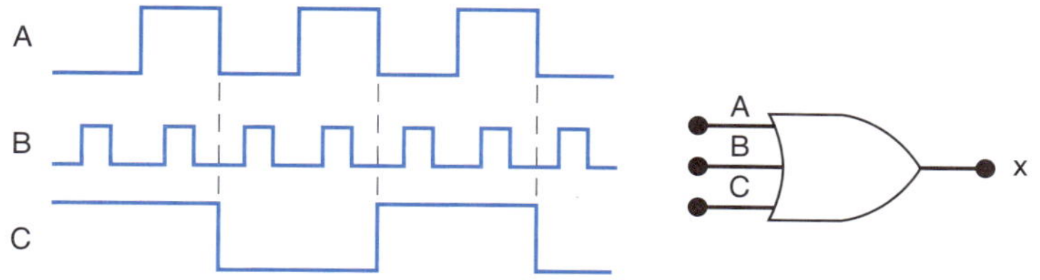

圖 3-52

B 3-2 若圖 3-52 的輸入 A 短路至地 (即 $A=0$)，試繪出結果的輸出波形。

B 3-3★ 若圖 3-52 的輸入 A 短路至 +5 V 的電源線 (即 $A=1$)，試繪出結果的輸出波形。

C 3-4 閱讀下列有關 OR 閘的陳述。起初似乎很合理，但是稍加思考後便會明瞭不是真實的，試舉例反駁各項陳述。

(a) 如果 OR 閘的輸出波形與其中之一的輸入波形相同，則另一輸入必永為低電位。

(b) 如果 OR 閘的輸出波形總是為高電位，則其中之一的輸入必永設為高電位。

B 3-5 有多少不同的輸入狀態組合可由五輸入 OR 閘產生高電位輸出？

3-4 節

B 3-6 試將圖 3-52 的 OR 閘改為 AND 閘。

(a)★ 繪出輸出波形。

(b) 如果 A 輸入短路至地，試繪出輸出波形。

(c) 如果 A 輸入短路至 +5 V，試繪出輸出波形。

D 3-7★ 參考圖 3-4，試修改此電路使警報器只在當壓力與溫度同時超越其最大值界限時才啟動。

B 3-8★ 改變圖 3-6 的 OR 閘為 AND 閘，並繪出輸出波形。

B 3-9 假設您手上有一個不知是 OR 或 AND 閘的雙輸入閘。試問您要在閘的輸入送上何種的輸入準位組合才能決定此閘為何？

B 3-10 真或偽：不論 AND 閘有多少個輸入，只要它有一個輸入準位為高電位，則輸出為高電位。

3-5 至 3-7 節

B 3-11 把來自於圖 3-23 的 A 波形送到一 INVERTER 的輸入端。試繪出其波形。然後以波 B 重複之。

B 3-12 (a)★ 寫出圖 3-53(a) 中輸出 x 的布爾表示式。試判定所有可能輸入情形下的 x 值並列於真值表。

(b) 對圖 3-53(b) 的電路重複上述問題。

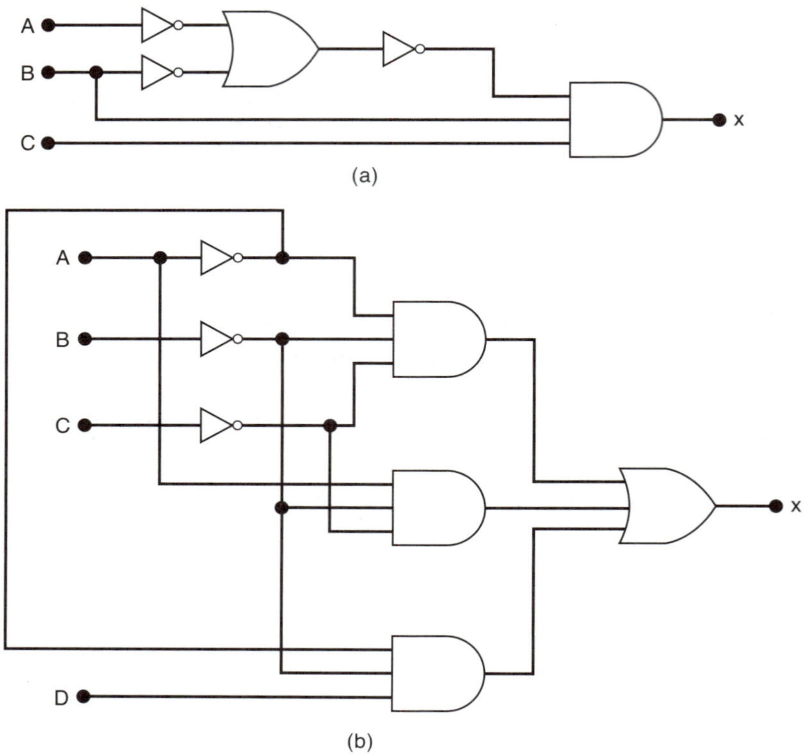

圖 3-53

B 3-13★ 以真值表 32 種可能輸入組合來決定圖 3-15(b) 中各閘輸出的邏輯準位。

B 3-14 (a)★ 將圖 3-15(b) 中各 OR 閘改為 AND 閘，且各 AND 閘改為 OR 閘。並寫出輸出的表示式。

(b) 完成分析表。

B 3-15 求出圖 3-15(a) 的電路在 16 種可能的輸入電位組合下各邏輯閘的邏輯準位，並寫出完整的真值表。

3-8 節

B 3-16 對下列各表示式製作出對應的邏輯電路，且限用 AND 閘、OR 閘及 INVERTER。

(a)★ $x = \overline{AB(C + D)}$　　(b)★ $z = \overline{(A + B + \overline{C}D\overline{E})} + \overline{B}C\overline{D}$

(c) $y = (\overline{M + N} + \overline{P}Q)$　　(d) $x = \overline{W + P\overline{\overline{Q}}}$

(e) $z = MN(P + \overline{N})$　　(f) $x = (A + B)(\overline{A} + \overline{B})$

3-9 節

B 3-17★ (a) 加上圖 3-54 的輸入波形至 NOR 閘中，並繪出輸出波形。

(b) 將 C 始終維持於低電位重做此問題。

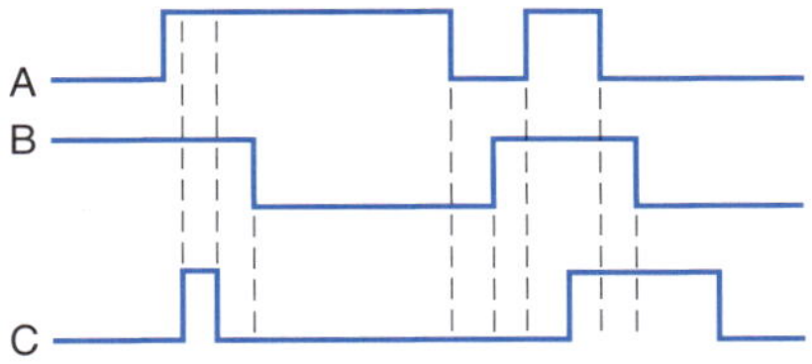

圖 3-54

(c) 將 C 固定於高電位重做此問題。

B　3-18　以 NAND 閘重做習題 3-17。

C　3-19★ 寫出圖 3-55 電路的輸出表示式，並寫出完整的真值表。然後將圖 3-54 的波形加到電路輸入端，並描繪出最終的輸出波形。

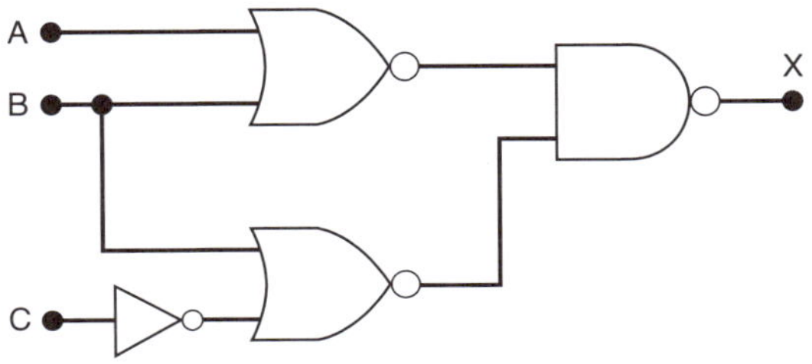

圖 3-55

B　3-20　試求出圖 3-24 中電路的完整真值表。

B　3-21　修改習題 3-16 中要製作的電路，使 NAND 閘與 NOR 閘可用於所需之處。

3-10 節

C　3-22　用所有可能情形來證明定理 (15a) 與 (15b)。

B　3-23★ 精選問題

完成每個表示式。

(a) $A+1=$__________　　(f) $D \cdot 1=$__________

(b) $A \cdot A=$__________　　(g) $D+0=$__________

(c) $B \cdot \overline{B}=$__________　　(h) $C+\overline{C}=$__________

(d) $C+C=$__________　　(i) $G+GF=$__________

(e) $x \cdot 0=$__________　　(j) $y+\overline{w}y=$__________

C　3-24　(a)★ 使用定理 (13b)、(3) 及 (4) 化簡下列表示式：

$$x = (M + N)(\overline{M} + P)(\overline{N} + \overline{P})$$

(b) 使用定理 (13a)、(8) 及 (6) 化簡下列表示式：

$$z = \overline{A}B\overline{C} + AB\overline{C} + B\overline{C}D$$

3-11 至 3-12 節

C　3-25　試以所有可能情形證明笛摩根定理。

B　3-26　用笛摩根定理化簡下列表示式。

(a)★ $\overline{\overline{A}B\overline{C}}$　　(d) $\overline{A + \overline{B}}$　　(g)★ $\overline{A\overline{(B + \overline{C})}D}$

(b) $\overline{\overline{A} + \overline{B}C}$　　(e)★ $\overline{\overline{AB}}$　　(h) $\overline{(M + \overline{N})(\overline{M} + N)}$

(c)★ $\overline{AB\overline{CD}}$　　(f) $\overline{\overline{A} + \overline{C} + \overline{D}}$　　(i) $\overline{\overline{\overline{AB}C}D}$

B　3-27★ 使用笛摩根定理以化簡圖 3-55 的輸出表示式。

C　3-28　將圖 3-53(b) 的電路轉換為僅使用 NAND 閘的電路。然後寫出新電路的輸出方程式並用笛摩根定理化簡，然後再與原來電路表示式作比較。

C　3-29　將圖 3-53(a) 的電路轉換為僅使用 NOR 閘的電路。然後寫出新電路的表示式並使用笛摩根定理化簡，再與原本電路表示式作比較。

B　3-30　說明兩個輸入端的 NAND 閘可由兩個輸入端的 NOR 閘所組成。

B　3-31　說明兩個輸入端的 NOR 閘可由兩個輸入端的 NAND 閘所組成。

C　3-32　有一噴射機使用某系統監視其引擎的轉速、壓力及溫度值。它所使用的感測器工作如下：

PRM 轉速感測器輸出＝0，只當速度 < 4800 rpm 時
P 壓力感測器輸出＝0，只當壓力 < 220 psi 時
T 溫度感測器輸出＝0，只當溫度 < 200°F 時

圖 3-56 所示者為在駕駛艙中當遇到某些種引擎狀況組合時，用來控制警示燈的邏輯電路。假設輸出為 $\overline{W}$ 時將激發警示燈。

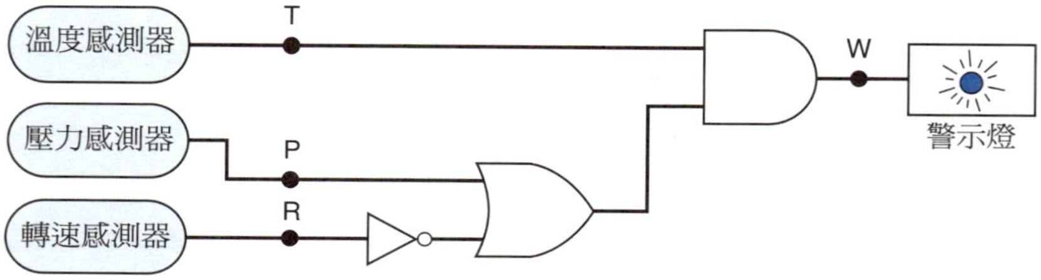

圖 3-56

(a)★ 試問於哪些引擎狀況時會警示駕駛員？
(b)　試將此電路變更成另一個全部使用 NAND 閘的電路。

3-13 節與 3-14 節

B　3-33★ 試對下列各已知的操作繪出其所合適的邏輯閘符號標準或互換。
(a)　只有當所有三輸入端都為低電位時，方產生高電位的輸出。
(b)　當所有四輸入端有任何一端為低電位時，就產生低電位的輸出。
(c)　僅當所有八輸入端都為高電位時，方產生低電位的輸出。

B　3-34　試繪出各基本邏輯閘的標準表示法，並繪出其對應的互換表示法。

C　3-35　圖 3-55 所示的電路輸出是假設為低電位動作 $\overline{UNLOCK}$ 時可使指示器動作。
(a)★ 修改此電路圖以期能更有效地表示電路的運算。

(b) 使用新的電路圖求出需要使輸出動作的輸入條件。藉仿例題 3-22 與 3-23 的作法，使用邏輯閘符號的已知資訊由輸出端往回做以決定所需的輸入條件。最後將所得結果和習題 3-19 所得到的真值表作比較。

C　3-36　(a) 試決定在圖 3-37(b) 中要使輸出 Z 動作的輸入條件。藉仿例題 3-22 與 3-23 的作法，由輸出端往回做。

(b) 假設輸出 Z 為低電位時方可啟動警報器，試修改電路圖以期反映此狀況。然後再以修改過的電路圖決定出啟動警報器所需的輸入條件。

D　3-37　試修改圖 3-40 所示的電路以期 $A_1=0$ 而非 $A_1=1$ 時可產生 $LCD=1$。

B　3-38* 試決定使圖 3-57 中輸出成為動作狀態的輸入條件。

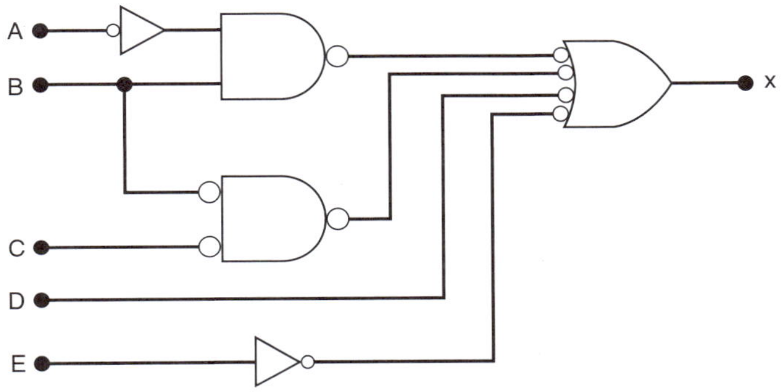

圖 3-57

B　3-39* (a) 試求圖 3-57 所示電路輸出的聲明狀態。

(b) 試求圖 3-36(c) 所示電路輸出的聲明狀態。

B　3-40　使用習題 3-38 的結果獲得圖 3-57 所示電路的完整真值表。

N　3-41* 圖 3-58 所示為模擬雙向開關的邏輯閘應用實例。為打開或關掉家用電燈而安排兩個不同的開關即是一種雙向開關。此處電燈為一 LED 且當 NOR 閘輸出為低電位時 LED 將為 ON (導通)，因此輸出標示為 $\overline{LIGHT}$ 以指示低電位動作。試決定打開 LED 所需的輸入條件，然後利用開關 A 與 B 驗證電路的運算為一雙向開關。(像這種已知輸入與輸出間邏輯關係的電路設計問題，則留待第 4 章再予研習。)

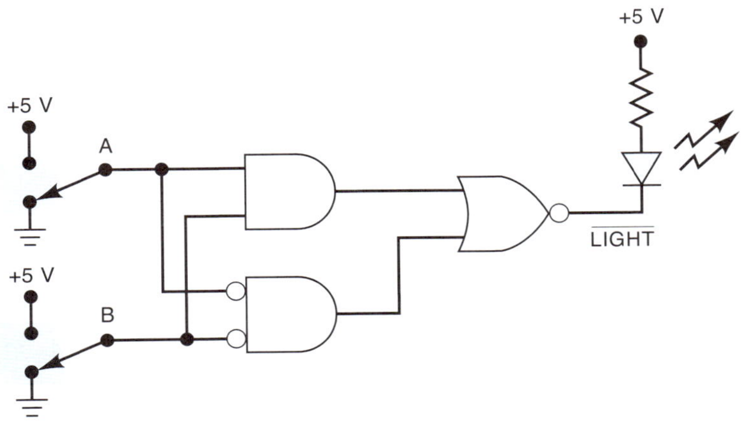

圖 3-58

3-15 節

B 3-42 7406 TTL 反相器最大的 t_{PLH} 為 15 ns 且 t_{PHL} 為 23 ns。有一長達 100 ns 的正脈波送至輸入端。

(a) 試繪出輸入與輸出波形。標示 X-軸刻度使得結止時間為 200 ns。

(b) 將 t_{PLH} 與 t_{PHL} 標示於圖形上。

(c) 如果最糟狀況的傳遞延遲發生時，脈波寬度為何？

3-17 節

精選問題

H 3-43★ 真或偽：

(a) VHDL 為計算機程式語言。

(b) VHDL 可完成如 AHDL 相同的事情。

(c) AHDL 為 IEEE 標準語言。

(d) 開關矩陣中的每個交叉處可規劃成列與行纜線間之開路或短路。

(e) 出現於 HDL 串列最前端的第一個項目為功能性描述。

(f) 物件之類型指出了它是輸入或輸出。

(g) 物件之模式決定了它是輸入或輸出。

(h) 隱藏式節點乃為已被刪除之節點且將不再被使用。

(i) 區域性信號為中間變數的另一種名稱。

(j) 標頭語乃為記載關於專案之重要訊息的註解方塊。

3-18 節

B 3-44 試重繪來自於圖 3-44 的可規劃連結矩陣。將來自於連結矩陣的輸出信號 (水平線) 標記如下：AAABADHE。於合適之交叉處畫上 X 以將行與列短路一起，並且產生這些連結至邏輯電路。

H 3-45★ 試依您的語言選擇撰寫 HDL 程式以產生下列的輸出函數：

$$X=A+B$$
$$Y=\overline{AB}$$
$$Z=A+B+C$$

H 3-46 試依您的語言選擇撰寫 HDL 程式以製作出圖 3-39 的邏輯電路。

(a) 利用單獨一個布爾方程式。

(b) 利用中間變數 V、W、X 以及 Y。

微算機應用

C 3-47★ 參考例題 3-23 的圖 3-40。A_7 至 A_0 為來自於微算機的微處理器輸出且加到此電路上的位址輸入。此八個位元長的位址碼 A_7 至 A_0 選取到微處器想要激發的裝置。於例題 3-23 中，要激發磁碟機所需要的位址碼 A_7 至 A_0 為 $11111110_2=FE_{16}$。

試修改電路使微處理器必須提供位址碼 $4A_{16}$ 以激發磁碟機。

具挑戰性的問題

C　3-48　試指出 $x=AB\overline{C}$ 如何能利用一個雙輸入端的 NOR 與一個雙輸入端的 NAND 閘製作出。

C　3-49★ 試僅使用雙輸入端的 NAND 閘製作 $y=ABCD$。

每節複習問題解答

3-2 節

1. $x=1$　**2.** $x=0$　**3.** 32

3-3 節

1. 所有的輸入為低電位。　**2.** $x=A+B+C+D+E+F$。　**3.** 固定的高電位

3-4 節

1. 全部五個輸入＝1。

2. 有一個低電位輸入將使輸出為低電位。

3. 偽；請參閱每個閘的真值表。

3-5 節

1. 第二個 INVERTER 的輸出將與輸入 A 相同。

2. 只當 $A=B=1$ 時 y 才會為低電位。

3-6 節

1. $x=\overline{A}+B+C+\overline{AD}$　**2.** $x=D(\overline{AB+\overline{C}})+E$

3-7 節

1. $x=1$　**2.** $x=1$　**3.** 兩者皆為 $x=1$

3-8 節

1. 見圖 3-15(a)。　**2.** 見圖 3-17(b)。　**3.** 見圖 3-15(b)。

3-9 節

1. 所有的輸入為低電位。　**2.** $x=0$　**3.** $x=\overline{A+B+\overline{CD}}$

3-10 節

1. $y=A\overline{C}$　**2.** $y=\overline{A}\,\overline{B}\,\overline{D}$　**3.** $y=\overline{A}D+BD$

3-11 節

1. $z=\overline{A}\,\overline{B}+C$　**2.** $y=(\overline{R}+S+\overline{T})Q$

3. 除了 NAND 為 NOR 取代外，與圖 3-28 相同。

4. $y = \overline{A}B(C + \overline{D})$

3-12 節

1. 三種。

2. NOR 電路較具效率，由於 NOR 電路只需使用三個 NOR 閘即可製作出，因此更有效率。

3. $x = \overline{(\overline{AB})(\overline{CD})} = \overline{\overline{AB}} + (\overline{\overline{CD}}) = AB + CD$

3-13 節

1. 當有任何一個輸入為高電位時輸出變成低電位。

2. 只當全部輸入皆為低電位時輸出才會變成高電位。

3. 當任何一個輸入為低電位時輸出才會變成低電位。

4. 只當全部的輸入為高電位時輸出才會變成高電位。

3-14 節

1. 當 $A=B=0$ 且 $C=D=1$ 時 Z 將變成高電位。

2. 當 $A=B=0$，$E=1$，且有一個 C 或 D 或兩者皆為 0 時 Z 將變成低電位。

3. 2 個。 **4.** 2 個。 **5.** 低電位。

6. $A=B=0$，$C=D=1$ **7.** $\overline{W}$

3-15 節

1. 時序刻度為奈秒 (nanosecond) 而且花費一段時間來改變狀態。

2. 從輸入上的 50% 點到輸出上的 50% 點。

3. t_{PHL} **4.** t_{PLH}

3-16 節

1. 布爾方程式、真值表、邏輯圖、時序圖、語言。

2. 圖形輸入的 .bdf 檔案與使用時序圖的模擬。

3-17 節

1. 硬體描述語言。

2. 描述數位電路與它的運作。

3. 給予計算機一串循序的任務。

4. HDL 描述同時的硬體電路；計算機指令一次只執行一個。

3-18 節

1. 可規劃邏輯裝置。

2. 將交換矩陣中的銜接處相接或斷開。

3. 將 HDL 程式轉譯成一個位元圖樣以組態交換矩陣。

3-19 節

AHDL

1. 輸入與輸出定義。 **2.** 如何運作的描述。

VHDL

1. 給予電路一個名稱且定義它的輸入與輸出。

2. ARCHITECTURE 描述。　　**3.** < =

3-20 節

AHDL

1. NODE　　**2.** I/O 定義之後與 BEGIN 之前。　　**3.** 否。　　**4.** %　　**5.** --

VHDL

1. SIGNAL　　**2.** ARCHITECTURE 之內且 BEGIN 之前。　　**3.** 否　　**4.** --

第 4 章

組合邏輯電路

大　綱

4-1　積項之和式
4-2　化簡邏輯電路
4-3　代數化簡
4-4　設計組合邏輯電路
4-5　卡諾圖法
4-6　互斥-OR 與互斥-NOR 電路
4-7　同位產生器及檢查器
4-8　激能／禁抑電路
4-9　數位 IC 的基本特性
4-10　數位系統的故障檢修
4-11　數位 IC 的內部錯誤
4-12　外部錯誤
4-13　故障檢修實例
4-14　可規劃邏輯元件
4-15　HDL 中的資料表示
4-16　使用 HDL 的真值表
4-17　於 HDL 中的決策控制結構

學習目標

讀完本章之後，將可學會以下幾點：

- 轉換邏輯表示式成積項之和表示式。
- 施行必要的步驟以簡化積項之和表示式至其最簡式。
- 以布爾代數與卡諾圖為工具以化簡並設計邏輯電路。
- 解釋互斥-OR 與互斥-NOR 電路的邏輯運算。
- 不用真值表設計邏輯電路。
- 說明如何製作激能電路。
- 描述 TTL 與 CMOS 數位 IC 的基本特性。
- 使用數位系統的基本故障檢修規則。
- 由所觀測到的結果推演出造成組合邏輯電路功能失常的原因。
- 描述可規劃邏輯裝置 (PLD) 的基本概念。
- 試列出若規劃 PLD 以執行簡單的組合邏輯功能時所包含的步驟。
- 試從 Altera 公司的使用手冊找出若在實驗室中從事簡單的可規劃實驗時所需的訊息。
- 描述階層式的設計方法。
- 辨識出單位元、位元陣列及數值變數的合適資料類型。
- 使用 HDL 控制結構 IF/ELSE、IF/ELSEIF 與 CASE 描述邏輯電路。
- 對給定的問題選擇合適的 HDL 控制結構。

引　論

在第 3 章已研習所有基本邏輯閘的運算，且我們使用布爾代數說明與分析由邏輯閘組合的電路。由於在任何時候，這些電路的輸出邏輯電位是由輸入端的邏輯電位組合所定，故歸類於組合 (combinational) 邏輯電路。組合邏輯電路無記憶器 (memory) 的特性，且輸出僅依其輸入現有值而定。

本章將繼續研習組合邏輯電路。首先要研究邏輯電路的化簡。需要使用到兩種方法：一種是使用布爾代數定理，另一種是使用圖表 (mapping) 技術。此外，我們也要學習可滿足需求的邏輯電路設計的簡易技術。邏輯電路設計的完整研習並非是我們的主要目標，但是所介紹的方法在技術人員將會碰到的各種設計情況中是很有效益的。

本章精彩部分乃致力於組合電路故障檢修的討論。在故障檢修中，我們首先介紹完成故障檢查所需的各種分析技巧。為了使故障檢修的教材盡可能實用化，我們經由數位 IC 電路中常碰到的各種錯誤的描述以介紹 TTL 與 CMOS 邏輯族 IC 的基本邏輯特性。

本章最後一節，將延伸我們的知識至可規劃邏輯裝置與硬體描述語言。可規劃硬體連線的概念將被加強，而且我們將就發展系統的角色提供更詳盡的資料。您將學到現今數位系統之設計與發展的步驟。更多的訊息將提供您如何選擇正確的資料物件形式，以使用於本書稍後將舉出的簡易專案上。最後，也會說明若干控制結構，也包括了一些其適合應用場合的指令。

4-1 積項之和式

邏輯電路的化簡與設計方法是需要使邏輯表示式成為**積項之和** (sum-of-products, SOP)。此式可如：

1. $ABC+\overline{A}B\overline{C}$
2. $AB+\overline{A}B\overline{C}+\overline{C}\,\overline{D}+D$
3. $\overline{A}B+C\overline{D}+EF+GK+H\overline{L}$

各積項之和表示式係由兩個或多個 AND 項 (積) 互相 OR 在一起所組成。各 AND 積項是由一個或多個變數以補數或非補數形式所組成。例如，在積項之和表示式 $ABC+\overline{A}B\overline{C}$ 中，第一個 AND 積項便是具有非補數 (非反相) 形式的變數 A、B 及 C。第二個 AND 積項則含有補數 (反相) 形式的變數 A 與 C。要注意在積項之和表示式中，反相符號在一項中不可出現一個以上的變數 (即不可以有$\overline{ABC}$ 或 $\overline{RST}$)。

和項之積

邏輯電路設計有時會使用另一種的邏輯表示方式，稱為**和項之積** (product-of-sums, POS)，它是由二個或以上的 OR 項 (和) AND 一起所構成的。每個 OR 項是由一個或多個變數以補數或非補數形式出現。以下是若干和項之積的表示式：

1. $(A+\overline{B}+C)(A+C)$

2. $(A+\overline{B})(\overline{C}+D)F$
3. $(A+C)(B+\overline{D})(\overline{B}+C)(A+\overline{D}+\overline{E})$

吾人將用來製作電路的簡化及設計方法是根據積項之和 (SOP) 的形式，因此對和項之積 (POS) 的形式不作太多討論。但還是經常會有一些邏輯電路是具有特殊的構造。

複習問題

1. 下列表示式何者為 SOP 形式？
   (a) $AB+CD+E$　(b) $AB(C+D)$
   (c) $(A+B)(C+D+F)$　(d) $\overline{MN}+PQ$
2. 以 POS 重複問題 1。

4-2　化簡邏輯電路

一旦得到邏輯電路的表示式時，可以化簡成為更少項或在一項或多項中含有更少的變數。這個新形成的表示式可以用來製作出等效於原本電路且含有更少電閘與接線的電路。

例如，在圖 4-1(a) 的電路可化簡成為圖 4-1(b) 的電路。因為此二電路是執行相同的邏輯功能，但由於圖 4-1(b) 的電路具有更少的邏輯閘且較原來的電路更小更便宜，很顯然是我們所需要的。此外，因為有更少的接線而減少線路錯誤，故可使該邏輯電路的可信度提高。

簡化邏輯電路的另一項策略性優勢包括了電路的操作速度。記得前面討論到邏

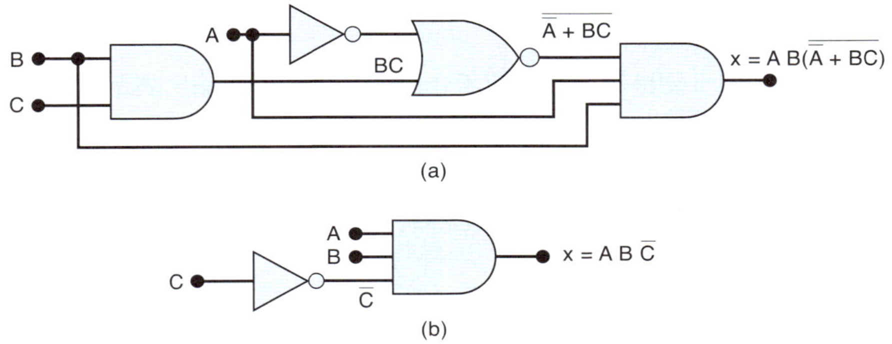

圖 4-1　經常可將如 (a) 中的邏輯電路加以化簡以得到如 (b) 中較具效率的製作

輯閘受傳遞延遲的影響。如果實際的電路是配置成輸入端的邏輯變化必須傳遞經多層的閘門才能決定輸出，那就可能無法操作如較少層閘門般的快速。例如，比較圖 4-1(a) 與 (b) 的電路。圖 4-1(a) 中最長的路徑為信號必須行經三個閘門。若朝向如 SOP 或 POS 的常見形式來做的話，就能保證在系統中對所有的信號而言會有相似的傳遞延遲且有助於決定系統的最大操作速度。

往後將研習到兩種化簡邏輯電路的方法。一種是使用布爾代數定理，且將來會見到這種是藉用靈感與經驗方有可為。另一種方法便是使用卡諾圖法 (Karnaugh mapping)，這是較為系統化照本宣科的方式。由於後面提到的這種方法在使用上是較為機械化且不太屬於布爾代數，而使有些教師希望能跳過不提。如果跳過不提並不會影響本書學習的連貫性與理解度。

4-3 代數化簡

在第 3 章曾研習到可以用來協助我們化簡邏輯電路表示式的布爾代數定理。但不幸地，顯然這些定理並非總是可以用來產生最簡易的結果。此外，也沒有簡易的要領可以表明被化簡的式子是否已達到最簡式或可否再進一步地化簡。因此，代數化簡常產生錯誤的運算。但依照經驗，就可得到合理的好答案。

下列的例子將可說明在布爾代數中有不少要領可嘗試用來化簡表示式。我們要注意這些例子含有兩項基本步驟：

1. 原來的表示式係藉由反覆使用笛摩根定理及諸項的相乘來形成 SOP 形式。
2. 一旦原來的表示式變成 SOP 形式，便核定出積項中的共變數，並盡可能提出共變數。如此提出共變數的結果便可消除一個或多個項。

例題 4-1

化簡圖 4-2(a) 的邏輯電路。

解答：第一個步驟是利用 3-6 節所介紹的方法求得此輸出表示式，其結果為：

$$z = ABC + A\overline{B}\cdot(\overline{\overline{A}\,\overline{C}})$$

求得表示式時，就要利用笛摩根定理將大反相橫線符號拆開，並將所有的項乘開。即：

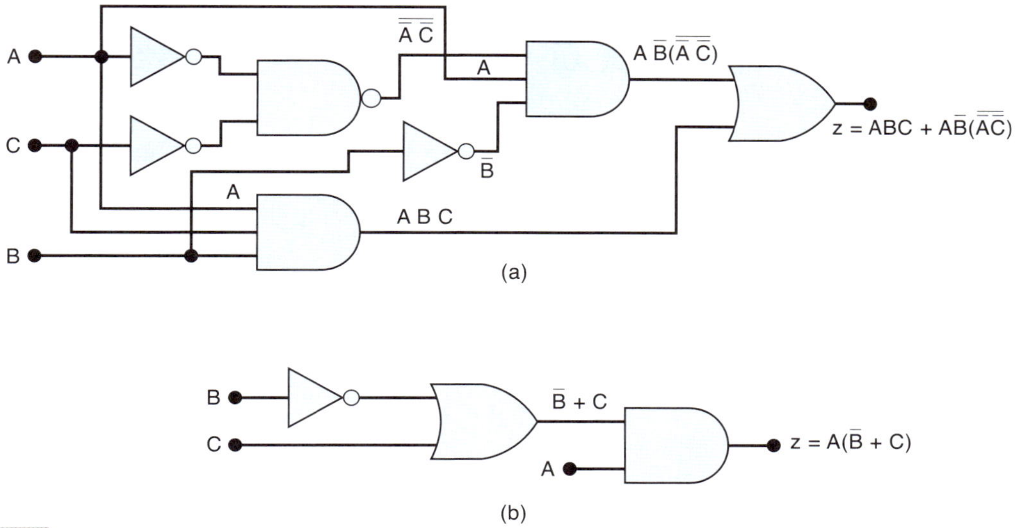

圖 **4-2**　例題 **4-1**

$$
\begin{aligned}
z &= ABC + A\overline{B}(\overline{\overline{A}} + \overline{\overline{C}}) && \text{[定理 (17)]}\\
&= ABC + A\overline{B}(A + C) && \text{[抵銷雙反相符號]}\\
&= ABC + A\overline{B}A + A\overline{B}C && \text{[乘開]}\\
&= ABC + A\overline{B} + A\overline{B}C && [A \cdot A = A]
\end{aligned}
$$

現在有了表示式為 SOP 形式，便可尋找出在各項間的共變數並將其提出。第一項與第三項有共變數 AC，於是提出成為：

$$z = AC(B + \overline{B}) + A\overline{B}$$

因 $B+\overline{B}=1$，故：

$$
\begin{aligned}
z &= AC(1) + A\overline{B}\\
&= AC + A\overline{B}
\end{aligned}
$$

現在可提出 A，其結果為：

$$z = A(C + \overline{B})$$

此結果不可能再進一步化簡，故依此式所製作出的電路如圖 4-2(b) 所示。顯然圖 4-2(b) 的電路較圖 4-2(a) 原來的電路更為簡易。

例題 4-2

化簡表示式 $z=A\overline{B}\,\overline{C}+A\overline{B}C+ABC$。

解答：表示式已變成 SOP 形式。

方法 1：表示式的前兩項有共變數 $A\overline{B}$。故：

$$\begin{aligned} z &= A\overline{B}(\overline{C} + C) + ABC \\ &= A\overline{B}(1) + ABC \\ &= A\overline{B} + ABC \end{aligned}$$

由此二項提出變數 A：

$$z = A(\overline{B} + BC)$$

使用定理 (15b)：

$$z = A(\overline{B} + C)$$

方法 2：原表示式為 $z=A\overline{B}\,\overline{C}+A\overline{B}C+ABC$。前二項有共變數 $A\overline{B}$。最後二項有共變數 AC。到最後將可使為 $A\overline{B}$ 來自前二項或 AC 是來自後二項，我們如何知道？事實上，可使用 $A\overline{B}C$ 項二次。換言之，可重寫表示式為：

$$z = A\overline{B}\,\overline{C} + A\overline{B}C + A\overline{B}C + ABC$$

此處便添加一額外的 $A\overline{B}C$ 項。這是有用的方式且不改變原有表示式的邏輯值，是 $A\overline{B}\,C+A\overline{B}C=A\overline{B}C$ [定理 (7)] 之故。現在便可由前二項提出 $A\overline{B}$ 且由後二項提出 AC：

$$\begin{aligned} z &= A\overline{B}(C + \overline{C}) + AC(\overline{B} + B) \\ &= A\overline{B}\cdot 1 + AC\cdot 1 \\ &= A\overline{B} + AC = A(\overline{B} + C) \end{aligned}$$

當然，這個結果是與方法 1 所得者相同。使用同一項二次的方法可常加以應用。事實上，若有需要，同一項的使用可超過二次以上。

例題 4-3

化簡 $z = \overline{A}C(\overline{\overline{A}BD}) + \overline{A}BC\,\overline{D} + A\overline{B}C$。

解答：首先，於第一項使用笛摩根定理，得：

$$z = \overline{A}C(A + \overline{B} + \overline{D}) + \overline{A}BC\overline{D} + A\overline{B}C \qquad \textbf{(步驟 1)}$$

乘開後得：

$$z = \overline{A}CA + \overline{A}C\overline{B} + \overline{A}C\overline{D} + \overline{A}BC\,\overline{D} + A\overline{B}C \qquad \textbf{(2)}$$

因 $\overline{A}\cdot A=0$，所以第一項可被消去，於是得：

$$z = \overline{A}\,\overline{B}C + \overline{A}C\overline{D} + \overline{A}B\overline{C}\,\overline{D} + A\overline{B}C \quad (3)$$

此即為所要的 SOP 形式。然後找出各積項中的共變數，此可由找出任二或更多積項的最大共變數而達成。例如，最初項與最末項含共變數 $\overline{B}C$，第二項與第三項含共變數 $\overline{A}\,\overline{D}$。將這些共變數提出，則得：

$$z = \overline{B}C(\overline{A} + A) + \overline{A}\,\overline{D}(C + B\overline{C}) \quad (4)$$

現在因 $\overline{A}+A=1$ 且 $C+\overline{B}C=C+B$ [定理 (15a)]，則：

$$z = \overline{B}C + \overline{A}\,\overline{D}(B + C) \quad (5)$$

相同的結果亦可由選取不同的共變數而達成之。例如，步驟 3 中共變數 C 係來自第一、第二及第四積項，故：

$$z = C(\overline{A}\,\overline{B} + \overline{A}\,\overline{D} + A\overline{B}) + \overline{A}B\overline{C}\,\overline{D}$$

括號內的表示式能更進一步組合為：

$$z = C(\overline{B}[\overline{A} + A] + \overline{A}\,\overline{D}) + \overline{A}B\overline{C}\,\overline{D}$$

因為 $\overline{A}+A=1$，於是變成：

$$z = C(\overline{B} + \overline{A}\,\overline{D}) + \overline{A}B\overline{C}\,\overline{D}$$

乘開後得：

$$z = \overline{B}C + \overline{A}C\,\overline{D} + \overline{A}B\overline{C}\,\overline{D}$$

現在我們可將共變數 $\overline{A}\,\overline{D}$ 從第二項與第三項中提出，則：

$$z = \overline{B}C + \overline{A}\,\overline{D}(C + B\overline{C})$$

運用定理 (15a)，則小括號內的表示式即為 $B+C$。因此，可得最終的結果為：

$$z = \overline{B}C + \overline{A}\,\overline{D}(B + C)$$

這與我們先前所得的結果相同，但需費更多的步驟。因此，我們必須找出最大共變數的理由是：獲得最終的表示式所需的步驟為最少。

例題 4-3 說明了布爾簡化時經常遭遇到的挫折。由於我們已藉二種不同的方法得到了相同的方程式 (已經無法再簡化)，似乎可很合理的下結論言此最後之方程式為最簡形式。事實上，此方程式的最簡形式為：

$$z = \overline{A}B\overline{D} + \overline{B}C$$

然而已無明顯的方式可簡化步驟 (5) 來獲致此較簡易之形式。於此例中，整個過程中我們忽略了一個能得到較簡形式的運算。問題是，我們又如何知曉遺漏了哪個步驟呢？本章稍後，我們將詳探始終能獲致最簡易 SOP 形式的繪圖法。

例題 4-4

化簡表示式 $x = (\overline{A} + B)(A + B + D)\overline{D}$。

解答：利用乘出所有項的作法便可得到積項之和式。結果為：

$$x = \overline{A}A\overline{D} + \overline{A}B\overline{D} + \overline{A}D\overline{D} + BA\overline{D} + BB\overline{D} + BD\overline{D}$$

因 $\overline{A}A=0$，故第一項可被消去。同樣地，因 $D\overline{D}=0$，故第三項與第六項亦可被消去，第五項可被化簡為 $B\overline{D}$，因 $BB=B$。則：

$$x = \overline{A}B\overline{D} + AB\overline{D} + B\overline{D}$$

再從各項提出 $B\overline{D}$ 以得到：

$$x = B\overline{D}(\overline{A} + A + 1)$$

很顯然，在括號中的項為 1，故最後得到：

$$x = B\overline{D}$$

例題 4-5

化簡圖 4-3(a) 的電路。

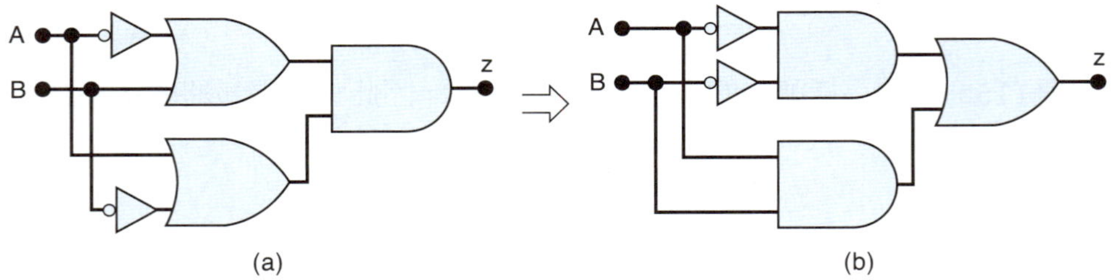

圖 4-3 例題 4-5

解答：輸出 z 的表示式為：

$$z = (\overline{A} + B)(A + \overline{B})$$

乘出而得到積項之和式，則：

$$z = \overline{A}A + \overline{A}\,\overline{B} + BA + B\overline{B}$$

消去 $\overline{A}A=0$ 與 $B\overline{B}=0$，於是：

$$z = \overline{A}\,\overline{B} + AB$$

此表示式製作於圖 4-3(b) 中，若與原電路相較，則可見到二個電路有同數的電閘與接線。在此情形下的化簡運算產生同等但非較簡易的電路。

例題 4-6

化簡 $x = A\overline{B}C + \overline{A}BD + \overline{C}\,\overline{D}$。

解答：讀者可嘗試練習，將發現已無法再作進一步的簡化。

複習問題

1. 下列表示式何者不為積項之和式：
   (a) $RS\overline{T} + \overline{R}S\overline{T} + \overline{T}$
   (b) $A\overline{CD} + \overline{A}CD$
   (c) $MN\overline{P} + (M + \overline{N})P$
   (d) $AB + \overline{A}B\overline{C} + A\overline{B}\,\overline{C}D$
2. 化簡圖 4-1(a) 的電路成為圖 4-1(b) 的電路。
3. 將圖 4-1(a) 中各 AND 閘改為 NAND 閘。求出新的 x 表示式並化簡之。

4-4　設計組合邏輯電路

當所有可能輸入情形下的邏輯電路輸出電位為已知時，結果可容易表明在真值表中。對所需求電路的布爾表示式可由真值表導出。例如，考慮圖 4-4(a)，此處的真值表顯示該電路具有兩個輸入 A 與 B 與一個輸出 x。該表也說明僅在 $A=0$ 與 $B=1$ 的情形時 x 才為 1 的電位。現在剩下的便是要求得何種邏輯電路可產生這種運算。一個可能的答案如圖 4-4(b) 所示，此處的 AND 閘輸入為 $\overline{A}$ 與 B，故 $x=\overline{A}\cdot B$。顯然 x 只在當送至 AND 閘的二輸入均為 1 時才為 1，即 $\overline{A}=1$ (亦即 $A=0$) 與 $B=1$。對 A 與 B 的其他值而言，輸出 x 均為 0。

同樣的方法亦可用於其他的輸入情形。例如，若 x 只在 $A=1$、$B=0$ 的情形才

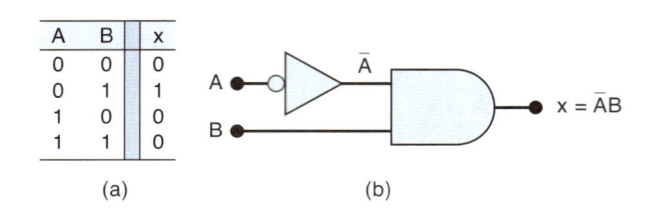

A	B	x
0	0	0
0	1	1
1	0	0
1	1	0

(a)

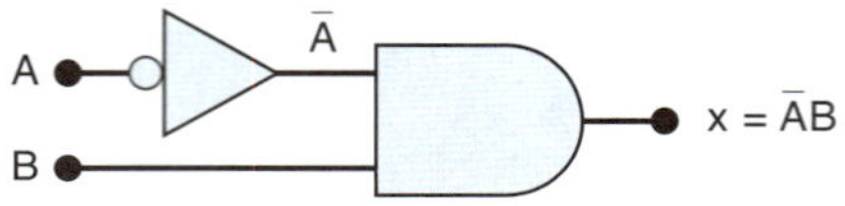

(b)

圖 4-4　只有在 $A=0$、$B=1$ 條件下才產生 1 輸出的電路

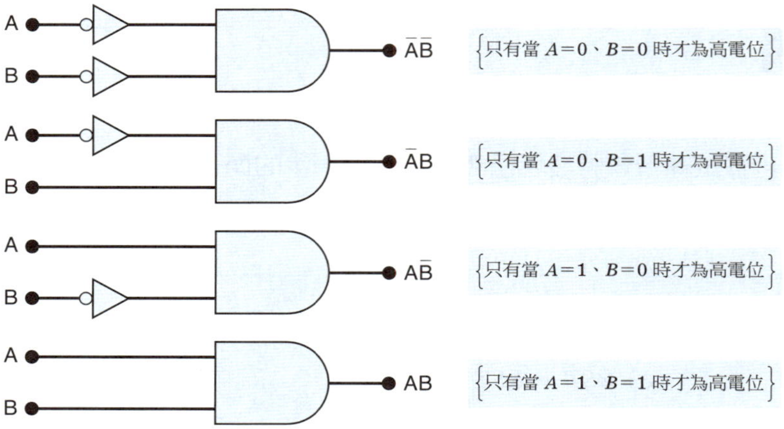

圖 4-5　具有適當輸入 AND 閘於特定輸入準位的組合下產生 1 輸出

為高電位，則產生的電路將是具有輸入為 A 與 B 的 AND 閘。換言之，對於四種可能輸入情形中的任何一種，可用具有適當輸入狀態的 AND 閘產生高電位的 x 輸出。這四種不同的輸入狀況示於圖 4-5。各 AND 閘僅對所給予的輸入狀態產生 1 輸出，對其他輸入狀態則產生 0 輸出。應注意 AND 閘輸入有無被反相，端視變數值是否合於條件而定。如果變數的已知條件為 0，則在進入 AND 閘前要先反相。

現在考慮圖 4-6(a) 的情形，此處的真值表顯示輸出 x 在兩種不同情形下將為 1，即：$A=0$、$B=1$ 及 $A=1$、$B=0$。這將如何執行？我們知道 AND (積) 項 $\overline{A} \cdot B$ 只在當 $A=0$、$B=1$ 的情形時才產生 1，且 AND (積) 項 $A \cdot \overline{B}$ 只當 $A=1$、$B=0$ 的情形時才產生 1。因 x 為高電位是在上述任何一種情形下產生，顯然這些積項將必須 OR 在一起以便產生所需的 x 輸出。製作出來的電路如圖 4-6(b) 所示，輸出表示式 $x=\overline{A}B+A\overline{B}$。

在此例中，表中各情形有產生 AND 項且輸出 x 為 1。這些 AND 閘輸出要 OR 在一起以產生總輸出 x，上述總輸出是當任一 AND 閘輸出為 1 時便產生高電位。相同的程序可擴展至具有兩個以上輸入的例子。考慮三輸入電路的真值表 (表 4-1)。此處有三個輸入狀態使輸出 x 為 1。對各情形下所需的 AND 積項已表出。

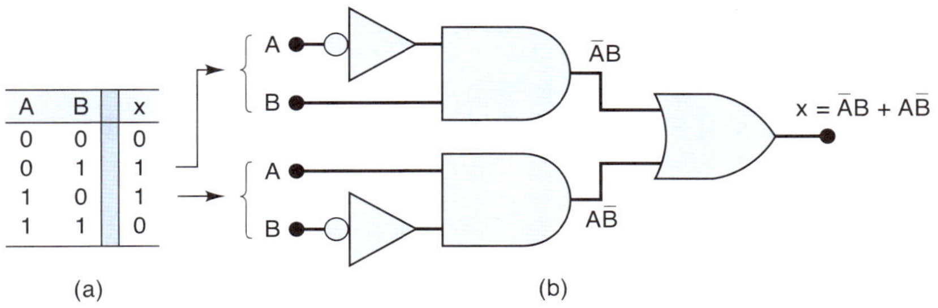

圖 4-6 將產生高電位輸出的每組輸入條件是以一個獨立的 **AND** 閘來製作。**AND** 輸出則 **OR** 一起來產生最後的輸出

表 4-1

A	*B*	*C*	*x*	
0	0	0	0	
0	0	1	0	
0	1	0	1	$\rightarrow \overline{A}B\overline{C}$
0	1	1	1	$\rightarrow \overline{A}BC$
1	0	0	0	
1	0	1	0	
1	1	0	0	
1	1	1	1	$\rightarrow ABC$

再一次注意變數為 0 的情形，其在 AND 積項中將用補數的形式。最後 x 的積項之和表示式是將此三 AND 積項 OR 在一起而得到。故：

$$x = \overline{A}B\overline{C} + \overline{A}BC + ABC$$

完整設計程序

任何的邏輯問題皆可使用下列的逐步程序來完成：

1. 詮釋問題並建立真值表來描述它的操作。
2. 對於每種輸出為 1 的情況寫出 AND (積) 項。
3. 寫出輸出的積項之和 (SOP) 式。
4. 盡可能簡化輸出表示式。
5. 製作出最終簡化式的電路。

例題 4-7

試設計一具有三個輸入 A、B 及 C 的電路，輸出是僅在當輸入大多數為高電位時才為高電位。

解答：

步驟 1：建立真值表。

根據問題的陳述，當有兩個或多個輸入為 1 時，輸出 x 將為 1；在其他的情況下則輸出為 0 (表 4-2)。

表 4-2

A	B	C	x	
0	0	0	0	
0	0	1	0	
0	1	0	0	
0	1	1	1	$\rightarrow \overline{A}BC$
1	0	0	0	
1	0	1	1	$\rightarrow A\overline{B}C$
1	1	0	1	$\rightarrow AB\overline{C}$
1	1	1	1	$\rightarrow ABC$

步驟 2：針對輸出為 1 的每種情形寫出 AND 項。

共有四種情況。AND 項示於真值表 (表 4-2) 旁。還要注意的是，每個 AND 項是如何以反相或非反相形式來包含每個輸入變數。

步驟 3：寫出輸出的積項之和表示式。

$$x = \overline{A}BC + A\overline{B}C + AB\overline{C} + ABC$$

步驟 4：化簡輸出表示式。

此表示式可以多種方式來簡化。最快的方法可能為吾人知曉最後一項 ABC 擁有兩個與其他兩項皆有共同的變數。因此，我們可使用 ABC 項來分解其他兩項的每一個變數。此表示式是以 ABC 項重複出現三次改寫 (記住如例題 4-2，這在布爾代數中是合法的)：

$$x = \overline{A}BC + ABC + A\overline{B}C + ABC + AB\overline{C} + ABC$$

將每個適當的項作共變數的結合，可得：

$$x = BC(\overline{A} + A) + AC(\overline{B} + B) + AB(\overline{C} + C)$$

由於括弧中的每一種皆等於 1，因此：

$$x = BC + AC + AB$$

步驟 5：將最後的表示式製作成電路。

此表示式係製作成如圖 4-7 所示。由於表示式為積項之和，因此電路是由一組 AND 閘結合後再送到單一 OR 閘所組成。

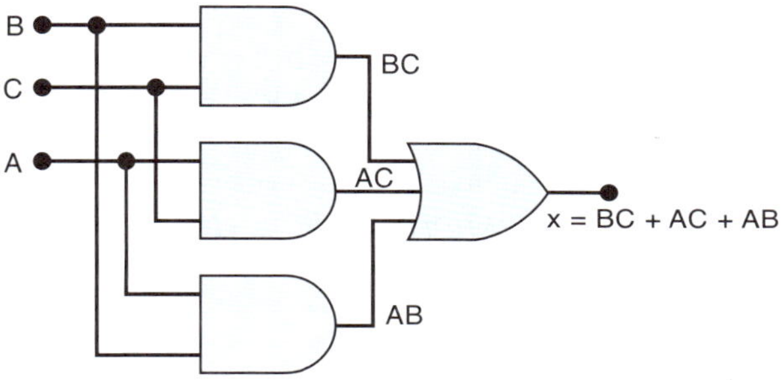

圖 4-7　例題 4-7

例題 4-8

參考圖 4-8(a)，有一個類比至數位轉換器監視軌道運轉太空船上的 12 V 儲存電池的 dc 電壓。轉換器輸出為四個位元的二進數 $ABCD$，相當於每間隔 1 V 的電池電壓，其中 A 為 MSB。轉換器的二進輸出則饋送到一個邏輯電路，只要二進值超過 $0110_2 = 6_{10}$ 就將產生高電位輸出；亦即，電池電壓高於 6 V。試設計此邏輯電路。

解答：圖 4-8(b) 所示為真值表。真值表中對任何輸入情況皆顯示出由 $ABCD$ 組合所代表的二進數同等十進數。

　　輸出 z 是當二進數大於 0110 時才為 1。對其他情形而言，則 z 為 0。於是由真值表所得到的積項之和表示式為：

$$z = \overline{A}BCD + A\overline{B}\,\overline{C}\,\overline{D} + A\overline{B}\,\overline{C}D + A\overline{B}C\overline{D} + A\overline{B}CD + ABC\overline{C}\,\overline{D}$$

$$+ AB\overline{C}D + ABC\overline{D} + ABCD$$

化簡此式是件困難的工作，但稍加用心便可完成。逐步漸近的運算工作包括提出共變數及消去 $A+\overline{A}$ 項，故：

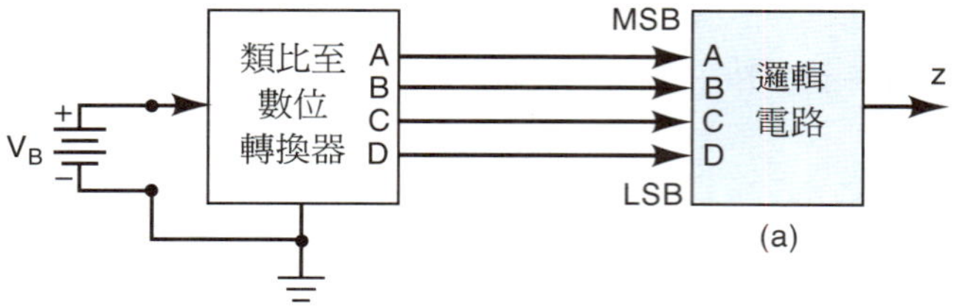

(a)

	A	B	C	D	z
(0)	0	0	0	0	0
(1)	0	0	0	1	0
(2)	0	0	1	0	0
(3)	0	0	1	1	0
(4)	0	1	0	0	0
(5)	0	1	0	1	0
(6)	0	1	1	0	0
(7)	0	1	1	1	1→ $\overline{A}BCD$
(8)	1	0	0	0	1→ $A\overline{B}\overline{C}\overline{D}$
(9)	1	0	0	1	1→ $A\overline{B}\overline{C}D$
(10)	1	0	1	0	1→ $A\overline{B}C\overline{D}$
(11)	1	0	1	1	1→ $A\overline{B}CD$
(12)	1	1	0	0	1→ $AB\overline{C}\overline{D}$
(13)	1	1	0	1	1→ $AB\overline{C}D$
(14)	1	1	1	0	1→ $ABC\overline{D}$
(15)	1	1	1	1	1→ $ABCD$

(b)

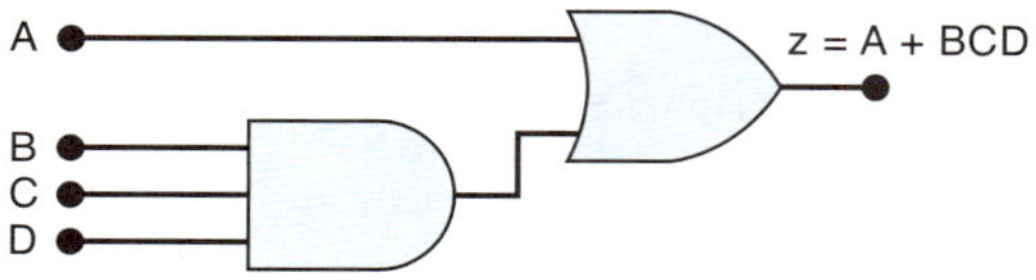

(c)

圖 4-8　例題 4-8

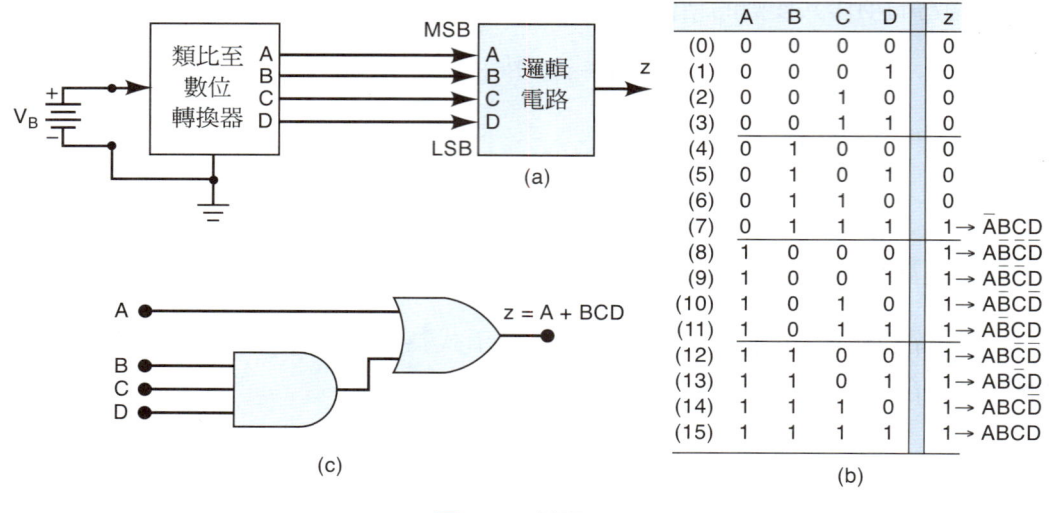

$$
\begin{aligned}
z &= \overline{A}BCD + A\overline{B}\,\overline{C}(\overline{D} + D) + A\overline{B}C(\overline{D} + D) + AB\overline{C}(\overline{D} + D) + ABC(\overline{D} + D) \\
&= \overline{A}BCD + A\overline{B}\,\overline{C} + A\overline{B}C + AB\overline{C} + ABC \\
&= \overline{A}BCD + A\overline{B}(\overline{C} + C) + AB(\overline{C} + C) \\
&= \overline{A}BCD + A\overline{B} + AB \\
&= \overline{A}BCD + A(\overline{B} + B) \\
&= \overline{A}BCD + A
\end{aligned}
$$

利用定理 (15a) 可再進一步化簡，此定理為 $x+\overline{x}y=x+y$。在此情形中，$x=A$ 且 $y=BCD$。故：

$$z = \overline{A}BCD + A = BCD + A$$

此最後的表示式則製作於圖 4-8(c) 中。

如此範例所舉證說明，代數化簡法當原始表示式包含較多項式時，可能非常冗長的。此一限制則不會出現於卡諾圖法中，如稍後所述。

例題 4-9

參考圖 4-9(a)。於簡單的影印機裡，有一個停止信號 S 將被產生來停止機器操作，並於下列情況存在時激發指示燈：(1) 饋紙匣內沒有紙；或 (2) 紙道中有二個微動開關被激發，表示夾紙。饋紙匣有紙時，以邏輯信號 P 的高電位指示。每個微動開關導引一個邏輯信號 (Q 與 R)，一旦有紙通過開關並激發它時，將變成高電

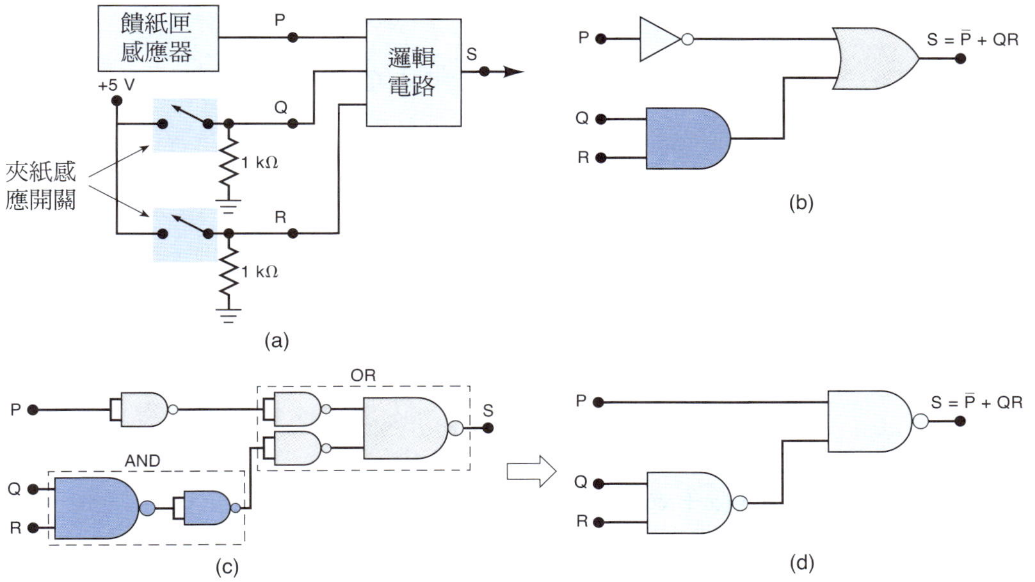

圖 4-9　例題 4-9

表 4-3

P	*Q*	*R*	*S*	
0	0	0	1	$\overline{P}\,\overline{Q}\,\overline{R}$
0	0	1	1	$\overline{P}\,\overline{Q}R$
0	1	0	1	$\overline{P}Q\overline{R}$
0	1	1	1	$\overline{P}QR$
1	0	0	0	
1	0	1	0	
1	1	0	0	
1	1	1	1	PQR

位。針對上述的條件設計一邏輯電路在輸出信號 S 產生高電位，並使用 74HC00 CMOS 四組雙輸入 NAND 晶片。

解答：我們將利用例題 4-7 的五步驟過程。真值表如表 4-3 所示。當 $P=0$ 時 S 輸出為邏輯 1，此係指饋紙匣沒有紙了。當 Q 與 R 皆為 1 時 S 為 1，顯示夾紙。如真值表所示，共有五種不同的輸入條件能使輸出為高電位。　**(步驟 1)**

每一種情況的 AND 項如所示。　**(步驟 2)**

積項之和表示式變成

$$S = \overline{P}\,\overline{Q}\,\overline{R} + \overline{P}\,\overline{Q}R + \overline{P}Q\overline{R} + \overline{P}QR + PQR$$ (步驟 3)

首先自第 1 及 2 項取出共變數 $\overline{P}\,\overline{Q}$ 及自第 3 和 4 項中取出共變數 $\overline{P}Q$ 來開始簡化：

$$S = \overline{P}\,\overline{Q}(\overline{R} + R) + \overline{P}Q(\overline{R} + R) + PQR$$

現在即可消除 $\overline{R}+R$ 項，因其等於 1：

$$S = \overline{P}\,\overline{Q} + \overline{P}Q + PQR$$

自第 1 和 2 項取出共變數 $\overline{P}$ 可用來自這些項消除 Q：

$$S = \overline{P} + PQR$$

這裡就可使用定理 (15b) ($\overline{x}+xy=\overline{x}+y$) 求得：

$$S = \overline{P} + QR$$ (步驟 4)

為再檢查此化簡後的布爾方程式，且來看看它是否符合開頭時的真值表。此方程式言到一旦 P 為低電位 OR Q AND R 皆為高電位，則 S 將為高電位。審視表 4-3 並觀測到當 P 為低電位時，對於全部四種情況，輸出為高電位。當 Q AND R 皆為高電位時，無論 P 的狀態為何，S 亦為高電位。此與方程式一致。

此電路的 AND/OR 製作則如圖 4-9(b) 所示。 (步驟 5)

要使用 74HC00 四組雙輸入的 NAND 晶片來製作此電路，我們必須將每個閘與 INVERTER 以其 NAND 閘等效電路轉換 (如 3-12 節)。此結果如圖 4-9(c) 所示。

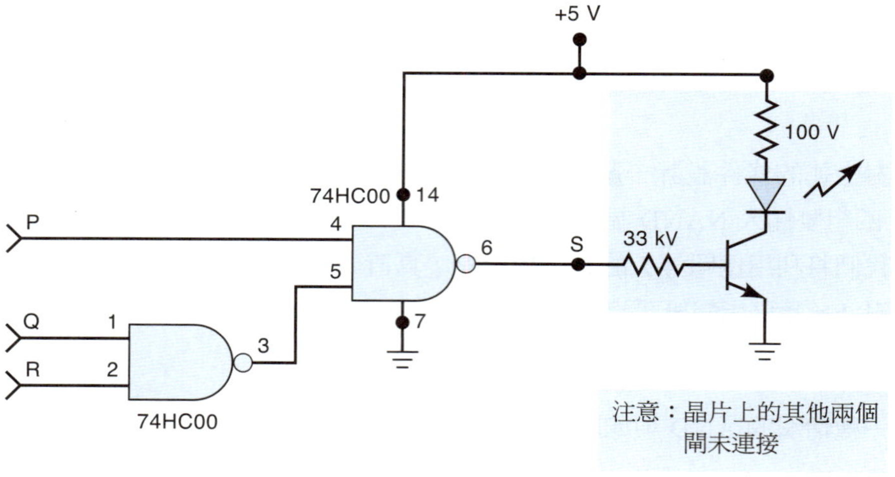

圖 4-10 使用一個 74HC00 NAND 晶片來製作圖 4-9(d) 的電路

顯然的，我們可將雙反相器排除以產生出 NAND 閘的製作，如圖 4-9(d) 所示。

最後的電路係二個 74HC00 晶片上的 NAND 閘接線而成。此 CMOS 晶片與圖 3-31 中的 TTL 74LS00 晶片具有相同的閘組成與接腳編號。圖 4-10 指出接線電路與接腳編號，包括 +5 V 與 GROUND (接地) 接腳。它也包含輸出驅動電晶體與 LED 以指出輸出 *S* 的狀態。

複習問題

1. 寫出一具有四輸入，且輸出是只在當輸入 *A* 為低電位且同時恰有其他兩個輸入為低電位時才為高電位的電路積項之和表示式。
2. 用四輸入 NAND 閘表示問題 1 的表示式，且需用多少個 NAND 閘？

4-5　卡諾圖法

卡諾圖 (Karnaugh map，簡稱 K 圖) 是一種用來化簡邏輯方程式或以簡易且有次序的程序將真值表轉換至其對應邏輯電路的圖示工具。卡諾圖雖可用來解決含有任意輸入變數的問題，然其實際的運用是限定為五或六個變數。下面的討論是限定至四個輸入變數，因為五個及六個輸入變數的問題，最好是用計算機程式來處理。

卡諾圖格式

K 圖有如真值表，可以表明出邏輯輸入與輸出間的關係。圖 4-11 所示為 K 圖對二個、三個及四個變數的三個範例，且附加有其各自對應的真值表。這些例子說明下列重要特點：

1. 真值表顯示出各輸入變數組合的輸出 *X* 值。K 圖以不同的格式顯示相同的資訊。在真值表中的各情形是對應到 K 圖中的某一方格。例如，在圖 4-11(a) 真值表的 $A=0$ 與 $B=0$ 情形便對應到 K 圖中的 $\overline{A}\overline{B}$ 方格。由於在這種情形下真值表顯示出 $X=1$，因此 1 將擺在 K 圖中的 $\overline{A}\overline{B}$ 方格內。同樣的，在真值表的 $A=1$ 與 $B=1$ 情形便對應到 K 圖中 AB 的方格。因為在此情形下 $X=1$，則 1 將置於 AB 方格內。其他的方格則填上 0。這個觀念可用於圖中所示的三個與四個變數的 K 圖中。

A	B	X
0	0	1 → $\overline{A}\overline{B}$
0	1	0
1	0	0
1	1	1 → AB

$$x = \overline{A}\overline{B} + AB$$

	$\overline{B}$	B
$\overline{A}$	1	0
A	0	1

(a)

A	B	C	X
0	0	0	1 → $\overline{A}\overline{B}\overline{C}$
0	0	1	1 → $\overline{A}\overline{B}C$
0	1	0	1 → $\overline{A}B\overline{C}$
0	1	1	0
1	0	0	0
1	0	1	0
1	1	0	1 → $AB\overline{C}$
1	1	1	0

$$X = \overline{A}\overline{B}\overline{C} + \overline{A}\overline{B}C + \overline{A}B\overline{C} + AB\overline{C}$$

	$\overline{C}$	C
$\overline{A}\overline{B}$	1	1
$\overline{A}B$	1	0
AB	1	0
$A\overline{B}$	0	0

(b)

A	B	C	D	X
0	0	0	0	0
0	0	0	1	1 → $\overline{A}\overline{B}\overline{C}D$
0	0	1	0	0
0	0	1	1	0
0	1	0	0	0
0	1	0	1	1 → $\overline{A}B\overline{C}D$
0	1	1	0	0
0	1	1	1	0
1	0	0	0	0
1	0	0	1	0
1	0	1	0	0
1	0	1	1	0
1	1	0	0	0
1	1	0	1	1 → $AB\overline{C}D$
1	1	1	0	0
1	1	1	1	1 → $ABCD$

$$X = \overline{A}\overline{B}\overline{C}D + \overline{A}B\overline{C}D + AB\overline{C}D + ABCD$$

	$\overline{C}\overline{D}$	$\overline{C}D$	CD	$C\overline{D}$
$\overline{A}\overline{B}$	0	1	0	0
$\overline{A}B$	0	1	0	0
AB	0	1	1	0
$A\overline{B}$	0	0	0	0

(c)

圖 4-11　(a) 兩個、(b) 三個及 (c) 四個變數的卡諾圖與真值表

2. K 圖中各方格的標示原則是水平相鄰方格只有一個變數不同。例如，在四變數 K 圖中左上角的方格為 $\overline{A}\,\overline{B}\,\overline{C}\,\overline{D}$，則此方格的右邊方格為 $\overline{A}\,\overline{B}\,\overline{C}\,D$ (僅 D 變數不同)。同樣的，垂直相鄰方格亦只限有一個變數不同。例如，左上角的方格為 $\overline{A}\,\overline{B}\,\overline{C}\,\overline{D}$，則此方格的下面方格為 $\overline{A}B\overline{C}\,\overline{D}$ (僅有 B 變數不同)。

   請注意，頂列的每個方格係被視為相鄰於底列的對應方格。例如，頂列中的 $\overline{A}\,\overline{B}\,CD$ 方格係相鄰於底列中的 $A\overline{B}CD$ 方格，其不同只在 A 變數。您可想成圖的頂部重疊回去而與圖的底部接合在一起。同樣地，最左行中的方格則相鄰於最右行中的對應方格。
3. 為使垂直和水平相鄰的方格只相異一個變數，因此，由上到下的標示必須依照所示的次序來做：$\bar{A}\bar{B}$，$\bar{A}B$，AB，$A\bar{B}$。由左到右的標示亦相同：$\bar{C}\bar{D}$，$\bar{C}D$，CD，$C\bar{D}$。

4. 當 K 圖填上 0 與 1 時，輸出 X 的積項之和表示式可由這些含 1 的諸方格 OR 在一起求得。在圖 4-11(b) 的三變數圖中，$\bar{A}\bar{B}\bar{C}$、$\bar{A}\bar{B}C$、$\bar{A}B\bar{C}$ 及 $AB\bar{C}$ 方格皆含有 1，故 $X=\bar{A}\bar{B}\bar{C}+\bar{A}\bar{B}C+\bar{A}B\bar{C}+AB\bar{C}$。

迴　圈

輸出 X 表示式的化簡可經由合理正確的將 K 圖中含 1 的方格結合而求得。將這些 1 結合起來的處理稱為**迴圈** (looping)。

迴圈成二 (成對) 組

圖 4-12(a) 為三變數真值表的 K 圖。此圖含有垂直相鄰的成對 1。第一個 1 表示 $\bar{A}B\bar{C}$，第二個 1 表示 $AB\bar{C}$。注意這二項僅有 A 變數是具有一般 (非補數) 與補數形式，但 B 與 $\bar{C}$ 維持不變。這二項可被迴圈 (結合) 而得到將 A 變數抵銷的結果，這是因其出現有非補數與補數形式。很容易證明如下：

$$
\begin{aligned}
X &= \bar{A}B\bar{C} + AB\bar{C} \\
&= B\bar{C}(\bar{A} + A) \\
&= B\bar{C}(1) = B\bar{C}
\end{aligned}
$$

對於垂直或水平相鄰的 1 配對皆可使用同樣的原理。圖 4-12(b) 所示為兩個水平相鄰 1 的例子。此兩者可加以迴圈且將 C 變數消去，因 C 出現有非補數與補數形式而得到結果為 $X=\bar{A}B$。

另一例示於圖 4-12(c)。在 K 圖中頂列與底列的方格皆可考慮是相鄰的。因此，圖中的兩個 1 可加以迴圈且產生的結果為 $\bar{A}\bar{B}\bar{C}+A\bar{B}\bar{C}=\bar{B}\bar{C}$。

圖 4-12(d) 指出 1 的配對且可加以迴圈的 K 圖。兩個 1 在水平相鄰的頂列。另兩個 1 在底列且亦相鄰，這是因 K 圖最左行與最右行的方格亦考慮為相鄰之故。當頂列的 1 配對被迴圈時，則 D 變數被抵銷 (因出現有 D 與 $\bar{D}$) 而產生 $\bar{A}\bar{B}C$ 項。底列的配對被迴圈而消去 C 變數，則得到 $A\bar{B}\bar{D}$ 項。此二項可相 OR 求得最後的 X 輸出結果。

其摘要於後：

在 K 圖中成對的相鄰 1 被迴圈可消去出現有補數與非補數形式的變數。

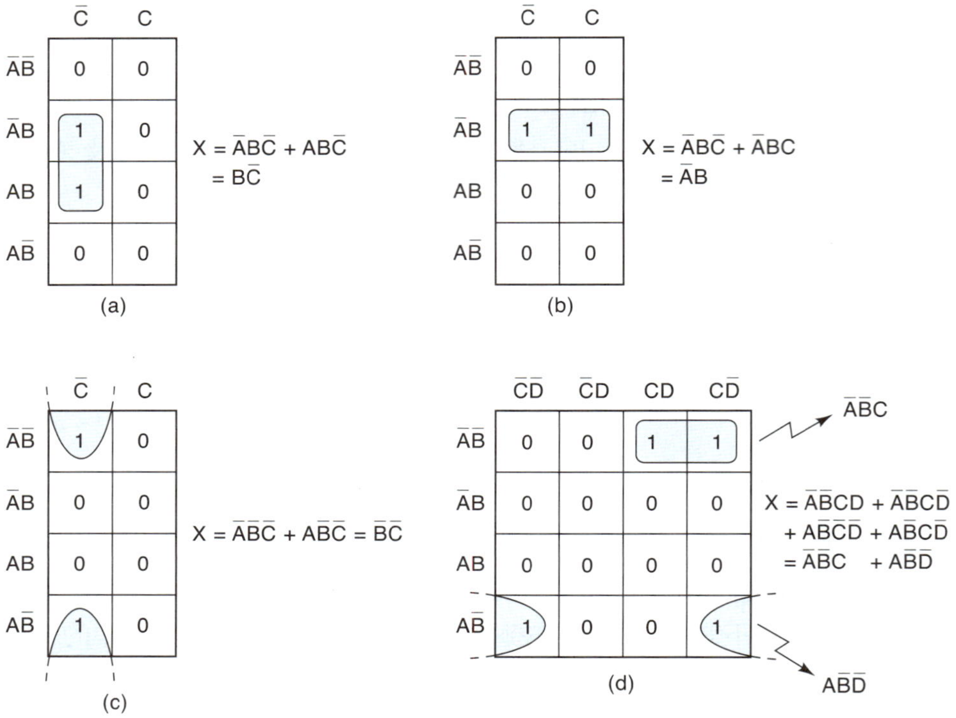

圖 4-12　迴圈成相鄰 1 之例

迴圈成四組

K 圖可包含有四個 1 互為相鄰的組。此組稱為成四 (quad) 組。圖 4-13 所示為數個成四組之例。在圖 4-13(a) 四個 1 垂直相鄰，圖 4-13(b) 則是水平相鄰。在圖 4-13(c) K 圖含有在一大方格 (四小方格相結合) 中互為相鄰的四個 1。在圖 4-13(d) 的四個 1 也相鄰。圖 4-13(e) 的四個 1 是按先前已提及的觀念且互為相鄰，即頂列與底列及最左行與最右行皆考慮成互為相鄰。

當成四組被迴圈時，其結果的項將只是包含在成四組中所有方格內沒有改變形式的變數。例如，在圖 4-13(a) 含有 1 的四個方格為 $\overline{A}\,\overline{B}C$、$\overline{A}BC$、$ABC$ 及 $A\overline{B}C$。檢視這些項顯示僅 C 變數保持不變 (A 與 B 出現有補數與非補數形式)。因此，X 的結果表示式為 $X=C$。其證明如下：

$$
\begin{aligned}
X &= \overline{A}\,\overline{B}C + \overline{A}BC + ABC + A\overline{B}C \\
&= \overline{A}C(\overline{B} + B) + AC(B + \overline{B}) \\
&= \overline{A}C + AC \\
&= C(\overline{A} + A) = C
\end{aligned}
$$

考慮圖 4-13(d) 所示的另一個例子，此處四個含 1 的方格表 $AB\overline{C}\,\overline{D}$、$A\overline{B}\,\overline{C}$

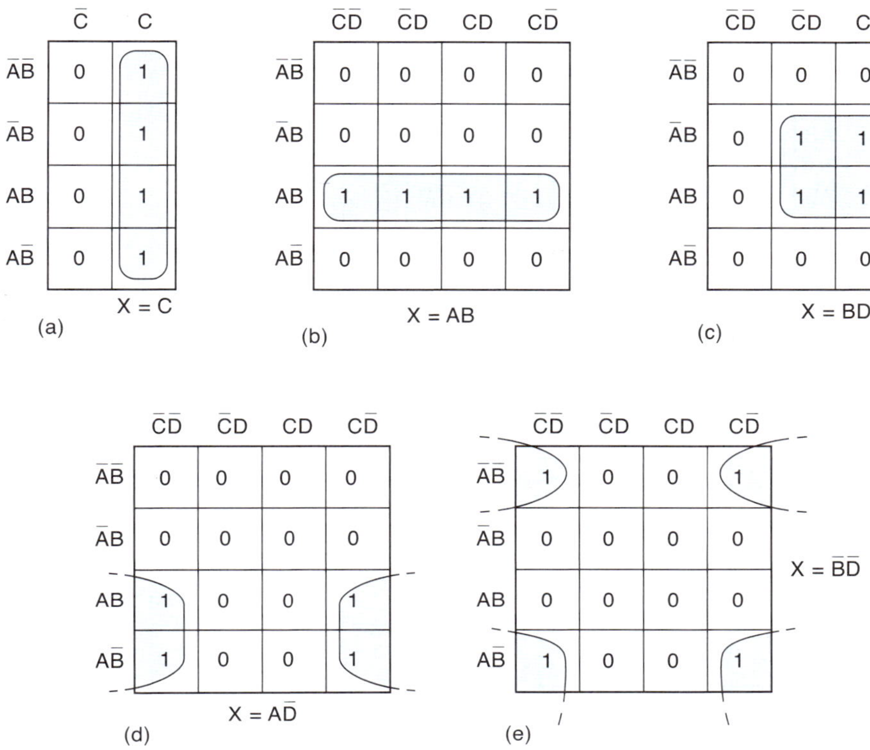

圖 4-13　四個 1 的迴圈組例子

$\overline{D}$、$ABC\overline{D}$ 及 $A\overline{B}C\overline{D}$。核驗這些項可發現僅有變數 A 與 $\overline{D}$ 維持不變，故 X 的簡化表示式為：

$$X = A\overline{D}$$

這可由上述的方法證明。讀者可檢查圖 4-13 的其他情形，以驗證由 K 圖導出的 X 簡化表示式是否為真。

其摘要於後：

相鄰 1 的迴圈成四組可消去出現有補數與非補數形式的兩個變數。

迴圈成八組

八個 1 互為相鄰的組稱為成八 (octet) 組。圖 4-14 所示為成八組的例子。當在四變數的 K 圖中有成八組被迴圈時，因僅有一個變數保持不變而有三個變數要被消去。例如，圖 4-14(a) 成八的迴圈組只有變數 B 不變，而其他變數出現有補數或非補數形式，故此圖中產生的 $X=B$。讀者可由圖 4-14 的其他例子核驗此結果。

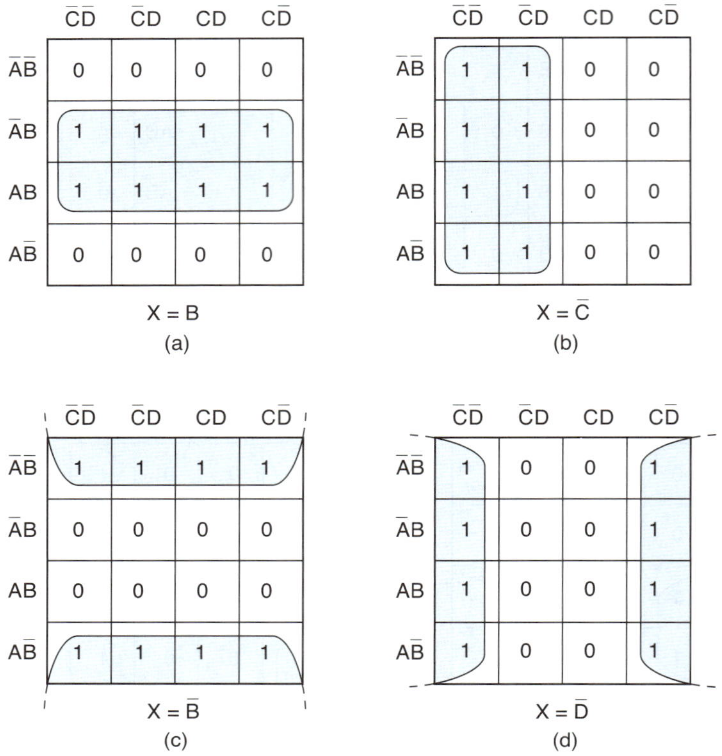

圖 4-14 八個 1 的迴圈組例子

其摘要於後：

> **相鄰 1 的迴圈成八組可消去出現有補數與非補數形式的三個變數。**

完整的簡化程序

至此已瞭解如何在 K 圖中求得成二、成四及成八的迴圈組以得到化簡的表示式。對於任何大小的迴圈其摘要原則如下：

> **當迴圈中有變數出現補數與非補數形式時，該變數可由表示式消去。**
> **變數在迴圈中所有方格內如保持相同，便將呈現於最後表示式中。**

顯然較大的 1 迴圈可消去更多的變數。的確，成二組的迴圈消去一個變數，成四組的迴圈消去兩個變數，成八組的迴圈則消去三個變數。這個原理可用來從含有任何 1 與 0 組合的 K 圖獲得化簡的邏輯表示式。

對於上述程序可先列出大綱並應用於數例中。使用 K 圖法化簡布爾代數有下列步驟可依循：

步驟 1：先繪出 K 圖並將對應於真值表中 1 的方格填 1，將 0 填入其他方格。

步驟 2：核驗出圖中相鄰的 1 且迴圈出哪些與其他 1 並不相鄰的 1。這些 1 稱為隔離的 (isolated) 1。

步驟 3：接著再檢視哪些 1 是只與另一個 1 相鄰，迴圈出任意的成二組。

步驟 4：迴圈出任意的成八組，縱然若有些 1 已被迴圈亦無妨。

步驟 5：迴圈出含有未被迴圈過一個 1 或多個 1 的成四組，確定使用最少迴圈數。

步驟 6：迴圈出需要包含未被迴圈 1 的任意成二組，確定使用最少迴圈數。

步驟 7：組成由各迴圈產生所有項的 OR 總和。

這些步驟將正確的遵循且可參考使用到下面的例子。在各情形下，最後的邏輯表示式將為其最簡易的積項之和式。

例題 4-10

圖 4-15(a) 所示為四變數問題的 K 圖。假設該圖是由此問題的真值表而來 (步驟 1)。圖中的方格加以編號是便於表示各迴圈。利用化簡程序的步驟 2-7 來簡化 K 圖成 SOP 式。

解答：

步驟 2：方格 4 是唯一含有未與其他 1 相鄰 1 的方格。且其迴圈表為迴圈 4。

步驟 3：方格 15 僅與方格 11 相鄰。且此成二組迴圈表為迴圈 11、15。

步驟 4：無成八組。

步驟 5：方格 6、7、10 及 11 形成成四組。則該成四組迴圈 (表迴圈 6、7、10、11)。注意方格 11 又被用到，雖然它是迴圈 11、15 亦無妨。

步驟 6：所有 1 已迴圈。

步驟 7：各迴圈產生 X 表示式的諸項。迴圈 4 為 $\overline{A}\,B\overline{C}\overline{D}$。迴圈 11、15 為 ACD (消去 B 變數) 。迴圈 6、7、10、11 為 BD (消去 A 與 C)。

例題 4-11

考慮圖 4-15(b) 中的 K 圖。再一次假設步驟 1 已執行。

解答：

步驟 2：無不與其他 1 相鄰的 1。

步驟 3：方格 3 中的 1 只與方格 7 中的 1 相鄰。迴圈出此成二組 (表迴圈 3、7) 並產生 $\overline{A}CD$ 項。

步驟 4：無成八組。

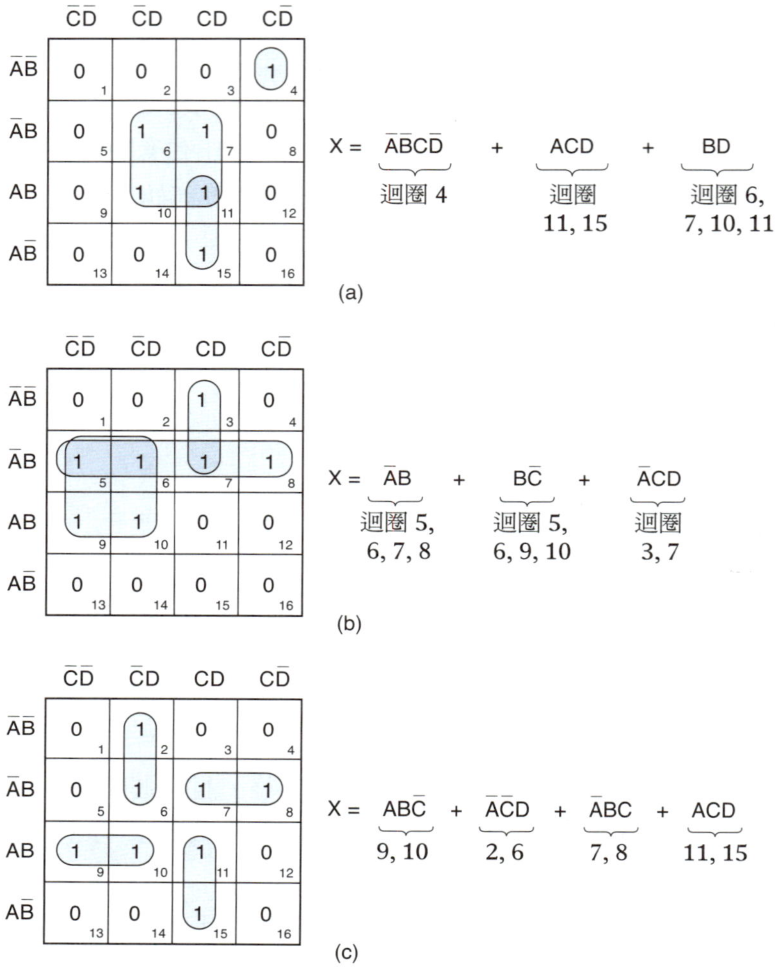

圖 4-15　例題 4-10 至 4-12

步驟 5：有兩個成四組。方格 5、6、7 及 8 產生第一個成四組。迴圈出此成四組產生 $\bar{A}B$ 項。第二個成四組係由方格 5、6、9 及 10 所組成。此成四組的迴圈是由於其含有兩個先前未被迴圈的方格。迴圈出的第二個成四組產生 $B\bar{C}$ 項。

步驟 6：所有的 1 已被迴圈。

步驟 7：三個迴圈所產生的各項相互 OR 在一起而得到化簡的 X 表示式。

例題 4-12

考慮圖 4-15(c) 的 K 圖。

解答：

步驟 2：無隔離的 1 存在。

步驟 3：方格 2 中的 1 是只與方格 6 中的 1 相鄰。此成二組可迴圈而產生 $\overline{A}\,\overline{C}D$。同樣的，方格 9 是只和方格 10 相鄰。將此成二組迴圈而產生 $AB\overline{C}$。接著同樣各別的迴圈 7、8 及迴圈 11、15，便可產生 $\overline{A}BC$ 及 ACD 項。

步驟 4：無成八組。

步驟 5：有一個由方格 6、7、10 及 11 形成的成四組。但此成四組不可加以迴圈，因此成四組中所有的 1 已包含於其他迴圈中。

步驟 6：所有 1 已被迴圈。

步驟 7：X 表示式已示於圖中。

例題 4-13

考慮圖 4-16(a) 的 K 圖。其中一個是否優於另一個？

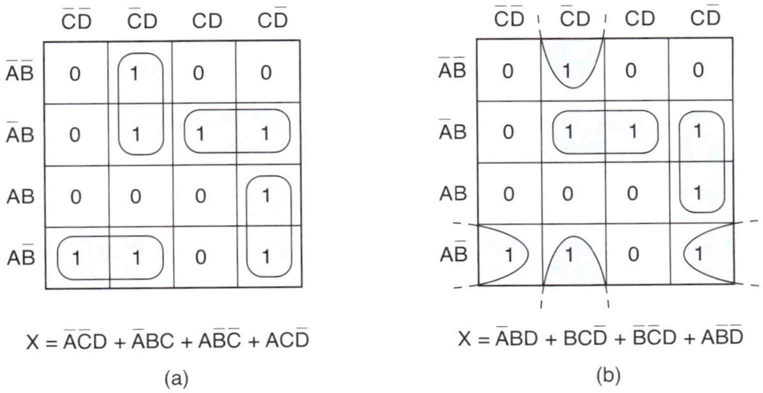

圖 4-16　具有兩個同等好答案的相同 K 圖

解答：

步驟 2：無隔離的 1。

步驟 3：無僅與其他 1 相鄰的 1。

步驟 4：無成八組。

步驟 5：無成四組。

步驟 6 與 7：可能有多個成二組且考慮全部為 1 時迴圈數需用到最少。對此 K 圖而言，有兩種可能的迴圈方式，每個方式僅需四個成二組。圖 4-16(a) 所示為其中一種方式的答案與最後的表示式。圖 4-16(b) 則表示另一方式。應注意兩種表示式同樣複雜而分不出好壞。

從輸出表示式填充 K 圖

如果所要求的輸出是以布爾表示式而非真值表為表示時，K 圖即可利用下列之步驟填充：

1. 若還不是 SOP 形式，先將它轉換成此形式。
2. 對於 SOP 表示式中的每個積項，將 1 置於 K 圖中其標示包含有與輸入變數相同組合的每個方格中。其他的方格則全部放置 0。

舉下例說明此程序。

例題 4-14

利用 K 圖化簡 $y=\overline{C}(\overline{A}\,\overline{B}\,\overline{D}+D)+A\overline{B}C+\overline{D}$。

解答：

1. 將第一項乘開得到 $y=\overline{A}\,\overline{B}\,\overline{C}\,\overline{D}+\overline{C}D+A\overline{B}C+\overline{D}$，它現在已是 SOP 形式。
2. 針對 $\overline{A}\,\overline{B}\,\overline{C}\,\overline{D}$ 項，只要將 1 置於 K 圖的 $\overline{A}\,\overline{B}\,\overline{C}\,\overline{D}$ 方格中 (圖 4-17)。對 $\overline{C}D$ 項，將 1 置於所有以 $\overline{C}D$ 為標示的方格中；亦即 $\overline{A}\,\overline{B}\,\overline{C}D$、$\overline{A}B\overline{C}D$、$AB\overline{C}D$、$A\overline{B}\,\overline{C}D$ 方格。對於 $A\overline{B}C$ 項，則將 1 置於全部具有 $A\overline{B}C$ 為其標示的方格中；也就是 $A\overline{B}C\overline{D}$ 與 $A\overline{B}CD$ 者。對於 $\overline{D}$ 項，則將 1 置於含有於其標示的所有方格中；也就是最左與最右行的全部方格。

現在 K 圖已被填滿，且可用迴圈來簡化。試驗證合適的迴圈將產生 $y=A\overline{B}+\overline{C}+\overline{D}$。

	$\overline{C}\,\overline{D}$	$\overline{C}D$	CD	$C\overline{D}$
$\overline{A}\,\overline{B}$	1	1	0	1
$\overline{A}B$	1	1	0	1
AB	1	1	0	1
$A\overline{B}$	1	1	1	1

$y = A\overline{B} + \overline{C} + \overline{D}$

圖 4-17　例題 4-14

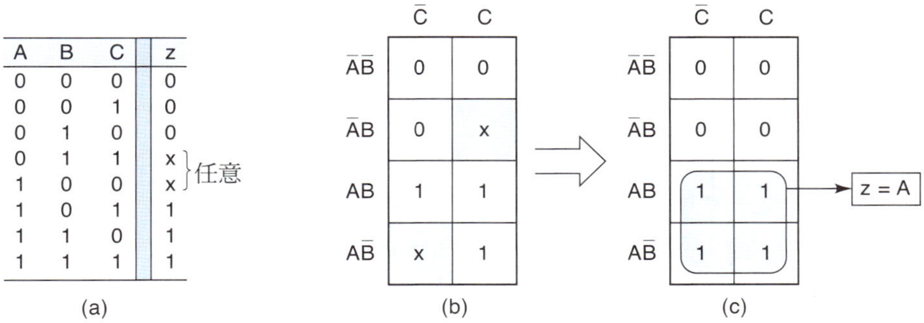

圖 4-18　"任意" 情況可為 **0** 或 **1** 以造成 **K** 圖迴圈而產生最簡化的表示式

"任意" 情況

有些邏輯電路可以設計成在某輸入狀態下無特定的輸出電位，一般是由於這些輸入狀態從來也不會發生之故。換言之，在輸入電位的某些組合情形下，輸出為高電位或低電位是任意而定的。此例如圖 4-18(a) 所示的真值表。

此處的輸出 z 在 A，B，C=1，0，0 與 A，B，C=0，1，1 的情況下是不特定為 0 或 1，而是用 x 表此情況，故 x 便代表**任意情況** (don't-care condition)。會產生任意情況有數個理由，最通俗的原因是在某些情況下的輸入狀態並未產生，故對這些情況而言並不需要指定出輸出的結果。

電路設計者為了要產生最簡化的輸出表示式且可自由的決定任意情況是為 0 或 1。例如，示於圖 4-18(b) 真值表的 K 圖具有 x 於 $A\overline{B}\,\overline{C}$ 和 $\overline{A}BC$ 方格中。設計者則可於此時將在 $A\overline{B}\,\overline{C}$ 方格中的 x 改為 1 且在 $\overline{A}BC$ 方格中的 x 改為 0，因為如此處理可產生一個成四組迴圈而得 $z=A$，如圖 4-18(c) 所示。

無論何時當有任意情況產生，我們都需決定哪些需改為 1 或 0 的任意情況以產生最好的 K 圖迴圈 (即最簡化的表示式)。這種決定並非總是很容易的。有關處理任意情況的實例則留待章末習題再行介紹。以下再舉另一例子。

例題 4-15

令設計一個邏輯電路用來控制某一棟三層樓高建築物的昇降機門。圖 4-19(a) 的電路具有四個輸入。M 是指示昇降機何時移動 ($M=1$) 或停止 ($M=0$) 的邏輯信號。$F1$、$F2$ 與 $F3$ 為樓層顯示信號，它們通常是處於低電位，且只當昇降機被定在某特別樓層時才會轉變成高電位。例如，當昇降機是定在第二層樓時，$F2=1$ 且 $F1=F3=0$。電路的輸出為 $OPEN$ 信號，它通常是在低電位，且只當昇降機門打開時才轉變成高電位。

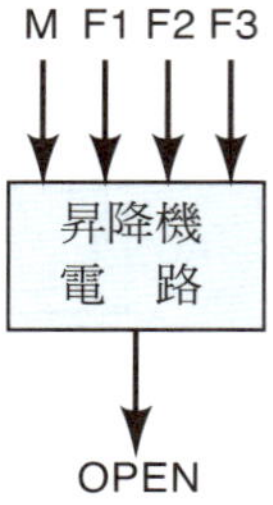

(a)

M	F1	F2	F3	OPEN
0	0	0	0	0
0	0	0	1	1
0	0	1	0	1
0	0	1	1	X
0	1	0	0	1
0	1	0	1	X
0	1	1	0	X
0	1	1	1	X
1	0	0	0	0
1	0	0	1	0
1	0	1	0	0
1	0	1	1	X
1	1	0	0	0
1	1	0	1	X
1	1	1	0	X
1	1	1	1	X

(b)

	$\overline{F2}\,\overline{F3}$	$\overline{F2}\,F3$	$F2\,F3$	$F2\,\overline{F3}$
$\overline{M}\,\overline{F1}$	0	1	X	1
$\overline{M}\,F1$	1	X	X	X
$M\,F1$	0	X	X	X
$M\,\overline{F1}$	0	0	X	0

(c)

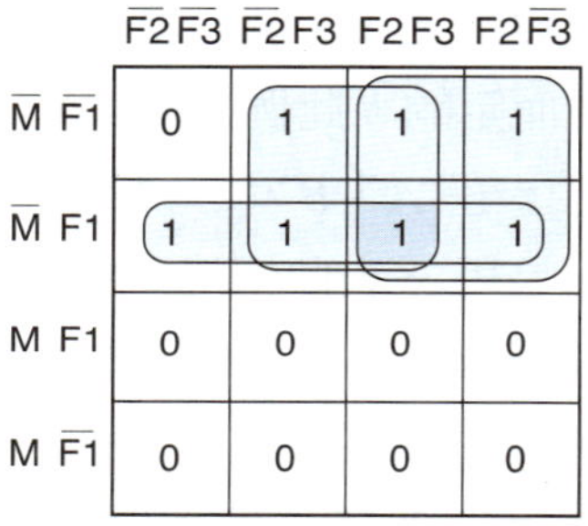

$OPEN = \overline{M}\,(F1 + F2 + F3)$

(d)

圖 4-19 例題 4-15

我們可根據下面的討論來填充 *OPEN* 輸出 (圖 4-19(b)) 的真值表：

1. 由於昇降機一次只能停在某層樓，因此在任何時刻只能有一個樓層輸入為高電位。此乃意味真值表中所有超過一個樓層以上的輸入為 1 者方是“任意情況”。我們可將超過一個以上的 *F* 輸入為 1 的八種情況的 *OPEN* 輸出行放入 *x*。
2. 再看其他八種情況，即當 $M=1$ 昇降機移動時，因 *OPEN* 必須為 0，此時昇降機不會要它是開的。當 $M=0$ 時 (昇降機停止)，如果有一個樓層輸入為 1，則我們要讓 $OPEN=1$。當 $M=0$ 且全部的樓層輸入皆為 0 時，昇降機停止且不是停止在任一樓層，所以我們要讓 $OPEN=0$，使昇降機門仍然關閉。

現在已完成真值表且可將其訊息轉換成圖 4-19(c) 的 K 圖。此卡諾圖僅有三個 1，但卻有八個“任意情況”。若將四個這些“任意情況”方格變成 1，則可產生包含原始 1 的四個一組的迴圈 (圖 4-19(d))。這是到目前為止將輸出表示式最簡化的最好情況。驗證這些迴圈如圖所示的 *OPEN* 輸出表示式。

結　論

K 圖法比代數法更有優點。K 圖是比嘗試錯誤的代數化簡具有定義明確的順序處理步驟。K 圖法常使用更少的步驟，尤其是在表示式含有很多項時可產生最簡單的表示式。

雖然如此，有些教師因代數法需用到布爾代數的思考知識，且較沒有機械化的程序而採用代數法。兩種方法皆有其優點，故大多數的邏輯設計者都兼容並用，且就需要上依合宜的方法產生可以接受的結果。

設計者也使用其他更複雜的技巧來將具有四個輸入以上的邏輯電路作最簡化。這些技巧特別適用於具有極大量輸入的電路而無法容易的使用代數和 K 圖法來解決者。大部分這些技巧皆轉譯成計算機程式來提供真值表或未簡化表示式的數據以執行最小化。

複習問題

1. 用 K 圖法化簡例題 4-7 的表示式。
2. 用 K 圖法化簡例題 4-8 的表示式。這可強調 K 圖法化簡含很多項的表示式的優點。
3. 用 K 圖法化簡例題 4-9 的表示式。
4. “任意”情況的意義為何？

4-6　互斥-OR 與互斥-NOR 電路

在數位系統中有兩種稱為*互斥-OR* (exclusive-OR) 與*互斥-NOR* (exclusive-NOR) 電路的特殊邏輯電路常被用到。

互斥-OR

考慮圖 4-20(a) 的邏輯電路。此電路的輸出表示式為：

$$x = \overline{A}B + A\overline{B}$$

在真值表中顯示 $x=1$ 有兩種情形：$A=0$、$B=1$ ($\overline{A}B$ 項) 與 $A=1$、$B=0$ ($A\overline{B}$ 項)。換言之：

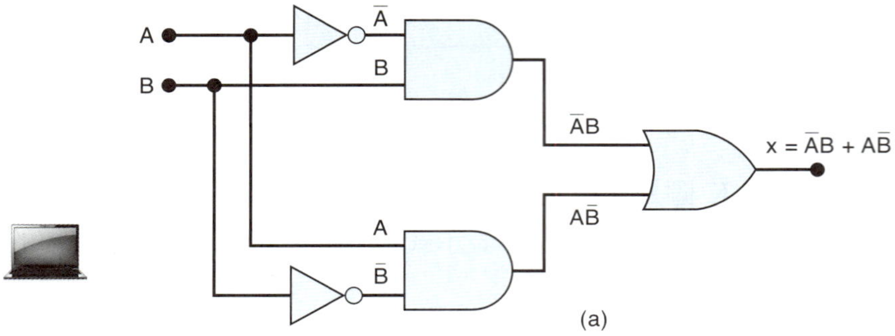

A	B	x
0	0	0
0	1	1
1	0	1
1	1	0

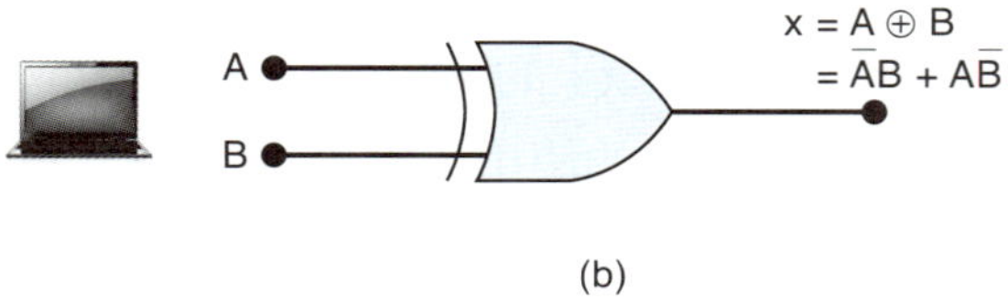

圖 4-20　**(a)** 互斥**-OR** 電路與真值表；**(b)** 傳統 **XOR** 閘符號

當兩個輸入於相反的電位時，電路產生高電位輸出。

這便是**互斥-OR** (exclusive-OR) 電路，且今後簡表為 **XOR** 電路。

這種特殊的邏輯閘組合很常見且在某些應用上是很有用的。事實上，XOR 電路有自己的特定符號，如圖 4-20(b) 所示。該符號是假設其含有 XOR 電路中所有邏輯閘且因此具有相同的邏輯表示式與真值表。XOR 電路常稱為 XOR 閘且可視為另一種形式的邏輯閘。

一個 XOR 閘僅有兩個輸入端；並沒有三個輸入端或四個輸入端的 XOR 閘。兩輸入的組合為 $x=\overline{A}B+A\overline{B}$。有時用來表示 XOR 輸出表示式的簡記法為：

$$x = A \oplus B$$

此處的 ⊕ 表 XOR 閘的運算。

XOR 閘的特性可摘要如下：

1. 它只有兩個輸入端且其輸出為：

$$x = \overline{A}B + A\overline{B} = A \oplus B$$

2. 輸出是只當兩個輸入有相反的電位時才為高電位。

有些 IC 含有 XOR 閘。下列為內含四個 XOR 閘的成四組 XOR 晶片：

74LS86	四個 XOR 閘 (TTL 族)
74C86	四個 XOR 閘 (CMOS 族)
74HC86	四個 XOR 閘 (高速 CMOS)

互斥-NOR

互斥-NOR (exclusive-NOR) 電路 (簡稱 **XNOR**) 的運算完全和 XOR 電路相反。圖 4-21(a) 所示為 XNOR 電路及其真值表。輸出表示式為：

$$x = AB + \overline{A}\,\overline{B}$$

真值表中顯示 x 為 1 是有兩種情形：$A=B=1$ (AB 項) 與 $A=B=0$ ($\overline{A}\,\overline{B}$ 項)。換言之：

XNOR 要產生高電位輸出是在兩個輸入都具有相同的電位時。

很顯然 XNOR 電路的輸出恰與 XOR 電路的輸出相反。XNOR 閘的傳統符號是由 XOR 閘符號的輸出端加個小圈而得 [圖 4-21(b)]。

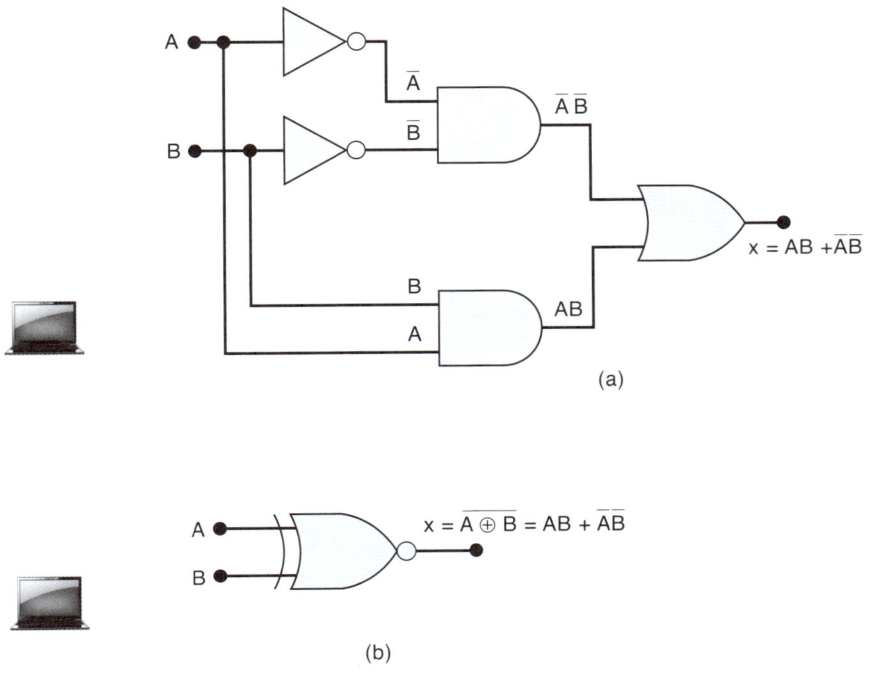

A	B	x
0	0	1
0	1	0
1	0	0
1	1	1

圖 4-21　**(a)** 互斥-**NOR** 電路；**(b)** 傳統 **XNOR** 閘符號

XNOR 閘也只有兩個輸入端，且將其結合所得的輸出為：

$$x = AB + \overline{A}\,\overline{B}$$

XNOR 閘輸出表示式的簡記法為：

$$x = \overline{A \oplus B}$$

這便表示它僅為 XOR 運算的反相。XNOR 閘可摘要如下：

1. 只有兩個輸入端且其輸出為：

$$x = AB + \overline{A}\,\overline{B} = \overline{A \oplus B}$$

2. 輸出是只在當兩個輸入有相同電位時才為高電位。

有些 IC 含有 XNOR 閘。下列為內含四個 XNOR 閘的成四組 XNOR 晶片：

74LS266	四個 XNOR 閘 (TTL 族)
74C266	四個 XNOR 閘 (CMOS)
74HC266	四個 XNOR 閘 (高速 CMOS)

上述各 XNOR 晶片均各自具有其特定的輸出電路，以致各有其特定的應用類型。通常，邏輯設計人員輕易的藉連接 XOR 閘的輸出到一 INVERTER 以獲得 XNOR 的功能。

例題 4-16

試求出已知圖 4-22 輸入波形的輸出波形。

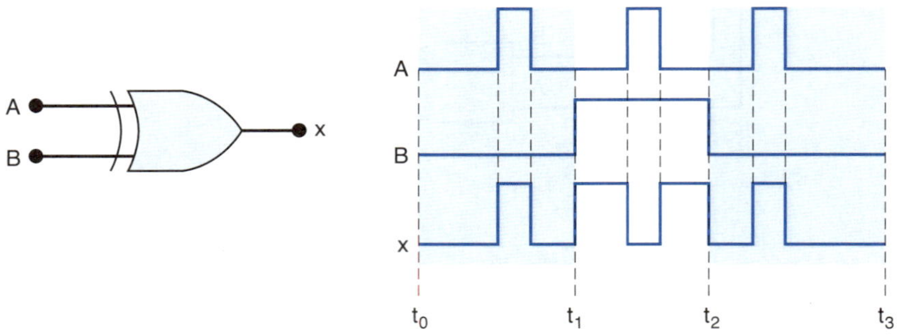

圖 4-22 例題 4-16

解答：應用 XOR 閘輸出僅是在其二輸入有相反電位時才為高電位的事實，可求得輸出波形。最後的輸出波形由數個部分求得：

1. x 波形在 $B=0$ 的時間區間是依 A 輸入波形而定。該情形發生在 t_0 至 t_1 與 t_2 至 t_3 的區間。
2. x 波形在 $B=1$ 的區間是與 A 輸入波形反相。這發生在 t_1 與 t_2 的時段。
3. 由此顯示出 XOR 閘可作一個可控反相器。亦即，其一端的輸入可用來控制另一端的輸入信號是否要反相。此特性在某些應用是很有用的。

例題 4-17

標記 x_1x_0 表示可有任意值 (00、01、10 或 11) 的二位元二進數。例如，當 $x_1=1$ 與 $x_0=0$ 時，則此二進數為 10，依此類推。同樣的，y_1y_0 也代表另一個二位元二進數。試設計一邏輯電路是使用 x_1、x_0、y_1 及 y_0 作為輸入，且其輸出是僅在當兩個二進數 x_1x_0 與 y_1y_0 相等時才為高電位。

解答：首先要列出 16 種可能輸入情形的真值表 (表 4-4)，無論何時當 x_1x_0 值與 y_1y_0 值相等，則輸出 z 為高電位。亦即當 $x_1=y_1$ 及 $x_0=y_0$ 時，才有高電位產生。真值表已表示出四種可產生高電位的情形。現在可繼續用正規的程序得到 z 的積項之和的表示式，並嘗試化簡之，且以電路表示其結果。但這個問題的本質是很適合以 XNOR 閘來解決，稍微思考便可產生很簡易的答案，讀者參見圖 4-23 便

表 4-4

x_1	x_0	y_1	y_0	z (輸出)
0	0	0	0	1
0	0	0	1	0
0	0	1	0	0
0	0	1	1	0
0	1	0	0	0
0	1	0	1	1
0	1	1	0	0
0	1	1	1	0
1	0	0	0	0
1	0	0	1	0
1	0	1	0	1
1	0	1	1	0
1	1	0	0	0
1	1	0	1	0
1	1	1	0	0
1	1	1	1	1

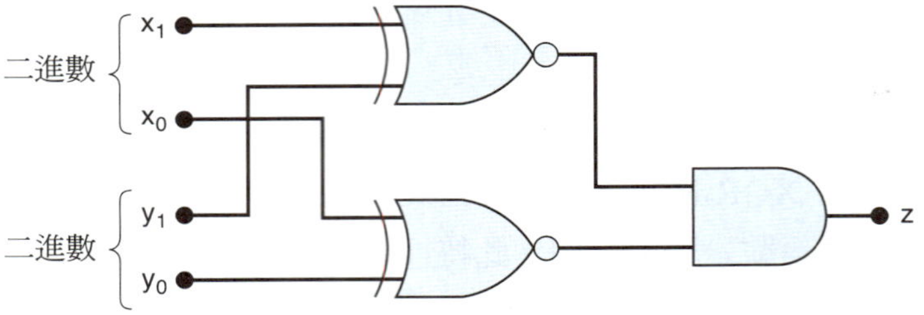

圖 4-23　檢測兩個二位元二進數是否相等的電路

可得知。在此邏輯電路中的 x_1 與 y_1 送入一個 XNOR 閘，且 x_0 與 y_0 送入另一個 XNOR 閘。每個 XNOR 閘的輸出只當其二輸入都相等時才有高電位輸出。因此，在 $x_0=y_0$ 及 $x_1=y_1$ 時，才使 XNOR 閘輸出為高電位。此為我們所要關注的條件，因為這代表兩個二位元的二進數相等。AND 閘的輸出也只在這種狀況下才產生我們所要求的輸出。

例題 4-18

化簡組合邏輯電路的輸出表示式時，可能會遭遇到提出 XOR 或 XNOR 運算的情形，此時通常必須使用 XOR 或 XNOR 閘來製作最終的電路。試以上述方式化簡圖 4-24(a) 所示的電路。

解答：由圖 4-24(a) 知，電路未化簡前的輸出表示式為：

$$z = ABCD + A\overline{B}\,\overline{C}D + \overline{A}\,\overline{D}$$

提出前兩項的共變數 AD，則：

$$z = AD(BC + \overline{B}\,\overline{C}) + \overline{A}\,\overline{D}$$

乍看之下，您可能認為括弧內的表示式可用 1 來替代。但這只在 $BC+\overline{BC}$ 時才是正確的。括號內的表示式即為 B 與 C 所組成的 XNOR。因此，原電路可據此重繪成如圖 4-24(b) 所示的電路。此電路因使用較少輸入的邏輯閘且可去除兩個反相器，故較原電路簡單多了。

複習問題

1. 使用布爾代數證明 XNOR 閘的輸出表示式恰為 XOR 閘輸出表示式的反相。

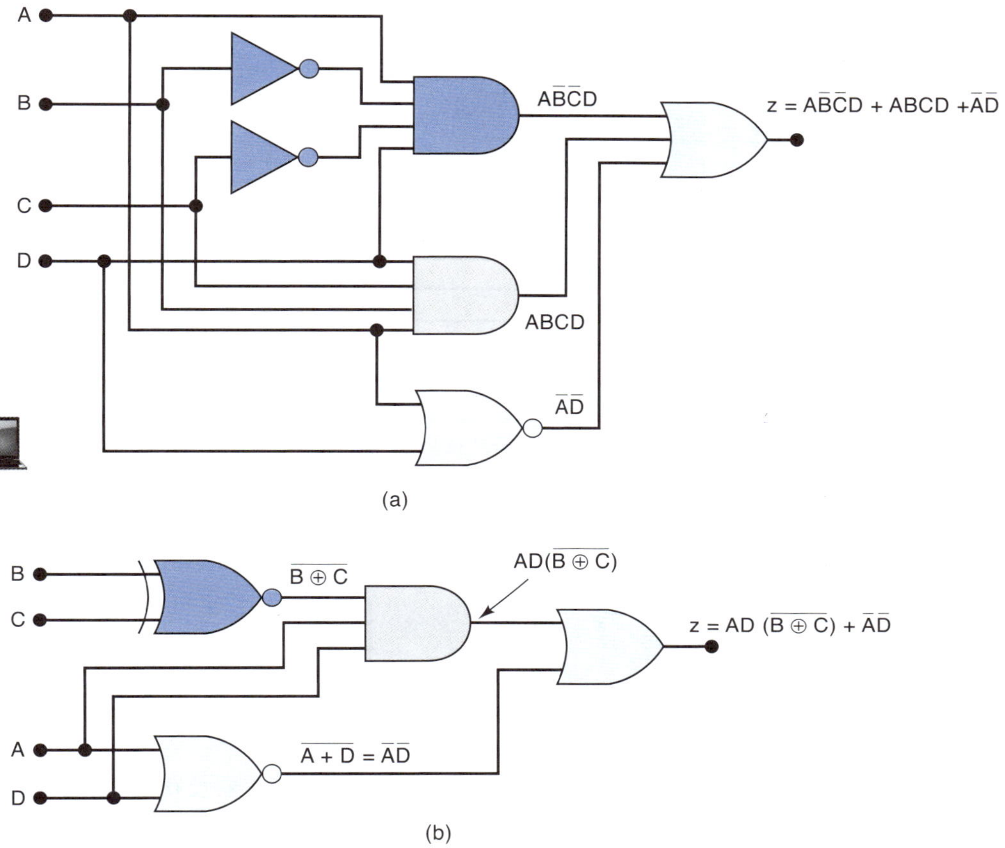

圖 4-24　例題 **4-18** 說明 **XNOR** 閘如何用來化簡電路

2. 當一邏輯信號與其反相都連接至 XNOR 閘的輸入端時，其輸出為何？
3. 邏輯設計者要用到一反相器，且所有可用者為 74HC86 IC 中的一個 XOR 閘，試問是否需要另外的晶片？

4-7　同位產生器及檢查器

在第 2 章我們知道發送器在發送資料位元到接收器之前，可先附加一個同位位元到一組資料位元上。我們也看到這種作法可允許接收器偵測出於傳送過程任何可能發生的單獨一個位元的錯誤。圖 4-25 指出一種用作**同位產生** (parity generation)

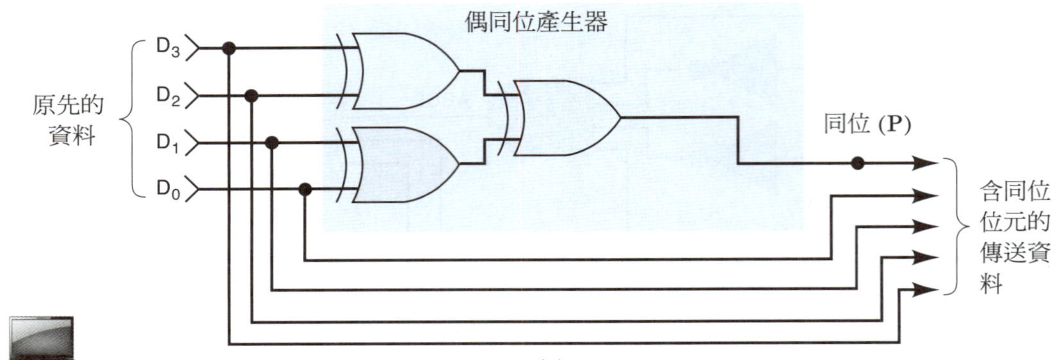

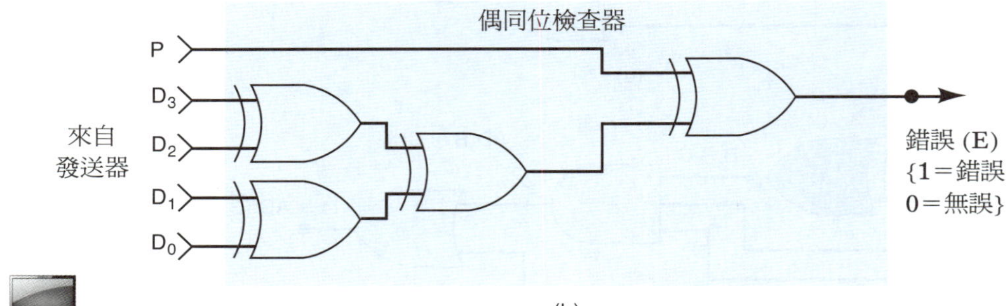

圖 4-25　XOR 閘用來製作偶同位系統的 (a) 同位產生器及 (b) 同位檢查器

及同位偵測 (parity checking) 的邏輯電路類型的例子。此一特例使用四個位元為一組作為欲傳送的資料，且它使用一個偶同位位元。它可輕易地修改成能適用奇同位及任意數目的位元。

在圖 4-25(a) 中，將被傳送出去的資料是被送到同位產生器電路上，且將在其輸出端上產生偶同位位元 P。此一同位位元將與原先的資料位元一起傳送到接收器，總共有五個位元。在圖 4-25(b) 中，這五個位元 (資料＋同位) 將進入接收器的同位檢查器電路，它將產生一個錯誤輸出 E，用以指示是否發生單獨一個位元的錯誤。

此二電路會使用 XOR 閘倒不必過於驚訝，蓋單獨一個 XOR 閘的運作方式是如此的：若其輸入有奇數個 1 則產生輸出 1；若輸入個數為偶數個 1 則輸出為 0。

例題 4-19

針對以下每組輸入資料求出同位產生器的輸出，$D_3D_2D_1D_0$：(a) 0111；(b) 1001；(c) 0000；(d) 0100。參考圖 4-25(a)。

解答：針對每一種情況，將資料準位送到同位產生器的輸入上，並追蹤其經過每個閘到 P 輸出的情形。結果為：(a) 1；(b) 0；(c) 0 及 (d) 1。但要注意的是，只在原先的資料含有奇數個 1 時 P 才為 1。因此，送到接收器的 1 的總數 (資料＋同位) 將為偶數。

例題 4-20

針對以下每組來自發送器的資料，求出同位檢查器輸出 [見圖 4-25(b)]：

	P	D_3	D_2	D_1	D_0
(a)	0	1	0	1	0
(b)	1	1	1	1	0
(c)	1	1	1	1	1
(d)	1	0	0	0	0

解答：針對每一種情況，將這些準位送到同位檢查器輸入並追蹤其到 E 輸出。結果為 (a) 0；(b) 0；(c) 1；(d) 1。請注意，只當有奇數個 1 出現於同位檢查器的輸入端時才會在 E 產生 1。由於是使用偶同位，因此這表示有錯誤發生。

4-8　激能／禁抑電路

各基本邏輯閘可用來對輸入邏輯信號至輸出端的傳送加以控制，此以圖 4-26 來說明之。此處的邏輯信號 A 送至各基本邏輯閘的其中一個輸入端上，另一輸入端則為控制輸入 B。在此控制輸入端上的邏輯準位可用來決定是否讓輸入信號可**激能** (enabled) 至輸出端或**禁抑** (disabled) 到輸出端。此種控制的動作係電路為何稱為閘 (gate) 的原因。

檢視圖 4-26 且注意當非反相閘 (AND 閘、OR 閘) 被激能時，輸出正依隨 A 信號。反之，當反相閘 (NAND 閘、NOR 閘) 被激能時，則輸出恰為 A 信號的反相。

尚需注意圖中 AND 與 NOR 閘產生固定的低電位輸出是只在被禁抑的情形。反之，NAND 閘與 OR 閘產生固定的高電位輸出仍是在被禁抑的情形。

在數位電路設計中有很多情形是要邏輯信號被激能或禁抑，依在一個或多個控制輸入端上的控制狀態而定。由下面數例可加以說明。

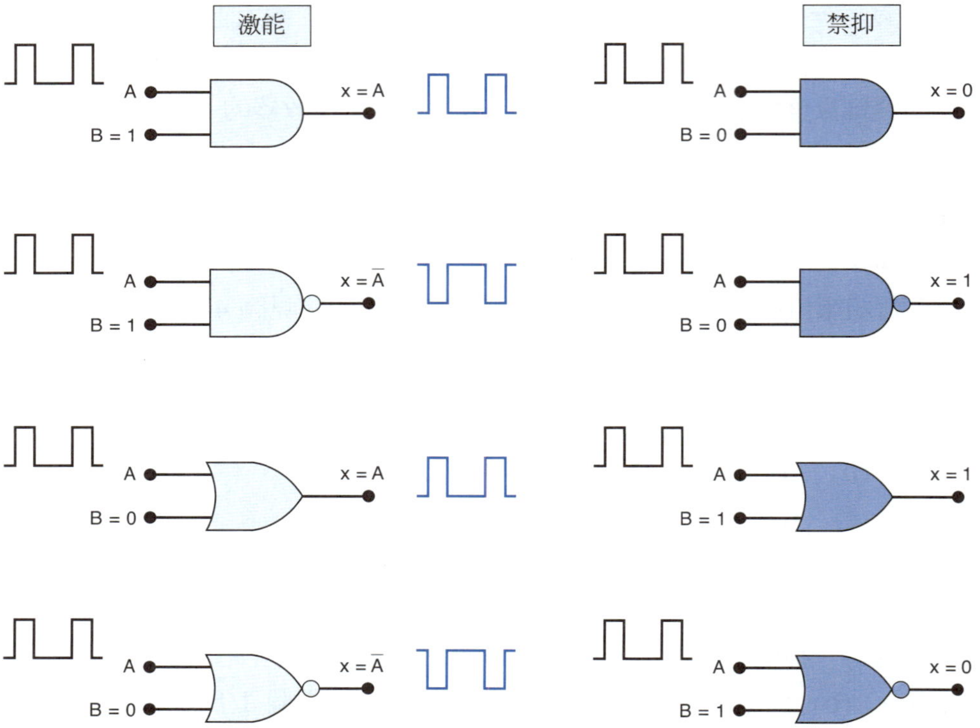

圖 4-26　四個基本閘可在控制輸入 ***B*** 的邏輯準位下激能或禁抑輸入信號 ***A*** 通過

例題 4-21

試設計一邏輯電路在控制輸入 B 與 C 兩者都為高電位的時候才允許信號傳送至輸出端，否則輸出將維持低電位。

解答：將用到一個 **AND** 閘是因為要傳送的信號並無反相，且禁抑輸出的條件是在低電位的狀態。由於激能條件必須只發生在 $B=C=1$ 時，因此要用到一個三輸入的 **AND** 閘，如圖 4-27(a) 所示者。

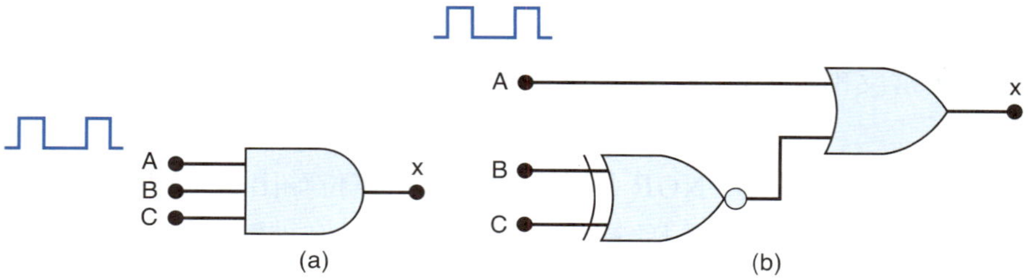

圖 4-27　例題 **4-21** 與 **4-22**

例題 4-22

試設計一邏輯電路僅在其中之一而不是兩個的控制輸入為高電位的時候，才允許信號傳送至輸出端，否則輸出將維持為高電位。

解答：最後的電路示於圖 4-27(b)。用到 OR 閘是由於我們需要輸出禁抑狀態為高電位，且不需要將信號反相。控制輸入 B 與 C 接至一個 XNOR 閘。當 B 與 C 不同時，則 XNOR 閘送出低電位來激能 OR 閘。當 B 與 C 相同時，則 XNOR 閘送出高電位來禁抑 OR 閘。

例題 4-23

設計一個具有輸入信號 A、控制輸入 B 及輸出 X 與 Y 的邏輯電路，且可執行如下的運算：

1. 當 $B=1$ 時，輸出 X 依隨輸入 A，且輸出 Y 為 0。
2. 當 $B=0$ 時，輸出 X 為 0，且輸出 Y 依隨輸入 A。

解答：兩個輸出當它們被禁抑時將為 0，且當它們被激能時將依隨輸入信號。因此每個輸出將各用到一個 AND 閘。由於 $B=1$ 時 X 要被激能，因此它的 AND 閘為 B 所控制，如圖 4-28 所示。因為當 $B=0$ 時 Y 要被激能，故其 AND 閘為 $\overline{B}$ 所控制。圖中之電路稱為*脈波操縱電路* (pulse-steering circuit)，這是因依 B 來操縱輸入脈波至其中之一輸出端的緣故。

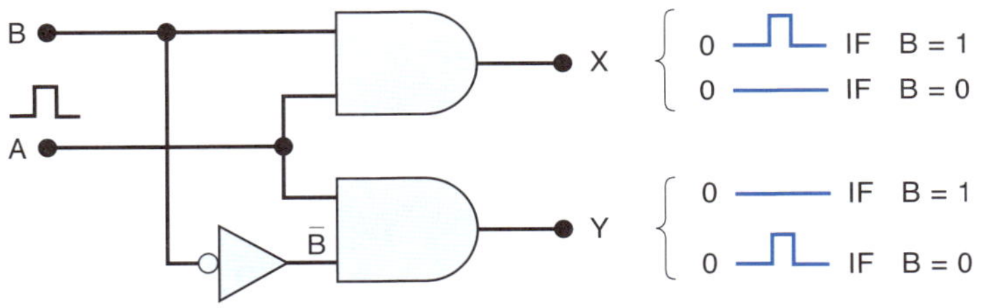

圖 4-28　例題 4-23

複習問題

1. 試設計一個具有 A、B 與 C 輸入的邏輯電路，而其輸出是僅在當 A 為高電位且 B 與 C 為相反電位時才為低電位。
2. 何種形式的邏輯閘在被禁抑時才產生 1 輸出？
3. 何種形式的邏輯閘在被激能時可傳送反相輸入信號？

4-9 數位 IC 的基本特性

將電阻器、二極體與電晶體製作在所謂基座 (substrate) 的單片半導體材料 (通常為矽) 上即成晶片 (chip)。晶片被裝在由塑膠或陶質製成的保護封裝內，並透過接腳與其他裝置連接。最常使用的封裝形式為圖 4-29(a) 所示的**雙線封裝** (dual-in-line package, DIP)。雙線封裝顧名思義含有兩並排的接腳。接腳係由缺口或小點為起點開始以反時針方向編號 [參見圖 4-29(b)]。DIP 所示為 14 隻接腳的封裝，大小為 0.75 in.×0.25 in.；16 隻、20 隻、24 隻、28 隻、40 隻及 64 隻接腳的封裝亦常用到。

圖 4-29(c) 指出實際的矽晶片是比 DIP 小很多；基本上它是 0.05 吋見方。矽晶片是藉由極微細的導線 (直徑為 1 密爾，mil) 連接到 DIP 的接腳。

DIP 可能是在舊形式數位設備中最為常見的數位 IC 封裝，但其他形式則愈來愈常用。圖 4-29(d) 中所示之 IC 只是眾多常見近代數位電路的其中之一。此種特殊的封裝使用了彎入 IC 下面的 J 形特殊引線。我們將在第 8 章再討論其他的 IC 封裝。

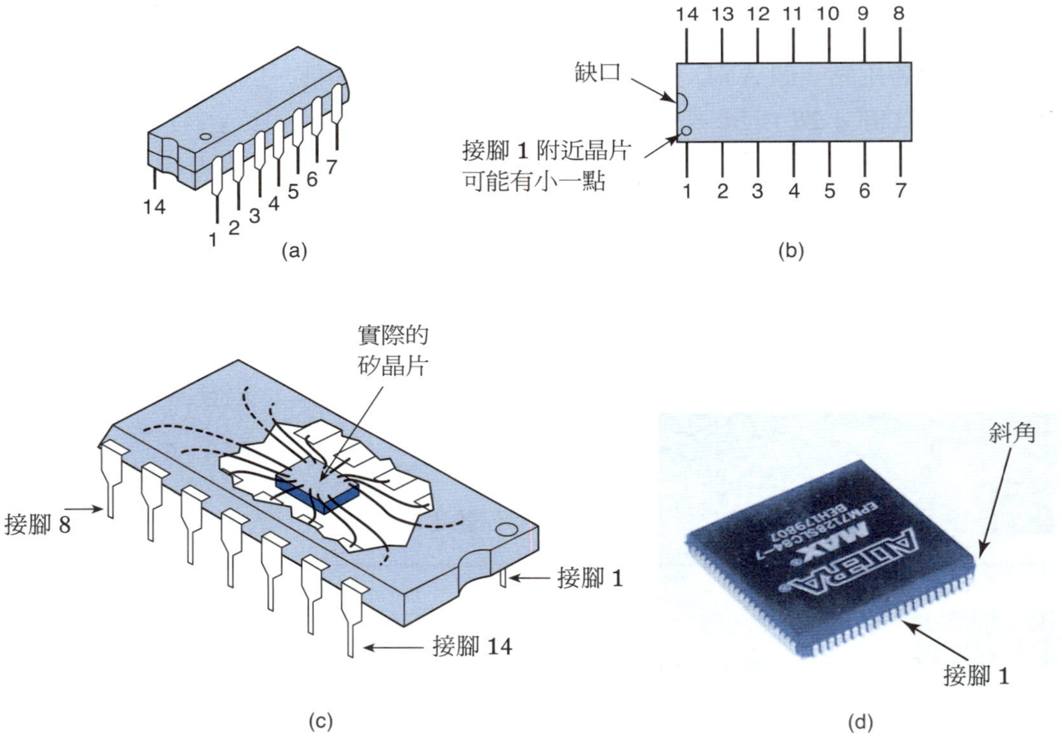

圖 4-29 (a) 雙線封裝 (DIP)；(b) 頂視圖；(c) 實際的矽晶片則比保護性封裝小許多；(d) PLCC 封裝

表 4-5

名　稱	邏輯閘的數目
小型體積 (SS)	少於 12
中型體積 (MSI)	12 至 99
大型體積 (LSI)	100 至 9,999
超大型體積 (VLSI)	10,000 至 99,999
極大型體積 (ULSI)	100,000 至 999,999
超極大型體積 (GSI)	1,000,000 或更多

數位 IC 之分類經常是根據基座上所含等效邏輯閘的數量而衡量出的電路複雜程度為之。目前依電路複雜程度分類有六種標準電路，如表 4-5 所定義者。

第 3 章及本章所參用到的特殊 IC 皆為 **SSI** 晶片，其皆具有個數較少的閘。在近代的數位系統中，中型積體 **(MSI)** 和大型積體元件 **(LSI，VLSI，ULSI，GSI)** 執行若以 SSI 元件來做需許多電路板的功能。但無論如何，SSI 晶片仍用作這些較複雜晶片間的“界面”或“黏膠”。較小型的 IC 也提供了學習數位系統基本建構方塊的極佳方式。因此，許多實驗室的課程都是使用這些 IC 來建構與測試較小型的專案。

數位電子工業界如今已轉向使用可規劃邏輯裝置 (PLD) 來製作任何較大型尺寸的數位系統。有些簡單的 PLD 也是 DIP 封裝，但較複雜的可規劃邏輯元件則需要比 DIP 者更多的接腳。可能需要被移離電路且替換的較大型積體電路基本上是製作於塑膠製引線式晶片載體包裝 (PLCC) 中。圖 4-29(d) 所示為 PLCC 封裝的 Altera EPM 7128SLC84，它是一種極常用於教學實驗室中的大眾化 PLD。此晶片的主要特徵為較多隻接腳、較密間隔，而且接腳密布周邊。注意其第 1 隻接腳並不像 PLD 者是在角落上，而是在封裝頂部之中央。

雙極性與單極性數位 IC

數位 IC 亦可依電路中電子元件的工作原理分類。例如，以雙極性接面電晶體 (NPN 與 PNP) 為主要電路元件者稱為*雙極性 IC* (bipolar IC)；以單極性場效電晶體 (P 通道與 N 通道的 MOSFET) 為主要電路元件者則稱為*單極性 IC* (unipolar IC)。

電晶體-電晶體邏輯 (transistor-transistor logic, TTL) 族在過去三十年來一直是最主要的雙極性數位 IC 族。標準的 74 系列為最早的 TTL IC 系列。它已不再使用於新的設計中，且正被若干較高性能之 TTL 系列所取代，但它的基本電路安排形成了所有 TTL 系列 IC 的基礎。此電路安排如圖 4-30(a) 中所示的標準 TTL

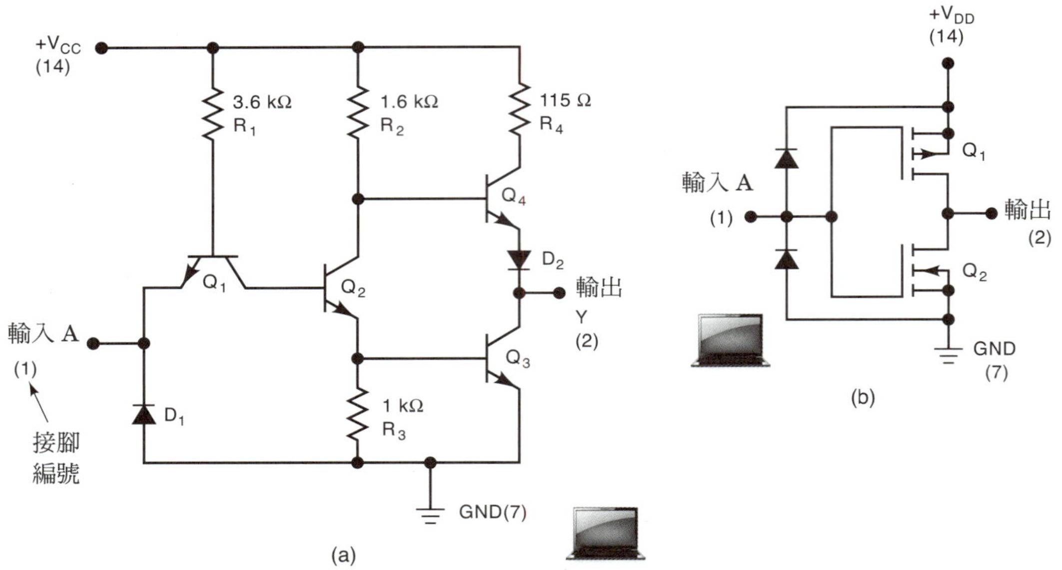

圖 4-30 (a) TTL INVERTER 電路；(b) CMOS INVERTER 電路。接腳編號則標示於括弧中

INVERTER。請注意電路包含有許多如主電路元件的雙極性電晶體。

TTL 一直到約 1990 年在 SSI 與 MSI 類型中皆為領導的 IC 族群。自彼時起，它的領導地位受到 CMOS 族群的挑戰並且逐漸被取代。**互補金氧半導體 (complementary metal-oxide semiconductor, CMOS)** 族乃屬於單極性數位 IC，此係因為它使用了 P-與 N-通道 MOSFET 作為主要的電路元件。圖 4-30(b) 為標準的 CMOS INVERTER 電路。如果將圖 4-30 中的 TTL 與 CMOS 電路加以比較，顯然 CMOS 型使用了較少的零件。此是 CMOS 主要優於 TTL 的特點之一。

由於 CMOS 的簡易、緊密以及其他若干優質特性，近代之大尺寸 IC 主要都是使用 CMOS 技術來製造。使用 SSI 與 MSI 裝置的教學實驗室之所以常用 TTL (雖然還是有使用一些 CMOS者) 的原因是取其耐久性。現在我們只需注意其若干基本特性，以能夠談論簡單組合邏輯的除錯即可。

TTL 族

TTL 邏輯族實際上包含許多次族或系列，表 4-6 以提示字首列出各 TTL 系列的名稱。例如，標準 TTL 系列以提示字首 74 表示。因此，7402、7438 及 74123 等均屬該系列的 IC。同樣的，低功率蕭特基 TTL 系列以提示字首 74LS 描述。74LS02、74LS38 及 74LS123 等 IC 均屬 74LS 系列。

表 4-6　TTL 邏輯族的各種系列

TTL 系列	字　首	IC 實例
標準 TTL	74	7404 (六個 INVERTER)
蕭特基 TTL	74S	74S04 (六個 INVERTER)
低功率蕭特基 TTL	74LS	74LS04 (六個 INVERTER)
高級蕭特基 TTL	74AS	74AS04 (六個 INVERTER)
高級低功率蕭特基 TTL	74ALS	74ALS04 (六個 INVERTER)

表 4-7　CMOS 邏輯族的各種系列

CMOS 系列	字　首	IC 實例
金屬閘 CMOS	40	4001 (四個 NOR 閘)
金屬閘，與 TTL 接腳相容	74C	74C02 (四個 NOR 閘)
矽閘，與 TTL 接腳相容，高速	74HC	74HC02 (四個 NOR 閘)
矽閘，高速，與 TTL 接腳且電氣相容	74HCT	74HCT02 (四個 NOR 閘)
高性能 CMOS，與 TTL 接腳或電氣並不相容	74AC	74AC02 (四個 NOR 閘)
高性能 CMOS，與 TTL 接腳不相容但電氣相容	74ACT	74AC02 (四個 NOR 閘)

各種 TTL 系列主要不同之處在功率消耗、延遲時間及交換速度等電氣特性上。而接腳配置與晶片上的電路所執行的邏輯運算則不因系列不同而有所差異。例如，7404、74S04、74LS04、74AS04 與 74ALS04 等，均為單個晶片上擁有六個 INVERTER 的所謂六-INVERTER。

CMOS 族

表 4-7 列出若干種可供使用的 CMOS 系列。4000 系列是最舊式的 CMOS 系列，該系列含有許多與 TTL 族相同的邏輯功能，但其接腳並非布局成與 TTL 族於相容者。例如，4001 四個 NOR 晶片內包括有與 TTL 7402 晶片等數的二輸入 NOR 閘，但 CMOS 晶片中邏輯閘輸入與輸出和 TTL 晶片者並沒有對應相等的接腳數字。

74C、74HC、74HCT、74AC 及 74ACT 系列是較新式的 CMOS 系列。前三者的接腳均與對應編號的 TTL 者相容。例如，74C02、74HC02 及 74HCT02 等晶片的接腳均與 7402、74LS02 者等相容。74HC 與 74HCT 系列的運算速度較 74C 元件為快。74HCT 系列被設計成與 TTL 元件電氣相容 (electrically compatible)。74HCT 可不經任何界面電路便可直接與 TTL 裝置連接。74AC 與 74ACT 為性能先進的 IC，其沒有一個是與 TTL 接腳相容的。74ACT 元件則在電氣上是與 TTL 相容的。

電源與接地

適當連接 IC 接腳方可使數位 IC 正常運作，其中最重要的接腳連接為直流電源 (dc power) 與接地 (ground)。這些需要晶片上的電路正確的操作。於圖 4-30 中，我們發現 TTL 與 CMOS 電路均有一接腳與直流電源供應電壓相連且有另一接腳接地。TTL 電路的電源供應接腳以 V_{CC} 標示，而 CMOS 電路者以 V_{DD} 標示。許多較新式的 CMOS IC 均設計成與 TTL IC 相容，並以 V_{CC} 標示其電源接腳。

如果有一電源接腳或接地接腳沒有連接至 IC，則晶片上的邏輯閘便無法適時反應邏輯輸入，且這些閘無法產生所期望的輸出邏輯準位。

邏輯準位電壓範圍

對於 TTL 裝置而言，V_{CC} 為 +5 V。而 CMOS IC，V_{DD} 可為 +3 至 +18 V；此外，當 CMOS IC 用在由 TTL IC 所組成的電路時，V_{DD} 通常為 +5 V。

標準 TTL 裝置所能接受邏輯準位 0 與 1 的輸入電壓範圍示於圖 4-31(a)。由圖示知，邏輯 0 可為 0 至 0.8 V 範圍內的任何電壓，而邏輯 1 可為 2 V 至 5 V 範圍內的任何電壓。未在上述兩範圍內的電壓稱為**不明確** (indeterminate) 電壓，且不可作為任何 TTL 裝置的輸入電壓。IC 廠商無法確定 TTL 電路如何反應位於未定範圍 (0.8 至 2.0 V) 內的輸入準位。

CMOS IC 以 V_{DD} = +5 V 運算時的邏輯輸入電壓範圍示於圖 4-31(b)。由圖示知，介於 0 於 1.5 V 範圍內的電壓乃被定義為邏輯 0，而介於 3.5 至 5 V 者則定義

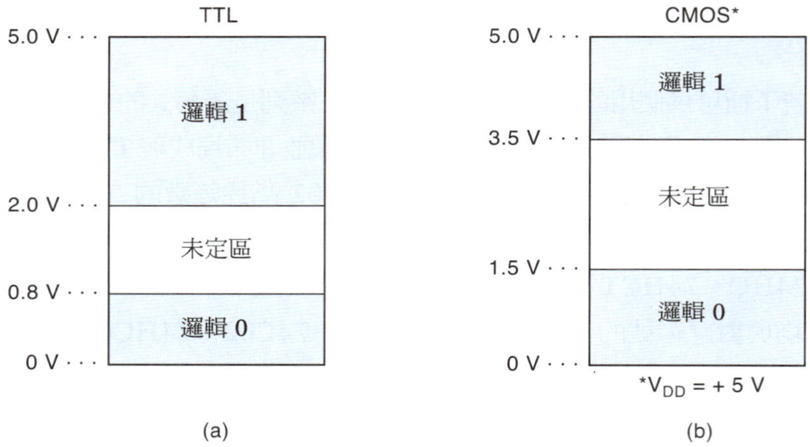

圖 4-31　TTL 與 CMOS 數位 IC 的邏輯準位電壓範圍

為邏輯 1。而未定範圍則介於 1.5 至 3.5 V 範圍內。

未接 (浮接) 輸入

當數位 IC 的輸入未接時，將會發生何事？未接的輸入有時稱為浮接 (floating) 輸入，此問題的答案將因 TTL 與 CMOS 而不同。

浮接的 TTL 輸入宛如邏輯 1。換言之，TTL IC 視浮接的輸入為邏輯高電位。該特性常用來檢驗 TTL 電路。一位偷懶的技術員可能會以浮接輸入取代應連接至高電位的輸入，雖然這在邏輯上是正確的，但我們並不贊同這種作法 (尤其是在最終電路設計時)，此乃因為浮接 TTL 輸入對所拾取的雜訊非常敏感，這將使裝置的運算飽受重大不利的影響。

以 VOM 或示波器量測一些 TTL 閘浮接的輸入時，可得一介於 1.4 至 1.8 V 範圍內的直流電位。雖然前述電位係位於 TTL 的未定範圍內，但所產生的輸出與高電位輸入者相同。明瞭浮接 TTL 輸入的特性將有助於 TTL 電路的故障檢修。

當 CMOS 輸入浮接時，將可能造成慘重的結果。含未接輸入的 CMOS IC 可能會因過熱而燒毀。基於這個理由，CMOS IC 的所有輸入必須連接至低電位或高電位或另一 IC 的輸出。浮接 CMOS 輸入量測時為一不固定的直流電位，且其值將隨所拾取的雜訊而隨意變動。該電位由於並不固定為邏輯 1 或邏輯 0，而使所造成的輸出不能事先預估。有時輸出將因浮接輸入所拾取的雜訊而振盪。

許多較複雜的 CMOS IC 皆建構了電路於輸入中，如此即可降低因開路輸入可能產生的任何破壞性效應。有了此電路，實驗時則無需將此大型 IC 的未用接腳接地。不過，在最終之電路製作時，將未用之輸入接至高電位或低電位 (無論哪些皆可以) 仍是好的習慣。

邏輯電路連接圖

連接圖可展示出所有的電氣連接、接腳數字、IC 型號、元件值、信號名稱及供應電壓。圖 4-32 所示為一簡單邏輯電路的典型連接圖。仔細檢查該圖將可發現幾個重點：

1. 電路共使用兩種不同 IC 的邏輯閘。二個 INVERTER 係來自 74HC04 晶片且均以 Z1 標示。74HC04 共含六個 INVERTER，其中二個用於該電路且均標以 Z1。同樣的，二個標示為 Z2 的 NAND 閘係取自內含四個 NAND 閘的 74HC00 晶片。我們藉依序標示各閘為 Z1、Z2、Z3 等以記錄哪一個閘係哪個晶片的一部分，這對於包含許多 IC 的電路是非常有助益的。

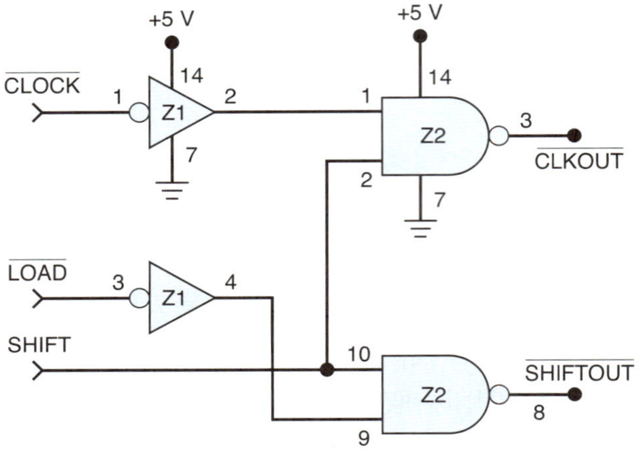

IC	形　式
Z1	74HC04 六個反相器
Z2	74HC00 四個 NAND 閘

圖 4-32　典型邏輯電路的連接圖

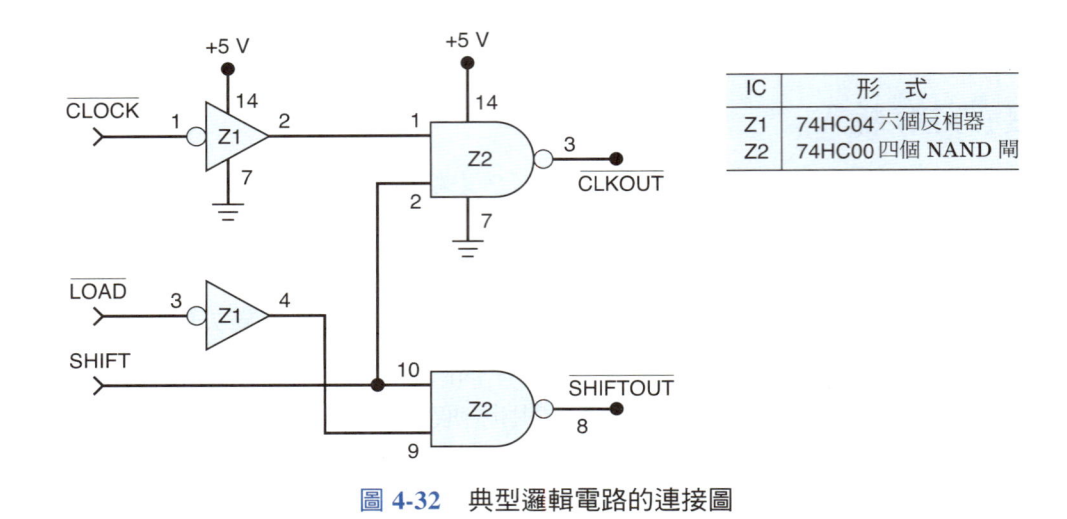

2. 各閘的輸入與輸出接腳數字均明示於圖中。這些接腳數字與上述的 IC 標示是作為描述電路時的參考定點。例如，Z1 的接腳 2 即為上面的 INVERTER 輸出接腳。同樣的，我們也可以說 Z1 的接腳 4 連接到 Z2 的接腳 9。
3. 各 IC (並非每一個閘) 的電源與接地接腳亦明示於圖中。例如，Z1 的接腳 14 連接到 +5 V 電源，而 Z1 的接腳 7 則接地。這些接腳連接用以提供功率給所有六個 INVERTER，當然也對 Z1 提供功率。
4. 對於包含於圖 4-32 中的電路而言，作為輸入的信號乃位於左方。輸出用的信號則在右方。信號名稱上的橫線表示信號是低電位才作用的。位於電路圖上的小圈也是表示低電位狀態才作用的。此例中的每個信號顯然都是單獨一個位元。
5. 圖 4-32 中信號乃以圖形方式決定成輸入與輸出，而且它們間的關係 (電路的操作) 則使用互接的邏輯符號作圖形式的描述。

電子設備的製造商通常提供類似圖 4-32 所使用格式之詳盡的圖表。這種連接圖在檢修故障電路時是不可或缺的。我們已選擇識別各個 IC 為 Z1、Z2、Z3 等。其他常用的表示則為 IC1、IC2、IC3 等，及 U1、U2、U3 等，依此類推。

於第 3 章我們介紹了 Altera 公司 Quartus II 軟體的圖形輸入工具。使用 Altera 軟體描繪邏輯的電路範例如圖 4-33 中所示。像這樣的電路並非要以 SSI 或 MSI 邏輯 IC 來製作。這也是為什麼邏輯符號上並無接腳編號或晶片稱號，而只是實例編號。Altera 軟體將轉譯邏輯功能的圖形描述成為能用來配置邏輯電路於 Altera 眾多數位 IC 其中一個的二進制檔案。這些可配置或可規劃的邏輯電路將於本章稍後有詳盡的說明。而且請注意命名輸入與輸出信號的慣用作法是使用 N 字

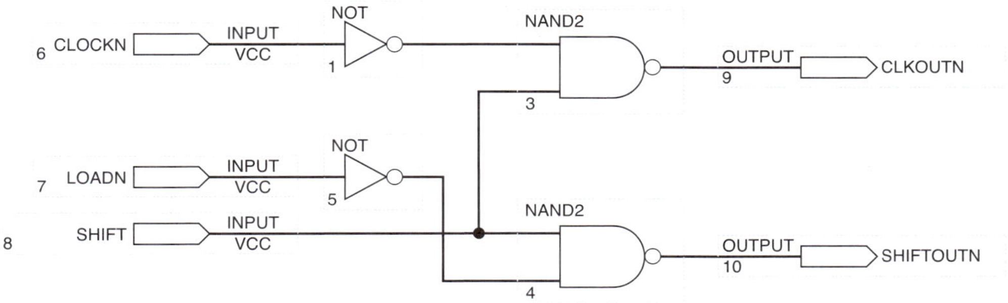

圖 4-33　使用 **Quartus II** 圖形抓取的邏輯圖

尾而不是橫線來說明信號是低電位動作。例如，LOADN 輸入將為低電位以執行 LOAD 功能。Quartus II 軟體可免費由 Altera 提供 (www.altera.com)，詳細的逐步教學軟體 (Quartus Tutorial 1-Schematic.pdf) 可於 www.pearsonhighered.com/electronics 網站上提供予本書的所有人。

複習問題

1. (a) TTL 與 (b) CMOS 中使用哪種類型的電晶體？
2. 試述依數位 IC 複雜程度分類的六種常見電路。
3. 真或偽：74S74 與 74LS74 晶片含有相同的邏輯閘及接腳布局。
4. 真或偽：74HC74 與 74AS74 晶片含有相同的邏輯閘及接腳布局。
5. CMOS 系列何者不與 TTL 接腳相容？
6. TTL 所能接受邏輯 0 的輸入電壓範圍為何？邏輯 1 的電壓範圍又為何？
7. 以 $V_{DD}=5\text{ V}$ 的 CMOS 重做問題 6。
8. TTL IC 如何響應浮接輸入？
9. CMOS IC 如何響應浮接輸入？
10. 哪些 CMOS 系列可直接接到 TTL 而不需界面電路？
11. 邏輯電路連接圖上的接腳編號用途為何？
12. 使用於可規劃邏輯的圖形設計檔案與傳統的邏輯電路連接圖之主要相似處為何？

4-10 數位系統的故障檢修

修理有故障的數位電路或系統可分以下三個基本步驟：

1. 故障偵測 (fault detection)：觀察電路／系統運算，並與所期望的正確運算一一作比較。
2. 故障隔離 (fault isolation)：檢驗並測試以隔離故障。
3. 故障更正 (fault correction)：更換有故障的元件、修理有故障的接線、移走短線等。

雖然這些步驟看似非常明瞭且直接，但實際的檢修步驟卻與電路的形式和複雜性有極密切的關係，且也與檢修工具及手上可使用的文件極為有關。

良好的故障檢修技術僅能在實驗室中經由不斷的驗證與檢修各種有錯誤的電路及系統而獲得。除此之外，要訓練出一位優秀的故障檢修員是絕無他法。雖然多數教科書無法提供讀者實際的檢修經驗，但本書將探討有效故障檢修時最重要的分析技巧，以作為故障檢修的理論基礎。首先，我們將說明數位 IC 系統中常見的錯誤形式，並告訴讀者如何確認這些錯誤形式。然後再舉幾個實例以說明故障檢修的分析技巧。最後在章末習題亦提供一些例子以期讀者能夠完全瞭解。

本書所有關於檢修的論述皆假設技術人員都具備有標準的檢修工具：邏輯探針 (logic probe)、示波器 (oscilloscope)、邏輯脈波器 (logic pulser)。當然，最重要且最有效的工具為技術人員的頭腦，即此處及往後幾章我們想以提出檢修原理及技巧、例題及問題來發展的工具。

以下三節的檢修中，我們將只用到頭腦及圖 4-34 所舉的**邏輯探針** (logic

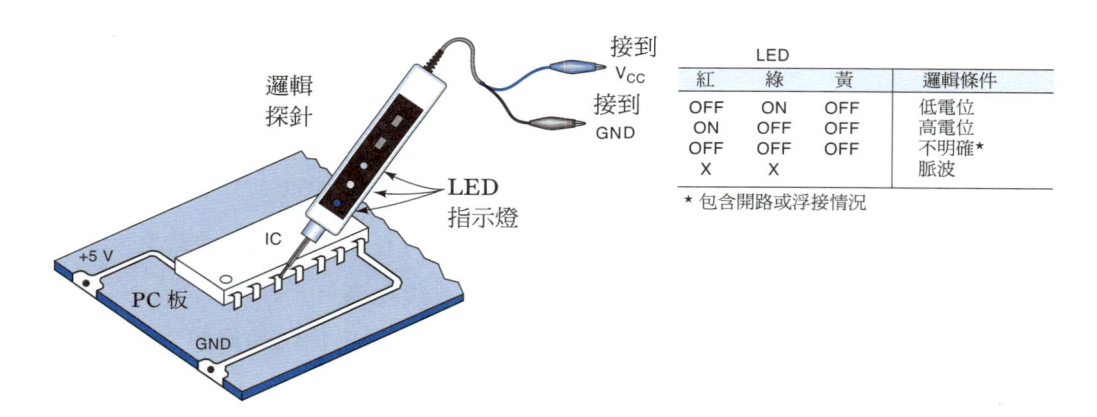

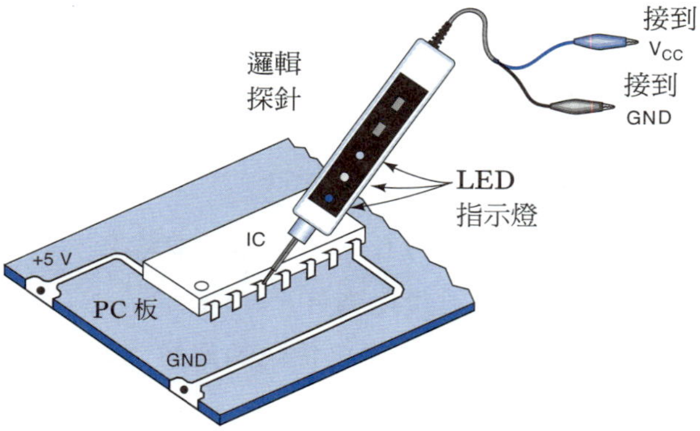

LED 紅	LED 綠	LED 黃	邏輯條件
OFF	ON	OFF	低電位
ON	OFF	OFF	高電位
OFF	OFF	OFF	不明確*
X	X		脈波

* 包含開路或浮接情況

圖 4-34 使用一支邏輯探針來監視 IC 接腳，或任何於邏輯電路中可接觸到之點處的邏輯準位變化情形

probe)。其他的工具則將在往後幾章用到。邏輯探針有一如細針般的金屬頭用來接觸想要測試的特定點。此處指出探觸點為 IC 的接腳 3。它也可探觸印刷電路板線、一條未絕緣纜線、接頭接腳、電晶體離散元件的導線或電路中任何其他的導點。出現在探針頭的邏輯準位將以探針的指示燈或 LED 的狀態來顯示。圖 4-34 的表為四種可能的情形。注意其中*不明確* (indeterminate) 邏輯準位不會打亮任何指示燈。這包含探針接觸到電路中的點是開路或浮接——亦即，未連接到任何的電壓源。此種類型的探針也提供黃色的 LED 用以指出脈波列的出現。任何的轉變 (低電位變成高電位或高電位變成低電位) 將使黃色 LED 閃亮幾分之秒後熄滅。如果轉變經常發生，LED 將持續以約 3 Hz 之頻率閃爍。觀測綠色與紅色 LED 伴隨著閃黃燈，則可知曉信號大多為高電位或大多為低電位。

4-11　數位 IC 的內部錯誤

數位 IC 中最常見的內部錯誤有：

1. 內部電路的功能失常。
2. 輸入或輸出短路於接地或 V_{CC}。
3. 輸入或輸出開路。
4. 兩接腳間短路 (接地或 V_{CC} 除外)。

現在我們將討論上述各形式的錯誤。

內部電路的功能失常

這通常起因於某內部元件完全失效或不在規格內運作。當此錯誤發生時，IC 的輸出便無法適時反應 IC 的輸入。由於內部元件失效所造成的錯誤不一而足，以致對應的輸出無法預估。例如，在圖 4-30(a) 所示的 TTL INVERTER 中，電晶體 Q_4 的基極與射極間短路或 R_2 的電阻值非常的大。此種形式的內部 IC 錯誤不若其他三者常見。

輸入內接至接地或電源

此形式的內部錯誤將使輸入固定為低電位或高電位狀態。圖 4-35(a) 顯示 IC 內 NAND 閘的輸入接腳 2 短路於接地，此將使接腳 2 永遠處於低電位狀態。若該輸入接腳係為邏輯信號 *B* 所驅動，則 *B* 將被短路為接地電位，以致該形式的錯誤將影響到裝置的正常輸出。

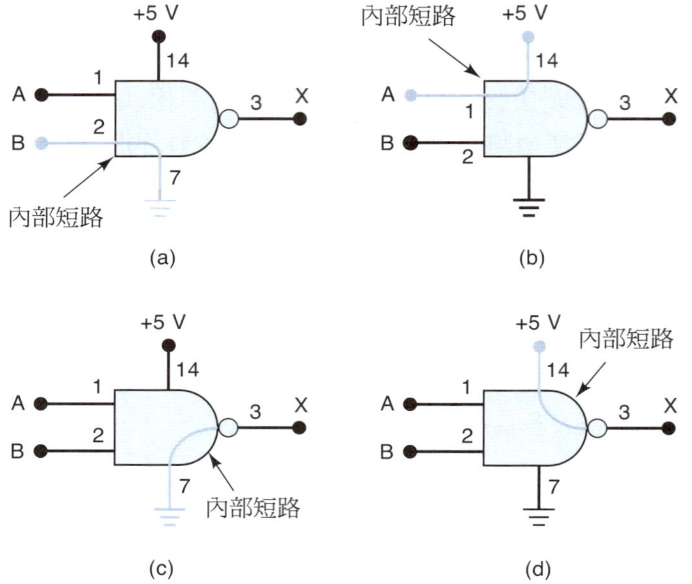

圖 4-35　**(a) IC** 輸入內接至接地；**(b) IC** 輸入內接至電源供應電壓。此形式的錯誤迫使輸入信號短路於接腳所佇足的狀態。**(c) IC** 輸出內接至接地；**(d) IC** 輸出內接至電源供應電壓。此形式的錯誤對 **IC** 輸入信號沒有任何影響

同樣的，IC 輸入接腳可能內接至 +5 V，如圖 4-35(b) 所示。此將使該接腳永遠處於高電位狀態。若該輸入接腳係為邏輯信號 A 所驅動，則 A 將因短路而為 +5 V 電壓。

輸出內接至接地或電源

此形式的內部錯誤將使輸出固定為低電位或高電位狀態。圖 4-35(c) 顯示 IC 內 NAND 閘的輸出接腳 3 短路於接地。該輸出固定為低電位，且不對加諸輸入接腳 1 與 2 的任何條件有所響應；換言之，邏輯輸入 A 與 B 對輸出 X 沒有任何影響。

IC 輸出接腳亦得以內接至 +5 V，如圖 4-35(d) 所示。此將迫使輸出接腳 3 無視輸入接腳上信號的狀態而佇足於高電位。注意，該形式的錯誤對 IC 輸入信號沒有任何影響。

例題 4-24

參見圖 4-36 所示電路。某技術員使用邏輯探針以觀察位於 IC 接腳上的各種狀況，並將所得結果記錄於圖上。試檢視這些結果以判斷電路是否正常運作。若否，則可能發生的錯誤為何？

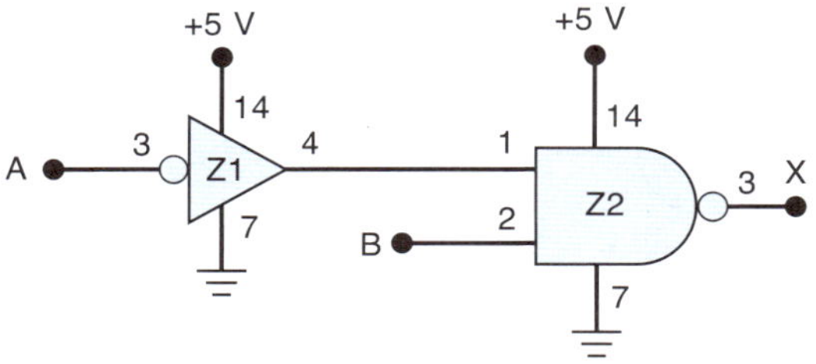

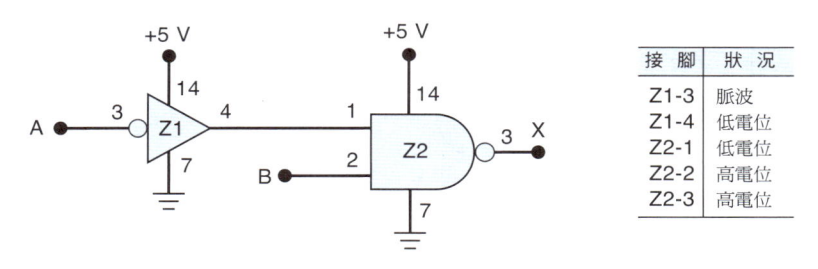

接 腳	狀 況
Z1-3	脈波
Z1-4	低電位
Z2-1	低電位
Z2-2	高電位
Z2-3	高電位

圖 4-36　例題 4-24

解答：INVERTER 的輸出接腳 4 應為脈波列，此乃因為它的輸入為脈波列。但所記錄的結果顯示接腳 4 固定為低電位。由於接腳 4 係連接至 Z2 的接腳 1，因此 NAND 的輸出保持為高電位。由前述討論我們可列出產生這種運算的三種可能錯誤。

第一，INVERTER 中可能有某內部元件失效以致輸出無法適時響應輸入。第二，INVERTER 的接腳 4 可能內接至接地電位 Z1 以致該接腳恆保持為低電位。第三，Z2 的接腳 1 可能內接至接地電位，這亦使 INVERTER 的輸出接腳無法改變狀態。

除了這些可能的錯誤，Z1 接腳 4 與 Z2 接腳 1 間的導路中任何地方可能會外部短路至接地。接下來 4-13 節我們將指出如何來隔離出真正的錯誤。

輸入或輸出開路

有時連接 IC 接腳到 IC 內部電路極細的導線會斷裂，因此產生開路。例題 4-25 中圖 4-37 指出某一輸入 (接腳 13) 與另一輸出 (接腳 6) 間的這種情形。如果信號送到接腳 13，它將不會到達 NAND-1 閘輸入，也因此對 NAND-1 輸出沒有作用。斷開的閘輸入將處於浮接狀態。如稍早所述，TTL 元件將對此浮接輸入反應成邏輯 1，而 CMOS 元件則將作錯誤的反應，且甚至因過熱而毀損。

NAND-4 輸出的斷開使信號無法到達 IC 接腳 6，因此在該接腳上不會出現穩定的電壓。若此接腳連接另一隻 IC 的輸入上，則將在該輸入端上產生浮接狀況。

例題 4-25

於圖 4-37 的接腳 13 與接腳 6 處的邏輯探針指示為何？

解答：於接腳 13 處，邏輯探針將指示出連接到接腳 13 外部信號 (圖中未顯示出)

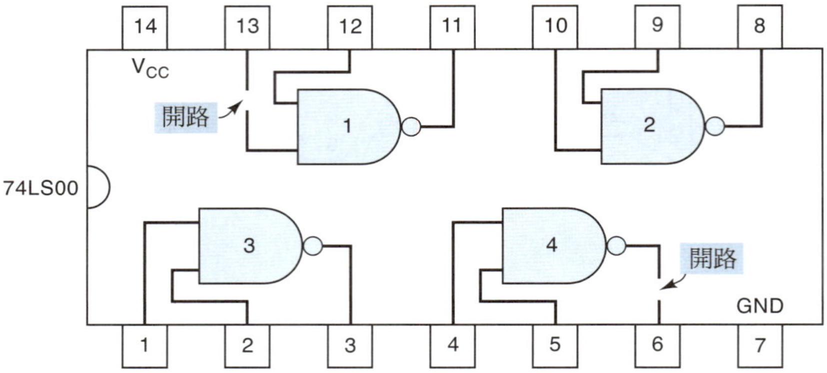

圖 4-37 內部具有開路輸入的 IC 將不會對送到彼輸入接腳的信號有所反應。內部開路的輸出則在彼輸出接腳產生無法預期的電壓

的邏輯準位。於接腳 6 處，由於 NAND 輸出準位絕不會使其呈現於接腳 6，因此邏輯探針將因不明確的邏輯準位而呈微亮。

例題 4-26

參見圖 4-38 所示電路與所記錄的邏輯探針指示表，則產生這種記錄結果的可能錯誤有哪些？假設所使用的 IC 為 TTL 型。

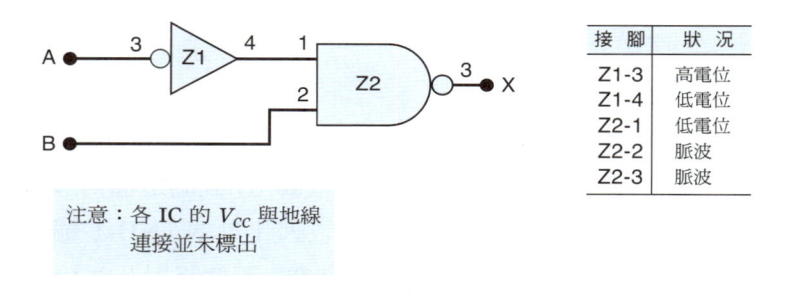

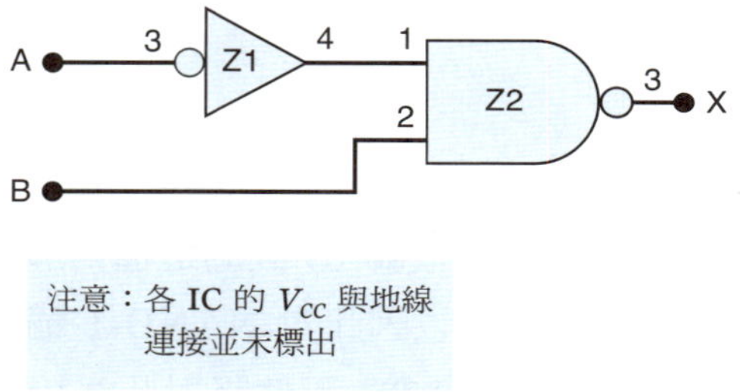

接 腳	狀 況
Z1-3	高電位
Z1-4	低電位
Z2-1	低電位
Z2-2	脈波
Z2-3	脈波

圖 4-38 例題 4-26

解答：檢視記錄結果可知，INVERTER 運作正常且 NAND 輸出不與輸入一致。因為輸入接腳 1 為低電位，所以 NAND 輸出應為高電位。此低電位將防止 NAND 閘對接腳 2 的週期性脈波列有所響應。但由圖示知，NAND 閘的輸出為一週期性脈波列，因此我們推測接腳 1 可能因內部開路而無法連接至 NAND 閘的內部電路。由於 IC 為 TTL 型，輸入斷路與輸入高電位所產生的輸出完全相同。而如果 IC 為 CMOS 型，則接腳 1 的內部開路可能會產生不規律的輸出，且可能會造成過熱而損毀晶片。

由前述有關開路 TTL 輸入的討論可知，讀者可能會預期 Z2 的接腳 1 電位為 1.4 至 1.8 V，且以邏輯探針測量時應顯示未定範圍內的電壓。但這僅在 NAND 晶片的接腳 1 為外部 (external) 開路時才為真。此處因 Z1 接腳 4 與 Z2 接腳 1 間無開路存在，使 Z1 接腳 4 直接連至 Z2 接腳 1，只是不能連接至 NAND 晶片的內部 (inside) 電路而已。

兩接腳間短路

IC 中兩接腳間的內部短路將迫使這兩接腳上的邏輯信號永遠相同，任何時候當二個應為不同的信號，卻出現相同的邏輯準位變化時，非常可能是信號間彼此短路。

考慮圖 4-39 所示的電路，其中 NOR 閘的接腳 5 與接腳 6 內接在一起。由圖示知，NOR 輸入閘的短路使兩 INVERTER 的輸出接腳被連在一起，使 Z1 接腳 2 與 Z1 接腳 4 的信號完全相同，即使當兩 INVERTER 的輸入信號試圖產生不同的輸出。為了方便圖解說明，考慮右圖所示的輸入波形。儘管這些輸入波形都不相同，Z1-2 與 Z1-4 的輸出波形則完全相同。

t_1 至 t_2 期間，兩 INVERTER 的輸入均為高電位且均產生低電位的輸出，故兩輸出間短路時並無任何異樣。t_4 至 t_5 期間，兩 INVERTER 的輸入均為低電位且均產生高電位的輸出，所以兩輸出間短路時亦無任何異樣。但在 t_2 至 t_3 與 t_3 至 t_4 期間，一 INVERTER 設法產生高電位輸出而另一 INVERTER 設法產生低電位輸出，此稱為信號競爭 (contention)，因為二個信號“打架”了。在此種情況下，呈現在被短路輸出上的電位將視 IC 內部電路而定。對 TTL 裝置而言，此值通常為邏輯 0 範圍中的最高電位 (亦即，接近 0.8 V)，雖然此值亦可能為未定範圍內的任意值。對 CMOS 裝置而言，此值通常為未定範圍內的任一電壓。

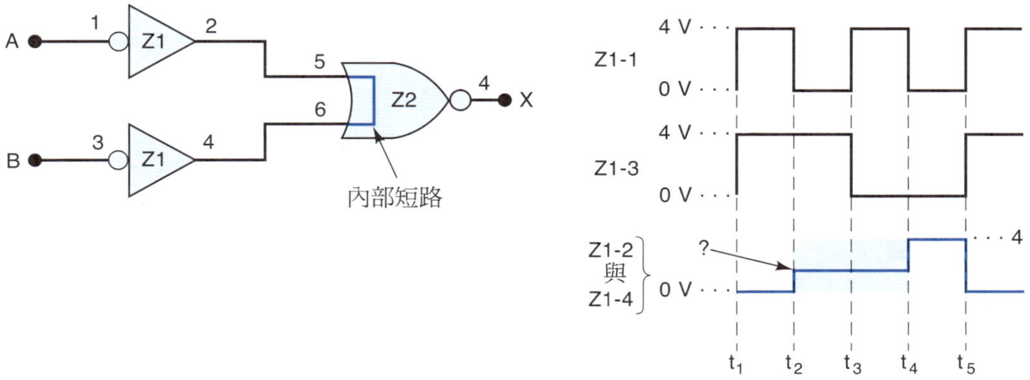

圖 4-39　當兩輸入接腳內接在一起，將迫使所有驅動這些接腳的信號完全相同，且所產生的信號通常具有三種不同的電位

無論何時，當讀者看到類似圖 4-39 所示具三種不同電位的 Z1-2 與 Z1-4 信號波形時，讀者應懷疑電路中有兩輸出信號內接在一起的情形。

複習問題

1. 試列出數位 IC 中常見的內部錯誤。
2. 何種形式的內部錯誤會產生三種不同電位的信號？
3. 若 $A=0$ 且 $B=1$ 則邏輯探針在圖 4-39 的 Z1-2 與 Z1-4 處有何指示？
4. 何謂信號競爭？

4-12 外部錯誤

我們已介紹過如何確認數位 IC 中各種內部錯誤所造成的效應。事實上，數位電路中亦存在有許多常見的外部錯誤，茲討論如下。

信號線開路

該形式的錯誤泛指任何造成傳導路徑上斷裂或不連續的錯誤。信號線開路使電位或信號無法由一處傳至另一處。造成信號開路的主要原因有：

1. 斷線。
2. 焊接不良或接線鬆開。
3. 印刷電路板龜裂或有切痕 (不用放大鏡很難觀察到細如髮絲的裂線)。
4. IC 的接腳彎曲或斷裂。
5. IC 插座故障 (使 IC 接腳與插座無法緊密接觸)。

此形式的電路錯誤可輕易的藉由切斷電路中的電源，且以歐姆表檢查出兩連接點間是否短路。

例題 4-27

參見圖 4-40 所示的 CMOS 電路與所測的邏輯探針指示表。試問最可能的電路錯誤為何？

解答：NOR 閘輸出的未定電位可能起因於接腳 2 的未定輸入。由於 Z1-6 為低電位，此低電位亦應呈現在 Z2-2 上。但由指示表知，來自 Z1-6 的低電位並未到達

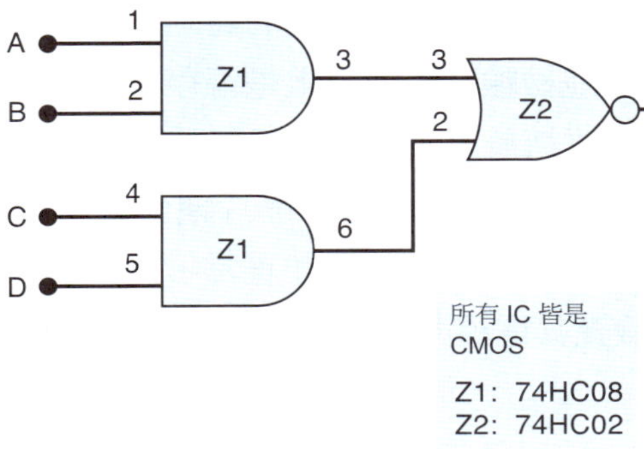

接腳	狀況
Z1-1	脈波
Z1-2	高電位
Z1-3	脈波
Z1-4	低電位
Z1-5	脈波
Z1-6	低電位
Z2-3	脈波
Z2-2	不明確
Z2-1	不明確

圖 4-40　例題 4-27

Z2-2，因此這兩點間必為信號線開路。我們可藉邏輯探針由 Z1-6 開始循線追蹤至 Z2-2，當邏輯探針指示未定電位時，即可找出開路的位置。

信號線短路

此種形式的錯誤所造成的效應與 IC 接腳間內部短路者相同。這將使二個信號剛好相同 (信號競爭)。信號線可能被短路到地或 V_{CC} 而非另一條信號線。在那些情況時，信號將被強迫成低電位或高電位狀態。造成信號線短路的主要原因有：

1. 電線處理不當：例如在兩非常靠近的隔離線中削掉過多的線末絕緣物，導致兩隔離線相接觸而形成短路。
2. 焊橋：濺出的焊錫使二點或更多點焊在一起而形成彼此短路。這通常發生在非常接近的點上，如晶片上相鄰的接腳。
3. 不完全蝕刻：印刷電路板上相鄰導線的銅沒有完全蝕刻掉。

此種形式的錯誤亦能以歐姆表檢查出信號線間是否短路。

錯誤的電源供應

所有數位系統均有一個或更多個直流電源供應以提供晶片所需的 V_{CC} 與 V_{DD} 電壓。錯誤的電源供應或過載的電源供應 (所提供的電流超過其額定值) 將提供不充足的供應電壓給 IC，使 IC 不是無法運作就是運作失常。

電源供應器可能因內部電路有故障或因電路汲取的電流超過其設計的供應電流而無法提供調整的電壓。這可能發生在晶片或元件有錯誤而導致汲取較平常為多的電流時。

檢查系統中各電源供應所提供的電壓是否在其所指定的範圍內，是一種良好的故障檢修訓練。我們可在示波器上觀察並檢驗直流電位上是否存在有大量不可忽視的交流漣波，與系統運作時電壓是否仍維持於原先調整的電位。

錯誤的電源供應所呈現最常見的徵候為一個或多個晶片運作失常或完全不運作。某些 IC 允許電源供應在一定範圍內變動且仍能運作正常，但某些 IC 則否。我們對可能運作不正常的 IC 應經常檢查其電源與接地電位。

輸出負載

當數位 IC 連接到過多的 IC 輸入時，其輸出電流額定將超過，也因此輸出電壓可能落入不明確的範圍中。此效應稱為對輸出信號產生負載 (loading，實際上就是對輸出信號過載) 且通常是導源於不良設計或不正確的連接

複習問題

1. 最常見的外部錯誤形式有哪些？
2. 試列出形成信號線開路的一些原因。
3. 錯誤的電源供應發生時有何徵候？
4. 負載如何影響 IC 輸出電壓準位？

4-13 故障檢修實例

以下範例用以展示檢修數位電路時的分析過程。雖然該範例為非常簡單的組合邏輯電路，但所用的檢修程序仍適用於後續章節所討論更複雜的數位電路。

例題 4-28

考慮圖 4-41 所示的電路。已知輸出 Y 在下列任一條件發生時就變為高電位：

1. $A=1$，$B=0$，$C=$任意
2. $A=0$，$B=1$，$C=1$

讀者可自行驗證上述結果。

當電路被測試時，技術員觀察到不論 B 的邏輯準位為何，只要當 A 為高電位或 C 為高電位時，輸出 Y 就為高電位。圖 4-41 右表所示為當 $A=B=0$、$C=1$

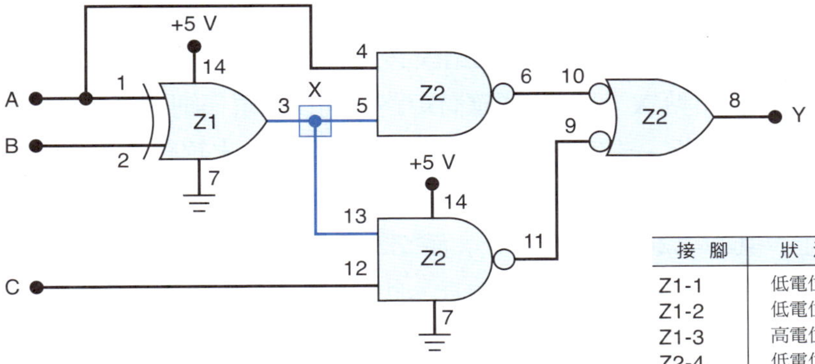

IC 皆是 TTL

Z1: 74LS86

Z2: 74LS00

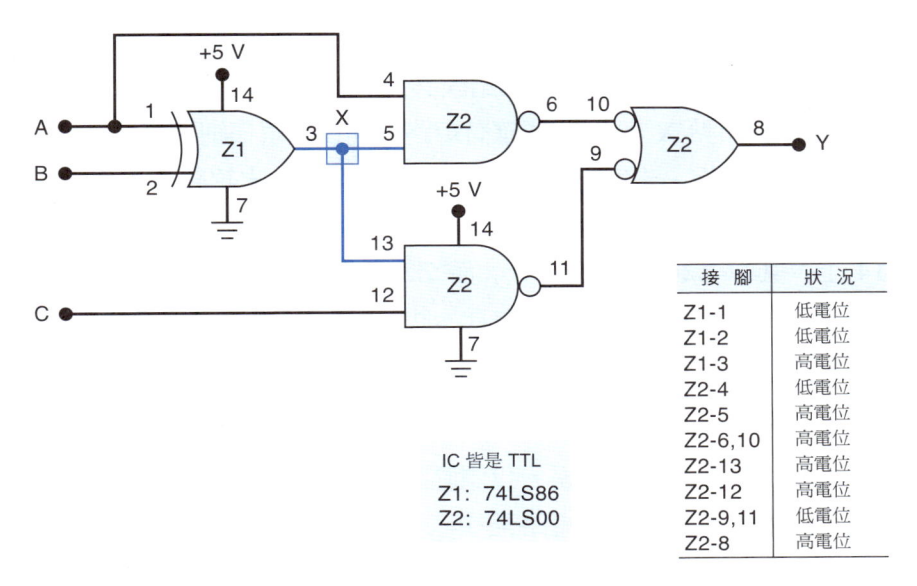

接 腳	狀 況
Z1-1	低電位
Z1-2	低電位
Z1-3	高電位
Z2-4	低電位
Z2-5	高電位
Z2-6,10	高電位
Z2-13	高電位
Z2-12	高電位
Z2-9,11	低電位
Z2-8	高電位

圖 4-41 例題 **4-28**

時，以邏輯探針測量所得的指示表。

檢查所記錄的電位並列出造成功能異常的可能原因。然後逐步找出真正的錯誤。

解答：所有 NAND 閘輸出均能適時正確的響應輸入。由於 XOR 閘在兩個輸入端同為低電位，因此將產生低電位於輸出接腳 3 上。雖然它的兩個輸入應產生低電位， 但顯示出 Z1-3 卻固定保持為高電位。造成這項錯誤的可能原因有：

1. Z1 中某內部元件失效以致輸出無法變為低電位。
2. 與 X 節點相連的導線外接至 V_{CC} (圖中的陰影部分)。
3. Z1 的接腳 3 內接至 V_{CC}。
4. Z2 的接腳 5 內接至 V_{CC}。
5. Z2 的接腳 13 內接至 V_{CC}。

上述除第一點外，其餘均將節點 X 直接短路至 V_{CC}。

以下程序用以隔離錯誤。注意這些程序並非一成不變，係視技術員所使用的測試儀器而定。

1. 檢查 Z1 接腳的 V_{CC} 與接地電位。雖然此舉似乎與造成 Z1-3 為高電位的成因無關，但只要當 IC 不能正常運作時，這項檢查是不可或缺的。
2. 關掉電源並以歐姆表檢查節點 X 與連接至 V_{CC} 的任一點 (如 Z1-14 或 Z2-14)

間是否短路 (電阻小於 1 Ω)。如果沒有短路，則所列的最後四種可能成因便可排除。因此可推測 Z1 可能有內部錯誤必須立即更換。

3. 若步驟 2 顯示節點 X 與 V_{CC} 間確有短路，則以肉眼仔細檢查整個電路板，查看是否存在有焊橋、未完全蝕刻乾淨的細小銅片、未絕緣的導線相接觸，或其他造成外接至 V_{CC} 的可能因素。焊橋最可能發生在兩相鄰的接腳 Z2-13 與 Z2-14 上，其中 Z2-14 連接至 V_{CC} 而 Z2-13 則連接至節點 X。一旦發現有外部短路則去除之，並再以歐姆表檢查，此時節點 X 應不再短路至 V_{CC}。
4. 如果步驟 3 未發現有外部短路存在，則可能在 Z1-3、Z2-13 或 Z2-5 等處存在有內接至 V_{CC} 的情形。這三種可能的情形均使節點 X 短路至 V_{CC}。

為了找出哪一隻 IC 接腳有誤，我們應該*每一次*切斷一隻與節點 X 有關的接腳，然後重新檢查是否仍存在有短路至 V_{CC} 的情形。當內接至 V_{CC} 的接腳被切斷後，節點 X 就不再短路至 V_{CC}。

切斷接腳的過程難易端視電路如何建構而定。如果 IC 係插在插座上，則只需拔出 IC 並彎曲所要切斷的接腳，然後重新插入插座即可。如果 IC 是焊接在印刷電路板上，則需切斷與該接腳連接的線 (或切斷接腳)，並於測試完畢後再重新修復所切斷的線 (或接腳)。

例題 4-28 雖然簡單，但卻將故障檢修人員為隔離錯誤而想出的種種程序表露無遺。本章末習題標示有“**T**”者即為提供讀者培養故障檢修的技術。

4-14 可規劃邏輯元件*

在前幾節中，我們扼要的介紹了可規劃邏輯元件此 IC 族群。第 3 章裡，我們介紹了利用硬體描述語言來描述電路操作的概念。本節裡，我們將深入地探討這些課題且準備使用這些工具來發展並製作利用 PLD 的數位系統。當然，尚未領會數位電路之基礎前是無法全然瞭解 PLD 如何操作的複雜細節。當我們細查新的基本概念前，我們將擴充對 PLD 的知識以及規劃的方法。題材呈現的方式是要任何對 PLD 無興趣的人可輕易的跳過這些節，而不失對基本原理的連貫性。

現在複習稍早提到的組合數位電路設計過程。輸入元件皆加以識別並指定一個代數名稱，如 *A*、*B*、*C* 或 *LOAD*、*SHIFT*、*CLOCK*。同樣的，輸出元件則指定如 X、Z 或 *CLOCK_OUT*、*SHIFT_OUT* 之類的名稱。然後建立真值表列出所有可

* 所有涵蓋 PLD 章節可省略且不失其與第 1 到第 10 章的連貫性。

能的輸入組合，並識別出每個輸入條件下所需的輸出狀態。真值表是一種描述電路如何運作的一種方式。另一種描述電路運作的方式則為布爾表示式。但自此開始，設計人員必須找出最簡單的代數關係並選取數位 IC 以接線成電路。您或許有所經驗，最後這些步驟最為冗長、耗時且易出錯。

可規劃邏輯元件可讓大部分這些冗長的步驟能由計算機與 PLD 發展軟體 (development software) 自動化執行。使用可規劃邏輯即能增進設計與發展過程的效率。因此，絕大多數的現代數位系統皆依此種方式製作。電路設計人員的工作為識別出輸入與輸出，以最便利的方式明定其邏輯關係，最後選取能以最低價格製作出電路的可規劃元件。可規劃邏輯元件背後的觀念很單純：將許多邏輯閘置於單一 IC 中並依電子方式控制這些閘之間的互連。

PLD 硬體

回顧第 3 章，現今有許多數位電路都是使用可規劃邏輯元件 (PLD) 來製作的。這些元件皆依電子方式來組態且其內部也是依電子式的“連接”一起以形成邏輯電路。可規劃的接線可看成數以千計之連線，它們是連接 (1) 或未連接 (0)。如果要以人工方式將 1 與 0 置於格點上來組態這些元件是極冗長乏味的。所以接下來的邏輯問題為“我們如何以電子方式來控制 PLD 內閘的互連？”

將進入電路的多個信號其中之一連接到離開電路的多個信號其中之一的常見方法為交換矩陣。回看圖 3-44，此概念已作介紹了。矩陣只是安排成列與行的導體 (導線) 格子。輸入信號乃連接到矩陣的行，而輸出則連接到矩陣的列。每個列與行的交叉處為一個可電氣式的將列與行相連的開關。列與行相連的開關可能為機械式開關、熔絲線、電磁式開關 (繼電器) 或為電晶體。這是許多應用場合所使用的一般結構且在第 9 章討論記憶裝置的章節裡會有深入的探討。

PLD 也使用常稱為可規劃邏輯陣列的開關矩陣。藉由決定哪些交叉處連接或不連接，我們即可“規劃”陣列之輸入連接到輸出的方式。於圖 4-42 中，可規劃邏輯陣列乃用來選取每個 AND 閘的輸入。注意此簡單的矩陣，我們可於 AND 閘的任何輸出端產生變數 A、B 的任意邏輯乘積組合。如圖中所示之矩陣或可規劃邏輯陣列亦可用來連接 AND 輸出至 OR 閘。各種不同的 PLD 結構於第 10 章會有詳盡的介紹。

規劃 PLD

有二種方式來“規劃”PLD。規劃意味著於陣列中作實際的連接。換言之，就是決定哪些連接被認定是開路 (0)，哪些則被認定是閉路 (1)。第一種方法是將 PLD

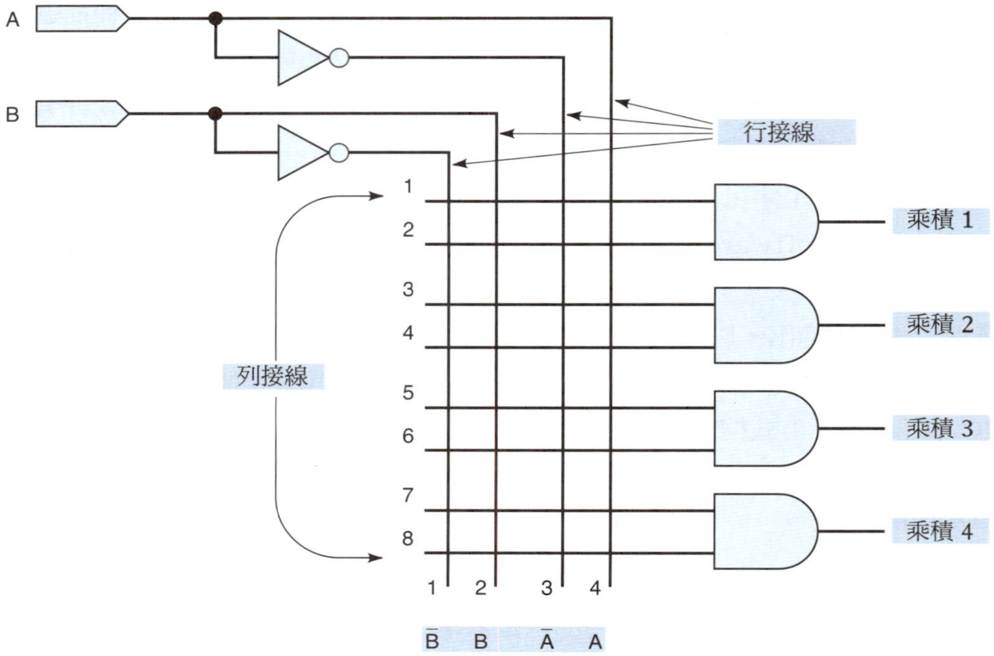

圖 4-42 選用輸入作為乘積項的可規劃陣列

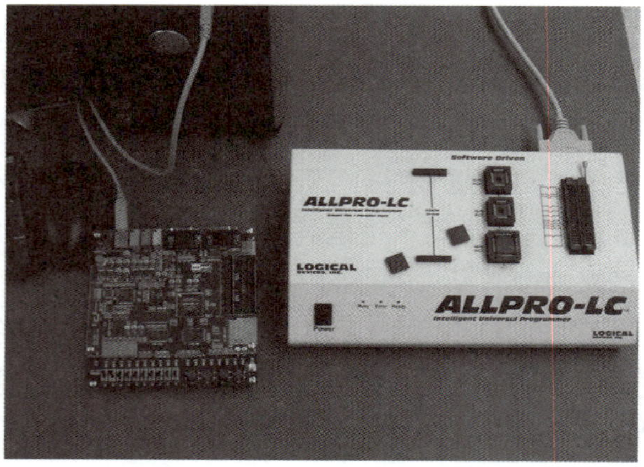

圖 4-43 通用的 **IC** 規劃器 (右方) 與開發電路板上的系統內規劃邏輯 **IC** (左方) 經由 **USB** 埠界面一起

晶片自它的電路板移走。然後將晶片置於一個稱為**規劃器** (programmer) 的特殊夾具中。請見圖 4-43。最現代的規劃器皆是與個人電腦相連，其中將執行包含有多種可用類型的可規劃元件資料庫的軟體。

PC 呼叫 (呼出且執行) 與規劃夾具通訊的規劃軟體。這樣即可允許使用者告知規劃夾具即將規劃的裝置形式，檢查裝置是否為空的，讀出裝置中任何可規劃連接的狀態，並且提供指令予使用者來規劃晶片。最後，將 PLD 插入規劃夾具插座中，而命令將從 PC 送出以規劃元件。通常，規劃物件具有一個特殊的插座可以將晶片直接放入後並將接腳箝住。此稱為**零插入使力插座** (zero insertion force [ZIF] socket)。已有廠商發展出幾乎可規劃任何形式元件的萬用規劃器 (universal programmer)。

然而，有幸隨著可規劃元件的蓬勃發展，製造商已看到標準化接腳安排與規劃方法的需求，因此成立**聯合電子元件工程協會** (Joint Electronic Device Engineering Council, JEDEC)。其中一項產生為 JEDEC 標準 3，為一個不因 PLD 製造商或規劃軟體不同而能轉換成 PLD 使用的規劃資料格式。各種不同 IC 封裝的接腳安排也已標準化，且萬用規劃器也較為簡易。因此，規劃夾具能夠規劃各種不同形式的 PLD。允許設計者指定 PLD 組態的軟體只需要產生遵循 JEDEC 標準的輸出檔案。然後該 JEDEC 檔案即可載入到任何與 JEDEC 相容的 PLD 規劃器以規劃想要的 PLD 形式。

第二種方法則提到了**系統內規劃** (in system programming, ISP)。如名稱之涵義，晶片並不需要自電路取出以作規劃訊息之儲存。**聯合測試行動集團** (Joint Test Action Group, JTAG) 已發展出一套標準界面。此界面是發展來使測試裝備無需實際連接到 IC 的每個接腳即可測試。它也能作內部的規劃。IC 上的四隻接腳乃用作儲存資料以及取出 IC 內部情況的訊息。許多的 IC，包括 PLD 與微控制器，現今皆製造成包含了 JTAG 界面。有一條界面電纜連接 IC 上的四隻 JTAG 接腳至個人電腦的輸出埠 (通常為 USB)。PC 上執行的軟體建立了與 IC 的接觸並且以合適的格式下載訊息。

發展軟體

至今我們已探討了幾種描述邏輯電路的方法，包括了圖形抓取、邏輯方程式、真值表以及 HDL。我們也描述了依照想要的方式將 1 與 0 儲存至 PLD 中的基本方法。規劃 PLD 的最大挑戰為如何將描述的形式轉換成 1 與 0 的陣列。所幸的，此工作可容易地由個人電腦執行發展軟體來達成。我們所參考且將用於範例上的發展軟體乃由 Altera 公司所製造。此軟體能讓設計人員以吾人已討論的多種方法 (圖形設計檔案【圖示】、AHDL 以及 VHDL) 之一來輸入電路描述。它也允許使用所謂 Verilog 的另一種 HDL，以及利用時序圖的另一種描述電路之選擇。以任何這些方法來描述的電路圖也可“結合”一起來製造出較大型的數位系統，如圖 4-44 中所示者。本書中所看到的任何邏輯圖都可利用 Altera 中的圖形輸入工具重繪之。由於在實驗室中很容易地即可學到這些技巧，因此本書將不會把重點置於圖形設計輸入上。我們將把範例著重於能使用 HDL 為描述電路之替代方案的方法上。

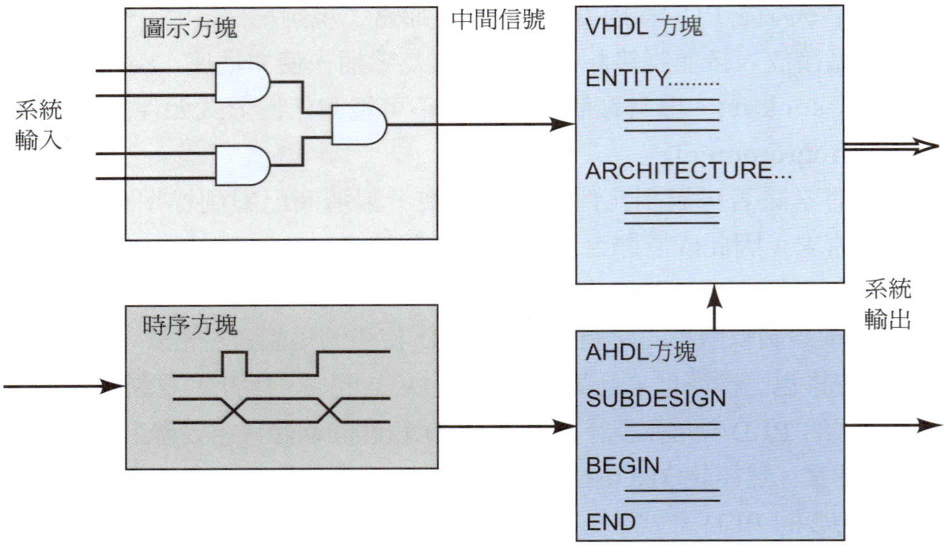

圖 4-44 利用不同的描述方法來結合已發展出的方塊

若要知道 Altera 軟體的更多資訊，可瀏覽 Altera 公司網站 (http://www.altera.com) 上的資訊。

此種使用電路之建構方塊的概念稱為**階層式設計** (hierarchical design)。小型且很有用之電路可依任何方式來定義是極為方便的 (圖形、HDL、時序等)，而後再與其他電路相結合以形成專案的較大型的方塊。這些方塊再與其他方塊結合即可構成整個系統。圖 4-45 所示為 DVD 播放機使用方塊圖的階層式構造。外層方塊圈住了整個系統。虛線則用來識別每個主要的次方塊，而每個次方塊則含有其個別的電路。雖然圖中並未顯示出每個電路圖，但它們皆可由常見之數位電路的較小建構方塊組成。Altera 發展軟體使得此種類型的模組、階層式設計及發展易於實現。

設計與發展程序

另一種如前面剛描述之 DVD 播放機的階層式系統如圖 4-46 中所示。最上層代表整個系統。它是由三個次方塊所組成，而它們每個依次由所示之較小電路構成。注意此圖並未顯示出整個系統的信號流向，而是清楚地標示出專案之階層構造的不同層次。

此種類型的圖示獲致了一種最常見之設計方法：**由上而下** (top-down)。使用此設計方法時，首先要作全系統的整體描述，如圖 4-46 中頂部方塊所示。接著是定義組成系統的幾個次方塊。次方塊則進一步細分成互連一起的單獨電路。每個階層皆定義了輸入、輸出以及運作行為。每一個在與其他部分相連前皆可分開獨立測試。

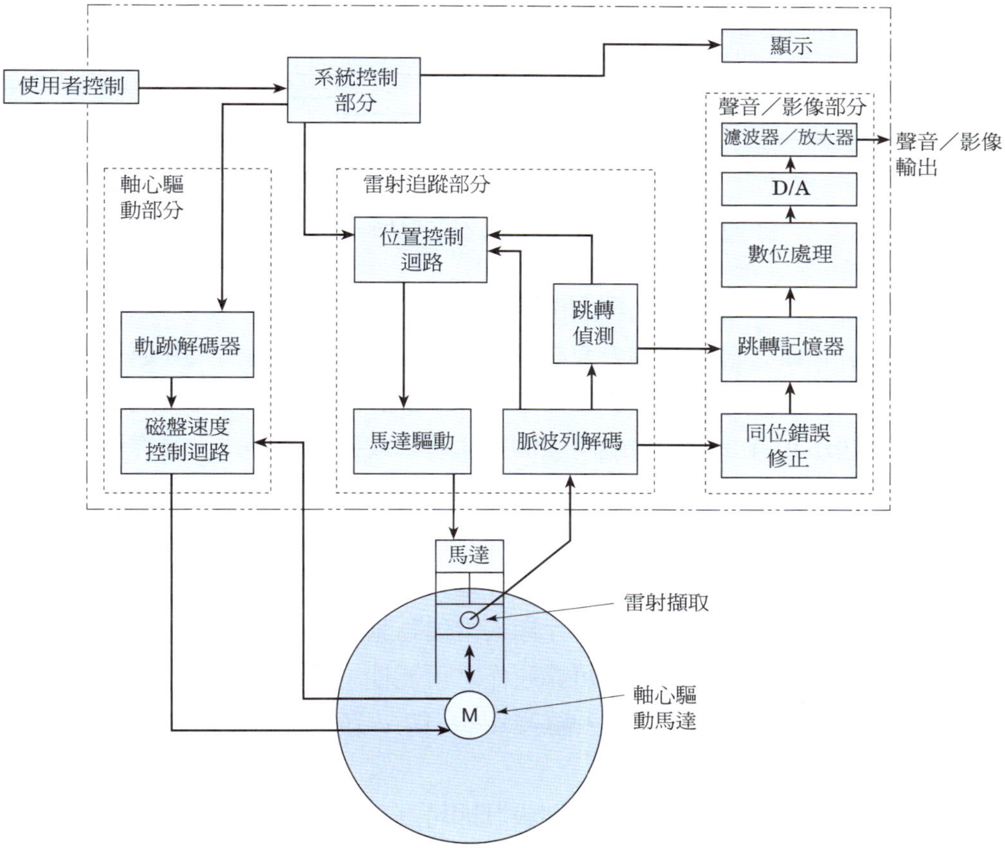

圖 4-45　**DVD** 播放機的方塊圖

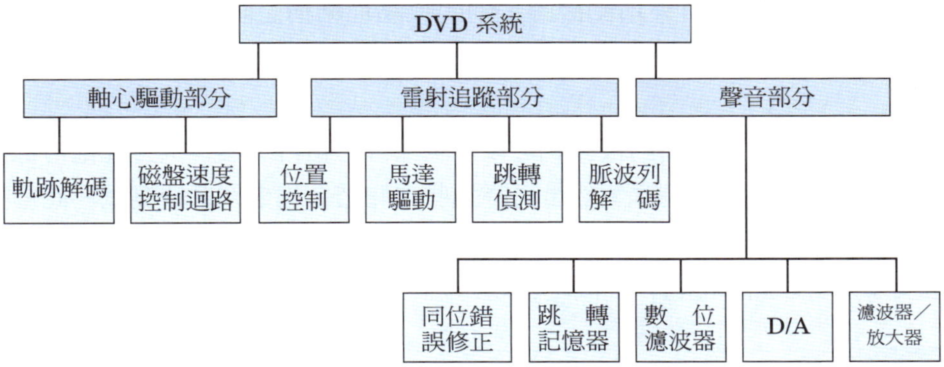

圖 4-46　組織性階層圖

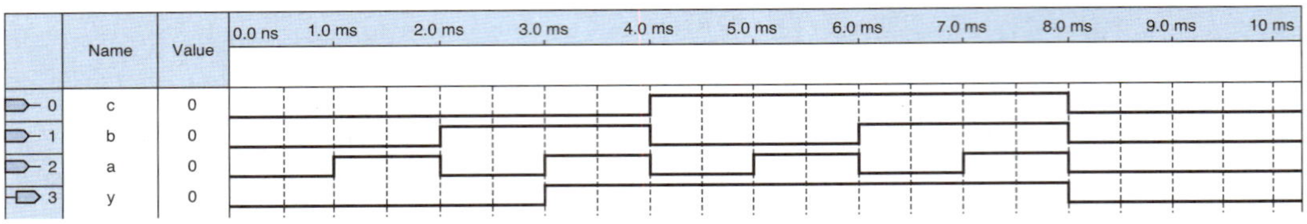

圖 4-47 以 HDL 描述之電路的時序模擬

由上而下定義方塊之後，系統則由下往上建構。系統設計中的每個方塊都有一個描述它的設計檔案。最底層的方塊必須藉由開啟設計檔案且寫入其運作的描述來設計。設計出的方塊接著使用發展工具來翻譯。翻譯的過程即可知曉是否有語法錯誤。直到您的語法正確，電腦方能將您的描述轉譯成適當的形式。翻譯無語法錯誤後，它將被測試是否正確運作。發展系統將提供執行於 PC 上的模擬器程式，且依照您的電路對輸入之反應來模擬。模擬器乃為根據邏輯電路與目前之輸入的描述計算出正確輸出邏輯的電腦程式。一組假設性輸入與其對應的正確輸入將被產生用來證明方塊如所預期的運作。這些假設性輸入常稱為**測試向量** (test vector)。模擬期間的詳盡測試將大幅增加最終系統可靠運作之可能性。圖 4-47 指出了第 3 章之圖 3-13(a) 中所描述電路的模擬檔案。輸入 a、b 與 c 乃用以測試向量輸入，且模擬結果產生輸出 y。

如果設計人員滿意了設計成果，則設計即可真正的來規劃且測試以驗證之。對較複雜的 PLD 而言，設計人員可讓發展系統來安排接腳且而後依據來布置最後的電路板，或者利用軟體的特性來指定接腳予每個信號。如果編譯程式指派了接腳，則這些指派可於報告檔案或接腳輸出檔案中看到，它提供了許多關於設計製作的詳細內容。如果是設計人員來指派接腳，則明瞭晶片結構之限制與極限乃非常重要的。這些細節將於第 10 章中加以介紹。圖 4-48 的流程總結了設計每個方塊的設計過程。

當每個次方塊中的電路已被測試之後，全部皆可結合一起且次方塊都可依循測試小型電路的相同程序來測試。然後再將這些方塊結合起來作系統測試。此種方法使得其本身很適合於典型的專案環境，一個團隊的成員一起工作，各司自己分配到的電路或部分，如此即能合作無間地組成系統。

複習問題

1. 真正被“規劃”於 PLD 中者為何？
2. 圖 4-42 中的哪些位元 (行，列) 必須被連接以使得乘積 1＝ AB？

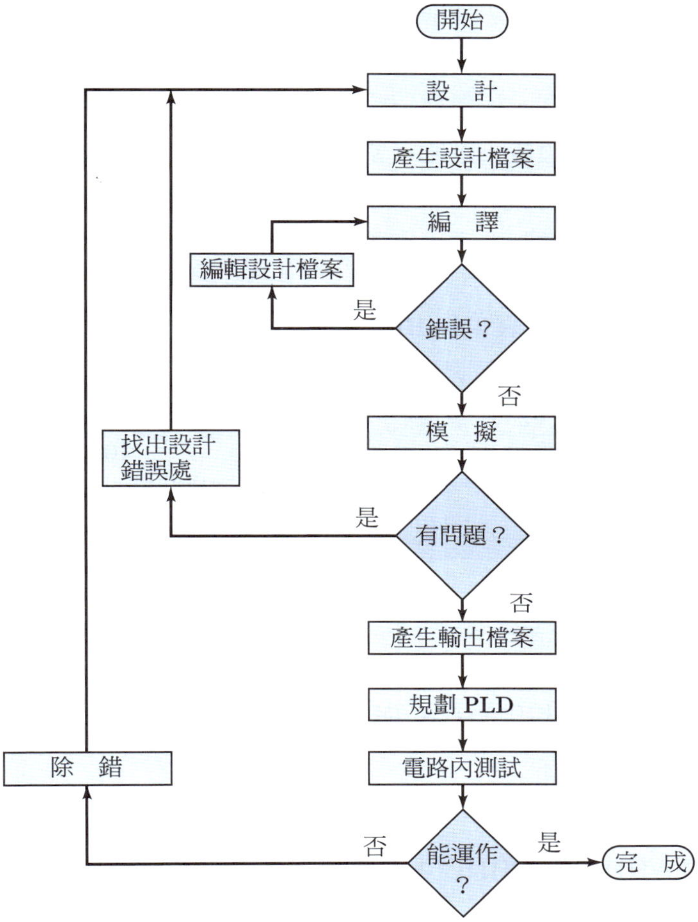

圖 4-48　PLD 發展週期流程圖

3. 圖 4-42 中的哪些位元 (行，列) 必須被連接以使得乘積 3＝ $A\overline{B}$？

4-15　HDL 中的資料表示

數值資料可依不同的方式來表示。我們已探討了如何使用十六進制數字系統作為位元樣式溝通的簡便方式。我們自然喜歡使用十進制系統於數值資料，但計算機與數位系統則僅能運作於二進制訊息，如前幾章所探討者。當我們以 HDL 來撰寫時，經常會需要用到不同的數字格式，而且計算機也必須能夠瞭解我們正使用著哪一種數字系統。本書到目前為止，我們使用了下標來標示數字系統。例如，101_2 為二進制，101_{16} 為十六進制，而 101_{10} 則為十進制。每種程式語言與 HDL 皆有其識別不同數字系統的獨特方式，一般是以字首來指出是何種數字系統。在大多數的語言中，無字首的數字乃假設成十進制。當我們讀到這些數字指定的其中之一時，就必須想到它的二進制樣式符號。這些數值乃稱為數量或字母 (literals)。表 4-8 歸納了幾種將數值表示成二進制、十六進制及十進制予 AHDL 與 VHDL 者。

表 4-8　HDL 中的數字指定

數字系統	AHDL	VHDL	二進樣式	十進制等效值
二進制	B "101"	B "101"	101	5
十六進制	H "101"	X "101"	100000001	257
十進制	101	101	1100101	101

例題 4-29

將下列之位元樣式的數值使用 AHDL 與 VHDL 標示法表示成二進制、十六進制與十進制：

11001

解答：二進數於 AHDL 與 VHDL 中乃標記成相同：**B "11001"**。將此二進數轉換成十六進數，得到 19_{16}。

於 AHDL 中：**H "19"**

於 VHDL 中：**X "19"**

將此二進數轉換成十進數，得到 25_{10}。

十進數於 AHDL 與 VHDL 中乃標記成相同：25。

位元陣列／位元向量

於第 3 章中，我們宣告了一個極簡易邏輯電路的輸入與輸出名稱。這些乃定義成位元，或是單獨的二進制位數。如果我們想要由幾個位元組成之輸入、輸出或信號時該做什麼？於 HDL 中，我們必須定義信號的類型與可接受之數值的範圍。

若要瞭解 HDL 中所用到的概念，首先考慮常見於數位系統中描述二進字元之位元的一些慣用方式。假定我們用八個位元的數字來表示目前的溫度，而此數值是經由一個吾人已命名為 P1 的輸入埠進入我們的數位系統中，如圖 4-49 所示。此

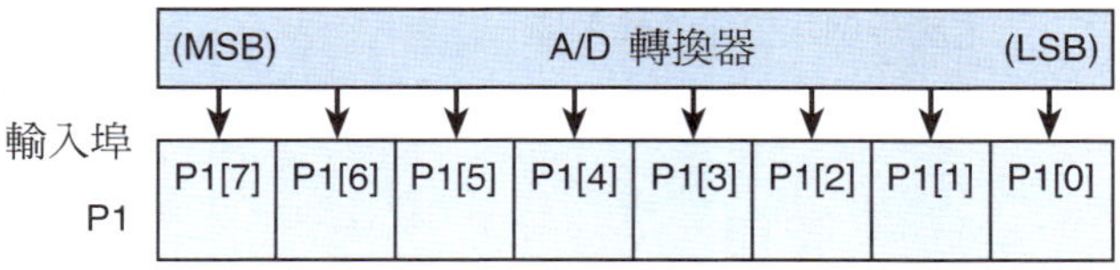

圖 4-49　位元陣列標記

埠的個別位元可稱 **P1** 位元 **0** 予最低效位元，直到 **P1** 位元 **7** 予最高效位元。

我們也可稱埠為 **P1**，位元編號從 7 到 0。**位元陣列** (bit array) 與**位元向量** (bit vector) 常用來描述此類型的資料結構。它只是意味著整個資料結構 (八位元埠) 有個名稱 (P1) 而且每個單獨的成員 (位元) 皆有其獨一無二的**索引** (index) 編號 (0-7) 來描述在整個結構中的位元位置 (且可能為它的數值權重)。**HDL** 與程式語言都是利用此標記法的優點。例如，從右邊起的第三個位元乃標示成 **P1[2]**，且可經由使用指定運算子來連接到其他的信號。

例題 4-30

假設有個名為 **P1** 的八位元陣列，如圖 4-49 中所示，以及另一個稱為 **P5** 的四位元陣列。

(a) 寫出 **P1** 之最高效位元的稱呼？

(b) 寫出 **P5** 之最低效位元的稱呼？

(c) 寫出使得 **P5** 之最低效位元驅動 **P1** 之最高效位元的表示式。

解答：(a) 埠的名稱為 **P1** 且最高效位元為位元 **7**。**P1** 之位元 **7** 的合適稱呼為 **P1[7]**。

(b) 埠的名稱為 **P5** 且最低效位元為位元 **0**。**P5** 之位元 **0** 的合適稱呼為 **P5[0]**。

(c) 驅動信號乃置於指定運算子的右方，而被驅動的信號則置於左方：**P1[7] = P5[0];**。

AHDL 位元陣列宣告

於 AHDL 中，圖 4-49 的 *p1* 埠乃定義成八個位元的輸入埠，而此埠上的值參考使用任何的數字系統，如十六進制、二進制、十進制等等。AHDL 之語法乃使用一個名稱予位元向量且其後跟隨著索引範圍，它是包在方括號之內。此一宣告是包含於 SUBDESIGN 部分中。例如，若要宣告一個名為 *p1* 的八位元的輸入埠，將寫成：

```
p1[7..0] :INPUT; --定義一個八位元的輸入埠
```

例題 4-31

使用 AHDL 宣告一個名為 *keypad* 的四位元輸入。

解答： `keypad[3..0] :INPUT;`

中間變數也可宣告成位元陣列。如同使用單個位元者，於 SUBDESIGN 中它們是在 I/O 宣告後就宣告。舉一例，埠 *p1* 上的八個位元的溫度可被指定 (連接) 予一個節點名稱 *temp*，如下：

```
VARIABLE temp[7..0] :NODE;
BEGIN
    temp[] = p1[];
END;
```

注意輸入埠 *p1* 有數據送予它，而且它也驅動著名為 *temp* 的信號線。考慮等號右方的名稱為資料之源頭，且等號左方的名稱為資料之目的地。空白的方括弧 [] 意味著二個陣列中每個對應的位元皆被連接著。個別的位元亦可藉由指定位元於方括弧內來“連接”。例如，若僅要連接 *p1* 的最低效位元至 *temp* 的 LSB，則敘述將為 temp[0]=p1[0];。

VHDL

VHDL 位元向量宣告

於 VHDL 中，圖 4-49 中的 *p1* 埠乃定義成八個位元的輸入埠，而此埠上的值則僅使用二進字母即可參用到。VHDL 的語法乃使用一個名稱予位元向量且其後跟隨著模式 (:IN)、類型 (**BIT_VECTOR**) 及索引標示的範圍，它們是圈住在括弧內。此宣告是包含於 ENTITTY 部分中。例如，宣告一個稱為 *p1* 的八個位元輸入埠，您將寫出

```
PORT (p1 :IN BIT_VECTOR (7 DOWNTO 0);
```

例題 4-32

使用 VHDL 來宣告一個稱為 *keypad* 的四個位元的輸入。

解答： `PORT(keypad :IN BIT_VECTOR (3 DOWNTO 0);`

中間信號也可宣告成位元陣列。如同使用單個位元者，它們就剛好宣告於 ARCHITECTURE 定義中。舉個例，埠 *p1* 上的八個位元溫度可被指定予 (連接) 一個稱為 *temp* 的信號，如下：

```
SIGNAL      temp :BIT_VECTOR (7 DOWNTO 0);
BEGIN
    temp <= p1;
END;
```

請注意輸入埠 *p1* 有資料送給它，而且它也驅動著稱為 *temp* 的信號線。位元向量中無任何元素被指定，此乃意味著全部的位元皆被連接著。個別的位元也可使用信號指定以及指明括號內之位元編號來“連接”。例如，若只是連接 *p1* 的最低效位元至 *temp* 的 LSB，則敘述將為 temp(0) <= p1(0);。

VHDL 若以每個資料類型的定義來看是很特別的。“bit_vector” 類型乃描述個別位元的陣列。此乃不同於八個位元之二進數 (純量) 的解釋，而是**整數** (integer) 類型。但不幸的，VHDL 並不允許直接指定一個整數值予 BIT_VECTOR 信號。資料可表示成表 4-9 中所示的任何類型，但資料指定與其他的運作則需在相同類型之物件間方能執行。譬如，編譯程式將不允許您自宣告成整數之袖珍型鍵盤 (keypad) 讀取一個數字並將之顯示於已宣告成 BIT_VECTOR 的四個 LED 上。注意表 4-9 中可能數值下方的個別 BIT 與 STD_LOGIC 資料**物件** (object，比如信號、變數、輸入與輸出) 乃以單引號標示，而指定予 BIT_VECTOR 與 STD_LOGIC_VECTOR 類型的數值則是圈住於雙引號中的有效位元串。

VHDL 也提供了若干種標準化的資料類型，它們是在使用包含於**函數庫** (library) 中之邏輯函數時所必需的。正如您可能已猜到，函數庫只是小片段的 VHDL 程式之集合，您無需自己重複設計之。這些函數庫提供了便利的函數，稱為**巨函數** (macrofunction)，如遍及全書中許多的標準 TTL 一樣。我們無需再撰寫熟悉之 TTL 元件新的描述，而只需從函數庫拉出它的巨函數然後用之於系統

表 4-9　常用的 VHDL 資料類型

資料類型	宣告範例	可能數值	用　法
BIT	y :OUT BIT;	‘0’ ‘1’	y <= ‘0’;
STD_LOGIC	driver :STD_LOGIC	‘0’ ‘1’ ‘z’ ‘x’ ‘-’	driver <= ‘z’;
BIT_VECTOR	bcd_data :BIT_VECTOR (3 DOWNTO 0);	“0101” “1001” “0000”	digit <= bcd_data;
STD_LOGIC_VECTOR	dbus :STD_LOGIC_VECTOR (3 DOWNTO 0);	“0Z1X”	IF rd = ‘0’ THEN dbus <= “zzzz”;
INTEGER	SIGNAL z:INTEGER RANGE −32 TO 31;	−32.. −2, −1,0,1,2 . . . 31	IF z > 5 THEN . . .

表 4-10 **STD_LOGIC 數值**

'1'	邏輯 1 (恰如 BIT 類型)
'0'	邏輯 0 (恰如 BIT 類型)
'z'	高阻抗
'-'	任意 (恰如您於 K 圖中所使用者)
'U'	未初始化
'X'	未知
'W'	不確定的未知
'L'	不確定 '0'
'H'	不確定 '1'

中。當然，您需要送出信號予巨函數或取自它，且您程式中的信號類型必須吻合函數 (那位老兄寫的) 中的類型。此即意味著每個人必須使用相同的資料類型。

當 VHDL 由 IEEE 協會將之標準化時，許多種資料類型同時被創造出來。本書將用到的其中二種為 **STD_LOGIC**，它等效於 BIT，以及 **STD_LOGIC_VECTOR**，它則是等效於 BIT_VECTOR。回想一下，BIT 類型只能有"0"與"1"的數值。標準的邏輯類型則定義於 IEEE 的庫藏中，比其內建的對等者還具更廣範圍的可能值。STD_LOGIC 類型的可能數值或者 STD_LOGIC_VECTOR 的任何元素則如表 4-10 中所示。這些類型的名稱於瞭解邏輯電路特性後即可更能體會。現在這段期間，我們將僅使用"0"與"1"舉出幾個例子。

複習問題

1. 於 (a) AHDL 或 (b) VHDL 中，您將如何宣告一個稱為 push_buttons 的六個位元輸入陣列？
2. 於問題 1 中您將使用什麼敘述自陣列中取出 MSB 並將它置入稱為 z 的單位元輸出埠上？試使用 (a) AHDL 或 (b) VHDL？
3. 於 VHDL 中，等效於 BIT 類型的 IEEE 標準類型為何？
4. 於 VHDL 中，等效於 BIT_VECTOR 類型的 IEEE 標準類型為何？

4-16　使用 HDL 的真值表

我們已學知真值表為描述電路方塊操作的另一種方式。它是將電路的輸出相關於每個可能的輸入組合。如 4-4 節中所見者，真值表為設計人員定義電路應如何操作的起點。接著布爾代數將由真值表推導出並使用 K 圖或布爾代數來簡化。最後電路將自最終的布爾代數製作出來。如果能直接就從真值表到最終電路而無需哪些步驟該有多好？如果使用 HDL 來進入真值表即可如此。

使用 AHDL 的真值表

圖 4-50 中的電路是利用 AHDL 來製作電路並且使用真值表來描述其操作。此設計的真值表如例題 4-7 中所示。此範例的重點在於使用了 AHDL 中的 TABLE 關鍵字。它讓設計人員一如在填充真值表般明定出電路的操作。TABLE 後的第一行上，輸入變數 (a, b, c) 正如您在真值表上產生行標題一樣的列出。藉由將三個二進變數包於括弧中，這樣就可告訴編譯程式我們想要使用這三個位元成一個群組，並且以三個位元的二進數或位元樣式來參用它。此位元樣式的特定值則列於群組下方並且以二進字母來參用。真值表則使用特殊的運算子 (= >) 來區隔輸入與輸出 (y)。

```
SUBDESIGN fig4_50
(
      a,b,c  :INPUT;                    -- a 為最高效
      y      :OUTPUT;                   -- 定義方塊輸出
)
BEGIN
      TABLE
            (a,b,c)         =>    y;       -- 行標題
            (0,0,0)         =>    0;
            (0,0,1)         =>    0;
            (0,1,0)         =>    0;
            (0,1,1)         =>    1;
            (1,0,0)         =>    0;
            (1,0,1)         =>    1;
            (1,1,0)         =>    1;
            (1,1,1)         =>    1;
      END TABLE;
END;
```

圖 4-50　圖 4-7 的 AHDL 設計檔案

圖 4-50 中的 TABLE 是想要顯示出 HDL 程式與真值表的關係。表示輸入資料標題的常見方式為使用變數位元來表示 *a*、*b*、*c* 上的值。此方法包含了 BEGIN 之前一行上位元陣列的宣告，如：

```
VARIABLE in_bits[2..0]      :NODE;
```

僅於 TABLE 關鍵字之前，輸入位元可被指定予陣列，*inbits[ ]*：

```
in_bits[] = (a,b,c);
```

將三個獨立的位元依序群組一起，如同要**串連** (concatenating) 般一起被參用，而且經常是連接獨立的位元成一個位元陣列。於此例中，輸入位元組上的表標題可被表示成 *in_bits[ ]*。請注意當我們列出輸入的可能組合時，我們有多種選擇。我們可組成一群的 1 與 0 於括弧中，如圖 4-50 中所示，或者可利用等效的二進數、十六進數或十進數來表示相同的位元樣式。依照輸入變數所表示為何來決定最適合的格式則是設計人員的抉擇。

VHDL

使用 VHDL 的真值表：選用信號指定

圖 4-51 中的程式利用了 VHDL 來製作一個以**選用信號指定** (selected signal assignment) 來描述其運作的電路。它讓設計人員能詳述電路之運作，正如填充真值表般。此設計的真值表如例題 4-7 中所示。此例子主要重點使用了 VHDL 中的 WITH signal_name SELECT 敘述。次要重點是在於指出了如何將資料表達成可方便與選用信號指定一起使用的格式。請注意輸入是於 ENTITY 宣告中定義成三個獨立的位元 *a*、*b* 與 *c*。宣告中再沒有比這個重要了。它們被列出的順序則無關緊要。我們意欲將這些位元的目前值與可能出現的任何一種組合作比較。如果要描寫出真值表，我們就要決定哪個位元需置於左邊 (MSB) 以及哪個置於右邊 (LSB)。於 VHDL 中是將位元變數串連一起 (依序相連) 以形成一個位元向量來達成。串連運算子乃為“&”。信號則被宣告成 BIT_VECTOR 以接收已排序的輸入位元組合，而且是用來將輸入值與引號中之字母串作比較。WHEN *in_bits* 含有列於雙引號中的數值時，輸出 (*y*) 將被指定 (< =) 一個位元值 (‘0’ 或 ‘1’)。

VHDL 能讓我們於諸如信號、變數、常數及字母等物件之指定與比較的方式極為嚴謹。輸出 *y* 為 BIT，所以它必須被指定予 ‘0’ 或 ‘1’ 之數值。SIGNAL *in_bit* 乃為三個位元的 BIT_VECTOR，所以它必須與三個位元的字母串作比較。VHDL 並不允許 *in_bits* (為一個 BIT_VECTOR) 與一個如 X “5” 或如 3 的十進數來作比較。這些純量於整數之指定與比較時則為正確的。

```
ENTITY fig4_51 IS
PORT(
     a,b,c :IN BIT;              -- a 為最高效
     y     :OUT BIT);
END fig4_51;

ARCHITECTURE truth OF fig4_51 IS
     SIGNAL in_bits :BIT_VECTOR(2 DOWNTO 0);
     BEGIN
     in_bits <= a & b & c;      -- 將輸入位元串連成  bit_vector
          WITH in_bits SELECT
          y     <=    '0'  WHEN "000",    -- 真值表
                      '0'  WHEN "001",
                      '0'  WHEN "010",
                      '1'  WHEN "011",
                      '0'  WHEN "100",
                      '1'  WHEN "101",
                      '1'  WHEN "110",
                      '1'  WHEN "111";
END truth;
```

圖 4-51　圖 4-7 的 VHDL 設計檔案

例題 4-33

於 VHDL 中宣告三個稱為 *too_hot*、*too_cold* 及 *just_right* 的信號。將這三個位元結合 (串連) 成一個稱為 *temp_status* 的三個位元的信號，並將 hot (熱) 置於左方且 cold (冷) 置於右方。

解答：

1. 首先於 Architecture 中宣告信號。

```
SIGNAL too_hot, too_cold, just_right :BIT;
SIGNAL temp_status :BIT_VECTOR (2 DOWNTO 0);
```

2. 寫出共點指定敘述於 BEGIN 與 END 中。

```
temp_status <= too_hot & just_right & too_cold;
```

複習問題

1. 您如何將三個位元 *x*、*y* 及 *z* 串連成一個稱為 *omega* 的三個位元的陣列？試使用 AHDL 或 VHDL？
2. 在 AHDL 中，如何製作真值表？
3. 在 VHDL 中，如何製作真值表？

4-17 於 HDL 中的決策控制結構

本節裡，我們將探討幾種能告訴數位系統如何像我們平日作決策般的下“邏輯”判斷的方法。於第 3 章裡，我們學到了同時指定敘述撰寫出的順序於估算時對於要描述的電路並無影響。使用**決策控制結構** (decision control structure) 時，提出問題的順序無關緊要。將此概念以 HDL 文件的用語來總結，以任意順序寫出的敘述乃稱為**共點的** (concurrent)，而依照其撰寫出之順序來估算者則稱為**循序的** (sequential)。循序敘述的順序將影響電路的操作。

到目前為止我們所考慮的範例皆包括了幾個獨立的位元。許多的數位系統則要求其輸入是代表一個數值。回看例題 4-8，其中邏輯電路的目的是要監控由一個 A/D 轉換器所量測到的電池電壓。其數位值乃由一個來自於 A/D 並送入到邏輯電路的四個位元數字所表示。這些輸入並非不相干的二進制變數，而是表示電池電壓的四個二進制位數的數字。我們需賦予資料正確的類型以用之如一個數字。

IF/ELSE

真值表列出所有可能的獨立變數之組合是很重要的，但也有更好的方法來處理數值資料。舉個例，當某人早上要出外上學或上班時，她必須判斷是否要穿外套。讓我們假設她只依現在的溫度來作判斷的依據。有多少人會作以下之推論？

如果溫度為 0 時我將穿外套。
如果溫度為 1 時我將穿外套。
如果溫度為 2 時我將穿外套。
⋮
如果溫度為 55 時我將穿外套。
如果溫度為 56 時我將不穿外套。
如果溫度為 57 時我將不穿外套。

如果溫度為 58 時我將不穿外套。

⋮

如果溫度為 99 時我將不穿外套。

此方法類似於以真值表來描述決策的作法。對於每種可能的輸入，她判斷了輸出應為何。當然，她真正所為將依下述來判斷：

如果溫度小於 56 度時我將穿外套；否則，我就不穿外套。

HDL 賦予了我們使用此種類型的推論來描述邏輯電路的能力。首先，我們必須描述輸入為一個限定範圍的數字，接著是寫出依據送入的數值來決定輸出的敘述。於絕大部分的計算機程式語言裡，HDL 也一樣，這些類型的決策乃以 **IF/THEN/ELSE** 控制結構為之。一旦要做的決策是做或不做，則是使用 **IF/THEN** 構造。關鍵字 **IF** 之後則跟隨一個真或假的敘述。**IF** 為真，**THEN** 執行指定的事。如果敘述是假的，不採取任何動作。圖 4-52(a) 圖示指出了此決策是如何運作的。菱形乃表示其內之敘述估算後做決策。每個決策皆有二種可能的結果：真或假。於此例中，若敘述為假則不採取任何動作。若以類比於穿著外套的判斷而言，如果做決策時已穿著外套，就不再是脫掉外套。此處的推論乃假設她最初是並未穿外套。

在某些情況時只決定是否動作並不足夠，但我們寧願於二個不同動作之間做選擇。譬如，在類推決定是否穿上外套時，若做此決策當時已經穿上了外套，她就不會脫掉它。**IF/THEN** 邏輯的使用是假設她最初是未穿外套。

當決策是要求二種可能的動作，則使用 **IF/THEN/ELSE** 控制構造，如圖 4-52(b) 中所示。再次，敘述將被估算成真或假。但不同的是，當敘述為假時，將採取不同的反應。若使用此結構則二種反應中必有一種發生。言詞上我們可敘述成“敘述為真，**THEN** 執行這個，**ELSE** 執行那個。”於外套的類推上，此控制結構將發揮作用，而不管人們的外套最初是穿著或脫掉。

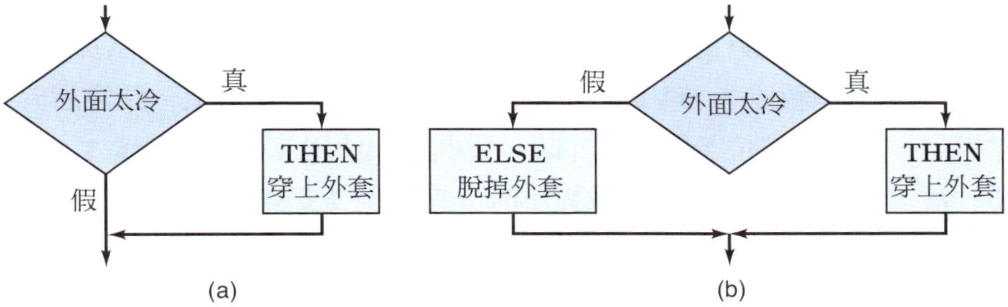

圖 4-52　(a) IF/THEN 與 (b) IF/THEN/ELSE 構造的邏輯流程

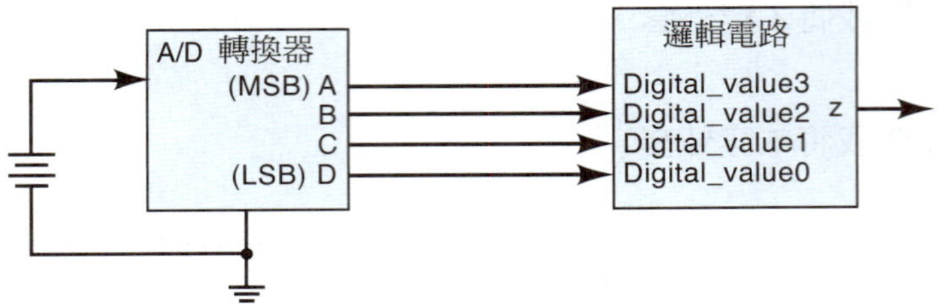

圖 **4-53** 類似於例題 **4-8** 的邏輯電路

例題 4-8 為一簡單的邏輯電路範例，它的輸入為表示來自 A/D 轉換器的電池電壓。輸入 *A*、*B*、*C*、*D* 實際上為四個位元之二進數值，其中 *A* 是 MSB 而 *D* 是 LSB。圖 4-53 指出了一個稱為 *digital_value* 的四個位元數值。位元間的關係如下：

A	*digital_value[3]*	數位值位元 3 (MSB)
B	*digital_value[2]*	數位值位元 2
C	*digital_value[1]*	數位值位元 1
D	*digital_value[0]*	數位值位元 0 (LSB)

如果我們明訂輸入變數的正確類型，則輸入可看作介於 0 與 15 之間的十進數。

AHDL

使用 IF/THEN/ELSE 的 AHDL

於 AHDL 中，可藉由賦予一變數名稱後隨著一串之位元位置來將輸入明訂為多個位元所構成的二進數，如圖 4-54 中所示。名稱則為 *digital_value*，而位元位置則從 3 往下到 0。請注意如果將此法與 IF/ELSE 結構並用，則程式就簡單多了。IF 後面跟隨著一個敘述，它是參用整個四位元的輸入變數的值，且將它與數字 6 作比較。當然，6 是純量的十進形式，且 *digital_value[ ]* 實際上是表示一個二進數。編譯程式能夠解譯任何數系的數字，所以它產生出了一個將二進數值 *digital_value[ ]* 與 6 的二進數作比較的邏輯電路，並且判斷此敘述是否為真或假。若為真，THEN 下一個敘述 (*z*=VCC) 則被用來指定予 *z* 一個數值。請注意於 AHDL 中，當指定一個邏輯準位予單個位元時，我們必須使用 VCC 予邏輯 1 且 GND 予邏輯 0。當 *digital_value* 為 6 或更小時，它遵循 ELSE 後之敘述 (*z*=GND)。END IF；終止了控制結構。

```
SUBDESIGN fig4_54
(
    digital_value[3..0]      :INPUT;      -- 定義方塊的輸入
    z                        :OUTPUT;     -- 定義方塊輸出
)
BEGIN
    IF digital_value[] > 6 THEN
            z = VCC;                      -- 輸出 1
    ELSE    z = GND;                      -- 輸出 0
    END IF;
END;
```

圖 4-54　**AHDL** 版本

使用 IF/THEN/ELSE 的 VHDL

於 VHDL 中，重要的問題在於輸入類型的宣告。參閱圖 4-55。輸入被當成稱為 *digital_value* 的單獨變數。由於此類型是被宣告成 INTEGER，編譯程式知道將它當成數字來處理。經由指定其範圍為 0 至 15，編譯程式知道它是一個四位元數字。請注意 RANGE 並未明定位元向量的索引編號，而是規定了整數值的限制。於 VHDL 中整數是不同於位元陣列 (BIT_VECTOR) 來看待。整數可使用不等運算子來與其他數作比較。BIT_VECTOR 則不能與不等運算子並用。

若要使用 IF/THEN/ELSE 控制結構，VHDL 要求程式被置於“PROCESS (程序)”中。發生於程序內的敘述乃為*循序的* (*sequential*)，表示它們被寫出的次序影響了電路的運作。關鍵字 PROCESS 後面跟著一串稱為**敏感性串列** (sensitivity list) 的變數，它是一串程序內之程式必須反應的變數。一旦 *digital_value* 改變，它將促使程序內的程序重新估算。即使我們知道 *digital_value* 實際上是個四位元的二進數，但編譯程式則將它估算成介於 0 與 15 間的等效十進數。IF 括號內之敘述為真，THEN 下一個敘述將起作用 (*z* 被指定予一個邏輯 1 的值)。如果敘述不為真，邏輯將遵循 ELSE 子句並且指定一個 0 值予 *z*。END IF；則結束控制結構，而 END PROCESS；則結束循序敘述的估算。

ELSIF

我們經常需要視狀況而自多個可能的動作中擇一而為。IF 結構選擇是否要執行一組動作。IF/ELSE 結構是自二種可能的動作中擇一。結合 IF 與 ELSE 決策，我

```
ENTITY fig4_55 IS
PORT( digital_value :IN INTEGER RANGE 0 TO 15; --四個位元輸入
      z             :OUT BIT);
END fig4_55;

ARCHITECTURE decision OF fig4_55 IS

BEGIN
   PROCESS (digital_value)
      BEGIN
         IF (digital_value > 6) THEN
            z <= '1';
         ELSE
            z <= '0';
      END IF;
END PROCESS ;
END decision;
```

圖 4-55 **VHDL 版本**

們可產生出稱為 **ELSIF** 的控制結構，它是從多種可能的結果中擇一。決策結構圖解如圖 4-56 中所示。

請注意當每個條件被估算時，如果為真時將執行一個動作或者繼續估算下一個條件。每個動作皆有其關聯的條件，而且不會有機會選擇到一個以上的動作。也注意到用來決定何時動作的條件可為任何能估算出真或假的敘述。此一事實可讓設計

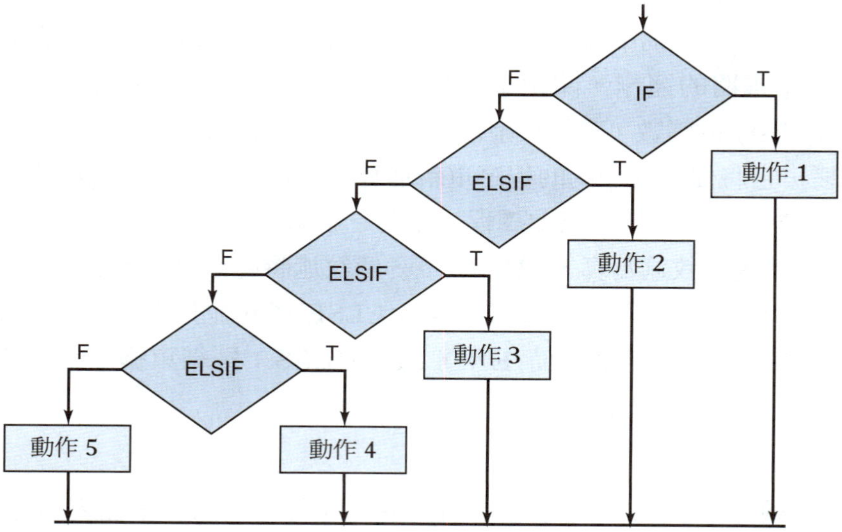

圖 4-56 使用 **IF/ELSIF** 的多重決策

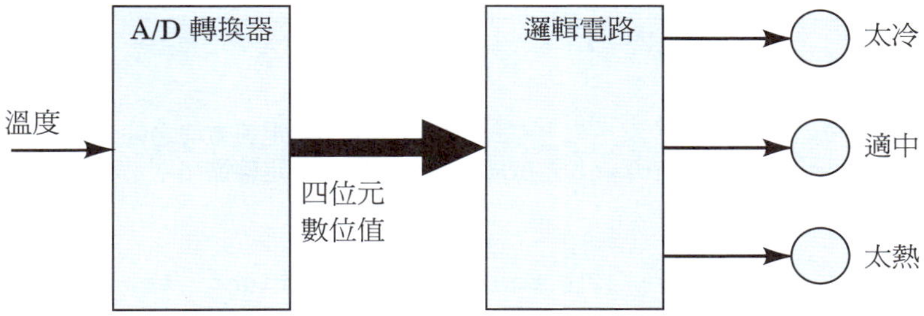

圖 4-57　溫度範圍指示器電路

人員使用不等運算子來根據輸入值之範圍選擇動作。舉一個此應用的例子說明，且考慮使用 A/D 轉換器的溫度量測系統，如圖 4-57 中所示。假若我們想要指示出當溫度在某一範圍內時，指的是太冷、適中以及太熱。

想要指示出當溫度在某一範圍內時，

數位值	歸類
0000-1000	太冷
1001-1010	適中
1011-1111	太熱

我們可將此邏輯電路的決策過程表示如下：

IF 數位值小於或等於 8 ，THEN 只點亮太冷指示燈。
ELSE IF 數位值大於 8 AND 小於 11，THEN 只點亮適中指示燈。
ELSE 只點亮太熱指示燈。

使用 ELSIF 的 AHDL

圖 4-58 中的 AHDL 程式將輸入定義成四個位元的二進數。輸出則為分別驅動三個範圍指示器的三個各自獨立之位元。此範例使用了一個中間變數 (狀態) 來讓我們指定一個代表 *too_cold* (太冷)、*just_right* (適中) 以及 *too_hot* (太熱) 的位元樣式。程式的循序部分乃使用了 IF、ELSIF、ELSE 來識別溫度的範圍並且指定位元樣式予 *status*。作了決策之後，*status* 的值被指定到實際的輸出埠位元。這些位元已被排序成指定予 *status[ ]* 之位元樣式的群組。這也可以寫成三個共點敘述：too_cold＝status[2]; just_right＝status[1]; too_hot＝status[0];。

AHDL

```
SUBDESIGN fig4_58
(
   digital_value[3..0]            :INPUT; -- 定義方塊之輸入
   too_cold, just_right, too_hot :OUTPUT;-- 定義輸出
)
VARIABLE
status[2..0]     :NODE;--持住 too_cold, just_right, too_hot 的狀態
BEGIN
   IF        digital_value[] <= 8 THEN status[] = b"100";
   ELSIF     digital_value[] > 8 AND digital_value[] < 11 THEN
         status[] = b"010";
   ELSE  status[] = b"001";
   END IF;
   (too_cold, just_right, too_hot) = status[]; -- 更新輸出位元
END;
```

圖 4-58 於 AHDL 中使用 ELSIF 的溫度範圍的例子

使用 ELSIF 的 VHDL

圖 4-59 中的 AHDL 程式將輸入定義成四位元整數。輸出則為分別驅動三個範圍指示器的三個各自獨立之位元。此範例使用了一個中間變數 (狀態) 來讓我們指定一

```
ENTITY fig4_59 IS
PORT(digital_value:IN INTEGER RANGE 0 TO 15;    -- 宣告四個位元輸入
      too_cold, just_right, too_hot :OUT BIT);
END fig4_59 ;

ARCHITECTURE howhot OF fig4_59 IS
SIGNAL status    :BIT_VECTOR (2 downto 0);
BEGIN
   PROCESS (digital_value)
      BEGIN
         IF (digital_value <= 8) THEN status <= "100";
         ELSIF (digital_value > 8 AND digital_value < 11) THEN
               status <= "010";
         ELSE  status <= "001";
         END IF;
      END PROCESS ;
   too_cold    <= status(2);    -- 指定狀態位元至輸出
   just_right  <= status(1);
   too_hot     <= status(0);
END howhot;
```

圖 4-59 於 VHDL 中使用 ELSIF 的溫度範圍的例子

個代表 *too_cold* (太冷)、*just_right* (適中) 以及 *too_hot* (太熱) 的位元樣式。程式的程序部分乃使用了 **IF**、**ELSIF**、**ELSE** 來識別溫度的範圍並且指定位元樣式予 *status*。最後三個敘述中，*status* 的每個位元值被指定到正確的輸出埠位元。

CASE

還有一個重要的控制結構對於根據目前之條件來選擇動作是很有用的。隨程式語言之不同，它有不同的稱呼，但它始終幾乎都包含了 **CASE** 一詞。此結構決定了一個陳述或物件的數值而後經過一連串之陳述或物件估算的可能值。 **CASE** 結構之所以不同於 **IF/ELSIF** 者，乃因為 case 是將單獨一個物件的數值與一組動作關聯一起。記得 **IF/ELSIF** 是將一組動作與一個真敘述關聯一起。只有一個動作符合 **CASE** 敘述。 **IF/ELSIF** 則可能有一個以上的敘述為真，然而 **THEN** 則執行其估算出的第一個真敘述相關的動作。

隨後之範例中的另一個重點為需要結合幾個獨立的變數至一個稱為位元向量的位元組中。記得此一將幾個位元組依特定順序鏈結的動作稱為*串連* (concatenation)。它能讓我們將位元樣式考慮成有序的群組。

使用 CASE 的 AHDL

圖 4-60 中的 AHDL 範例舉證了 case 結構製作圖 4-9 的電路 (亦參閱表 4-3)。它

```
SUBDESIGN fig4_60
(
   p, q, r          :INPUT;       -- 定義方塊之輸入
   s                :OUTPUT;      -- 定義輸出
)
VARIABLE
  status[2..0]      :NODE;
BEGIN
   status[]= (p, q, r);   --將輸入位元依序連結起來
   CASE status[] IS
      WHEN b"100"        => s = GND;
      WHEN b"101"        => s = GND;
      WHEN b"110"        => s = GND;
      WHEN OTHERS        => s = VCC;
   END CASE;
END;
```

圖 4-60　**圖 4-9 以 AHDL 來表示**

使用了個別的位元當作其輸入。BEGIN 後的第一個敘述中，這些位元被連結一起且指定予稱為 *status* 的中間變數。CASE 敘述估算變數 *status* 且找出吻合 *status* 之數值的位元樣式 (跟隨在關鍵字 WHEN 之後)。然後執行 => 之後所描述的動作。於此範例中，它只是針對此三個特定 case 的每一個將邏輯 0 指定予輸出。其他所有的 case 則皆獲致邏輯 1 於輸出上。

使用 CASE 的 VHDL

圖 4-61 中的 VHDL 範例舉證了 case 結構製作圖 4-9 的電路 (亦參閱表 4-3)。它使用了個別的位元當作輸入。BEGIN 後的第一個敘述中，這些位元使用了 & 運算元來連結一起且指定予稱為 *status* 的中間變數。CASE 敘述估算變數 *status* 且找出吻合 *status* 之數值的位元樣式 (跟隨在關鍵字 WHEN 之後)。然後執行 => 之後所描述的動作。於此一簡單之範例中，它只是針對此三個特定 case 的每一個將邏輯 0 指定予輸出。其他所有的 case 則皆獲致邏輯 1 於輸出上。

```
ENTITY fig4_61 IS
PORT( p, q, r      :IN bit;                 -- 宣告三個位元輸入
      s            :OUT BIT);
END fig4_61;

ARCHITECTURE copy OF fig4_61 IS
SIGNAL status      :BIT_VECTOR (2 downto 0);
BEGIN
   status <= p & q & r;                     -- 將位元依序連結起來
   PROCESS (status)
      BEGIN
         CASE status IS
            WHEN "100" =>  s <= '0';
            WHEN "101" =>  s <= '0';
            WHEN "110" =>  s <= '0';
            WHEN OTHERS => s <= '1';
         END CASE;
      END PROCESS;
END copy;
```

圖 4-61　圖 4-9 以 VHDL 來表示

例題 4-34

販賣機中的銅板偵測器接受二角五分、一角以及五分，並且只當正確的銅板出現時激發對應的數位信號 (Q, D, N)。實際上是不可能同時出現多個銅板。數位電路必須使用 Q、D 及 N 信號作為輸入，且產生出代表銅板值的二進數，如圖 4-62 中所示。試寫出 AHDL 與 VHDL 碼。

解答：這是一個 CASE 結構，用來描述正確操作的理想應用。輸出必須被宣告成五個位元的數值以表示多達 25 分。圖 4-63 指出了 AHDL 解，而圖 4-64 則指出了 VHDL 解。

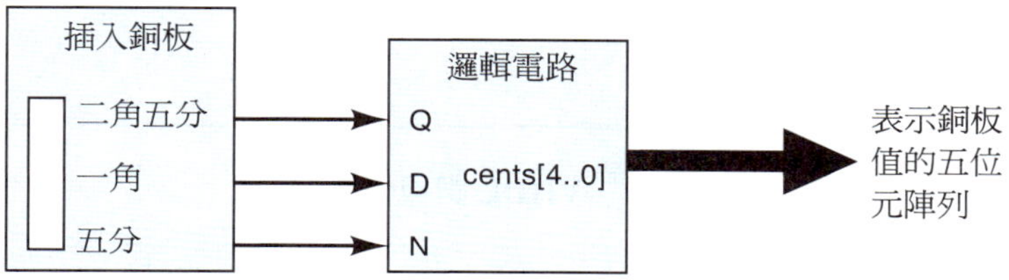

圖 4-62　販賣機的銅板偵測器

```
SUBDESIGN    fig4_63
(
   q, d, n          :INPUT;        -- 定義二角五分、一角、五分
   cents[4..0]      :OUTPUT;       -- 定義銅板的二進值
)
BEGIN
   CASE (q, d, n) IS               -- 將銅板依序組合成群
      WHEN b"001"  => cents[] = 5;
      WHEN b"010"  => cents[] = 10;
      WHEN b"100"  => cents[] = 25;
      WHEN others  => cents[] = 0;
   END CASE;
END;
```

圖 4-63　**AHDL 銅板偵測器**

```
ENTITY    fig4_64 IS
PORT( q, d, n:IN BIT;                              -- 二角五分、一角、五分
     cents   :OUT INTEGER RANGE 0 TO 25);   -- 銅板的二進值
END fig4_64;
ARCHITECTURE detector of fig4_64 IS
   SIGNAL   coins :BIT_VECTOR(2 DOWNTO 0);-- 將銅板感測器組成一群
   BEGIN
     coins <= (q & d & n);                        -- 指定感測器至群組中
     PROCESS (coins)
        BEGIN
        CASE (coins) IS
           WHEN "001"   => cents <= 5;
           WHEN "010"   => cents <= 10;
           WHEN "100"   => cents <= 25;
           WHEN others => cents <= 0;
        END CASE;
     END PROCESS;
   END detector;
```

圖 4-64　VHDL 銅板偵測器

複習問題

1. 哪一個控制結構是決定要做與否？
2. 哪一個控制結構是決定要做這個或者那個？
3. 哪一個 (些) 控制結構是決定了自多個不同的動作中採取哪一個？
4. 宣告一個可表示數值量大到 205 且稱為 *count* 的輸入。試利用 AHDL 或 VHDL。

結　論

1. 二種最常用的邏輯表示式為積項之和式及和項之積式。
2. 組合邏輯電路設計的其中一種方法為 (1) 建構其真值表，(2) 轉換真值表成積項之和式，(3) 利用布爾代數或 K 圖法化簡，(4) 製作最終的表示式成電路。
3. K 圖為表示電路真值表及產生電路輸出簡化表示式的圖示方法。
4. 互斥 OR 電路具有表示式 $x=A\overline{B}+\overline{A}B$。其輸出 x 只有當輸入 A 和 B 皆在相反邏輯準位時才為高電位。
5. 互斥 NOR 電路具有表示式 $x=\overline{A}\,\overline{B}+AB$。其輸出 x 只有當輸入 A 和 B 皆在相同邏輯準位時才為高電位。

6. 每個基本閘 (AND，OR，NAND，NOR) 可用來激能或禁抑輸入信號到輸出的通行。
7. 主要的數位 IC 族為 TTL 和 CMOS 族。數位 IC 的複雜性變化很大 (以每個晶片多少個閘來看)，從基本的到複雜性高的邏輯功能。
8. 若要執行基本的檢修最少需要瞭解電路的運作、知曉可能的錯誤類型、完整的邏輯電路連接圖及邏輯探針。
9. 可規劃邏輯元件 (PLD) 為一個含有極大數量邏輯閘的 IC，閘與閘之間的連接可由使用者來規劃以產生輸入與輸出之間所要的邏輯關係。
10. 如果要規劃一個 PLD，您需要一套發展系統包含有計算機、PLD 發展軟體以及一個實際執行規劃 PLD 晶片的規劃夾具。
11. Altera 系統允許使用任何形式之硬體描述的便捷階層設計技術。
12. 資料物件的類型必須明訂以使得 HDL 編譯程式知曉所表示數字的範圍。
13. 真值表可利用 HDL 的特性來直接輸入到原始檔案。
14. 諸如 IF、ELSE 與 CASE 的邏輯結構可用來描述邏輯電路的運作，使得程式與問題的解決方式更為直接。

重要辭彙

積項之和 (sum-of-products, SOP)
和項之積 (product-of-sums, POS)
卡諾圖 (Karnaugh map, K map)
迴圈 (looping)
任意情況 (don't care condition)
互斥 OR (exclusive-OR, XOR)
互斥 NOR (exclusive-NOR, XNOR)
同位產生器 (parity generator)
同位檢查器 (parity checker)
激能／禁抑 (enable/disable)
雙線封裝 (dual-in-line package, DIP)
SSI，MSI，LSI，VLSI，ULSI，GSI
電晶體-電晶體邏輯 (transistor-transistor logic, TTL)
互補金氧半導體 (complementary metal-oxide semiconductor, CMOS)
不明確 (indeterminate)
浮接 (floating)
邏輯探針 (logic probe)
競爭 (contention)
規劃器 (programmer)
零插入使力插座 (ZIF socket)
JEDEC
JTAG
階層式設計 (hierachical design)
由上而下 (top-down)
測試向量 (test vector)
字母 (literals)
位元陣列 (bit array)
位元向量 (bit vector)
索引 (index)
BIT_VECTOR
整數 (integer)
物件 (objects)
函數庫 (library)
巨函數 (macrofunction)

STD_LOGIC
STD_LOGIC_VECTOR
串連 (concatenate)
選用信號指定 (selected signal assignment)
決策控制結構 (decision control structure)
共點的 (concurrent)
循序的 (sequential)
IF/THEN ELSE
PROCESS
敏感性串列 (sensitivity list)
ELSIF
CASE

習　題

4-2 至 4-3 節

B　4-1* 用布爾代數化簡下列表示式。

(a) $x = ABC + \overline{A}C$

(b) $y = (Q + R)(\overline{Q} + \overline{R})$

(c) $w = ABC + A\overline{B}C + \overline{A}$

(d) $q = \overline{RST}(\overline{R + S + T})$

(e) $x = \overline{A}\,\overline{B}\,\overline{C} + \overline{A}BC + ABC + A\overline{B}\,\overline{C} + A\overline{B}C$

(f) $z = (B + \overline{C})(\overline{B} + C) + \overline{\overline{A} + B + \overline{C}}$

(g) $y = (\overline{C + D}) + \overline{A}C\overline{D} + A\overline{B}\,\overline{C} + \overline{A}\,\overline{B}CD + AC\overline{D}$

(h) $x = AB(\overline{\overline{C}D}) + \overline{A}BD + \overline{B}\,\overline{C}\,\overline{D}$

B　4-2 用布爾代數化簡圖 4-65 的電路。

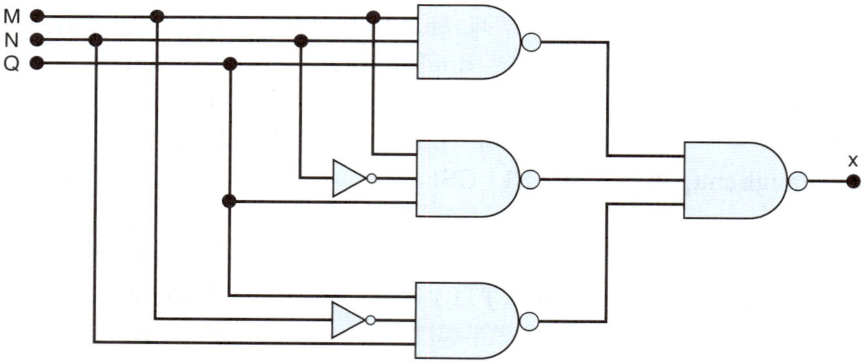

圖 4-65　習題 4-2 與 4-3

B　4-3* 把習題 4-2 的各個閘改為 NOR 閘，並用布爾代數化簡此電路。

4-4 節

B, D　4-4* 試設計對應於表 4-11 所示真值表的邏輯電路。

---

* 標示星號之習題的解答請參閱本書後面。

表 4-11

A	B	C	x
0	0	0	1
0	0	1	0
0	1	0	1
0	1	1	1
1	0	0	1
1	0	1	0
1	1	0	0
1	1	1	1

B, D 4-5 試設計輸出是僅在輸入 A、B 及 C 的大多數為低電位時才為高電位的邏輯電路。

D 4-6 某製造工廠需要一個鳴笛來通知下班時間到了。該鳴笛遇到以下情形時應被啟動：

1. 5 點過後且全部的機器皆已關掉。
2. 星期五，白天的生產皆完成，且全部的機器皆已關掉。

試設計一邏輯電路來控制此鳴笛。(提示：使用四個邏輯輸入變數來表示各種情況；例如，輸入 A 只當 5 點或過後才會為高電位。)

D 4-7★ 四位元二進數表為 $A_3A_2A_1A_0$，此處的 A_3、A_2、A_1 及 A_0 代表個別的位元且 A_0 為 LSB。試設計出無論何時當此二進數大於 0010 且小於 1000 時可產生高電位輸出的邏輯電路。

D 4-8 圖 4-66 所示為用於偵測不良狀況的自動警報電路，其中三開關分別用以指示位於駕駛座旁的門、點火系統及車前燈的狀態。試以此三開關為輸入，設計一

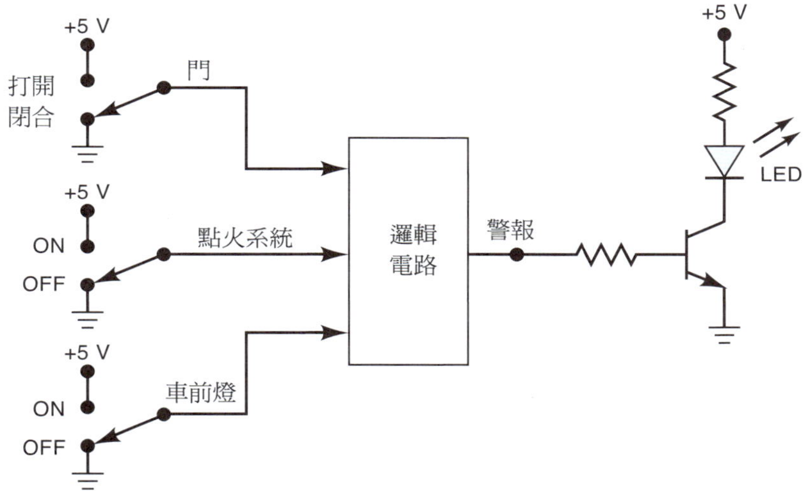

圖 4-66 習題 4-8

邏輯電路，使下列任一狀況發生時隨即啟動警報器：

- 當點火系統 **OFF** 時，車前燈為 **ON**。
- 當點火系統 **ON** 時，門為開啟狀態。

4-9★ 全部用 **NAND** 閘表示習題 **4-4** 的電路。

4-10 全部用 **NAND** 閘表示習題 **4-5** 的電路。

4-5 節

B 4-11 試求出圖 **4-67** 中每個 **K** 圖的最小表示式。請特別留意 **K** 圖 (a) 的步驟 **5**。

	$\bar{C}\bar{D}$	$\bar{C}D$	CD	$C\bar{D}$
$\bar{A}\bar{B}$	1	1	1	1
$\bar{A}B$	1	1	0	0
AB	0	0	0	1
$A\bar{B}$	0	0	1	1

(a)*

	$\bar{C}\bar{D}$	$\bar{C}D$	CD	$C\bar{D}$
$\bar{A}\bar{B}$	1	0	1	1
$\bar{A}B$	1	0	0	1
AB	0	0	0	0
$A\bar{B}$	1	0	1	1

(b)

	$\bar{C}$	C
$\bar{A}\bar{B}$	1	1
$\bar{A}B$	0	0
AB	1	0
$A\bar{B}$	1	X

(c)

圖 **4-67** 習題 **4-11**

B 4-12 針對以下的真值表，產生出 2×2 **K** 圖，群組分項，並且簡化之。然後回頭再看看真值表是否對於表中的每個項目而言表示式為真。

A	*B*	*Y*
0	0	1
0	1	1
1	0	0
1	1	0

B 4-13 先從表 **4-11** 中的真值表開始，使用 **K** 圖來找出最簡化的 **SOP** 方程式。

B 4-14 利用 **K** 圖來簡化 (a)★ 習題 4-1(e) 中的表示式。利用 **K** 圖來簡化 (b) 習題 4-1(g)。利用 **K** 圖來簡化 (c)★ 習題 4-1(h)。

B 4-15★ 試利用 **K** 圖求出習題 **4-7** 的輸出表示式。

C, D 4-16 圖 4-68 所示為 *BCD* 計數器。計數器計數輸入的脈波數並將其結果以四位元 BCD 碼輸出。例如，輸入脈波數為 4 時，輸出為 $DCBA = 0100_2 = 4_{10}$。當計數器計數到第十個脈波時，立即重複輸出為 0000 並重新開始計數。換言之，*DCBA* 的輸出值永遠不會大過 $1001_2 = 9_{10}$。

(a)★試設計圖中所示的邏輯電路，使當計數到 2、3 或 9 時產生高電位的輸出。試使用 **K** 圖化簡並善加使用任意情況。

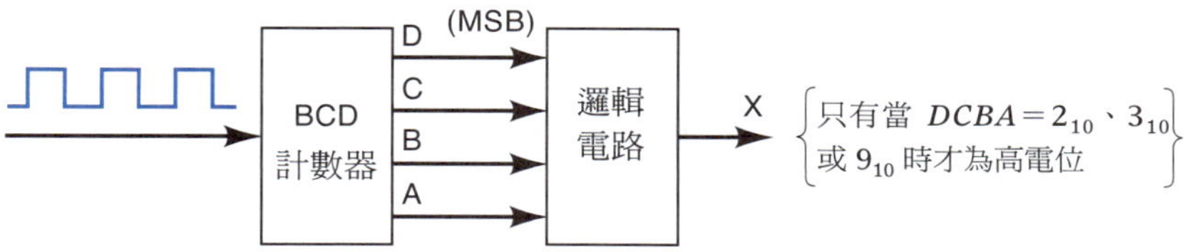

圖 4-68　**習題 4-16**

(b) 以 $DCBA$＝3，4，5，8 重複 x＝1。

D　4-17* 圖 4-69 所示為四開關電路，其為複印機控制電路的一部分。開關係沿複印紙所經過路徑而設計在四個不同位置上。開關正常時為開啟狀態，當複印紙經過時開關隨即關閉。假設開關 SW1 與 SW4 在同一時間不可能同時為關閉狀態。試設計一邏輯電路，使得當兩個或更多個開關為關閉狀態時產生高電位輸出。試使用 K 圖化簡並善加使用任意情況。

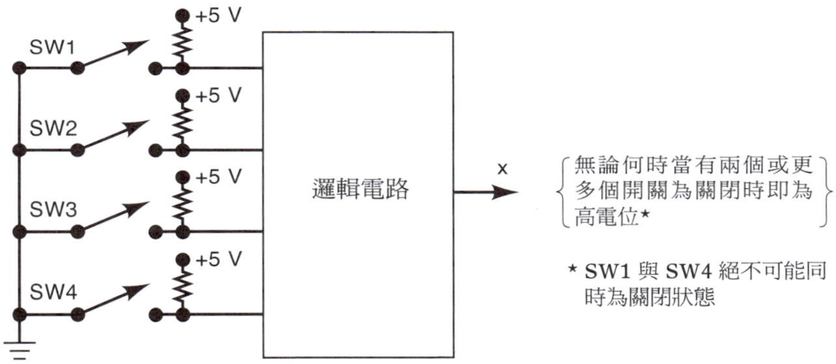

圖 4-69　**習題 4-17**

B　4-18* 例題 4-3 舉證了代數的簡化。步驟 3 獲致了 SOP 方程式 $z=\overline{A}\,\overline{B}C+\overline{A}C\overline{D}+\overline{A}B\overline{C}\,\overline{D}+A\overline{B}C$。試使用 K 圖來證明此方程式可比例題中之解答作進一步的簡化。

C　4-19　試利用布爾代數來得到習題 4-18 以 K 圖所獲得之相同結果。

4-6 節

B　4-20　(a) 繪出圖 4-70 中所示電路的輸出波形。

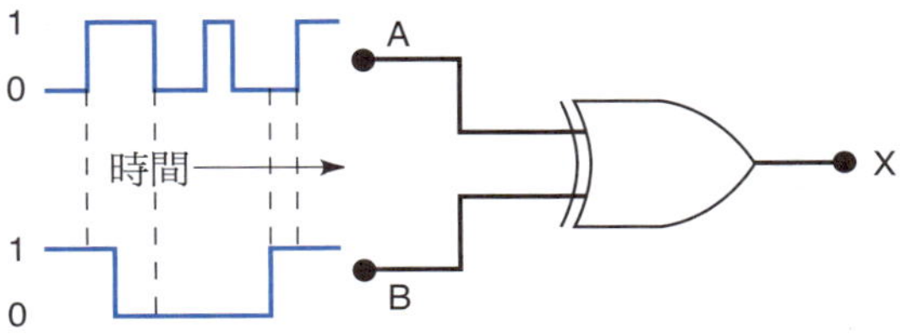

圖 4-70　**習題 4-20**

(b) B 輸入保持為低電位時，重作 (a)。
(c) $\overline{B}$ 輸入保持為高電位時，重作 (a)。

B 4-21★ 試求出圖 4-71 要產生 $x=1$ 所需的輸入條件。

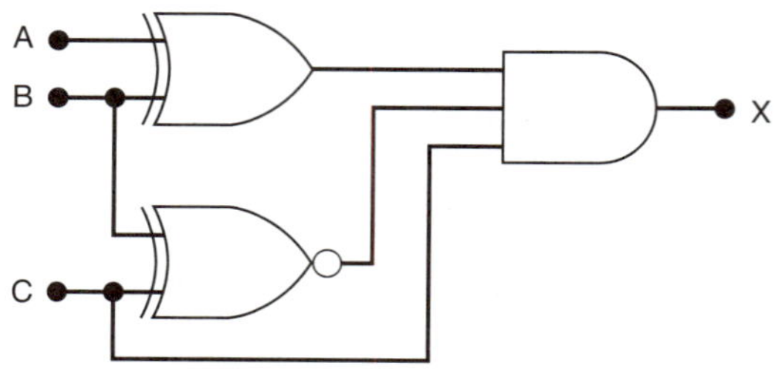

圖 4-71 習題 4-21

B 4-22 試設計一個電路它只有在三個輸入皆為相同準位時才會產生出高電位。
(a) 試使用真值表與 K 圖來產生 SOP 解。
(b) 試使用雙輸入 XOR 與其他閘來求解。(提示：記得代數的可遞性，若 $a=b$ 且 $b=c$，則 $a=c$。)

B 4-23★ 一個 7486 晶片內含有四個 XOR 閘。試指出如何只用一個 7486 晶片來製作出 XNOR 閘。(提示：參考例題 4-16。)

B 4-24★ 試修改圖 4-23 的電路以比較二個四位元數字，並於此二數剛好一樣時產生高電位。

B 4-25 圖 4-72 表可取兩個三位元二進數 $x_2x_1x_0$ 與 $y_2y_1y_0$ 相比較以判定是否相等及何者較大的相對大小檢驗器 (relative-magnitude detector)。它有三個輸出端，其定義如下：

1. 僅若此二進數相等時使 $M=1$。
2. 僅若 $x_2x_1x_0$ 大於 $y_2y_1y_0$ 時使 $N=1$。
3. 僅若 $y_2y_1y_0$ 大於 $x_2x_1x_0$ 時使 $P=1$。

試設計具有此功能的邏輯電路。此電路具有六個輸入與三個輸出而過於複雜且難以用真值表法解決。可參考例題 4-17 作為解決此問題的提示。

圖 4-72 習題 4-25

設計問題

C, D　4-26★ 圖 4-73 所示為具有兩個二位元二進數為 x_1x_0 與 y_1y_0 的乘法電路，且其產生的二進數 $z_3z_2z_1z_0$ 輸出是等於兩輸入數的算術乘積。設計出此乘法器的邏輯電路。(提示：邏輯電路有四個輸入與四個輸出。)

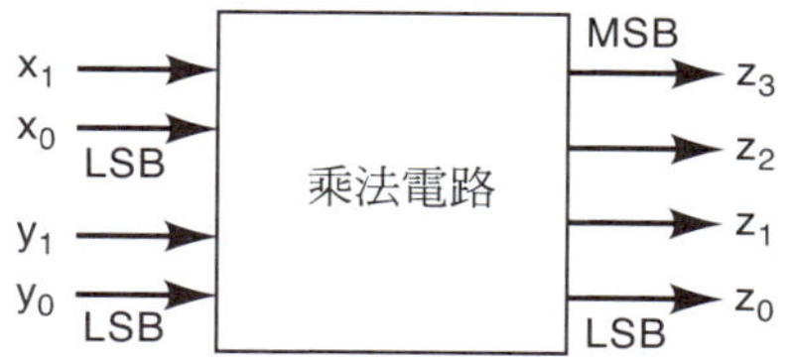

圖 4-73　習題 4-26

D　4-27 一組 BCD 被傳送至遠處的接收器，這些位元為 A_3、A_2、A_1 及 A_0，且 A_3 為 MSB。接收電路包括 *BCD* 錯誤檢驗器 (BCD error-detector) 電路並可檢驗所接收的碼是否為無效的 BCD 碼 (即 ≤ 1001)。試設計對任何錯誤情形可產生高電位的電路。

D　4-28★ 試設計無論何時當 *A* 與 *B* 都為高電位且此時 *C* 與 *D* 都為低電位或都為高電位時，才有高電位輸出的邏輯電路。試著不用真值表來完成。接著利用真值表核驗電路，以驗證電路是否合於問題描述所求者。

D　4-29 在某化學工廠的四個大槽內含有已加熱的不同液體。液面感測器用來偵測 *A* 槽與 *B* 槽的液面是否已超過預定的液面。在 *C* 槽與 *D* 槽的溫度感測器用來偵測溫度是否降至預定溫度之下。設當液面感測器的輸出 *A* 與 *B* 在液面正常時為低電位，且當液面過高時便為高電位。同樣的，溫度感測器的輸出 *C* 與 *D* 在溫度正常時亦為低電位。當溫度太低時則為高電位。試設計一個可同時檢測 *A* 槽或 *B* 槽液面過高及 *C* 槽或 *D* 槽溫度過低的邏輯電路。

C, D　4-30★ 圖 4-74 所示為具有支線道和主線道的十字交叉路口。車輛感測器沿車道 *C* 與 *D* (主線道) 與車道 *A* 與 *B* (支線道) 設立。這些感測器在沒有車輛時輸出為低電位 (0)，當有車輛時便輸出高電位 (1)。該十字路口的交通燈號是依下列邏輯來控制：

1. E-W 交通燈號於車道 *C* 與 *D* 都有車輛時為綠燈。
2. E-W交通燈號於車道 *C* 與 *D* 有車輛而車道 *A* 與 *B* 並非均有車輛時為綠燈。
3. N-S 交通燈號於車道 *A* 與 *B* 都有車輛且車道 *C* 與 *D* 都無車輛時為綠燈。
4. N-S 交通燈號於車道 *A* 或 *B* 有車輛而 *C* 與 *D* 都無車輛時也為綠燈。
5. 當無任何車輛時，則 E-W 交通燈號為綠燈。

使用感測器 *A*、*B*、*C* 及 *D* 為輸入，試設計出一邏輯電路控制交通燈號。此時應有兩個輸出，即 N-S 與 E-W，當所對應的燈號為綠燈時便為高電位。簡化該電路且盡可能表示出所有步驟。

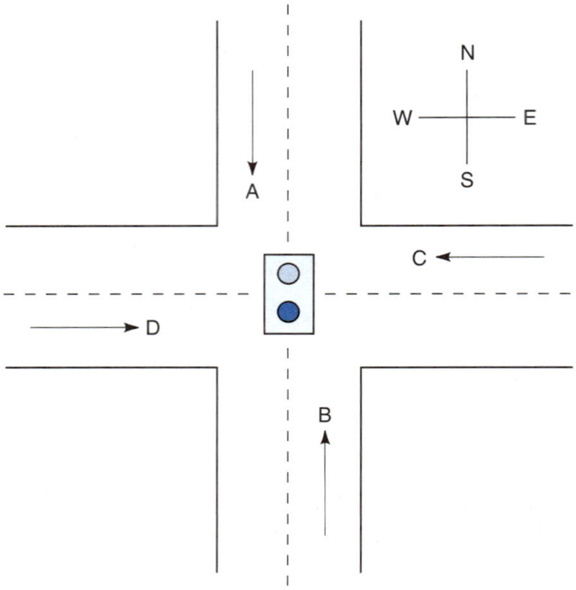

圖 4-74　**習題 4-30**

4-7 節

D　4-31　重新設計圖 4-25 的同位產生器及檢查器，(a) 使其使用奇同位來運作。(提示：對於同組資料位元來說，奇同位位元與偶同位位元的關係為何？) (b) 運作於八個資料位元。

4-8 節

B　4-32　(a) 在哪些情況下，OR 閘將允許一邏輯信號經過它後於輸出端維持不變？
(b) 重複 (a) 於 AND 閘。
(c) 重複於 NAND 閘。
(d) 重複於 NOR 閘。

B　4-33* (a) INVERTER 是否能當成激能／禁抑電路？說明之。
(b) XOR 閘是否能當成激能／禁抑電路？說明之。

D　4-34　試設計只在當控制輸入 B 為低電位且控制輸入 C 為高電位時，才允許輸入信號傳至輸出端，否則輸出為低電位的邏輯電路。

D　4-35* 試設計只在當控制輸入 B、C 及 D 全為高電位時，才禁抑輸入信號的傳送，且在禁抑情況下輸出為高電位的電路。

D　4-36　試設計依據下列所求可控制信號 A 傳送的邏輯電路：

1. 輸出 X 是當控制輸入 B 與 C 相等時才等於 A。
2. X 是當 B 與 C 不同電位時才為高電位。

D　4-37　試設計具有兩個信號輸入 A_1 與 A_0 及控制輸入 S，且其功能可合於圖 4-75 所示需求的邏輯電路。這種形式的電路稱為多工器 (multiplexer)。

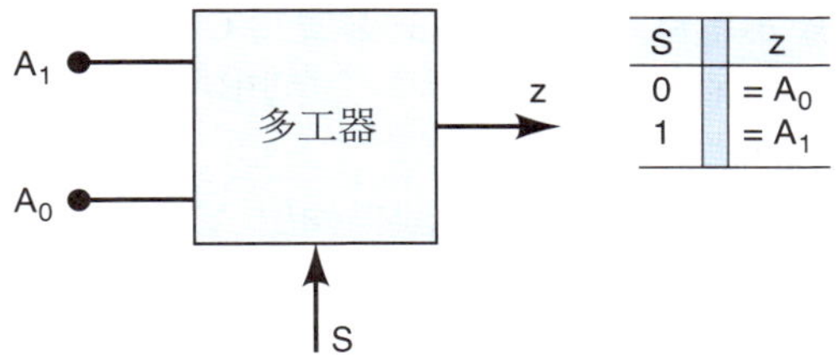

圖 4-75　習題 4-37

D　4-38* 使用 K 圖設計合於例題 4-17 所求的電路。將所得的電路與圖 4-23 的解答比較。此可指出 K 圖法不能具有 XOR 與 XNOR 閘邏輯的優點。設計者必須能判定何時可用到這些邏輯閘。

4-9 至 4-13 節

T*　4-39 (a) 某技術人員在做邏輯電路測試時發現某一特別的 INVERTER 輸入端加上脈波時輸出卻停留在低電位。試儘量列出此一錯誤運作的各種可能的原因。

(b) 重複 (a)，但此時的情況是 INVERTER 的輸出是停留在不確定邏輯準位上。

T　4-40* 將圖 4-76 的信號輸入至圖 4-32 的電路，並假設在 Z1-4 有一內部開路存在。

(a) 邏輯探針在 Z1-4 的指示為何？

(b) Z1-4 量測時的直流電壓讀數為何？(記得 IC 皆為 TTL)

(c) 繪出所想像的 $\overline{CLKOUT}$ 與 $\overline{SHIFTOUT}$ 信號。

(d) 假設不是在 Z1-4 斷開，而是 Z2 的接腳 9 和 10 於內部短路在一起。請繪出於 Z2-10、$\overline{CLKOUT}$ 及 $\overline{SHIFTOUT}$ 上可能的信號。

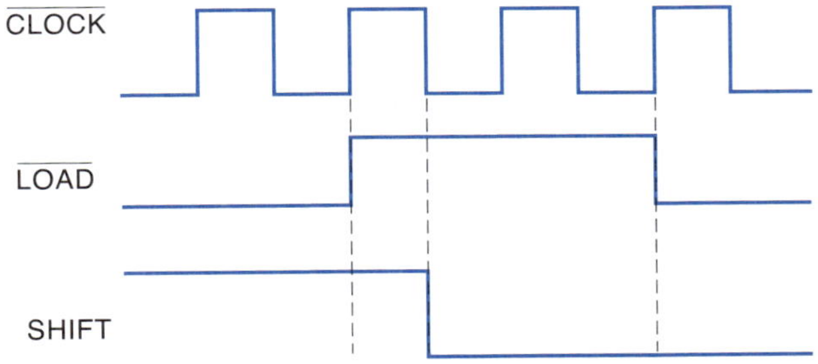

圖 4-76　習題 4-40

T　4-41 假設圖 4-32 的 IC 為 CMOS。試述當 Z2-2 與 Z2-10 間的接線為開路時電路的運作如何受影響。

T　4-42 我們在例題 4-24 曾列出圖 4-36 的三種可能錯誤，試問我們可遵循哪些程序以找出哪一個錯誤是真正的錯誤。

* 記得 T 表示檢修實作。

T 4-43★ 參見圖 4-38 所示電路。假設所用的裝置為 CMOS，並假設邏輯探針在 Z2-3 的指示為“未定”而非“脈波列”。試列出所有可能的錯誤，並寫出決定真正錯誤的程序。

T 4-44★ 參見圖 4-41 所示的邏輯電路。記得輸出 Y 在下列任一條件發生時就為高電位：

1. $A=1$，$B=0$，$C=$任意
2. $A=0$，$B=1$，$C=1$

技術員測試電路時，發現輸出 Y 僅在第一個條件時為高電位，而對於其他的輸入條件則停留在低電位。考慮下面所列出的可能錯誤，並以“是”或“否”回答所列出者是否為真正的錯誤。注意：回答為“否”的各項要解釋理由。

(a) Z2-13 內部短路至接地。
(b) 連接至 Z2-13 的導線為開路。
(c) Z2-11 內部短路於 V_{CC}。
(d) 連接 V_{CC} 至 Z2 的導線為開路。
(e) Z2-9 內部開路。
(f) 連接 Z2-11 至 Z2-9 的導線為開路。
(g) Z2 的接腳 6 與 7 間有焊橋。

T 4-45 試找出習題 4-44 用以隔離錯誤的程序。

T 4-46★ 假設圖 4-41 的所有邏輯閘均為 CMOS。技術員測試電路時發現除了下列兩情形外，其餘均正常運作：

1. $A=1$，$B=0$，$C=0$
2. $A=0$，$B=1$，$C=1$

對於以上兩情形，邏輯探針在 Z2-6、Z2-11 及 Z2-8 的指示均為“未定”。試問電路的可能錯誤為何？並解釋其理由。

T 4-47 圖 4-77 為一組合邏輯電路，當汽車開動時若駕駛座或乘客座有人且前座未繫安全帶時，就啟動車內的警報器。駕駛座與乘客座是否有人係經由壓力式開關測知，並分別以高電位動作的 *DRIV* 與 *PASS* 信號指示；信號 *IGN* 為高電位動作且用以指示點火系統已開；信號 $\overline{BELTD}$ 為低電位動作且用以指示駕駛座的安全帶未繫上；$\overline{BELTP}$ 為低電位動作且用以指示前座乘客的安全帶未繫上。當汽車行駛中，只要前座有人而未繫上安全帶，就啟動警報器 (低電位啟動)。

(a) 驗證上述電路的工作原理。
(b) 當 Z1-2 內部短路至接地時警報系統如何工作？
(c) 當 Z2-6 與 Z2-10 間開路時警報系統如何工作？

T 4-48★ 假設圖 4-77 的系統運作為只要駕駛座或乘客座有人且車子已開動就可啟動警報，而不管安全帶之狀態為何。試問可能的錯誤為何？找出真正錯誤的程序為何？

T 4-49★ 假設圖 4-77 的系統運作成只要車子已開動就連續啟動警報，而不管其他的輸

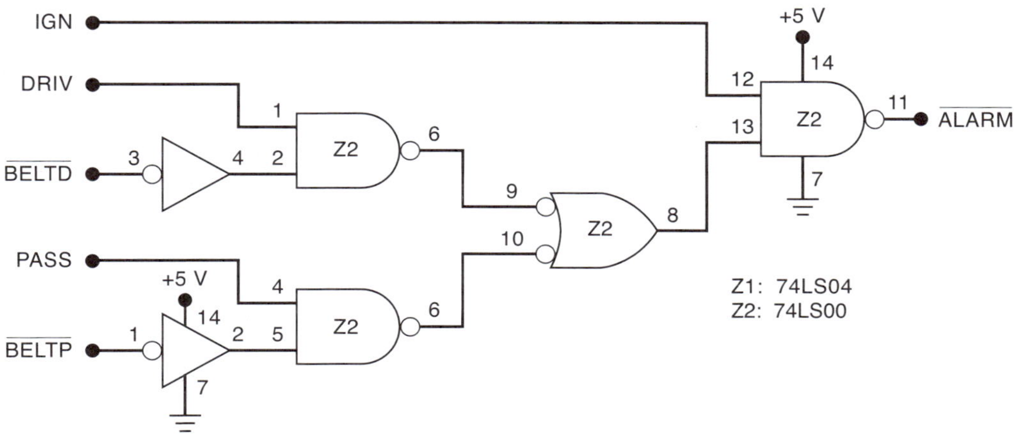

圖 4-77　習題 4-47、4-48 與 4-49

入狀態為何。試列出可能的錯誤，並寫出用以隔離錯誤的程序。

關於 PLD 的精選問題 (習題 50 至 55)

4-50⋆ 真或偽

(a) 由上而下的設計是以全系統及其規格之整體描述來開始。

(b) JEDEC 檔案可用作程式設計人員的輸入檔案。

(c) 如果輸入檔案編譯後沒有錯誤，即表示 PLD 電路將正常工作。

(d) 編譯程式於語法錯誤時仍能解譯程式。

(e) 測試向量是用來模擬並測試元件。

H, B　4-51　% 字元於 AHDL 設計檔案中有何作用？

H, B　4-52　VHDL 設計檔案中的註解意味為何？

B　4-53　何謂 ZIF 插座？

B　4-54⋆ 試說出三種輸入模式用以將電路描述輸入到 PLD 發展軟體。

B　4-55　JEDEC 與 HDL 表示什麼？

4-15 節

H, B　4-56　以 AHDL 或 VHDL 來宣告下面的資料物件。

(a)⋆一個稱為 *gadgets* 的八個輸出位元陣列。

(b) 一個稱為 *buzzer* 的單一輸出位元。

(c) 一個稱為 *altitude* 的 16 位元數值輸入埠。

(d) 一個稱為 *wire2* 之位於硬體描述檔案中的單一中間位元。

H, B　4-57　將下列之字母數值使用 AHDL 或 VHDL 語法表示成十六進制、二進制以及十進制。

(a)⋆152_{10}

(b) 1001010100_2

(c) $3C4_{16}$

H, B 4-58* 下面相似的 I/O 定義是分別予 AHDL 與 VHDL 者。試寫出四個共點指定敘述以將輸入如圖 4-78 所示者連接到輸出。

```
SUBDESIGN hw
(
    inbits[3..0]    :INPUT;
    outbits[3..0]   :OUTPUT;
)
```

```
ENTITY hw IS
PORT (
     inbits      :IN BIT_VECTOR (3 downto 0);
     outbits     :OUT BIT_VECTOR (3 downto 0)
     );
END hw;
```

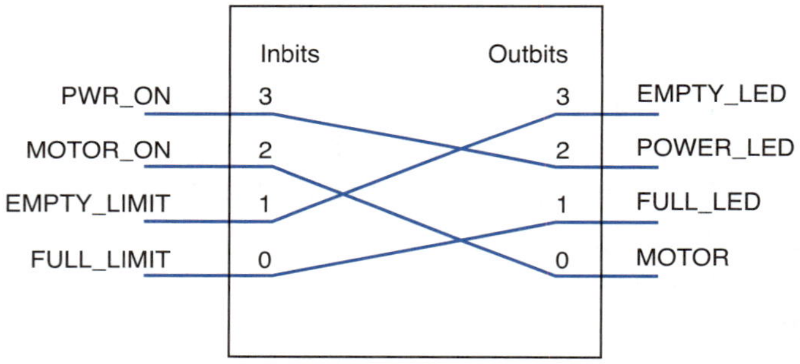

圖 4-78 習題 4-58

4-16 節

H, D 4-59 修改圖 4-50 的 AHDL 真值表來製作出 $AB+A\overline{C}+\overline{A}B$。

H, D 4-60 修改圖 4-54 的 AHDL 設計使得只當數位值小於 1010_2 時 $z=1$。

H, D 4-61* 修改圖 4-51 的 VHDL 真值表來製作出 $AB+A\overline{C}+\overline{A}B$。

H, D 4-62* 修改圖 4-55 的 VHDL 設計使得只當數位值小於 1010_2 時 $z=1$。

H, B 4-63 試修改 (a) 圖 4-54 或 (b) 圖 4-55 的程式使得輸出不只當 digital_value 介於 6 與 11 之間 (含) 時才會為低電位。

H, D 4-64 (a) 修改圖 4-60 中的 AHDL 設計來製作表 4-1。
(b) 修改圖 4-61 中的 VHDL 設計來製作表 4-1。

H, D 4-65* 寫出硬體描述設計檔案布爾方程式來製作出例題 4-9。

4-66 寫出硬體描述設計檔案布爾方程式來製作出如圖 4-25(a) 中所示的四位元同位產生器。

精選問題

B　4-67　定義下列名詞：

(a) 卡諾圖　(g) 浮接輸入
(b) 積項之和式　(h) 不明確的電壓準位
(c) 同位產生器　(i) 競爭
(d) 成八組　(j) PLD
(e) 激能電路　(k) TTL
(f) 任意條件　(l) CMOS

微算機應用

C　4-68　於微算機中，微處理器單元 (MPU) 始終是與下列其中一個通訊：(1) 隨機存取記憶器 (RAM)，它是用來儲存隨時皆可改變的程式和資料；(2) 唯讀記憶器 (ROM)，則是用來儲存絕不會改變的程式和資料；(3) 諸如鍵盤、視訊顯示器/印表機及磁碟驅動器的外部輸入／輸出裝置 (I/O)。當 MPU 在執行程式時，它將產生一個位址碼用來選取何種類型的裝置 (RAM、ROM 或 I/O) 要與其通訊。圖 4-79 指出一個當 MPU 要輸出一個八位元位址碼 A_{15} 到 A_8 的基本安排方式。事實上，MPU 是輸出其一個 16 位元的位址碼，但 A_7 到 A_0 的低階位元則在裝置選取過程中並未用到。位址碼則送到一個邏輯電路上，而將利用它來產生裝置選取信號：$\overline{RAM}$、$\overline{ROM}$ 及 $\overline{I/O}$。
分析此電路並求解下面的問題。

(a)*將激能 $\overline{\text{RAM}}$ A_{15} 到 A_8 的位址範圍。
(b) 將激能 $\overline{\text{I/O}}$ 的位址範圍。
(c) 將激能 $\overline{\text{ROM}}$ 的位址範圍。

將位址表成二進制及十六進制。例如，(a) 的答案為 A_{15} 到 $A_8 = 00000000_2$ 到 $11101111_2 = 00_{16}$ 到 EF_{16}。

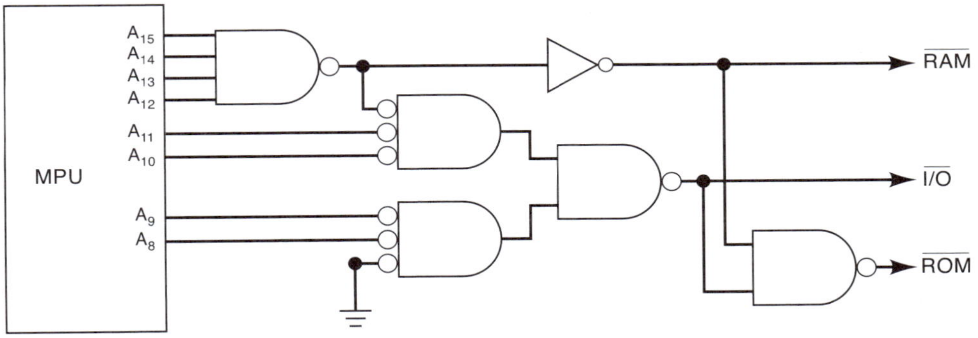

圖 4-79　習題 4-68 與 4-69

C, D　4-69　在某些微算機中，當另一裝置在控制 RAM、ROM 及 I/O 的同時，MPU 可能是被禁抑的。於這些時段期間，MPU 將激能一個特殊的控制信號 ($\overline{DMA}$) 並用來禁抑裝置選取邏輯以使 $\overline{\text{RAM}}$、$\overline{\text{ROM}}$ 及 $\overline{\text{I/O}}$ 皆處於不動作狀態。試修改圖 4-79 的電路以使 $\overline{\text{RAM}}$、$\overline{\text{ROM}}$ 及 $\overline{\text{I/O}}$ 一旦信號有動作時即被禁抑，而不論位址碼的狀態如何。

每節複習問題解答

4-1 節

1. 只有 (a)。　**2.** 只有 (c)。

4-3 節

1. (b) 式並非積項之和的形式，因 C 與 D 上有反相符號 (即 $A\overline{CD}$ 項)。(c) 式非積項之和，蓋因 $(M+\overline{N})\,P$ 項之故。　**3.** $x=\overline{A}+\overline{B}+\overline{C}$

4-4 節

1. $x=\overline{A}\,\overline{B}\,\overline{C}D+\overline{A}\,\overline{B}\,C\overline{D}+\overline{A}B\overline{C}\,\overline{D}$　**2.** 八個：A、B、C、D 四個，SOP 四個。

4-5 節

1. $x=AB+AC+BC$　**2.** $z=A+BCD$　**3.** $S=\overline{P}+QR$

4. 對於輸出狀況沒有特別要求的輸入狀況；我們可任意地將它設成 0 或 1。

4-6 節

2. 固定的低電位。

3. 不需要，可用此 XOR 閘的其中某一個輸入端永遠接著固定的高電位作為 INVERTER (見例題 4-16)。

4-8 節

1. $x=\overline{A(B\oplus C)}$　**2.** OR，NAND　**3.** NAND，NOR

4-9 節

1. (a) 雙極接合電晶體　(b) 單極金氧半導體場效電晶體 (MOSFETS)

2. SSI，MSI，LSI，VLSI，ULSI，GSI　**3.** 真。　**4.** 真。

5. 40，74AC，74ACT 系列。　**6.** 0 到 0.8 V；2.0 到 5.0 V。

7. 0 到 1.5 V；3.5 到 5.0 V。　**8.** 好像輸入為高電位。

9. 無法預測地；可能過熱而遭毀壞。　**10.** 74HCT 和 74ACT。

11. 它們剛好描述了如何將晶片互連來將電路布線且除錯。

12. 輸入與輸出被定義，且邏輯關係被描述。

4-11 節

1. 開路的輸入或輸出；輸入或輸出短路到 V_{CC}；輸入或輸出短路到地；接腳短路在一起；內部電路故障。
2. 接腳短路在一起。
3. 對 TTL 而言，為低電位；對 CMOS 而言，不明確。
4. 二個或更多的輸出接在一起。

4-12 節

1. 開路的信號線；短路的信號線；錯誤的電源；輸出載入。
2. 裂開的連線；焊接不良；PC 板內的斷裂；彎曲或斷裂的 IC 接腳；錯誤的 IC 接腳。
3. IC 工作錯誤或一點也不動作。
4. 邏輯準位不明確。

4-14 節

1. 電子控制式的連接被規劃成開路或閉路。
2. (4, 1) (2, 2) 或 (2, 1) (4, 2)
3. (4, 5) (1, 6) 或 (4, 6) (1, 5)

4-15 節

1. (a) push_buttons[5..0] :INPUT;　(b) push_buttons :IN BIT_VECTOR (5 DOWNTO 0),
2. (a) z = push_buttons[5];　(b) z <= push_buttons(5);
3. STD_LOGIC
4. STD_LOGIC_VECTOR

4-16 節

1. (AHDL) omega[] = (x,y,z); (VHDL) omega <= x & y & z;
2. 使用關鍵字 TABLE。
3. 使用選用信號指定。

4-17 節

1. IF/THEN
2. IF/THEN/ELSE
3. CASE 或 IF/ELSIF
4. (AHDL) count[7..0] :INPUT; (VHDL) count :IN INTEGER RANGE 0 TO 205

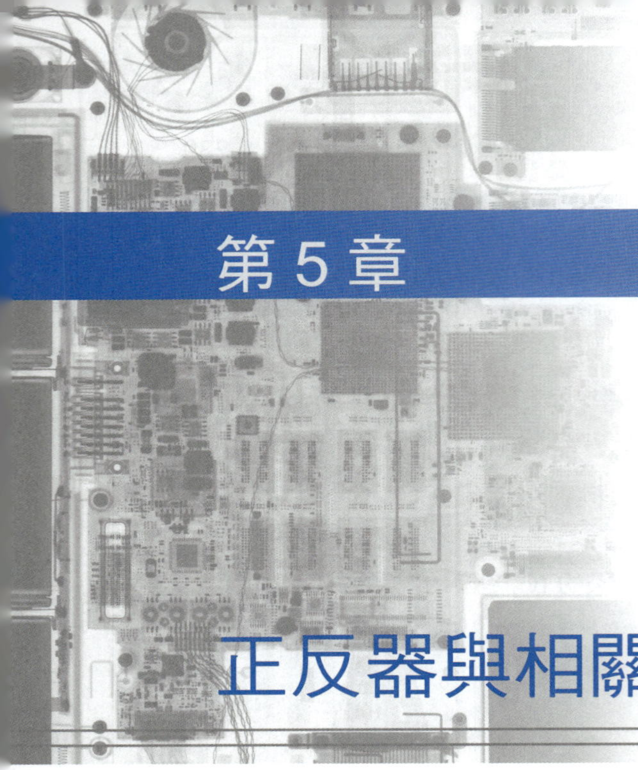

第 5 章

正反器與相關裝置

大綱

5-1 NAND 閘閂鎖
5-2 NOR 閘閂鎖
5-3 故障檢修實例
5-4 數位脈波
5-5 時脈信號與時脈式正反器
5-6 時脈式 S-R 正反器
5-7 時脈式 J-K 正反器
5-8 時脈式 D 正反器
5-9 *D* 閂鎖 (透通的閂鎖)
5-10 非同步輸入
5-11 正反器時序
5-12 正反器電路的可能時序問題
5-13 正反器應用
5-14 正反器同步化
5-15 檢測輸入順序
5-16 資料儲存與傳送
5-17 串聯資料傳送：移位暫存器
5-18 除頻與計數
5-19 微算機應用
5-20 史密特觸發裝置
5-21 單擊 (單穩態多諧振盪器)
5-22 時脈產生器電路
5-23 正反器電路故障檢修
5-24 PLD 中使用圖形輸入的序向電路
5-25 使用 HDL 的序向電路
5-26 邊緣觸發式裝置
5-27 具有多個元件的 HDL 電路

學習目標

讀完本章之後，將可學會以下幾點：

- 建造與分析由 NAND 或 NOR 閘所組成閂鎖正反器的邏輯運算。
- 辨別同步與非同步系統。
- 瞭解邊緣觸發正反器的操作。
- 分析並應用廠商所提供各種正反器的時序參數。
- 瞭解並聯與串聯資料傳送間的主要不同處。
- 繪出各種正反器響應在一組輸入信號的輸出時序波形。
- 辨識各種 IEEE/ANSI 正反器符號。
- 利用狀態變換圖來描述計數器操作。
- 於同步電路中使用正反器。
- 將移位暫存器連接成資料傳送電路。
- 以正反器製作除頻與計數電路。
- 瞭解史密特觸發的典型特性。
- 在電路設計時應用兩種不同形式的單擊。
- 以 555 計時器設計不穩態振盪器。
- 在同步電路中確認並預估時脈不對稱的效應。
- 檢修各種正反器電路。
- 使用圖形輸入以 PLD 產生序向電路。
- 寫出閂鎖器的 HDL 程式。
- 於 HDL 程式中使用基元、元件以及函數庫。
- 由元件來建構結構性階層電路。

引　論

迄今考慮的邏輯電路為任何時候輸出的邏輯電位，是依同一時候的輸入電位而決定的組合邏輯電路。任何先前的輸入電位狀況對目前的輸出電位狀況毫無影響，這是由於組合邏輯電路無記憶器之故。大多數的數位系統是由組合電路與記憶元件兩者

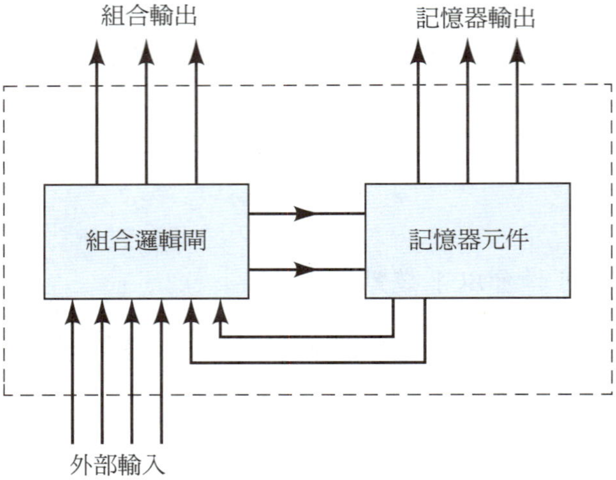

圖 5-1 一般數位系統圖

圖 5-2 廣義正反器符號及其兩種可能輸出狀態的定義

所構成的。

圖 5-1 所示為結合組合邏輯閘和記憶裝置的一般數位系統方塊圖。組合電路接收外部輸入與由記憶元件輸出的邏輯信號。組合電路可將這些輸入加以運算以產生各種輸出，有些輸出用來判定儲存在記憶元件中的二進值。接著記憶元件的一些輸出可傳送到組合電路中邏輯閘的輸入端。這種處理便表明了數位系統的輸出仍為其外部輸入與儲存在記憶元件中的資訊函數。

最重要的記憶元件為**正反器** (flip-flop)，它是由邏輯閘組合而成。雖然邏輯閘本身沒有記憶儲存的能力，但可經由適當的連接以允許儲存資訊。共有多種不同的邏輯閘安排可產生正反器 (簡寫為 FF) 的功能，亦即具有記憶儲存的能力。

圖 5-2(a) 中所示為一般正反器符號。由圖示知，標為 Q 與 $\overline{Q}$ 的兩輸出互為反相。$Q/\overline{Q}$ 最常用作 FF 輸出的表示符號。但我們也會常用到 $X/\overline{X}$ 與 $A/\overline{A}$ 以利於識別邏輯電路中的不同 FF。

Q 輸出稱為常態 (normal) FF 輸出，而 $\overline{Q}$ 稱為反相 (inverted) FF 輸出。當我們引用 **FF** 的狀態時，即是指引用正常輸出 (Q) 的狀態；當然，反相輸出 ($\overline{Q}$) 總是與正常輸出 (Q) 相反。例如，若我們說 **FF** 為高電位 (1) 狀態，則意指 $Q=1$；而如果我們說 **FF** 為低電位 (0) 狀態，則意指 $Q=0$。當然，$\overline{Q}$ 狀態總是為 Q 狀態的反相。

正反器有兩種可能的操作狀態，如圖 5-2(b) 所示。注意：引用這兩個狀態時可用其他不同的方式。由於這些引用方式均甚為廣用，因此讀者必須非常熟悉。高電位或 1 狀態 ($Q=1/\overline{Q}=0$) 也稱為 **SET** 狀態。若 **FF** 的輸入使得它變成 $Q=1$ 狀態，我們稱此為置定 (setting) FF；FF 已經被設定。依類似的方式，低電位或 0 狀態 ($Q=0/\overline{Q}=1$) 亦稱為 **CLEAR** 或 **RESET** 狀態。若 **FF** 的輸入使得它變成 $Q=0$ 狀態，我們稱此為清除 (clearing) 或重置 (resetting) FF；FF 已被清除 (重置)。如吾人將看到者，許多的 **FF** 將有 **SET** 輸入及／或 **CLEAR** (**RESET**) 輸入以用來將 **FF** 驅動成特定的輸出狀態。

由圖 5-2(a) 所示的符號知，**FF** 可能有一個或多個輸入。這些輸入可用來使 **FF** 在可能的輸出狀態間交互變換。將來可見到，當一輸入送至 **FF** 而得到一已知新狀態時，**FF**在輸入信號除去後亦可保留在新狀態。這便是 **FF** 記憶器 (memory) 的特性。

正反器可有其他不同的名稱，包括有閂鎖 (latch) 與雙穩態多諧振盪器 (bistable multivibrator)。由於名為閂鎖者常用於某固定的正反器 (稍後會提及)，而名為雙穩態多諧振盪器則顯得過於冗長且太過專業化，因此在數位領域中我們還是習慣稱之為正反器。

5-1 NAND 閘閂鎖

最基本的 **FF** 電路可由兩個 **NAND** 閘或兩個 **NOR** 閘構成。由 **NAND** 閘所構成者稱為 **NAND 閘閂鎖** (NAND gate latch) 或簡稱**閂鎖** (latch)，如圖 5-3(a) 所示。由圖示知，兩 **NAND** 閘係以交互耦合方式連接，所以 **NAND-1** 的輸出為連接到 **NAND-2** 的一輸入端，反之亦然。邏輯閘的輸出為 Q 與 $\overline{Q}$，亦即為閂鎖的輸出。在一般情況下，這兩個輸出總是互為反相的。有兩個閂鎖輸入：**SET** 輸入為置定 Q 成 1 的狀態；**RESET** 輸入則為清除 Q 成 0 狀態者。

通常是當我們需要使閂鎖輸出狀態改變時，則 **SET** 與 **RESET** 二輸入端會有一端為高電位狀態而另一端為低電位狀態。一開始所要分析的是當 **SET**=**RESET** =1 時，便有兩種同等的可能輸出狀態。圖 5-3(a) 所示為一種可能情形，此種情

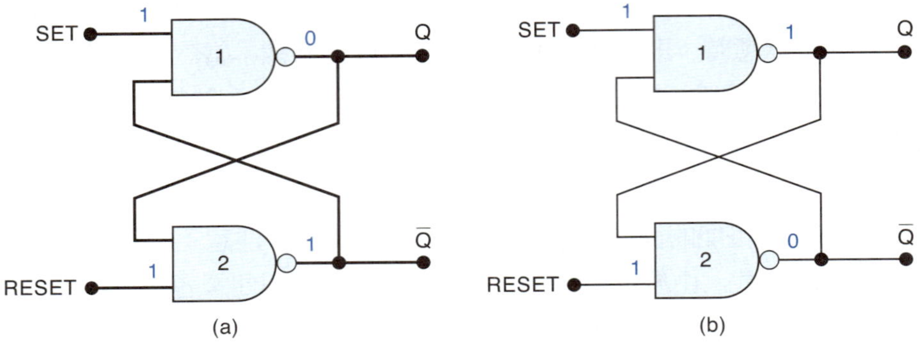

圖 5-3　當 SET＝RESET＝1 時，則 NAND 閂鎖具有兩個可能重置狀態

形是當 $Q=0$ 且 $\overline{Q}=1$。$Q=0$ 時，NAND-2 的兩個輸入為 0 與 1，如此便產生 $\overline{Q}=1$。此 $\overline{Q}$ 的 1 又使 NAND-1 的兩個輸入都為 1 且在 Q 上產生 0 輸出。事實上，在 NAND-1 上的輸出為低電位時，又可使 NAND-2 產生高電位輸出，接著又使 NAND-1 保持低電位輸出。

圖 5-3(b) 所示為第二種可能的情形，此時 $Q=1$ 且 $\overline{Q}=0$。來自 NAND-1 的高電位輸出產生 NAND-2 的低電位輸出，接著又使 NAND-1 輸出為高電位。因此，當 SET＝RESET＝1 時便有兩種可能的輸出狀態。我們很快便可見到，要有哪個情形是依先前的輸入所產生的結果而定。

置定閂鎖 (正反器)

現在要研討當 SET 輸入為低電位且 RESET 輸入為高電位時，則會產生何種情形。圖 5-4(a) 所示為在脈波產生之前 $Q=0$。t_0 時的 SET 端為低電位，則 Q 為高電位，且此高電位又將使 $\overline{Q}$ 為低電位，而此時 NAND-1 有兩個低電位輸入。故當在 t_1 回復為 1 狀態時，NAND-1 輸出保持為高電位，接著又使NAND-2 輸出為低電位。

圖 5-4(b) 所示為在 SET 脈波加入前 $Q=1$ 且 $\overline{Q}=0$。因 $\overline{Q}=0$ 而使 NAND-1 輸出為高電位，故在 SET 端的低電位脈波並未改變任何事。因此，當 SET 回復為高電位時，閂鎖輸出仍為 $Q=1$、$\overline{Q}=0$ 的狀態。

我們可依圖 5-4 在 SET 輸入端加上低電位的脈波而使閂鎖最後為 $Q=1$ 的狀態來作結論。這種操作稱為置定 (setting) 閂鎖或 FF。

重置閂鎖 (正反器)

現在讓我們考慮當 RESET 輸入為低電位且 SET 輸入保持為高電位時會有何

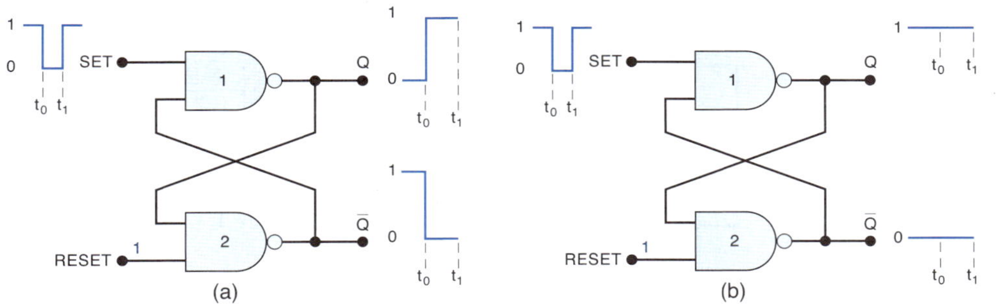

圖 5-4　**SET 輸入至脈波為 0 狀態，當：(a) SET 脈波前，*Q*=0；(b) SET 脈波前，*Q*=1。注意於此二情況時，*Q* 最終為高電位**

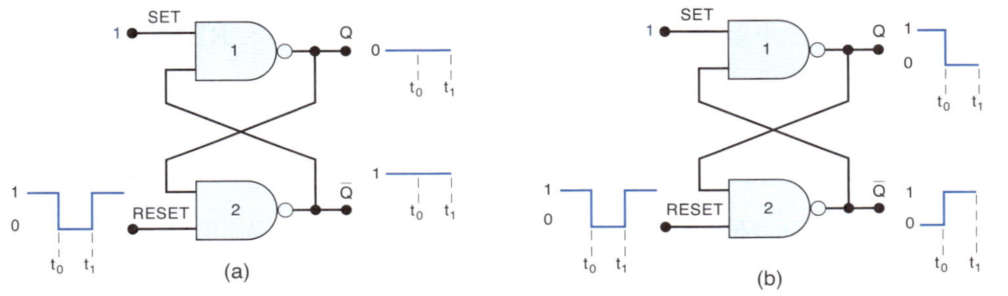

圖 5-5　**RESET 輸入為低電位狀態，當：(a) RESET 脈波前，*Q*=0；(b) RESET 脈波前，*Q*=1。於每一種情況時，*Q* 最終為低電位**

種情形產生。圖 5-5(a) 便表示出在脈波加入前 $Q=0$ 且 $\overline{Q}=1$。因 $Q=0$ 可保持 NAND-2 輸出為高電位，故在 RESET 端的低電位脈波並無任何影響。當 RESET 回復為高電位時，閂鎖輸出仍保持為 $Q=0$ 且 $\overline{Q}=1$ 的狀態。

圖 5-5(b) 顯示在 RESET 脈波加入前為 $Q=1$ 的情形。t_0 時的 RESET 為低電位，$\overline{Q}$ 則將為高電位，且此高電位又使 Q 為低電位，故 NAND-2 現有兩個低電位輸入。故當 RESET 在 t_1 回復為高電位時，NAND-2 輸出仍保持高電位，接著又使 NAND-1 輸出為低電位。

圖 5-5 可依 RESET 輸入端加入低電位的脈波而使閂鎖最後為 $Q=0$ 狀態來作個結論。這種操作稱為清除 (clearing) 或重置 (resetting) 閂鎖。

同時置定與重置

最後要考慮的是 SET 與 RESET 輸入端同時加入低電位脈波的情形。這將在兩個 NAND 閘輸出端產生高電位而使 $Q=\overline{Q}=1$。很顯然的，這並非是所要的情形，因為此二輸出端早就被設定為互相反相的。此外，當 SET 與 RESET 輸入端回復為

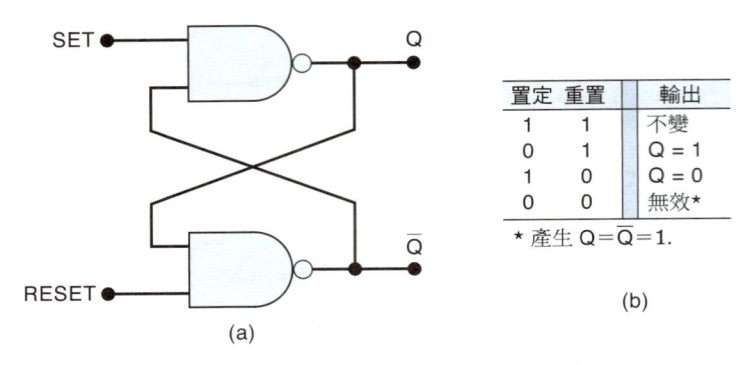

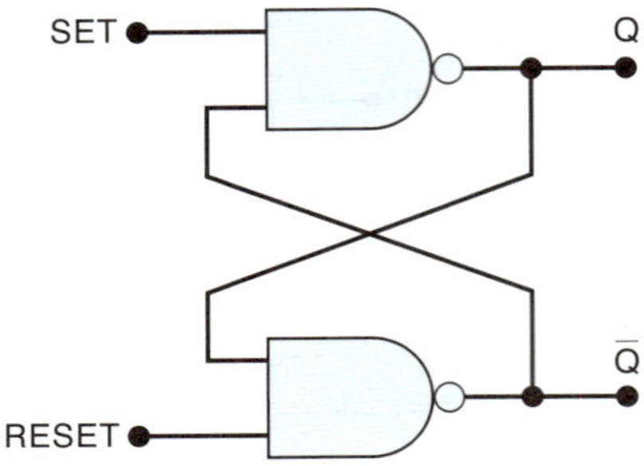

(a)

置定	重置	輸出
1	1	不變
0	1	Q = 1
1	0	Q = 0
0	0	無效*

* 產生 $Q=\overline{Q}=1$.

(b)

圖 5-6 **(a) NAND 閂鎖；(b) 真值表**

高電位時，最後的閂鎖輸出狀態是依哪個輸入端先回復至高電位而定。同時回復至 1 狀態便會產生不願有的結果。故因上述理由而使 SET＝RESET＝0 的情形在 NAND 閂鎖中從未使用。

NAND 閂鎖的摘要

上述的操作情形可便捷的表示在真值表中 (圖 5-6)，其摘要如下：

1. **SET＝RESET＝1**：這種情形是正常靜止狀態且對正反器輸出狀態無影響。Q 與 $\overline{Q}$ 輸出將維持於此輸入條件之前的狀態。
2. **SET＝0，RESET＝1**：此將總是使輸出為 $Q=1$ 的狀態，甚至在 SET 回復為高電位後亦保持原狀。該操作稱為置定閂鎖。
3. **SET＝1，RESET＝0**：此將總是產生 $Q=0$ 的狀態，在 RESET 回復為高電位後亦保持原狀。此操作稱為清除或重置閂鎖。
4. **SET＝RESET＝0**：此情形嘗試同時的置定與清除正反器，且它將產生 $Q=\overline{Q}=1$。如果此二輸入同時回到 1，得到的狀態則無法預測。此輸入情形不應使用。

互換符號表示

由上述 NAND 閂鎖操作說明中，顯然可知 SET 與 RESET 輸入都是低電位動作。SET 輸入置定 $Q=1$ 是當 SET 為低電位的時候；而 RESET 輸入端清除 $Q=0$ 是當 RESET 為低電位的時候。因此緣故，NAND 閂鎖電路的各 NAND 閘常以互換符號來表示，如圖 5-7(a) 所示者。在 $\overline{SET}$ 與 $\overline{RESET}$ 輸入端上的小圈乃強調這些輸入是低電位動作的 (您或許需要複習 3-13 與 3-14 節有關於此的題材)。

圖 5-7(b) 所示為我們有時使用到的簡化方塊圖。S 與 R 標號乃表示 SET 與

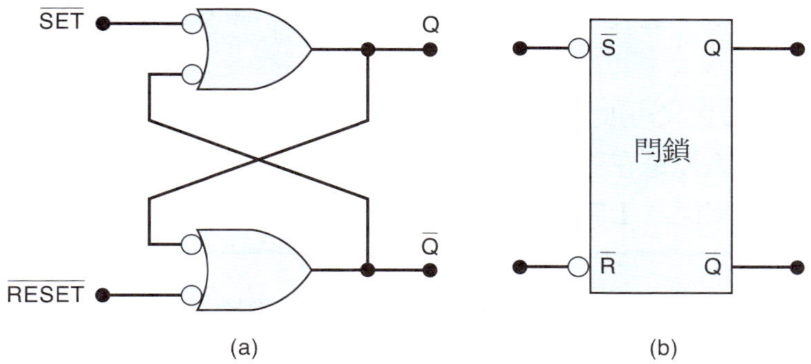

圖 5-7　(a) NAND 閂鎖同等表示；(b) 簡化方塊符號

RESET 輸入端，而小圈乃代表此二輸入是低電位動作。無論何時，當使用此方塊符號時，它就表示 NAND 閘閂鎖。NAND 閂鎖與 NOR 閂鎖 (5-2 節提出) 通常稱為 ***S-R*** 閂鎖 (*S-R* latch)。

術　語

清除 (clearing) FF 或閂鎖的動作也稱重置 (resetting)，這兩個名詞在數位領域常互相交換使用。事實上，RESET 輸入就是 CLEAR 輸入，而 SET-RESET 閂鎖就是 SET-CLEAR 閂鎖。

例題 5-1

圖 5-8 的兩個波形被送至閂鎖的輸入端。若開始時 $Q=0$，試求出 Q 的波形。

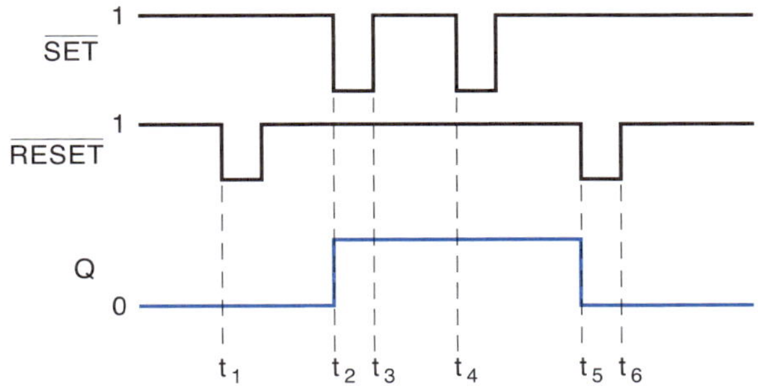

圖 5-8　例題 5-1

解答：起初 $\overline{\text{SET}}=\overline{\text{RESET}}=1$，而使 Q 維持 0 狀態。低電位的脈波在時間 t_1 時於 $\overline{\text{RESET}}$ 輸入端產生且無任何影響，由於 Q 總是處於清除 (0) 狀態。

Q 變為 1 狀態的唯一方式是在 $\overline{\text{SET}}$ 輸入端送入一個低電位的脈波，由圖可知

$\overline{\text{SET}}$ 端開始有低電位是發生在 t_2 的時候。當在 t_3 時，$\overline{\text{SET}}$ 回復為高電位，Q 仍維持新的高電位。

在 t_4 時，$\overline{\text{SET}}$ 又再度為低電位。但因 Q 已置定為 1 狀態而無影響。使 Q 回至 0 狀態的唯一途徑是在 $\overline{\text{RESET}}$ 輸入端加入低電位脈波，且此情形發生於 t_5。當 $\overline{\text{RESET}}$ 在 t_6 回復為 1 時，Q 現在為其新的低電位狀態。

例題 5-1 說明閂鎖輸出“記下”最後所動作的輸入，且直到有相反的輸入動作時才換態。

例題 5-2

由於**接觸跳彈** (contact bounce) 的現象，因而幾乎不可能以機械開關得到“完美無瑕”的電壓變化。由圖 5-9(a) 所示，將開關由位置 1 扳至位置 2，則在開關保持閉合於位置 2 前，將因開關跳彈 (數次觸及位置 2 後再跳彈開) 而產生數次輸出電壓變化。

開關跳彈的時間一般是僅有數毫秒，但這在很多應用上是不被接受的。NAND

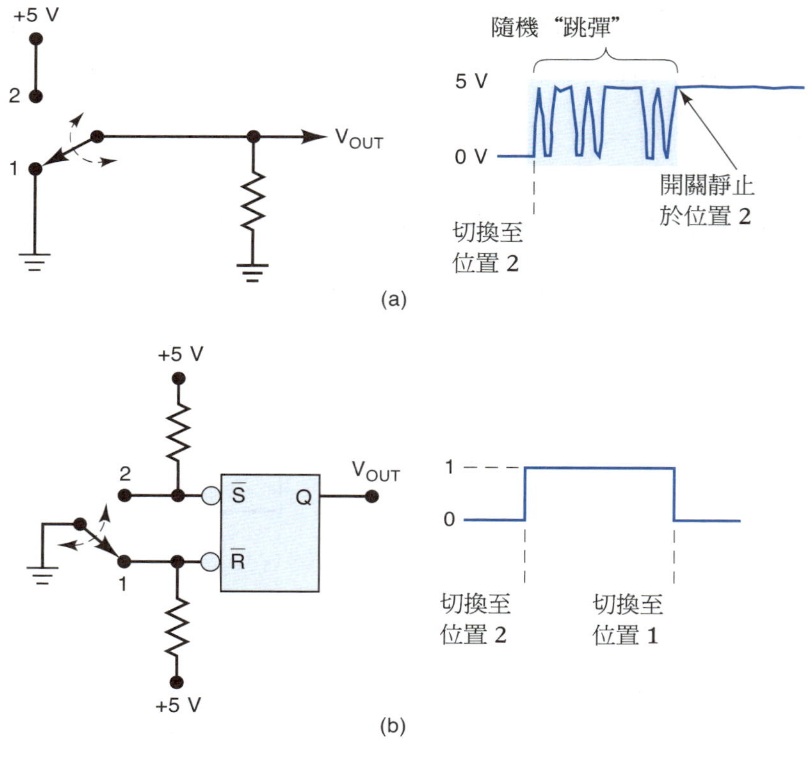

圖 5-9 (a) 機械開關跳彈將產生數次電壓變化；(b) NAND 閘閂鎖用以消除跳彈現象

閘門鎖可用以清除這種接觸跳彈的現象。試利用圖 5-9(b) 說明 NAND 閘門鎖如何清除開關的接觸跳彈現象。

解答：假設開始時開關是處於位置 1，則 $\overline{\text{RESET}}$ 輸入為低電位且 $Q=0$。當開關切換至位置 2 時，$\overline{\text{RESET}}$ 為高電位，且在初接觸到時可於 $\overline{\text{SET}}$ 輸入端產生低電位。此將在數 ns (NAND 閘的響應時間) 後使輸出 $Q=1$。現在若開關跳離位置 2，則 $\overline{\text{SET}}$ 與 $\overline{\text{RESET}}$ 輸入仍均為高電位，於是輸出 Q 不受影響而仍為高電位。因此，在開關的接觸跳彈期間，輸出 Q 絲毫不受干擾而保持為高電位。

同樣的，當開關由位置 2 扳至位置 1 時，在初接觸的當時可於 $\overline{\text{RESET}}$ 輸入端產生低電位。此將清除 Q 成低電位狀態，此時縱使有接觸跳彈而打開開關亦仍保持原狀。

因此，開關在任何時刻由一位置搬至另一位置時，輸出 Q 僅有一次電壓變化。

複習問題

1. $\overline{\text{SET}}$ 與 $\overline{\text{RESET}}$ 輸入的一般靜止狀態為何？各種輸入的動作狀態為何？
2. 在 FF 已被重置 (清除) 後，Q 與 $\overline{Q}$ 的狀態為何？
3. 真或偽：$\overline{\text{SET}}$ 輸入永不用來使 $Q=0$。
4. 當電源開始加至 FF 電路時，則不可能預知 Q 與 $\overline{Q}$ 的初始狀態。如何保證 NAND 閂鎖總是開始於 $Q=1$ 狀態？

5-2　NOR 閘門鎖

兩個交互耦合的 NOR 閘可用來製作 **NOR 閘門鎖** (NOR gate latch)。這種電路安排示於圖 5-10(a)，除了 Q 與 $\overline{Q}$ 輸出互換位置外，其他一切如同 NAND 閘門鎖。

進行 NOR 閘門鎖的操作分析正如同 NAND 閘門鎖的分析一樣，此結果示於圖 5-10(b) 的真值表，且摘要如下：

1. SET＝RESET＝0：這是 NOR 閘門鎖的正常靜止狀態且對輸出狀態無影響。Q 與 $\overline{Q}$ 將維持先前輸入狀態所產生的輸出結果。
2. SET＝1，RESET＝0：此將總是置定 $Q=1$，甚至於在 SET 回復至 0 後亦保持原狀。

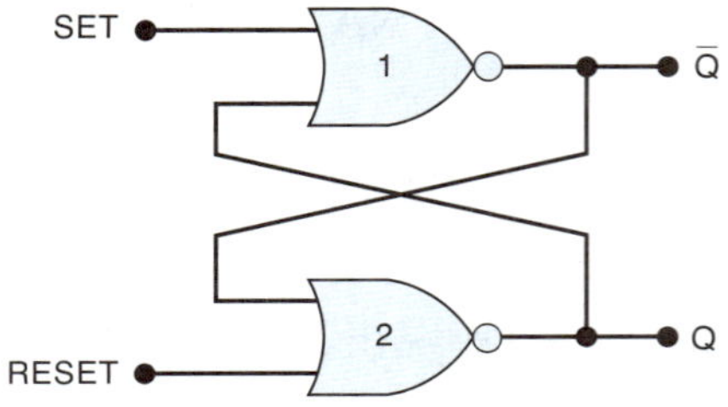

(a)

置定	重置	輸出
0	0	不變
1	0	Q = 1
0	1	Q = 0
1	1	不明確*

* 產生 $Q=\overline{Q}=0$.

(b)

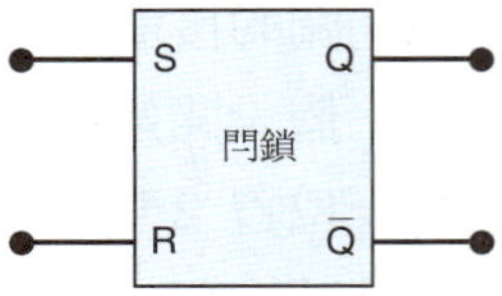

(c)

圖 5-10 (a) NOR 閘閂鎖；(b) 真值表；(c) 簡化方塊符號

3. SET＝0，RESET＝1：此將總是清除 $Q=0$，甚至在 RESET 回復為 0 後亦維持原狀。
4. SET＝1，RESET＝1：此情形是嘗試要同時置定與清除閂鎖，且將產生 $Q=\overline{Q}=0$。若此二輸入同時回復為 0，則該輸出結果並非所欲求的，故此輸入狀態不可使用。

NOR 閘閂鎖的操作除了 SET 與 RESET 輸入為高電位動作而非低電位動作及正常靜止狀態為 SET＝RESET＝0 外，其餘一如 NAND 閘閂鎖的操作。Q 被置定為高電位是需在 SET 輸入端加入高電位脈波，且被消除為低電位是需在 RESET 輸入端加入高電位脈波。NOR 閘閂鎖的簡化方塊符號示於圖 5-10(c)，且其在 S 與 R 輸入端無小圈，此即表示該二輸入為高電位動作。

例題 5-3

若初始 $Q=0$，試求出 NOR 閘閂鎖在圖 5-11 所示的輸入波形下所得的波形。

解答：起初是 SET＝RESET＝0，這對 Q 並無影響，且使 Q 保持為低電位。當 t_1 時，SET 為高電位，Q 便置定為 1，且當 SET 在 t_2 回復為 0 後，亦維持原狀。

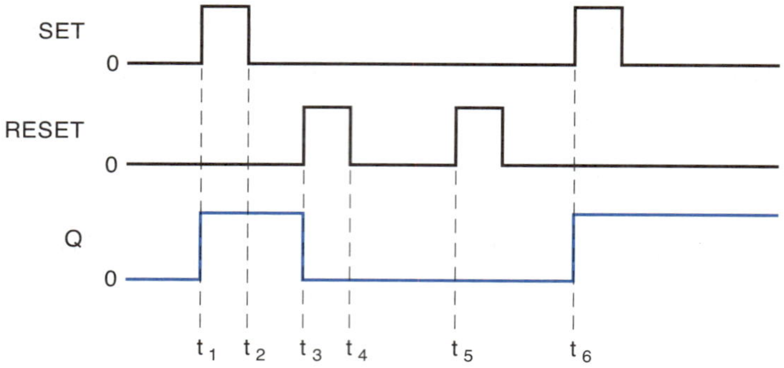

圖 5-11 例題 5-3

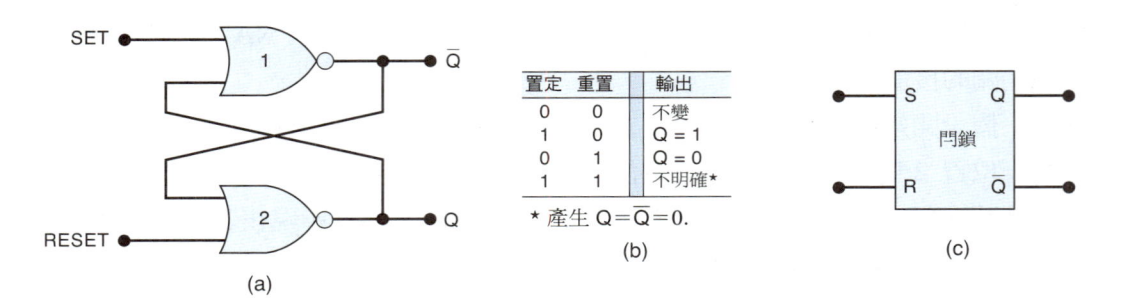

在 t_3 時，RESET 輸入為高電位且清除 Q 為 0 狀態，縱然 RESET 在 t_4 時回復為低電位，但仍保持原狀態。

由於 Q 始終為低電位，因此 RESET 脈波在 t_5 時對 Q 無影響。SET 脈波在 t_6 時又再度置定 Q 回復為 1，且保持原狀。

例題 5-3 說明了 FF "記下" 最後所動作的輸入，且直到有相反的輸入動作時才換態。

例題 5-4

圖 5-12 所示可用來檢測光束中斷的簡易電路。光線聚射在一個接成共射極式以進行開關操作的光電晶體上。設閂鎖事先因瞬間打開 SW1 開關而清除為 0 狀態，且光束瞬間被中斷，試描述將發生何種情形？

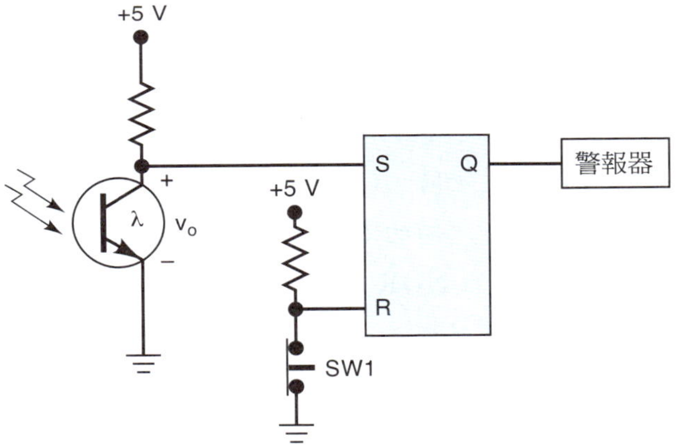

圖 5-12　例題 5-4

解答：光照射於光電晶體上可假設為完全導電，這是因在集極與射極間電阻甚小之故。因此，v_0 將趨近於 0 V。閂鎖的 SET 輸入端將為低電位，且將使 SET＝RESET＝0。

當光束中斷時，光電晶體截止且其集極至射極間的電變得很大 (即為打開電路)。如此便使 v_0 大約為 5 V；因此便使置定輸入端為高電位而使警報器啟動。

現在，因 Q 維持為高電位而使該警報器保持在啟動狀態 (縱然光束僅瞬間中斷)；而一下子又使 v_0 恢復為 0 V，但仍保持原狀。此係因為 SET 與 RESET 皆將為低電位，因此 Q 不會有所變化。

此應用中，閂鎖的記憶特性可用來將瞬間的發生狀況 (光束中斷) 轉變為常態輸出。

當門鎖器藉由瞬間打開 SW1 並且允許 RESET 輸入使用電阻器拉昇至高電位時，警報將再度解除。注意到如果我們嘗試於光束被阻斷時重置門鎖器，則將產生無效的門鎖器輸入條件 SET＝RESET＝1。因此有必要將 SW1 維持打開者一直到光束恢復成重置警報門鎖器。

電源啟動時的正反器狀態

當電源送到電路時，如果它的 SET 與 RESET 輸入皆在它們的不動作狀態 (即，在 NAND 閂鎖時 $S=R=1$，在 NOR 閂鎖則為 $S=R=0$) 則無法預期 FF 輸出的啟始狀態。啟始狀態為 $Q=0$ 及 $Q=1$ 的機會是相同的。但將視內部傳輸延遲、寄生電容及外部負載等而不同。如果閂鎖或 FF 必須以某特殊的狀態啟始以確保電路的正常運作時，則必須在電路一開始運作時便以突然的激發 SET 或 RESET 輸入將它置於彼狀態。通常這可藉由加上一個脈波到適當的輸入端來完成。

複習問題

1. NOR 閂鎖輸入的正常靜止狀態為何？激能狀態為何？
2. 當 FF 被置定時，Q 和 $\overline{Q}$ 的狀態為何？
3. 促使 NOR 閂鎖的 Q 輸出從 1 改變成 0 的唯一方式為何？
4. 若圖 5-12 的 NOR 閂鎖以 NAND 閂鎖取代時，為何電路不會正常工作？

5-3 故障檢修實例

以下兩個例題用以說明電路中含有閂鎖的故障檢修問題。

例題 5-5

試分析並描述圖 5-13 所示電路的邏輯運算。

解答：開關用以置定或清除 NAND 閂鎖以產生完美無跳彈的 Q 和 $\overline{Q}$ 信號。這些閂鎖輸出用以控制 1 kHz 脈波經由 AND 閘而輸出至 X_A 與 X_B。

當開關扳至位置 A 時，閂鎖被置定成 $Q=1$。此將允許 1 kHz 脈波到達 X_A，且低電位的 $\overline{Q}$ 使 $X_B=0$。而當開關扳至位置 B 時，閂鎖被清除為 $Q=0$，於是 $X_A=0$；此外，高電位的 $\overline{Q}$ 使 1 kHz 脈波得以到達 X_B。

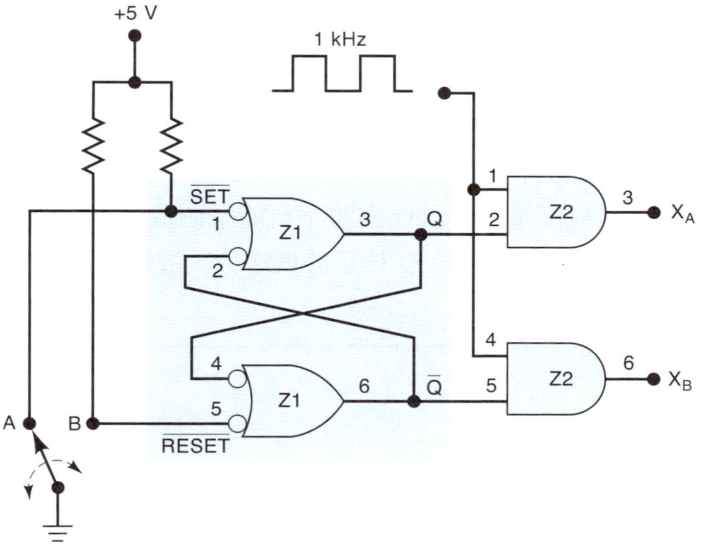

開關位置	X_A	X_B
A	脈波	低電位
B	低電位	脈波

圖 5-13　**例題 5-5 與 5-6**

例題 5-6

某技術員測試圖 5-13 所示的電路並將所觀察的結果記錄於表 5-1。結果技術員查到當開關位於位置 *B* 時電路的工作正常，而位於位置 *A* 時閂鎖無法被置定成 $Q=1$ 狀態。試問產生該功能失常的可能錯誤為何？

表 5-1

開關位置	$\overline{SET}$ (Z1-1)	$\overline{RESET}$ (Z1-5)	Q (Z1-3)	$\overline{Q}$ (Z1-6)	X_A (Z2-3)	X_B (Z2-6)
A	低電位	高電位	低電位	高電位	低電位	脈波
B	高電位	低電位	低電位	高電位	低電位	脈波

解答：有幾種可能：

1. Z1-1 為內部開路。這將使輸出 Q 無法適時響應 $\overline{SET}$ 輸入。
2. NAND 閘 Z1 中有某內部元件的功能失常，以致無法正常響應。
3. 輸出 Q 佇足於低電位。造成此結果的原因有：
   (a) Z1-3 內部短路於接地。
   (b) Z1-4 內部短路於接地。
   (c) Z2-2 內部短路於接地。
   (d) Q 節點外部短路於接地。

以歐姆表檢查 Q 到接地上述各成因即可找出真正的錯誤。此外，外部短路通常可用肉眼找出。

$\overline{Q}$ 內部或外部短路在 V_{CC} 是否也是造成功能失常的一個原因？稍加思索便可得知這並不是一個成因。因為 $\overline{Q}$ 短路在 V_{CC} 並不能阻止輸出 Q 在輸入 $\overline{\text{SET}}$ 為低電位時變為高電位。由於 Q 並未轉變成高電位，因此這並不可能是個故障。我們之所以認為 $\overline{Q}$ 佇足於高電位可能的一個成因是由於 Q 佇足於低電位，這也使得 $\overline{Q}$ 經由底部之 NAND 閘而維持於高電位。

5-4 數位脈波

如您在探討 SR 閂鎖器時所見者，在數位系統中當信號從正常的不動作狀態轉變成相反 (動作) 狀態時會有一些狀況發生，因而造成電路發生若干事情。因此當最近不動作的信號仍在系統中時，信號回到了它的不動作狀態。這些信號乃稱為**脈波** (**pulses**)，因此瞭解與脈波及脈波波形相關的術語是極為重要的。當一個脈波是在轉變成高電位時才執行預定之功能者稱之為正 (positive) 脈波，而在它轉變成低電位時才執行預定功能者稱為負 (negative) 脈波。在實際的電路中，脈波波形需

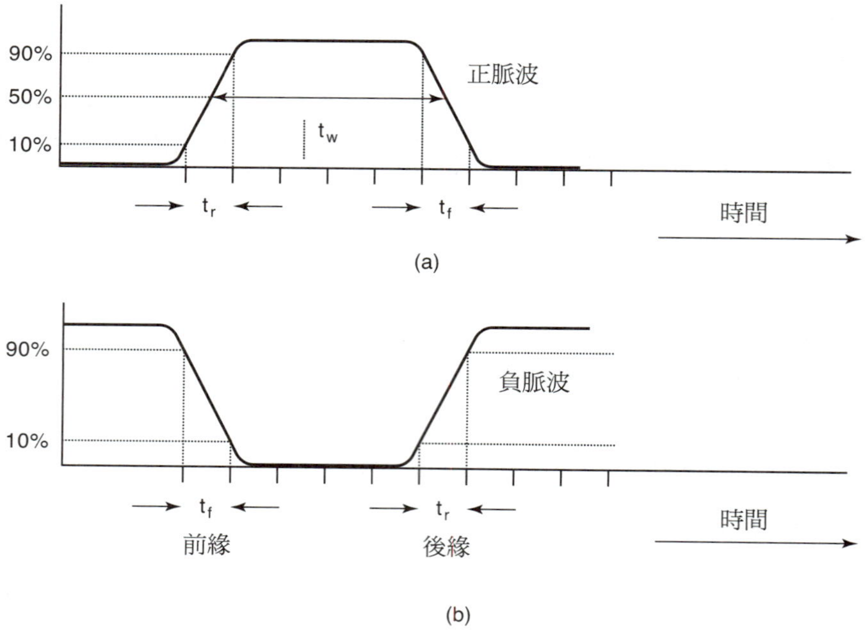

圖 5-14 (a) 正脈波與 (b) 負脈波

花費一段時間才能從其中一個準位改變到另一位準位。這些變換時間乃稱為上昇時間 (t_r) 與下降時間 (t_f)，且定義成電壓從高電位的 10% 與 90% 之間改變所需的時間，如圖 5-14(a) 中的正脈波所示。脈波一開始時的變換稱為前緣，而在脈波尾端者稱為後緣。脈波持續的期間 (寬度，t_w) 乃定義成前緣與後緣位於高電壓準位之 50% 點之間的時間。圖 5-14(b) 指出了一個低電位作用或負脈波。

例題 5-7

若微控制器想要存取它外部記憶器中的資料時，它將激能一個稱為 $\overline{RD}$ (讀出) 的低電位動作輸出接腳。資料手冊寫著 $\overline{RD}$ 脈波基本上有一個 50 ns 的脈波寬度 t_w，15 ns 的上昇時間 t_r，以及 10 ns 的下降時間 t_f。試繪出脈波的比例圖。

解答：圖 5-15 顯示出脈波的描繪。$\overline{RD}$ 脈波為低電位動作，所以前緣是以 t_f 量測的下降緣，而後緣則為以 t_r 量測的上昇緣。

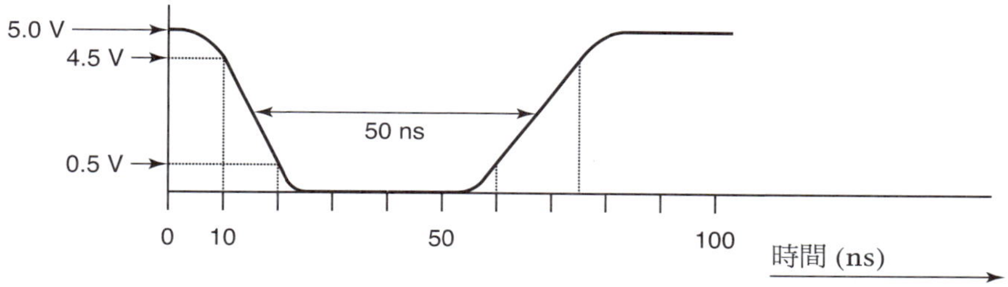

圖 5-15　例題 5-7

5-5　時脈信號與時脈式正反器

數位系統可非同步 (asynchronously) 或同步 (synchronously)。在非同步系統中，邏輯電路的輸出可於任何時刻當一個或多個輸入改變時變換狀態。非同步系統通常比同步系統較難設計與除錯。

於同步系統中，任何輸出可能改變狀態的正確時刻是由俗稱的**時脈** (clock) 信號來決定。此時脈信號通常是方形脈波串或方波。如圖 5-16 中所示。時脈信號是分布於系統的所有部分，而且大多數 (若非全部) 的系統輸出只在時脈變換時才會改變狀態。這些變換 (也稱為*邊緣* [edge]) 示於圖 5-16 中。當時脈從 0 改變成 1 時，稱為**正昇變換** (positive-going transition, PGT)；當時脈從 1 改變成 0 時，則稱為**負降變換** (negative-going transition, NGT)。我們將使用縮寫是因為這些

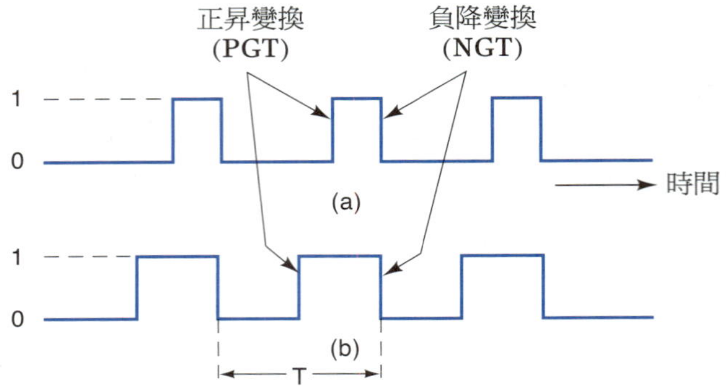

圖 5-16 時脈信號

名詞經常出現在整個書本中。

大多數的數位系統之所以主要為同步的 (雖然終究都會有一些非同步部分) 是因為同步電路較容易設計與除錯。它們之所以容易除錯是因為電路輸出僅在特定的瞬間時刻才會改變。換言之，幾乎任何事都是同步於時脈信號的變換。

時脈信號的同步動作是經由設計成能在其中一個或另一個時脈變換時改變狀態的**時脈式正反器** (clocked flip-flop) 來完成。

同步式數位系統的操作速度是與時脈循環多常發生有關。時脈循環是從其中一個 PGT 量測到下一個 PGT 或從其中一個 NGT 到下一個 NGT。完成一個循環 (秒／循環) 所需的時間稱為**週期** (period, T)，如圖 5-16(b) 中所示。數位系統的速度通常是以 1 秒內發生的時脈循環數 (循環／秒) 為參考，稱為時脈的**頻率** (frequency, F)。頻率的標準單位為赫茲。一個赫茲 (1 Hz)＝1 個循環／秒。

時脈式正反器

若干類型的時脈式 FF 應用廣泛。未開始探討不同的時脈式 FF 之前，我們且先說明幾項共通於它們的主要觀念。

1. 時脈式 FF 都會擁有一個基本上標示為 *CLK*、*CK* 或 *CP* 的時脈輸入。我們通常是使用 *CLK*，如圖 5-17 中所示。於大部分的時脈式 FF 中，*CLK* 輸入是**邊緣觸發式** (edge-triggered)，表示它是藉信號變換來激能的；這可由 *CLK* 輸入上出現的小三角形來指示。這剛好與閂鎖器相反，它們是準位觸發式的。

   圖 5-17(a) 為一個在它的 *CLK* 輸入上有小三角形的 FF，用來指出此一輸入僅於正昇變換 (PGT) 發生時才會被激能；輸入脈波沒有其他的部分將對 *CLK* 輸入有作用。於圖 5-17(b) 中，FF 符號不僅在它的 *CLK* 輸入上有小圈

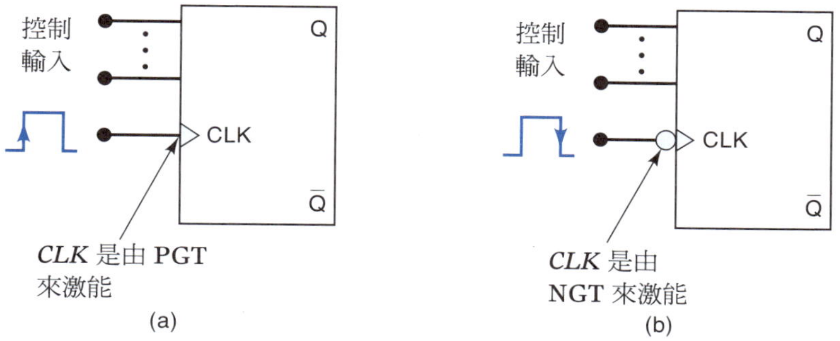

圖 5-17　**時脈式 FF 擁有一個時脈輸入 (*CLK*)，它將於 (a) PGT 或 (b) NGT 時被激能。控制輸入則決定了有作用之時脈變換的影響**

而且也有三角形。這表示了 *CLK* 輸入只於負降變換發生時才會被激能；輸入脈波無其他部分會對 *CLK* 輸入有作用。

2. 時脈式 FF 也擁有一或多個視其操作而具有不同名稱的**控制輸入** (control input)。控制輸入等到有作用的時脈變換發生時會對 *Q* 有影響。換言之，它們的影響是同步於送到 *CLK* 的信號。正因此理由，它們被稱為**同步控制輸入** (synchronous control input)。

   譬如，圖 5-17(a) 中 FF 的控制輸入要等到時脈信號之 PGT 發生時才會對 *Q* 有影響。同樣地，圖 5-17(b) 中的控制輸入將一直到時脈信號的 NGT 才會有作用。

3. 總之，我們可以說控制輸入使 FF 輸出準備作變化。控制輸入控制著 WHAT (即輸出將變成什麼狀態)；*CLK* 輸入則決定了 WHEN。

建立與持住時間

如果時脈式 FF 要能在有作用之 *CLK* 變換發生時對它的控制輸入作可靠反應則必須滿足時序的要求。這些要求以圖 5-18 之 FF 於 PGT 觸發時來作說明。

建立時間 (setup time)，t_S，為 *CLK* 信號之有動作變換的緊先時間間隔，其間控制輸入必須維持於適當的準位。IC 製造商一般會明定最短的允許建立時間 t_S (min)。如果此時間要求未能滿足，則當時脈邊緣發生時，FF 可能無法可靠的反應。

持住時間 (hold time)，t_H，為 *CLK* 信號之有動作變換的隨後時間間隔，其間同步控制輸入必須維持於適當的準位。IC 製造商通常會明定最短可接受的持住時間值 t_H (min)。如果此要求未能滿足，FF 則無法可靠的觸發。

因此，為確保有作用之時脈變換發生時，時脈式 FF 將正確的反應，控制輸入

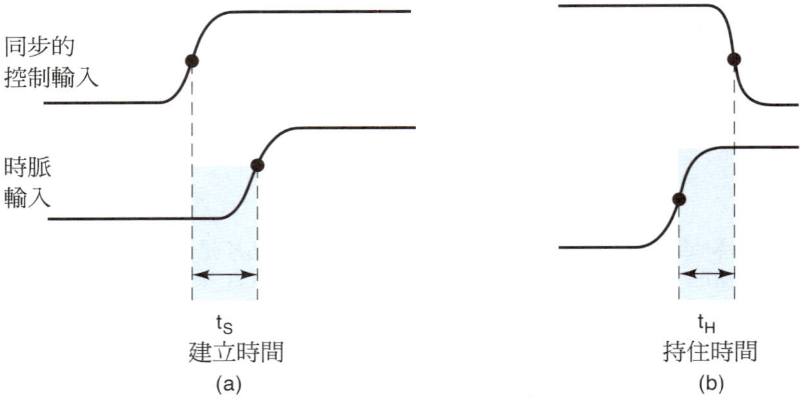

圖 5-18 控制輸入必須 (a) 於有動作之時脈變換前時間 t_S 以及 (b) 於有動作之時脈變換後時間 t_H 後維持穩定

必須在時脈變換之前至少相等於 t_S (min) 的時間間隔，而且在時脈變換之後至少相等於 t_H (min) 的時間間隔是穩定的 (未改變)。

IC 正反器將至少有奈秒 (ns) 時間範圍內允許的 t_S 與 t_H 值。建立時間通常是在 5 到 50 ns 的範圍，然而持住時間則通常是從 0 到 10 ns。注意到這些時間是在變換上的 50% 點間量測到的。

這些時間要求在同步系統中是非常重要的，原因 (如您將見到者) 為許多情況時，FF 的同步控制輸入幾乎於 *CLK* 輸入同一時刻作改變。

複習問題

1. 時脈式 FF 含有哪兩類輸入？
2. 何謂邊緣觸發？
3. 真或偽：僅在控制輸入發生有效換態時，*CLK* 輸入才能影響 FF 輸出。
4. 定義時脈式 FF 的建立時間與持住時間。

5-6 時脈式 S-R 正反器

圖 5-19(a) 所示為可被時脈信號正昇緣觸發的**時脈式 S-R 正反器** (clocked S-R flip-flop) 邏輯符號。這意指此 FF 僅有當送至其時脈輸入端的信號從 0 至 1 的變化時才轉態。*S* 與 *R* 輸入如同前所述及的 NOR 閘 FF 一樣控制 FF 的狀態，但此 FF 並不對這些輸入有響應，而是直到時脈信號的 PGT 產生時才有響應。

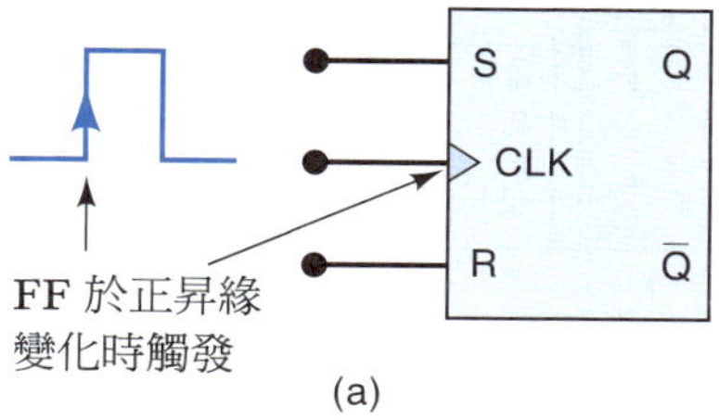

(a)

輸入			輸出
S	R	CLK	Q
0	0	↑	Q_0 (不變)
1	0	↑	1
0	1	↑	0
1	1	↑	不明確

Q_0 為 *CLK*↑ 之前的輸入準位。
CLK↓ 對 *Q* 不產生改變。

(b)

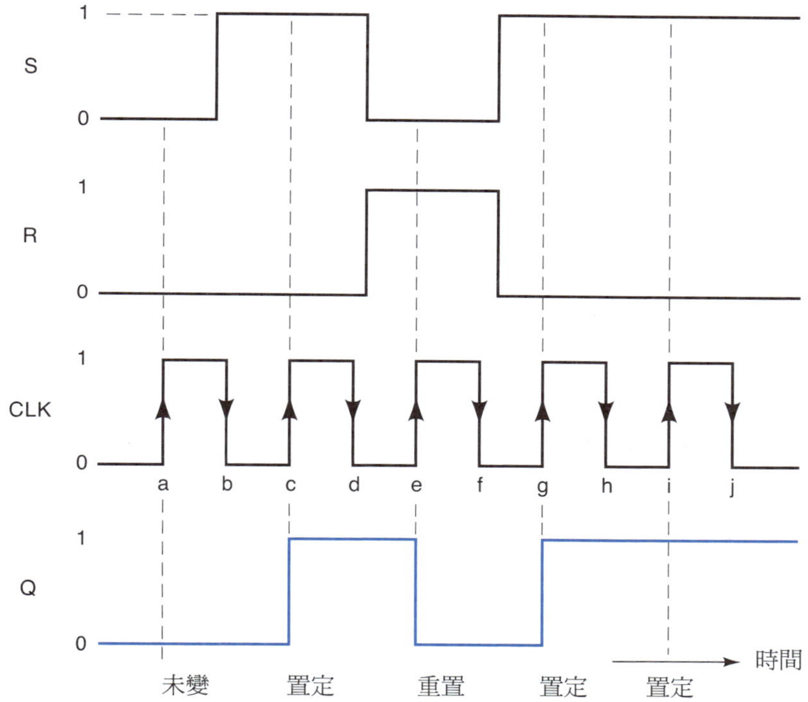

(c)

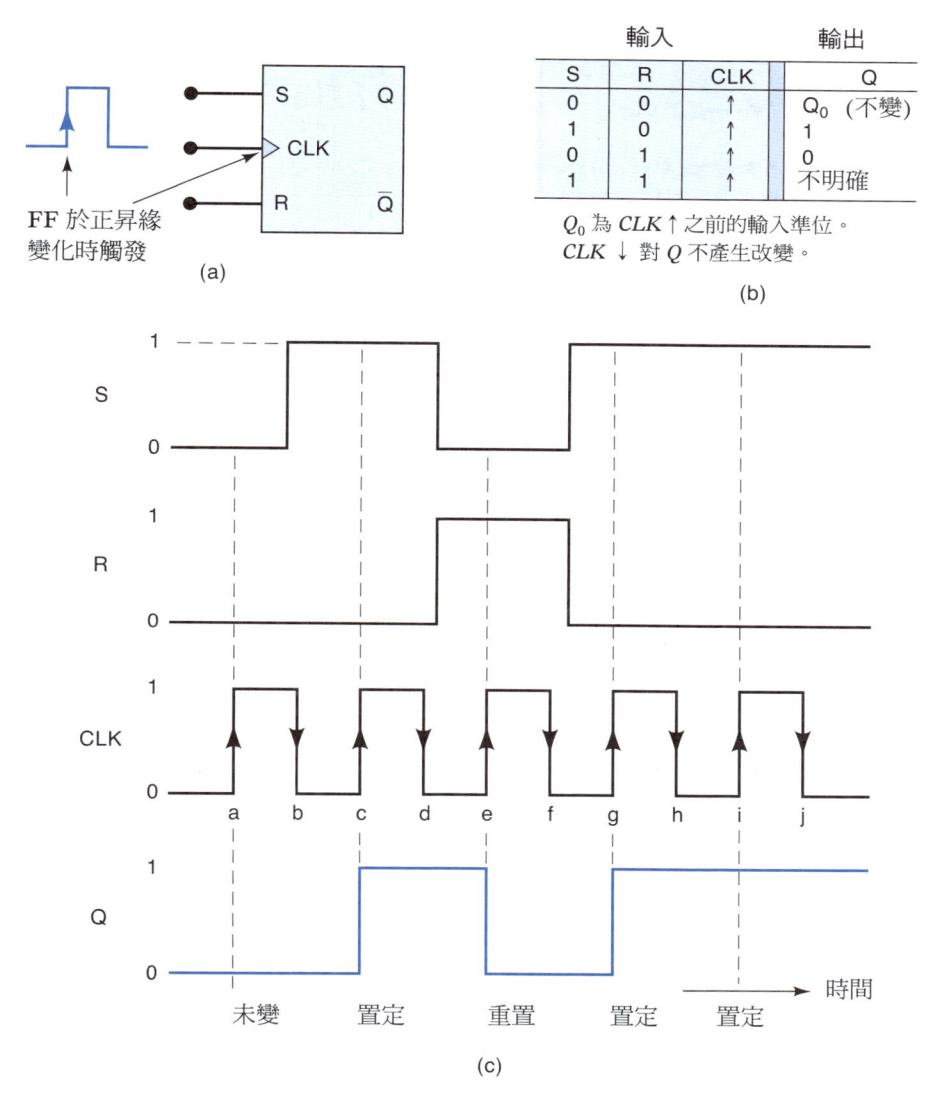

圖 5-19 (a) 只響應於時脈正昇緣的時脈式 S-R FF；(b) 功能表；(c) 典型波形

圖 5-19(b) 所示的真值表可說明 FF 輸出僅在 *CLK* 輸入發生 PGT 時，才響應於 *S* 與 *R* 輸入的各種組合。此真值表用了一些新的命名法。如向上箭頭 (↑) 用以指示所需的 *CLK* 為 PGT 式；Q_0 用以代表 PGT 發生前的 *Q* 準位。這些命名法經常被 IC 廠商使用於 IC 資料手冊中。

圖 5-19(c) 中的波形說明了時脈式 S-R FF 的操作。若設定已達到在所有情形下的建立與持住時間需求，則可分析這些波形如下：

1. 最初是所有輸入為 0 且 *Q* 輸出設定為 0；即 $Q_0=0$。

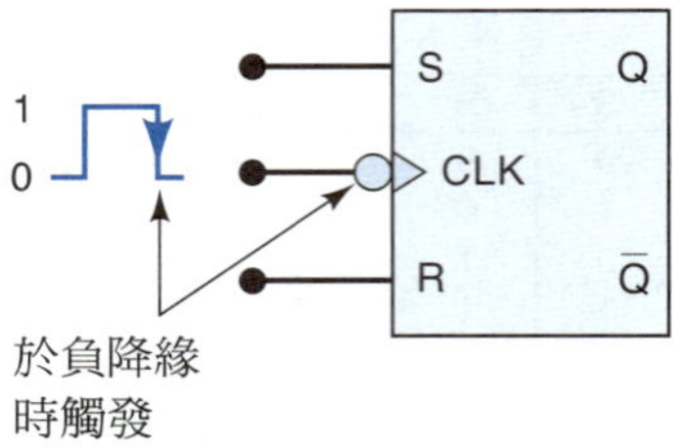

輸入			輸出
S	R	CLK	Q
0	0	↓	Q_0 (不變)
1	0	↓	1
0	1	↓	0
1	1	↓	不明確

圖 5-20 觸發於負降緣變化的時脈式 S-R FF

2. 當第一個時脈的 PGT 產生 (a 點) 時，則 S 與 R 輸入都為 0，故 FF 不受影響且保持為 $Q=0$ 狀態 (即 $Q=Q_0$)。
3. 第二個時脈的 PGT 發生 (c 點) 時，S 輸入現為高電位，且 R 仍為低電位。因此，FF 在此時脈上昇緣置定為 1 狀態。
4. 當第三個時脈有正昇變化 (e 點) 時，此時 $S=0$ 且 $R=1$，故使 FF 清除為 0 狀態。
5. 第四個脈波又再度置定 FF 而使 $Q=1$ 狀態 (g 點)。這是因正昇緣產生時為 $S=1$ 及 $R=0$ 之故。
6. 第五個脈波在正昇緣有變化時，則 $S=1$ 且 $R=0$。然而 Q 已為高電位，故仍維持此狀態。
7. $S=R=1$ 的情形不使用，因會產生不明確的狀態。

由上述波形中可注意到 FF 不為時脈的負降緣所影響。且要注意除了時脈的正昇緣外，S 與 R 電位對 FF 是無影響的。S 與 R 輸入為同步控制輸入；當時脈緣有變化時，便可控制 FF 所要換的狀態為何。CLK 輸入為**觸發** (trigger) 輸入；其在時脈變化動作時，便可使 FF 依當時的 S 與 R 的輸入來換態。

圖 5-20 所示為可於 CLK 輸入的負降緣觸發時，脈式 S-R 正反器符號。在 CLK 輸入端的小圈與三角形表 FF 僅於 CLK 輸入是由 1 變為 0 時才觸發。除了輸出是僅在時脈負降緣 (即圖 5-19 中 b、d、f、h 及 j 諸點) 換態外，此 FF 的操作如同正昇緣觸發的 FF 操作一樣。正昇緣觸發與負降緣觸發的兩種 FF 皆用於數位系統中。

邊緣觸發 S-R FF 的內部電路

由於各種時脈式 FF 均有現成的 IC 可供使用，因此對於其內部電路的詳細分析並不十分必要。雖然我們所感興趣者在於 FF 的外部操作，但審視如圖 5-21 所示邊緣觸發 S-R FF 的內部電路簡化樣本將有助於對外部操作的瞭解。

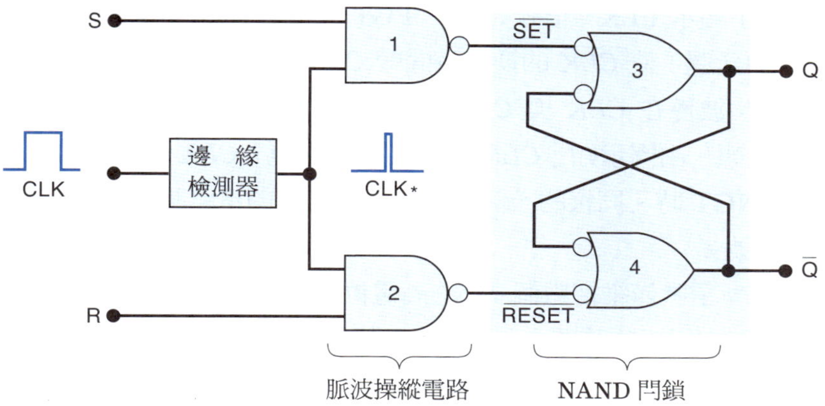

圖 5-21　邊緣觸發 **S-R FF** 的內部電路之簡化樣本

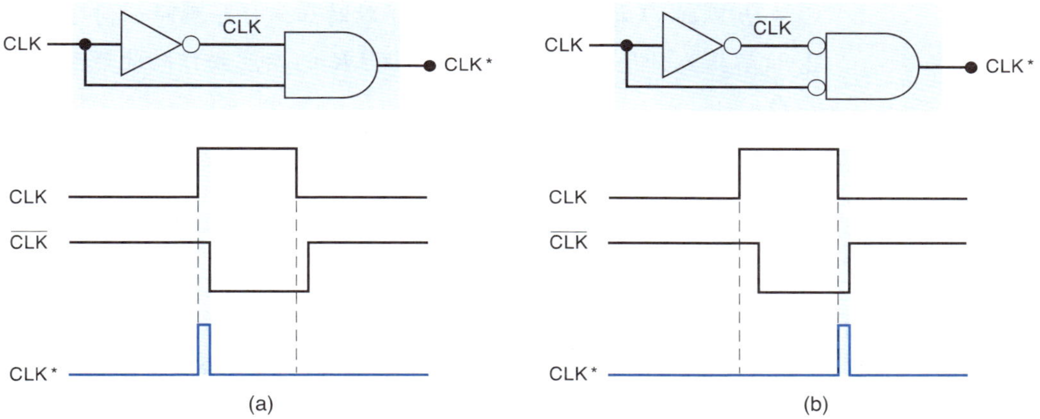

圖 5-22　製作用於邊緣觸發 **FF** 的邊緣檢測器電路：**(a) PGT**；**(b) NGT**。***CLK*** 脈波的寬度基本上為 **2～5 ns**

此電路含有三個部分：

1. 由 NAND-3 與 NAND-4 所組成的基本 NAND 閘閂鎖。
2. 由 NAND-1 與 NAND-2 所組成的**脈波操縱電路** (pulse-steering circuit)。
3. **邊緣檢測器電路** (edge-detector circuit)。

如圖 5-21 所示，邊緣檢測器所產生的窄正向尖波 (*CLK**) 是與 *CLK* 輸入脈波的變化同時發生。脈波操縱電路依 *S* 與 *R* 的電位而“操縱”*CLK** 尖波通往閂鎖的 SET 或 RESET 輸入。例如，$S=1$ 且 $R=0$ 時，*CLK** 信號經 NAND-1 而反相以產生置定 $Q=1$ 的低電位閂鎖 SET 輸入。當 $S=0$ 且 $R=1$ 時，*CLK** 信號經 NAND-2 而反相以產生重置 $Q=0$ 的低電位閂鎖 RESET 輸入。

圖 5-22(a) 顯示 *CLK** 信號如何在 PGT 時觸發邊緣觸發 FF。由於 INVERTER 所產生的延遲，使 $\overline{CLK}$ 的換態時間較 *CLK* 者延後數個 ns 的時間。AND 閘所產生的輸出尖波僅在 *CLK* 與 $\overline{CLK}$ 均為高電位時才為高電位，因此可維持數個 ns 的高電位狀態。由圖示知，*CLK** 的窄脈波開始於 *CLK* 發生 PGT 時，而結束於 $\overline{CLK}$ 發生 NGT 時。同樣的，圖 5-22(b) 所安排的電路將在 *CLK* 發生 NGT 時產生 *CLK** 信號。

由於 *CLK** 信號僅維持數個 ns 的高電位狀態，因此在 *CLK* 動作邊緣發生期間及之後，*Q* 僅在很短的時間內受 *S* 與 *R* 的準位影響。此即 FF 具有邊緣觸發特性的原因。

複習問題

1. 將圖 5-19(c) 所示的波形輸入至如圖 5-20 所示的 FF，試問在 *b* 點時 *Q* 將發生何種變化？*f* 點時如何？*h* 點時如何？
2. 試解釋為什麼 *S* 與 *R* 輸入僅在 *CLK* 的換態動作時才能影響 *Q*。

5-7　時脈式 J-K 正反器

圖 5-23(a) 所示為可被時脈信號正昇緣觸發的**時脈式 J-K 正反器** (clocked J-K flip-flop)。*J* 與 *K* 輸入控制 FF 的狀態如同 *S* 與 *R* 輸入控制 S-R FF 的狀態，但有一主要差異點：即在 $J=K=1$ 的情況導致不明確的輸出。對 $J=K=1$ 的情形而言，FF 將在時脈信號的正昇緣產生時具有其相反的狀態。此即稱為**跳換模式** (toggle mode) 操作。在此模式中，若 *J* 與 *K* 兩者為高電位，則 FF 的每個 PGT 時便換態 (跳換)。

圖 5-23(a) 的真值表為在 *J* 與 *K* 的各種輸入組合下，J-K FF 在時脈的 PGT 時所產生的響應摘要。注意此真值表除了 $J=K=1$ 情形外，其他和時脈式 S-R FF (圖 5-19) 的一樣。這個 $J=K=1$ 的情形所產生的結果為 $Q=\overline{Q}_0$，此即表 *Q* 的新值是與由前 PGT 觸發得到的值相反，即跳換操作。

這個 FF 的操作可用圖 5-23(b) 的波形說明之。再一次假設建立與持住時間的需求已滿足。

1. 起初是所有的輸入為 0 且 *Q* 輸出假設為 1；即 $Q_0=1$。
2. 當第一個時脈的正昇緣產生 (*a* 點) 時，則 $J=0$ 及 $K=1$ 的情形是存在的。因此，FF 將被清除為 $Q=0$ 狀態。

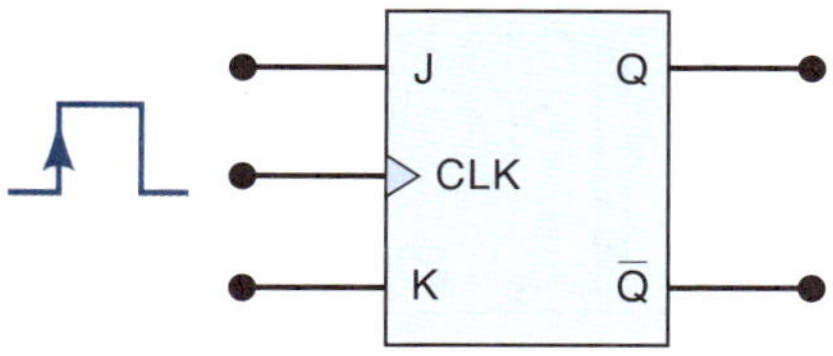

J	K	CLK	Q
0	0	↑	Q_0 (不變)
1	0	↑	1
0	1	↑	0
1	1	↑	$\overline{Q_0}$ (跳換)

(a)

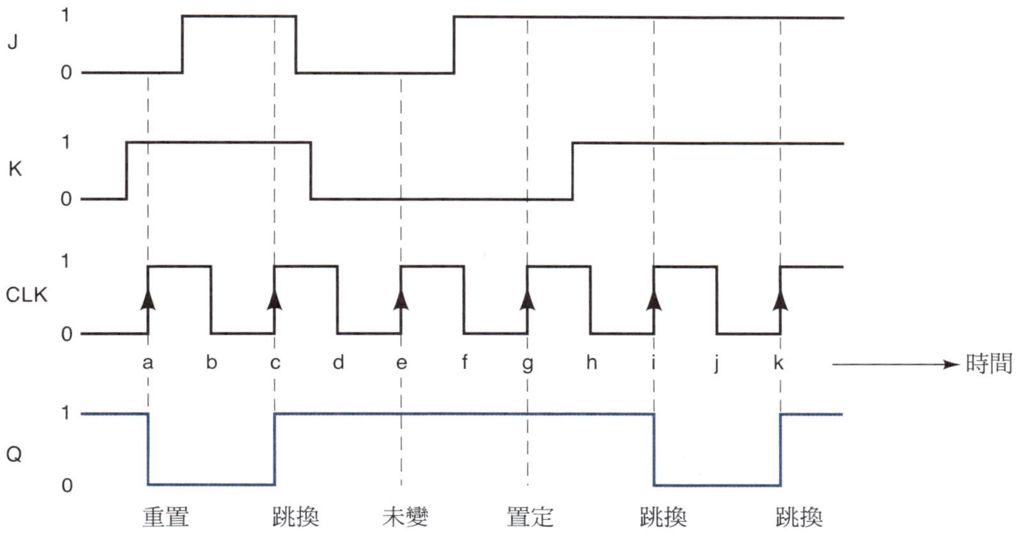

(b)

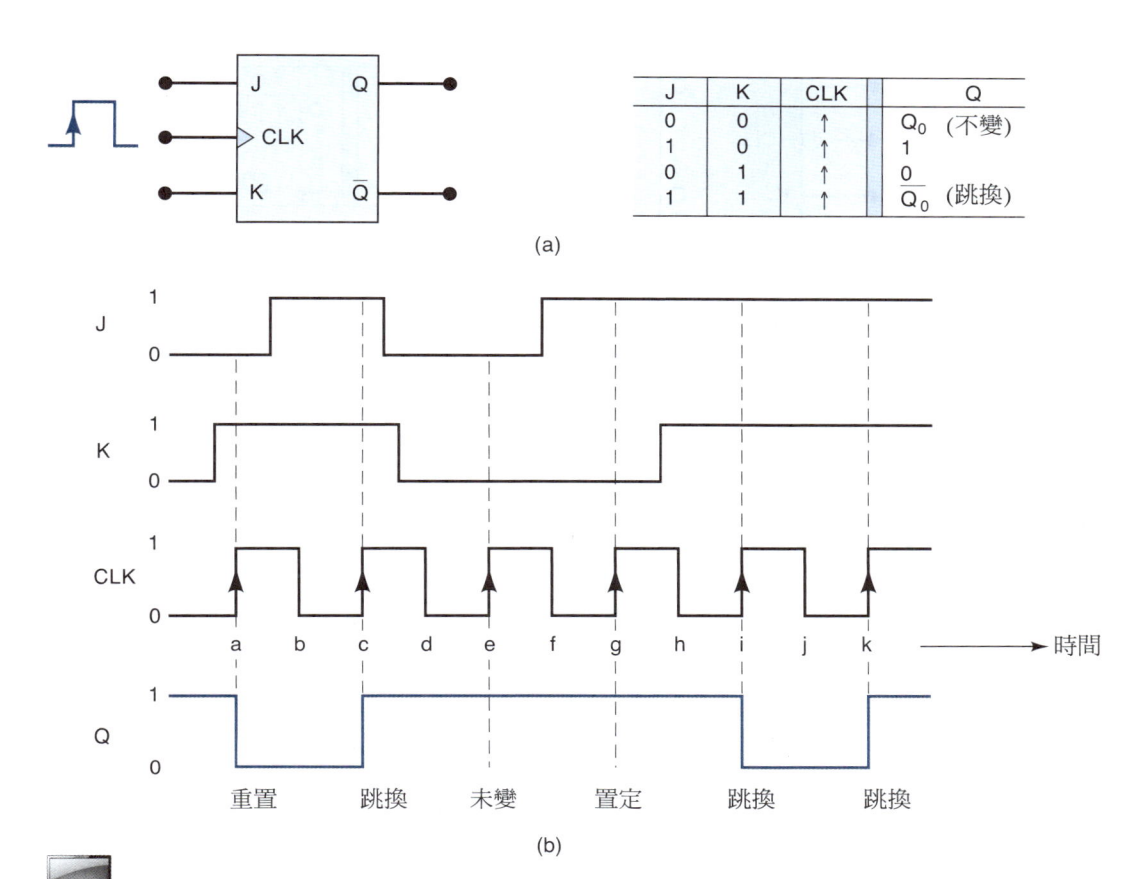

圖 5-23　(a) 時脈式 **J-K FF** 響應於時脈的正緣；**(b)** 波形

3. 當第二個時脈有正昇緣 (c 點) 時，則 $J=K=1$。此便使 **FF** 跳換至相反的狀態，即 $Q=1$。
4. 在 e 點的時脈波形時，J 與 K 都為 0，故 **FF** 在此變化處並未有換態。
5. 在 g 點時，$J=1$ 且 $K=0$。這是使 Q 為 1 狀態的情況。但是，**FF** 已為 1，故仍維持原狀。
6. 在 i 點時，$J=K=1$，故 **FF** 跳換為其相反狀態。同樣的情況是在 k 點發生。

從上述波形中注意到 **FF** 並不為時脈負降緣所影響。且除了在時脈的 **PGT** 發生外，J 與 K 輸入電位也對 **FF** 無影響。J 與 K 輸入本身不能使 **FF** 換態。

圖 5-24 表明觸發於時脈負降緣的時脈式 **J-K** 正反器符號。*CLK* 輸入端的小圈便表示 **FF** 將在 *CLK* 輸入由 1 變至 0 時觸發。此 **FF** 的操作方式除了輸出是值時脈的負降緣 (b、d、f、h 及 j 點) 換態外，其他一切如同圖 5-23 正昇緣觸發的 **FF**。此二種極性的邊緣觸發方式是常被使用的。

J-K FF 因其無不明確狀態而較 **S-R FF** 更為有用。在 $J=K=1$ 情況是產生跳

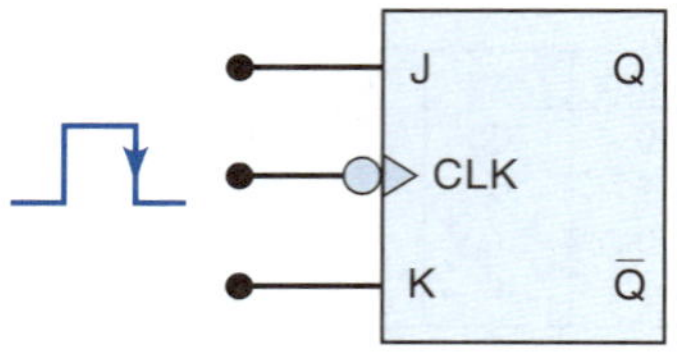

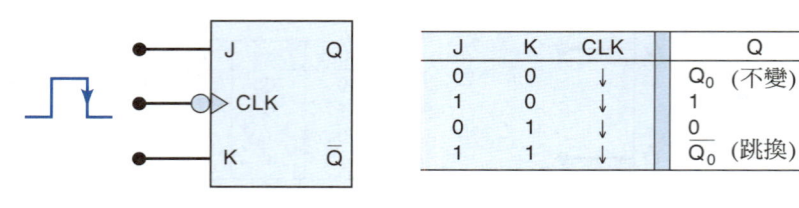

J	K	CLK	Q
0	0	↓	Q_0 (不變)
1	0	↓	1
0	1	↓	0
1	1	↓	$\overline{Q_0}$ (跳換)

圖 5-24 只於負降緣變化觸發的 **J-K FF**

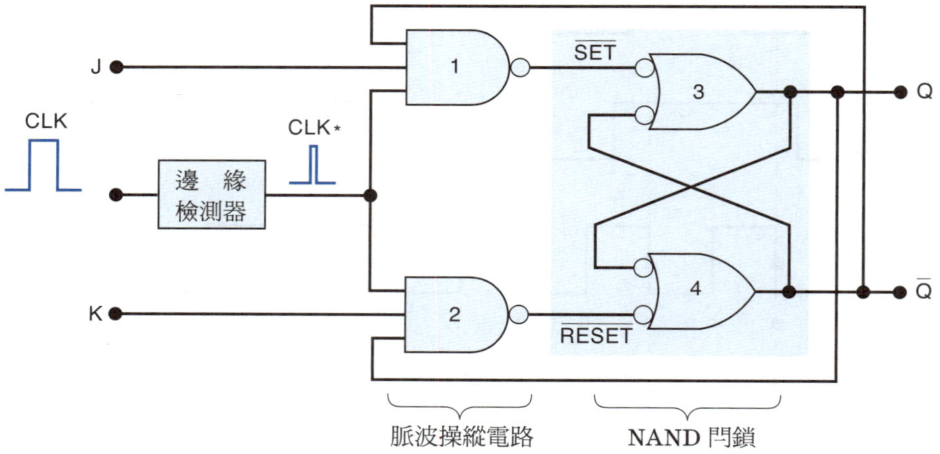

圖 5-25 邊緣觸發 **J-K FF** 的內部電路

換的操作，跳換的擴充應用可於各種形式的二進計數器中發現。基本上，**J-K FF** 可執行 **S-R FF** 的所有操作且再加上跳換操作模式。

邊緣觸發 J-K FF 的內部電路

邊緣觸發 **J-K FF** 的內部電路簡化樣本示於圖 5-25。它含有與邊緣觸發 **S-R FF** (圖 5-21) 相同的三個部分。事實上，此二電路僅有的不同點是在 Q 與 $\overline{Q}$ 輸出回接至脈波操縱 NAND 閘。回接的功用是在 $J=K=1$ 時可產生 **J-K FF** 的跳換操作。

讓我們藉假設 $J=K=1$ 且 Q 正為低電位狀態，而當 CLK 脈波產生時更加嚴密的核驗該跳換情形。以 $Q=0$ 且 $\overline{Q}=1$，則 NAND 閘 1 便通過 $CLK^{\star}$ (被反相) 至 NAND 閂鎖的 $\overline{\text{SET}}$ 輸入端以產生 $Q=1$。若我們設在 CLK 脈波產生時的 Q 為高電位，則 NAND 閘 2 便通過 $CLK^{\star}$ (被反相) 至閂鎖的 $\overline{\text{RESET}}$ 輸入端以產生 $Q=0$。故 Q 最後總是處於反相狀態。

為了使跳換操作如同上述一般的進行，$CLK^{\star}$ 脈波需要很窄。它必須在 Q 與 $\overline{Q}$ 輸出跳換至其新狀態前回至 0。否則 Q 與 $\overline{Q}$ 的新狀態便會使 $CLK^{\star}$ 脈波再一次的使閂鎖輸出有跳換操作。

複習問題

1. 真或偽：J-K FF 可用來作為 S-R FF，但 S-R FF 不可用來作為 J-K FF。
2. J-K FF 有不明確的輸入情況嗎？
3. 何種 *J-K* 輸入情況，在 *CLK* 變化產生時可置定 *Q*？

5-8　時脈式 D 正反器

圖 5-26(a) 所示為觸發於 PGT 的時脈式 D 正反器 (clocked D flip-flop) 的符號與真值表。不同於 S-R 與 J-K FF，此 FF 僅具有一個用以代表資料的同步控制輸入 *D*。D FF 的操作是很簡單的：當 *CLK* 發生 PGT 時，則輸出 *Q* 的狀態與 *D* 輸入者相同。換言之，發生 PGT 的瞬間，*D* 準位隨即被儲存在 FF 中。此可由圖 5-26(b) 所示的波形說明之。

假設開始時的輸出 *Q* 為高電位，則當發生第一個 PGT (*a* 點) 時，因 *D* 輸入為低電位；因此，*Q* 將轉變成 0 狀態。縱然 *D* 輸入在 *a* 點與 *b* 點間發生換態，但這並不會影響到輸出 *Q*。輸出 *Q* 正儲存 *D* 輸入在 *a* 點時的低電位。當 *b* 點處 PGT

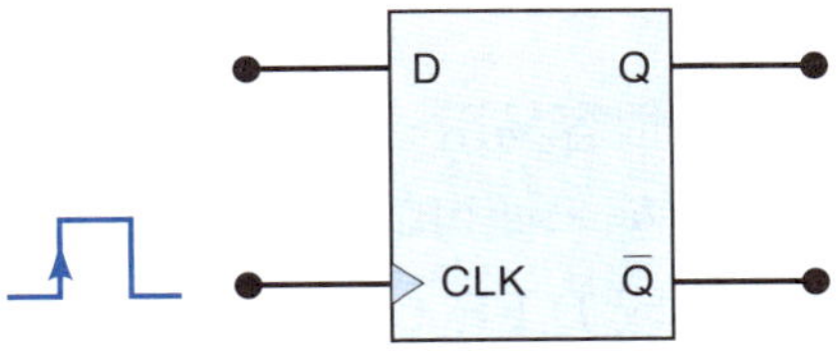

D	CLK	Q
0	↑	0
1	↑	1

(a)

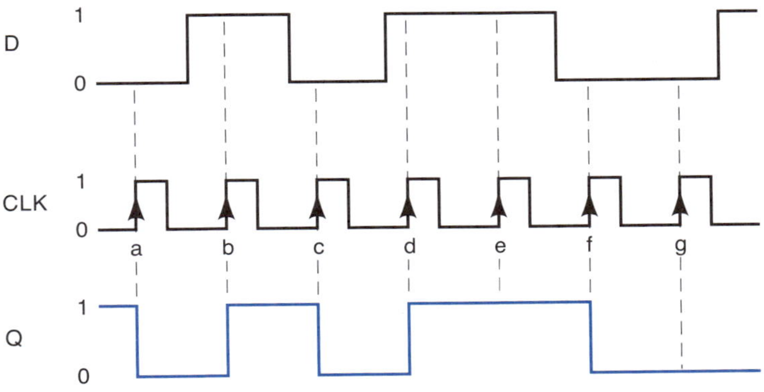

(b)

圖 5-26　(a) 只觸發於 PGT 的 D FF；(b) 波形

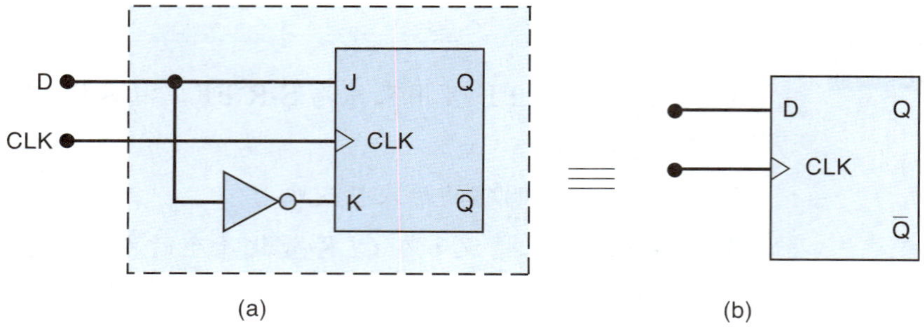

圖 5-27 用 J-K FF 製作的邊緣觸發式 D FF

發生時，Q 將因此時的 D 為高電位而呈高電位。因彼時的 D 為低電位，所以 Q 儲存此高電位直到 c 點的 PGT 迫使 Q 呈低電位。依此方式，在點 d、e、f 與 g 時輸出 Q 將分別響應此時的 D 輸入。注意 e 點時 Q 仍維持於高電位，這是因為此時的 D 仍為高電位。

再次提醒讀者，Q 僅在 PGT 發生時才可改變狀態，且介於 PGT 間的 D 輸入對輸出 Q 將毫無貢獻。

負降緣觸發的 D FF 除了僅在 CLK 的 NGT 時 Q 對 D 才有響應外，其餘操作均與正昇緣者相同。觸發於 NGT 的 D FF 符號在 CLK 輸入端將有一小圈。

製作 D FF

如圖 5-27 所示的邊緣觸發 D FF 是很容易用一個 INVERTER 加至邊緣觸發 J-K FF 來製作。若嘗試輸入 D 的兩種狀態，便可瞭解在 PGT 發生時 Q 將為出現於 D 的準位。同樣的也可將 S-R FF 轉換成 D FF。

並聯資料傳送

此時讀者或許想知道 D FF 的好用之處，因為似乎 Q 輸出是與 D 輸入相同。但必須記住 Q 只是在某一瞬間為 D 之值，且並不全然絲毫不差的與 D 相同 (例如，見圖 5-26 的波形)。

在 D FF 的大部分應用中，Q 輸出為 D 輸入值僅是在精確的特定時間才發生。此例可在圖 5-28 中說明之。邏輯電路輸出 X、Y、Z 被傳送至 FF 的 Q_1、Q_2 及 Q_3 儲存。使用三個 D FFs 且在 X、Y 及 Z 呈現的電位將於 TRANSFER 脈波送至公共 CLK 輸入端時傳送至 Q_1、Q_2 及 Q_3。FF 可儲存這些值以執行後來的處理。這便是二進資料**並聯資料傳送** (parallel data transfer) 的例子；X、Y 及 Z 三位元同時傳送。

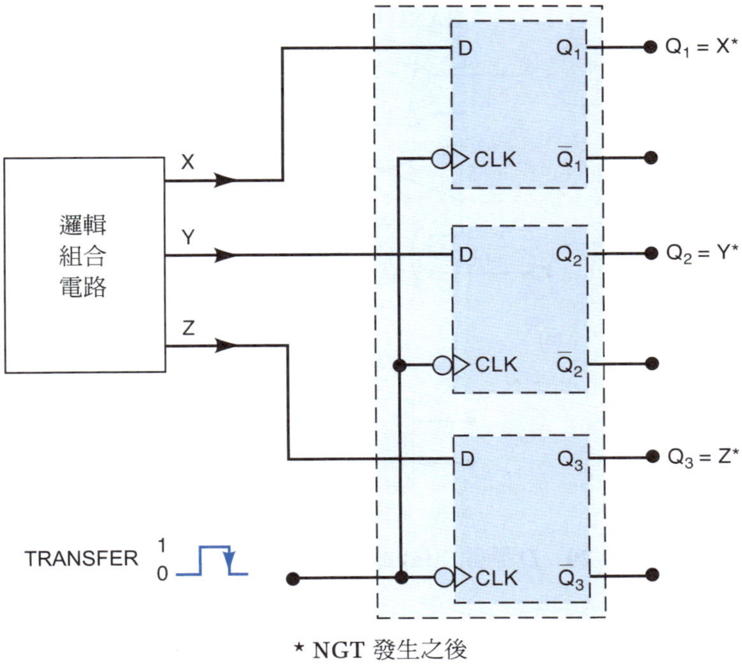

圖 5-28　使用 D FF 的二進資料的並聯傳送

複習問題

1. 若 D 輸入持住為低電位，則圖 5-26(b) 中的 Q 波形將為何？
2. 真或偽：Q 輸出無論何時總是等於 D 輸入電位。
3. J-K FF 可否用作並聯資料傳送？

5-9　*D* 閂鎖 (透通的閂鎖)

邊緣觸發式 D FF 使用邊緣檢測器電路來確保輸出是只當有時脈變化發生時才為 *D* 輸入狀態。若不用此邊緣檢測器電路，則電路在操作上有些不同。這種電路稱為 ***D*** 閂鎖 (*D* latch)，如圖 5-29(a) 所示。

此種電路含有一個 NAND 閂鎖以及脈波操作 NAND 閘 1 與 2。脈波操縱閘的激能輸入 (簡寫為 *EN*) 與時脈輸入之不同點在於激能 (enable) 輸入並非僅在其換態時才影響輸出 Q 與 $\overline{Q}$。*D* 閂鎖的操作如下所述：

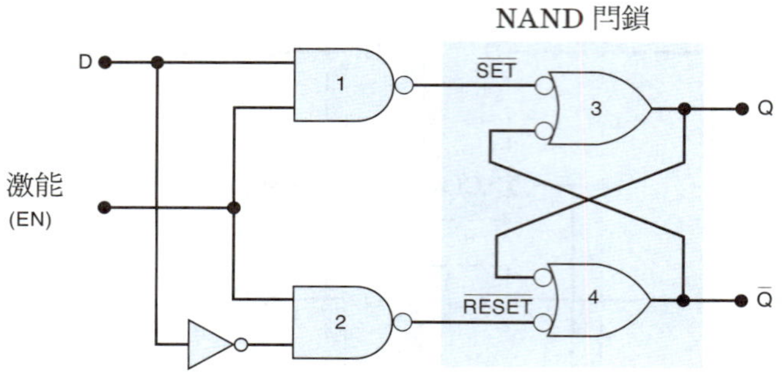

(a)

輸入		輸出
EN	D	Q
0	X	Q_0 (不變)
1	0	0
1	1	1

"X" 表 "任意"
Q_0 乃 EN 變為低電位前的 Q 狀態

(b)

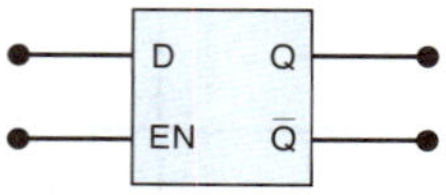

(c)

圖 5-29 ***D*** **閂鎖：(a) 結構；(b) 真值表；(c) 邏輯符號**

1. 當 EN 為高電位的期間，D 輸入將產生低電位於 NAND 閂鎖的 $\overline{\text{SET}}$ 或 $\overline{\text{RESET}}$ 輸入以促使 Q 變成與 D 相同之準位。如果 D 換態是在 EN 為高電位時，則 Q 狀態亦隨其改變而改變。換言之，當 $EN=1$ 時，Q 輸出看起來完全與 D 輸入相同；因此在這種表現方式下，D 閂鎖稱為 "透通的"。
2. 當 EN 為低電位的期間，脈波操縱閘的兩輸出均為高電位，使 D 輸入無法影響 NAND 閂鎖。因此，Q 與 $\overline{Q}$ 輸出將仍佇足於 EN 變為低電位前的邏輯準位。換言之，輸出被 "閂鎖" 於 EN 變低電位前的 D 輸入準位，且在 EN 為低電位期間，輸出將不因 D 換態而換態。

D 閂鎖的操作情形摘述於圖 5-29(b) 所示的真值表中，而 D 閂鎖的邏輯符號則示於圖 5-29(c)。注意，縱然 EN 輸入的操作類似邊緣觸發 FF 的 CLK 輸入，但 EN 輸入處並未含有小三角形。這是因為小三角形用以嚴格限制輸入僅能在換態發生時才影響輸出。*D 閂鎖不是邊緣觸發式的。*

例題 5-8

對圖 5-30 所示的 EN 與 D 輸入而言，則 D 閂鎖的輸出 Q 波形為何？假設開始時 $Q=0$。

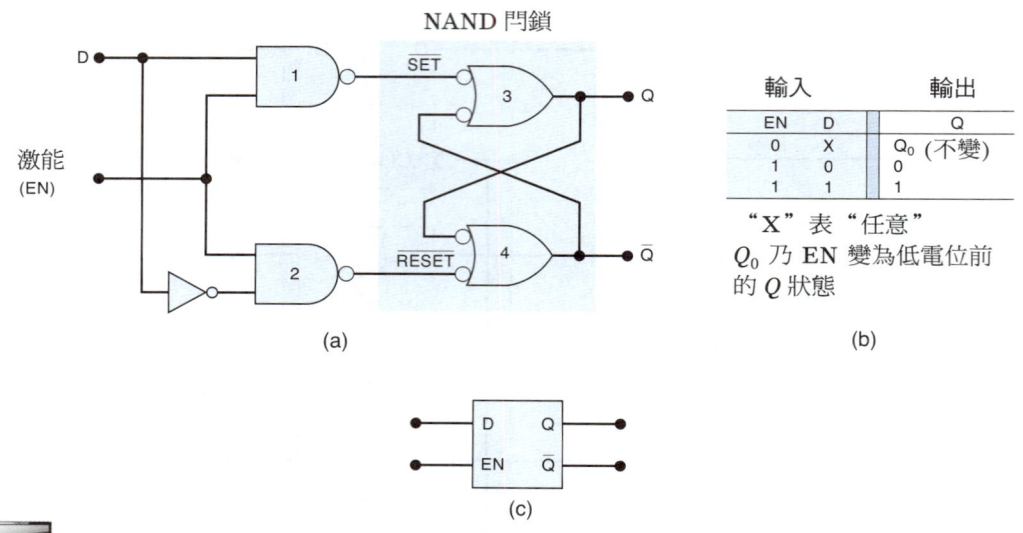

解答：時間 t_1 之前，EN 為低電位，所以 Q 被 "閂鎖" 於它目前的 0 準位，且即使 D 是變化著時也不會改變。在 t_1 到 t_2 間隔期間，EN 為高電位，所以 Q 是依隨著出現於 D 處的信號。因此，Q 於 t_1 時轉變成高電位且停留在那兒 (因 D 未改

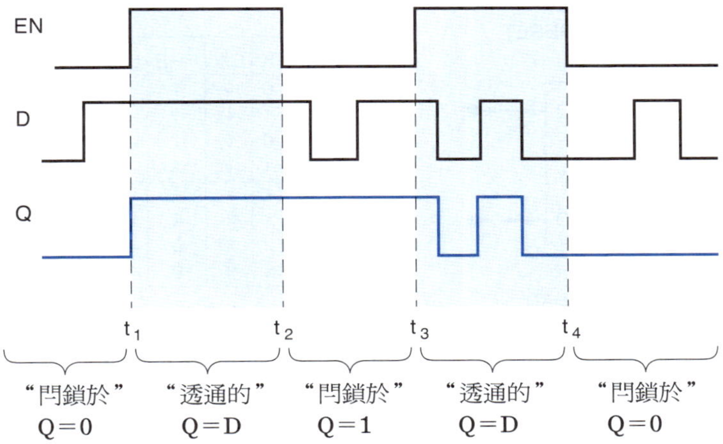

圖 5-30　用以顯示例題 5-8 的透通 *D* 閂鎖的兩種表現方式之波形

變)。當 *EN* 在 t_2 回復到低電位時，*Q* 將閂鎖於它在 t_2 時刻已具有的高電位，並且於 *EN* 為低電位時一直維持不變。

在時間 t_3 時，*EN* 又再度為高電位，*Q* 將依隨 *D* 輸入直至 *EN* 於 t_4 回返至低電位。在 t_3 至 t_4 期間，*D* 閂鎖是“透通的”，這是由於此時可允許 *D* 全然傳送至輸出 *Q*。當 *EN* 在 t_4 回返為低電位，*Q* 將閂鎖在 0 準位，因為那是它在 t_4 時的準位。t_4 之後，由於它已被鎖住，因此 *D* 的變化不再對 *Q* 有所影響 (即 *EN*=0)。

複習問題

1. 試說明 *D* 閂鎖操作上與邊緣觸發 D FF 有何不同。
2. 真或偽：當 *EN*=0 時 *D* 閂鎖為透通的。
3. 真或偽：在 *D* 閂鎖中，*D* 輸入僅能在 *EN*=1 時才影響 *Q* 輸出。

5-10　非同步輸入

對前文已研習過的時脈式正反器而言，*S*、*R*、*J*、*K* 及 *D* 輸入均可當成控制輸入。這些輸入也稱為同步輸入，這是因其於 FF 輸出的效應是與 *CLK* 輸入同步。如所見者，同步控制輸入必須與觸發 FF 的時脈信號相結合。

大多數的時脈式 FF 也具有一個或更多個不相依於同步輸入與時脈輸入的非同步輸入 (asynchronous input)。這些非同步輸入可在任何時候，不論其他輸入情

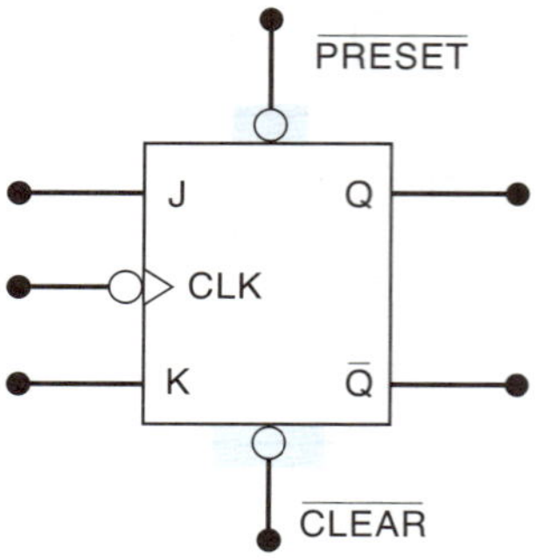

J	K	Clk	$\overline{\text{PRE}}$	$\overline{\text{CLR}}$	Q
0	0	↓	1	1	Q (不變)
0	1	↓	1	1	0 (同步重置)
1	0	↓	1	1	1 (同步置定)
1	1	↓	1	1	$\overline{\text{Q}}$ (同步跳換)
x	x	x	1	1	Q (不變)
x	x	x	1	0	0 (非同步清除)
x	x	x	0	1	1 (非同步預置)
x	x	x	0	0	(無效)

圖 5-31 具非同步輸入的時脈式 J-K FF

形為何而置定 FF 為 1 或清除 FF 為 0 狀態。用另一種說法，即同步輸入為**覆蓋輸入** (override input)，亦即可用來覆蓋所有其他的輸入，而可將 FF 置定於某種狀態。

圖 5-31 所示為具有兩個稱為 $\overline{\text{PRESET}}$ 與 $\overline{\text{CLEAR}}$ 的非同步輸入的 J-K FF。此二非同步輸入為低電位動作且如 FF 符號上的小圈所示，附帶的真值表可歸納這些非同步輸入影響 FF 輸出的各情況。讓我們核驗各情況，如下所示為：

- $\overline{\text{PRESET}}=\overline{\text{CLEAR}}=1$：這些非同步輸入並未有動作且 FF 可自由對 J、K 及 CLK 諸輸入有所反應。換言之，時脈式操作可發生。
- $\overline{\text{PRESET}}=0$；$\overline{\text{CLEAR}}=1$：$\overline{\text{PRESET}}$ 有動作且 Q 立即置定為 1，且不管 J、K 與 CLK 輸入的現有情況為何。CLK 輸入在 $\overline{\text{PRESET}}=0$ 時是不能影響 FF 的。
- $\overline{\text{PRESET}}=1$；$\overline{\text{CLEAR}}=0$：$\overline{\text{CLEAR}}$ 有動作且 Q 立即清除為 0 而不管 J、K 及 CLK 輸入的現有情況為何。CLK 輸入在 $\overline{\text{CLEAR}}=0$ 時是不能影響 FF 的。
- $\overline{\text{PRESET}}=\overline{\text{CLEAR}}=0$：此情況將不可使用，因為它會產生不確定的響應。

特別是要瞭解到這些非同步輸入是響應於 dc 電位，亦即表示若在 $\overline{\text{PRESET}}$ 輸入端持住為恆定 0 電位，則 FF 將維持在 $Q=1$ 狀態，而不管其他輸入情況為何。同樣的，在 $\overline{\text{CLEAR}}$ 輸入端的恆定低電位亦使 FF 處於 $Q=0$ 狀態。因此，在任何時刻非同步輸入可用來使 FF 處於某特定狀態。然而，一般用非同步輸入來置定或清除 FF 為所需的狀態是瞬間加脈波的應用而已。

很多 IC 化的時脈式 FF 具有上述的兩種非同步輸入而甚為有用，但有些僅具有 $\overline{\text{CLEAR}}$ 的輸入端。有些 FF 也具有高電位動作而非低電位動作的非同步輸入，這類 FF 在其 FF 符號的非同步輸入端上並無小圈。

非同步輸入標示法

IC 廠商未對這些非同步輸入同意採用何種固定標示法。最常用的標示法為 *PRE* (PRESET 的縮寫) 及 *CLR* (CLEAR 的縮寫)。這些標示清楚的將它們與同步的 SET 與 RESET 輸入區隔。其他的標示，如 S_D (SET 的縮寫) 與 R_D (RESET 的縮寫) 則有時也會用到。從今以後，我們將採用 *PRE* 與 *CLR* 來標示非同步輸入，因為這些似乎是最廣用的標示。當這些非同步輸入為低電位動作時，我們將使用橫線來指示其確實屬低電位動作者，亦即使用 $\overline{PRE}$ 與 $\overline{CLR}$ 標示之。

雖然大多數的 IC 正反器至少都具有一個或多個非同步輸入，但這些非同步輸入往往在電路應用中並未用到。在這種場合中，非同步輸入應持住為不動作的邏輯準位。在本書 FF 的應用中，除非這些非同步輸入被用到，否則將不予以標明 (不予標明者係指接至不動作的邏輯準位)。

例題 5-9

圖 5-32(a) 所示為 J-K FF 的符號，它是對其時脈輸入的 NGT 作反應，且具有低電位動作的非同步輸入。輸入端上的小圈乃表示輸入是對邏輯低電位信號反應的。

此範例中的 *J* 與 *K* 輸入是固接於高電位。試求出輸出 *Q* 對於圖 5-32(a) 中所示之輸入波形的響應。假設 *Q* 最初是在高電位。

解答：開始時，$\overline{PRE}$ 與 $\overline{CLR}$ 均為不動作的高電位狀態，所以它不能影響 *Q*。故 *CLK* 信號在 *a* 點處發生第一次 NGT 時，*Q* 將跳換至另一電位 (由於 $J=K=1$ 產生跳換操作)；亦即跳換至低電位。

b 點時，$\overline{PRE}$ 輸入被加脈至低電位動作的狀態，所以立即置定 $Q=1$。注意，$\overline{PRE}$ 不需等待 *CLK* 的 NGT 便可產生 $Q=1$。亦即，非同步輸入的操作與 *CLK* 無關。

c 點時，*CLK* 的 NGT 將再度使 *Q* 跳換至相反的狀態。注意 $\overline{PRE}$ 已於 *c* 點前回返至不動作的狀態。同樣的，*d* 點處 *CLK* 的 NGT 將使 *Q* 跳換至高電位。

e 點時，$\overline{CLR}$ 輸入被加脈至低電位的狀態，所以立即重置 $Q=0$。當然，此操作亦與 *CLK* 無關。

f 點時，*CLK* 的 NGT 將因 $\overline{CLR}$ 輸入仍為動作狀態而無法使 *Q* 跳換。低電位的 $\overline{CLR}$ 將覆蓋 *CLK* 輸入而使 $Q=0$ 仍保持於低電位。

g 點時，*CLK* 的 NGT 發生將因沒有任一非同步輸入處於動作狀態而使 *Q* 跳換至高電位。

以上步驟摘述於圖 5-32(b)。

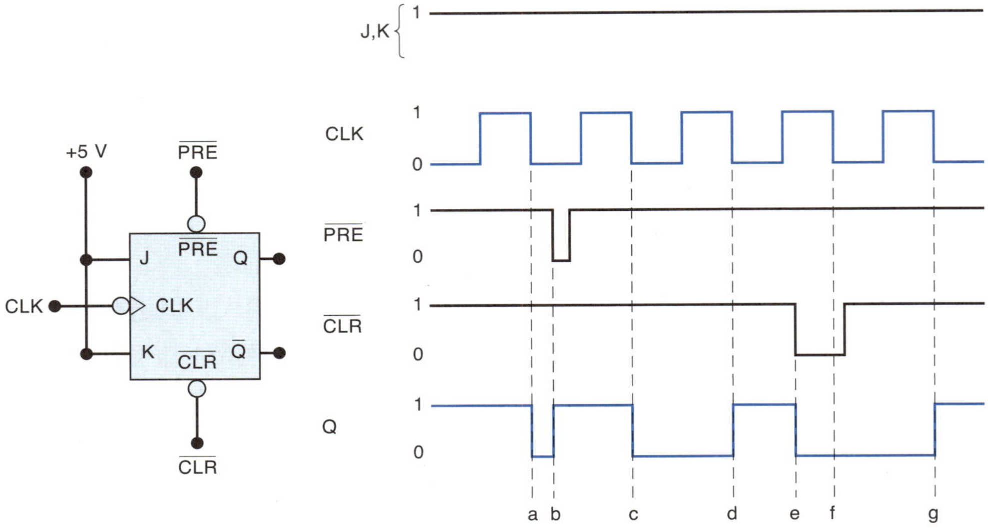

(a)

點	操　作
a	於 CLK 的 NGT 時同時跳換
b	於 $\overline{PRE}$=0 時被非同步置定
c	同步跳換
d	同步跳換
e	於 $\overline{CLR}$=0 時被非同步清除
f	$\overline{CLR}$ 超越 NGT 的 CLK
g	同步跳換

(b)

圖 5-32　用以說明例題 5-9 中時脈式 FF 如何響應於非同步輸入的波形

複習問題

1. 非同步輸入的操作與同步輸入者有何不同？
2. 當 $\overline{PRE}=1$ 時，D FF 能否對 D 與 CLK 輸入響應？
3. 試列出具低電位動作的非同步輸入的正昇邊緣觸發式 J-K FF 跳換至相反狀態所需的條件。

5-11　正反器時序考慮

IC FF 的製造業者在 FF 被用來作任何電路應用前，已明訂一些必須考慮到的重要時間參數及特性。我們將說明其中最重要者，接著再由 TTL 與 CMOS 邏輯族的特定 IC FF 中提出一些實例。

建立與持住時間

這些時間的定義已討論過，我們可以回想在 5-5 節所提到有關其使 FF 有效觸發操作的要求。業者的 IC 資料表總是提出 t_S 與 t_H 的最小值。

傳遞延遲

無論何時，當信號要改變 FF 的輸出狀態時，則由提供信號至輸出有變化時總有段時間延遲。圖 5-33 便舉例說明發生在對 *CLK* 輸入的正昇緣變化有響應的**傳遞延遲** (propagation delay)。注意這些延遲時間是在輸入與輸出波形上的 50% 點之間量測到的。同樣方式的延遲亦發生在 FF 的非同步輸入 (PRESET 與 CLEAR) 信號響應間。業者的資料表常標示出對所有輸入而響應的傳遞延遲，且亦常標示出 t_{PLH} 與 t_{PHL} 的最大值。

現代 IC 正反器所具有的傳遞延遲範圍為數 ns 至 100 ns 間。t_{PLH} 與 t_{PHL} 之值也不盡相同，其增加量是與 Q 輸出所驅動的負載數成正比。FF 的傳遞延遲在稍後將碰到的某些情況中是扮演重要的角色。

最高時脈頻率，f_{MAX}

這是仍能使 FF 可有效觸發的最高 *CLK* 輸入頻率。FF 雖具有相同的裝置數，但是 f_{MAX} 的限制則依正反器的不同而不同。例如，7470 J-K FF 晶片的製造業者測試很多這型 FF，而發現到其 f_{MAX} 值是處於 20 MHz 至 35 MHz 的範圍內，於是便能指明出最低的 f_{MAX} 值為 20 MHz。這似乎會有所混淆，然而稍加思考便可清

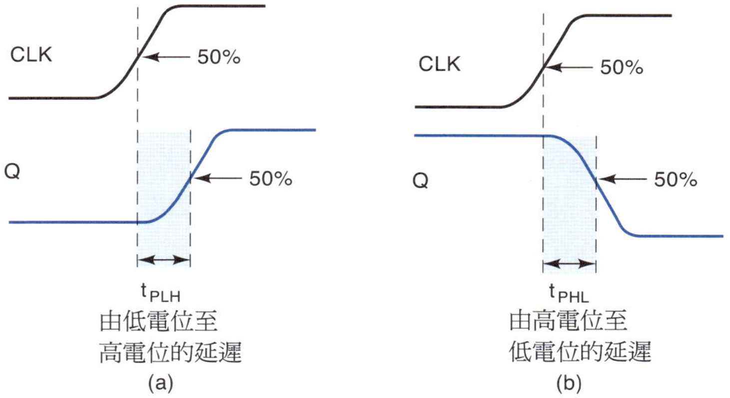

圖 5-33　FF 傳遞延遲

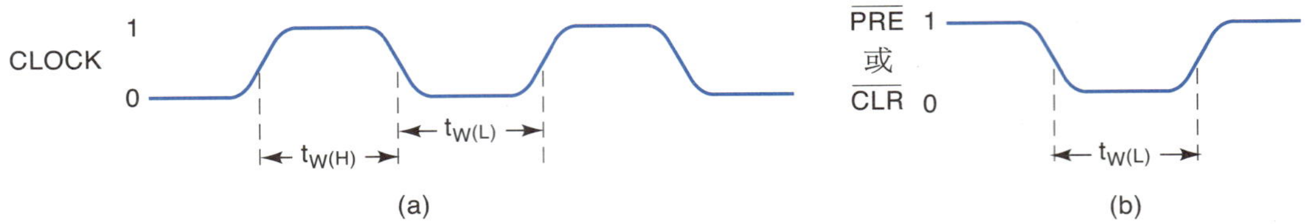

圖 5-34 **(a)** 時脈低電位與高電位時間；**(b)** 非同步脈波寬度

楚瞭解，製造業者的意思是無法保證裝在電路中的 **7470 FF** 可在 **20 MHz** 以上的 ***CLK*** 輸入頻率下進行有效觸發操作，這是因為有些 **7470 FF** 可以而有些卻不能的緣故。但您若將它操作於 **20 MHz** 之下，則製造業者便可保證所有的 **7470 FF** 可有效觸發。

時脈高電位與低電位時間

製造業者也會標示出 *CLK* 信號在變為高電位前須保持為低電位的最短期間，有時這段時間稱為 $t_w(L)$。對於 *CLK* 信號在回返為低電位前保持為高電位的最短時間被稱為 $t_w(H)$。這些時間定義於圖 5-34(a)。不滿足上述最短時間的需求會產生無效的觸發。請注意，這些時間值乃在信號變換時的中間點量測到的。

非同步動作脈波寬

製造業者也標明 PRESET 或 CLEAR 輸入可動作且直接有效置定或清除 FF 所需的最短時間。圖 5-34(b) 指出低電位動作的非同步輸入的 $t_w(L)$。

時脈換態時間

要有效的觸發，則時脈波形的換態時間 (上昇與下降時間) 需保持甚為短暫。若時脈信號所用的時間太長而無法在需要觸發時由某一電位變換到另一電位，則 FF 便會產生不規律的觸發或全然不受觸發。製造廠家並不對各 FF IC 列出所需的最大換態時間，而是列出在邏輯族間各種 IC 所需的換態時間。例如，對 TTL 裝置而言，其換態時間是 $\leq$ 50 ns，而對 CMOS 而言便是 $\leq$ 200 ns。這些換態時間在不同的業者間及 TTL 和 CMOS 邏輯族所含的各子族間是少許的不同。

實際的 IC

讓我們檢視多種實際 IC FF 以提出這些時間參數的實際例子。檢視以下所示的 IC：

表 5-2　正反器時間值 (單位為 ns)

		TTL		CMOS	
		7474	74LS112	74C74	74HC112
t_S		20 ns	20 ns	60 ns	25 ns
t_H		5	0	0	0
t_{PHL}	從 *CLK* 至 *Q*	40	24	200	31
t_{PLH}	從 *CLK* 至 *Q*	25	16	200	31
t_{PHL}	從 $\overline{CLR}$ 至 *Q*	40	24	225	41
t_{PLH}	從 $\overline{PRE}$ 至 *Q*	25	16	225	41
$t_W(L)$	*CLK* 低電位時間	37	15	100	25
$t_W(H)$	*CLK* 高電位時間	30	20	100	25
$t_W(L)$	於 $\overline{PRE}$ 或 $\overline{CLR}$	30	15	60	25
f_{MAX}	以 MHz 為單位	15	30	5	20

- 7474　兩個邊緣觸發 D FF (標準 TTL)
- 74LS112　兩個邊緣觸發 J-K FF (低功率蕭特基 TTL)
- 74C74　兩個邊緣觸發 D FF (金屬閘 CMOS)
- 74HC112　兩個邊緣觸發 J-K FF (高速 CMOS)

表 5-2 所列者為這些 FF 顯示於業者資料手冊內的各時間值。所有的列出值除了傳遞延遲為最小值，其他全為最大值。

審核表 5-2 可得兩項重點：

1. 所有的 FF 具有極慢的 t_H 要求，此為大多數近代邊緣觸發 FF 的典型。
2. CMOS 裝置中 74HC 系列的時間值與 TTL 裝置者同等級。而 74C 系列則遠慢於 74HC 系列。

例題 5-10

由表 5-2 決定以下條件所需的時間：

(a) 設 $Q=0$。當 7474 的 *CLK* 輸入有 PGT 發生，則 *Q* 為高電位要多久？
(b) 設 $Q=1$。當 74HC112 FF 的 $\overline{CLR}$ 輸入動作，則 *Q* 響應為低電位需要多久？
(c) 要加至 74LS112 FF 之 $\overline{CLR}$ 輸入端以清除 *Q* 的最窄脈波為何？
(d) 在表 5-2 中的哪個 FF 於動作時脈有變化產生後，需要控制輸入維持穩定？
(e) 哪些 FF 於動作時脈有變化前，控制輸入必須維持於穩定至少最短的時間？

解答：

(a) PGT 將使 Q 由低電位變為高電位。7474 中從 CLK 至 Q 的延遲列為 $t_{PLH}=25$ ns。
(b) 對 74HC112 的 Q 由高電位變至低電位以響應在 $\overline{CLR}$ 輸入所需的時間為 $t_{PHL}=41$ ns。
(c) 74LS112 在 $\overline{CLR}$ 輸入端所需的最窄脈波為 $t_w(L)=15$ ns。
(d) 在表 5-2 中的 7474 為唯一具有不為 0 持住時間的 FF。
(e) 所有的 FF 皆有非零值的建立時間要求。

複習問題

1. 哪些時間參數用以說明 Q 輸出響應輸入所需的時間？
2. 真或偽：具 $f_{MAX}=25$ MHz 的 FF 能以任一頻率小於 25 MHz 的 CLK 脈波波形來確實的觸發。

5-12 正反器電路的可能時序問題

在大多數的數位電路中，某 FF 的輸出通常直接或經由邏輯閘而連接到另一 FF 的輸入，且這兩個 FF 係以相同的時脈信號來觸發。本節擬提出 FF 電路中可能會遭遇到的時序問題。一個典型的圖例示於圖 5-35，其中 Q_1 的輸出是連接到 Q_2 的 J 輸入，且這兩個 FF 於它們的 CLK 輸入受相同信號來脈動。

其中可能的時序問題是：當 clock 脈波發生 NGT 時 Q_1 將開始變化，而在此同一時間 Q_2 FF 的 J_2 輸入亦將開始變化。如此由於傳遞延遲時間的存在可能會產生非預期的 Q_2 響應。

假設開始時 $Q_1=1$ 且 $Q_2=0$，則在時脈脈波發生 NGT 之前，Q_1 FF 的 $J_1=K_1=1$，而 Q_2 的 $J_2=Q_1=1$，$K_2=0$。因此當發生 NGT 時，Q_1 在傳遞延遲時間 t_{PHL} 之後將完全跳換至低電位狀態。假設 t_{PHL} 大於 Q_2 所需的持住時間 t_H，則 Q_2 將在傳遞延遲時間 t_{PHL} 之後完全跳換至高電位狀態。如果不能保證 t_{PHL} 大於 t_H，則 Q_2 的響應便非我們所預期的結果。

所幸邊緣觸發 FF 所具備的持住時間都小於或等於 5 ns；有些甚至為 $t_H=0$，意即沒有持住時間的要求。對於這種情形的 FF 而言，圖 5-35 將不會有任何時序問題發生。

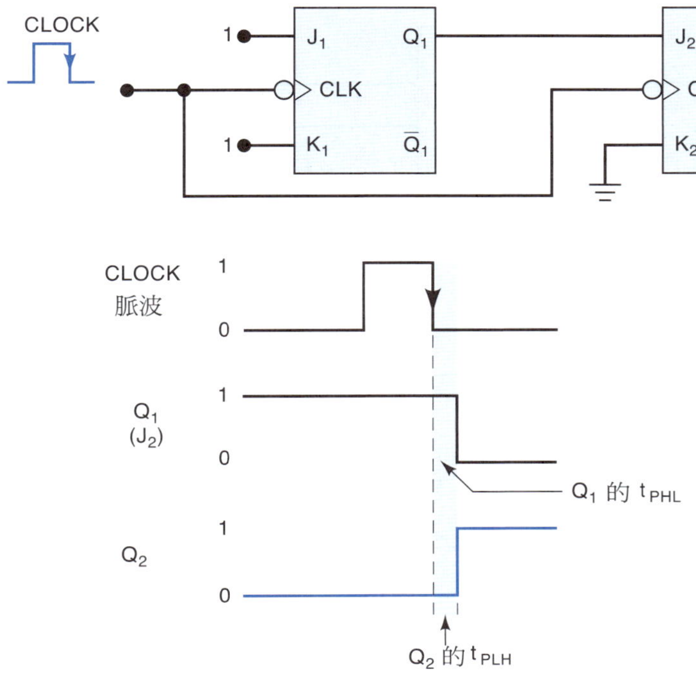

圖 5-35　假設 Q_2 的持住時間 t_H 小於 Q_1 的傳遞延遲時間，則 Q_2 可適時地對 *CLK* 發生 NGT 前之 Q_1 響應

除非有特別的指明，否則本書所討論的 FF 電路均假設所要求的持住時間短到能依據以下的規則可靠地作響應：

> **FF 輸出將進入一個由僅先於時脈變換動作的同步控制輸入所出現的邏輯準位來決定。**

如果將此一規則應用到圖 5-35，則 Q_2 將進入一個由僅先於時脈的 NGT 所出現的狀況 $J_2=1$、$K_2=0$ 來決定。至於 J_2 則不隨相同的 NGT 而有所響應。

例題 5-11

對於圖 5-36 所示的輸入波形而言，負降緣觸發式 J-K FF 的輸出 Q 的波形為何？假設 $t_H=0$ 且開始時 $Q=0$。

解答：FF 僅在時間 t_2、t_4、t_6 及 t_8 時才有響應。t_2 時，Q 會對應於 $J=K=0$ 且恰在 t_2 前做出響應。t_4 時，Q 會對應於 $J=1$、$K=0$ 而恰在 t_4 前做出響應。t_6 時，Q 會對應於 $J=0$、$K=1$ 且恰在 t_6 前做出響應。t_8 時，Q 會對應於 $J=K=1$。

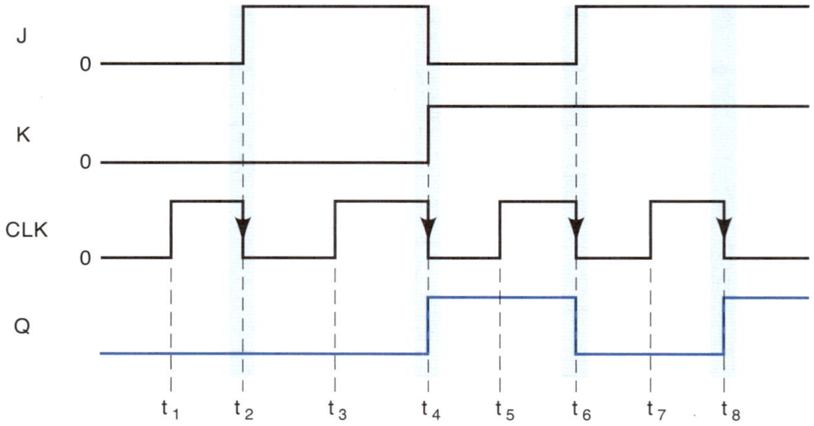

圖 5-36 例題 5-11

5-13 正反器應用

邊緣觸發式 (時脈式) FF 為多用途的元件，應用範圍之廣包括了計數、儲存二進制資料、將二進制資料從某個位置轉移到另一個位置以及更多種等。幾乎全部這些應用都是利用了 FF 的時脈式操作。它們之中許多都是歸類於**序向電路 (sequential circuit)** 的範疇。序向電路乃為其輸出是遵循預定的狀態順序，每當時脈波發生時即有一新的狀態發生。再一次引用了回授的概念，但不只是要產生 FF 記憶器元件本身而已。FF 的輸出通常也回授到用來控制 FF 操作之序向電路中的閘元件，也因此決定了將發生於下一個時脈波的新狀態。於下面幾節中我們將介紹幾則基本的應用實例，並且在稍後幾章中將它們加以延伸。

5-14 正反器同步化

大多數的數位系統在操作中的大多數信號換態是同步於時脈變化，而使其在基本上是同步的。但在很多情形下有外部信號並未同步於時脈；換言之，其為非同步。非同步信號是操作人員在相關於時脈信號的某些隨機時間內啟動輸入開關所發生的結果。這種隨機效應便產生非預定與非理想的結果。下列的例題便可說明如何利用 FF 使非同步輸入達到同步的效果。

例題 5-12

圖 5-37(a) 所示的輸入信號 A 是由操作人員按下反跳彈開關 (此反跳彈開關已於例題 5-2 介紹過) 所產生。操作人員按下開關便使 A 為高電位，而操作人員放開開關便使 A 為低電位。此 A 輸入可用來控制由 AND 閘通過的時脈，而使時脈只在 A 為高電位時可出現於 X 輸出端。

此電路問題是與時脈信號相關的 A 輸入可於任何時間換態，此乃因操作人員按下或釋開此反跳彈開關，基本上是隨機的緣故。若 A 有一段時間為高電位便可

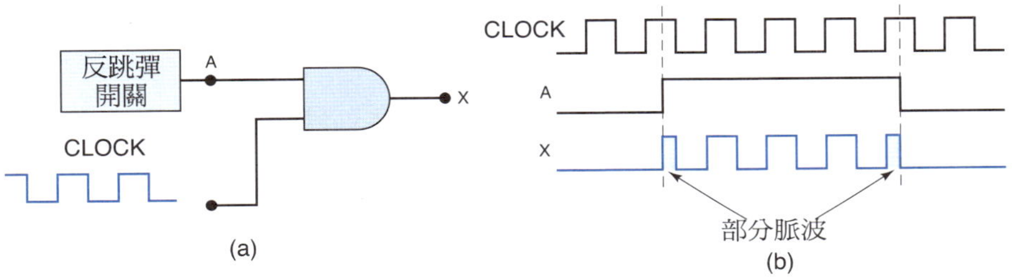

圖 5-37　非同步信號 A 可在 X 產生部分脈波

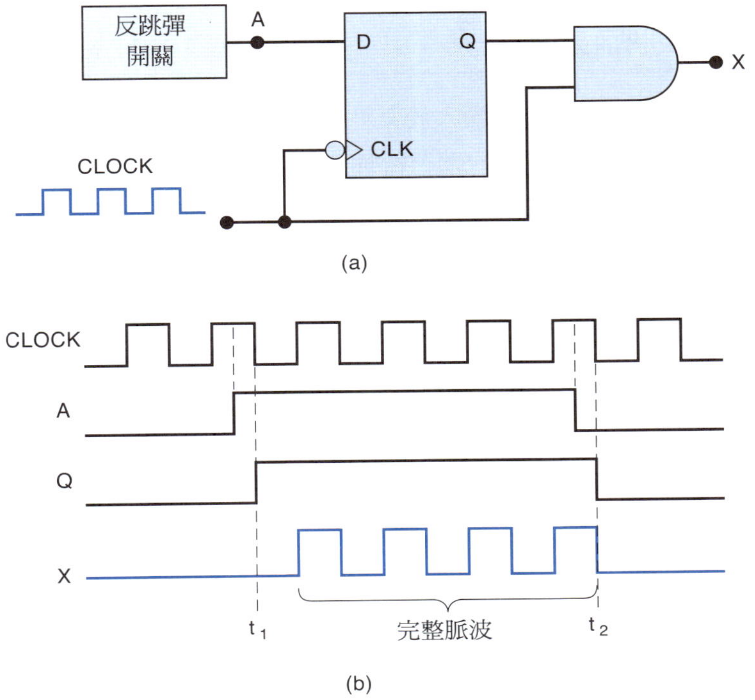

圖 5-38　使用一個邊緣觸發式 D 正反器來將 AND 閘激能時脈的諸 NGT 作同步

產生部分的時脈信號，如圖 5-37(b) 所示的波形。

這種輸出形式通常並不被接受，因此必須開發出可阻止產生部分脈波於 X 處的方法。圖 5-38(a) 為其中一種解決方法。試解說此電路如何解決此問題，且就圖 5-37(b) 中的相同情形繪出 X 波形。

解答：A 信號被連接到 FF Q 的 D 輸入，而此 FF Q 則由時脈信號的 NGT 來控制。因此，當 A 為高電位時，Q 在 t_1 第二個時脈的 NGT 處前將不為高電位。Q 所產生的高電位將激能 AND 閘以通過隨後而至的完整時脈到 X，如圖 5-38(b) 所示。

當 A 回返為低電位時，則 Q 在 t_2 時脈的 NGT 處之前將不變為低電位。因此，AND 閘並未禁抑時脈流通至 X 端，直到 t_2 時才結束通過時脈。故 X 輸出端便含有完整的時脈。

此電路有一潛在的問題。由於 A 可能在任何時刻轉變成高電位，它可能是隨機的而違反正反器建立時間的要求。換言之，A 的變換可能發生在接近時脈邊緣，而使得 Q 輸出會有不穩定的輸出 (假脈波)。預防之道將需要較為複雜的同步電路。

5-15 檢測輸入順序

在很多情形下的輸出是僅有當輸入於某些順序有動作才有動作。此無法由純粹的組合邏輯來完成，而是需要 FF 的儲存特性。

例如，AND 閘可用來判定兩個輸入 A 與 B 皆為高電位，然而，其輸出是不管哪個輸入先為高電位，都有相同的響應。但若我們只想在 A 先為高電位且 B 稍後再為高電位的情形下得到高電位的輸出，則可達成此要求的一種方式就如圖 5-39(a) 所示。

圖 5-39(b) 與 (c) 中的波形顯示 Q 是僅有當 A 在 B 為高電位之前已為高電位時才為高電位。這是由於 A 須為高電位而使 Q 在 B 的 PGT 時為高電位之故。

為使此電路工作正確，A 須較 B 先前為高電位一些時間，且此時間要等於該 FF 的置定時間要求。

5-16 資料儲存與傳送

到目前為止，正反器的最普遍應用是資料或資訊的儲存。資料可能表示數據 (例

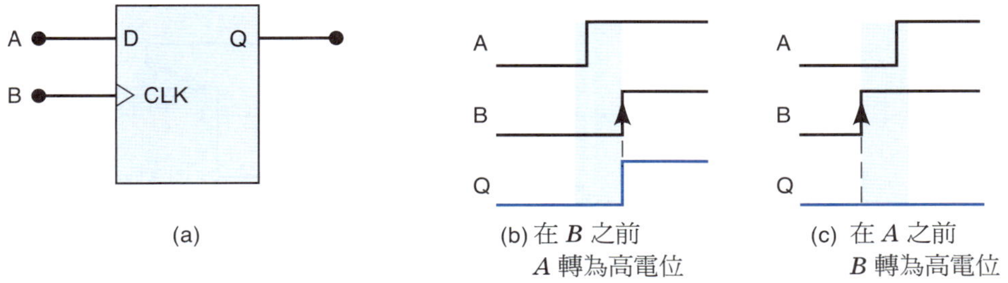

圖 5-39　時脈式 D FF 用來響應一串特殊輸入順序

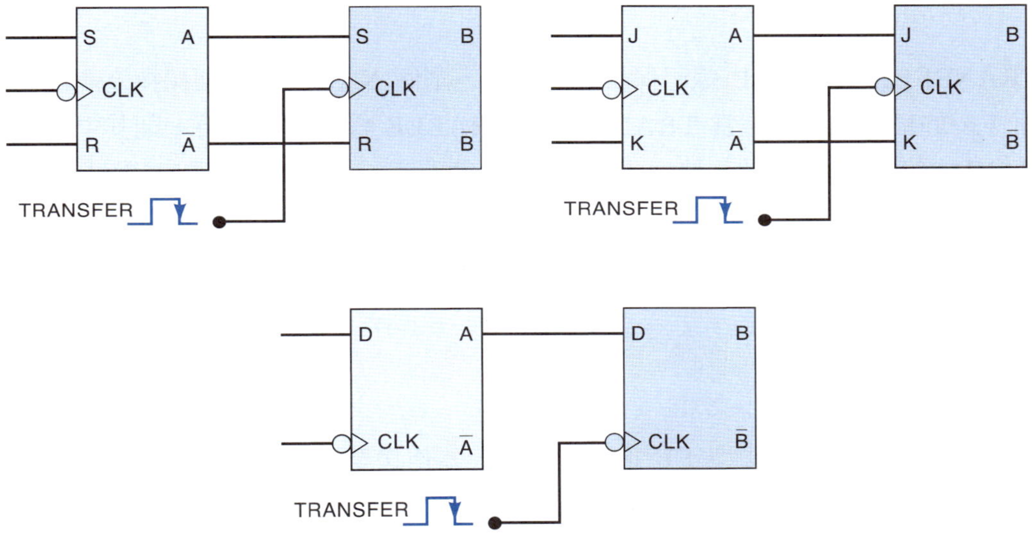

圖 5-40　由各種時脈式 FF 所執行的同步資料傳送操作

如，二進數與 BCD 碼) 或其他多種已被編碼成二進數之資料形式的任何一種。這些資料一般是儲存於一組稱為**暫存器** (registers) 的 FF 中。

關於將資料儲存於 FF 或暫存器中的操作稱為**資料傳送** (data transfer)。它包括有將資料由某 FF 或暫存器傳送到另一個 FF 或暫存器。圖 5-40 所示為如何使用時脈式 S-R、J-K 及 D FF 在兩個 FF 間完成資料傳送。在各種情形下，現存於 FF *A* 內的邏輯值是當 TRANSFER 脈波的 NGT 時傳送至 FF *B*。因此，於 NGT 之後的 *B* 輸出將與 NGT 之前的 *A* 輸出一樣。

圖 5-40 中的傳送操作為**同步傳送** (synchronous transfer) 的範例，這是因為同步控制與 *CLK* 輸入被用來執行此傳送操作。傳送操作也可以用 FF 的非同步輸入得到。圖 5-41 所示為使用任何形式的 PRESET 與 CLEAR 來得到**非同步傳送** (asynchronous transfer)。此處的非同步輸入乃對低電位有響應。當

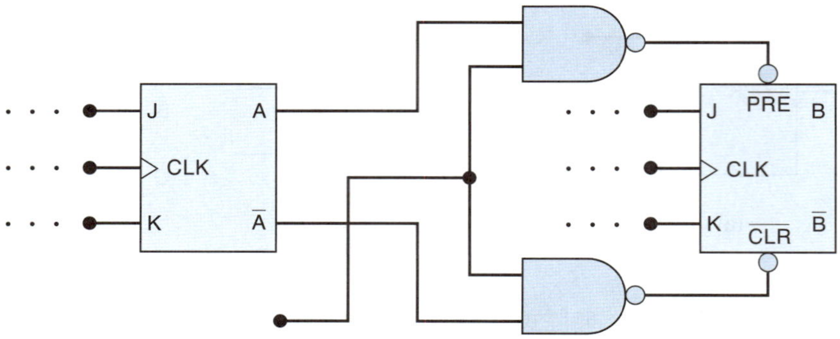

圖 5-41　非同步資料傳送操作

TRANSFER ENABLE 線已保持低電位時，兩個 NAND 輸出便保持為高電位。而 FF 的輸出無響應。當 TRANSFER ENABLE 線為高電位時，則其中之一的 NAND 輸出將為低電位，依 A 與 $\overline{A}$ 輸出狀態而定。此低電位將置定或清除 FF B 為 FF A 的相同狀態。此非同步傳送的達成是與 FF 的同步與 *CLK* 輸入無關。因為縱使同步輸入有動作，但資料可被“塞入”FF B 中，故非同步傳送又稱**塞入傳送** (jam transfer)。

並聯資料傳送

圖 5-42 所示為利用 D 型 FF 進行由某暫存器傳送至另一個暫存器的資料傳送。暫存器 X 是由 FF X_2、X_1 及 X_0 所組成；暫存器 Y 則是由 FF Y_2、Y_1 及 Y_0 所組成。當 TRANSFER 脈波被加入時，儲存在 X_2 的值傳送至 Y_2，X_1 傳送至 Y_1 及 X_0 傳送至 Y_0。暫存器 X 內容傳送至暫存器 Y 為同步傳送，又稱為並聯傳送，這是因為 X_2、X_1 及 X_0 的內容同時分別的傳送至 Y_2、Y_1 及 Y_0。如果執行**串聯資料傳送** (serial data transfer)，則暫存器 X 的內容將一次只傳送一位元至暫存器 Y。此將於下節說明。

瞭解並聯傳送並不會改變來源暫存器的資料內容是很重要的。例如，圖 5-42 中，如果 $X_2X_1X_0=101$ 與 $Y_2Y_1Y_0=011$ 先於 TRANSFER 脈波出現，則此二暫存器於 TRANSFER 脈波後將維持於 101。

複習問題

1. 真或偽：非同步資料傳送使用 *CLK* 輸入。
2. 哪種形式的 FF 由一個 FF 至另一個 FF 的連接線數需要最少且最適用於同步傳送？

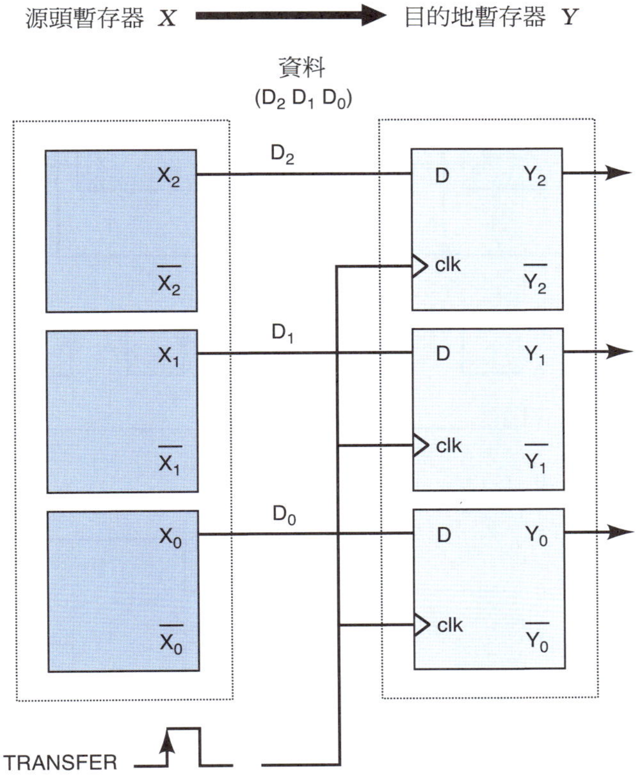

圖 5-42　暫存器 **X** 至暫存器 **Y** 內容的並聯傳送

3. 若 J-K FF 用於圖 5-42 的暫存器，則由暫存器 X 的各 FF 至所對應的暫存器 Y 內各 FF 連接線數需多少？
4. 真或偽：同步資料傳送較非同步傳送需要更少的電路。

5-17　串聯資料傳送：移位暫存器

在開始說明串聯資料傳送的操作前，首先必須來審視基本的移位暫存器的安排。**移位暫存器 (shift register)** 為一群 FF 安排成使儲存在諸 FF 中的二進數字於每個時脈波時即從其中一個 FF 移到另一個 FF。您可以在電子計算器的裝置中看到此一動作而無庸置疑，因為您每按下鍵一次，就會有一個位數在顯示器上移位。移位暫存器中的動作也相同。

圖 5-43(a) 所示為將 J-K FF 接成操作如四位元移位暫存器的一種方式。注意

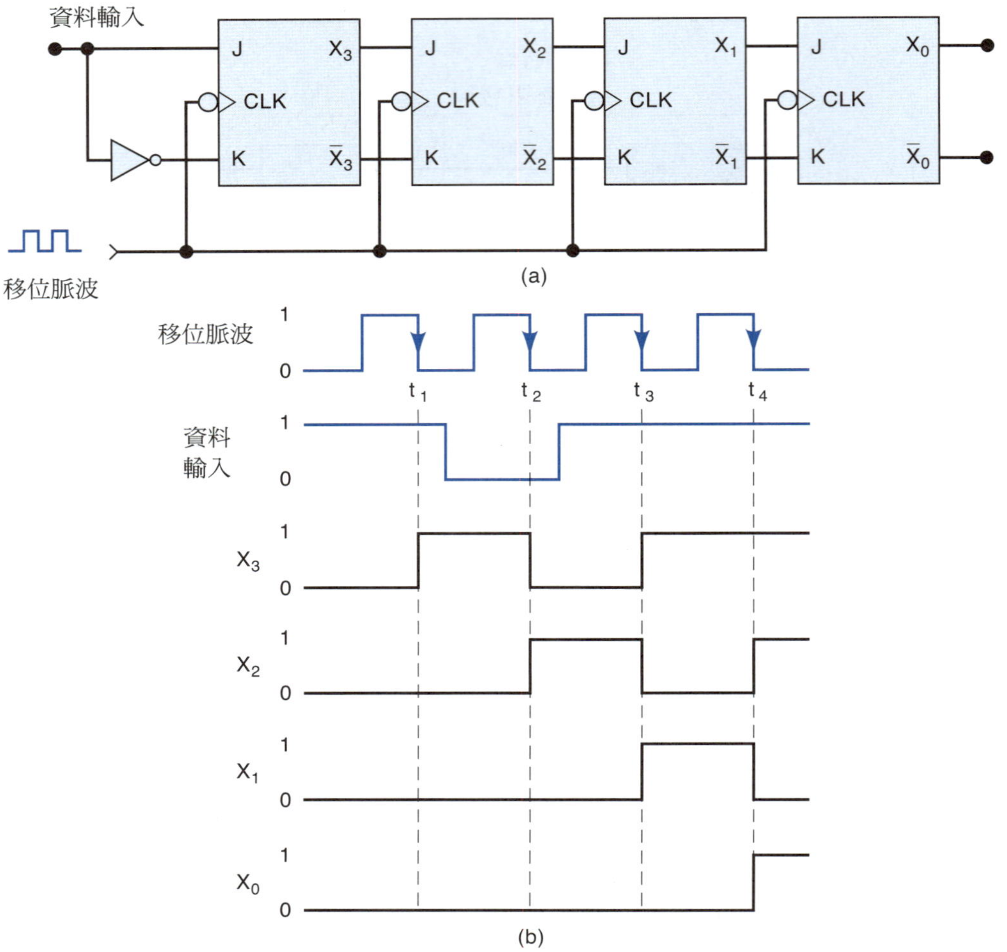

圖 5-43 四位元移位暫存器

這些 FF 是串接在一起而使 X_3 輸出傳送至 X_2，X_2 傳送至 X_1 且 X_1 傳送至 X_0。此即當移位脈波的 NGT 產生時，各 FF 便取得儲存於其左邊 FF 內的先前值。當移位脈波 NGT 產生時，FF X_3 所取得的值是由其 J 與 K 輸入存在狀態決定。此時，我們將設定 X_3 的 J 與 K 輸入為送入，顯示於圖 5-43(b) 的 DATA IN 波形，且也設定在移位脈波未加入前所有的 FF 為 0 狀態。

圖 5-43(b) 的波形顯示出當移位脈波被加入時的輸入資料是如何由左邊的 FF 向右邊的 FF 移位。當最初的 NGT 於 t_1 發生時，FF X_2、X_1 及 X_0 的輸入皆具有 $J=0$、$K=1$ 之情形，這是因它們每一個的左邊的 FF 狀態即是如此之故。FF 因 DATA IN 之故而具有 $J=1$、$K=0$。所以，在 t_1 時僅有 FF X_3 為高電位而其他 FF 則為低電位。當第二個 NGT 於 t_2 發生時，FF X_3 因 DATA IN 之故而具有 J

＝0、K＝1。FF X_2 則因 X_3 原為高電位而具有 J＝1、K＝0。FF X_1 與 X_0 仍具有 J＝0、K＝1。因此，在 t_2 時僅有 FF X_2 為高電位，FF X_3 將為低電位，且 FF X_1 與 X_0 仍保持為低電位。

同樣的原理可用來判定在 t_3 與 t_4 時的波形變化。注意各移位脈波的 NGT，各 FF 輸出值將為 NGT 之前其各自左邊的 FF 的原輸出電位。當然，X_3 所取的值將是在 NGT 之前的 DATA IN 電位。

持住時間需求

在此移位暫存器結構中所需要的 FF 要有很短暫的持住時間需求，這是因為 J 與 K 輸入有變化的時間大約與 CLK 的變化時間相同之故。例如，X_3 輸出由 1 變為 0 是在 t_2 時的 NGT，當此 CLK 輸入有變化時，亦會造成 X_2 的 J 與 K 輸入有變化。實際上，由於 X_3 的傳遞延遲，X_2 的 J 與 K 輸入在 NGT 之後的短暫時間內並不會改變。因此緣故，移位暫存器勢必需要由 t_H 值小於 FF 傳遞延遲時間 (CLK 至輸出端) 的邊緣觸發式 FF 來完成。這項較後提及的要求對最新式的邊緣觸發式 FF 而言是易於達成的。

暫存器相互間的串聯傳送

圖 5-44(a) 所示為兩組三位元的移位暫存器連成使得暫存器 X 內容可串聯的傳送 (移位) 至暫存器 Y。各移位暫存器之所以使用 D FF，係因為它將比 J-K FF 需要更少的連接線。注意暫存器 X 的最後一個 FF X_0 被接至暫存器 Y 的第一個 FF Y_2 的 D 輸入端。所以，當移位脈波加入時，資訊傳送發生的情形如下：$X_2 \rightarrow X_1 \rightarrow X_0 \rightarrow Y_2 \rightarrow Y_1 \rightarrow Y_0$。FF X_2 的狀態是由其 D 輸入所決定。此時，D 將保持為低電位，故 X_2 在第一個時脈將為低電位且維持現狀。

為說明起見，且假設在任何移位脈波加入之前，暫存器 X 的內容為 101 (即 X_2＝1、X_1＝0 及 X_0＝1)，且暫存器 Y 為 000。參見圖 5-44(b) 的表，則可顯示出在移位脈波加入時，各 FF 的狀態變化情形。要注意下列諸點：

1. 於各時脈的 NGT 時，各 FF 便取得在時脈變化前於其左邊 FF 所儲存的值。
2. 在三個脈波之後，最初於 X_2 內的 1 將在 Y_2 中，最初在 X_1 內的 0 將在 Y_1 中，且最初於 X_0 內的 1 將在 Y_0 中。換言之，儲存於暫存器 X 內的 101 現在被移位至暫存器 Y 中。暫存器 X 內容這時為 000。且原有的資料已遺失。
3. 三個位元資料的完整傳送需要三個移位脈波。

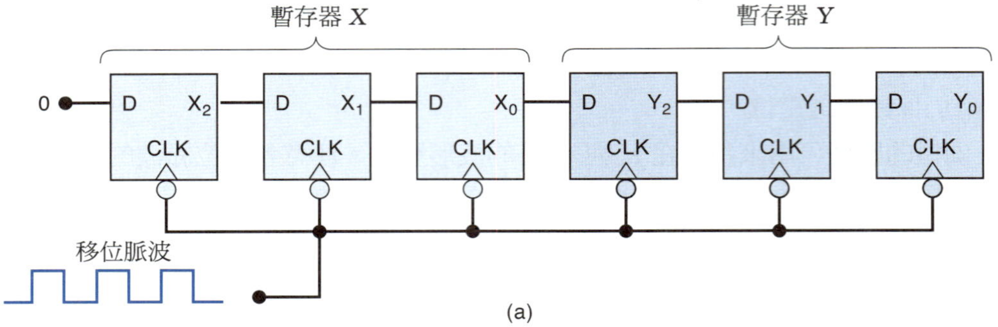

(a)

X_2	X_1	X_0	Y_2	Y_1	Y_0	
1	0	1	0	0	0	← 時脈加入前
0	1	0	1	0	0	← 第一個時脈之後
0	0	1	0	1	0	← 第二個時脈之後
0	0	0	1	0	1	← 第三個時脈之後

(b)

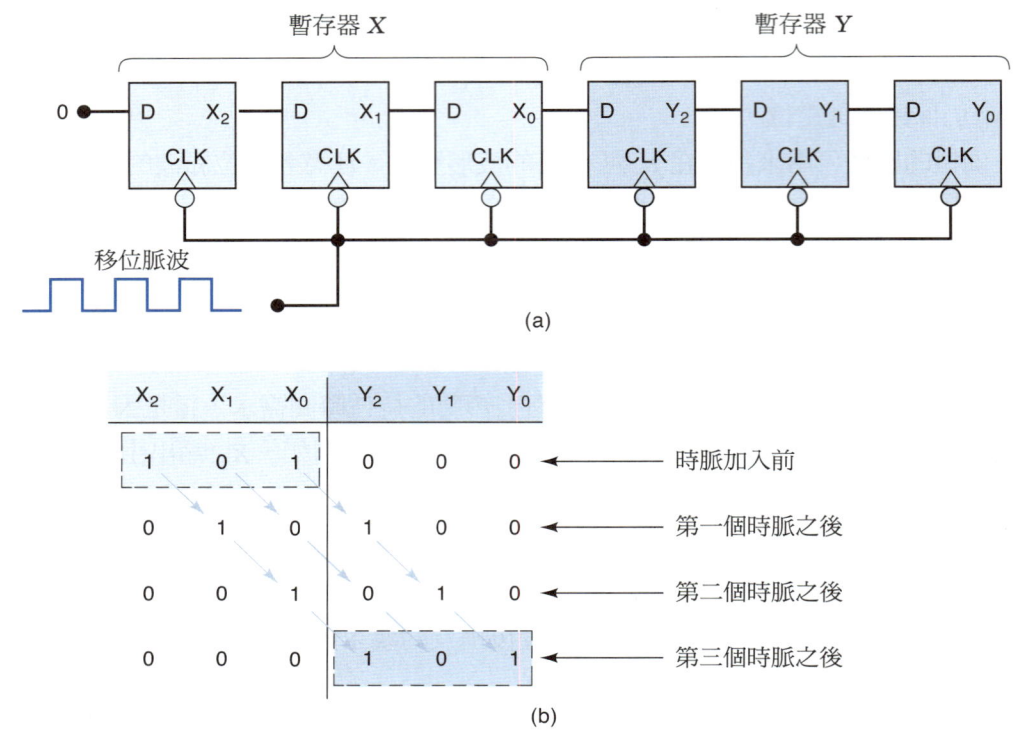

圖 5-44 資訊由暫存器 **X** 至暫存器 **Y** 的串聯傳送

例題 5-13

假設圖 5-44 的 *X* 與 *Y* 暫存器具有相同的初始內容。在第六個移位脈波發生後，每個 FF 的內容為何？

解答：如果繼續圖 5-44(b) 所示的過程再多三個移位脈波，則會發現在第六個脈波之後所有的 FF 將處於 0 狀態。達到此一結果的另一途徑可說明如下：X_2 的 *D* 輸入端上的固定 0 準位每逢一個脈波即移入一個新的 0，使在第六個脈波之後每個暫存器皆被填入 0。

向左移位操作

圖 5-44 中的 FF 可很容易的連接成使訊息是從右到左。於某一方向的移位並未比另一方向者有一般性的優點；邏輯設計者所選擇的方向經常是看應用的性質來決定，如稍後將看到者。

並聯對串聯傳送

在並聯傳送中，不論有多少位元要被傳送，當單個傳送命令脈波產生時將所有資訊加以傳送 (圖 5-42)。在串聯傳送中，如圖 5-44 所舉之例，可見 N 位元資訊的完整傳送是需要 N 個脈波 (三個位元需要三個脈波，四個位元需要四個脈波，依此類推)。很顯然用移位暫存器作並聯傳送較串聯傳送快多了。

在並聯傳送中，在暫存器 X 內各 FF 的輸出被接至所對應的暫存器 Y 中的各 FF 輸入。在串聯傳送中是僅將暫存器 X 的最末一個 FF 接至暫存器 Y。一般而言，並聯傳送在傳送暫存器 (X) 與接收暫存器 (Y) 間的接線數是較串聯傳送為多。當有大量的位元資訊要傳送時，則其間的差異是很明顯的。當傳送與接收暫存器彼此間相距甚遠，則這是一項重要的考慮因素，因為要決定需用多少條線來作資訊傳送之用。

選用並聯或串聯傳送是依特定的系統應用及規格而定。通常，兩種方式的組合可以得到並聯傳送所具有的速率 (speed) 與串聯傳送所具有的經濟且簡單 (economy and simplicity) 的優點。有關資訊傳送的更多內容將於往後再敘述。

複習問題

1. 真或偽：由一個暫存器傳送資料至另一個暫存器的最快速方法為並聯傳送。
2. 串聯傳送超越並聯傳送的主要優點為何？
3. 參考圖 5-44。設暫存器是初值為：$X_2=0$，$X_1=1$，$X_0=0$，$Y_2=1$，$Y_1=1$，$Y_0=0$，且假設 X_2 的 D 輸入保持為高電位。試判定在第四個移位脈波發生之後的各 FF 輸出為何？
4. 哪一種形式的資料傳送不會使資料來源遺失其資料？

5-18　除頻與計數

參考圖 5-45(a)，各 FF 的 J 與 K 輸入為 1 電位，故當 CLK 輸入端的信號由高電位變低電位的當時將會換態 (跳換)。輸入時脈僅送入 FF Q_0 的 CLK 輸入端。輸出 Q_0 被接至 FF Q_1 的 CLK 輸入端，而輸出 Q_1 則接至 FF Q_2 的 CLK 輸入端。圖 5-45(b) 所顯示的波形即表明有時脈時的 FF 換態情形。須注意下列的重點，即：

1. FF Q_0 於各輸入時脈的負降緣時跳換。故 Q_0 輸出波形的頻率恰為時脈頻率的 1/2。

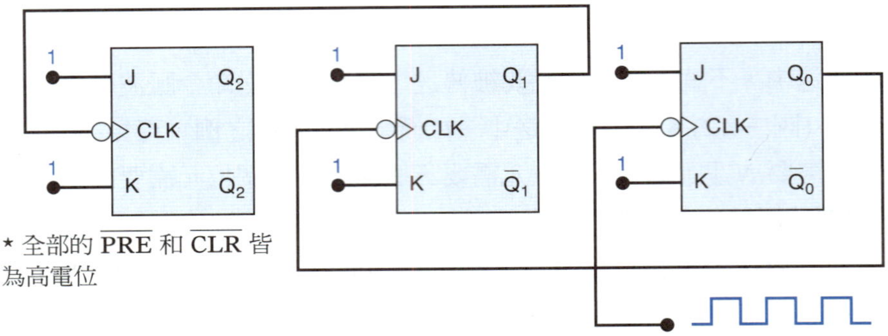

(a)

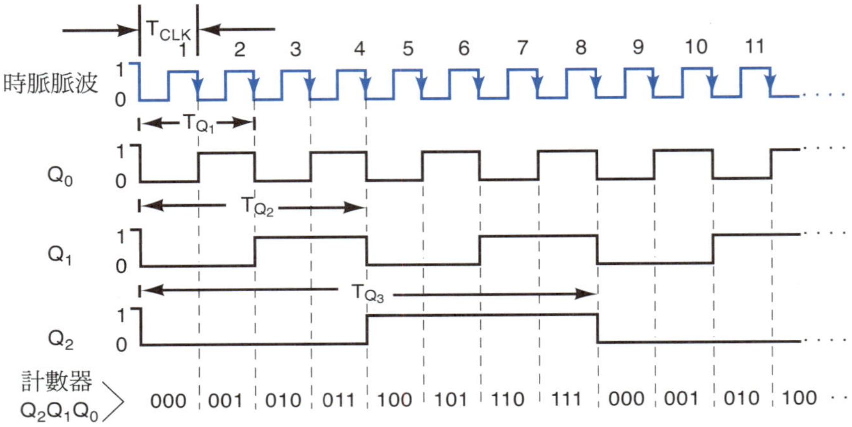

(b)

圖 5-45　J-K FF 接成三位元二進計數器 (模-8)

2. FF Q_1 每次跳換是在 Q_0 輸出由高電位變至低電位時，故 Q_1 波形的頻率係等於 Q_0 輸出頻率的 1/2 及為時脈頻率的 1/4。
3. FF Q_2 每次跳換是在 Q_1 輸出由高電位變至低電位時，故 Q_2 波形的頻率等於 Q_1 輸出頻率的 1/2 及為時脈頻率的 1/8。
4. 各 FF 輸出為方波 (50% 的工作週期)。

如上所述，則各 FF 輸入頻率除以 2。故若我們在此 FF 列上再加上第四個 FF，則其所具有的頻率將為時脈頻率的 1/16，依此類推。使用合宜數量的 FF，則此種電路可以 2 的任意冪次來除頻。若使用 N 個 FF，則來自最後一個 FF 的輸出頻率等於輸入頻率的 $1/2^N$。

正反器的此種應用稱為**除頻** (frequency division)。許多的應用場合都要用到除頻。例如，您的手錶可能是“石英”錶。*石英錶* (quartz watch) 一詞意味使用石英來產生非常穩定的振盪器頻率。手錶中石英的自然共振頻率大概是 1 MHz 或更高。為使秒針每秒向前走一步，振盪器頻率將被除以某數值以產生非常穩定且準確的 1 Hz 輸出頻率。

計數操作

圖 5-45 的電路除具有作為除頻器的功能外，亦可作為**二進計數器** (binary counter)。此可於各時脈產生之後核驗所有 FF 的狀態順序而加以證實。圖 5-46 所示為以**狀態表** (state table) 方式表明該結果。可視 $Q_2Q_1Q_0$ 之值代表二進數，其中 Q_2 為 2^2 位置，Q_1 為 2^1 位置，Q_0 為 2^0 位置。表中前八個 $Q_2Q_1Q_0$ 狀態可視為由 000 至 111 的二進計數順序。在第一個 NGT 後的 FF 為 001 狀態 ($Q_2=0$，$Q_1=0$，$Q_0=1$)，即表示 001_2 (等於十進數 1)；在第二個 NGT 後的 FF 為 010_2，即等於 2_{10}；在第三個時脈之後，$011_2=3_{10}$；在第四個時脈之後，$100_2=4_{10}$；依此類推至第七個時脈之後，則得 $111_2=7_{10}$；在第八個 NGT 後的 FF 便回至 000 狀態，且二進計數順序又開始重複進行之。

所以，對前七個輸入時脈而言，電路的功能有如二進計數器，且其中 FF 的狀態代表的二進數等於已產生的時脈數。此計數器最高可數至 $111_2=7_{10}$，接著又回至 000。

2^2 Q_2	2^1 Q_1	2^0 Q_0	
0	0	0	時脈加入前
0	0	1	時脈 #1 之後
0	1	0	時脈 #2 之後
0	1	1	時脈 #3 之後
1	0	0	時脈 #4 之後
1	0	1	時脈 #5 之後
1	1	0	時脈 #6 之後
1	1	1	時脈 #7 之後
0	0	0	時脈 #8 之後重循環回到 000
0	0	1	時脈 #9 之後
0	1	0	時脈 #10 之後
0	1	1	時脈 #11 之後
.	.	.	. . .
.	.	.	. . .
.	.	.	. . .

圖 5-46　正反器狀態表指出了二進計數順序

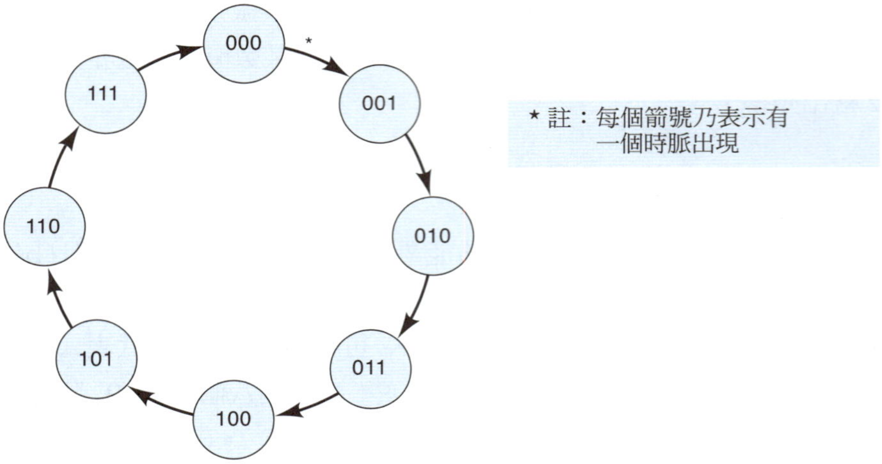

圖 5-47 狀態變換圖指出了計數器 FF 的狀態如何隨著每個加上的時脈在作變化

狀態變換圖

另一種用來指出 FF 的狀態如何隨每個送來時脈而變化的方法是使用如圖 5-47 所說明的**狀態變換圖** (state transition diagram)。每個圓圈皆以一個位於其內部的二進數來表示其中一種可能的狀態。例如，含有數字 100 的圓圈乃表示 100 狀態 (即 $Q_2=1$，$Q_1=Q_0=0$)。

將某一圓圈連接到另一圓圈的箭頭指出了當有一個時脈加上時是如何從某一狀態變換到另一個狀態。如果看看某特定的狀態圓圈，我們將可發現哪一個狀態先於它而哪一個狀態後於它。例如，且看 000 狀態，可知一旦計數器處於 111 狀態，且有一個時脈加上時即達到此狀態。同樣的，可知 000 狀態之後始終跟隨 001 狀態。

我們將使用狀態變換圖來輔助說明、分析及設計計數器和其他的循序 FF 電路。

模　數

圖 5-45 的計數器具有 $2^3=8$ 個不同的狀態 (000 至 111)，故稱為**模-8 計數器** (MOD-8 counter)，此**模數** (MOD number) 乃指明計數順序中的狀態數。如果加上第四個 FF，則狀態順序可以二進方式由 0000 計數至 1111，共為 16 個狀態。所以此種電路便稱為**模-16 計數器** (MOD-16 counter)。一般而言，如果 N 個 FF 連接成圖 5-45 的結構，則計數器便具有 2^N 個不同的狀態，故稱為模-2^N 計數器。在回至 0 狀態前可計數至 2^N-1。

計數器的模數也可指明出由最後一個 FF 所得到的除頻值。例如，4 位元計數器具有 4 個 FF，每個代表一個二進數字 (位元)，故其為模-2^4＝模-16 計數器。該電路可計數至 15 (＝2^4－1)，且亦用來將輸入時脈頻率除以 16 (模數)。

至此我們只探討了基本的 FF 二進制計數器。我們在第 7 章將詳細的討論計數器。

例題 5-14

假設圖 5-45 中的模-8 計數器是在 101 狀態。在加上 13 個脈波後的狀態 (計數器) 為何？

解答：找出在狀態變換圖上的 101 狀態。如果往狀態變換圖前進繞過八個狀態變換後，則再回到 101 狀態。現在再繼續五個狀態變換 (使總共為 13 次)，則將終止於 010 狀態。

注意，由於這是一個具有八個狀態的模-8 計數器，因此共花費八個狀態變換來完成於變換圖中繞行一圈而回到開始的狀態。

例題 5-15

考慮連接成圖 5-45 結構的六個 FF 計數器電路 (即 Q_5，Q_4，Q_3，Q_2，Q_1，Q_0)。

(a) 試決定計數器模數。

(b) 當輸入時脈頻率為 1 MHz 時，試求最後 FF (Q_5) 的輸出頻率？

(c) 此計數器的計數狀態範圍為何？

(d) 假設開始的狀態 (計數) 為 000000。於 129 個脈波後的計數器狀態為何？

解答：

(a) 模數＝2^6＝64。

(b) 最後 FF 的頻率將等於輸入時脈頻率除以模數。故：

$$f\,(\text{於 } Q_5 \text{ 處}) = \frac{1\text{ MHz}}{64} = 15.625\text{ kHz}$$

(c) 計數器由 000000_2 計數至 111111_2 (0 至 63_{10})，共有 64 個狀態。注意狀態數即為模數。

(d) 因為這是一個模-64 計數器，所以每經過 64 個時脈即會將計數器帶回至其開始狀態。因此，在 128 個脈波之後，計數器將回到 000000。第 129 個脈波即使計數器變成 000001 計數。

複習問題

1. 20 kHz 的時脈信號加至 $J=K=1$ 的 J-K FF 中，則 FF 輸出波形的頻率為何？
2. 由 0 數至 255_{10} 的計數器需用多少個 FF？
3. 複習問題 2 之計數器的模數為何？
4. 當輸入時脈頻率為 512 kHz 時，則第八個 FF 的輸出頻率為何？
5. 如果計數器是從 00000000 開始，則在 520 個脈波後其狀態為何？

5-19 微算機應用

我們對數位系統的探討尚停留在極早期的階段，且仍未知道許多關於微處理器和微算機的知識。但您仍可得到關於 FF 如何使用於典型微處理器控制的應用場合，而無需於稍後知曉全部的詳情才能做。

圖 5-48 指出了一個微處理器單元 (MPU)，其輸出是用來傳送資料到暫存器 X，而此暫存器則是由四個 D 正反器 X_3、X_2、X_1、X_0 所構成。其中有一組 MPU 輸出為由八個輸出 A_{15}、A_{14}、A_{13}、A_{12}、A_{11}、A_{10}、A_9、A_8 所組成的位址碼 (address code)。大多數的 MPU 皆至少有 16 個可用的位址輸出，但並非始終全

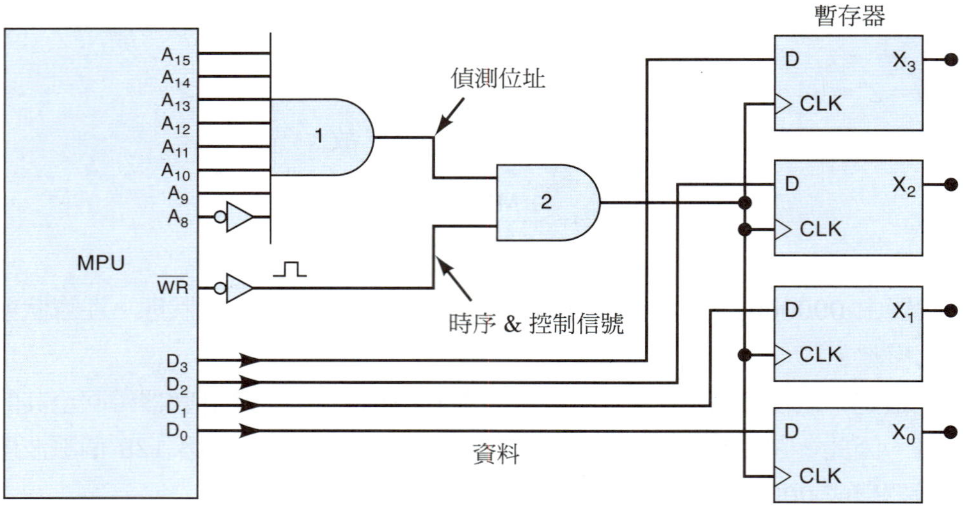

圖 5-48 傳送二進資料到一個外部暫存器的微處理器例子

部都會用到。第二組 MPU 輸出則是由四條資料線 (data line) D_3、D_2、D_1、D_0 所構成。大多數的 MPU 皆至少有八條可用的資料線。其他的 MPU 輸出為時序控制信號 $\overline{WR}$，當 MPU 準備寫入時它將轉成低電位。

記得 MPU 為微算機的中央處理單元，而其主要功用就是執行儲存於計算機記憶器中的程式指令。其中一個要執行的指令可能就是告知 MPU 將一個二進數從 MPU 內部的一個儲存暫存器傳送到外部的暫存器 X。此乃稱為寫入 (write) 週期。執行該指令時，MPU 則將執行以下的步驟：

1. 將二進數放到資料輸出線 D_3 到 D_0。
2. 將適當的位址碼放到其輸出線 A_{15} 到 A_8 以選取暫存器 X 作為資料的接收者。
3. 一旦資料及位址輸出穩定後，MPU 將產生寫入脈波 WR 以控制暫存器，並完成資料的並聯傳送到 X。

於程式控制下，MPU 在許多情況將傳送資料到外面的暫存器以控制外部之事件。譬如，暫存器中各個 FF 皆可控制諸如電磁圈、繼電器、馬達等等之電機裝置的 ON/OFF 狀態 (當然是透過適當的界面電路)。從 MPU 傳送到暫存器的資料將決定哪些裝置為 ON 而哪些則為 OFF。另一常見的例子則是利用暫存器來存放著輸入到數位至類比轉換器 (DAC) 的二進數值。MPU 將二進數值送到暫存器中，而 DAC 則將它轉換成可用來控制如 CRT 螢幕上之電子波束位置或者馬達速度等的類比電壓。

例題 5-16

(a) 圖 5-48 中的 MPU 必須產生什麼位址碼以使資料被傳送到 X？
(b) 假設 $X_3-X_0=0110$，$A_{15}-A_8=11111111$，且 $D_3-D_0=1011$。於 $\overline{WR}$ 脈波發生後的 X 將為何？

解答：

(a) 為使資料被傳送到 X 中，時脈波必須傳經 AND 閘 2 到 FF 的 CLK 輸入中。這將只發生於 AND 閘 2 頂端的輸入為高電位時，此乃意味 AND 閘 1 所有輸入必須是高電位；亦即 A_{15} 到 A_9 必須為 1，而 A_8 必須為 0。因此，位址碼 11111110 必須出現以允許資料被傳送到 X 中。
(b) 若 $A_8=1$，則來自於 AND 閘 1 的低電位將禁抑 $\overline{WR}$ 使其不能經過 AND 閘 2，且全部的 FF 不受時脈控制。因此，暫存器 X 的內容將不會自 0110 變化。

5-20 史密特觸發裝置

史密特觸發電路 (Schmitt-trigger circuit) 雖不歸類為 FF，但它所呈現的記憶特性使得在某些特殊場合時顯得格外有用。圖 5-49(a) 所示即為其適用場合之一例。此處的標準 INVERTER 是以一換態時間甚長的邏輯輸入來驅動。當換態時間超過所允許的最大值時 (此值視個別邏輯族而定)，INVERTER 的輸出或邏輯閘的輸出將因輸入信號通過未定範圍而產生振盪。相同的輸入條件亦可能產生不規律觸發的 FF。

具史密特觸發輸入的裝置可允許緩慢變化的輸入信號，且其所產生的輸出在換態時絕無振盪的情形發生。此外，輸出的換態時間通常極短 (典型值為 10 ns) 且與輸入信號的特性無關。圖 5-49(b) 所示為史密特觸發式 INVERTER 對緩慢變化輸入信號的響應情形。

檢視圖 5-49(b) 所示的波形可知，輸出直到輸入電壓大過正昇臨界 (positive-going threshold) 電壓 V_{T+} 時才由高電位變為低電位。縱然輸入電壓回返至 V_{T+} 以下，只要輸入電壓不小於負降臨界 (negative-going threshold) 電壓 V_{T-}，則輸出仍能保持低電位。此兩臨界電壓將因邏輯族不同而不同，但 V_{T-} 總是小於 V_{T+}。

史密特觸發式 INVERTER 及所有具史密特觸發輸入的裝置都使用如圖 5-49(b) 所示的指示符號，以指示此類裝置能對緩慢變化的輸入信號響應。邏輯設計人員利用具史密特觸發輸入的 IC 將緩慢變化的信號轉換成足以驅動標準 IC 輸入的清晰且快速變化的信號。

有許多具史密特觸發輸入的 IC 可供使用。7414、74LS14 及 74HC14 等均為具史密特觸發輸入的六個 INVERTER 之 IC。7413、74LS13 與 74HC13 皆為具史密特觸發輸入的雙四-輸入 NAND。

複習問題

1. 當緩慢變化信號加諸標準邏輯 IC 時，將會發生何事？
2. 史密特觸發邏輯裝置的操作與標準邏輯裝置有何不同？

5-21 單擊 (單穩態多諧振盪器)

有一種稍與 FF 相關的數位電路稱為**單擊** (one-shot, OS)。一如 FF，單擊具有兩個輸入端，即 Q 與 $\overline{Q}$，兩者互為反相。但與 FF 不同的是單擊僅具有單個穩定輸

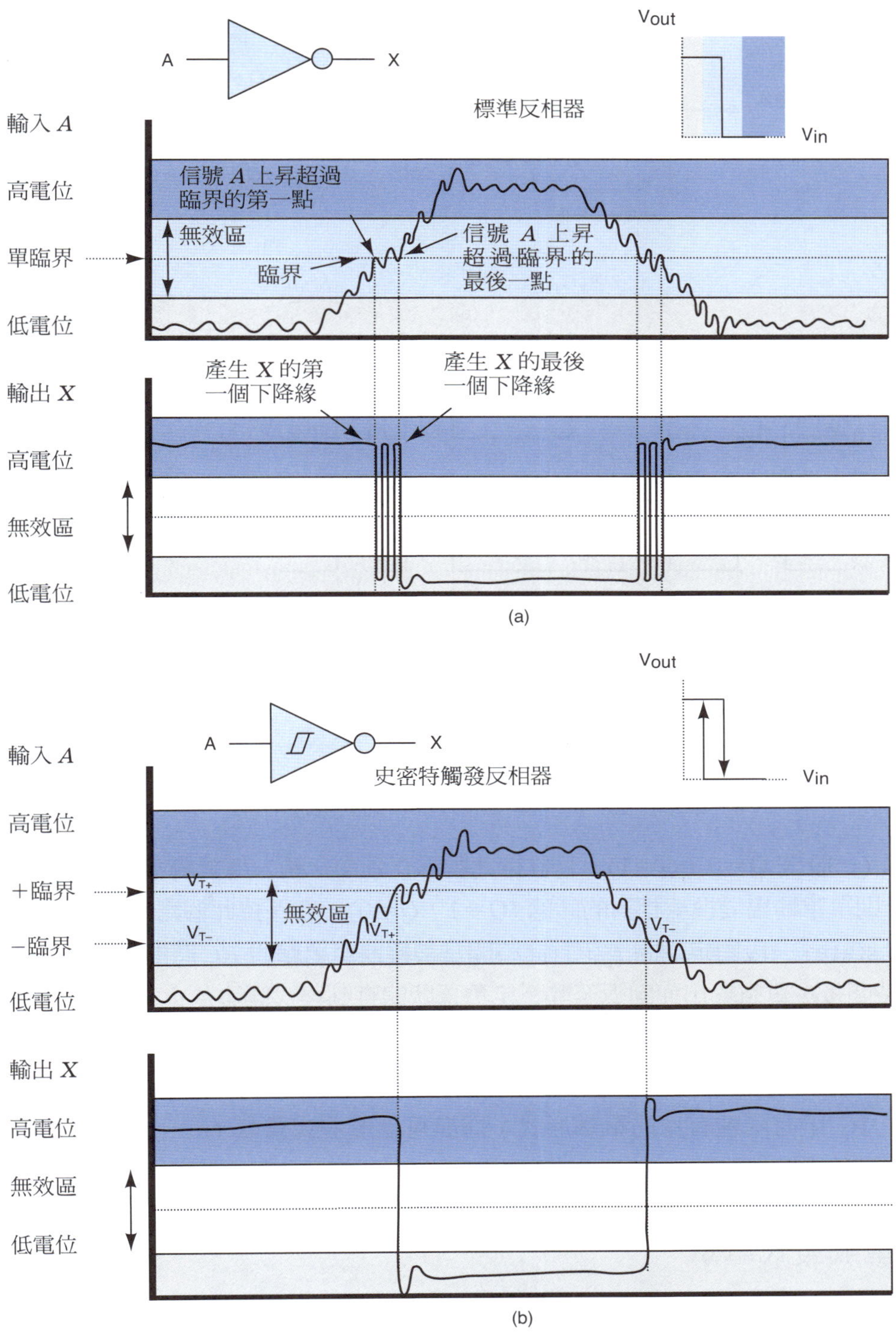

圖 5-49　**(a)** 標準反相器對緩慢雜訊輸入的響應；**(b)** 史密特觸發器對緩慢雜訊輸入的響應

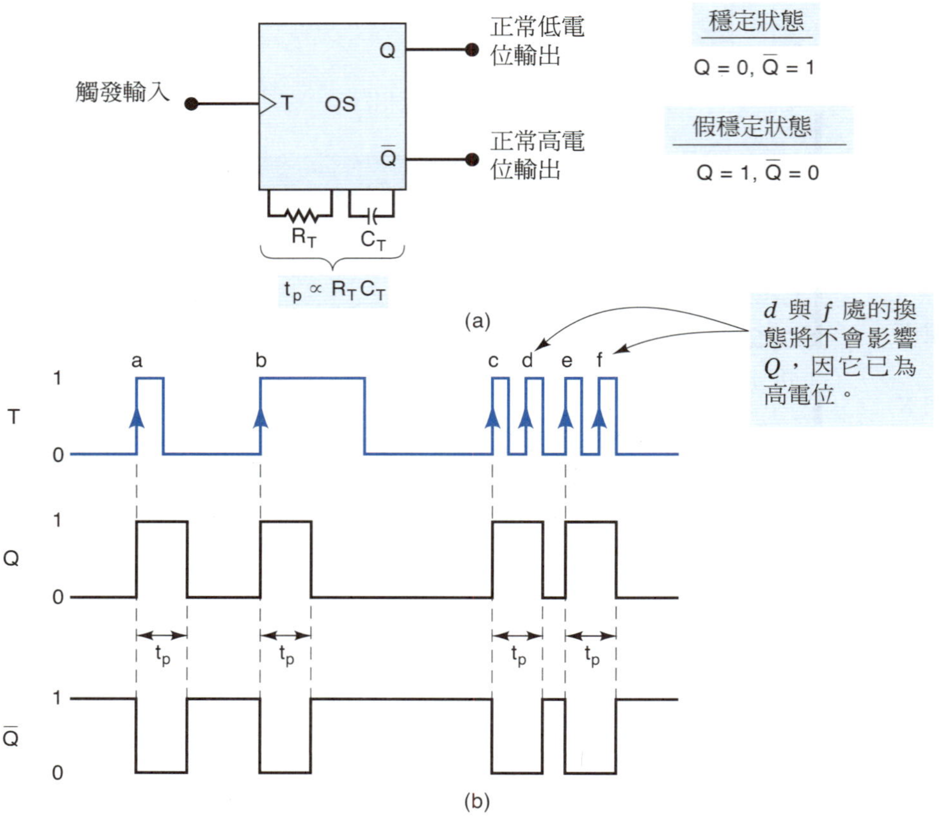

圖 5-50 單擊符號與非可重觸發式操作的典型波形

出狀態 (一般是 $Q=0$，$\overline{Q}=1$)，且維持此狀態直到由一輸入信號觸發為止。當有觸發時，則單擊輸出變換至相對的狀態 ($Q=1$，$\overline{Q}=0$)。它保持此**假穩定狀態** (quasi-stable state) 一段固定期間 t_p，且此時間常被接連至單擊的 RC 時間常數所決定。在 t_p 時間後，單擊輸出便回返至其穩定重置狀態直到再次觸發為止。

圖 5-50(a) 所示為單擊的邏輯符號。t_p 的值常標示於單擊符號的某處。事實上，t_p 可由數 ns 至數十秒。t_p 的正確值基本上是由外接 R_T 與 C_T 元件值所決定。

在 IC 中有兩種有用的單擊形式：即**非可重觸發式單擊** (nonretriggerable OS) 與**可重觸發式單擊** (retriggerable OS)。

非可重觸發式單擊

圖 5-50(b) 的波形表示觸發於其觸發 (T) 輸入正昇緣變化的非可重觸發式單擊操作。要注意的重點有：

1. 在點 a、b、c 及 e 的 PGT 將觸發單擊在 t_p 時間內為假穩定狀態，在 t_p 之後便又回返為穩定狀態。
2. 在點 d 與 f 的 PGT 是因單擊已觸發為假穩定狀態而無作用。在單擊可被重觸發前是必須要回返為穩定狀態。
3. 單擊輸出脈波寬度不論輸入脈波寬度為何皆相同。如上所示，t_p 是僅依 R_T 與 C_T 及內部單擊電路而定。典型的單擊所具有的 t_p 其值為 $t_p=0.693R_T C_T$。

可重觸發式單擊

可重觸發式單擊操作如同非可重觸發式單擊，除了主要的不同點為：當它在假穩定狀態時可被重觸發，且將開始新的 t_p 間隔。此特性可以圖 5-51(a) 具有 t_p ＝2 ms 的可兩形式的單擊來說明，並檢視這些波形。

此二種形式的單擊以進入高電位 2 ms 來響應 $t=1$ ms 時的第一個觸發脈波，然後再回到低電位。於 $t=5$ ms 時的第二個脈波則觸發此二個單擊成高電位狀態。$t=6$ ms 時的第三個脈波則對非可重觸發式單擊沒有作用，因它早已經在假穩定狀態。然此觸發脈波將再觸發可重觸發式單擊以開始一個新的 $t_p=2$ ms 間隔。因此，在第三個觸發脈波之後它將停留在高電位 2 ms 之久。

因此，實際上可重觸發式單擊在每加上一個觸發脈波即開始一段新的 t_p 間隔，而不管其輸出的目前狀態為何。事實上，觸發脈波可以夠快的速率加上以使單

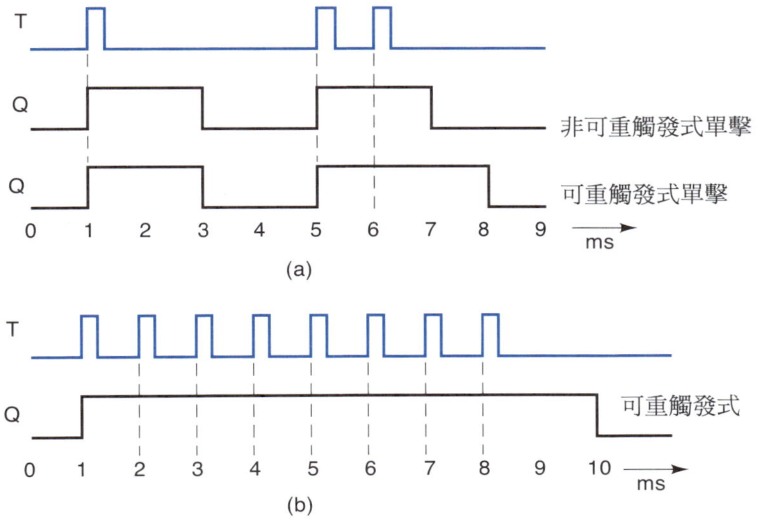

圖 5-51　**(a)** 於 $t_p=2$ ms 時響應的非可重觸發式及可重觸發式單擊的比較；**(b)** 可重觸發式單擊於每次收到一個觸發脈波時即開始新的 t_p 間隔

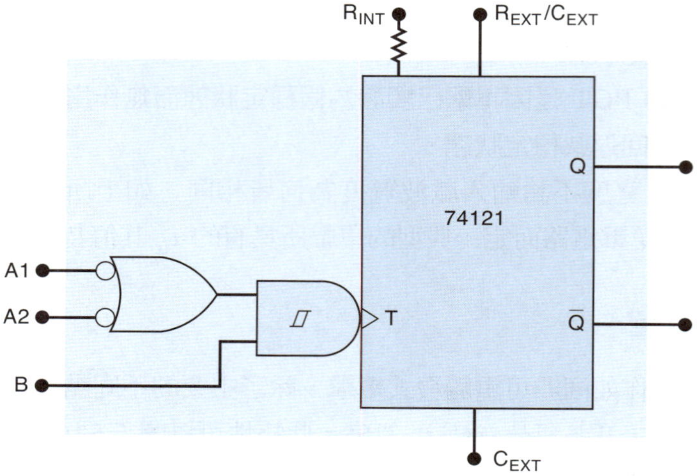

圖 5-52 **74121 非可重觸發式單擊的邏輯符號**

擊始終皆在 t_p 間隔結束之前再觸發且 Q 維持於高電位。此一情形如圖 5-51(b) 所示，其中的八個脈波是每隔 1 ms 加上的。Q 則在最後一個觸發脈波後 2 ms 才回到低電位。

實際的裝置

有許多非可重觸發式與可重觸發式單擊的 IC 可供使用。74121 是為單一非可重觸發式單擊 IC；74221、74LS221 及 74HC221 均為內含二個非可重觸發式單擊的 IC；74122 與 74LS122 均為單一可重觸發式單擊的 IC；而 74123、74LS123 及 74HC123 則皆為內含二個可重觸發式單擊的 IC。

圖 5-52 所示為 74121 非可重觸發式單擊 IC 的傳統邏輯符號。注意它含有用以觸發單擊所需之 A_1、A_2 與 B 輸入的內部邏輯閘。B 輸入為史密特觸發式的輸入，它允許有緩慢換態時間的輸入且仍能準確的觸發單擊。標以 R_{INT}、R_{EXT}/C_{EXT} 及 C_{EXT} 的接腳用以連接外部電阻器與電容器以期獲得所要求的輸出脈波。

單穩態多諧振盪器

單擊也稱單穩態多諧振盪器 (monostable multivibrator)，係因僅具有單個穩定狀態之故。單擊侷限其應用於大部分的順序時脈控制的系統中，有經驗的設計人員通常會避免使用它們，因它們易受雜訊而做錯誤的觸發。單擊的主要應用是在計時電路中用來預定 t_p 時間。這類的一些應用將於本章末的習題中舉 OS 如何使用來說明。

複習問題

1. 沒有觸發脈波，則單擊輸出狀態為何？
2. 真或偽：當非可重觸發式單擊處於假穩定狀態時加入脈波，則輸出不受影響。
3. 單擊的 t_p 值由何決定？
4. 說明可重觸發式單擊操作與非可重觸發式單擊操作的不同點。

5-22　時脈產生器電路

FF 有二個穩定狀態，所以可稱為雙穩態多諧振盪器 (bistable multivibrator)；單擊僅含有一個穩定狀態，亦可稱單穩態多諧振盪器 (monostable multivibrator)。第三種多諧振盪器因不含任何穩定狀態，故稱為**不穩態** (astable) 或**自由跑動多諧振盪器** (free-running multivibrator)。此種邏輯電路在兩不穩定的輸出狀態間來回變換。不穩態多諧振盪器非常適合用以提供同步數位電路所需的時脈信號。

不穩態多諧振盪器的應用甚為普遍，於此僅舉三個應用實例，但我們並不試圖研習這些實例的操作原理。如果讀者在實驗室測試數位電路或專題研究時需用及時脈產生器電路，則可依所舉的實例建構之。

史密特觸發式振盪器

圖 5-53 顯示出如何以史密特觸發 INVERTER 來建構振盪器。V_{OUT} 信號為一近似方波，其頻率由 R 與 C 值共同決定。三種不同史密特觸發 INVERTER 與 RC 值間的關係示於圖 5-53。注意各關係式所允許最大電阻值的限制，若 R 大於這些最大電阻值，則電路就不再振盪。

555 計時器使用成不穩態多諧振盪器

555 計時器 (555 timer) IC 為與 TTL 相容的裝置，它可依多種方式來操作。圖 5-54 顯示出 555 如何與外部元件連接以製成不穩態振盪器。由圖示知，輸出為一在兩邏輯準位間來回變動的週期性矩形波，在各邏輯準位的時間間隔是由 R 與 C 值共同決定。

555 計時器的核心是由如圖 5-54 中所示的二個電壓比較器與一個 SR 閂鎖組

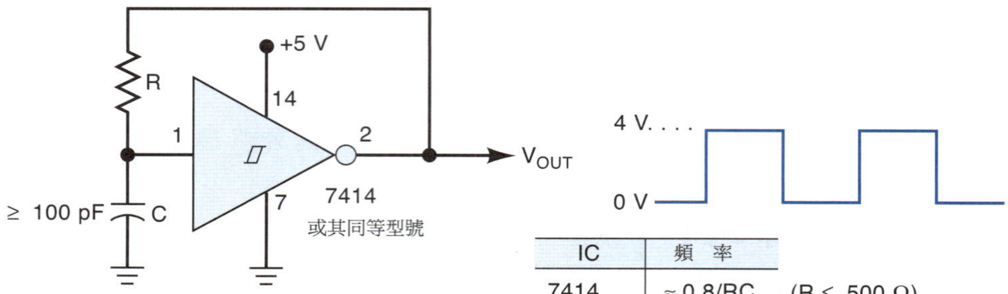

IC	頻　率	
7414	≈ 0.8/RC	(R ≤ 500 Ω)
74LS14	≈ 0.8/RC	(R ≤ 2 kΩ)
74HC14	≈ 1.2/RC	(R ≤ 10 MΩ)

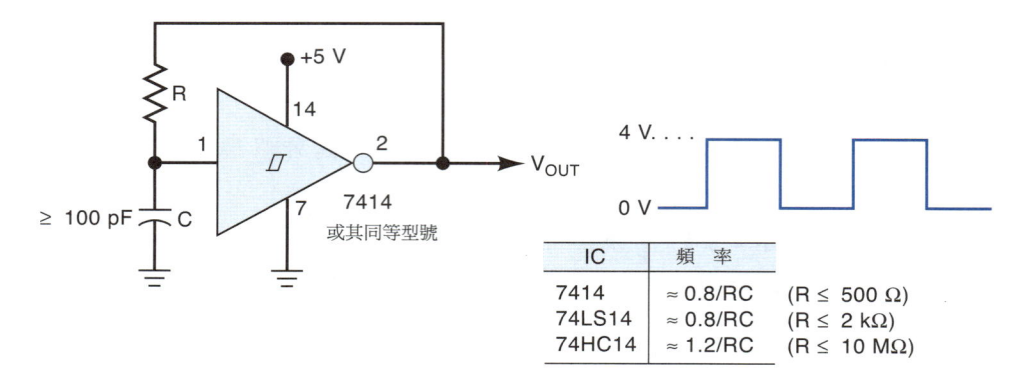

圖 5-53　使用 **7414 INVERTER** 的史密特觸發式振盪器。亦可使用 **7413** 史密特觸發 **NAND** 閘

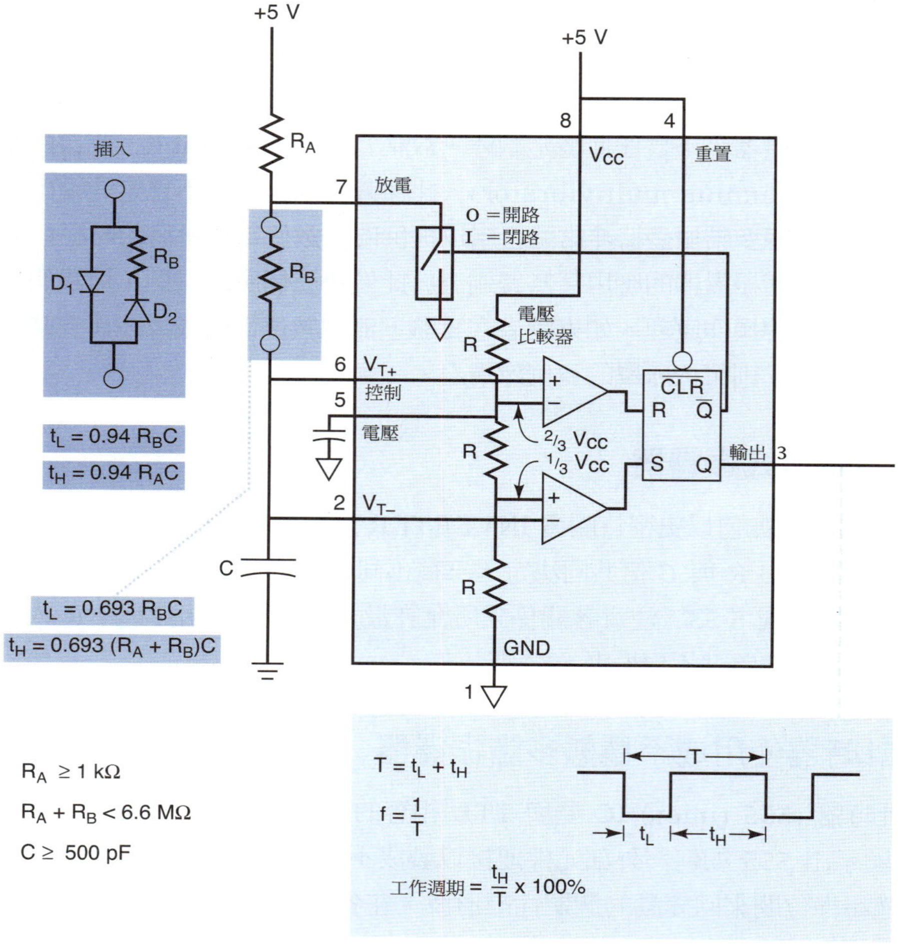

圖 5-54　**555** 計時器使用成不穩態多諧振盪器

成。電壓比較器這些裝置一旦 + 輸入上的電壓高過 − 輸入上的電壓時將產生高電位輸出。外接電容器 (C) 將一直充電到它的電壓超過了由較高電壓比較器監控 V_{T+} 所決定的 $2/3 \times V_{CC}$ 為止。當此比較器輸出轉變成高電位時，它將重置 SR 閂鎖，促使輸出接腳 (3) 轉變成低電位。於此同時，$\overline{Q}$ 轉變成高電位，關閉放電開關並且促使電容器開始經由 R_B 放電。它將持續的一直放電到電容器電壓下降到低於較低電壓比較器監控 V_{T-} 所決定的 $1/3 \times V_{CC}$ 為止。當此比較器輸出轉變成高電位時，它將置定 SR 閂鎖，促使輸出接腳轉變成高電位，打開放電開關，使得電容器在週期循環時再次開始充電。

這些時間間隔，t_L 與 t_H，以及整個振盪週期，T，的公式如圖中所示。振盪的頻率當然是 T 的倒數。**工作週期** (duty cycle) 是脈波寬度 (或 t_H) 與週期 (T) 的比值且表示成百分比。如圖中公式所示，t_L 與 t_H 間隔除非 R_A 變成零時才會相等。這種一定會產生過量的電流經過裝置。這也意味著此電路不可能產生完美的 50% 之工作週期的方形波。但如果使 $R_B >> R_A$ (同時維持 R_A 大於 1 kΩ) 就可能非常接近 50% 的工作週期，所以 $t_L \approx t_H$。

例題 5-17

計算 555 不穩定多諧振盪器輸出頻率及工作週期：$C = 0.001\ \mu F$、$R_A = 2.2\ k\Omega$ 及 $R_B = 100\ k\Omega$。

解答：

$$t_L = 0.693(100\ k\Omega)(0.001\ \mu F) = 69.3\ \mu s$$
$$t_H = 0.693(102.2\ k\Omega)(0.001\ \mu F) = 70.7\ \mu s$$
$$T = 69.3 + 70.7 = 140\ \mu s$$
$$f = 1/140\ \mu s = 7.29\ kHz$$
$$\text{工作週期} = 70.7/140 = 50.5\%$$

請注意，由於 R_B 非常大於 R_A，因此工作週期接近於 50% (方波)。可再使 R_B 更大於 R_A 來使工作週期更接近於 50%。例如，您可驗證當 R_A 改變成 1 kΩ (其最小容許值)，則結果為 $f = 7.18$ kHz 且工作週期為 50.3 %。

此電路可做點簡單的修改即可讓工作週期小於 50 %。策略是讓電容器充滿僅流過 R_A 充電粒子 (電荷) 但當充電粒子僅流過 R_B 時則是空的 (放電)。完成的方式只要將一個二極體 (D_2) 與 R_B 串接一起，且另一個二極體 (D_1) 與 R_B 及 D_2 並聯一起，如圖 5-54 的插圖所示。電路圖中的插圖取代了 R_B。二極體是能讓充電粒子僅依一個方向流過它們的裝置，如箭頭所示。二極體 D_1 能讓所有經由 R_A 來的充電電流旁路過 R_B。而 D_2 則保證無任何充電電流能流過 R_B。當放電開關關閉時，所有的放電電流將流經 D_2 與 R_B。此電路之高電位與低電位的時間方程式為：

$$t_L = 0.94 R_B C$$
$$t_H = 0.94 R_A C$$

注意，常數 0.94 視二極體的順向壓降程度而定。

例題 5-18

試使用圖 5-54 中所示之與 R_B 一起的二極體來計算出要得到 555 輸出 1 kHz、25 % 之工作週期波形所需的 R_A 與 R_B 值。假設 C 為 0.1 μF 電容器。

解答：

$$T = \frac{1}{f} = \frac{1}{1000} = 0.001 \text{ s} = 1 \text{ ms}$$

$$t_H = 0.25 \times T = 0.25 \times 1 \text{ ms} = 250 \ \mu\text{s}$$

$$R_A = \frac{t_H}{0.94 \times C} = \frac{250 \ \mu\text{s}}{0.94 \times 0.1 \ \mu\text{F}} = 2.66 \text{ k}\Omega \cong 2.7 \text{ k}\Omega \text{ (5\% tolerance)}$$

$$R_B = \frac{t_L}{0.94 \times C} = \frac{750 \ \mu\text{s}}{0.94 \times 0.1 \ \mu\text{F}} = 7.98 \text{ k}\Omega \cong 8.2 \text{ k}\Omega \text{ (5\% tolerance)}$$

石英控制式時脈產生器

前述的時脈產生電路所產生的信號輸出頻率乃視電阻器與電容器的值而定，因此它並非極為準確與穩定的。即使是利用可變電阻器以調整電阻值來得到想要的頻率，R 與 C 值的改變將隨周遭溫度及年份而變化，因此使可調整的頻率漂移。如果頻率的準確性及穩定性很重要，則可使用另一種方法來產生時脈信號：**石英控制式時脈產生器** (crystal-controlled clock generator)。它是利用一種稱為*石英晶體* (quartz crystal) 極穩定且準確的元件。一片石英晶體可被切割成特定的尺寸與形狀來振動 (共振)，且不隨溫度及年份變化，產生極穩定的精確頻率；頻率從 10 kHz 到 80 MHz 皆容易獲得。當石英置於特定的電路組態中時，它將可產生振盪於石英共振的準確及穩定頻率。石英振盪器皆有 IC 封裝的產品。

石英控制式時脈產生器電路使用於所有的微處理器系統及微型計算機以及任何使用時脈信號來產生準確時序間隔的應用場合。往後幾章中我們將會看到若干的應用實例。

複習問題

1. 以 74HC14 製成的史密特觸發式振盪器中，若 $R=10\ k\Omega$ 且 $C=0.005\ \mu F$，則振盪器的頻率約為多少？
2. 以 555 計時器製成的不穩態多諧振盪器中，若 $R_A=R_B=2.2\ k\Omega$ 且 $C=2000\ pF$，則振盪器的頻率約為多少？
3. 石英控制式時脈產生器電路比 *RC* 控制式電路有何優點？

5-23　正反器電路故障檢修

FF IC 對組合邏輯電路中所發生的各種內部與外部錯誤甚為敏感。第 4 章所討論的所有故障檢修觀念，均可輕易的應用到含 FF 與邏輯閘的電路中。

由於 FF 電路具有記憶特性且為時脈式操作，因此易產生若干不會發生於組合電路的錯誤形式與症狀。尤其是易受時序問題之影響，這種情形在組合電路並不常見。FF 電路最常見的幾種錯誤如下所述。

開路輸入

任一邏輯電路中未接或浮接輸入對所拾取的雜訊 (noise) 甚為敏感。若雜訊的振幅足夠大且所持續的時間足夠長，則邏輯電路的輸出可因這些雜訊而改變狀態。對邏輯閘而言，當雜訊消失時輸出將可返回至原有的狀態。但對 FF 電路而言，由於具有記憶特性，將使輸出維持在新狀態。因此，FF 或閂鎖電路中開路輸入所拾取的雜訊效應常較邏輯閘者來得敏感。

最敏感的 FF 輸入是哪些能觸發 FF 使其變換至另一狀態的輸入——諸如 *CLK*、PRESET 及 CLEAR 等。無論何時只要看到 FF 輸出係以不規律的方式亂換狀態，則應料及可能有開路輸入的情形發生。

例題 5-19

圖 5-55 所示為由 TTL FF 所組成的三位元移位暫存器。在時脈脈波未加入前，所有 FF 均為低電位狀態。當時脈脈波加入時，各 PGT 將控制資訊於各 FF 由左向右依序移位。圖中亦顯示出各時脈脈波過後所“預期”FF 狀態的順序。因為 $J_2=1$ 且 $K_2=0$，所以時脈脈波 1 到達時 FF X_2 將為高電位，且對後續的脈波仍以高電位響應之。此高電位將在時脈脈波 2 及 3 到達時分別移位至 X_1 及 X_0。因此，

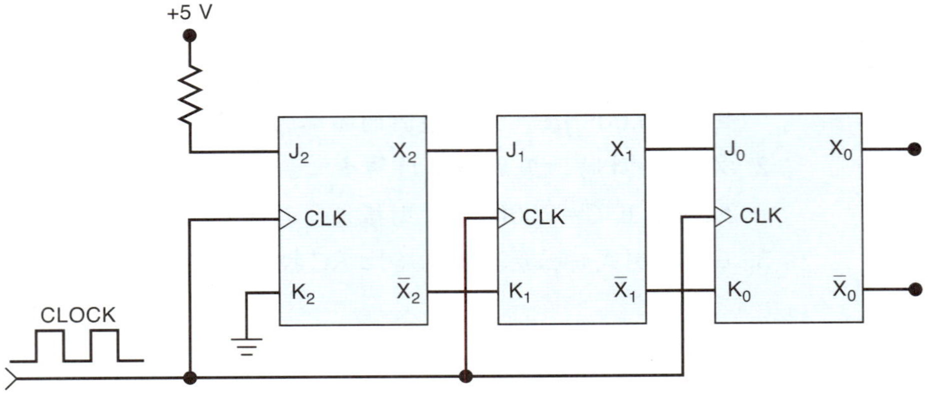

時脈脈波數	"期望"			"實際"		
	X_2	X_1	X_0	X_2	X_1	X_0
0	0	0	0	0	0	0
1	1	0	0	1	0	0
2	1	1	0	1	1	0
3	1	1	1	1	1	1
4	1	1	1	1	1	0
5	1	1	1	1	1	1
6	1	1	1	1	1	0
7	1	1	1	1	1	1
8	1	1	1	1	1	0

圖 5-55 例題 5-19

第三個脈波到達後，所有的 **FF** 均為高電位，且當脈波持續加入時仍應維持於高電位。

現在，讓我們假設 **FF** 狀態的 " 實際 " 響應如圖所示。由圖示知，前三個時脈脈波的 **FF** 響應與所預期者相同，但第三個以後，**FF** X_0 不再維持為高電位，而係在高電位與低電位間的相互變換。試問產生此種操作的可能電路錯誤為何？

解答：第二個時脈脈波到達後，X_1 變為高電位，於是 $J_0=1$，$K_0=0$。因此，所有後續的時脈脈波均應置定 $X_0=1$。但事實不然，X_0 對第二個時脈脈波以後的脈波竟以跳換操作響應之。如果 J_0 與 K_0 均為高電位，則可發生此跳換操作。因此，最可能的錯誤是 K_0 與 $\overline{X}_1$ 之間開路。記得 **TTL** 裝置視開路輸入為高電位，因此 K_0 處的開路亦視為高電位。

短路輸出

以下例題為說明 **FF** 電路中的短路輸出錯誤如何誤導我們以為電路中存在有其他形式的錯誤。

例題 5-20

考慮圖 5-56 所示的電路，並檢視位於圖右下方的邏輯探針指示表。當脈波加諸 *CLK* 輸入時，由於 FF 的 *D* 輸入為低電位，因此輸出 *Q* 理應為低電位，但由指示表可知輸出 *Q* 卻為高電位狀態。此時檢修員遂考慮其可能的電路錯誤並一一測試之：

1. Z2-5 內部短路至 V_{CC}。
2. Z1-4 內部短路至 V_{CC}。
3. Z2-5 或 Z1-4 外部短路至 V_{CC}。
4. Z2-4 內部或外部短路至 GROUND。此將使 $\overline{PRE}$ 超越 *CLK* 輸入而動作。
5. Z2 內部電路失效以致 *Q* 無法適時的對它的輸入作響應。

檢修員以歐姆表檢查後即排除前四種可能的錯誤。他同時也檢查 Z2 的 V_{CC} 與 GROUND 接腳，結果發現其都在正確的電位上。在他還沒有完全確定 Z2 失效之前，他絕不願意將 Z2 從電路中拆開，所以他決定再審視時脈信號。於是以示波器仔細檢查時脈信號的振幅、頻率、脈波寬度及換態時間，結果發現它們均在 74LS74 合理的規格內。最後，他下了 Z2 失效的結論。

所以他把 74LS74 晶片從電路中拆離並更換另一枚。結果很令人沮喪，新晶片電路的操作完全與未更換前相同。於是他抓抓頭，很懊惱而不知所以然的更換

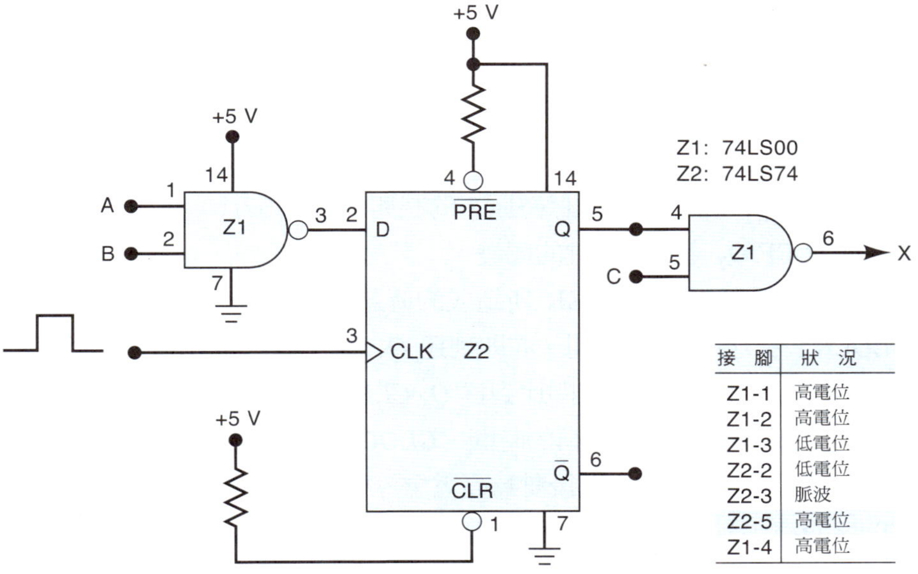

接　腳	狀　況
Z1-1	高電位
Z1-2	高電位
Z1-3	低電位
Z2-2	低電位
Z2-3	脈波
Z2-5	高電位
Z1-4	高電位

圖 5-56　例題 5-20

NAND 閘晶片。結果正如所料，電路的操作依然相同。

正在迷惑之際，他想起電子實習老師特別強調的一句話：在做測試之前須以肉眼仔細核對電路板上的電路是否與我們所要的相同。因此，他非常仔細的檢查電路板上的電路，結果發現 Z2 的接腳 6 與 7 間有一焊橋存在。於是拆除焊橋並重新測試電路，所幸這一次的結果總算完全正確。試解釋為什麼 Z2 的接腳 6 與 7 間的焊橋會造成如圖中所示的操作。

解答：焊橋使 $\overline{Q}$ 輸出與 GROUND 短路，即 $\overline{Q}$ 恆保持為低電位。記得閂鎖或 FF 中輸出 Q 與 $\overline{Q}$ 係內部交互耦合連接，所以某輸出的電位將可影響另一輸出。例如，檢視圖 5-25 所示 J-K FF 的內部電路即可得知此種特性。由圖 5-25 所示電路知，低電位的 $\overline{Q}$ 乃連接至 NAND 閘 3 的一輸入，所以 NAND 閘的輸出 Q 將無視 J、K 與 CLK 的條件為何而恆為高電位。

檢修員於此學到了有關 FF 電路故障檢修的寶貴經驗。他學到了：在做錯誤檢修時 FF 的二輸出無論是否與其他電路相連接，均需檢查是否有短路輸出的情形發生。

時脈不對稱

同步電路中最普遍的時序問題為**時脈不對稱** (clock skew)。常見的時脈不對稱為：由於傳遞延遲時間的存在使時脈信號到達各 FF 的 CLK 輸入時間亦有所不同。在大多數的情況下，時脈不對稱將使 FF 輸出不正確的狀態。欲解說上述現象最好的方法是舉例說明。

參考圖 5-57(a)，其中信號 $CLOCK1$ 係直接連接至 FF Q_1，且經由 NAND 閘與 INVERTER 間接連接至 FF Q_2。假設 X 為高電位，則兩 FF 均在 $CLOCK1$ 發生 NGT 時被觸發。如果我們假設開始時 $Q_1=Q_2=0$ 且 $X=1$，則 $CLOCK1$ 發生 NGT 時應置定 $Q_1=1$ 且 Q_2 應保持原有的狀態。圖 5-57(b) 的波形用以說明時脈不對稱如何對 FF Q_2 產生不正確的觸發。

由 NAND 閘與 INVERTER 所造成的傳遞延遲時間，使 $CLOCK2$ 信號的換態較 $CLOCK1$ 者延遲了 t_1 時間。亦即到達 Q_2 CLK 輸入的 $CLOCK2$ 不對稱而無法同時被觸發，發生 NGT 的時間比到達 Q_1 CLK 輸入的 $CLOCK1$ 發生 NGT 的時間慢了 t_1。此 t_1 即為時脈不對稱的時間。$CLOCK1$ 的 NGT 將使 Q_1 在時間 t_2 (t_2 即 Q_1 的傳遞延遲時間 t_{PLH}) 之後變為高電位。如果 t_2 小於 t_1，則當 $CLOCK2$ 發生 NGT 時 Q_1 仍為高電位，因此將不當的置定 $Q_2=1$ (假設滿足所要求的建立時間 t_S)。

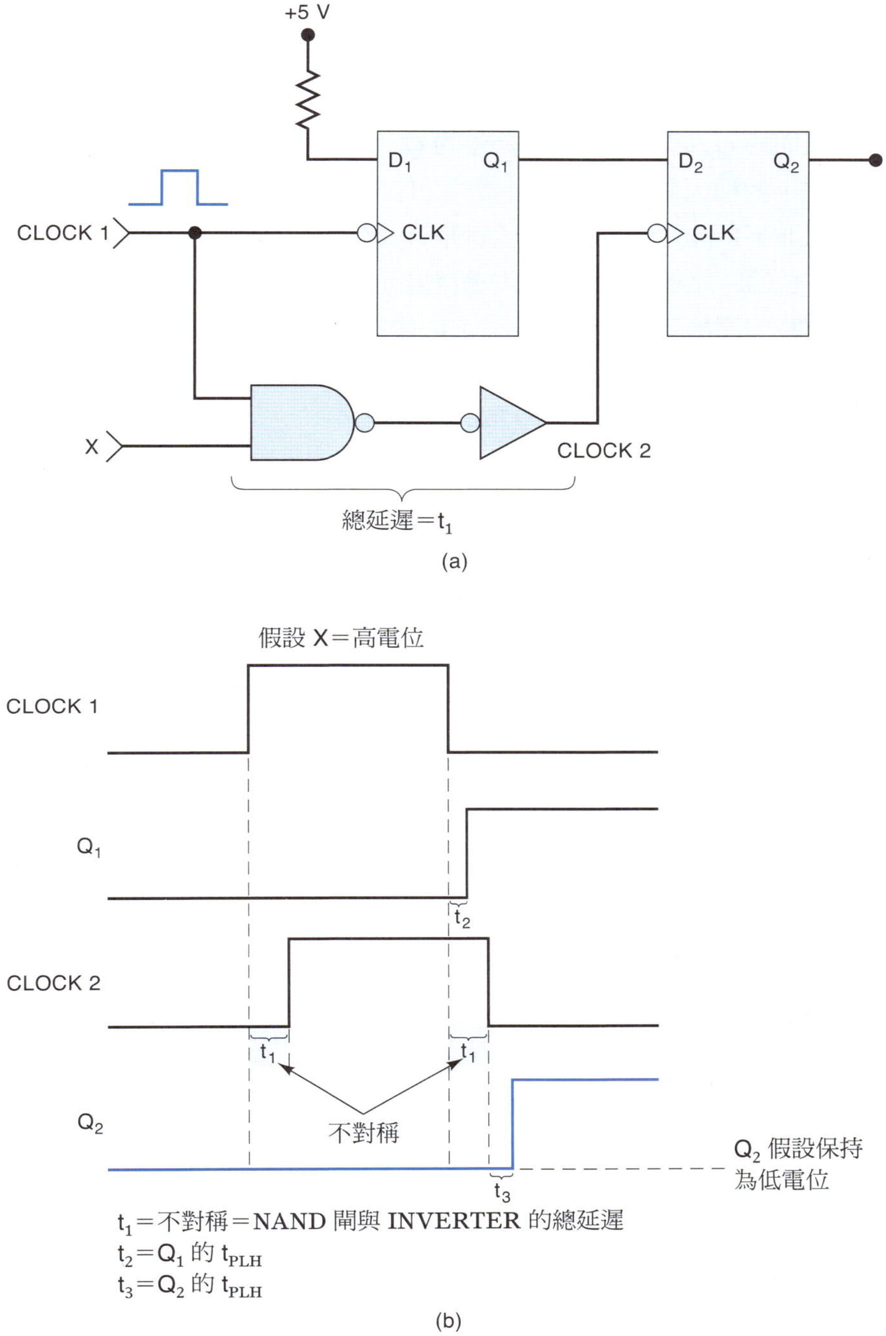

圖 5-57　由於傳遞延遲時間的不同，使得應該同時被時脈觸發的兩個 **FF** 因時脈信號到達第二個 **FF** 的時間稍晚而發生時脈不對稱。**(a)** 可能造成時脈不對稱的額外閘控電路；**(b)** 顯示出 *CLOCK2* 稍晚到達的時序

例如，假設時脈不對稱為 40 ns 且 Q_1 的 t_{PLH} 為 25 ns，則在 *CLOCK2* 發生 NGT 前的 15 ns，Q_1 將變為高電位。如果 Q_2 要求的建立時間 t_S 小於 15 ns，則 Q_2 將對 *CLOCK2* 發生 NGT 時的高電位 *D* 輸入響應而呈現高電位。當然，這並非我們所預期的 Q_2 響應。我們所期望的 Q_2 響應為低電位。

時脈不對稱因其總是時斷時續的 (有時電路工作正常，有時則否) 影響 FF 響應，所以並不是非常輕易的就能偵測出。這是由於時脈不對稱需視電路的傳遞延遲時間與 FF 的時序參數 (這些值均隨溫度而變)、接線的長度、電源供應電壓及負載而定。有時因連接示波器的探針至 FF 或邏輯閘輸出而使負載電容加大，於是將使裝置的傳遞延遲時間增加，這可能恰巧造成本應有時脈不對稱的電路正常操作。當然，當探針移走後電路的操作又再度不正常了。

時脈不對稱所造成的電路問題可藉由等化各時脈信號所經路徑的延遲時間消除之，消除後各 FF 的換態動作時間大致相同。參見習題 5-52。

複習問題

1. 何謂時脈不對稱？它如何造成電路有問題？

5-24 PLD 中使用圖形輸入的序向電路

使用正反器與閂鎖器的邏輯電路可利用 PLD 來製作。Altera 公司的 Quartus II 發展系統軟體可讓設計人員使用圖形來描述所需電路的選項。Quartus 提供的元件資料庫包含了能產生出圖形的正反器與閂鎖器裝置。這些資料庫名稱為 **primitives** (原型)、**maxplus2** 以及 **megafunction** (巨函數)。原型資料庫包含了邏輯閘與所有各種形式的標準正反器與閂鎖儲存元件。您可能已經使用過此資料庫來產生出組合電路圖形。若干可用的儲存元件為 dff、jkff、srff、tff 以及閂鎖器。

Altera 也製作了普及 (但也過時) 的 74xxx 標準邏輯晶片的等效版本來使用於您的 PLD 設計圖形中。這些方塊可在 maxplus2 資料庫中找到且不只是包含了於 SSI 晶片中的基本邏輯裝置，而且也包括了已製作成 MSI 晶片的較複雜常用的邏輯功能。如果仔細查看 (網站或資料手冊) 關於來自各不同廠商之對等晶片之對應的資料表，您就能發現到 maxplus2 元件的功能，有時也稱它們為巨函數。若干範例有 74112 (JK 正反器)、74175 (四位元暫存器) 以及 74375 (四位元閂鎖器)。Altera 會提供註釋予 Quartus 使用者，“一般而言，Altera 建議於所有新的專案中優先使用巨函數來取代對等的巨集函數 (macrofunction)。巨函數較易於延展成不同的尺寸大小，而且可提供較具效率的邏輯合成與裝置製作。Quartus II 軟體僅支援巨集函數向後相容於其他 EDA 工具所產生的設計”。

巨函數資料庫包含了可用來產生邏輯設計的各種高階模組。幾個包含其中的元件稱為 **LPM**，它是指**參數化模組資料庫** (library of parameterized module) 子集。這些函數並非要模擬類似 maxplus2 資料庫中特殊標準 IC 的裝置；反而是針對極有用於數位系統中的各種形式之邏輯功能提供通用的解決方案。“參數化”一詞乃意味著當您自資料庫中實用化某個函數時，您也針對所描述的電路指定若干定義特定屬性的參數。這些多樣化功能方塊可使用 Quartus 中 Mega Wizard Manager 來快速且易於客製化成具備想要的特徵與尺寸大小。如果設計人員要在應用時建立模組來使用，只要指定需要的裝置特性即可。各種不同可用的 LPM 可在 megafunctions/LPM 的 HELP 選單下找到。LPM 儲存元件包括了 **LPM_FF**、**LPM_LATCH** 以及 **LPM_SHIFTREG**。這些都可在 Mega Wizard Manager Plug-In 目錄中的 Storage 檔案夾中找到。

當然，Quartus II 模擬器可在您將 PLD 規劃使用於設計中之前用來驗證序向電路，正如對組合電路作法一樣。

例題 5-21

利用 Quartus 功能模擬器來比較位準激能的 D 閂鎖器與邊緣觸發的 D 正反器。

解答：圖 5-58 指出包括了將要測試之閂鎖器與正反器的 Quartus 圖形 (兩者都自原型資料庫)。圖 5-59 為模擬報告，說明了閂鎖器與正反器的操作不同處。閂鎖器

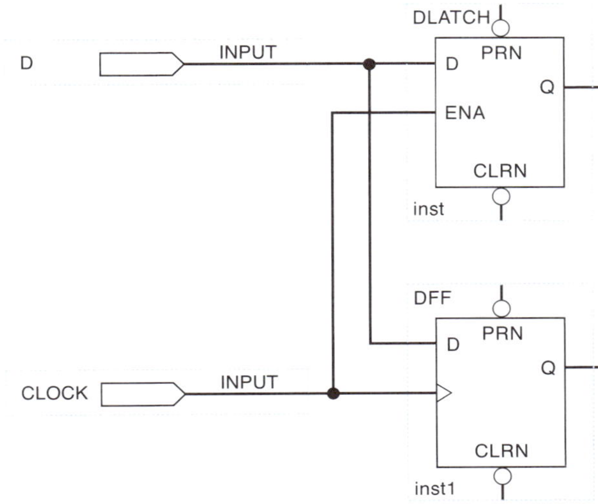

圖 5-58　D 閂鎖器與 D 正反器 Quartus 圖形

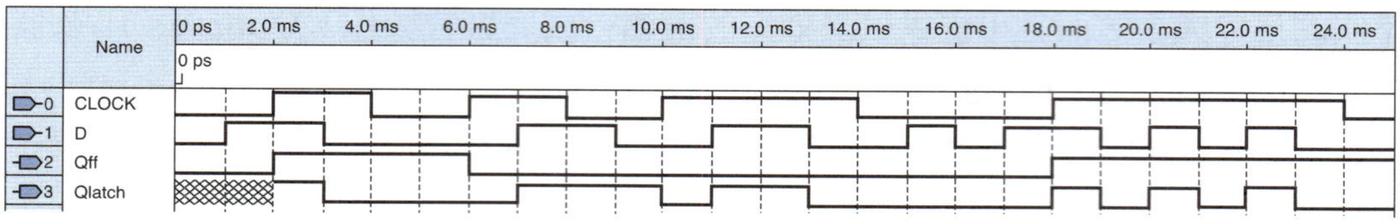

圖 5-59 D 閂鎖器與 D 正反器模擬報告。

一旦以高電壓位準來激能且當激能為低電壓時即為"透通的"。一旦閂鎖器激能為高電位時，輸出即跟蹤著 D 輸入。另一方面，正反器將於時脈輸入的上昇緣上讀取並儲存 D 輸入值。

例題 5-22

使用 LPM_FF 巨函數建構一個由四個 D 正反器組成的暫存器，並且求出當加上圖 5-60 中所示之輸入信號時的操作情形。送至暫存器的時脈輸入稱為 *TRANSFER* 而且資料輸入為 *D[3..0]*。試利用 Quartus 模擬暫存器之功能並驗證您的預測。

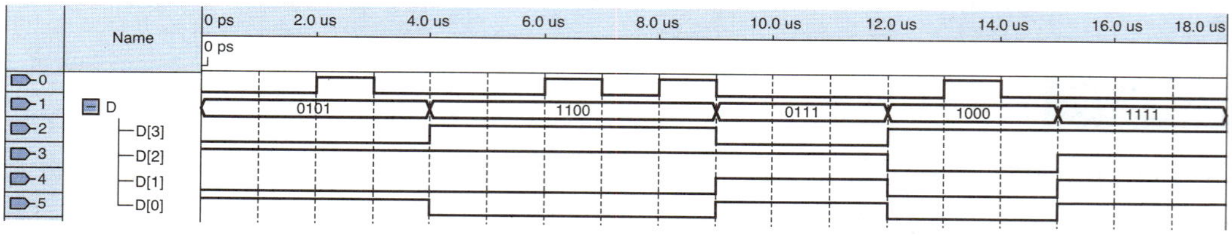

圖 5-60 例題 5-22 的輸入信號

解答：使用 Mega Wizard Manager (圖 5-61 中的二個對話方塊) 來建立所需要的參數。得到的暫存器圖形如圖 5-62 中所示，而功能模擬結果如圖 5-63 所示。四個 D 正反器將儲存各自的 *D* 輸入邏輯準位於 *TRANSFER* 的 PGT 上。

複習問題

1. 包含正反器與閂鎖器的三個 Quartus 資料庫名稱為何？

5-25 使用 HDL 的序向電路

於第 3 與第 4 章裡，我們使用了 HDL 來規劃一個簡單的組合邏輯電路。本章裡，

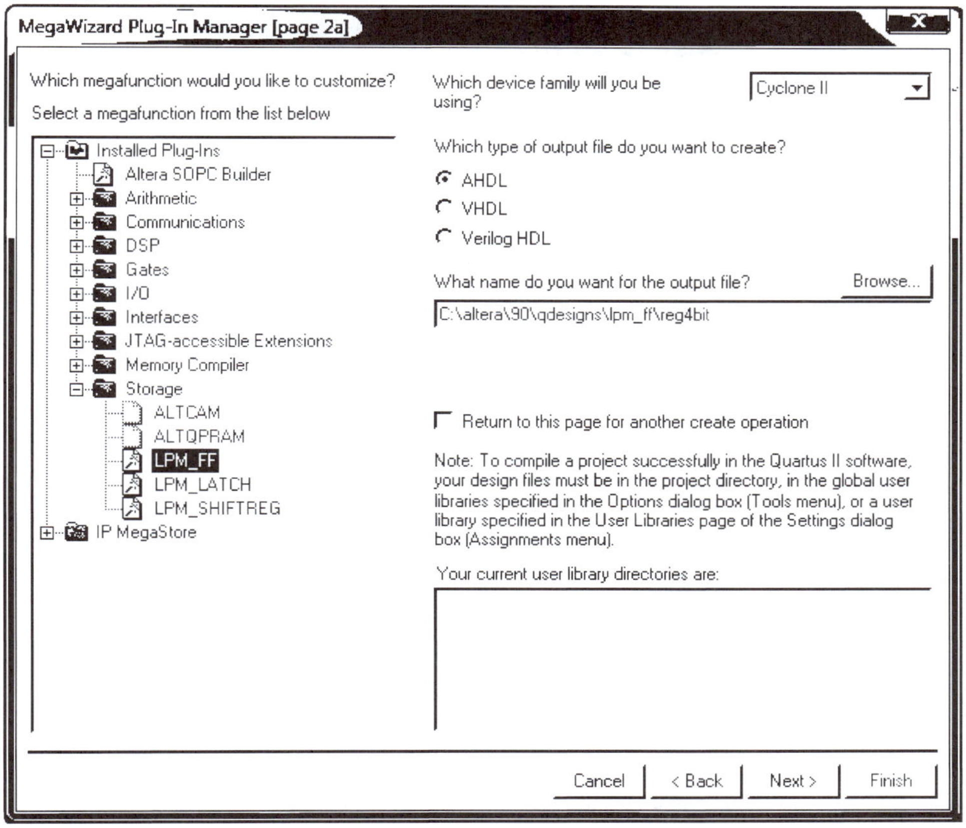

圖 5-61　MegaWizard Manager 建立例題 5-22 的對話方塊

我們則探討了閂鎖與時脈式正反器 (FF) 的邏輯電路，它們是對一個時脈邊緣作響應而循序地進入不同的狀態。這些閂鎖與序向電路亦可利用 PLD 製作且使用 HDL 描述。

本章的 5-1 節描述了 NAND 閘閂鎖。您將回憶起此電路的唯一特徵為它的輸出是互耦合回它的閘輸入。這將使電路之響應視輸出狀態而有所不同。以布爾方程式或 HDL 來描述其輸出又回授回輸入的電路，包含有使用輸出變數於條件式描述的部分。若是使用布爾方程式則表示包含了輸出項於方程式的右邊。若是使用 IF/THEN 構造則表示包含了輸出變數於 IF 條件子句中。大多數的 PLD 都有能力將輸出信號回授回輸入電路中以容納閂鎖的動作。

撰寫使用回授的方程式時，比如 VHDL 的若干語言皆需要對輸出埠作特別的標示。在這些情況時，埠位元不再只是輸出而已；它是具有回授的輸出。差異處如圖 5-64 中所示。

我們不再使用布爾方程式來描述閂鎖的操作，且嘗試思考閂鎖器應如何操作的

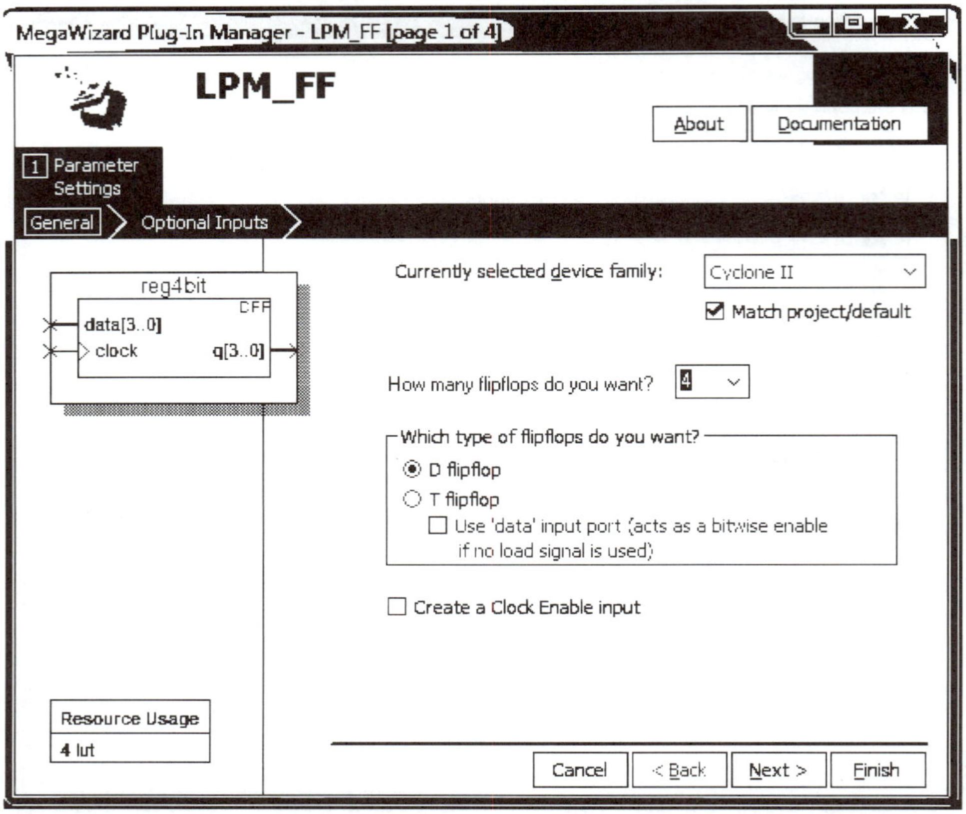

圖 5-61 (續)

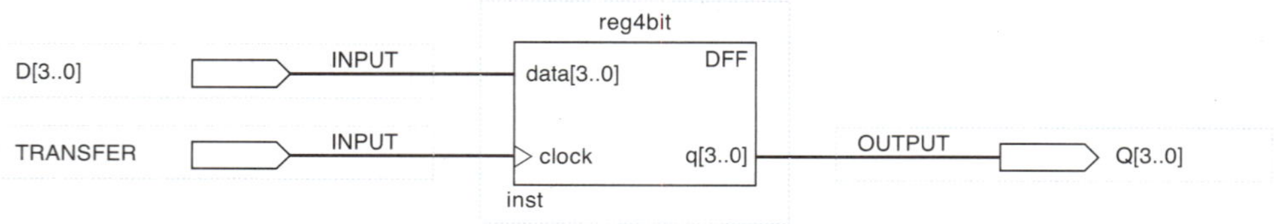

圖 5-62 利用 LPM_FF 巨函數的四位元暫存器的 Quartus 圖形

行為描述。這些我們需要提出的情況為當 SBAR 被激發時、當 RBAR 被激發時以及二者皆不激發時。記得無效的狀態是發生於二個輸入同時被激發時。如果我們能描述一個電路當二個輸入同時被激發時，始終只認定其中一個輸入是贏家時，就可避免無效輸入條件下得到不想要的結果。若要描述此種電路，且問問自己在什麼條件下閂鎖器應被置定 ($Q=1$)。當然，閂鎖器在 SET 輸入動作時應被置定，但 SET 回到它的不動作準位時會如何？閂鎖器又如何知曉停留在 SET 狀態。描述時則需使用到現在的輸出狀況來決定輸出的未來狀況。下面的敘述則是描述於 SR 閂

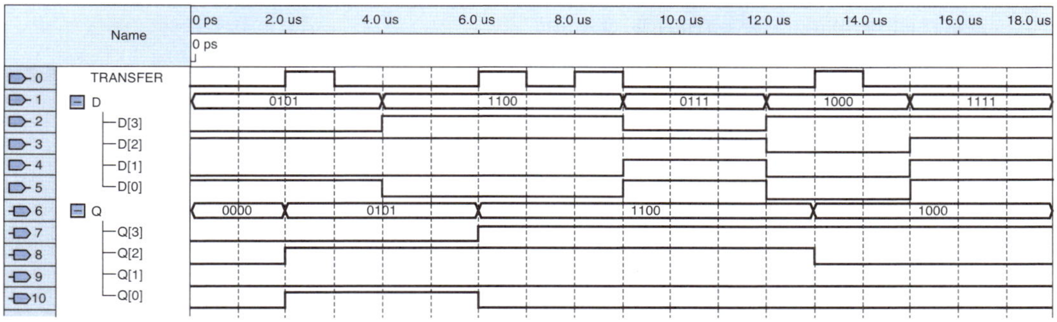

圖 5-63　例題 5-22 的功能模擬結果

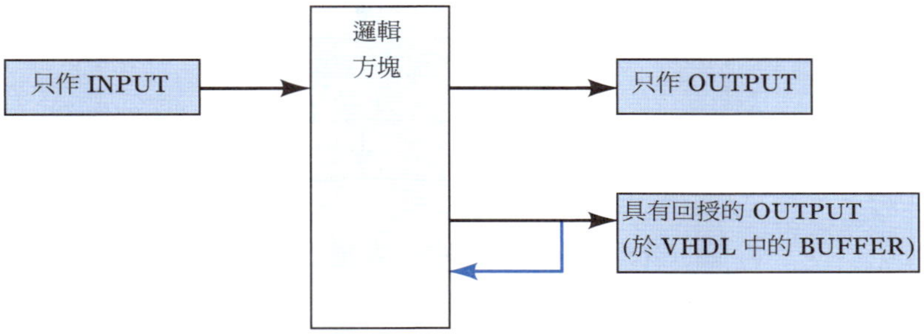

圖 5-64　三種輸入／輸出模式

鎖器上會使輸出為高電位的條件：

如果 **SET** 動作，則 Q 應為高電位。

但哪些條件又會使輸出為低電位呢？

如果 **RESET** 動作，則 Q 應為低電位。

但如果沒有任何一個輸入被激發呢？那麼輸出應維持相同且可表示為 $Q=Q$。此種表示提供了輸出狀態之回授與輸入狀況結合，以作為決定輸出接著將發生何事之目的。

如果二個輸入皆是動作的呢 (即無效的輸入組合)？圖 5-65 中所示的 IF/ELSE 決策結構確保閂鎖器絕不會嘗試對二個輸入作響應。如果 SET 不管 RESET 上是什麼而是動作的，輸出將被強迫為高電位。無效的輸入始終將依此預設方式置定條件。ELSIF 子句僅於 SET 不動作時才會被考慮到。回授項 ($Q=Q$) 的使用只於二個輸入皆不動作時才會影響操作 (持住動作)。

當您要設計能將輸出值回授回輸入端的序向電路時，它可能會產生不穩定的系

IF (SET 動作) THEN 使 Q 高電位
ELSE IF (RESET 動作) THEN 使 Q 低電位
ELSE 使 Q 相同動作

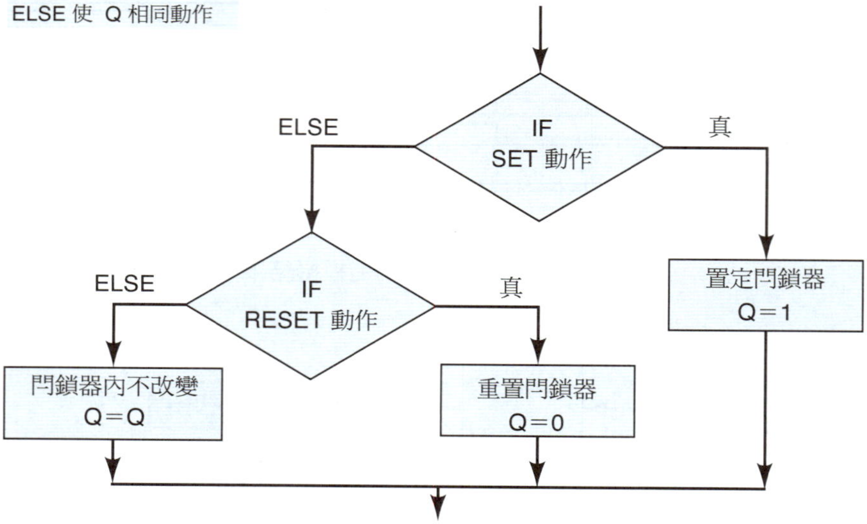

圖 5-65 SR 閂鎖器的行為描述邏輯

統。輸出狀態的改變可能回授回輸入，這將再次改變輸出狀態，它回授回輸入，再次的改變輸出。此種振盪顯然是不想要的，也因此確保沒有任何之輸入與輸出組合能讓此狀況發生是很重要的。仔細的分析、模擬以及測試應可確保您的電路在所有的情況下都是穩定的。

例題 5-23

試描述一個含有名稱為 SBAR、RBAR 之輸入以及一個輸出名為 Q 的低電位動作輸入 SR 閂鎖。它應遵循 NAND 閂鎖的功能表 (參閱圖 5-6) 且無效輸入組合應產生 $Q=1$。

(a) 使用 AHDL。

(b) 使用 VHDL。

解答：

(a) 圖 5-66 指出了可能的 AHDL 解。需注意的重要項目有：

1. Q 定義成 OUTPUT，即使它在電路中是回授回去的。AHDL 能使輸出回授到電路中。
2. IF 後面的子句將決定哪個輸出狀態是發生於二個輸入皆是動作的時候 (無效

狀態)。此程式中由 SET 命令主導。

3. 為了估算相等性，使用了雙等號。換言之，SBAR＝0 於 SBAR 動作時 (低電位) 估算為 TRUE。

```
SUBDESIGN fig5_66
(
      sbar, rbar                  :INPUT;
      q                           :OUTPUT;
)
BEGIN
      IF    sbar == 0   THEN  q = VCC;     -- 置定或不合法命令
      ELSIF rbar == 0   THEN  q = GND;     -- 重置
      ELSE                    q = q;       -- 持住
      END IF;
END;
```

圖 5-66　使用 AHDL 的 NAND 閂鎖

(b) 圖 5-67 指出了可能的 VHDL 解。需注意的重要項目有：

1. *Q* 定義成 BUFFER 而非 OUTPUT。這樣即允許電路中的回授。
2. PROCESS 描述了當敏感性串列 (SBAR, RBAR) 改變狀態時會發生什麼事。
3. IF 後面的子句將決定哪個輸出狀態將發生於二個輸入皆是動作的時候 (無效狀態)。
4. 於 VHDL 中，資料閂鎖動作 (儲存) 意味著故意略去 IF 敘述中的 ELSE 選擇。編譯程式將 “瞭解” 何時任何一個控制輸入是動作的 (低電位) 而輸出將不改變，這將使得目前的資料位元被儲存。

```
ENTITY fig5_67 IS
PORT (sbar, rbar             :IN BIT;
        q                    :OUT BIT);
END fig5_67;

ARCHITECTURE behavior OF fig5_67 IS
BEGIN
PROCESS (sbar, rbar)
BEGIN
   IF sbar = '0' THEN q <= '1';      -- 置定或不合法命令
   ELSIF rbar = '0' THEN q <= '0';   -- 重置
   END IF;                           -- 持住
END PROCESS;
END behavior;
```

圖 5-67　使用 VHDL 的 NAND 閂鎖

VHDL

D 閂鎖器

透通的 D 閂鎖器也可容易地以 HDL 來製作。Quartus 軟體有個稱為 LATCH 的庫建原型可使用。以下的 AHDL 模組使用了此 LATCH 原型來說明。資料庫包含有將用來建構邏輯電路的數位元件功能性定義。原型元件是基本的建構方塊，諸如各種類型的閘、正反器以及閂鎖器。以下的 AHDL 模組則是利用了此 LATCH 原型來作說明。稱為 *q* 的閂鎖器是在 VARIABLE 部分來宣告。此閂鎖器的輸出則自動地連接到輸出埠，此係因 *q* 也在 SUBDESIGN 中宣告成輸出。所有需要做的是將原型的激能信號 (*.ena*) 與資料 (*.d*) 埠 (參閱表 5-3 中原型記憶器元件的標準埠表列) 連接到適當的模組輸入信號。如下所示的 VHDL 模組為 D 閂鎖器功能的行為描述。VHDL 語言基本上是依照不同的方式來處理資料位元的儲存。記憶器元件並不是以文字來宣告正反器或閂鎖器，而是由一個不完整的 IF 敘述來提示 (注意到此範例的 IF 敘述中缺少了 ELSE 子句)。VHDL 編譯程式將因為沒有對信號指派予 *q* 有變更條件，結果產生了記憶器元件。

AHDL D 閂鎖器

```
SUBDESIGN dlatch_ahdl
(enable, din                    :INPUT;
   q                            :OUTPUT;)

VARIABLE
   q                            :LATCH;
BEGIN
   q.ena = enable;
   q.d = din;
END;
```

VHDL D 閂鎖器

```
ENTITY  dlatch_vhdl  IS
PORT  (enable, din              :IN BIT;
        q                       :OUT BIT);
END  dlatch_vhdl;

ARCHITECTURE v OF dlatch_vhdl IS
BEGIN
      PROCESS (enable, din)
      BEGIN
         IF  enable = '1'  THEN
              q <= din;
         END IF;
      END PROCESS;
END v;
```

表 5-3　Altera 原型埠識別符號

標準部分功能	原型埠名稱
時脈輸入	clk
非同步預置 (低電位動作)	prn
非同步清除 (低電位動作)	clrn
J, K, S, R, D 輸入	j, k, s, r, d
準位觸發式 ENABLE 輸入	ena
Q 輸出	q

複習問題

1. 閂鎖用邏輯電路的顯著硬體特徵為何？
2. 序向電路的主要特徵為何？

5-26　邊緣觸發式裝置

本章稍早，我們介紹了邊緣觸發式裝置，它的輸出於輸入脈波看到“邊緣” 時對輸入作響應。邊緣只是意味著從高電位到低電位或反之的轉變，且經常稱之為**事件** (event)。如果程式中所撰寫的敘述是共點的，輸出又是如何只於時脈輸入偵測到邊緣事件時才作改變？此問題的答案本質上是不同的，視您所使用之 HDL 而定。本節裡，我們將重點放在使用 HDL 來產生時脈式邏輯電路的最簡形式。我們將使用 J-K FF 來與本章稍早中許多的簡例關聯一起。

J-K FF 乃為所謂之**邏輯原型** (logic primitive) 的時脈式 (序向) 邏輯電路的標準構築方塊。最常見的形式中，它具有五個輸入與二個輸出，如圖 5-68 中所示。輸入／輸出名稱可被標準化以讓我們參用到此原型或基本電路的連接。原型電路的實際操作係以元件庫來定義，當 HDL 編譯程式自我們的描述產生電路時即可得到這些元件庫。AHDL 使用邏輯原型來描述 FF 的操作。VHDL 也提供類似者，但它也讓設計人員於程式中明確的描述時脈式邏輯電路的操作。

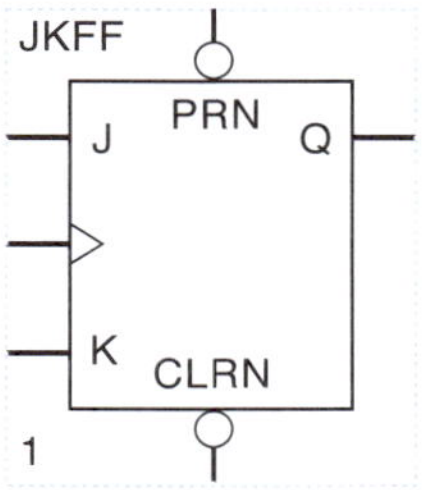

圖 5-68　**J-K FF 邏輯原型**

AHDL 正反器

正反器 (FF) 於 AHDL 中是以宣告暫存器來使用 FF (即使一個 FF 稱為暫存器)。AHDL 中有幾種不同類型的暫存器原型可使用，例如：JKFF、DFF、SRFF 以及閂鎖暫存器原型皆是。每個不同類型的暫存器原型皆有其各自的正式識別符號 (依據 Altera 軟體) 予這些原型的埠。這些皆可於 ALTERA 軟體中使用 HELP 選

AHDL

單找到且於 Primitives 下詳視。表 5-3 列出了它們的名稱。使用這些原型的暫存器則在程式的 VARIABLE 部分中宣告。暫存器是以實況名稱來給予，正如先前之範例中命名中間變數予隱藏式節點者。但不管怎樣，它不是宣告成節點而是以暫存器原型之類宣告之。例如， J-K FF 可宣告成：

```
VARIABLE
     ff1 :JKFF;
```

實例名稱為 ff1 (您可自行編造) 以及暫存器原型類型為 J-K FF (Altera 要求您使用) 。一旦已宣告了一個暫存器，則它將使用其標準的埠識別符號來連接到設計中的其他邏輯。FF 上的埠 (或接腳) 將以實例名稱來參用，以點延伸來標示特定的輸入或輸出。AHDL 中 J-K FF 的一個例子如圖 5-69 中所示。請注意此 SUBDESIGN 中我們自行編造了輸入／輸出名稱以將它們與原型埠識別符號作區分。第 8 行上宣告了單獨一個 FF，如前述者。而後此裝置的 J 輸入或埠標示為 *ff1.j*，K 輸入為 *ff1.k*，時脈輸入為 *ff1.clk*，其他等等。每個特定埠指定敘述將構成此設計方塊所需的連線。*prn* 與 *clrn* 埠都是低電位動作，非同步控制，一如那些常見於標準正反器中者。事實上，這些位於 FF 原型上的非同步控制可用來比圖 5-66 中的程式更有效率的製作 SR 閂鎖。*prn* 與 *clrn* 控制於 AHDL 中是選用的，而且若省略於邏輯部分中時則預設為禁抑狀態 (處於邏輯 1) 。換言之，如果刪去了第 10 與 11 行，則 ff1 的 *prn* 與 *clrn* 埠將自動拴於 V_{CC}。

```
1   %     J-K flip-flop circuit     %
2   SUBDESIGN fig5_69
3   (
4         jin, kin, clkin, preset, clear     :INPUT;
5         qout                               :OUTPUT;
6   )
7   VARIABLE
8   ff1          :JKFF;       -- 定義此正反器為 J-K FF 類型
9   BEGIN
10        ff1.prn = preset;  -- 這些為選用的且預設成 Vcc
11        ff1.clrn = clear;
12        ff1.j = jin;       -- 連接原型至輸入信號
13        ff1.k = kin;
14        ff1.clk = clkin;
15        qout = ff1.q;      -- 連接輸出至原型上
16  END;
```

圖 5-69 使用 AHDL 的單獨一個 J-K FF

VHDL 資料庫元件

Altera 軟體是以能為設計人員使用的廣泛元件與資料庫一起呈現。Altera 資料庫中 J-K FF 元件的圖形描述如圖 5-70(a) 中所示。將元件放置於作業紙上後，它的每個埠連接到模組的輸入與輸出。相同的觀念可使用資料庫元件以 VHDL 來製作。這些資料庫元件的輸入與輸出可在 HELP/Primitive 選單上查看到。圖 5-70(b) 指出了 J-K 正反器原型的 VHDL COMPONENT 宣告。要注意的重要事項為元件的名稱 (J-K FF) 以及埠的名稱。而且也要注意到每個輸入與輸出變數的類型為 STD_LOGIC。這是由資料庫中所定義的其中一個 IEEE 標準資料類型且由資料庫中的許多元件所使用。

　　圖 5-71 使用了來自於 VHDL 中之資料庫的 J-K FF 元件來產生等效於圖 5-70(a) 的圖形設計。前二行告訴編譯軟體使用 IEEE 資料庫來找出 std_logic 資料類型的定義。接下來的二行則告訴編譯軟體它應查看 Altera 資料庫找出稍後將使用於程式中的任何標準資料庫元件。模組輸入與輸出則以前幾個例子的方式來宣告，不同的是資料類型現在是 STD_LOGIC 而非 BIT。這是因為模組埠類型必須吻合元件埠類型。在結構內部分，名稱 (ff1) 將賦予此元件 J-K FF 的列舉。關鍵字 PORT MAP 後則隨著一串必須賦予元件埠的所有連線。注意到元件埠 (比如 clk) 則列於符號 => 的左邊，且它們要連接上的物件 (比如 clkin) 則列於右方。

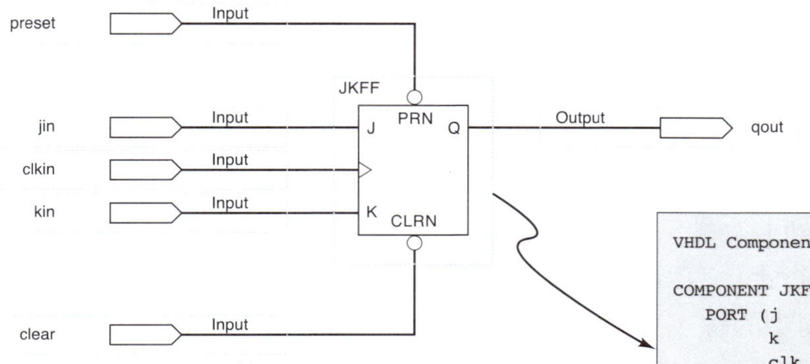

(a)

```
VHDL Component Declaration:

COMPONENT JKFF
   PORT (j    : IN STD_LOGIC;
         k    : IN STD_LOGIC;
         clk  : IN STD_LOGIC;
         clrn: IN STD_LOGIC;
         prn  : IN STD_LOGIC;
         q    : OUT STD_LOGIC);
END COMPONENT;
```

(b)

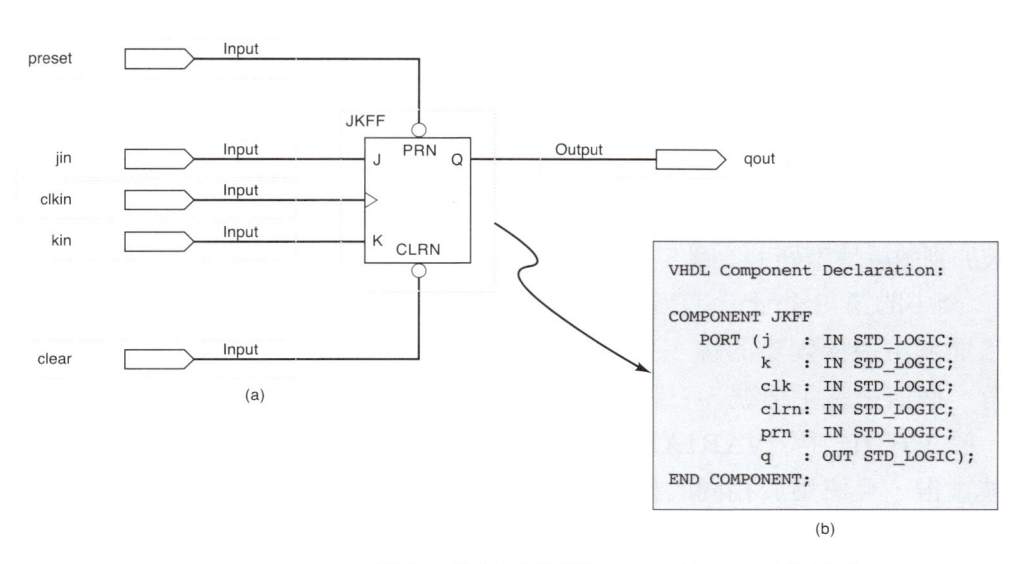

圖 5-70　(a) 使用元件的圖形表示；(b) VHDL 元件宣告

```
LIBRARY ieee;
USE    ieee.std_logic_1164.all;          -- 定義 std_logic 類型
LIBRARY  altera;
USE      altera.maxplus2.all;            -- 提供標準的元件

ENTITY fig5_71 IS
PORT( clkin, jin, kin, preset, clear     :IN std_logic;
      qout                               :OUT std_logic);
END fig5_71;

ARCHITECTURE a OF fig5_71 IS
BEGIN
   ff1:  JKFF PORT MAP (   clk   => clkin,
                           j     => jin,
                           k     => kin,
                           prn   => preset,
                           clrn  => clear,
                           q     => qout);
END a;
```

圖 5-71　使用 VHDL 的 J-K FF

VHDL 正反器

現在我們已經看到了如何使用資料庫中可用的標準元件，接著且來看看如何來產生出能一用再用之自己擁有的元件。為比較起見，我們將描述相同於資料庫元件 J-K FF 的 J-K 正反器 VHDL 程式。

VHDL 係被創造成一個極為彈性的語言，且讓我們於程式中明確的定義時脈式裝置的操作而無需倚賴邏輯原型。VHDL 中邊緣觸發式序向電路的關鍵在於 PROCESS。且回憶一下，此關鍵字隨後是一個位於括弧內的敏感性串列。一旦敏感性串列中一個變數改變狀態，程序方塊決定了電路應如何來響應。這非常像一個 FF 直到時脈輸入改變狀態時才有事做，否則不做任何事，於彼時它將估算其輸入且修改其輸出。如果 FF 除了時脈外尚需對輸入作響應 (譬如，預置與清除)，它們可被加到敏感性串列上。圖 5-72 中的程式舉證了以 VHDL 來撰寫的 J-K FF。

圖中的第 9 行上，有個信號是以 *qstate* 的名稱來宣告。信號可思考成於電路描述中連接兩點的線，但它們也具有意涵 “ 記憶器 ” 特性。此意味著一旦有一個值指定予信號，它將停留在該值處一直到程式中被指定了不同的值為止。於 VHDL 中，VARIABLE 經常來製作此 “ 記憶器 ” 之特徵，但變數則須被宣告，且使用於相同的描述方塊內。此一範例中，如果 *qstate* 是宣告成一個 VARIABLE，則它將需於 PROCESS 之內宣告 (第 11 行之後) 且必須在 PROCESS 結束前 (第 21 行) 被指定成 *q*。我們的例子是使用了能在整個結構描述

```
1  -- J-K Flip-Flop Circuit
2  ENTITY jk IS
3  PORT(
4      clk, j, k, prn, clrn :IN BIT;
5      q                    :OUT BIT);
6  END jk;
7
8  ARCHITECTURE a OF jk IS
9  SIGNAL qstate :BIT;
10 BEGIN
11   PROCESS(clk, prn, clrn)     -- 對任何的這些信號作響應
12   BEGIN
13     IF prn = '0' THEN qstate <= '1'; -- 非同步預置
14     ELSIF clrn = '0' THEN qstate <= '0'; -- 非同步清除
15     ELSIF clk = '1' AND clk'EVENT THEN -- PGT 時緣上
16       IF j = '1' AND k = '1' THEN qstate <= NOT qstate;
17       ELSIF j = '1' AND k = '0' THEN qstate <= '1';
18       ELSIF j = '0' AND k = '1' THEN qstate <= '0';
19       END IF;
20     END IF;
21   END PROCESS;
22   q <= qstate;              -- 修改輸出接腳
23 END a;
```

圖 5-72　使用 VHDL 的單獨一個 J-K FF

中宣告且使用的 SIGNAL。

請注意 PROCESS 敏感性串列包含有非同步預置予清除信號。一旦它們被宣稱 (低電位) 時 FF 必須對這些輸入作響應，而且這些輸入必使 J、K 及時脈輸入無效。為完成此工作，我們可利用 IF/ELSE 結構的循序特徵。首先， PROCESS 僅於三個信號——*clk*、*prn* 或 *clrn*——的其中一個改變狀態時才會執行。此例中的最高優先權者為 *prn*，此乃因為它是第 13 行中最先被執行者。如果它被宣稱，*qstate* 將被設定成高電位，且其他的輸入由於是在決策的 else 分支中，因此甚至不被估算。如果 *prn* 為高電位，*cln* 將於第 14 行中被估算看是否為低電位。若是，FF 將被清除且於 PROCESS 中將不做任何估算。第 15 行只於 *prn* 與 *clrn* 二者皆為高電位時方被估算。第 15 行中的 *clk*' **EVENT** 一詞只於 *clk* 上已經有變換時才被估算成 TRUE。由於 *clk*=‘1’ 也必須為 TRUE，此情況只對時脈上的上昇緣轉變才會響應。接下來之第 16、17 以及 18 行的三個條件則只在 *clk* 上之上昇緣之後才被估算，且用以修改 FF 的狀態。換言之，它們是在第 15 行的 ELSIF 敘述內成**巢狀式** (nested) 構造。只有針對跳換、置定以及重置等 J-K 輸入命令，

才會由第 16～18 行上的 IF/ELSIF 來估算。當然，若是使用 J-K 則有第四個命令——持住——可用。"遺漏"的 ELSE 條件則被 VHDL 解譯成隱含式的記憶裝置，它將在無任何已知的 J-K 條件為真時持住 PRESENT 狀態。請注意每個 IF/ELSIF 構造皆有其各自的 END IF 敘述。第 19 行的敘述則終結了用以決定預置、清除或跳換的決策構造。第 20 行則終結了預置、清除與時脈緣反應間之決策的 IF/ELSIF 構造。一旦 PROCESS 結束，FF 的狀態將轉送到輸出埠 q。

無論您是否以 AHDL 或 VHDL 來發展您的描述，電路的正常操作可使用模擬軟體來驗證。使用模擬軟體作驗證的最重要且最具挑戰性的部分是創造出一組假設性的輸入條件，它要能證明電路的確照預定來執行任何事情。有多種方式可完成此事，一切就看設計人員決定選擇哪種方式最佳。用來驗證 J-K FF 原型操作的模擬如圖 5-73 中所示。*preset* 輸入最初即被激能，然後在 t_1 時，*clear* 輸入被激能。這些測試確保 *preset* 與 *clear* 非同步的操作著。*jin* 輸入於 t_2 時為高電位且 *kin* 於 t_3 時為高電位。*jin* 與 *kin* 上的輸入皆為低電位。此部分的模擬測試了置定、持住以及重置的同步模式。從 t_4 開始，跳換命令將以 $jin = kin = 1$ 來測試。注意到 t_5 時，*preset* 被宣稱為 (低電位) 以測試 *preset* 是否超越了跳換命令。t_6 之後，輸出再度跳換，且於 t_7 時，*clear* 輸入顯示出超越了同步輸入。所有操作模式的測試以及各種控制的互動於您在模擬時是非常重要的。

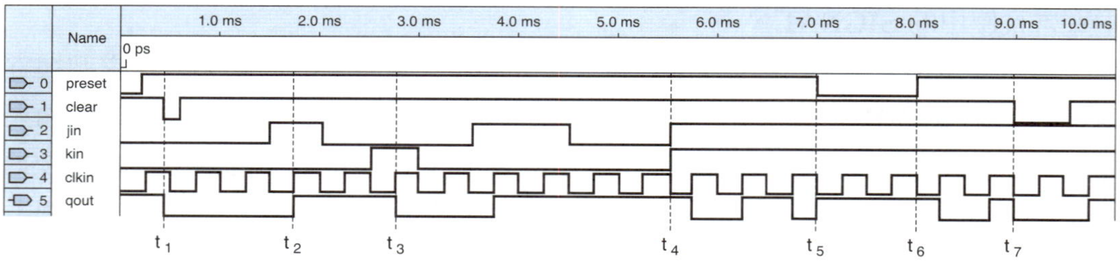

圖 5-73　J-K 正反器的模擬

複習問題

1. 何謂邏輯原型？
2. 若要使用邏輯原型時，設計人員需知曉哪些事情？
3. 於 Altera 系統中，您可從何處找到原型與庫存函數的訊息？
4. 能讓我們對時脈式邏輯電路作明確描述的主要 VHDL 元素為何？

5. 哪個資料庫定義了 std_logic 資料類型？
6. 哪個資料庫定義了邏輯原型與常用元件？

5-27　含有多個元件的 HDL 電路

我們是以探討閂鎖器來開始本章。閂鎖器是用來製作 FF 而 FF 又是用來製作許多的電路，包括有二進制計數器。一個簡單的上數二進計數器圖形 (邏輯圖) 如圖 5-74 中所示。此電路功能上是與圖 5-45 者相同，它是將 LSB 描繪於右方，使得易於觀看二進制計數的數值。電路重繪於此以將信號流向依較傳統的格式顯示出來，其中輸入在左方且輸出於右方。也請注意到這些邏輯符號原型為負緣觸發式。這些正反器也不具有非同步的輸入 prn 或 clrn。我們的目標是藉由互連三個相同 J-K 正反器元件的列舉來使用 HDL 描述計數器電路。

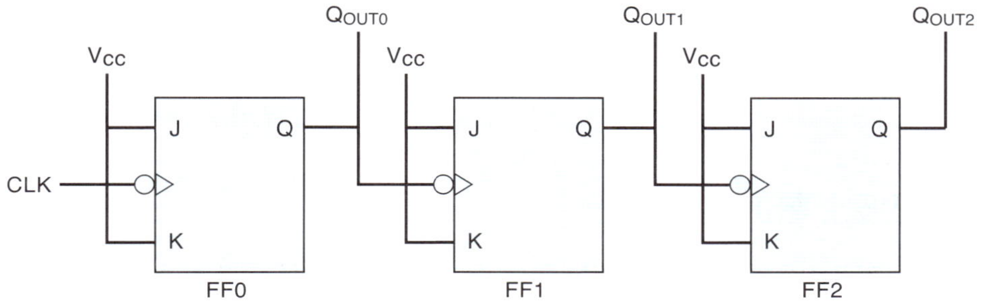

圖 5-74　三位元的二進計數器

AHDL 漣波上數計數器

此電路的文字版描述需要三個相同類型的 FF，正如圖形描述者。請參閱圖 5-75。圖中的第 8 行上，位元陣列標示是用來描述三個 J-K FF 的一個暫存器。此暫存器的名稱為 *q*，就好像輸出埠的名稱一樣。AHDL 能將此編譯成意味著每個 FF 的輸出應被連接到輸出埠。陣列 *q* 的每個位元皆具有 J-K FF 原型的所有屬性。AHDL 於像此的索引式集合使用時極有彈性。舉一個此種集合表示的例子，請注意第 11 與 12 行中所有的 FF 的 J 與 K 輸入是如何接到 VCC。如果 FF 是被命名成 A、B 與 C，而不是使用位元陣列，則將需要個別的指定予每個 J 與 K 輸入，使得程式變長了。接下來，主要的互連執行於 FF 之間以使之成為漣波上數計數器。時脈信號被反相且指定至 FF 時脈輸入 (第 13 行)，FF0 的 Q 輸出被反相且指定至 FF1 時脈輸入 (第 14 行)，依此類推，構成一個漣波計數器。

```
1   % MOD 8 ripple up counter. %
2   SUBDESIGN fig5_75
3   (
4         clock                    :INPUT;
5         q[2..0]                  :OUTPUT;
6   )
7   VARIABLE
8         q[2..0] :JKFF;            --定義三個 J-K FF
9   BEGIN
10                                 --註：prn、clrn 預置成 VCC！
11        q[2..0].j = VCC;          --所有的 FF 為跳換模式
12        q[2..0].k = VCC;
13        q[0].clk = !clock;
14        q[1].clk = !q[0].q;
15        q[2].clk = !q[1].q;     -- J=K=1 連接時脈成漣波形式
16   END;
```

圖 5-75　**AHDL 中的模-8 漣波計數器**

VHDL 漣波上數計數器

我們在圖 5-72 中描述了具有預置與清除控制的正緣觸發式 J-K FF 的 VHDL 程式。圖 5-74 中的計數器是負緣觸發式且不需要非同步重置與清除。我們現在的目標是撰寫出這些正反器其中之一的 VHDL 程式，表示相同正反器的三個列舉，以及將一些埠互連以製作出計數器。

我們將從審視圖 5-76 中的 VHDL 來開始，即從第 18 行開始。此 VHDL 程式模組是描述單個 J-K 正反器元件的操作。元件的名稱為 neg_jk (第 18 行) 且含有輸入 *clk*、*j* 及 *k* (第 19 行) 以及輸出 *q* (第 20 行)。一個稱為 *qstate* 的信號是用來持住正反器的狀態且將它連接到 *q* 輸出。第 25 行上，PROCESS 僅有 *clk* 在它的敏感性串列中，所以它僅對 *clk* 中 (PGT 與 NGT) 的改變作反應。令此正反器為負緣觸發的敘述是在第 27 行上。若 (*clk*'EVENT AND *clk*＝'0') 為真時，則 *clk* 邊緣剛好發生且 *clk* 現在為低電位，表示它必定為 *clk* 的 NGT。隨後的 IF/ELSE 決策則製作了 J-K 正反器的四個狀態。

現在我們知道了一個稱為 neg_jk 的正反器是如何的工作，讓我們看看如何在電路中使用它三次，並且將全部的埠掛鈎在一起。第 1 行定義了將組合成三個位

```
1   ENTITY fig5_76 IS
2   PORT (   clock           :IN BIT;
3            qout            :BUFFER BIT_VECTOR (2 DOWNTO 0));
4   END fig5_76;
5   ARCHITECTURE counter OF fig5_76 IS
6      SIGNAL high             :BIT;
7      COMPONENT neg_jk
8      PORT (    clk, j, k     :IN BIT;
9              q               :OUT BIT);
10     END COMPONENT;
11  BEGIN
12     high <= '1';        --
13  ff0:  neg_jk   PORT MAP (j => high, k => high, clk => clock,   q => qout(0));
14  ff1:  neg_jk   PORT MAP (j => high, k => high, clk => qout(0),q => qout(1));
15  ff2:  neg_jk   PORT MAP (j => high, k => high, clk => qout(1),q => qout(2));
16  END counter;
17
18  ENTITY neg_jk IS
19  PORT (    clk, j, k        :IN BIT;
20        q                    :OUT BIT);
21  END neg_jk;
22  ARCHITECTURE simple of neg_jk IS
23     SIGNAL qstate           :BIT;
24  BEGIN
25     PROCESS  (clk)
26     BEGIN
27        IF (clk'EVENT AND clk = '0') THEN
28           IF j = '1' AND k = '1'  THEN qstate <= NOT qstate; --跳換
29           ELSIF j ='1' AND k = '0'    THEN qstate <= '1';    --置定
30           ELSIF j = '0' AND k = '1'  THEN qstate <= '0';     --重置
31           END IF;
32        END IF;
33     END PROCESS;
34     q <= qstate                  --連接正反器狀態到輸出
35  END simple;;
```

圖 5-76　VHDL 中的模-8 漣波計數器

元計數器的 ENTITY。第 2～3 行則包含了輸入與輸出的定義。注意到輸出是三位元的陣列形式 (位元向量)。於第 6 行上，SIGNAL *high* 可看成用來連接電路中的若干個點到 V_{CC} 的接線。第 7 行是非常重要的，是因為此處我們宣告了將計畫使用一個稱為 neg_jk 的元件於設計中。此例中，真正的程式是寫在頁末處，但它可能在分開的檔案中，甚或在資料庫中。此宣告告訴了編譯軟體所有關於元件以及它的埠名的重要事實。

宣告的最後部分為第 12～15 行的共點部分。首先，信號 *high* 於第 12 行上連接到 V_{CC}。接著三行則為正反器元件的列舉。這三個列舉稱為 ff0、ff1 及 ff2。每個列舉接隨著 PORT MAP，列出了元件的每個埠，且描述了在模組中它是連接到何處。

使用 HDL 將元件連接一起並不困難，但冗長乏味。如您會看到的，即使是非常簡單電路的檔案可能都很長。此種描述電路的方法乃稱為**結構層次抽象法**

(structural level of abstraction)。它要求設計人員對每個元件的每隻接腳作說明，且對每條元件間的連線作定義。習慣使用邏輯圖來描述電路的人們通常會發現易於瞭解結構層次，但在乍看等效電路時卻不是那麼容易閱讀。事實上，我們大可說如果結構層次式描述隨處可用，那麼絕大多數的人將較喜歡使用圖形描述 (圖示法) 甚於 HDL。HDL 的真正好處在於較高階層次的抽象法以及修改元件以精確的適合需要之能力。往後幾章裡我們將探索這些方法的使用以及模組相連的繪圖工具。

複習問題

1. 相同的元件於相同的電路中是否可使用一次以上？
2. 於 AHDL 中，何處是元件被宣告的多重列舉？
3. 您如何區分一個元件的多重列舉？
4. 於 AHDL 中，哪個運算子是用來“連接”信號？
5. 於 VHDL 中，哪個是用作連接元件的“連線”？
6. 於 VHDL 中，哪個關鍵字是在識別元件列舉被明訂之程式方塊所在？

結　論

1. 正反器為一種具有記憶特性的邏輯電路，使其 Q 與 $\overline{Q}$ 輸出遇到輸入脈波時將進入新的狀態，且在輸入脈波終止時仍將維持於新的狀態。
2. NAND 閂鎖和 NOR 閂鎖為簡單的 FF，其將對 SET 與 RESET 輸入作反應。
3. 清除 (重置) FF 乃意味其輸出於 $Q=0/\overline{Q}=1$ 狀態時將結束。置定 FF 表示它將終止於 $Q=1/\overline{Q}=0$ 狀態。
4. 時脈式 FF 有一個邊緣觸發式時脈輸入 (*CLK*、*CP*、*CK*)，表示它是在正昇緣變換 (PGT) 或負昇緣變換 (NGT) 時觸發 FF。
5. 邊緣觸發式 (時脈式) FF 可依據 FF 的同步控制輸入 (S、R 或 J、K 或 D) 的狀態來以時脈輸入的動作邊緣觸發至新的狀態。
6. 大多數的時脈式 FF 也具有非同步輸入，可無視於時脈輸入而設定或清除 FF。
7. D 閂鎖為一種修改型的 NAND 閂鎖，它是操作成 D 正反器，只是非為邊緣觸發式罷了。
8. FF 的一些主要的用途包括資料儲存及傳送、資料移位、計數及除頻。它們是使用於依照預定狀態序列的順序電路中。

9. 單擊 (OS) 為某種邏輯電路，它能從其正常重置狀態 ($Q=0$) 觸發至其已觸發狀態 ($Q=1$) 且維持至一段為 RC 時間常數成正比的時間間隔。
10. 具有史密特觸發形式輸入的電路將可靠的對緩慢變化的信號有所響應，且將以乾淨、陡峭的邊緣產生輸出。
11. 有多種電路可用來產生想要頻率的時脈信號，包括史密特觸發式振盪器、555 計時器及石英控制式振盪器。
12. 各種不同類型的 FF 總結可參見本書最後。
13. 可規劃邏輯元件可被規劃成操作如閂鎖電路與順序電路。
14. 稱為邏輯原型的建構方塊於 Altera 資料庫中可找到，以用來協助製作出較大的系統。
15. 時脈式 FF 是以邏輯原型來使用。
16. VHDL 程式可被明確的撰寫來描述時脈式邏輯，而無需使用邏輯原型。
17. VHDL 讓 HDL 檔案被使用成較大系統中的元件。預先組裝好的元件於 Altera 元件資料庫中可找到。
18. HDL 可被用來以極像圖形式抓取工具之方式來描述互聯的元件。

重要辭彙

正反器 (flip-flop, FF)
回授 (feedback)
置定狀態／輸入 (SET states/inputs)
清除狀態／輸入 (CLEAR states/inputs)
重置狀態／輸入 (RESET states/inputs)
NAND 閘閂鎖 (NAND gate latch)
接觸彈跳 (contact bounce)
NOR 閘閂鎖 (NOR gate latch)
脈波 (pulse)
時脈 (clock)
正昇變換 (positive-going transition, PGT)
負降變換 (negative-going transition, NGT)
時脈式正反器 (clocked flip-flop)
週期，頻率 (period, frequency)
邊緣觸發式 (edge triggered)
控制輸入 (control input)
同步控制輸入 (synchronous control input)
建立時間，t_S (setup time)
持住時間，t_H (hold time)
時脈式 S-R 正反器 (clocked S-R flip-flop)
觸發 (trigger)
脈波操縱電路 (pulse-steering circuit)
邊緣檢測器電路 (edge-detector circuit)
時脈式 J-K 正反器 (clocked J-K flip-flop)
跳換模式 (toggle mode)
時脈式 D 正反器 (clocked D flip-flop)
並聯資料傳送 (parallel data transfer)
D 閂鎖 (D latch)
非同步輸入 (asynchronous input)
覆蓋輸入 (override input)
傳遞延遲 (propagation delay)
序向電路 (sequential circuit)
暫存器 (register)
資料傳送 (data transfer)

同步傳送 (synchronous transfer)
非同步 (塞入) 傳送 (asynchronous [jam] transfer)
塞入傳送 (jam transfer)
串聯資料傳送 (serial data transfer)
移位暫存器 (shift register)
除頻 (frequency division)
二進計數器 (binary counter)
狀態表 (state table)
狀態變換圖 (state transition diagram)
模數 (MOD number)
史密特觸發電路 (Schmitt trigger circuit)
單擊 (one-shot, OS)
假穩定狀態 (quasi-stable state)
非可重觸發式單擊 (nonretriggerable OS)
可重觸發式單擊 (retriggerable OS)
不穩態多諧振盪器 (astable multivibrator)
555 計時器 (555 timer)
石英控制式時脈產生器 (crystal-controlled clock generator)
工作週期 (duty cycle)
時脈不對稱 (clock skew)
原型 (Primitives)
maxplus2
巨函數 (megafunction)
參數化模組資料庫 (library of parameterized module, LPM)
LPM_FF
LPM_LATCH
LPM_SHIFTREG
事件 (event)
邏輯原型 (logic primitive)
COMPONENT
PORT MAP
巢狀式 (nested)
結構層次抽象法 (structural level of abstraction)

習　題

5-1 至 5-3 節

B 5-1* 設起初 $Q=0$，加入圖 5-77 的 x 與 y 波形至 NAND 閂鎖的 SET 與 RESET 輸入端。試求 Q 與 $\overline{Q}$ 波形。

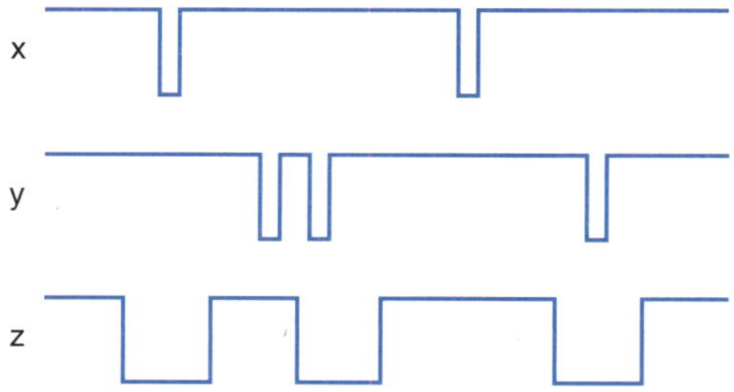

圖 5-77　習題 5-1 到 5-3

B 5-2 把圖 5-77 的 x 與 y 波形反相，且將其加至 NOR 閂鎖的 SET 與 RESET 輸入端。設初始 $Q=0$，試求 Q 與 $\overline{Q}$ 的波形。

5-3* 將圖 5-78 的波形接至圖 5-77 的電路。設起初 $Q=0$，試決定 Q 的波形。

* 標示星號之習題的解答請參閱本書後面。

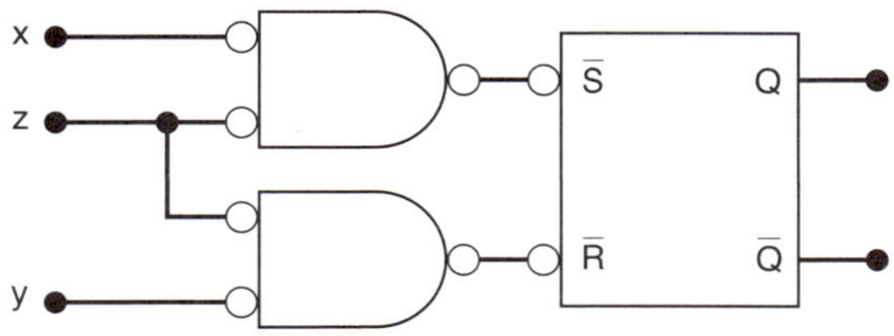

圖 5-78　習題 5-3

D　5-4　用 NOR 閘閂鎖修改圖 5-9 的電路。

D　5-5　用 NAND 閘閂鎖修改圖 5-12 的電路。

T　5-6★　參考圖 5-13 的電路。技術員藉儲存式示波器觀察開關在 A 與 B 間移動時的輸出以測試電路操作。當開關由 A 移動至 B 時，示波器上所看到的 X_B 波形如圖 5-79 所示。試問何種電路錯誤會產生這種結果？（提示：NAND 閘閂鎖的功能為何？）

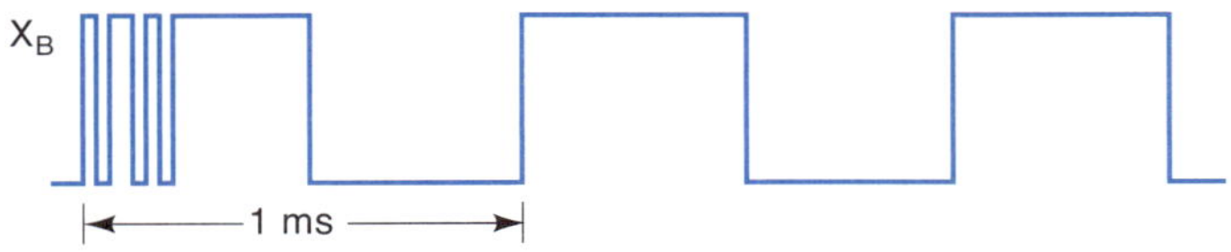

圖 5-79　習題 5-6

5-4 至 5-6 節

B　5-7　某時脈式 FF 具有 $t_S=20$ ns 且 $t_H=5$ ns。在動作時脈變化之前的控制輸入須穩定多久？

B　5-8　將圖 5-19 的 S、R 及 CLK 波形加至圖 5-20 的 FF 內，並求 Q 的波形。

B　5-9★　將圖 5-80 的波形送到圖 5-19 的 FF 並且求出 Q 處的波形。重複於圖 5-20 的 FF。假設最初時 $Q=0$。

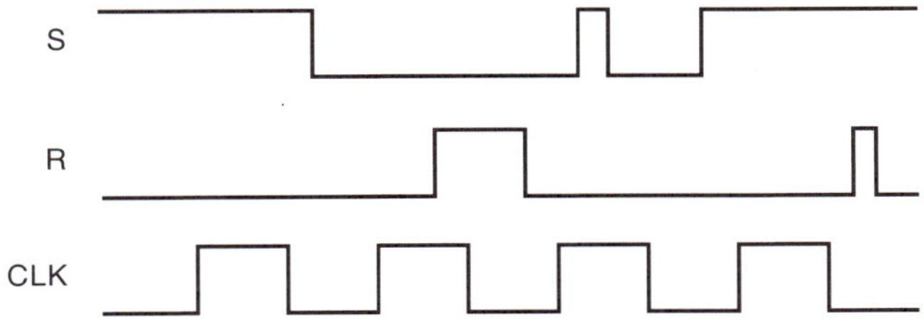

圖 5-80　習題 5-9

5-10　試描繪出下面的數位脈波波形。標示出 t_r、t_f 與 t_w，前緣以及後緣。

(a)　負的 TTL 脈波，$t_r=20$ ns，$t_f=5$ ns，$t_w=50$ ns。

(b)　正的 TTL 脈波，$t_r=5$ ns，$t_f=1$ ns，$t_w=25$ ns。

(c)　正脈波且 $t_w=1$ ms，它的前緣每隔 5 ms 發生。求出此波形的頻率。

5-7 節

B 5-11★ 將圖 5-23 的 J、K 及 CLK 波形加至圖 5-24 的 FF。設起初 $Q=1$，求 Q 的波形？

D 5-12 (a)★ 說明 J-K FF 可操作成跳換模式的 FF (每逢一個時脈即改變狀態)。然後加入 10 kHz 的時脈信號至它的 CLK 輸入端上，並且求出 Q 的波形。

(b) 將此 FF 的 Q 連接到第二個同樣具有 $J=K=1$ 之 J-K FF 的 CLK 輸入端。試求出此 FF 輸出端上的信號頻率。

B 5-13 圖 5-81 所示的波形將被送到兩個不同的 FF 上：

(a) 正緣觸發式 J-K。

(b) 負緣觸發式 J-K。

試繪出對每個 FF 所反應的波形，假設起初 $Q=0$。設每個 FF 的 $t_H=0$。

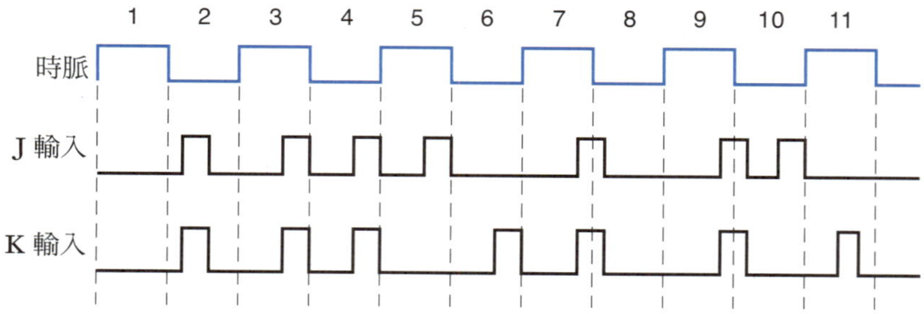

圖 5-81 習題 5-13

5-8 節

N 5-14 D 型 FF 有時可用來延遲一個二進波形，故此二進資訊出現於 D 輸入端後一段時間才會出現在輸出端。

(a)★ 試求圖 5-82 的 Q 波形，並與輸入波形比較。注意其由輸入端起延遲一個時脈週期。

(b) 如何得到兩個時脈週期的延遲？

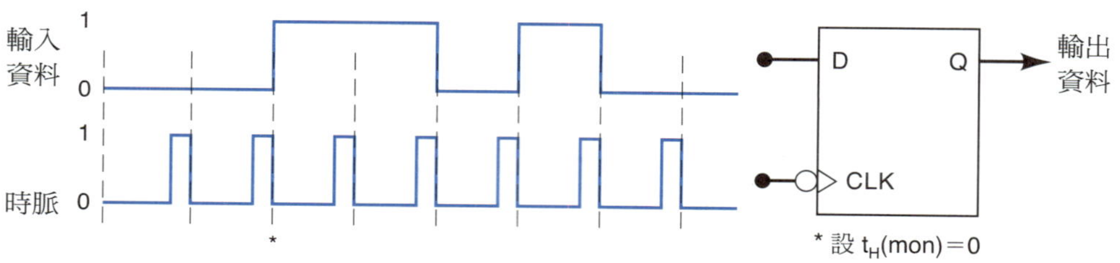

圖 5-82 習題 5-14

B 5-15 (a) 將圖 5-80 的 S 與 CLK 波形加到一個觸發於 PGT 上的 D FF 之 D 與 CLK 輸入端。然後求出 Q 的波形。

(b) 使用圖 5-80 的 C 波形於 D 輸入端，重複上面的問題。

B　5-16* 我們可將邊緣觸發式 D FF 連接成圖 5-83 的方式以操作於跳換模式。假設起初 $Q=0$，試求出 Q 的波形。

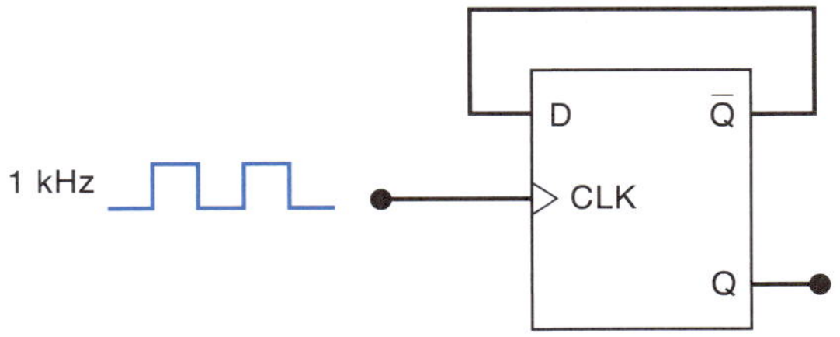

圖 5-83　D FF 接成跳換 (習題 5-16)

5-9 節

B　5-17 (a) 將圖 5-80 的 S 與 CLK 波形分別加到某個 D 閂鎖的 D 與 EN 輸入端，並求出 Q 的波形。

(b) 利用 C 波形加到 D，重複上面的問題。

5-18 試比較將圖 5-84 的波形加至每個 D 閂鎖與負緣觸發 D FF 後的操作情形，並求出 Q 波形？

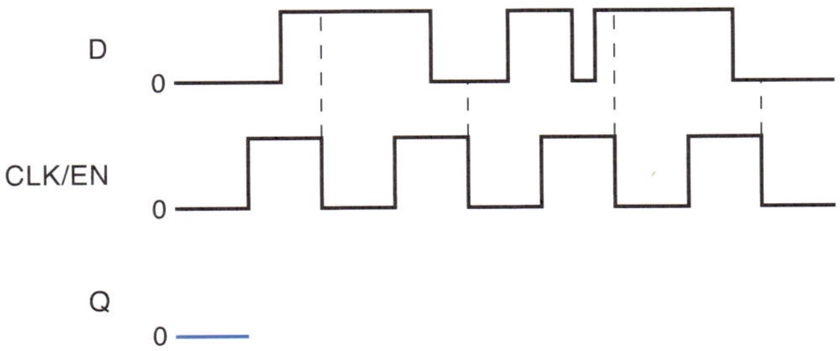

圖 5-84　習題 5-18

5-19 在習題 5-16 中，我們見到邊緣觸發式 D FF 可被操作成跳換模式。試解釋為何相同的觀念卻無法用於 D 閂鎖。

5-10 節

B　5-20 試判定圖 5-85 中 FF 的 Q 波形。設初始 $Q=0$ 且須記得非同步輸入可覆蓋其他所有的輸入。

B, N 5-21* 將圖 5-32 中的 CLK、$\overline{PRE}$ 及 $\overline{CLR}$ 波形加至具有低電位動作的非同步輸入的正緣觸發 D FF 中。若 D 維持為高電位且 Q 起初為低電位。試求 Q 波形。

B　5-22 將圖 5-85 的波形加到一個於 NGT 上觸發且具有低電位作用之非同步輸入的 D FF 上。假設 D 是保持在低電位，且 Q 起初是在高電位。試繪出得到 Q 的波形。

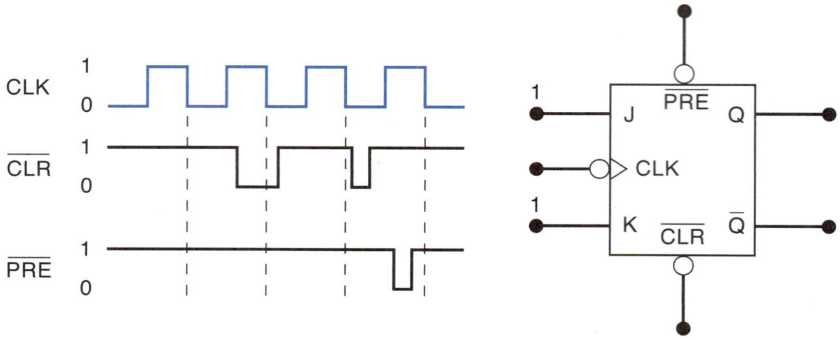

圖 5-85 習題 5-20

5-11 節

B 5-23 用 5-11 節的表 5-2 求出下列各項：

(a)* 74C74 的 *Q* 輸出在動作 *CLK* 變化時由 0 至 1 換態的響應須費時多久？

(b)* 在表 5-2 中哪個 FF 於動作 *CLK* 變化後需有最長的時間，使其控制輸入維持穩定？

(c) 可加至 7474 FF 的 $\overline{PRE}$ 端最窄脈波為何？

B 5-24 用表 5-2 求出下列各項：

(a) 要花費多長的時間才能非同步的清除 74LS112？

(b) 要花費多長的時間才能非同步的置定 74HC112？

(c) 針對 7474 的動作時脈波之間的最短可接受的間隔為何？

(d) 74HC112 的 *D* 輸入在動作的時脈波邊緣前 15 ns 轉高電位。資料是否將可靠的儲存於正反器中？

(e) 要花費多長的時間 (時脈波邊緣後) 才能同步的儲存 1 於已被清除的 7474 D 正反器中？

5-14 及 5-15 節

D 5-25* 修改圖 5-38 的電路為使用 J-K 正反器。

D 5-26 於圖 5-86 的電路中，輸入 *A*、*B* 及 *C* 開始時皆為低電位。輸出 Y 則只在 *A*、*B* 及 *C* 依某特定順序變成高電位時才會變成高電位。

(a) 找出使 Y 變成高電位的順序。

(b) 說明為何需要 START 脈波。

(c) 修改此電路以使用 D FF。

5-16 至 5-17 節

D 5-27* (a) 試繪出用 J-K FF 構成的三位元暫存器進行同步並聯資料傳送至另一組暫存器的電路圖。

(b) 以非同步並聯傳送方式重作。

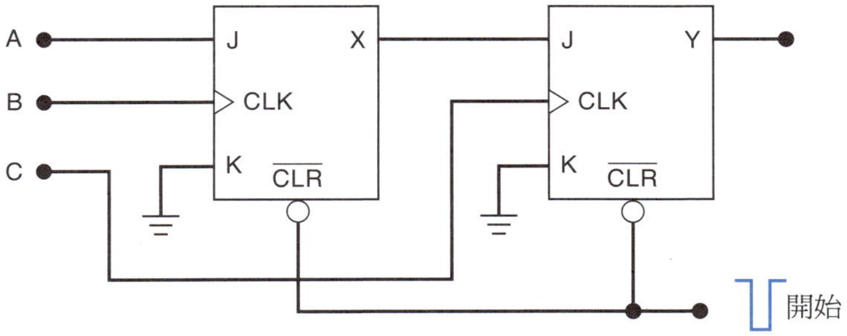

圖 5-86　**習題 5-26**

N, D　5-28　循環 (recirculating) 移位暫存器是使其內的二進資訊在時脈加入時可於暫存器間重迴通過的一種移位暫存器。圖 5-43 的移位暫存器可將 X_0 接至 DATA IN 線而成為重迴暫存器。設重迴暫存器內起初儲存 1011 (即 $X_3=1$、$X_2=0$、$X_1=1$ 及 $X_0=1$)。列出八個移位脈波加入時暫存器 FF 的狀態順序。

D　5-29★ 參考圖 5-44，則知三位元數儲存於暫存器 X 內且串聯移位至暫存器 Y 中。此電路如何修改成當傳送操作結束時，原存於 X 內的數仍出現在此二暫存器中？(提示：見習題 5-28。)

5-18 節

B　5-30　參閱圖 5-45 的計數器電路並回答下面的問題：

(a)★ 如果計數器是從 000 開始，則 13 個時脈波後的計數值為何？99 個時脈波後？256 個時脈波後？

(b) 如果計數器是從 100 開始，則 13 個時脈波後的計數值為何？99 個時脈波後？256 個時脈波後？

(c) 將某第四個 J-K FF (X_3) 連接到此計數器，並且描繪出此四位元計數器的狀態變換圖。如果輸入時脈頻率為 80 MHz，則 X_3 處的波形看似為何？

B　5-31　參考圖 5-45 的二進計數器，將 $\overline{X}_0$ 接至 FF $\overline{X}_1$ 的 *CLK*，且 $\overline{X}_1$ 接至 FF X_2 的 *CLK*。所有的 FF 開始時為 1 狀態，且繪出在 16 個輸入脈波中各 FF 的輸出波形 (X_0，X_1，X_2)。接著列出如圖 5-46 所示的 FF 狀態順序。此種計數器為何稱為下數計數器 (down counter)？

B　5-32　繪出此下數計數器的狀態變換圖，並與圖 5-47 作比較。它們之間有何不同？

B　5-33★ (a) 製作可由 0 數至 1023 的二進計數器電路是需多少 FF？

(b) 試求此計數器在輸入時脈頻率為 2 MHz 時的最後 FF 輸出頻率為何？

(c) 計數器模數為何？

(d) 如果計數器開始為零，則在 2060 個脈波之後將維持在什麼計數值？

B　5-34　某計數器加入 256 kHz 的時脈信號，來自最後 FF 的輸出頻率為 2 kHz。

(a) 試求模數為何？

(b) 試求計數範圍為何？

B　5-35　光檢測電路用在每次顧客走入某設施時便產生一個脈波，而這些脈波送至八位元的計數器中。此計數器用來計數這些脈波以判定有多少顧客已進入該店鋪。在關店之後，老闆核驗計數器且發現計數內容為 $00001001_2=9_{10}$。他曉得這是不對的，因為在店鋪中不只有九個顧客。設計數器電路工作正確，出錯的原因何在？

5-19 節

D 5-36* 修改圖 5-48 的電路使只在位址碼 10110110 出現時才能允許資料被傳送到暫存器 X。

T 5-37 假設圖 5-48 的電路功能不正常而使於位址碼 11111110 或 11111111 下資料仍被傳送到 X。到底有哪個電路故障才會如此？

D 5-38 許多的微控器共用相同的接腳來輸出較低的位址以及傳送資料。若要在資料被傳送之同時能持住位址不變，資料訊息是儲存在一個由控制信號 ALE (位址閂鎖激能) 所激能的閂鎖器中，如圖 5-87 中所示。將閂鎖器連接到微控制器，使得當 ALE 為高電位之時，位址與資料線上的東西被取出，而當 ALE 為低電位時，則只持住低位址上的東西。

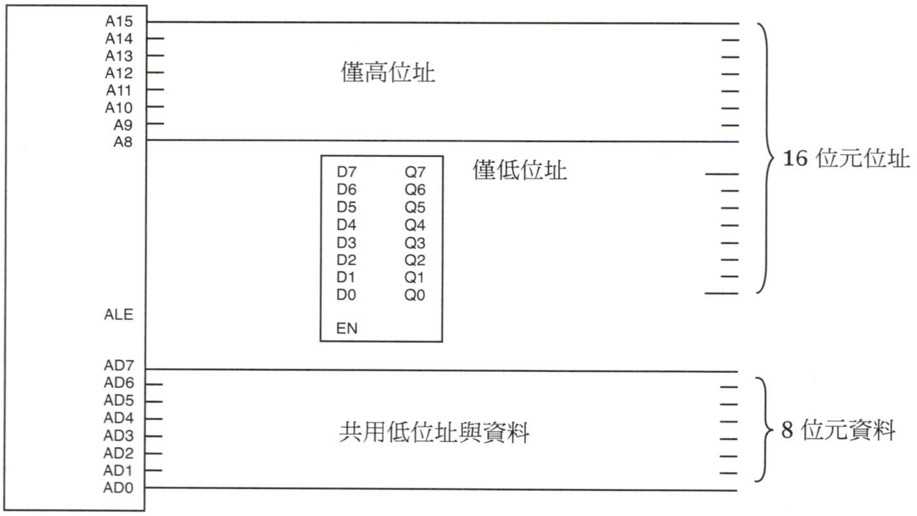

圖 5-87 習題 5-38

D 5-39 修改圖 5-48 的電路使 MPU 將八條資料輸出線連接成傳送八位元的資料到由兩個 74HC175 IC 組成的八位元暫存器。繪出全部的電路連線。

5-21 節

B 5-40 參閱圖 5-51(a) 的波形。將單擊脈波寬改變成 0.5 ms 且求出二種單擊形式的 Q 輸出。然後脈波寬改變成 1.5 ms 重複上面的問題。

5-41* 圖 5-88 指出三個非可重觸發式單擊連接成時序鏈以產生三個順序輸出脈波。於每個單擊符號前的 "1" 乃指出非可重觸發式的操作。試繪出時序圖以指出輸入脈波與三個單擊輸出間的關係。假設輸入脈波寬度為 10 ms。

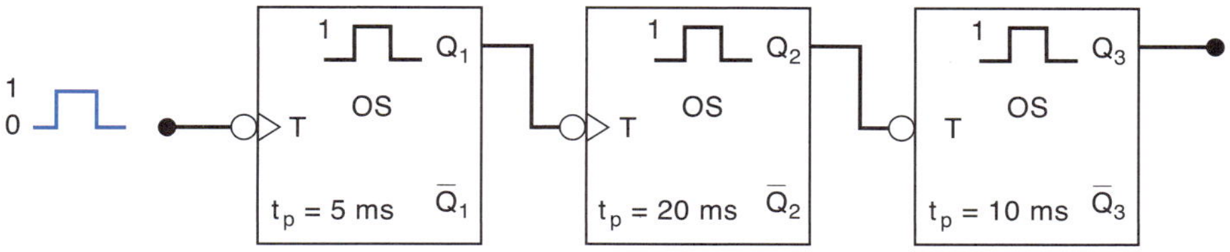

圖 5-88　習題 5-41

5-42　可重觸發式單擊可用來作為脈波頻率檢測器，當輸入脈波頻率低於預定值時便加以檢測。此應用的簡單範例示於圖 5-89。此操作以瞬間閉合開關 SW1 開始操作。

(a)　說明該電路如何對 1 kHz 以上的輸入頻率有響應？

(b)　說明該電路如何對 1 kHz 以下的輸入頻率有響應？

(c)　如何修改此電路使其輸入頻率為 50 kHz 之下時可檢測？

5-43　參考圖 5-52(a) 所示非可重觸發式單擊 74121 的邏輯符號。

(a)* 如果單擊被 B 輸入的信號觸發，則需要何種輸入條件？

(b)　如果單擊被 A_1 輸入的信號觸發，則需要何種輸入條件？

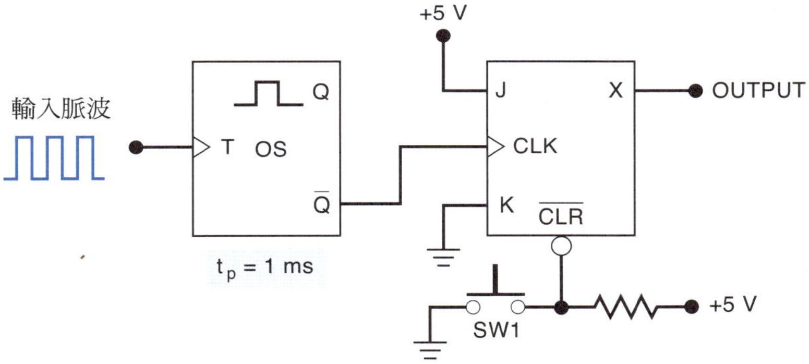

圖 5-89　習題 5-42

C, D 5-44　74121 單擊的輸出脈波寬度可用以下式子近似之：

$$t_P \approx 0.7\, R_T C_T$$

其中 R_T 為連接至 R_{EXT}/C_{EXT} 接腳與 V_{CC} 間的電阻值，而 C_T 為連接至 C_{EXT} 接腳與 R_{EXT}/C_{EXT} 接腳間的電容值。R_T 值可在 2 kΩ 至 40 kΩ 間變化，而 C_T 值可有 1000 μF 那麼大。

(a)　說明 74121 如何接成在兩個邏輯信號任一者 (E 或 F) 發生 NGT 時可產生 5 ms 寬度的負降脈波。假設 E 與 F 通常皆為高電位狀態。

(b)　修改此電路以使控制輸入信號 G 無視 E 或 F 為何都禁抑單擊輸出脈波的出現。

5-22 節

B, D 5-45* 試述如何以 74LS14 史密特觸發式 INVERTER 來產生頻率為 10 kHz 的近似方波。

B, D 5-46 試設計一 555 自由跑動的振盪器以產生頻率為 40 kHz 的近似方波，且 C 至少為 500 pF。

D 5-47 555 振盪器可與 J-K FF 組合以產生完美的 (即 50% 工作週期) 方波。試修改習題 5-46 的電路使其能包含 J-K FF。最終的輸出仍為 40 kHz 的方波。

5-48 試設計一 555 計時器電路來產生 10% 工作週期的 5 kHz 波形。選擇電容器大於 500 pF 且電阻器小於 100 kΩ。試繪出標示有接腳編號的電路圖。

C 5-49 圖 5-90 的電路可用以產生兩不重疊但具相同頻率的時脈信號。這些時脈信號可用於為了同步操作需四種不同的時脈變化的微處理機系統中。

(a) 若 *CLOCK* 為 1 MHz 的方波，試繪出 CP1 與 CP2 波形。假設 FF 的 t_{PLH} 與 t_{PHL} 是 20 ns 且 AND 閘者則為 10 ns。

(b) 如果 FF 改變成在 *CLK* 時對 PGT 反應者，則該電路將會有問題。試繪出此情況下的 CP1 與 CP2 波形。特別留意可能產生假脈波的情況。

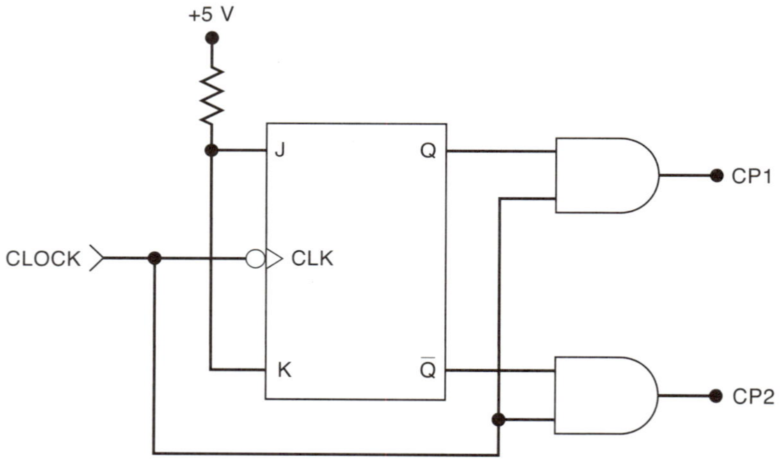

圖 5-90 習題 5-49

5-23 節

T 5-50 參考圖 5-45 所示的計數器電路。假設所有的非同步輸入都接至 V_{CC}。當它被測試時，電路所呈現的波形如圖 5-91 所示。考慮如下所列的可能錯誤，並對各項是否會造成所觀察到的結果而回答以“是”或“否”。記得要解釋各響應。

(a)* X_2 的 *CLR* 輸入為開路。

(b)* X_1 輸出的換態時間過長 (可能因負載的關係)。

(c) X_2 輸出短路至接地。

(d) 不滿足 X_2 所要求的持住時間。

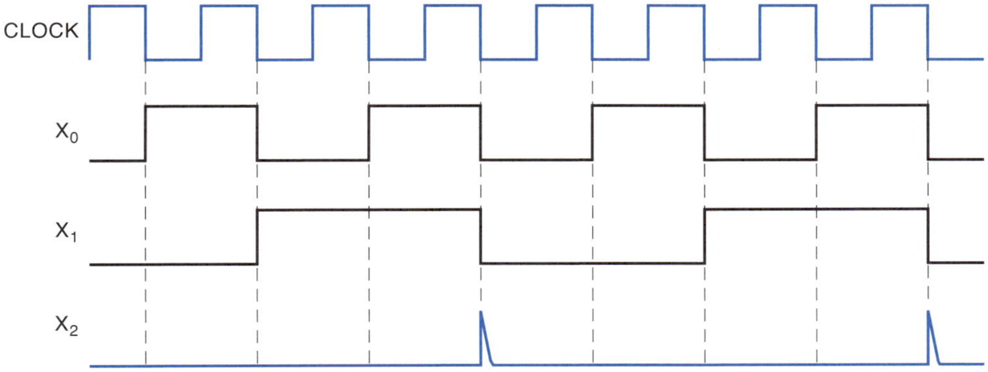

圖 5-91　習題 5-50

C, T 5-51 在圖 5-57 中，考慮以下各組時間值並判斷各組是否會使 FF Q_2 正常響應。

(a)★ 各 FF：$t_{PLH}=12$ ns；$t_{PHL}=8$ ns；$t_S=5$ ns；$t_H=0$ ns
NAND 閘：$t_{PLH}=8$ ns；$t_{PHL}=6$ ns
INVERTER：$t_{PLH}=7$ ns；$t_{PHL}=5$ ns

(b) 各 FF：$t_{PLH}=10$ ns；$t_{PHL}=8$ ns；$t_S=5$ ns；$t_H=0$ ns
NAND 閘：$t_{PLH}=12$ ns；$t_{PHL}=10$ ns
INVERTER：$t_{PLH}=8$ ns；$t_{PHL}=6$ ns

D 5-52 試說明並解釋圖 5-57 的時脈不對稱問題如何插入適當的兩個 INVERTER 消除之。

T 5-53 參考圖 5-92 所示的電路。假設 IC 均為 TTL 邏輯族。當電路以圖中所示的輸入信號且開關扳至“上面”的位置測試時，可得圖中所示的 Q 波形；注意所得 Q 波形是錯誤的。考慮以下所列的錯誤，並判斷各項是否為真正的錯誤。請解釋各響應。

(a)★ 因開關失效 X 點永遠為低電位。
(b)★ U1 接腳 1 內部短路於 V_{CC}。
(c) U1-3 與 U2-3 間的連線斷了。
(d) U1 接腳 6 與 7 間有焊橋。

C 5-54 圖 5-93 所示為一順序組合鎖，試依下述步驟操作此組合鎖：

1. 瞬間啟動 RESET 開關。
2. 置定開關 SWA、SWB 及 SWC 於第一種組合，然後瞬間來回跳換 ENTER 開關。
3. 置定所有開關於第二種組合後再次跳換 ENTER 開關。這樣一定會在 Q_2 處產生高電位以打開鎖。

若上述任一步驟有誤，則操作員必須重新開啟這些步驟。試分析此電路並決定打開組合鎖所需的正確順序組合。

C, T 5-55★ 當測試圖 5-93 的組合鎖，發現依正確順序組合竟無法打開組合鎖。於是以邏輯探針檢查，結果發現第一種組合使 Q_1 為高電位，第二種組合僅產生瞬間的脈

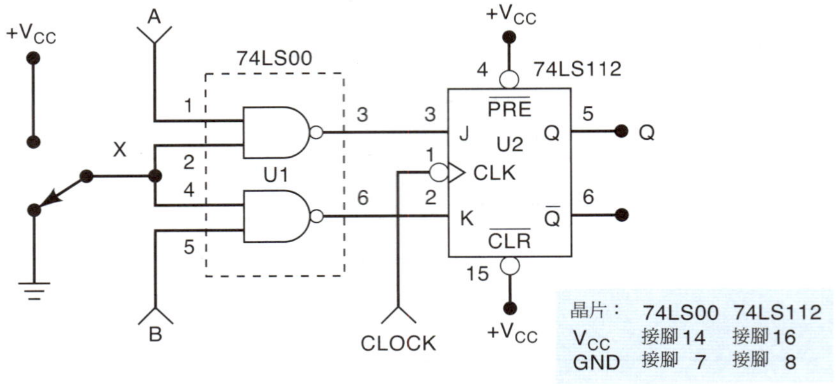

(a)

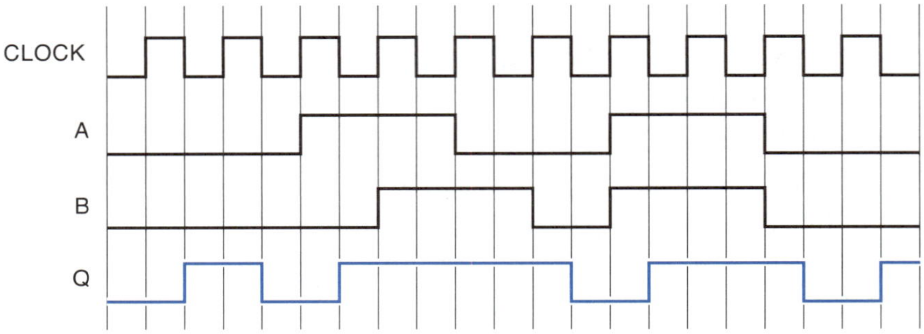

(b)

圖 5-92 習題 5-53

波於 Q_2 處。考慮以下所列的各項可能錯誤，並指出哪些項可產生所觀測到的操作。請解釋各選擇。

(a) SWA、SWB 或 SWC 開關發生跳彈現象。

(b) Q_2 的 *CLR* 輸入為開路。

(c) NAND 閘 4 輸出與 NAND 閘 3 輸入間為開路。

精選問題

B 5-56 對於下列的每個敘述指出所描述的 FF 類型。

(a)* 有一個 SET 及一個 CLEAR 輸入，但沒有 *CLK* 輸入。

(b)* 當其控制輸入皆為高電位時，將隨每個 *CLK* 脈波作變換。

(c)* 以 ENABLE 輸入代替 *CLK* 輸入。

(d)* 用來簡單的將資料從其中一個 FF 暫存器傳送到另一個暫存器。

(e) 只有一個控制輸入。

(f) 有兩個互為補數的輸出。

(g) 只能於 *CLK* 作用變換時改變狀態。

(h) 用於二進計數器。

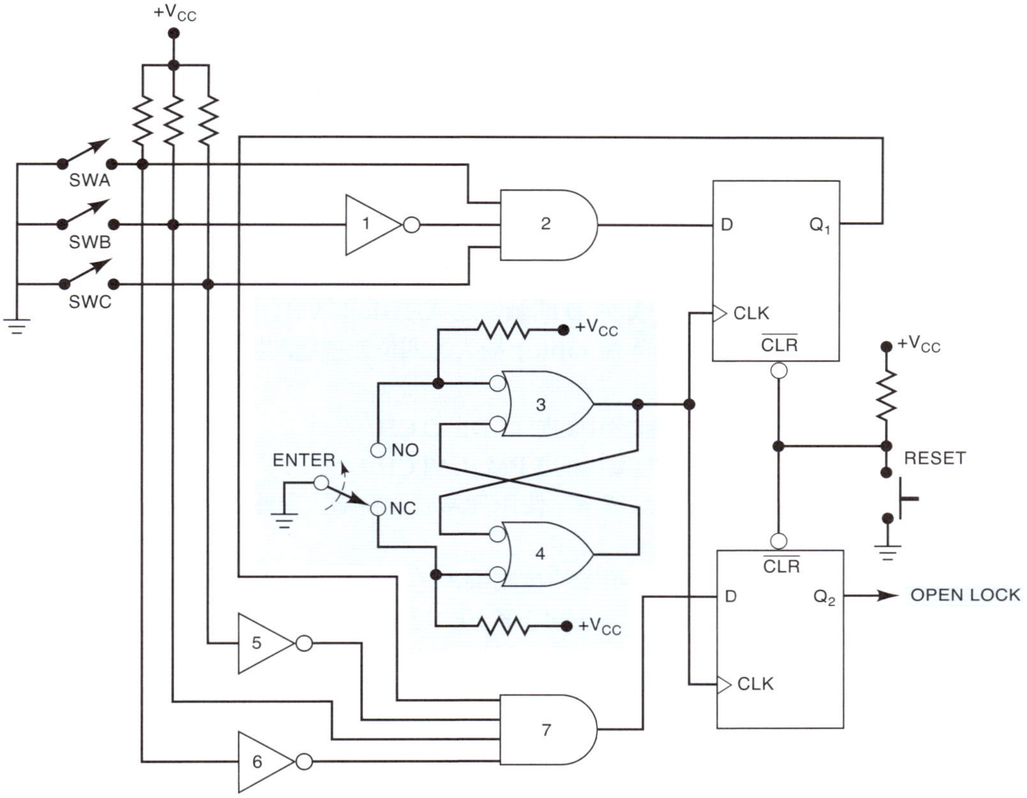

圖 5-93　習題 5-54、5-55 與 5-69

B　5-57　定義下列的名詞。

(a) 非同步輸入
(b) 邊緣觸發式
(c) 移位暫存器
(d) 除頻
(e) 非同步 (擠入) 傳送
(f) 狀態變換圖
(g) 並聯資料傳送
(h) 串聯資料傳送
(i) 可重觸發式單擊
(j) 史密特觸發輸入

5-24 節至 5-27 節

B　5-58　試對圖 5-66 中已知的 NAND 閂鎖器之 HDL 設計 (AHDL) 或者圖 5-67 中者 (VHDL)。如果送上的是 "無效" 的輸入命令，則此 SR 閂鎖器會如何？由於我們知曉當無效的輸入命令送上時，任何的 SR 閂鎖器可能會有不正常的輸出結果，因此您應模擬輸入條件以及門鎖器的正常置定、重置以及持住命令。有些門鎖器輸入於持住命令後隨著無效命令時則有可能振盪，所以要確定針對此問題模擬。

B, H 5-59★ 試撰寫出高電位動作之輸入 SR 閂鎖的 HDL 設計。

B, H 5-60 試修改圖 5-66 中已知的閂鎖器描述 (AHDL) 或者圖 5-67 中的 (VHDL)，使得無效輸入送上時能讓 SR 重置。模擬此設計。

B, H 5-61★ 試加反相輸出到圖 5-66 或圖 5-67 中的 HDL NAND 閂鎖器設計。試由模擬來驗證是否正確操作。

B 5-62 試模擬 5-25 節中已知的 *D* 閂鎖器之 AHDL 或 VHDL 設計。

D, H, N 5-63 試設計一個具有激能 (enable) 輸入的四位元透通閂鎖器並且模擬 (功能) 您的設計。

(a) 利用圖形設計檔案中的原型 DLATCH。

(b) 利用圖形設計檔案中的 LPM_LATCH。

(c) 利用 HDL 設計檔案。使用列陣於資料輸入與輸出來修改 5-25 節中的 D 閂鎖器設計。

D, H, N 5-64 跳換 (*T*) FF 有一個單獨的控制輸入 (T)。當 T＝0 時，FF 處於無變化狀態，類似於具有 $J=K=0$ 的 J-K FF。當 T＝1 時，FF 是在跳換模式，類似於具有 $J=K=1$ 的 J-K FF。試設計 T FF 的 HDL 並作功能模擬。

H, N 5-65 (a) 試利用 LPM_FF 巨函數以圖形方式設計圖 5-43(a) 中的四位元移位暫存器並且作功能模擬。

(b) 試利用 HDL 設計圖 5-43(a) 中的四位元移位暫存器並且作功能模擬。

H, N 5-66★ 設計圖 5-44 中所示的二個暫存器電路。將一個串列 *data_in* 包含於 X 暫存器上並作功能模擬。

(a) 以圖形方式利用二個 LPM_SHIFTREG 巨函數來設計。

(b) 利用 HDL。

H 5-67 (a) 試寫出如圖 5-57 中所示之 FF 電路的 AHDL 設計檔案。

(b) 試寫出如圖 5-57 中所示之 FF 電路的 VHDL 設計檔案。

5-68 模擬 (時序方式) 習題 5-67 中之電路的操作。模擬結果要吻合圖 5-57 中的結果。

H 5-69 (a) 試寫出 AHDL 設計檔案來製作圖 5-93 的整個電路。

(b) 試寫出 VHDL 設計檔案來製作圖 5-93 的整個電路。

每節複習問題解答

5-1 節

1. 高電位；低電位。 **2.** $Q=0$ 且 $\overline{Q}=1$。

3. 真。 **4.** 突然加上一個低電位到 $\overline{\text{SET}}$ 輸入。

5-2 節

1. 低電位；高電位。　**2.** $Q=1$ 且 $\overline{Q}=0$。
3. 使 CLEAR＝1。　**4.** $\overline{\text{SET}}$ 和 $\overline{\text{RESET}}$ 兩者平常都是在其低電位動作狀態。

5-5 節

1. 同步控制輸入和時脈輸入。
2. FF 輸出只能在適當的時脈變換發生時才改變。
3. 偽。
4. 建立時間為僅領先於 *CLK* 信號作用邊緣所需的間隔，於此期間控制輸入必須維持穩定。持住時間則為緊接著 *CLK* 作用邊緣後面所需的間隔，於該期間控制輸入必須維持穩定。

5-6 節

1. 高電位；低電位；高電位。　**2.** 由於 *CLK* 只有幾個 ns 處於高電位。

5-7 節

1. 真。　**2.** 偽。　**3.** $J=1$，$K=0$

5-8 節

1. 於 a 點處 Q 將變成低電位且維持於低電位。
2. 偽。D 輸入可在不影響 Q 之下改變，蓋 Q 只於作用的 *CLK* 邊緣才能改變。
3. 是，經由轉換成 D FF (圖 5-27)。

5-9 節

1. 於 D 閂鎖中，當 EN 為高電位時，Q 輸出可改變於 D 正反器中，輸出只在 *CLK* 的動作邊緣才能改變。
2. 偽。　**3.** 真。

5-10 節

1. 非同步輸入操作時與 *CLK* 輸入無關。　**2.** 真，因 $\overline{PRE}$ 為低電位動作。
3. $J=K=1$，$\overline{PRE}=\overline{CLR}=1$，且於 *CLK* 處有一個 PGT。

5-11 節

1. t_{PLH} 和 t_{PHL}　**2.** 偽；波形也必須滿足 $t_{\text{W}}(L)$ 及 $t_{\text{W}}(H)$ 要求。

5-16 節

1. 偽。　**2.** D 正反器　**3.** 六個　**4.** 真。

5-17 節

1. 偽。　**2.** 暫存器間有較少的連線　**3.** $X_2X_1X_0=111$；$Y_2Y_1Y_0=101$　**4.** 並聯

5-18 節

1. 10 kHz　**2.** 八個　**3.** 256　**4.** 2 kHz　**5.** $00001000_2 = 8_{10}$

5-20 節

1. 輸出可能含有振盪。

2. 即使是變化較慢的輸入信號，它將產生乾淨且快速的輸出信號。

5-21 節

1. $Q=0$，$\overline{Q}=1$　**2.** 真。　**3.** 外部的 R 和 C 值。

4. 對於可重觸發式單擊而言，每個新的觸發脈波將不管 Q 輸出的狀態為何，皆開始一段新的 t_p 間隔。

5-22 節

1. 24 kHz　**2.** 109.3 kHz；66.7 個百分比　**3.** 頻率穩定性

5-23 節

1. 時脈不對稱為不同 FF 的 *CLK* 輸入端時脈到達的時間不同。它可能促使 FF 轉變成不正確的狀態。

5-24 節

1. 原型，maxplus2 與巨函數。

5-25 節

1. 回授；輸出是與輸入結合一起來決定輸出的下一個狀態。

2. 它將依循預定的狀態順序前進以對輸入時脈信號作反應。

5-26 節

1. 一個來自於執行若干基本邏輯功能之元件資料庫的標準建構方塊。

2. 輸入與輸出名稱以及發展系統所認可之原型名稱。

3. HELP 選單之下。

4. PROCESS 允許循序 IF 結構且 EVENT 屬性偵測變換。

5. ieee.std_logic_1164

6. altera.maxplus2

5-27 節

1. 真。

2. 於 VARIABLE 部分中。

3. 每個皆被指定予一個變數名稱。

4. =

5. SIGNAL

6. PORT MAP

第 6 章

數位算術：運算與電路

大　綱

6-1　二進加法與減法

6-2　帶號 (正負號) 數的表示

6-3　2 的補數系統之加法

6-4　2 的補數系統之減法

6-5　二進乘法

6-6　二進除法

6-7　BCD 加法

6-8　十六進算術

6-9　算術電路

6-10　並聯二進加法器

6-11　全加器之設計

6-12　含暫存器的完整並聯加法器

6-13　進位傳遞

6-14　積體電路並聯加法器

6-15　2 的補數系統

6-16　ALU 積體電路

6-17　故障檢修實例

6-18　使用 Altera 資料庫功能

6-19　使用 HDL 之位元陣列的邏輯運算

6-20　HDL 加法器

6-21　電路的位元容量參數化

■ 學習目標

讀完本章之後，將可學會以下幾點：

■ 執行兩二進數的二進加法、減法、乘法與除法。
■ 十六進數的加法與減法。
■ 辨別二進加法與 OR 加法。
■ 帶號二進數三種不同表示系統的優劣點比較。
■ 以 2 的補數系統處理帶號二進數。
■ 瞭解 BCD 加法程序。
■ 描述算術／邏輯單元的基本運算。
■ 以全加器製作並聯二進加法器。
■ 說出具前瞻進位並聯加法器的優點。
■ 說明並聯加法器／減法器電路的操作。
■ 使用 ALU 積體電路對輸入資料執行各種不同的邏輯及算術運算。
■ 分析加法／減法器電路的故障檢修實例。
■ 使用來自於資料庫的數位函數來製作較複雜的電路。
■ 使用布爾方程式形式的描述來執行整個位元組的運算。
■ 運用軟體工程技術來擴充硬體描述的能力。

■ 引　論

數位計算機與計算器執行各種以二進形式表示的數目算術運算。若想要瞭解數位算術所具有的各種計算方法，則可發現其甚為複雜。所幸大多數的技術人員並不需要此種知識水準，至少直到成為經驗豐富的計算機程式設計員前並不需要。本章所提及者著重於可瞭解數位機器 (即計算機) 執行基本算術運算所需的基本原理。

首先，將研習各種可用“筆與紙”執行的二進數算術運算，接著再研討可在數位系統中執行這些運算的實際邏輯電路。最後，我們將學習如何使用 HDL 技術來描述這些簡單的電路。若干擴充這些電路之能力的方法亦將涵蓋。主要將著重於 HDL 的基礎，並舉算術電路作為範例。HDL 的強大功能結合 PLD 硬體將提供進一步研習、設計以及於更進階課程中使用更複雜電路實驗的基礎。

6-1 二進加法與減法

我們來看看數位系統所執行的最簡單算術運算：二個二進數的加法與減法。

二進加法

執行兩個二進數的加法是如同十進數的加法一般。事實上，由於二進數加法要學的例子並不多，因此更為簡單。我們先複習十進數加法：

$$\begin{array}{r l} 3\ 7\ 6 & \text{LSD} \\ +4\ 6\ 1 & \\ \hline 8\ 3\ 7 & \end{array}$$

首先運算最低有效數字 (LSD) 位置，產生 7 的和。接著第二個位置的數字再相加而產生 13 的和，此可產生 1 的**進位** (carry) 至第三個位置。如此便在第三個位置得到 8 的和。

在二進加法中亦可循相同的步驟。但是，在任何位置的兩個二進數字 (位元) 相加僅有四種情況發生，即：

$$\begin{aligned} 0 + 0 &= 0 \\ 1 + 0 &= 1 \\ 1 + 1 &= 10 = 0 + \text{至次一較高位置的進位} \\ 1 + 1 + 1 &= 11 = 1 + \text{至次一較高位置的進位} \end{aligned}$$

最後一種情況是當在某位置的兩位元皆為 1 且有一個來自前位置的進位時才發生。下列為兩個二進數加法的幾個範例：

$$\begin{array}{r} 011\ (3) \\ +\ \ 110\ (6) \\ \hline 1001\ (9) \end{array} \qquad \begin{array}{r} 1001\ (9) \\ +\ \ 1111\ (15) \\ \hline 11000\ (24) \end{array} \qquad \begin{array}{r} 11.011\ (3.375) \\ +\ \ 10.110\ (2.750) \\ \hline 110.001\ (6.125) \end{array}$$

並不需要每次考慮兩個以上的二進數相加，這是因為在所有數位系統中的電路實際上也是每次僅能作兩數的加法。當超過兩個以上的數相加時，前兩個數先相加，且將所得的和再加至第三數，依此類推。這並不是嚴重的缺點，因為數位機器一般執行加法運算只需幾個奈秒 (ns)。

加法在數位系統中是最重要的算術運算。正如我們將看到，在大多數近代數位計算機與計算器中執行的減法、乘法及除法運算在實際上僅是以加法作為其基本運算。

二進減法

同樣的，二進減法如同十進數的減法的運算。在二進數的任何位置中將其中一個位元自另一個減去僅有四種可能的情況。它們是：

$$0-0=0$$
$$1-1=0$$
$$1-0=1$$
$$0-1\Rightarrow \text{需要借位} \Rightarrow 10-1=1$$

最後一種情況是當從 0 減去 1 時需要自左邊的下一行借位。以下是幾個二進位數相減的例子 (括號內是等值的十進數)：

$$\begin{array}{r} 110\ (6) \\ -\ 010\ (2) \\ \hline 100\ (4) \end{array} \qquad \begin{array}{r} 11011\ (27) \\ -\ 01101\ (13) \\ \hline 1110\ (14) \end{array} \qquad \begin{array}{r} 1000.10\ (8.50) \\ -\ 0011.01\ (3.25) \\ \hline 101.01\ (5.25) \end{array}$$

複習問題

1. 將以下各組二進數相加。
   (a) 10110＋00111
   (b) 011.101＋010.010
   (c) 10001111＋00000001
2. 將以下每對二進數相減：
   (a) 101101－010010
   (b) 10001011－00110101
   (c) 10101.1101－01110.0110

6-2　帶號 (正負號) 數的表示

在數位計算機中，二進數可被一組二進儲存裝置所表示 (通常是正反器)。各裝置代表 1 個位元。例如，6 位元的 FF 暫存器可儲存由 000000 至 111111 (即十進數 0 至 63) 的二進數範圍，此即表示該數的大小 (magnitude)。由於大多數的數位計算機與計算器可如處理正數般的處理負數，此即意味需要表示數的正負號 (＋ 或 －)。一般是加入另一位元至二進數上，而該位元稱為**符號位元** (sign bit)。一般而言，簡便的方式是符號位元為 0 代表正數，且符號位元為 1 代表負數。圖 6-1 可為舉例說明。暫存器 A 內含位元為 0110100。最左邊位元 (A_6) 為 0 是符號位元且

圖 6-1 帶號數以符號大小形式來表示

代表＋。其他六個位元則為二進數 110100_2 的大小，且該二進數為十進數 52。同樣的，由於符號位元為 1，即表示 －，因此儲存在暫存器 *B* 中的數為 －52。

符號位元便是用來代表所儲存的二進數為正或負。圖 6-1 的數含有 1 個符號位元及 6 個大小位元。大小位元乃真正代表十進數的二進同等值。我們稱此種代表帶號二進數的表示為**符號大小系統** (sign-magnitude system)。

雖說此種符號大小系統直接且易於瞭解，但它卻不若其他兩種可代表帶號 (正負號) 二進數的系統來得管用，係因電路製作較其他的系統複雜。表示帶號二進數的常用系統為 **2 的補數系統** (2's-complement system)。未介紹其如何做之前，先來看看二進數的 1 的補數和 2 的補數是如何形成的。

1 的補數形式

要得到任何二進數 1 的補數形式是將數中的每個 0 改為 1 且每個 1 改為0。換言之，改變各位元為其補數形式。其過程為：

1 0 1 1 0 1 原二進數
↓↓↓↓↓↓
0 1 0 0 1 0 將每個位元取補數以形成 1 的補數

因此，我們說 101101 的 1 的補數為 010010。

2 的補數形式

求得二進數 2 的補數形式是取該數 1 的補數，且加 1 至最低有效位元位置。該程序可以 $101101_2 = 45_{10}$ 來說明。

```
  101101   45 的等效二進數
  010010   將每個位元取補數以形成 1 的補數
+      1   並加上 1 以形成 2 的補數
  010011   原二進數的 2 的補數
```

因此，我們說 010011 為 101101 的 2 的補數表示。

另舉一個轉換二進數成其 2 的補數範例來說明：

```
  101100   原二進數
  010011   1 的補數
+      1   加 1
  010100   原數 2 的補數
```

使用 2 的補數來表示帶號數字

表示帶號數字的 2 的補數運算如下：

- 若數字為正，則大小是以其真正二進數形式來表示，而符號位元 0 則置於 MSB 之前。如圖 6-2 的 $+45_{10}$ 所示。
- 若數字為負，則大小是以其 2 的補數形式來表示，而符號位元 1 則置於 MSB 之前。如圖 6-2 的 -45_{10} 所示。

2 的補數系統會用來表示帶號數字，是因為執行減法運算時實際上是以加法來執行。這是很重要的，此乃表示數位計算機可使用相同的電路以加法和減法使用，因此節省了硬體。

例題 6-1

使用含符號位元在內的五個位元來表示下列各帶號十進數為 2 的補數系統中帶號

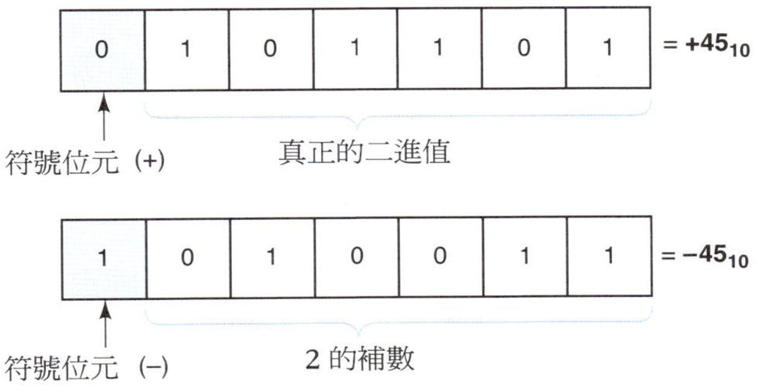

圖 6-2　2 的補數系統中帶號數字的表示

二進數：(a) $+13$；(b) -9；(c) $+3$；(d) -2；(e) -8。

解答：

(a) 因該數為正的，所以大小 (13) 用其真正大小形式來表示，即 $13 = 1101_2$。加上符號位元 0，則：

$$+13 = 01101$$

符號位元 ⟶ (指向最左位元)

(b) 因此數為負的，大小 (9) 乃用 2 的補數形式來表示：

$$\begin{array}{rrl} 9_{10} = & 1001_2 & \\ & 0110 & \text{(1 的補數)} \\ + & \underline{\quad 1} & \text{(加 1 至 LSB)} \\ & 0111 & \text{(2 的補數)} \end{array}$$

當加上符號位元 1，則完整的帶號數成為：

$$-9 = 10111$$

符號位元 ⟶ (指向最左位元)

所要依循的程序只需兩個步驟。首先，要求出大小的 2 的補數，接著再加入符號位元。如果在 2 的補數處理中已包含了符號位元，則可以一個步驟來完成。例如，要表示 -9，則可先開始表示 $+9$ 並包括符號位元，接著再將其取 2 的補數來得到 -9 的表示。

$$\begin{array}{rrl} +9 = & 01001 & \\ & 10110 & \text{(每位元取 1 的補數，包括了符號位元)} \\ + & \underline{\quad 1} & \text{(加 1 至 LSB)} \\ -9 = & 10111 & \text{(表示 } -9 \text{ 的 2 補數)} \end{array}$$

當然這個結果和以前一樣。

(c) 十進數 3 可僅用二位元來表成二進數。但本問題敘述中是需在表示此數大小的四位元前要有一個符號位元。故：

$$+3_{10} = 00011$$

在很多情形下的位元數是被儲存二進數的暫存器容量所固定，故為了滿足所需的位元位置數而要加入 0。

(d) 由以五位元來表示 $+2$ 開始：

$$
\begin{array}{rll}
+2 = & 00010 & \\
 & 11101 & \text{(1 的補數)} \\
+ & \underline{\quad\;\; 1} & \text{(加 1)} \\
-2 = & 11110 & \text{(表示 −2 的 2 補數)}
\end{array}
$$

(e) 以 +8 開始：

$$
\begin{array}{rll}
+8 = & 01000 & \\
 & 10111 & \text{(每位元的補數)} \\
+ & \underline{\quad\;\; 1} & \text{(加 1)} \\
-8 = & 11000 & \text{(表示 −8 的 2 補數)}
\end{array}
$$

正負號延伸

例題 6-1 要求我們使用總共五個位元來表示帶號數。暫存器的大小 (正反器個數) 決定了用來儲存每個數的二進位數個數。現今大多數的數位系統是將數字以四個位元的偶數倍大小儲存起來。換言之，儲存用暫存器是由 4、8、12、16、32 或 64 個位元所組成。儲存八個位元數字的系統中，其中七個位元代表大小，而 MSB 則表示正負號。如果我們要儲存正的五個位元數字於一個八個位元暫存器中，可理解的只要加上前置的幾個零即可。MSB (帶號位元) 仍是為 0，指示出為正值。

000 0 1001

附加的前置 0　　　9 的二進值

當我們嘗試儲存五個位元的負數於八個位元的暫存器中時會發生何事？在前一節中，我們發現 −9 的 2 的補數二進數表示為 10111。

1 0111

如果我們附加前置的幾個 0，這就不再是八個位元格式的負數。正確延伸負數的方法是附加上前置幾個 1。因此，儲存負 9 的值為：

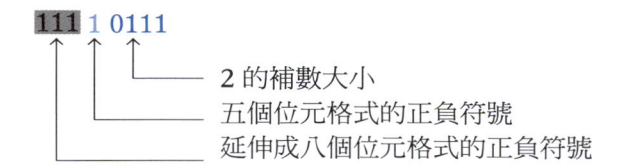

111 1 0111

2 的補數大小

五個位元格式的正負符號

延伸成八個位元格式的正負符號

取負數

取負數 (negation) 係將某正數換算成其等效負數或將某負數換算成其等效正數的

運算。如果帶號二進數以 2 的補數系統表示時，取負數則可簡單的由執行 2 的補數運算來完成。且舉八個位元二進形式的 +9 為說明。其帶號表示為 00001001。如果對此作 2 的補數，則得到 11110111，表示 −9。同樣的，我們也可以 −9 開始，它是 11110111。如果對此取 2 的補數，我們將得到 00001001，這表示 +9。這些步驟可以圖示如下：

開始	00001001	+9
2 的補數 (取負)	11110111	−9
再取負	00001001	+9

因此，我們是將帶號二進數以取其 2 的補數來將它取負數。

此一取負數是改變此數成其等效帶相反符號的數字。我們在例題 6-1 的 (d) 和 (e) 中將正數換算成其等效負數。

例題 6-2

下面所列者各為 2 的補數系統中的帶號二進數。試求出各情形下的十進值：(a) 01100；(b) 11010；(c) 10001。

解答：

(a) 符號位元為 0，故此數為正，而其他四位元則表示該數的真正大小，$1100_2 = 12_{10}$，故十進數為 +12。

(b) 符號位元為 1，故此數為負，但我們無法說出大小為何。我們可將此數取負數 (2 的補數) 後再轉換成對等的正值來找出大小。

11010	(原負數)
00101	(1 的補數)
+ 1	(加 1)
00110	(+6)

由於 2 的補數結果為 00110 = +6，故 11010 原負數便是 −6。

(c) 依循與 (b) 相同的程序得：

10001	(原負數)
01110	(1 的補數)
+ 1	(加 1)
01111	(+15)

故 10001 = −15。

2 的補數表示中的特殊情形

無論何時當帶號數的符號位元為 1 且所有的大小位元為 0，則其十進同等數為 -2^N，此處的 N 為大小的位元數。例如：

$$\begin{aligned} 1000 &= -2^3 = -8 \\ 10000 &= -2^4 = -16 \\ 100000 &= -2^5 = -32 \end{aligned}$$

依此類推。注意到在此特例中，取這些數的 2 的補數將產生出我們開始時的數值，這是因為我們是處於這麼多個位元所能表示的數字範圍。如果將這些特別的數字延伸其帶號位元，則正規的取負值程序運作的很好。譬如，延伸數字 1000 (−8) 成 11000 (五個位元的負 8) 且取它的 2 的補數，我們會得到 01000 (8)，它就是負數的大小。

因此，便可列出用 N 個大小位元於 2 的補數系統中所能表示數值的完整範圍為

$$-2^N \text{ 至 } +(2^N-1)$$

總共有 2^{N+1} 個不同的值，包括 0。

例如，表 6-1 所列為四個位元 2 的補數系統所能表示的所有帶號數 (注意，其

表 6-1

十進值	使用 2 的補數的帶號二進值
$+7 = 2^3 - 1$	0111
+6	0110
+5	0101
+4	0100
+3	0011
+2	0010
+1	0001
0	0000
−1	1111
−2	1110
−3	1101
−4	1100
−5	1011
−6	1010
−7	1001
$-8 = -2^3$	1000

中共有三個大小位元，所以 $N=3$)。注意，此序列是開始於 $-2^N=-2^3=-8_{10}=1000_2$，且往上以每一步皆加上 0001 (如上數計數器者) 前進到 $+(2^N-1)=+2^3-1=+7_{10}=0111_2$。

例題 6-3

可用八位元表示的未帶號十進數值範圍為何？

解答：記得一個位元組為八個位元來表示。這裡我們感興趣的為未帶號數值，所以無符號位元，於是所有八位元都可用來表示大小。因此，數值範圍將由：

$$00000000_2 = 0_{10}$$

至

$$11111111_2 = 255_{10}$$

總共有 256 個不同值，我們可早已預估到，因為 $2^8=256$。

例題 6-4

可用含符號位元在內的八個位元表示的十進數值範圍為何？

解答：由於 MSB 將被用作符號位元，因此有七個位元予大小值。最大的負值為：

$$10000000_2 = -2^7 = -128_{10}$$

而最大的正數值為：

$$01111111_2 = +2^7 - 1 = +127_{10}$$

所以，此數值範圍為 -128 至 $+127$；這是包括 0 (即 00000000) 在內的 256 個不同的數值。以另外方式來看，由於有七個大小位元 ($N=7$)，因此總共有 $2^{N+1}=2^8=256$ 個不同的值。

例題 6-5

某計算機記憶器中以 2 的補數系統方式儲存以下兩個帶號數：

$$00011111_2 = +31_{10}$$
$$11110100_2 = -12_{10}$$

當計算機執行程式時是將各數轉換成相反符號的數：亦即，$+31$ 轉換成 -31 而 -12 轉換成 $+12$。試問計算機如何做這件事？

解答：將整個數 (包括符號位元在內) 取 2 的補數運算，即可把一帶號數轉換成相反符號的帶號數。計算機電路將帶號數自記憶器中取出，並對該數執行 2 的補數運算，然後再將所得結果放回記憶器中。

複習問題

1. 將下列各數表示成 2 的補數系統中八位元帶號數：
   (a) +13；(b) −7；(c) −128
2. 下列為 2 的補數系統中的帶號二進數。試求出各同等的十進數：
   (a) 100011；(b) 1000000；(c) 01111110
3. 可用十二個位元 (包括符號位元) 表示的十進數值範圍為何？
4. 需要多少個位元才足夠表示 −50 至 +50 的十進數值範圍？
5. 可用二個位元數字來表示的最大負十進值為何？
6. 將下列各數取其 2 的補數運算：
   (a) 10000；(b) 10000000；(c) 1000
7. 定義取負數運算。

6-3　2 的補數系統之加法

現今在數位機器上執行的加法與減法運算是使用 2 的補數代表負數。在很多要考慮的情況下，重要的是要注意到各數符號位元的運算仍是與大小位元的運算一樣。

情況 I：兩正數。兩正數的相加是直接的。考慮 +9 與 +4 的相加：

	符號位元		
+9 →	0	1001	(被加數)
+4 →	0	0100	(加　數)
	0	1101	(和＝+13)

注意**被加數** (augend) 與**加數** (addend) 的符號位元皆為 0 且符號位元之和為 0，此即表該數為正的。也要注意被加數與加數是具有相同的位元數。在 2 的補數系統中也要如此執行。

情況 II：正數與較小的負數。考慮 +9 與 −4 的相加。要記住 −4 是用 2 的補數形式。因此，+4 (00100) 須轉換為 −4 (11100)，故

```
              ┌─ 符號位元
              ↓
+9 →  ┆ 0 ┆1001    (被加數)
−4 →  ┆ 1 ┆1100    (加　數)
─────────────────
     1┆ 0 ┆0101
     ↑
     └─ 此進位被略去，故結果為 00101 (和＝+5)
```

在此情況中的加數符號位元為 1。注意符號位元也參與加法運算。事實上，進位是在相加的最後位置產生，且該進位必須被略去不計，故最後總和為 00101，即等於 +5。

情況 III：正數與較大的負數。考慮 −9 與 +4 的相加：

```
−9 →      10111
+4 →      00100
─────────────────
          11011   (和＝−5)
          ↑
          └─── 負符號位元
```

此時和具有的符號位元為 1，表示為負數。由於和是負數，且為 2 的補數形式，故最後的四個位元 1011 在實際上即表示成和 2 的補數。要求出和的真正大小，則須取 11011 的 2 的補數，故結果為 00101＝+5。所以，11011 表 −5。

情況 IV：兩個負數。

```
−9 →    10111
−4 →    11100
──────────────
      1 10011
      ↑  ↑
      │  └─  符號位元
      └────  此進位被捨去，故結果為 10011 (和＝−13)
```

最後的結果為具有符號位元為 1 的 2 的補數形式的負數。取此結果的負值 (2 的補數) 將產生 01101＝+13。

情況 V：相等且符號相反數。

```
−9 →   10111
+9 →   01001
──────────────
 0   1 00000
     ↑
     └────── 捨去，故結果為 00000 (和＝+0)
```

結果顯然如我們所希望的為 ＋0。

複習問題

以下二個問題皆假設為 2 的補數。

1. 真或偽：無論何時當兩個帶號數之和的符號位元為 1，則和的大小為 2 的補數形式。
2. 將下列各對帶號數相加。表示出帶號二進數及等效十進數之和：

   (a) 100111＋111011；(b) 100111＋011001

6-4　2 的補數系統之減法

用 2 的補數系統的減法運算實際上是包括加法的運算，且比在 6-3 節中所考慮的各種情況無任何差別。當一個二進數 (**減數** [subtrahend]) 是由另一個二進數 (**被減數** [minuend]) 減去時，則運算程序如下：

1. 取減數的負數。如此即改變減數成相反符號的等效值。
2. 將此值加到被減數。此加法的結果將表示減數與被減數的差值。

再一次，如同在所有 2 的補數的算術運算中者，此兩數必須在其表示式中具有相同數目的位元。

讓我們考慮 ＋4 由 ＋9 減去的情況，則

被減數	(+9) →	01001
減　數	(+4) →	00100

把減數變為其 2 的補數形式 (11100)，即代表 −4。現在將其加至被減數。

```
    01001   (+9)
  + 11100   (−4)
  ---------
  1 00101   (+5)
  ↑ 捨去，故結果為 00101 (＝＋5)
```

當減數變為其 2 的補數，則其實際為 −4，故我們是將 ＋9 與 −4 相加，此與將 ＋4 由 ＋9 減去是一樣的。這是與 6-3 節的情況 II 一樣。任何減法運算，當使用 2 的補數系統時，則實際上便成為加法運算。2 的補數系統的特色是它具有最為廣用的有效方法，因為它可允許加法與減法能用相同的電路執行。

這裡再舉一個例子為 -4 減去 $+9$：

$$
\begin{array}{rrl}
 & 11100 & (-4) \\
- & \underline{01001} & (+9)
\end{array}
$$

將減數 $(+9)$ 取其負值得到 10111 (-9) 並且加到被減數 (-4)。

$$
\begin{array}{rrl}
 & 11100 & (-4) \\
+ & 10111 & (-9) \\
\hline
\not{1} & 10011 & (-13) \\
\uparrow & \text{捨去} &
\end{array}
$$

讀者可用上述程序對下列減法驗證此結果：(a) $+9-(-4)$；(b) $-9-(+4)$；(c) $-9-(-4)$；(d) $+4-(-4)$。記得當結果的符號位元為 1，則它為負數且為 2 的補數形式。

算術溢位

在前面的加法與減法例子中，相加的數都是由一個符號位元與四個大小位元所組成。所得的答案也是由一個符號位元與四個大小位元所組成。任何進入至第六個位置的進位將被捨去。在所有考慮的情況中，答案的大小是小到足夠適合四位元。讓我們看看 $+9$ 與 $+8$ 的相加：

$$
\begin{array}{rcl}
+9 \rightarrow & 0 & 1001 \\
+8 \rightarrow & 0 & 1000 \\
\hline
 & 1 & \underbrace{0001} \\
\text{不正確的符號} & \uparrow & \uparrow\ \text{不正確的大小}
\end{array}
$$

答案具有一個負符號位元，顯然是不對的。答案須為 $+17$，然而 17 是需超過四個位元且溢位至符號位元位置。**溢位** (**overflow**) 的情況總是產生不對的結果，且可以經由核驗結果的符號位元及比較相加數的符號位元檢測得知。在計算機中，有個特定的電路可用來檢測溢位的情況，並顯示該答案是不對的。溢位可經由檢查符號位元與被相加的數之符號位元是否相同來偵測出來。

由於 2 的補數系統的減法是將減數取負數後，加到被減數，因此溢位只發生於減數與被減數不同正負符號時。譬如，若要自 $+9$ 減去 -8，則 -8 取其負數而變成 $+8$ 且加到 $+9$ (如上述)，而溢位將產生錯誤的負值，因其大小值太大了。

計算機會有一特殊的電路來偵測二數相加或相減時任何溢位的情況。偵測電路將通知計算機的控制單元表示溢位已經產生且結果是不正確的。於章末習題審視此種電路。

數圈與二進算術

帶號算術與溢位的觀念可取用表 6-1 的數字並將它們“彎曲”成如圖 6-3 中所示的數圈來加以說明。注意到可以二種方式來審視此數圈。它可看成一個未帶號數字的數圈 (如外環中所示者)，其最小值為 0 且最大值為 15，或者看成帶號的 2 的補數 (如內環中所示者)，其最大值為 7 且最小值為 −8。若使用數圈來相加，只要從被加數的值開始，並且依加數中的空格數順時針沿著數圈繞進即可。譬如，2+3 相加，以 2 (0010) 開始，然後順時針前進三個空格到 5 (0101)。溢位是發生於和太大無法容納到四位元的帶號格式中，表示我們已超過了最大值 7。於數圈上當二個正數相加使得我們跨越了 0111 (最大正數) 與 1000 (最大負數) 間的直線時即會指示出來。

數圈也可用來說明 2 的補數減法實際上的運作情形。譬如，且執行自 3 減去 5 的運算。當然我們知道答案為 −2，不過我們且經由數圈來執行此問題。首先從數圈上的數字 3 (0011) 開始。減算的最顯明方式是逆時針繞移 5 個空格，我們將落在數字 1110 (−2) 上。用來說明 2 的補數算術的較不顯明的操作為將 −5 加到數字 3 上。負的 5 (0101 的 2 的補數) 為 1011，它被解譯成未帶號二進數，並且表示十進數的 11。從數字 3 開始 (0011) 並且順時針繞移 11 個空格，您將再次發覺到達了數字 1110 (−2)，為正確的結果。

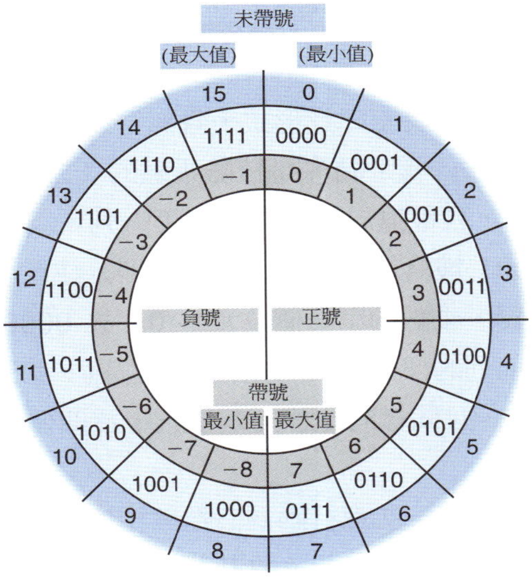

圖 6-3　四位元的數圈

任何不同號四位元數字間的相減運算產生結果大於 7 或小於 −8 者皆為四個位元格式的溢位並且導致不正確的答案。譬如，3 減 −6 應得到答案 9，但從 3 順時針移動 6 個空格後就會落在帶號數 −7：溢位情況發生，讓我們得到不正確的答案。

複習問題

1. 以 2 的補數系統執行下列成對帶號數相減運算。其結果以帶號二進數與其十進數值表示：
   (a) 01001−11010；(b) 10010−10011。
2. 當帶號數被相加時，是如何檢測算術溢位？相減時呢？

6-5 二進乘法

二進數的乘法運算是與十進數乘法的運算一樣。實際的處理將更為簡單，因一乘數是 0 或 1，所以總是用 0 或 1 乘之。下列範例是說明不帶號二進數的乘法。

```
   1001   ← 被乘數 = 9₁₀
   1011   ← 乘  數 = 11₁₀
-------
   1001 ┐
  1001  │ 部分乘積
 0000   │
1001    ┘
-------
1100011 } 最後乘積 = 99₁₀
```

在此例中的被乘數與乘數為真正二進形式，且無符號位元被使用。在處理上所要依循的步驟是恰與十進乘法一樣。首先是核驗乘數的 LSB，於該例中為 1。此 1 乘上被乘數而產生 1001，且被寫於部分乘積的第一列。其次，乘數的第二位元被核驗且其亦為 1，故 1001 被寫於部分乘積的第二列。注意第二列的部分乘積是較第一列向左移了一個位置。乘數的第三個位元為 0，故 0000 被寫於第三列的部分乘積。同樣的，它亦較前列的部分乘積向左移一個位置。第四個乘數位元為 1，故最後的部分乘積為 1001，且同樣向左移一個位置。這四個部分乘積接著加在一起便產生最後的乘積。

大多數的數位機器只能一次進行兩個二進數相加。因為如此，在相乘運算間產生的所有部分乘積無法同時加在一起。故其為每次兩個加在一起，即第一列加第二列，所得之和再加第三列，依此類推。此程序可舉例說明如下：

```
     1001   ← 第一列部分乘積
加 { 1001    ← 第二列向左移的部分乘積
    ───────
    11011   ← 最先的兩個部分乘積之和
加 { 0000    ← 第三列向左移的部分乘積
    ───────
    011011  ← 先前的三個部分乘積和
加 { 1001    ← 第四列向左移的部分乘積
    ───────
   1100011  ← 等於最後總乘積的四個部分乘積和
```

2 的補數系統乘法

在使用 2 的補數表示的機器中，乘法仍是以上述所說明的方式提供被乘數與乘數為真正二進形式。如果相乘的二數為正，則其已為真正二進形式而可相乘。當然結果的乘積為正的且符號位元為 0。當兩數為負，則其為 2 的補數形式。每個 2 的補數須被轉換為正數且相乘，此乘積為正數且符號位元為 0。

　　當有一數為正而另一數為負，則負數要先取其 2 的補數而轉換為正數大小，使乘積為真值大小形式。但是乘積必須為負，這是因為原本相乘二數的符號位元相反。因此，乘積接著要改變為 2 的補數形式且符號位元為 1。

複習問題

1. 將 0111 與 1110 相乘。

6-6　二進除法

一個二進數 (被除數) 被另一個二進數 (除數) 去除的處理是與十進數的作法一樣，即經常是用“長除法”。用二進數來運算則更為簡單，因為當我們核驗除數有多少次可被“除入”，則只有兩種可能，即 0 或 1。以下列舉除法範例說明之：

```
     0011          0010.1
 11)1001      100)1010.0
     011           100
     ────          ───
     0011            100
       11            100
     ────            ───
        0              0
```

第一個例子，我們將 1001_2 除以 11_2，這相當於十進除法 $9 \div 3$。得到的商為

$0011_2 = 3_{10}$。第二個例子，1010_2 除以 100_2，則相當於十進除法 10÷4，結果為 $0010.1_2 = 2.5_{10}$。

減法在大多數的近代數位機器中為除法運算的一部分，且是用 2 的補數來執行減法，亦即是要將減數取其 2 的補數後再相加。

帶號數的除法處理是與乘法一樣的方式。負數要先取補數成為正數後再執行除法。若被除數與除數符號位元相反，則所得的商要取 2 的補數為負數且加上一符號位元 1。如果被除數與除數是同號，則商為正數且符號位元為 0。

6-7 BCD 加法

在第 2 章便提及很多計算機與計算器使用 BCD 碼表示十進數。記得此種碼以範圍為 0000 至 1001 的四位元碼來表示各十進數字。十進數為 BCD 形式的加法是要對所考慮的兩個十進數相加會產生的兩種情況深入瞭解。

和等於 9 或更小

考慮用 BCD 碼表示 5 與 4 的相加：

```
  5       0101   ←  5 的 BCD 碼
 +4     + 0100   ←  4 的 BCD 碼
  9       1001   ←  9 的 BCD 碼
```

此相加運算的執行有如二進數加法且和為 1001，即 9 的 BCD 碼。另一例為 45 加 33：

```
 45       0100 0101   ←  45 的 BCD 碼
+33     + 0011 0011   ←  33 的 BCD 碼
 78       0111 1000   ←  78 的 BCD 碼
```

在此例中表 5 與 3 的四位元碼相加以產生 1000，此為 8 的 BCD 碼。同樣的，在第二個十進數字位置產生 0111，此為 7 的 BCD 碼。總共為 01111000 是 78 的 BCD 碼。

在上例中，各十進數對相加和並未超過 9；因此，並沒有十進形式的進位被產生。對這些情形而言，BCD 加法處理是直接且實際上是與二進加法相同。

和大於 9

考慮以 BCD 碼表 6 與 7 的相加：

6	0110	←	6 的 BCD 碼
+7	+ 0111	←	7 的 BCD 碼
+13	1101	←	BCD 的無效碼

和 **1101** 並未存在於 **BCD** 碼中；它是六個禁用或無效四位元碼組中的一個，因為此二數之和超過 9 而產生之。無論何時當和發生此情形便要加入 6 (0110) 來跳過此六個無效的碼組而加以修正：

	0110	←	6 的 BCD 碼
	+ 0111	←	7 的 BCD 碼
	1101	←	無效和
	0110	←	加 6 來修正
0001	0011	←	13 的 BCD 碼
1	3		

如上所示，**0110** 被加入此無效和以產生正確的 **BCD** 結果。請注意，加了 **0110** 後，進位被產生至第二個十進位置。當兩個十進數字和大於 9 時，便須執行加 **0110** 的運算。

另舉一例，以 **BCD** 表示 47 和 35 的相加：

47	0100	0111	←	47 的 BCD 碼
+35	+ 0011	0101	←	35 的 BCD 碼
82	0111	1100	←	第一個數字的無效和
	1←	0110	←	加 6 來修正
	1000	0010	←	正確的 BCD 和
	8	2		

7 與 5 數字的四個位元碼相加運算產生無效和且要加入 **0110** 來修正。注意此處產生 1 的進位，且要進位至第二位置數字的 **BCD** 和。

考慮用 **BCD** 表示 59 和 38 的相加：

	1			
59	0101	1001	←	59 的 BCD 碼
+38	+ 0011	1000	←	38 的 BCD 碼
97	1001	0001	←	執行相加
		0110	←	加 6 來修正
	1001	0111		97 的 BCD 碼
	9	7		

此處，最低有效數字 (LSD) 相加便產生 17＝10001 之和。此亦產生一個進位至次較高位的數字位置而與 5 及 3 的碼相加。因 17 ＞ 9，故 6 修正因數要加至 LSD

和中。此修正相加運算並不產生進位；進位已在原先相加的運算中產生了。

將 BCD 加法程序摘要如下：

1. 相加運算是使用原本的二進數加法，且以 BCD 碼表示各數字。
2. 和為 9 或更小，則不需要修正。此和是正確的 BCD 形式。
3. 當兩數之和大於 9 時，則 0110 的修正碼要加至此和中而得到正確的 BCD 結果。此情形總是產生一個由原本相加運算 (步驟 1) 或由修正相加運算來的進位至下一個數字位置。

BCD 加法的程序顯然是比直接二進加法複雜多了。這對其他 BCD 算術運算亦為真。讀者可執行 275+641 相加運算，接著核驗下列的正確程序。

275	0010	0111	0101	←	275 的 BCD 碼
+641	+ 0110	0100	0001	←	641 的 BCD 碼
916	1000	1011	0110	←	執行加法
	+	0110		←	加 6 來修正第二個數字
	1001	0001	0110	←	916 的 BCD 碼

BCD 減法

BCD 數之減法過程比加法者困難許多。它包含了類似於 2 的補數方法中互補後相加的步驟。本書將不涉及此課題。

複習問題

1. 在 BCD 加法中若需要修正時是如何得知？
2. 將 135_{10} 與 265_{10} 轉換為 BCD 碼，然後再執行 BCD 加法。最後再將所得結果轉換回十進制以檢驗計算是否有誤。

6-8 十六進算術

十六進數被用於計算機程式設計的機器語言中，且其與計算機內部記憶器 (即位址) 結合在一起。當操作於該區域時，則此為十六進數相加或相減的位置。

十六進加法

只要記住最大的十六進數字為 F 而非 9，則十六進加法便與十進數的加法方式一樣。以下摘述十六進加法程序：

1. 將兩個十六進位數以十進數方式相加，並以心算的方式插入十進等效值於哪些大於 9 的位數上。
2. 若所得之和等於或小於 15，則將所得結果直接以十六進數字符號表示即可。
3. 若所得之和等於或大於 16，則將所得結果減去 16 並於次一高位數加 1 (因為有進位發生)。

以下例題用以說明上述加法程序。

例題 6-6

將十六進數 58 與 24 相加。

解答：

$$\begin{array}{r} 58 \\ +\underline{24} \\ 7C \end{array}$$

先加 LSD (8 與 4) 產生 12，此即十六進數的 C。由於無進位送至次一位置，因此將 5 與 2 相加而產生 7。

例題 6-7

將十六進數 58 與 4B 相加。

解答：

$$\begin{array}{r} 58 \\ +\underline{4B} \\ A3 \end{array}$$

以 11 代替 B，然後將 8 與 B 相加可得 19。由於 19 大於 16，於是減去 16 得到 3，並寫下 3 而進位 1 至次一位置。此進位被加至 5 與 4 產生 10_{10}，即十六進數字 A。

例題 6-8

將十六進數 3AF 與 23C 相加。

解答：

$$\begin{array}{r} 3AF \\ +\underline{23C} \\ 5EB \end{array}$$

F 與 C 之和可被考慮為 $15+12=27_{10}$。由於此數大於 16，於是減去 16 得到 11_{10}，此即十六進數字 B，且進位 1 至次一位置。此進位被加至 A 與 3 得到 E。沒有進位至 MSD 位置。

十六進減法

記得十六進數正是一種可表示二進數的便利方式。因此，我們可用二進數的相同方法做十六進數的相減。十六進減數為 2 的補數後再加至被減數，且任何 MSD 位置外的進位要被捨去。

取十六進數的 2 的補數要如何執行？一種方式是將其轉換為二進數，再將該同等二進數取 2 的補數，接著再轉換為十六進數。此程序例如：

	73A		← 十六進數
0111	0011	1010	← 轉換為二進數
1000	1100	0110	← 取其 2 的補數
	8C6		← 轉換為十六進數

有一種更為快速的程序，即使用 F 來減各個十六進數字，接著再加 1。就上例再演練一次。

$$\begin{array}{ccc} F & F & F \\ -\underline{7} & -\underline{3} & -\underline{A} \\ 8 & C & 5 \end{array} \Bigg\} \leftarrow \text{用 F 減去各數字}$$

$$\begin{array}{ccc} & & +1 \\ \hline 8 & C & 6 \end{array} \quad \begin{array}{l} \leftarrow \text{加 1} \\ \leftarrow \text{2 的補數之同等十六進數} \end{array}$$

對 E63 用上述任一種方法執行，其正確的 2 的補數答案為 19D。

計算器提示

於十六進制的計算器上，您可將十六進數自一串的 F 減去，然後加上 1 (如剛剛舉例說明者)，或者您可加 1 到一串的 F 上後再相減。譬如，將 1 加到 FFF_{16} 得到 1000_{16}。於十六進計算器上按入：

$$1000-73A=\text{答案為 } 8C6$$

例題 6-9

由 592_{16} 減去 $3A5_{16}$。

解答：首先是將減數 (3A5) 用上述的任一種方法轉換為其 2 的補數形式，則結果為 C5B。接著與被減數 (592) 相加：

```
   592
+  C5B
  1̸1ED
  ↑
  └──── 捨去進位
```

捨去 MSD 位置以外的進位，則結果為 1ED。我們可將 1ED 加至 3A5 核驗是否等於 592_{16} 以證明答案是正確的。

帶號數的十六進表示

儲存在微型計算機的內部工作記憶器或硬碟或 CD ROM 中的資料，基本上是以位元組 (八個位元為一組) 為單位來儲存。儲存在特定記憶位置的資料位元組經常是表示成十六進形式，因這樣做比表示成二進形式者較具效率且不易出錯。若資料是由帶號數所組成，則有助於辨認某十六進數值是正數或負數。例如，表 6-2 列出資料儲存於起始位址為 4000 的小段記憶器中。

每個記憶位置單獨儲存一個位元組 (八個位元)，它是帶號十進數的等效二進數值。表中也指出了每個位元組的等效十六進數值。對負的數值而言，二進數的符號位元 (MSB) 將為 1；這樣始終會使得十六進數的 MSD 為 8 或更大。當數值為正時，符號位元將為 0，而十六進數的 MSD 則為 7 或更小。不管十六進數有多少個位數同樣成立。當 *MSD* 為 8 或更大時，所表示的數值將為負；當 *MSD* 為 7 或更小時，數值為正。

表 6-2

十六進位址	儲存的二進數值	十六進值	十進值
4000	00111010	3A	+58
4001	11100101	E5	−29
4002	01010111	57	+87
4003	10000000	80	−128

複習問題

1. 執行 67F＋2A4。
2. 執行 67F－2A4。
3. 下面的十六進數哪些代表正值：2F，77EC，C000，6D，FFFF？

6-9 算術電路

大多數計算機與計算器的基本功能為算術運算的執行。這些運算皆在計算機的算術／邏輯單元中執行。該單元的邏輯閘與正反器結合而可加、減、乘、除二進數。這些電路所執行的算術運算速率非人工所能及。一般而言，執行一個加法運算的時間少於 100 ns。

我們現在要研習一些可用來執行前述算術運算的基本算術電路。在某些情況下，雖說這些電路可以積體電路形式來完成，但我們仍將探研實際的設計程序，可對在第 4 章所學到的技術應用提供更多的演練。

算術／邏輯單元

所有的算術運算是發生於計算機的**算術／邏輯單元** (arithmetic/logic unit, ALU)。圖 6-4 所示為在典型 ALU 所包括的主要元件方塊圖。ALU 的主要目的乃接收儲存在記憶器中的二進資料，並依來自控制單元的指令執行這些資料的算術運算。

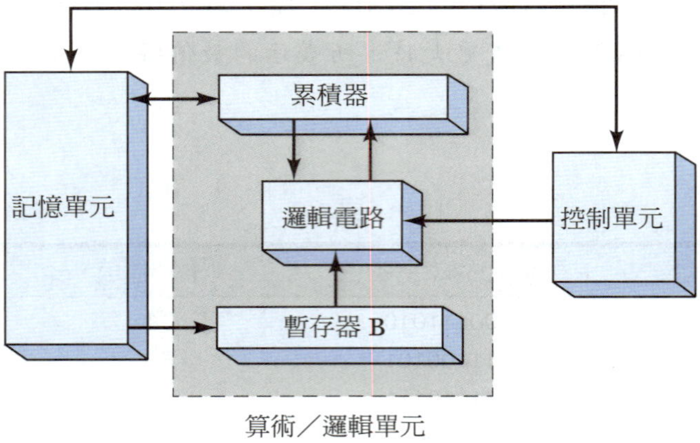

圖 6-4 ALU 的功能方塊圖

這些算術／邏輯單元至少含有兩個正反器式的暫存器：**暫存器 *B*** (*B* register) 與**累積器暫存器** (accumulator register)。它也具有組合邏輯，可執行存在暫存器 *B* 與累積器中二進數的算術運算。典型的運算程序如下：

1. 控制單元接收可指定一個儲存在某指定記憶位置 (位址) 之數的指令 (來自記憶單元)，且該數將與現存於累積器中的數相加。
2. 此將相加的數由記憶器傳送至暫存器 *B*。
3. 暫存器 *B* 中的數與累積器中的數在邏輯電路中加在一起 (在來自控制單元的命令到達時)。結果的總和便送至累積器儲存。
4. 在累積器中的新數可留於其內，並可供其他數相加。如果所指定的算術處理已結束，則可傳送至記憶器儲存。

上述的步驟是非常明顯的說明累積器命名的緣由。這個暫存器可以 " 累積 " 由記憶器所得到的新數與原累積和之間連續相加所得之和。實際上，對任何具有數個步驟的算術問題而言，累積器都是用來儲存各步驟運算的中間結果及運算完畢後的最後結果。

6-10　並聯二進加法器

計算機及計算器是同時可以執行兩個二進數的加法運算，且各二數有數個二進數字。圖 6-5 便舉例說明了兩個五位元數的加法。被加數係儲存於累積暫存器中，亦即累積器有五個 FF，且此接連的 FF 中儲存之值為 10101。同樣的，加數是與被加數相加且儲存於暫存器 *B* 中 (於本例為 00111)。

加法的運算是從被加數與加數的最低有效位元 (LSB) 相加開始，因此 1＋1＝

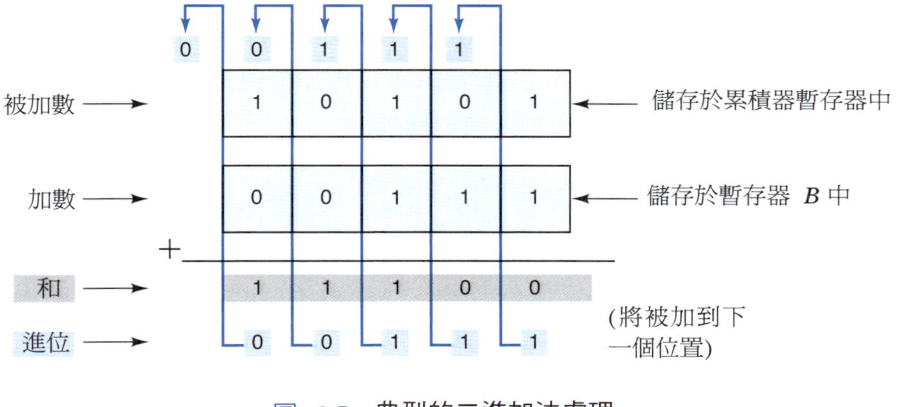

圖 6-5　典型的二進加法處理

10。該位置之和為 0 且進位為 1。

這個進位必須要與下一位的被加數與加數位元加在一起。因此，在第二位置為 1＋0＋1＝10，此即和為 0 且進位為 1。這個進位又再次與高一位置的被加數與加數位元加在一起，依此類推於其他位置的相加，如圖 6-5 所示。

在此加法處理的各步驟中，我們執行三位元的加法，即被加數位元、加數位元及來自前一位的進位位元。此三個位元的相加結果產生了二個位元，即和位元與加至次高位置的進位位元。很顯然，對於各位元位置都可用相同的方式處理。故若可以設計一個可處理此運算的邏輯電路，便可將相同的電路用於各位元位置，如圖 6-6 所示。

在該圖的變數 A_4、A_3、A_2、A_1 及 A_0 是代表儲存於累積器 (也稱暫存器 A) 中的被加數位元。變數 B_4、B_3、B_2、B_1 及 B_0 是代表儲存在暫存器 B 中的加數位元。變數 C_4、C_3、C_2、C_1 及 C_0 是代表各相對位置的進位位元。變數 S_4、S_3、S_2、S_1、S_0 則為各位置的和輸出位元。被加數與加數的相對位元及來自前一位的進位位元一起輸入的邏輯電路稱為**全加器** (full adder, FA)。例如，位元 A_1 及 B_1 及由 A_0 與 B_0 位元相加後產生的進位位元 C_1 一起輸入至全加器 1 中。位元 A_0 與 B_0 及 C_0 一起輸入至全加器 0 中。因 A_0 與 B_0 為被加數與加數的 LSB，所以顯示出 C_0 將始終必須為 0，這是因無任何進位可進入該位置之故。然而將可見到有些情形下 C_0 為 1。

所使用的全加器在各位置上有三個輸入：A 位元、B 位元及 C 位元，且其可產生兩個輸出：和位元及進位位元。例如，全加器 0 具有 A_0、B_0 及 C_0 輸入，且它產生輸出 S_0 與 C_1。全加器 1 具有 A_1、B_1 及 C_1 輸入，且產生 S_1 與 C_2 輸出；依此類推。此一排列是隨被加數與加數位置的數量而重複為之。本例雖為五位元數，但在近代計算機中數目範圍常是 8 位元至 64 位元。

圖 6-6 所示的排列稱為**並聯 (列) 加法器** (parallel adder)，這是因為所有的被加數與加數位元全部同時輸入加法電路中。此即意指各位置的相加運算是同時發生。這與我們在紙上作業由 LSB 開始且每次只相加一位置的相加運算大不相同。顯然並聯 (列) 加法甚為快速，在稍後將再詳述。

複習問題

1. 全加器有多少輸入？有多少輸出？
2. 若圖 6-6 的輸入電位為 $A_4A_3A_2A_1A_0=01001$；$B_4B_3B_2B_1B_0=00111$；$C_0=0$。
   (a) FA #2 的輸出邏輯準位為何？
   (b) C_5 輸出的邏輯準位為何？

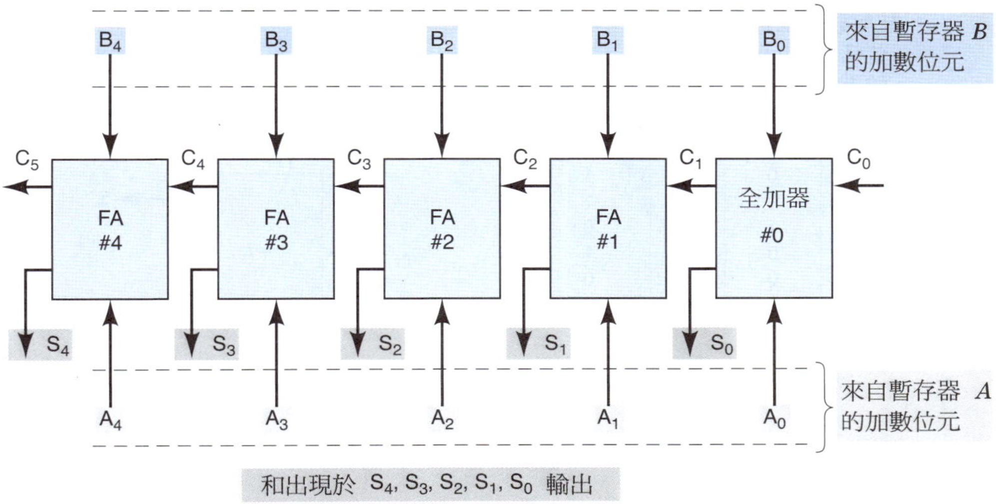

圖 6-6　使用全加器的五個位元並聯加法器的電路方塊圖

6-11　全加器之設計

現已瞭解全加器的功能，故可進一步來設計可執行該功能的邏輯電路。首先，完成一個可顯示出在所有可能情況下各種輸入與輸出的真值表。圖 6-7 所示為具有三個輸入 A、B 與 C_{IN} 及兩個輸出 S 和 C_{OUT} 的真值表。三個輸入便具有八種可能的情況，且也列出各情況下的輸出值。例如，考慮在 $A=1$、$B=0$ 及 $C_{IN}=1$ 的情況下，全加器 (此後簡稱為 FA) 要將這些位元相加產生 0 之和 (S) 及 1 的進位 (C_{OUT})。讀者可自行核驗其他的情況以便徹底瞭解。

因有兩個輸出，故要就各輸出分別設計電路。先由 S 輸出開始，則由真值表可察知 S 是 1 的情況有四種。可用積項之和法寫下 S 的表示式為：

$$S = \overline{A}\,\overline{B}C_{IN} + \overline{A}B\overline{C}_{IN} + A\overline{B}\,\overline{C}_{IN} + ABC_{IN} \qquad \textbf{(6-1)}$$

我們現在可提出共變數來化簡上式。很不幸的，各項並無與其他項有共變數可用。但是，$\overline{A}$ 可由前二項提出且 A 可由後二項提出：

$$S = \overline{A}(\overline{B}C_{IN} + B\overline{C}_{IN}) + A(\overline{B}\,\overline{C}_{IN} + BC_{IN})$$

第一個括號中的項可視為 B 與 C_{IN} 的互斥 OR 組合，且可寫成 $B \oplus C_{IN}$。第二個括號中的項可視為 B 與 C_{IN} 的互斥 NOR 組合，且可寫成 $\overline{B \oplus C_{IN}}$。因此，$S$ 的表示式成為：

$$S = \overline{A}(B \oplus C_{IN}) + A(\overline{B \oplus C_{IN}})$$

被加數位元輸入	加數位元輸入	進位位元輸入	和位元輸入	進位位元輸入
A	B	C_{IN}	S	C_{OUT}
0	0	0	0	0
0	0	1	1	0
0	1	0	1	0
0	1	1	0	1
1	0	0	1	0
1	0	1	0	1
1	1	0	0	1
1	1	1	1	1

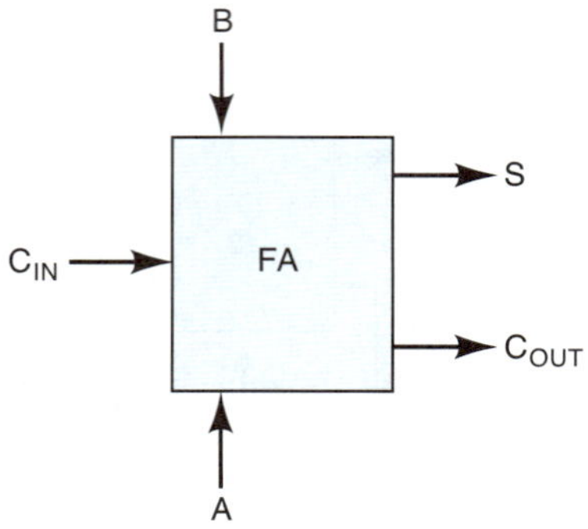

圖 6-7 全加器電路的真值表

如果令 $X=B \oplus C_{IN}$，則可寫成：

$$S = \overline{A}\cdot X + A\cdot\overline{X} = A \oplus X$$

上式便是 A 與 X 的互斥 OR。替換 X 的表示式，則：

$$S = A \oplus [B \oplus C_{IN}] \tag{6-2}$$

現在考慮於圖 6-7 真值表中的輸出 C_{OUT}，可寫下 C_{OUT} 的積項之和式為：

$$C_{OUT} = \overline{A}BC_{IN} + A\overline{B}C_{IN} + AB\overline{C}_{IN} + ABC_{IN}$$

上式可提出共變數來化簡。我們將使用第 4 章所介紹的方法，且其中因 ABC_{IN} 項具有與其他項相同的共變數而重複用三次。所以：

$$\begin{aligned} C_{OUT} &= BC_{IN}(\overline{A} + A) + AC_{IN}(\overline{B} + B) + AB(\overline{C}_{IN} + C_{IN}) \\ &= BC_{IN} + AC_{IN} + AB \end{aligned} \tag{6-3}$$

此式已無法進一步化簡。

表示式 (6-2) 與 (6-3) 可被完成如圖 6-8 所示。還有其他數種電路也可用來表示出 S 與 C_{OUT}，然而均不比此所示的電路有任何特殊的優點。具有輸入 A、B 和 C_{IN}，及輸出 S 與 C_{OUT} 的完整電路乃代表全加器。圖 6-6 中所含的全加器各有這些同樣的電路 (或等效電路)。

K 圖化簡

已用布爾代數法化簡 S 與 C_{OUT} 的表示式。我們也可採用 K 圖法化簡。圖 6-9(a) 所示為 S 輸出的 K 圖。此圖無相鄰的 1，故無成二或成四組可加以迴圈。因此，S

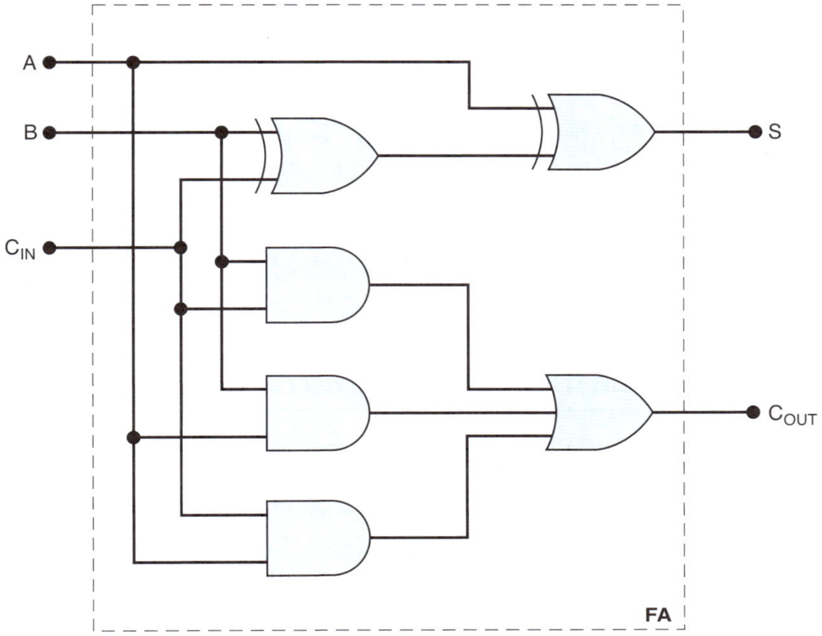

圖 6-8　全加器的完整電路

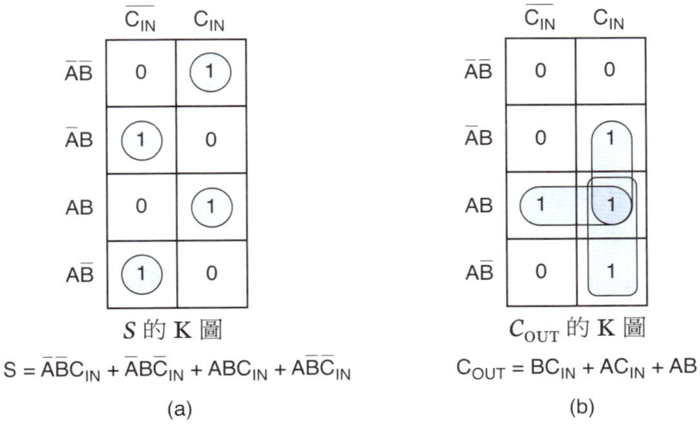

圖 6-9　全加器輸出的 K 圖

的表示式不可用 K 圖法來化簡。這指出 K 圖法與代數法相較之下的限制。我們可藉提出共變數且以 XOR 與 XNOR 運算的應用來化簡 *S* 表示式。

C_{OUT} 的 K 圖示於圖 6-9(b)。三個被迴圈的成二組可產生如同用代數法所得到的相同表示式。

半加器

FA 對三輸入運算可產生一個和與進位輸出。在有些情形下的電路是需將二輸入位元相加，而產生和與進位輸出。例如，只將兩二進數的 LSB 相加，且無進位輸入加進來。有一種邏輯電路便可設定來運算兩輸入位元 A 與 B，且產生和 (S) 與進位 (C_{OUT}) 輸出。這種電路稱為**半加器** (half adder, HA)。除了僅作二個位元運算外，其他一切運算與 FA 一樣。我們將留下 HA 的設計作為本章末的習題。

6-12 含暫存器的完整並聯加法器

在計算機中，被相加的數是儲存於 FF 暫存器。圖 6-10 所示為含儲存暫存器的四位元並聯加法器完整電路圖。被加數位元 A_3 至 A_0 是存在累積器 (暫存器 A)；加數位元 B_3 至 B_0 則存在暫存器 B。各暫存器是由易於傳送資料的 D FF 所組成。

暫存器 A 的內容 (即存於 A_3 至 A_0 的二進數) 藉由四個 FA 與暫存器 B 內容相加，且產生的輸出之和為 S_3 至 S_0。C_4 為第四個 FA 的進位輸出，且其可被用來作進位輸入至第五個 FA，或作為一個溢位位元而顯示和已超越 1111。

注意和輸出是接至暫存器 A 的 D 輸入。此將允許和於 TRANSFER 脈波的 PGT 時並聯傳送至暫存器 A。依此方式，和將存於暫存器 A。

同時注意暫存器 B 的 D 輸入是來自計算機的記憶器，故來自記憶器的二進數將於 LOAD 脈波的 PGT 時並聯傳送到暫存器 B。在大部分的計算機中也提供從記憶器並聯傳送二進數至累積器 (暫存器 A)。為簡化起見，需用來執行此傳送的電路並未顯示於圖中；本章末的習題中將會提出來。

最後，注意暫存器 A 的輸出可傳送到其他的位置，如送到另一個計算機暫存器或計算機記憶器。這將使加法器電路可為另一組新的數值使用。

暫存器標號

在電路開始進行將兩個二進數相加的完整處理之前，介紹一些可易於描述暫存器內容及資料傳送操作的標號是非常有助益的。

無論何時，當我們要對出現於暫存器中每個 FF 或者某一輸出群中的每個輸出給定其準位時，可應用括號表示：

$$[A] = 1011$$

此即表示 $A_3=1$，$A_2=0$，$A_1=1$，$A_0=1$。換言之，可將 $[A]$ 想成其代表“暫存器 A 的內容”。

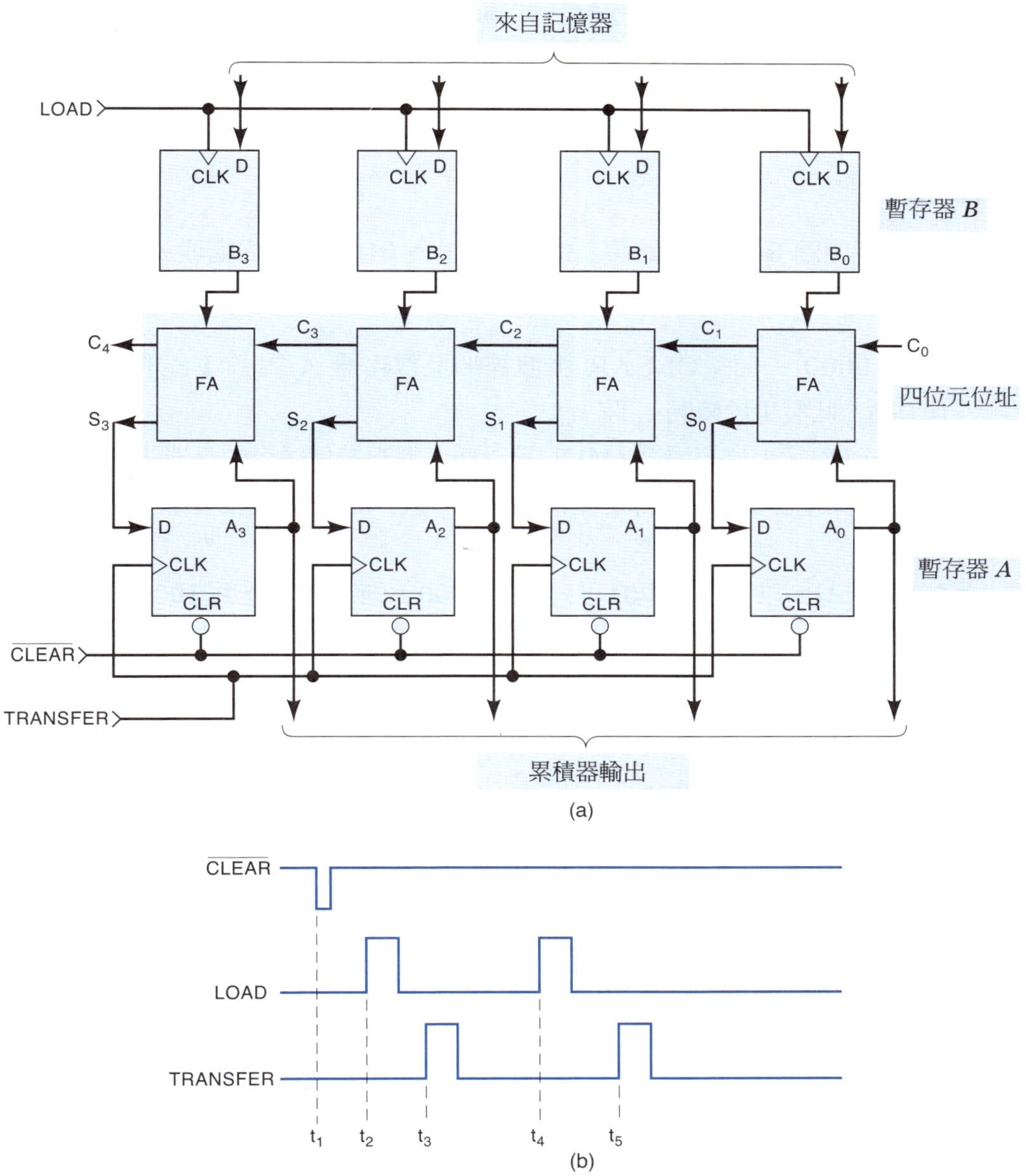

圖 6-10 **(a)** 含暫存器的完整四位元並聯加法器；**(b)** 用以說明將記憶器中兩二進數相加並將所得之和儲存於累積器的信號

無論何時，當想要表示資料出入於暫存器的傳送，則使用箭頭表示：

$$[B] \rightarrow [A]$$

此即意指暫存器 B 的內容被傳送至暫存器 A。此操作結果是暫存器 A 的原本內容被除去，而暫存器 B 內容也將不變。此種形式的表示極為常見，尤其是說明微處理器與微控器操作的資料手冊中。於多方面上，這極類似於使用硬體描述語言來參用位元陣列資料物件的表示。

運算順序

我們現在要說明圖 6-10 的電路將二進數 1001 與 0101 相加的處理。若 $C_0=0$，即無進位送至 LSB 位置。

1. $[A]=0000$。一個 $\overline{\text{CLEAR}}$ 脈波被加至暫存器 A 內各 FF 的非同步輸入 ($\overline{CLR}$)。此發生於時間 t_1 時。
2. $[M] \rightarrow [B]$。來自記憶器 (M) 的第一個二進數被傳送至暫存器 B 中。在此情形下，二進數 1001 被傳送至暫存器 B 是在 LOAD 脈波發生 PGT (即時間 t_2) 時。
3.* $[S] \rightarrow [A]$。以 $[B]=1001$ 與 $[A]=0000$，則全加器產生 1001 之和，亦即 $[S]=1001$。當 TRANSFER 脈波發生 PGT (即時間 t_3) 時，這些和輸出便傳送至暫存器 A，則使 $[A]=1001$。
4. $[M] \rightarrow [B]$。第二個二進數 0101 亦於第二個 LOAD 脈波發生 PGT (即時間 t_4) 時，從記憶器傳送至暫存器 B，則使 $[B]=0101$。
5. $[S] \rightarrow [A]$。以 $[B]=0101$ 與 $[A]=1001$，則 FA 產生 $[S]=1110$。當第二個 TRANSFER 脈波發生 PGT (即時間 t_5) 時，則這些和輸出便被傳送至暫存器 A。因此，$[A]=1110$。
6. 於此時，兩個二進數之和被儲存於累積器。在大多數計算機的累積器 $[A]$ 的內容常被傳送至計算機的記憶器中，因此加法器電路可用來處理更新的數值群組。執行此 $[A] \rightarrow [M]$ 傳送的電路並未顯示於圖 6-10 中。

複習問題

1. 若四個不同的四位元數是由記憶器取得，且由圖 6-10 的電路執行相加，則需多少 $\overline{\text{CLEAR}}$ 脈波？需多少 TRANSFER 脈波？需多少 LOAD 脈波？
2. 試在下列運算順序之後來判定暫存器 A 的內容：
   $[A]=0000$，$[0110] \rightarrow [B]$，$[S] \rightarrow [A]$，$[1110] \rightarrow [B]$，$[S] \rightarrow [A]$。

* 雖然 S 不是整數，我們仍將使用 $[S]$ 來表示 S 的輸出群組。

6-13　進位傳遞

圖 6-10 的並聯加法器由於是將來自各位置的位元相加，因此以甚快的速率來執行加法。然而，其速率仍受限於一種稱為**進位傳遞** (carry propagation) 或**進位漣波** (carry ripple) 的效應，這可由下列加法運算來解釋：

$$\begin{array}{r} 0111 \\ +\ 0001 \\ \hline 1000 \end{array}$$

LSB 的位置的相加可產生一個進位至第二個位置。此進位加至第二個位置的位元時，又產生了一個進位至第三個位置。當此進位加至第三個位置的位元時，則所產生的進位又加至最後一個位置。在此例中最為關鍵且需加以注意之事為*最後位置* (MSB) 所產生的和位元是決定於*第一個位置* (LSB) 相加所產生的進位。

用圖 6-10 的電路來觀察此情形，則最後一個全加器的 S_3 輸出是由第一個全加器的 C_1 輸出所決定。但 C_1 信號在產生 S_3 之前要先經過三個 FA。亦即 S_3 輸出在 C_1 傳遞通過各中間 FA 之前是不會達到其正確值。此即表示時間延遲是依每個 FA 所產生的傳遞延遲而定。例如，若各 FA 被考慮具有 40 ns 的傳遞延遲，則 S_3 在 C_1 產生後經 120 ns 才可達到其正確值。此意指相加命令不可加上，直到在被加數與加數出現於 FF 暫存器後經 160 ns 方可 (多出來的 40 ns 是因產生 C_1 的 LSB 延遲之故)。

很顯然，若擴展此加法器電路來加更多的位元數，則情形將變得很糟。如果加法器要運算 32 位元數，則進位傳遞延遲將為 1280 ns＝1.28 μs。相加脈波不可被加上，直到這些數出現於暫存器後至少經 1.28 μs 方可。

這種延遲於高速率的計算機中是不被許可的。很幸運的，邏輯設計者已研展出可減少此種延遲的數種方法。一種稱為**前瞻進位** (look-ahead carry)，便是利用邏輯閘來檢視被加數與加數的低階位元是否會產生高階進位。例如，可製作一個有 B_2、B_1、B_0、A_2、A_1 及 A_0 為輸入且 C_3 為輸出的邏輯電路。這種邏輯電路的延遲是較進位傳遞經 FA 為短。這種方法是需較多的電路，但可產生高速加法器。依現代積體電路的使用而言，多加的電路並不需多顧慮。已有不少積體電路形式的有效高速加法器是使用前瞻進位或其他類似的技術來減少總傳遞延遲。

6-14　積體電路並聯加法器

有許多並聯加法器的 IC 可供使用。其中最普遍且最廣用者為四位元並聯加法器

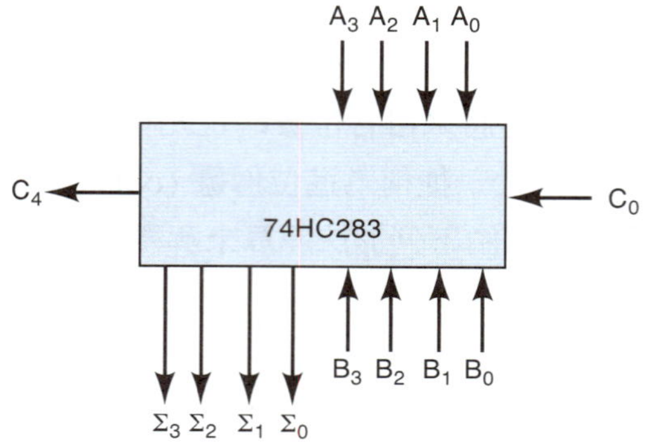

(a)

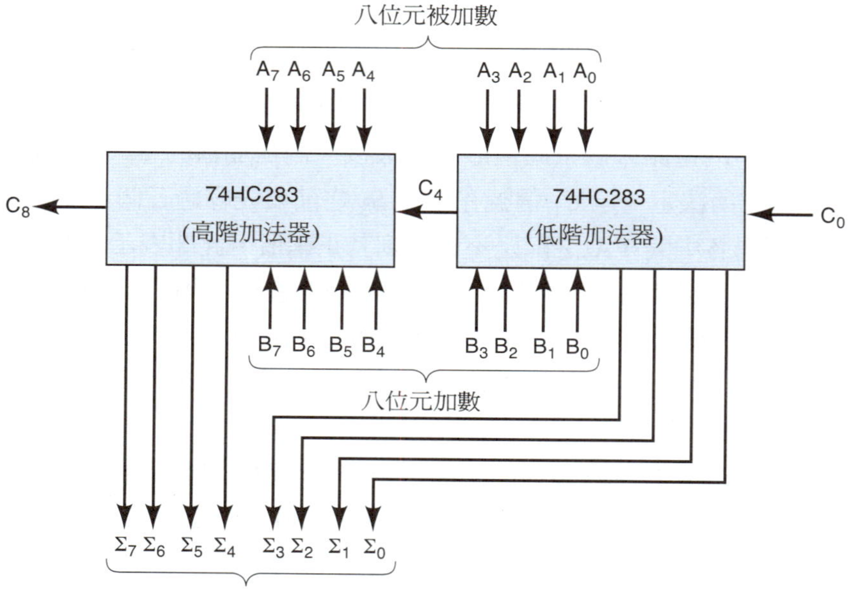

(b)

圖 6-11　(a) 74HC283 的四位元並聯加法器方塊符號；(b) 串接兩個 74HC283

IC，其內含四個內部相接的 FA 及高速運算所需的前瞻進位電路。7483A、74LS83A、74LS283 及 74HC283 等都是四位元並聯加法器晶片。

圖 6-11(a) 所示為 74HC283 的四位元並聯加法器 (及其同等的 IC) 的功能符號。輸至此 IC 的輸入為兩個四位元數，$A_3A_2A_1A_0$ 與 $B_3B_2B_1B_0$，及輸至 LSB 位置的進位 C_0。輸出為和位元及出自 MSB 處的進位 C_4。和位元通常也以 $\Sigma_3\Sigma_2\Sigma_1\Sigma_0$ 標示，其中 Σ (讀作 sigma) 為希臘大寫字母，用來代表和的意思。

串級並聯加法器

兩個或數個 IC 加法器方塊可作串級式的連接，如此便可完成較大二進數的相加。例如，圖 6-11(b) 所示為兩個 74HC283 加法器如何被接連將兩個八位元數，$A_7A_6A_5A_4A_3A_2A_1A_0$ 與 $B_7B_6B_5B_4B_3B_2B_1B_0$ 相加。右邊的加法器將兩數的較低階位元相加。左邊的加法器乃將較高階位元以及較低階位元進位輸出 C_4 相加。八個和輸出乃為兩個八位元數的最後和結果。C_8 為 MSB 位置的進位輸出。如果更大的二進數相加，則它便可被用來作為輸至第三個加法器級的進位。

74HC283 的前瞻進位特徵加速了此二級加法器的操作，蓋 C_4 (較低階級的進位輸出) 的邏輯準位比起 74HC283 晶片上無前瞻進位者更快速的產生。如此即使得較高階級更快速的產生它的和輸出。

例題 6-10

當如圖 6-11(b) 所示的八位元加法器執行 137_{10} 與 72_{10} 相加時，試求在輸入與輸出處的邏輯準位。

解答：首先，將各數換算為八位元二進數：

$$
\begin{aligned}
137 &= 10001001 \\
72 &= 01001000
\end{aligned}
$$

此兩個二進值將輸至 A 與 B 輸入；亦即 A 輸入由左至右依序為 10001001，而 B 輸入由左至右依序為 01001000。加法器將產生此兩數的二進和：

$$
\begin{aligned}
[A] &= 10001001 \\
[B] &= \underline{01001000} \\
[\Sigma] &= 11010001
\end{aligned}
$$

所以，和輸出由左至右依序為 11010001。在 C_8 位元並沒有溢位發生，所以 $C_8 = 0$。

複習問題

1. 若要將兩個 20 位元數字相加，需要多少個 74HC283 晶片？
2. 如果 74HC283 的 C_0 到 C_4 的最大傳遞延遲為 30 ns，則建構自 74HC283 的 32 位元加法器的總傳遞延遲為多少？
3. 例題 6-10 中 C_4 的邏輯準位為何？

6-15 2 的補數系統

大多數近代計算機使用 2 的補數系統來代表負數並執行減法。進行帶號數相加與相減的運算，是當我們用 2 的補數形式來代表負數時，便可只用加法運算來執行。

加 法

包括符號位元的正數與負數是當負數為 2 的補數形式時，便可在基本並聯加法器電路中相加。圖 6-12 為 −3 與 +6 的相加例子。−3 於 2 的補數形式為 1101，且第一個 1 為符號位元。+6 是代表 0110，且第一個 0 為符號位元。這些數被存在其對應的暫存器中。四位元並聯加法器產生 0011 的和輸出，即是代表 +3。C_4 輸出為 1，但在 2 的補數形式中要被捨去。

減 法

當使用 2 的補數系統時，要減去的數 (減數) 是取 2 的補數，然後再與被減數 (被減數被減去的數值) 相加。例如，若假設被減數已儲存在累積器 (暫存器 *A*) 中。減數接著便置於暫存器 *B* (在計算機中是由記憶器傳至此處)，且在加入暫存器 *A* 之前改為其 2 的補數形式。加法器電路的和輸出即表示被減數與減數間的差值。

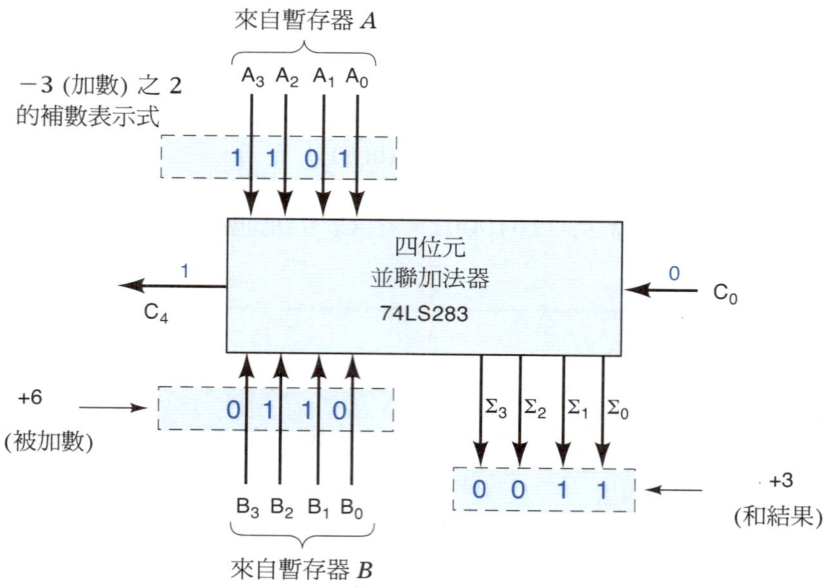

圖 6-12 以 2 的補數系統來加與減數的並聯加法器

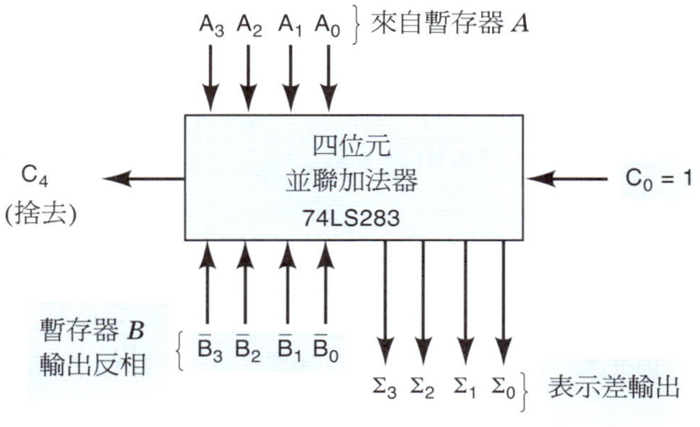

圖 6-13　以 **2** 的補數系統來執行 **(*A*−*B*)** 減算的並聯加法器。減數 **(*B*)** 的位元被反相，且 $C_0=1$ 以產生 **2** 的補數

如果可提供方法將暫存器 *B* 取 2 的補數，則並聯加法器電路可用來執行上述的減法。要得二進數的 2 的補數是將各位元取其補數 (反相) 且加 1 至 LSB。圖 6-13 所示為可被完成的方式。我們使用了暫存器 *B* 的反相輸出，而不是正常輸出；亦即 $\overline{B}_0$、$\overline{B}_1$、$\overline{B}_2$ 及 $\overline{B}_3$ 被輸至加法器的輸入 (記住，B_3 為符號位元)。如此便完成了 *B* 數各位元的取補數運算。而且，C_0 為邏輯 1，故其即加上一個 1 至加法器的 LSB 上。如此便與加 1 至暫存器 *B* 的 LSB 以形成 2 的補數有相同的效果。

Σ_3 至 Σ_0 輸出乃代表減法運算的結果。當然，Σ_3 為結果的符號位元且表示結果為 + 或 −。進位輸出 C_4 再次的被捨去。

為有助於洞悉此運算，可研習下列由 +4 減 +6 的運算步驟：

1. +4 被儲存於暫存器 *A* 中而為 0100。
2. +6 被儲存於暫存器 *B* 中而為 0110。
3. 暫存器 *B* FF (1001) 的反相輸出接至加法器。
4. 並聯加法器電路將 $[A]=0100$ 與 $[\overline{B}]=1001$ 相加且伴隨進位，$C_0=1$，到 LSB 中。運算如下：

$$\begin{array}{rl} 1 & \leftarrow C_0 \\ 0100 & \leftarrow [A] \\ +\ \underline{1001} & \leftarrow [\overline{B}] \\ 1110 & \leftarrow [\Sigma]=[A]-[B] \end{array}$$

和輸出的結果為 1110。實際上此乃表示減法運算的結果，即暫存器 *A* 內的數值與暫存器 *B* 內數值的差，也就是 $[A]-[B]$。由於符號位元＝1，因此為負的結果且為 2 的補數形式。我們可再取其 2 的補數得到 $+2_{10}$ 而證明 1110 代表 -2_{10}：

$$
\begin{array}{r}
1110 \\
0001 \\
+\quad 1 \\
\hline
0010 = +2_{10}
\end{array}
$$

加法與減法的組合

現在顯然可知，基本的並聯加法器電路可依 *B* 數是否不變或為其 2 的補數形式來執行加法或減法。一個完整的電路可於 2 的補數系統中執行加法與減法，如圖 6-14 所示。

加法器／減法器 (adder/subtractor) 電路乃由 ADD 與 SUB 兩個控制信號所

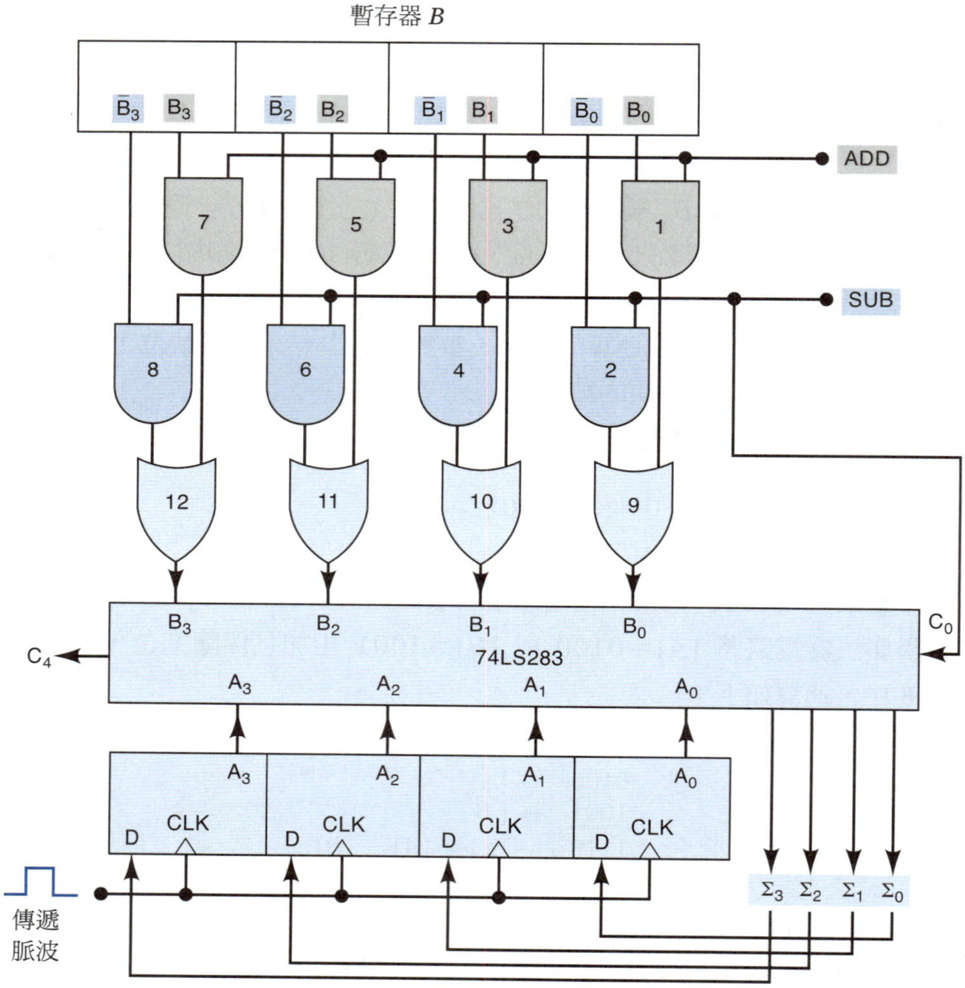

圖 6-14　使用 2 的補數系統之並聯加法器／減法器

控制。當 ADD 電位為高電位時，電路便執行儲存於 A 與 B 暫存器內數的相加運算。當 SUB 電位為高電位時，電路便將暫存器 A 的數減去暫存器 B 的數。此運算的說明如下：

1. 設 ADD＝1 且 SUB＝0。SUB＝0 便禁抑 AND 閘 2、4、6 及 8，且保持其輸出為 0。ADD＝1 便激能 AND 閘 1、3、5 及 7，而可允許其輸出各別通過 B_0、B_1、B_2 及 B_3 電位。
2. B_0 至 B_3 電位通過 OR 閘至四位元並聯加法器來與 A_0 至 A_3 位元相加。和便顯示於 Σ_0 至 Σ_3 輸出。
3. 注意 SUB＝0，而使 C_0＝0 送入加法器。
4. 現在假設 ADD＝0，且 SUB＝1。則 ADD＝0 禁抑 AND 閘 1、3、5 及 7。SUB＝1 激能 AND 閘 2、4、6 及 8，故其輸出各別的通過 $\overline{B}_0$、$\overline{B}_1$、$\overline{B}_2$ 及 $\overline{B}_3$ 電位。
5. $\overline{B}_0$ 至 $\overline{B}_3$ 電位通過 OR 閘到加法器，而與 A_0 至 A_3 位元相加。也要注意 C_0 現為 1，故暫存器 B 數為 2 的補數形式。
6. 差呈現於 Σ_0 至 Σ_3 輸出端。

圖 6-14 所示的加法器／減法器電路是在計算機中最為廣用的一種，這是因其可提供加減帶號數的最簡方法。在大多數的計算機中，呈現在 Σ 輸出線的輸出通常被傳送至暫存器 A (累積器)，故相加或相減的結果總是儲存於暫存器 A 中。此可藉由加 TRANSFER 脈波至暫存器 A 的 CLK 輸入來完成。

複習問題

1. 為何要使用圖 6-13 的加法器電路作為減法器而使 C_0 為 1？
2. 若圖 6-14 中的 [A]＝0011 與 [B]＝0010，且若 ADD＝1 及 SUB＝0，試判定 OR 閘輸出的邏輯準位。
3. 若 ADD＝0 且 SUB＝1，試重做上題。
4. 真或偽：當加法器／減法器電路被用來做減法時，則減數的 2 的補數呈現在加法器的輸入上。

6-16　ALU 積體電路

目前有許多稱為算術／邏輯單元 (ALU) 的積體電路，雖然其並未具有如計算機的算術／邏輯單元功能。這些 ALU 晶片能夠執行二進資料輸入的若干不同的算術及邏輯運算。ALU IC 要執行的特定運算是由送到其功能選取輸入的特定碼來決定，有些 ALU IC 非常複雜，無法在短時間內於有限空間加以舉例說明其運作。本節將利用相當簡單且很有用的 ALU 晶片來指出所有 ALU 晶片後面的基本觀念。這裡所提出的若干想法則可擴充到較為複雜的元件。

74LS382/74HC382 ALU

圖 6-15(a) 指出常見的 74LS382 (TTL) 與 74HC382 (CMOS) 的 ALU 方塊符號。此 20 接腳 IC 乃對兩個四位元輸入數字，$A_3 A_2 A_1 A_0$ 與 $B_3 B_2 B_1 B_0$，作運算以產生四個位元的結果 $F_3 F_2 F_1 F_0$。此 ALU 可執行八種不同的運算。於任何已知的時刻，它所執行的運算乃視送到功能選取輸入 $S_2 S_1 S_0$ 的輸入碼而定。圖 6-15(b) 的表則指出八種可用的運算。接著就來說明每個這些運算。

清除運算。若 $S_2S_1S_0 = 000$，ALU 將清除 F 輸出的全部位元，使 $F_3 F_2 F_1 F_0 = 0000$。

加法運算。若 $S_2 S_1 S_0 = 011$，則 ALU 將把和 $A_3 A_2 A_1 A_0$ 與 $B_3 B_2 B_1 B_0$ 相加以於 $F_3 F_2 F_1 F_0$ 處產生它們的和。於此種運算時，C_N 為進入 LSB 位置的進位，且必須變為 0。C_{N+4} 則為來自 MSB 位置的進位輸出。OVR 為溢位指示

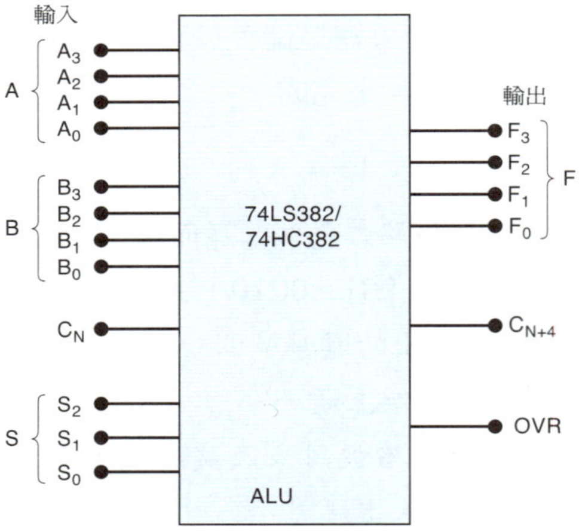

A＝四位元輸入數值　　F＝四位元輸入數值
B＝四位元輸入數值　　C_{N+4}＝出自 MSB 位置的進位
C_N＝進入 LSB 位置的進位　　OVR＝溢位指示器
S＝三位元運算選取輸入

(a)

功能表

S_2	S_1	S_0	運　算	說　明
0	0	0	清除	$F_3F_2F_1F_0 = 0000$
0	0	1	B 減 A	} 需要 $C_N = 1$
0	1	0	A 減 B	
0	1	1	A 加 B	需要 $C_N = 0$
1	0	0	$A \oplus B$	Exclusive-OR
1	0	1	$A + B$	OR
1	1	0	AB	AND
1	1	1	預置	$F_3F_2F_1F_0 = 1111$

注意：S 輸入選取運算。
OVR＝1 為符號數值溢位。

(b)

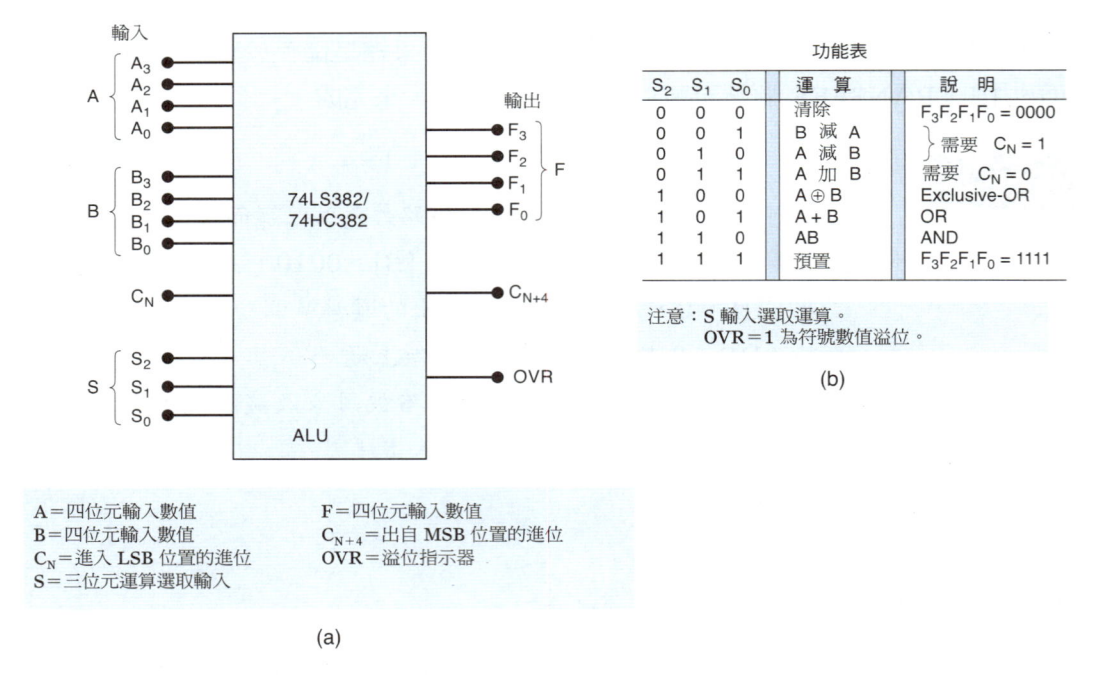

圖 6-15　(a) 74LS382/74HC382 ALU 晶片的方塊符號；(b) 指出選取輸入 (*S*) 如何決定對 *A* 與 *B* 輸入作運算的功能表

輸出；若使用帶符號數字則將偵測到溢位。當加或減運算產生結果太大而無法擠入四個位元時，*OVR* 將為 1 (包括符號位元)。

減法運算。若 $S_2 S_1 S_0 = 001$，則 ALU 將自 *B* 輸入數字減去 *A* 輸入數字。若 $S_2 S_1 S_0 = 010$，則 ALU 將自 *A* 減去 *B*。在任何一種情況，差值便出現於 $F_3 F_2 F_1 F_0$。注意，減算要求 C_N 輸入為 1。

XOR 運算。若 $S_2 S_1 S_0 = 100$，ALU 將對 *A* 和 *B* 輸入執行逐位元的 XOR 運算。接下來以 $A_3 A_2 A_1 A_0 = 0110$ 和 $B_3 B_2 B_1 B_0 = 1100$ 來說明。

$$\begin{aligned} A_3 \oplus B_3 &= 0 \oplus 1 = 1 = F_3 \\ A_2 \oplus B_2 &= 1 \oplus 1 = 0 = F_2 \\ A_1 \oplus B_1 &= 1 \oplus 0 = 1 = F_1 \\ A_0 \oplus B_0 &= 0 \oplus 0 = 0 = F_0 \end{aligned}$$

結果為 $F_3 F_2 F_1 F_0 = 1010$。

OR 運算。若 $S_2 S_1 S_0 = 101$，ALU 將對 *A* 和 *B* 輸入執行逐位元的 OR 運算。例如，當 $A_3 A_2 A_1 A_0 = 0110$ 且 $B_3 B_2 B_1 B_0 = 1100$ 時，ALU 將產生 $F_3 F_2 F_1 F_0 = 1110$ 的結果。

AND 運算。若 $S_2 S_1 S_0 = 110$，ALU 將對 *A* 和 *B* 輸入執行逐位元的 AND 運算。例如，當 $A_3 A_2 A_1 A_0 = 0110$ 且 $B_3 B_2 B_1 B_0 = 1100$ 時，ALU 將產生 $F_3 F_2 F_1 F_0 = 0100$ 的結果。

預置運算。若 $S_2 S_1 S_0 = 111$，ALU 將設定全部的輸出位元使 $F_3 F_2 F_1 F_0 = 1111$。

例題 6-11

(a) 於下列輸入時 74HC382 的輸出為何：$S_2 S_1 S_0 = 010$，$A_3 A_2 A_1 A_0 = 0100$，$B_3 B_2 B_1 B_0 = 0001$，且 $C_N = 1$。

(b) 改變選取碼成 011 且重複上題。

解答：

(a) 由圖 6-15(b) 的功能表得知，010 表選取 $(A - B)$ 運算。ALU 將取 *B* 的補數並加到 *A* 與 C_N 以執行 2 的補數減法。注意，$C_N = 1$ 需用來有效的將 *B* 取 2 的補數：

$$\begin{array}{rrl} & 1 & \leftarrow C_N \\ & 0100 & \leftarrow A \\ + & 1110 & \leftarrow \overline{B} \\ \hline & 10011 & \end{array}$$

C_{N+4} ← 1（最高位元）；0011 → $F_3 F_2 F_1 F_0$

如同 2 的補數減法者，MSB 的 CARRY OUT 將被捨去。$(A-B)$ 運算的正確結果則呈現於 F 輸出。

OVR 輸出是以考慮輸入數值成帶號數來決定。因此，得到 $A_3A_2A_1A_0=0100=+4_{10}$ 且 $B_3B_2B_1B_0=0001=+1_{10}$。減算的結果為 $F_3F_2F_1F_0=0011=+3_{10}$ 是正確的。因此，無溢位發生，且 $OVR=0$。若結果已經為負，則它已經是 2 的補數形式。

(b) 011 的選取碼將產生出 A 與 B 輸入的和。然而，由於 $C_N=1$，因此將有進位 1 加到 LSB 位置中。這將產生 $F_3F_2F_1F_0=0110$ 的結果，它比 $(A+B)$ 大 1。C_{N+4} 和 OVR 輸出將同時為 0。若要正確的和出現於 F，則 C_N 輸入必須為 0。

擴展 ALU

單獨一個 74LS382 或 74HC382 為對四個位元的數值作運算。兩個或多個這些晶片可連接一起來對較大的數值作運算。圖 6-16 指出如何將兩個四位元 ALU 結合起來將兩個八位元數值 $B_7B_6B_5B_4B_3B_2B_1B_0$ 與 $A_7A_6A_5A_4A_3A_2A_1A_0$ 相加以產生輸出和 $\Sigma_7\Sigma_6\Sigma_5\Sigma_4\Sigma_3\Sigma_2\Sigma_1\Sigma_0$。探討電路圖且注意下面幾點：

1. 晶片 Z1 對兩個輸入數值的四個低階位元作運算。晶片 Z2 則對四個高階位元作運算。

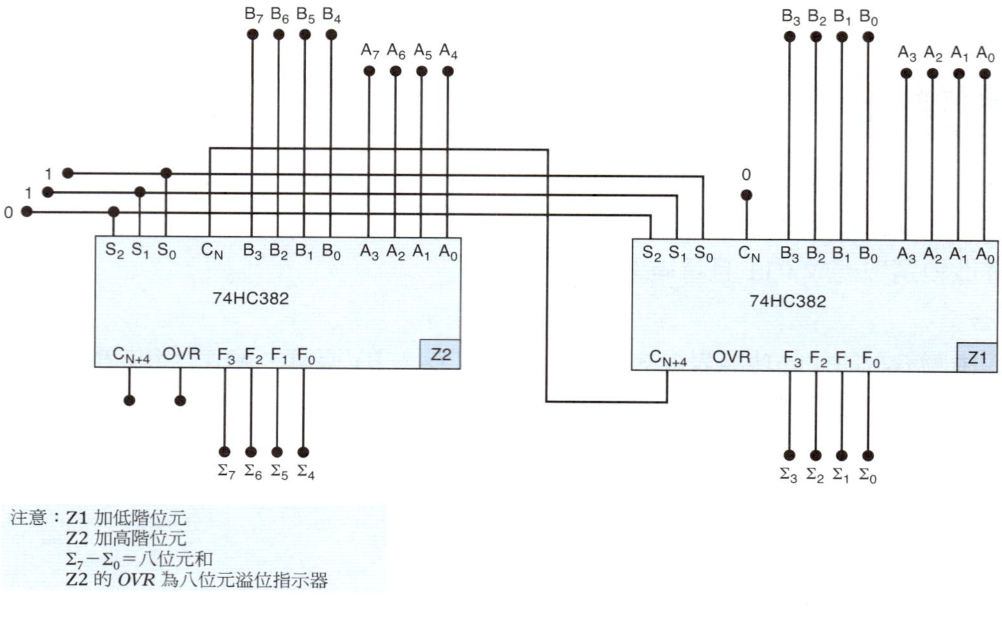

圖 6-16 兩個 74HC382 ALU 晶片連接成一個八位元加法器

2. 和則出現於 Z1 與 Z2 的 F 輸出。低階位元則出現於 Z1，而高階位元則出現於 Z2。
3. Z1 的 C_N 輸入則為進到 LBS 位置的進位。對加法而言，它則變成 0。
4. Z1 的進位輸出 $[C_{N+4}]$ 是連接到 Z2 的進位輸入 $[C_N]$ 。
5. Z2 的 OVR 輸出則為使用帶號八位元數值的溢位指示器。
6. 兩個晶片的對應選取輸入連接一起，使 Z1 與 Z2 始終是執行相同的運算。對加法而言，選取輸入則顯示為 011。

例題 6-12

若要執行減算 $(B-A)$ 則圖 6-16 的安排必須作何種改變？

解答：選取輸入碼 [見圖 6-15(b)] 必須變更成 001，且 Z1 的 C_N 輸入必須為 1。

其他的 ALU

74LS181/74HC181 為另一種四位元的 ALU。它具有四個選取輸入可選取十六種不同運算的其中任何一個。亦具有一個模式輸入位元可對邏輯運算和算術運算作交換 (加與減)。此 ALU 有一個 $A=B$ 輸出用來比較 A 與 B 輸入的大小。當兩個輸入數值剛好相等時，$A=B$ 輸出將為 1；否則，將為 0。

74LS881/74HC881 則類似於 181 晶片，但另外具有執行某些額外加法邏輯運算的能力。

複習問題

1. 將下面的輸入送到圖 6-15 的 ALU，並決定輸出：
   $S_2S_1S_0=001$，$A_3A_2A_1A_0=1110$，$B_3B_2B_1B_0=1001$，$C_N=1$
2. 改變選取碼成 011，且 C_N 成 0，並重做問題 1。
3. 改變選取碼成 110，並重做問題 1。
4. 將下面的輸入送到圖 6-16 的電路，並決定輸出：
   $B=01010011$，$A=00011000$
5. 改變選取碼成 111，並重做問題 4。
6. 若要將兩個 32 位元數值相加，需要多少個 74HC382？

6-17 故障檢修實例

技術人員測試圖 6-17 的加法器／減法器電路並將各種運算模式的測試結果記錄如下：

模式 1：ADD＝0，SUB＝0。和輸出始終等於暫存器 A 內容再加 1。例如，當 $[A]=0110$ 時，則 $[\Sigma]=0111$。因為在此模式中 OR 輸出及 C_0 應全等於 0 且應產生 $[\Sigma]=[A]$，所以此和輸出是錯誤的。

模式 2：ADD＝1，SUB＝0。和輸出始終等於 $[A]$ 與 $[B]$ 之和再加 **1**。例如，當 $[A]=0010$ 及 $[B]=0100$ 時，和輸出為 0111 而非 0110。

模式 3：ADD＝0，SUB＝1。Σ 輸出始終等於所預期的 $[A]-[B]$。

當技術員檢查這些測試結果時，發現和輸出在二個模式運算中等於所預期的結果再加 **1**。起初，他懷疑加法器的某個 **LSB** 輸入可能有錯，但此種錯誤亦會影響減法運算，所以消除掉此種猜疑。最後，他瞭解有另一種錯誤可能會在前二個模式運算中使和輸出等於所預期的結果再加 **1**，且也不會在減算模式中造成任何錯誤。

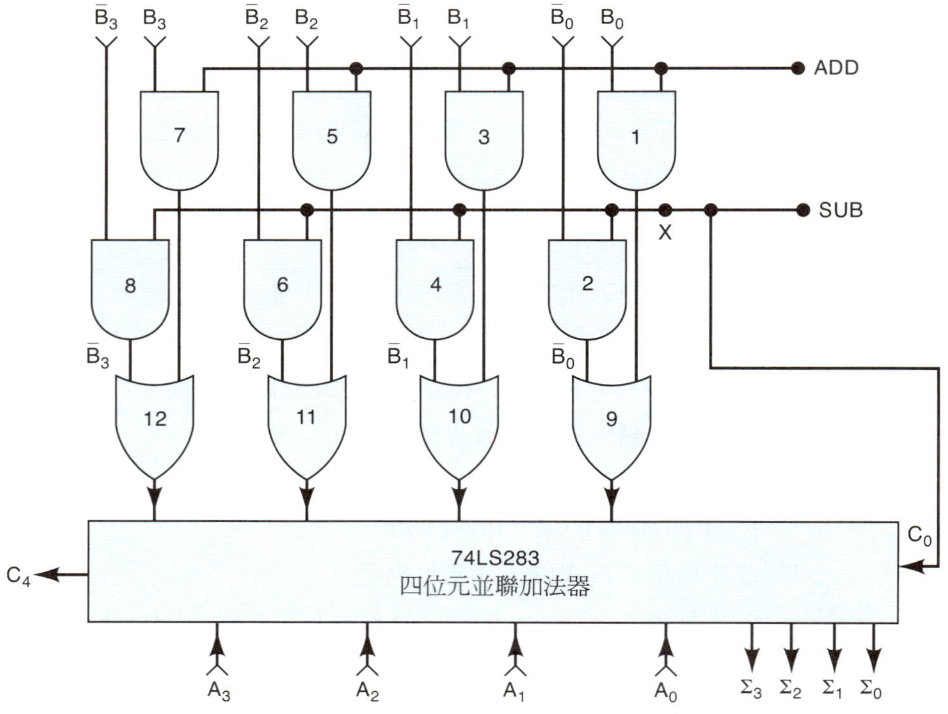

圖 6-17 並聯加法器／減法器電路

記得於減法模式時對 [B] 的 2 的補數運算，C_0 為 1。而在其他模式中，則 C_0 將為 0。技術員檢查 SUB 信號與 C_0 輸入間的連接線時，發現此連接線因焊接不良而為開路。由於 TTL 加法器視此種 C_0 為邏輯 1 而響應，所以 C_0 開路可解釋所觀察到的結果，使得在模式 1 與 2 中多加 1 於結果內。而在模式 3，由於取補數時 C_0 應為 1，所以並不會影響減算的結果。

例題 6-13

再次考慮加法器／減法器電路。假設 SUB 輸入與 AND 閘在點 X 有如圖 6-17 所示的斷線存在，試說明此種開路將對電路的各種模式運算有何影響。

解答：首先，瞭解此錯誤將在受影響的 AND 閘 2、4、6 及 8 的輸入處產生邏輯 1，這將使得 $\overline{B}$ 輸入能通過各 AND 閘而到達圖中所示的 OR 閘。

模式 1：**ADD＝0**，**SUB＝0**。此錯誤將使電路執行減法運算──幾乎。[B] 的 1 補數將到達 OR 閘輸出，且與 [A] 伴隨輸入至加法器。因為 C_0＝0，所以 [B] 的 2 的補數將不完整；其較應有值少 1。因此，加法器將產生 [A]－[B]－1。現在以 [A]＝＋6＝0110 及 [B]＝＋3＝0011 來加以說明。此時加法器將以下列方式相加：

[B] 的 1 補數 ＝ 1100
[A] 的 1 補數 ＝ 0110
結果 ＝ 10010
↑── 捨去進位

結果為 0010＝＋2，而非正常減法的 0011＝＋3。

模式 2：**ADD＝1**，**SUB＝0**。B 輸入將因 ADD＝1 且通過 AND 閘 1、3、5 及 7 而到達圖中所示的 OR 閘。因此，各 OR 閘的兩輸入均為 $\overline{B}$ 及 B，於是輸出將為 1。例如，OR 閘 9 的輸入為來自 AND 閘 2 的 $\overline{B}_0$ (因斷線之故) 與來自 AND 閘 1 的 $\overline{B}_0$ (因為 ADD＝1)，因此 OR 閘 9 將產生始終為邏輯 1 的輸出 $\overline{B}_0+B_0$ 的輸出。

加法器將來自 OR 閘的 1111 與 [A] 相加而產生之和較 [A] 小於 1，何也？因為 $1111_2=-1_{10}$。

模式 3：**ADD＝0**，**SUB＝1**。此模式將因 SUB＝1 使 AND 閘 2、4、6 及 8 激能而正常工作。

6-18 使用 Altera 資料庫功能

本章裡我們已審視的加法器與 ALU IC 只是數十年來充當作數位系統之建構方塊的許多 MSI 晶片中的少數幾個而已。只要技術持續長久存在，那麼它將一直對使用它的領域與人們影響著。TTL 積體電路當然屬於此一範疇且持續以不同形式呈現。老練的工程與技術人員 (我們想避免使用老的) 則對標準的零件很熟悉。現存的設計如果所用到的相同電路能製作成 VLSI PLD，則它們可再重新製造且升級。這些裝置的資料說明隨手可得，而且探討這些老舊的 TTL 零件仍是學習任何數位系統之基礎的極佳方式。

基於全部的這些理由，Altera 發展系統提供了它們所謂的古風式的巨集函數。**巨集函數** (macrofunction) 為一個對包含所有它的輸入、輸出、操作特性皆有定義之自足式邏輯電路描述。換言之，它們已省去了撰寫以 PLD 來模擬許多傳統 TTL MSI 裝置操作的必要程式。所有的設計人員必須知曉如何將它們掛載到系統的其餘部分。本節裡，我們將對第 5 章中所提出的邏輯原型與資料庫觀念加以擴充，以看看我們如何能使用標準 MSI 零件的 HDL 對等於我們的設計中。

74382 算術邏輯單元 (ALU) 是一個非常重要的 IC。利用 HDL 程式來描述

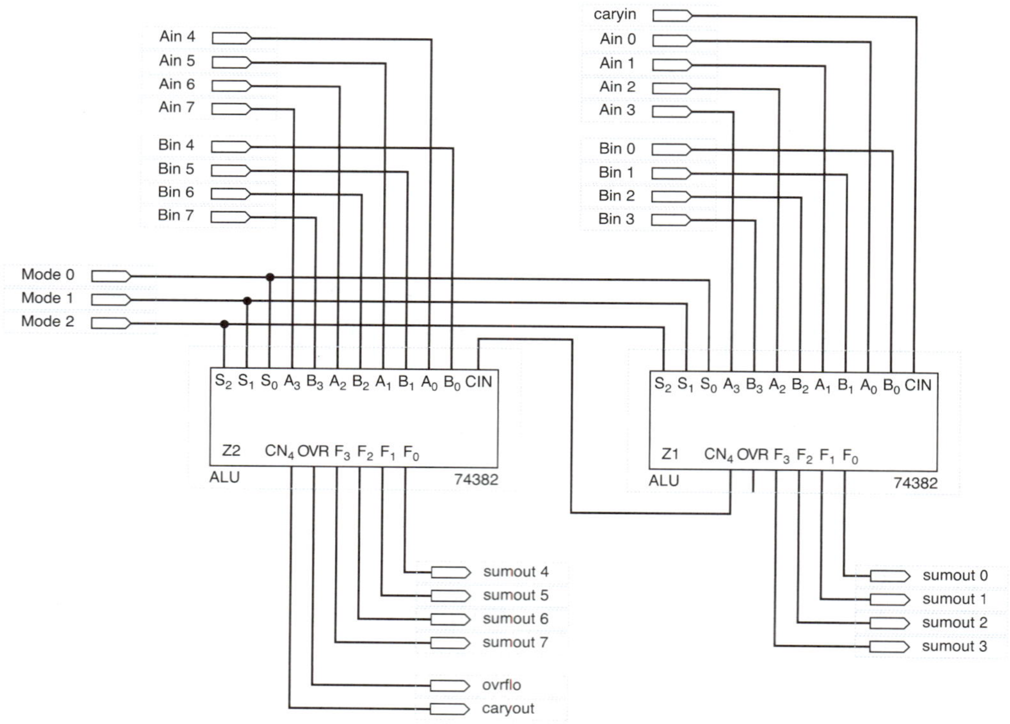

圖 6-18 八位元 ALU 的 Altera 圖形描述檔案

其操作的工作雖是極具挑戰但也在能力所及之範圍內。再次參閱此 IC 的一些範例與其操作，這些在 6-16 節中已涵蓋了。尤其是審視圖 6-16，其中指出了如何將二個四位元 ALU 晶片串接一起以構成一個能充當微控制器之中央處理單元 (CPU) 心臟的八位元 ALU。圖 6-18 指出了利用 Altera 的圖形描述檔案以及來自於它的元件資料庫之巨集函數來描述八位元電路的圖形法。74382 符號只是選自於 maxplus2 資料庫的表列中並被置於螢幕上。只要有點經驗，將這些晶片撰寫在一起既簡單亦直覺，但更簡單的方式就是巨函數 LPM。

使用巨函數 LPM 於算術電路

於第 5 章裡，我們已討論了使用圖形抓取時的邏輯元件選項。若要從原型資料庫使用邏輯閘來產生並聯加法器將需要不少閘，所以較佳的作法將是使用 maxplus2 巨集函數來模仿 MSI 晶片或使用巨函數 PML。

我們來比較設計 8 位元並聯加法器的二種作法。並聯加法器將 8 位元值 *A[8..1]* 與 *B[8..1]* 相加來產生 9 位元的和值 *S[9..1]*。選擇 74283 巨集函數來作其中的一種作法。由於 74283 為 4 位元並聯加法器，因此需串接二個這種方塊來將 8 位元運算元相加一起 (參閱圖 6-11(b))。圖 6-19(a) 指出了合適的連接方式來建構此電路。注意到二個輸入資料匯流排的分流以及合流成輸出匯流排。匯流排分流與合流需要標註匯流排與信號線。我們的另一種作法是使用來自於巨函數資料庫 Arithmetic 檔案夾的 LPM_ADD_SUB。我們將使用 MegaWizard Manager 來配置此 LPM 予可變的 8 位元資料輸入匯流排以及只為未帶正負號的加法。我們將不需要進位輸入，但需要進位輸出予和值第 9 個位元。得到的電路圖如圖 6-19(b) 中所示。二種電路都將能提供相同的功能性。

6-5 節說明了二進數相乘的步驟。我們來比較製作二個未帶號 4 位元數字相乘的邏輯電路的圖形設計。其中一種作法是使用 maxplus2 巨集函數而另一種則是 LPM 巨函數。巨集函數設計如圖 6-20 中的 (a) 與 (b) 部分所示。(a) 部分有四組 4 個 AND 閘，其中一組是予用來產生四個部分積的每個 b 輸入位元。信號線與匯流排是用來製作出 Quartus 圖形中的正確接線。此技術會製作出更為簡潔的圖形。然後四個部分積相加一起，以確保使用 (b) 部分中的 74283 巨集函數正確的對齊。“wire”符號允許我們在圖形中對於 *pp0[0]/product[0]* 擁有兩種不同的標記。圖 6-20(c) 所示的功能模擬結果驗證了即使此電路有些複雜但仍正確的連續。我們另一種使用 LPM_MULT 的作法如圖 6-20(d) 中所示。電路得到相同的結果，所以您較喜歡哪一種作法呢？

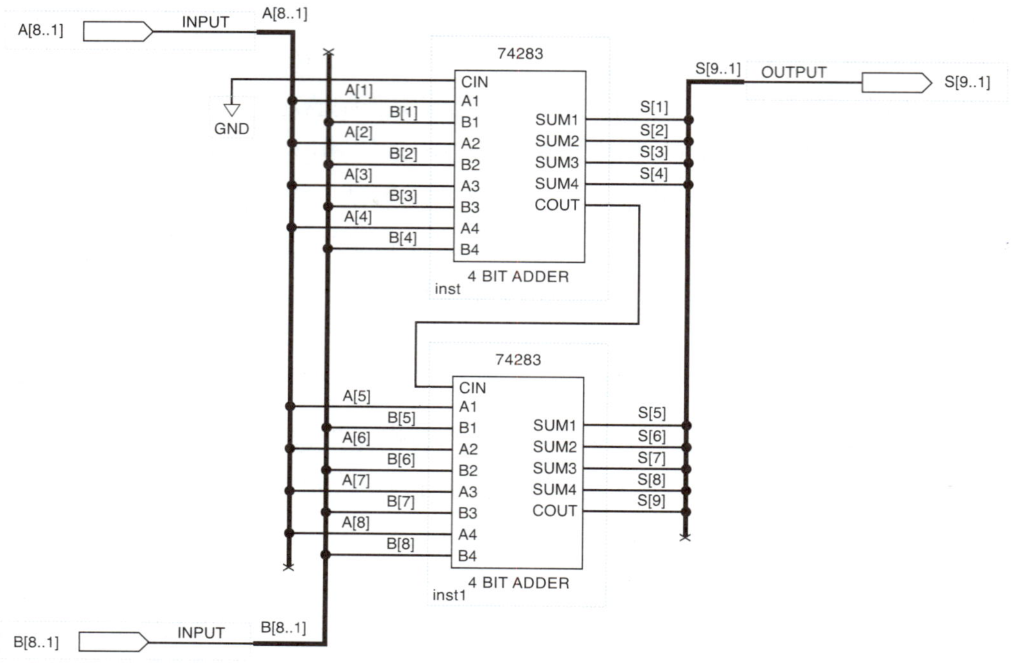

(a)

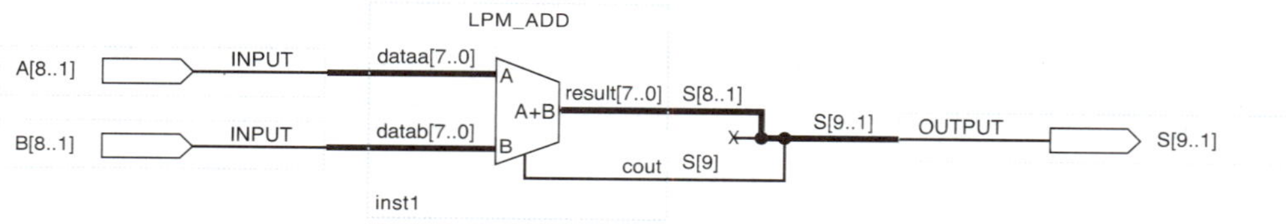

(b)

圖 6-19　**(a)** 使用 **74283** 巨集函數的 **8** 位元並聯加法器；**(b)** 使用 **LPM_ADD_SUB** 巨函數的 **8** 位元並聯加法器

使用並聯加法器來計數

5-18 節介紹了如何使用一組正反器來產生二進制計數功能。由於向上計數的過程只是再加上一個到儲存於暫存器中的現有值中，因此看似我們應能夠連接暫存器與加法器在一起來產生二進計數器。這正如圖 6-21(a) 中使用 LPM_FF 巨函數於暫存器以及 LPM_ADD_SUB 巨函數於加法器方塊者。使用 Wizard 設定於每個 LPM 者，如圖 6-21(b) 與 (c) 中所示。我們已使用了一組 4 個 D 正反器於暫存器以及一個具有固定 B 輸入端為 1 的 4 位元加法器。如圖 6-21(d) 中所示的功能模擬結果為循環式序列 0000 至 1111，整個有 16 個狀態，因此使得此設計為一個 MOD-16 上數計數器。

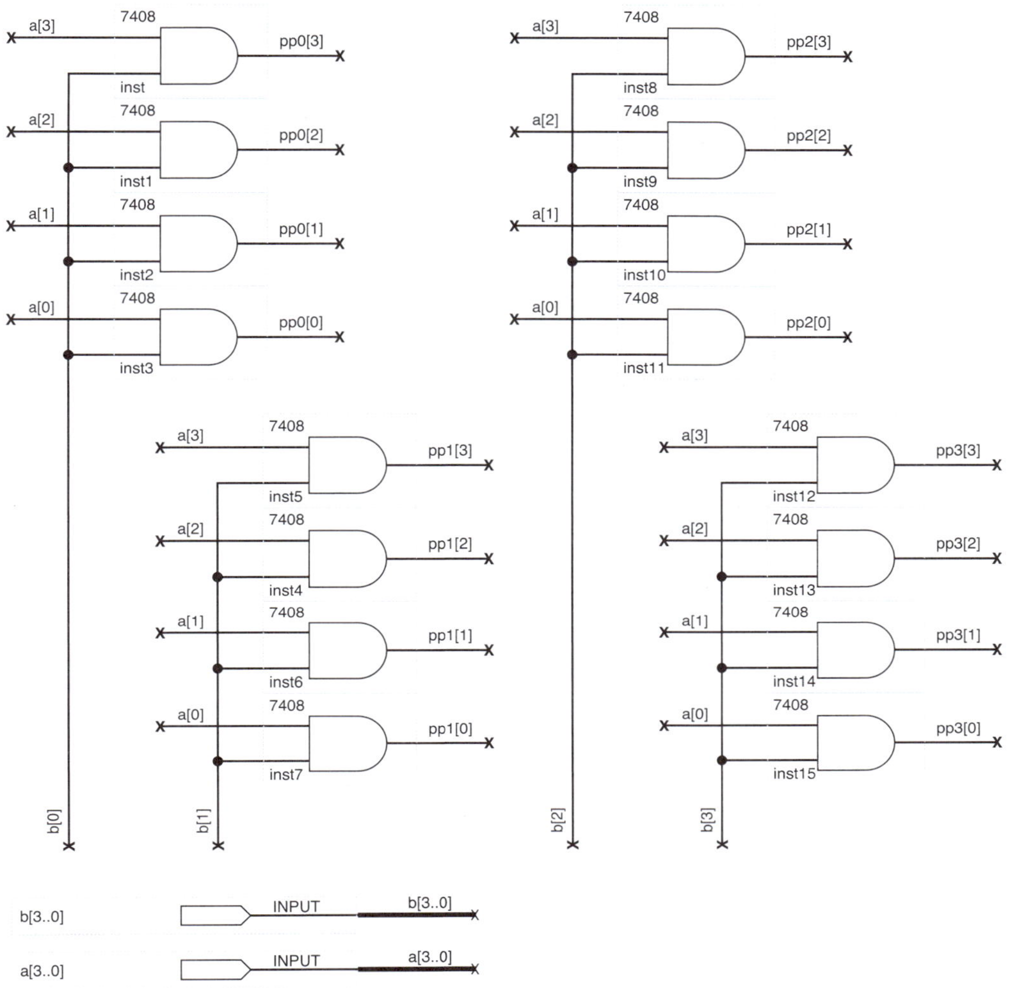

(a)

圖 6-20　(a) 使用 7408 的部分積 AND 閘

例題 6-14

試使用 LPM 方塊設計模-8 下數計數器。

解答：圖 6-22 所示為 LPM 設計與功能模擬結果，指出了此設計為循環式模-8 下數計數器。

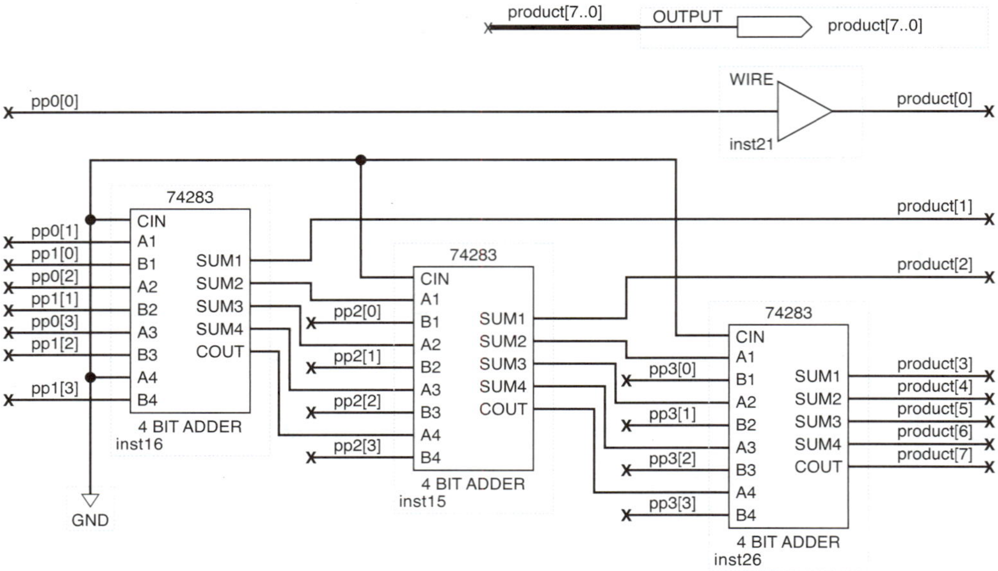

(b)

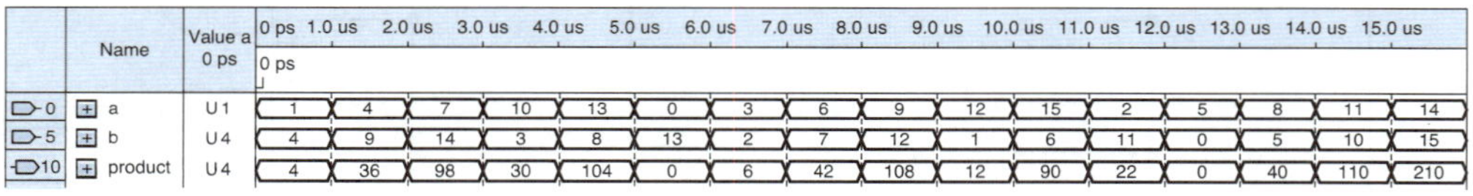

(c)

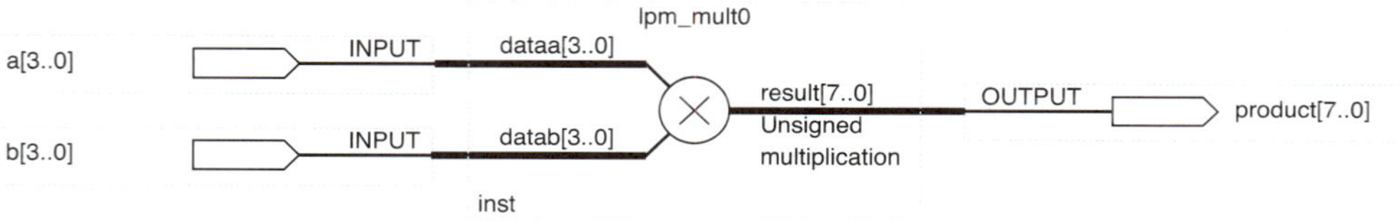

(d)

圖 6-20 (續) (b) 使用 74283 巨集函數的部分積加法器；(c) 功能模擬結果；(d) LPM 乘法器作法

複習問題

1. 於 HDL 設計中何處可找到有關使用 74283 全加器的訊息？
2. 何為巨集函數？

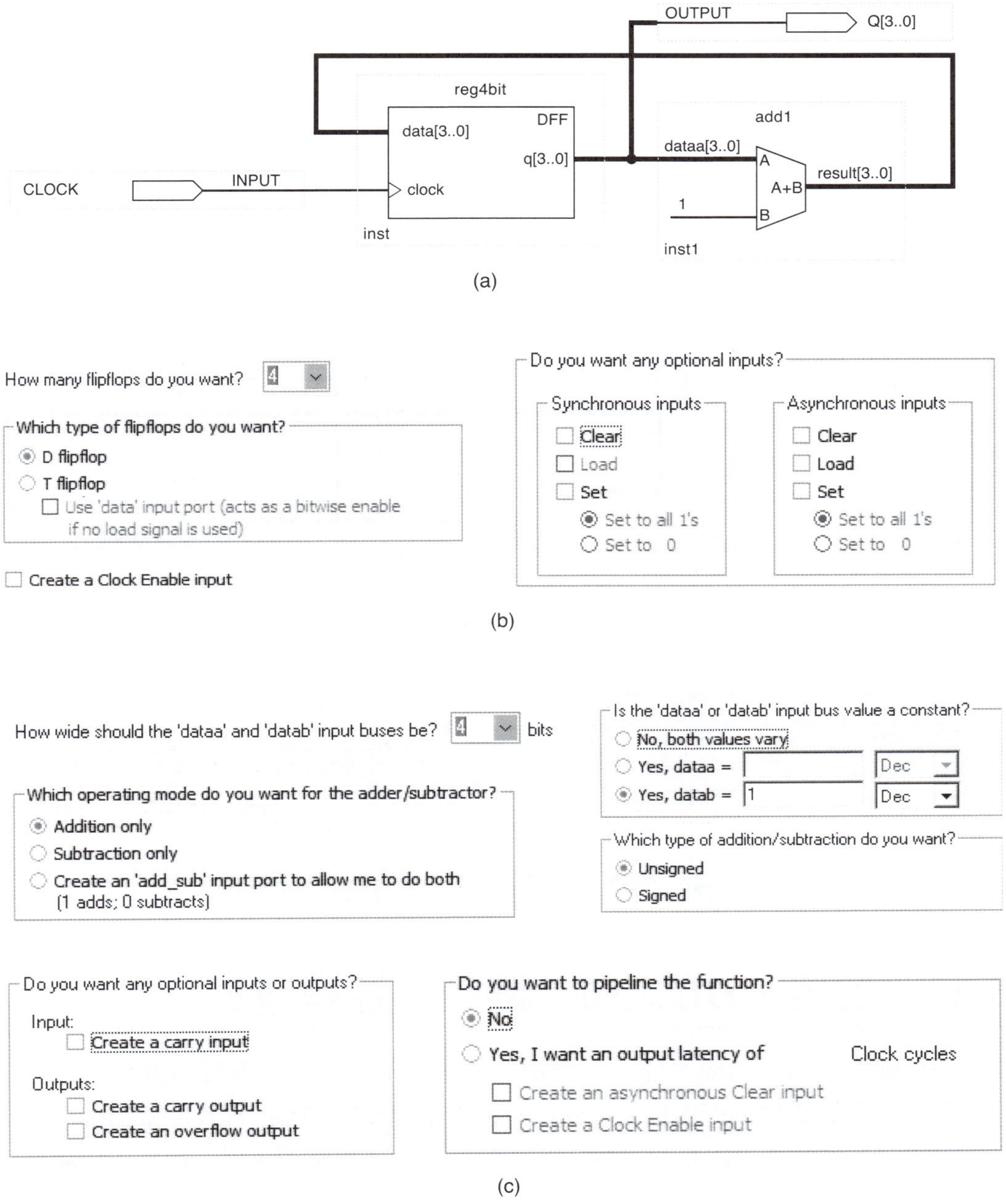

圖 6-21　二進制上數計數器。**(a)** 使用 **LPM** 的方塊圖；**(b) MegaWizard** 予 **4** 位元 **D** 正反器的設計；**(c) Wizard** 予 **4** 位元加法器的設計

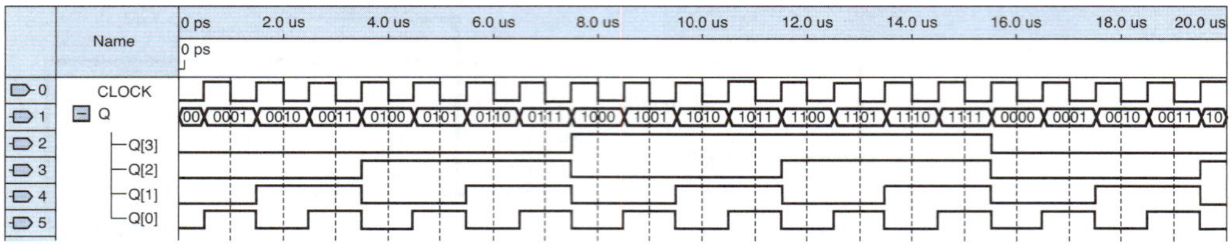

(d)

圖 6-21 (續) (d) 模擬結果

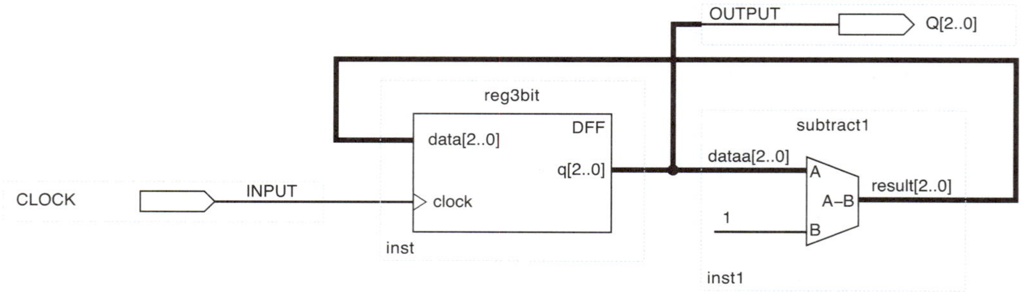

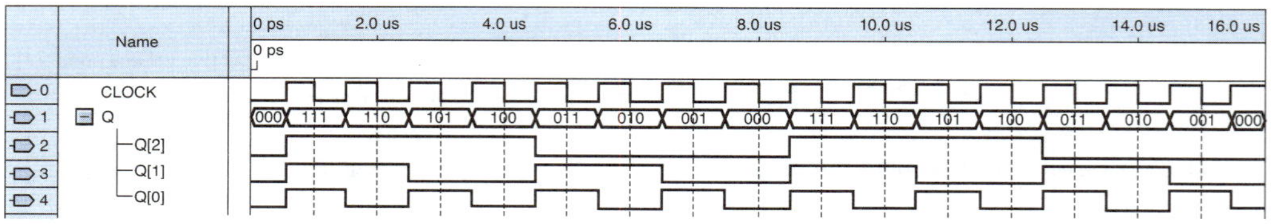

圖 6-22 模-8 下數計數器方塊圖與功能模擬結果

6-19 使用 HDL 之位元陣列的邏輯運算

在 6-16 節裡，我們檢視了能在二進輸入資料上執行算術與邏輯運算的 ALU 晶片。現在我們將檢視執行以位元陣列作此種邏輯運算的 HDL 程式。本節中，我們將於二個領域來增廣 HDL 技術的瞭解：將一群位元指定成陣列，並且使用邏輯運算來結合布爾表示式來表達的陣列。

於 6-12 節裡，我們論述了暫存器表示方式，它使得描述暫存器內容以及由多個位元所組成的信號易於描述。HDL 依類似的表示方式來使用位元陣列以描述信號，正如我們在第 4 章裡所說明者。譬如，於 AHDL 中，稱為 *d* 的四位元信號定義成

```
VARIABLE d[3..0] :NODE.
```

於 VHDL 中，相同的資料格式則表成：

```
SIGNAL d :BIT_VECTOR (3 DOWNTO 0).
```

這些資料類型中的每個位元是以元素編號來標明。於此一位元陣列稱為 d 的例子中，位元可稱為 d3、d2、d1、d0。位元亦可群組成**集合** (set) 。譬如，如果想以集合來參用 d 的三個最高效位元，於 AHDL 中可用 d[3..1] 之表示，於 VHDL 中則用 d(3 DOWNTO 1)。一旦指定了數值予陣列，且所要的位元集合也識別後，即可對整個位元集合執行邏輯運算。只要集合是大小相同的，則二個集合可使用邏輯陳式結合一起，就好像將二個單獨的變數以布爾方程式來結合一般。二個集合中的對應位元配對乃以邏輯方程式中所述者來結合。如此即可讓一個方程式來描述集合中每個位元的邏輯運算。

例題 6-15

假設 D_3、D_2、D_1、D_0 具有數值 1011 且 G_3、G_2、G_1，G_0 具有數值 1100。且定義 $D=[D_3, D_2, D_1, D_0]$ 且 $G=[G_3, G_2, G_1, G_0]$。且亦定義 $Y=[Y_3, Y_2, Y_1, Y_0]$，其中 Y 與 D 及 G 的關係如下：

$$Y = D \cdot G;$$

經此運算後之 Y 值為何？

解答：

D_3, D_2, D_1, D_0	1 0 1 1	
$\updownarrow\ \updownarrow\ \updownarrow\ \updownarrow$	$\updownarrow\ \updownarrow\ \updownarrow\ \updownarrow$	將每個位元位置 AND 一起
G_3, G_2, G_1, G_0	1 1 0 0	
Y_3, Y_2, Y_1, Y_0	1 0 0 0	

因此，Y 為四位元的集合且值為 1000。

例題 6-16

針對於例題 6-15 中所敘述的暫存器數值，宣告每個 d、g 以及 y。而後利用您喜好的 HDL 寫出一個式子來對全部的位元執行 AND 運算。

解答：

```
SUBDESIGN bitwise_and
(     d[3..0], g[3..0]          :INPUT;
      y[3..0]                   :OUTPUT;)
BEGIN
      y[] = d[] & g[];
END;
```

```
ENTITY bitwise_and IS
PORT(d, g           :IN BIT_VECTOR (3 DOWNTO 0);
     y              :OUT BIT_VECTOR (3 DOWNTO 0));
END bitwise_and;
ARCHITECTURE a OF bitwise_and IS
BEGIN
     y <= d AND g;
END a;
```

複習問題

1. 如果 $[A]=1001$ 且 $[B]=0011$，(a) $[A]\cdot[B]$ 的值為何？(b) $[A]+[B]$ 的值為何？(註：• 表 AND；+ 表 OR。)
2. 如果 $A[7..0]=1010\ 1100$，(a) $A[7..4]$ 的值為何？(b) $A[5..2]$ 的值為何？
3. 於 AHDL 中，宣告了下列的物件：toggles[7..0]：INPUT。試使用 AHDL 語法來表示最低效 4 個位元。
4. 於 VHDL 中，宣告了下列的物件：toggles：IN BIT_VECTOR (7 DOWNTO 0)。試使用 VHDL 語法來表示最低效 4 個位元。
5. 將例題 6-15 的二個暫存器作 OR 運算的結果為何？
6. 試寫出將二個物件 d 與 g 作 OR 運算的 HDL 敘述。使用您喜好的 HDL。
7. 試寫出將 d 的二個最高效位元與 g 的二個最低效位元作 XOR 運算的 HDL 敘述，並將結果放到 x 的中間二個位元上。

6-20　HDL 加法器

本節裡，我們將一探如何使用 HDL 語言來設計出 8 位元的並聯加法器。並聯加法器將把 8 位元值 *A[8..1]* 與 *B[8..1]* 相加產生 9 位元的和 *S[9..1]*。9 位元的和將把進位輸出作為第 9 個位元。其中一種作法是利用 HDL 設計檔案予 4 位元並聯加法器，指示 Quartus 來產生對應的方塊符號，然後使用方塊編輯軟體來描繪出極類似於圖 6-19(a) 的圖形 (雖然我們可能在方塊符號中將使用到陣列輸入與輸出予 HDL)。儘管如此，對我們而言是很容易的，僅於 HDL 設計檔案中增加每個運算元與輸出變數的大小就可搞定。

AHDL 八位元加法器

請注意到圖 6-23 的次設計第 3 與 4 行指定了 8 位元的運算元以及第 5 行產生了 9 位元的輸出陣列。於 AHDL 程式碼的第 8 與 9 行中，我們已宣告了二個稱為 *aa* 與 *bb* 的可變位元陣列。9 位元的陣列是在此次設計方塊中且描述成“隱藏式”節點，這是因為它們從次設計外部是不可視為輸入或輸出埠。定義 9 位元陣列的理由是要吻合和值的位元個數，因為我們也想要輸出和值的第 9 個位元 (進位輸出位元)。第 11 與 12 行將以適當的 8 位輸入值且前置為 0 填入二個隱藏式陣列中。二個指定敘述每個將串連 0 與資料輸入值在一起。9 位元的輸出和值是由第 13 行將二個內部變數 *aa* 與 *bb* 相加在一起。由於第 13 行於等號二邊都擁有 9 位元陣列，因此編譯程式將是完美的。

```
1   SUBDESIGN fig6_23
2   (
3       a[8..1]        :INPUT;          -- 8 位元被加數
4       b[8..1]        :INPUT;          -- 8 位元加數
5       s[9..1]        :OUTPUT;         -- 9 位元和值
6   )
7   VARIABLE
8       aa[9..1]        :NODE;          -- 擴展的被加數
9       bb[9..1]        :NODE;          -- 擴展的加數
10  BEGIN
11      aa[9..1] = (GND,a[8..1]);       -- 將前置 0 串連到
12      bb[9..1] = (GND,b[8..1]);       -- 二個運算元
13      s[9..1] = aa[9..1] + bb[9..1];      -- 將擴展的運算元相加
14  END;
```

圖 6-23　**8 位元 AHDL 加法器**

VHDL 八位元加法器

圖 6-24 之實體宣告中的第 3 與 4 行將建立起 8 位元的輸入信號而第 5 行則將產生 9 位元輸出信號。注意到 VHDL 程式中的輸入與輸出埠 (第 3 至 5 行) 則被宣告成整數資料形式。 VHDL 中的 BIT_VECTOR 資料形式僅是假設成位元陣列但無關數值。相反的，INTEGER 資料形式則表數值，所以我們可對它作算術運算。8 位元的二進整數之範圍為 0 到 255，但 9 位元整數之範圍則為 0 到 511。第 12 行中的信號指定敘述將產生二個輸入運算元 a 與 b 的和，它將被指定到輸出埠 s。

```
1   ENTITY fig6_24 IS
2   PORT (
3       a     :IN INTEGER RANGE 0 TO 255;       -- 8 位元被加數
4       b     :IN INTEGER RANGE 0 TO 255;       -- 8 位元加數
5       s     :OUT INTEGER RANGE 0 TO 511       -- 9 位元和值
6   );
7   END fig6_24;
8
9   ARCHITECTURE parallel OF fig6_24 IS
10
11  BEGIN
12      s <= a + b;                             -- 將運算元相加
13  END parallel;
```

圖 6-24　8 位元 VHDL 加法器

複習問題

1. 試修改圖 6-23 中的 AHDL 程式碼來產生 4 位元並聯加法器。
2. 試修改圖 6-24 中的 VHDL 程式碼來產生 4 位元並聯加法器。

6-21　電路的位元容量參數化

我們已學到的一種擴充電路容量的方法為串接幾個級，像前一節中我們對 74283 加法器與 74382 ALU 晶片所做者。這可使用 Altera 圖形設計檔案法 (如圖 6-18 者) 或結構式文字基礎式 HDL 方法。若使用任一種這些方法，我們必須明定方塊之間的所有輸入、輸出以及互連。於前一節裡，我們看到，當宣告輸入與輸出以便變更應用時所需的並聯加法器位元個數時，只要修改每個運算元變數大小即可容易的達成。無論我們是否需要 4、8、12，或者任何其他大小的加法器，定義電路邏輯的程式碼實際上是相同的。只有輸入與輸出的大小將會改變。這只是 **HDL** 所提供之若干效率改善之一而已。儘管如此，設計人員將需要仔細的檢查程式碼並且針對所需的應用大小作所有適當的改變。

軟體工程上的一個重要原則為整個程式中所用到之**常數** (constant) 的符號表示。常數只是以名稱 (符號) 表示的固定數值。如果我們能於原始程式之前頭即定義一個符號 (即編造一個名稱)，它被指定予整個位元個數的值，且而後於整個程式中使用此符號 (名稱)，那就很容易來修改電路。只需程式的一行被修改即能擴充電路之容量。隨後的幾個例子將把此一特性放到 **HDL** 加法器／減法器電路的 **HDL** 程式中。稱為 *add_sub* 的單獨一個輸入位元將控制加法器／減法器電路功能。當 *add_sub*＝0 時，電路將把二個運算元相加，或者當 *add_sub*＝1 時自 *a* 減去 *b*。

AHDL 加法器／減法器

於 AHDL 中，使用常數是很簡單的，如圖 6-25 中第 1 與 2 行上所示。關鍵字 CONSTANT 隨後接著符號名稱以及將被指定的數值。請注意我們可讓編譯程式執行一些簡單的數學計算以使某個常數根據另一個常數來建立數值。我們也可利用此一特性於程式中作為參考常數之用，如第 12 至 14 與 23 行。譬如，我們可參用 *c[7]* 成 *c[n]* 且 *c[8]* 成 *c[n+1]*。此加法器／減法器的大小可簡單的藉由所宣告的常數 *n* 之數值成為想要的位元個數，且而後重新編譯即可。

一組三個新的隱藏式位元陣列定義於第 12 至 14 行中。每個這些變數都比第 1 行中配賦予並聯加法器的寬度多一個位元之寬度。此額外附加的位元是用來抓取當二個運算元相加或相減時所產生的進位或借位輸出。此二個擴展的運算元 (第 12 與 13 行) 之所以產生是因為 AHDL 編譯程式在計算和值 (第 19 行) 或差值 (第 20 行) 時，等號二邊要求變數要有相同的位元個數。前置 0 是與每個資料輸入串連一起並且被分配到第 16 與 17 行上的擴展變數。輸出結果 *result* 將被分配第 22 行中計算結果的較低 *n* 個位元，而借位 *carryborrow* 則被分配到額外位元的值。如果加算 $(a+b)$ 產生了最終的進位輸出或如果減算 $(a-b)$ 是自較小的 *a* 值減去較大的 *b* 值，則 *carryborrow* 輸出將為高電位，因此，需要自不存在的來源借位。如果運算元都是未帶號的二進值且 *carryborrow* 輸出為高電位，則 *n* 位元的結果將是不正確的。此情況說明了將需要多於 *n* 個位元才會有正確的和值或指出了自較小的數值減去較大的數值。如同我們在 6-3 與 6-4 節中所看到的，若使用帶正負號數值，*carryborrow* 輸出即可忽視而且 *n* 位元的答案也將會是帶正負號數值。此外，我們將需要檢驗帶正負號數值運算時所產生的溢位。

```
CONSTANT n = 6;                                   -- 使用者給定輸入位元個數

SUBDESIGN fig6_25                                 -- 加減
(
      a[n..1]                  :INPUT;            -- n 位元被加數
      b[n..1]                  :INPUT;            -- n 位元加數
      add_sub                  :INPUT;            -- 加或減
      result[n..1]             :OUTPUT;           -- n 位元答案
      carryborrow              :OUTPUT;           -- 進位輸出
)
VARIABLE
      aa[n+1..1]               :NODE;             -- 擴展的被加數
      bb[n+1..1]               :NODE;             -- 擴展的加數
      rr[n+1..1]               :NODE;             -- 擴展的結果
BEGIN
      aa[] = (GND,a[]);                           -- 前置 0
      bb[] = (GND,b[]);                           -- 前置 0
      IF add_sub == GND  THEN                     -- 若 add_sub=0 則相加
                 rr[] = aa[] + bb[];              -- 計算和
      ELSE       rr[] = aa[] - bb[];              -- 計算差
      END IF;
      result[] = rr[n..1];                        -- 得到 n 位元答案
      carryborrow = rr[n+1];                      -- 得到進位或借位輸出
END;
```

圖 6-25 AHDL 中的 *n*-位元加法器／減法器描述

VHDL 加法器／減法器

於 VHDL 中，使用常數稍微複雜些。常數必須包含於 **PACKAGE** (程序包) 中，如圖 6-26 中第 1 至 6 行所示者。程序包也可用來包含元件定義以及其他必須可用於設計檔案中之所有實體的訊息。請注意第 8 行上關鍵字 **USE** 告訴了編譯程式於此整個設計檔案裡使用此一程序包中的定義。於此一程序包內，關鍵字 **CONSTANT** 之後乃跟隨著符號名稱、它的類型以及將使用 := 運算子來指定的數值。注意第 3 行上我們可讓編譯程式執行一些簡單的數學計算，以使某個常數根據另一個常數來建立數值。我們也可利用此一特性於程式中作為參考常數之用，如第 12、13、15、23 與 32 行上所示。此加法器／減法器的大小可簡單的藉由改變宣告的常數 *n* 之數值成為想要的位元個數，且而後重新編譯即可。

```
1   PACKAGE const IS
2      CONSTANT n     :INTEGER    := 6;       -- 使用者給定輸入位元個數
3      CONSTANT m     :INTEGER    := 2**n;  -- 計算組合＝2 到 n
4      CONSTANT p     :INTEGER    := n+1;    -- 加上額外位元
5      CONSTANT q     :INTEGER    := 2**p;  -- 計算組合＝2 到 p
6   END const;
7
8   USE work.const.all;
9
10  ENTITY fig6_26 IS
11  PORT(
12     a             :IN INTEGER RANGE 0 TO m-1;           -- 被加數
13     b             :IN INTEGER RANGE 0 TO m-1;           -- 加數
14     add_sub       :IN BIT;                              -- 加或減
15     result        :OUT INTEGER RANGE 0 TO m-1;          -- 答案
16     carryborrow   :OUT BIT                              -- 借位輸出
17  );
18  END fig6_26;
19
20  ARCHITECTURE parameterized OF fig6_26 IS
21  BEGIN
22  PROCESS (a, b, add_sub)
23     VARIABLE rr   :INTEGER RANGE 0 TO q-1;          -- 具有借位的結果
24  BEGIN
25     IF add_sub = '0'   THEN                         -- 若 add_sub＝0 則相加
26            rr := a + b;                             -- 計算和值
27     ELSE   rr := a - b;                             -- 計算差值
28     END IF;
29     IF rr < m   THEN                                -- 測試是否需要額外的位元
30            result <= rr;                            -- 得到答案
31            carryborrow <= '0';                      -- 得到借位輸出
32     ELSE   result <= rr-m;                          -- 得到答案
33            carryborrow <= '1';                      -- 得到借位輸出
34     END IF;
35  END PROCESS;
36  END parameterized;
```

圖 **6-26**　**VHDL 中的 *n* 位元加法器／減法器描述**

由於定義於第 23 中的區域變數 *rr* 涵蓋了二倍大之輸入運算元的大小 (即比 2 的冪次方大)，因此比第 2 行上給定的並聯加法器位元個數多一個位元寬。加入此額外的位元是要抓取當二個運算元相加或相減所產生的進位或借位輸出。此區域變數將得到第 25 至 28 行中選到之加算或減算的答案。如果此答案與輸入運算元是在相同的範圍，輸入 *result* 則於 *carryborrow* 被指定 0 位元值時 (第 31 行) 將在第 30 行被指定為計算結果。如果計算得到的結果大於運算元的範圍 (即第 29 行上的 IF 敘述是錯的)，則下一個較高位置的權重將自 *rr* 值減去 (第 32 行) 且 *carryborrow* 輸出將被指定予邏輯 1 (第 33 行)。如果加算 $(a+b)$ 產生了最終的進位輸出或者減算 $(a-b)$ 自較小的 a 值減去較大的 b 值時，則 *carryborrow* 輸出將為高電位，也因此需要自不存在的來源借位。如果運算元為未帶正負號的二進值且 *carryborrow* 輸出為高電位，則 n 位元的結果將是不正確的。此情況指出了需要多於 n 個位元來得到正確的和值或者是自較小的數值減去較大的數值。如我們在 6-3 與 6-4 節中所看到的，當使用帶正負號的數值時，*carryborrow* 輸出即被忽視且 n 位元的答案亦將為帶正負號的數值。此外，我們將需要檢驗帶正負號數值運算時所產生的溢位。

複習問題

1. 什麼關鍵字是用來指定符號名稱予固定的數值？
2. 於 AHDL 中，常數定義於何處？於 VHDL 中，它們是定義於何處？
3. 為何常數很有用？
4. 如果常數 max_val 的數值為 127，編譯程式是如何解譯 max_val－5？

結　論

1. 若要表示帶號數值成二進制，則要有一個符號位元附加到 MSB。＋ 號為 0，－ 號為 1。
2. 二進數的 2 的補數是將每個位元取補數後加上 1 得到的。
3. 在表示帶號二進數的 2 的補數方法中，正數是以一個符號位元 0 後跟隨其真正二進形式之大小來表示。負數則以一個符號位元 1 後跟隨 2 的補數形式之大小來表示。
4. 帶號二進數的負數 (指變換成符號不同但等值的數字) 是將此數取其 2 的補數，並包括符號位元。
5. 帶號二進數值的減算是將減數取負值 (2 的補數) 後加到被減數得到的。
6. 於 BCD 加法中，當和的某個位數位置超過 9 (1001) 時需作特殊的修正步驟。
7. 當帶號二進數表示成十六進制時，十六進數的 MSD 於數值為負時將為 8 或更大；而為正值時將是 7 或更小。

8. 計算機的算術／邏輯單元 (ALU) 含有需用來執行儲存於記憶器中二進數值的算術及邏輯運算。
9. 累積器為 ALU 中的暫存器。它將存放正被運算的其中一個數值，且其也是運算結果存放於 ALU 中的位置所在。
10. 全加器乃執行兩個位元及一個進位輸入的加算。並聯二進加法器則是由串接的全加器構成。
11. 進位傳遞所產生的過度延遲問題可由前瞻進位邏輯電路來降低。
12. 諸如 74LS83/74HC83 及 74LS283/74HC283 的 IC 加法器可用來建構高速並聯加法器和減法器。
13. BCD 加法器電路需要特殊的修正電路。
14. 積體電路 ALU 可用來執行兩個輸入數值的較廣範圍的算術和邏輯運算。
15. 預建構的函數於 Altera 函數庫中可找到。
16. 這些庫存零件以及您所創造出的 HDL 電路可利用圖形或結構式 HDL 技術來互連。
17. 邏輯運算可使用布爾方程式來執行於集合上的所有位元。
18. 熟練較好的軟體工程技術，特別是使用符號來表示常數，可讓我們對諸如全加器的電路易作程式修改與位元容量之擴充。
19. 參數化模組函數庫 (LPM) 對多種類型的數位電路提供了彈性、易於修改或擴充的解決方案。

重要辭彙

進位 (carry)
符號位元 (sign bit)
符號大小系統 (sign-magnitude system)
2 的補數系統 (2's-complement system)
取負數 (negation)
被加數 (augend)
加數 (addend)
減數 (subtrahend)
被減數 (minuend)
溢位 (overflow)
算術／邏輯單元 (arithmetic/logic unit, ALU)
累積器暫存器 (accumulator register)
全加器 (full adder, FA)
並聯加法器 (parallel adder)
半加器 (half adder, HA)
進位傳遞 (carry propagation)
進位漣波 (carry ripple)
前瞻進位 (look-ahead carry)
加法器／減法器 (adder/subtractor)
巨集函數 (macrofunction)
功能雛型 (function prototype)
集合 (sets)
常數 (constants)
PACKAGE

習 題

6-1 節

B, N 6-1 用二進加法將下列二進數組相加。以十進數加法檢驗您的結果：

(a)* 1010+1011
(b)* 1111+0011
(c)* 1011.1101+11.1
(d) 0.1011+0.1111
(e) 10011011+10011101
(f) 1010.01+10.111
(g) 10001111+01010001
(h) 11001100+00110111
(i) 110010100011+011101111001
(j)* 1010−0111
(k)* 101010−100101
(l)* 1111.010−1000.001
(m) 10011−00110
(n) 11100010−01010001
(o) 100010.1001−001111.0010
(p) 1011000110−1001110100

6-2 節

B 6-2 用 2 的補數系統來表示下列各帶號十進數。使用總共包括符號位元在內的八位元。

(a)* +32
(b)* −14
(c)* +63
(d)* −104
(e)* +127
(f)* −127
(g)* +89
(h)* −55
(i) −1
(j) −128
(k) +169
(l) 0
(m) +84
(n) +3
(o) −3
(p) −190

B 6-3 下列各數為用 2 的補數系統所代表的帶號十進數，試求各十進值。(提示：利用取負數來將負數轉換成正數。)

(a)* 01101
(b)* 11101
(c)* 01111011
(d)* 10011001
(e)* 01111111
(f) 10000000
(g) 11111111
(h) 10000001
(i) 01100011
(j) 11011001

6-4 (a) 可被含符號位元在內的十二位元所表示的帶號十進數值範圍為何？
(b) 表示由 −32,768 至 +32,767 的十進數是需多少位元？

6-5* 使用 2 的補數系統依序列出五位元所能表示的所有帶號數。

6-6 將下面的十進數之值表示成八位元帶號二進數值。然後再對每個取負數。
(a)* +73 (b)* −12 (c) +15 (d) −1 (e) −128 (f) +127

6-7 (a)* 可使用十個位元表示出的未帶號十進數值的範圍為何？使用相同位元個數的帶號十進數值的範圍又為何？
(b) 使用八個位元重複此二問題。

6-3 至 6-4 節

6-8 為何大多數計算機不以符號大小形式表示帶號數的理由可用下面的例子來說明。
(a) 以符號大小形式的八個位元來表示 +12。

* 標示星號之習題的解答請參閱本書後面。

(b) 以符號大小形式的八個位元來表示 −12。

(c) 將上述兩二進數相加可發現和並未具有等於 0 的任何徵候。

N　6-9 用 2 的補數系統來執行下列的運算。各數皆使用八位元 (含符號位元)。將此二進結果轉換回十進數以檢驗所得的結果。

(a)* +9 加 +6
(b)* +14 加 −17
(c)* +19 加 −24
(d)* −48 加 −80
(e)* +17 減 +16
(f) −13 減 +21
(g) +47 減 +47
(h) −15 減 −36
(i) +17 加 −17
(j) −17 減 −17
(k) +45 加 +68
(l) +77 減 −50

6-10 對下列情形重做習題 6-9，且對各情形的溢位發生加以說明。

(a) +37 加 +95
(b) −95 減 +37
(c) −37 加 −95
(d) +95 減 −37

6-5 至 6-6 節

B, N　6-11 將下列二進數對相乘，並以十進數乘法檢驗您的結果。

(a)* 111×101
(b)* 1011×1011
(c) 101.101×110.010
(d) .1101×.1011
(e) 1111×1011
(f) 10110×111

B, N　6-12 執行下列除法，以十進數除法檢驗您的結果。

(a)* 1100÷100
(b)* 111111÷1001
(c) 10111÷100
(d) 10110.1101÷1.1
(e) 1100011÷1001
(f) 100111011÷1111

6-7 至 6-8 節

B, N　6-13 將下列十進數換算為 BCD 碼後相加：

(a)* 74+23
(b)* 58+37
(c)* 147+380
(d) 385+118
(e) 998+003
(f) 623+599
(g) 555+274
(h) 487+116

B, N　6-14 求出下列各十六進數對之和：

(a)* 3E91+2F93
(b)* 91B+6F2
(c)* ABC+DEF
(d) 2FFE+0002
(e) FFF+0FF
(f) D191+AAAB
(g) 5C74+22BA
(h) 39F0+411F

B, N　6-15 執行下列各十六進數對相減運算：

(a)* 3E91−2F93
(b)* 91B−6F2
(c)* 0300−005A
(d) 0200−0003
(e) F000−EFFF
(f) 2F00−4000
(g) 9AE5−C01D
(h) 4321−F165

6-16 某人以計算機使用者手冊中列明計算機所能使用的記憶器位置的十六進位址為：0200 至 03FF 及 4000 至 7FD0。可用的記憶器位置總數為何？

6-17 (a)* 某記憶位置存放十六進值 77。如果它是代表非帶號 (unsigned) 數字，則其十進值為何？

(b)* 若是代表帶號 (signed) 數字，則其十進值為何？

(c) 若資料值為 E5，重複 (a) 和 (b)。

6-11 節

6-18 將圖 6-8 的 FA 電路全轉換為 NAND 閘。

6-19* 寫下半加器的真值表 (輸入 *A* 與 *B*；輸出 SUM 與 CARRY)。由此真值表設計出一個半加器邏輯電路。

6-20 全加器可由很多種不同方式來完成。圖 6-27 所示為由兩個半加器所構成的一種方式。設完成此結構的真值表並驗證其操作如同 FA。

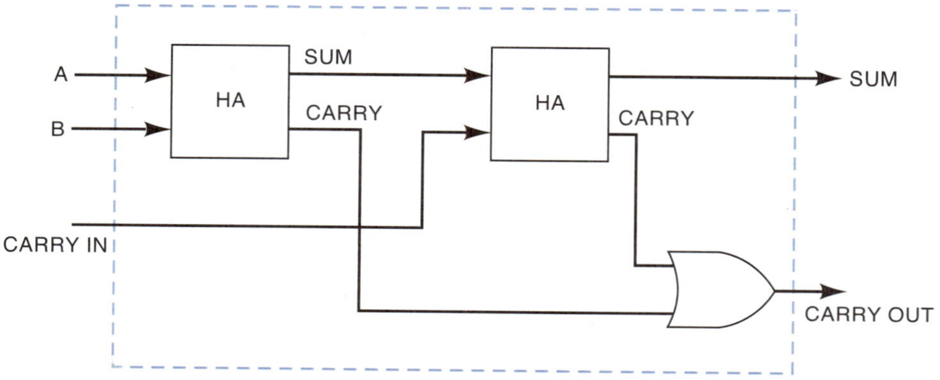

圖 6-27

6-12 節

6-21* 參考圖 6-10。試判定在下列運算順序之後的暫存器 *A* 內容：[*A*]=0000，[0100] → [*B*]，[S] → [*A*]，[1011] → [*B*]，[S] → [*A*]。

6-22 參考圖 6-10。設各 FF 的 $t_{PLH}=t_{PHL}=30$ ns，建立時間為 10 ns，且各 FA 傳遞延遲為 40 ns。允許在 TRANSFER 脈波的 PGT 與 LOAD 脈波的 PGT 間正確運算的最短時間為何？

D 6-23 在本章所討論的加法器與減法器中，並未考慮到溢位的可能性。溢位是當兩個被相加或相減的數產生結果的位元數超越累積器容量時便會發生。例如，用四位元暫存器，包括符號位元，則所能儲存的數範圍為 +7 至 −8 (用 2 的補數形式)。因此，如果相加或相減的結果超越 +7 或 −8，則可說溢位已產生。當溢位產生時，所得結果因無法被正確的儲存在累積器中而無用。例如，+5 (0101) 與 +4 (0100) 相加，則結果為 1001。由於 1 在符號位元的位置上，1001 將錯誤的表為負數。

在計算機與計數器中，常有用來檢驗溢位情形的電路存在。有數種方法可完成此工作，一種可用在以 2 的補數系統運算的加法器上，方法如下：

1. 核驗相加兩數的符號位元。
2. 核驗結果的符號位元。
3. 無論何時當相加的兩數皆為正，且結果的符號位元為 1，或兩數皆為負，且結果的符號位元為 0，則將有溢位產生。

這個方法可嘗試用數個例子加以驗證之。讀者可就下面各例自行驗證：(1) 5 +4；(2) −4+(−6)；(3) 3+2。例 (1) 與例 (2) 有溢位，但例 (3) 卻不會。因此，利用核驗符號位元，便可設計出一個在有溢位情形產生時得到 1 輸出的邏輯電路。設計出圖 6-10 所示加法器的溢位電路。

C, D　6-24 加上必要的邏輯電路到圖 6-10 使其具有將資料從記憶器傳送到暫存器 A 之功能。來自記憶器的資料值於第一個 TRANSFER 脈波的 PGT 時經由它的 D 輸入進入到暫存器 A；來自 FA 的和輸出的資料則將於第二個 TRANSFER 的 PGT 時被載入。換言之，跟隨兩個 TRANSFER 後的 LOAD 脈波需用來執行自記憶器載入暫存器 B，自記憶器載入暫存器 A，然後傳送其之和到暫存器 A 等程序。(提示：使用正反器 X 來控制哪一個資料源要被載入到累積器的 D 輸入中。)

6-13 節

C, D　6-25* 試設計一個用於圖 6-10 所示的全加器的前瞻進位電路，其所產生送至 MSB 位置的 FA 的進位 C_3 是依 A_0、B_0、C_0、A_1、B_1、A_2 及 B_2 之值。換言之，即是導出以 A_0、B_0、C_0、A_1、B_1、A_2 及 B_2 寫出 C_3 的表示式。(提示：開始先導出以 A_0、B_0 及 C_0 寫出 C_1 的表示式。接著導出以 A_1、B_1 及 C_1 寫出 C_2 的表示式。C_1 表示式代入 C_2 表示式中。接著導出以 A_2、B_2 及 C_2 寫出 C_3 的表示式。C_2 表示式代入 C_3 表示式中。化簡 C_3 表示式成為積項之和式，且完成此電路。)

6-14 節

6-26 當類似圖 6-11(a) 的電路執行 EC_{16} 與 43_{16} 相加時，試求在輸入與輸出處的邏輯準位。

6-15 節

6-27 依圖 6-14 的電路，求下列情形的和輸出：

(a)* 暫存器 A=0101 (+5)，暫存器 B=1110 (−2)；SUB=1，ADD=0。
(b) 暫存器 A=1100 (−4)，暫存器 B=1110 (−2)；SUB=0，ADD=1。
(c) 以 ADD=SUB=0 重做 (b)。

6-28 針對圖 6-14 的電路求出下列情況的和輸出。

(a) 暫存器 A=1101 (−3)，暫存器 B=0011 (+3)；SUB=1，ADD=0。
(b) 暫存器 A=1100 (−4)，暫存器 B=0010 (+2)；SUB=0，ADD=1。
(c) 暫存器 A=1011 (−5)，暫存器 B=0100 (+4)；SUB=1，ADD=0。

6-29 對於習題 6-27 的每個計算，判斷溢位是否已發生。

6-30 對於習題 6-28 的每個計算，判斷溢位是否已發生。

D 6-31 指出圖 6-14 的閘如何能使用三個 74HC00 晶片來製作。

D 6-32★ 修改圖 6-14 的電路使單控制輸入 X 被用來取代 ADD 與 SUB。該電路於 $X=0$ 時為加法器，且於 $X=1$ 時為減法器。接著化簡各組電閘。(提示：注意此時各組電閘功能有如可控反相器。)

6-16 節

B 6-33 試求出下列輸入組合送到 74LS382 時的 F、C_{N+4} 及 OVR 輸出。

(a)★ $[S]=011$，$[A]=0110$，$[B]=0011$，$C_N=0$

(b) $[S]=001$，$[A]=0110$，$[B]=0011$，$C_N=1$

(c) $[S]=010$，$[A]=0110$，$[B]=0011$，$C_N=1$

D 6-34 指出 74HC382 如何能用來產生 $[F]=[\overline{A}]$。(提示：記得 XOR 閘的特殊性質。)

6-35 試求於下列輸入組合時圖 6-16 中的 Σ 輸出。

(a)★ $[S]=110$，$[A]=10101100$，$[B]=00001111$

(b) $[S]=100$，$[A]=11101110$，$[B]=00110010$

C, D 6-36 將所需的邏輯加到圖 6-16 使在 A 處的二進數值剛好相同於 B 處的二進數值時產生單一個高電位輸出。使用合適的選取輸入碼 (可使用三個碼)。

6-17 節

T 6-37 考慮圖 6-10 的電路。假設 A_2 輸出是固定於低電位。根據二個數值相加的操作程序，於下列情況求出在第二個 TRANSFER 脈波後將出現於暫存器 A 的結果。注意這些數值是十進的，且第一個數值是由第一個 LOAD 脈波載入到 B 者。

(a)★ 2+3　　(d) 8+3

(b)★ 3+7　　(e) 9+3

(c) 7+3

T 6-38 有一技術人員完成了圖 6-14 的加法器／減法器電路板。她在測試期間發現，一旦執行加算，得到的結果比預期者多 1，且執行減算時，得到比預期小 1 的結果。試問該技術人員在連接此電路時可能的錯誤為何？

6-39★ 如果圖 6-14 中的電路 ADD 與 SUB 線短路一起時，下列各點處將發生哪些症狀。

(a) 74LS283 IC 的 B[3..0] 輸入

(b) 74LS283 IC 的 C_0 輸入

(c) SUM (∑) [3..0] 輸出

(d) C_4

6-18 節

N　6-40　功能模擬以下的 8 位元加法器 (以 15 種測試情況)：

(a)　圖 6-19(a)　　(b)　圖 6-19(b)

N, D　6-41　使用 LPM_FF 與 LPM_ADD_SUB 巨函數來設計模-16 二進制上／下數計數器。計數方向將由稱為 UP_DN 的輸入來控制。功能模擬您的設計以驗證它是否正常操作。

6-19 節

習題 6-42 到 6-47 處理相同的二個陣列，*a* 與 *b*，假設它們已定義於 HDL 原始檔案中且具有下列的值：[a]＝[10010111]，[b]＝[00101100]。輸出陣列 [z] 亦為一個八位元陣列。根據此訊息回答習題 6-42 到 6-47。(假設於 z 中未定義的位元為 0。)

B, H　6-42　試使用您喜好的 HDL 語法來宣告這些資料物件。

B, H　6-43　試求出每個式子的 z 值 (給定了相同的 AHDL 與 VHDL)：

(a)⋆ z[]=a[] & b[];　　z <= a AND b;

(b)⋆ z[]=a[] # b[];　　z <= a OR b;

(c)　z[]=a[] $! b[];　　z <= a XOR NOT b;

(d)　z[7..4]=a[3..0] & b[3..0];
z(7 DOWNTO 4) <= a(3 DOWNTO 0) AND b(3 DOWNTO 0);

(e)　z[7..1]=a[6..0]; z[0]=GND;
z(7 DOWNTO 1) <= a(8 DOWNTO 0);
z(0) <= '0';

6-44　下列的每個數值為何？

(a)　a[3..0]　　a(3 DOWNTO 0)

(b)　b[0]　　b(0)

(c)　a[7]　　a(7)

B, H　6-45　下列的每個數值為何？

(a)⋆ a[5]　　a(5)

(b)⋆ b[2]　　b(2)

(c)⋆ b[7..1]　　b(7 DOWNTO 1)

H　6-46⋆ 試以 HDL 寫出一個或多個敘述來將 [a] 中所有的位元向右移一個位置。LSB 應移至 MSB 位置。旋轉的數據則應結束於 z[] 中。

6-47　試以 HDL 寫出一個或多個敘述來將 b 較高的半位元組取出，並置於 z 較低的半位元組中。z 的較高半位元組應為零。

D, H　6-48　參閱習題 6-23。試修改圖 6-23 或圖 6-24 的程式以加上溢位輸出。

6-20 節

B, H　6-49　試修改圖 6-23 或圖 6-24 於無需常數下製作出十二位元加法器。

B, H　6-50　試修改圖 6-23 或圖 6-24 以一個定義位元個數的常數製作出多樣的 *n*-位元加法器模組。

D, C, H 6-51 試在無需使用內建巨集函數下撰寫一個 HDL 檔案來產生等效的 74382 ALU。

精選問題

6-52 定義下列的每個名詞。

(a) 全加器
(b) 2 的補數
(c) 算術／邏輯單元
(d) 符號位元
(e) 溢位
(f) 累積器
(g) 並聯加法器
(h) 前瞻進位
(i) 取負數
(j) 暫存器 *B*

微型計算機應用

C, D 6-53★ 在標準的微處理器 ALU 中，每個算術運算的結果通常 (但非始終如此) 被傳送到圖 6-10 及 6-14 中的累積暫存器。在大多數的微處理器 ALU 中，每個算術運算的結果也被用來控制若干稱為旗標 (flag) 的特殊正反器。這些旗標是微處理器在執行某些特定形式的指令期間作決策所使用者。三種最常見的旗標為：

S (符號旗標)。此 FF 始終是與來自 ALU 的最後結果符號有相同的狀態。
Z (零值旗標)。此旗標於 ALU 運算所得到的結果剛好為零時，便被置定成 1。否則它將被清除成 0。
C (進位旗標)。此 FF 始終是與來自 ALU 的 MSB 的進位狀態相同。

若使用圖 6-14 的加法器／減法器作為 ALU，以設計能製作出這些旗標的邏輯電路。和輸出及 C_4 輸出是被用來控制當發生 TRANSFER 脈波時每個旗標將變成的狀態。例如，如果和剛好為 0 (即 0000)，則 Z 旗標將被 TRANSFER 的 PGT 所置定；否則它將被清除。

6-54★ 使用微型計算機來工作時，經常需要將二進數從八位元暫存器搬移到十六位元暫存器。且考慮數字 01001001 和 10101110，其分別代表 2 的補數系統中的 +73 和 −82。求出這些十進數的十六位元表示。

6-55 比較習題 6-54 的 +73 的八及十六位元表示。然後再比較 −82 的這兩種表示。有一套通用的準則可以簡單的從八位元轉換成十六位元表示。您看出任何端倪嗎？它是與八位元數的符號位元有關。

每節複習問題解答

6-1 節

1. (a) 11101　(b) 101.111　(c) 10010000
2. (a) 011011　(b) 01010110　(c) 00111.0111

6-2 節

1. (a) 00001101　(b) 11111001　(c) 10000000
2. (a) −29　(b) −64　(c) +126
3. −2048 到 +2047　**4.** 七個　**5.** −32768
6. (a) 10000　(b) 10000000　(c) 1000
7. 參考內文。

6-3 節

1. 真　**2.** (a) $100010_2 = -30_{10}$　(b) $000000_2 = 0_{10}$

6-4 節

1. (a) $01111_2 = +15_{10}$　(b) $11111_2 = -1_{10}$
2. 將和的符號位元與被相加之數的符號位元作比較。

6-5 節

1. 1100010

6-7 節

1. 至少一個十進位數位置的和大於 1001 (9)。
2. 修正因子加到個位及十位數的位置上。

6-8 節

1. 923　**2.** 3DB　**3.** 2F, 77EC, 6D

6-10 節

1. 三個；兩個　**2.** (a) $S_2 = 0$，$C_3 = 1$　(b) $C_5 = 0$

6-12 節

1. 一個；四個；四個　**2.** 0100

6-14 節

1. 五個晶片　**2.** 240 ns　**3.** 1

6-15 節

1. 加上 1 需要完成暫存器 B 中之數值的 2 的補數表示。　**2.** 0010　**3.** 1101
4. 偽；1 的補數出現在該處。

6-16 節

1. $F = 1011$；$OVR = 0$；$C_{N+4} = 0$　**2.** $F = 0111$；$OVR = 1$；$C_{N+4} = 1$　**3.** $F = 1000$

4. $\sum$＝01101011；C_{N+4}＝OVR＝0　　**5.** Σ＝11111111　　**6.** 八個

6-18 節

1. 參閱 MSI 74283 晶片的資料手冊。

2. 可取自資料庫來使用的標準 IC 之 HDL 描述。

6-19 節

1. (a) 0001　(b) 1011　　**2.** (a) 1010　(b) 1011

3. toggles[3..0]　　**4.** toggles(3 DOWNTO 0)

5. [X] ＝[1,1,1,1]　　**6.** AHDL : xx[] = d[] #g[]; VHDL : x< = d OR g;

7. AHDL : xx[2..1] = d[3..2] $ g[1..0]; VHDL : x(2 DOWNTO 1) < = d(3 DOWNOT 2) XOR g(1 DOWNOT 0);

6-20 節

1. 於位元陣列區域中將 4 取代 8 且 5 取代 9。

2. 於整數區域中將 15 取代 255 且 31 取代 511。

6-21 節

1. CONSTANT。

2. 於 AHDL 中，接近原始檔案的前頭。於 VHDL 中，在 PACKAGE 內接近原始檔案的前頭。

3. 它讓用於整個程式的符號值作全區域性變更。

4. max_val－5 表示數值 122。

第 7 章

計數器與暫存器

大　綱

第 I 部分

7-1 非同步 (漣波) 計數器
7-2 漣波計數器的傳遞延遲
7-3 同步 (並聯) 計數器
7-4 具有模數 $< 2^N$ 的計數器
7-5 同步下數與上／下數計數器
7-6 可預置計數器
7-7 IC 同步計數器
7-8 計數器解碼
7-9 分析同步計數器
7-10 同步計數器設計
7-11 Altera 的計數器資料庫功能
7-12 HDL 計數器
7-13 將 HDL 模組接在一起
7-14 狀態機

第 II 部分

7-15 暫存器資料傳送
7-16 積體電路暫存器
7-17 移位暫存器式計數器
7-18 故障檢修
7-19 巨函數暫存器
7-20 HDL 暫存器
7-21 HDL 環式計數器
7-22 HDL 單擊

學習目標

讀完本章之後，將可學會以下幾點：

- 瞭解同步與非同步計數器的操作與特性。
- 構建模數小於 2^N 的計數器。
- 構建上數與下數計數器。
- 連接多級的計數器。
- 分析與評估各種可預置計數器。
- 設計任意順序的同步計數器。
- 瞭解各種計數器解碼的技巧。
- 於 HDL 中使用不同的抽象層次描述計數器電路。
- 辨別環式計數器與強生計數器的主要區別。
- 確認並瞭解各種形式的暫存器。
- 使用 HDL 來描述移位暫存器與移位暫存器計數器。
- 將現存的組合邏輯系統之故障檢修技術應用於檢修序向邏輯系統。

引　論

我們在第 5 章便研習到正反器如何接連成為計數器與暫存器。那時只是學習基本的計數器與暫存器電路。數位系統採用了許多這些基本電路的變型，它們或許是很快即將過時的標準積體電路，或是當前流行的可規劃邏輯元件以及客製化積體電路。本章裡，我們將更詳細地檢視其中所根據的基礎概念以及不同計數器與暫存器型式的典型特徵。我們討論的範圍將從如何利用邏輯閘來控制正反器以產生特定的計數器或暫存器功能以使用硬體描述語言來完成相同的效果。我們將強調時序圖以說明計數器與暫存器的操作。時序圖提供了有力的工具來圖形化地顯示數位系統中信號間的關係。數位電路模擬器以時序圖呈現給我們分析結果。此訊息能讓我們判斷功能與時序在該應用上是否正確。時序問題在處理高速數位系統時亦益形重要。許多系統或許能運作於低速下，但在高速時即無法正常運作。工程師或技術員能夠解讀時序訊息是很重要的。

由於本章有許多的課題，因此將分成兩個部分。**第 I 部分**涵蓋計數器操作的原理、各種不同計數器電路的安排及具代表性的 IC 計數器。**第 II 部分**則提出若干類型的 IC 暫存器、移位暫存器計數器及檢修問題。每個部分包括了一節含有計數器與暫存器的 HDL 描述。

隨著本章之研讀過程，您會發現您愈需要瞭解前幾章所介紹的題材。因此有必要的話，最好複習先前學習到的題材。

第 I 部分

7-1 非同步 (漣波) 計數器

圖 7-1 指出一個在第 5-18 節便討論過的三位元二進計數器電路。回想一下有關其操作的重點：

1. 時脈波僅加至 FF A 的 *CLK* 輸入。因此，FF A 在每次時脈波的負 (高電位至低電位) 變化時便跳換 (換為相反狀態)。注意到所有 FF 的 $J=K=1$。
2. FF A 的正常輸出作用上如同 FF B 的 *CLK* 輸入，故 FF B 在每次 *A* 輸出由 1 變至 0 時便跳換。同樣的，FF C 在 *B* 由 1 變 0 時跳換，且 FF D 在 *C* 由 1 變 0 時跳換。
3. FF 輸出 *D*、*C*、*B* 及 *A* 代表二進數，*D* 為 MSB。假設所有的 FF 皆已被清除成 0 狀態 (CLEAR 輸入並未指出)。圖 7-1 的表則指出一個從 0000 到 1111 的計數順序隨時脈波連續加上時緊隨於後。
4. 在第十五個時脈波產生後，計數器的 FF 為 1111 狀態。在第十六個時脈時，FF A 由 1 變為 0，使 FF B 由 1 變為 0，依此類推，直到計數器為 0000 狀態為止。換言之，即計數器已經過一個完整的週期 (0000 至 1111) 且又返回至 0000。自此點開始，在下一次時脈波加入時便又開始新的計數週期。

這種形式的計數器為各 FF 的輸出驅動了下一個 FF 的 *CLK* 輸入信號，因此稱為**非同步計數器** (asynchronous counter)。這是因為所有 FF 並不與時脈波同步換態；僅是 FF A 對時脈波有響應。FF B 在被觸發前要等待 FF A 換態，FF C 則必須等待 FF B；依此類推。因此，各 FF 響應之間有延遲產生。此延遲基本上每個 FF 為 5～20 ns，但於某些情形下，將是一種麻煩的事。由於 FF 是以漣波作用方式一個接另一個來作響應，故可稱為**漣波計數器** (ripple counter)。在下面的研討中，將以非同步計數器與漣波計數器兩個名詞交替使用。

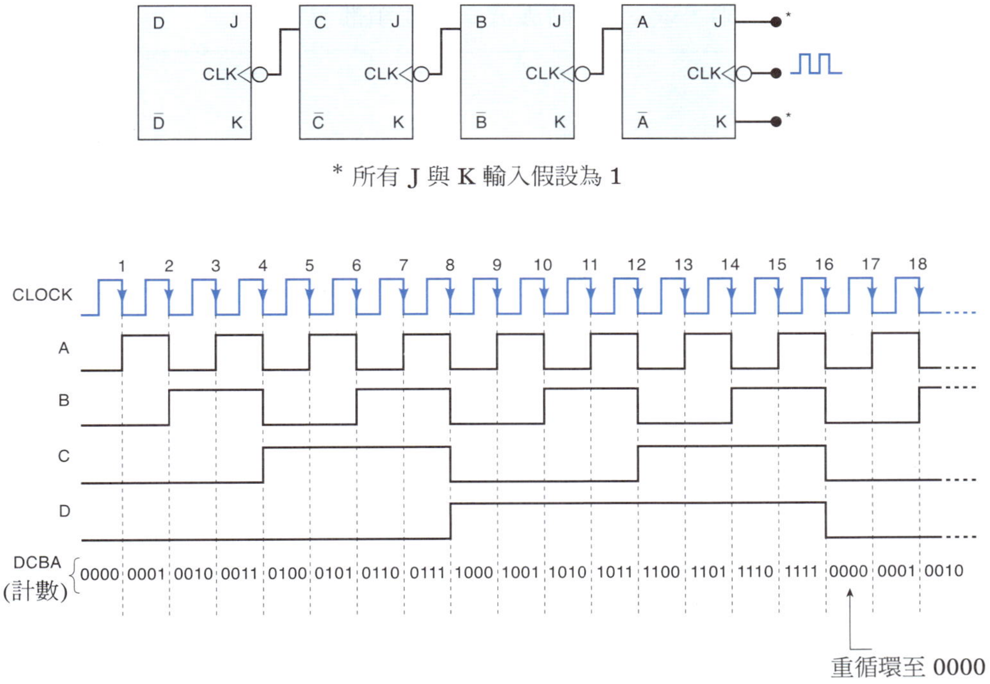

圖 7-1 四個位元的非同步 (漣波) 計數器

信號流向

傳統上在描繪電路圖時是將信號流向從左到右來安排，即輸入在左而輸出在右。本章將打破這種傳統方式，尤其是計數器的電路圖。例如，圖 7-1 中每個 FF 的 *CLK* 輸入是在右方，輸出在左方，而輸入時脈信號則是由右方進入。我們之所以依循此種安排是因為如此將使計數器操作較易於瞭解及依循 (因為 FF 的階數係相同於計數器所代表二進數中的位元順序)。換言之，FF A (為 LSB) 為最右邊的 FF，而 FF D (為 MSB) 則為最左邊的 FF。若仍遵循傳統的由左到右的信號流向，則必須將 FF A 置於左方而 FF D 置於右方，如此計數器所代表二進數的位置便相反。本章稍後的某些計數器電路圖，仍將引用傳統由左到右的信號流向，讓您能習慣視之。

例題 7-1

圖 7-1 中的計數器是由 0000 狀態開始，且接著加上時脈波信號。一些時間後，將時脈波去除，計數器 FF 的讀數為 0011。有多少時脈波已產生了？

解答：答案顯然似乎是 3，因為 0011 是 3 的二進同等值。但是，由已知條件是不知道計數器是否已重新循環過。此即表示可能有 19 個時脈波產生；前 16 個時脈波使計數器重回 0000，且後 3 個時脈波使其數至 0011。也有可能是 35 個時脈波

(兩個完整週期再加 3 個)，或 51 個時脈波；依此類推。

模　數

圖 7-1 的計數器具有 16 個完全不同的狀態 (0000 至 1111)，因此它是模-16 漣波計數器 (MOD-16 ripple counter)。**模數** (MOD number) 總是等於計數器重回其開始狀態前所經過完整週期的狀態數。模數可於計數器上加接 **FF** 而增大。即：

$$模數 = 2^N \tag{7-1}$$

N 為連接至圖 7-1 結構上的 **FF** 數。

例題 7-2

一個計數器需要將輸送帶上通過的物件加以計數。使用一光電池與光源組合在每次物件通過時可產生信號脈波。計數器必須計數至 1000 個物件，則需多少 **FF**？

解答：決定 N 值使 $2^N \geq 1000$ 是件簡易之事。因 $2^9 = 512$，9 個 **FF** 並不能滿足。$2^{10} = 1024$，故 10 個 **FF** 所產生的計數器可計數至 $1111111111_2 = 1023_{10}$。因此，需用 10 個 **FF**。我們可用 10 個以上的計數器，但由於任何 **FF** 通過第 10 個者將不需要，因此有些 **FF** 會被浪費。

除　頻

第 5-18 節曾在基本的計數器中提及 **FF** 所輸出波形頻率恰為其 CLK 輸入波形頻率之半。例如，若在圖 7-1 中時脈波為 16 kHz。圖 7-2 所示為 **FF** 輸出波形。在輸出 A 的波形為 8 kHz 方波，在輸出 B 為 4 kHz，在輸出 C 為 2 kHz，且在輸出 D 為 1 kHz。注意 **FF** D 的輸出頻率等於最初時脈頻率除以 16。通常，

> **於任何的計數器中，最後一個 FF (即 MSB) 之輸出信號的頻率將為輸入時脈波頻率除以計數器的模數。**

例如，於模-16 計數器，來自於最後一個 **FF** 輸出的頻率為輸入時脈波頻率的 1/16。因此，它也可稱為除 16 計數器 (divide-by-16 counter)。同樣的，模-8 計數器的輸出頻率為輸入頻率的 1/8；它係稱為除 8 計數器 (divide-by-8 counter)。

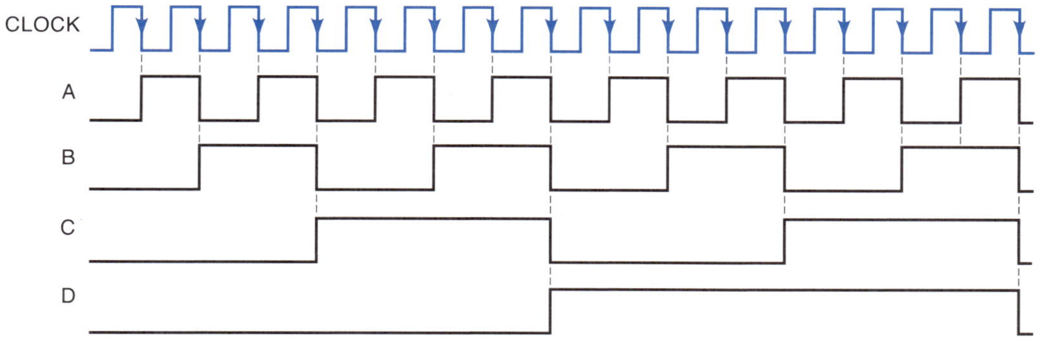

圖 7-2　計數器中各 FF 頻率除以 2 所得的波形

例題 7-3

製作數位時脈的第一步是將 60 Hz 的信號送入史密特觸發整形電路* 產生如圖 7-3 所示的方波。60 Hz 的方波接著送入模-60 計數器中，將 60 Hz 頻率除以 60 產生 1 Hz 的波形。此 1 Hz 的波形送入一串計數器，可用來計秒、分、時等。此模-60 計數器需多少 FF？

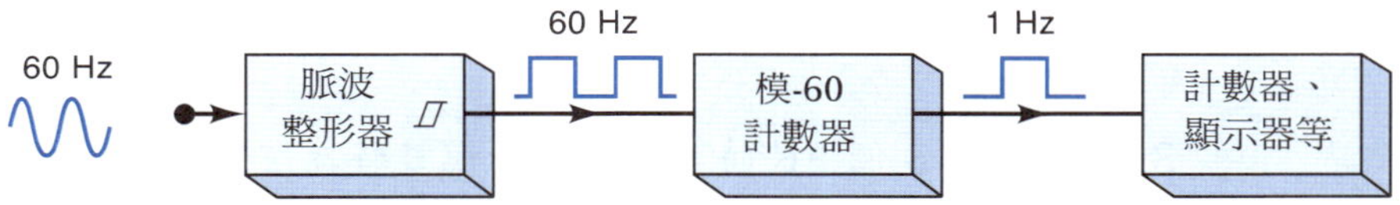

圖 7-3　例題 7-3

解答：沒有任何整數的 2 次方等於 60。最接近的是 $2^6=64$，因此，用 6 個 FF 可作模-64 計數器，顯然是不合乎要求。使用圖 7-1 所示的計數器形式似乎是無解。這個部分為真的；在 7-4 節，便要說明如何修改基本二進計數器，以使得幾乎任何模數而不受 2^N 值的限制。

工作週期

如我們在圖 7-2 中所看到的，於 *CLOCK* 的每個 NGT 上，FF A 的輸出將跳換著。若加上了固定頻率時脈信號，即表示波形 *A* 將為低電位一段等於 *CLOCK* 期間的時間量且然後為高電位相同長度的時間。信號為高電位的時間量稱為脈波寬度 t_w。FF A 之所以產生週期性的輸出波形是因為它在每個反覆的波形中僅發生單獨

* 參閱 5-20 節。

一個脈波。波形 A 的週期是哪個信號之低電位與高電位的時間相加。同樣的，信號 A 是用來將 FF B 作時脈操作以使得輸出 B 將為低電位或高電位一段等於輸出 A 週期的時間長度。FF C 與 D 都將具有相同的動作。在我們二進制計數器中每個輸出信號的脈波寬度剛好是哪個波形的一半週期，記得週期波的**工作週期** (duty cycle) 是定義為波形的脈波寬度與週期 T 的比值並且表示百分比為

$$\text{工作週期} = \frac{t_w}{T} \times 100\% \tag{7-2}$$

因此，我們可看到計數為 $\text{MOD} = 2^N$ 的二進計數器將始終會產生具有 50% 工作週期的輸出信號。本章稍後幾節我們將看到，如果計數器的模數小於 2^N，則若干 FF 輸出信號的工作週期將不是 50%。事實上，可能有若干 FF 輸出由於波形並不具備簡單的週期樣式而根本沒有定義的工作週期。對於截斷計數序列 (即 $\text{MOD} < 2^N$) 的計數器而言，將有需要分析計數器的操作以決定計數序列、輸出信號頻率，以及波形工作週期。

複習問題

1. 真或偽：在非同步計數器中，所有 FF 同時換態。
2. 設圖 7-1 中的計數器計數至 0101。在 27 個時脈波後的計數值為何？
3. 若多加上 3 個 FF 時，計數器的模數將為何？

7-2 漣波計數器的傳遞延遲

漣波計數器是二進計數器中最簡單的一種形式，因它僅需最少的元件便可產生計數操作。但它有一項主要的缺點，這是由它的基本操作原理所引起的。每個 FF 是由前一級 FF 的輸出變化所觸發。由於各 FF 有其傳遞延遲時間 (t_{pd})，即第二個 FF 在第一個 FF 接收到輸入脈波後的一段 t_{pd} 時間前並不會有響應；第三個 FF 在時脈產生後的一段 $2 \times t_{pd}$ 時間前並不會有響應；依此類推。換言之，FF 傳遞延遲的累積使第 N 個 FF 在時脈產生後的 $N \times t_{pd}$ 時間前無法換態。圖 7-4 為其說明，此處所表為三位元漣波計數器的波形。

圖 7-4(a) 所示的第一組波形顯示輸入脈波每 1000 ns 產生一次的情形 (時脈週期 $T = 1000$ ns)，且假定各 FF 具有 50 ns 的傳遞延遲 ($t_{pd} = 50$ ns)。注意 A 輸出在各輸入脈波負降緣後 50 ns 才跳換。同樣的，B 在 A 由 1 變至 0 後 50 ns 才跳

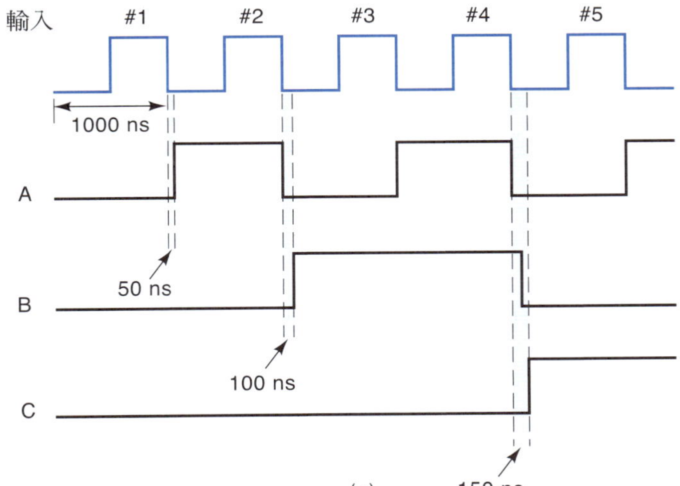

(a)

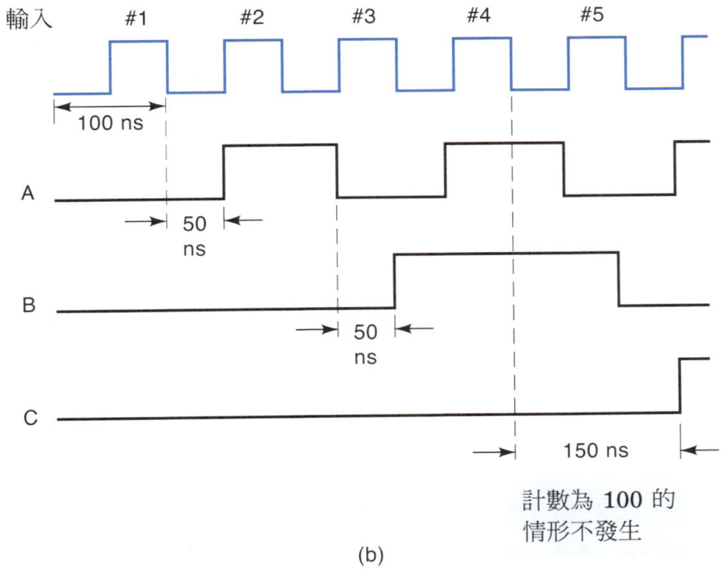

(b)

圖 7-4　在不同輸入脈波頻率下，三位元漣波計數器考慮 **FF** 傳遞延遲效應所得的波形

換，且 *C* 在 *B* 由 1 變至 0 後 50 ns 才跳換。結果是在第四個輸入脈波產生時，則 *C* 輸出在 150 ns 延遲後才為高電位。在這種情形下，若計數器中 FF 最後仍為其表示二進計數的正確狀態，則可正確操作。但若加入的輸入脈波具有更高的頻率，則情形會變得很糟。

圖 7-4(b) 的波形顯示為輸入脈波每 100 ns 產生一次的情形。同樣各 FF 輸出在其 *CLK* 輸入的 1 至 0 變化後 50 ns 才有響應 (注意在相對的時間比例下改變)。其中值得一提的情況是在第四個輸入脈波下降緣後的 150 ns 前的 *C* 輸出不變為高

電位，此即表 C 輸出與 A 輸出對第五個輸入脈波響應為高電位是相同的時間。換言之，$C=1$，$B=A=0$ (計數為 100) 的情況因輸入頻率太高而不會產生。如果此情況用於數位系統中以控制其他操作時，則會產生極大的問題。像這樣的問題在輸入脈波間的週期是較計數的總傳遞延遲為長時可避免，即若要正常的計數器操作，我們需要

$$T_{\text{clock}} \geq N \times t_{\text{pd}} \tag{7-3}$$

此處 N=FF 之數。用輸入時脈頻率來表示，則最大可使用的輸入頻率為

$$f_{\max} = \frac{1}{N \times t_{\text{pd}}} \tag{7-4}$$

例如，假設四位元漣波計數器是用 74LS112 的 J-K FF 來製作。表 5-2 即表示 74LS112 在 CLK 至 Q 的傳遞延遲中具有 $t_{PLH}=16$ ns 與 $t_{PHL}=24$ ns。我們假設在“最糟情形”下計算 $f_{\max}$，即使用 $t_{pd}=t_{PHL}=24$ ns，

$$f_{\max} = \frac{1}{4 \times 24 \text{ ns}} = 10.4 \text{ MHz}$$

很顯然的，若計數器中的位元數增加，則總傳遞延遲增加而 $f_{\max}$ 減少。例如，使用六個 74LS112 FF 的漣波計數器將有

$$f_{\max} = \frac{1}{6 \times 24 \text{ ns}} = 6.9 \text{ MHz}$$

因此，非同步計數器在甚高頻率下不是頂有用的，尤其對大量位元數的計數更是如此。另一項發生在非同步計數器中，而被傳遞延遲所引起的問題是計數器輸出被解碼 (decode)。如果您詳視圖 7-4(a)，於狀態 011 緊後一段短暫的期間，會看到狀態 010 先於 100 發生。顯然這並非正確的二進計數順序，而且人眼太過緩慢而不能看到此暫態，但我們的數位電路將快到足以偵測出它。這些錯誤的計數樣式可能產生在使用非同步計數器的數位系統所產生的所謂**假脈波** (glitches)。儘管它們的簡易性，這些問題限制了非同步計數器在數位應用上的有用性。

複習問題

1. 解釋為何漣波計數器的頻率限制在計數器的 FF 增加時會有變動？
2. 某 J-K FF 具 $t_{pd}=12$ ns，試問由這種 FF 所組成的 MOD 計數器在 10 MHz 時仍能正常操作的最大模計數器為何？

7-3　同步 (並聯) 計數器

漣波計數器所碰到的問題是由累積的 FF 傳遞延遲所產生。換言之，即這些 FF 並不是與輸入脈波同步而同時換態。這種限制可由所有 FF 同時 (用並聯方式) 被時脈所觸發的**同步** (synchronous) 或**並聯計數器** (parallel counter) 的應用來加以克服。由於輸入脈波加至所有的 FF，故需用某些方法來控制 FF 換態或不受時脈之影響。此可用 *J* 與 *K* 輸入來控制，且圖 7-5 所示為一個四位元的模-16 同步計數器。

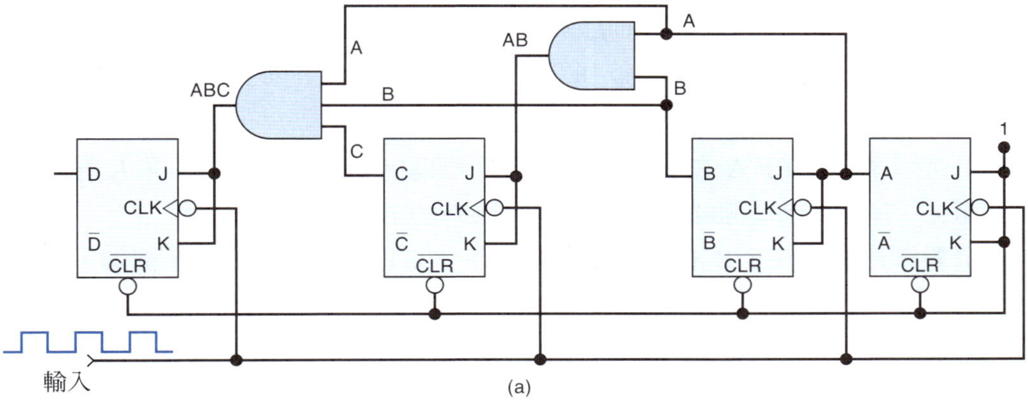

(a)

計數	D	C	B	A
0	0	0	0	0
1	0	0	0	1
2	0	0	1	0
3	0	0	1	1
4	0	1	0	0
5	0	1	0	1
6	0	1	1	0
7	0	1	1	1
8	1	0	0	0
9	1	0	0	1
10	1	0	1	0
11	1	0	1	1
12	1	1	0	0
13	1	1	0	1
14	1	1	1	0
15	1	1	1	1
0	0	0	0	0
.	.	.	.	.
.	.	.	.	.
.	.	等	.	.

(b)

圖 7-5　同步模-16 計數器。各 FF 由輸入信號的 NGT 觸發，所以所有的 FF 將可在同一時間跳換

如果將該同步計數器電路安排與圖 7-1 所示的非同步計數器比較，可發現同步計數器具有下列幾個顯著的不同點：

- 所有 FF 的 *CLK* 輸入是接連在一起，所以輸入時脈信號可同時加諸各 FF。
- 僅有 LSB 的 FF A 的 *J* 與 *K* 輸入固定為高電位，而其他 FF 的 *J* 與 *K* 輸入則由 FF 輸出組合所驅動。
- 同步計數器較非同步計數器需要更多的電路。

電路操作

若要此電路正常的計數，一遇到時脈的 NGT 時，只有哪些遇到 NGT 時會跳換的 FF 於 NGT 發生時 $J=K=1$。藉由圖 7-5(b) 所示計數順序的協助來對各 FF 檢查此操作原理。

計數順序顯示 FF A 在各 NGT 時都必須換態。因為 FF A 的 *J* 與 *K* 輸入永遠為高電位，所以在各時脈輸入的 NGT 時都必須跳換。

計數順序顯示 FF B 在 $A=1$ 信號發生 NGT 時就必須換態。例如，當計數到 0001 時，下一個 NGT 將使 FF B 跳換至 1 狀態；當計數到 0011 時，下一個 NGT 將使 FF B 跳換至 0 狀態；依此類推。此操作是由連接輸出 *A* 至 FF B 的 *J* 與 *K* 輸入而達成，所以只當 $A=1$ 時 $J=K=1$。

計數順序顯示 FF C 在 $A=B=1$ 信號同時發生 NGT 時必須換態。例如，當計數到 0011 時，下一個 NGT 將使 FF C 跳換至 1 狀態；當計數到 0111 時，下一個 NGT 將使 FF C 跳換至 0 狀態；依此類推。此操作乃由連接邏輯信號 *AB* 至 FF C 的 *J* 與 *K* 輸入而達成，此 FF 只當 $A=B=1$ 時才跳換。

同樣的，我們可發現 FF D 必須在 $A=B=C=1$ 信號同時發生 NGT 時才換態。例如，當計數到 0111 時，下一個 NGT 將使 FF D 跳換至 1 狀態；當計數到 1111 時，下一個 NGT 將使 FF D 跳換至 0 狀態。此操作乃由連接 *ABC* 邏輯信號至 FF D 的 *J* 與 *K* 輸入而達成，該 FF 只當 $A=B=C=1$ 時才跳換。

同步計數器的基本操作原理為：

每個 FF 應將它的 *J* 與 *K* 輸入接連成只當全部之較低階 FF 的輸出為高電位狀態時，它們才會為高電位。

同步計數器優於非同步者

在並聯計數器中，所有的 FF 將同時換態；亦即，它們皆與輸入時脈脈波的 NGT 同步。因此，不像非同步計數器者，所有 FF 的傳遞延遲並非加起來產生總延遲。

而是如圖 7-5 所示同步計數器的總響應時間等於單個 FF 跳換所花費時間，再加上新的邏輯準位經由單個 AND 閘傳遞到達 J、K 輸入的時間，亦即，對同步計數器而言，

$$\text{總延遲} = \text{FF } t_{pd} + \text{AND 閘 } t_{pd} \tag{7-5}$$

此一總延遲不論在計數器中有多少個 FF 都是相同的；且通常都比具有相同 FF 個數的非同步計數器低很多。因此，同步計數器可操作於較高的輸入頻率。當然，同步計數器的電路較非同步計數器來得複雜。

實際的 IC

TTL 與 CMOS 族中有許多的同步 IC。較常用的元件有：

- 74ALS160/162，74HC160/162：同步十進計數器
- 74ALS161/163，74HC161/163：同步模-16 計數器

例題 7-4

(a) 若各 FF 的 t_{pd} 為 50 ns，且各 AND 閘的 t_{pd} 為 20 ns，則試求圖 7-5(a) 所示計數器的 f_{max}。與模-16 漣波計數器的 f_{max} 相比較。

(b) 要將此計數器改為模-32 計數器該如何製作？

(c) 試求此模-32 並聯計數器的 f_{max}。

解答：

(a) 在輸入時脈波間可允許的總延遲等於 FF t_{pd} + AND 閘 t_{pd}。因此，$T_{clock} \geq 50 + 20 = 70$ ns，故並聯計數器有：

$$f_{max} = \frac{1}{T} = \frac{1}{70\text{ ns}} = 14.3\text{ MHz (並聯計數器)}$$

模-16 漣波計數器使用四個具有 $t_{pd} = 50$ ns 的 FF，由公式 (7-3)，$T_{clock} \geq N \times t_{pd}$。故漣波計數器的 f_{max} 為

$$f_{max} = \frac{1}{T} = \frac{1}{4 \times 50\text{ ns}} = 5\text{ MHz (漣波計數器)}$$

(b) 第五個 FF 要被加上，因 $2^5 = 32$。輸入脈波也要加至此 FF 的 *CLK* 輸入。其 J 與 K 輸入是由輸入為 A、B、C 及 D 的四輸入 AND 閘的輸出所加入。

(c) 因不用計數並聯計數器中的 FF 數，f_{max} 的求法則與 (a) 同。因此，f_{max} 仍為 14.3 MHz。

複習問題

1. 同步計數器超越非同步計數器的優點為何？缺點為何？
2. 製作模-64 並聯計數器時需要多少邏輯裝置？
3. 問題 2 的計數器是由何種邏輯信號驅動 MSB 正反器的 J、K 輸入？

7-4 具有模數< 2^N 的計數器

圖 7-5 的基本非同步計數器受限在等於 2^N 的模數，N 即為 FF 的數目，且此值是用 N 個 FF 所能得到的最大模數。這個基本的計數器可修改成具有跳略狀態 (skip state) 功能，而將部分計數順序加以跳略以產生小於 2^N 的模數。完成此工作的一種最普遍的方法為如圖 7-6 所示的三位元漣波計數器。先不管 NAND 閘，可以看出此計數器是可由 000 計數至 111 的模-8 二進計數器。但此 NAND 閘的出現，則將計數順序變化如下：

1. NAND 閘輸出被接至各 FF 的非同步 $\overline{CLR}$ 輸入。只要 NAND 輸出為高電位，則不影響計數器。但當為低電位時，則將清除所有的 FF 使計數器立即為 000 狀態。
2. 至 NAND 閘的輸入為 B 與 FF C 的輸出。所以無論何時，當 $B=C=1$，NAND 閘輸出則為低電位。當計數器由 101 狀態變至 110 狀態 (波形的輸入脈波 6) 時，這種情形便會發生。NAND 閘輸出的低電位便立即 (一般是幾個 ns 之內) 清除計數器為 000 狀態。當 FF 被清除，NAND 閘輸出又回至高電位，因 $B=C=1$ 情形並不再存在了。
3. 故計數的順序為：

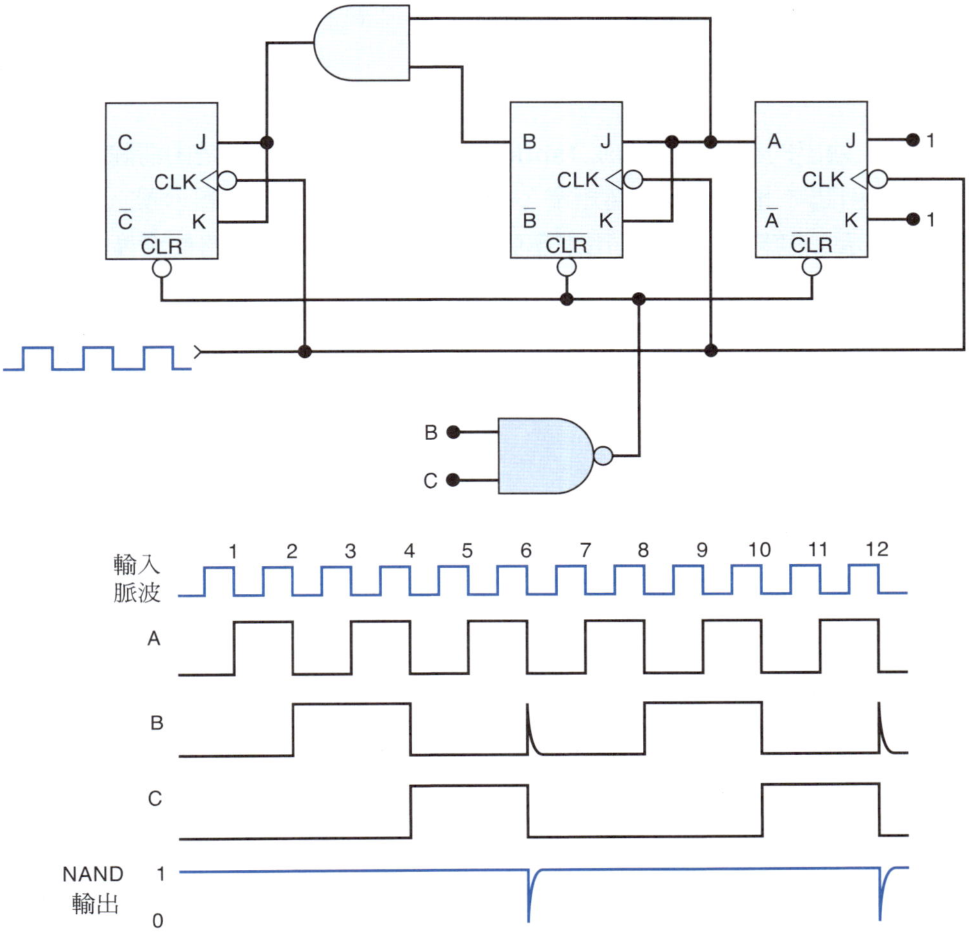

圖 7-6　**模-6** 計數器於 **6 (110)** 計數值發生時便清除**模-8** 計數器而製成

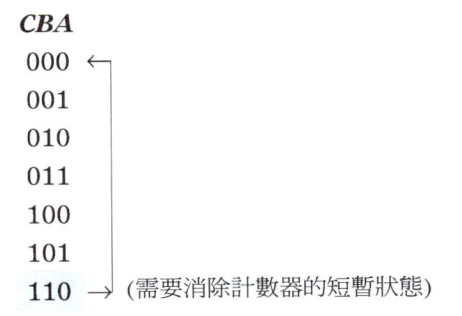

CBA
000 ←
001
010
011
100
101
110 → (需要消除計數器的短暫狀態)

雖計數器已達 110 狀態，但再重回至 000 之前，僅是保持數個 ns。因此，我們可以說此計數器是從 000 (0) 計數至 101 (5) 且再重回至 000，而它跳略了 110 與 111，所以只有六個不同的狀態。因此，它是一個模-6 計數器。

暫時性計數器狀態，就像此計數器的 110 狀態，我們稱之為**暫態** (transient state)。

注意 *B* 輸出的波形具有尖波 (spike) 或假脈波 (glitch) 是由清除之前短暫的 110 狀態所引起。此假脈波甚為短窄，故在指示 LED 與數字顯示器上不會產生任何可見的顯示，但若 *B* 輸出是用來驅動計數器以外的其他電路便會產生問題。也尚需留意 *C* 輸出頻率是輸入頻率的 1/6。換言之，模-6 計數器已將輸入頻率除以 6。在 *C* 的波形並非是對稱的方波 (50% 的工作週期)，這是因高電位占兩個時脈週期，而低電位是四個時脈週期。

狀態變換圖

圖 7-7(a) 為圖 7-6 模-6 計數器的狀態變換圖，指出正反器 C、B 及 A 如何在脈波送到正反器 A 的 *CLK* 輸入時改變狀態。記得每個圓圈係表示其中一個可能的計數器狀態，而箭頭則指出其中一個狀態是如何的響應一個輸入時脈波而變換到另一個狀態。

如果我們假設開始的計數值為 000，則該圖顯示計數器的狀態正常的向上計數到 101。當下一個時脈發生時，計數器未到達穩定的 000 計數之前將暫時地進入 110 計數。如稍早所述者，由於此一暫時性狀態的間隔很短，因此對於大多數的用途來說，可考慮成計數器直接的從 101 到達 000 (實線箭頭)。

注意到無箭頭指向 111 狀態，因計數器絕對不會前進到該狀態。儘管如此，電源啟動時如果 FF 以隨意之狀態出現，則 111 狀態是可能發生的。果真如此，則 111 之情況將於 NAND 閘輸出產生低電位，且將立即清除計數器變成 000。因此，111 狀態也是終止於 000 的短暫情況。

顯示計數器狀態

有時在正常操作期間，且極經常在測試期間，有必要使用一個可見的顯示器來指出計數器是如何反應輸入脈波。本文稍後將詳細的以不同的方式來看看如何做。現在，圖 7-7(b) 指出其中一種最簡單的方式，每個 FF 輸出皆使用一個 LED 指示器。每個 FF 輸出皆連接到一個 INVERTER，其輸出提供 LED 的電流路徑。例如，當輸出 *A* 為高電位時，INVERTER 輸出變成低電位且 LED 導通。點亮的 LED 指出了 $A=1$。當輸出 *A* 為低電位時，INVERTER 輸出為高電位且因此 LED 熄滅了。熄滅的 LED 指出了 $A=0$。

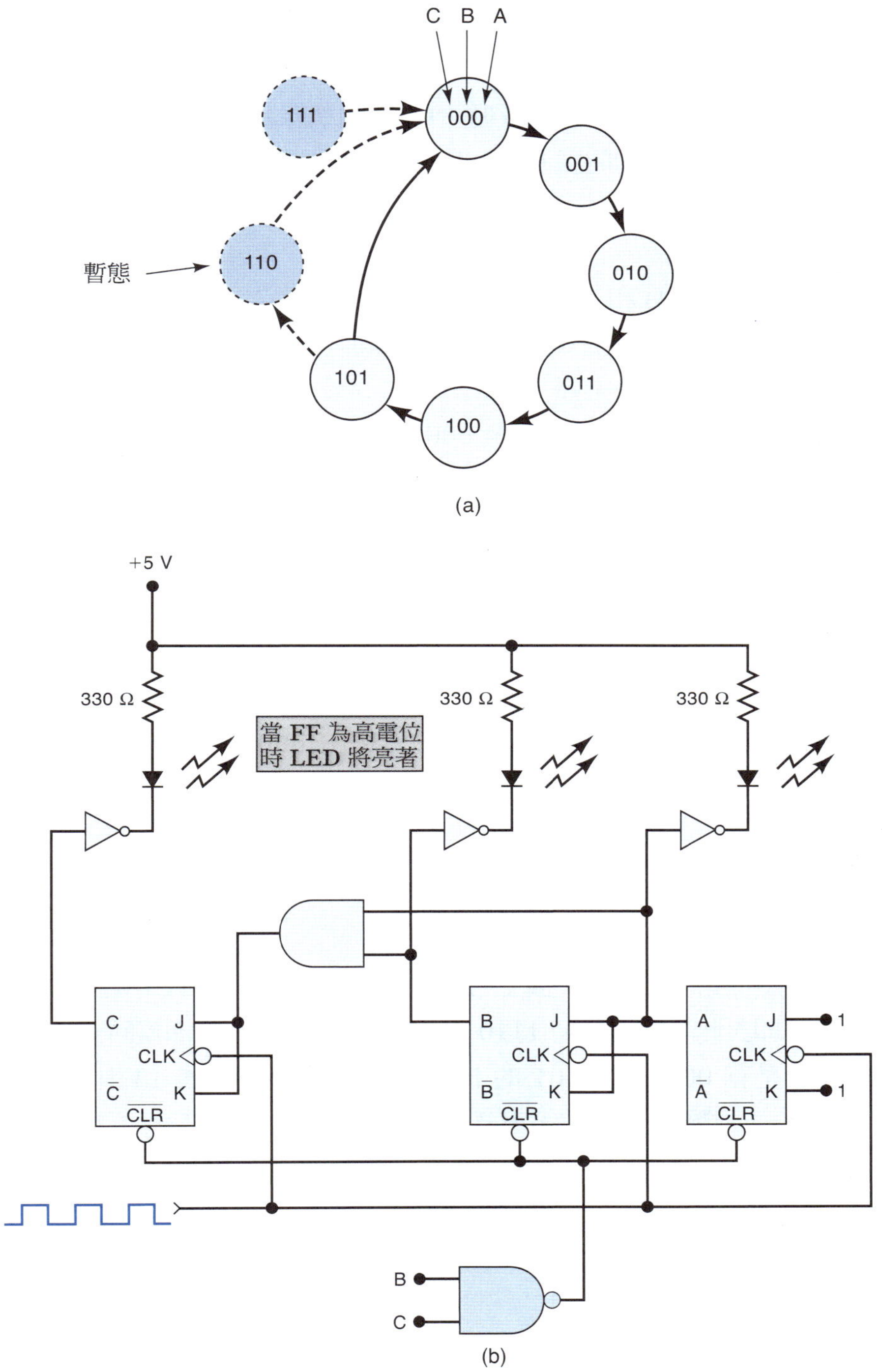

圖 7-7　**(a)** 圖 **7-6** 模**-6** 計數器的狀態變換圖；**(b) LED** 經常是用來顯示計數器的狀態

例題 7-5

(a) 當圖 7-7(b) 中計數器維持於計數 5 時，LED 的狀態為何？
(b) 當計數器以 1 kHz 輸入的時脈波送上時，LED 顯示為何？
(c) 110 狀態是否可見於 LED？

解答：

(a) 由於 $5_{10}=101_2$，2^0 (A) 和 2^2 (C) LED 將為 ON，而 2^1 (B) LED 為 OFF。
(b) 於 1 kHz 時，LED 將因在 ON 和 OFF 之間閃爍太快而使人的目視看成始終 ON，只是亮度為正常的一半。
(c) 否；110 狀態將在計數器重複循環至 000 時僅維持幾個 ns。

改變模數

圖 7-6 與 7-7 的計數器為模-6 計數器，這是因 NAND 閘輸入可選取之故。任何所求的模數可改變這些輸入而得到。例如，使用具有輸入 A、B 及 C 的三輸入 NAND 閘，則計數器達到可立即重置回 000 狀態的 111 狀態前，皆為依常態工作。現不考慮暫時進入 111 狀態，則計數器便由 000 計至 110，接著再回至 000，結果便為模-7 計數器 (七個狀態)。

例題 7-6

試求圖 7-8(a) 計數器的模數，也求 D 輸出頻率。

解答：這是一個四位元的計數器，該正常計數是由 0000 至 1111。NAND 閘輸入為 D、C 及 B，即表此計數器計至 1110 (十進數 14) 時，便立即重回至 0000。故此計數器實際上是有 0000 至 1101 的十四個穩定狀態，而為模-14 計數器。因輸入頻率為 30 kHz，故輸出 D 處的頻率為：

$$\frac{30\ \text{kHz}}{14} = 2.14\ \text{kHz}$$

一般程序

要製作一個全由 0 開始計數且具有 X 模數的計數器可依：

1. 求出 $2^N \geq X$ 的最小 FF 數，且將其接連為計數器。若 $2^N=X$，不要執行步驟

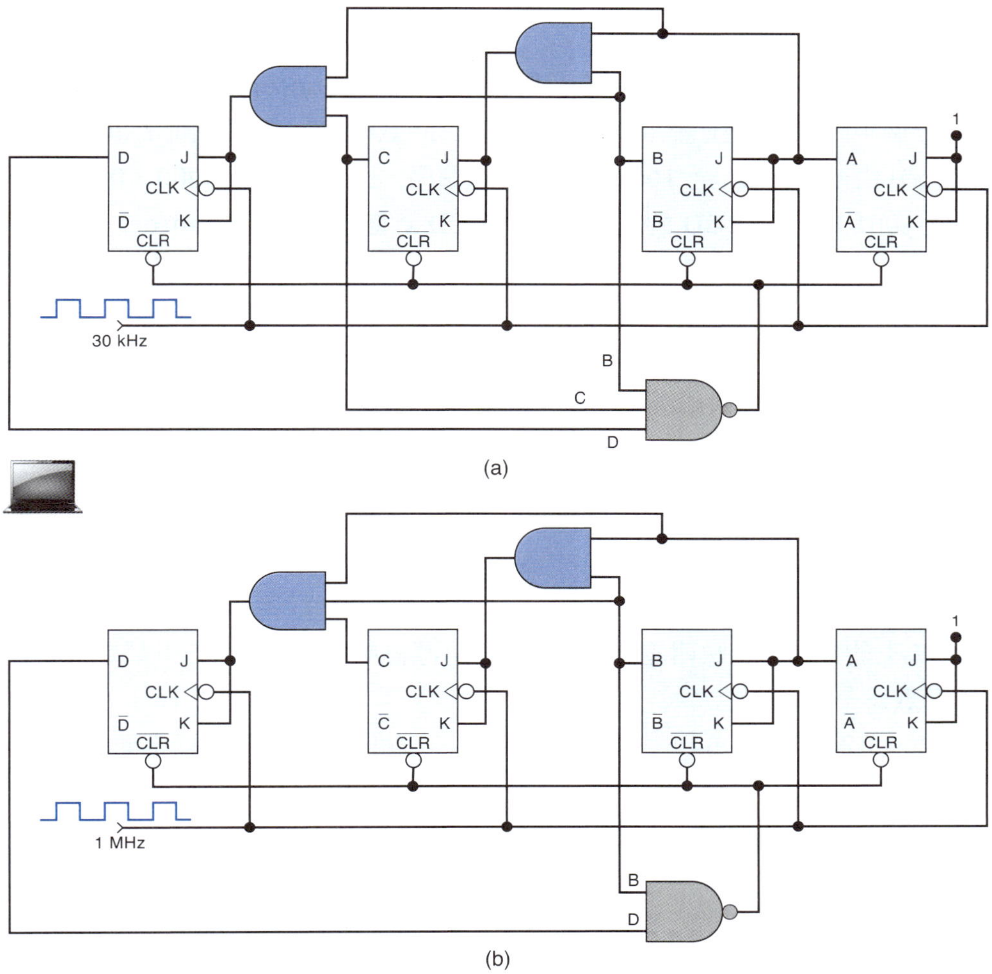

圖 7-8　**(a) 模-14 計數器；(b) 模-10 (十進位) 計數器**

2 和 3。

2. 連接一個 NAND 閘至所有 FF 的非同步 CLEAR 輸入。
3. 求出在計數＝X 時，有哪些 FF 為高電位；接著接連這些 FF 的正常輸出至 NAND 閘輸入。

例題 7-7

試製作一個可由 0000 (0) 計數至 1001 (十進數 9) 的模-10 計數器。

解答：$2^3=8$ 且 $2^4=16$；設需四個 FF。因計數器要有計數 1001 的穩定運算，故當 1010 的計數達到時便要重置為 0。FF 輸出 *D* 與 *B* 需被接至 NAND 閘輸入。圖 7-8(b) 所示為其結構。

十進計數器／BCD 計數器

例題 7-7 的模-10 計數器也稱為**十進計數器** (decade counter)。事實上，十進計數器為具十個不同狀態的任意計數器，並不管其計數順序為何。如圖 7-8(b) 的十進計數器為其由 0000 (0) 至 1001 (9) 的計數順序，因其僅使用 0000、0001、…、1000 及 1001 的十個 BCD 碼組而通稱為 **BCD 計數器** (BCD counter)。所以任何模-10 計數器為十進計數器，且任何是以 0000 至 1001 二進形式計數的十進計數器為 BCD 計數器。

十進計數器，特別是 BCD 型，可發現廣用於脈波與事件的計數及一些十進數字讀出以顯示結果的應用中。稍後將再詳述之。十進計數器也用來將脈波頻率除以 10。輸入的脈波加至並聯的時脈波輸入，而輸出的脈波是由 FF D 輸出取得且為輸入頻率的 1/10。

例題 7-8

在例題 7-3 的模-60 計數器需要將 60 Hz 電源線頻率除成 1 Hz。試完成正確的模-60 計數器。

解答：$2^5=32$ 與 $2^6=64$，故需 6 個 FF，如圖 7-9 所示。顯然當計數至 60 (111100) 時便要將此計數器消除。因此，FF Q_5、Q_4、Q_3 及 Q_2 的輸出要接至 NAND 閘。FF Q_5 的輸出將有 1 Hz 的頻率。

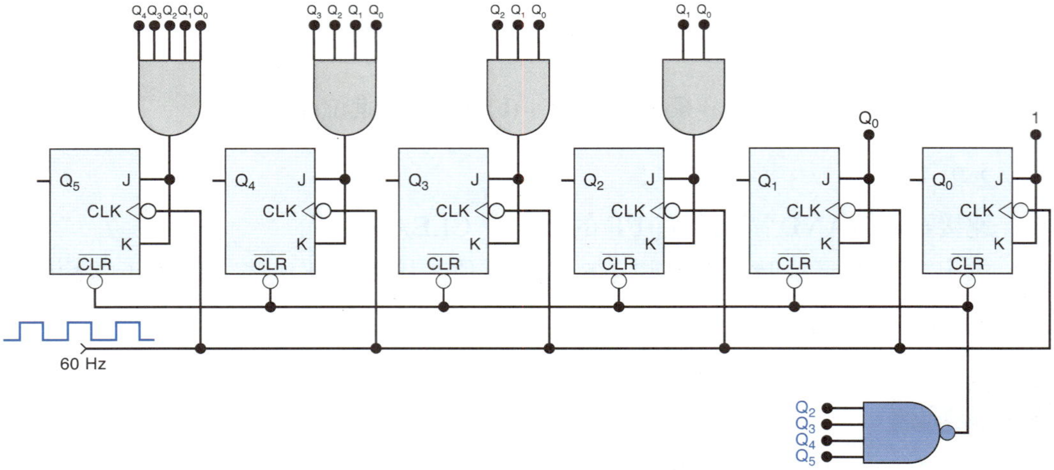

圖 7-9 **模-60 計數器**

複習問題

1. 哪些 FF 輸出要接至可清除 NAND 閘以組成模-13 計數器？
2. 真或偽：所有 BCD 計數器為十進計數器。
3. 有 50 kHz 時脈訊號的十進計數器的輸出頻率為何？

7-5　同步下數與上／下數計數器

於第 7-3 節裡，我們利用了較低階的 FF 輸出來控制每個 FF 的跳換而創造出同步的**上數計數器** (up counter)。同步的**下數計數器** (down counter) 則是以相同的方式建構，只是改以反相的 FF 輸出來控制較高階的 *J*、*K* 輸入。若將圖 7-10 中的同步且為模-16 之下數計數器與圖 7-5 中的上數計數器作比較，顯示出我們僅需替換 *A*、*B* 與 *C* 輸出為對應的反相 FF 輸出。對於下數計數順序而言，LSB FF A 仍需隨著時脈輸入信號的每個 NGT 作跳換。FF B 當 $A=0$ ($\overline{A}=1$) 時必須於時脈波的

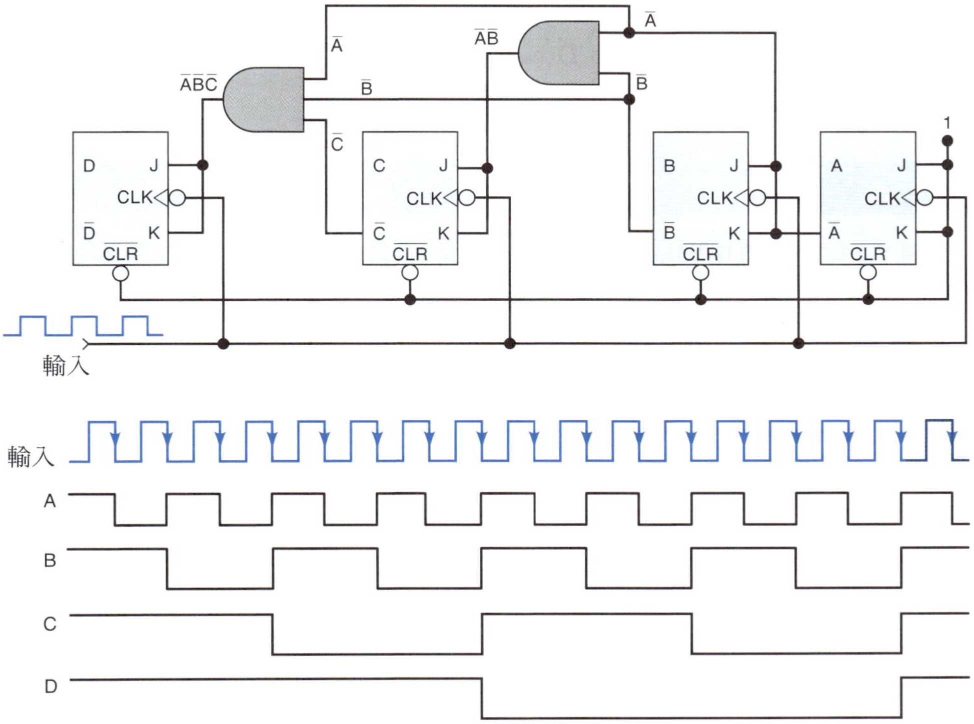

圖 7-10　同步式模-16 下數計數器與輸出波形

下一個 NGT 改變狀態。FF C 則當 $A=B=0$ ($\overline{A}\cdot\overline{B}=1$) 時改變狀態，而 FF D 則當 $A=B=C=0$ ($\overline{A}\cdot\overline{B}\cdot\overline{C}=1$) 時改變狀態。此電路組態將產生出計數順序：15，14，13，12，⋯，3，2，1，0，15，14，依此類推，如時序圖中所示。

圖 7-11(a) 指出如何組成並聯上／下數計數器 (up/down counter)。控制輸入 Up/$\overline{\text{Down}}$ 要用來控制將正常的 FF 輸出或反相的 FF 輸出送至後隨 FF 的 J 與 K 輸入。當 Up/$\overline{\text{Down}}$ 維持在高電位時，AND 閘 1 與 2 被激能而 AND 閘 3 與 4 則被禁抑 (注意反相器)。這樣將允許 A 與 B 輸出經由閘 1 與 2 送至 FF B 與 C 的 J 與 K 輸入。當 Up/$\overline{\text{Down}}$ 維持於低電位時，AND 閘 3 與 4 皆被激能之同時，AND 閘 1 與 2 是被禁抑的。如此即允許 A 與 B 輸出經由閘 3 與 4 送到 FF B 與 C 的 J 與 K 輸入。

圖 7-11(b) 的波形說明此操作情形。注意在前五個時脈波，Up/$\overline{\text{Down}}=1$ 且計數器向上計數；後五個脈波時，Up/$\overline{\text{Down}}=0$，且計數器向下計數。

此計數器的狀態變換圖如圖 7-11(c) 中所示。箭頭代表發生於時脈信號 NGT 上的狀態變換。注意到有兩個箭頭離開每個狀態小圈。此即所謂的**條件式變換** (conditional transition)。此計數器的下一個狀態當然視加到控制輸入 Up/$\overline{\text{Down}}$ 的邏輯準位而定。每個箭頭必須標示著將產生指定變換的輸入控制邏輯準位。控制信號的名稱是提供作接近狀態變換圖的說明。

用於控制信號的術語 (Up/$\overline{\text{Down}}$) 它如何影響計數器。上數操作為高電位動作；下數操作則是低電位動作。

例題 7-9

如果圖 7-11(b) 中 Up/$\overline{\text{Down}}$ 信號於時脈的 NGT 時改變準位將產生何種問題？

解答：FF 可能無法預期的操作，蓋其中有的會使其 J 與 K 輸入於 NGT 發生在其 CLK 輸入的同時作改變。然而，控制信號的變化影響必須在到達 J、K 輸入前傳經兩個閘，是故較可能的是 FF 將預期的對 CLK 的 NGT 前的 J、K 準位作反應。

複習問題

1. 上數計數器與下數計數器之間的計數順序有何不同？
2. 哪些電路變更將轉變同步式二進制上數計數器成二進制下數計數器？

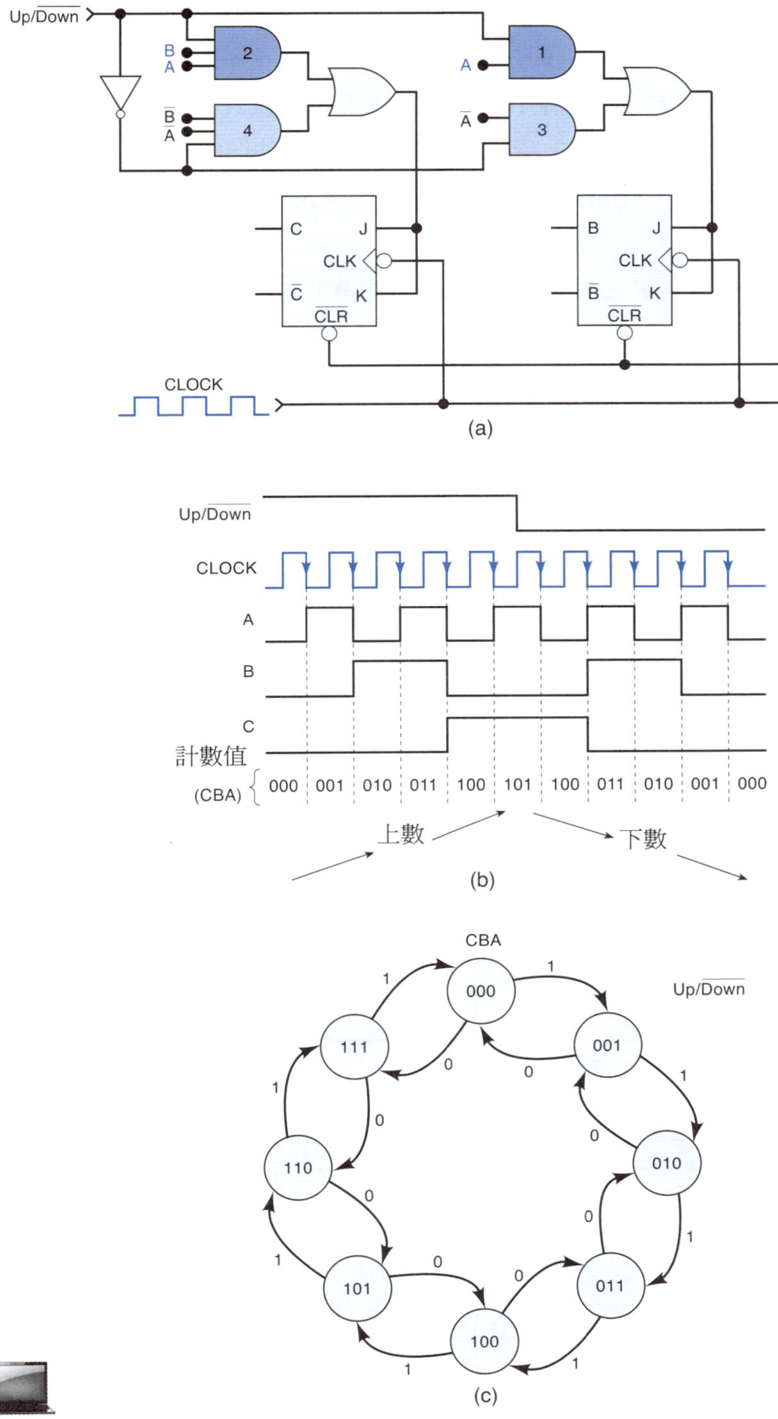

圖 7-11 **(a)** 模-8 同步上數／下數計數器；**(b)** 計數器於控制輸入 **Up/$\overline{\textbf{Down}}$＝1** 時向上計數；當控制輸入 **Up/$\overline{\textbf{Down}}$＝0** 時向下計數；**(c)** 狀態變換圖

7-6 可預置計數器

大多數可供使用的同步 (並聯) 計數器 IC 都被設計成**可預置式** (presettable)。換言之，其可以非同步 (不依時脈訊號) 或同步 (在時脈訊號動作變化時) 兩種方式預置成任何所要的起始計數值。此預置操作也稱為**並聯載入** (parallel loading) 計數器。

圖 7-12 所示為三位元可預置並聯上數計數器的邏輯電路。J、K 及 CLK 輸入被接連成能執行並聯上數的功能，而非同步 PRESET 與 CLEAR 輸入則被接連成能執行非同步預置的功能。可依下列步驟於任何時刻預置該計數器為任何所要做起始計數值：

1. 將所要的計數值加諸預置輸入 P_2、P_1 及 P_0。
2. 將低電位脈波加諸於 PARALLEL LOAD 輸入 ($\overline{PL}$)。

此過程即將 P_2、P_1 及 P_0 電位以非同步方式分別傳送至 FF Q_2、Q_1 及 Q_0 (5-16 節)。這種塞入傳送 (jam transfer) 的發生是與 J、K 及 CLK 輸入無關的。由於每個 FF 於 $\overline{PL}=0$ 時會有其中一個非同步輸入被激能，因此 CLK 輸入之作用只要 $\overline{PL}$ 處於低電位狀態則 CLK 輸入就被禁抑。一旦 $\overline{PL}$ 回到高電位時，FF 即可

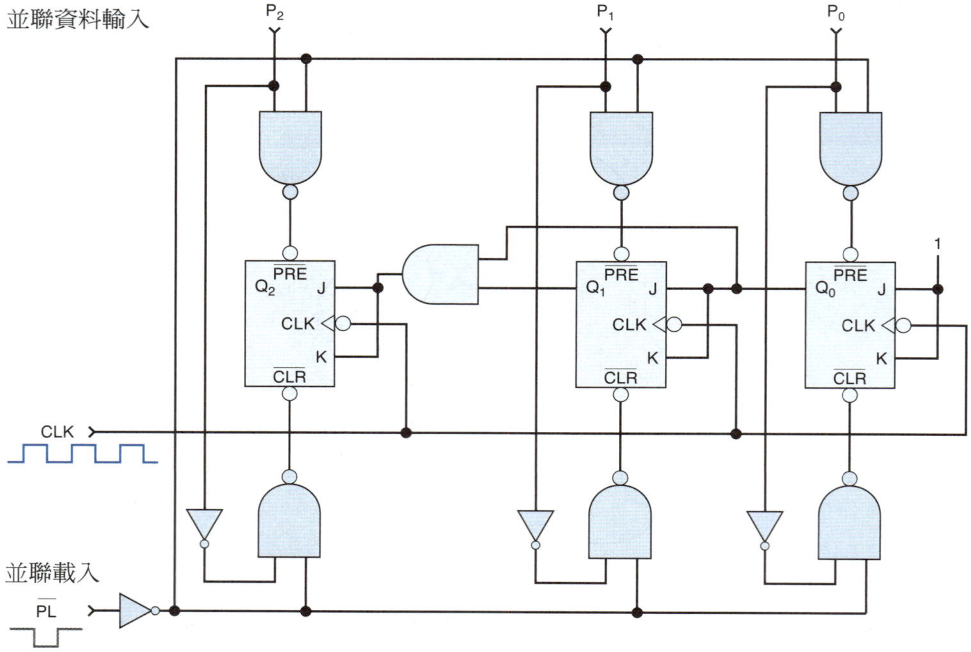

圖 7-12　具非同步預置輸入的可預置並聯計數器

對它們的 *CLK* 輸入作反應，且可從下載至計數器中的計數值開始恢復向上計數的操作。

例如，假設 $P_2=1$，$P_1=0$，$P_0=1$，則當 $\overline{PL}$ 為高電位時，這些並聯資料輸入即被禁抑。此時若有時脈脈波輸入，則計數器將執行正常的上數功能。現在假設在計數器計數到 010 (即 $Q_2=0$，$Q_1=1$，$Q_0=0$) 時 $\overline{PL}$ 被加脈波為低電位，則此低電位的 $\overline{PL}$ 訊號將使 Q_1 的 $\overline{CLK}$ 輸入產生低電位，並使 Q_2 與 Q_0 的 $\overline{PRE}$ 輸入產生低電位，於是計數器無視已計數到何值一律產生 101 輸出。計數器持續保持 101 輸出直到 $\overline{PL}$ 被禁抑 (回返至高電位) 為止；從此以後，計數器便從 101 開始往上計數時脈脈波。

有多種計數器 IC 可提供非同步預置功能，諸如 TTL 74ALS190、74ALS191、74ALS192、74ALS193 及同等 CMOS 的 74HC190、74HC191、74HC192、74HC193 等均屬之。

同步預置

有數種並聯計數器 IC 是使用同步預置方式，計數器是在用來計數的相同時脈訊號動作時被預置。並聯載入控制輸入上的邏輯準位決定計數器於下一個動作之時脈波變換時將預置為送來的輸入資料。

使用同步預置之 IC 計數器的典型例子包含有 TTL 74ALS160、74ALS161、74ALS162、74ALS163 及同等 CMOS 的 74HC160、74HC161、74HC162、74HC163。

複習問題

1. 當我們說計數器是可預置的，其意義為何？
2. 試描述非同步與同步預置的差別。

7-7　IC 同步計數器

74ALS160-163/74HC160-163 系列

圖 7-13 指出了 74ALS160 到 74ALS163 系列之 IC 計數器 (以及對等的 CMOS IC，74HC160 到 74HC163) 的邏輯符號、模數及功能表。這些重循環式的四位元計數器之輸出標示為 *QD*、*QC*、*QB*、*QA*，其中 *QA* 為 LSB 且 *QD* 為 MSB。它們是以送到 *CLK* 的 PGT 來脈動。四種不同元件編號的每種皆有二種不同特

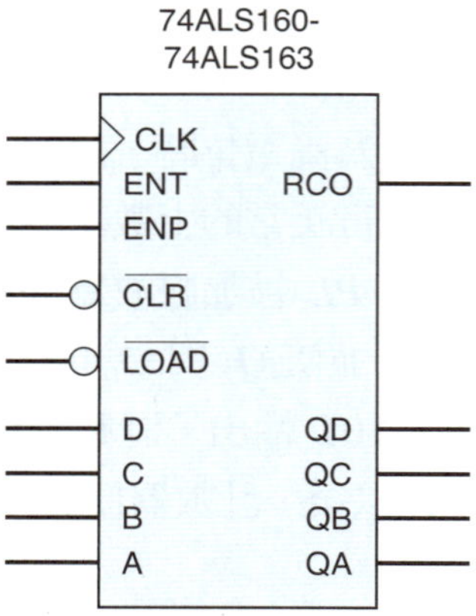

(a)

元件編號	模　數
74ALS160	10
74ALS161	16
74ALS162	10
74ALS163	16

(b)

74ALS160-74ALS163 功能表

$\overline{CLR}$	$\overline{LOAD}$	ENP	ENT	CLK	功　能	元件編號
L	X	X	X	X	非同步清除	74ALS160 & 74ALS161
L	X	X	X	≠	同步清除	74ALS162 & 74ALS163
H	L	X	X	≠	同步載入	皆是
H	H	H	H	≠	上數	皆是
H	H	L	X	X	不變	皆是
H	H	X	L	X	不變	皆是

(c)

圖 7-13　**74ALS160-74ALS163** 系列同步計數器：**(a)** 邏輯符號；**(b)** 模數；**(c)** 功能表

徵的組合。如圖 7-13(b) 中所見者，其中二種是模-10 計數器 (74ALS160 到 74ALS162)，而另外二種則是模-16 二進制計數器 (74ALS161 與 74ALS163)。這些元件的其他變型則是具有清除功能的操作 [如圖 7-13(c) 中特別加亮部分]。74ALS160 與 74ALS161 每個皆有非同步清除輸入。此意味著只要 $\overline{CLR}$ 轉變成低電位時 ($\overline{CLR}$ 對此四種元件而言是低電位動作的)，計數器的輸出將被重置成 0000。相反的，74ALS162 與 74ALS163 IC 計數器則是同步式清除的。若要這些計數器同步清除，$\overline{CLR}$ 輸入必須為低電位且 PGT 必須加到時脈輸入端上。清除輸入對於此種系列之 IC 計數器而言比其他功能更具優先。清除將覆蓋其他所有的控制輸入，如圖 7-13(c) 中功能表標示為 X 者。

此系列 IC 計數器中可用的第二優先功能為資料之並聯載入到計數器的 FF 中。若要預置資料值，則使清除輸入不動作 (高電位)，將所要的四位元數值送到資料輸入接腳 D、C、B、A (A 是 LSB 而 D 是 MSB)，送低電位到 $\overline{LOAD}$ 輸入控制，然後以 PGT 時脈運作此晶片。載入功能因此是同步的且優先於計數操作，所

以它並不在意送到 *ENT* 或 *ENP* 的邏輯準位為何。若要從重置狀態計數起，則需將載入抑制 (使用高電位) 且激能計數功能。如果載入功能是不動作的，則可不理會送至資料輸入接腳者為何。

若要激能計數操作 (此為最低優先的功能)，$\overline{CLR}$ 與 $\overline{LOAD}$ 控制輸入必須是不動作的。除此之外，尚有二個高電位動作的計數激能控制，*ENT* 與 *ENP*。*ENT* 與 *ENP* 本質上是 AND 一起來控制計數功能。如果有一個或二個**計數激能** (count enable) 控制不動作 (低電位)，則計數器將維持目前的狀態。因此，若要以 *CLK* 上的每個 PGT 來遞增計數值，則全部四個控制輸入必須為高電位。若正計數時，十進計數器 (74ALS160 與 74ALS162) 於狀態 1001 (9) 之後自動的重循環回 0000，而二進計數器則於 1111 (15) 之後自動的重循環。

此種系列的 IC 計數器晶片尚有另一個輸出接腳，*RCO*。此一高電位動作的輸出其功能為偵測 (解碼) 計數器的最後或最終狀態。十進計數器的最終狀態為 1001 (9)，而模-16 計數器的最終狀態則為 1111 (15)。*ENT* (主要的計數激能輸入) 也控制著 *RCO* 的操作。*ENT* 必須是高電位方能讓計數器以 *RCO* 輸出來指示出已達它的最終狀態。此特徵於多串級中連接二或更多個計數器以創造出較大型計數器時是極為有用的。

例題 7-10

參閱圖 7-14，其中的 74HC163 其輸入信號已送上了時序圖。並聯資料輸入永遠連接成 1100。假定計數器最初為 0000 狀態，試求出計數器輸出波形。

解答：最初 (t_0)，計數器的 FF 全部皆為低電位。由於這並非計數器的最終狀態，輸出 *RCO* 也將為低電位。*CLK* 輸入上的第一個 PGT 發生於 t_1，而且由於全部的控制輸入皆為高電位，因此計數器將遞增到 0001。計數器將隨著每個 PGT 持續上數直到 t_2 止。$\overline{CLR}$ 輸入於 t_2 時為低電位。這將同步的於 t_2 時重置計數器成 0000。t_2 之後，$\overline{CLR}$ 輸入轉變成無作用 (高電位)，使得計數器將再次從 0000 且配合著每個隨後的 PGT 開始上數。t_3 時 $\overline{LOAD}$ 輸入為低電位。這將於 t_3 時同步的載入送上的資料值 1100 (12) 到計數器中。t_3 之後，$\overline{LOAD}$ 輸入轉變成無作用 (高電位)，所以計數器將持續配合著每個持續的 PGT 自 1100 往上計數直到 t_4 為止。計數器輸出於 t_4 或 t_5 時並不會改變，這是因為 *ENP* 或 *ENT* (計數器激能輸入) 為低電位。這將維持計數值於 1110 (14)。於 t_6 時，計數器再被激能且上數到 1111 (15)，即為它的最終狀態。結果為 *RCO* 輸出現在轉變成高電位。於 t_7 時，*CLK* 上的另一個 PGT 將使計數器循環回到 0000 且 *RCO* 回復到低電位輸出。

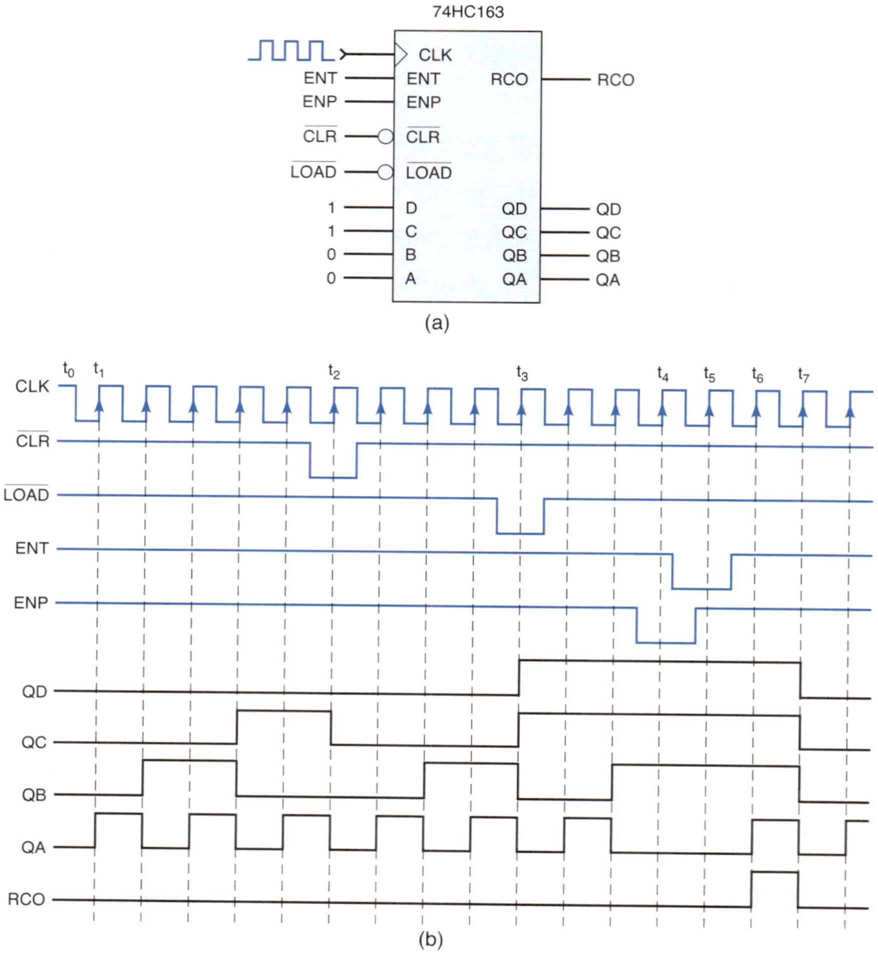

圖 7-14　例題 7-10

例題 7-11

參閱圖 7-15，其中的 74HC160 其輸入信號已送上了時序圖。並聯資料輸入永遠連接成 0111。假定計數器最初為 0000 狀態，試求出計數器輸出波形。

解答：最初 (t_0) 計數器的 FF 全部為低電位。由於這並非 BCD 計數器的最終狀態，輸出 *RCO* 也將為低電位。*CLK* 輸入上的第一個 PGT 發生於 t_1，而且由於全部的控制輸入皆為高電位，因此計數器將遞增到 0001。計數器將隨著每個 PGT 持續上數直到 t_2 止。非同步 $\overline{CLR}$ 輸入於 t_2 轉變成低電位，且於彼刻立即將計數器重置成 0000。於 t_3 時，$\overline{CLR}$ 輸入仍然作用著 (低電位)，所以 *CLK* 輸入的 PGT 將被忽略且計數器將停留在 0000。稍後 $\overline{CLR}$ 輸入再轉變成不作用且計數器

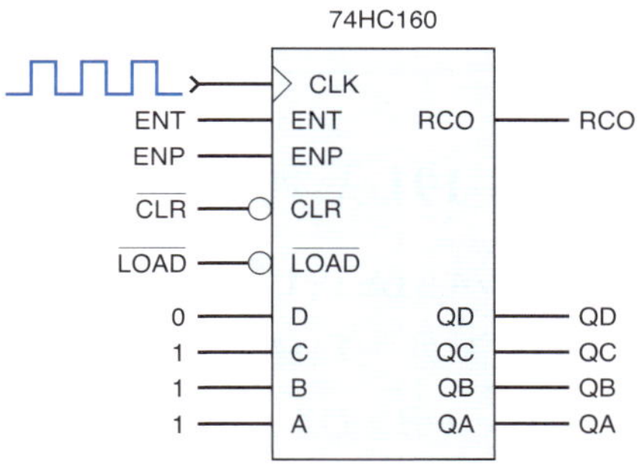

(a)

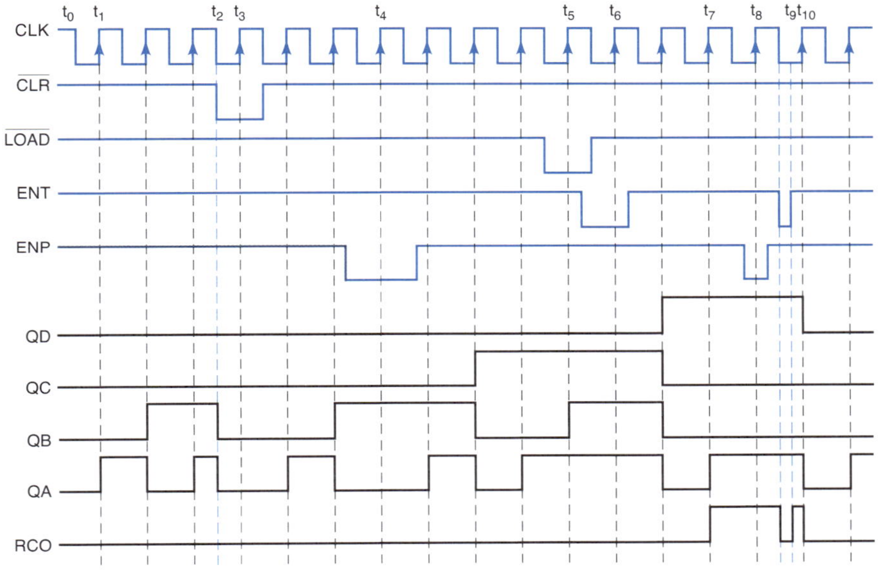

(b)

圖 7-15　例題 7-11

將上數至 0001 而後為 0010。t_4 時，計數器激能 *ENP* 為低電位，所以計數器維持於 0000。對於隨後之 *CLK* 輸入的 PGT，計數器將被激能且上數到 t_5 為止。於 t_5 時，$\overline{LOAD}$ 輸入為低電位。這將同步的於 t_5 時載入送來的資料 0111 (7) 到計數器中。於 t_6 時，計數器激能 *ENT* 為低電位，所以計數器維持於 0111。對於 t_6 後接著的二個 PGT 而言，由於計數器再度被激能，因此它將持續上數。於 t_7 時，BCD 計數器到達它的最終狀態 1001 (9) 且 *RCO* 輸出現在將轉變成高電位。於 t_8 時，*ENP* 為低電位且計數器將停止計數 (維持於 1001)。於 t_9 時，當 *ENT* 為低電位時，*RCO* 輸出將被禁抑，所以即使計數器仍維持於它的最終狀態 (1001) 它將回復成低電位。記得只有 *ENT* 控制著 *RCO* 輸出。若在計數器最終狀態期間 *ENT* 回復成高電位時，*ROC* 再度轉變成高電位。於 t_{10} 時計數器被激能，它將重循環到

0000，然後於最後一個 PGT 時計數到 0001。

74ALS190-191/74HC190-191 系列

圖 7-16 指出了 74ALS190 與 74ALS191 系列之 IC 計數器的邏輯符號、模數以及功能表 (以及它的對等 CMOS 系列、74HC190 與 74HC191)。這些循環式四位元計數器的輸出標示為 *QD*、*QC*、*QB*、*QA*，其中 *QA* 為 LSB 且 *QD* 為 MSB。它們是由送至 *CLK* 的 PGT 來脈動的。二種元件編號間的唯一差別為計數器的模數。74ALS190 為模-10 計數器而 74ALS191 為模-16 二進制計數器。二種晶片都是上／下數計數器且有一個非同步式低電位動作的載入輸入。此意味著一旦 $\overline{LOAD}$ 轉變成低電位，計數器將重置成 *D*、*C*、*B*、*A* 輸入接腳上的並聯資料 (*A* 為 LSB 且 *D* 為 MSB)。如果載入功能是不動作的，則可不用管資料輸入接腳上者為何。載入輸入優先於計數功能。

若要計數，$\overline{LOAD}$ 控制輸入必須是不動作的 (高電位) 且計數激能控制 $\overline{CTEN}$ 必須為低電位。計數方向是由 $D/\overline{U}$ 控制輸入來控制。如果 $D/\overline{U}$ 為低電位，計數器將隨著 *CLK* 上的每個 PGT 遞增，而 $D/\overline{U}$ 上為高電位時則將計數器遞減。二種計數器皆會自動的依任何一個計數方向循環。十進制計數器若為向上計數時於狀態 1001 (9) 之後重循環回到 0000，或於向下計數時於狀態 0000 之後重循環回到 1001。二進制計數器若為向上計數時於 1111 (15) 之後重循環回到 0000，或於向下計數時於狀態 0000 之後重循環回到 1111。

這些計數器晶片多了二個輸出接腳，*MAX/MIN* 與 $\overline{RCO}$。*MAX/MIN* 為高電位作用之輸出用以偵測 (解碼) 計數器的最終狀態。由於它們是上／下數計數器，

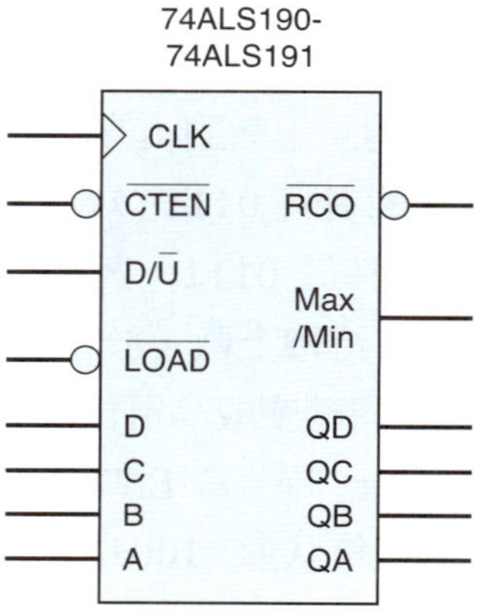

(a)

元件編號	模　數
74ALS190	10
74ALS191	16

(b)

74ALS190-74ALS191 功能表

$\overline{LOAD}$	$\overline{CTEN}$	$D/\overline{U}$	CLK	功　能
L	X	X	X	非同步載入
H	L	L	≠	上數
H	L	H	≠	下數
H	H	X	X	不變

(c)

圖 7-16　74ALS190-74ALS191 系列同步計數器：**(a)** 邏輯符號；**(b)** 模數；**(c)** 功能表

因此最終狀態視計數器方向而定。當計數器是下數時之最終狀態 (MIN) 為 0000 (0)。但如果是向上計數時，對於十進制計數器而言的最終狀態 (MAX) 為 1001 (9)，但對於模-16 計數器之最終狀態為 1111 (15)。請注意到 *MAX/MIN* 於計數順序中只偵測到一個狀態——它僅與向上計數或向下計數有關。低電位動作的 $\overline{RCO}$ 輸出也會偵測到計數器的最終狀態，只是稍複雜些。首先，它僅當 $\overline{CTEN}$ 為低電位時才會被激能。此外，當 *CLK* 輸入為低電位時 $\overline{RCO}$ 將僅為低電位。所以基本上 $\overline{RCO}$ 僅於計數器被激能時的最終狀態期間才會模仿 *CLK* 波形。

例題 7-12

參閱圖 7-17，其中 74HC190 之輸入信號如時序圖中所給定者。並聯資料輸入永

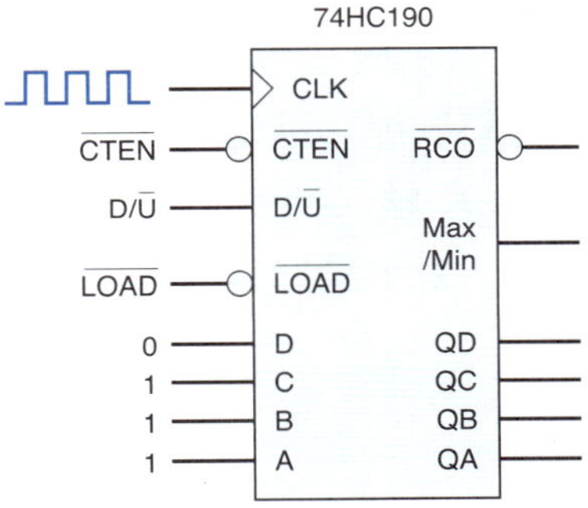

(a)

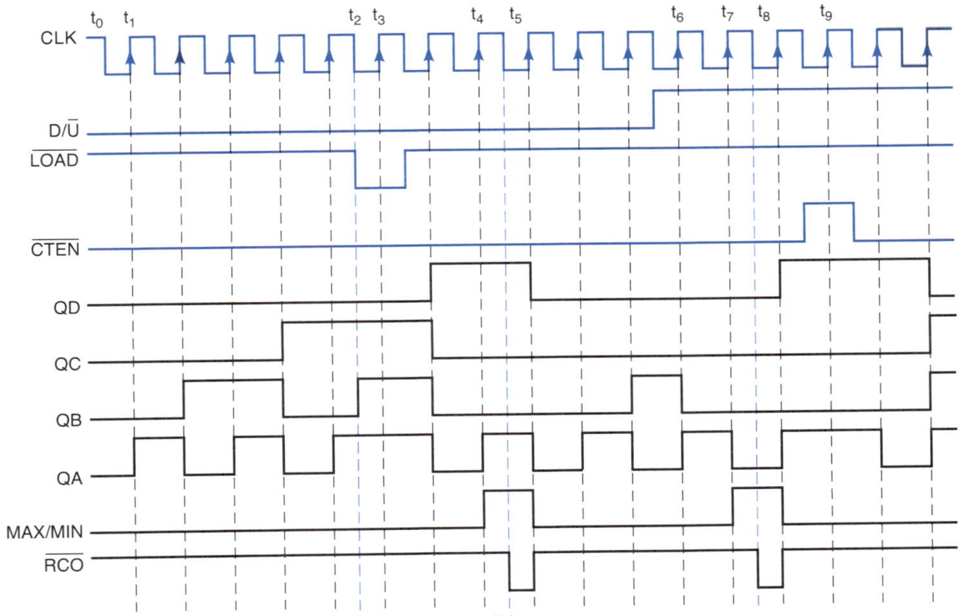

(b)

圖 7-17　例題 7-12

遠連接成 0111。假定計數器最初是在 0000 狀態，試求出計數器輸出波形。

解答：最初 (t_0) 計數器的 FF 全部為低電位。由於計數器是被激能 ($\overline{CTEN}=0$) 且計數方向控制 $D/\overline{U}=0$，BCD 計數器將於 t_1 時當第一個 PGT 送至 *CLK* 時才會開始向上計數且隨著每個 PGT 持續上數到 t_2 為止，其中計數器已到達了 0101。非同步 $\overline{LOAD}$ 輸入於 t_2 時轉變成低電位，且將立即把 0111 於該時刻載入到計數器中。於 t_3 時，$\overline{LOAD}$ 輸入仍然動作著 (低電位)，所以 *CLK* 輸入的 PGT 將被忽略，且計數器將停留於 0111。稍後 $\overline{LOAD}$ 輸入再次轉變成高電位，且計數器則於下一個 PGT 時上數到 1000。於 t_4 時，計數器遞增到 1001，此為 BCD 上數計數器的最終狀態，且 *MAX/MIN* 輸出轉變成高電位。t_5 期間，計數器處於它的最終狀態且 *CLK* 輸入為低電位，所以 $\overline{RCO}$ 轉成低電位。對於 *CLK* 輸入隨後的 PGT 而言，計數器將重循環回到 0000 且持續上數到 t_6 為止。就剛好於 t_6 之前，$D/\overline{U}$ 控制變換成高電位。這將使計數器於 t_6 時向下計數且於 t_7 時再次下數，這時它將為 0000 狀態，現在它就是最終狀態，這是因為我們向下計數，且 *MAX/MIN* 將輸出高電位。於 t_8 期間，當 *CLK* 輸入轉變成低電位時，$\overline{RCO}$ 輸入再次為低電位。於 t_9 時，計數器是以 $\overline{CTEN}=1$ 來禁抑且計數器持住在 1001。對於隨後的 *CLK* 脈波而言，計數器持續下數。

例題 7-13

試比較二種計數器的操作，其中一種含有同步載入而另一種則具有非同步載入。參閱圖 7-18(a)，其中 74ALS163 與 74ALS191 依相似的方式接線以作二進制上數。此二晶片皆由相同的時脈波信號來驅動，且 *QD* 與 *QC* 輸出 NAND 一起來控制個別的 $\overline{LOAD}$ 輸入控制。假設二個計數器最初都是在 0000 狀態。

(a) 試求出每個計數器的輸出波形。

(b) 每個計數器的循環計數順序與模數為何？

(c) 為何它們有不同的計數順序？

(d) 針對每個計數器描繪出完整的 (包括所有 16 個狀態) 的狀態變換圖。

解答：

(a) 從狀態 0000 開始，每個計數器將持續上數到狀態 1100 (12) 為止，如圖 7-18(b) 中所示。每個 NAND 閘於該時刻將送低電位到個別的 $\overline{LOAD}$ 輸入。74ALS163 有一個非同步 $\overline{LOAD}$ 且將等待到 *CLK* 上的下一個 PGT 才會把資料輸入 0001 載入到計數器中。74ALS191 具有一個非同步的 $\overline{LOAD}$ 且將立即將資料輸入 0001 載入到計數器中。這將使 1100 狀態為 74ALS191 的暫態或瞬態。瞬態將對若干計數器產生尖波或假脈波，這是因為其快速來回轉變

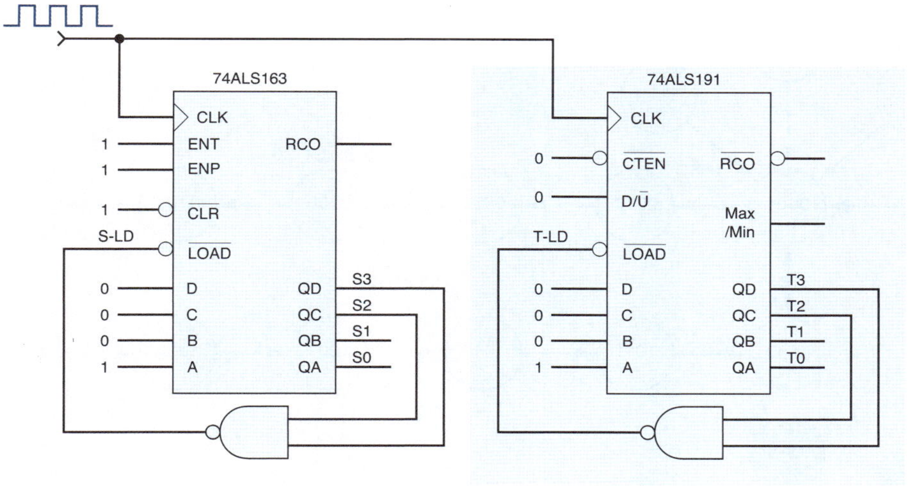

(a)

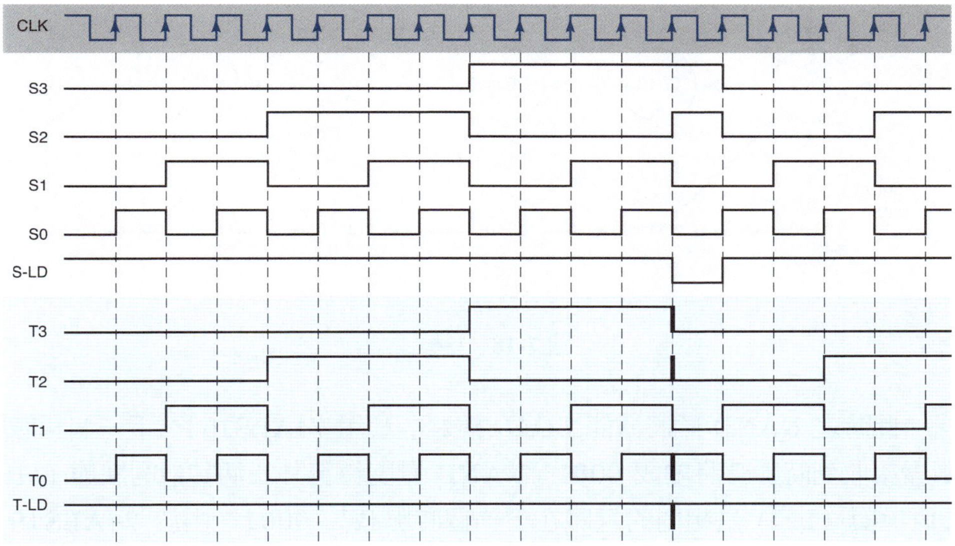

(b)

圖 7-18　例題 7-13

之故。

(b) 74ALS163 電路有個自 0001 到 1100 循環的計數順序而且為模-12 計數器。74ALS191 電路有個自 0001 到 1011 的計數順序且為模-11 計數器。瞬態則於決定計數器模數時未列入。

(c) 二種計數器電路有不同的計數順序，因為其中有同步載入，而另一個則具有非同步載入。

(d) 狀態變換圖 7-18(c) 中所示。二個計數器都將上數至它們到達狀態 1100 為

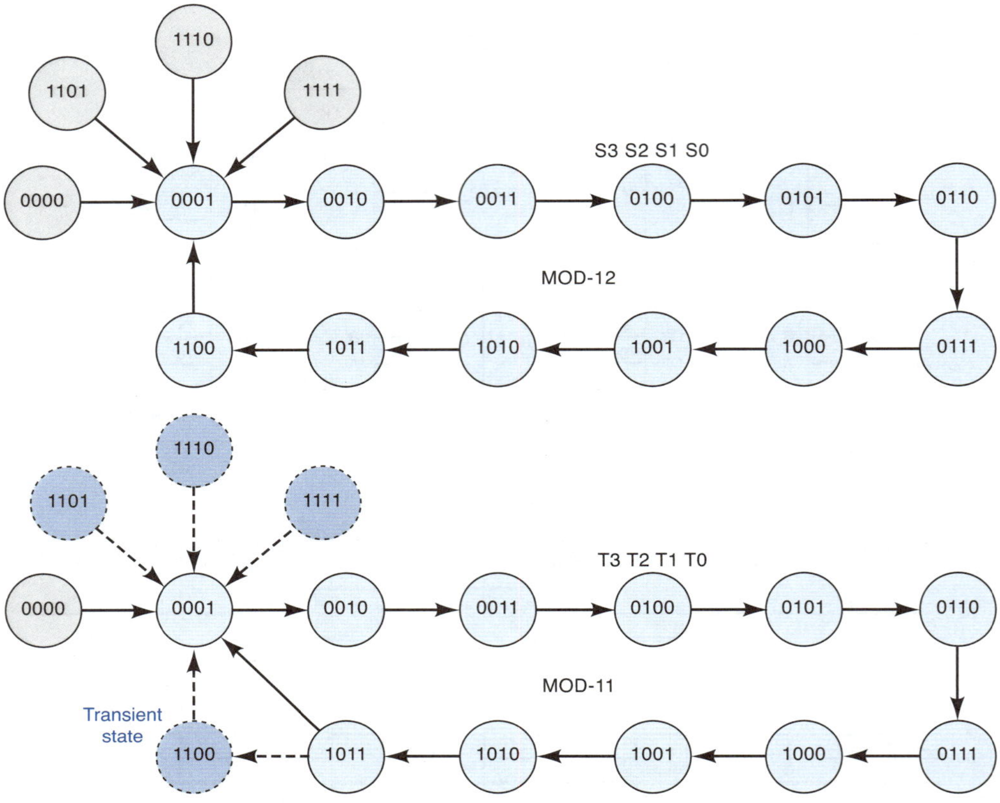

(c)

圖 7-18 **(續)**

止，此時之 NAND 閘將激能 $\overline{LOAD}$ 控制。利用 74ALS163，下一個狀態於計數器接收到時脈時將變成 0001。NAND 閘對待另外三個其他的狀態 (1101、1110 與 1111) 是相同的且將在下一個時脈載入 0001。由於 74ALS191 的 $\overline{LOAD}$ 功能是非同步的，將被 NAND 閘偵測的四種狀態 (11XX) 的每一個將立即載入 0001 到計數器中。當 (或如果) 它們發生時將使每個哪些狀態變成短暫的。變換的條件如狀態變換圖中的虛線所示。注意到狀態 0000 對於任一個計數器而言不會在計數序列中重演。

多級配置

許多種標準的 IC 計數器皆已被設計成能容易的連接多個晶片在一起來創造出更廣的計數範圍。本節中所提出的所有計數器晶片可容易的連接成**多級** (multistage) 或**串接** (cascading) 配置。圖 7-19 中，二個 74ALS163 連接成雙級計數器配置以

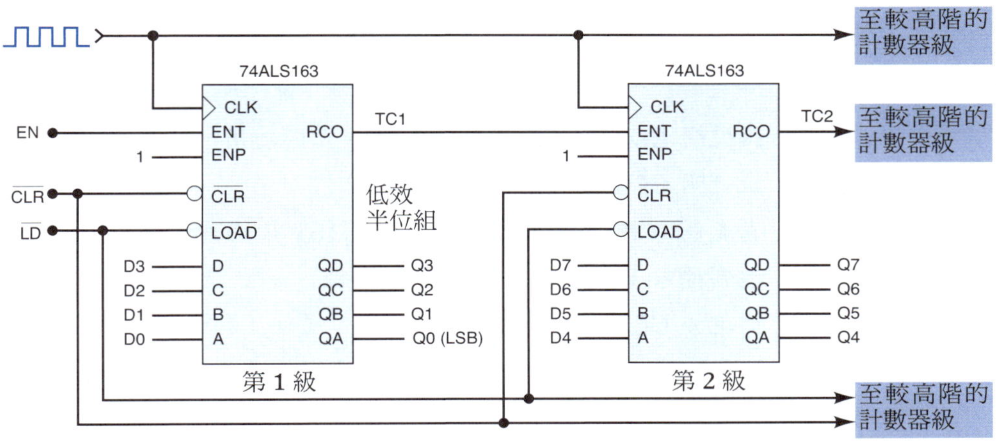

圖 7-19　二個 74ALS163 連接成雙級配置以擴充最大計數範圍

產生一個最大模數 256 之從 0 到 255 的循環式二進順序。將低電位送到 $\overline{CLR}$ 輸入將同步的清除此二個計數器級，而且送低電位到 $\overline{LD}$ 則將同步的重置八位元計數器成輸入端 $D7$、$D6$、$D5$、$D4$、$D3$、$D2$、$D1$、$D0$ ($D0$＝LSB) 上的二進數值。左邊的方塊 (第 1 級) 為低階級，且提供了最低效的計數器輸出 $Q3$、$Q2$、$Q1$、$Q0$ ($Q0$＝LSB)。右邊的第 2 級則提供了最高效計數器輸出 $Q7$、$Q6$、$Q5$、$Q4$ ($Q7$＝MSB)。

八位元計數器的激能，EN，是連接到第 1 級上的 ENT 輸入。要注意的是我們必須使用 ENT 輸入而非 ENP，因為僅有 ENT 來控制 RCO 輸入。使用 ENT 與 RCO 則使得串接非常容易。這二個方塊皆同步的共同以時脈波來脈動，但右邊的方塊 (第 2 級) 將被禁抑一直到最低效輸出半位元組已到達它的最終狀態，這將由 $TC1$ 輸出來顯示出。當 $Q3$、$Q2$、$Q1$、$Q0$ 到達了 1111 且 EN 為高電位，則 $TC1$ 將輸出高電位。這就能使這二個計數器級隨著時脈波上的下一個 PGT 向上計數。第 1 級將重循環回到 0000 且第 2 級則從它先前的輸出級遞增。$TC1$ 則將回復成低電位，這是因為第 1 級不再處於它的最終狀態。如果 EN＝1，則隨著後面的時脈波，第 1 級將持續上數一直到它再次到達 1111，而且重複此過程。當八位元計數器到達 11111111 時，它將於下一個時脈波時重循環回到 00000000。

附加的 74ALS163 計數器晶片可依相同的方式串接。$TC2$ 將連接到下一個晶片上的 ENT 控制，依此類推。當 $Q7$、$Q6$、$Q5$、$Q4$ 等於 1111 且 $TC1$ 為高電位時 $TC2$ 將為高電位，這將一樣意味著 $Q3$、$Q2$、$Q1$、$Q0$ 也等於 1111 且 EN 為高電位。此種串接的技巧對於此系列中的全部晶片 (TTL 或 CMOS 族) 都行得通，即使是 BCD 計數器亦然。74ALS190-191 (或 74HC190-191) 系列也可利用低電位作用的 $\overline{CTEN}$ 與 $\overline{RCO}$ 接腳來作類似的串接。使用 74ALS190-191 晶片依此方式連接的多級計數器可向上或向下計數。

複習問題

1. 試說明 $\overline{LOAD}$ 輸入與 D、C、B、A 的功用。
2. 試說明 $\overline{CLR}$ 輸入的功用。
3. 真或偽：當 $\overline{CLR}$ 動作之時 74HC161 無法被預置。
4. 控制輸入上必須呈現哪些邏輯準位方能使 74ALS162 計數出現於 CLK 上的脈波？
5. 控制輸入上必須呈現哪些邏輯準位方能使 74HC190 向下計數且呈現於 CLK 上的脈波？
6. 由 74HC163 IC 組成的四級計數器能計數的最大範圍為何？74ALS190 IC 組成時最大計數範圍又為何？

7-8 計數器解碼

數位計數器也常在為 FF 狀態所表示的計數值必須被判定或顯示的應用中使用到。其中顯示計數器內容最為簡易的方法是在各 FF 的輸出端接上一個小 LED [見圖 7-7(b)]。使用此法將 FF 的狀態以可見的 LED 表示 (亮＝1，暗＝0)，且計數值可藉**解碼** (decoding) LED 所表示的二進狀態來判定。例如，設該法用於一個 BCD 計數器，且 LED 狀態分別為暗-亮-亮-暗，此即表 0110，故以心算解碼為十進數 6。其他 LED 狀態的組合便表示其他可能的計數。

用 LED 指示的方法在計數量 (位元數) 增大時變成很不方便，這是因很難將所顯示的結果用心算方式來解碼之故。因為這個理由，便要發展出一種可將計數器的內容電子性 (electronically) 地解碼，且可將結果以立即辨認形式而不需用心算便能顯示出來的方法。

計數器以電子解碼的一項更為重要理由是因為計數器在很多應用中不需人為的干涉便可用來自動地 (automatically) 控制操作的時序或程序。例如，某系統的操作在計數器達到 101100 狀態 (44_{10} 的計數值) 時便啟動。有個邏輯電路便是用來在此計數值已呈現時可加以解碼或檢測而能啟動此操作。在數位系統中，有很多操作是依此種模式來加以控制。很顯然，在處理進行中的人為干涉是不希望有的，除非是極慢的系統才另當別論。

高電位動作解碼

模-X 計數器具有 X 種不同的狀態。各狀態是以儲存在計數器中 FF 的 0 與 1 標示。解碼網路是可產生 X 個不同輸出的邏輯電路，每個輸出是解碼了計數器的某特定狀態。當解碼 (檢測) 功能產生時，解碼器輸出便被設計來產生高電位或低電位。高電位動作解碼器產生高電位輸出以指示檢測結果。圖 7-20 所示為模-8 計數器的完整高電位動作解碼邏輯。該解碼器是由八個三輸入 AND 閘所組成。對計數器的某特定狀態而言，則各 AND 閘產生一高電位輸出。

例如，AND 閘 0 所具有的輸入為 FF $\overline{C}$、$\overline{B}$ 及 $\overline{A}$ 輸出。因此，除了當 $A=B=$

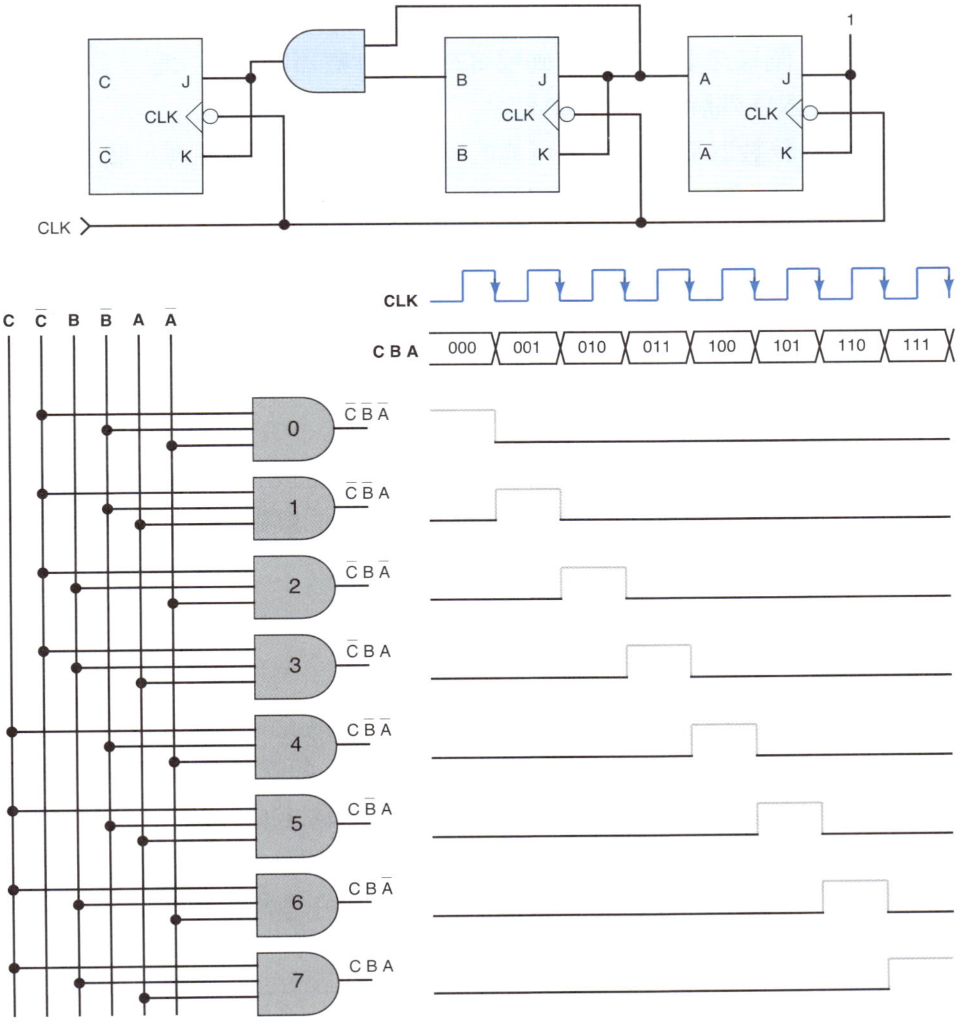

圖 7-20　使用 AND 閘解碼模-8 計數器

$C=0$，即 000 (0) 計數值外，其他時間的輸出皆為低電位。同樣的，AND 閘 5 的輸入為 FF C、$\overline{B}$ 及 A 輸出，故僅當 $C=1$、$B=0$ 及 $A=1$，即 101 (十進值 5) 計數值才輸出高電位。其餘的 AND 閘對其他可能的計數亦依相同方式執行之。任何時刻僅有一個 AND 閘輸出為高電位，且其為可將此時計數器所呈現計數值加以解碼者。圖 7-20 所示為其波形。

八個 AND 閘輸出可用來控制八個代表十進數 0 至 7 的不同指示 LED。在某特定時間僅有一個 LED 會亮以顯示正確的計數值。

AND 閘解碼器可擴展至具有任何狀態數的計數器。下列的例子可說明之。

例題 7-14

有多少 AND 閘被需要來完整解碼模-32 二進計數器的所有狀態？對計數值為 21 而言，送至 AND 閘解碼的輸入為何？

解答： 模-32 計數器具有 32 種可能的狀態。各狀態解碼各需一個 AND 閘。因此，解碼器需 32 個 AND 閘。由於 $32=2^5$，所以計數器具有五個 FF。因此，各閘需具有五個輸入，且各輸入是來自各 FF。解碼 21 (即 10101_2) 的計數值是需 E、$\overline{D}$、C、$\overline{B}$ 及 A 諸 AND 閘輸入，E 為 MSB 正反器。

低電位動作解碼

如果 NAND 閘被用來取代 AND 閘，則當計數器值被解碼時，解碼器輸出所產生的正常高電位信號要變成低電位信號。此二種形式的解碼器皆被使用，即依被解碼器輸出所驅動的電路形式而定。

例題 7-15

圖 7-21 所示為計數器被用來產生可加至馬達、螺線繞圈閥或電熱器等裝置控制脈波的一般情形。模-16 計數器重複進行其計數順序。每次其計數至 8 (1000) 時，上方 NAND 閘便產生低電位輸出，且可置定 FF X 為 1 (高電位) 狀態。FF X 在高電位狀態是直到計數器達到 14 (1110) 計數值為止，且在這時下方 NAND 閘便解碼以產生低電位輸出而消除 X 為 0 狀態。故 X 輸出為高電位是在計數器每次計數週期中的 8 與 14 計數值間。

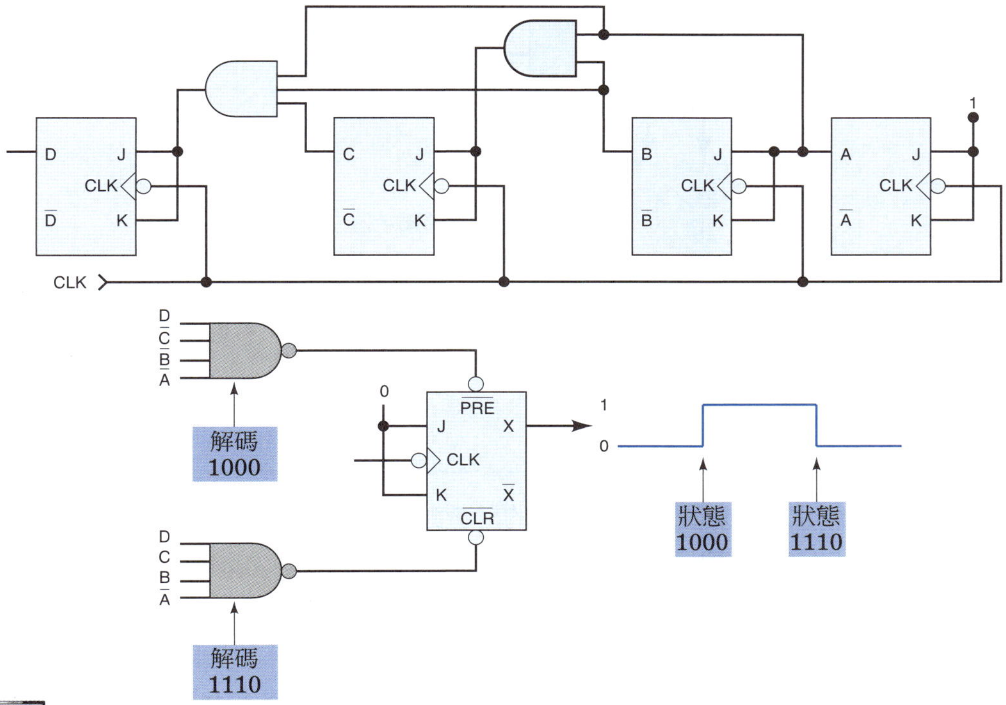

圖 7-21　例題 7-15

BCD 計數器解碼

BCD 計數器具有十個狀態，仍可用上述已討論過的技術來解碼。BCD 解碼器所提供的十個輸出是對應於計數器 FF 狀態所表示的十進數字 0 至 9。這十個輸出可用來控制顯示用的十個個別的指示 LED。通常可用單個顯示器裝置以取代這十個個別指示 LED，可用來顯示十進數 0 至 9。另一類的十進顯示器是由排成七節式材料 (材料通常是 LED 或液晶顯示器) 所組成，且當有電流通過便發光。BCD 解碼器輸出控制這些節段發光而能產生十進數顯示。

然而，由於 BCD 計數器與其相結合的解碼器與顯示器甚為普遍，因此我們用解碼器／顯示器 (見圖 7-22) 來表示可顯示 BCD 計數器十進數內含的完整電路。

複習問題

1. 需要多少個閘來完全解碼六個位元的計數器？
2. 試說明當模-64 計數器的計數值為 23，而用來產生低電位輸出所需的解碼閘為何？

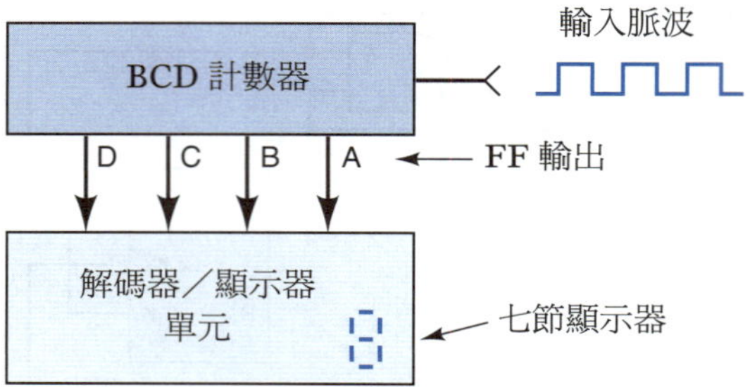

圖 7-22 BCD 計數器通常將其計數值顯示於單個顯示裝置上

7-9 分析同步計數器

同步計數器電路可定製來產生任意想要的計數順序。我們可僅使用送至個別 FF 的同步輸入來產生計數器順序。如果不使用非同步 FF 控制，如清除者，來改變計數器順序，我們就不必處理輸出波形中的暫態及可能的尖波。設計完全同步計數器的過程將於下一節細究。首先，且來探究如何經由預測計數器之每個狀態的 FF 控制輸入來分析此種類型的計數器設計。**PRESENT 狀態／NEXT 狀態表 (PRESENT state/NEXT state table)** 於此分析過程中非常管用。第一步是寫出每個 FF 控制輸入的邏輯表示式。接著是假設計數器的 PRESENT 狀態，並且將彼位元組合送至控制邏輯表示式。來自控制表示式的輸出能讓我們來預測送到每個 FF 的命令以及時脈後計數器的 NEXT 狀態。重複此分析步驟一直到求出整個計數順序為止。

圖 7-23 為一個同步計數器，它的 J 與 K 輸入稍別於 7-3 節中所看到的正規二進制上數計數器。控制電路的這些小改變將促使計數器產生出不同的計數順序。此計數器的控制輸入表示式為：

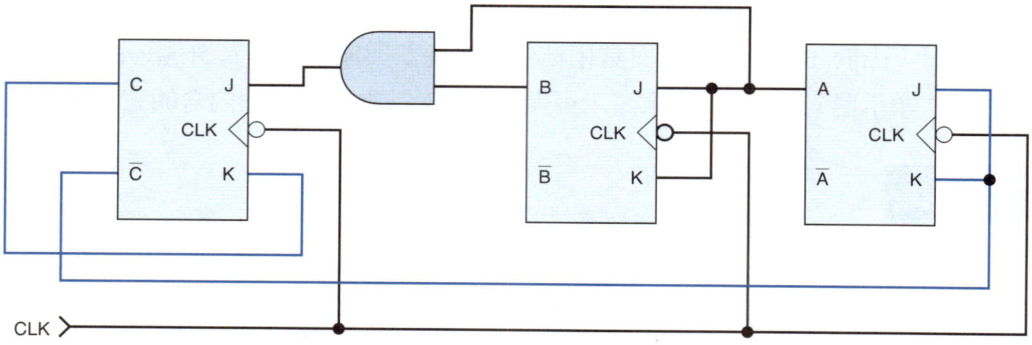

圖 7-23 具有不同控制輸入的同步計數器

表 7-1

PRESENT 狀態			控制輸入						NEXT 狀態		
C	*B*	*A*	J_C	K_C	J_B	K_B	J_A	K_A	*C*	*B*	*A*
0	0	0	0	0	0	0	1	1	0	0	1
0	0	1	0	0	1	1	1	1	0	1	0
0	1	0	0	0	0	0	1	1	0	1	1
0	1	1	1	0	1	1	1	1	1	0	0
1	0	0	0	1	0	0	0	0	0	0	0
1	0	1	0	1	1	1	0	0	0	1	1
1	1	0	0	1	0	0	0	0	0	1	0
1	1	1	1	1	1	1	0	0	0	0	1

$$J_C = A \cdot B$$
$$K_C = C$$
$$J_B = K_B = A$$
$$J_A = K_A = \overline{C}$$

我們且假設計數器的 PRESENT 狀態為 $CBA=000$。將此一組合送至上面的控制表示式將得到 $J_C K_C = 0\ 0$、$J_B K_B = 0\ 0$ 以及 $J_A K_A = 1\ 1$。這些控制輸入將告知 FF C 與 B 於 *CLK* 上的下一個 NGT 時持住且 FF A 跳換著。我們預測到 *CBA* 的 NEXT 狀態為 001。此訊息已鍵入到表 7-1 中 PRESENT 狀態／NEXT 狀態表的第一行中。接著即可使用狀態 001 作為我們的 PRESENT 狀態。對此一新組合的控制表示式分析後將得到 $J_C K_C = 0\ 0$、$J_B K_B = 1\ 1$ 及 $J_A K_A = 1\ 1$，並且給了我們 FF C 的持住命令及 FF B 與 A 的跳換命令。這將產生出 *CBA* 的 NEXT 狀態 010，如表 7-1 之第二行上所列者。持續此過程將獲致循環計數順序為 000，001，010，011，100，000。這將是模-5 計數順序。我們也可依此相同的方式預測出剩餘之三種可能狀態組合的 NEXT 狀態。依此方式，我們即可判斷是否計數器設計為自我修正。**自我修正式計數器** (self-correcting counter) 為它的正常未用狀態將全部會回復成正常順序者。如果任何一個這些未用狀態無法回復到正常的順序，則言計數器是非自我修正。我們對於所有可能狀態的 NEXT 狀態預測皆已鍵入到表 7-1 中。特別標明的訊息指出了此計數器設計剛好為自我修正的。此計數器的完整狀態變換圖與時序圖如圖 7-24 中所示。

對於使用 D FF 來儲存計數器目前狀態的計數器電路操作也依同樣的方式來分析。D 型的控制電路基本上是比產生相同計數順序的對等 J-K 型計數器者較為複雜，但我們也要有半數的同步輸入來控制。大多數的 PLD 利用 D FF 作為它們的記憶元件，所以此類型計數器電路的分析將帶我們一窺實際上計數器是如何在

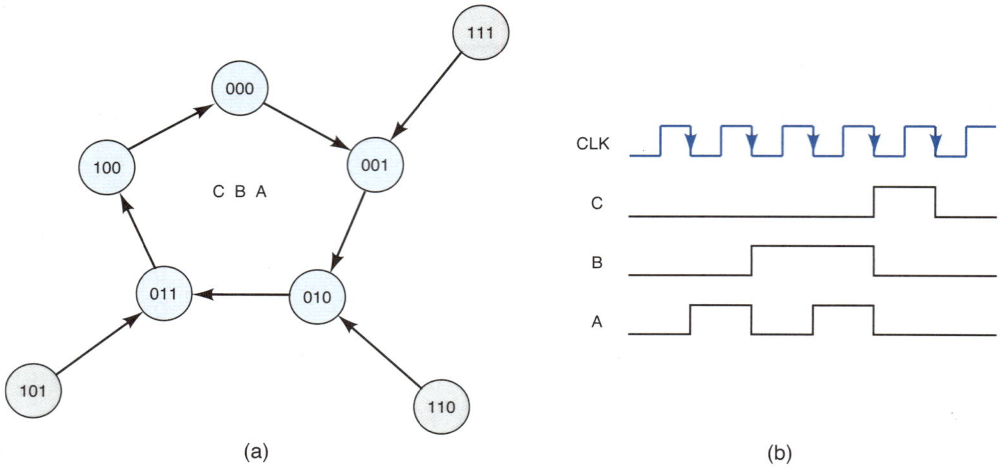

圖 7-24 **(a)** 狀態變換圖；**(b)** 圖 7-23 中的同步計數器時序圖

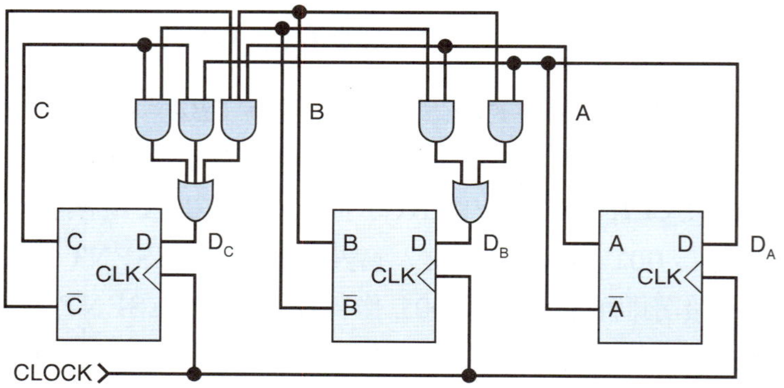

圖 7-25 使用 D FF 的同步式計數器

PLD 中規劃。

以 D FF 來設計的同步計數器如圖 7-25 所示。第一步是寫出 D 輸入的邏輯表示式：

$$
\begin{aligned}
D_C &= C\overline{B} + C\overline{A} + \overline{C}BA \\
D_B &= \overline{B}A + B\overline{A} \\
D_A &= \overline{A}
\end{aligned}
$$

然後假設一個狀態且送一組位元值到上面的輸入表示式中以求出 PRESENT 狀態／NEXT 狀態表。如果取 $CBA=000$ 作為最初的計數器狀態，則會得到 $D_C=0$、$D_B=0$ 且 $D_A=1$。隨著 CLOCK 上的 PGT，FF 將“載入”001 值，它將成為計數器的 NEXT 狀態。001 使用成 PRESENT 狀態將產生 $D_C=0$、$D_B=1$ 以及

表 7-2

PRESENT 狀態			控制輸入			NEXT 狀態		
C	B	A	D_C	D_B	D_A	C	B	A
0	0	0	0	0	1	0	0	1
0	0	1	0	1	0	0	1	0
0	1	0	0	1	1	0	1	1
0	1	1	1	0	0	1	0	0
1	0	0	1	0	1	1	0	1
1	0	1	1	1	0	1	1	0
1	1	0	1	1	1	1	1	1
1	1	1	0	0	0	0	0	0

$D_A=0$，因此 010 將為 NEXT 狀態，依此類推。完整的 PRESENT 狀態／NEXT 狀態表，如表 7-2 所示，則指出了此電路為循環式模-8 二進制計數器。然後對輸入表示式作一點點布爾代數運算，即可看到從 D FF 來創造出二進制計數器實際上只是一個很簡單的電路圖而已：

$$
\begin{aligned}
D_C &= C\overline{B} + C\overline{A} + \overline{C}BA = C(\overline{B} + \overline{A}) + \overline{C}BA \\
&= C\overline{BA} + \overline{C}(BA) = C \oplus (AB) \\
D_B &= \overline{B}A + B\overline{A} = B \oplus A \\
D_A &= \overline{A}
\end{aligned}
$$

務必要注意的是對於大多數 PLD 的閘資源實際上是由一組 AND-OR 電路配置組成，而且 SOP 邏輯表示式能更為準確的描述內部的電路製作。然而，我們可看到表示式使用了 XOR 函數來作大幅度的簡化。這樣我們即能正確的預測出以 D FF 來創造出模-16 二進制計數器將需用第四個如下的 FF：

$$D_D = D \oplus (ABC)$$

複習問題

1. 為何在計數器上最好避免使用非同步控制？
2. 哪種工具在作同步計數器分析時很管用？
3. 哪些決定了計數器電路的計數器順序？
4. 如果計數器是自我修正的，則是要描述哪一個計數器特性？

7-10 同步計數器設計*

目前有許多種不同的計數器配置皆有 IC 可用——非同步、同步及結合式的非同步／同步。大多數的這些計數器都是正規的二進制或 BCD 計數順序，雖然它們的計數順序也許皆可利用我們所舉之 74ALS160-163 與 74ALS190-191 系列例子說明的清除或載入法來變更。但許多情況定製式的計數器並非遵循正規的二進計數順序，而是如 000，010，101，001，110，000，…。

有若干方法可用來設計任意計數順序的計數器。我們將針對其中一種使用 J-K FF 於同步計數器組態中的常見方法作說明。這裡我們將提出一種使用 J-K 正反器於同步正反器中的常用方法。此法乃屬於所謂**序向電路設計** (sequential circuit design) 數位電路設計的範疇，為較高階課程的一部分。

基本觀念

在同步計數器中，所有的 FF 皆以時脈同時來控制。每個時脈到達之前，計數器中每個 FF 的 J 和 K 輸入必須位於正確的準位以確保每個 FF 皆進入正確的狀態。例如，考慮計數器 CBA 的狀態 101 跟隨著狀態 011。當下一個時脈波發生時，FF 的 J 與 K 輸入必須是在使正反器 C 從 1 改變成 0，正反器 B 從 0 改變成 1，且正反器 A 從 1 變成 1 (即沒有變化) 的正確準位。

因此設計同步計數器的程序變成設計用來將計數器各種不同狀態解碼的邏輯電路提供邏輯準位予每個 J 與 K 輸入。這些解碼電路的輸入將來自一個或多個 FF 的輸出。且以圖 7-5 的同步計數器來說明，其中用來饋入正反器 C 的 J 與 K 輸入的 AND 閘為解碼正反器 A 與 B 的狀態。同樣的，饋送正反器 D 的 J 與 K 輸入的 AND 閘則解碼 A、B 及 C 的狀態。

J-K 激發表

在開始設計每個 J 與 K 輸入解碼電路的程序前，我們首先必須使用一種稱為*激發表* (表 7-3) 的不同方式來複習 J-K 正反器的操作情形，此表的最左一行列出每種可能的 FF 輸出變換。第二與第三行則列出 FF PRESENT 狀態，標示為 Q_n，而 NEXT 狀態則標示為 Q_{n+1}，予每次變換使用。最後兩行則產生需用來產生每次變換的 J 與 K 準位。且檢查每種情況如下。

---

* 略去本節將不影響本書其餘部分之連貫性。

表 7-3　**J-K 正反器激發表**

FF 輸出的變換	PRESENT 狀態 Q_n	NEXT 狀態 Q_{n+1}	J	K
0 → 0	0	0	0	x
0 → 1	0	1	1	x
1 → 0	1	0	x	1
1 → 1	1	1	x	0

0 → 0 變換　FF PRESENT 狀態為 0 且當有一個時脈波加入時維持於 0。從我們瞭解 J-K 正反器如何工作的情形可知，此可發生於 $J=K=0$ (未改變的情況) 或 $J=0$ 且 $K=1$ 時 (清除的情況)。因此，J 必須為 0，但 K 則可在任何一個準位。表中係以 J 下方的 "0" 及 K 下方的 "x" 來指出。記得 "x" 是表示 "任意" 狀況。

0 → 1 變換　PRESENT 狀態為 0 且將改變成 1。此情況可能發生於 $J=1$ 且 $K=0$ (置定狀況) 或 $J=K=1$ (跳換狀況)。因此，J 必須為 1，但 K 則可為任意的準位以使此變換發生。

1 → 0 變換　PRESENT 狀態為 1 且將改變成 0。此情況可能發生於 $J=0$ 且 $K=1$ 或 $J=K=1$。因此，K 必須為 1 但 J 則可能為任意的準位。

1 → 1 變換　PRESENT 狀態為 1 且將維持於 1。此情況可能發生於 $J=K=0$ 或 $J=1$ 且 $K=0$。因此，J 可為任意的準位，但 K 則必須為 0。

該 **J-K 激發表 (J-K excitation table)**(表 7-3) 使用為同步計數器設計步驟的主要部分。

設計步驟

我們現在將完成整個同步計數器設計步驟。雖然我們將以特殊的計數順序來執行，但對於任意想要的順序也可以相同的步驟來執行。

步驟 1：求出需要的位元個數 (即多少個 FF) 及需要的計數順序。

我們所舉的例子為設計一個三位元計數器，它是依照表 7-4 所示的順序來完成。要注意的是，此順序並未包含 101、110 及 111 狀態。我們將稱這些狀態為*不想要的狀態* (undesired states)。

表 7-4

C	*B*	*A*
0	0	0
0	0	1
0	1	0
0	1	1
1	0	0
0	0	0
0	0	1
	等	

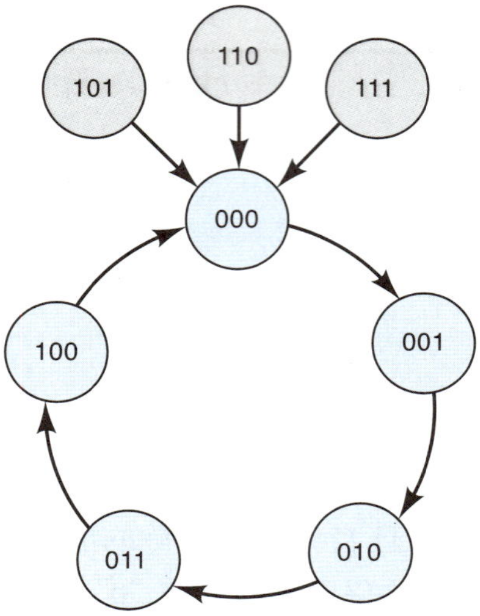

圖 7-26　同步計數器設計例子的狀態變換圖

步驟 2：描繪出顯示所有可能狀態的狀態變換圖，包括哪些非預期的計數順序部分者。

以我們所舉的例子而言，狀態變換圖如圖 7-26 所示。000 到 100 狀態是連接成期望的順序。我們也融入了每個不想要狀態的已定義 NEXT 狀態。這種情況是發生於計數器突因電源啟動或雜訊之故進入到這些狀態其中之一。電路設計人員可選擇於下一個時脈波送入時讓每個這些不想要的狀態轉變成任何一個狀態。設計人員也可能選擇這些不想要的狀態都不定義計數器的響應。換言之，我們可能對於不想要狀態的 NEXT 狀態不予考慮。若選擇後者的“任意”設計方法通常會有較簡易的設計，但在使用此計數器的場合可能為潛在的問題。以我們的設計來說，我們將選擇讓所有不想要的狀態轉變成 000 狀態。如此即能使我們的設計自我修正，但卻稍異於 7-9 節中所分析的模-5 計數器例子。

步驟 3：使用狀態變換圖來建立一個列出所有 PRESENT (目前的) 狀態及其 NEXT (下一個) 狀態。

以我們的例子而言，訊息如表 7-5 所示。此表的左邊乃列出每個可能的狀態，即使是哪些非順序的部分也一樣。右邊則列出每個 PRESENT 狀態的 NEXT 狀態。這些都是得自於圖 7-26 的狀態變換圖。例如，第 1 行指出 PRESET 狀態 000 的 NEXT 狀態為 001，而第 5 行則指出 PRESENT 狀態 100 具有 NEXT 狀態 000。第 6、7 及 8 行則指出不想要的 PRESENT 狀態 101、110 及 111 皆具

表 7-5

	PRESENT 狀態			NEXT 狀態		
	C	B	A	C	B	A
行 1	0	0	0	0	0	1
2	0	0	1	0	1	0
3	0	1	0	0	1	1
4	0	1	1	1	0	0
5	1	0	0	0	0	0
6	1	0	1	0	0	0
7	1	1	0	0	0	0
8	1	1	1	0	0	0

表 7-6　電路激發表

	PRESENT 狀態			NEXT 狀態								
	C	B	A	C	B	A	J_C	K_C	J_B	K_B	J_A	K_A
行 1	0	0	0	0	0	1	0	x	0	x	1	x
2	0	0	1	0	1	0	0	x	1	x	x	1
3	0	1	0	0	1	1	0	x	x	0	1	x
4	0	1	1	1	0	0	1	x	x	1	x	1
5	1	0	0	0	0	0	x	1	0	x	0	x
6	1	0	1	0	0	0	x	1	0	x	x	1
7	1	1	0	0	0	0	x	1	x	1	0	x
8	1	1	1	0	0	0	x	1	x	1	x	1

有 NEXT 狀態 000。

步驟 4：對於每個 J 和 K 輸入加上一行至此表中。對於每個 PRESENT 狀態，指出在每個 J 和 K 輸入所需的準位以產生變換至 NEXT 狀態。

我們所設計例子為使用三個 FF——C、B 及 A——且每一個皆有一個 J 及一個 K 輸入。因此，我們必須如表 7-6 所示加上六個新行。此一完整的表稱為**電路激發表** (circuit excitation table)。每個 FF 的六個新行係 J 與 K 輸入。於每個 J 與 K 之下的項目是從表 7-3 來獲得，即我們稍早所推導出的 J-K 正反器激發表。我們將針對若干情況來證明此一事實，而剩下的部分您可加以驗證之。

觀察表 7-6 的第 1 行。PRESENT 狀態 000 於發生一個時脈時將進入 NEXT 狀態 001。對於此一狀態變換，正反器 C 從 0 到 0。從 J-K 激發表可知 J_C 必須為

PRESENT			
C	B	A	J_A
0	0	0	1
0	0	1	x
0	1	0	1
0	1	1	x
1	0	0	0
1	0	1	x
1	1	0	0
1	1	1	x

(a)

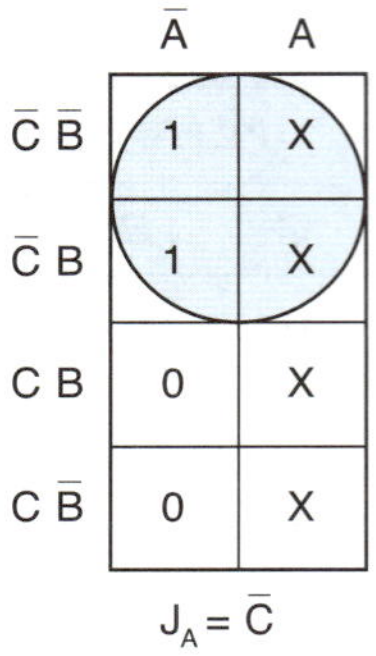

(b)

圖 7-27 **(a)** 於每個 **PRESENT** 狀態指示出 J_A 的電路激發表部分；**(b)** 用來求出 J_A 簡化表示式的 **K** 圖

0 且 K_C 為"x"以使此變換發生。正反器 B 也從 0 到 0，所以 $J_B=0$ 且 $K_B=x$。正反器 A 則從 0 到 1。且從表 7-3 可知，於此變換時 $J_A=1$ 且 $K_A=x$。

於表 7-6 的第 4 行，PRESENT 狀態 011 的 NEXT 狀態為 100。對於此一狀態變換，正反器 C 從 0 到 1，此時則需要 $J_C=1$ 且 $K_C=x$。正反器 B 和 A 則皆從 1 到 0。J-K 激發表則指出此二 FF 需要 $J=x$ 和 $K=1$ 來使此一情況發生。

表 7-6 所有其他行所需的 J 和 K 準位可以相同的方式求出。

步驟 5：設計邏輯電路來產生於每個 J 和 K 輸入端所需要的準位。

表 7-6 (電路激發表) 列出六個 J、K 輸入——J_C、K_C、J_B、K_B、J_A 及 K_A。我們必須考慮這些輸入的每一個為來自其自身邏輯電路的輸出，而輸入則是來自正反器 C、B 及 A。因此我們必須針對每一個來設計電路。現在就來設計 J_A 的電路。

要完成此工作則需要視 C、B 及 A 的 PRESENT 狀態及對每種情況下於 J_A 處所需的準位。此訊息已從表 7-6 取出並提列於圖 7-27(a)。該真值表指出每個 PRESENT 狀態下 J_A 處所需的準位。當然，於若干情況下 J_A 是"任意"的。若要推導 J_A 的邏輯電路，我們首先必須以 C、B 及 A 的表示來求出其表示式。我們將以轉換真值表的訊息成三個變數的卡諾圖及執行圖 7-27(b) 中 K 圖的簡化來完成此項工作。

總共只有兩個 1 在此卡諾圖中，且其可迴圈起來以得到 $\overline{A}\,\overline{C}$ 項，但如果我們使用任意的狀況於 $A\overline{B}\,\overline{C}$ 及 $AB\overline{C}$ 為 1，則可將四個迴圈在一起而得到簡單的 $\overline{C}$ 項。因此，最後的式子為：

$$J_A = \overline{C}$$

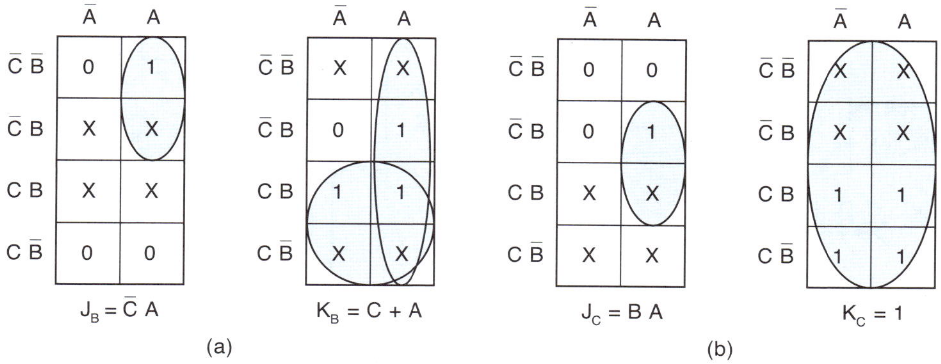

圖 7-28　**(a)** J_B **與** K_B **邏輯電路的 K 圖；(b)** J_C **與** K_C **邏輯電路的 K 圖**

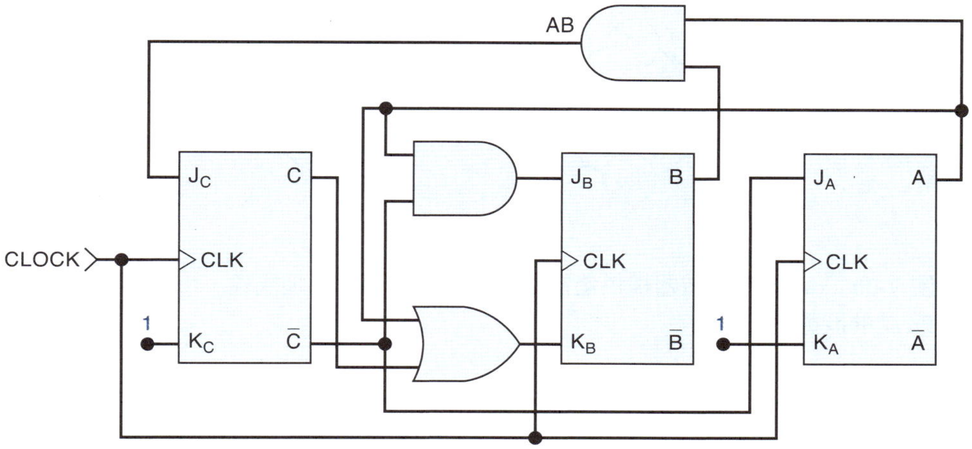

圖 7-29　同步計數器設計例子的最後實現

現在考慮 K_A。我們依照求 J_A 的相同步驟來做。但見電路激發表中 K_A 之下的項目則只有 1 與任意而已。如果將所有的任意改變成 1，則 K_A 始終為 1。因此，最後的式子為：

$$K_A = 1$$

依類似的方式，我們可推導出 J_C、K_C、J_B 及 K_B 的表示式。這些表示式的 K 圖如圖 7-28 所示。您可能想要參照電路激發表來證實其正確性。

步驟 6：實現最後的表示式。

每個 J 與 K 輸入的邏輯電路是得自於 K 圖的表示式來實現。完整的同步計數器設計則製作於圖 7-29。請注意，所有的 FF 皆是以時脈並聯式地控制。您可能想

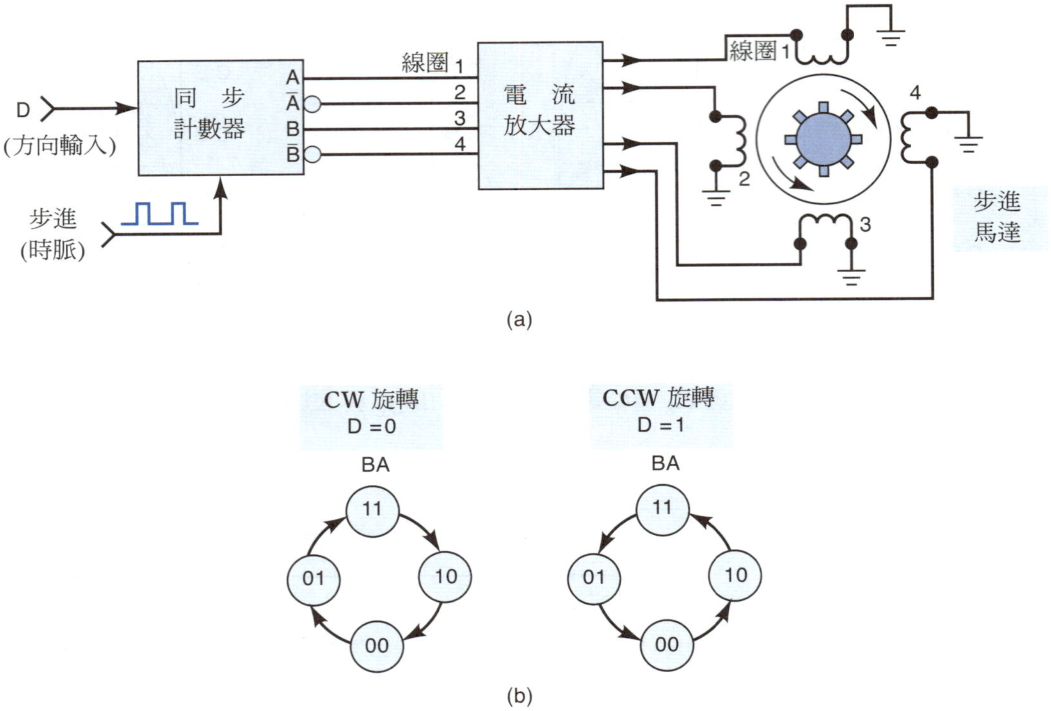

圖 7-30 **(a)** 同步計數器提供適當的順序輸出來驅動步進馬達；**(b)** 方向輸入狀態 ***D*** 的狀態變換圖

要驗證每個 J 和 K 的輸入邏輯是否與圖 7-27 及 7-28 吻合。

步進馬達控制

我們現在且將此設計步驟應用到實際的情況——驅動步進馬達。步進馬達為一步步且非連續性旋轉的馬達，基本上是每一步為 15°，馬達內的磁線圈必須依特定的順序激能及除能以產生步進的動作。數位信號通常是用來控制每個馬達線圈中的電流。步進馬達廣泛的用於需作精確位置控制的場合，如磁碟讀／寫頭的定位、控制印表機的列印頭及機器人。

圖 7-30(a) 為具有四個線圈的典型步進馬達。為使馬達正常的轉動，線圈 1 和 2 始終必須是在相反的狀態；亦即，當線圈 1 被激能時，線圈 2 則否，反之亦然。同樣的，線圈 3 和線圈 4 始終也必須在相反的狀態。具二個位元同步計數器的輸出是用來控制四個線圈中的電流；A 和 $\overline{A}$ 控制線圈 1 和 2，而 B 與 $\overline{B}$ 則是控制線圈 3 和 4。電流放大器則是必要的，因 FF 輸出無法提供線圈所要求的電流量。

由於此步進馬達可順時 (CW) 或逆時 (CCW) 方向轉動，因此有一個方向輸入 D，用來控制轉動的方向。圖 7-30(b) 的狀態圖指出這二種情況。若要作 CW 轉

表 7-7

PRESENT 狀態			NEXT 狀態		控制輸入			
D	B	A	B	A	J_B	K_B	J_A	K_A
0	0	0	0	1	0	x	1	x
0	0	1	1	1	1	x	x	0
0	1	0	0	0	x	1	0	x
0	1	1	1	0	x	0	x	1
1	0	0	1	0	1	x	0	x
1	0	1	0	0	0	x	x	1
1	1	0	1	1	x	0	1	x
1	1	1	0	1	x	1	x	0

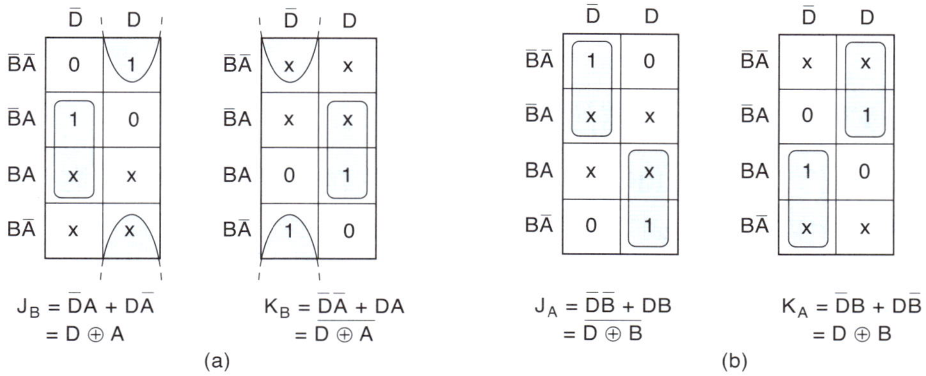

圖 7-31　**(a)** J_B 與 K_B 的 K 圖；**(b)** J_A 與 K_A 的 K 圖

動，必須 $D=0$，因此計數器的狀態，BA，必須遵循順序 11，10，00，01，11，10，⋯，依此類推，如步進輸入信號所控制者。對 CCW 旋轉而言，$D=1$，且計數器必須遵循順序 11，01，00，10，11，01，⋯，依此類推。

現在且遵循同步計數器程序的六個步驟來做。步驟 1 和 2 已經完成，故可進行步驟 3 和 4。表 7-7 指出 D、B 及 A 的每種可能的 PRESENT 狀態與所要求的 NEXT 狀態，及需用來達成變換的每個 J 與 K 輸入的準位。注意在全部的情況中，方向輸入 D 於 PRESENT 進到 NEXT 狀態時並未改變，蓋其為一獨立的輸入，當計數器行經其順序時是維持於高電位或低電位。

步驟 5 如圖 7-31 所示，其中表 7-7 的訊息已被轉換成 K 圖以顯示出每個 J 與 K 信號是如何的相關於 D、B 及 A 的 PRESENT 狀態。使用適當的迴圈，每個 J 與 K 信號的簡化邏輯表示式即可得到。

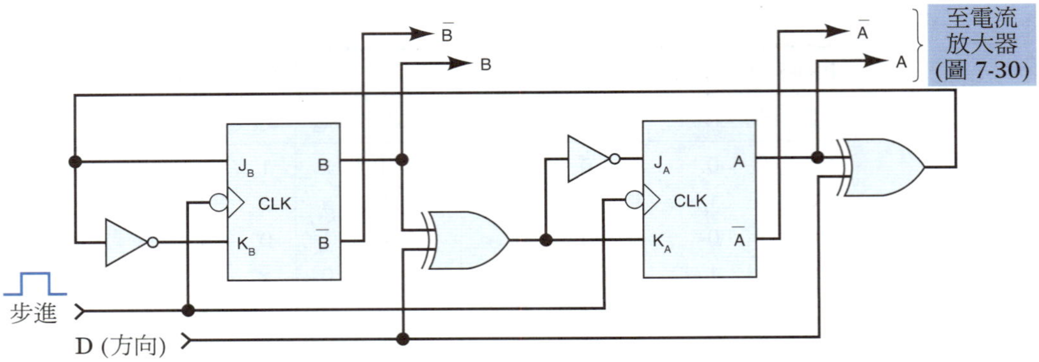

圖 7-32　製作自 *J*、*K* 方程式的同步計數器

最後的步驟如圖 7-32 所示，其中二個位元的同步計數器是利用得自於 K 圖的 *J*、*K* 表示式來製作的。

使用 D FF 的同步計數器設計

我們已經提出了使用 J-K FF 來設計同步計數器的詳細步驟。依事實觀之，J-K FF 之所以用來製作計數器乃因為 *J* 與 *K* 輸入所需的邏輯電路通常比使用 D FF 之等效同步計數器者簡單許多。如果設計出的計數器是要製作於 PLD 中時，能使用的電閘通常非常多，那麼使用 D FF 來替代 J-K 還說得過去。現在就來審視使用 D FF 的同步計數器設計。

使用 D FF 來設計計數器電路甚至比使用 J-K FF 者簡易許多。我們將舉能產生出如圖 7-26 中的相同計數順序的 D FF 電路設計來加以說明。同步式 D 計數器設計的前面三個步驟相同於 J-K 技巧。D FF 設計的步驟 4 不重要，因為必須的 D 輸入相同於表 7-8 中所看到的想要的 NEXT 狀態。步驟 5 則是產生出來自於 D 輸入的 PRESENT 狀態／NEXT 狀態的邏輯表示式。K 圖與簡化後的式子則如圖 7-33 中所示。最後，步驟 6 時則可製作出使用圖 7-34 中所示電路的計數器。

複習問題

1. 列出設計一個同步計數器程序的六個步驟。
2. PRESENT 狀態／NEXT 狀態表包含了什麼訊息？
3. 電路激發表包含了什麼訊息？
4. 真或偽：同步計數器設計程序可用於下列的順序：0010，0011，0100，0111，1010，1110，1111，並重複之。

表 7-8

PRESENT 狀態			NEXT 狀態			控制輸入		
C	B	A	C	B	A	D_C	D_B	D_A
0	0	0	0	0	1	0	0	1
0	0	1	0	1	0	0	1	0
0	1	0	0	1	1	0	1	1
0	1	1	1	0	0	1	0	0
1	0	0	0	0	0	0	0	0
1	0	1	0	0	0	0	0	0
1	1	0	0	0	0	0	0	0
1	1	1	0	0	0	0	0	0

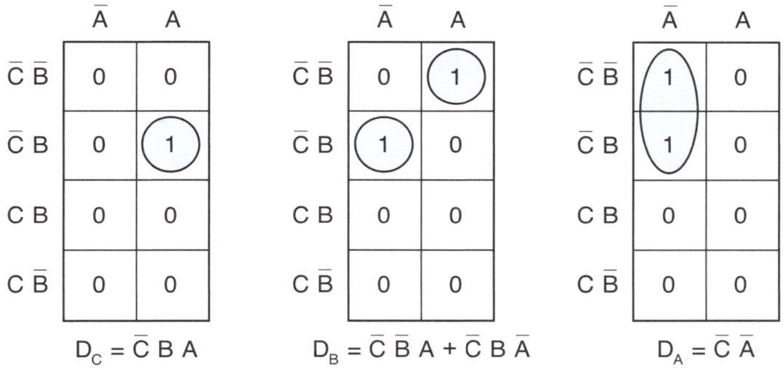

圖 7-33　模-5 FF 計數器設計的 K 圖與簡化的邏輯表示式

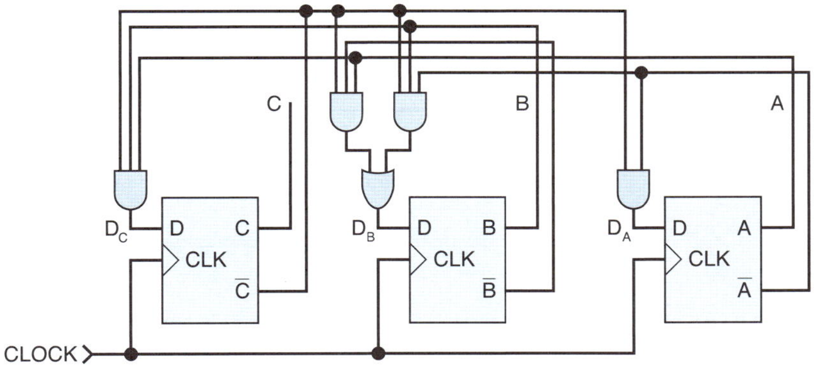

圖 7-34　模-5 D FF 計數器設計的電路製作

7-11 Altera 的計數器資料庫功能

我們能利用 Quartus Block Editor 來規劃任何使用到哪些本章稍早幾節裡舉例說明的 FF 與閘元件之計數器的 PLD。如我們在第 5 與 6 章已看到的，Altera Quartus II 軟體包含了常見的數位建構方塊資料庫。這將包含了功能等效的“舊型”MSI 計數器晶片。諸如 74160-74163 與 74190-74191 系列的 MSI 裝置。這些巨集函數可在 maxplus 2 資料庫中找得到。這將讓我們很容易的設計出如同圖 7-18(a) 或 7-19 中的電路圖。如果是使用巨函數 **LPM_COUNTER** (見於 Plug-Ins Arithmetic 檔案夾中) 則有更為多樣化的計數器選擇。MegaWizard Manager 則會使計數器設計的工作更為快速且容易。所有您要做的是選取您所需要的特性、位元個數以及模數。全特性 (但它並未使用全部可用的選項) 模-16 上／下數計數器如圖 7-35 中所示。計數器具有高電位動作激能控制且將於 *UP_DN*=1 時向上計數或者於 *UP_DN*=0 時向下計數。計數器也可被同步清除並且並聯下載輸入於標記為 *DATA[3..0]* 上的新資料。進位輸出 (cout) 將於向上計數時解碼計數器的最終狀態 15 或者向下計數時解碼 0。所有的這些特性只要告訴 Wizard 有什麼需求即可自動的產生出。

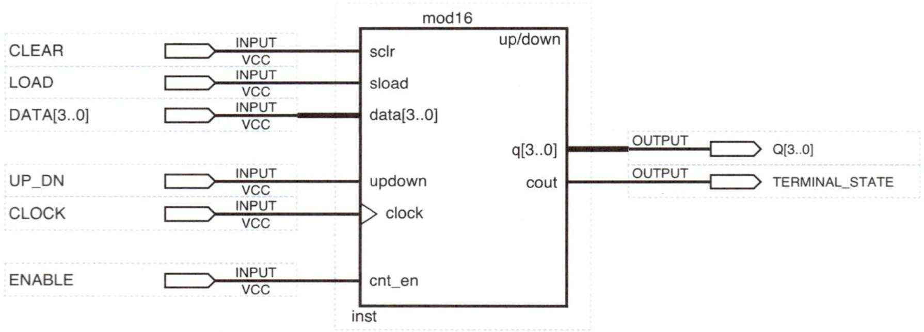

圖 7-35　全特性模-16 計數器

例題 7-16

針對數位時鐘設計時與分計數器。使用二進計數器來設計時且以串接式的 BCD 計數器來設計分。由於數位時鐘的分方塊與秒方塊都將需要模-60 計數器，因此我們將能利用時鐘此二部分的相同設計。提供每個計數器方塊激能輸入，使得它們能同步的串接在一起。

解答：時計數器 LPM 設計如圖 7-36(a) 中所示。*EN_HR* 激能輸入將受控於分計時器方塊。當分計時器到達它的最終狀態 59 時，時計數器就會被激能且隨後時計

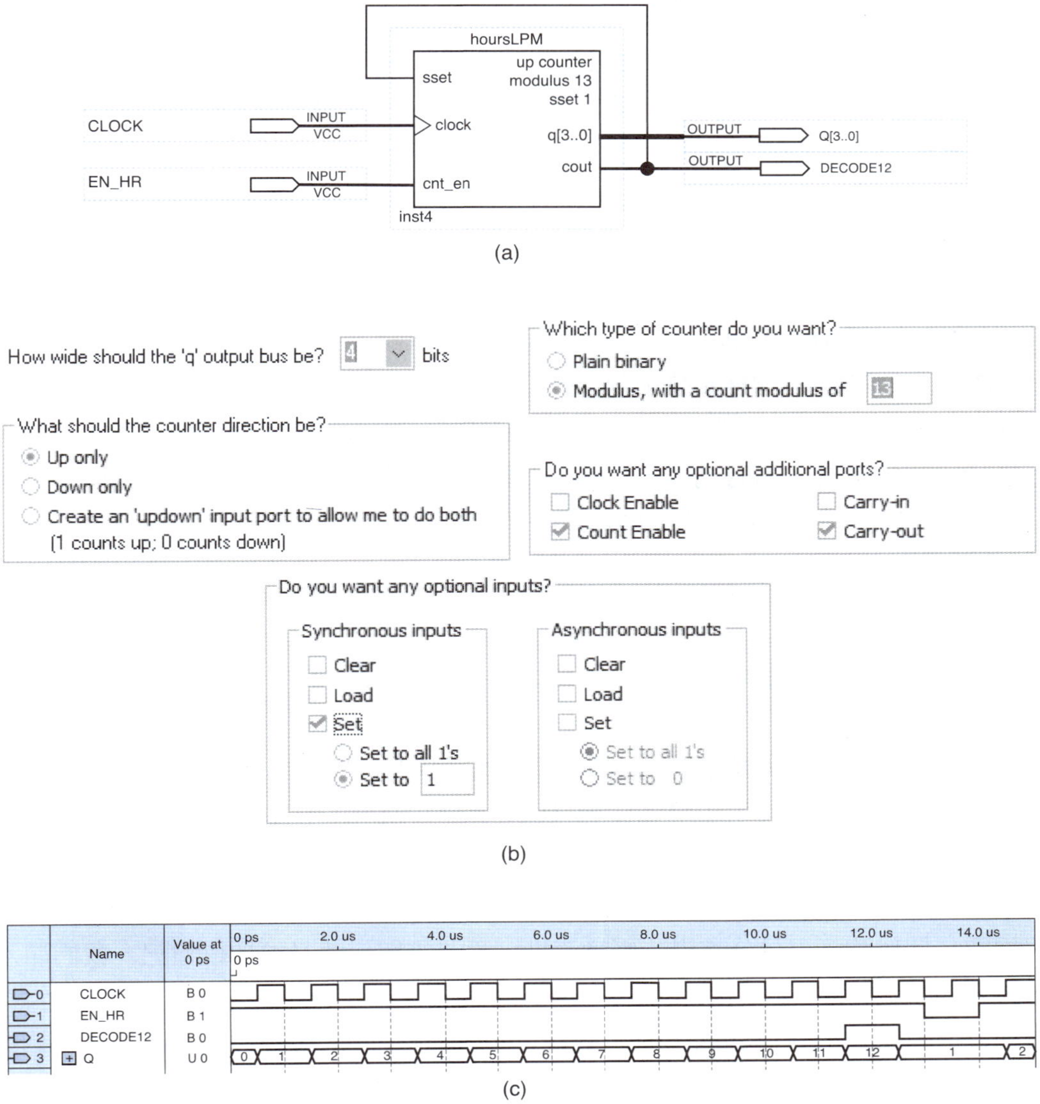

圖 7-36　數位時鐘時計數器：**(a)** 方塊圖；**(b) MegaWizard** 設定；**(c)** 模擬結果

數器與分計數器將同時的隨脈波動作。MegaWizard 針對時計數器方塊的設定如圖 7-36(b) 中所示。對於時計數器所要求的循環式二進計數序列為 1 到 12，所以將需要模-12 計數器。雖然如此，輸入到 Wizard 的模數為 13，這是因為 LPM 計數器將自動的循環到 0；我們想要計數器上數到 12，因此將是 13 而非 12 個狀態。然後計數器將經由控制 *sset* 輸入 (並且指定予資料值 1) 予最終狀態解碼輸出 *DECODE 12* 被迫再循環回到 1 而非 0。此解碼器輸出也可潛在的控制 AM/PM FF，即使這項功能並未指定於此專案中。此設計的模擬結果 (注意到是使用任意的時間刻度) 如圖 7-36(c) 中所示。

分計時器 (圖 7-37) 是經由將它分割成二個 LPM 計數器方塊來設計提供模-60 計數器的 BCD 計數序列。這將使得更方便界面到數位顯器。*onesLPM* 方塊是為模-10 計數器，它將輸出最低效位數 (LSD) 予分計數器。*tensLPM* 方塊則產生具有模-16 計數序列的最高效位數 (MSD)。進位輸入 (*cin*) 激能則特定選用予這些計數器，因為它也激能了每個計數器最終狀態的進位輸出 (*cout*) 解碼。這將使得很容易的將二個子方塊同步的串接一起。這可由連接來自於 *onesLPM* 的 *cout* 到 *tensLPM* 上的 *cin* 來完成。依此方式將二個計數器方塊串接在一起，那麼激能輸入 *EN_MOD60* 將能夠控制整個分計數器。此技術也允許輸出埠 *DECODE59* 來偵測 *tensLPM* 何時到達了它的最終狀態 5 AND (且) *onesLPM* 何時到達了它的最終狀態 9，或換言之，何時到達了整個分計時器的狀態 59。此設計的功能模擬結果 (也是使用任意的時間刻度) 如圖 7-37(c) 所示。

例題 7-17

設計除頻電路來獲得用來驅動數位時鐘之模-60 秒計數器的正確時脈頻率。系統時脈頻率為 1 kHz。

解答：秒計數器的時脈頻率應為 1 Hz。因此，我們需要將 1 kHz 信號除以 1000 以產生正確的頻率。使用了具備模數 1000 的 LPM_COUNTER 方塊來產生 (見圖 7-38)。MSB 輸出將提供相等於計數器模數的除頻因子。於 *Q[9]* 的頻率將等於輸入頻率除以 1000。唯一需要的輸出信號為 *Q[9]*，所以，輸出匯流排被分流出以只獲取一個信號。一旦分流出一條匯流排，匯流排與信號必須加以標記。我們加入了特定的時脈頻率 (1 kHz) 於模擬上。功能模擬結果指出了如果加入 1 kHz 的時脈則會得到 1 秒的正確週期。圖 7-38(c) 為對時脈信號的放大以顯示它的週期，它是在 Quartus 中使用二條時間欄線來量測 (注意到第一條欄線之後的時間標記為 +1.0 ms)。輸出信號的週期則是在圖 7-38(d) 中量測。

複習問題

1. 哪一個 Altera 巨函數檔案夾包含了 LPM_COUNTER？
2. 您如何對 LPM_COUNTER 定義特性與模數？
3. 說明計數器之非同步與同步清除的不同。
4. LPM_COUNTER 的 *cout* 功能為何？
5. LPM_COUNTER 的計數可利用 *cnt_en* 或 *cin* 來激能或抑制。此兩種控制的差異為何？

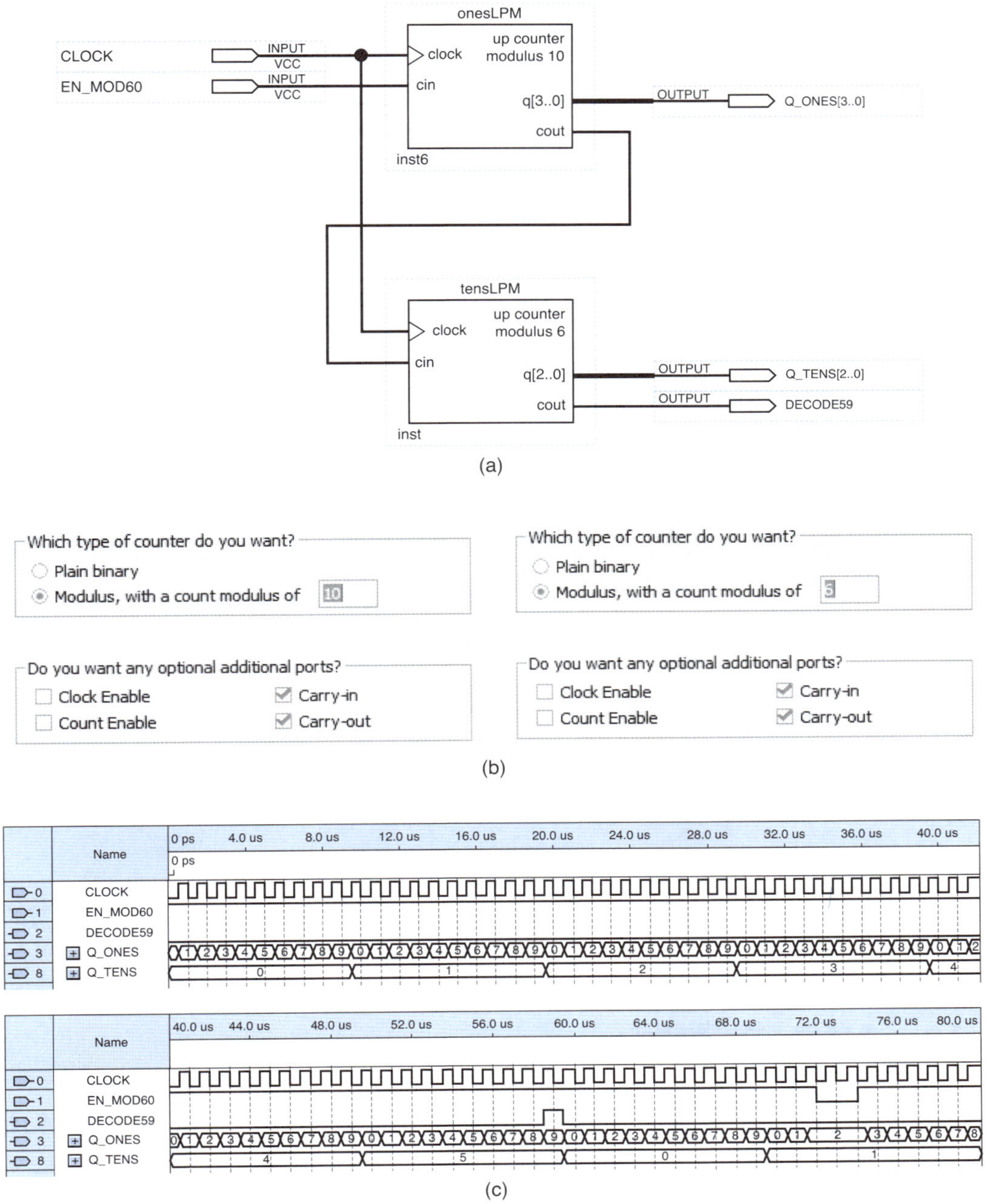

圖 7-37　數位時鐘分計數器：**(a)** 方塊圖；**(b) onesLPM** (左) 與 **tensLPM** (右) 的 **MegaWizard** 設定；**(c)** 模擬結果

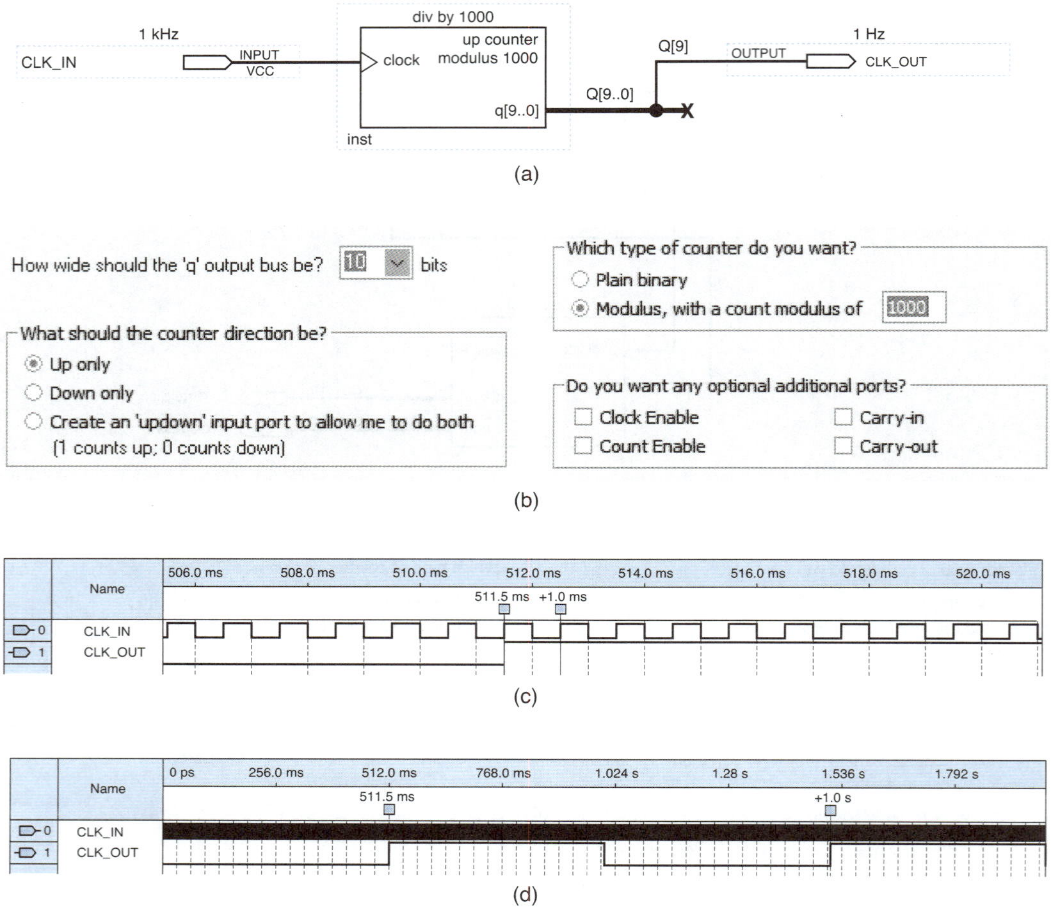

圖 7-38　時脈除頻器：**(a)** 方塊圖；**(b) MegaWizard** 設定；**(c)** 使用時間欄線來量測模擬的輸入週期；**(d)** 模擬結果的輸出週期量測

7-12　HDL 計數器

第 5 章裡我們探討了 **FF** 及以 **HDL** 所使用的幾種方法來表示 **FF** 電路。第 5 章所舉的最後一個例子說明了如何來連接 **FF** 元件，非常像將積體電路互相連接一樣。若將某個 **FF** 的 Q 輸出連接到下一個 **FF** 的時脈輸入，我們發現可創造出一個計數器電路。使用 **HDL** 來描述元件連接乃為抽象的結構性層次。顯然的，若使用結構性方法來建構複雜的電路會非常繁冗且不易閱讀與解譯。本節裡，我們將利用被視為較高層次的抽象方法來擴大使用 **HDL** 描述電路。此名詞聽似令人生畏，但這只是表示尚有許多種簡潔且明智的作法可描述我們想要計數器做何事，而無需煩惱 **FF** 電路要如何接線的細節。

瞭解 FF 與組合邏輯閘相較之操作的基本原理仍是相當重要的。如記憶所及，FF 具有以下之獨特性質。輸出通常是根據時脈之作用緣發生時的非同步控制輸入狀況變更，它乃表示於時脈緣之前 Q 輸出上有一個邏輯狀態 (PRESENT 狀態) 且時脈緣之後 Q 輸出可能有一個不同的狀態 (NEXT 狀態)。FF "記得" 或於時脈之間保持住它的狀態，而不管同步控制輸入中 (即 J 與 K) 是否有變化。

使用 HDL 的計數器電路端賴電路對時脈緣事件之響應所經歷的一連串狀態而定。漣波計數器提供了簡易電路來分析與瞭解。它們與其同步式的對等者使用 FF 與邏輯閘建構也較不複雜。使用漣波計數器的問題在於整體之傳遞延遲以及發生於計數器改變狀態時所產生之假暫時性狀態。當我們往前推進到下一個抽象層次，並計畫使用 PLD 來製作我們的設計時，將不再著重於接線的問題，而是將重心放在如何簡潔的描述電路的操作。因此，我們利用 HDL 來描述電路的方法主要是使用同步技術，其中之 FF 同時的對相同的時脈事件作響應。計數序列中的所有位元是同時的從它們的 PRESENT 狀態轉變到 NEXT 狀態，因此避免了中間的假狀態。

狀態變換描述法

下一個我們需審視的描述電路方法是使用表格。此方法並不考慮連接元件的埠，而是以指定數值予像是埠、信號以及變數之物件。換言之，它描述了整個電路中輸出資料與輸入資料的關係。於第 3 與 4 章裡，我們已使用此方法於若干真值表形式的介紹性電路中。若使用循序計數器電路，其等效之真值表為 PRESENT 狀態／NEXT 狀態表。如前一節所見者，本質上我們可依照像是用於描述真值表的方式使用 HDL 來描述 PRESENT 狀態／NEXT 狀態表，如此即避免了產生布爾方程式的冗長細節，如 7-10 節中使用標準邏輯元件設計者。

AHDL 中的狀態描述

舉個簡單的計數器電路作例子，我們將使用 AHDL 來製作圖 7-26 的模-5 計數器。一如往常，輸入與輸出係定義於圖 7-39 之 SUBDESIGN 部分中者。第 7 行上的 VARIABLE 部分中，我們宣告 (或宣判) 了一個三位元的 DFF 原型陣列，賦予了 *count[ ]* 案名。此陣列基本上於設計中是看作一個三位元暫存器，且本質上我們將定義每個 NEXT 狀態應儲存什麼數值。由於這是一個同步計數器，因此需將全部的 DFF *clk* 輸入與 SUBDESIGN 的 *clock* 輸入接在一起。這可於 AHDL 中由邏輯部分的下面敘述來完成：

```
1   SUBDESIGN fig7_39
2   (
3        clock           :INPUT;
4        q[2..0]         :OUTPUT;
5   )
6   VARIABLE
7        count[2..0]     :DFF;          -- 創造一個三位元暫存器
8   BEGIN
9        count[].clk = clock;           -- 將所有的時脈波並聯相接
10
11            CASE count[] IS
12  --             Present            Next
13  ---------------------------------------------------------------
14                 WHEN  0      =>    count[].d = 1;
15                 WHEN  1      =>    count[].d = 2;
16                 WHEN  2      =>    count[].d = 3;
17                 WHEN  3      =>    count[].d = 4;
18                 WHEN  4      =>    count[].d = 0;
19                 WHEN OTHERS  =>    count[].d = 0;
20             END CASE;
21         q[] = count[].q;             -- 指定暫存器至輸出接腳
22  END;
```

圖 7-39　AHDL 模-5 計數器

```
count[].clk = clock;
```

AHDL 中所提供的原型擁有稱為“埠”(port) 的輸入與輸出。這些埠乃以標準的埠名來標示且附加於正反器的案名上。如表 5-3 中所示，時脈埠名稱為 *.clk*，D 輸入名稱為 *.d*，而 FF 的輸出名稱則為 *.q*。為了製作 PRESENT 狀態／NEXT 狀態表，使用了 CASE 構造。對於暫存器 *count[ ]* 的每個可能值，我們求出了應置於 FF 之 D 輸入上的值，它將決定計數器的 NEXT 狀態。第 21 行上的敘述指定了 *count[ ]* 上的值予輸出接腳。若無此行，計數器將被“埋藏”在 SUBDESIGN 中且不見於外界。

另一可能的設計解如圖 7-40 中所示。它對圖 7-39 做了二項修改。第一項為第 7 行上所見者，其中賦予 D 正反器的陣列名稱現在相同於 SUBDESIGN 的輸出埠。這將自動的連接正反器輸出到 SUBDESIGN 輸出，且不需要如第一個解中將指定敘述包含於第 21 行中。第二項修改為使用 AHDL TABLE 來取代圖 7-39 中所使用的 CASE 敘述。於第 11 行中，於 *q[ ]* DFF 陣列上的 *.q* 埠代表了表中 PRESENT 狀態的哪一邊，而 *q[ ]* 的 *.d* 埠則表示 NEXT 狀態，它將隨著 *clock* 上送來的 PGT 被送入到 *D* 輸入的陣列集中。

```
SUBDESIGN fig7_40
(
    clock      :INPUT;
    q[2..0]    :OUTPUT;
)
VARIABLE
   q[2..0]     :DFF;    -- 創造一個三位元暫存器
BEGIN
   q[].clk = clock;    -- 將所有的時脈波並聯相接
   TABLE
      q[].q => q[].d;
      0      => 1;
      1      => 2;
      2      => 3;
      3      => 4;
      4      => 0;
      5      => 0;
      6      => 0;
      7      => 0;
   END TABLE;
END;
```

圖 7-40　**圖 7-26 中所描述之模-5 計數器的另一型**

VHDL 中的狀態描述

舉個簡單的計數器電路作例子，我們將使用 VHDL 來製作圖 7-26 的模-5 計數器。此例中我們的目的是要驗證使用類似於 PRESENT 狀態／NEXT 狀態表之控制結構的計數器。於 VHDL 中有二項主要的工作必須完成：偵測所要的時脈波緣以及指定適當的 NEXT 狀態予計數器。我們探討 FF 時記得 PROCESS 可用來對輸入信號的變換作反應。而且，我們也學到了 CASE 結構能估算一個陳列式，並且於正確的輸入值之下指定對應的值予另一個信號。圖 7-41 中的程式使用了 PROCESS 與 CASE 結構來製作此計數器。輸入與輸出則定義於 ENTITY 宣告中，如以前者。

當 VHDL 用來描述計數器時，我們必須找到一個方式來“儲存”時脈波之間的計數器狀態 (即 FF 的動作)。這可由二種方式之一來解決：使用 SIGNAL 或使用 VARIABLE。我們已於前面的共點同時運作的例子中廣泛使用了 SIGNAL。VHDL 中的 SIGNAL 持住了指定予它的上一個數值，很像 FF。因此，我們可使用 SIGNAL 當成代表計數器值的資料物件。此 SIGNAL 接著可用來連接計數器值

```
1   ENTITY fig7_41 IS
2   PORT (
3             clock   :IN BIT;
4             q       :OUT BIT_VECTOR(2 DOWNTO 0)
5        );
6   END fig7_41 ;
7
8   ARCHITECTURE a OF fig7_41    IS
9   BEGIN
10     PROCESS (clock)                                  -- 對 clk 作反應
11     VARIABLE count: BIT_VECTOR(2 DOWNTO 0);          -- 創造一個三位元暫存器
12     BEGIN
13        IF (clock = '1' AND clock'EVENT) THEN         -- 上昇緣觸發
14           CASE count IS
15  --          Present             Next
16  ----------------------------------------------------------------
17              WHEN "000"     =>     count := "001";
18              WHEN "001"     =>     count := "010";
19              WHEN "010"     =>     count := "011";
20              WHEN "011"     =>     count := "100";
21              WHEN "100"     =>     count := "000";
22              WHEN OTHERS    =>     count := "000";
23           END CASE;
24        END IF;
25        q <= count;              -- 指定暫存器予輸出接腳
26     END PROCESS;
27  END a;
```

圖 7-41　VHDL 模-5 計數器

至結構描述中的任何其他元件。

此設計中，我們已使用了 **VARIABLE** 取代 **SIGNAL** 作為儲存計數器值資料物件。由於 **VARIABLE** 並非用來連接設計的各個不同部分，因此它並非完全像 **SIGNAL**。它們是改用作區域性位置來“儲存”一個數值。由於變數只於它被宣告的 **PROCESS** 內方被承認，因此可視成區域性資料物件。圖 7-41 的第 11 行上，稱為 *count* 的變數係宣告於 BEGIN 之前的 PROCESS 內部。它的類型相同於輸出埠 *q*。第 10 行上的關鍵字 PROCESS 係跟隨著含有信號 *clock* 的敏感性串列。一旦 *clock* 改變狀態，PROCESS 就被呼叫，則 PROCESS 內的敘述將被估算以產生結果。修飾詞 'VENT 如果先於它的信號剛已改變狀態則估算為 TRUE。第 13 行敘述著如果 *clock* 剛已改變狀態且現在正為它的“1”，則我們知道它是在上昇緣。為了製作 PRESENT 狀態／NEXT 狀態表，將使用 CASE 結構。對於變數 *count* 的每個可能的數值而言，我們求出了計數器的 NEXT 狀態。請注

意 = 運算子是用來指定一個數值予變數。第 25 行指定了儲存於 *count* 中的值至輸出接腳。由於 *count* 為區域性變數，因此這個指定必須於第 26 行上的 END PROCESS 之前完成。

行為描述

抽象行為層次 (behavioral level of abstraction) 是一種極類似於以英語描述行為的方式來描述電路。想想如果一個完全不知曉 FF 與邏輯閘的人可能如何來描述計數器電路之操作。或許人們的描述聽似 " 當計數器輸入從低電位轉變成高電位，輸出上的數值向上數 1" 。此種層次的描述是在處理因果關係更甚於資料流向或接線細節。無論如何，我們不能真正的只使用任何的英語描述說明電路的行為。適當的語法必須在 HDL 的限制內使用。

AHDL

於 AHDL 中，此描述法中第一個重要步驟適切地宣告計數器輸出接腳。它們應被宣告為位元陣列，索引是由左向右遞減且以 0 作為陣列中的最低效索引，相反於稱為 a、b、c、d (依此類推) 的個別的位元。依此方式，與位元陣列名稱相關的數值乃被解譯成二進數值，而可對它執行某種算術運算。譬如，圖 7-42 中所示的位元陣列 *count* 可能包含了位元 1001。AHDL 編譯程式將此位元樣式解譯成十進數 9 的數值。

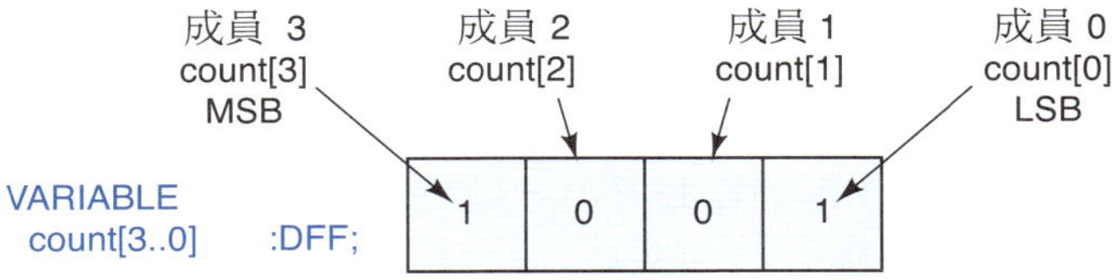

圖 7-42　儲存著數值 9 的 D 暫存器組成

為了於 AHDL 中創造出模-5 計數器，我們將需要一個三位元暫存器來儲存目前的暫存器狀態。此三位元陣列，稱為 *count*，是使用圖 7-43 中第 7 行上的 D FF 來宣告。從圖 7-40 回憶起我們可將 D FF 陣列命名成如同於輸出埠 *q[2..0]* 且因此不再需要第 15 行，但也將需要變更邏輯部分中的 *count[ ]* 成 *q[ ]*。換言之，第 7 行上的敘述可變更成：

```
1   SUBDESIGN fig7_43
2   (
3      clock      :INPUT;
4      q[2..0]    :OUTPUT;   -- 宣告輸出位元為三位元陣列
5   )
6   VARIABLE
7      count[2..0]   :DFF; -- 宣告 D FF 的一個暫存器
8
9   BEGIN
10     count[].clk = clock;   -- 連接所有的時脈波到同步源
11     IF count[].q < 4 THEN     -- 註；count [ ] 相同於 count [ ].q
12        count[].d = count[].q + 1; -- 將目前值遞增 1
13     ELSE count[].d = 0;          -- 再循環至零：強迫未使用的狀態成 0
14     END IF;
15     q[] = count[].q;           -- 轉送暫存器內容到輸出上
16  END;
```

圖 7-43　AHDL 中之計數器的行為描述

```
q[2..0] :DFF;
```

如果是這樣來做，所有參用到 *count* 者因而將被變更成 *q*。這樣可使程式變短，但它無法清楚的驗證通用性 HDL 概念。於 AHDL 中，所有的時脈波可被訂定成相接在一起，且使用第 10 行上的敘述，*count[ ].clk*＝*clock*，來連接到共用的時脈輸入。於此例中，*count[ ].clk* 參用稱為 *count* 之陣列中每個 FF 的時脈輸入。

此計數器的行為描述極為簡單。計數器的目前狀態是估算於 (*count[ ].q*) 第 11 行上，而且如果它是小於最高的期盼計數值，則使用描述 *count[ ].d*＝*count.q* ＋1 (第 12 行)。此係意味著 *D* 輸入的目前狀態必須等於比 *Q* 輸出的目前狀態大一個計數值。當計數器之目前狀態已達到最高期望之狀態 (或更高)，*IF* 敘述將是偽的，導致 NEXT 狀態輸入成零 (第 13 行)，這將重循環計數器。第 15 行上的最後一個敘述只是將計數器值連接到裝置的輸出接腳上。

VHDL

於 VHDL 中，此描述法中第一個重要步驟係適切地宣告計數器輸出接腳，如圖 7-44 中所示。輸出埠的資料類型 (第 3 行) 必須符合計數器變數的類型 (第 9 行)，且必須是允許算術運算的類型。記得 VHDL 係將 BIT_VECTORS 只當位元串來處理，而非二進數值量。為了將信號識別成數值量，資料物件必須訂成 INTEGER

```
1   ENTITY fig7_44 IS
2   PORT( clock    :IN BIT;
3         q   :OUT INTEGER RANGE 0 TO 7  );
4   END  fig7_44;
5
6   ARCHITECTURE a OF fig7_44 IS
7   BEGIN
8      PROCESS (clock)
9      VARIABLE count: INTEGER RANGE 0 to 7;  --定義一個數值VARIABLE
10         BEGIN
11           IF (clock = '1' AND clock'EVENT) THEN    --上昇緣？
12              IF count < 4 THEN                --小於最大值？
13                 count := count + 1;           --遞增值
14              ELSE                             --必須是位於最大或更大
15                 count := 0;                   --再循環至零
16              END IF;
17           END IF;
18     q <= count;                    --轉送暫存器內容到輸出上
19     END PROCESS;
20  END a;
```

圖 7-44　VHDL 中之計數器的行為描述

類型。編譯程式將審視第 3 行上之 **RANGE 0 TO 7** 子句且知曉計數器需要三個位元。第 9 行暫存器變數也需要類似的宣告且實際上是向上計數。它稱為 *count*。**PROCESS** 中 **BEGIN** 後的第一個敘述如先前的例子一樣於時脈的上昇緣作響應。然後它使用行為描述法來定義計數器對時脈緣的響應。如果計數器未到達其最大值 (第 12 行)，則它將被遞增 (第 13 行)。否則 (第 14 行)，它將把計數器再循環至零 (第 15 行)。第 18 行上的最後一個敘述只是連接計數器值到裝置的輸出接腳上。

基本計數器的模擬

任何一個我們的模-5 計數器設計之模擬都是很直接的。計數器僅有一個輸入位元 (*clock*) 及三個輸出位元 (*q2 q1 q0*) 來顯示於模擬中。時脈頻率尚未被訂定，所以我們可使用任意的頻率來作功能性模擬——即使如此也盡可能避免高頻率時脈波 (時脈)，除非是探討傳遞延遲的影響。我們必須做的唯一決策是找出要使用多少個時脈脈波。由於是一個模-5 計數器，因此至少要送五個時脈脈波來驗證 HDL 設計具有正確的計數順序且它是重循環的。模擬的過程將從初始狀態 000 開始，這是因為 Altera PLD 擁有內建的電源啟動重置特性。由於 HDL 設計並未提供預置計數器成任何未用狀態的方法，因此我們是無法測試任何的未用狀態。我們對於模-5

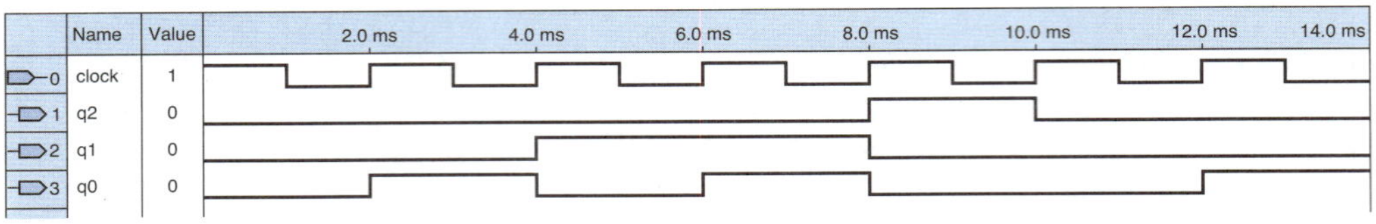

圖 7-45　模-5 計數器之 HDL 設計的模擬結果

計數器的 HDL 設計模擬結果如圖 7-45 中所示。

HDL 中的全特性計數器

至目前為止我們所選用的例子都是非常基本的計數器。所有它們所做的事乃向上計數到四後再回轉到零。我們已審視了傳統的 IC 計數器具有其他令其極為有用的特性。譬如，考慮 7-7 節中所討論的 74161 與 74191 IC 計數器。這些元件由不同特性所組成，包括有計數器激能、上／下計數、並聯載入 (預置成任何的計數值) 以及清除。此外，這些計數器也是設計成易於作同步式的串接來創造出較大型的計數器。本節裡，我們將探討能將這些特性融入到 HDL 計數器中的技術。我們將要來設計出一個結合更多於 74161 或 74191 中所具有之特性的計數器。此範例也將用來說明設計一個能契合我們需求功能的計數器方法。當我們使用 HDL 來產生數位設計時，並不侷限在某 IC 能涵蓋的特性內。

現在且先對較複雜計數器範例規格作些回顧。循環式的模-16 二進制計數器是在一個高電位激能時於時脈波之上昇緣時變換狀態。方向控制輸入為低電位時向上計數，或於高電位時向下計數。計數器將有一個高電位動作的非同步清除，使得控制輸入被激發時計數器立即被重置。計數器可於載入控制為高電位時同步的載入資料輸入接腳上的數值。輸入控制功能的優先權 (從最高至最低) 將為清除、載入，再為計數。最後，計數器也將包含一個高電位動作的輸出，用於計數器被激能時偵測計數器的最終狀態。如您將見到者，這些特殊的正常操作將由撰寫 HDL 程式的方式決定，所以我們將特別留意其中之細節。

AHDL

AHDL 全特性計數器

圖 7-46 中的程式製作了我們已討論過的所有特性。它是一個四位元計數器，但可容易的擴充其大小。閱讀過第 3 與 4 行上的輸入與輸出後確信您瞭解箇中每個的用意所在。若非如此，請您回讀本節的前幾段。第 7 行定義了一個充當作計數器的 D FF 的四位元暫存器。此處必須再次注意的是此暫存器可能已命名成如輸出變數

```
1   SUBDESIGN fig7_46
2   (
3      clock, clear, load, cntenabl, down, din[3..0]        :INPUT;
4      q[3..0], term_ct :OUTPUT;   -- 宣告輸出位元為四位元陣列
5   )
6   VARIABLE
7      count[3..0]     :DFF;         -- 宣告一個 D FF 暫存器
8
9   BEGIN
10     count[].clk = clock;          -- 連接所有的時脈至同步源
11     count[].clrn= !clear;         -- 連接成非同步高電位動作的清除
12     IF load THEN count[].d = din[]; --同步載入
13        ELSIF !cntenabl THEN count[].d = count[].q; -- 保持住計數
14        ELSIF !down THEN count[].d = count[].q + 1; -- 遞增
15        ELSE count[].d = count[].q - 1;             --遞減
16     END IF;
17     IF ((count[].q == 0) & down # (count[].q == 15) & !down)& cntenabl
18     THEN      term_ct = VCC;      -- 同步串接輸出信號
19     ELSE term_ct = GND;
20     END IF;
21     q[] = count[].q;              -- 轉送暫存器內容至輸出上
22  END;
```

圖 7-46　AHDL 中的全特性計數器

者 (*q*)。程式乃撰寫成不同的名稱以區隔運作於電路內部不同電路與裝置的埠 (輸入與輸出)。第 10 行上則是將時脈輸入連接到所有 DFF 的全部 *clk* 輸入。第 11 行上接到 DFF 原型的所有低電位動作之清除輸入 (*clrn*) 則是連接到 *clear* 輸入信號的互補上。由於 DFF 原型的 *prn* 與 *clrn* 輸入與時脈無關 (即它們是非同步的)，因此當 *clear* 輸入轉變成高電位時將立即清除 FF。

為使載入同步一起，FF 的 *D* 輸入必須受控以使得輸入資料 (*din*) 當載入線為高電位時將呈現於 *D* 上。依此方式，當下一個動作的時脈緣來臨時，資料將被載入到計數器中。此一動作必須發生而不管計數器是否被激能。因此，第 12 行上的第一個條件式決策 (IF) 估算載入輸入值。記得第 4 章的 IF/ELSE 決策結構將決定權給予了第一個發現為真的條件，這是因為一旦發現條件為真時，它將不再繼續估算隨後之 ELSE 子句中的條件。於此情況時，它意味著如果載入線被激發時，它將不管計數是否已被激能，或者正嘗試向上或向下計數。它將於下一個時脈緣上執行並聯載入。

假設載入線並未作用，則第 13 行上的 ELSIF 子句將被估算看看計數是否被抑制。於 AHDL 中，領悟 *Q* 輸出必須回饋至 *D* 輸入以使得在下一個時脈緣上暫

存器將持住其先前的值是很重要的。忘了將此子句插入將導致 *D* 輸入預置成零，因此重置計數器。若計數器被激能，第 14 行上的 ELSIF 子句被估算而且是遞增計數 (第 14 行) 或者遞減計數 (第 15 行)。總結這些決策，首先判斷是否載入時機到達，接著判斷計數應保持或改變，然後判斷向上或向下計數。

下一個要說明的功能為最終計數的偵測 (或解碼)。第 17-20 行用來判斷在向上或向下計數時是否最終計數已到達。雙等號 (= =) 運算子是用來測試運算子左右二邊之表示式是否相等的符號。哪一個計數器狀態為最終狀態視計數方向而定。這是由合適的最終狀態方向，0 或 15，與正確的表示式，*down* 或！*down*，作 AND 運算後來決定的。如果正確的狀態已獲得時，*term_ct* 將輸出高電位，否則為低電位。第 21 行則將連接 *count* 的輸出至 SUBDESIGN 的接腳。

使用 HDL 的主要概念之一通常是極容易擴充邏輯模組的大小。現在且來審視如何對此 AHDL 設計作必要的修改以增加二進制計數器模組成 256。由於 $2^8 = 256$，因此將需要遞增位元成為 8 個。圖 7-46 只要作四項修改即可改變計數器模數：

第 # 行	修　改
3	din [~~3~~ 7 . . 0]
4	q [~~3~~ 7 . . 0]
7	count [~~3~~ 7 . . 0]
17	(count [ ]. q = = ~~15~~ 255)

VHDL 全特性計數器

圖 7-47 中的程式製作了我們已討論過的所有特性。它是一個四位元計數器，但可容易的擴充其大小。閱讀過第 2-5 行上的輸入與輸出後，確信您瞭解箇中每個的用意所在。若非如此，請您回讀本節的前幾段。第 10 行上的 PROCESS 敘述為所有以 VHDL 描述之時脈式電路的關鍵，但它也扮演著決定電路同步或非同步的對其輸入作響應的角色。我們想要此電路能對 *clock*、*clear* 以及 *down* 輸入上的轉變立即響應。若將這些信號置於敏感性串列中，我們即可確信 PROCESS 內部的程式於任何的這些輸入改變狀態時將被估算。由於第 11 行上所定義之變數 *count* 為 INTEGER，所以它可容易的被遞增與遞減。變數皆宣告於 PROCESS 之內且僅使用於 PROCESS 內部。

clear 輸入係以第 13 行上第一個 IF 敘述來估算而先給定。記得第 4 章的 IF/ELSE 決策結構將決定權給予了第一個發現為真的條件，一旦發現條件為真時，它

```
1   ENTITY fig7_47 IS
2   PORT( clock, clear, load, cntenabl, down   :IN BIT;
3         din           :IN INTEGER RANGE 0 TO 15;
4         q             :OUT INTEGER RANGE 0 TO 15;
5         term_ct       :OUT BIT);
6   END fig7_47;
7
8   ARCHITECTURE a OF fig7_47 IS
9      BEGIN
10        PROCESS (clock, clear, down)
11        VARIABLE count :INTEGER RANGE 0 to 15;    --定義一個數值信號
12           BEGIN
13              IF clear = '1' THEN count := 0;    --非同步清除
14              ELSIF (clock = '1' AND clock'EVENT)  THEN  --上昇緣？
15                 IF load = '1' THEN count := din;      --並聯載入
16                 ELSIF cntenabl = '1' THEN             --激能？
17                    IF down = '0' THEN count := count + 1;  --遞增
18                    ELSE             count := count - 1;  --遞減
19                    END IF;
20                 END IF;
21              END IF;
22              IF (((count = 0) AND (down = '1')) OR
23                 ((count = 15) AND (down = '0'))) AND cntenabl = '1'
24                 THEN  term_ct <= '1';
25              ELSE     term_ct <= '0';
26              END IF;
27              q <= count;    --送暫存器內容至輸出上
28           END PROCESS;
29        END a;
```

圖 7-47　VHDL 中的全特性計數器

將不再繼續估算隨後之 **ELSE** 子句中的條件。於此情況時，如果 *clear* 動作時，其他的情況將不重要。輸出將為零。為使 *load* 功能同步的運作，它必須於偵測到時脈緣之後被估算。時脈緣是偵測於第 14 行上，而且電路立即檢查看看是否 *load* 動作著。如果 *load* 有動作，則 *count* 將被下載自 *din*，而不管計數器是否被激能。因此，第 15 行上的條件式決策 (IF) 將估算 *load* 輸入；只當它不作用時才會估算第 16 行看看是否計數器被激能。如果計數器被激能，*count* 將被遞增或遞減 (分別為第 17 與 18 行)。

下一個課題為偵測終端計數。第 22-25 行判斷終端計數向上或向下是否已到達了並且驅動輸出至適當的準位。由於我們想要估算此一狀況，因而此處的決策結構是非常重要的，且不管決策過程是否被 *clock*、*clear* 或 *down* 呼用著。請注意到此

一判斷並非前一個 **IF** 判斷的另一個 **ELSE** 分支，而是清除或計數已發生之後對敏感性串列中每個信號的估算。於所有的這些決策判斷做了之後，*count* 應已有正確的值於暫存器中，而且第 27 行有效的將暫存器接到輸出接腳上。

使用 **HDL** 的其中一個主要的概念為通常都非常容易擴充邏輯模組的大小。現在且來審視遞增二進制計數器模數或 256 時 **VHDL** 設計必要的變更。圖 7-47 只有四項修改即可改變計數器模數：

第 # 行	修　改
3	RANGE 0　TO　~~15~~ 255
4	RANGE 0　TO　~~15~~ 255
11	RANGE 0　TO　~~15~~ 255
23	(count = ~~15~~ 255)

全特性計數器的模擬

我們的全特性計數器設計之模擬將需做若干規劃以產生合適的輸入波形。雖然並不需要對每種可能的輸入組合作詳盡的模擬，但務必測試足夠可能的輸入條件以確認它能正常的工作。這也正是我們對於備用的雛型設計該做的測試。計數器五種不同的輸入信號 (*clock*、*clear*、*load*、*cntenabl* 及 *din*) 以及二種不同的輸出信號 (*q* 與 *term_ct*) 來顯示於模擬中。其中一個輸入信號與其中一個輸出信號實際為四個位元寬。我們將選用一個合適的時脈波頻率，畢竟尚未對此計數器的功能性模擬作指定。我們將需要提供足夠的時脈波來檢視幾個操作情況。模擬的過程應測試到激能與抑制計數器、上數與下數、清除計數器、載入數值到計數器中並從該數值開始計數起以及最終計數狀態偵測等功能。

於創造出輸入波形時有幾項一般性的模擬課題應考慮到。模擬將從初始的輸出狀態 0000 來開始。因此，最好在送上清除輸入前等待計數已到達另一狀態，如此才能在輸出中看到改變。同樣的，將相同的值載入作計數器的 **NEXT** 狀態並無法真正的讓我們相信 *load* 正確運作。時脈波發生之同一時刻改變輸入控制信號將產生建立時間的問題並導致有問題的結果。非同步控制應於正常時脈波緣以外之時刻送入以清楚的顯示出得到的電路動作是即刻的而非與時脈波有關。一般而言，我們應以常理來產生出輸入波形，並且考慮到底利用模擬來驗證什麼。模擬在設計過程中只有送上合適的輸入條件並且審慎的評估結果時才有價值。

對於全特性計數器的模擬結果如圖 7-48 中所示。四位元輸入 *din* 與四位元輸出 *.q* 皆以十六進制來顯示。計數器最初即被激能 (*cntenabl*＝**1**) 作向上計數

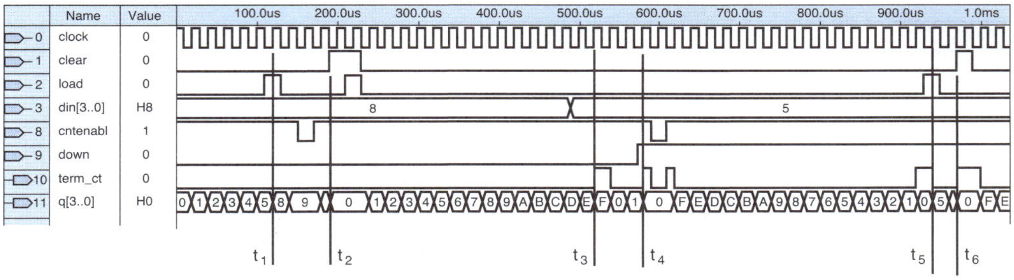

圖 7-48　全特性計數器之 **HDL** 設計的模擬結果

(*down*＝0)，並且可看到輸出是遞增 0，1，2，3，4，5。於 t_1 時，計數器同步的 (即配合著 *clock* 的 PGT) 對送到 *load* 輸入的高電位作響應。計數器被預置成並聯資料輸入 (*din*) 值 8。這也指出了載入優先於計數，這是因為它們是在同一時刻動作的。於 t_1 之後，*load* 再變成低電位且計數器持續從 8 向上計數。送到 *cntenabl* 的低電壓輸入使計數器維持於狀態 9 一個額外的時脈波週期。當 *cntenabl* 再度變換成高電位時將持續計數一直到 t_2 為止，此時計數器被同步的清除。請注意到計數器由於立即清除之故，使得輸出狀態 A 時間縮短。我們必須將它放大方能真實看到顯現出來。我們也可看到，當全部三個控制輸入，*clear*、*load* 及 *cntenabl*，同時皆為高電位時，清除功能具有最高的優先權。上數順序持續著且於狀態 F 之後重循環回到 0 以驗證計數器為模-16 二進制計數器。於 t_3 時，若為上數，則計數器到達它的最終狀態 F，且 *term_ct* 輸出高電位。於 t_4 時，由於 *down* 已轉換成高電位，因此計數器開始向下計數。由於計數器現在位於狀態 0 (也是下數時的最終狀態)，因此再次的 *term_ct* 輸出高電位。要注意的是，於 *term_ct* 動作前，計數器的最終狀態視計數方向而定，它是由輸入 *down* 來控制。當 *cntenabl* 轉變成低電位時，計數將維持於狀態 0 一段額外的時脈波週期。當 *cntenabl*＝0 時輸出 *term_ct* 也被禁抑。當 *cntenabl* 再轉變成高電位時，下數計數順序將正確的持續下去。於 t_5 時，計數器同步的並聯載入資料值 5。於 t_6 時，計數器非同步的被清除。於 t_5 與 t_6 時再次於下數過程中驗證載入或清除的優先權。與原規格作比較，我們是否對自己的設計作了正確運作的驗證？是的，我們確實做到了，但尚有若干條件可加以測試就算大功告成。當 *cntenabl* 為低電位時計數器將被清除或載入？顯然我們是忽略了驗證哪些場景。如您所知，複雜的設計需要深思熟慮以模擬或實驗室測試來詳盡的驗證它們的運作。想看看是否還有其他可做的測試？

複習問題

1. 哪一種形式的表格是用來描述計數器的操作？
2. 何時以 D FF 來設計計數器，要於 D 輸入加上何種信號才能於下一個動作的時脈邊緣上驅動它成 NEXT 狀態？
3. 如果要在時脈的下降緣而非上昇緣上觸發儲存裝置 (FF)，您會如何撰寫 HDL 描述？
4. 哪一種方法是利用因果關係來描述電路的操作？
5. 非同步清除與非同步載入之間的區別為何？
6. 如何於 HDL 中設計出非同步清除功能？
7. 如何於計數器的 HDL 描述中設計功能的優先次序？

7-13 將 HDL 模組接在一起

於前面二節裡，我們已檢視了如何使用 HDL 來製作常見的計數器特性。我們也應來細究如何能將這些計數器電路連接到其他的數位模組以創造更大型的系統。如果能將大型的系統分割成較小且更容易處理的模組後互連一起，那麼大型數位系統的設計會變得更為簡單。這就是**階層式設計** (hierarchical design) 概念的精髓，我們也會很快的於第 8 章的專案範例中看到它的優點所在。現在先來看看將模組連接一起的基本方法。

AHDL

解碼 AHDL 模-5 計數器

首先簡短的檢視 7-8 節中解碼計數器的觀念。試回想解碼電路是藉著特定的位元樣式予計數器之狀態來偵測之。且看看圖 7-39 (或圖 7-40) 中之模-5 計數器設計是如何與解碼器電路相連。我們將重新命名計數器為 SUBDESIGN mod5 以於稍後將描繪之整個電路方塊圖多一個位元的描述。由於三位元的計數器並無法產生全部八個可能的狀態，因此圖 7-49 中所示的解碼器設計將僅只解碼要用到的狀態，000 到 100。第 3 行上所宣告的三個輸入位元 (c=MSB) 稍後將連接到模-5 計數器的輸出。第 4 行上五個予解碼器的輸出乃稱之為 *state0* 到 *state4*。CASE 敘述 (第 7-14 行) 是藉由檢驗 $c\ b\ a$ 輸入組合以決定哪一個解碼器輸出應為高電位來描述解碼器的行為。當 $c\ b\ a$ 輸入為 000 時，僅有 *state0* 輸出將為高電位，或者當 $c\ b\ a$

```
SUBDESIGN decode5
(
      c, b, a                    : INPUT;
      state[0..4]                : OUTPUT;
)
BEGIN
      CASE (c,b,a) IS                  -- 解碼二進值
            WHEN B"000"     =>    state[] = B"10000";
            WHEN B"001"     =>    state[] = B"01000";
            WHEN B"010"     =>    state[] = B"00100";
            WHEN B"011"     =>    state[] = B"00010";
            WHEN B"100"     =>    state[] = B"00001";
            WHEN OTHERS     =>    state[] = B"00000";
      END CASE;
END;
```

圖 7-49　AHDL 模-5 計數器之解碼器模組

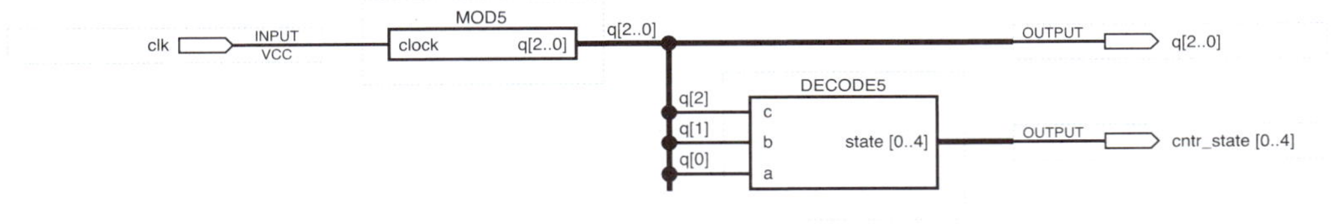

圖 7-50　模-5 計數器與解碼器電路的方塊圖設計

為 001 時，僅有 *state1* 輸出將為高電位，依此類推。任何大於 100 的輸入值 (為 OTHERS 所涵蓋，且實際上一定不會發生在此應用中) 將產生低電位於全部的輸出上。

我們將引導 Altera 軟體來創造出符號予我們的二則設計檔案，mod5 與 decode5。這將使我們描繪出方塊圖 (見圖 7-50) 予整個電路，它是由此二個模組、輸入與輸出埠以及它們之間的連線所組成。每個符號皆標示著它個別的 SUBDESIGN 名稱 mod5 與 decode5。注意到一些連線是以粗線描繪。這是用來表示匯流排，它是一組信號線。細線則為個別信號。Altera 所產生出的符號皆將自動的描繪出埠以指出它們是表示個別信號或匯流排。這將由 SUBDESIGN 部分中的信號宣告來決定。具有群組名稱的埠將被描繪成匯流排。由於計數器輸出埠為匯流排，但解碼器輸入埠為個別的信號，因此必須將匯流排分割成個別的信號線來將二個模組連在一起。Altera 所創造出的符號將自動的描繪出埠，以指示出它們是代表個別信號或匯流排。一旦匯流排被分割，您就必須標示匯流排群組信號名稱與將被用到的個別信號名稱。我們的方塊圖有一條匯流排標示為 *q[2..0]* 以及對應的個別信號 *q[2]*、*q[1]* 與 *q[0]*。此計數器與解碼器電路的模擬結果如圖 7-51 中所示。

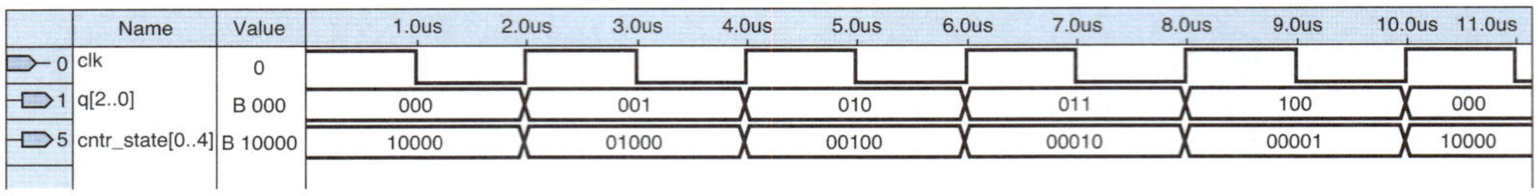

圖 7-51 模-5 計數器與解碼器電路的模擬

解碼 VHDL 模-5 計數器

首先簡短的審視 7-8 節中解碼計數器的觀念。試回想解碼電路是藉著特定的位元樣式予計數器之狀態來偵測之。且看看圖 7-41 中之模-5 計數器設計是如何與解碼器電路相連。我們將重新命名計數器為 ENTITY mod5 使其易於整個電路中識別模組。由於三位元的計數器並無法產生全部八個可能的狀態，因此圖 7-52 中所示的解碼器設計將僅只解碼要用到的狀態，000 到 100。第 3 行上所宣告的三個輸入位元 (c=MSB) 稍後將連接到模-5 計數器的輸出。第 4 行上五個予解碼器的輸出係稱為 *state*，為位元向量。稱為 *input* 的內部位元向量信號乃宣告於第 9 行上。接著第 11 行結合三個輸入埠位元 (c b a) 一起成為一個稱為 *input* 的位元向量，它接著即可由第 14-21 行上的 CASE 敘述來估算。如果任何一個輸入位元改變了邏

```
1   ENTITY  decode5  IS
2   PORT (
3             c, b, a    : IN BIT;
4             state      : OUT BIT_VECTOR (0 TO 4)
5   );
6   END decode5;
7
8   ARCHITECTURE a OF decode5 IS
9   SIGNAL    input      : BIT_VECTOR (2 DOWNTO 0);
10  BEGIN
11       input <= (c & b & a);      -- 將輸入結合成位元向量
12       PROCESS (c, b, a)
13       BEGIN
14            CASE input IS
15                 WHEN "000" =>          state <= "10000";
16                 WHEN "001" =>          state <= "01000";
17                 WHEN "010" =>          state <= "00100";
18                 WHEN "011" =>          state <= "00010";
19                 WHEN "100" =>          state <= "00001";
20                 WHEN OTHERS =>         state <= "00000";
21            END CASE;
22       END PROCESS;
23  END a;
```

圖 7-52 VHDL 模-5 計數器之解碼器模組

輯準位，則 PROCESS 將被呼叫以決定最終輸出。CASE 敘述是藉由檢驗 *input* 組合 (以 *c b a* 表示) 來決定哪一個解碼器輸出應為高電位來描述解碼器的行為。當 *input* 為 000 時，僅有 *state(0)* 輸出為高電位；當 *input* 為 001 時，僅有 *state(1)* 輸出將為高電位，依此類推。任何 *input* 大於 100 (為 OTHERS 涵蓋，且實際上一定不會發生於此應用中) 時，將產生低電位於全部的輸出上。

由於我們是使用 Altera Quartus 發展軟體，因此可將此二個模組以圖示繪出。若要如此，則您將需要引導軟體來創造出符號予此二則設計檔案，mod5 與 decode5。這將使我們描繪出方塊圖 (見圖 7-50) 予整個電路，它是由此二個模組、輸入與輸出埠以及它們之間的連線所組成。注意到一些連線是以粗線描繪。這是用來表示匯流排，它是信號線的聚集。細線則為個別信號。Altera 所產生出的符號將自動的描繪出埠以指出它們是表示個別信號或匯流排。這將由對每個 ENTITY 埠的資料類型宣告來決定。BIT_VECTOR 埠將描繪成匯流排，但 BIT 類型埠則描繪成個別的信號線。由於計數器輸出埠為匯流排，但解碼器輸入埠則為個別信號，因此需要將匯流排分割成個別信號線以將二個模組連在一起。一旦匯流排被分割，您就必須標示匯流排群組名稱與將被用的個別信號名稱。我們的方塊圖有一條匯流排標示為 *q[2..0]* 以及對應的個別信號 *q[2]*、*q[1]* 與 *q[0]*。此計數器與解碼器電路的模擬結果如圖 7-51 中所示。

將設計模組連接一起的標準 VHDL 方法 (以及使用 Altera 軟體的特別的方法) 是使用 VHDL 以文字檔案來敘述模組間的連接。想要的模組則是使用 COMPONENT (模組的 PORT 宣告於其中) 來舉列於較高階的設計檔案中。對於每個列舉 (其中利用了模組) 的連線則是陳列於 PORT MAP 中。將 mod5 與 decode5 模組連在一起的 VHDL 檔案如圖 7-53 中所示。雖然 *q* 為頂層設計檔案的輸出埠，但它在第 4 行上是歸為 BUFFER 類型，這是因為需要在它的 PORT MAP 中 (第 25 行) “讀入”位元向量陣列作為 *decode5* COMPONENT 的輸入。VHDL 並不允許輸出埠當輸入使用。BUFFER 資料類型宣告提供了能作輸入與輸出雙用的埠。mod5 模組宣告於第 10-15 行上，decode5 模組則宣告於第 16-21 行上。mode5 與 decode5 ENTITY/ARCHITECTURE 描述可能包含於頂層設計檔案內部，或者儲存於與頂層設計檔案相同的資料夾中。針對各模組之每個列舉的 PORT MAP 則是明列於第 23 與 24～25 行上。冒號左方的文字是賦予每個列舉的獨一標示且模組名稱位於右方，然後是關鍵字 PORT MAT，最後在括弧內者則是設計信號與埠之間的關係。=> 運算子則指示出哪一個模組埠 (左方) 是要連接到較高層的系統信號上 (位於右方)。此電路將產生如圖 7-51 中的模擬結果。

```
ENTITY mod5decoded1 IS
PORT (
      clk            :IN BIT;
      q              :BUFFER BIT_VECTOR (2 DOWNTO 0);
      cntr_state     :OUT BIT_VECTOR (0 TO 4)
      );
END mod5decoded1;

ARCHITECTURE toplevel OF mod5decoded1 IS
COMPONENT mod5
      PORT (
            clock    :IN BIT;
            q        :OUT BIT_VECTOR (2 DOWNTO 0)
            );
END COMPONENT;
COMPONENT decode5
PORT (
            c, b, a  :IN BIT;
            state    :OUT BIT_VECTOR (0 TO 4)
            );
END COMPONENT;
BEGIN
counter:  mod5       PORT MAP (clock => clk, q => q);
decoder:  decode5    PORT MAP
      (c => q(2), b => q(1), a => q(0), state => cntr_state);
END toplevel;
```

圖 7-53　將 **mode5** 與 **decode5** 接在一起的較高層 **VHDL** 檔案

模-100 BCD 計數器

我們想要來設計一個具有同步清除的重循環式模-100 BCD 計數器。於高層設計檔案中設計出一個模-10 BCD 計數器模組且同步的將此二個模組連在一起是最為簡單的方法。加到此二個模-10 模組的時脈輸入將同時連接到系統時脈波上以將此二個計數器模組作同步的串接。記住，使用同步計數器設計比非同步時脈方法有多項重要的優勢。而且，如果不使用同步時脈，則同步清除將無法正常工作，縱使設計規格並不要求計數激能或最終計數偵測予模-100 計數器，但它將需要包含這些特性於我們的設計中。為能同步的串接二個計數器，激能與解碼特性將是需要的。最終計數輸出指出了計數順序已達到了它的限制，且將於下一個時脈波時轉回。為了同步的串接計數器級在一起，最終計數輸出連接到下一個較高階級的激能輸入。藉由使用計數器激能也控制著最終計數的解碼，我們的模-10 模組可用以產生出較大型的 BCD 計數器。

串接 AHDL BCD 計數器

我們的模-10 BCD 計數器 SUBDESIGN 如圖 7-54 中所示。BCD 計數器的最終狀態為 9。當計數以高電位來激能時，第 10 至 13 行將偵測到此最終狀態。將 *enable* 控制與解碼功能 AND 一起時將視需要可允許二個以上計數器模組同步的串接一起而使得我們的 mod10 設計更為多樣性。*clear* 功能於 AHDL 中若將它包含於如第 14-15 行上所示的 IF 敘述中時即能同步地運作。如果 *clear* 不動作，我們接著即檢驗計數器是否被激能 (第 16 行)。如果 *enable* 為高電位，則計數器將使用第 17-21 行上的巢狀式 IF 來看看是否已到達最後一個狀態 9。於狀態 9 之後，計數器同步地重循環回到 0。否則，計數器將遞增。如果計數器被禁抑，則第 22-23 行將藉由回送目前的輸出到計數器之輸入來暫停目前的計數值。此種暫停的動作於串接式模-100 計數器中是必要的，因為 1 秒位數在進行計數順序時 10 秒位數要停止它的目前狀態。合適的設計策略是能模擬此模組以決定在我們將它用於較為複雜電路應用中之前能正常運作。由圖 7-55 中得到的 mod10 模擬結果可見計數順序是正確的，*clear* 是同步的且有優先權，而 *enable* 則控制著計數功能與解碼輸出 tc。

```
1   SUBDESIGN  mod10
2   (
3         clock, enable, clear            :INPUT;
4         counter[3..0], tc               :OUTPUT;
5   )
6   VARIABLE
7         counter[3..0]                   :DFF;
8   BEGIN
9         counter[].clk  = clock;
10        IF counter[].q == 9 & enable == VCC  THEN
11                 tc = VCC;                    -- 偵測最終計數
12        ELSE     tc = GND;
13        END IF;
14        IF  clear  THEN
15             counter[].d = B"0000";           -- 同步清除
16        ELSIF  enable  THEN                   -- 清除有優先權
17             IF counter[].q == 9  THEN        -- 檢驗是否為最終狀態
18                  counter[].d = B"0000";
19             ELSE
20                  counter[].d = counter[].q + 1;        -- 遞增
21             END IF;
22        ELSE                               -- 被抑制時暫停計數
23             counter[].d = counter[].q;
24        END IF;
25  END;
```

圖 7-54　AHDL 中的模-10 BCD 計數器

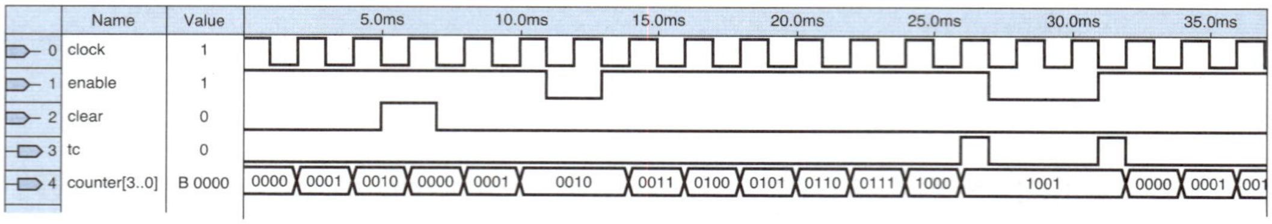

圖 7-55 模-10 模擬結果

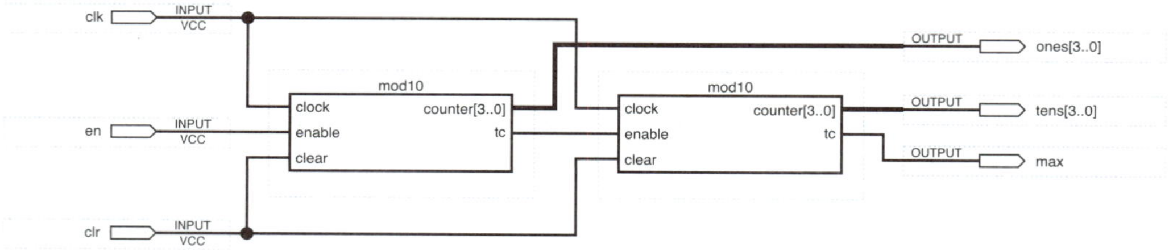

圖 7-56 模-100 BCD 計數器的方塊圖設計

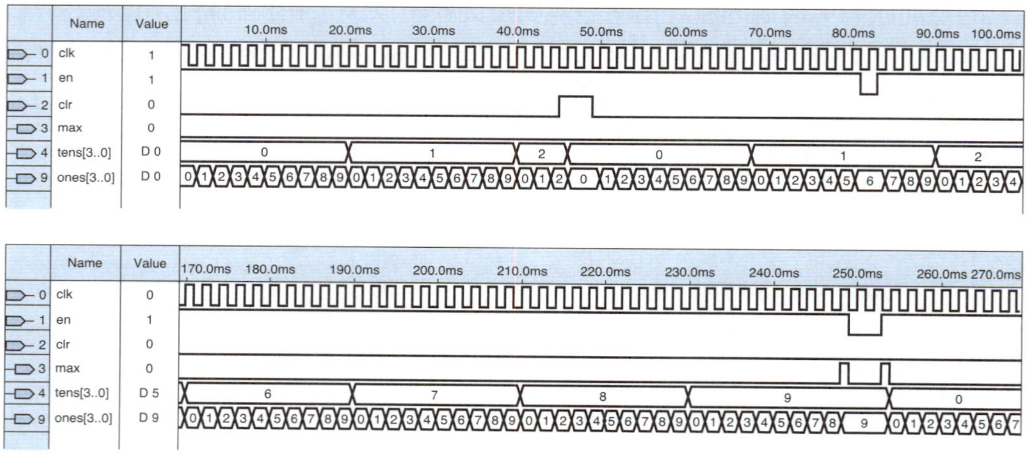

圖 7-57 模-100 BCD 計數器設計的模擬結果

產生出我們的 mod10 計數器模組之預設符號後，現在即可來描繪出模-100 BCD 計數器應用的方塊圖。輸入埠、輸出埠及接線也被加入以產生出圖 7-56 中的設計。注意到表示 1 秒與 10 秒位數的計數器輸出已描繪成匯流排。mod10 模組則以時脈波作同步，它們是使用來自 1 秒位數的最終計數輸出來控制 10 秒位數上的激能輸入。*en* 輸入埠控制著整個模-100 計數器電路的激能／禁抑。BCD 計數器設計可很容易的以額外的 mod10 級加以擴充，只要將 *tc* 輸出連接到每個位數所需的下一個 *enable* 輸入即可。圖 7-57 中所見者為模擬結果的樣本。模擬顯示出模-100 計數器有一個正確的 BCD 計數順序且可同步的被清除。

串接 VHDL BCD 計數器

我們的模-10 BCD 計數器的 ENTITY 與 ARCHITECTURE 顯示於圖 7-58 的第 26-51 行中。BCD 計數器的最終狀態為 9。第 38-40 行只當計數器為高電位激能時才會偵測到此最終狀態。將 *enable* 控制於解碼功能中作 AND 運作即可讓我們視需要串接二個以上的計數器，且可使我們的 mod10 設計更為多樣化。如果將 *clear* 功能置於第 41 行中之時脈波緣已被偵測後的巢狀式 IF 敘述中，則它在 VHDL 中是同步的。如果 *clear* 不作用，則接著檢查看看計數器是否被激能 (第 43 行)。如果 *enable* 為高電位，則計數器將利用第 44-46 行上的另一個巢狀式 IF 來看看是否最後一個狀態 9 已到達。狀態 9 後，計數器將同步地重循環回到 0。否則，計數將遞增。如果計數器被禁抑，VHDL 將自動地維持住目前的計數值。此一暫停的動作於串接式模-100 計數器中是必要的，因為 1 秒位數在進行計數順序時 10 秒位數要停止它的目前狀態。合適的設計策略是將此模組當成個別的 ENTITY 來模擬，以決定在我們將它用於較為複雜電路應用中之前能正常運作。由圖 7-55 中 mod10 ENTITY 模擬結果可見計數順序是正確的，*clear* 是同步的且有優先權，且 *enable* 控制著計數功能與解碼輸出。

我們有二種製作模-100 計數器的選擇。其中一種方法是以如圖 7-56 中所示的方塊圖示設計來表示。mod10 計數器模組、輸入埠、輸出埠以及接線也被加入以產生出模-100 計數器。注意到表示 1 秒與 10 秒位數的計數器輸出已描繪成匯流排。mod10 模組則以時脈波作同步。它們是使用來自 1 秒位數的最終計數輸出來控制 10 秒位數上的激能輸入。*en* 輸入埠控制著整個模-100 計數器電路的激能／禁抑。BCD 計數器設計可很容易的以額外的 mod10 級加以擴充，只要將 tc 輸出連接到每個位數所需的下一個 *enable* 輸入即可。圖 7-57 中所見者為模擬結果的樣本。模擬顯示出模-100 計數器有一個正確的 BCD 計數器順序且可同步地被清除。

第二種產生出模-100 計數器的方法是藉由以 VHDL 來描述電路結構以作設計模組間的必要連線，此系統設計檔案陳列於圖 7-58 中。對 mod10 子區塊所作的 ENTITY/ARCHITECTURE 描述是包含在整個 mod10 設計檔案內 (但可為在此專案資料夾內的個別檔案)。mod100 設計檔案可為此系統之階層式設計的頂層。它包含了較低層的子區塊，而它們實際上為較低層 mod100 計數器的二份複本。mod10 COMPONENT 則是宣告於比較高層的設計檔案中 (第 10-16 行)。每個案例 (使用到模組之處) 的連線則是陳列於 PORT MAP 中。由於我們需要二個 mod10 的案例，每個案例都有一個 PORT MAP (第 19-20 與 21-22 行)。每個案

```
ENTITY mod100 IS
PORT (
      clk, en, clr                  :IN BIT;
      ones                          :OUT INTEGER RANGE 0 TO 15;
      tens                          :OUT INTEGER RANGE 0 TO 15;
      max                           :OUT BIT
);
END mod100;
ARCHITECTURE toplevel OF mod100 IS
COMPONENT mod10
      PORT (
            clock, enable, clear    :IN BIT;
            q                       :OUT INTEGER RANGE 0 TO 15;
            tc                      :OUT BIT
            );
END COMPONENT;
SIGNAL rco                          :BIT;
BEGIN
digit1:  mod10  PORT MAP (clock => clk, enable => en,
                  clear => clr, q => ones, tc => rco);
digit2:  mod10  PORT MAP (clock => clk, enable => rco,
                  clear => clr, q => tens, tc => max);
END toplevel;


ENTITY mod10 IS
PORT (
      clock, enable, clear          :IN BIT;
      q                             :OUT INTEGER RANGE 0 TO 15;
      tc                            :OUT BIT
);
END mod10;
ARCHITECTURE lowerblk OF mod10 IS
BEGIN
      PROCESS (clock, enable)
            VARIABLE  counter       :INTEGER RANGE 0 TO 15;
      BEGIN
            IF ((counter = 9) AND (enable = '1')) THEN  tc <= '1';
            ELSE tc <= '0';
            END IF;
            IF (clock'EVENT AND clock = '1')  THEN
                  IF (clear = '1')  THEN  counter := 0;
                  ELSIF  (enable = '1')  THEN
                        IF (counter = 9)  THEN  counter := 0;
                        ELSE      counter := counter + 1;
                        END IF;
                  END IF;
            END IF;
            q <= counter;
      END PROCESS;
END lowerblk;
```

圖 7-58　**VHDL 中的模-100 BCD 計數器**

例必須有獨一的標示 (*digit1* 或 *digit2*) 來將它們互作區隔。PORT MAP 包含了較低層模組埠間有命名的相關性，它們是位於左方，而它們連接上之較高層的信號則列於右方。此電路將產生出如圖 7-57 中所示的相同模擬結果。

複習問題

1. 試說明如何將 HDL 模組相連一起來產生出數位系統。
2. 何謂匯流排且如何於 Altera 中以圖示方塊來表示？
3. 若要同步的串接計數器模組在一起時，計數器必須具哪些特性？

7-14 狀態機

狀態機 (state machine) 一詞是指某個電路是由時脈波以及其他的輸入信號來循序控制經過一組預定的狀態。所以第 7 章至目前為止已探討的計數器電路皆為狀態機。一般而言，我們是使用計數器一詞作為具有規則性數值計數順序的循序電路之用。這些計數器可向上計數或向下計數，它們可能具有完整的 2^N 模數或具有 $< 2^N$ 的模數，或者它們能重循環或自動的停止於某個預定的狀態。計數器，意如其名，是用來計數事情。要被計數的事情實際上稱為時脈波，但脈波可能代表許多種類的事件。這些脈波可能是要作除頻的信號週期，或者它們可能是數位時鐘每日的秒、分與時。它們可能指示出工廠中已送到輸送帶的物品，或高速公路上已經通過某特定點的汽車。

狀態機一詞常用來描述其他種類的序向電路。它們可能具有不規則的計數樣式，如同 7-10 節中的步進式馬達控制電路。哪個設計的目的是要驅動步進式馬達以使得它將依精確的角度步進來轉動。控制電路必須產生所要移動的特定狀態順序，而非數值性的計數。也有許多應用場合我們並不需要考慮每個狀態的特定二進值，因為我們將利用合適的解碼邏輯來識別需注意的特定狀態，並且產生想要的輸出信號。此二術語間的一般性差異為計數器通常是用來計數事件，但狀態機則通常是用來控制事件。正確的描述性術語則視我們想要如何來使用序向電路而定。

圖 7-59 中所示的方塊圖可代表一個狀態機或計數器。於 7-10 節裡，我們發現到傳統的序向電路設計過程是先瞭解需要有多少個正反器，然後再決定需要的組合電路以產生想要的順序。計數器或狀態機所產生的輸出可能直接來自於正反器輸出或者為若干需要的閘電路，如方塊圖中所示者。此二種變型是描述成序向電路

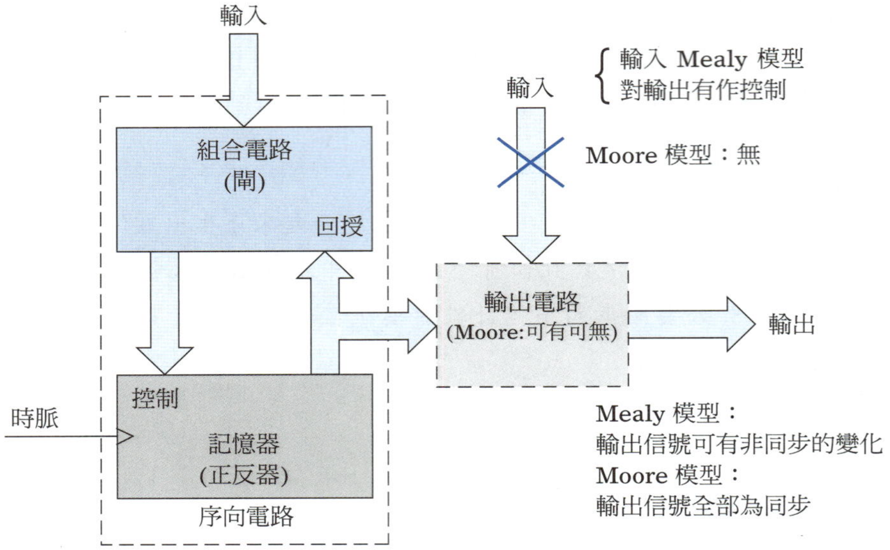

圖 7-59 計數器與狀態機的方塊圖

的 **Mealy 模型** (Mealy model) 或者為 **Moore 模型** (Moore model)。於 Mealy 模型中，輸出信號也受控於另外的輸入信號，但 Moore 模型則無任何的外部控制予產生出的輸出信號。Moore 輸出則只是目前正反器狀態的函數。Moore 形式設計的例子為 7-13 節中解碼的模-5 電路。相反的，同一節中的 BCD 計數器設計則屬 Mealy 形式，這是因為控制著最終狀態解碼輸出 (*tc*) 的外部輸入 (*enable*) 之故。此種敏感性設計變型的其中一項重要的結果為 Moore 型的電路輸出將完全同步於電路的時脈波，但 Mealy 型電路所產生的輸出則可作非同步的改變。在我們的模-10 設計中之激能輸入則不同步於系統時脈。

當然，HDL 可使狀態機容易且直覺的來描述。舉個每個人都可能相關的極簡單例子來說，下面的硬體描述處理了典型洗衣機可能要行經的四個狀態。雖然實際的洗衣機甚至比起此一例子複雜許多，但它還是夠用來驗證一些方法。除非按下了啟動鍵，否則此洗衣機是閒置的，然後是持續進水到水槽滿為止，接著轉動攪拌器直到定時器結束為止，最後是將水放完。此範例的重點是放在一組無二進值被定義之已命名狀態的使用。計數器變數為 *wash*，它可為已命名狀態的任何一個：*idle*、*fÕl*、*agitate* 或 *spin*。

簡單的 AHDL 狀態機

圖 7-60 中的 AHDL 程式指出了以第 6 與 7 行上已命名之狀態來宣告計數器的語法。此計數器的名稱為 *cycle*。關鍵字 **MACHINE** 係用於 AHDL 中來定義 *cycle* 成一個狀態機。此計數器需用來產生出已命名狀態所需的位元個數將由編譯程式來決定。請注意到於第 7 行中，狀態被命名，但每個狀態的二進值也是留予編譯程

```
1   SUBDESIGN fig7_60
2   (  clock, start, full, timesup, dry      :INPUT;
3      water_valve, ag_mode, sp_mode         :OUTPUT;
4   )
5   VARIABLE
6   cycle:  MACHINE
7              WITH STATES (idle, fill, agitate, spin);
8   BEGIN
9   cycle.clk = clock;
10
11     CASE cycle IS
12        WHEN idle =>IF start THEN cycle = fill;
13                    ELSE      cycle = idle;
14                    END IF;
15        WHEN fill =>IF full THEN cycle = agitate;
16                    ELSE      cycle = fill;
17                    END IF;
18        WHEN agitate=> IF timesup THEN cycle = spin;
19                    ELSE      cycle = agitate;
20                    END IF;
21        WHEN spin => IF dry THEN cycle = idle;
22                    ELSE      cycle = spin;
23                    END IF;
24        WHEN OTHERS => cycle = idle;
25     END CASE;
26
27     TABLE
28        cycle    => water_valve,    ag_mode, sp_mode;
29        idle     => GND,            GND,     GND;
30        fill     => VCC,            GND,     GND;
31        agitate  => GND,            VCC,     GND;
32        spin     => GND,            GND,     VCC;
33     END TABLE;
34  END;
```

圖 7-60　使用 AHDL 的狀態機範例

式來決定。設計人員無需煩惱此一層次的細節。第 11-25 行上的 CASE 結構以及驅動著輸出的解碼邏輯 (第 27-33 行) 都是藉由名稱來參用。這樣即可讓敘述易於閱讀，且讓編譯程式有更多的空間來將電路最小化。如果設計中要求狀態機也要連接到輸出埠，則第 6 行可變更成：

```
cycle: MACHINE OF BITS (st[1..0])
```

而且輸出埠 *st[1..0]* 可被加到 **SUBDESIGN** 部分中。第二個可選用的可行狀態機乃為設計人員有能力來定義每個狀態的二進值。這可由變更此範例中之第 7 行來完成：

```
WITH STATES (idle = B"00", fill = B"01", agitate = B"11",
spin = B"10");
```


簡單的 VHDL 狀態機

圖 7-61 中的 VHDL 程式指出了使用已命名之狀態來宣告計數器的語法。於第 6 行上，資料物件乃被宣告成名稱為 *state_machine*。請注意到關鍵字 TYPE。此於 VHDL 中係稱為**列舉式類型** (enumerated type)，於其中設計人員以符號名稱來列出被宣告成允許的彼類型之信號、變數或埠的所有可能之值。請注意第 6 行上，狀態被命名，但每個狀態的二進值也是留予編譯程式來決定。設計人員無需煩惱此一層次的細節。第 12-29 行上的 CASE 結構以及驅動著輸出的解碼邏輯 (第 31-36 行) 都是藉由名稱來參用狀態。這樣即可讓敘述易於閱讀且讓編譯程式有更多的空間來將電路最小化。

狀態機模擬

使用模擬軟體驗證我們的 HDL 設計產生了圖 7-62 中所示的結果。Altera 模擬軟體也能讓我們來模擬設計模組中的中間節點。稱為 *cycle* 的 “掩藏式” 狀態機已包含於模擬中以確認操作正確。注意到 *cycle* 的結果顯示了二次，因為它不同地顯示了二種的 HDL。模擬軟體無法真正的一起顯示 AHDL 與 VHDL 的模擬。第二個掩藏式節點訊息只是已被複製並且貼上來構成合成圖形。於 AHDL 中，機器狀態名稱有顯示出來，但在 VHDL 中，則改顯示編譯軟體指定予列舉狀態名稱的值。

```
ENTITY  fig7_61  IS
PORT (   clock, start, full, timesup, dry         :IN BIT;
      water_valve, ag_mode, sp_mode              :OUT BIT);
END fig7_61;
ARCHITECTURE  vhdl  OF  fig7_61  IS
TYPE  state_machine  IS  (idle, fill, agitate, spin);
BEGIN
   PROCESS (clock)
   VARIABLE  cycle               :state_machine;
   BEGIN
   IF (clock'EVENT  AND  clock = '1')  THEN
      CASE  cycle  IS
         WHEN idle =>
            IF start = '1' THEN          cycle := fill;
            ELSE                         cycle := idle;
            END IF;
         WHEN fill =>
            IF full = '1' THEN           cycle := agitate;
            ELSE                         cycle := fill;
            END IF;
         WHEN agitate =>
            IF timesup = '1' THEN        cycle := spin;
            ELSE                         cycle := agitate;
            END IF;
         WHEN spin =>
            IF dry = '1' THEN            cycle := idle;
            ELSE                         cycle := spin;
            END IF;
      END CASE;
   END IF;
   CASE  cycle  IS
      WHEN idle     =>   water_valve <= '0';   ag_mode <= '0';   sp_mode <= '0';
      WHEN fill     =>   water_valve <= '1';   ag_mode <= '0';   sp_mode <= '0';
      WHEN agitate  =>   water_valve <= '0';   ag_mode <= '1';   sp_mode <= '0';
      WHEN spin     =>   water_valve <= '0';   ag_mode <= '0';   sp_mode <= '1';
   END CASE;
   END PROCESS;
END vhdl;
```

圖 7-61　使用 **VHDL** 的狀態機例子

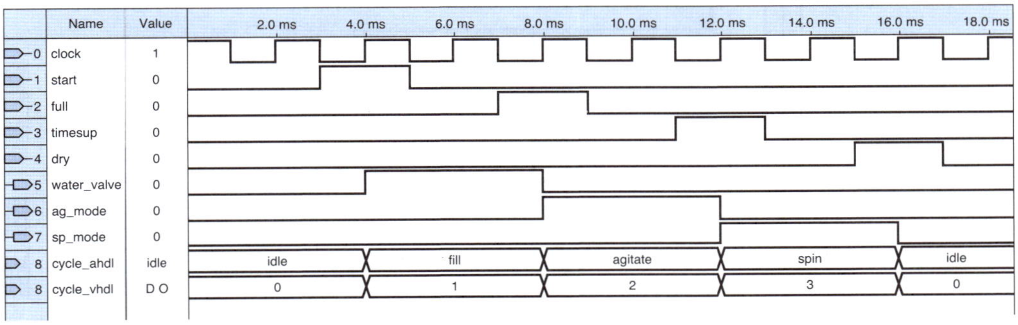

圖 7-62　洗衣機 **HDL** 設計範例之狀態機的模擬

交通燈號控制器狀態機

現在且來細究稍微複雜的狀態機設計，就是交通燈號控制器。方塊圖顯示於圖 7-63 中。我們的簡易控制器是設計來控制主線道與支線道交叉路口的交通流量。主線道上的綠燈亮著維持車流順暢直到支線道上感測到有汽車為止 (以標示為 *car* 的輸入指出)。於延遲一時間後 (以標示為 *tmaingrn* 的五位元的二進輸入指出)，此時主線道的燈號將變換成黃燈。*tmaingrn* 時間延遲確保主線道於每個燈號週期間將接收到綠燈至少此長度的時間。黃燈則將持續一段固定時間量 (設定於 HDL 設計中) 然後變換成紅燈。當主線道為紅燈時，支線道燈號將轉綠。支線道綠燈將維持一段由五位元二進輸入 *tsidegrn* 所設定的時間。接著黃燈將持續一段相同的時間，然後支線道轉成紅燈，而主線道則變成綠燈。延遲模組將控制著每個燈號的時間週期。實際的時間延遲將為系統時脈週期乘上延遲因子。控制模組決定了交通控制器的狀態。總共有四種燈號組合——主線道綠燈／支線道紅燈、主線道黃燈／支線道紅燈、主線道紅燈／支線道綠燈及主線道紅燈／支線道黃燈——因此需要四種狀態的控制。交通燈號狀態將藉由 lite_ctrl 模組轉譯成適當的開-關樣式予每對燈號。標示為 *change* 與 *lite* 的輸出則當作診斷之用。*reset* 則是用來啟始此二個序向電路的每一個。

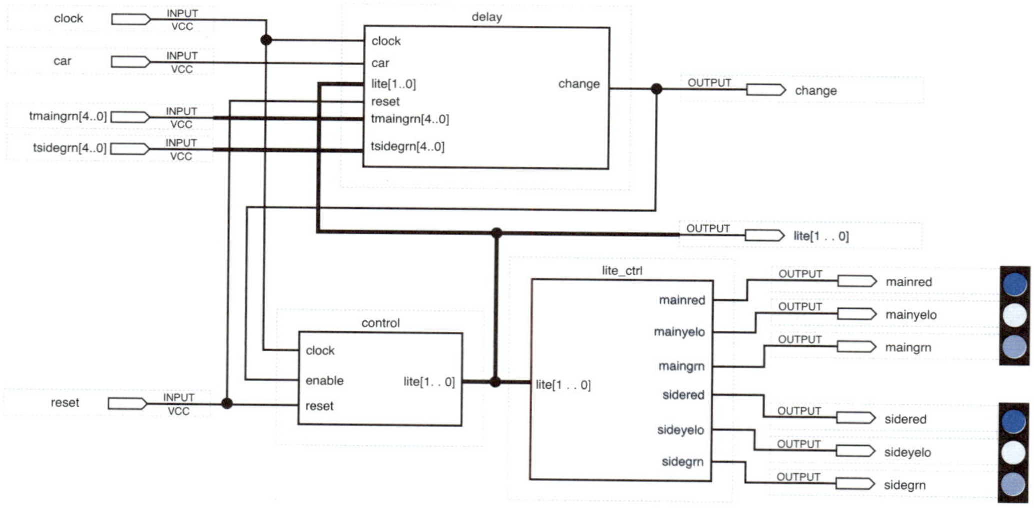

圖 7-63　交通燈號控制器

AHDL 交通燈號控制器

圖 7-64 將我們的 AHDL 交通燈號控制器的三個設計模組陳列在一起。它們實際

```
SUBDESIGN  delay
(   clock, car, lite[1..0], reset          :INPUT;
    tmaingrn[4..0], tsidegrn[4..0]         :INPUT;
    change                                 :OUTPUT;  )
VARIABLE
    mach[4..0]                             :DFF;
BEGIN
    mach[].clk = clock;                            -- 為 1 Hz 時脈，時間單位為秒
    mach[].clrn = reset;
    IF  mach[] == 0  THEN
        CASE  lite[]  IS                           -- 檢驗燈號控制器的狀態
            WHEN 0 =>
                IF  !car  THEN  mach[].d = 0;      -- 等待於支線道上的汽車
                ELSE  mach[].d = tmaingrn[] - 1;   -- 設定主線道的綠燈時間
                END IF;
            WHEN 1 => mach[].d = 5 - 1;            -- 設定主線道的黃燈時間
            WHEN 2 => mach[].d = tsidegrn[] - 1;   -- 設定支線道的綠燈時間
            WHEN 3 => mach[].d = 5 - 1;            -- 設定支線道的黃燈時間
        END CASE;
    ELSE  mach[].d = mach[].q - 1;                 -- 遞減時間計數器
    END IF;
    change = mach[] == 1;                          -- 改變控制模組上的燈號
END;
---------------------------------------------------------------------------------
SUBDESIGN  control
(   clock, enable, reset    :INPUT;
    lite[1..0]              :OUTPUT;  )
VARIABLE
    light:    MACHINE OF BITS (lite[1..0])         -- 需要四個狀態予燈號組合
              WITH STATES (mgrn = B"00", myel = B"01", sgrn = B"10", syel = B"11");
BEGIN
    light.clk = clock;
    light.reset = !reset;                          -- 機器具有非同步且高電位作用的重置
    CASE  light  IS                                -- 等待激能來改變燈號狀態
        WHEN mgrn    =>    IF enable THEN light = myel;  ELSE light = mgrn;  END IF;
        WHEN myel    =>    IF enable THEN light = sgrn;  ELSE light = myel;  END IF;
        WHEN sgrn    =>    IF enable THEN light = syel;  ELSE light = sgrn;  END IF;
        WHEN syel    =>    IF enable THEN light = mgrn;  ELSE light = syel;  END IF;
    END CASE;
END;
---------------------------------------------------------------------------------
SUBDESIGN lite_ctrl
(   lite[1..0]                         :INPUT;
    mainred, mainyelo, maingrn         :OUTPUT;
    sidered, sideyelo, sidegrn         :OUTPUT;  )
BEGIN
    CASE lite[]       IS                           -- 決定哪個燈號要開亮
        WHEN B"00"    =>    maingrn = VCC; mainyelo = GND; mainred = GND;
                            sidegrn = GND; sideyelo = GND; sidered = VCC;
        WHEN B"01"    =>    maingrn = GND; mainyelo = VCC; mainred = GND;
                            sidegrn = GND; sideyelo = GND; sidered = VCC;
        WHEN B"10"    =>    maingrn = GND; mainyelo = GND; mainred = VCC;
                            sidegrn = VCC; sideyelo = GND; sidered = GND;
        WHEN B"11"    =>    maingrn = GND; mainyelo = GND; mainred = VCC;
                            sidegrn = GND; sideyelo = VCC; sidered = GND;

    END CASE;
END;
```

圖 7-64　交通燈號控制器的 AHDL 設計

上是三個分開的設計檔案且以如圖 7-63 中所示的方塊圖設計互連一起。延遲模組 (第 1-23 行) 基本上是一個命名為 *mach* 的掩藏式下數計數器 (第 20 行)，當主線道有綠燈時 (*lite*＝0) 等待於零時一直到被汽車感測器觸發 (第 13 行) 以載入延遲因子 *tmaingrn*－1 (第 14 行) 為止。由於計數器是一直遞減到零，因此將自每個延遲因子減去 1 來使得延遲計數器的模數等於延遲因子的值。譬如，如果我們希望延遲因子為 25，則計數器必須從 24 向下數到 0。延遲因子所代表的實際時間表是看時脈頻率來決定。若為 1 Hz 的時脈頻率，週期將為 1 秒，延遲因子將以秒為單位。第 22 行定義了一個稱為 *change* 的輸出信號，用來偵測 *mach* 何時等於 1。*change* 為高電位時指出測試條件為真，也接著將隨時脈指出主線道為黃燈時激能控制模組中的狀態機來移動到它的下一個狀態 (*lite*＝1)。當延遲計數器 *mach* 向下計數且到達 0 時，CASE 將決定 *lite* 有一新值且黃燈的固定時間延遲因子 5 於下一個時脈時被載入 (實際上是載入小於 5 的值，先前已討論) 到 *mach* 中 (第 16 行)。向下計數將持續自此新的延遲時間開始，*change* 再度激能控制模組以於 *mach* 等於 1 時移動到它的下一個狀態 (*lite*＝2)，導致支線道為綠燈。當 *mach* 再次到達 0 時，支線道上的時間延遲 (*tsidegrn*－1) 將被載入到下數計數器中 (第 17 行)。當 *change* 再轉變成作用時，*lite* 將前進到狀態 3 以作為支線道上的黃燈。於第 18 行上 *mach* 將循環到數值 4 (5－1) 以作為黃燈的固定時間延遲。若此時 *change* 轉變成有作用，則控制模組將回到 *lite*＝0 狀態 (主線道上綠燈)。若此時 *mach* 遞減到它的最終狀態 (0)，第 13-15 行將根據 *car* 感測器輸入的狀態來決定是否要等待另一部汽車或載入主線道上綠燈的延遲因子 (*tmaingrn*－1) 以再次啟始循環週期。主線道將接收到綠燈至少此時間長，即使支線道上連線有車流亦如此。顯然此設計仍有改進的空間，當然這也將進一步複雜化此設計了。

控制模組 (第 25-40 行) 包含了一個命名為 *light* 的狀態機，它將循序經過交通燈號組合的四種狀態。狀態機用到的位元皆有命令且連接成此模組的輸出埠 (第 27-29 行)。第 30 行上 *light* 的四種狀態命名為 *mgrn*、*myel*、*sgrn* 以及 *syel*。每種狀態代表了哪一條道路，主線道或支線道，將接收到綠燈或黃燈。另一條道路將為紅燈。控制模組的每種狀態的值也明定於第 30 行上以將它們識別為另外二個模組，delay 與 lite_ctrl，的輸入。*enable* 輸入則是連接到 delay 模組所產生的 *change* 輸出信號上。被激能時，*light* 狀態機將隨著時脈向前推進到下一個狀態，如第 34-39 行上 CASE 與巢狀式 IF 敘述所描述者。否則，*light* 將維持於目前的狀態。

lite_ctrl 模組 (第 42-57 行) 輸入 *lite[1..0]* (代表來自於控制模組的 *light* 狀態機之狀態)，將輸出信號以便開啟主線道與支線道的綠燈、黃燈以及紅燈。來自於

lite_ctrl 模組的每個輸出實際上是連接到燈泡驅動電路以控制較高的電壓及交通燈號中實際燈泡所需的電流。第 47-55 行上的 CASE 敘述則決定哪一種主線道／支線道組合將針對 *light* 的每種狀態來開啟。lite_ctrl 模組的功能很像解碼器。它本質上是將 *lite* 的每種狀態組合解碼以開啟其中一條道路的綠燈或黃燈，並且開啟另一條道路的紅燈。針對每一種輸入狀態會產生出獨一的輸出組合。

VHDL 交通燈號控制器

交通燈號控制器的 VHDL 設計陳列於圖 7-65 中。設計的頂層是結構式的敘述於第 1-34 行上。共有三個 COMPONENT 模組來宣告 (第 10-24 行)。訂定每個模組與頂層設計間之連線的 PORT MAP 如第 26-33 行所陳列。

延遲模組 (第 36-66 行) 基本上是一個掩藏式下數計數器 (第 59 行)，它是由整數變數 *mach* 來產生，當主線道為綠燈時 (*lite*="00") 它將從零時開始等待到汽車感測器 (第 52 行) 被觸發後載入延遲因子 *tmaingrn*－1 (第 53 行)。由於計數器是一直遞減到零，因此將自每個延遲因子減去 1 來使得延遲計數器的模數等於延遲因子的值。譬如，我們希望延遲因子為 25，則計數器必須從 24 下數到 0。延遲因子所代表的實際時間表是看時脈頻率決定。若為 1 Hz 的時脈頻率，週期將為 1 秒，延遲因子將以秒為單位。第 62-64 行定義了一個稱為 *change* 的輸出信號，用來偵測 *mach* 何時等於 1。*change* 為高電位時指出測試條件為真，也接著將隨時脈指出主線道為黃燈時激能控制模組中的狀態機來移動到它的下一個狀態 (*lite* ＝ "01")。當 *mach* 現在到達零時，CASE 將決定 *lite* 有一新值且黃燈的固定時間延遲因子 5 於下一個時脈時被載入 (實際上是載入小於 5 的值，先前已討論) 到 *mach* 中 (第 55 行)。向下計數將持續自此新的延遲時間開始，*change* 再度激能控制模組以於 *mach* 等於 1 時移動到它的下一個狀態 (*lite*="10")，導致支線道為綠燈。當 *mach* 再次到達 0 時，支線道上綠燈的延遲 (*tsidegrn*－1) 將被載入到下數計數器中 (第 56 行)。當 *change* 再變成動作時，*lite* 將前進到 "11" 以作為支線道上的黃燈。於第 57 行上 *mach* 將循環到數值 4 (5－1) 以作為黃燈的固定時間延遲。若此時 *change* 轉變成有動作，則控制模組將回到 *lite*="00" (主線道上綠燈)。若此時 *mach* 遞減到它的最終狀態 (0)，第 52-54 行將根據 *car* 感測器輸入的狀態來決定是否要等待另一部汽車或載入主線道上綠燈的延遲因子 (*tmaingrn*－1) 以再次啟始循環週期。主線道將接收到綠燈至少此時間長，即使支線道上連續有車流亦如此。顯然此設計仍有改進的空間，當然這也將進一步複雜化此設計了。

控制模組 (第 68-96 行) 包含了一個命名為 *lights* 的狀態機，它將循序經過交

```
ENTITY  traffic  IS
PORT  (   clock, car, reset                 :IN BIT;
          tmaingrn, tsidegrn                :IN INTEGER RANGE 0 TO 31;
          lite                              :BUFFER INTEGER RANGE 0 TO 3;
          change                            :BUFFER BIT;
          mainred, mainyelo, maingrn        :OUT BIT;
          sidered, sideyelo, sidegrn        :OUT BIT);
END traffic;
ARCHITECTURE  toplevel OF  traffic  IS
COMPONENT delay
    PORT ( clock, car, reset                :IN BIT;
          lite                              :IN INTEGER RANGE 0 TO 3;
          tmaingrn, tsidegrn                :IN INTEGER RANGE 0 TO 31;
          change                            :OUT BIT);
END COMPONENT;
COMPONENT control
    PORT ( clock, enable, reset             :IN BIT;
          lite                              :OUT INTEGER RANGE 0 TO 3);
END COMPONENT;
COMPONENT lite_ctrl
    PORT ( lite                             :IN INTEGER RANGE 0 TO 3;
          mainred, mainyelo, maingrn        :OUT BIT;
          sidered, sideyelo, sidegrn        :OUT BIT);
END COMPONENT;
BEGIN
module1:  delay      PORT MAP (clock => clock, car => car, reset => reset,
                     lite => lite, tmaingrn => tmaingrn, tsidegrn => tsidegrn,
                     change => change);
module2:  control    PORT MAP (clock => clock, enable => change, reset => reset,
                     lite => lite);
module3:  lite_ctrl  PORT MAP (lite => lite, mainred => mainred, mainyelo => mainyelo,
                     maingrn => maingrn, sidered => sidered, sideyelo => sideyelo,
                     sidegrn => sidegrn);
END toplevel;
------------------------------------------------------------------------------------
ENTITY  delay  IS
PORT  (   clock, car, reset                 :IN BIT;
          lite                              :IN BIT_VECTOR (1 DOWNTO 0);
          tmaingrn, tsidegrn                :IN INTEGER RANGE 0 TO 31;
          change                            :OUT BIT);
END delay;
ARCHITECTURE  time  OF delay  IS
BEGIN
   PROCESS (clock, reset)
   VARIABLE  mach                           :INTEGER RANGE 0 TO 31;
   BEGIN
   IF  reset = '0'  THEN  mach := 0;
   ELSIF (clock = '1' AND clock'EVENT)  THEN   -- 為 1 Hz 時脈，時間單位為秒
      IF  mach = 0  THEN
        CASE  lite  IS
           WHEN "00"
              IF car = '0'  THEN  mach := 0;       --   等待於支線道上的汽車
              ELSE            mach := tmaingrn - 1;  --   設定主線道的綠燈時間
              END IF;
           WHEN "01"    =>     mach := 5 - 1;        --   設定主線道的黃燈時間
           WHEN "10"    =>     mach := tsidegrn - 1;  --設定支線道的綠燈時間
           WHEN "11"    =>     mach := 5 - 1;        --   設計支線道的黃燈時間
        END CASE;
      ELSE  mach := mach - 1;                     --   遞減時間計數器
      END IF;
   END IF;
```

圖 7-65　交通燈號控制器的 VHDL 設計

```
      IF  mach = 1  THEN  change <= '1';                          -- 燈號變換控制
      ELSE  change <= '0';
      END IF;
      END PROCESS;
  END time;
  -----------------------------------------------------------------------------------
  ENTITY  control  IS
  PORT  (    clock, enable, reset        :IN BIT;
             lite                        :OUT BIT_VECTOR (1 DOWNTO 0));
  END control;
  ARCHITECTURE  a  OF  control  IS
  TYPE  enumerated  IS (mgrn, myel, sgrn, syel);                 -- 需要四個狀態予燈號組合
  BEGIN
      PROCESS (clock, reset)
      VARIABLE  lights :enumerated;
      BEGIN
         IF  reset = '0'  THEN  lights := mgrn;
         ELSIF (clock = '1' AND clock'EVENT)  THEN
             IF  enable = '1'  THEN                               -- 等待激能來改變燈號狀態
                CASE  lights  IS
                    WHEN  mgrn       =>     lights := myel;
                    WHEN  myel       =>     lights := sgrn;
                    WHEN  sgrn       =>     lights := syel;
                    WHEN  syel       =>     lights := mgrn;
                END CASE;
             END IF;
         END IF;
         CASE  lights  IS                                         -- 燈號狀態的樣式
             WHEN  mgrn=>    lite <= "00";
             WHEN  myel=>    lite <= "01";
             WHEN  sgrn=>    lite <= "10";
             WHEN  syel=>    lite <= "11";
         END CASE;
      END PROCESS;
  END a;
  -----------------------------------------------------------------------------------
  ENTITY  lite_ctrl  IS
  PORT  (    lite                              :IN BIT_VECTOR (1 DOWNTO 0);
             mainred, mainyelo, maingrn        :OUT BIT;
             sidered, sideyelo, sidegrn        :OUT BIT);
  END lite_ctrl;
  ARCHITECTURE  patterns  OF  lite_ctrl  IS
  BEGIN
      PROCESS (lite)
      BEGIN                                                       --控制狀態決定哪些燈號要開亮／熄滅
      CASE  lite  IS
         WHEN "00" => maingrn <= '1';     mainyelo <= '0';     mainred <= '0';
                      sidegrn <= '0';     sideyelo <= '0';     sidered <= '1';
         WHEN "01" => maingrn <= '0';     mainyelo <= '1';     mainred <= '0';
                      sidegrn <= '0';     sideyelo <= '0';     sidered <= '1';
         WHEN "10" => maingrn <= '0';     mainyelo <= '0';     mainred <= '1';
                      sidegrn <= '1';     sideyelo <= '0';     sidered <= '0';
         WHEN "11" => maingrn <= '0';     mainyelo <= '0';     mainred <= '1';
                      sidegrn <= '0';     sideyelo <= '1';     sidered <= '0';
      END CASE;
      END PROCESS;
  END patterns;
```

圖 7-65　交通燈號控制器的 **VHDL** 設計 **(**續**)**

通燈號組合的四種列舉型狀態。*lights* 的四種列舉型狀態為 *mgrn*、*myel*、*sgrn* 以及 *syel* (第 73 與 76 行)。每種狀態代表了哪一條道路，主線道或支線道，將接收到綠燈或黃燈。另一條道路將為紅燈。*enable* 輸入是連接到 delay 模組所產生的 *change* 輸出信號上。被激能時，*lights* 狀態機將隨著時脈向前推進到下一個狀態，如第 79-88 行上 CASE 與巢狀式 IF 敘述所描述者。否則，*lights* 將維持於目前的狀態。輸出埠 *lite* 的位元樣式已利用第 89-94 行上之 CASE 敘述指定予 *lights* 的每個狀態，所以我們可將它們識別為另二個模組，delay 與 lite_ctrl，的輸入。

lite_ctrl 模組 (第 98-118 行) 輸入 *lite* (代表來自於控制模組的 *lights* 狀態)，將輸出信號以便開啟主線道與支線道之綠燈、黃燈以及紅燈的適當組合。來自於 lite_ctrl 模組的每個輸出實際上是連接到燈炮驅動電路以控制較高的電壓及交通燈號中實際燈泡所需的電流。第 107-116 行上的 CASE 敘述，它是當 *lite* 輸入改變時被 PROCESS 呼用，決定哪一種主線道／支線道燈號組合將針對 *lights* 的每種狀態來開啟。lite_ctrl 模組的功能很像解碼器。它本質上是將 *lite* 的每種狀態組合解碼已開啟其中一條道路的綠燈或黃燈，並且開啟另一條道路的紅燈。針對每一種輸入狀態會產生獨一的輸出組合。

選擇 HDL 編碼技術

此時，您可能仍懷疑著為何會有那麼多的方法來描述邏輯電路？答案當然為每一層次的意涵於特定情況時是優於其他的。結構性的方法提供了互連方式更完整的控制。使用布爾方程式、真值表以及 PRESENT 狀態／NEXT 狀態表，能讓我們利用 HDL 來描述資料流經電路的方式。最後，行為描述法能讓我們以因果關係來對電路的操作更抽象性的描述。實際上，每個原始檔案皆可能有一部分是可歸類為抽象層次。選寫程式時選用正確的層次並非對錯問題，而是風格與喜好罷了。

如果從選擇控制結構的觀點來看，仍有許多方法來解決任何的任務。我們應使用選擇性信號指定或布爾代數、IF/ELSE 或 CASE、循序的步驟或共點敘述、巨集函數或巨函數？或者撰寫自己的程式？這些問題的答案完全呈現了您個人在解決問題上的策略。使用某種而非另一種方法時，個人喜好以及發覺到的優點將建基於實務與經驗。

複習問題

1. 計數器與狀態機之間的基本差異為何？
2. 於 HDL 中描述計數器與描述狀態機有何不同？

3. 如果狀態機的實際二進狀態無法以 HDL 程式來定義，那麼它們要如何來被指定？
4. 使用狀態機描述的優點為何？

第 I 部分結論

1. 於非同步 (漣波) 計數器中，時脈信號是送到 LSB FF，而其他所有的 FF 則是由前面 FF 的輸出作時脈控制。
2. 計數器的模數為其計數循環中的穩定狀態數；它也是最大的除頻率。
3. 計數器的正常 (最大) 模數為 2^N。修改計數器模數的其中一種方法為另加電路使其在到達正常最後計數前能重循環。
4. 計數器可串接 (鏈接一起) 以產生較大的計數範圍及除頻率。
5. 在同步 (並聯) 計數器中，所有的 FF 皆是同時的由輸入時脈信號以控制。
6. 非同步計數器的最大時脈頻率，f_{max}，隨位元數的增加而降低。對於同步計數器而言，f_{max} 則仍維持相同且與位元數無關。
7. 十進計數器為任何的模-10 計數器。BCD 計數器為十進計數器，計數順序為經過 10 個 BCD 碼 (0－9)。
8. 可預置計數器可以任何想要的起始計數來載入。
9. 上／下數計數器可被命令作上數或下數。
10. 邏輯閘可用來解碼 (偵測) 計數器的任何一個或全部的狀態。
11. 同步計數器的計數順序可很容易的利用 PRESENT 狀態／NEXT 狀態表 (能列出所有可能的狀態) 來求出。
12. 具任意計數順序的同步計數器可依循標準的設計程序來製作。
13. 具備特定模數的計數器可容易地利用 MegaWizard Manager 來以 LPM_COUNTER 巨函數或利用 HDL 的行為描述來產生出。
14. 所有在各種不同標準 IC 上可用到的特性，諸如非同步或同步載入、清除以及串接，皆可使用 HDL 來描述。HDL 計數器可易於修改成較高的模數或者改變控制的動作準位。
15. 數位系統可細分成較小的模組或方塊使能互連成階層式的設計。
16. 狀態機可使用描述性名稱予每個狀態機，而不是訂定一個數值狀態序列來以 HDL 表示之。

第 I 部分重要辭彙

非同步 (漣波) 計數器 (asynchronous [ripple] counter)
模數 (MOD number)
工作週期 (duty cycle)
同步 (並聯) 計數器 (synchronous [parallel] counters)
十進計數器 (decade counter)
BCD 計數器 (BCD counter)
上數計數器 (up counter)
下數計數器 (down counter)
上／下數計數器 (up/down counter)
條件式變換 (conditional transition)
可預置計數器 (presettable counter)
並聯載入 (parallel loading)
計數激能 (count enable)
多級計數器 (multistage counter)
串接 (cascading)
解碼 (decoding)
PRESENT 狀態／NEXT 狀態表 (PRESENT state / NEXT state table)
自我修正計數器 (self-correcting counter)
序向電路設計 (sequential circuit design)
J-K 激發表 (J-K excitation table)
LPM_COUNTER
VARIABLE
抽象行為層次 (behavioral level of abstraction)
階層式設計 (hierarchical design)
狀態機 (state machine)
Mealy 模型 (Mealy model)
Moore 模型 (Moore model)
MACHINE
列舉式類型 (enumerated type)

第 II 部分

7-15 暫存器資料傳送

各種形式的暫存器可依據資料輸入至暫存器的方式與資料由暫存器輸出的方式來加以分類。以下為各種分類且說明如圖 7-66：

1. 並聯輸入／並聯輸出 (PIPO)
2. 串聯輸入／串聯輸出 (SISO)
3. 並聯輸入／串聯輸出 (PISO)
4. 串聯輸入／並聯輸出 (SIPO)

串聯資料流經暫存器通常稱為移位 (shifting)，而資料則可向左或向右移位。如果串聯輸出資料饋回到相同暫存器的串聯輸入中時，此種操作稱為資料旋轉。資料的並聯輸入通常被描述成暫存器載入。許多的應用可能都擁有多種能作不同型式之資料移動的暫存器。

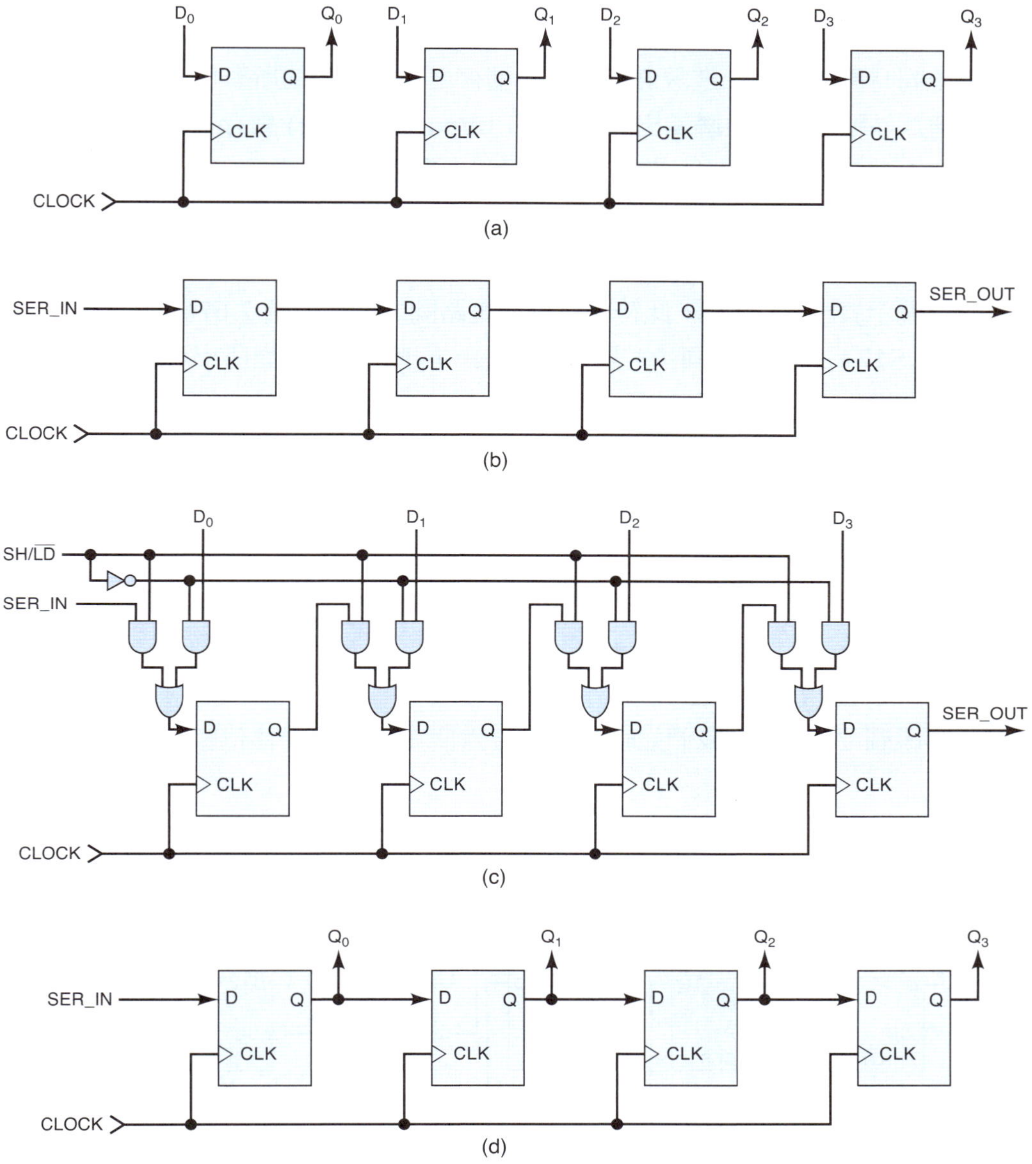

圖 7-66　資料傳送電路：**(a) PIPO；(b) SISO；(c) PISO；(d) SIPO**

7-16　積體電路暫存器

許多標準的積體電路暫存器裝置已設計出好幾年。每種資料流向分類有許多晶片，而這些晶片都能串接一起來產生出較大型的暫存器。通常，邏輯設計人員都能找到應用時所需的晶片。我們現在即來檢視每種資料流向分類的代表向積體電路。

並聯輸入／並聯輸出－74ALS174/74HC174

一群用於同時儲存多個二進數值且其中所儲存之二進數值的所有位元皆直接可取用的 FF 稱為**並聯輸入／並聯輸出** (parallel in/parallel out) 暫存器。圖 7-67(a) 所示為 74ALS174 (74HC174 亦同) 的邏輯圖。它具有並聯輸入 (D_5 至 D_0) 與並聯輸出 (Q_5 至 Q_0) 的六位元暫存器。並聯資料在 *CP* 時脈輸入的 PGT 處載入至暫存器。一個主重置輸入 $\overline{MR}$ 可用來非同步的重置暫存器內所有 FF 為 0。74ALS174 的邏輯符號示於圖 7-67(b)。此符號可用於電路圖中來代表圖 7-67(a) 的電路。

74ALS174 通常用作同步並聯資料傳送，因此位於 *D* 處所出現的邏輯準位於時脈 *CP* 處發生 PGT 時將傳送到對應的 *Q* 輸出。儘管如此，此 IC 也可接線成串聯資料傳送，如以下範例所示。

例題 7-18

試指出如何連接 74ALS174 以使它操作成串聯移位暫存器，且於每個 *CP* 之 PGT 時才作資料移位，如下：$\rightarrow Q_5 \rightarrow Q_4 \rightarrow Q_3 \rightarrow Q_2 \rightarrow Q_1 \rightarrow Q_0$。換言之，串聯資料於 D_5 處進入且於 Q_0 處輸出。

解答：審視圖 7-67(a)，我們知曉若要連接六個 FF 成串聯移位暫存器，則必須將

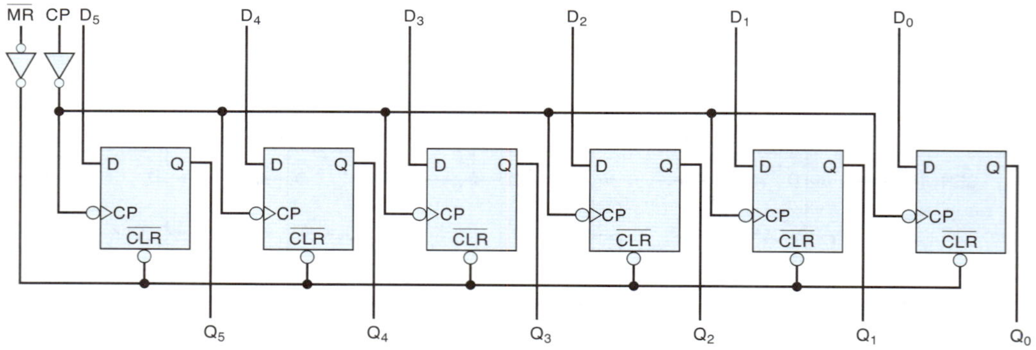

(a)

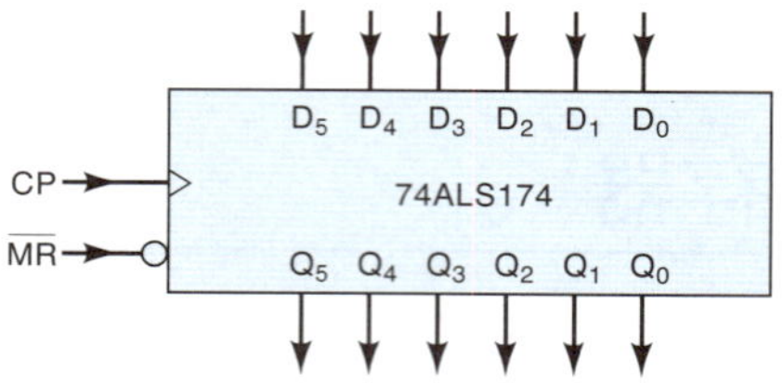

(b)

圖 7-67　(a) 74ALS174 的電路圖；(b) 邏輯符號

其中一個 Q 輸出連接到下一個 FF 的 D 輸入，如此資料亦能依所要的方式傳送。圖 7-68 指出了它是如何完成的。注意到資料是由左往右移位，輸入資料是由 D_5 處送入且輸出資料是出現於 Q_0。

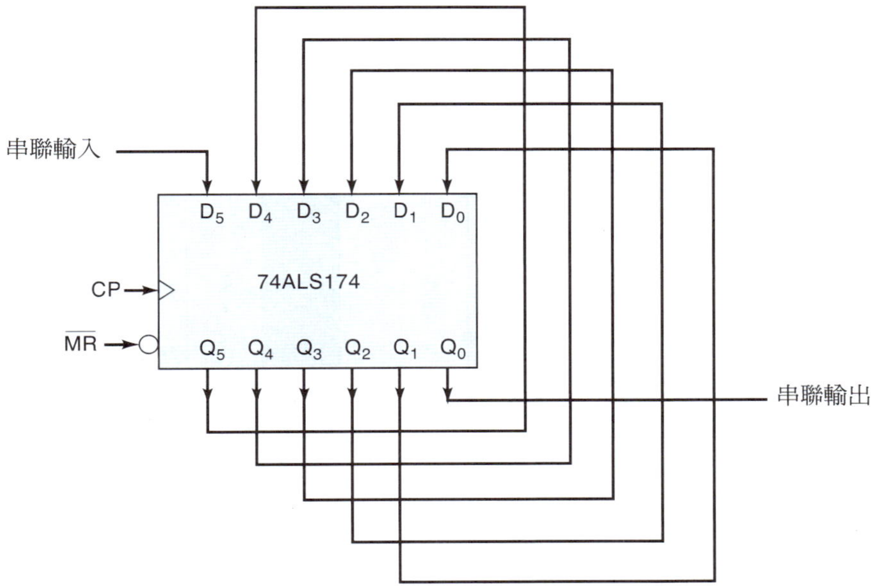

圖 7-68　例題 7-18：74ALS174 接線成移位暫存器

例題 7-19

如何將二個 74ALS174 連接成操作如一個 12 位元移位暫存器？

解答：將第二個 74ALS174 連接成移位暫存器，且將來自第一個 IC 的 Q_0 接到第二個 IC 的 D_5。而且將二個 IC 的 CP 輸入接在一起，所以它們將由相同的信號作時脈操作。如果是使用非同步重置，則也將 MR 輸入連接一起。

串聯輸入／串聯輸出—74ALS166/74HC166

串聯輸入／串聯輸出 (serial in/serial out) 移位暫存器將把資料一次一個位元載入其中。資料將隨著每一個時脈波一次一個位元移經正反器組而朝向暫存器的另一端。若持續的加入脈波，資料依循它原先被載入的相同次序一次一個位元的離開暫存器。74HC166 (74ALS166 亦同) 可用作串聯輸入／串聯輸出暫存器。74HC166 的邏輯圖與圖形符號如圖 7-69 中所示。它是一個八位元的移位暫存

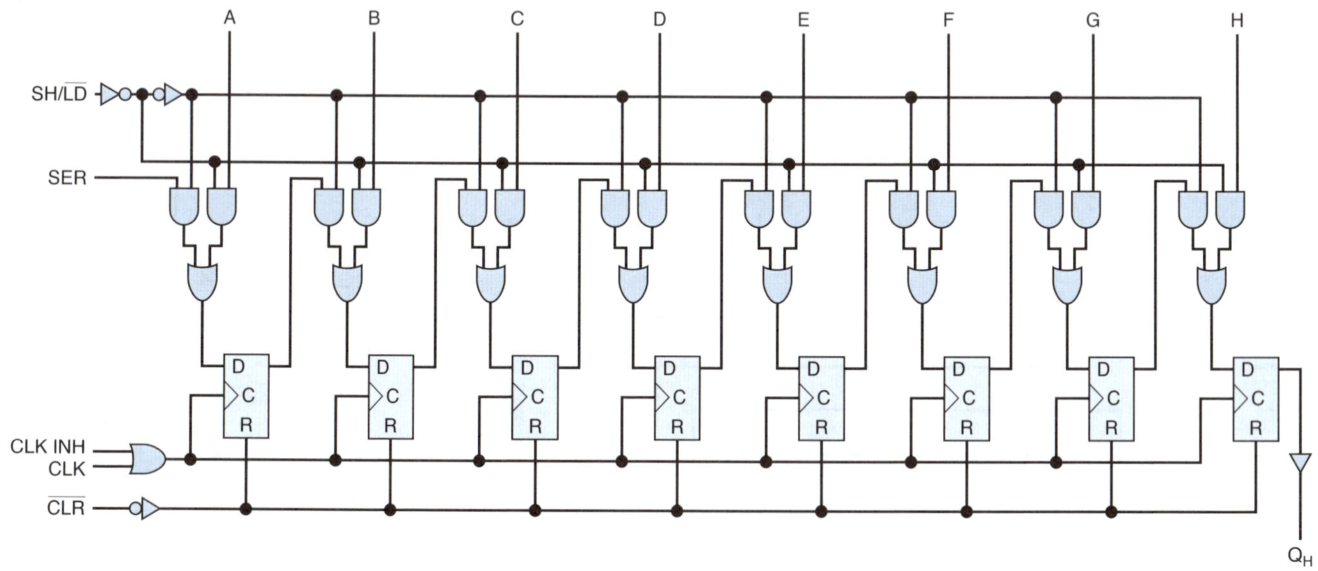

(a)

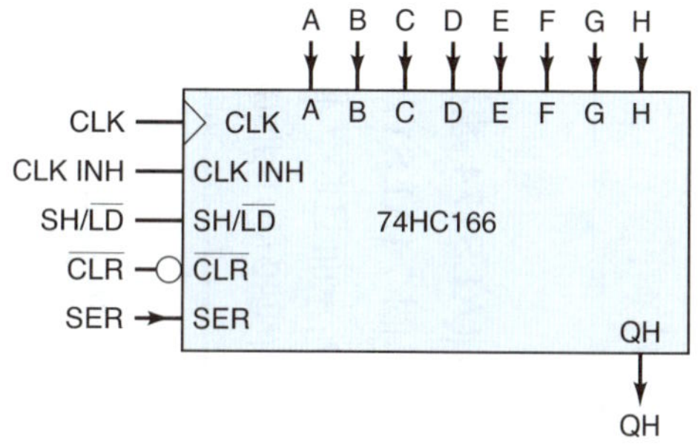

(b)

輸入						輸出		
						中間信號		
$\overline{CLR}$	SH/$\overline{LD}$	CLK INH	CLK	SER	PARALLEL A . . . H	Q_A	Q_B	Q_H
L	X	X	X	X	X	L	L	L
H	X	L	L	X	X	Q_{A0}	Q_{B0}	Q_{H0}
H	L	L	≠	X	a . . . h	a	b	h
H	H	L	≠	H	X	H	Q_{An}	Q_{Gn}
H	H	L	≠	L	X	L	Q_{An}	Q_{Gn}
H	X	H	≠	X	X	Q_{A0}	Q_{B0}	Q_{H0}

(c)

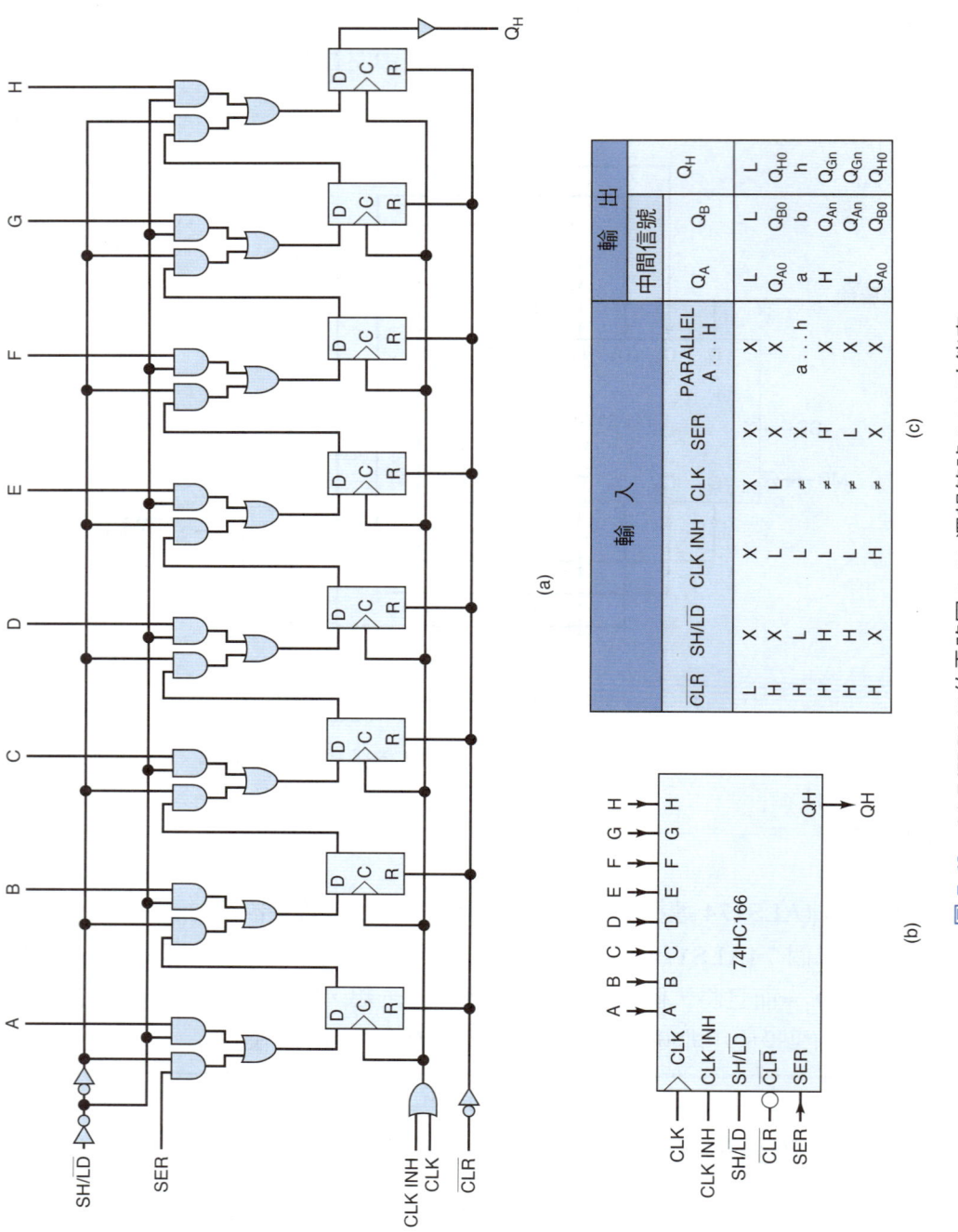

圖 7-69 **(a) 74HC166 的電路圖；(b) 邏輯符號；(c) 功能表**

器，其中只有 **FF QH** 可利用。串聯資料是在 *SER* 上輸入且將儲存於 **FF QA** 中。串聯輸出則是在移位暫存器之另一端的 Q_H 上取得。由圖 7-69(c) 中此移位暫存器的功能表可看到，並聯資料也可同步地載入其中。如果 $SH/\overline{LD}=1$，暫存器功能將為串聯移位，而為低電位時則改為經由 *A* 到 *H* 輸入來並聯載入資料。同步串聯移位與並聯載入功能可利用送一個高電位至 *CLK INH* 控制輸入來禁抑。暫存器也有一個低電位作用的非同步清除輸入 ($\overline{CLR}$)。

例題 7-20

移位暫存器經常是用作數位信號延遲整數個時脈週期的一種方法。數位信號是送到移位暫存器的串列輸入，且藉由連續的時脈波而移經整個暫存器直到已到達移位暫存器的尾端 (即為輸出信號) 為止。此種延遲數位系統作用的方法常見於數位通訊領域。譬如，數位信號可能是語音信號數位化版本且在發送前先作延遲。圖 7-70 中的輸入波形是送至 74HC166。試求出最後的輸出波形。

解答：*QH* 從低電位開始，這是因為全部的 **FF** 在時序圖一開始即利用送低電位到非同步 $\overline{CLR}$ 輸入來作初始清除。於 t_1 時，移位暫存器將輸入目前送到 *SER* 的位元。它將儲存在 QA 中。於 t_2 時，第一個位元將移到 QB 且 *SER* 上的第二個位元將儲存於 QA 中。於 t_3 時，第一個位元將移到 QC 且 *SER* 上的第三個位元將儲存

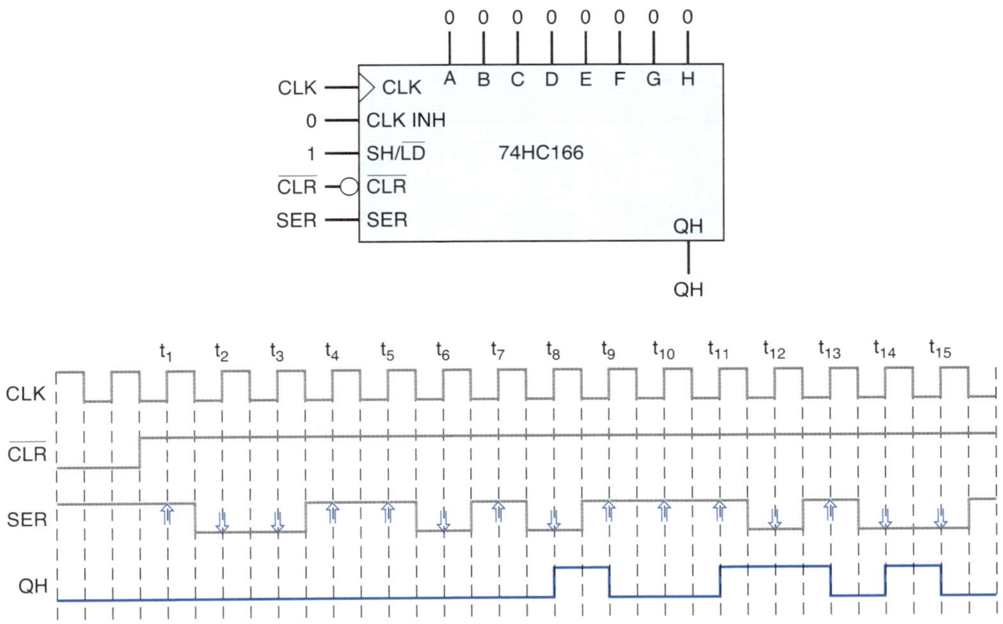

圖 7-70　例題 7-20

於 QA 中。第一個資料輸入位元最後將於 t_8 時顯示於輸出 *QH* 上。*SER* 上每個連續的輸入位元將延遲八個時脈週期後出現在 *QH* 處。

並聯輸入／串聯輸出—74ALS165/74HC165

74HC165 的邏輯符號如圖 7-71(a) 中所示。此 IC 為八位元的**並聯輸入／串聯輸出** (parallel in/serial out) 暫存器。它實際上是具有兩個經 D_S 的串聯資料輸入以及經 P_0 至 P_7 的並聯資料輸入。此暫存器含有八個 FF——Q_0 至 Q_7——且於內部連接成移位暫存器，但僅能取得的 FF 輸出為 Q_7 與 $\overline{Q}_7$。*CP* 為用作移位操作的時脈輸入。時脈禁抑輸入，*CP INH* 可用來禁抑 *CP* 輸入的影響。移位／載入輸入，$SH/\overline{LD}$，則用來控制要作移位或並聯載入的哪一種操作。圖 7-71(b) 中的功能表指出不同的輸入組合是如何的決定要執行何種操作 (若有的話)。並聯載入是非同步的且串聯移位為同步的。注意到串聯移位功能將始終為同步的，因為時脈需用來確保

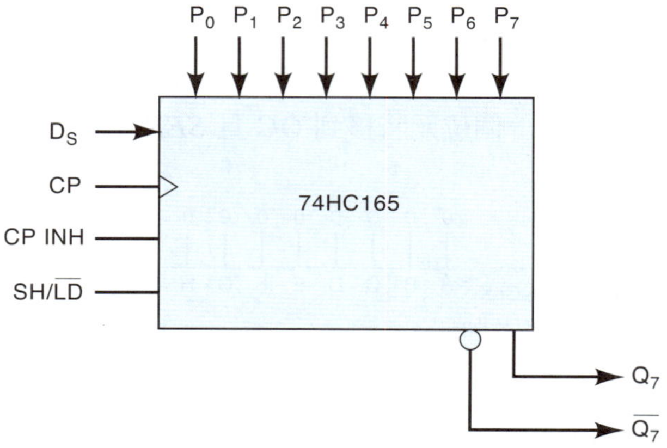

(a)

功能表

輸入			操作
$SH/\overline{LD}$	CP	CP INH	
L	X	X	並聯載入
H	H	X	不變
H	X	H	不變
H	↑	L	移位
H	L	↑	移位

H = 高電位
L = 低電位
X = 不重要的
↑ = PGT

(b)

圖 7-71 (a) 74HC165 並聯輸入／串聯輸出暫存器的邏輯符號；(b) 功能表

輸入資料將隨著每個適當的時脈邊緣一次只移動一個位元。

例題 7-21

檢視 74HC165 功能表且求出 (a) 以並聯資料載入暫存器的必要條件；(b) 移位操作的必要條件。

解答：

(a) 表中的第一項輸入指出了 $SH/\overline{LD}$ 輸入若要執行並聯載入操作則必須為低電位。當此輸入為低電位時，出現於 P 輸入端的資料將被非同步地載入到暫存器 FF 中，而與 CP 與 $CP\ INH$ 輸入無關。當然，只有來自於最後一個 FF 的輸出可自外部取得。

(b) 移位操作只有在 $SH/\overline{LD}$ 輸入為高電位且於 $CP\ INH$ 為低電位時 CP 處發生 PGT (圖 7-71(b) 表中的第四項) 才可能發生。$CP\ INH$ 端若為高電位則將禁抑任何時脈波的影響。注意到 CP 與 $CP\ INH$ 輸入的角色可互換，如表中最後一項所示。這是因為此二信號於 IC 內部係 OR 在一起之故。

例題 7-22

如果我們將 74HC165 與 $D_S=0$ 及 $CP\ INH=0$ 連在一起，然後送上圖 7-72 中的輸

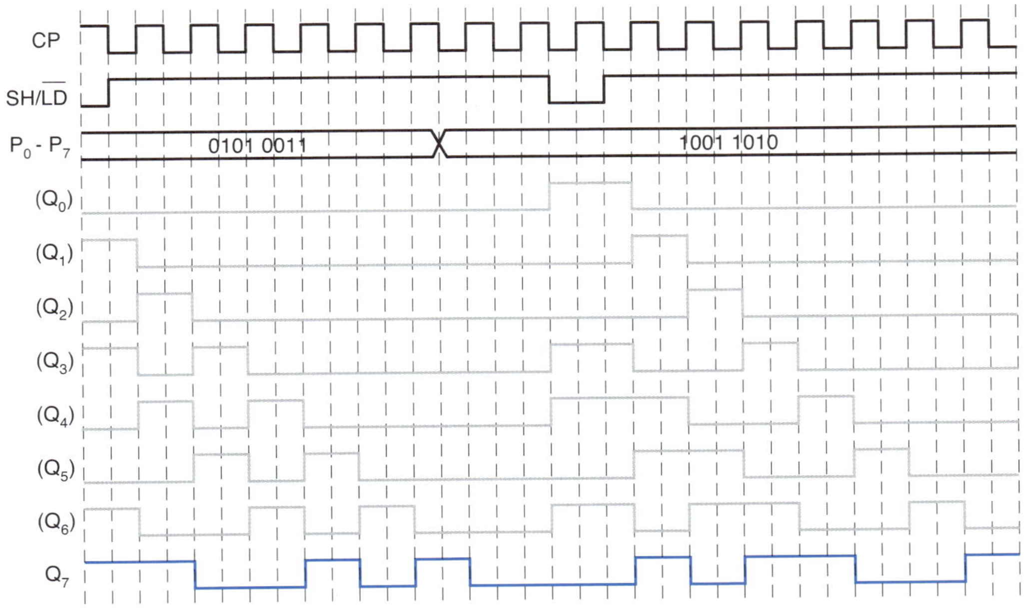

圖 7-72　例題 7-22

入波形，試求 Q_7 處的輸出信號。P_0-P_7 代表於 P_0 P_1 P_2 P_3 P_4 P_5 P_6 P_7 上的並聯資料。

解答：我們已描繪出全部八個 FF 的時序圖，使得即使僅 Q_7 可用到，但它們的內容卻可依時來追蹤。並聯載入是非同步的且只要 $SH/\overline{LD}$ 轉變成低電位時隨著發生。當 $SH/\overline{LD}$ 回到高電位後，儲存在暫存器中的資料將隨著 CP 上的每一個 PGT 向右移動一個 FF (朝向 Q_7)。

串聯輸入／並聯輸出—74ALS164/74HC164

圖 7-73(a) 所示為 74ALS164 的邏輯圖。它是一個各 FF 有其內部輸出的八位元**串聯輸入／並聯輸出** (serial in/parallel out) 移位暫存器。取代單個串聯輸入，以一個 AND 閘結合輸入 A 與 B 產生串聯輸入至 FF Q_0。

移位操作在時脈輸入 CP 的 PGT 時產生。$\overline{MR}$ 輸入提供所有 FF 為低電位的非同步重置。

74ALS164 的邏輯符號如圖 7-73(b) 中所示。注意 & 符號用於方塊內部以指出 A 與 B 輸入於 IC 內部為 AND 一起，且結果是加到 Q_0 的 D 輸入上。

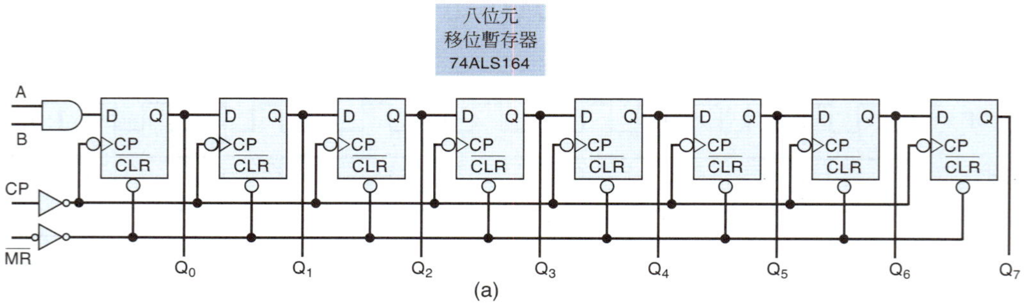

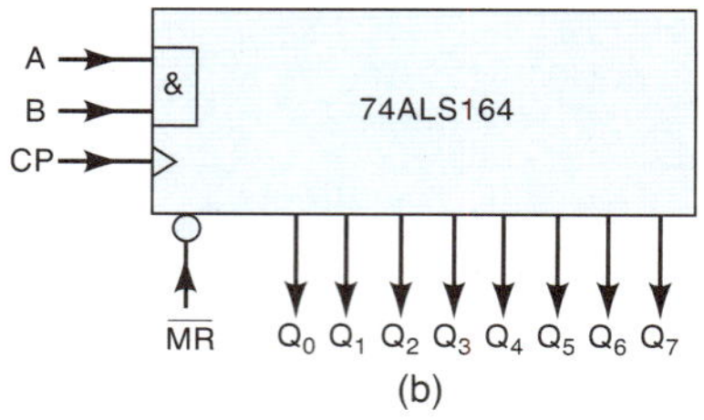

圖 7-73 (a) 74ALS164 的邏輯圖；(b) 邏輯符號

例題 7-23

設圖 7-74(a) 中 74ALS164 暫存器的最初內容為 00000000。試求時脈輸入的狀態順序。

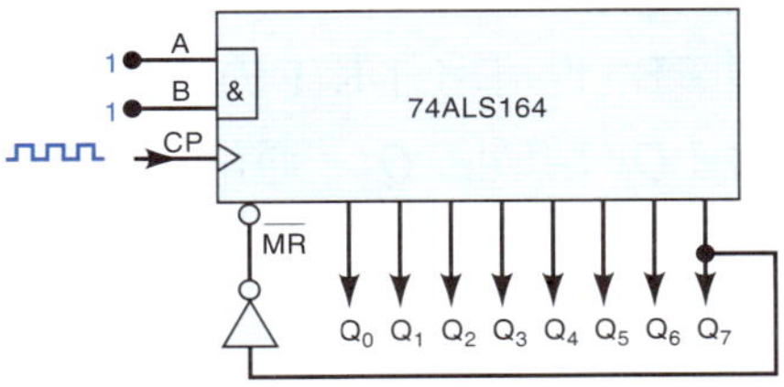

(a)

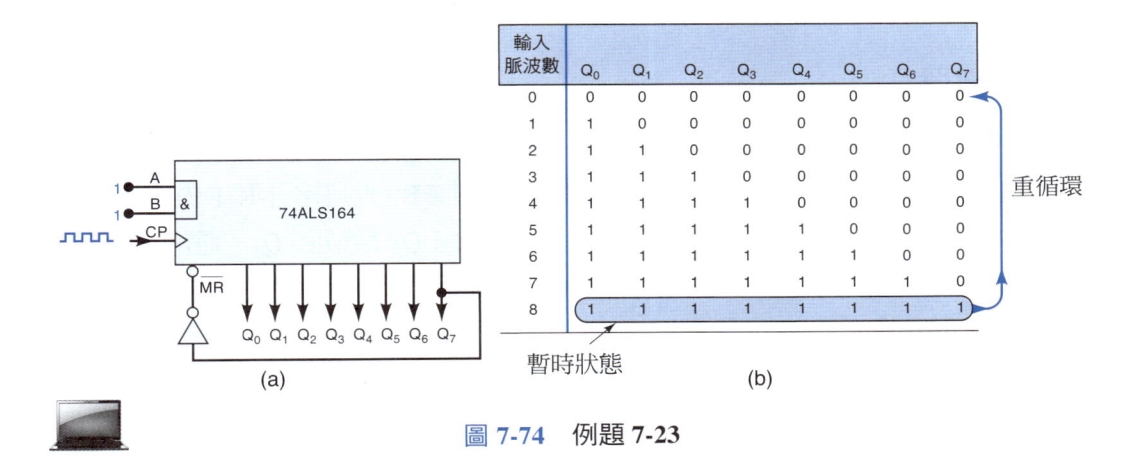

輸入脈波數	Q_0	Q_1	Q_2	Q_3	Q_4	Q_5	Q_6	Q_7
0	0	0	0	0	0	0	0	0
1	1	0	0	0	0	0	0	0
2	1	1	0	0	0	0	0	0
3	1	1	1	0	0	0	0	0
4	1	1	1	1	0	0	0	0
5	1	1	1	1	1	0	0	0
6	1	1	1	1	1	1	0	0
7	1	1	1	1	1	1	1	0
8	1	1	1	1	1	1	1	1

重循環

暫時狀態

(b)

圖 7-74　例題 7-23

解答：正確的順序示於圖 7-74(b)。以 $A=B=1$，則串聯輸入為 1，故 1 在 CP 的各 PGT 時便移入暫存器中。因 Q_7 起初為 0，故 $\overline{MR}$ 輸入不動作。

在第八個脈波時，暫存器在 1 由 Q_6 移至 Q_7 時便嘗試要為 11111111 狀態。這個狀態是暫時性的，此因 $Q_7=1$ 產生低電位於 $\overline{MR}$ 而立即重置暫存器回 00000000。在第八個時脈其後的脈波便重複此狀態順序。

複習問題

1. 哪一種類的暫存器可在一次操作中便將一個完整的二進數載入其中，然後一次移出去一個位元？
2. 真或偽：串聯輸入／並聯輸出暫存器可使其所有位元一次全部顯示出來。
3. 哪一類型的暫存器只讓一次僅有一個位元的資料進入，但卻讓所有的資料位元一起輸出？
4. 哪一類型的暫存器一次只能儲存一位元的資料，且一次只能輸出一位元資料？
5. 74165 和 74174 的並聯資料的進入有何不同？
6. 74ALS165 的 CP INH 輸入如何工作？

7-17 移位暫存器式計數器

我們於 5-17 節看到了如何連接 FF 成移位暫存器的排列，以將資料自左而右的傳送。移位暫存器式計數器使用回授，即在移位暫存器中的最後一個 FF 的輸出被接回至第一個 FF。

環式計數器

最簡單的移位暫存器式計數器為最後一級 FF 的值移至第一級 FF 內的**循環移位暫存器** (circulating shift register)。這種使用 D 型 FF (也可用 J-K FF) 的結構示於圖 7-75。FF 被連接成使資訊由左向右移位，且由 Q_0 循環回 Q_3。通常在暫存器中的信號為 1，且使此信號 1 在時脈加入時可在暫存器內循環，故又稱為**環式計數器** (ring counter)。

圖 7-75 的波形與順序表顯示脈波加入時各種 FF 的狀態，且設定起始狀態為 $Q_3=1$ 與 $Q_2=Q_1=Q_0=0$。在第一個脈波加入後，信號 1 由 Q_3 移至 Q_2，使計數器為 0100 狀態。第二個脈波產生 0010 狀態，第三個脈波產生 0001 狀態。在第四個脈波時，則由 Q_0 傳至 Q_3，結果為 1000 狀態。當然，這是起始狀態。接下來的脈波又會使上述順序重複進行。

該計數器的功能為模-4 計數器，因在順序重複之前，其具有四種不同的狀態。雖然該計數器不經由正常的二進計數順序，但因各計數是對應於 FF 的某特定狀態，故仍算是計數器。注意因其為模-4 環式計數器之故，因此各 FF 輸出波形頻率是時脈頻率的 1/4。

環式計數器可製作成所需的模數；模-N 環式計數器可如圖 7-75 的安排而使用 N 個 FF 來接成。通常對相同的模數而言，環式計數器較二進計數器需更多的 FF。例如，模-8 環式計數器需八個 FF，且模-8 二進計數器僅需三個 FF。

不計 FF 使用上效率不佳的事實，環式計數器解碼因需用解碼閘而仍為很有用的。各狀態的解碼信號係由其所對應的 FF 輸出得到。比較環式計數器的 FF 波形與圖 7-20 的解碼波形，可知在某些情形下，環式計數器較二進計數器與其相關的解碼閘更佳。特別是以計數器來控制系統中操作順序的應用上更是如此。

啟動環式計數器

要正確的操作環式計數器，則必須僅啟動一個 FF 為 1 狀態，且其他 FF 皆為 0 狀態。由於電源開啟時各 FF 的開始狀態無法預測，因此在時脈加入前，便需要預置計數器為所欲之啟始狀態。要完成此工作的一項簡易方法，即在其中一個 FF (如

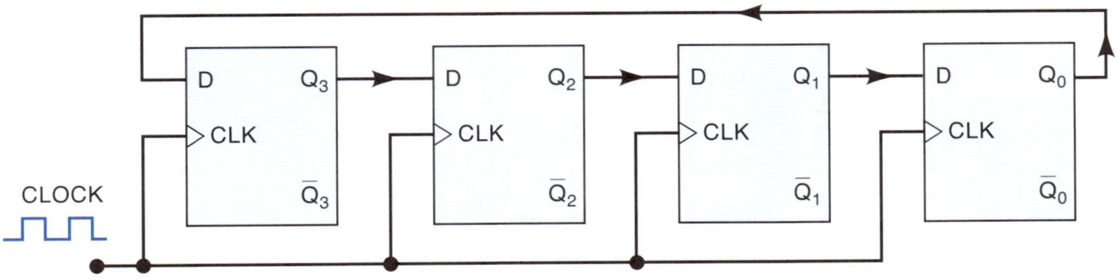

(a)

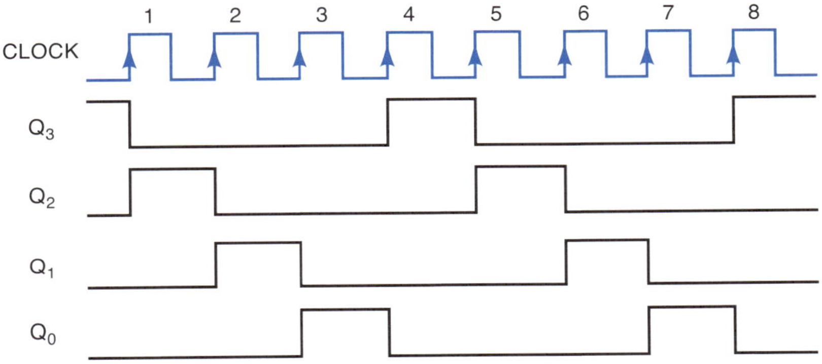

(b)

Q_3	Q_2	Q_1	Q_0	時脈脈波
1	0	0	0	0
0	1	0	0	1
0	0	1	0	2
0	0	0	1	3
1	0	0	0	4
0	1	0	0	5
0	0	1	0	6
0	0	0	1	7
.	.	.	.	.
.	.	.	.	.

(c)

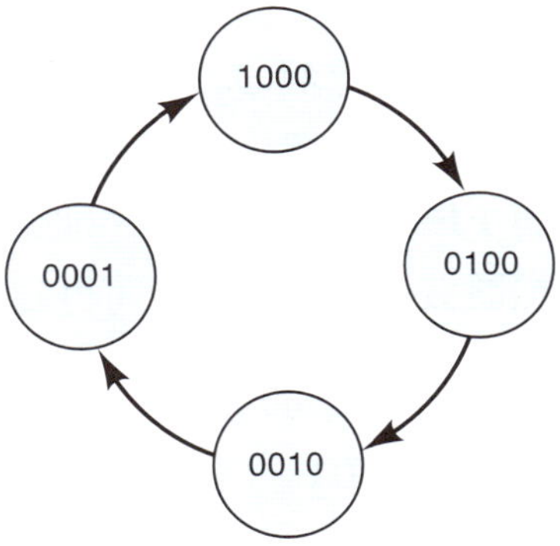

(d)

圖 7-75　**(a)** 四位元環式計數器；**(b)** 波形；**(c)** 順序表；**(d)** 狀態圖

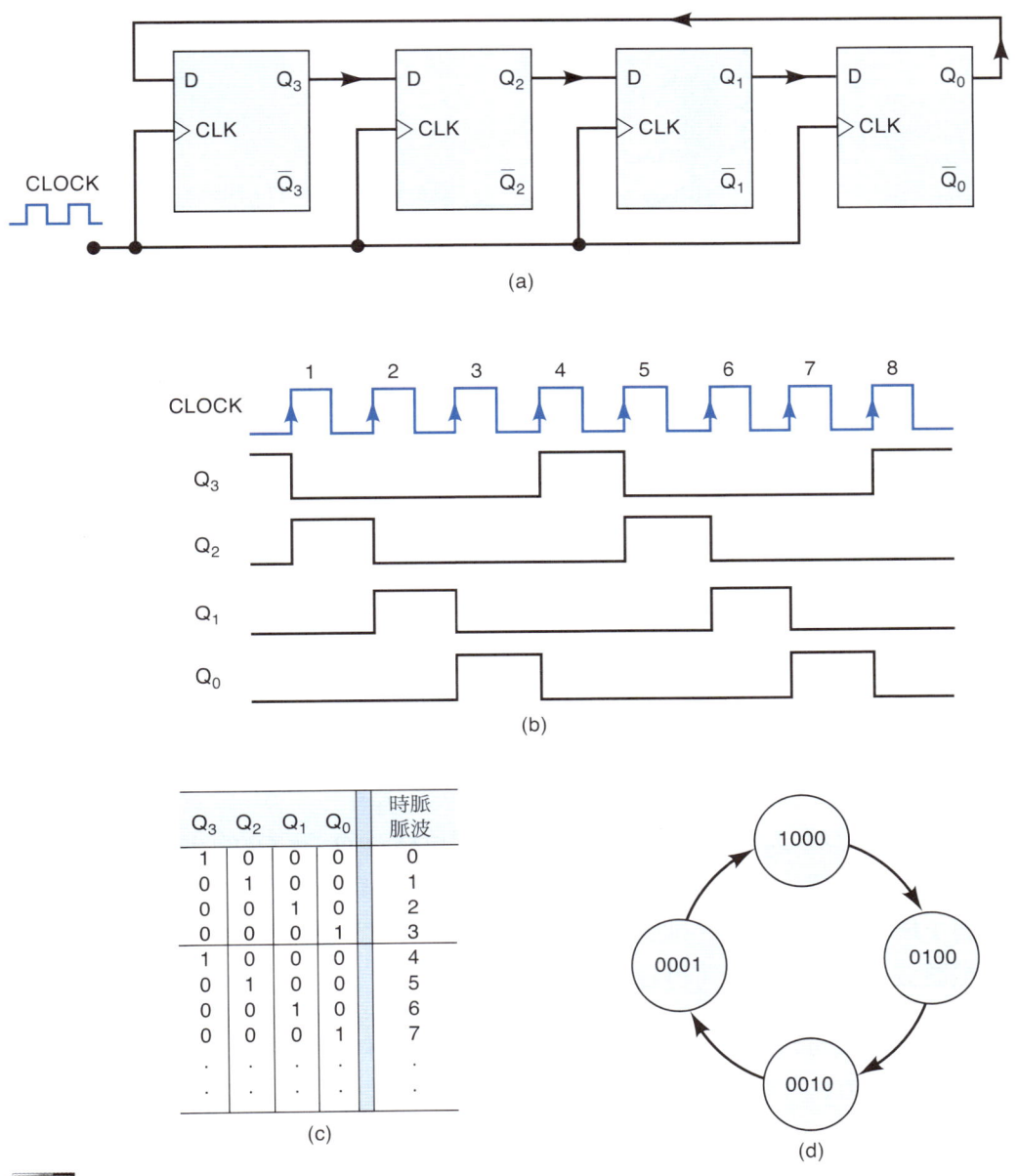

圖 7-75 中的 Q_3) 的非同步 $\overline{PRE}$ 輸入與其他 FF 的 $\overline{CLR}$ 輸入加上一個瞬間脈波。另一種方法如圖 7-76 所示。電源開啟時，電容器將極緩慢的往 $+V_{CC}$ 充電。史密特觸發器 INVERTER 1 的輸出將停留在高電位，而 INVERTER 2 的輸出則仍停留在低電位，一直到電容器電壓超過 INVERTER 1 輸入的上昇臨界電壓（V_{T+}，約 1.7 V）。這樣將維持 Q_3 的 $\overline{PRE}$ 輸入及 Q_2、Q_1 與 Q_0 的 $\overline{CLR}$ 輸入在低電位狀

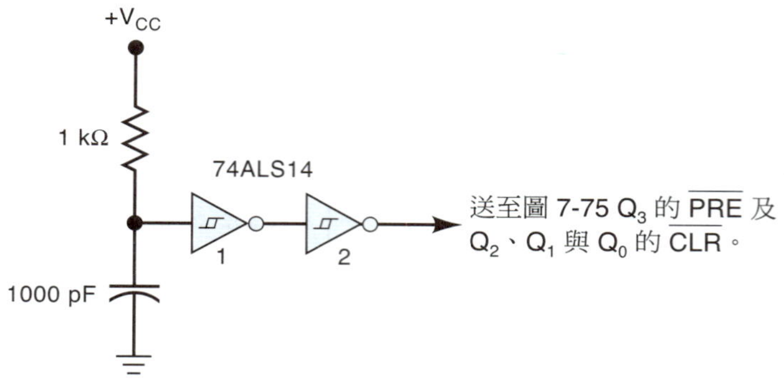

圖 7-76　確保圖 7-75 的環式計數器於電源開始時起始於 1000 狀態的電路

態，於電源開啟時段有足夠的時間以確保計數器起始於 1000。

強生計數器

基本的環式計數器可稍加修改成另一種形式的移位暫存器式計數器，且它將有一些不同的特性。**強生** (Johnson) 或**扭環式計數器** (twisted-ring counter) 除了將最後一級 FF 輸出反相接至第一級 FF 輸入外，其他的構造恰與正規式計數器一樣。圖 7-77 所示為三位元強生計數器。注意 $\overline{Q}_0$ 輸出被接回至 Q_2 的 D 輸入。此即表示在有時脈的時候，儲存於 Q_0 的電位將反相傳送至 Q_2。

如果我們瞭解 Q_2 的電位移至 Q_1、Q_1 的電位移至 Q_0 及 Q_0 的反相電位移至 Q_2 皆於各時脈的正變化發生，則強生計數器操作是很容易分析的。使用這些觀念且假設所有 FF 起初為 0 狀態，則圖 7-77 的波形與順序表可產生出來。

檢驗波形與順序表便可得到下列重點：

1. 此計數器具有六個不同的狀態：即在重回其順序前有 000、100、110、111、011 及 001。因此，它是模-6 強生計數器。注意它是不按正常二進順序計數。
2. 各 FF 的波形為具有 1/6 時脈頻率的方波 (50% 的工作週期)。此外，FF 的波形隨一個時脈週期而作相對移位。

強生計數器的模數總是等於 FF 數的兩倍。例如，若依圖 7-77 的結構連接五個 FF，則結果產生模-10 強生計數器，此處各 FF 輸出具有 1/10 時脈頻率的方波。因此，以強生計數器結構可連接 $N/2$ 個 FF 來構成模-N 計數器 (此處的 N 為偶數)。

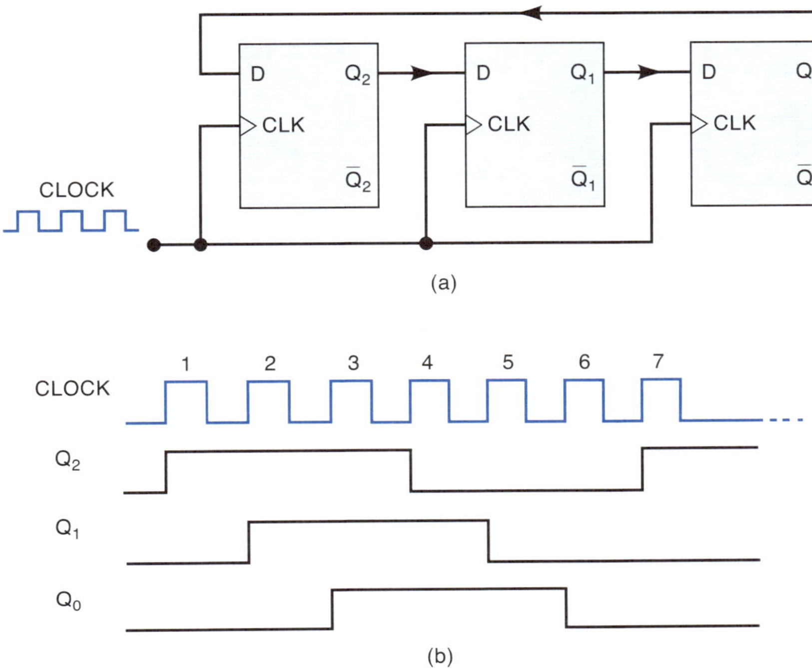

Q_2	Q_1	Q_0	時脈脈波
0	0	0	0
1	0	0	1
1	1	0	2
1	1	1	3
0	1	1	4
0	0	1	5
0	0	0	6
1	0	0	7
1	1	0	8
.	.	.	.
.	.	.	.
.	.	.	.

(c)

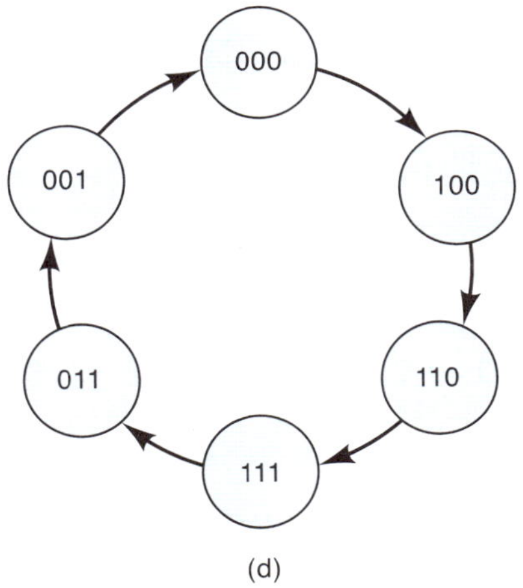

圖 7-77　(a) 模-6 強生計數器；(b) 波形；(c) 順序表；(d) 狀態圖

強生計數器解碼

對於一個已知模數而言，強生計數器所需的 FF 僅為環式計數器所需者之半。但是，強生計數器需要解碼閘，但環式計數器則否。一如在二進計數器中，強生計數器對各計數值皆各使用一個邏輯閘來解碼，但各閘僅需兩個輸入，而不需考慮計數器中 FF 數為何。圖 7-78 所示為在圖 7-77 強生計數器六個狀態的解碼。

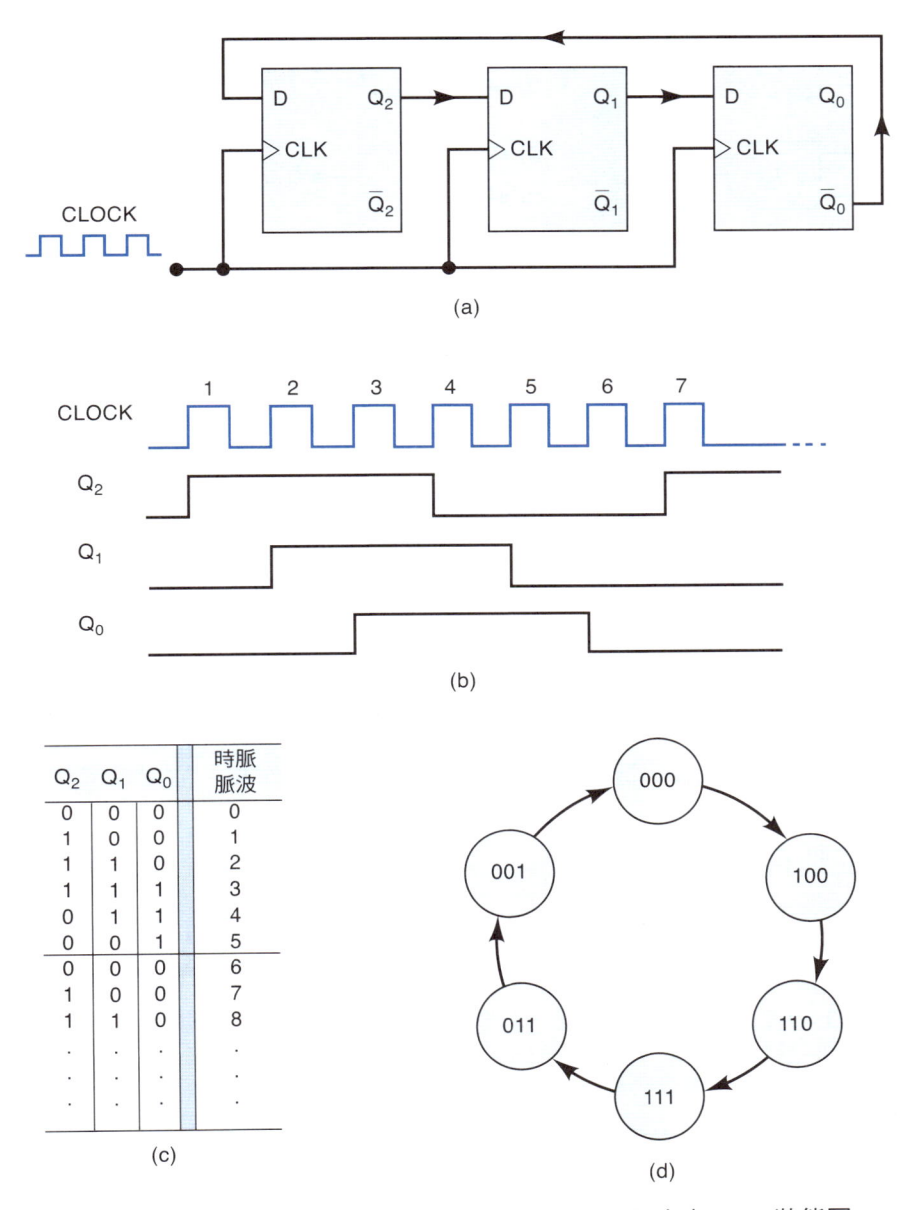

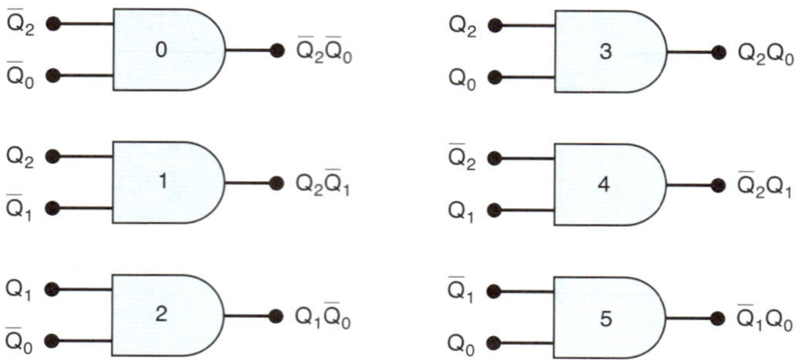

Q_2	Q_1	Q_0	作用閘
0	0	0	0
1	0	0	1
1	1	0	2
1	1	1	3
0	1	1	4
0	0	1	5

圖 7-78　模-6 強生計數器的解碼邏輯

注意，雖然在計數器中有三個 FF，但各解碼閘只有兩個輸入。因為這對各計數而言，三個 FF 中的兩個有唯一的狀態組合。例如，在計數 0 時，$Q_2=Q_0=0$ 組合是僅在計數順序中發生一次。因此，具有輸入 $\overline{Q}_2$ 與 $\overline{Q}_0$ 的 AND 閘 0 可用來將此計數解碼。相同的特性仍為其他在計數順序中的狀態所共有，可由讀者自行驗證之。事實上，對任何強生計數器來說，解碼閘將僅有兩個輸入。

強生計數器介於環式計數器與二進計數器之間。強生計數器較環式計數器需要較少的 FF，但比二進計數器所需為多。其比環式計數器需要更多的解碼電路，但較二進計數器所需為少。因此，在某些應用上，其可作為一種邏輯選擇。

IC 移位暫存器式計數器

很少的環式計數器或強生計數器製成可用的 IC 成品，這是因為易於取得移位暫存器的 IC，且可將其接成環式或強生計數器 。一些 CMOS 強生計數器 IC (74HC4017，74HC4022) 在同一計數器晶片上也包括了完整的解碼電路。

複習問題

1. 哪種移位暫存器式計數器在已知模數情形下需要最多的 FF？
2. 哪種移位暫存器式計數器需要最多的解碼電路？
3. 環式計數器如何改為強生計數器？
4. 真或偽：
   (a) 環式計數器輸出總是為方波。
   (b) 強生計數器的解碼電路較二進計數器簡易。
   (c) 環式與強生計數器為同步計數器。
5. 模-16 環式計數器中需要多少個 FF？模-16 強生計數器中又需要多少個？

7-18 故障檢修

正反器、計數器及暫存器是**序向邏輯系統** (sequential logic system) 的主要元件。由於序向邏輯系統含有記憶裝置，因此序向邏輯系統的輸出與運算順序不僅和現在的輸入有關，且也與先前的輸入有關。雖然序向邏輯系統遠較組合邏輯系統複雜，但組合邏輯系統中的檢修程序仍能應用於序向邏輯系統。亦即序向邏輯系統仍具有組合邏輯系統中的各種可能錯誤 (諸如開路、短路、IC 內部失效等)。

組合邏輯系統中所使用隔開錯誤的許多步驟亦可適用於序向邏輯系統中。一種最有效的故障檢修技術是以檢修員觀察系統操作後，以分析的技巧決定出可能造成系統失常的因素為開始，然後檢修員再以可供使用的測試儀器找出真正的錯誤。以下例題為顯示檢修序向邏輯系統時可能會遭遇到的各種錯誤。研習完這些例題後，讀者可著手練習章末習題中有關故障檢修的習題。

例題 7-24

圖 7-79(a) 指出了有個 74ALS161 連接成模-12 計數器，但它產生了圖 7-79(b) 中所示的計數順序。試找出不正常電路行為的原因。

解答：輸出 *QB* 與 *QA* 看似正常操作，但 *QC* 與 *QD* 則停留在低電位。我們的第一

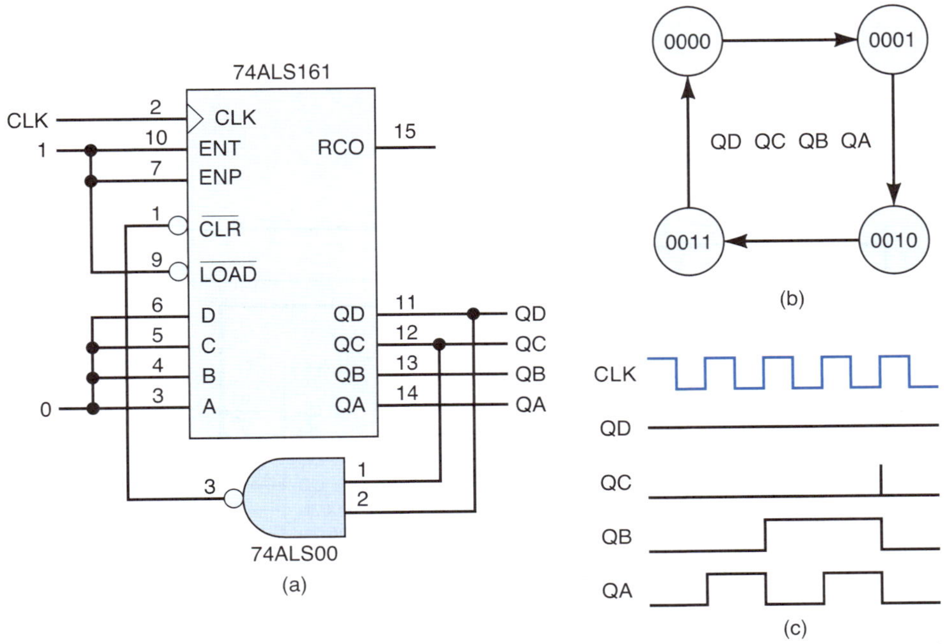

圖 7-79 例題 7-24

個錯誤之選擇為 *QC* 短路至的線，但歐姆計檢查後無法作確認。74ALS161 可能有一個內部錯誤阻止了計數超過 0011。我們嘗試自它的插座移去 7400 NAND 晶片，並且將 $\overline{CLR}$ 接腳短路至高電位。計數器現在計數了規則的模-16 順序，所以至少計數器輸出似乎是 ok 的。接著重新接上 NAND 後決定檢視 $\overline{CLR}$ 接腳。使用邏輯探針檢查後看到它的"pulse capture"亮著，這表示 $\overline{CLR}$ 接腳接收到了脈波。將示波器連接到輸出，看到計數器產生了圖 7-79(c) 中所示的波形。當計數器應進入狀態 0100 時卻看到 *QC* 上有假脈波。這指出了當暫態實際應為 1100 時卻呈現 0100。現在懷疑 *QD* 連接到 NAND 閘，所以使用邏輯探針來檢查接腳 2。發現接腳 2 並無任何的邏輯信號，因此現在得到一個結論為：錯誤所在為 *QD* 輸出與 NAND 上的接腳 2 是開路的。NAND 輸入為浮接的高電位，使得電路偵測到狀態 0100 而非應有的 1100。

例題 7-25

有位技術人員收到了某電路板的"故障單"，表單上註明著可變除頻器"有時"才會正常操作。看起來的確是令人擔憂的間歇不斷的錯誤問題——通常是最難發現的問題！他腦海中馬上浮現的想法是送回去且註明"操作正常時才使用！"，不過

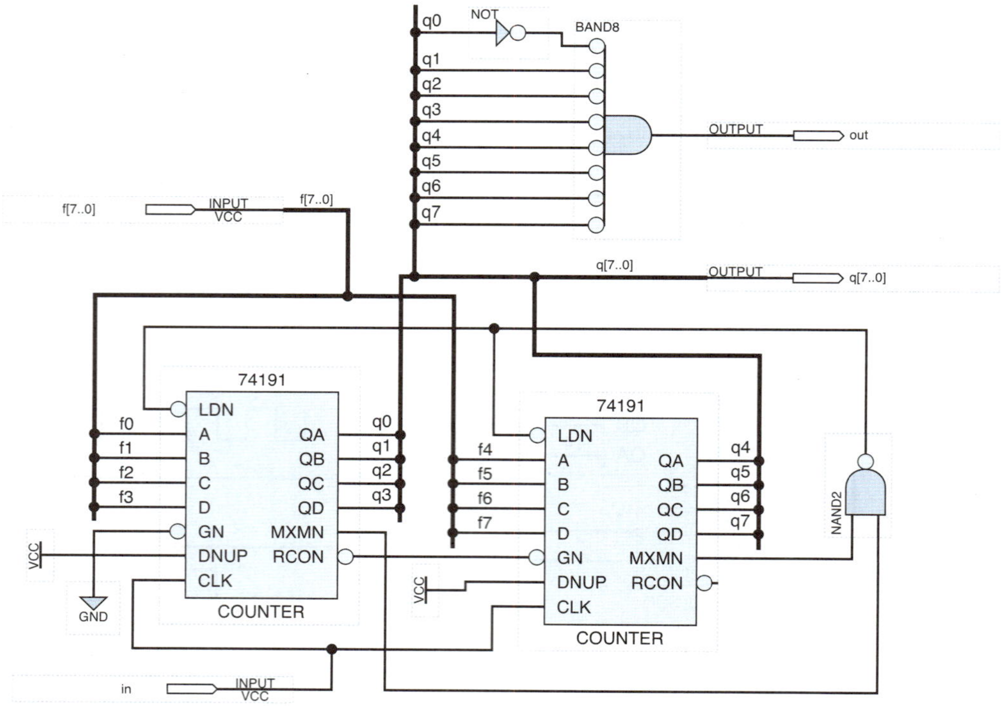

圖 7-80　例題 7-25

他還是決定仔細檢查一番，他認為這是今日最好的挑戰。電路方塊詳細接線如圖 7-80 中所示。想要的除頻因子是以二進數送到輸入 *f[7..0]* 上。八位元的計數器將從此數值向下計數一直到已達到 0 為止，然後非同步的再載入 *f[ ]*，使得 0 變成暫態。得到的模數將等於 *f[ ]* 上的值。輸出的頻率信號是經由解碼狀態 00000001，使 *out* 的頻率等於 *in* 的頻率除以二進值 *f[ ]*。應用時，*in* 的頻率為 100 kHz。改變 *f[ ]* 則將輸出新的頻率。

解答：技術人員決定需要獲得若干測試結果來檢視。他選用幾個易除的因子用到 *f* 上，且記錄結果如表 7-9 中所列。

表 7-9

f[ ] (十進數)	f[ ] (二進數)	量測到的 f_{out}	OK?
255	11111111	398.4 Hz	
240	11110000	416.7 Hz	✓
200	11001000	500.0 Hz	✓
100	01100100	1041.7 Hz	
50	00110010	2000.0 Hz	✓
25	00011001	4000.0 Hz	✓
15	00001111	9090.9 Hz	

他觀察到電路於某些測試情況時產生了正確的結果，但在其他情況時卻為錯誤的結果。問題看來畢竟不是間歇不斷，而是和給予 *f* 的值有關。技術人員決定針對三項測試失敗的情況計算出輸入與輸出間的關係，得到：

```
100 kHz/398.4 Hz = 251
100 kHz/1041.7 Hz = 96
100 kHz/9090.9 Hz = 11
```

每次失敗看似為除以的因子比實際上送到輸入的值小 4。再度檢視給予 *f* 的二進數表示後，他注意到每個失敗皆發生於 *f*2=1 時。當然該位元的加權為 4。有了！該位元於邏輯探針對 *f*2 接腳測試時並未即時進來。非常確定的，邏輯探針無論給予 *f*2 的為何皆會指出接腳為低電位。

7-19　巨函數暫存器

Quartus II maxplus2 資料庫也包含了功能上等效的“舊型”MSI 暫存器晶片，譬如 7-16 節中所討論到的例子。設計時要製作暫存器有極簡易的圖形作法可用巨函數 **LPM_SHIFTREG** 來完成 (可在 MegaWizard Manager’s Plug-Ins Storage

檔案夾中找到)。

圖 7-81(a) 指出了使用 LPM_SHIFTREG 巨函數設計出的 8 位元多用途移位暫存器的例子。全部四類資料移動可利用此暫存器來完成。資料可串聯或並聯式的輸入，而且資料的輸出也可為串聯或並聯方式。於 *CLOCK* 的每個 PGT 時資料將向左或朝向 *Q7* 移位並將新資料輸入到 *Q0*。此暫存器的 SISO 操作是在圖 7-81(b) 中模擬。串聯的輸入資料是加到 *SER_IN* 且串聯輸出是在 *SER_OUT* (或 *Q[7]*) 上。由於它是 8 位元的暫存器，因此，需要有 8 個時脈波來串聯的載入 8 個新資料位元到暫存器中，而後針對 SIPO 暫存器操作，資料將並聯式的出現在輸出端上。圖 7-81(c) 說明了當 *SER_IN*=0 時的 PISO 暫存器操作，而圖 7-81(d) 則是串聯輸入為 1。新的並聯資料將於 *LOAD*=1 時同步的載入。由於所有的暫存器輸出 (*Q[7..0]*) 同時可用到，暫存器也可用於 PIPO 暫存器操作。

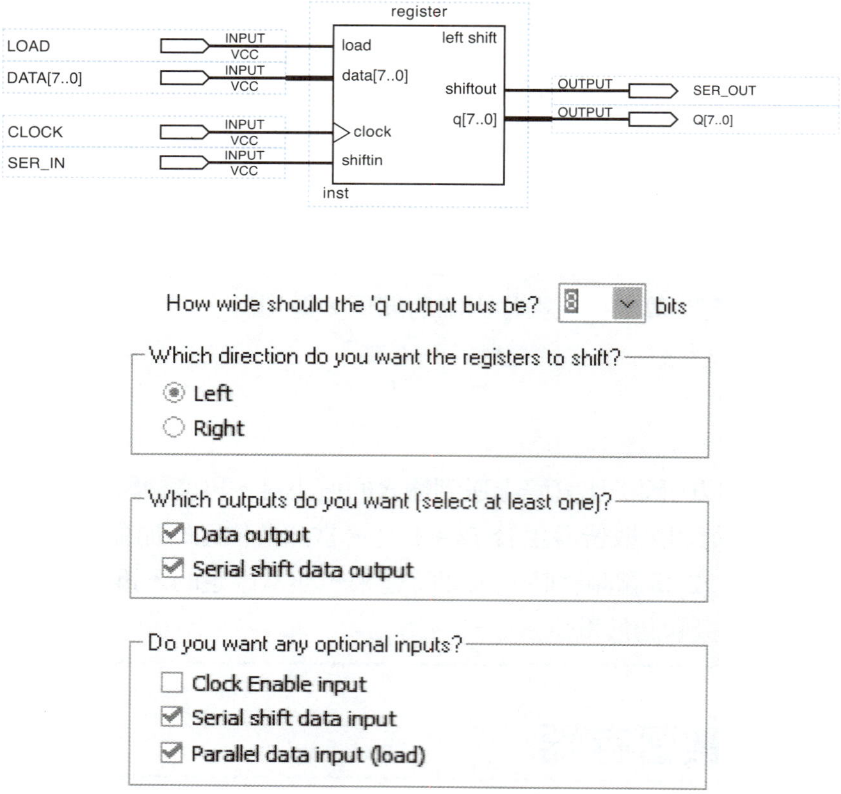

(a)

圖 7-81 多用途移位暫存器：**(a)** 方塊圖與 **MegaWizard** 設定；**(b)**、**(c)**、**(d)** 功能模擬結果

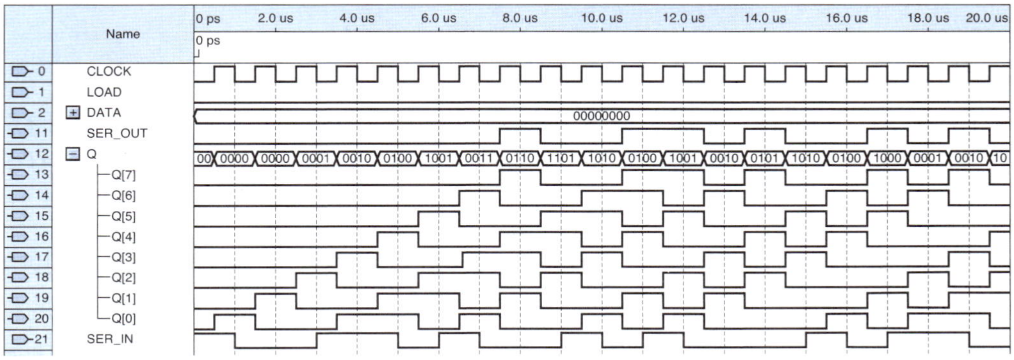
Name
0 ps
2.0 us
4.0 us
6.0 us
8.0 us
10.0 us
12.0 us
14.0 us
16.0 us
18.0 us
20.0 us
CLOCK
LOAD
DATA
SER_OUT
Q
Q[7]
Q[6]
Q[5]
Q[4]
Q[3]
Q[2]
Q[1]
Q[0]
SER_IN
00000000

(b)

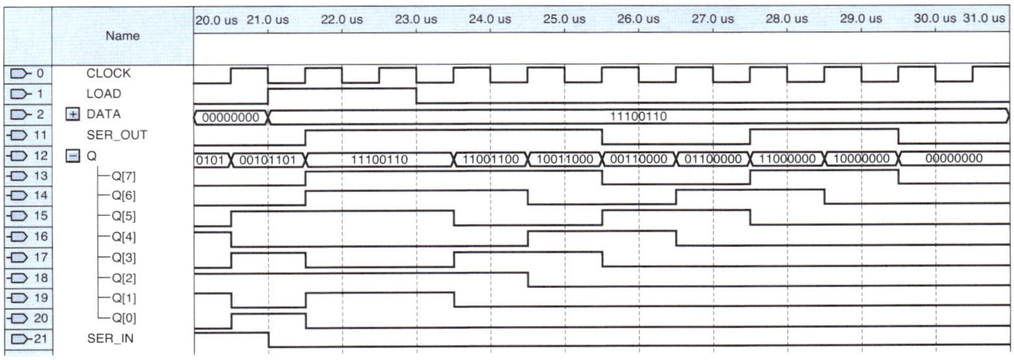
Name
20.0 us
21.0 us
22.0 us
23.0 us
24.0 us
25.0 us
26.0 us
27.0 us
28.0 us
29.0 us
30.0 us
31.0 us
CLOCK
LOAD
DATA
SER_OUT
Q
Q[7]
Q[6]
Q[5]
Q[4]
Q[3]
Q[2]
Q[1]
Q[0]
SER_IN
00000000
11100110
0101
00101101
11100110
11001100
10011000
00110000
01100000
11000000
10000000
00000000

(c)

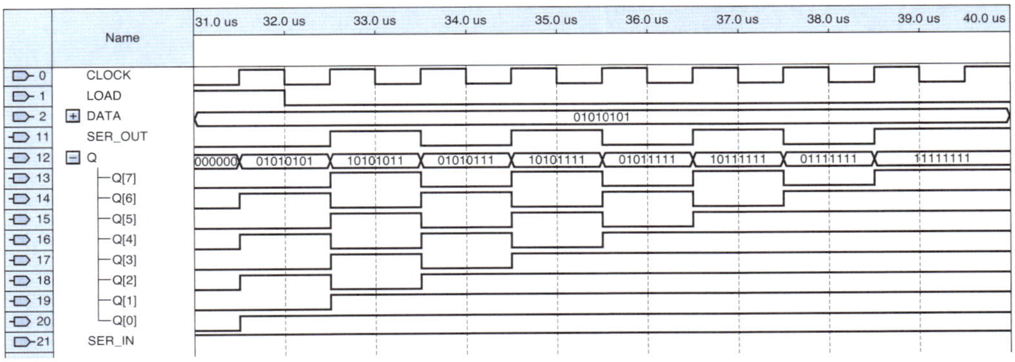
Name
31.0 us
32.0 us
33.0 us
34.0 us
35.0 us
36.0 us
37.0 us
38.0 us
39.0 us
40.0 us
CLOCK
LOAD
DATA
SER_OUT
Q
Q[7]
Q[6]
Q[5]
Q[4]
Q[3]
Q[2]
Q[1]
Q[0]
SER_IN
01010101
000000
01010101
10101011
01010111
10101111
01011111
10111111
01111111
11111111

(d)

圖 7-81 (續)

例題 7-26

利用 **LPM_SHIFTREG** 來設計模-5 環式計數器。使用非同步控制於 10000 時重新啟始環式計數器，使得它將以正確的序列開始計數並且包含了高電位動作的計數激能控制。

解答：模-5 環式計數器將需要一個五位元的移位暫存器且具備有串聯輸出回授回串聯輸入中。我們使用了巨函數 **LPM_SHIFTREG** 來製作圖 7-82(a) 中所示的移位暫存器。**aset** (非同步設定) 控制且具備固定資料輸入值 **10000** 將用來重新啟始環式計數器。功能模擬結果如圖 7-82(b) 中所示。

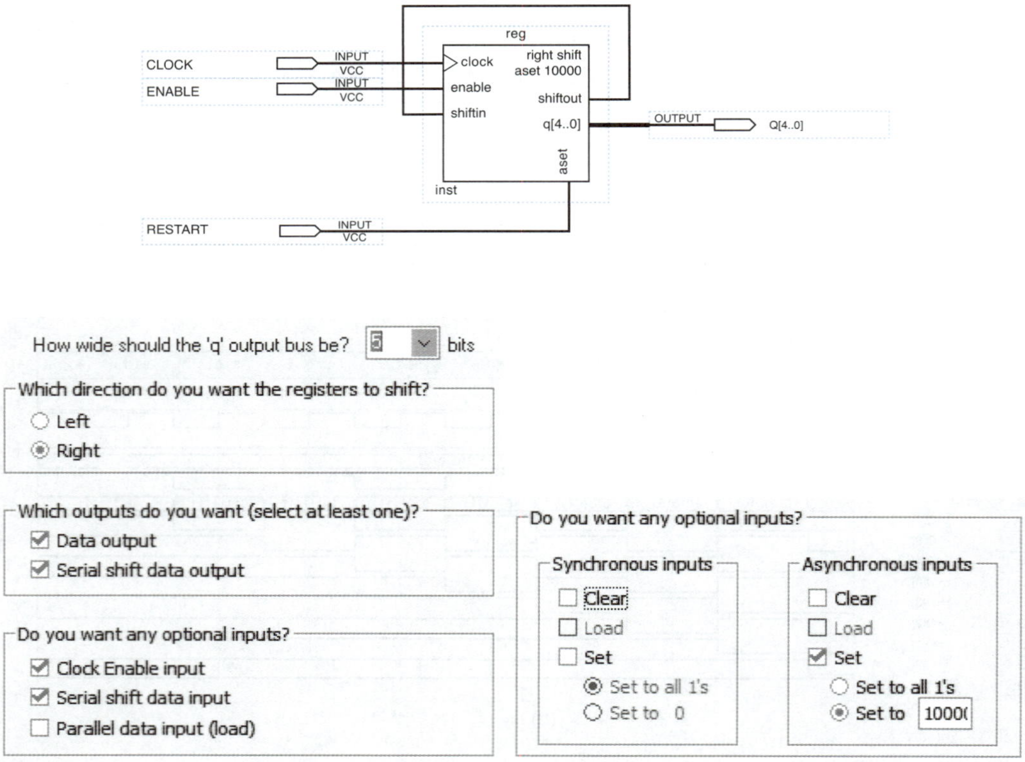

(a)

圖 7-82 模-5 環式計數器：(a) 方塊圖與 MegaWizard 設定；(b) 模擬結果

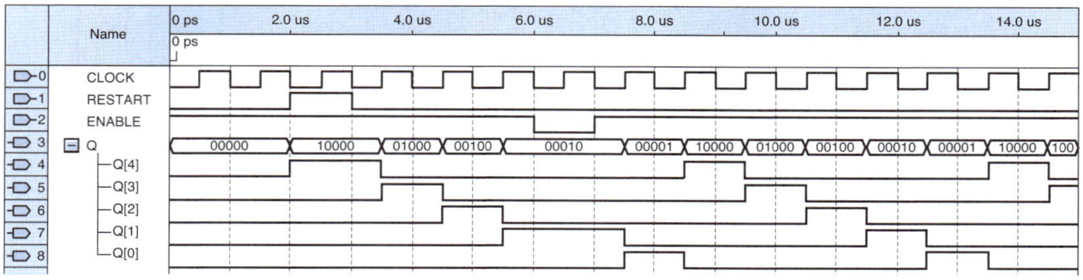

(b)

圖 7-82　(續)

複習問題

1. 哪一類的資料移動可利用 LPM_COUNTER 巨函數的移位暫存器來製作？

7-20　HDL 暫存器

暫存器內部各種不同之串聯與並聯資料傳送的選擇於 7-15 節中作了描述，而且執行這些操作的若干 IC 範例已於 7-16 節中有敘述到了。使用 HDL 來描述暫存器的妙處在於只要變更一些辭句，即可賦予一個電路任何的這些選擇以及所需的任意多少的位元。

HDL 方法使用了位元陣列來描述暫存器的資料，且以並聯或串聯格式來傳送哪個資料。為了瞭解資料是如何在 HDL 中移位，且考慮圖 7-83 中的圖形，它指出了四個並聯載入向右移位、向左移位及持住資料時執行傳送操作的正反器。對所有的這些圖形而言，位元是作同步的傳送，意味著它們是在單個時脈邊緣同時移動。於圖 7-83(a) 中，將被並聯載入到暫存器中的資料是呈現在 D 輸入中，且於下一個時脈波時，它將被傳送到 q 輸出。將資料向右移位意味著每個位元將被傳送到緊臨右邊的位元位置中，而新的位元則從左方傳送進來，且最右端上的最後一個位元則遺失掉。此情況描繪於 7-83(b) 中。注意到於 NEXT 狀態中，我們想要的資料組合是由新的串聯輸入與 PRESENT 狀態陣列中四個位元的其中三個來構成。資料僅需要移經且覆蓋暫存器的四個資料位元。相同的操作發生於圖 7-83(c) 中，但它是向左移動資料。將暫存器內容向右或向左移位的關鍵是將適當的三個 PRESENT 狀態資料位元與串聯輸入位元依正確的次序群組一起，使得這四個位

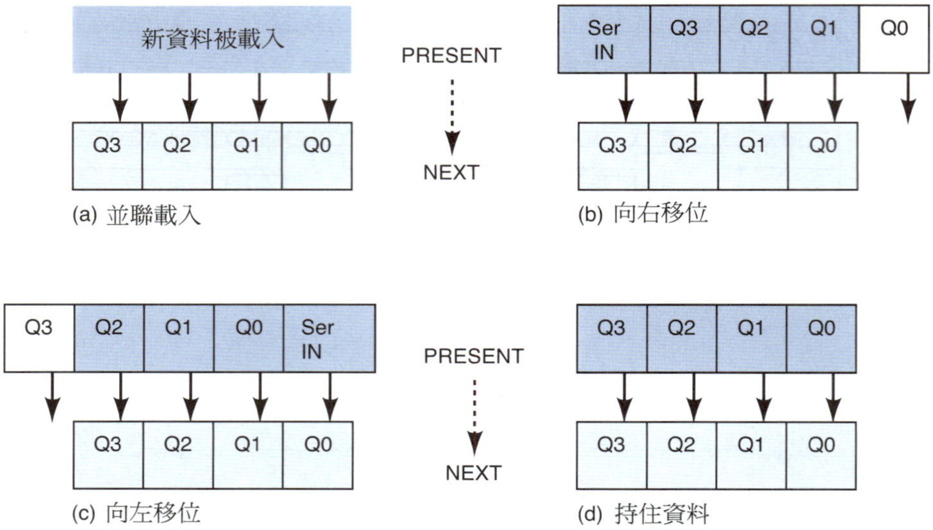

圖 7-83 移位暫存器中的資料傳送：**(a)** 並聯載入；**(b)** 向右移位；**(c)** 向左移位；**(d)** 持住資料

元可並聯的載入到暫存器中。想要的資料位元組的**串聯** (concatenation，依特定的次序群組在一起) 可用來針對某一方向之串聯移位之必要的資料移動作描述。最後一種可能稱為持住資料模式，且如圖 7-83(d) 中所示。它可看成不必要的，因為暫存器 (正反器) 依它們最本質來看就是持住資料。不管怎樣我們皆須考慮到要對暫存器做什麼才能隨著時脈持住資料。對每個正反器，*Q* 輸出必須連接回 *D* 輸入，以使得舊資料隨著每個時脈再被載入。現在來看看 HDL 移位暫存器的幾個例子。

AHDL SISO 暫存器

AHDL 中的四位元串聯輸入／串聯輸出 (SISO) 暫存器陳列於圖 7-84 中。四個 D 正反器的陣列列舉於第 7 行中，而串聯輸出則從最後一個 FF *q0* (第 10 行) 獲得。如果 *shift* 控制為高電位，則 *serial_in* 將被移入到暫存器中且其他的位元將移到右邊 (第 11-15 行)。將 *serial_in* 與 FF 輸出位元 *q3*、*q2* 以及 *q1* 依哪個次序串連一起將產生出適當的右移資料輸入位元樣式 (第 12 行)。如果 *shift* 控制為低電位，暫存器將持住目前的資料 (第 14 行)。模擬結果如圖 7-85 中所示。

```
SUBDESIGN  fig7_84
(
      clk, shift, serial_in           :INPUT;
      serial_out                      :OUTPUT;
)
VARIABLE
      q[3..0]                         :DFF;
BEGIN
      q[].clk = clk;
      serial_out = q0.q;                             -- 輸出最後一個暫存器位元
      IF (shift == VCC)  THEN
            q[3..0].d = (serial_in, q[3..1].q);--  串連在一起以作移位
      ELSE
            q[3..0].d = (q[3..0].q);                 -- 持住資料
      END IF;
END;
```

圖 7-84　使用 **AHDL** 的串聯輸入／串聯輸出暫存器

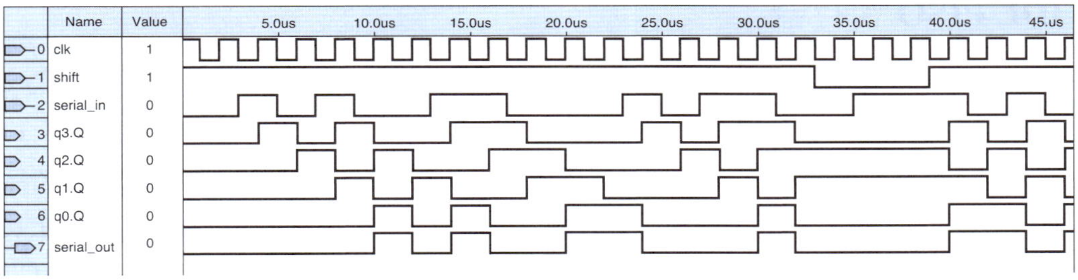

圖 7-85　**SISO** 暫存器模擬

VHDL SISO 暫存器

VHDL 中的四位元串聯輸入／串聯輸出 (SISO) 陳列於圖 7-86 中。暫存器是在第 8 行上以變數 *q* 的宣告來產生出，且串聯輸出是從暫存器的最後一個位元或 *q(0)* (第 10 行) 來獲得。如果 *shift* 控制為高電位，*serial_in* 將被移入到暫存器中，且其他的位元將移到右邊 (第 12-14 行)。將 *serial_in* 與暫存器位元 *q(3)*、*q(2)* 以及 *q(1)* 依哪個次序串連一起將產生出適當的右移資料輸入位元樣式 (第 13 行)。如果 *shift* 控制為低電位，VHDL 將假定變數停留不變，且因此將持住目前的資料。模擬結果如圖 7-85 中所示。

```
ENTITY  fig7_86  IS
PORT (       clk, shift, serial_in           :IN BIT;
             serial_out                      :OUT BIT     );
END fig 7-86;
ARCHITECTURE  vhdl  OF  fig 7-86  IS
BEGIN
PROCESS (clk)
      VARIABLE  q                      :BIT_VECTOR (3 DOWNTO 0);
      BEGIN
      serial_out <= q(0);                          -- 輸出最後一個暫存器位元
      IF (clk'EVENT AND clk = '1')  THEN
            IF (shift = '1')  THEN
                  q := (serial_in & q(3 DOWNTO 1));  -- 串連以作移位
            END IF;                                -- 否則，持住資料
      END IF;
END PROCESS;
END vhdl;
```

圖 7-86 使用 **VHDL** 的串聯輸入／串聯輸出暫存器

AHDL PISO 暫存器

AHDL 中四位元並聯輸入／串聯輸出 (PISO) 暫存器陳列於圖 7-87 中。命名為 *q* 的暫存器使用四個 D FF 產生於第 8 行上，而且來自 *q0* 的串聯輸出描述於第 11 行上。暫存器擁有個別的並聯 *load* 與串聯 *shift* 控制。暫存器的功能則定義於第 12-15 行中。如果 *load* 為高電位，外部輸入 *data[3..0]* 將被同步的載入。*load* 具優先權且必須為低電位以於 *shift* 為高電位時將暫存器的內容隨著每個 *clk* 的 PGT 串聯移位。將資料向右移位的樣式是由第 13 行上的串連來產生出。注意到固定的低電位將為移位操作時的串聯資料輸入。如果 *load* 或 *shift* 皆非高電位，則暫存器將持住目前的資料值 (第 14 行)。模擬結果如圖 7-88 中所示。

```
1   SUBDESIGN  fig7_87
2   (
3         clk, shift, load          :INPUT;
4         data[3..0]                :INPUT;
5         serial_out                :OUTPUT;
6   )
7   VARIABLE
8         q[3..0]                   :DFF;
9   BEGIN
10        q[].clk = clk;
11        serial_out = q0.q;                              -- 輸出最後一個暫存器位元
12        IF (load == VCC)  THEN  q[3..0].d = data[3..0];          --並聯載入
13        ELSIF (shift == VCC)  THEN  q[3..0].d = (GND, q[3..1].q);  --移位
14        ELSE  q[3..0].d = q[3..0].q;                             --持住
15        END IF;
16  END;
```

圖 7-87 使用 **AHDL** 的並聯輸入／串聯輸出暫存器

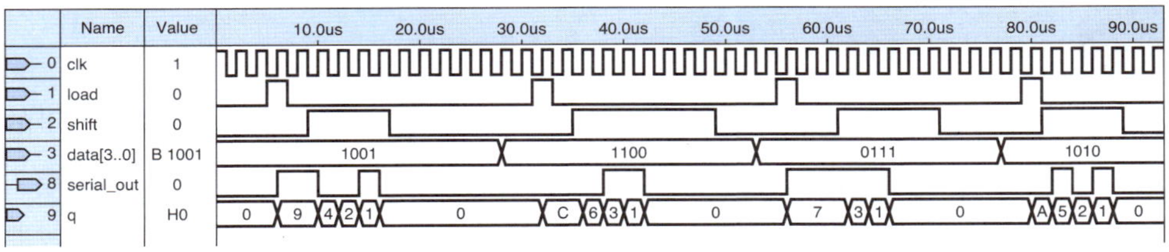

圖 7-88　PISO 暫存器模擬

VHDL PISO 暫存器

VHDL 中之四位元並聯輸入／串聯輸出 (PISO) 暫存器陳列於圖 7-89 中。暫存器是在第 11 行上以對 *q* 的變數宣告來產生出來，且來自 *q(0)* 的串聯輸出則描述於第 13 行上。暫存器擁有個別的並聯 *load* 與串聯 *shift* 控制。暫存器的功能則定義於第 14-18 行中。如果 *load* 為高電位，則外部輸入 *data* 將被同步的載入。*load* 有優先權且必須為低電位以於 *shift* 為高電位時將暫存器的內容隨著每個 *clk* 的 PGT 串聯移位。將資料向右移位的樣式是由第 16 行上的串連來產生出。注意到固定的低電位將為移位操作時串聯資料輸入。如果 *load* 或 *shift* 皆非高電位，則暫存器將利用 VHDL 的隱含式操作來持住目前的資料值。模擬結果如圖 7-88 中所示。

```
1   ENTITY  fig7_89  IS
2   PORT (
3         clk, shift, load          :IN BIT;
4         data                      :IN BIT_VECTOR (3 DOWNTO 0);
5         serial_out                :OUT BIT
6   );
7   END fig 7-89;
8   ARCHITECTURE vhdl OF fig 7-89 IS
9   BEGIN
10  PROCESS (clk)
11        VARIABLE  q        :BIT_VECTOR (3 DOWNTO 0);
12        BEGIN
13        serial_out <= q(0);                       -- 輸出最後一個暫存器位元
14        IF (clk'EVENT AND clk = '1')  THEN
15              IF (load = '1')  THEN  q := data;   -- 並聯載入
16              ELSIF (shift = '1')  THEN  q := ('0' & q(3 DOWNTO 1));  --移位
17              END IF;                             -- 否則，持住資料
18        END IF;
19  END PROCESS;
20  END vhdl;
```

圖 7-89　使用 VHDL 的並聯輸入／串聯輸出暫存器

例題 7-27

假定我們想要使用 **HDL** 來設計一個通用的四位元移位暫存器，它具有四個同步的操作模式：**Hold Data**、**Shift Left**、**Shift Right** 以及 **Parallel Load**。二個輸入位元用來選取將被執行於時脈之每個上昇緣上的操作。若要製作移位暫存器，我們可使用結構性程式來描述一串的 **FF**。藉由讓移位暫存器向右或向左來並聯載入以使其多樣化將使得此檔案變得很長，且因此使用結構性方法時難於閱讀與理解。較佳的作法是使用 **HDL** 中能取用到之更抽象與直覺式的方法來簡潔的描述電路。要能完成此事，我們必須發展一個策略來創造出移位的動作。此一概念極類似於範例 **7-18** 中所提出者，其中 **D FF** 暫存器晶片 **(74174)** 乃被接線成一個移位暫存器。與其將移位暫存器看成一個串聯式的 **FF** 串，倒不如視之為並聯暫存器，而其內容為並聯式的傳送到一組偏移一個位元位置的位元組合上。圖 **7-83** 驗證了於此設計中所需之每個傳送的概念。

解答：非常合理的第一步為定義一個稱為 *mode* 之二位元輸入，我們可使用它來訂定 mode 0、1、2 或 3。接下來的挑戰為決定如何使用 **HDL** 來從四個操作中擇

```
 SUBDESIGN fig7_90
 (
    clock         :INPUT;
    din[3..0]     :INPUT;   -- 並聯資料輸入
    ser_in        :INPUT;   -- 串聯資料由左或由右輸入
    mode[1..0]    :INPUT;   -- MODE 選取：0=持住，1=向右，2=向左，3=載入
    q[3..0]       :OUTPUT;
 )
 VARIABLE
    ff[3..0] :DFF;          -- 定義暫存器集合
BEGIN
    ff[].clk = clock;       -- 同步時脈
    CASE mode[] IS
       WHEN 0  => ff[].d      = ff[].q;        -- 持住移位
       WHEN 1  => ff[2..0].d = ff[3..1].q);    -- 向右移位
                  ff[3].d    = ser_in;         -- 新資料從左輸入
       WHEN 2  => ff[3..1].d = ff[2..0].q;     -- 向左移位
                  ff[0].d    = ser_in;         -- 新資料位元從右輸入
       WHEN 3  => ff[].d      = din[];         -- 並聯載入
    END CASE;
    q[] = ff[].q;                 -- 更新輸出
 END;
```

圖 7-90　AHDL 雙向移位暫存器

```
ENTITY  fig7_91   IS
PORT (
   clock           :IN BIT;
   din             :IN BIT_VECTOR (3 DOWNTO 0);    -- 並聯資料輸入
   ser_in          :IN BIT;                        -- 串聯資料由左或由右輸入
   mode            :IN INTEGER RANGE 0 TO 3;       -- 0＝持住，1＝向右，2＝向
   q               :OUT BIT_VECTOR (3 DOWNTO 0));     左，3＝載入
END fig7_91;
ARCHITECTURE a  OF fig7_91  IS
BEGIN
   PROCESS (clock)                                -- 響應時脈
   VARIABLE  ff    :BIT_VECTOR (3 DOWNTO 0);
   BEGIN
      IF (clock'EVENT AND clock = '1')   THEN
         CASE mode  IS
            WHEN 0  => ff := ff;                             --持住移位
            WHEN 1  => ff(2 DOWNTO 0)   := ff(3 DOWNTO 1);   --向右移位
                       ff(3)  := ser_in;
            WHEN  2 => ff(3 DOWNTO 1)   := ff(2 DOWNTO 0);   --向左移位
                       ff(0)  := ser_in;
            WHEN  3 => ff := din;                            --並聯載入
         END CASE;
      END IF;
   q <= ff;                                       -- 更新輸出
   END PROCESS;
END a;
```

圖 7-91　VHDL 雙向移位暫存器

其一。這裡有多種方法可用。選擇 CASE 結構的原因為它讓我們對於每一個或所有可能的模式值選擇出不同的 HDL 敘述組合。檢驗與現存模式設定並無關聯的優先次序或者模式編號的重疊範圍，所以我們並不需要 IF/ELSE 結構的優點。HDL 解答如圖 7-90 與 7-91 中所示者。相同的輸入予輸出乃定義於每一種方法中：一個時脈、四個位元的並聯載入資料、單獨一個位元予暫存器的串聯輸入、二個位元予模式選取以及四個輸出位元。

AHDL 解

圖 7-90 的 AHDL 解使用了一個宣告於第 10 行上稱為 *ff* 的 D FF 暫存器，用以表示暫存器現有的狀態。由於 FF 皆需要於同時刻時脈控制 (同步)，因此全部的時脈輸入皆被指定至第 12 行上的 *clock*。CASE 結構對每個 *mode* 輸入的值皆選用一個不同的傳送組態。Mode 0 (持住資料) 使用了一個從目前狀態傳送到 *D* 輸入上相同位元位置的直接並聯傳送以製造出相同的 NEXT 狀態。描述於第 15 與 16 行

上的 **Mode 1** (向右移位) 乃傳送位元 **3**、**2** 與 **1** 分別至位元位置 **2**、**1** 和 **0**，且從串聯輸入載入到位元 **3**。**Mode 2** (向左移位) 則依反方向執行類似的操作 (參閱第 **17** 與 **18** 行)。**Mode 3** (並聯載入) 傳送並聯資料輸入上的值變成暫存器的 **NEXT** 狀態。此程式創造了一個電路，它是自這些操作於實際暫存器的邏輯運算中選擇其一，並且適當的資料於下一個時脈時傳送至輸出接腳。此程式可藉由將第 **15** 與 **16** 行結合來縮短成單行敘述，它是將 **ser_in** 與三個資料位元連接，且將它們群組成四個位元的集合。能取代第 **15** 與 **16** 行的敘述為：

```
WHEN 1 => ff[ ].d = (ser_in, ff[3..1].q);
```

第 **17** 與 **18** 行也可被取代成：

```
WHEN 2 => ff[ ].d = (ff[2..0].q,ser_in);
```

VHDL 解

圖 7-91 的 **VHDL** 解以第 **12** 行上的名稱 *ff* 定義了一個中間信號，它代表了暫存器的現有狀態。由於所有的傳送操作必須對上昇時脈邊緣產生反應，因此使用了一個 **PROCESS**，且將 *clock* 訂定於敏感性串列中。**CASE** 結構對每個 *mode* 輸入的值皆選用一個不同的傳送組態。**Mode 0** (持住資料) 使用了一個從目前狀態傳送到相同位元位置的直接並聯傳送，以製造出相同的 **NEXT** 狀態。**Mode 1** (向右移位) 乃傳送位元 **3**、**2** 與 **1** 分別至位元位置 **2**、**1**、**0** (第 **17** 行)，且從串聯輸入載入到位元 **3** (第 **18** 行)。**Mode 2** (向左移位) 則依反方向執行類似的操作。**Mode 3** (並聯載入) 傳送並聯資料輸入上的值變成暫存器的 **NEXT** 狀態。自這些操作於實際暫存器的邏輯運算中選擇其一後，第 **24** 行上資料於下一個時脈時傳送至輸出接腳。此程式可藉由將第 **17** 與 **18** 行結合來縮短成單行敘述，它是將 **ser_in** 與三個資料位元連接，且將它們群組成四個位元的集合。能取代第 **17** 與 **18** 行的敘述為：

```
WHEN 1 => ff := ser_in & ff(3 DOWNTO 1);
```

第 **19** 與 **20** 行也可被取代成：

```
WHEN 2 => ff := ff(2 DOWNTO 0) & ser_in;
```

複習問題

1. 試撰寫一則 HDL 表示式使能使用串聯輸入 *dat* 來製作一個八位元陣列 *reg[7..0]* 的向左移位？
2. 為何在移位暫存器的持住資料模式期間需要重新載入目前的值？

7-21　HDL 環式計數器

於 7-17 節中，我們使用了一個移位暫存器來製作一個計數器，它是單獨一個有效之邏輯準位循環經過所有它的 FF。此乃稱為環式計數器。環式計數器的其中一項特性乃為模數等於暫存器中的 FF 個數，且因此始終有許多未使用與無效狀態。我們已經討論過使用 CASE 結構來描述計數器以訂定 PRESENT 狀態與 NEXT 狀態變換。於哪些範例中，我們處理無效狀態的方式是將它們包含於“others”之下。此方法也對環式計數器有用。無論如何，於本節裡，我們將審視一種更直覺的方式來描述移位計數器。

這些方法使用了相同於 7-20 節中描述的技術以使得暫存器於每個時脈上移位一個位置。此程式的主要特性為藉著驅動移位暫存器的 *ser_in* 行來完成“環”的方法。做些微的規劃，我們也應能保證計數器最終到達想要的序列，而不管最初的狀態為何。對此範例而言，我們重新創造出其狀態圖，如圖 7-75(d) 中所示的環式計數器。為使此計數器無需使用非同步輸入即能自行啟動，我們利用了 IF/ELSE 結構來控制移位暫存器的 *ser_in* 行。任何時刻我們偵測知上方的三個位元全部為低電位時，我們就假設最低階的位元為高電位，且於下一個時脈上，我們將移入一個高電位到 *ser_in* 中。對於其他所有的狀態而言 (有效與無效者)，我們移入一個低電位。無論計數器起始之狀態為何，它最終將填滿零；於該時刻，我們的邏輯將移入一個高電位來啟動環式序列。

AHDL 環式計數器

圖 7-92 中所示的 AHDL 程式此刻應已經熟悉了。第 11 與 12 行利用了我們剛剛才描述的策略來控制串列輸入。請注意到第 11 行上雙等號 (= =) 運算子的使用。此運算子估算其每一邊上的陳式。記得，單等號 (=) 運算子指定 (即連接) 一

AHDL

```
1   SUBDESIGN fig7_92
2   (
3      clk          :INPUT;
4      q[3..0]      :OUTPUT;
5   )
6   VARIABLE
7      ff[3..0]     :DFF;
8      ser_in       :NODE;
9   BEGIN
10    ff[].clk = clk;
11    IF ff[3..1].q == B"000" THEN ser_in = VCC;   -- 自行啟動
12    ELSE ser_in = GND;
13    END IF;
14    ff[3..0].d = (ser_in, ff[3..1].q);          -- 向右移位
15    q[] = ff[].q;
16  END;
```

圖 7-92　**AHDL 四位元環式計數器**

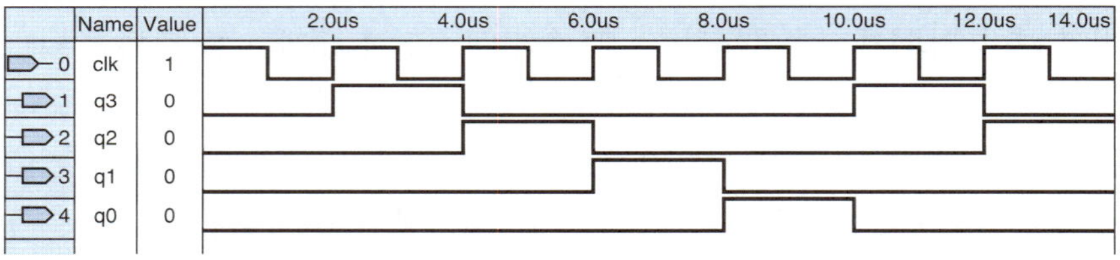

圖 7-93　**HDL 環式計數器的模擬**

個物件予另一個。第 14 行製作了我們於前一節所描述的向右移位動作。模擬結果如圖 7-93 中所示。

VHDL 環式計數器

圖 7-94 中所示的 VHDL 程式現在看來應是熟悉的。第 12 與 13 行使用了我們剛剛描述的策略來控制串聯輸入。第 16 行製作了前一節中我們所描述的向右移位動作。模擬結果如圖 7-93 中所示。

```
1  ENTITY  fig7_94  IS
2  PORT (       clk             :IN BIT;
3               q               :OUT BIT_VECTOR (3 DOWNTO 0));
4  END fig7_94;
5
6  ARCHITECTURE vhdl OF fig7_94 IS
7  SIGNAL  ser_in               :BIT;
8  BEGIN
9  PROCESS (clk)
10    VARIABLE  ff              :BIT_VECTOR (3 DOWNTO 0);
11    BEGIN
12       IF (ff(3 DOWNTO 1) = "000")  THEN   ser_in <= '1';        -- 自行啟動
13       ELSE  ser_in <= '0';
14       END IF;
15       IF (clk'EVENT AND clk = '1')  THEN
16          ff(3 DOWNTO 0) := (ser_in & ff(3 DOWNTO 1));           -- 向右移位
17       END IF;
18    q <= ff;
19 END PROCESS;
20 END vhdl;
```

圖 7-94　**VHDL 四位元環式計數器**

複習問題

1. 環式計數器自行啟動的涵義為何？
2. 圖 7-92 的哪些行確保環式計數器自行啟動？
3. 圖 7-94 的哪些行確保環式計數器自行啟動？

7-22　HDL 單擊

另一個我們已經討論過的重要電路為單擊。我們可利用 HDL 來引用計數器的觀念來製作**數位式單擊** (digital one-shot)。回憶第 5 章之單擊為每一次觸發輸入被激發時將產生出預定寬度之脈波的裝置。非可重觸發式 (nonretriggerable) 單擊只要脈波輸出仍作用著則忽視觸發輸入。可重觸發式 (retriggerable) 單擊於觸發時以啟動脈波來響應，且於每次脈波結束前隨後有一個觸發緣發生時即重新啟動內部的脈波計時器。我們要探究的第一個例子為非可重觸發式、高電位觸發式數位單擊。我們於第 5 章中所探討的單擊使用了一個電阻器與電容器作為內部脈波時序機制。為能使用 HDL 技術來製作出單擊，我們利用了四位元計數器來決定脈波的寬度。輸入則有時序時脈波信號、觸發、清除以及脈波寬度值。唯一的輸出為脈波輸出，Q。觀念很簡單。一旦偵測到觸發時，將使脈波轉成高電位且自脈波寬度輸入載入一個數值予下數計數器。此數值愈大，將花費更長的時間來向下計數到零。

此單擊的優點為脈波寬度可很容易的以改變下載至計數器的值來調整。當您閱讀下面幾節時，且思考下面的問題：“是什麼使得此電路為非可重觸發式且是什麼使其為準位觸發式的？”

簡單的 AHDL 單擊

於 **AHDL** 中的非可重觸發式、準位感應、單擊描述如圖 **7-95** 中所示。四個 **FF** 的暫存器乃產生於第 **8** 行上，而且於脈波期間充當作向下計數的計數器。 於第 **10** 行上 *clock* 是依並聯的方式連接到所有的 **FF**。重置功能則是於第 **11** 行上將 *reset* 控制線直接連到每個 **FF** 的非同步清除輸入上。於這些指定之後，第一個被測試的條件為觸發。它是於計數值為 **0** 之期間 (即前一個脈波結束時) 的任意時刻被激發的 (高電位)，然後延遲值被載入到計數器中。於第 **14** 行上，它是以檢驗計數器是否下數到零來測試脈波是否結束了。若是，計數器將停止滾動而是靜止於零。如果計數器不是為零，則它必須計數著，所以第 **15** 行設定了 **FF** 成為在下一個脈波上時向下計數。最後，第 **17** 行產生了輸出脈波。此一布爾陳式可看成如下：“當 *count* 為零以外的其他值時使脈波 (*Q*) 為高電位。”

```
1   SUBDESIGN fig7_95
2   (
3      clock, trigger, reset     : INPUT;
4      delay[3..0]               : INPUT;
5      q                         : OUTPUT;
6   )
7   VARIABLE
8      count[3..0]     : DFF;
9   BEGIN
10     count[].clk = clock;
11     count[].clrn = reset;
12     IF trigger & count[].q == b"0000" THEN
13           count[].d = delay[];
14     ELSIF count[].q == B"0000" THEN count[].d = B"0000";
15     ELSE count[].d = count[].q - 1;
16     END IF;
17     q = count[].q != B"0000";   --產生輸出脈波
18  END;
```

圖 7-95　AHDL 非可重觸發式單擊

簡單的 VHDL 單擊

於 VHDL 中的非可重觸發式、準位感應、單擊描述如圖 7-96 中所示。輸入與輸出如第 3-5 行上所示，如同先前描述者。於結構描述中，PROCESS 乃用來 (第 11 行) 對二個輸入的任一個作反應：時脈或重置。於此 PROCESS 內，有一個變數是用來表示計數器上的值。應覆蓋其先前者為 *reset* 信號。它將首先被測試 (第 14 行) 且如果有作用，則 *count* 立即被清除。如果 *reset* 無作用，則估算第 15 行且尋找 *clock* 上的上昇緣。第 16 行檢查觸發。如果它是於計數值為 0 之期間的任意時刻被激發 (即前一個脈波結束時)，則寬度值將被載入到計數器中。於第 18 行上，它是以檢驗計數器是否下數到零來測試脈波是否結束了。若是，計數器將停止滾動而靜止於零。如果計數器不是為零，則它必須計數著，所以第 19 行設定了 FF 成為在下一個脈波上時向下計數。最後，第 22 與 23 行產生了輸出脈波。此一布爾陳式可看成如下："當計數值為零以外的其他值時使脈波 (q) 為高電位。"

```
1   ENTITY fig7_96 IS
2   PORT (
3         clock, trigger, reset      :IN BIT;
4         delay                      :IN INTEGER RANGE 0 TO 15;
5         q                          :OUT BIT
6         );
7   END fig 7_96;
8
9   ARCHITECTURE vhdl OF fig7_96 IS
10  BEGIN
11     PROCESS (clock, reset)
12     VARIABLE count          : INTEGER RANGE 0 TO 15;
13     BEGIN
14        IF reset = '0' THEN count := 0;
15        ELSIF (clock'EVENT AND clock = '1' ) THEN
16           IF trigger = '1' AND count = 0 THEN
17              count := delay;                        -- 載入計數器
18           ELSIF count = 0 THEN count := 0;
19           ELSE count := count - 1;
20           END IF;
21        END IF;
22        IF count /= 0 THEN q <= '1';
23        ELSE q <= '0';
24        END IF;
25     END PROCESS;
26  END vhdl;
```

圖 7-96　VHDL 非可重觸發式單擊

非可重觸發單擊模擬

我們已經回顧了描述此單擊的程式了，現在且來估算它的性能。轉換傳統的類比電路成數位式者通常會有其優缺點。於標準的單擊晶片上，觸發之後輸出脈波立即啟動。對這裡所描述的數位式單擊而言，輸出脈波起始於下一個時脈緣上，且只要計數器大於零則持續著。此情況如圖 7-97 中模擬的第一個 ms 之內者。注意到觸發於 q 輸出反應前幾乎 0.5 ms 時轉成高電位。當它在向下計數時如果另一個觸發事件發生 (如剛好於 3 ms 之前者)，則它將被忽視。這就是非可重觸發式單擊的特性。

此數位式單擊的另一個重點為觸發脈波必須要長到能在上昇的時脈邊緣上被看成是高電位。約於 4.5 ms 的標示時刻，有一個脈波發生於觸發輸入上，但於時脈之上昇緣之前轉變成低電位。此電路並不會對此輸入事件作響應。於剛好過了 5 ms 之時刻，觸發轉變成高電位且停留於那兒。脈波剛好持續 6 ms，但由於觸發輸入仍維持於高電位，它將於一個時脈之後以另一個輸出脈波響應。此一情況的原因為此電路是準位觸發式而非邊緣觸發式，就像絕大多數的傳統單擊 IC 一樣。

HDL 中的可重觸發式、邊緣觸發式單擊

許多的單擊應用皆要求電路對邊緣而非準位作反應。HDL 程式如何用來使電路對其觸發輸入上的每個正轉變響應一次？這裡所要說明的技術乃稱為*邊緣陷阱* (edge-trapping) 且已經用於撰寫微控制器程式多年了。如我們將看到者，它也同樣有用於以 HDL 來描述數位電路的邊緣觸發。本節不僅舉例來說明可重觸發式單擊，且同時驗證了於許多其他場合很有用的邊緣陷阱。

此可重觸發式單擊的一般操作要求對觸發輸入的上昇緣作響應。一旦邊緣被偵測到，它就會開始計時脈波。於數位式單擊中，此即表示它將在觸發邊緣之後儘快的載入計數器並且開始往零向下計數。如果在脈波終止前有另一個觸發事件 (上昇緣) 發生，計數器將立即重新被載入，而且脈波時序從頭開始，因此維持著脈波。於任何點處激發清除時將迫使計數器為零且終止脈波。最小的輸出脈波寬度只是送

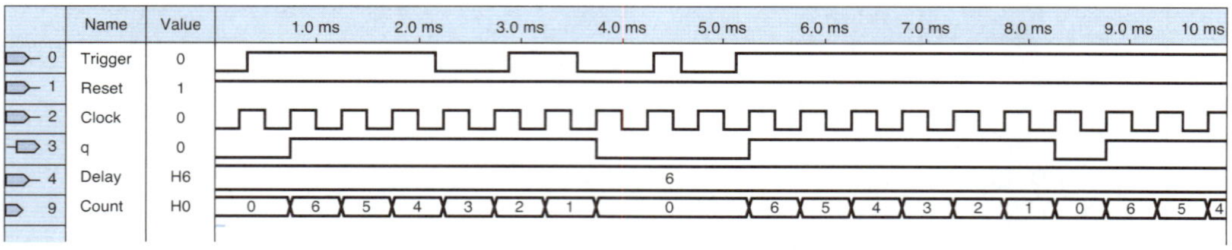

圖 7-97　非可重觸發式單擊的模擬

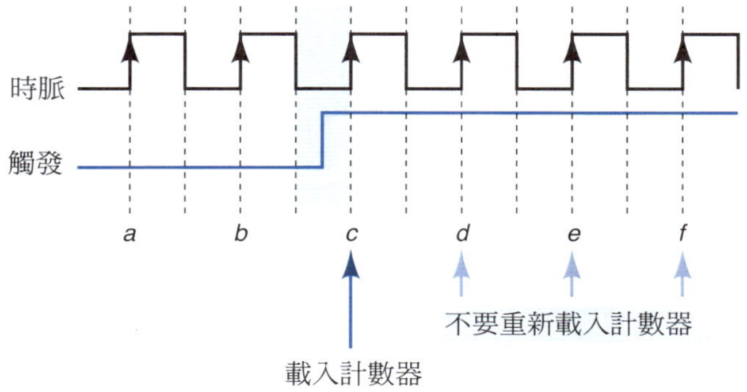

圖 7-98　偵測邊緣

到寬度輸入的數值乘上時脈週期而已。

對一個單擊之邊緣陷阱背後的策略乃驗證於圖 7-98 中。於每個有效時脈波邊緣上者乃為二則必須的重要訊息。第一則為 *trigger* 輸入現今的狀態，而第二則乃為上一個有效時脈波邊緣發生時的 *trigger* 輸入狀態。先從圖 7-98 上的 *a* 點開始並且求出此二值，然後移至 *b* 點，依此類推。完成此工作前，您應可下結論：於 *c* 點處已獲得唯一的結果。*trigger* 現在為高電位，但於上一個動作的時脈邊緣上為低電位。此點正是我們已偵測到 *trigger* 邊緣事件之處。

為了知曉於上一個有效時脈波邊緣上的 *trigger* 為何，系統必須記住 *trigger* 於彼點處的上一個值。此乃藉由儲存觸發位元的值於一個 FF 中來完成。記得於第 5 章裡，當我們論及如何使用 FF 來偵測序列時討論過了類似的觀念。單擊的程式乃寫成使得計數器只於 *trigger* 輸入上被偵測到上昇緣後才會被載入。

AHDL 可重觸發式、邊緣觸發式單擊

圖 7-99 的前 5 行乃相同於先前的非可重觸發式範例。於 AHDL 中，記住過去所獲得的值之唯一方式乃將值儲存於 FF 上。本節使用了一個稱為 *trig_was* 的 FF (第 9 行) 來儲存於上一個有效時脈波邊緣時於 trigger (觸發) 上的值。此 FF 只作簡單的連接以使得觸發是接到它的 *D* 輸入上 (第 14 行) 且時脈波接到它的 *clk* 輸入上 (第 13 行)。*trig_was* 的 *Q* 輸出將記住 *trigger* 的值一直到下一個時脈波緣。於此點處，我們使用了第 16 行估算是否觸發緣已經發生。如果 *trigger* 是高電位 (現在)，但 *trigger* 過去為低電位 (上一個時脈波)，這就是載入計數器的時刻 (第 17 行)。一旦 *count* 到達零時，第 18 行將保證它維持於零一直到新的觸發來臨為止。如果決策允許第 19 行被估算，則表示有一個值被載入到計數器中且它不是為

AHDL

```
SUBDESIGN fig7_99
(
   clock, trigger, reset   : INPUT;
   delay[3..0]             : INPUT;
   q                       : OUTPUT;
)
VARIABLE
            count[3..0]    : DFF;
            trig_was       : DFF;
BEGIN
   count[].clk = clock;
   count[].clrn = reset;
   trig_was.clk = clock;
   trig_was.d = trigger;

   IF trigger & !trig_was.q THEN
         count[].d = delay[];
   ELSIF count[].q == B"0000" THEN count[].d = B"0000";
   ELSE count[].d = count[].q - 1;
   END IF;
   q = count[].q != B"0000";
END;
```

圖 7-99　**AHDL 之具有邊緣觸發的可重觸發式單擊**

零，所以它需要被遞減。最後，於任何時刻如果有 0000 以外的值仍出現於計數器上，則輸出脈波將被迫為高電位，如我們先前所見者。

VHDL 可重觸發式、邊緣觸發式單擊

圖 7-100 中的 ENTITY 描述很像前面的非可重觸發的例子。事實上，此範例與圖 7-96 中所示者之間只有幾個不同處係與決策過程的邏輯相關。若我們想要在 VHDL 中記住一個數值，則它必須儲存於一個 VARIABLE 中。記得我們可將一個 PROCESS 考慮成一段每當敏感性串列中有一個信號改變狀態時將發生何事的描述。一個 VARIABLE 將保留著程序 (process) 被呼用之間所指定予它的前一個值。就此意而言，它就動作如一個 FF。對單擊而言，我們需要儲存一個值來告訴我們上一個有效時脈波上之觸發為何。第 11 行宣告了一個變數位元來充作此用途。第一個決策 (第 13 行) 將無視於檢驗以及對 *reset* 輸入作反應的決策。請注意到由於它在第 14 行上是於時脈波邊緣被偵測到之前就被估算，因此這是一個非同步控制。第 14 行判定了上昇時脈波邊緣已經發生，而後此程序的主要邏輯於第 15

```
1  ENTITY fig7_100 IS
2  PORT (   clock, trigger, reset      : IN BIT;
3       delay                          : IN INTEGER RANGE 0 TO 15;
4       q                              : OUT BIT);
5  END fig7_100;
6
7  ARCHITECTURE vhdl OF fig7_100 IS
8  BEGIN
9     PROCESS (clock, reset)
10    VARIABLE count         : INTEGER RANGE 0 TO 15;
11    VARIABLE trig_was      : BIT;
12    BEGIN
13       IF reset = '0' THEN count := 0;
14       ELSIF (clock'EVENT AND clock = '1' ) THEN
15          IF trigger = '1' AND trig_was = '0' THEN
16             count := delay;                  --  載入計數器
17             trig_was := '1';                 --  "記住"邊緣被偵測到
18          ELSIF count = 0 THEN count := 0;  -- 持住於 0
19          ELSE count := count - 1;          -- 遞減
20          END IF;
21          IF trigger = '0' THEN trig_was := '0';
22          END IF;
23       END IF;
24       IF count /= 0  THEN q <= '1';
25       ELSE q <= '0';
26       END IF;
27    END PROCESS;
28 END vhdl;
```

圖 7-100　VHDL 之具有邊緣觸發的可重觸發式單擊

與 20 行之間被估算。

當時脈邊緣發生時，三種情況之一存在著：

1. 觸發邊緣已經發生且我們必須載入計數器。
2. 計數器為零且需要維持於零。
3. 計數器不為零且需要向下計數 1。

記得由於 *sequence* 影響著我們正描述著之電路的操作，因此考慮 VHDL PROCESS 敘述中問題與所做指定的順序是非常重要的。更新 *trig_was* 變數的程式必須發生於它先前條件的估算之後。就此理由而言，需用來偵測 *trigger* 上之上昇緣的條件乃估算於第 15 行上。如果邊緣發生了，則計數器將被載入 (第 16 行) 且變數將被更新 (第 17 行) 來將之記憶予下一次使用。如果觸發邊緣尚未發生，

則程式將持住於零 (第 18 行) 或者向下計數 (第 19 行)。一旦觸發輸入轉變成低電位，則第 21 行將藉由重置來確保變數 *trig_was* 將之記憶住。最後，第 24-25 行乃用來於計數器不為零的期間產生輸出脈波。

邊緣觸發式可重觸發單擊模擬

於此一單擊上二項優於前一範例的改進為邊緣觸發與可重觸發特性。圖 7-101 評估了新的性能特性。請注意到時序圖上第一個 ms 中偵測到一個觸發緣，然而響應並非即時的。輸出脈波於下一個時脈波緣上轉變成高電位。這就是數位式單擊的一項缺點。可重觸發之特性驗證於約 2 ms 標記處。注意到 *trigger* 轉變成高電位且於下一個時脈波緣上，*count* 再次起始於 5，維持著輸出脈波。而且要注意到即使於 *q* 輸出脈波結束後且 *trigger* 仍維持於高電位時，單擊將不會激起另一個脈波，其理由為它並非準位觸發式而是上昇緣觸發式的。於 6 ms 標示處，有一個較短的觸發脈波發生但被忽略，這是由於它一直到下一個時脈波時才維持於高電位。相反地，就在 7 ms 標示後發生了一個甚至更短的觸發脈波卻能激發單擊，這是因為它出現於上昇時脈波邊緣期間。產生的輸出脈波則剛好持續 5 個時脈週期，這是因為此週期間並無其他觸發發生之故。

為了降低對觸發緣的延遲反應以及因觸發緣太短而漏失之可能性至最低，此電路可很簡單的加以改進。時脈頻率以及用來載入延遲值的位元個數二者皆可增加以提供相同範圍的脈波寬度 (具有較精確的控制)，並同時降低最小的觸發脈波寬度。為完全消除此一問題，單擊必須對觸發輸入作非同步的反應。這在 AHDL 與 VHDL 中都是可行的，但始終會導致一個時脈週期的變動。

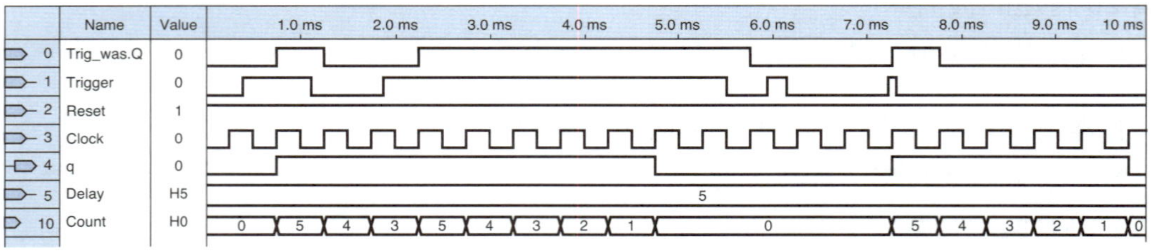

圖 7-101　邊緣觸發式可重觸發單擊的模擬

複習問題

1. 哪個控制輸入信號對每個單擊描述皆保持著最高的優先次序？
2. 說出二項會影響來自於數位式單擊之脈波長度能延多長的因素？
3. 對於本節中所示的單擊而言，計數器是同步或非同步的被載入？
4. 同步的載入計數器的優點為何？
5. 非同步的載入計數器的優點為何？
6. 哪二段訊息於偵測邊緣時是必要的？

第 II 部分結論

1. 有許多的 IC 暫存器可根據其輸入是否為並聯 (全部的位元同時進入)、串聯 (於某一時刻只有一個位元可用) 或兩者都有來分類。同樣的，暫存器則有並聯 (所有的位元同時可用) 或串聯 (一次一個位元) 的輸出。
2. 順序邏輯系統是使用 FF、計數器、暫存器及邏輯閘。其輸出及操作順序視目前及過去的輸入而定。
3. 檢測一順序邏輯系統以觀察系統操作開始，接著是分析推論找出任何功能失效的可能原因，最後則是測試量測以隔離出真正的錯誤。
4. 環式計數器實際上為一個連續重複循環單獨一個 1 的 N-位元移位暫存器，因此乃扮演成模-N 計數器。強生計數器為一個操作如模-$2N$ 計數器的改良型環式計數器。
5. 移位暫存器可利用撰寫它們之操作的定製式描述來以 HDL 製作之。
6. LPM_SHIFTREG 巨函數可用於圖形設計中以製作每個資料傳送選項的移位暫存器。
7. 瞭解位元陣列／位元向量以及它們的表示法對於描述移位暫存器操作是極其重要的。
8. 諸如強生暫存器與環式計數器的移位暫存器可容易的以 HDL 來製作。解碼與自行啟動的特性易於被寫入描述中。
9. 數位式單擊乃以一個計數器於觸發輸入被偵測到時載入延遲值，並向下計數到零來製作。向下計數期間，輸出脈波乃維持於高電位。

10. 經由對硬體描述敘述的策略性配置，這些電路可被製作成邊緣或準位觸發式以及可重觸發或非可重觸發式。它們針對觸發作同步或非同步的反應來產生輸出脈波。

第 II 部分重要辭彙

並聯輸入／並聯輸出 (parallel in/parallel out)
串聯輸入／串聯輸出 (serial in/serial out)
並聯輸入／串聯輸出 (parallel in/serial out)
串聯輸入／並聯輸出 (serial in/ parallel out)
循環移位暫存器 (circulating shift register)
環式計數器 (ring counter)
強生計數器 (Johnson counter)
扭環式計數器 (twisted-ring counter)
序向邏輯系統 (sequential logic system)
LPM_SHIFTREG
串連 (concatenation)
數位式單擊 (digital one-shot)

習　題

第 I 部分

7-1 節

B 7-1* 將另一個 FF，*E*，加到圖 7-1 中的計數器。時脈信號為 8 MHz 的方形波。
(a)* *E* 輸出的頻率為何？此信號的工作週期為何？
(b) 重複 (a)，但時脈信號的工作週期為 20%？
(c) *C* 輸出的頻率為何？
(d) 此計數器的模數為何？

B 7-2 試描繪一個二進計數器，它能將 64 kHz 的脈波信號轉換成 1 kHz 的方形波。

B 7-3* 設五位元的二進計數器起始於 00000 狀態。在 144 個輸入脈波之後的計數器狀態為何？

B 7-4 有個十位元的漣波計數器送上了 256 kHz 的時脈信號。
(a) 此計數器的模數為何？
(b) MSB 輸出的頻率為何？
(c) MSB 信號的工作週期為何？
(d) 假設計數器從零開始。試問 1,000 個輸入脈波後十六進制的計數為何？

* 標示星號之習題的解答請參閱本書後面。

7-2 節

7-5★ 有一個四位元漣波計數器為 20 MHz 時脈信號驅動。如果每個 FF 有 $t_{pd}=$ 20 ns。試求出哪些計數器狀態 (若有的話) 將因傳遞延遲而不會發生。

7-6 (a) 習題 7-5 之計數器可使用的最高時脈頻率為何？
(b) 如果計數器擴充成六個位元時的 f_{max} 將為多少？

7-3 與 7-4 節

B 7-7★ (a) 試描繪出模-32 同步計數器的電路圖。
(b) 如果每個 FF 有 $t_{pd}=20$ ns 且每個閘有 $t_{pd}=10$ ns，試求出此計數器的 f_{max} 為何？

B 7-8 (a) 試描繪出模-64 同步計數器的電路圖。
(b) 如果每個 FF 有 $t_{pd}=20$ ns 且每個閘有 $t_{pd}=10$ ns，試求出此計數器的 f_{max} 為何？

B, N 7-9★ 圖 7-8(b) 中的十進計數器加上了 1 kHz 的時脈。
(a) 描繪出每個 FF 輸出的波形，並且要顯示出任何可能發生的突波。
(b) 求出 D 輸出端信號的頻率。
(c) 如果計數器原先是在狀態 1000，則在 14 個時脈加入後的計數器狀態為何？
(d) 如果計數器原先是在狀態 0101，則在 20 個時脈加入後的計數器狀態為何？

B 7-10 以 70 kHz 的時脈重複習題 7-9 於圖 7-8(a) 的計數器。

7-11★ 試改變圖 7-9 的 NAND 閘使得計數器以 50 來除輸入頻率。

D 7-12 試描繪出一個同步計數器，它在送上 1 MHz 時脈時將輸出 10 kHz 信號。

7-5 與 7-6 節

B 7-13★ 試描繪出同步的模-32 下數計數器。

B 7-14 試描繪出同步的模-16 上／下數計數器。計數方向是由 dir ($dir=0$ 向上計數) 來控制。

C, T 7-15★ 當圖 7-11 中的上／下數計數器中之 INVERTER 輸出固定於高電位時，求出計數順序。假設計數器起始於 000。

7-16 試針對圖 7-12 的可預置計數器完成圖 7-102 的時序圖。注意到計數器的初始條件於時序圖中給定了。

7-7 節

7-17★ 試針對 74ALS161 以及圖中所示之送上的輸入波形來完成圖 7-103 中的時序圖。

7-18 試針對 74ALS162 以及圖中所示之送上的輸入波形來完成圖 7-104 中的時序圖。假設初始狀態為 0000。

7-19★ 試針對 74ALS190 以及圖中所示之送上的輸入波形來完成圖 7-105 中的時序圖。$DCBA$ 輸入為 0101。

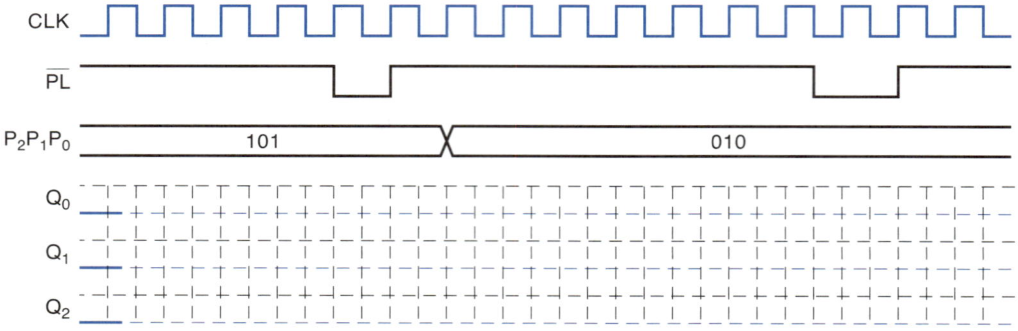

圖 7-102 習題 7-16 時序圖

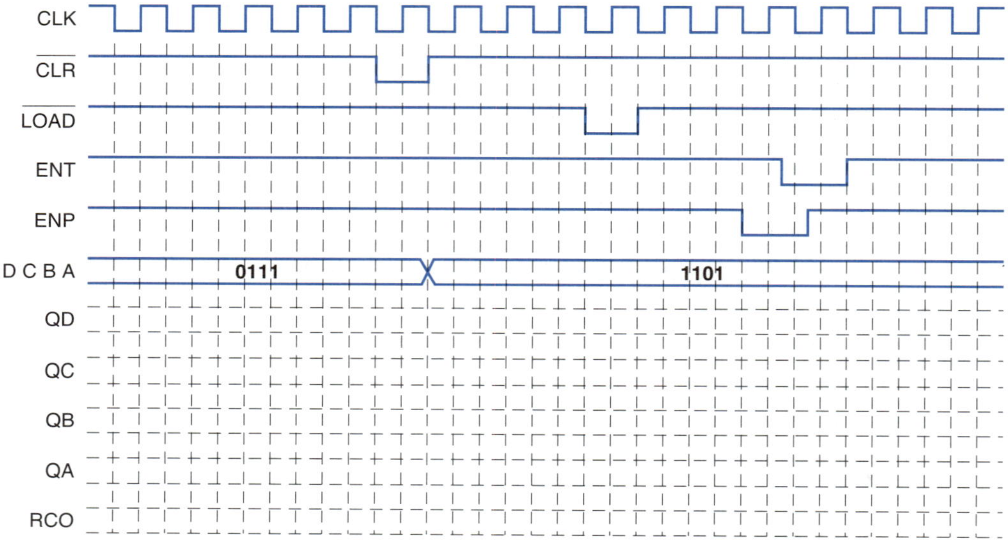

圖 7-103 習題 7-17 時序圖

7-20 試改以 74ALS191 以及 *DCBA* 輸入 1100 重複習題 7-19。

B 7-21★ 參閱圖 7-106(a) 中的 IC 計數器電路：

(a) 試描繪出計數器之 *QD QC QB QA* 輸出的狀態變換圖。

(b) 試求出計數器的模數。

(c) MSB 之輸出頻率與輸入 *CLK* 頻率的關係為何？

(d) MSB 輸出波形的工作週期為何？

B 7-22 對圖 7-106(b) 中的 IC 計數器電路重複習題 7-21。

B 7-23★ 參閱圖 7-107(a) 中的 IC 計數器電路。

(a) 試描繪出輸出 *QD QC QB QA* 的時序圖。

(b) 計數器之模數為何？

(c) 計數順序為何？它是向上或向下計數？

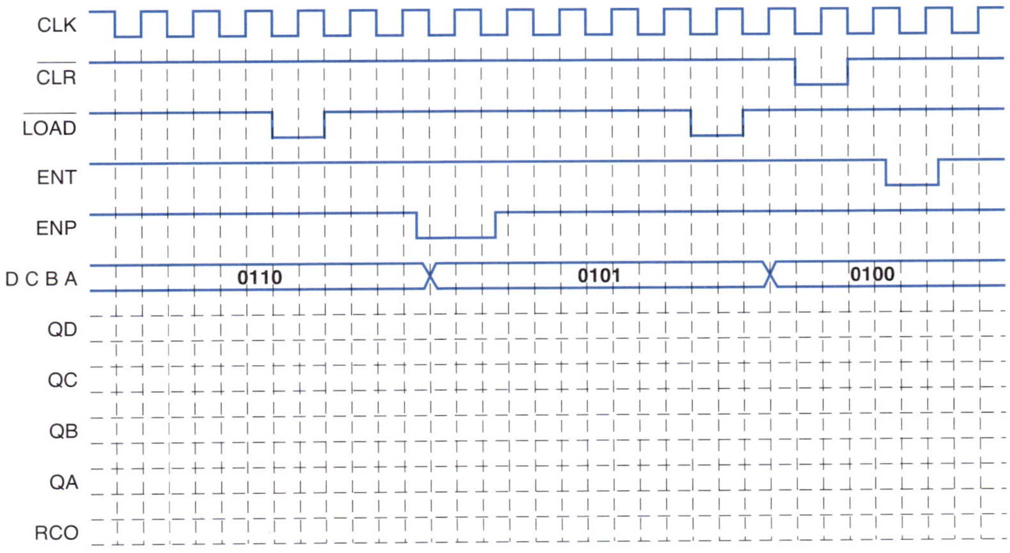

圖 7-104　習題 7-18 時序圖

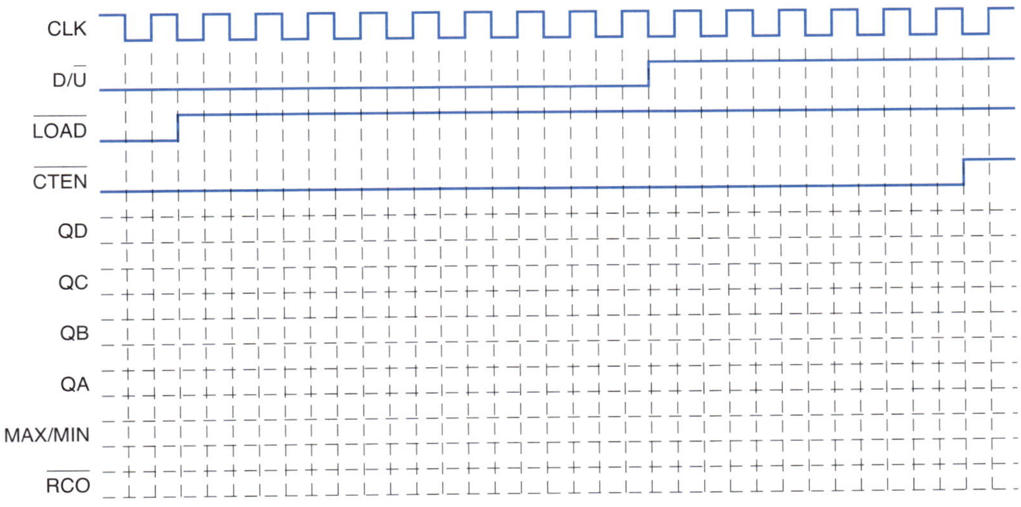

圖 7-105　習題 7-19 與 7-20 時序圖

(d) 我們能否以 74HC190 來產生出相同的模數？我們能否以 74HC190 來產生出相同的計數順序？

7-24 參閱圖 7-107(b) 中的 IC 計數器電路：

(a) 如果 $\overline{START}$ 為低電位，試描述 *QD QC QB QA* 上的計數器輸出。

(b) 如果 $\overline{START}$ 為瞬間脈波成低電位然後回到高電位，試描述 *QD QC QB QA* 上的計數器輸出。

(c) 計數器之模數為何？這是重循環計數器嗎？

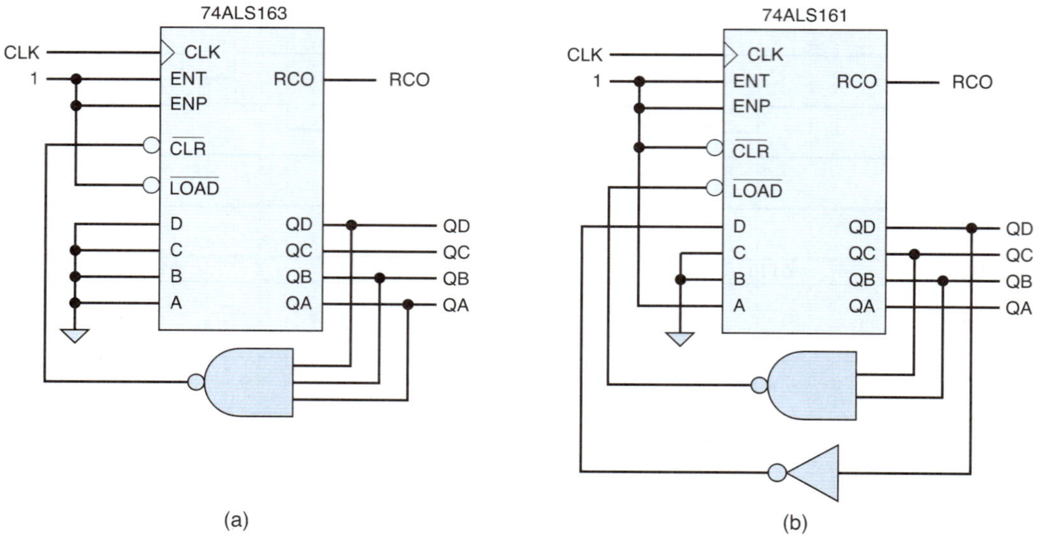

圖 7-106　習題 7-21 與 7-22

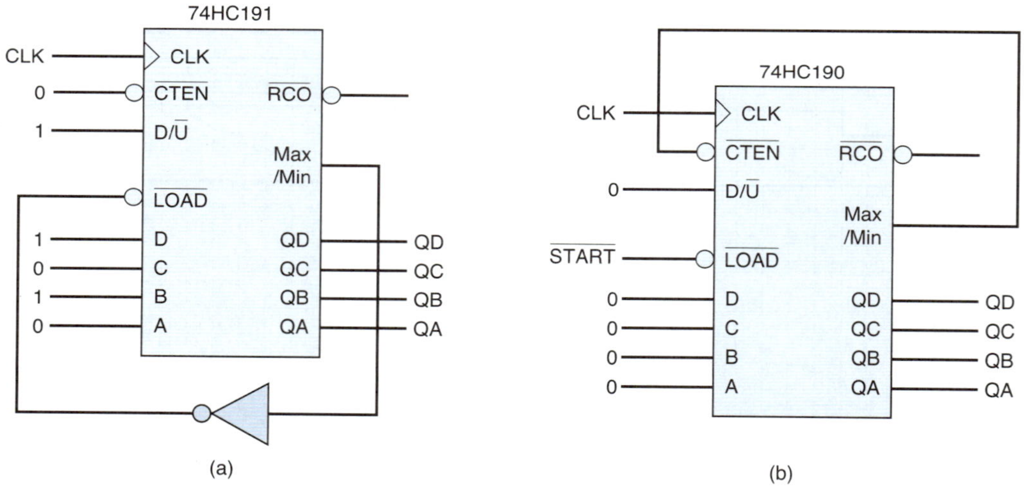

圖 7-107　習題 7-23 與 7-24

D　7-25* 試描繪出產生循環式模-6 計數器的示意圖，它使用了：

(a) **74ALS160** 上的清除控制。

(b) **74ALS162** 上的清除控制。

D　7-26　試描繪出能產生下列計數順序之循環式模-6 計數器的示意圖：

(a) 使用 **74ALS162** 且為 **1, 2, 3, 4, 5, 6** 並重複。

(b) 使用 **74ALS190** 且為 **5, 4, 3, 2, 1, 0** 並重複。

(c) 使用 **74ALS190** 且為 **6, 5, 4, 3, 2, 1** 並重複。

D　7-27★ 試使用二個 74HC161 或二個 74HC163 晶片以及必要的閘來設計模-100 二進計數器。IC 計數器晶片同步的串接在一起以產生出 0 到 99 的二進計數順序。模-100 將有二個控制輸入、低電位動作的計數激能 ($\overline{EN}$) 與低電位動作的非同步清除 ($\overline{CLR}$)。標示計數器輸出 *Q0, Q1, Q2* 等等，其中 *Q0*＝LSB。請問哪個輸出為 MSB？

D　7-28 試使用二個 74HC160 或二個 74HC162 晶片以及必要的閘來設計模-100 BCD 計數器。IC 計數器晶片同步的串接一起以產生出 0 到 99 的 BCD 計數順序。模-100 將有二個控制輸入、高電位動作的計數激能 (*EN*) 與高電位動作的同步載入 (*LD*)。標示計數器輸出 *Q0, Q1, Q2* 等，其中 *Q0*＝LSB。請問哪組輸出代表 10 秒位數？

B　7-29★ 若以 6-MHz 時脈輸入到 74ALS163，它的全部四個控制輸入皆為高電位，試求出五個輸出 (包括 *RCO*) 每個的輸出頻率與工作週期。

B　7-30 若以 6-MHz 時脈輸入到 74ALS163，它的全部四個控制輸入皆為高電位，試求出下列每個輸出的輸出頻率與工作週期：*QA, QC, QD, RCO*。*QB* 輸出將產生的波形圖有何不尋常之處？此圖之特徵導致了未定義的工作週期。

B　7-31★ 圖 7-108 中的 f_{in} 頻率為 6 MHz。二個 IC 計數器晶片已被同步的串接使得計數器 U1 所產生的輸出頻率為計數器 U2 的輸入頻率。試求出 f_{out1} 與 f_{out2} 的輸出頻率。

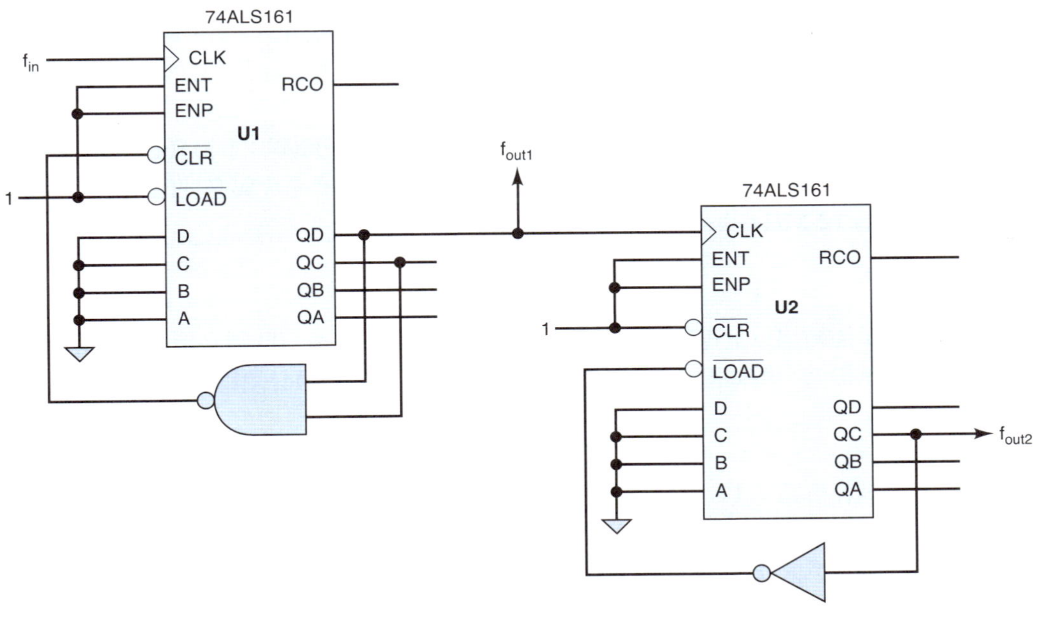

圖 7-108　習題 7-31

B　7-32 圖 7-109 中的 f_{in} 頻率為 1.5 MHz。二個 IC 計數器晶片已被同步的串接使得計數器 U1 所產生的輸出頻率為計數器 U2 的輸入頻率。試求出 f_{out1} 與 f_{out2} 的輸出頻率。

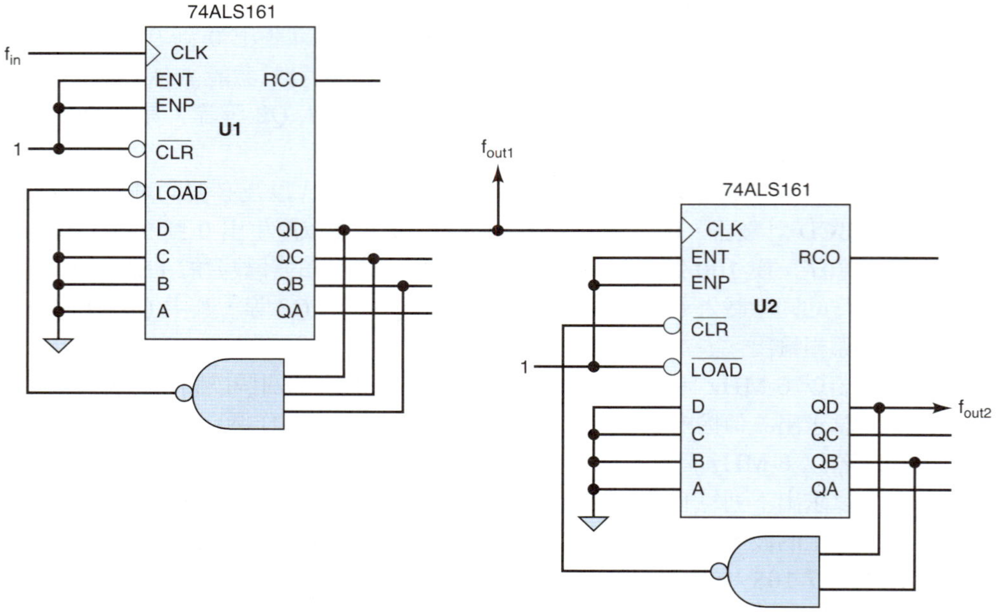

圖 7-109　習題 7-32

D　7-33* 試設計一個除頻電路將產生出下列三種輸出信號頻率：1.5 MHz、150 kHz 及 100 kHz。使用 74HC162 與 74HC163 計數器晶片與必要的閘。輸入頻率為 12 MHz。

D　7-34　試設計一個除頻電路將產生出下列三種輸出信號頻率：1 MHz、800 kHz 及 100 kHz。使用 74HC160 與 74HC161 計數器晶片與必要的閘。輸入頻率為 12 MHz。

7-8 節

B　7-35* 試描繪出以低電位動作輸出之解碼模-16 計數器所有狀態必須用到的閘。

B　7-36　試描繪出解碼圖 7-8(b) 之 BCD 計數器的十個狀態必須用到的閘。

7-9 節

C　7-37* 試分析圖 7-110(a) 中的同步計數器。試繪出時序圖並求出計數器模數。

C　7-38　重複習題 7-37 於圖 7-110(b)。

C　7-39* 試分析圖 7-111(a) 中的同步計數器。試繪出時序圖並求出計數器的模數。

C　7-40　重複習題 7-39 於圖 7-111(b)。

C　7-41* 試分析圖 7-112(a) 中的同步計數器。F 為控制輸入。試繪出狀態變換圖並求出計數器的模數。

C　7-42　試分析圖 7-112(b) 中的同步計數器。試繪出整個狀態變換圖並求出計數器的模數。是否計數器為自我修正的？

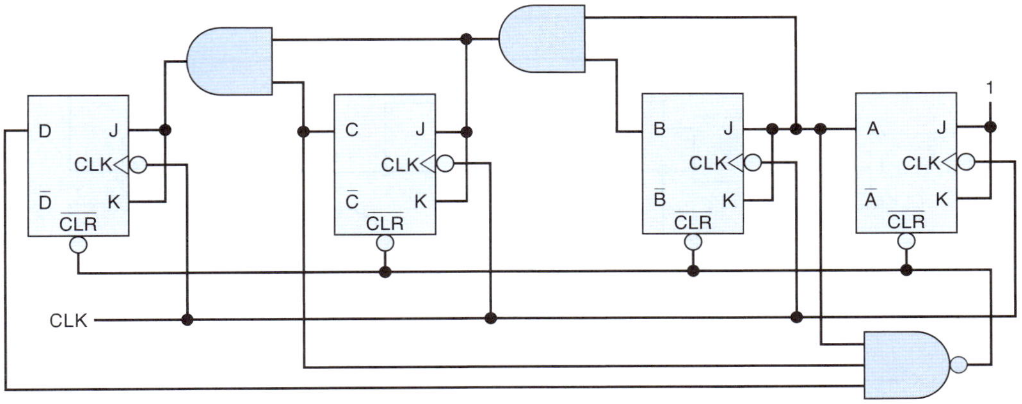

(a)

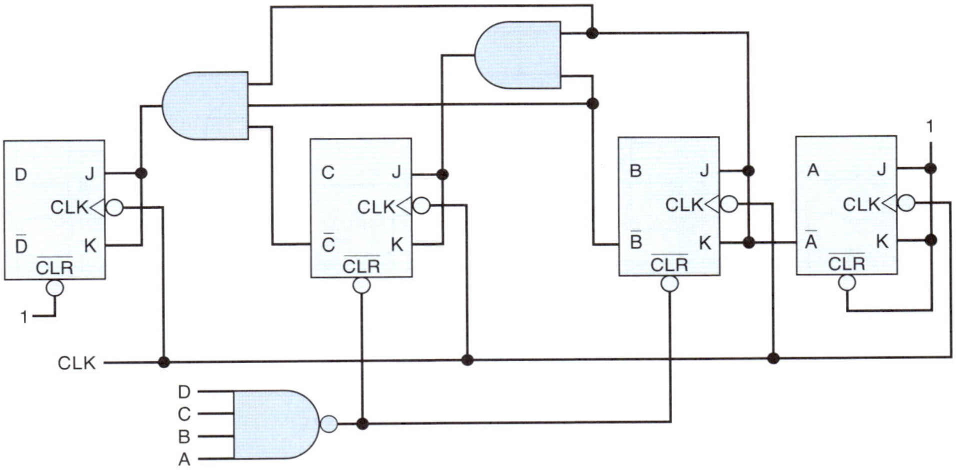

(b)

圖 7-110　習題 7-37 與 7-38

7-10 節

D　7-43* (a) 試使用 J-K FF 來設計一個同步計數器且具以下的順序：000，010，101，110，且重複。不想要的 (未用到) 狀態 001、011、100 及 111 必須於下一個時脈波時始終進入 000。

(b) 重新設計 (a) 部分的計數器但對未用狀態不作任何要求；也就是它們的 NEXT 狀態可不予考慮。並與 (a) 的設計作比較。

D　7-44 試設計一個同步式重循環的模-5 下數計數器，它能產生順序 100，011，010，001，000，且重複。使用 J-K FF。

(a) 強迫未用到的狀態於下一個時脈波時變成 000。

(b) 使用不予考慮的 NEXT 狀態予未使用到的狀態。

D　7-45* 試以 J-K FF 並使用不予考慮的 NEXT 狀態來設計同步式重循環的 BCD 下數計數器。

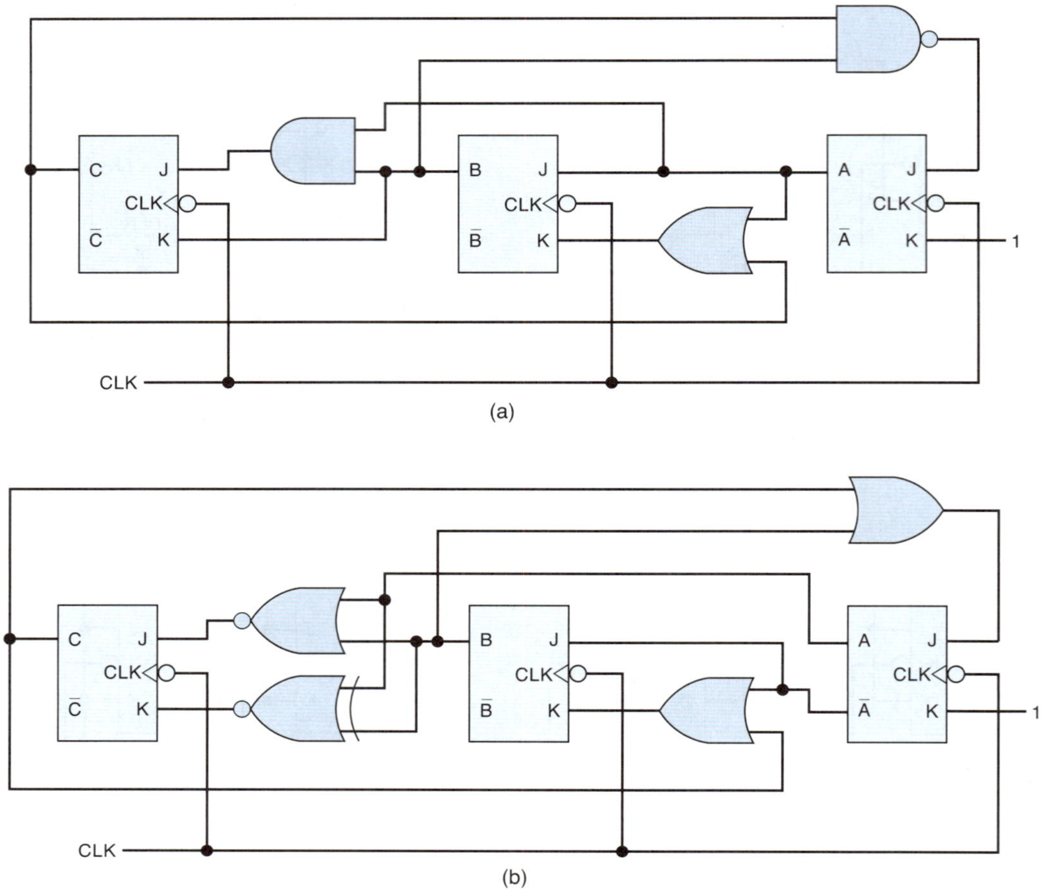

圖 7-111　習題 7-39 與 7-40

D　7-46 試以 J-K FF 來設計一個同步式重循環的模-7 上／下數計數器。於計數器中使用狀態 000 至 110。以輸入 *D* 來控制計數方向 (*D*=0 為上數而 *D*=1 為下數)。

D　7-47* 試以 D FF 來設計一個同步式重循環模-8 二進制下數計數器。

D　7-48 試以 D FF 來設計一個同步式重循環模-12 計數器。於計數器中使用狀態 0000 至 1011。

7-11 與 7-12 節

H, D　7-49* 試設計重循環式模-13 上數計數器。計數順序應為 0000 至 1100。模擬功能此計數器。

(a) 使用 LPM_COUNTER。

(b) 使用 HDL。

H, D　7-50 試設計重循環式模-25 下數計數器。計數順序應為 11000 至 00000。模擬功

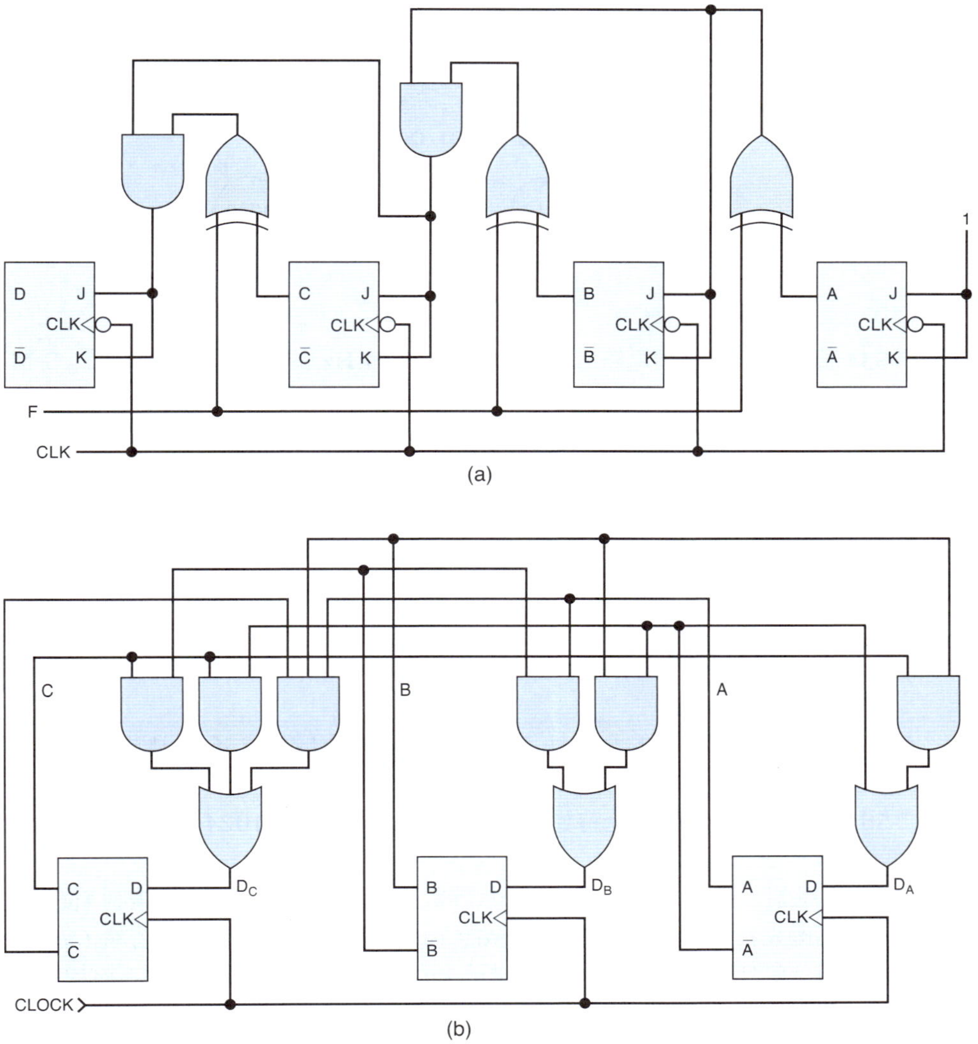

圖 7-112　習題 7-41 與 7-42

能此計數器。

(a) 使用 LPM_COUNTER。

(b) 使用 HDL。

H, D　7-51* 試使用 HDL 來設計一個重循環式模-16 格雷碼計數器。此計數器應有高電位動作的激能 (*cnt*)。模擬此計數器。

H, D　7-52 試使用 HDL 來設計用於步進馬達的雙向半步進式控制器。方向控制輸入 (*dir*) 為高電位時將產生順時 (CW) 樣式，或為低電位時為逆時樣式。順序如圖 7-113 所示。模擬此序向電路。

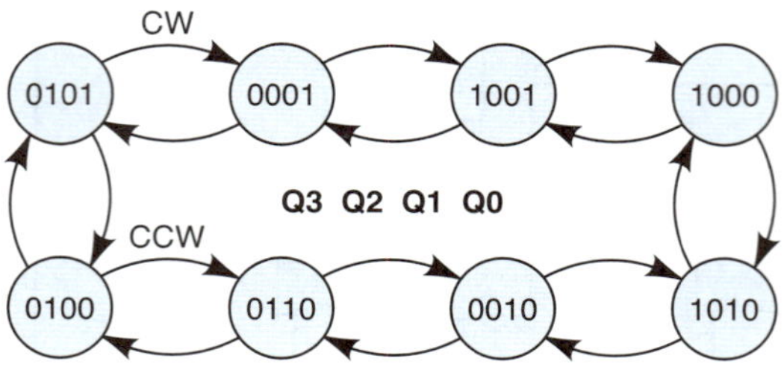

圖 7-113 習題 7-52

H, D 7-53★ 試設計一個除頻電路，以輸出一個 100 kHz 的信號。輸入頻率為 5 MHz。模擬功能此計數器。

(a) 使用 LPM_COUNTER。

(b) 使用 HDL。

H, D 7-54 試設計一個降頻電路，它將輸出二個指定頻率的其中一個。輸出頻率是由控制輸入 *fselect* 來選擇。當 *fselect*=0 時除頻器將輸出 5 kHz 的頻率，而當 *fselect*=1 時則輸出 12 kHz。輸入頻率為 60 kHz。模擬 (功能) 此計數器。

(a) 使用 LPM_COUNTER。(提示：設計一個在最終狀態到達後將重新載入適當值 (由 *fselect* 決定) 的下數計數器。您也將需要一個邏輯閘。)

(b) 使用 HDL。

H, B 7-55★ 試將 7-12 節中的全特性 HDL 計數器擴充成模-256 計數器。模擬此計數器。

H, B 7-56 試將 7-12 節中的全特性 HDL 計數器擴充成模-1024 計數器。模擬此計數器。

H, B, N 7-57★ 試設計一個重循環式模-16 下數計數器。計數器應有以下的控制 (從最低到最高優先)：低電位動作的計數激能 (*en*)、高電位動作的同步清除 (*clr*) 以及低電位動作的同步載入 (*ld*)。當被 *en* 激能時解碼出最終計數。試模擬 (功能) 此計數器。

(a) 使用 LPM_COUNTER。使用任何必要的邏輯閘。

(b) 使用 HDL。

H, D, N 7-58 試設計一個重循環式模-10 上／下數計數器。當 *up*=1 時計數器將向上計數，而當 *up*=0 時則向下計數。計數器也應有以下的控制 (從最低到最高優先)：高電位動作的計數激能 (*enable*)、高電位動作的同步載入 (*load*) 以及低電位動作的非同步清除 (*clear*)。當被 *enable* 激能時解碼出最終計數。試模擬 (功能) 此計數器。

(a) 使用 LPM_COUNTER。使用任何必要的邏輯閘。

(b) 使用 HDL。

7-13 節

H 7-59★ 試將三個 HDL BCD 計數器模組 (7-13 節中所述著) 串接在一起以產生出一個模-1000 BCD 計數器。模擬此計數器。

H　7-60　試將二個全特性模-16 之 HDL 計數器模組 (7-12 節中所述者) 串接在一起以產生出一個模-256 二進制計數器。試模擬此計數器。

H, D, N　7-61★ 試將 HDL 設計的模-10 與模-5 計數器串接在一起來設計出一個同步式模-50 BCD 計數器。模-50 計數器應具有高電位動作的計數激能 (*enable*) 以及低電位動作的同步清除 (*clrn*)。確定包含了 1 秒位數串接 10 秒位數的最終計數偵測。試模擬 (功能) 此計數器。

(a) 使用 LPM_COUNTER。使用任何必要的邏輯閘。

(b) 使用 HDL。

H, D　7-62　試將二個模-10 下數計數器模組串接起來設計出一個同步式模-100 BCD 下數計數器。模-100 計數器應具有同步並聯載入 (*load*)。試模擬 (功能) 此計數器。

(a) 使用 LPM_COUNTER。

(b) 使用 HDL。

7-14 節

H　7-63★ 試修改圖 7-60 或 7-61 中的 HDL 描述以於衣物洗淨後再經洗清的程序。新的狀態機程序應為 *idle* → *wash_fill* → *wash_agitate* → *wash_spin* → *rinse_fÕl* → *rinse_agitate* → *rinse_spin* → *idle*。使用熱水來洗淨，再用冷水洗清 (增加輸出位元來控制二個出水閥) 。試模擬此修改後的 HDL 設計。

H　7-64　試模擬 7-14 節中所提出的 HDL 交通燈號控制器設計。

第 II 部分

7-15 至 7-19 節

B　7-65★ 有一組 74ALS174 暫存器連接成如圖 7-114 中所示。每個暫存器是使用何種類型的資料傳送？當 $\overline{MR}$ 突然脈波成低電位且在表 7-10 中所示的每個時脈 (CP#) 之後，求出每個暫存器的輸出。在 *I5-I0* 上之輸入資料可在 *Z5-Z0* 處取用到之前需送上多少個時脈？

B　7-66　試針對 74HC174 來完成圖 7-115 中時序圖。時序圖是如何的顯示出重置是非同步的？

B　7-67★ 試問需要多少個時脈波才能將八個位元的串聯資料完全載入到 74ALS166 中？這與暫存器中含有的正反器個數有何種關聯？

B　7-68　試以圖 7-116 中已知的輸入波形來重複例題 7-20。

7-69★ 試以 $D_s = 1$ 與圖 7-117 中已知的輸入波形來重複例題 7-22。

7-70　試將圖 7-118 中已知的輸入波形送至 74ALS166 並且求出產生的輸出。

B　7-71★ 技術人員或工程師在檢查一套設備之電路圖時經常會碰到不熟悉的 IC。在這種情況時，經常需要洽詢製造商的資料手冊以找出元件的規格。請細究 74AS194 雙向通用移位暫存器的資料手冊後回答下面的問題：

(a) $\overline{CLR}$ 輸入是非同步或同步的？

(b) 真或偽：當 *CLK* 為低電位時，S_0 與 S_1 輸入對暫存器沒有作用。

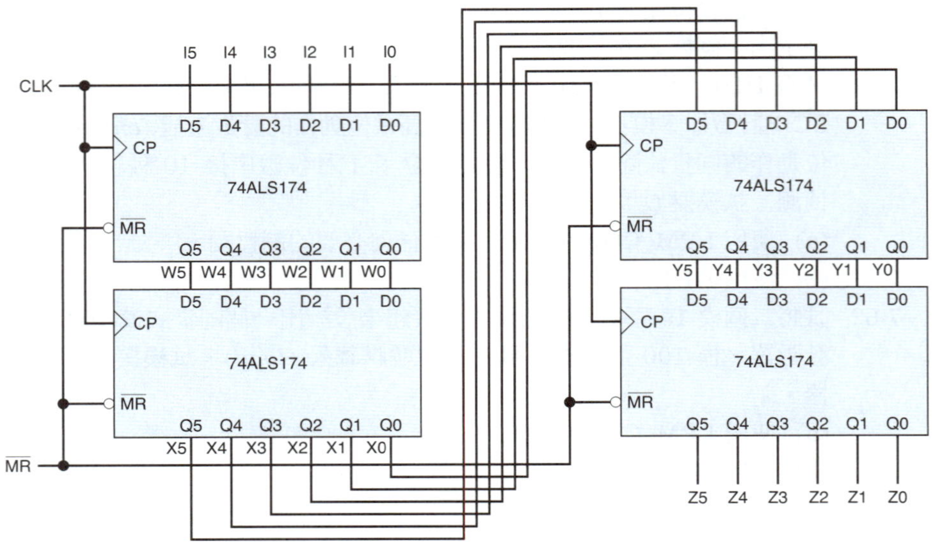

圖 7-114　習題 7-65

表 7-10

↑ CLK	$\overline{MR}$	I5–I10	W5–W0	X5–X0	Y5–Y0	Z5–Z0
X	0	101010				
CP1	1	101010				
CP2	1	010101				
CP3	1	000111				
CP4	1	111000				
CP5	1	011011				
CP6	1	001101				
CP7	1	000000				
CP8	1	000000				

(c) 假設下面的條件：

$$Q_A\ Q_B\ Q_C\ Q_D = 1\ 0\ 1\ 1$$
$$A\ B\ C\ D = 0\ 1\ 1\ 0$$
$$\overline{CLR} = 1$$
$$SR\ SER = 0$$
$$SL\ SER = 1$$

如果 $S_0=0$ 且 $S_1=1$，試求出一個 *CLK* 脈波後的暫存器輸出。二個 *CLK* 脈波後。三個脈波後。四個脈波後。

(d) 使用相同的條件但排除 $S_0=1$ 與 $S_1=0$，重複 (c) 小題。

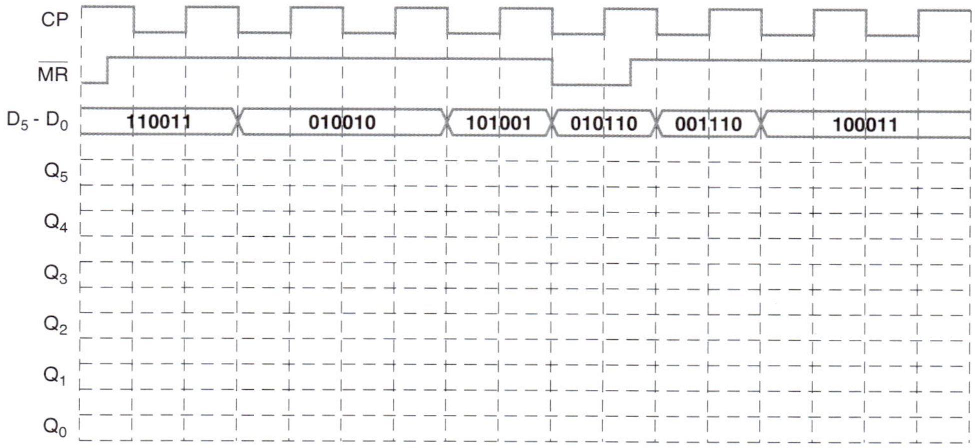

圖 7-115　習題 7-66

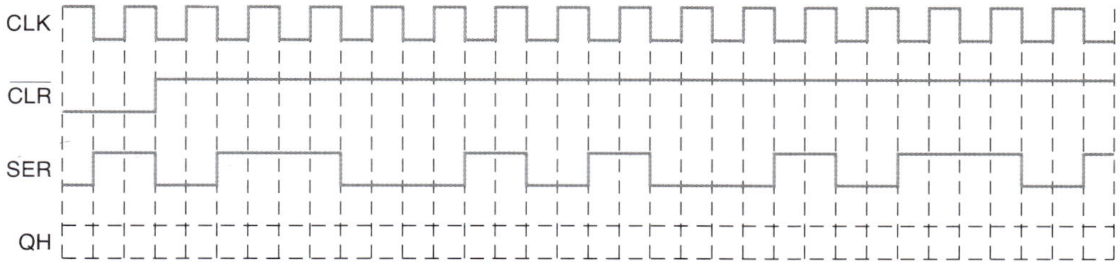

圖 7-116　習題 7-68

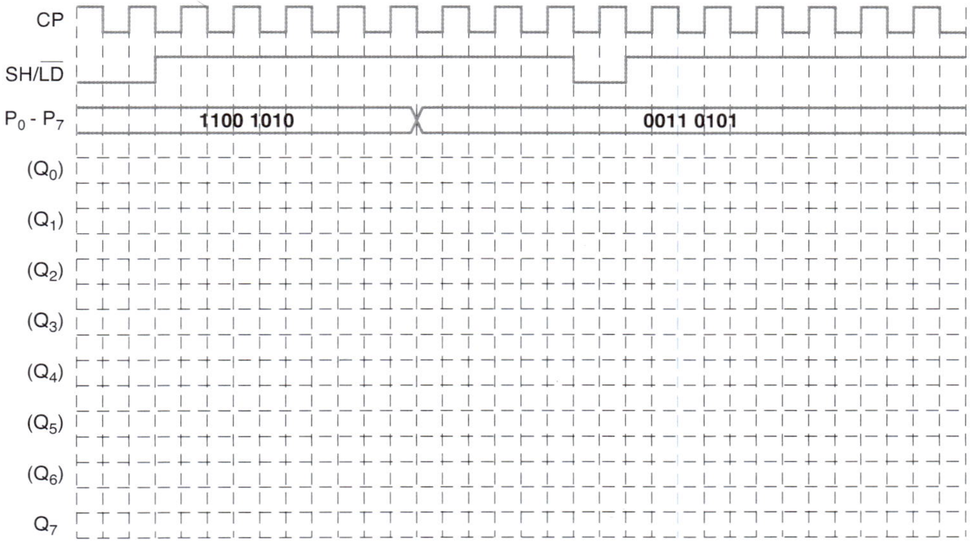

圖 7-117　習題 7-69

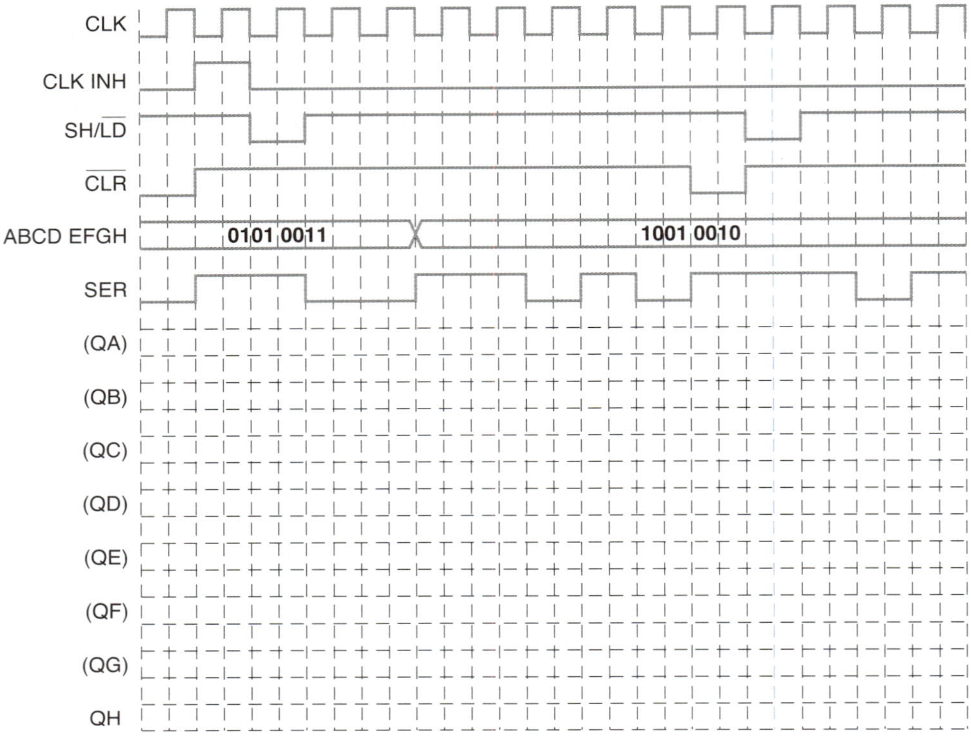

圖 7-118　習題 7-70

(e) 以 $S_0=1$ 與 $S_1=1$ 重複 (c) 小題。

(f) 以 $S_0=0$ 與 $S_1=0$ 重複 (c) 小題。

(g) 使用 (c) 小題相同的條件，但假設 Q_A 是連接到 *SL SER*。四個 *CLK* 脈波後之暫存器輸出為何？

C　7-72 參考圖 7-119 來回答下面的問題：

(a) 如果 in＝1 且 out＝0 則於下一個時脈波時將執行哪一個暫存器功能 (載入或移位)？時脈波來時哪個資料值將被輸入？

(b) 如果 in＝0 且 out＝1 則於下一個時脈波時將執行哪一個暫存器功能 (載入或移位)？時脈波來時哪個資料值將被輸入？

(c) 如果 in＝0 且 out＝0 則於下一個時脈波時將執行哪一個暫存器功能 (載入或移位)？時脈波來時哪個資料值將被輸入？

(d) 如果 in＝1 且 out＝1 則於下一個時脈波時將執行哪一個暫存器功能 (載入或移位)？時脈波來時哪個資料值將被輸入？

(e) 最終 (幾個時脈波後) 是什麼輸入條件將促使輸出轉換狀態？

(f) 若要改變輸出邏輯準位則需要新的輸入條件持續至少多少個時脈波數？

(g) 如果輸入信號改變準位且隨後於 (f) 小題所規定的時脈波數之前轉變回它原來的邏輯準位，則輸出信號將發生何種變化？

(h) 試說明此電路為何可用來紓解開關的跳動？

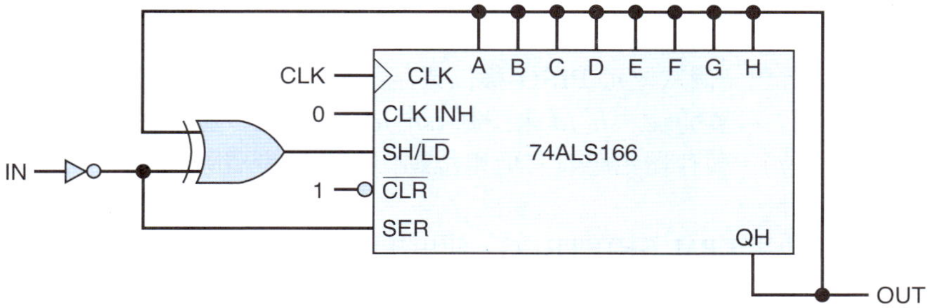

圖 7-119　習題 7-72

7-17 節

B　7-73★ 試利用 J-K FF 來描繪出模-5 環式計數器的電路圖。確定計數器啟動後將從適當的計數順序開始。

7-74 試多加一個 J-K FF 來將習題 7-73 中的模-5 環式計數器轉換成模-10 計數器。試求出此暫存器的狀態順序。這是一個十進制計數器但非 BCD 計數器的例子。描述出此計數器的解碼電路。

B　7-75★ 試利用 74HC164 來描繪出模-10 強生計數器的電路圖。確定計數器啟動後將從適當的計數順序開始。試求出此暫存器的計數順序，並描繪出需用來解碼出十個狀態之每一個的解碼電路。這是一個十進制計數器但非 BCD 計數器的例子。

7-76 習題 7-75 中強生計數器的時脈輸入為 10 Hz。試問每個計數器輸出的頻率與工作週期。

7-18 節

T　7-77★ 圖 7-8(b) 中之模-10 計數器產生出計數順序 0000，0001，0010，0011，0100，0101，0110，0111，並且反覆。試識別出若干可能產生出此結果的可能錯誤情況。

T　7-78 圖 7-8(b) 中的模-10 計數器產生出計數順序 0000，0101，0010，0111，1000，1101，1010，1111，並且反覆。試識別出若干可能產生出此結果的可能錯誤情況。

7-19 與 7-20 節

H　7-79★ 試設計出一個八位元 SISO 移位暫存器。串聯輸入稱為 *ser* 而串聯輸出則稱為 *qout*。低電位動作的激能 (*en*) 控制著移位暫存器。試模擬 (功能) 此計數器。

(a) 使用 LPM_SHIFTREG。使用任何必要的邏輯閘。

(b) 使用 HDL。

H　7-80 試設計出一個八位元 PIPO 移位暫存器。資料輸入為 *d[7..0]* 且輸出為 *q[7..0]*。高電位動作的激能 (*ld*) 控制著移位暫存器。試模擬 (功能) 此計數器。

(a) 使用 LPM_FF。

(b) 使用 HDL。

H 7-81★ 試設計出一個八位元 PISO 移位暫存器。資料輸入為 *d[7..0]* 且輸出為 *q0*。移位暫存器功能由 *sh_ld* 來控制 (*sh_ld*=0 為同步並聯載入且 *sh_ld*=1 為串聯移位)。暫存器也應具有低電位動作的非同步清除 (*clrn*)。試模擬 (功能) 此設計。

(a) 使用 LPM_SHIFTREG。使用任何必要的邏輯閘。

(b) 使用 HDL。

H 7-82 試設計出一個八位元 SIPO 移位暫存器。資料輸入為 *ser_in* 且輸出為 *q[7..0]*。移位暫存器功能是由名為 *shift* 的高電位動作控制來激能。移位暫存器也具有較高優先權的高電位動作之同步式清除 (*clear*)。試模擬 (功能) 此設計。

(a) 使用 LPM_SHIFTREG。使用任何必要的邏輯閘。

(b) 使用 HDL。

H 7-83★ 試模擬例題 7-27 的通用型移位暫存器設計。

H 7-84 試將例題 7-27 中的二個模組串接起來產生出八位元通用型移位暫存器。

7-21 節

H, D 7-85★ 試設計一個具有高電位動作之非同步重置 (reset) 的模-10 自行啟動的強生計數器。試模擬此設計。

H, D 7-86 有時候某個數位應用可能需要一個再循環單獨一個 0 而非單獨一個 1 的環式計數器。環式計數器則將有一個低電位動作的輸出取代高電位動作者。試設計一個具有低電位動作輸出之模-8 自行啟動的環式計數器。環式計數器也應具有高電位動作的 *hold* 控制來抑制計數。試模擬此設計。

H 7-87★ 試利用 Altera 的模擬軟體來測試圖 7-95 (AHDL) 或圖 7-96 (VHDL) 中的非可重觸發式準位感測的單擊設計例子。使用 1 kHz 時脈且產生一個 10 ms 輸出脈波予模擬用。驗證：

(a) 觸發時產生了正確的脈波寬度。

(b) 輸出可以重置輸入來提早終止。

(c) 單擊設計是非可重觸發式的，且在時限前皆無法再被觸發。

(d) 觸發信號必須持續夠長使時脈波能抓到它。

(e) 脈波寬度可改變成不同的值。

H 7-88 試修改圖 7-95 (AHDL) 或圖 7-96 (VHDL) 中的非可重觸發式準位感應的單擊設計例子，使得單擊是可重觸發式的，但仍為準位感應的。試模擬此設計。

精選問題

B 7-89★ 指出下列的每個敘述所描述的計數器形式。

(a) 每個 FF 是同時以時脈來控制。

(b) 每個 FF 將其 CLK 輸入端上的頻率除以 2。

(c) 計數順序為 111，110，101，100，011，010，001，000。
(d) 計數器有十個不同的狀態。
(e) 總交換延遲為各個 FF 延遲的和。
(f) 此計數器不需要解碼邏輯。
(g) 模數值始終是 FF 數目的二倍。
(h) 此計數器是將輸入頻率除以其模數值。
(i) 此計數器可依任意想要的起始狀態開始其計數順序。
(j) 此計數器可依任意的方向來計數。
(k) 此計數器可容忍因傳遞延遲所致的解碼假脈波。
(l) 此計數器從 0 計數到 9。
(m) 此計數器可藉找出在每個正反器的同步控制輸入處所需的邏輯來設計成經由任意的順序來計數。

每節複習問題解答

第 I 部分

7-1 節

1. 偽。　**2.** 0000　**3.** 128

7-2 節

1. 對時脈波作反應時每個 FF 將把它的傳遞延遲加到整個計數器延遲上。
2. 模-256。

7-3 節

1. 能操作於較高的時脈頻率並且電路較為複雜。
2. 六個 FF 與四個 AND 閘。　**3.** ABCDE。

7-4 節

1. D、C 及 A。　**2.** 真；由於 BCD 計數器有十個不同的狀態。　**3.** 5 kHz

7-5 節

1. 在上數計數器中，每逢一個時脈波計數器將遞增 1；而在下數計數器中，每逢一個時脈波計數器則遞減 1。
2. 改變連線到個別的反相輸出以取代 *QS*。

7-6 節

1. 其可預置成任何想要的開始計數值。
2. 非同步預置與時脈輸入無關，但同步預置則發生於時脈信號的動作邊緣。

7-7 節

1. $\overline{\text{LOAD}}$ 為將資料輸入 *D C B A* (*A*=LSB) 並聯載入激能的控制。

2. $\overline{\text{CLR}}$ 為將計數器重置成 0000 的激能控制。　**3.** 真。

4. 74162 上所有的控制輸入 ($\overline{\text{CLR}}$、$\overline{\text{LOAD}}$、ENT 以及 ENP) 皆須為高電位。

5. $\overline{\text{LOAD}}$=1、$\overline{\text{CTEN}}$=0 和 $D/\overline{U}$=1 以作向下計數。

6. 74HC163：0 到 65,535；74ALS190：0 到 9999 或 9999 到 0。

7-8 節

1. 64　**2.** 一個六輸入 NAND 閘且輸入為 A、B、C、$\overline{\text{D}}$、E 及 $\overline{\text{F}}$。

7-9 節

1. 我們將不需處理輸出波形中的暫態與可能的假脈波。

2. PRESENT 狀態／NEXT 狀態表

3. 這些閘控制著計數順序。

4. 未使用的狀態全部引回到計數器的計數順序。

7-10 節

1. 見內文。　**2.** 它將每種可能的 PRESENT 狀態與它所期盼的 NEXT 狀態結合一起。

3. 它指出在每個正反器的 J 與 K 輸入用以產生計數器狀態變換所需要的準位。　**4.** 真。

7-11 節

1. 算術。　**2.** 使用 MegaWizard Manager。

3. 一旦控制信號轉成高電位，非同步清除將隨即發生 (很短的傳遞延遲之後)；在聲明控制之後同步清除將發生於下一個時脈緣。

4. *cout* 將自動的解碼計數序列中的最後一個 (或最終) 狀態。

5. *cin* 亦將激能／抑制 *cout* 信號。

7-12 節

1. PRESENT 狀態／NEXT 狀態表。　**2.** 想要的 NEXT 狀態。

3. AHDL：

```
ff[ ].clk = !clock
```

VHDL：

```
IF (clock = '0' AND clock' EVENT) THEN
```

4. 行為描述。

5. 非同步清除促使計數器立即清除。同步載入發生於下一個動作的時脈緣。

6. AHDL：使用 FF 上的 .clrn 埠；VHDL：於針對時脈緣檢驗之前定義清除功能。

7. 依據 IF 敘述中的評估順序。

7-13 節

1. 二個 HDL 皆可使用方塊圖來連接模組；VHDL 也可使用一個文字檔案來描述二個元件

之間的連結。

2. 匯流排是信號線的集成；圖示上是以粗線表示。

3. 計數激能與最終計數解碼。

7-14 節

1. 計數器常用來計數事件，但狀態機則常用來控制事件。

2. 狀態機可利用符號描述它的狀態，而非真正的二進狀態來描述。

3. 編譯軟體指定最佳化的數值以將電路最簡化。

4. 此描述更易於撰寫與理解。

第 II 部分

7-16 節

1. 並聯輸入／串聯輸出。　**2.** 真。　**3.** 串聯輸入／並聯輸出。

4. 串聯輸入／串聯輸出。

5. 74165 使用非同步並聯資料傳送；74174 使用同步並聯資料傳送。

6. 高電位時將使 CP 不移位。

7-17 節

1. 環式計數器。　**2.** 強生計數器。

3. 最後一個 FF 的反相輸出連接到第一個 FF 的輸入上。

4. (a) 偽　(b) 真　(c) 真。

5. 十六個；八個。

7-19 節

1. PIPO, SISO, PISO, SIPO (全部為 4)。

7-20 節

1. AHDL：

```
reg[].d = (reg[6..0], dat)
```

VHDL：

```
reg := reg(6 DOWNTO 0) & dat
```

2. 因為暫存器於持住期間可能繼續接收時脈波緣。

7-21 節

1. 它可開始於任何的狀態，但最終將到達所期盼的環式順序。

2. 第 11 與 12 行。

3. 第 12 與 13 行。

7-22 節

1. 重置輸入。

2. 時脈波頻率與延遲值被載入到計數器中。

3. 同步的。

4. 輸出脈波寬度非常一致。

5. 輸出脈波對觸發邊緣立即反應。

6. 現行時脈波緣上的觸發狀態以及它於先前時脈波緣上的狀態。

第 8 章

使用 HDL 的數位系統專案

大　綱

8-1　小型專案管理

8-2　步進式馬達驅動器專案

8-3　鍵盤編碼器專案

8-4　數位時鐘專案

8-5　微波爐專案

8-6　頻率計數器專案

學習目標

讀完本章之後，將可學會以下幾點：

- 分析經由本書稍早前已涵蓋之若干元件組成之系統的操作。
- 以一個 HDL 檔案來描述整個專案。
- 描述階層式專案管理的程序。
- 瞭解如何來分解專案成可管理的片段。
- 使用 Quartus II 軟體工具來製作階層式模組專案。
- 規劃方法來測試您建構之電路的操作。

引　論

經過本書前面幾章後，我們已闡述了數位系統的基本建構方塊。既然已取出了每個方塊並已研究一番了，我們就不想將它訴諸高閣而遺忘；現在正是使用方塊來建構某些東西的時候了。若干我們用來驗證個別電路之操作的例子依本身之條件來看實際就是數位系統，而且我們已探究了它們是如何的工作。本章裡，我們將更專注於建構的過程。

畢業生普查顯示了大多數在電機與計算機工程與技術領域的專家都有專案管理的職責。與學生相處的經驗也告訴了我們管理專案最具效率的方式對每個人並非直覺上顯明的，這就說明了為何我們這麼多人不想再嘗試錯誤。本節之用意就是教您如何在學習數位系統以及用來發展它們之現代工具時如何作管理專案的策略性規劃。此處的原理一般將不限定於數位或甚至電子專案。它們可引用來蓋房子或經營您自己的事業。它們肯定將增加您的成功機率並且減少失敗的因素。

硬體描述語言的確是為了管理大型數位系統之目的而創造出的：文件化、模擬測試以及工作電路的合成。同樣的，Altera 軟體工具則特別設計用來以管理專案之方式運作，這超過了本書所涵蓋的範疇。發展這些小型專案經過一些步驟時，我們將說明若干 Altera 軟體程式集的特徵。模組式專案發展的觀念 (已於第 4 章介紹) 將於這裡經過一連串範例的驗證。

8-1 小型專案管理

這裡要說明的第一個專案為由較少數之建構方塊所組成的很小型專案。這些專案皆可在分開的模組中發展，但此種方式將只會增加複雜程度。它們就是小到將整個專案製作於單獨一個 HDL 設計檔案方有意義。但無論如何，這並非意味著並不需要依循結構式步驟來完成整個專案。事實上，大型模組專案中所用到的大多數相同的步驟也適用於這些範例中。要依循的幾個步驟為：(1) 整體定義，(2) 策略性規劃地將專案分解成較小的片段，(3) 合成並測試每個片段，以及 (4) 系統整合與測試。

定　義

任何專案中的第一個步驟為定義它的全貌。於此步驟中，下面的問題應以訂定：

- 需要多少個資料位元？
- 輸出要控制多少個裝置？
- 每個輸入與輸出的名稱為何？
- 輸入與輸出是高電位動作或是低電位動作？
- 速度要求為何？
- 是否全然瞭解此裝置應如何操作？
- 是以什麼來定義此專案成功完成？

從這些步驟即可得到對整個專案之運作的完整與詳盡之描述、它的輸入與輸出之定義，以及定義其能力與限制之完整的數值規格。

策略性規劃

第二個步驟包括了發展出一套將整個專案分割成可管理之片段的策略。由於整體功能是以多個較簡單的功能方塊來定義，因此這個過程通常稱為問題分解。片段的要求為：

- 測試每個片段的方法必須發展出來。
- 每個片段必須契合一起以構成整個系統。
- 我們必須知曉連接片段之所有信號的本質。
- 每個片段的確切運作必須徹底的定義與瞭解。
- 我們必須清楚瞭解如何來使每個方塊運作。

最後一項要求可能看似明顯，但令人驚訝的是為數甚多的專案環繞著一個中心方塊，而它又包含了尚未被發現的技術奇蹟或者違反了像能量不滅的無聊小小法則。與此步驟時，每個次系統 (片段方塊) 本身又有點變成了一個專案，可能有額外的次系統定義於它的範圍內。這就是階層式設計的概念。

合成與測試

每個次系統應以最簡單的層次來開始建構。於使用 HDL 來設計的數位系統例子中，它是表示撰寫一些程式片段。它也表示發展出一項規劃來測試程式以確保它符合了所有的準則。這通常是經由某種方式的模擬來完成。當電路於計算機上模擬時，設計人員必須設計出實際電路可能遇到的所有不同的情節，且也必須知曉對哪些輸入應有的適當反映。此種測試經常需費盡心思且為非可輕忽的領域。您可能犯的最遭錯誤，妄下基本方塊工作極佳的定論，而後卻發現就是哪些少數的情況令其失敗。此一窘境又常讓您不得不重新思考許多其他的方塊，因此放棄了許多原先的努力。

系統整合與測試

最後的步驟是將許多方塊結合一起並且視成一個個單元作測試。方塊是逐級的加入並作測試，一直到整個專案皆能工作為止。此方面經常是枯燥繁瑣但很少進行順利的。縱使您已仔細考慮過所有可能的細節，但始終仍有若干“深淵”讓人意想不到。

若干方面的專案規劃與管理超出本書之範疇。其中一項就是如何選取硬體平台來最契合您的應用。於第 10 章裡，我們將探究廣泛的數位系統且特別專注於不同種類之 PLD 的能力與限制。另一項在專案管理上很重要的特點為時間。您的老闆可能只給您某段時間內來完成專案，而您就必須規劃工作 (且努力) 以於最終期限內完成之。本書中將無法涵蓋時間管理，但如一般規則般，您將發現專案的大部分情況實際上從開始起將花費比想像多二到三倍之時間。

複習問題

1. 專案管理有哪些步驟？
2. 於哪個步驟時應決定如何來量測完成的成品？

8-2 步進式馬達驅動器專案

本節的目的是要來驗證計數器結合解碼電路的典型應用。數位系統通常包含著一個循環著某特定順序的計數器，且它的輸出狀態是由組合邏輯電路來解碼，而它也接著控制著系統的操作。許多的應用也都有外部之輸入，以將系統置於各種不同的操作模式中。本節將討論控制步進式馬達的所有這些特性。

於實際的專案裡，定義的第一步通常包含了專案經理研究的部分。本節 (或專案) 裡，開始設計電路控制它之前要先理解步進式馬達是什麼以及如何工作是很重要的。於 7-10 節裡，我們已呈現予您如何來設計簡單的同步計數器，使其能用來驅動步進式馬達。該節中所驗證的程序稱為*全步進程序* (full-step sequence)。記住它是包含了二個 FF 以及驅動四個馬達線圈的 Q 與 $\overline{Q}$ 輸出。全步進程序始終有二個步進式馬達之線圈以任何程序的狀態被激發，而且每一步基本上產生 15° 的軸承轉動。然而其他的程序亦會促使步進式馬達轉動。如果您仔細端詳全步進程序就會注意到每個狀態轉變包含了關掉一個線圈之同時也將啟動另一個線圈。例如，請審視表 8-1 之全步進程序中的第一個狀態 (1010)。當它在程序中轉變至第二個狀態時，*coil* 1 被關掉且 *coil* 0 被啟動。半步進程序 (half-step sequence) 為插入一個狀態使得全步進之間只有一個線圈被激發，如表 8-1 中間行所示者。於此程序中，其中一個於另一個線圈被激發前先被解除激發。第一個狀態為 1010 而第二個狀態為 1000，表示 *coil* 1 於 *coil* 0 被啟動前於其中一個狀態時為關掉的。此中間狀態促使步進式馬達軸承旋轉如全步進程序者 (15°) 一半的角度 (7.5°)。此一半步進程序是使用於較小步進的需求，且每一圈裡可接受多個步進時。結果是，如果您以一次只讓一個線圈被激發來只使用中間狀態的程序，步進式馬達將以類似

表 8-1　步進式馬達線圈驅動程序

全步進 線圈 3210	半步進 線圈 3210	波驅動 線圈 3210
1010	1010	
	1000	1000
1001	1001	
	0001	0001
0101	0101	
	0100	0100
0110	0110	
	0010	0010

於全步進程序之方式來轉動 (每一步為 15°)。此程序稱為*波驅動程序* (wave-drive sequence)，雖具較少的轉矩，但於中速時轉動較為平順。波驅動程序如表 8-1 右列中所示。

問題定義

微處理器實驗需要一個通用的界面來驅動步進式馬達。為了以微控制器驅動步進式馬達來作實驗，如果單獨有一個通用的界面 IC 連接到步進式馬達將會很有助益。此電路必須接收來自於微控制器的任何典型形式的步進驅動信號，並激發馬達之線圈以令其依照想要的方式來移動。界面則需依四個模式之一來運作：解碼式全步進、解碼式半步進、解碼式波驅動或非解碼式直接驅動。模式是經由控制 *M*1、*M*0 輸入接腳上的邏輯準位來選取。前面三個模式中，界面將只從微控制器接收二個控制位元——步進脈波與方向控制位元。每次看到步進輸入上的上昇緣時，電路必須促使馬達順時針或逆時針方向 (視出現於方向位元上的準位而定) 移動一個增量。輸出將視 IC 所處的模式依循表 8-1 中所示的程序經由改變狀態來對每個步進脈波作反應。此電路的第四個操作模式必須讓微控制器直接的控制馬達的每個線圈。於此模式時，電路將自微控制器接收四個控制位元，並將這些邏輯準位直接傳送到它的輸出上，它們則被用來激發步進馬達線圈。此四種模式歸納於表 8-2 中。

於模式 0、1 與 2 時，輸出將於步進輸入的每個上昇緣上計數經過整個計數程序。方向輸入則決定了程序是向前或向後移經表 8-1 中的狀態，因此將馬達順時針或逆時針移動。經此描述，我們即可對專案作若干的決策。

輸　入

步進：上昇緣觸發

方向：0 = 向後經過表，1 = 向前經過表

*cin*0，*cin*1，*cin*2，*cin*3，*m*1，*m*0：高電位動作的控制輸入

表 8-2

模　式	M1 M0	輸入信號	輸　出
0	0　0	步進，方向	全步進計數程序
1	0　1	步進，方向	波驅動計數程序
2	1　0	步進，方向	半步進計數程序
3	1　1	四個控制輸入	由控制輸入直接驅動

輸　出

*cout*0，*cout*1，*cout*2，*cout*3：高電位動作的控制輸出

策略性規劃／問題分析

本專案有二項重要的要求。它要求循序計數器電路以三種模式來控制輸出。於最後一個模式中，輸出將不依循計數器而是依循控制輸入。當有許多方法來細分專案且仍能達成要求之同時，我們將選擇使用一個能對步進與方向輸入作反應的簡易上／下二進制計數器。有一個分開的組合邏輯電路根據模式輸入設定將二進制計數轉譯 (解碼) 成合適的輸出狀態。此電路也將忽略計數器輸入且將控制輸入於模式被設定成 3 時直接的傳遞到輸出端。電路如圖 8-1 所示。

將此問題切割成可管理的片段也是直截了當的。首先是建構一個上／下計數器。此計數器應只使用方向與步進輸入來測試於模擬器上。接著，嘗試使每個已解碼的程序單獨的與計數器工作。然後嘗試取得模式輸入來選取其中一個解碼器程序，並且加上方向驅動選擇 (較無關緊要) 。對每個模式程序而言，當電路能以任一個方向來依循表 8-1 中所示的狀態，而且於模式 3 時將四個 *cin* 信號直接傳遞到 *cout*，那我們就算成功了。

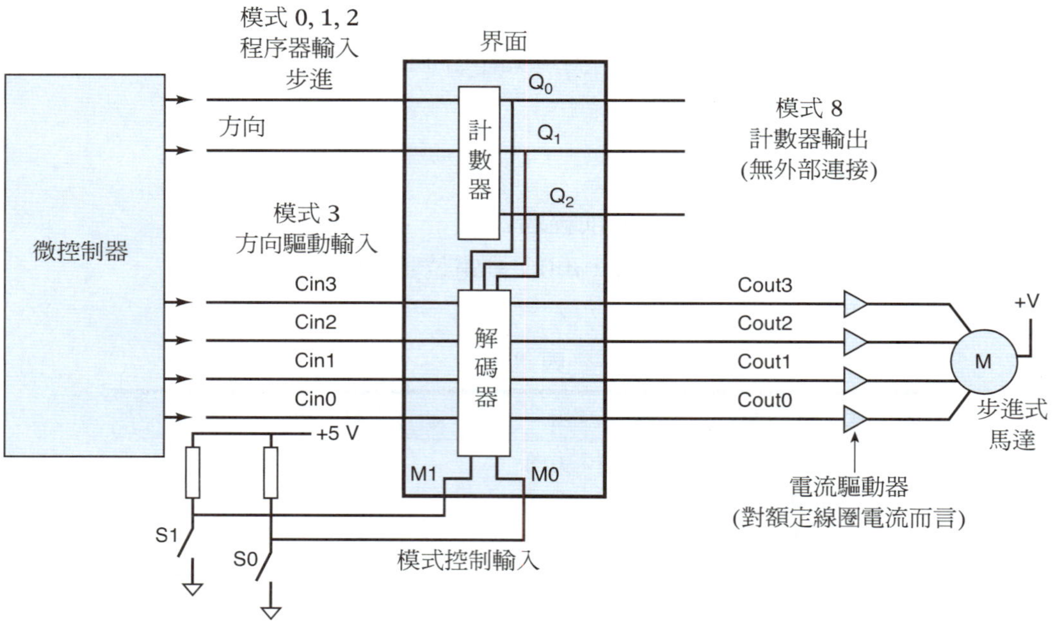

圖 8-1　通用步進式馬達界面電路

合成與測試

圖 8-2 與圖 8-3 中的程式指出了發展的第一步：設計並測試一個上／下計數器。我們將使用一個中間整數變數予計數器值並且將計數直接輸出到 *q* 來測試它。若要測試此部分之設計，我們只需要確定它能向上且向下數經八個狀態。圖 8-4 指出了模擬結果。我們只需要提供時脈脈波且編造一個方向控制信號，而模擬器將驗證計數器的反應。

下一步為加上其中一個已解碼的輸出並測試之，這將需要加上四位元 *cout* 輸出規格。模-8 計數器的 *q* 輸出為連續性之關係而保留著。圖 8-5 指出了此步驟之測試的 AHDL 程式，且圖 8-6 指出相同測試階段的 VHDL 程式。注意到 CASE 結構乃用來解碼計數器並且驅動它的輸出。於 VHDL 程式中，由於我們現在想要指定二進位元予 *cout* 輸出，因此它們將宣告成 bit_vector 類型。圖 8-7 指出了使用足夠的時脈波週期來測試整個計數器之上與下數循環之操作的模擬測試。

其他的計數程序僅僅是我們剛剛所測試程式的變形罷了。可能不需要個別地來測試每一個，所以現在正是時機來帶入模式選取輸入 (*m*) 以及方向驅動的線圈控制輸入 (*cin*)。注意到新的輸入已定義於圖 8-8 (AHDL) 與圖 8-9 中 (VHDL)。

```
SUBDESIGN fig 8_2
(
  step, dir       :INPUT;
  q[2..0]         :OUTPUT;
)
VARIABLE
count[2..0]       : DFF;

BEGIN
  count[].clk = step;
  IF dir THEN count[].d = count[].q + 1;
  ELSE        count[].d = count[].q - 1;
  END IF;
  q[] = count[].q;
END;
```

圖 8-2　AHDL 模-8

```
ENTITY fig 8_3 IS
PORT( step, dir      :IN BIT;
      q              :OUT INTEGER RANGE 0 TO 7);
END fig 8_3;

ARCHITECTURE vhdl OF fig 8_3 IS
BEGIN
   PROCESS (step)
   VARIABLE count      :INTEGER RANGE 0 TO 7;
   BEGIN
      IF (step'EVENT AND step = '1') THEN
         IF dir = '1' THEN count := count + 1;
         ELSE              count := count - 1;
         END IF;
      END IF;
      q <= count;
   END PROCESS;
END vhdl;
```

圖 8-3　VHDL 模-8

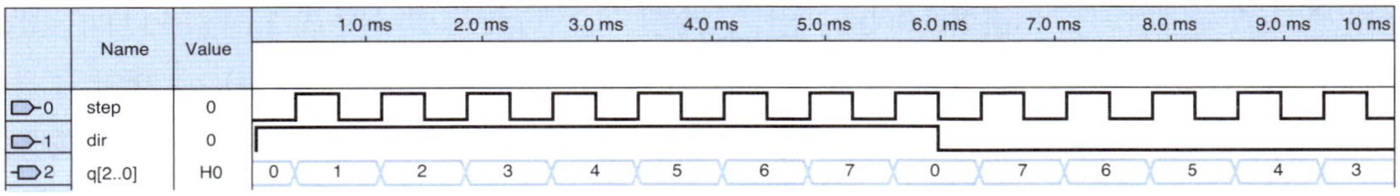

圖 8-4　基本的模-8 模擬測試

```
SUBDESIGN fig 8 _5
(
   step, dir        :INPUT;
   q[2..0]          :OUTPUT;
   cout[3..0]       :OUTPUT;
)
VARIABLE
   count[2..0]      : DFF;

BEGIN
   count[].clk = step;
   IF dir THEN count[].d = count[].q + 1;
   ELSE        count[].d = count[].q - 1;
   END IF;
   q[] = count[].q;
   CASE count[] IS
      WHEN B"000"   => cout[] = B"1010";
      WHEN B"001"   => cout[] = B"1001";
      WHEN B"010"   => cout[] = B"0101";
      WHEN B"011"   => cout[] = B"0110";
      WHEN B"100"   => cout[] = B"1010";
      WHEN B"101"   => cout[] = B"1001";
      WHEN B"110"   => cout[] = B"0101";
      WHEN B"111"   => cout[] = B"0110";
   END CASE;
END;
```

圖 8-5　**AHDL 全步進程序解碼器**

```
ENTITY fig 8 _6 IS
PORT (   step, dir :IN BIT;
         q         :OUT INTEGER RANGE 0 TO 7;
         cout      :OUT BIT_VECTOR (3 downto 0));
END fig 8 _6;

ARCHITECTURE vhdl OF fig 8 _6 IS
BEGIN
   PROCESS (step)
   VARIABLE count :INTEGER RANGE 0 TO 7;
   BEGIN
     IF (step'EVENT AND step = '1') THEN
        IF dir = '1' THEN count := count + 1;
        ELSE              count := count - 1;
        END IF;
        q <= count;
     END IF;
        CASE count IS
           WHEN 0    => cout <= B"1010";
           WHEN 1    => cout <= B"1001";
           WHEN 2    => cout <= B"0101";
           WHEN 3    => cout <= B"0110";
           WHEN 4    => cout <= B"1010";
           WHEN 5    => cout <= B"1001";
           WHEN 6    => cout <= B"0101";
           WHEN 7    => cout <= B"0110";
        END CASE;
      END PROCESS;
END vhdl;
```

圖 8-6　**VHDL 全步進程序解碼器**

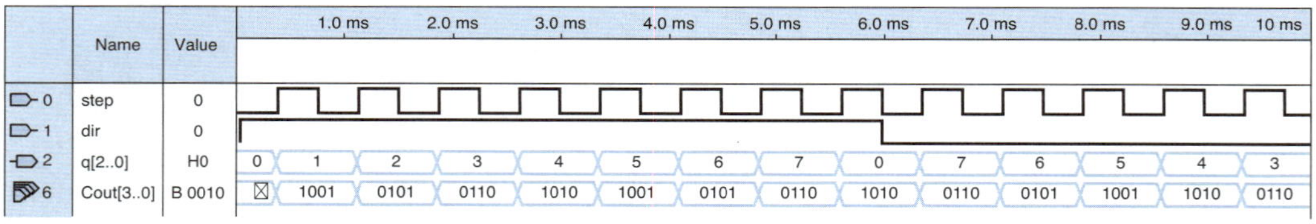

圖 8-7　已解碼程序的模擬測試

由於模式控制具有四個可能的狀態，且我們想要對每個狀態做些不同的事，另一種 CASE 結構工作更佳。換言之，我們已經選擇使用 CASE 結構來選取模式，且每個模式中的 CASE 結構用來選取適當的輸出。使用鋸齒狀之編排以顯示出程式之結構與邏輯，特別是使用**巢狀式** (nesting) 時非常重要。

圖 8-10 的模擬驗證了電路工作正常。圖 8-10(a) 指出了每個狀態以模式 0 (全步進) 解碼且於雙向上完成循環。請注意到於模式 (m) 改變成 01_2 時，輸出 ($cout$) 乃解碼成波驅動程序。圖 8-10(b) 指出了於雙向上的波驅動 (模式 1) 程序且而後改變模式成 10_2，導致了半步進程序由模-8 計數器來解碼。最後，8-10(c) 指出了半步進程序向上循環且開始往回向下計數。然後它於 7.5 ms 處轉變成模式 3 (直接驅動)，指出了 cin 上的資料非同步的轉移至輸出上。請注意到選擇予 cin 的數值確保每個位元可走到高電位予低電位。

```
SUBDESIGN fig8_8
(
   step, dir              :INPUT;
   m[1..0], cin[3..0]     :INPUT;
   cout[3..0], q[2..0]    :OUTPUT;
)
VARIABLE
   count[2..0]     : DFF;
BEGIN
   count[].clk = step;
   IF dir THEN count[].d = count[].q + 1;
   ELSE        count[].d = count[].q - 1;
   END IF;
   q[] = count[].q;
   CASE m[] IS
   WHEN 0 =>
         CASE count[] IS           --全步進
         WHEN B"000"   => cout[] = B"1010";
         WHEN B"001"   => cout[] = B"1001";
         WHEN B"010"   => cout[] = B"0101";
         WHEN B"011"   => cout[] = B"0110";
         WHEN B"100"   => cout[] = B"1010";
         WHEN B"101"   => cout[] = B"1001";
         WHEN B"110"   => cout[] = B"0101";
         WHEN B"111"   => cout[] = B"0110";
         END CASE;
   WHEN 1 =>
         CASE count[] IS           --波驅動
         WHEN B"000"   => cout[] = B"1000";
         WHEN B"001"   => cout[] = B"0001";
         WHEN B"010"   => cout[] = B"0100";
         WHEN B"011"   => cout[] = B"0010";
         WHEN B"100"   => cout[] = B"1000";
         WHEN B"101"   => cout[] = B"0001";
         WHEN B"110"   => cout[] = B"0100";
         WHEN B"111"   => cout[] = B"0010";
         END CASE;
   WHEN 2 =>
         CASE count[] IS           --半步進
         WHEN B"000"   => cout[] = B"1010";
         WHEN B"001"   => cout[] = B"1000";
         WHEN B"010"   => cout[] = B"1001";
         WHEN B"011"   => cout[] = B"0001";
         WHEN B"100"   => cout[] = B"0101";
         WHEN B"101"   => cout[] = B"0100";
         WHEN B"110"   => cout[] = B"0110";
         WHEN B"111"   => cout[] = B"0010";
         END CASE;
   WHEN 3 =>   cout[] = cin[];   -- 直接驅動
   END CASE;
END;
```

圖 8-8　**AHDL 步進式驅動器**

```
ENTITY fig 8_9 IS
PORT (   step, dir      :IN BIT;
         m              :IN BIT_VECTOR (1 DOWNTO 0);
         cin            :IN BIT_VECTOR (3 DOWNTO 0);
         q              :OUT INTEGER RANGE 0 TO 7;
         cout           :OUT BIT_VECTOR (3 DOWNTO 0));
END fig 8_9;

ARCHITECTURE vhdl OF fig 8_9 IS
BEGIN
   PROCESS (step)
   VARIABLE count      :INTEGER RANGE 0 TO 7;
   BEGIN
      IF (step'EVENT AND step = '1') THEN
         IF dir = '1' THEN count := count + 1;
         ELSE              count := count - 1;
         END IF;
      END IF;
      q <= count;
   CASE m IS
      WHEN "00" =>                    -- 全步進
         CASE count IS
            WHEN 0   => cout <= "1010";
            WHEN 1   => cout <= "1001";
            WHEN 2   => cout <= "0101";
            WHEN 3   => cout <= "0110";
            WHEN 4   => cout <= "1010";
            WHEN 5   => cout <= "1001";
            WHEN 6   => cout <= "0101";
            WHEN 7   => cout <= "0110";
         END CASE;
      WHEN "01" =>                    -- 波驅動
         CASE count IS
            WHEN 0   => cout <= "1000";
            WHEN 1   => cout <= "0001";
            WHEN 2   => cout <= "0100";
            WHEN 3   => cout <= "0010";
            WHEN 4   => cout <= "1000";
            WHEN 5   => cout <= "0001";
            WHEN 6   => cout <= "0100";
            WHEN 7   => cout <= "0010";
         END CASE;
      WHEN "10" =>                    -- 半步進
         CASE count IS
            WHEN 0   => cout <= "1010";
            WHEN 1   => cout <= "1000";
            WHEN 2   => cout <= "1001";
            WHEN 3   => cout <= "0001";
            WHEN 4   => cout <= "0101";
            WHEN 5   => cout <= "0100";
            WHEN 6   => cout <= "0110";
            WHEN 7   => cout <= "0010";
         END CASE;
      WHEN "11" =>   cout <= cin;-- 直接驅動
   END CASE;
   END PROCESS;
END vhdl;;
```

圖 8-9 **VHDL 步進式驅動器**

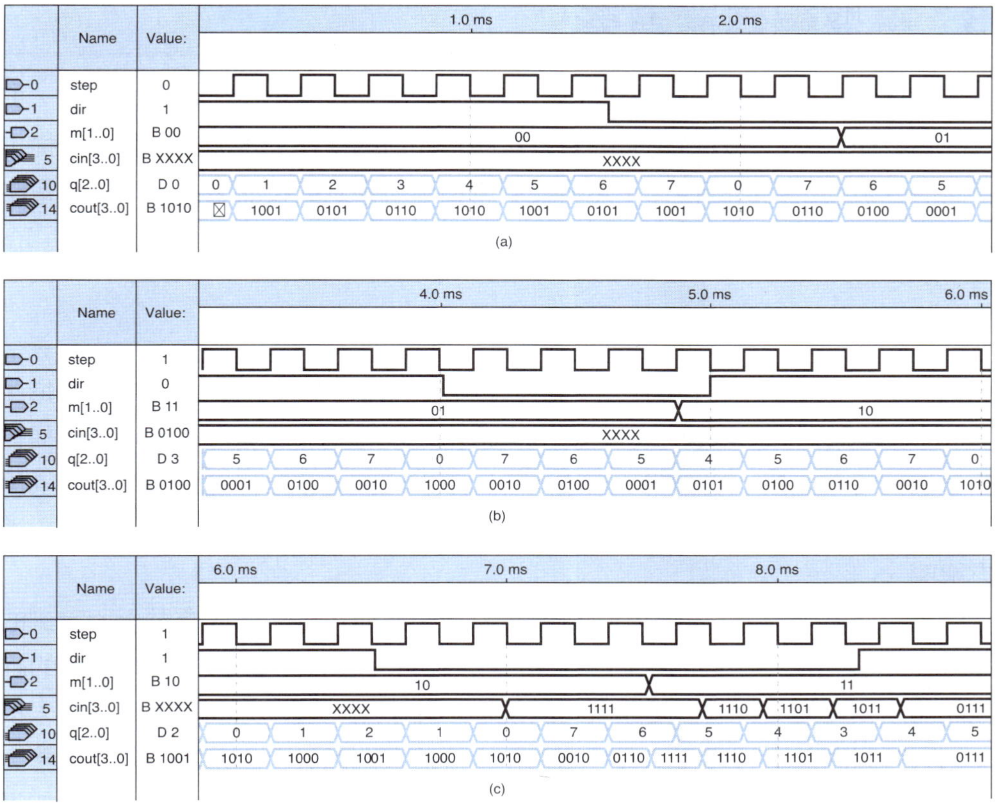

圖 8-10　完整的步進式驅動器之模擬測試

最後的整合與測試應不只包括模擬而已。真正的步進式馬達與電流驅動器應連接至電路且被測試。於此情況時，模擬所用到的步進速率將可能快過實際馬達能處理者，且於真正的硬體功能測試時將必須予以減速。

複習問題

1. 此步進式馬達驅動器的四種操作模式為何？
2. 直接驅動模式的輸入為何？
3. 波驅動模式的輸入為何？
4. 半步進程序有多少個狀態？

8-3 鍵盤編碼器專案

另一項我們嘗試來加強的技能為電路分析。聽起來好像是出自於類比教科書，但我們真的需要能夠分析並理解現有的數位電路是如何的操作。本節裡，我們將提出一個電路並分析它是如何的操作。然後我們將利用所學到的技能來重新設計此電路，並以 HDL 來撰寫它的程式。

問題分析

為加強編碼的觀念，我們舉出了一個極為有用的數位電路，它是將十六進位 (16 鍵) 的袖珍鍵盤編碼成四位元二進輸出。諸如此類的編碼器通常具有一個選通輸出來指示出何時有人按下或放開了按鍵。由於袖珍鍵盤通常是界面到微電腦的匯流排系統，因此已編碼的輸出應具有一個三態的激能。圖 8-11 指出了袖珍鍵盤編碼器的方塊圖。

優先次序編碼器方法對較小的鍵盤很有效。然而，諸如個人電腦上所看到的較大型鍵盤則必須使用不同的技術。於這些鍵盤中，每個鍵並非連至 V_{CC} 或的線的獨立開關。相反的，每個按鍵開關乃於鍵盤矩陣中用來連接列到行。當按鍵未按下時，列與行之間並未相連。知曉哪個鍵被按下的竅門乃於藉由某個時刻時只讓一個列有作用 (拉成高電位)，然後檢查是否有任何的行已轉變成低電位來完成。如果有一行它的上面已有低電位，則被按下的鍵是位於被激發成有作用之列與目前正為低電位之行的相交處。如果無任何一行為低電位，我們就知曉於被激發成有作用之列中無任何一個鍵被按下，而我們即可將下一列拉成低電位來檢查之。隨後接著將列激發者稱為*掃描* (scanning) 鍵盤。此方法的優點在於減少與鍵盤的連接。於此例中，16 個鍵可使用 8 個輸入／輸出來編碼。

每個鍵都表示獨一的列編號與行編號的組合。經由策略性的將列與行加以編號，我們即可組合出二進制的列與行編號以產生出如圖 8-12 中所示之十六進制鍵盤的二進值。於此圖中，列 1 (01_2) 被拉成低電位且行編碼器上的資料為 10_2，所以於列 1、行 2 上的按鈕顯然被按下。圖 8-11 中的 NAND 閘是用來決定是否有任何一行為低電位，指出了於目前作用的列中有一個鍵被按下。此閘的輸出稱為 *Freeze*，這是因為當有一個鍵被按下時，我們想要凍結環式計數器，且停止掃描一直到鍵被按下為止。當編碼器經過了它的傳遞延遲且三態緩衝器變成已激能時，資料輸出位於暫態中。於時脈的下一個上昇緣時，D FF 將自 *Freeze* 轉移一個高電位至 *DAV* 輸出，指出了有一個鍵被按下且有正確的資料可用。

移位暫存器式計數器 (環式計數器)，如第 7 章中所探討者，是用來產生四個

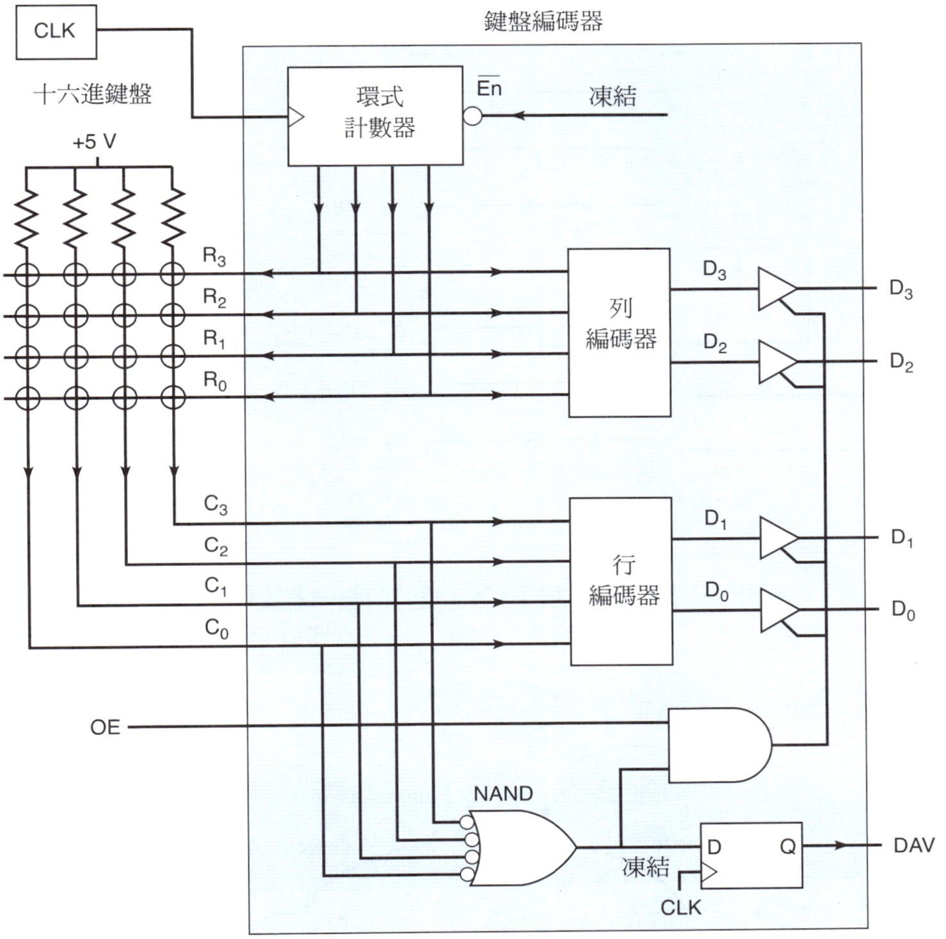

圖 8-11　袖珍鍵盤編碼器的方塊圖

列的循序掃描。計數程序使用了四個狀態，每個狀態都有一個不同的位元被拉成低電位。當偵測到有一個鍵按下時，環式計數器必須維持於它目前的狀態 (凍結) 一直到按鍵被放開為止。圖 8-13 指出了狀態變換圖。此計數器的狀態必須被編碼以產生二位元二進列編號。每行值也必須被編碼以產生一個二位元二進行編號。系統將需要以下的輸入與輸出。

4	列驅動輸出	R_0-R_3
4	行讀取輸入	C_0-C_3
4	已編碼的資料輸出	D_0-D_3

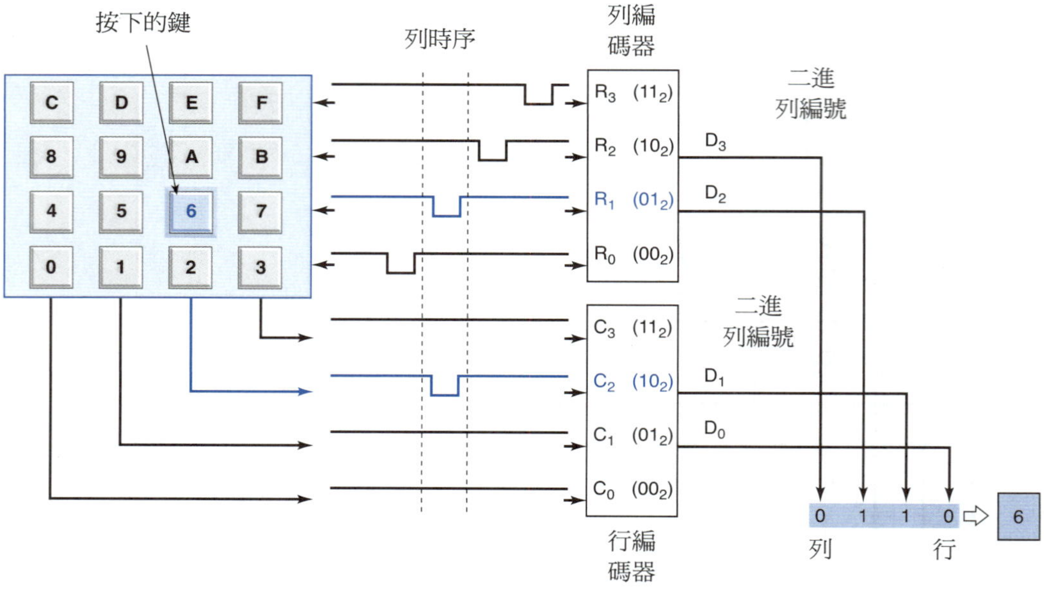

圖 8-12 按下“6”鍵時的編碼器操作

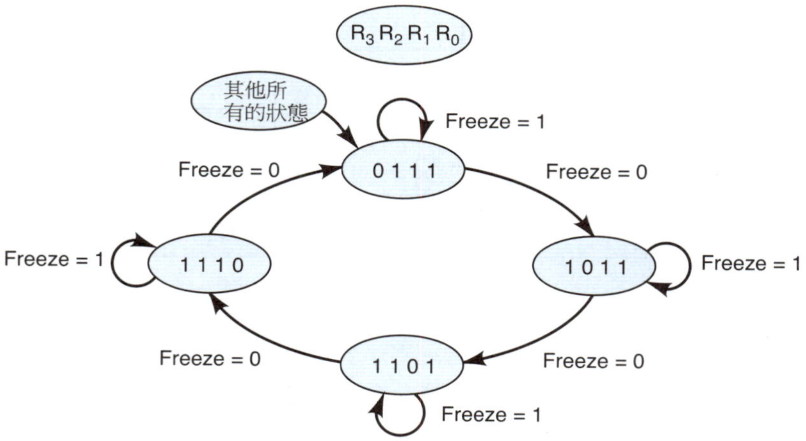

圖 8-13 列驅動環式計數器狀態圖

1	資料可用的選通輸出	*DAV*
1	三態激能輸入	*OE*
1	時脈輸入	*CLK*

策略性規劃／問題分析

由於電路已經建構了，所以可容易地撰寫幾段的 HDL 程式來模擬系統的每個部分。主要的方塊如下：

具有低電位動作之輸出的環式計數器
二個編碼器予列與行編號
鍵按下偵測與三態激能電路

由於這些電路已於前幾章裡探討過了，在此將不指出每個方塊之發展與測試。隨後的解決方案將直接跳到專案的整合與測試階段。

AHDL 解

輸入與輸出 (參閱圖 8-14) 乃定義於第 3-8 行上，且依循著分析示意圖後所得到的描述。 VARIABLE 部分定義了幾個此編碼器電路的特性。freeze 位元偵測何時有鍵被按下。data node 則用來結合列與行編碼器資料。*ts* 位元陣列 (第 13 行) 表示三態緩衝器，此緩衝器的每個位元具有一個輸入 (*ts[ ].IN*)、一個輸出 (*ts.OUT*) 以及一個輸出激能 (*ts[ ].OE*)。*data-avail* 位元 (第 14 行) 表示了一個具有輸入 *data-avail.CLK*、*data-avail.D* 以及輸出 *data-avail.Q* 的 D FF。

第 15-20 行驗證了 AHDL 強有力的特性，它能讓我們來定義一個狀態機，其每個狀態是由我們需要的位元樣式組成。於第 15 行上，由於狀態機動作如同一個環式計數器，因此賦予名稱 *ring*。組成此環式計數器狀態機的位元定義於第 6 行上的四個列位元。這些狀態乃標示為 *s1-s4* 而且具有它們的位元樣式指定予它們，使得四個位元的其中一個對每個狀態而言為低電位，像是低電位動作的環式計數器一樣。其他十二個狀態則被指定予任意的標記，它開始於 *f* 以指出它們不是正確的狀態。第 23 到 30 行基本上連接著圖 8-11 電路圖中所有的元件。環式計數器與列數值的編碼則描述於第 32-38 行上。對於 *ring* 的每個 PRESENT 狀態值而言，NEXT 狀態亦與列編碼器之適當的輸出 (*data[3..2]*) 一樣被加以定義。第 37 行則藉著從 *s1-s4* 以外之任何狀態使其進入狀態 *s1* 來確保此計數器將自行起始。行數值的編碼乃描述於第 40-46 行上。請注意到此設計中 *freeze* 信號的產生並非完全依照圖 8-11 中之電路圖。於此設計中，不再將行作 NAND 結合，CASE 結構只於其中一行 (且只能有一行) 為低電位時才會激發 *freeze*。因此，如果同一列中有多個鍵被按下，則編碼器將不承認任何一個為正確的鍵按下且不激發 *dav*。

```
 SUBDESIGN fig 8 _14
 (
    clk              :INPUT;
    col[3..0]        :INPUT;
    oe               :INPUT;      -- 三態輸出激能
    row[3..0]        :OUTPUT;
    d[3..0]]         :OUTPUT;
    dav              :OUTPUT;     -- 資料可用
 )
 VARIABLE
 freeze              :NODE;
 data[3..0]          :NODE;
 ts[3..0]            :TRI;
 data_avail          :DFF;
 ring: MACHINE OF BITS (row[3..0])
 WITH STATES (s1 = B"1110", s2 = B"1101", s3 = B"1011", s4 = B"0111",
                         % s = ring states %
              f1 = B"0001", f2 = B"0010", f3 = B"0011", f4 = B"0100",
              f5 = B"0101", f6 = B"0110", f7 = B"1000", f8 = B"1001",
              f9 = B"1010", fa = B"1100", fb = B"1111", fc = B"0000");
                    % f = unused states --> self-correcting design %
 BEGIN
    ring.CLK = clk;
    ring.ENA = !freeze;
    data_avail.CLK = clk;
    data_avail.D = freeze;
    dav = data_avail.Q;
    ts[].OE = oe & freeze;
    ts[].IN = data[];
    d[] = ts[].OUT;

    CASE ring IS
       WHEN s1 =>   ring = s2;    data[3..2] = B"00";
       WHEN s2 =>   ring = s3;    data[3..2] = B"01";
       WHEN s3 =>   ring = s4;    data[3..2] = B"10";
       WHEN s4 =>   ring = s1;    data[3..2] = B"11";
       WHEN OTHERS => ring = s1;
    END CASE;

    CASE col[] IS
       WHEN B"1110" =>    data[1..0] = B"00";     freeze = VCC;
       WHEN B"1101" =>    data[1..0] = B"01";     freeze = VCC;
       WHEN B"1011" =>    data[1..0] = B"10";     freeze = VCC;
       WHEN B"0111" =>    data[1..0] = B"11";     freeze = VCC;
       WHEN OTHERS  =>    data[1..0] = B"00";     freeze = GND;
    END CASE;
 END;
```

圖 8-14　**AHDL 掃描袖珍鍵盤編碼器**

VHDL 解

將圖 8-15 中的 VHDL 描述與圖 8-11 中的電路圖作比較。輸入與輸出定義於第 5-9 行上且依循著分析示意圖後所得到的描述。有二個 SIGNAL 定義於第 13 與 14 行上予此設計。*freeze* 位元偵測何時有鍵被按下。*data* 信號用來結合列與行編碼器資料以構成一個代表鍵被按下的四個位元值。環式計數器是使用一個對 *clk* 輸入作反應之 PROCESS 來製作的。第 26 行則藉著從 *ring* 程序中哪些狀態以外者使其進入狀態 "1110" 來確保此計數器將自行起始。請注意到在第 20 行上，*freeze* 的狀態是在 CASE 被用來指定一個 NEXT 狀態予 *ring* 之前被檢驗的。這就是此設計中計數激能被製作的方式。於第 29 行上，資料可用輸出 (*dav*) 將同步地與 *freeze* 值被更新。它之所以同步是因為它是位於與用來偵測作用的時脈波緣之 IF 結構之內 (第 19-30 行)。其餘的敘述 (第 31-52 行) 與作用的時脈波緣無關，但描述了於任何一個時脈緣上電路所做的事情。

列數值的編碼則描述於第 33-39 行上。對於 *ring* 的每個 PRESENT 狀態值而言，列編碼器的輸出 *data* (3 DOWNTO 2) 被加以定義。行數值的編碼則描述於第 41-47 行上。請注意到此設計中 *freeze* 信號的產生並非完全依照圖 8-11 中之電路圖。於此設計中，不再將行做 NAND 結合，CASE 結構只於其中一行 (且只能有一行) 為低電位時才會激發 *freeze*。因此，如果同一列中有多個鍵被按下，則編碼器將不承認任何一個為正確的鍵按下而且激發 *dav*。

此專案的模擬如圖 8-16 中所示。行的數值 (*col*) 是由設計人員以測試輸入般的鍵入，它將模擬當鍵盤被掃描時讀取自鍵盤之各行的數值。只要所有的行皆為高電位 (即十六進位值 F 於 *col* 上)，*ring* 計數器被激能且計數著，*dav* 為低電位，而且 *d* 輸出處於高阻抗 (Hi-Z) 狀態。剛好在 3.0-ms 標記前，有一個 7 被模擬成 *col* 輸入，這表示其中一行轉變成低電位。如此即模擬了有一個鍵被偵測於鍵盤矩陣的最高效行中 (C3)。請注意到由於行轉變成低電位之故，於下一個作用的 (上昇緣) 時脈緣上，*dav* 轉變成高電位且環式計數器不會改變狀態。只要有鍵被按下時它就禁抑進入它的 NEXT 狀態。於此刻時，*row* 值為十六進制 E (1110_2)，這表示最低效列 (R0) 被環式計數器拉成低電位。列編碼器將之轉譯成二進列編號 (00)。位於最低效列 (00_2) 與最高效行 (11_2) 相交處的按鍵為 3 鍵 (參閱圖 8-12)。於此刻時，*d* 輸出持住了已被編碼的值 3 (0011_2)。就在 4 ms 標記之後，模擬將以改變行數值回到十六進制 F 來仿效按鍵的放開，這將使 *d* 輸出進入它的 Hi-Z 狀態。於下一個上昇時脈緣上，*dav* 線轉變成低電位且環式計數器恢復它的計數程序。

```
LIBRARY ieee;
USE ieee.std_logic_1164.all;

ENTITY fig8_15 IS
PORT (   clk          :IN STD_LOGIC;
         col          :IN STD_LOGIC_VECTOR (3 DOWNTO 0);
         row          :OUT STD_LOGIC_VECTOR (3 DOWNTO 0);
         d            :OUT STD_LOGIC_VECTOR (3 DOWNTO 0);
         dav          :OUT STD_LOGIC                    );
END fig8_15;

ARCHITECTURE vhdl OF fig8_15 IS
SIGNAL freeze         :STD_LOGIC;
SIGNAL data           :STD_LOGIC_VECTOR (3 DOWNTO 0);
BEGIN
   PROCESS (clk)
   VARIABLE ring      :STD_LOGIC_VECTOR (3 DOWNTO 0);
   BEGIN
      IF (clk'EVENT AND clk = '1') THEN
         IF freeze = '0' THEN
            CASE ring IS
               WHEN "1110" => ring := "1101";
               WHEN "1101" => ring := "1011";
               WHEN "1011" => ring := "0111";
               WHEN "0111" => ring := "1110";
               WHEN OTHERS => ring := "1110";
            END CASE;
         END IF;
         dav <= freeze;
      END IF;
      row <= ring;

      CASE ring IS
         WHEN "1110" => data(3 DOWNTO 2) <= "00";
         WHEN "1101" => data(3 DOWNTO 2) <= "01";
         WHEN "1011" => data(3 DOWNTO 2) <= "10";
         WHEN "0111" => data(3 DOWNTO 2) <= "11";
         WHEN OTHERS => data(3 DOWNTO 2) <= "00";
      END CASE;

      CASE col IS
         WHEN "1110" => data(1 DOWNTO 0) <= "00";    freeze <= '1';
         WHEN "1101" => data(1 DOWNTO 0) <= "01";    freeze <= '1';
         WHEN "1011" => data(1 DOWNTO 0) <= "10";    freeze <= '1';
         WHEN "0111" => data(1 DOWNTO 0) <= "11";    freeze <= '1';
         WHEN OTHERS => data(1 DOWNTO 0) <= "00";    freeze <= '0';
      END CASE;

      IF freeze = '1' THEN d <= data;
      ELSE                 d <= "ZZZZ";
      END IF;
   END PROCESS;
END vhdl;
```

圖 8-15 VHDL 掃描袖珍鍵盤掃描器

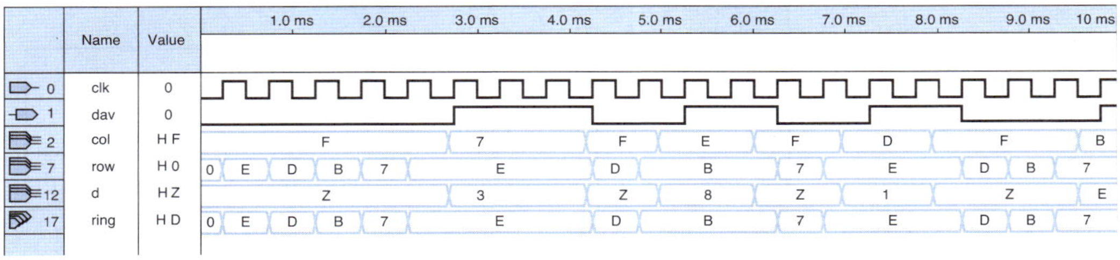

圖 **8-16**　掃描袖珍鍵盤編碼器的模擬

複習問題

1. 於任何時刻有多少個於掃描式鍵盤上的列被激發？
2. 如果同一行中有二個鍵同時被按下時，哪一個將被編碼？
3. 於 DAV 接腳上的 D FF 用途為何？
4. 鍵被按下與 DAV 轉變成高電位的時間是否始終相同？
5. 資料輸出接腳何時位於 Hi-Z (高阻抗) 狀態？

8-4　數位時鐘專案

計數器的其中一種最常見之應用為數位時鐘── 一種將一日的時間顯示成時、分，甚至是秒的時鐘。為了建構一個準確的數位時鐘，則需要一個嚴密控制的基礎時脈頻率。對於以電池來運轉的數位時鐘或手錶而言，基礎頻率通常是得自於石英振盪器。運作自 ac 電源線的數位時鐘可使用 60 Hz 電源頻率作為基礎時脈頻率。於任何一種情況中，基礎頻率必須細分成 1 Hz 或者每秒一個脈波 (pps) 的頻率。圖 8-17 指出了運作於 60 Hz 的數位時鐘之基本方塊圖。

60 Hz 信號是經由史密特觸發電路傳送以產生速率為 60 pps 的方形脈波。此一 60 pps 的波形被饋入到模-60 計數器中以將 60 pps 除成 1 pps。1 pps 的信號則用作所有計數器級 (它們是作同步串接) 的同步時脈。第一級為 SECONDS 部分，它是用來計數並顯示由 0 至 9 的秒數。BCD 計數器則是每秒向前計數一個。當此級到達了 9 秒時，BCD 計數器將激發它的終端計數輸出 (*tc*)，且於下一個作用的時脈緣時，它將重循環至 0。BCD 終端計數將激能模-6 計數器，且促使它於 BCD 計數器重循環之同時刻向前作一個計數。此過程持續 59 秒，於比刻時模-6 計數器乃位於 101 (5) 計數且 BCD 計數器則位於 1001 (9)，所以顯示器讀出 59 秒且模-6 之 *tc* 位於高電位。下一個脈波則重循環 BCD 計數器且模-6 計數器為高

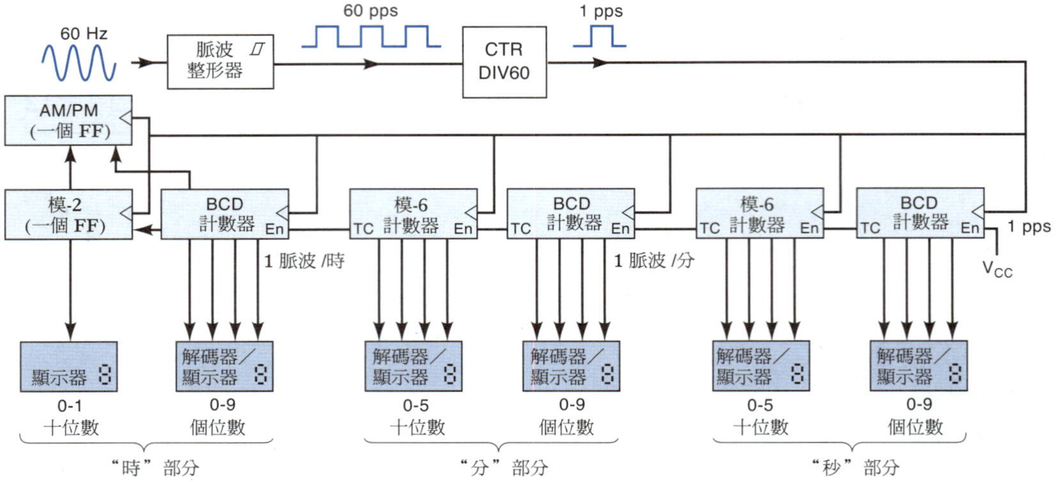

圖 8-17 數位時鐘的方塊示意圖

電位 (記住，模-6 計數器為從 0 到 5)。

於 SECONDS 部分中的模-6 計數器的 *tc* 輸出具有一個每分 1 個脈波的頻率 (即模-6 每 60 分重循環)。此信號饋入到 MINUTES 部分，它從 0 到 59 計數並顯示分。MINUTES 部分相同於 SECONDS 部分，且完全以相同的方式運作。

於 MINUTES 部分中的模-6 計數器的 *tc* 輸出具有一個每小時 1 個脈波的頻率 (即模-6 每 60 分重循環)。此信號饋入到 HOURS 部分，它從 1 到 12 計數並顯示小時。由於 HOURS 部分絕不會進入到 0 狀態，因此它是不同於 SECONDS 與 MINUTES 部分的。此部分中的電路由於較不平常，因此值得好好探究一番。

圖 8-18 指出了包含於 HOURS 部分中的詳細電路。它包括了一個 BCD 計數器以計數小時的個位數以及單獨一個 FF (模-2) 來計數小時的十位數。BCD 計數器為一個 74160，它具有二個高電位動作的輸入，ENT 與 ENP，它們在內部是 AND 在一起以激能計數。ENT 輸入亦將對用來偵測 BCD 終端計數 9 的高電位動作之漣波進位輸出激能。ENT 輸入與 RCO 輸出也因此可用於同步計數器串接。ENP 輸入乃固接於高電位以使得計數器一旦 ENT 為高電位時將遞增。

小時計數器只於每小時一個脈波時才被分與秒級激能。當此情況發生時，ENT 為高電位，這表示分：秒級為 59:59。譬如，於 9:59:59 之時，小時的十位數 FF 存放著 0，74160 存放著 1001_2 (9)，而 RCO 輸出為高電位，促使小時的十位數 FF 位於 SET 模式中。小時的二個顯示位數顯示出 09。於下一個上昇時脈緣上，BCD 計數器前進到它自然的 NEXT 0000_2 狀態，RCO 轉成低電位，而且小時的十位數 FF 前進到 1 以使得小時顯示位數現在顯示為 10。

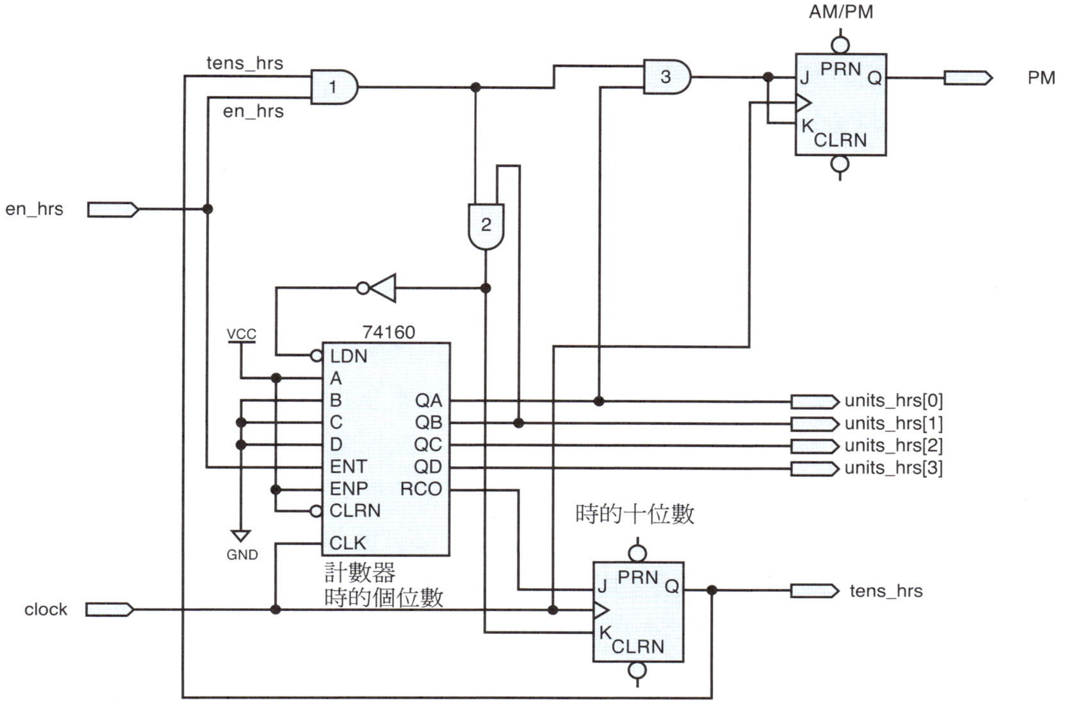

圖 8-18　HOURS 部分的詳細電路

於 11:59:59 時，AND 閘 1 偵測到小時的十位數為 1 且激能輸入作用著 (前幾級為 59:59) 。AND 閘 3 結合了 AND 閘 1 的所有情況以及 BCD 計數器處於狀態 0001_2 時的情況。AND 閘 3 的輸出於小時計數程序中只於 11:59:59 時方為高電位。於下一個脈波上，AM/PM FF 跳換著，指示出中午 (高電位時) 或半夜 (低電位時) 。同一時刻，BCD 計數器前進到 2 且分：秒級滾動到 00:00，導致 BCD 顯示為 12:00:00。於 12:59:59 時， AND 閘 1 偵測到十位數為 1 且為前進小時的時候了。AND 閘 2 偵測到 BCD 計數器位於 2。AND 閘 2 的輸出準備於下一個時脈緣上執行二件工作：重置小時 FF 的十位數，以及將數值 0001_2 載入到 74160 計數器中。於下一個時脈波之後，時間為 01:00:00。

計數器電路的操作現在應有所體會了，而且也更瞭解如何來連接 MSI 晶片以建構出數位時鐘。請注意到它的確是由若干個較小型且技巧性互連以製作出時脈的極簡易電路所組成的。記得在第 4 章裡，我們扼要地提到了數位系統的模組化、階層式設計。現在正是引用這些原理至您對 Altera 之 Quartus II 發展系統理解範圍內的專案的時機。在利用 HDL 來進行此時鐘之設計前，您必須體會剛剛所描述的電路之操作。請抽空回顧一下此題材。

由上而下之階層式設計

當問題變大且複雜時，則有必要經過多層次的問題分解。這些多個層次通常稱為階層。如何解析問題的策略將隨複雜程度的增加而益形重要。於每一層次，方塊之間的互連應愈簡單愈好，作法是每個方塊的功能要明確、要有測試規劃，並且要有敏銳的眼力能將常用的元件於多個地方盡善且重複利用。

由上而下之設計意味著我們想要從階層中最複雜的層次開始，或者整個專案是被考慮成存在於一個具有輸入與輸出的封閉式黑箱中。黑箱中的內容則仍未知。此刻只能說我們想要它如何表現罷了。我們之所以選擇數位時鐘是因為每個人皆熟悉此裝置操作的最終結果。設計過程中此步驟的一項重要觀點為建立專案的輪廓。譬如，此數位時鐘並不準備有設定時間、設定鬧時、關掉鬧時、小睡或加入其他您枕邊鬧鐘可看到之特性的方法。現在加入所有的這些特性只會因隨想的意圖而增加範例的複雜程度罷了。我們也不想將轉換 60 Hz 正弦波成每秒 60 個脈波之數位波形的信號條件加入，或者是解碼器／顯示器電路。我們要著手處理的專案具有以下的規格：

輸入：60 pps CMOS 相容波形 (準確性視電源線譜而定)

輸出：BCD Hours：1 個位元的 TENS (十位數) 4 個位元的 UNITS (個位數)
　　　BCD Minutes：3 個位元的 TENS (十位數) 4 個位元的 UNITS (個位數)
　　　BCD Seconds：3 個位元的 TENS (十位數) 4 個位元的 UNITS (個位數)
　　　PM 指示器

Minutes 與 Seconds 程序： BCD MOD 60
　　　00－59 (BCD 的十進制表示)
Hours 程序 BCD MOD 12
　　　01－12 (BCD 的十進制表示)
整體顯示範圍
　　　01:00:00－12:59:59
AM/PM 指示器跳換於 12:00:00

所謂之**階層** (hierarchy) 為一群依照大小、重要性或複雜性之等級來安排的物件。整個專案的方塊圖 (階層的最高階) 如圖 8-19 中所示。請注意到每個 BCD 單位輸出有四個位元，但每個分與秒 BCD 十位數輸出只有三個位元。由於十位數位置的最高效 BCD 位數為 5 (101_2) ，因此只需要三個位元。也請注意到小時的十進數位置 (HR_TENS) 只有一個位元。因此除了 0 與 1 之外絕無其他數值。

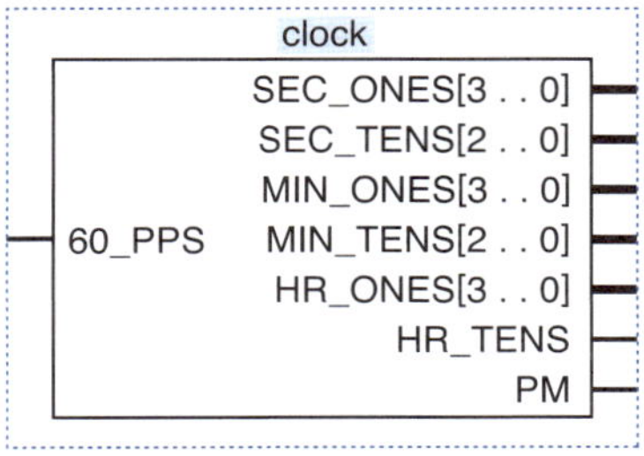

圖 8-19　階層的最上層方塊

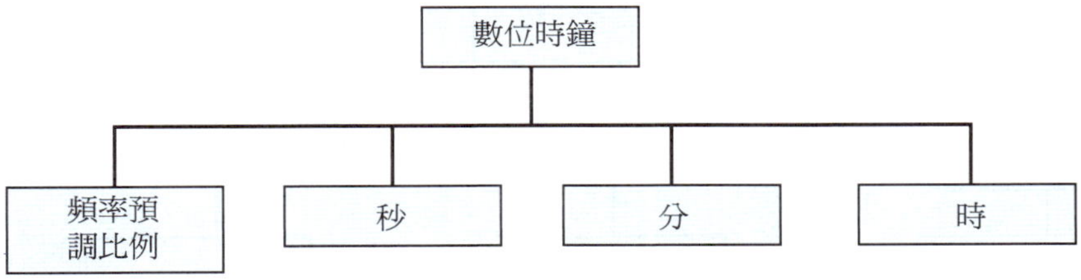

圖 8-20　階層的部分層級

下一步就是將此問題拆解成更多個可管理的部分。首先，我們必須取 60 pps 的輸入並將它轉換成每秒 1 個脈波的時序信號。將參考頻率除成系統所要之頻率的電路稱為**預調比例器** (prescaler)。接著將個別的部分安排予秒計數器、分計數器以及時計數器方有意義。到目前為止，階層圖看似圖 8-20，其中指出了此專案分解成四個子部分。

頻率預調比例器部分的整個用途是將 60 pps 輸入除成每秒一個脈波的頻率。這需要一個模-60 計數器，而計數的程序則無關緊要。於此例中，分與秒的部分都需要模-60 計數器來依 BCD 方式計數 00－59。於設計過程中尋找如此種的相似性是非常重要的。於此例中，我們可使用完全相同的電路設計來製作頻率預調比例器、分計數器以及秒計數器。

模-60 BCD 計數器可很容易的由一個模-10 (十進位) 計數器串接到一個模-6 BCD 計數器來製作出，如圖 8-17 中所見者。此表示於每個這些模-60 方塊內部，我們將發現類似於圖 8-21 的方塊圖。此專案的階層如圖 8-22 中所示。

最後的設計決策為是否將 Hours 的模-12 分解成二個串級，如圖 8-18 中所示者。其中一種選擇為連接至取自 HDL 函數庫的這些標準元件的巨集函數，如吾人於前幾章已討論者。由於此電路非常獨特，因此我們已決定改利用一個單獨的 HDL 模組來描述模-12 時計數器。我們也將利用 HDL 模組來描述模-6 與模-10 的建構模組。然後整個電路圖可利用這三個基本的電路描述來建構。當然，即使這

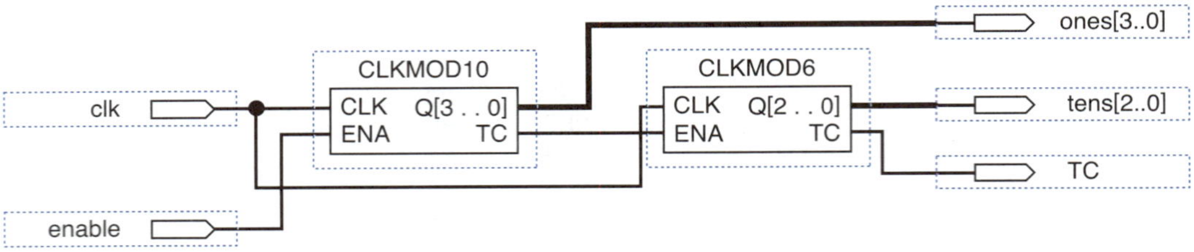

圖 8-21　模-60 部分的方塊內部

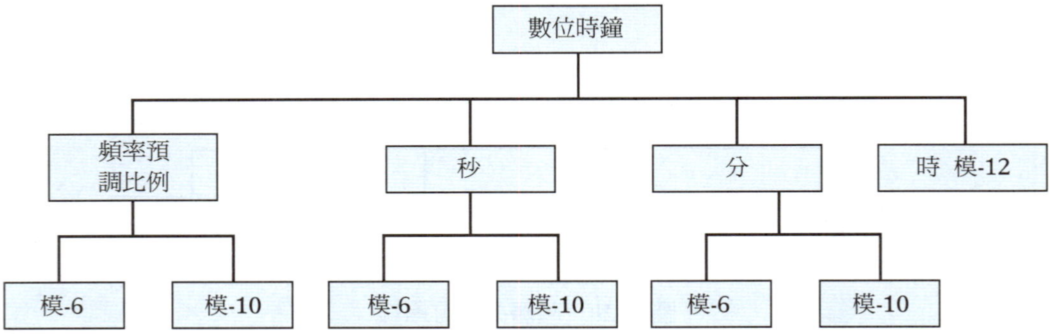

圖 8-22　時鐘專案的完整階層

些方塊可分解成較小的 **FF** 方塊且使用圖形輸入特性來設計，但於此層次還是使用 **HDL** 更為簡單。

由下而上建構方塊

此處每個基本方塊是以 **AHDL** 與 **VHDL** 來提出的。模-6 為對第 7 章 (參閱圖 7-43 與 7-44) 稍早所描述之模-5 同步計數器稍作修改得到的。然後我們進一步修改此程式來產生出模-10 計數器且最後由下而上設計出模-12 **Hours** 計數器。我們將由這三個基本方塊來建構整個時鐘。

AHDL

模-6 計數器 AHDL

此設計並未在圖 7-43 中涵蓋之唯一額外的特性為圖 8-23 中所示的計數激能 (*enable*) 輸入與終端計數 (*tc*) 輸出。請注意到額外的輸入 (*enable*，第 3 行) 與輸出 (*tc*，第 4 行) 包含於 I/O 定義中。結構描述中有一新的行 (第 11 行) 於決定如何來更新 *count* (第 12-15 行) 之值前測試 *enable*。如果 *enable* 為低電位，則藉由 ELSE 分支 (第 16 行) 於每個時脈波緣時將相同的值持住於 *count* 上。請始終記得 IF 要搭配一個 END IF，如第 15 與 17 行上我們所做者。當 *count*＝ 5 AND *enable* 有作用為 *true* 時終端計數 (*tc*，第 18 行) 將為高電位。請注意到 AHDL 中的雙等號 (＝＝) 是用來估算相等性。

```
1   SUBDESIGN fig 8_23
2   (
3      clock, enable        :INPUT;       -- 同步時脈與激能
4      q[2..0], tc          :OUTPUT;      -- 三位元計數器
5   )
6   VARIABLE
7      count[2..0]    :DFF;    -- 宣告一個 D FF 之暫存器
8
9   BEGIN
10     count[].clk = clock;       -- 將所有的時脈連接到同步源頭
11     IF enable THEN
12        IF count[].q < 5 THEN
13           count[].d = count[].q + 1;   --將目前的值遞增 1
14        ELSE count[].d = 0;             --重循環，強迫未用狀態為 0
15        END IF;
16     ELSE count[].d = count[].q;        --未被激能：持住於此計數值
17     END IF;
18     tc = enable & count[].q == 5;      --若被激能則偵測最大計數值
19     q[] = count[].q;                   --連接暫存器至輸出
20  END;
```

圖 8-23　AHDL 中的模-6 設計

模-6 計數器 VHDL

此設計並未在圖 7-44 中涵蓋的唯一額外的特性為圖 8-24 中所示之計數激能 (*enable*) 輸入與終端計數 (*tc*) 輸出。請注意到額外的輸入 (*enable*，第 2 行) 與輸出 (*tc*，第 4 行) 包含於 I/O 定義中。結構描述中有一新的行 (第 15 行) 於決定如何來更新 *count* (第 16-20 行) 之值前測試 *enable*。如果 *enable* 為低電位，則目前的值將被持住於變數 *count* 中且不向上計數。請始終記得 IF 要搭配一個 END IF，如第 20-22 行上吾人所做者。終端計數指示器 (*tc*，第 24 與 25 行) 當 *count*＝5 AND *enable* 有作用為 *true* 時將為高電位。

圖 8-25 中模-6 計數器的模擬測試驗證了它是計數 0－5 且藉由忽視時脈波並且一旦 *enable* 為低電位時凍結計數來對計數激能輸入作響應。而且當它被激能於它的最大計數 5 時也產生 *tc* 輸出。

```
ENTITY fig 8_24 IS
PORT( clock, enable            :IN BIT ;
      q                        :OUT INTEGER RANGE 0 TO 5;
      tc                       :OUT BIT
    );
END fig 8_24;

ARCHITECTURE a OF fig 8_24 IS
BEGIN
   PROCESS (clock)                              -- 對時脈波作反應
   VARIABLE count     :INTEGER RANGE 0 TO 5;

   BEGIN
      IF (clock = '1' AND clock'event) THEN
         IF enable = '1' THEN                   -- 同步串接輸入
            IF count < 5 THEN                   -- 小於最大 (終端) 計數值？
               count := count + 1;
            ELSE
               count := 0;
            END IF;
         END IF;
      END IF;
      IF (count = 5) AND (enable = '1') THEN            -- 同步串接輸出
            tc <= '1';                                  -- 指示出終端計數
      ELSE  tc <= '0';
      END IF;
      q <= count;                                       -- 更新輸出
   END PROCESS;
END a;
```

圖 8-24　VHDL 中的模-6 設計

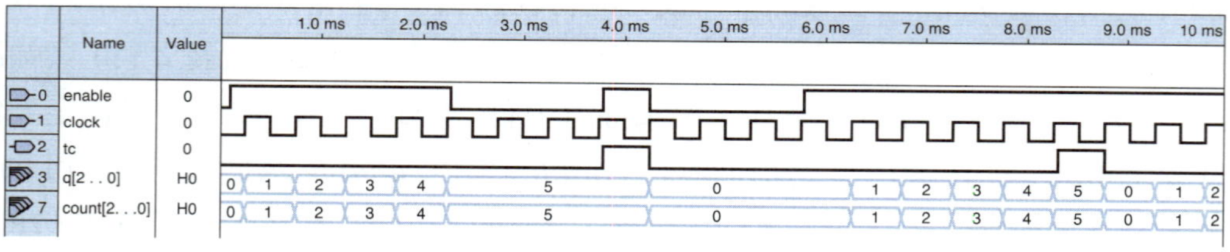

圖 8-25　模-6 計數器的模擬

模-10 計數器 AHDL

模-10 計數器與圖 8-23 中所描述之模-6 計數器稍有不同。唯一需做的一些改變包括了改變輸出埠與暫存器中的位元個數 (於 VARIABLE 部分) 以及計數器於滾動之前應到達的最大值。圖 8-26 提出了模-10 的設計。

```
SUBDESIGN fig 8_26
(
   clock, enable       :INPUT;             --同步時脈與激能
   q[3..0], tc         :OUTPUT;            --四位元十進計數器
)
VARIABLE
   count[3..0] :DFF;                       --宣告一個 D FF 之暫存器

BEGIN
   count[].clk = clock;                    --將所有的時脈連接到同步源頭
   IF enable THEN
      IF count[].q < 9 THEN
         count[].d = count[].q + 1;        --將目前的值遞增 1
      ELSE count[].d = 0;                  --重循環，強迫未用狀態為 0
      END IF;
   ELSE count[].d = count[].q;             --未被激能：持住於此計數值
   END IF;
   tc = enable & count[].q == 9;           --若被激能則偵測最大計數值
   q[] = count[].q;                        --連接暫存器至輸出
END;
```

圖 8-26　AHDL 中的模-10 設計

模-10 計數器 VHDL

模-10 計數器與圖 8-24 中所描述之模-6 計數器稍有不同。唯一需做的一些改變包括了改變輸出埠與變數 *count* (使用 INTEGER RANGE) 的位元個數以及計數器於滾動之前應到達的最大值。圖 8-27 提出了模-10 的設計。

模-12 設計

我們已決定利用 HDL 來將小時計數器製作成單獨一個設計檔案。它必須是一個遵循時鐘之計時程序 (1－12) 的模-12 BCD 計數器而且提供了 AM/PM 指示器。回憶起最初的設計步驟，BCD 輸出必須有一個四位元陣列予低階位數且單獨一個位元予高階位數。設計此計數器電路時要考慮必須如何來運作。它的計數順序為：

01 02 03 04 05 06 07 08 09 10 11 12 01 ...

經由觀察此順序，我們可結論出共有四個重要的方向來定義需產生出適當之 NEXT 狀態的操作：

1. 當數值為 01 至 08 時，遞增低位數並且維持高位數相同不變。
2. 當數值為 09 時，重置低位數為 0 且促使高位數為 1。

```
ENTITY fig 8_27 IS
PORT( clock, enable      :IN BIT ;
      q                  :OUT INTEGER RANGE 0 TO 9;
      tc                 :OUT BIT
    );
END fig 8_27;

ARCHITECTURE a OF fig 8_27 IS
BEGIN
   PROCESS (clock)                              -- 對時脈波作響應
   VARIABLE count    :INTEGER RANGE 0 TO 9;

   BEGIN
      IF (clock = '1' AND clock'event) THEN
         IF enable = '1' THEN                -- 同步串接輸入
            IF count < 9 THEN                -- 十進制計數器
               count := count + 1;
            ELSE
               count := 0;
            END IF;
         END IF;
      END IF;
      IF (count = 9) AND (enable = '1') THEN      -- 同步串接輸出
            tc <= '1';
      ELSE tc <= '0';
      END IF;
      q <= count;                                 -- 更新輸出
   END PROCESS;
END a;
```

圖 8-27　**VHDL 中的模-10 設計**

3. 當數值為 10 或 11 時，遞增低位數且維持高位數相同不變。
4. 當數值為 12 時，重置低位數為 1 且促使高位數為 0。

由於這些條件需估算數值的範圍，因此極適合使用 IF/ELSIF 結構更甚於 CASE 結構。也有需要來確認何時來跳換 AM/PM 指示器。此時刻是發生於小時狀態為 11 且激能為高電位時，此即表示低階計數器處於它的最大值 (59:59)。

AHDL 之模-12 計數器

AHDL 計數器需要四個 D FF 予低階 BCD 位數以及單獨一個 D FF 予高階 BCD 位數 (因為它的值將始終為 0 或 1)。而且也需要一個 FF 來記錄 A.M. 與 P.M.。這些原型是宣告於圖 8-28 的第 7-9 行上。而且請注意到此設計中，輸出埠使用了

```
1  SUBDESIGN fig 8 _28
2  (
3     clk, ena            :INPUT;
4     low[3..0], hi, pm :OUTPUT;
5  )
6  VARIABLE
7     low[3..0]     :DFF;
8     hi            :DFF;
9     am_pm         :JKFF;
10    time          :NODE;
11 BEGIN
12    low[].clk = clk;          -- 同步時脈
13    hi.clk = clk;
14    am_pm.clk = clk;
15    IF ena THEN               -- 使用激能於計數上
16       IF low[].q < 9 & hi.q == 0    THEN
17          low[].d = low[].q + 1; -- 將低階位數遞增 1
18          hi.d = hi.q; -- 持住高階位數
19       ELSIF low[].q == 9 THEN
20          low[].d = 0;
21          hi.d = VCC;
22       ELSIF hi.q == 1 & low[].q < 2 THEN
23          low[].d = low[].q + 1;
24          hi.d = hi.q;
25       ELSIF hi.q == 1 & low[].q == 2 THEN
26          low[].d = 1;
27          hi.d = GND;
28       END IF;
29    ELSE
30       low[].d = low[].q;
31       hi.d = hi.q;
32    END IF;
33    time = hi.q == 1 & low[3..0].q == 1 & ena;    -- 偵測 11:59:59
34    am_pm.j = time;         -- 於中午以及午夜時跳換 am/pm
35    am_pm.k = time;
36    pm = am_pm.q;
37 END;
```

圖 8-28　AHDL 中的模-12 時計數器

相同的名稱。此即 AHDL 的一項便利特性。當激能輸入 (*ena*) 有動作時，電路將估算第 16-28 行上的 IF/ELSE 敘述，並對 BCD 數字的高階與低階四個位元執行適當的運算。一旦激能輸入為低電位時，數值將維持相同，如第 30 與 31 行所示。第 33 行則於計數器被激能時偵測計數何時到達 11。此信號送至 am_pm FF 的 *J* 與 *K* 輸入以促使它於 11:59:59 跳換。

VHDL 之模-12 計數器

圖 8-29 的 VHDL 計數器需要一個四位元輸出予低階 BCD 位數以及單獨一個輸出位元予高階 BCD 位數 (因為它的值將始終為 0 或 1)。這些輸出 (第 3 與 4 行) 而且與將產生輸出的變數 (第 12 與 13 行) 被宣告成整數，因為這樣的話可經由只是加 1 到變數值來使 “計數” 變成可能。於每個有動作的時脈波緣上，當激能輸入有動作時，電路需決定要對 BCD 計時個位數的計數器、單位元計時十位數 FF 以及 AM/PM FF 做何事。

此範例有極佳的機會來指出 VHDL 能讓設計人員精確的描述最終硬體電路之操作的進階特性。前幾章裡，我們探討了 PROCESS 內部之敘述被依序來估算的問題。記得 PROCESS 外面的敘述是被看成是共點的，且它們在設計檔案中撰寫出的順序對最終的電路操作毫無影響。於此例中，我們必須估算目前的狀態以決定是否跳換 AM/PM 指示器，而且也推進計數器至 NEXT 狀態。牽涉的問題包含如下：

1. 於 VHDL 中我們如何來“記住”目前的計數值？
2. 我們要估算目前的計數值來看看是否為 11 (以決定我們是否需要跳換 AM/PM FF) 且然後遞增至 12，或者是將計數器狀態從 11 遞增到 12，且然後估算計數值來看看是否為 12 (以知曉我們需跳換 AM/PM FF)？

首先考慮第一個問題，VHDL 中有二種方法來記住計數器目前的狀態。SIGNAL 與 VARIABLE 皆可持住它們的值一直到它們被更新為止。一般而言，SIGNAL 就像接線一樣是用來連接電路中的節點，而 VARIABLE 則用作像一個暫存器來儲存更新之間的資料。因此，VARIABLE 通常用來製作計數器。主要的不同為 VARIABLE 對 PROCESS 而言為區域性的且宣告於其內部，但 SIGNAL 則是全域性的。而且，VARIABLE 是被看成於 PROCESS 中在一連串敘述之內立即被更新，而 SIGNAL 則當 PROCESS 被閒置時相對於 PROCESS 內部而言是被更新的。於此例中，我們已選擇了使用 VARIABLE，對於作用之時脈波緣描述發生何事的 PROCESS 而言是區域性的。

對第二個問題而言，每個這些策略都將有效，但我們如何使用 VHDL 來描述它們呢？如果我們想要電路藉由偵測計數器更新之前的 11 來跳換 A.M. 與 P.M. (像一個同步串接)，則測試必須發生於 VARIABLE 被更新之前的程式中。這個測試驗證於圖 8-29 第 17-19 行上的設計檔案中。另一方面，如果我們想要電路於時

```
1  ENTITY fig8_29 IS
2  PORT( clk, ena           :IN BIT ;
3        low                :OUT INTEGER RANGE 0 TO 9;
4        hi                 :OUT INTEGER RANGE 0 TO 1;
5        pm                 :OUT BIT              );
6  END fig8_29;
7
8  ARCHITECTURE a OF fig8_29 IS
9  BEGIN
10    PROCESS (clk)                                 -- 對時脈波作響應
11    VARIABLE am_pm :BIT;
12    VARIABLE ones   :INTEGER RANGE 0 TO 9;  -- 四位元個位數信號
13    VARIABLE tens   :INTEGER RANGE 0 TO 1;  -- 一位元十位數信號
14    BEGIN
15      IF (clk = '1' AND clk'EVENT) THEN
16        IF ena = '1' THEN                         -- 同步的串接輸入
17          IF (ones = 1) AND (tens = 1) THEN     -- 於 11:59:59 時刻
18            am_pm := NOT am_pm;                 -- 跳換 am/pm
19          END IF;
20          IF (ones < 9) AND  (tens = 0) THEN  -- 狀態 00-08
21            ones := ones + 1;                     -- 遞增個位數
22          ELSIF ones = 9 THEN                     -- 狀態 09... 設定成 10:00
23            ones := 0;                            -- 個位數重置成零
24            tens := 1;                            -- 十位數跳升為 1
25          ELSIF (tens = 1) AND (ones < 2) THEN-- 狀態 10，11
26            ones := ones + 1;                     -- 遞增個位數
27          ELSIF (tens = 1) AND (ones = 2) THEN --狀態 12
28            ones := 1;                            -- 設定成 01:00
29            tens := 0;
30          END IF;
31    -----------------------------------------------------------
32    -- 此空間為更新 am/pm 的替代位置
33    -----------------------------------------------------------
34        END IF;
35      END IF;
36      pm <= am_pm;
37      low <= ones;                                   -- 更新輸出
38      hi <= tens;
39    END PROCESS;
40 END a;
```

圖 8-29　VHDL 中的模-12 時計數器

脈緣之後偵測何時 12 時已到 (較像一個漣波計數器)，則 VARIABLE 必須先於測試數值 12 之前被更新。若要修改圖 8-29 中的設計來完成此項工作，則第 17-19 行的 IF 結構可被搬移到第 31-33 行的空白區，且編輯如以下粗體字所示：

```
31  IF (ones = 2) AND (tens = 1) THEN -- 於 12:00:00
32     am_pm := NOT am_pm;               -- 時跳換 am/pm
33     END IF;
```

敘述的次序與它所解碼的值產生了電路如何操作的所有不同處。於第 36-38 上，*am_pm* VARIABLE 是連接到 *pm* 埠，個位的 BCD 位數使用到輸出的較低階四個位元 (*low*)，而十位數 (一個單位元的變數) 則使用到輸出的最高效位數 (*hi*)。由於所有的這些 VARIABLE 皆是區域性的，這些敘述必須發生於第 39 行上的 END PROCESS 之前。

於設計被編譯後，它必須被模擬以驗證它的操作，尤其是在重要的部分。圖 8-30 指出了測試此計數器的模擬範例。於時序圖的左方，由於 *hi* 位數處於 1 且 *low[ ]* 位數處於 1 ，因此計數器被禁抑且保存著小時 11。於時脈波的上昇緣上，當激能轉成高電位時，小時從 11 轉成 12 且促使 PM 指示器轉成高電位，這表示為正午時分。下一個作用緣促使計數器從 12 滾動到 01。於時序的右半部上，同樣的程序也被模擬，指出了於小時遞增的時刻間實際上將有許多時脈脈波。於它必須遞增前的時脈波週期上，激能乃被前一級的終端計數驅動成高電位。

結合圖形方塊

專案的構築方塊已被定義、產生且個別模擬以驗證它們是否正常運作。現在是結合方塊以產生出片段且結合這些片段來製作出最後的產品。Altera 軟體提供了許多方法來完成專案所有片段之整合。於第 4 章裡，我們提及了所有不同類型的設計檔案 (AHDL、VHDL、VERILOG、Schematic) 能以圖形來結合。此技術是因為能讓我們產生出一個 “ 符號 ” 來表示特殊檔案設計的特性而成為可能。譬如，撰寫於 VHDL 設計檔案 fig8_24 中之模-6 計數器設計檔案可使用軟體表示成電路方塊，如圖 8-31(a) 中所示。Quartus II 軟體於敲擊下按鈕時即產生此符號。從彼點開始，它將識別此符號為根據 HDL 程式中所規定之設計的操作。圖 8-31(b) 的符號是由設計予圖 8-26 之模-10 計數器的 AHDL 檔案所產生的，而圖 8-31(c) 的符號則由設計予圖 8-29 之模-12 計數器的 VHDL 檔案來產生。 (這些方塊之所以由圖編號來命名的理由，只是因為易於將設計檔案置於隨附的光碟片上。於設計的環境中 [而非於書本中者]，它們應根據用途來命名，就像 MOD6、MOD10 與

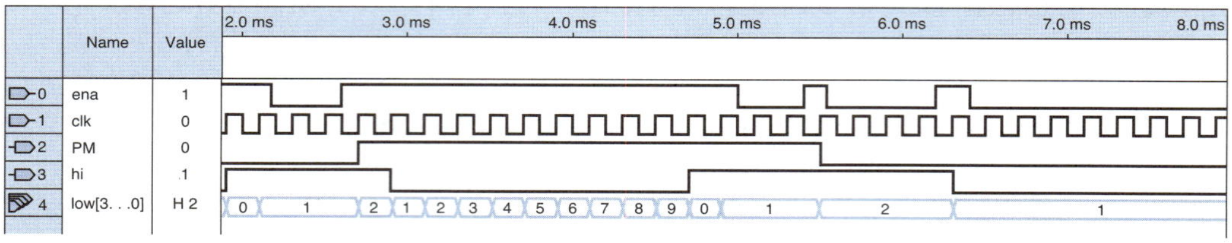

圖 8-30 模-12 時計數器的模擬

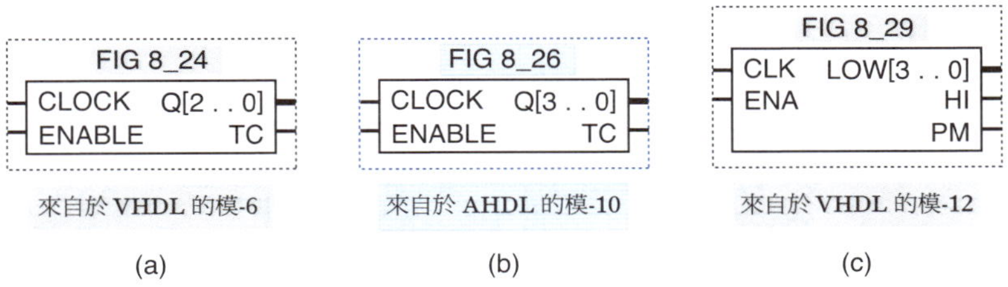

圖 8-31　**HDL 設計檔案所產生的圖形方塊符號：(a) 來自於 VHDL 的模-6；(b) 來自於 AHDL 的模-10；(c) 來自於 VHDL 的模-12**

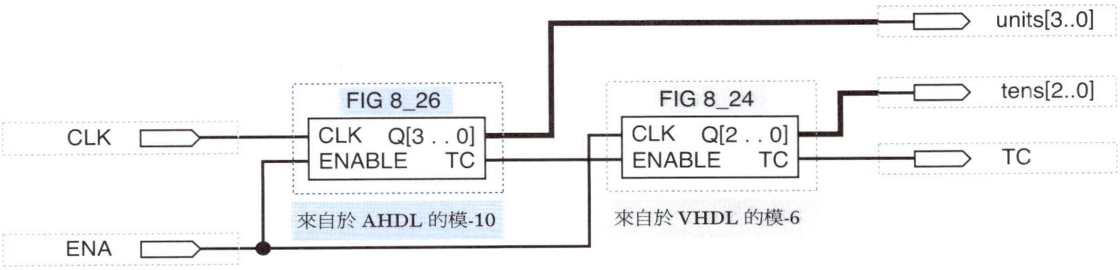

圖 8-32　**以圖形結合 HDL 方塊來產生出模-60**

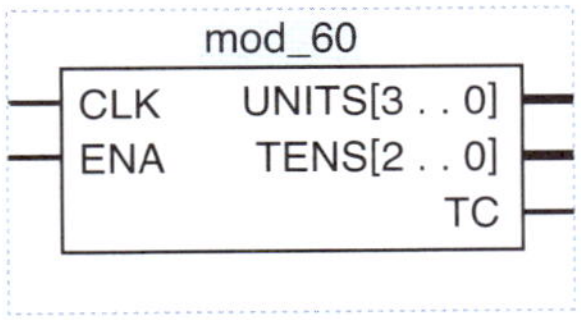

圖 8-33　**模-60 計數器**

CLOCK_HOURS 者。)

遵循我們已建立的設計階層，下一步是結合模-6 與模-10 計數器來構成模-60 方塊。MAX＋PLUS II 軟體使用圖形設計檔案 (.gdf)，這些符號使得易於描線以連接輸入埠、符號和輸出埠。Quartus II 軟體提供相同功能但使用方塊設計檔 (.bdf)。結果如圖 8-32 中所示，在 Quartus II 的一個 BDF 檔。此圖形或方塊設計檔案則可被編譯並用來模擬模-60 計數器的操作。如果設計已被驗證成正常的工作，則 Quartus II 系統允許我們採用此電路並且產生出一個方塊符號給它，如圖 8-33 中所示者。

模-60 符號可反覆地與模-12 符號併用來產生出如圖 8-34 中所示的系統層次方塊符號圖。即使如此，系統層次圖可由整個專案的方塊圖來表示，如圖 8-35 中所示。

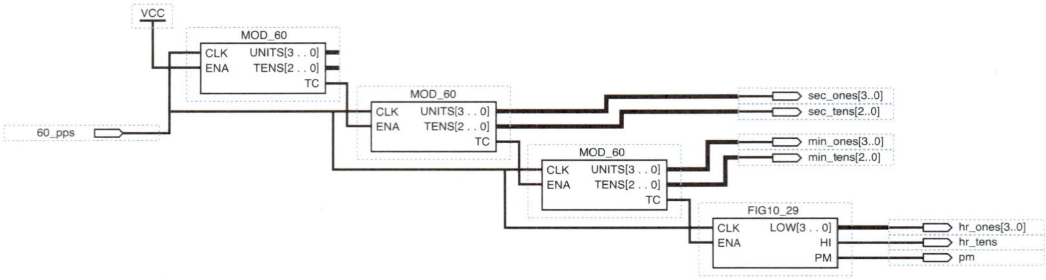

圖 8-34 使用方塊符號來連接的整個時鐘專案

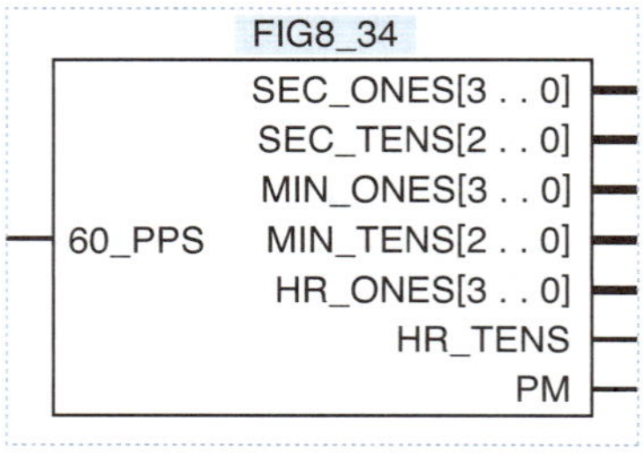

圖 8-35 由一個符號來表示的整個時鐘

只使用 HDL 來結合方塊

圖形法只要是可行且滿足手邊目的即可正常圓滿的運作。如先前提到者，HDL 係開發用來提供將複雜的系統文件化，且將資訊以不受時限且與軟體無關的方式來儲存。我們可理所當然的假設，若使用 AHDL，則次設計之圖形整合的選擇若使用來自於 Altera 的工具將始終可行的；但無論如何，此一假設對於 VHDL 的使用者則非適當的。許多的 VHDL 發展系統並未提供任何對等於 Altear 的圖形方塊整合者，這就是為何要提出僅使用文字基礎之語言工具的模組、階層式發展以及專案整合之相同概念。我們所涵蓋的 AHDL 整合內容不如 VHDL 所涵蓋者深入的原因為圖形法通常較受歡迎。

AHDL 模組整合

回到模-6 與模-10 計數器的二個 AHDL 檔案。我們如何僅使用文字基礎的 AHDL 來結合這些檔案成一個模-60 計數器？此方法的確很像圖形整合者。我們不再創造出一個 “符號” 來表示模-6 與模-10 檔案，而是改創造出一個稱為 “INCLUDE” 的新種類檔案。它包含了所有它所表示之 AHDL 檔案的重要資訊。為了描述模-60 計數器，有一新的 TDF 檔案 (如圖 8-36 中所示) 被打開。建

```
1   INCLUDE "fig 8 _26.inc";         -- 模-10 計數器模組
2   INCLUDE "fig 8 _23.inc";         -- 模-6 計數器模組
3
4   SUBDESIGN fig 8 _36
5   (
6      clk, ena                              :INPUT;
7      ones[3..0], tens[2..0], tc            :OUTPUT;
8   )
9   VARIABLE
10     mod10            :fig 8 _26;          -- 模-10 予個位數
11     mod6             :fig 8 _23;          -- 模-6 予十位數
12  BEGIN
13     mod10.clock = clk;                    -- 同步時脈
14     mod6.clock = clk;
15     mod10.enable = ena;
16     mod6.enable = mod10.tc;               -- 串接
17     ones[3..0] = mod10.q[3..0];           -- 1s
18     tens[2..0] = mod6.q[2..0];            -- 10s
19     tc = mod6.tc;                         -- 使終端計數於 59
20  END;
```

圖 8-36　AHDL 中之模-60 由模-10 與模-6 製作出

構方塊檔案“被包含於”最上方，如第 1 與 2 行上所示。接著，用於建構方塊的名稱則用作如庫建元件或原型以定義變數之本質。於第 10 行上，變數 *mod10* 現在則用另一個模組 (fig8_26) 中的模-10 計數器來表示。*MOD10* 現在具有了 fig8_26.tdf 中所描述的所有屬性 (輸入、輸出、功能操作)。同樣的在第 11 行，變數 *mod6* 被給予 fig8_23.tdf 的模-6 計數器的屬性。第 13-19 行完成了完全相同於 GDF 或 BDF 檔案上的描線以連接若干元件到另一個元件且到輸入／輸出埠。

此檔案 (FIG8_36.TDF) 可由編譯程式轉譯成一個“include”檔案 (fig8_36.inc) 且然後使用於另一個描述主要片段之互連以構成系統的 tdf 檔案。階層中的每一層皆參用回較低層的組成模組。

VHDL 模組整合

我們且先回到模-6 與模-10 計數器的 VHDL 檔案，它們分別如圖 8-24 與 8-27 中所示。我們如何僅使用文字基礎的 VHDL 來結合這些檔案成一個模-60 計數器？方法的確很像圖形整合者。我們不再創造出一個“符號”來表示模-6 與模-10 檔案，這些設計檔案是描述成 COMPONENT，如我們於第 5 章中所探討者。它包含了所有它所表示之 **AHDL** 檔案的資訊。為了描述模-60 計數器，有一新的 **VHDL** 檔案 (如圖 8-37 中所示) 被打開。建構方塊檔案是被描述成“omponent”如結構描述中的第 10-14 與 15-19 行上者。接著，用於建構方塊 (component) 的名稱則與 **PORT MAP** 關鍵字併用來描述這些元件的互連。**PORT MAP** 片段內的資訊描述了完全與 **BDF** 檔案中電路圖上之描線完全相同的操作。

```
1   ENTITY fig8_37 IS
2   PORT( clk, ena          :IN BIT ;
3         tens              :OUT INTEGER RANGE 0 TO 5;
4         ones              :OUT INTEGER RANGE 0 TO 9;
5         tc                :OUT BIT           );
6   END fig8_37;
7
8   ARCHITECTURE a OF fig8_37 IS
9   SIGNAL cascade_wire     :BIT;
10  COMPONENT fig8_24                                  -- 模-6 模組
11  PORT( clock, enable     :IN BIT ;
12        q                 :OUT INTEGER RANGE 0 TO 5;
13        tc                :OUT BIT);
14  END COMPONENT;
15  COMPONENT fig8_27                                  -- 模-10 模組
16  PORT( clock, enable     :IN BIT ;
17        q                 :OUT INTEGER RANGE 0 TO 9;
18        tc                :OUT BIT);
19  END COMPONENT;
20
21  BEGIN
22     mod10:fig8_27
23        PORT MAP(   clock => clk,
24                    enable => ena,
25                    q => ones,
26                    tc => cascade_wire);
27
28     mod6:fig8_24
29        PORT MAP(   clock => clk,
30                    enable => cascade_wire,
31                    q  => tens,
32                    tc => tc);
33  END a;
```

圖 8-37　**VHDL** 中之模-**60** 由模-**10** 與模-**6** 製作出

```
1   ENTITY fig8_38 IS
2   PORT( pps_60                             :IN BIT ;
3         hour_tens                          :OUT INTEGER RANGE 0 TO 1;
4         hour_ones, min_ones, sec_ones      :OUT INTEGER RANGE 0 TO 9;
5         min_tens, sec_tens                 :OUT INTEGER RANGE 0 to 5;
6         pm                                 :OUT BIT                 );
7   END fig8_38;
8
9   ARCHITECTURE a OF fig8_38 IS
10  SIGNAL cascade_wire1, cascade_wire2, cascade_wire3    :BIT;
11  SIGNAL enabled                                        :BIT;
12  COMPONENT fig8_37    --模-60
13  PORT( clk, ena       :IN BIT ;
14        tens           :OUT INTEGER RANGE 0 TO 5;
15        ones           :OUT INTEGER RANGE 0 TO 9;
16        tc             :OUT BIT            );
17  END COMPONENT;
18  COMPONENT fig8_29    --模-12
19  PORT( clk, ena       :IN BIT ;
20        low            :OUT INTEGER RANGE 0 TO 9;
21        hi             :OUT INTEGER RANGE 0 TO 1;
22        pm             :OUT BIT            );
23  END COMPONENT;
24  BEGIN
25     enabled <= '1';
26
27     prescale:fig8_37          --模-60
28        PORT MAP(    clk    => pps_60,
29                     ena    => enabled,
30                     tc     => cascade_wire1);
31
32     second:fig8_37            --模-60
33        PORT MAP(    clk    => pps_60,
34                     ena    => cascade_wire1,
35                     ones   => sec_ones,
36                     tens   => sec_tens,
37                     tc     => cascade_wire2);
```

圖 8-38　VHDL 中完整的時鐘

最後，表示階層最上方的 VHDL 檔案是使用來自於圖 8-37 (模-60) 與圖 8-29 (模-12) 的元件來產生。此檔案如圖 8-38 中所示。請注意其一般之形式如下：

定義 I/O：第 1-7 行

定義符號：第 10-11 行

定義元件：第 12-23 行

列舉元件並且將它們連接在一起：第 27-52 行

```
    minute:fig8_37              -- 模-60
       PORT MAP(    clk     => pps_60,
                    ena     => cascade_wire2,
                    ones    => min_ones,
                    tens    => min_tens,
                    tc      => cascade_wire3);

    hour:fig8_29                -- 模-60
       PORT MAP(    clk     => pps_60,
                    ena     => cascade_wire3,
                    low     => hour_ones,
                    hi      => hour_tens,
                    pm      => pm);
END a;
```

圖 8-38 (續)

複習問題

1. 於階層式設計之最上層處要作什麼定義？
2. 設計程序從何開始？
3. 建構程序從何開始？
4. 於哪一 (些) 級要完成模擬測試？

8-5 微波爐專案

此刻我們已討論過了數位系統的主要建構方塊，並且看過了若干個使用一些這種方塊的簡單系統範例。此節裡，我們將從使用者觀點來涵蓋一個眾所周知的完整系統：微波爐。此系統包含了許多建構所有數位系統的建構方塊，並且驗證了它們是如何組合來控制始終是最為改變生活的發明之一。

微波爐只是使用了具備足夠功率的電磁波頻率 (rf) 產生器來激發食物中的分子而將它加熱。自從微波烹煮於 1960 年代發明至今有四個基本的元件使用於此器具中：高壓變壓器、二極體、電容以及磁控管。您務必知曉此電路的唯一重要的事是何時要加上 120 VAC 到變壓器、何時烹煮食物且何時切斷 120 VAC、何時關掉微波爐。換言之，它是可由 1 或 0 來控制的。過去幾年裡控制微波爐的電路改變許多，從簡易的機械式定時器改變成複雜的數位系統。我們將設計的控制器能讓使用者輸入以分秒為單位的需要烹調時間，並且提供類似於圖 8-39(a) 中所示圖形之典型微波爐常用基本的使用者操控。

專案定義

我們從上層開始並定義微波爐控制器的系統輸入與輸出。我們應注意到此專案的目的是要製作於如圖 8-39(b) 中所示的 Altera DE1 (或 DE2 或類似的) 開發用電路板上。由於此系統的主動邏輯準位吻合 Altera 電路板的硬體資源 (開關與顯示器)，我們已決定使用十個單獨的開關來代表鍵盤輸入，另一種作法將是使用 8-3 節中所描述的外部矩陣式鍵盤。此範例是要避免使用開發電路板外部的電路。圖 8-40 的方塊圖定義了專案的概觀且詳細的規格列於表 8-3 中。

系統要運作像典型的微波爐。當微波爐未烹煮食物時，您就能透過鍵盤上的按鍵輸入要烹調的時間。每一個按下的鍵顯示於最右方的位數顯示器上，而其他的位數則是向左移位。當開始鈕按下時，假設門是關著的，磁控管將會被激發且位數將依分與秒向下計數。前導的零將於顯示器上忽略。如果門是開著或者停止鈕是按下的，時間會停止於它的目前值且磁控管會被關掉。於任何時刻按下清除鈕將迫使計數值為 0。當計數到達 0 時，磁控管會被關掉且時間讀出為 0。如果使用者按下的秒最初值大於 59 (即為 60-99)，則秒計數器應仍從那個值向下計數到 00。

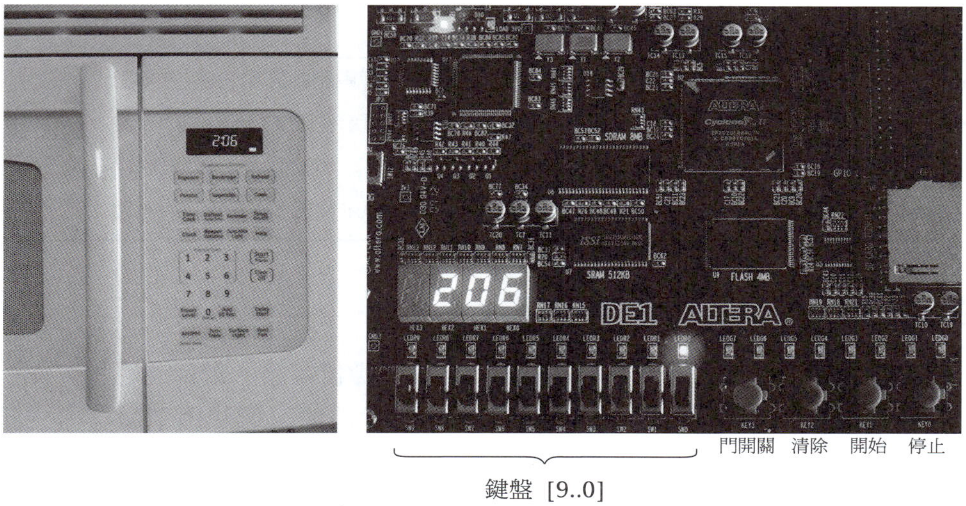

(a)　　　　　　　　　　(b)

圖 8-39　**(a)** 典型的微波爐；**(b)** 於 DE1 電路板上的微波爐專案

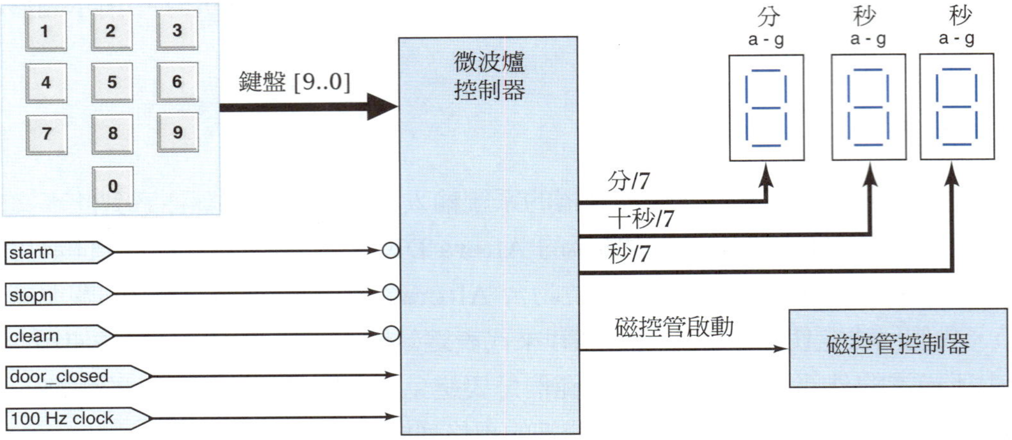

圖 8-40 微波爐系統方塊圖

表 8-3

輸入信號	信號規格
clock	100 Hz，3.3 V 標準邏輯準位
startn, stopn, clearn	通常在高電位，低電位動作的瞬間按鈕，3.3 V 標準邏輯準位
door_closed	門關著時為高電位，門開著時為低電位
keypad (0-9)	十個獨立的按鈕：高電位時動作 (DE1 上的滑動開關)
輸出信號	**信號規格**
mag_on	用來加上 120 VAC 至磁控管電路的高電位動作的輸出
min_segs (a–g)	低電位動作輸出至高 (分) 顯示位數：分別為 a–g 段
sec_tens_segs (a–g)	低電位動作輸出至中間 (十秒) 顯示位數：分別為 a–g 段
sec_ones_segs (a–g)	低電位動作輸出至低 (秒) 顯示位數：分別為 a–g 段

策略性規劃／問題分析

第一步策略性決定應為是否要使用微控器或客製化數位電路。針對此應用，並沒有理由不使用微控器來控制微波爐。事實上，您的微波爐可能使用了微控器於此用途。記得微控器是一個建構在晶片上的小型計算機系統。它執行設計人員儲存於其記憶器中的循序指令。諸如檢查每個輸入、執行任何的計算以及更新輸出的指令的執行速度，都比人的手指按下與放開按鍵的動作快很多。任何的微控器都夠快速來跟上人的動作，所以客製化數位電路的速度於此應用並不需要。儘管如此，這是數位系統課文且我們已選擇儘量包含許多種數位系統的建構方塊於此解決方案中。此微波爐將以場可規劃閘陣列 (FPGA) 而非微控器方式來製作成數位電路。此項決定影響我們規劃專案方塊的方式。

此微波爐的特性能讓我們易於辨識此系統的主要功能方塊。有許多方式來分解任何的系統。譬如，設計人員必須決定多少的功能方塊較合適且需要多少階層，而且也要作幾項會影響解決每個功能方塊之困難程度的策略性決定。本專案分解成共三個階層且於階層 2 上有四個功能方塊。方塊的複雜性由簡到難。當一項任務交付予專案團隊時，專案經理要能夠依據團隊成員的經驗／技能排定任務。

微波爐系統中可能最明顯的功能方塊為分／秒定時器，它只是以一秒間隔下數的電路。此計數器方塊的需求為：

- 它必須下數且當它達到零時停止計數。
- 它必須一次下載 (分與秒) 一個 BCD 位數。
- 它必須能被清除。
- 它必須能被抑制 (維持於目前的計數)。

第二步策略性決定必須此刻來作。設計應該使用直接二進計數器或 BCD 計數器於微波爐定時器中？直接二進計數器易於描述或建構，但每次按鍵時如何能載入適當的二進數值？記得，每個按鍵輸入只是產生 BCD 數位而已。能夠將 BCD 輸入轉變成二進輸入並且載入此計數器中將需要若干複雜的數學運算。於輸出端上，轉換此二進數 (自計數器) 成 7-段 BCD 的電路方塊亦將極為複雜。使用二進計數器可能不是好的想法。相反地，如果我們能使計數器操作成串接一起的 BCD 級，則計數器方塊將比簡易的二進計數器稍微複雜些；但資料的下載與顯示則將簡易許多。記得，每個決定都有它的結果，所以值得多花點時間好好思考您各種決定所衍生的後果。我們已決定使用串接式的 BCD 計數器。因此，所需要的輸入為單獨一個 BCD 位數 (即 4 位元資料值)、*load* 控制線、*clock*、*enable* 以及 *clear* 線，如圖 8-41 中所示。由這些標記注意到，當 *enable* 為高電位動作時 *loadn* 與 *clearn* 線是低電位動作的。輸出為三個 BCD 位數以及指示出計數器已到達 0 的信號線 (zero)。

我們進一步將分／秒計數器方塊分解成功能模組，產生出第三階層。圖 8-42 指出了如何將三個 BCD 計數器級串接在一起來產生此功能性。每一級都是單獨一個位數之 BCD 下數計數器。然而，由於秒計數器必須向下逐秒的從 50 計數到 00，十秒計數器 (中間位數) 必須是模-60 BCD 計數器。另外二級，即秒與分為單位的計數器，則相同於模-10 計數器。我們已將問題簡化成只是設計具備以下特性之單位數模-*N* BCD 下數計數器而已：每一級必須具備含有低電位動作 *loadn* 控制

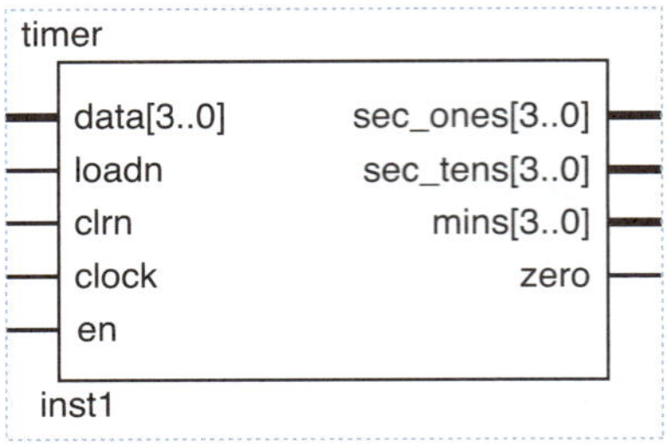

圖 8-41　微波爐系統的分／秒計數器方塊

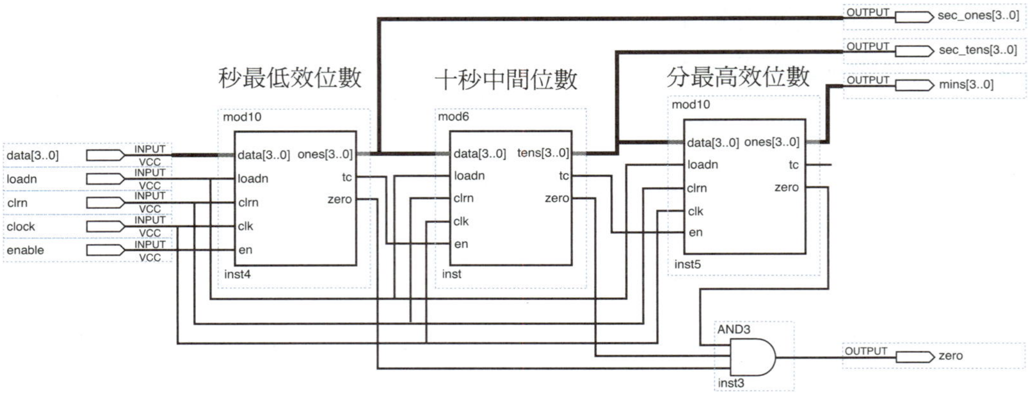

圖 8-42　階層 3：分與秒的 3 位數 BCD 下數計數器方塊

的同步並聯載入能力。*clearn* 特性為非同步且低電位動作，而 *enable* (*en*) 則是高電位動作。用於每個位數之所有的 *load*、*clear* 與 *clock* 信號是結合一起且經由對應的輸入信號來驅動。每個方塊都有一個稱為 *TC* (最終計數) 的輸出。*TC* 的目的是用來指出計數器位數何時位於它的最小值 (0) 並且於下一個時脈折返回它的最大值。假設計數器已被激能，則當計數器達到 0 時 *TC* 將轉變成高電位。

將這三個計數器串接一起是經由最下級的 *TC* 到下一較上級的激能來完成。此種方式，當最下級被抑制時，所有各種將維持於它們的目前值。此外，注意到最低效位數級的 BCD 輸出是連接到中間位數級的 BCD 資料輸入且中間位數級的 BCD 輸出是連接到 MSD 的 BCD 資料輸入。如此即能完成每次有新位數進入時的資料傳送或移任操作。

系統中的第二個功能方塊 (階層 2) 是定時器輸入／控制方塊。它是負責辨識按鍵輸入以及控制計數器方塊。此設計方塊具有十個鍵盤按鍵、100 Hz clock、以及低電位動作的 *enablen*，它將允許鍵盤編碼器運作並且決定哪一個信號被送到計數器方塊的時脈輸入。當磁控管通電時，計數器的 *clock* 必須是 1 Hz 的時脈波形。當磁控管斷電且鍵盤按入烹調時間時，計數器方塊的時脈輸入必須於每個按鍵後數個毫秒之後接收到單獨一個正昇變換 (PGT)。直到哪個鍵鬆開或者針對單獨一個鍵入將下載多個位數，否則不得接收另一個 PGT。確保每次開關的激發僅一個清除輸入接收到者稱為解彈跳 (debouncing)。這在第 5 章已討論過。於此情況，解彈跳的動作可在按鍵壓下之後且在產生將 BCD 位數時脈控制送至計數器之 PGT 前等待 (延遲) 數毫秒來完成。此延遲可於按鍵壓下時由重循環的三個位元計數器開始來產生。當計數器到達 4 時 (40 毫秒後) 輸出轉變成高電位，產生出 PGT。計數器將持續向上計數但持住於 7 直到按鍵放開時清除控制被激發為止。圖 8-43 指出了此控制方塊以及它的功能性組成 (階層 3)。注意所有此處用到的不同數位建構方塊：編碼、除頻、多工以及計數。

階層 2 的第三個功能方塊為磁控管控制方塊。它是用來控制磁控管輸出 (*mag_on*)。當開始按鈕壓下時必須將磁控管導通且當開始按鈕放開後記得保持導通。這表示此方塊內部需要閂鎖動作。此方塊也需有一些組合邏輯來決定將磁控管導通與否的條件。圖 8-44 指出了此方塊的功能組成。注意到輸入有系統的四個輸入開關 (使用者控制) 以及用來指出定時器已結束 (*timer_done*)。

第四個功能方塊必須將三個 BCD 位數解碼、驅動 7-段 LCD 顯示器，並且提供前導零的空白特性。解碼方塊可被分解成三個 7447 解碼器／驅動器電路 (階層 3)。解碼方塊的整個功能也可容易的以單獨一個 HDL 原始檔案來製作，因此第三階層就不需要了。

圖 8-45 指出階層 2 的整個方塊圖以及全部的連接信號。

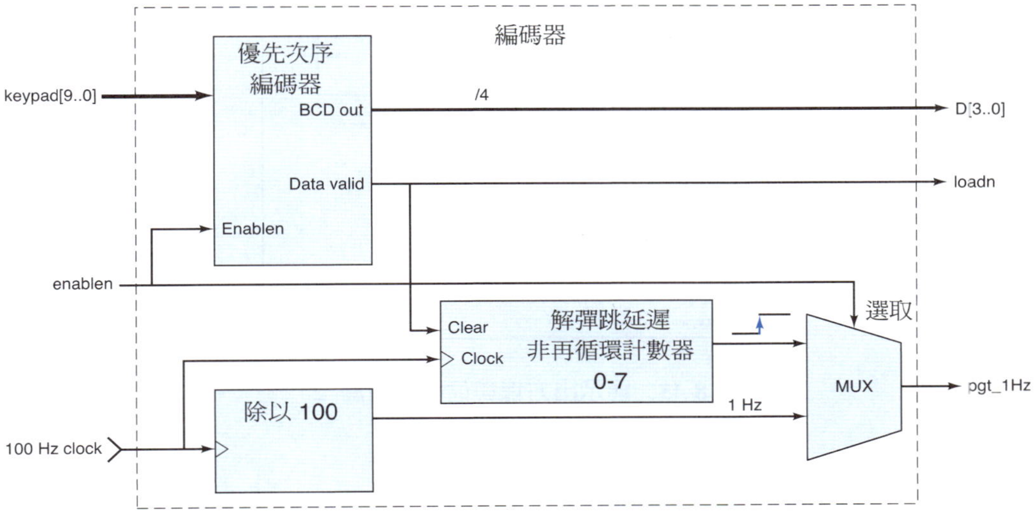

圖 8-43　編碼器／定時器輸入控制方塊分解成基本的功能方塊

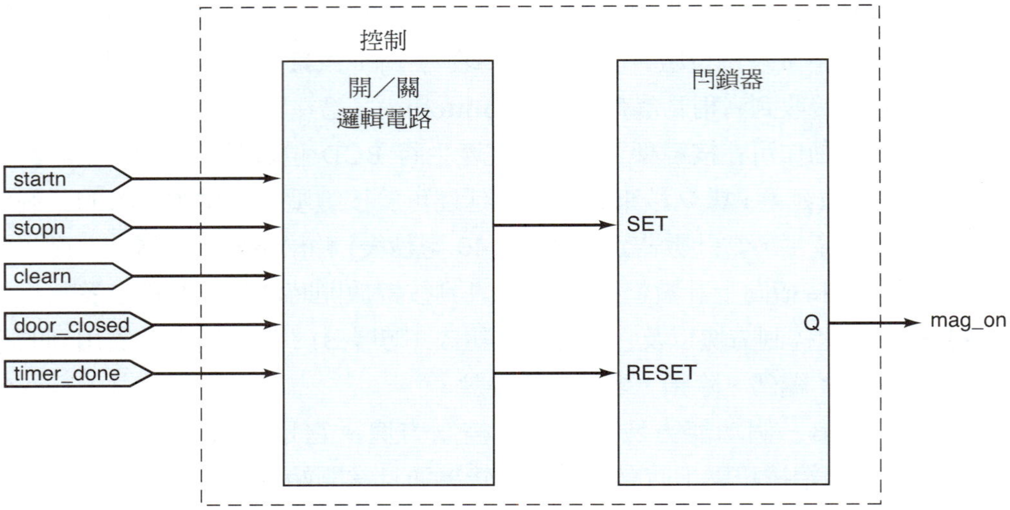

圖 8-44 磁控管控制方塊分解成基本的功能方塊

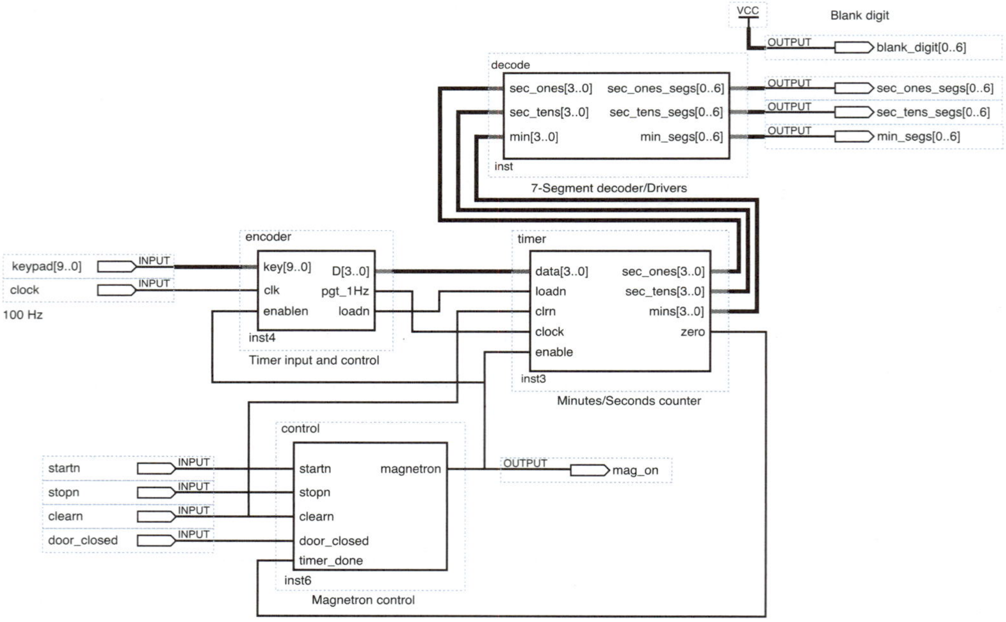

圖 8-45 顯示出方塊與信號的階層 2

合成／整合與測試

微波爐專案現在已分解成如圖 8-46 中所示的三個階層。注意到於最低階層 (階層

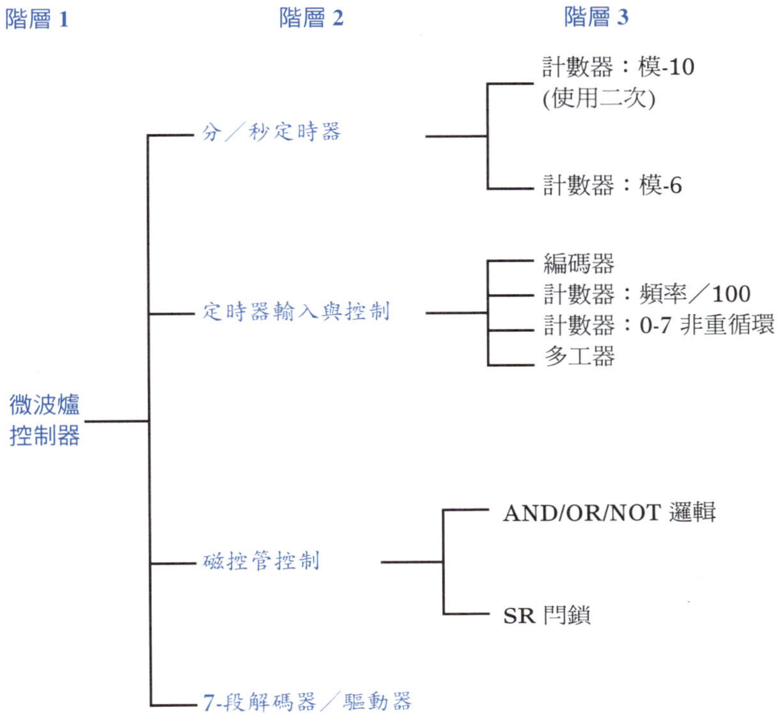

圖 8-46　專案分解成三個階層

3)，我們只有基本的熟悉功能方塊。每個這些方塊皆可使用類似於本文中其他的範例，如使用 TTL IC 模型 (maxplus2 函數)；Quartus 巨函數，或者是經由使用硬體描述語言來描述它們的操作者。現在就由您決定如何來解決合成小方塊、測試每個方塊，並且整合出系統的問題。如果此專案是製作於 Altera 的 DE1 (或 DE2) 電路板上，則多了二件事要注意。圖 8-45 中右上角連接到 VCC 的埠為最高效 7-段顯示器 (標示為 Blank Digit)。如此做是要關閉第四個 (未使用) 位數。此外，100 Hz 時脈可經由外部的時脈輸入或者是電路上的 50 MHz 石英振盪器，並且利用第 7 章中所描述的巨函數計數器來將它除以 500,000 (預分頻) 來提供。

複習問題

1. 微波爐階層 2 中的功能方塊名稱為何？
2. 說明鍵盤未按下任何鍵時，驅動時脈輸入到分／秒定時器的信號。
3. 說明鍵盤按下任何鍵時，驅動時脈輸入到分／秒定時器的信號。

8-6 頻率計數器專案

本節中的專案驗證了使用計數器以及其他標準邏輯功能來製作一個稱為頻率計數器(類似於您在實驗室中可能使用到的一套測試儀器) 的系統。操作的原理將以傳統的 MSI 邏輯元件觀點來描述，且然後與哪些可使用 HDL 來發展的建構方塊關聯一起。如同大多數的專案一樣，此範例是由幾個前幾章已討論過的電路所組成。它們在這裡被結合在一起以構成具有特殊用途的數位系統。首先，讓我們定義頻率計數器。

頻率計數器 (frequency counter) 為量測並顯示信號頻率的一種電路。如您所知，週期性波形的頻率只是每秒的週期個數而已。將未知頻率的每個週期整形成數位式脈波即可讓我們使用數位電路來計數週期。量測頻率背後的一般觀念包括了激能一個計器來計數一段稱為**取樣間隔** (sampling interval) 之精確訂定的期間進入的波形週期 (脈波) 個數。取樣間隔的長度決定了可量測的頻率範圍。較長的間隔給予低頻提供了較佳的精確，但於高頻時則會將計數器溢位。較短的取樣間隔提供較不精確的低頻量測，但可量測不超過計數器上限之更高的最大頻率。

例題 8-1

假設頻率計數器使用了一個四位數 BCD 計數器。試求出於使用以下之取樣間隔時可量測到的最高頻率：(a) 1 秒　(b) 0.1 秒　(c) 0.01 秒

解答：

(a) 使用 1 秒的取樣間隔時，四位數計數器可計數到 9999 個脈波。因此頻率為每秒 9999 個脈波或者為 9.999 kHz。

(b) 於 0.1 秒的取樣間隔內，計數器可計數達 9999 個脈波。轉成頻率為每秒 99,990 個脈波或者為 99.99 kHz。

(c) 於 0.01 秒的取樣間隔內，計數器可計數達 9999 個脈波。轉成頻率為每秒 999,900 個脈波或者為 999.9 kHz。

例題 8-2

如果 3792 pps 的頻率送到頻率計數器的輸入，則在以下每個取樣間隔下計數器讀到什麼？(a) 1 秒　(b) 0.1 秒　(c) 10 ms

解答：

(a) 取樣間隔為 1 秒期間，計數器將計數 3792 個週期。頻率將讀出為 3.792 kpps。

(b) 取樣間隔為 0.1 秒期間，將被計數的脈波個數視取樣間隔從何處開始而為 379 或 380 個週期。頻率將讀出為 03.79 kpps 或 03.80 kpps。

(c) 取樣間隔為 0.01 秒期間，將被計數的脈波個數視取樣間隔從何處開始而為 37 或 38 個週期。頻率將讀出為 003.7 kpps 或 003.8 kpps。

建構頻率計數器的其中一個最為直接的方法如圖 8-47 中的方塊圖所示。主要的方塊為計數器、顯示暫存器、解碼器／顯示器以及時序與控制單元。計數器方塊包含了若干個串接的 BCD 計數器，以用來計數由送至時脈波輸入端之未知信號所產生的時脈個數。計數器方塊擁有計數激能與清除控制。計數的間隔 (取樣間隔) 則是由一個產生自時序與控制方塊的激能信號來控制。BCD 計數器被激能的時間長度由時序與控制方塊的範圍選擇輸入來選取。這可讓使用者來選擇想要被量測的頻率範圍，且有效率地求出小數點於數位讀數中的位置。激能信號的脈波寬度 (取樣間隔) 對於獲得準確的頻率量測是很重要的。計數器於被激能以對未知信號作新的量測前必須先被清除。取得新的計數值之後，計數器將被禁抑，而且最近的頻率量測被儲存於顯示暫存器中。顯示暫存器的輸出則輸入到解碼器與顯示方塊中，於這裡 BCD 值被轉換成十進值以作顯示讀數之用。若使用另一個分開的顯示暫存器即可讓頻率計數器於幕後取得新的計數值，如此使用者於總計脈波個數以得到新的讀數之時就不必凝視著計數器。顯示器是改以週期性的以上一個頻率讀數來作更新。

此頻率計數器的準確性幾乎完全依賴系統時脈波頻率 (它是用來產生出計數器

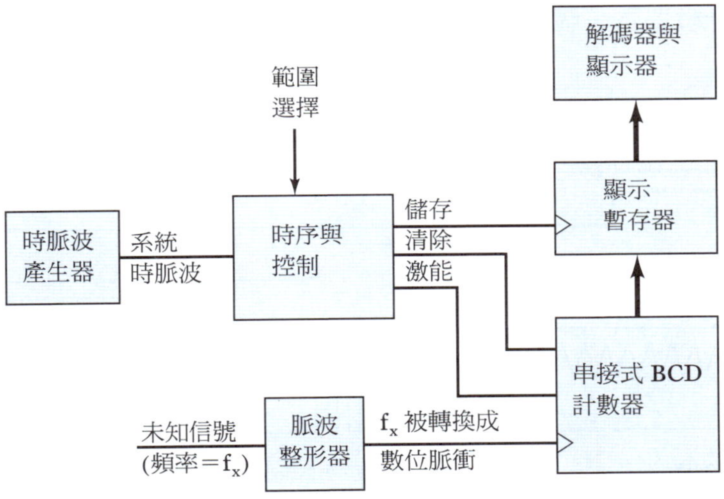

圖 8-47　基本的頻率計數器方塊圖

激能信號的合適脈波寬度) 的準確性而定。石英控制式時脈產生器是使用於圖 8-47 中以產生準確的系統時脈予時序與控制方塊。

脈波整形器方塊乃需用來確保要被量測頻率之未知信號要能與計數器方塊的時脈輸入相容。史密特觸發電路只要未知信號有足夠的振幅時即可用來轉換 “非方形” 的波形 (正弦、三角等等)。如果未知信號比相容的已知史密特觸發器具有較大或較小之振幅時，則將需要諸如自動增益控制之額外的類比信號調適電路予脈波整形器方塊。

用於頻率計數器之控制的時序圖如圖 8-48 中所示。控制時脈波是衍生自系統時脈波信號，為控制與時序方塊中的頻率分除器處理後得到的。控制時脈波信號的週期則用來產生想要的激能脈波寬度。控制與時序方塊內部的一個再循環控制計數器則由控制時脈波信號作時脈定序。它有幾個選用的狀態被解碼來產生重複控制信號程序 (清除、激能以及儲存) 。計數器 (串接的 BCD 級) 首先清除。然後計數器被激能以作為合適之取樣間隔來計數數位脈波，而它具有與未知信號相同的頻率。於禁抑計數器之後，新的計數值則儲存於顯示暫存器中。

計數器、顯示暫存器以及解碼器／顯示器部分都是一目瞭然而無需再贅述的。時序與控制方塊提供了 “大腦” 予我們的頻率計數器，且只要再多一些些討論來說明其操作即可。圖 8-49 指出了時序與控制方塊內部的子方塊。對於我們的範例設計而言，且假設時脈波產生器製造出一個 100 kHz 系統時脈波信號。系統時脈波頻率是由一組五個十進制計數器 (模-10) 分除後得到的。這就給使用者經由範圍選擇控制透過多工器來選取六種不同的頻率予控制時脈波頻率。由於控制時脈波的週期相同於計數器激能的脈波寬度，此一安排讓頻率計數器擁有六種不同的頻率量測範圍。控制計數器為一個模-6 計數器，它具有三個選用的狀態被控制信號器解

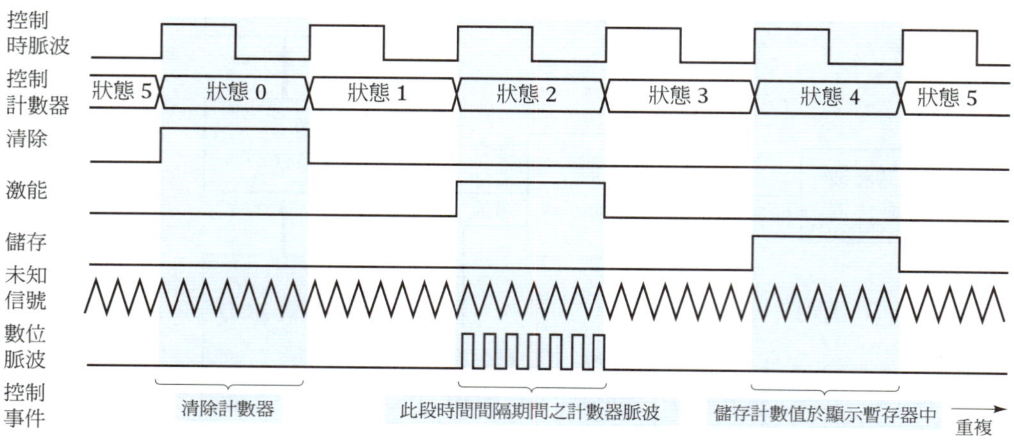

圖 8-48 頻率計數器時序圖

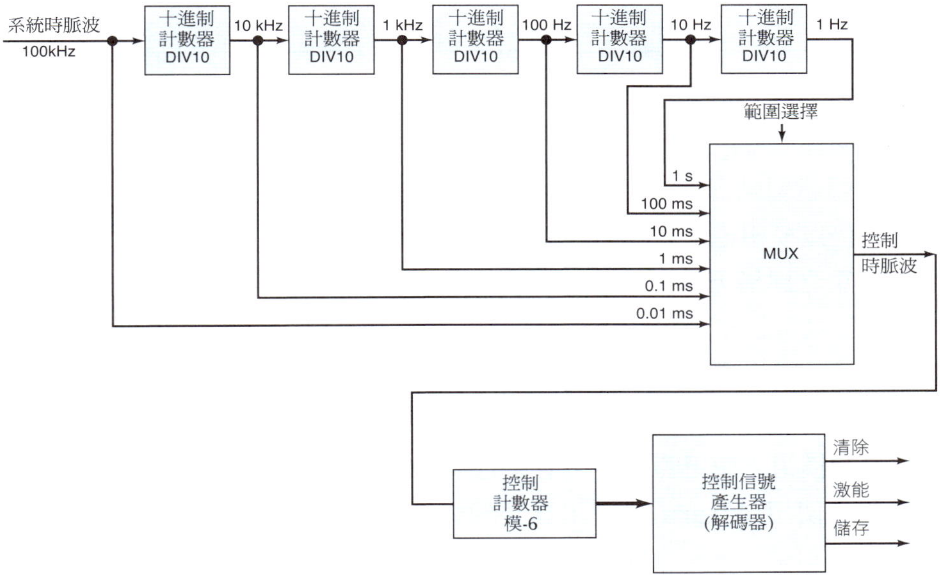

圖 8-49 頻率計數器使用的時序與控制方塊

碼，用來製造出清除、激能以及儲存控制信號。

例題 8-3

假設於圖 8-47 中的 BCD 計數器乃由三個串接的 BCD 級以及它們相關的顯示器所組成。如果未知的頻率介於 1 kpps 與 9.99 kpps 之間，則利用圖 8-49 之 MUX 應選用哪一個範圍 (取樣間隔) ？

解答：若使用三個 BCD 計數器，則計數器之容量為 999。9.99-kpps 頻率若使用 0.1 秒的取樣間隔時將產生出 999 的計數值。因此，為了利用計數器的整個容量，MUX 應選擇 0.1 s 的時脈週期 (10 Hz) 。若使用 1 s 的取樣間隔，則計數器容量將始終超過規定的頻率範圍。若使用較短的取樣間隔時，計數器將只計數介於 1 與 99 之間，這樣將只讀出二個重要的數值且浪費了計數器的容量。

複習問題

1. 將未知信號運轉過脈波整形器的目的為何？
2. 頻率量測的單位為何？
3. 於取樣間隔期間的顯示為何？

結　論

1. 成功的專案管理可經由以下之步驟來實現：全面的專案定義；分解專案成小的專案；策略性的分段；每一分段的合成與測試以及系統整合。
2. 像步進式馬達驅動器的小型專案可在單獨一個設計檔案中來完成，即使如此，這些專案仍以模組化來完成。
3. 由幾個簡單之建構方塊所組成的專案，像鍵盤編碼器，可產生出非常有用的系統。
4. 像數位時鐘的較大型專案可常利用哪些能重複用於整個設計的標準常用模組。
5. 專案應從階層中之較低層處的模組開始建構與測試。
6. 預先存在的模組可使用圖形與文字式描述法來與新的訂製式模組結合起來。
7. 幾個模組可使用 Altera 設計工具於階層的較高層中結合並表示成單獨一個方塊。

重要辭彙

巢狀式 (nesting)
階層 (hierarchy)
預調比例器 (prescaler)
頻率計數器 (frequency counter)
取樣間隔 (sampling interval)

習　題

8-1 節

B 8-1 圖 8-49 為工廠中的安全監控系統，其中許多出入口的開／關狀態要作監控。每道門控制著門關的狀態，而且必須將開關的狀態顯示在警衛室中遙控面板上的 LED。為了減少布線，因此使用了多工器 (MUX) 與解多工器 (DEMUX) 的組合。此安全監控系統可用一個專案來發展。

(a) 利用此系統的規格來撰寫出專案的定義。
(b) 定義此專案的三個主要方塊。
(c) 確認將方塊互連一起的信號。
(d)* 於 2.5 Hz 之閃爍率時振盪器須運轉於何種頻率？
(e)* 為何適合僅使用一個電流限制電阻器予全部八個 LED？

8-2 節

習題 8-2 至 8-8 請參閱 8-2 節中所描述的步進式馬達。

---

* 標示星號之習題的解答請參閱本書後面。

B　8-2★　完整一圈必須發生多少個全步進？

B　8-3★　經由表 8-1 中之全步進程序的一個完整週期得到多少度的轉動？

B　8-4　經由表 8-1 中之半步進程序的一個完整週期得到多少度的轉動？

B　8-5　圖 8-1 的 *cout* 線開始於 1010 且行經下列的順序：1010，1001，0101，0110。

(a)★ 軸承轉動了多少度？

(b) 哪個順序將使其逆向轉動且使得軸承回到其原位？

B　8-6　試描述步進式驅動器於以下模式作測試時的方法：

(a) 全步進模式

(b) 半步進模式

(c) 波驅動模式

(d) 直接驅動模式

D, H　8-7　試不用 CASE 敘述重新改寫圖 8-8 與 8-9 中的步進式驅動器設計檔案。使用您喜好的 HDL。

D, H　8-8　試修改圖 8-8 與 8-9 中的步進式設計檔案，加入一個激能輸入以於 enable＝0 時將輸出置於高阻抗狀態 (三態)。

8-3 節

B　8-9　試寫出圖 8-11 中所示且描述於圖 8-13 中的環式計數器。

B　8-10★ 若無任何鍵按下，則 c[3..0] 上的值為何？

B　8-11　假設某人按下 7 鍵時之環式計數器位於狀態 0111。此環式計數器會前進到 NEXT 狀態嗎？

B　8-12　假設 9 鍵被按下且維持到 DAV＝1 為止。

(a) 環式計數器上的值為何？

(b) 列編碼器所解碼的值為何？

(c) 行編碼器所解碼的值為何？

(d) 於 D[3..0] 行上的二進數值為何？

B　8-13★ 於習題 8-12 中，DAV 下緣上的資料為何？

B, D　8-14　如果您想要閂鎖住來自於袖珍鍵盤上的資料到 74174 暫存器中，則來自於袖珍鍵盤上的哪個信號您將連接到暫存器的時脈波上？試繪出此電路圖。

T　8-15★ 袖珍鍵盤如圖 8-50 中所示連接到 74373 八行透通閂鎖器。只要按鍵不放時輸出是正確的。然而，鍵按下之間是無法閂鎖住資料的。為何此電路無法正常運作？

8-4 節

B　8-16　於圖 8-17 中假設 1 kHz 之時脈波送至時鐘的秒級上。模-10 計秒個位數的計數器之終端計數 (*tc*) 輸出如圖 8-51 中所示。試描繪出類似的圖形以指出下列每個 *tc* 輸出之間的時脈波週期個數：

(a)★ 秒計數器的十位數

(b) 分計數器的個位數

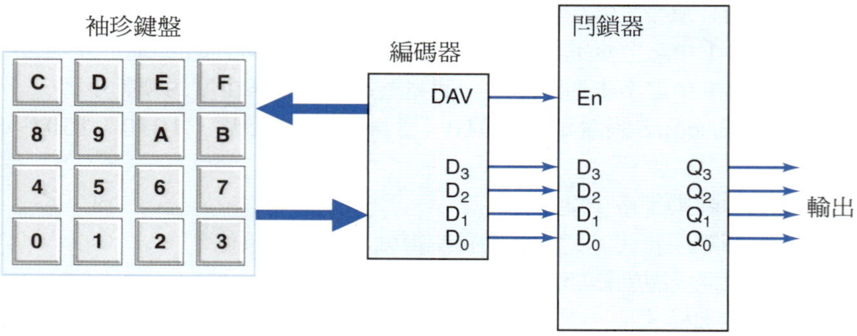

圖 8-50 習題 8-15

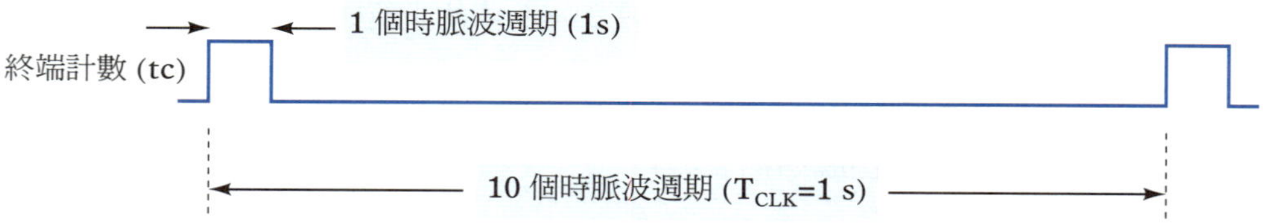

圖 8-51 習題 8-16

(c) 分計數器的十位數

B 8-17* 24 小時期間中將發生多少個 60 Hz 電源線週期？如果要模擬整個時鐘電路的操作時，您認為會產生什問題？

D 8-18* 許多的數位時鐘於某個按鈕按下時可簡單的將其設定成較快速計數。試修改設計以加入此特性。

D, H 8-19 試修改圖 8-18 的計時級以加入軍事用時間 (00－23 小時) 。

8-5 節

D, N 8-20 參考圖 8-42。此圖中的每個計數器方塊代表建立予此專案的最低階層：主功能方塊。它的規格為：模 10 (或 6)、BCD 下數計數器、低電位動作的同步載入、低電位動作的非同步清除、高電位動作的激能、正向緣觸發、高電位動作的終端計數器輸出 (以激能來閘入)，以及高電位動作的解碼零輸出。

(a) 試設計 Altera 巨函數來製作此方塊。

(b) 試撰寫 AHDL 程式來製作此方塊。

(c) 試撰寫 VHDL 程式來製作此方塊。

D, N 8-21 參考圖 8-43。子方塊 (編碼器、除法計數器、非重循環計數器、MUX 多工器) 可於此專案中於第三階層以個別分開的方塊來製作。相關的每個方塊之程式碼可於先前的範例中找到。這些功能元件可組合在單獨一個 HDL 原始檔案中。試以下面二種語言寫出整個編碼器／定時器控制方塊：

(a) AHDL

(b) VHDL

D, N 8-22 參考圖 8-44。左邊的方塊只是必須控制用來開關磁控管之 S-R 閂鎖器的組合邏輯。

(a) 試描繪出僅使用閘來製作此電路的邏輯圖。

(b) 試使用 AHDL 來描述此方塊。

(c) 試使用 VHDL 來描述此方塊。

D, N 8-23 參考圖 8-45。此方塊自定時器方塊解碼三個 BCD 位數並且驅動低電位動作，動作 7-段 LED 顯示器。它也必須完成前置零空白的功能。

(a) 試使用 7447 標準邏輯方塊來製作此方塊。

(b) 試使用 AHDL 來製作此方塊。

(c) 試使用 VHDL 來製作此方塊。

8-6 節

B 8-24 試繪出頻率計數器專案的階層圖。

D, H 8-25 試撰寫出圖 8-49 中的模-6 控制計數器以及控制信號產生器。

D, H 8-26★ 試撰寫出圖 8-49 之 MUX 的 HDL 程式。

D 8-27 試利用圖 8-31 中所描述之圖形設計技術以及 BCD 計數器、MUX 以及控制信號產生器設計來產生頻率計數器專案的整個時序與控制方塊。

D, H 8-28 試撰寫出頻率計數器之時序與控制部分的 HDL 程式。

每節複習問題解答

8-1 節

1. 定義、策略性規劃、合成與測試、系統整合與測試。

2. 定義級。

8-2 節

1. 全步進、半步進、波驅動以及直接驅動。

2. cin_0-cin_3 [模式選擇器開關設定成 (1, 1)]。

3. 步進、方向 [模式選擇器開關設定成 (0, 1)]。

4. 八級。

8-3 節

1. 只有一個。

2. 按下時 (通常是第一個被按下) 第一個被掃描。

3. 於資料穩定後 DAV 轉成高電位。

4. 否，於按鍵被壓下後的下一個時脈波時轉成高電位。

5. 一旦 OE 轉成低電位或者無任何鍵被按下時。

8-4 節

1. 整體操作規格與系統輸入與輸出。
2. 於階層的最上層。
3. 最下層，先建構最簡單的方塊。
4. 於模組製作的每一級處。

8-5 節

1. 分／秒計時器； 定時器輸入／控制；磁控管控制；7-段解碼器／驅動器。
2. 它是頻率為 1 Hz 的時脈波形。
3. 它是單獨一個約於按鍵後 40 ms 發生的 PGT。它將停留在高電位一直到鬆開按鍵為止。

8-6 節

1. 改變類比信號的形狀成相同頻率的數位信號。
2. 每秒的週期數 (Hz) 或每秒的脈波數 (pps)。
3. 顯示器指出了先前之取樣間隔期間量測到的頻率。

第 9 章

記憶裝置

大　綱

9-1 記憶器術語
9-2 一般記憶器操作
9-3 CPU 與記憶器連接
9-4 僅讀記憶器
9-5 ROM 結構
9-6 ROM 時序
9-7 ROM 的形式
9-8 速掠記憶器
9-9 ROM 應用
9-10 半導體 RAM
9-11 RAM 結構
9-12 靜態 RAM (SRAM)
9-13 動態 RAM (DRAM)
9-14 動態 RAM 結構與操作
9-15 DRAM 讀出／寫入週期
9-16 DRAM 回復
9-17 DRAM 技術
9-18 其他的記憶器技術
9-19 擴展字元大小與容量
9-20 特殊的記憶器功能
9-21 RAM 系統的故障檢修
9-22 測試 ROM

學習目標

讀完本章之後，將可學會以下幾點：

- 瞭解並正確的使用記憶器系統術語。
- 辨別讀／寫記憶器與僅讀記憶器。
- 探討易變性與非易變性記憶器之不同。
- 由記憶器裝置的輸入與輸出決定出記憶器容量。
- 描述 CPU 讀出或寫入記憶器時所發生的步驟。
- 辨別各種形式的 ROM 並舉出 ROM 的一般應用。
- 瞭解並描述靜態與動態 RAM 之組織與操作。
- 比較 EPROM、EEPROM 及速掠記憶器的相對優缺點。
- 結合記憶器 IC 以形成具有較大字元大小及／或容量的記憶器模組。
- 利用 RAM 或 ROM 系統的測試結果來決定記憶器系統的可能錯誤。

引　論

數位系統超越類比系統的主要優點為具有易於長期間或短期間儲存大量數位資訊的能力。由於具此記憶能力，使數位系統能大量應用於許多情況。例如，在數位計算機中的主記憶器儲存可以指示計算機在所有可能環境下工作的指令，使計算機能在最少人為干涉的情況下執行它的工作。

本章將研習最普及的各型記憶裝置與系統。我們對正反器已有相當的熟悉，它是一種電子記憶裝置，且亦瞭解如何將正反器組成暫存器以儲存資訊及如何將資訊傳到其他處。FF 暫存器為高速記憶裝置，且廣泛用於將數位資訊連續由一位置移到另一位置的數位計算機內部操作。現代因 LSI 和 VLSI 技術的進步，使得能在單一晶片上獲得大量具有各種記憶陣列格式排列的 FF。這些雙極及 MOS 半導體記憶器為最快記憶裝置，但我們的成本可因 LSI 技術進步而降低。

數位資料可像電容器內的電荷那樣被儲存起來，且有很重要的半導體記憶器形式是使用此種原理來得到低功率需求下的高儲存密度。

半導體記憶器用來作為快速操作是相當重要的計算機**主記憶器** (main mem-

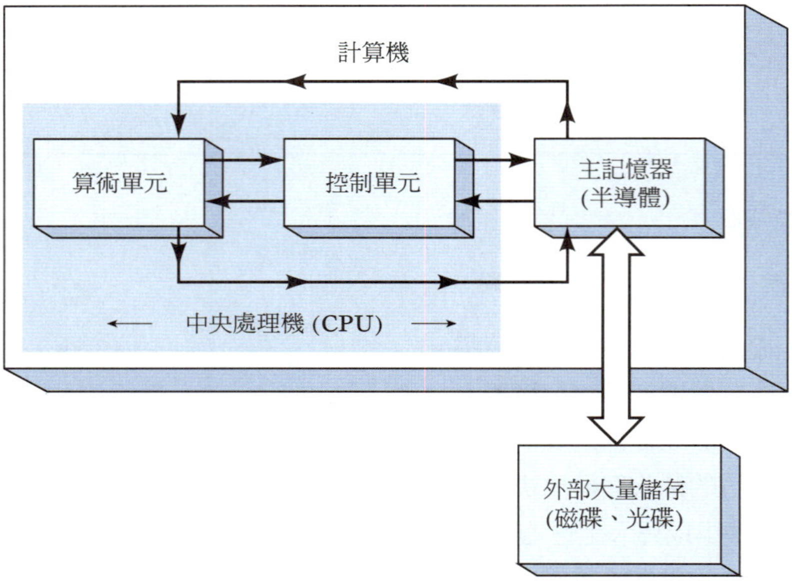

圖 9-1 計算機系統常使用的高速主記憶器和較慢速的外部輔助記憶器

ory，圖 9-1)。計算機的主記憶器——亦稱工作記憶器 (working memeory)——是在指令程式被執行時可與中央處理單元 (CPU) 固定通訊。程式與被此程式所使用的任何資料經常存於內部記憶器中。RAM 和 ROM (將作簡短的定義) 則構成主記憶器。

計算機中另一種形式的儲存係由**輔助記憶器** (auxiliary memory，圖 9-1) 來執行，它是與內部的工作記憶器區隔開來。輔助記憶器——又稱大量儲存 (mass storage)——則無需電源便能儲存非常大量的資料。輔助記憶器的操作速度則比內部記憶器慢許多，且它是儲存 CPU 目前並未使用到的程式及資料。該訊息則在計算機需要它時才傳送到主記憶器中。常見的輔助記憶器裝置為磁碟與光碟 (CD)。

我們將對用作計算機內部記憶器的最常見記憶裝置之特性加以詳細探討。首先，我們將定義若干常見於記憶系統中的術語。

9-1 記憶器術語

在研習記憶裝置與系統時會遭遇到許多記憶器術語，而這些術語有時會使讀者深受打擊。因此在開始討論記憶器之前，先瞭解一些基本術語的意義是有所助益的。其他一些新術語則參差在各小節中再行定義。

- **記憶胞 (memory cell)**：可以用來存單位元 (0 或 1) 的一種裝置或電路。記憶胞範例包括正反器、單一磁芯及磁帶或磁碟上的單一點。
- **記憶字元 (memory word)**：記憶器內的一組位元，表某種形式的指令或資料。例如，令有八個正反器的暫存器便可認為可存 8 位元字元的記憶器。現代計算機的字元大小範圍，可由 4 至 64 位元，依照計算機的大小而定。
- **位元組 (byte)**：為用於 8 位元字元的一種特殊名詞。一個位元組總是包含 8 個位元，為微算機中最常用的字元大小。例如，8 個位元的字元大小也是一個位元組的字元大小；16 個位元的字元大小為二個位元組，依此類推。
- **容量 (capacity)**：是一種用來表某特定記憶裝置或整個記憶系統能夠儲存多少位元的方式。例如，假設有一個能儲存 4096 個 20 位元的字元記憶器，故總容量為 81,920 位元，也可用 4096×20 來表示此記憶器容量。依此方式表示，則第一個數 (4096) 代表字元數，而第二個數 (20) 便代表每一字元的位元數 (字元大小)。記憶器的字元數常為 1024 的倍數。當提及記憶器容量時便以 "1 K" 代表 $1024=2^{10}$。因此，記憶器所具容量為 4 K×20，實際上則為 4096×20 的記憶器。較大型記憶器的發展則已經有 "1 M" 或 "1 百萬個" 的表示，用以代表 $2^{20}=1{,}048{,}576$。因此，具有 2 M×8 容量的記憶器實際上則為具有容量 2,097,152×8。"giga" (十億) 一詞則指 $2^{30}=1{,}073{,}741{,}824$。

例題 9-1A

某個半導體記憶晶片為 2 K×8。在此晶片上能儲存多少字元？字元大小為何？此晶片儲存總位元數為何？

解答：

$$2\text{ K}=2\times1024=2048 \text{ 字元}$$

每一字元有 8 位元 (一個位元組)，故總位元即為：

$$2048\times8=16{,}384 \text{ 位元}$$

例題 9-1B

哪一個記憶器儲存最多的位元：5 M×8 記憶器或儲存每個字元大小為 16 個位元的 1 M 個字元。

解答：

$$5\text{ M}\times8=5\times1{,}048{,}576\times8=41{,}943{,}040 \text{ 位元}$$

$$1\ \mathrm{M} \times 16 = 1{,}048{,}576 \times 16 = 16{,}777{,}216 \text{ 位元}$$

5 M×8 記憶器儲存較多的位元。

- **密度** (density)：容量的另一個名詞。如果我們說其中一個記憶裝置的密度比另一個高時，此即意味在相同的空間中可儲存更多的位元。它是更密的。
- **位址** (address)：可表示字元在記憶器中的位置之數。每一個儲存在記憶裝置或系統中的字元皆可有其唯一的位址。位址常以二進位數來表示，但為方便起見，亦可用八進數、十六進數與十進數表示。圖 9-2 所示為內含八個字元的小記憶器。各個字元均有一特定的位址，且由範圍 000 至 111 的三位元數表示。無論何時，有提及記憶器內的某特定字元位置，則需用其位址碼來指定。
- **讀出操作** (read operation)：為可將儲存在某記憶位置 (位址) 中的二進字元感應出，且可將其傳送到另一位置的操作。例如，若欲將圖 9-2 記憶器的字元 4 做某些應用，則必須在位址 100 執行讀出操作。讀出操作通常之所以稱為*抓取* (fetch) 操作，是因為字元抓取自記憶器之故。我們可交互使用該名詞。
- **寫入操作** (write operation)：即將一個新字元放入指定的記憶位置內的一種操作，也稱為*儲存* (store) 操作。當新字元寫入記憶位置內時，則可取代先前存在該位置的字元。
- **存取時間** (access time)：為測定記憶裝置的操作速率，即執行一個讀出操作所需的總時間。更明確的說，即在記憶器接收到一個新的位址輸入，且待資料在記憶器輸出可供取用期間所需的時間。t_{ACC} 符號可表示存取時間。
- **易變記憶器** (volatile memory)：即指任何需要加上電源才可儲存資訊的記憶器形式。若電源除去，所有存在記憶器的資訊均會消失。許多半導體記憶器皆為易變形式，而所有磁性記憶器均為*非易變* (nonvolatile) 形式，此係表示它

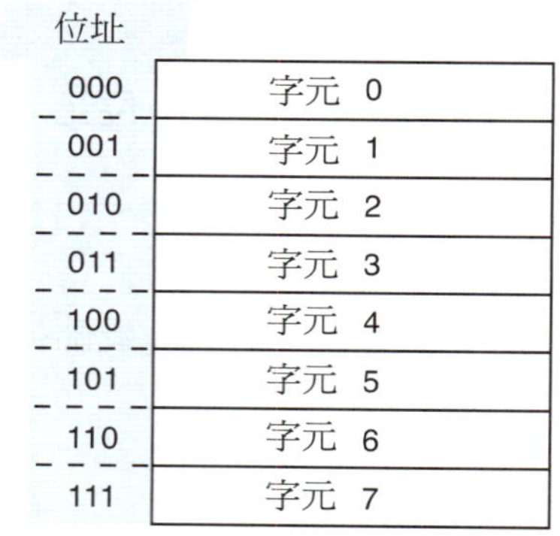

位址	
000	字元 0
001	字元 1
010	字元 2
011	字元 3
100	字元 4
101	字元 5
110	字元 6
111	字元 7

圖 9-2 各字元位置具有一特定的二進位址

無需電源即可儲存訊息。

- **隨機存取記憶器 (random-access memory, RAM)**：即此種記憶字元的實際位置是不會影響由此位置寫入或讀出的時間長短。換言之，對記憶器中任何位址的存取時間都是一樣。大多數半導體記憶器與磁芯記憶器均為 RAM。
- **順序存取記憶器 (sequential-access memory, SAM)**：即此種形式記憶器的存取時間不為常數，可隨位址的位置而變。某特定字元找到之前是必須依序經過所有的位址位置，直到所求位址找到為止。它所產生的存取時間要比隨機存取記憶器所產生的時間長多了。磁帶備份即是順序存取記憶裝置的一個例子。為了說明 SAM 與 RAM 的不同，考慮儲存於 DVD (數位影音磁片) 上的訊息。DVD 影片分成可從選單上選擇的章卷。觀眾可自由選擇每一章卷的開頭。然而，若要觀看某一章卷中的特殊場景，則需使用快速前轉或回轉來循序的掃描過所有的場景， 如順序存取記憶器一樣。
- **讀出／寫入記憶器 (read/write memory, RWM)**：任何能讀出或寫入的記憶器。
- **僅讀記憶器 (read-only memory, ROM)**：即執行讀出操作的比例是要比寫入操作為高的一種半導體記憶器。就技術而言，ROM 只能寫入 (程式規劃之) 一次，且此一操作常在工廠中進行。此後，資訊僅可由此記憶器讀出。其他形式的 ROM 實際上大部分是讀出的記憶器 (RMM)，即其可寫入的次數超過一次以上；但寫入操作是較讀出操作更為複雜而不常執行。各種形式的 ROM 稍後會提出討論。*所有的 ROM 都是不易變的*，且於電源移去時，仍將儲存資料。
- **靜態記憶裝置 (static memory device)**：只要加上電源便能永久儲存所存資料的半導體記憶裝置，不需週期性的將資料寫入記憶器中。
- **動態記憶裝置 (dynamic memory device)**：即使電源加入，仍無法將所有資料儲存的半導體裝置，除非資料週期性的寫入記憶器方可。後面所提的操作稱為*回復* (refresh) 操作。
- **主記憶器 (main memory)**：也稱計算機的*工作記憶器* (working memory)。它儲存 CPU 目前正在工作的指令與資料。它是計算機中最快速的記憶器且多是半導體記憶器。
- **快取記憶器 (cache memory)**：為快速的記憶區塊，它是操作於較慢速的主記憶器與 CPU 之間以將計算機的速度最佳化。快速記憶器實際上可能位於 CPU 內或者主機板上，或二者都有。
- **輔助記憶器 (auxiliary memory)**：也稱*大量儲存裝置* (mass storage device)，蓋其儲存主記憶器外部的大量訊息。其速度比主記憶器慢，但卻始終是不易變的。磁碟與 CD 皆是常見的輔助記憶裝置。

複習問題

1. 定義下列名詞：
   (a) 記憶胞；(b) 記憶字元；(c) 位址；(d) 位元組；
   (e) 存取時間
2. 某記憶器具有 8 K×16 的容量。每字元中有多少位元？儲存有多少字元？該記憶器含有多少記憶胞？
3. 解釋讀出 (抓取) 與寫入 (儲存) 操作期間的不同點。
4. 真或偽：易變記憶器在電源中斷時會失去其儲存資料。
5. 解釋 SAM 與 RAM 間的不同點。
6. 解釋 RWM 與 ROM 間的不同點。
7. 真或偽：只要加上電源，動態記憶器將保有其資料。

9-2 一般記憶器操作

即使各型記憶器的內部操作不同，但所有記憶系統仍有某些基本操作原理是相同的。瞭解這些原理有助於研究個別的記憶裝置。

每個記憶系統皆需不同形式的輸入與輸出線來執行下列功能：

1. 送上將被存取之記憶器位置的二進位址。
2. 將記憶裝置激能以對它的控制輸入作響應。
3. 將儲存於指定位址中的資料放置到內部的資料線上。
4. 在讀取操作時，激能三態輸出，這將把資料送到輸出接腳上。
5. 在寫入操作時，將要被儲存的資料送到資料輸入接腳上。
6. 激能寫入操作，這將促使資料被儲存於指定位置中。
7. 當完成讀取或寫入操作時，將讀取或寫入控制抑制並且抑制記憶器 IC。

圖 9-3(a) 用一簡化且可儲存 32 個 4 位元字元的 32×4 記憶器方塊圖來說明這些基本功能。因為字元大小為 4 位元，所以有四條資料輸入線 I_0 至 I_3 與四條資料輸出線 O_0 至 O_3。在寫入操作期間，要存入記憶器的資料必須被加到資料輸入線。在讀出操作時，要由記憶器讀出的資料便呈現在資料輸出線上。

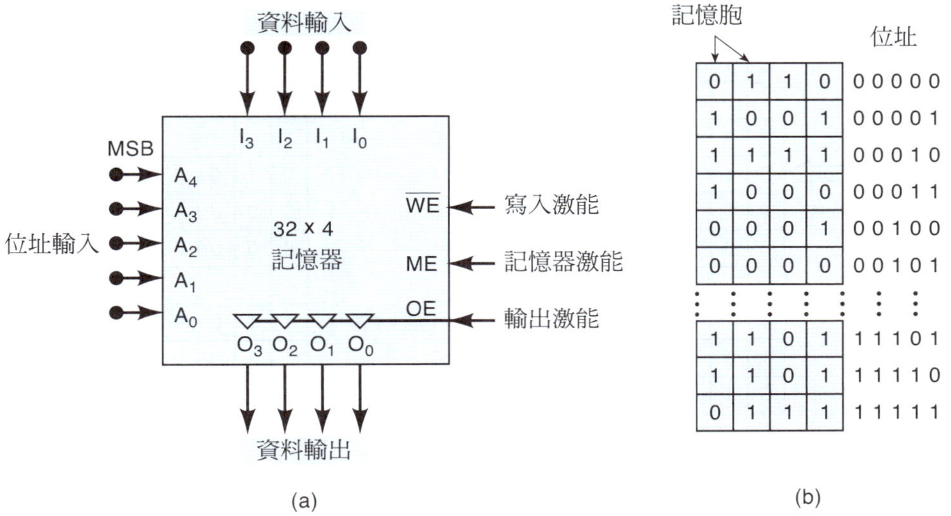

圖 9-3　**(a) 32×4** 記憶器示意圖；**(b) 32** 個 **4** 位元字元的虛擬結構

位址輸入

由於此記憶器 (圖 9-3) 需要儲存 32 個字元，因此有 32 個不同的儲存位置，且有 32 個不同的二進位址，位址範圍是由 00000 到 11111 (十進數 0 到 31)。因此，我們需要有五條位址輸入，A_0 至 A_4，來指定 32 個位址位置中的任何一個。要存取其中一個記憶位置以執行讀出或寫入操作，則此選中位置的 5 位元位址碼必須加至位址輸入。一般而言，N 位址輸入可定址 2^N 個字元容量的記憶器。

我們可將圖 9-3(a) 的記憶器想像成 32 個暫存器的排列，且如圖 9-3(b) 所示每個暫存器各含有一個 4 位元字元。各位址位置的暫存器含有如圖所示的四個記憶胞，且各暫存器內儲存有由 1 與 0 所組成資料字元。例如，資料字元 0110 儲存於位址 00000 中，資料字元 1001 儲存於位址 00001 中，依此類推。

$\overline{WE}$ 輸入

$\overline{WE}$ (寫入激能) 輸入被激能以允許記憶器儲存資料。$\overline{WE}$ 上的橫線指出了寫入操作發生於 $\overline{WE}=0$ 時。有時會使用其他種標示於該輸入。較常用的二種為 $\overline{W}$ (寫入) 與 R/$\overline{W}$。無論它是如何標示，於讀取操作發生時，此輸入必須為高電位。控制信號通常是連接到 $\overline{WE}$ 且僅當系統被放置穩定資料 (它打算儲存於記憶器中) 於資料匯流排時才會動作。

圖 9-4 所示為讀出與寫入操作的簡要說明。圖 9-4(a) 顯示資料字元 0100 被寫入位址位置為 00011 的記憶暫存器中。該資料字元必須在寫入操作前即已加至

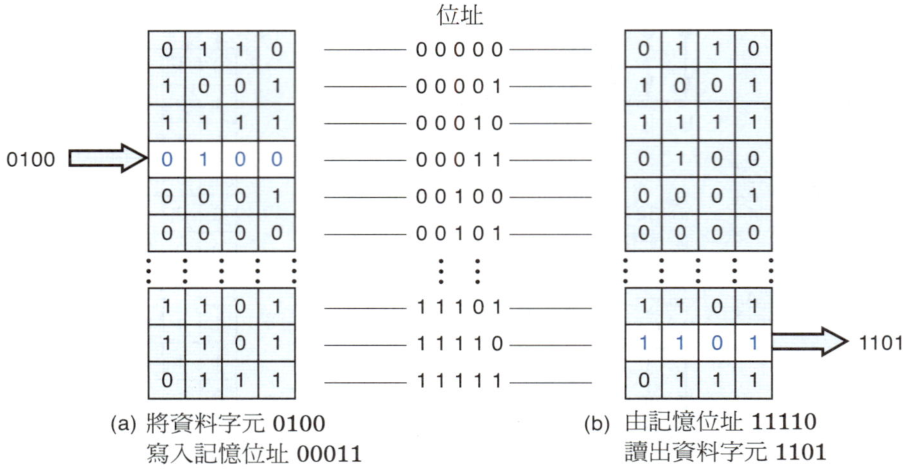

圖 9-4 在 **32×4** 記憶器上執行讀出與寫入操作的簡要說明：**(a)** 將資料字元 **0100** 寫入記憶器位置 **00011** 中；**(b)** 由記憶器位置 **11110** 中讀出資料字元 **1101**

記憶器的資料輸入線上，且寫入操作後就取代先前儲存於位址 00011 的資料。圖 9-4(b) 顯示由位址 11110 讀出資料字元 1101 的情形。在讀出操作後，該輸出資料將呈現在記憶器的資料輸出線上，且輸出資料字元 1101 仍儲存於位址 11110 的記憶器中。換言之，讀出操作並不會改變所儲存的資料。

輸出激能 (*OE*)

由於大都數的記憶裝置是設計成操作於三態匯流排上，因此當資料並未自記憶器讀取時的任何時刻都必需將輸出驅動器抑制。*OE* 接腳被啟動來激能三態緩衝器並且停用以將緩衝器置於高阻抗 (hi-Z) 狀態。控制信號是連接到 *OE* 並且只在匯流排準備好要接收來自於記憶器資料時才會動作。

記憶器激能

許多記憶器系統具有某些可使全部或部分記憶器完全不動作而無法對其他輸入有反應。如圖 9-3 所示的 *memory enable* (記憶器激能) 輸入，它在不同記憶系統有其不同的名稱，如晶片激能 (*CE*) 或晶片選擇 (*CS*)。這裡，它是高電位動作輸入，即當它保持為高電位時便使記憶器正常操作。在此輸入上的低電位，則使記憶器禁抑，而不對位址、資料、$\overline{WE}$ 以及 *OE* 與輸入有響應。當有某些記憶器模組結合成一較大記憶器時，此種輸入方式就有用了。此一概念容後再述。

例題 9-2

當位址位置 00100 的內容被讀出時，試求各輸入與輸出的情況。參考圖 9-4。

解答：

位址輸入：00100

資料輸入：xxxx (不被使用)

$\overline{WE}$：高電位

memory enable：高電位

資料輸出：0001

例題 9-3

當資料字元 1110 被寫入位址位置 01101 時，試求各輸入與輸出的情況。參考圖 9-4。

解答：

位址輸入：01101

資料輸入：1110

$\overline{WE}$：低電位

memory enable：高電位

資料輸出：xxxx (不被使用；通常為 Hi-Z 狀態)

例題 9-4

某記憶器容量為 4 K×8。

(a) 它具有多少資料輸入與資料輸出線？

(b) 它具有多少位址線？

(c) 其容量用位元組表示為何？

解答：

(a) 每種有八條，因字元大小為八。

(b) 此記憶器存有 4 K＝4×1024＝4096 字元。因此，有 4096 個記憶器位址。由於 $4096=2^{12}$，因此需 12 位元的位址碼來指定 4096 位址的其中一個。

(c) 位元組有 8 位元，因此該記憶器具有 4096 位元組的容量。

圖 9-3 的記憶器範例說明了大多數記憶器系統中的重要輸入與輸出功能。當

然，各型的記憶器常具有其他特定的輸入與輸出線。這些將在討論各種記憶器形式時加以說明。

複習問題

1. 16 K×12 記憶器需多少位址輸入、資料輸入及資料輸出？
2. $\overline{WE}$ 輸入有何功能？
3. *memory enable* 輸入有何功能？

9-3 CPU 與記憶器連接

本章主要部分係專注於半導體記憶器，如前所述，其組成多數近代計算機的主記憶器。記住主記憶器必須時常與 CPU (中央處理單元) 通聯。瞭解 CPU 的詳細操作並不必要，因此以下僅對 CPU 與記憶器的界面作論述，並希望藉此有助於研習記憶裝置。

計算機的主記憶器係由 RAM 與 ROM IC 所組成，並經由三組信號線或匯流排界面至 CPU。這三組信號線或匯流排如圖 9-5 所示，分別為位址線或位址匯流排、資料線或資料匯流排及控制線或控制匯流排。各匯流排係由數條線所組成 (注意匯流排可以添加一短斜的單一線來表示)，且線的數目可隨計算機而改變。這三組匯流排使 CPU 可將資料寫入記憶器中，且可由記憶器中取回資料。

當計算機執行程式時，CPU 連續的抓取 (讀出) 記憶位置中的資訊，這些記憶位置儲存有 (1) 用以表示所要執行操作的程式碼及 (2) 將要被運算到的資料。當然，CPU 亦可依程式指令而連續的將資料儲存 (寫入) 於記憶位置。無論何時，當

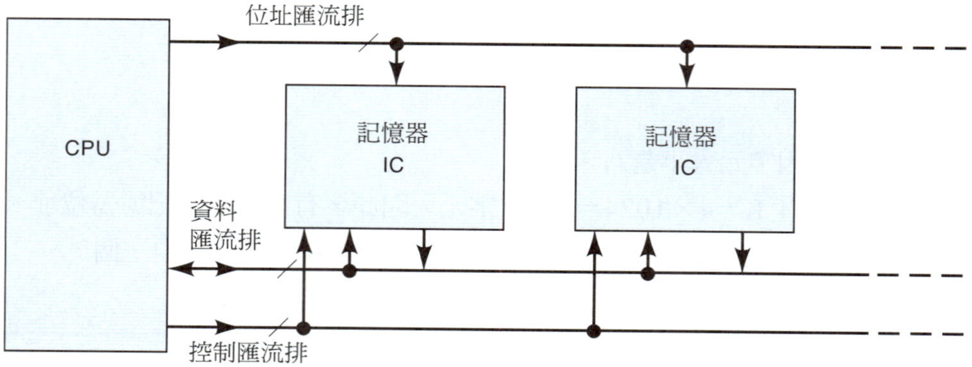

圖 9-5 連接主記憶器 IC 至 CPU 的三組線 (匯流排)

CPU 想要將資料寫入一特定記憶位置時，就必須發生以下步驟：

寫入操作

1. CPU 提供資料所欲存入記憶位置的二進位址，並將該位址置於位址匯流排線上。
2. 位址解碼器啟動記憶器裝置的激能輸入 (*CE* 或 *CS*)。
3. CPU 將所欲存入的資料置於資料匯流排線上。
4. CPU 提供適當的控制信號且經控制匯流排線傳送至記憶器以執行寫入操作 ($\overline{WR}$ 或 $R/\overline{W}$)，它通常是連接到記憶器 IC 上的 $\overline{WE}$。
5. 記憶器 IC 將二進位址解碼以決定該選擇哪一個位置來儲放所欲存入的資料。
6. 資料匯流排上的資料乃傳送至所選中的記憶位置。

無論何時當 CPU 想要由某特定記憶位置讀出資料時，就必須發生以下步驟：

讀出操作

1. CPU 提供所欲讀出資料之記憶位置的二進位址，並將該位址置於位址匯流排線上。
2. 位址解碼器啟動記憶器裝置的激能輸入 (*CE* 或 *CS*)。
3. CPU 啟動適當的控制信號線以執行讀出操作 ($\overline{RD}$)。
4. 記憶器 IC 於內部將二進位址解碼以決定該將哪一個位置的資料讀出。
5. 記憶器 IC 將所選中記憶位置的資料置於資料匯流排線上，並經由資料匯流排線將資料傳給 CPU。

上述各系統匯流排的功能可更清楚的說明如下：

- **住址匯流排 (address bus)**：此為一單向 (unidirectional) 匯流排且可攜帶由 CPU 傳送給記憶器 IC 的二進位址輸出。
- **資料匯流排 (data bus)**：此為一雙向 (bidirectional) 匯流排且可攜帶 CPU 與記憶器 IC 間雙向傳送的資料。
- **控制匯流排 (control bus)**：此匯流排攜帶有由 CPU 傳送給記憶器 IC 的控制信號 (如 $\overline{RD}$、$\overline{WR}$)。

在著手討論實際的記憶器 IC 時，我們必須檢查呈現在這些匯流排上的信號作用情形，以瞭解目前是在執行讀出、寫入或其他操作。

複習問題

1. 說出連接 CPU 與內部記憶器三組線的名稱。
2. 試扼要說明 CPU 由記憶器中讀出資料時所發生的步驟。
3. 試扼要說明 CPU 將資料寫入記憶器時所發生的步驟。

9-4 僅讀記憶器

這型的半導體記憶器是設計來保有永久不變或不常改變的資料。在正常操作下，無新的資料可被寫入 ROM，但資料可從 ROM 讀出。對有些 ROM 而言，資料在製作期間便儲存於內；其他 ROM 的資料可以電性處理方式輸入。這種輸入資料的處理方式稱為**規劃** (programming) 或燒入 (burning-in) ROM。有些 ROM 在被規劃後便不能改資料，而其他的可被擦除 (erased) 並重新規劃。稍後將仔細檢視這些形式的 ROM。現在，將設 ROM 已被規劃且已保有資料。

ROM 被用來儲存可以在系統操作期間不會改變的資料與資訊。ROM 的一項主要用途是儲存微算器的程式。因為所有的 ROM 均為非易變性 (nonvolatile)，因此當微算器關機後，這些程式仍不會消失。當微算器開機後，即可開始執行存在 ROM 內的程式，且 ROM 在如複雜的電子收銀機、家電及安全系統微處理器控制的設備中用來儲存程式與資料。

ROM 方塊圖

ROM 的典型方塊圖示於圖 9-6(a)。它具有三組信號：位址輸入、控制輸入及資料輸出。由前面的討論可判定此 ROM 正存有 16 字元，因其具有 $2^4=16$ 個可能位址，且由於有八個資料輸出，所以每個字元含有 8 位元。因此，它是 16×8 ROM。另一種描述該 ROM 容量的方式是說它存有 16 位元組的資料。

大多數 ROM IC 的資料輸出是三態輸出式，如此可允許很多 ROM 晶片接連至同一資料匯流排以供記憶器擴展。ROM 的資料輸出之普遍數量為 4 位元、8 位元與 16 位元，且 8 位元的字元是最普遍的。

控制輸入 $\overline{CS}$ 表**晶片選擇** (chip select)。基本上其為可激能或禁抑 ROM 輸出的激能輸入。有些廠商對控制輸入使用不同的標示，像是 *CE* (晶片激能) 或 *OE* (輸出激能)。很多 ROM 皆具有超過兩個或多個控制輸入使激能資料輸出時必須為動作的，以使資料能自選擇到的位址上讀出。若干 ROM IC 中，有一個控制輸入

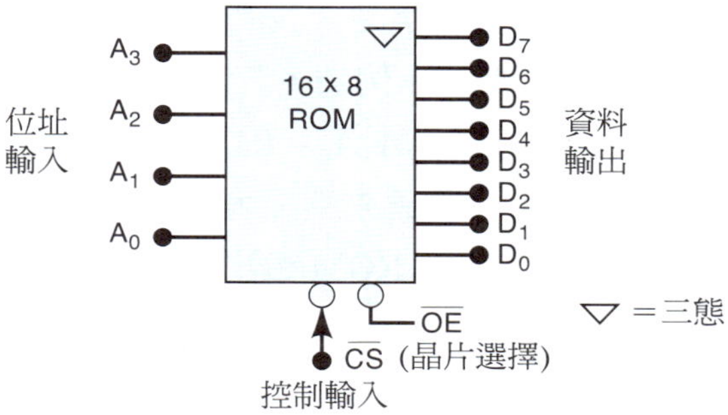

(a)

	位　址				資　料							
字　元	A_3	A_2	A_1	A_0	D_7	D_6	D_5	D_4	D_3	D_2	D_1	D_0
0	0	0	0	0	1	1	0	1	1	1	1	0
1	0	0	0	1	0	0	1	1	1	0	1	0
2	0	0	1	0	1	0	0	0	0	1	0	1
3	0	0	1	1	1	0	1	0	1	1	1	1
4	0	1	0	0	0	0	0	1	1	0	0	1
5	0	1	0	1	0	1	1	1	1	0	1	1
6	0	1	1	0	0	0	0	0	0	0	0	0
7	0	1	1	1	1	1	1	0	1	1	0	1
8	1	0	0	0	0	0	1	1	1	1	0	0
9	1	0	0	1	1	1	1	1	1	1	1	1
10	1	0	1	0	1	0	1	1	1	0	0	0
11	1	0	1	1	1	1	0	0	0	1	1	1
12	1	1	0	0	0	0	1	0	0	1	1	1
13	1	1	0	1	0	1	1	0	1	0	1	0
14	1	1	1	0	1	1	0	1	0	0	1	0
15	1	1	1	1	0	1	0	1	1	0	1	1

(b)

	位　址	資　料
字　元	A_3 A_2 A_1 A_0	D_7 – D_0
0	0	DE
1	1	3A
2	2	85
3	3	AF
4	4	19
5	5	7B
6	6	00
7	7	ED
8	8	3C
9	9	FF
10	A	B8
11	B	C7
12	C	27
13	D	6A
14	E	D2
15	F	5B

(c)

圖 9-6　**(a) ROM** 方塊圖；**(b)** 顯示出每個位址位置處之二進資料的表；**(c)** 十六進資料

(通常為 *CE*) 則在 ROM 未被使用時將它置於低功率待命模式。如此即可降低系統電源的電流耗損。

圖 9-6(a) 中 $\overline{CS}$ 輸入為低電位動作。因此，它必須是在低電位狀態以激能 ROM 資料呈現於資料輸出上。注意因 ROM 在正常操作下不能寫入而無 $R/\overline{W}$ (讀出／寫入) 輸入。

讀出操作

假設 ROM 被規劃成具有如圖 9-6(b) 表格內所示的資料。十六個不同的資料字元被存於十六個不同的位址位置。例如，存於位置 0011 的資料字元為 10101111。當然，資料是用二進數儲於 ROM 中，但為便於顯示所規劃的資料而常用十六進數，如圖 9-6(c) 所示。

為了要由 ROM 讀出資料字元，我們需要做兩件事：(1) 加入適當的位址輸入且接著 (2) 使控制輸入動作。例如，若想要讀出存在圖 9-6 的 ROM 0111 位置內的資料，則必須加入 $A_3A_2A_1A_0=0111$ 至位址輸入，且接著加入低電位至 $\overline{CS}$。位址輸入將於 ROM 中解碼來選擇可顯示於 D_7 至 D_0 輸出的正確資料字元 11101101。若 $\overline{CS}$ 保持高電位，ROM 輸出將被禁能且為 Hi-Z 狀態。

複習問題

1. 真或偽：所有 ROM 為非易變性。
2. 說明由 ROM 讀出的程序。
3. 何謂規劃 ROM 或燒入 ROM？

9-5　ROM 結構

ROM IC 的內部結構甚為複雜，我們不需完全瞭解細節。但是，可就圖 9-7 所示的 16×8 ROM 來研習一下簡化的內部結構圖。此區分為四個部分：暫存器陣列 (register array)、列解碼器 (row decoder)、行解碼器 (column decoder) 和輸出緩衝器 (output buffer)。

暫存器陣列

暫存器陣列儲存被規劃入 ROM 的資料。各暫存器具有等於字元的記憶胞數。在此情形下，各暫存器儲存 8 位元的字元。暫存器排列成在很多半導體記憶晶片中很普遍的方形陣列。我們可指定的各暫存器位置是被其特定列與特定行所定出。例如，暫存器 0 於列 0、行 0，且暫存器 9 為列 1、行 2。

各暫存器的八個資料輸出被接繞經整個電路的內部資料匯流排。各暫存器具有兩個激能輸入 (E)；且兩者為了要使暫存器資料放在匯流排上而皆須為高電位。

位址解碼器

加入的位址碼 $A_3A_2A_1A_0$ 可決定在陣列中哪個暫存器將被激能，而可將其 8 位元的資料字元置於匯流排上。位址位元 A_1A_0 被送入可使一列選擇線動作的 4 選 1 解碼器，且位址位元 A_3A_2 可被送入第二個使一行選擇線動作的 4 選 1 解碼器。僅有一個暫存器將位於位址輸入所選擇到的列與行處中，且其將被激能。

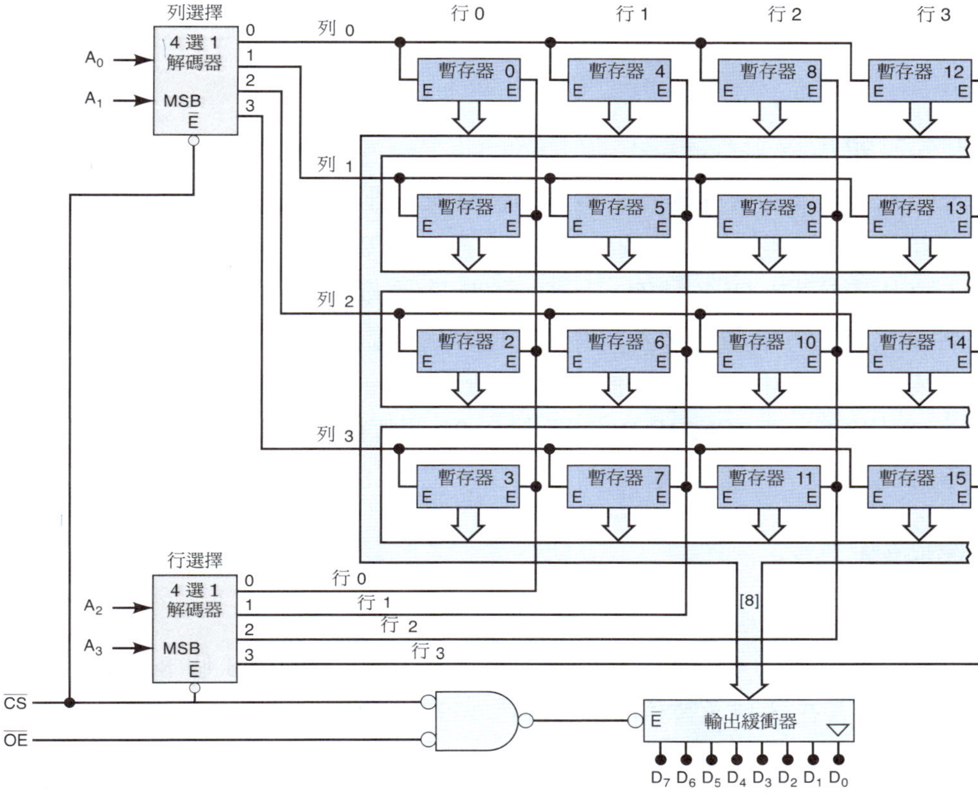

圖 9-7　**16×8 ROM** 的結構。每個暫存器儲存一個 **8** 位元字元

例題 9-5

哪一個暫存器係被輸入位址 1101 所激能？

解答：$A_3A_2=11$ 可使行解碼器讓行 3 選擇線動作，且 $A_1A_0=01$ 可使列解碼器讓列 1 選擇線動作。如此便使暫存器 13 的兩個激能輸入為高電位，且使其資料輸出置於匯流排上。注意在行 3 上的其他暫存器僅有一個激能輸入有動作；同樣對其他列 1 暫存器而言亦是如此。

例題 9-6

使暫存器 7 被激能的輸入位址為何？

解答：此暫存器的激能輸入被各別接至列 3 與行 1 選擇線。要選列 3，A_1A_0 輸入必須為 11，且要選擇行 1，A_3A_2 輸入也必須為 01。因此，所需位址為

$A_3A_2A\ A_1A_0=0111$。

輸出緩衝器

被位址輸入所激能的暫存器將資料置於資料匯流排上。這些資料輸入至輸出緩衝器，並可通過資料至外部資料輸出，且 $\overline{CS}$ 及 $\overline{OE}$ 為低電位。如果 $\overline{CS}$ 或 $\overline{OE}$ 為高電位，輸出緩衝器為 Hi-Z 狀態，且 D_7 至 D_0 為浮接。

圖 9-7 所示的結構與大多數的 IC ROM 是雷同的，依所儲存的資料字元而定，且某些 ROM 中的暫存器並不排成方形陣列。例如，Intel 27C64 為可儲存 8192 個 8 位元字元的 CMOS ROM，其 8192 個暫存器被排列成 256 列×32 暫存器的陣列。

例題 9-7

試說明可存 4 K 位元組且使用方形暫存器陣列的 ROM 結構。

解答：4 K 事實上為 4×1024＝4096，故此 ROM 具有 4096 個 8 位元的字元。各字元可視為存在 8 位元暫存器中，且有 4096 個暫存器連接至晶片內的公共匯流排。由於 $4096=64^2$，因此暫存器被排成 64×64 陣列，即有 64 列與 64 行。對列選擇而言，需要 64 選 1 解碼器來將六個位址輸入解碼，且第二個 64 選 1 解碼器可解碼用於行選擇的其他六個位址輸入。因此，共需有 12 個位址輸入。即意指因 $2^{12}=4096$，所以有 4096 個不同位址。

複習問題

1. 如果想要讀出圖 9-7 暫存器 9 的資料，則需位址輸入為何？
2. 試說明在 ROM 結構中的列選擇解碼器、行選擇解碼器及輸出緩衝器的功能。

9-6 ROM 時序

在讀出操作時，於送上 ROM 的輸入與呈現資料的輸出之間將有傳遞延遲。此稱為存取時間 (access time, t_{ACC}) 的時間延遲係 ROM 操作速率的量測。存取時間可由

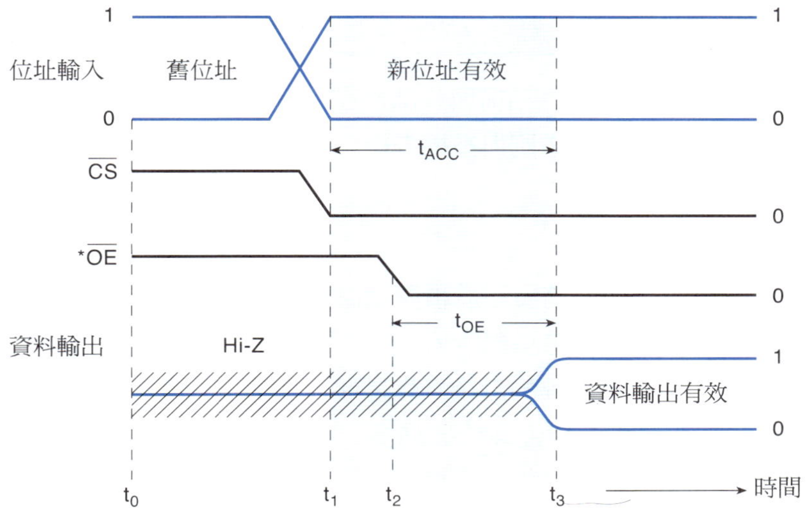

＊ t_{OE} 是自 $\overline{CS}$ 與 $\overline{OE}$ 皆被聲明時刻起量測。

圖 9-8 ROM 讀出操作之典型時序圖

圖 9-8 方波形圖示說明之。

上方波形表示位址輸入，中間波形為低電位動作輸出激能 $\overline{OE}$ 及低電位動作的晶片選擇 $\overline{CS}$，且下方波形表資料輸出。在時間 t_0 時，位址輸入全為某些特定電位，有些為高電位，而有些為低電位。無論 $\overline{OE}$ 或 $\overline{CS}$ 為高電位，因此 ROM 資料輸出為其 Hi-Z 狀態 (以斜線表之)。

t_1 之前，位址輸入正換為新位址以供新的讀出操作。t_1 時，新位址是有效的，即各位址輸入處於有效邏輯準位。內部 ROM 電路於此處便開始解碼新位址輸入選擇可傳送其資料至輸出緩衝器的暫存器。在 t_2 時，$\overline{CS}$ 輸入有動作以激能輸出緩衝器。最後，於 t_3 時，輸出由 Hi-Z 狀態變換至可代表存在特定位址的有效資料。

在 t_1 時的新位址變成有效與在 t_3 時的資料輸出變成有效間的時間延遲即為存取時間 t_{ACC}。一般雙極 ROM 所具有的存取時間為 30 至 90 ns 範圍，而 NMOS 的範圍則為 35 至 500 ns。CMOS 技術的進步使存取時間快速到 20 至 60 ns 的範圍內。因此，雙極與 NMOS 裝置於較新型 (較大型) ROM 中已極少生產。

另一重要的時間參數為輸出激能時間 (output enable time) t_{OE}，它是在 $\overline{OE}$ 輸入與有效資料輸出間的延遲。t_{OE} 的數值始終比存取時間短。此時序參數在位址輸入已置定其新值的情況下是重要的，但 ROM 輸出尚未被激能。當 $\overline{OE}$ 為低電位來激能輸出時，延遲將為 t_{OE}。

9-7 ROM 的形式

現在我們對於 ROM 裝置的內部結構與外部操作已有一般性的瞭解。現將再扼要說明各種形式的 ROM 在如何被規劃與被擦去後再重新規劃間的分別。

遮罩-規劃 ROM

遮罩-規劃 ROM (MROM) 是將資訊於積體電路製造時即儲存進去。如圖 9-9 中所見者，ROM 是由矩形陣列的電晶體所組成。資訊之儲存是藉由連接或未連接電晶體的源極到輸出行上。製造過程的最後步驟是形成全部這些導電路徑或連線。這個過程是使用了 “ 遮罩 ” 來沉積金屬於矽晶上，它決定了這些連線是依相似於極小尺度的方式將花紋布置在印刷模板上一般。這個遮罩是極為精密且昂貴的，而且依照顧客需求特定的，要具有正確的二進制資訊。因此，此種類型的 ROM 只有在許多 ROM 皆剛好要依相同的資訊來製作時才有經濟效益。

遮罩—規劃 ROM 有時也簡稱為 ROM，但這可能會使讀者混淆，因 ROM 一詞係泛指所有正常操作下僅能被讀出的記憶裝置。我們將無論何時稱遮罩—規劃 ROM 時都將使用縮寫 MROM。

圖 9-9 所示為一小部分 MOS MROM 的構造。它是由十六個記憶胞排成四 列且每列四個記憶胞。每個記憶胞為連接成共汲極組態 (輸入在閘極，輸出在源極) 的 N 通道 MOSFET 電晶體。記憶胞頂列 (ROW 0) 構成一個 4 位元暫存器。注意此列中的若干電晶體 (Q_0 和 Q_2) 將其源極連接到輸出行線，而其他的 (Q_1 與 Q_3) 則否。對於每個其他列記憶胞亦是如此。這些源極是否連接則決定記憶胞分別儲存 0 或 1。每個源極連接的情形則是由生產時根據客戶提供資料的照像遮罩來控制。

注意資料輸出是連接到行線。例如，參考輸出 D_3，任何具備有從源極 (如 Q_0、Q_4 及 Q_8) 到輸出行的電晶體可將 V_{dd} 轉接到行上，使其為高電位邏輯準位。如果 V_{dd} 並未連接到行線，則輸出將被下接電阻器維持於低電位邏輯準位。於任何已知時刻，其中一行最多只有一個電晶體將因列解碼器而導通。

4 選 1 解碼器用以解碼位址輸入 $A_1 A_0$ 以選擇哪一列 (暫存器) 的資料將被讀出。解碼器的高電位動作輸出將使連接至各同列記憶胞基極的 ROW 激能線激能。如果解碼器本身的激能輸入 $\overline{EN}$ 保持高電位狀態，則所有解碼器輸出將處於不動作的低電位狀態，且陣列上的所有電晶體將因基極缺乏電壓而處於 off 狀態。因此，所有的資料輸出都為低電位狀態。

當 $\overline{EN}$ 處於動作的低電位狀態時，位址輸入的條件決定將使哪一列 (暫存器) 被激能，因此該列的資料將可呈現在資料輸出上且可被讀出。例如，要讀出 ROW

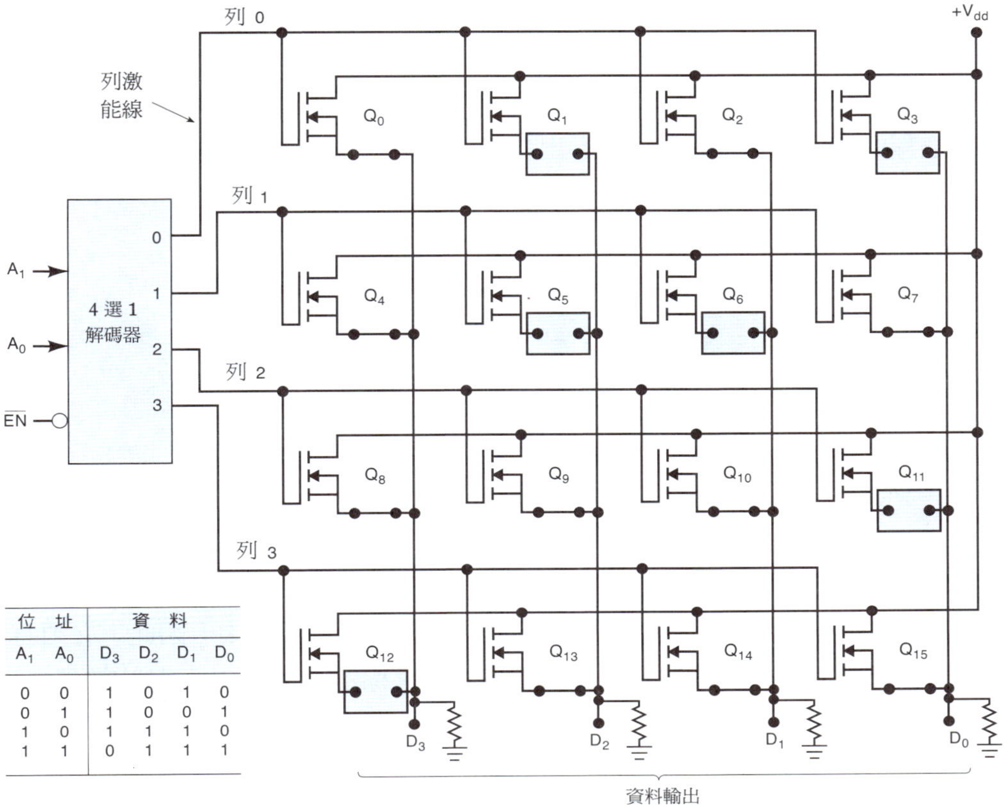

位　址		資　料			
A_1	A_0	D_3	D_2	D_1	D_0
0	0	1	0	1	0
0	1	1	0	0	1
1	0	1	1	1	0
1	1	0	1	1	1

圖 9-9　MOS MROM 的結構指出一個 MOSFET 用於每個記憶胞。開路源極連接儲存“0”；閉路源極連接儲存“1”

0，則 A_1A_0 輸入將被設定為 00。這使得 ROW 0 線為高電位，而其他列線則為 0 V；ROW 0 的高電位使得電晶體 Q_0、Q_1、Q_2 與 Q_3 為導通。若將列中的全部電晶體導通，V_{dd} 將被轉接到每個電晶體的源極。輸出 D_3 與 D_1 將變成高電位，因 Q_0 與 Q_2 是連接到其個別的行上。D_2 與 D_0 則將維持於低電位，因從 Q_1 與 Q_3 源極並沒有路徑接至其行上。依同樣的方式，送上其他的位址碼則可使對應的暫存器內容呈現在資料輸出上。圖 9-9 的表顯示出各位址所對應的資料。讀者應自行驗證表中所列各資料如何對應至各記憶胞上的源極連接。

例題 9-8

MROM 常用來儲存算術函數表格。試說明圖 9-9 所示的 MROM 結構如何用來儲存函數 $y=x^2+3$，其中 x 值代表輸入位址，y 值代表資料輸出。

解答：首先建立一個能說明輸入與輸出間關係的表格。輸入二進數 x 以位址 A_1A_0 表示，輸出二進數即為所要的 y 值。例如，當 $x=A_1A_0=10_2=2_{10}$ 時，輸出為 $2^2+3=7_{10}=0111_2$。完整表格如表 9-1 所示。將此表提供給 MROM 製造商以使得在製造過程中能依使用者的要求設計出連接至記憶胞的遮罩格式。例如，表中第一列提出 Q_0 與 Q_1 的源極接線不接，而 Q_2 與 Q_3 的接線則須接上。

表 9-1

x		$y=x^2+3$			
A_1	A_0	D_3	D_2	D_1	D_0
0	0	0	0	1	1
0	1	0	1	0	0
1	0	0	1	1	1
1	1	1	1	0	0

MROM 基本上具有三態輸出以讓它們能用於匯流排系統中。因此，必須有個控制輸入來激能且禁抑三態輸出。此控制輸入通常標示為 OE (表示輸出激能)。為了將此三態激能輸入與位址解碼器之激能輸入加以區隔，後者通常稱為晶片激能 (CE)。此晶片激能不只將位址解碼器激能而已。當 CE 被禁抑時，晶片的所有功能皆被禁抑，包括了三態輸出，而且整個電路被置於**功率減退** (power-down) 模式，此時自電源供應吸取非常少的電流。圖 9-10 指出了一個 32 K×8 MROM。15 條的位址線 (A_0-A_{14}) 可識別 2^{15} 個記憶位置 (32,767 或 32 K)。每個記憶位置存放著一個九位元資料值，而當晶片被激能和輸入與輸出皆被激能時它將置於資料線 D_7-D_0 上。

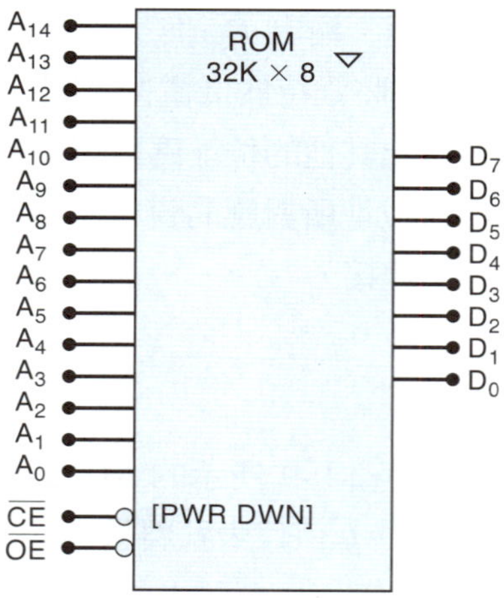

圖 9-10 32 K×8 MROM 的邏輯符號

可規劃 ROM (PROM)

遮罩一規劃 ROM 非常昂貴，除非成本可由甚多單元分攤而大量應用外，否則甚少用到。對少量應用來說，廠商已發展出可自行由使用者規劃的**熔絲** (fusible-link) PROM。亦即它在生產處理期間不予規劃，可由使用者自行規劃。然而，一旦規劃了，PROM 便有如 MROM 而無法被擦去與再重新規劃之。因此，若在 PROM 內的程式有誤或必須更改，則此 PROM 必須丟棄。因為如此，所以這些裝置常被稱為 " 可一次規劃的 " (one-time programmable, OTP) ROM。

熔絲 PROM 結構極類似於 MROM，因內部某些接線可保留完整或開路著以個別地規劃記憶胞為 1 或 0。PROM 來自製造廠商時在每個電晶體的源極腳中都有一個細小的熔絲連線。於此情況時，每個電晶體都是儲存著 1。使用者可視需要將熔絲 " 燒斷 " 來儲存 0。基本上，資料可藉由送上想要的位址到位址線上選取某一列、放置想要的資料於資料接腳上，而後送入一個脈波至 IC 上的特殊規劃用接腳而規劃或 " 燒斷 " 到 PROM 中。圖 9-11 指出了整個過程的內部操作方式。

被選到之列 (列 0) 中的全部電晶體將被導通，而且 V_{PP} 被送到它們的汲極端。這些具有邏輯 0 在它們上面 (如 Q_1) 的行 (資料線) 將提供一條經由熔絲的高電流路徑，將它燒斷且永久儲存著邏輯 0。具有邏輯 1 (如 Q_0) 的哪些行則在熔絲的其中一邊有 V_{PP}，而另一邊則有 V_{dd}，因此汲取了極少的電流而使熔絲保持完整。一旦所有的位址位置已經依此方式來規劃後，資料將永久儲存在 PROM 中，且能藉由適當的位址來重複讀取。當電源自 PROM 晶片移去後資料不會改變，因為燒斷的熔絲不會受任何因素而再度閉合。

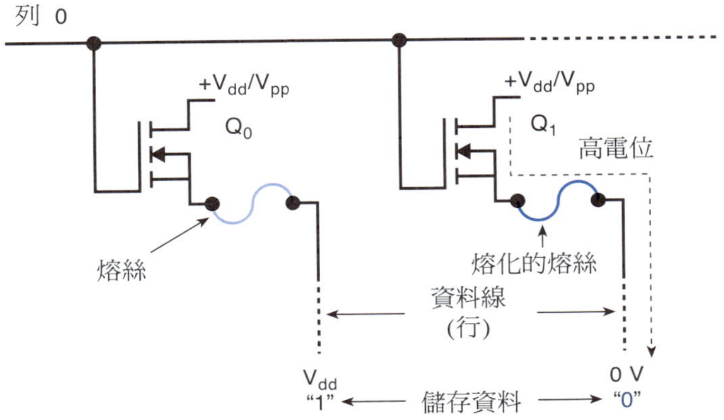

圖 9-11　**PROM 使用熔絲以選擇性地由使用者來規劃邏輯 0 到記憶胞中**

PROM 是利用第 4 章所提到之規劃 PLD 的相同設備與程序來規劃。TMS27PC256 是一個容量為 32 K×8 的極常用 CMOS PROM，且停置功率消耗僅為 1.4 mW。可用的最長存取時間從 100 到 250 ns 的範圍。

可擦式規劃 ROM (EPROM)

一個可擦式規劃 ROM (erasable programmable ROM, EPROM) 可被使用者規劃，且亦可被擦去 (prased) 並如所欲的重新規劃。一旦規劃，則此 EPROM 便為可不定的保有其儲存資料的非易變 (nonvolatile) 記憶器。規劃 EPROM 的程序相同於規劃 PROM 者。

EPROM 的儲存元素為具有矽閘的 MOS 電晶體，它並未有電氣連接 (即浮接閘極) 但很接近電極。於它的正常狀態時並無電荷儲存在浮拉閘極，且當電晶體一旦為位址解碼器選到時將產生邏輯 1。若要規劃 0，則使用一個高電壓脈波來將淨電荷留在浮接閘極上。這些電荷將促使電晶體被選到時輸出邏輯 0。由於電荷是陷入在浮接閘極上且無放電路徑，因此將一直儲存著 0 直到被擦去為止。資料是藉由回復所有的記憶胞成邏輯 1 來抹去。為能如此，於浮接電極上的電荷是經由曝晒矽晶於高強度的紫外光 (UV light) 數分鐘來將它中心化。

27C64 是一個“一次可規劃”(OTP) PROM 或可擦去式 UV EPROM 的小型 8 K×8 K 記憶 IC 的例子。此二種 IC 之間的明顯不同為圖 9-12(b) 中所示之 EPROM 的透明石英“窗”，它能讓 UV 光線照射在矽晶上。此二種類型於正常操作期間是運作在單一 +5 V 電源上。

圖 9-12(a) 為 27C64 的邏輯符號。注意到圖中顯示了 13 個位址輸入 (因為 $2^{13}=8192$) 與 8 個資料輸出。它有 4 個控制輸入。$\overline{CE}$ 係用以將裝置置於待命模式的晶片激能輸入，此時電源消耗降低。$\overline{OE}$ 則為輸出激能且用來控制裝置的資料輸出三態緩衝器，以使在沒有匯流排競爭的情況下連接到微處理器資料匯流排上。V_{PP} 則為規劃過程中所需要的特殊規劃用電壓。$\overline{PGM}$ 為規劃激能輸入，它將被激發來儲存資料於選取的位址處。

27C64 有多種可為 $\overline{CE}$、$\overline{OE}$ 與 PGM 接腳控制的操作模式，如圖 9-12(c) 所示。程式模式係用來寫入新的資料到 EPROM 胞中。此為對“乾淨的” EPROM 最常做的事情，該情況下的 EPROM 係先前已使用 UV 光擦去而使全部的記憶胞皆為 1 者。規劃程序以一次寫入一個 8 位元字元到其中一個位址位置：(1) 將位址送到位址接腳上；(2) 所需要的資料則置於資料接腳上，在規劃過程中將其當作輸入；(3) 將較高的規劃電壓 12.75 V 送到 V_{PP}；(4) 將 $\overline{CE}$ 維持於低電位；(5) $\overline{PGM}$ 被變成低電位脈波 100 μs 且資料被讀回。重複此動作於相同的位址直到資料成功

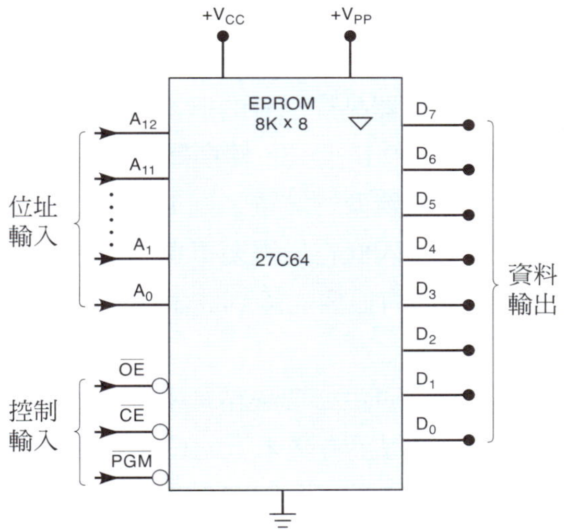

(a)

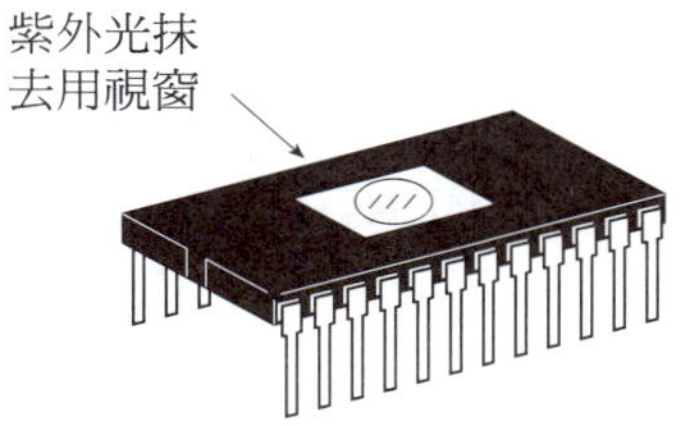

(b)

	輸　入				輸　出
模　式	$\overline{CE}$	$\overline{OE}$	$\overline{PGM}$	VPP	$D_7 - D_0$
讀　出	0	0	1	0–5V	$DATA_{out}$
輸　出 禁　抑	0	1	1	0–5V	High Z
等　待	1	X	X	X	High Z
程　式	0	1	0	12.75 V	$DATA_{in}$
PGM 驗　證	0	0	1	12.75 V	$DATA_{out}$

(c)

圖 9-12　(a) 27C64 EPROM 的邏輯符號；(b) 顯示出紫外光視窗的典型 EPROM 封裝；(c) 27C64 操作模式

的儲存為止。

一個空白的 EPROM 一旦想要的資料已被鍵入、移轉或下饋到 EPROM 規劃器內即可在一分鐘內被燒錄完成。27C512 是一個運作非常像 27C64 的常用 64 K×8 EPROM，但提供了更多的儲存空間。

UVEPROM 的主要缺點為它們必須自電路中移出才能規劃與擦去，擦去操作得擦去整個晶片，而且擦去操作花費達 20 分鐘。

電擦式 PROM (EEPROM)

EPROM 的缺點為**電擦式 PROM** (electrically erasable PROM, EEPROM) 的發展所克服，它主要是要改進 EPROM。EEPROM 具有與 EPROM 相同浮接閘極結構的優點。它增添了電擦性的特色，即在 MOSFET 記憶胞的汲極上附加有一塊薄氧化區。藉著在 MOSFET 的閘極與汲極間加入高電壓 (21 V)，則電荷將被感應至浮接閘極，即使當電源除去亦仍保留於此。同壓值的反相電壓則使陷住的電荷由浮接閘極移開而擦去記憶胞內容。由於這種電荷輸送機構需甚小的電流，因此 EEPROM 的規劃與擦去常可於電路中完成 (即不用 UV 光源與 PROM 規劃器)。

EEPROM 比 EPROM 的另一項優點為能作擦去並重新寫入個別的位元組 (8 位元的字元) 於記憶陣列。在寫入操作期間，內部的電路於未寫入新資料前將自動地先擦去某個位址位置處的全部記憶胞。此種位元可擦去性使得極易於對 EEPROM 儲存的資料作修改。

早期的 EEPROM，如 Intel 2816，需要記憶器晶片以外的適當輔助電路。此輔助電路包括 21 V 的規劃電壓 (V_{PP})，通常是經由 dc 至 dc 轉換器從 +5 V 電源來產生，及控制擦去及規劃操作的時序及順序。較新型的裝置，如 Intel 2864，則已將輔助電路整合到與記憶器陣列相同的晶片上，因此它只需要單獨一個 5 V 的電源接腳。這將讓 EEPROM 易於使用，成為我們將扼要討論到的讀出／寫入記憶器。

EEPROM 的位元可擦去性及高層次的積體卻產生二項缺點：密度及成本。記憶胞複雜性及晶片上的輔助電路將 EEPROM 於每平方毫米上的位元容量遠低於 EPROM；1 M 位元的 EEPROM 約需要二倍於 1 M 位元 EPROM 的矽。因此，不管它具有操作上的優越性，EEPROM 的密度及成本因素使其在密度及成本為最主要因素下的應用場合無法替代。

Intel 2864 的邏輯符號如圖 9-13(a) 所示。它是組織成一個具有 13 個位址輸入 ($2^{13}=8192$) 及 8 個資料 I/O 接腳的 8 K×8 陣列。三個控制輸入根據圖 9-13(b) 的表來決定操作模式。若 $\overline{CE}$＝高電位，則晶片是在其低功率待命模式，此時不對任何的記憶位置執行操作，且資料接腳是在 Hi-Z 狀態。

若要對記憶位置的內容作讀出，則將所要的位址送到位址接腳上，$\overline{CE}$ 驅動成低電位；而輸出激能接腳 $\overline{OE}$ 則驅動成低電位以將晶片的資料緩衝器激能。寫入激能接腳，$\overline{WE}$，於讀出操作期間則維持於高電位。

若要寫入 (規劃) 某個記憶位置，則將輸出緩衝器禁抑以使將被寫入的資料可作為送到 I/O 接腳的輸入。寫入操作的時序如圖 9-13(c) 所示。t_1 之前，裝置是在停置模式。彼時將有一個新的位址送上。於 t_2 時，$\overline{CE}$ 與 $\overline{WE}$ 輸入則被驅動成低電位以開始寫入操作；$\overline{OE}$ 為高電位以使資料接腳將維持於 Hi-Z 狀態。於 t_3 時資料被送到 I/O 接腳且於 t_4 時在 $\overline{WE}$ 的上昇緣上被寫入到位址位置上。資料則在 t_5 時被移去。事實上，資料首先是被閂鎖到 (於 $\overline{WE}$ 的上昇緣上) 2864 電路的 FF 一部分緩衝記憶器中。當晶片上的其他電路在對 EEPROM 陣列中所選取到的位址位置執行擦去操作時該資料仍保持在那兒，而後此資料位元組將從緩衝器被傳送到 EEPROM 陣列並儲存於彼位置處。此一擦去及儲存操作基本上要花費 5 ms。當 $\overline{CE}$ 於 t_4 回到高電位時，晶片將於內部擦去及儲存操作，完成時則回到待命模式。

2864 具有加強型的寫入模式以允許使用者能寫入多達 16 個位元組的資料到 FF 緩衝記憶器中，而當 EEPROM 電路擦去所選取到位址位置的同時它仍持住在那兒。然後此 16 個位元組的資料將被傳送到 EEPROM 陣列以儲存於這些位置

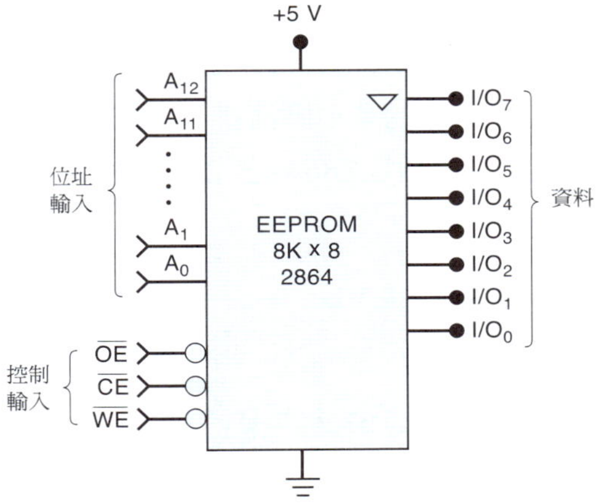

(a)

模　式	輸　入			I/O 接腳
	$\overline{CE}$	$\overline{OE}$	$\overline{WE}$	
讀　出	低電位	低電位	高電位	$DATA_{OUT}$
寫　入	低電位	高電位	低電位	$DATA_{IN}$
停　置	高電位	X	X	High Z

(b)

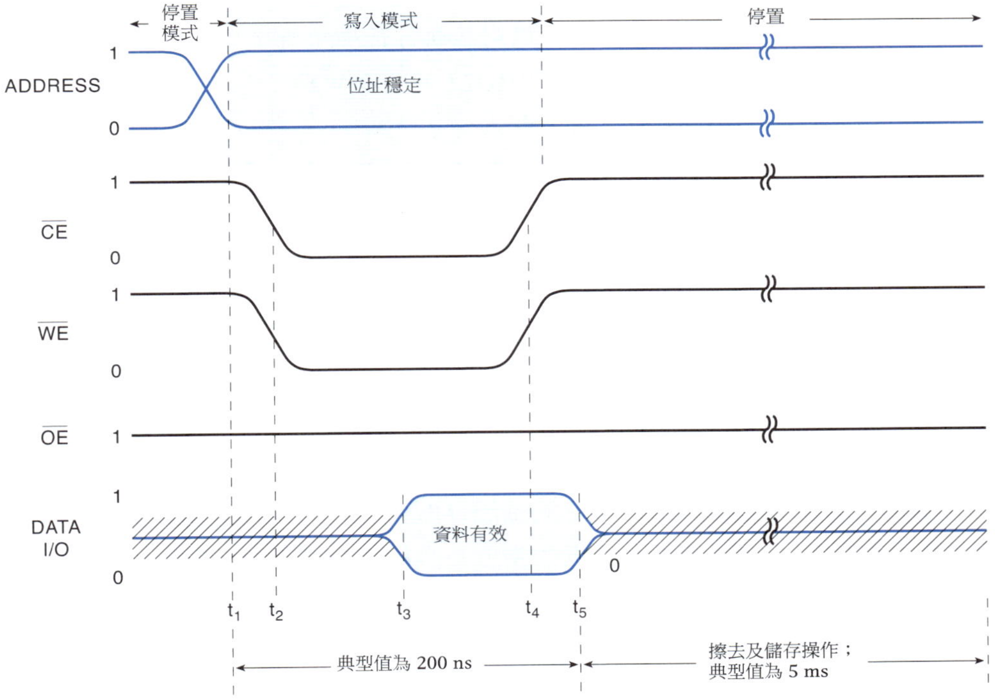

(c)

圖 9-13　(a) 2864 EEPROM 的符號；(b) 操作模式；(c) 寫入操作的時序

處。此過程也花費約 5 ms。

由於儲存資料於 EEPROM 的內部程序相當緩慢，因此資料傳送操作的速度也可能更慢。因此，許多製造商皆提供了能與 2 或 3 線的串列匯流排界面的 8 腳封裝。如此便可節省在系統板子上的實際空間，而不像使用 2864 之 28 腳的寬 DIP 封裝。如此簡化了 CPU 和 EEPROM 間的硬體界面。

複習問題

1. 真或偽：MROM 可被使用者規劃。
2. PROM 與 MROM 有何差異？它可否擦去且重新規劃？
3. 真或偽：PROM 在其熔絲線完整時將儲存邏輯 “1”。
4. EPROM 如何擦去？
5. 真或偽：沒有方法可僅擦去 EPROM 記憶器的一部分內容。
6. PROM 和 EPROM 規劃器執行什麼功能？
7. EEPROM 克服了 EPROM 的哪些缺點？
8. EEPROM 的主要缺點為何？
9. 哪一種形式的 ROM 可一次擦去一個位元組？

9-8 速掠記憶器

EPROM 是不易變的，提供快速的讀出存取時間 (基本上為 120 ns)，且具有較高的密度及每個位元較低的成本。然而它們需要自其電路／系統來被擦去及重新規劃。EEPROM 為不易變的，提供快速的讀出存取，且允許快速的電路內擦去及個別位元組的重新規劃。但其卻具有較低的密度及高於 EPROM 的價格。

半導體工程師所面臨的挑戰在製造出具有 EEPROM 電路內電氣可擦去性的不易變記憶器，但密度與價格卻與 EPROM 者更接近，且仍能保有兩者的高速讀出存取。對付此一挑戰者為**速掠記憶器** (flash memory)。

從結構上看，一個速掠記憶胞就像簡單的單一電晶體 EPROM 胞 (但不像較複雜的二個電晶體 EEPROM 胞)，因它只稍微大些而已。它具有較薄的閘極氧化層以能作電氣性擦去，但卻能以高於 EEPROM 的密度來構築。速掠記憶器的成本極低於 EEPROM 者。圖 9-14 說明各種不同半導體不易變記憶器間的權衡。隨著擦去／規劃彈性的增加 (從三角形的底部到尖頂)，裝置複雜性及成本亦隨之增

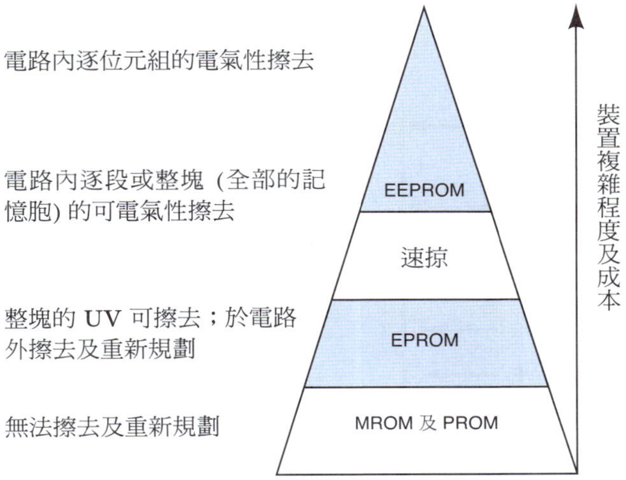

圖 9-14　半導體不易變記憶器的權衡指出複雜程度和成本隨擦去及規劃的彈性而增加

加。MROM 和 PROM 為最簡單且最便宜的裝置，但其卻不可擦去及重新規劃。EEPROM 為最複雜且最昂貴者，因其不可位元組的於電路中擦去及重新規劃。

所以稱為速掠記憶器者係因其快速擦去及寫入時間。大多數的速掠晶片係使用*整塊擦去* (bulk erase) 操作，其中晶片上的所有記憶胞是同時地擦去；或者是*段落擦去* (sector erase) 模式，其中記憶陣列的特定段 (如 512 個位元組) 可於同一時刻被擦去。這樣便可在只有部分的記憶器必須被更新時避免擦去及重新規劃所有的記憶胞。速掠記憶器比 EPROM 或 EEPROM 提供更快速的寫入時間。

一種典型的 CMOS 速掠記憶器 IC

圖 9-15 指出了類似於 Altera/Terasic DE1 電路板上含有之 CMOS 速掠記憶器晶片的邏輯符號，它具備 4M×8 或 2M×16 的容量。圖中指出了需要 21 條位址輸入 (A_0-A_{20}) 來選取不同的記憶位址：即 $2^{21}=2M=2{,}097{,}152$。16 條資料輸入／輸出接腳 (DQ_0-DQ_{15}) 於記憶器寫入操作期間使用作輸入，而當讀出操作期間則作輸出用。當晶片解除選取 ($\overline{CE}$=高電位) 或者輸出被抑制 ($\overline{OE}$=高電位) 時，這些資料接腳將浮動成 Hi-Z。寫入激能輸入 ($\overline{WE}$) 則用來控制記憶器寫入操作。

控制輸入 ($\overline{CE}$、$\overline{OE}$ 以及 $\overline{WE}$) 以極相同使用於 2864 EEPROM 的方式控制著資料接腳處所發生的任何事。資料接腳通常是連接資料匯流排。寫入操作期間，資料是在匯流排上傳送——通常是從微處理器到晶片中。讀出操作期間，於晶片內部的資料則經由資料匯流排傳送 (通常) 到微處理器。

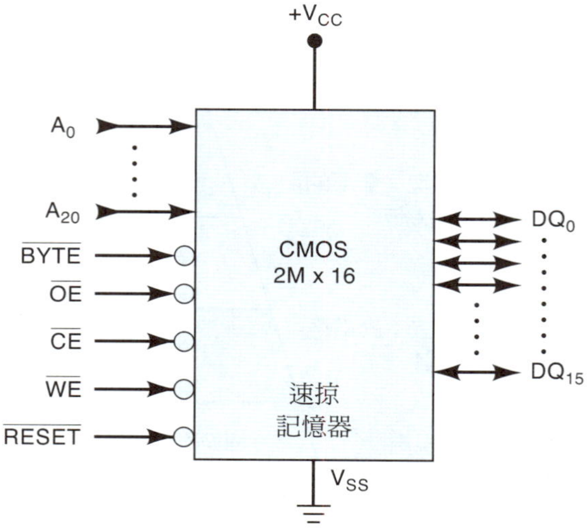

圖 9-15 典型速掠記憶器晶片的邏輯符號

此速掠記憶器晶片的操作可藉由審視它的內部構造作更佳的理解。圖 9-16 即為指出速掠記憶器晶片的主要功能方塊的圖形。此構造獨特的特徵為命令暫存器 (command register)，它是用來管理晶片的所有功能。命令程式碼是寫入到此暫存器中以控制哪些操作發生於晶片內部 (如擦去、擦去驗證、規劃、規劃驗證)。這些程式碼通常透過資料匯流排來自於微處理。狀態控制邏輯則是檢驗命令控制器的內含並且產生邏輯與控制信號到晶片電路的其餘部分以執行逐步的操作。

速掠技術：NOR 與 NAND

速掠技術演進的驅動力是我們對於裝置的需求比目前所擁有者希望要有更高的容量、較快速的操作、較低的功率以及較低的成本。第一個速掠裝置之創造是嘗試針對 EEPROM 於以上這些方面並且折衷區塊而非位元組抹除功能所作的改進。這些速掠裝置稱為 NOR 速掠技術。NOR 速掠 IC 的近例為使用於流行的 Altera/Terasic DE1 與 DE2 電路板上的 Spansion S29AL032D。

NOR 速掠技術採用了浮接閘 MOSFETS (FGMOSFET)，它是在位元排 (矩陣中的行) 之間安排成互為平行並且接地成如圖 9-17(a) 中所示。注意到每個字組排 (矩陣中的列) 控制著能將位元排 (行) 連接到的電晶體開關。如果 WL0 OR WL1 OR WL2…OR WL5 為高電位，則位元排將被接成低電位。此電路組態邏輯功能上像是 NOR 閘，這是為何它之所以稱為 NOR 速掠。每個電晶體可被讀出或寫入而無視該群中其他電晶體的狀態。

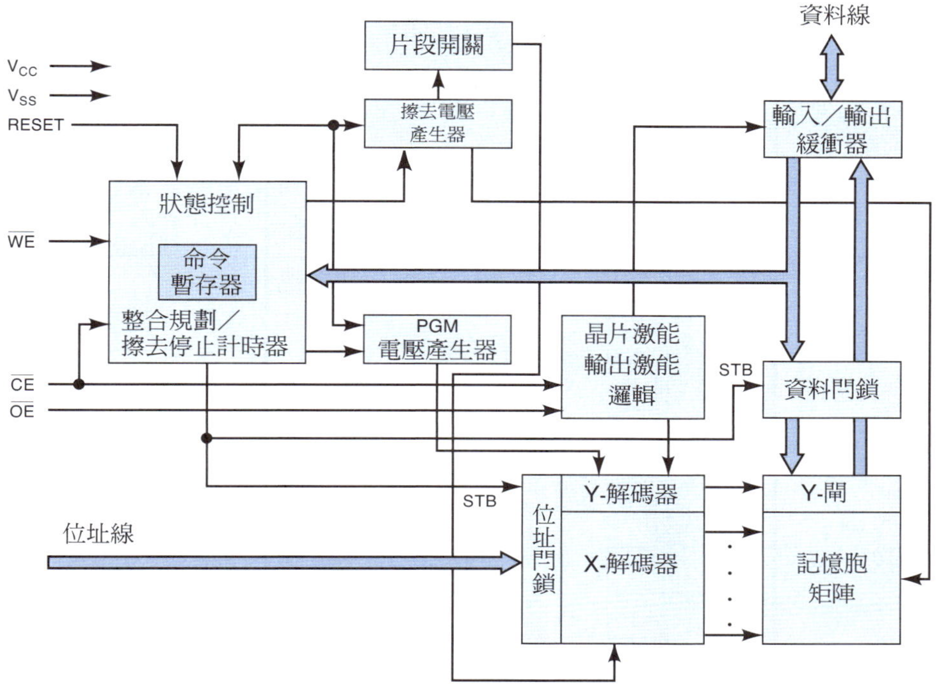

圖 9-16　**28F256A 速掠記憶器晶片的功能圖**

期望使用速掠記憶器作為儲存極大量資料的方式引導出一些針對速掠記憶器產品之另一範疇的新型設計標準。對於大型儲存而言 (如硬碟機)，不需要隨機存取每個位元資料。所有針對文件檔案、數位圖像，或者數位錄音的資料，都是依序地以整群位元組或片段來儲存。研究人員開始尋找在犧牲隨機存取能力下能增進大量儲存速掠裝置的方法。研究得到的結果為 **NAND 速掠技術** (NAND flash)，它是使用一群相互串聯一起的 FGMOSFET，並且如圖 9-17(b) 中所示將位元排與的線接在一起。注意到若要將位元排拉成低電位，需將 WL0 AND WL1 AND WL2…AND WL7 激發 (高低位)，這好比 NAND 閘的邏輯功能，因此稱為 NAND 速掠。針對 ANAD 速掠電路，儲存於每個電晶體上的資料必須與該群組中其他字組排連結一起被存取，這些字組排是藉由控制足夠的電壓來導通電晶體，但忽略浮接閘上的電荷量多寡。譬如，若要讀出連接到 WL1 之電晶上的資料，要有標準的控制電壓加到 WL1，因此，若儲存邏輯 0 於其上則將促使它的 MOSFET 導通，而若是儲存邏輯 1 則維持不導通。在此同時，其他的電晶體則藉由它們字組排 (WL0、WL2-WL7) 上較高的電壓而強迫導通 (導致源極與排極之間的極低電阻)，如此，即確保它們形成了低電阻路徑並且有效的使得資料儲存於 WL1 的 MOSFET 上以控制位

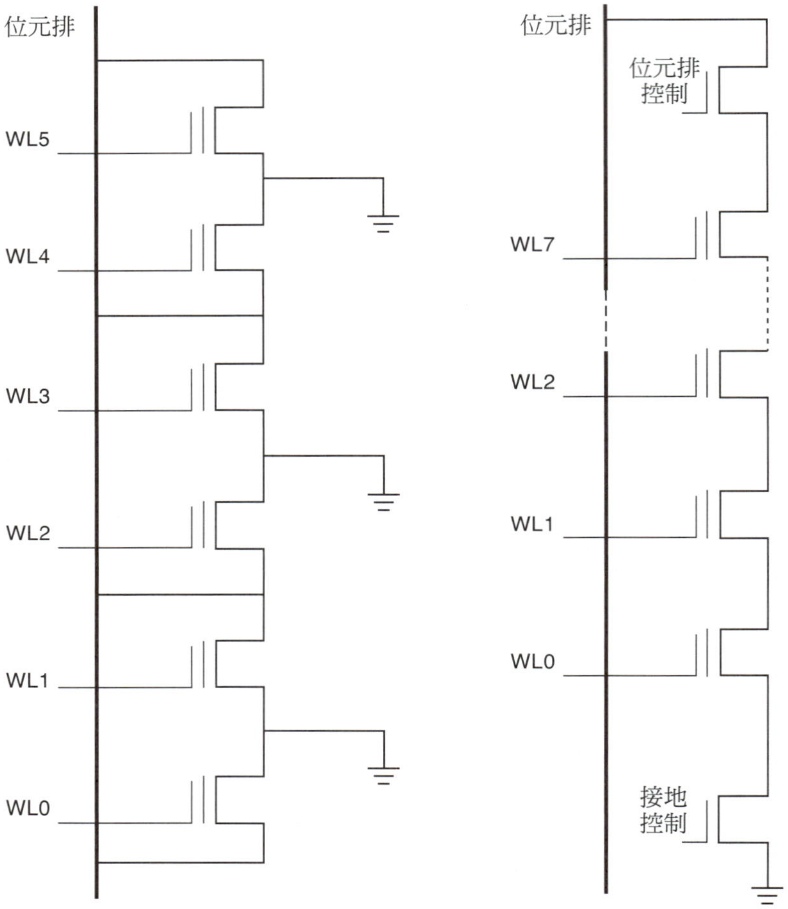

(a) NOR 速掠電路　　(b) NAND 速掠電路

圖 9-17　**(a)** 任何“導通”的電晶體能將位元排接低成低電位；**(b)** 所有的電晶體必須“導通”以將位元排拉低成低電位

元排上的電壓。

為了擦除／規劃／讀出 NAND 記憶胞，分頁緩衝暫存器與每個 NAND 記憶胞區塊結合一起，如圖 9-18 中所示。資料則是一次一個字組的移入與移出分頁緩衝暫存器。某些記憶 IC 中的專用數位電路將整頁的資料從 FGMOSFET 傳送到分頁緩衝暫存器 (讀出用) 或從緩衝暫存器傳送資料到 FGMOSFET (寫入用)。它也可藉由儲存 1 於每個電晶體中來擦除資料。複雜性增加之所以符合經濟原則的理由在於此技術的節省空間。NAND 速掠記憶器可製作於較小的矽晶片基座上。

NAND 與 NOR 速掠技術都有優缺點。NAND 速掠電路提供了快速的擦除與快速的規劃時間，但資料必須以區塊來處理。NOR 速掠提供了快速的讀出存取時

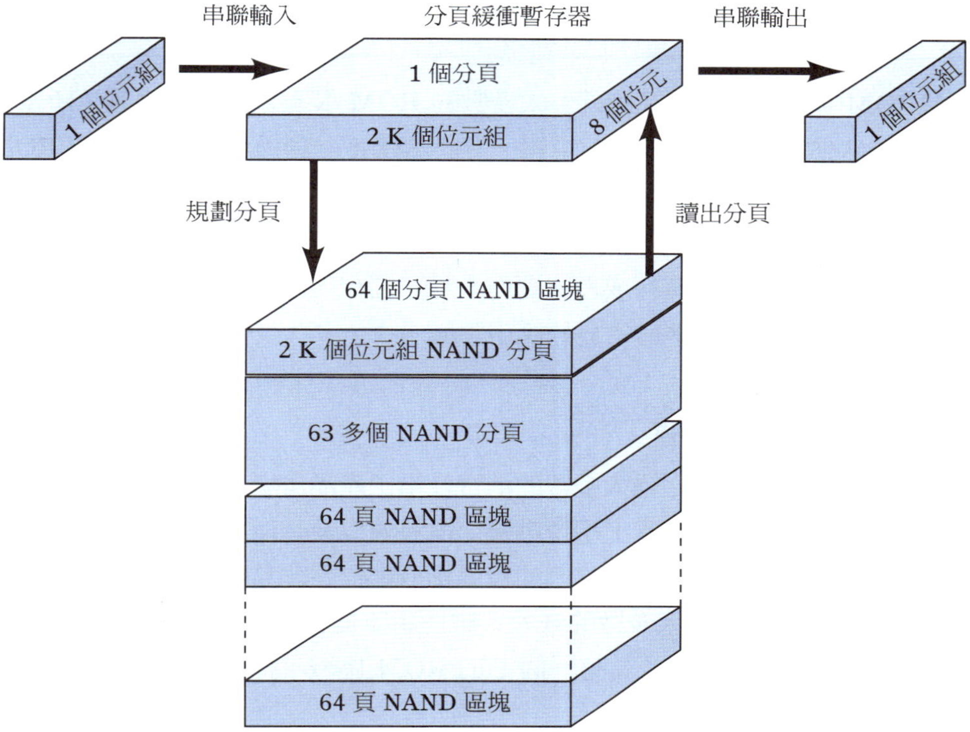

圖 9-18　**NAND 速掠結構**

間與隨機存取。因此，NOR 速掠通常用於諸如儲存程式指令到您的手機或 PDA 中的微控器，而 NAND 速掠則是用於大量儲存圖片、音樂，以及其他諸如數位相機、MP3 播放器，以及 USB 速掠區動之裝置中的檔案。由於是使用最新發展的技術，因此要找的方法是要利用較高的密度，以及較低成本的每個 NAND 速掠位元，要對於更多更多的應用符合 NOR 速掠的性能。

複習問題

1. 速掠記憶器優於 EPROM 的主要優點為何？
2. 速掠記憶器優於 EEPROM 的主要優點為何？
3. 速掠 (flash) 一詞得自何處？
4. 速掠記憶器的命令暫存器的功能為何？
5. 為何邏輯功能 NAND/NOR 用來描述速掠記憶器？

9-9 ROM 應用

除了 MROM 與 PROM 的範例外，大多數的 ROM 裝置皆可重新規劃，所以在技術上它們並非僅讀 (read only) 記憶器。然而 ROM 一詞仍可用來包含 EPROM、EEPROM 及速掠記憶器，因在正常的操作期間，這些裝置所儲存的內容幾乎並不如讀出一樣頻繁地改變。因此 ROM 係用來包括所有的半導體，不易變記憶器裝置，且是用於需將訊息、資料或程式碼作不易變儲存，以及所儲存資料很少或絕不會改變的場合。以下是一些最常見的應用領域。

嵌入式微控制器程式記憶器

微控制器非常流行於現今之絕大多數的消費性電子產品市場上。汽車上的自動剎車系統及引擎控制器、手機、掌上型遊戲機、微波爐以及其他許多以微控制器作為大腦的產品。這些小型的計算機將它們的程式指令儲存在非易變性記憶器中——換言之，就是 ROM 中。現今大多數的嵌入式微控制器是將速掠 ROM 植入到與 CPU 相同的 IC 中。而且也有許多具有一個 EEPROM 區域，提供了位元組擦去與非易變性儲存的特性。

資料移轉與可攜性

必須能儲存且移轉大量二進制資訊為現今許多低功率電池運作式系統的要求。手機要能儲存相片與影音短片。數位照相機要能存許多的相片在非易變性記憶媒體上。速掠記憶器連接到計算機的 USB 埠且儲存著數 G 個位元組的資訊。MP3 播放機可載入音樂並且終日以電池來運作。PDA (個人數位助理) 則儲存著約會訊息、電子郵件、地址甚至整本書。所有這些常見的個人電子配備都需要低功率、低價格、高密度、非易變性儲存，並且具有速掠記憶器中用到的電路內寫入的能力。

靴帶程式記憶器

多數微算機與多數較大型計算機都不將其作業系統程式存放在 ROM。相反地，這些程式被存放在外部大量記憶器中，通常為磁碟。當電源打開時，這些計算機如何知道要做些什麼事？事實上，有一個稱為**靴帶程式** (bootstrap program) 的極短程式被儲存在 ROM 中 (靴帶 [bootstrap] 一詞來自於利用自身的靴帶將自己拉起的觀念。) 當計算機的電源打開時，計算機就開始執行靴帶程式中的各指令。這些指令通常是計算機初設系統的硬體設備。接著靴帶程式讀出存放在大量記憶器 (硬碟)

中的作業系統程式並將其存入內部記憶器內。此時計算機開始執行作業系統程式，並準備對使用者所下的命令作反應。此一啟動程序通常稱為“啟動系統”。

許多的數位信號處理晶片於接上電源時即自一個外部的靴帶啟動 ROM 下載到它們的內部程式記憶器中。若干較先進的 PLD 也從外部 ROM 下載用來組織其邏輯電路之規劃訊息到 PLD 內部的 RAM 區域。這也是在電源啟動時來執行的。依此方式，PLD 藉由改變靴帶啟始 ROM 而非更換 PLD 晶片本身來重新規劃。

資料表

ROM 常用來儲存不變的資料表。有些例子為三角函數表 (如正弦、餘弦等) 與碼轉換表。數位系統可以使用這些表來“查閱”正確值。例如，存有角度為 0° 至 90° 間的正弦函數值。此 ROM 為 128×8 的結構，且具有七個位址輸入與八個資料輸出。位址輸入代表每次增量約為 0.7° 的角度。例如，位址 0000000 為 0°，位址 0000001 為 0.7°，位址 0000010 為 1.41°，且依此升至位址 1111111 表 89.3°。當某位址送至 ROM 時，資料輸出便表示其角度的近似正弦值。例如，輸入位址 1000000 (約表 45°) 的資料輸出將為 10110101。由於正弦值小於或等於 1，因此這些資料被解譯為小數值，亦即為 0.10110101，且將其轉換為十進數時便等於 .707 (45° 的正弦值)。該 ROM 的使用者瞭解資料儲存的格式是很重要的。

諸如這些函數的查閱表 ROM 曾經在 TTL 晶片上來讀出，但目前只剩一些仍在使用。現今大多數需用來查閱等效值的系統包括微處理器，而“查閱”表資料則是與存放程式指令的 ROM 儲存在一起。

資料轉換器

資料轉換器為取某種形式數碼資料以產生另一種形式表示的數碼輸出。碼轉換是需要的，例如，當計算機的輸出資料是直接二進碼時，為了將其顯示於 7 節 LED 顯示器，則需將其轉換為 BCD 碼。

碼轉換的最簡易方法之一為使用 ROM 規劃以得到特定位址 (即舊碼) 產生表示對等新碼的資料輸出的應用。74185 為可儲存 6 位元二進輸入的二進至 BCD 碼轉換功能的 TTL ROM。舉例說明之，即位址輸入 100110 (十進數 38) 將產生 00111000 的資料輸出，此為十進數 38 的 BCD 碼。

波形產生器

波形產生器係產生諸如正弦波、鋸齒波、三角波及方波等波形的電路。圖 9-19 指

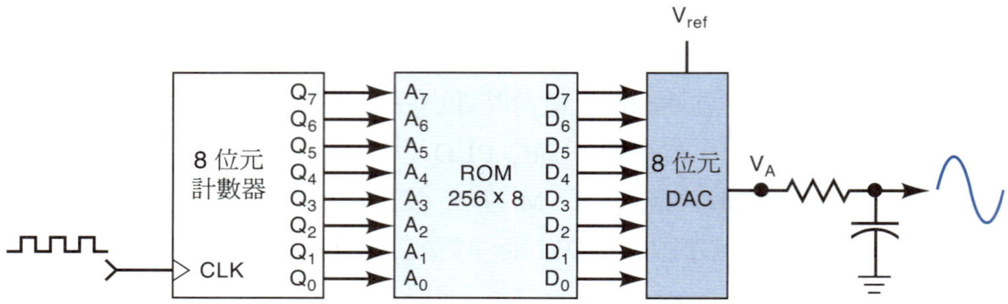

圖 9-19　使用一個 ROM 及 DAC 的波形產生器

出如何使用 ROM 的查表及 DAC 來產生正弦波輸出信號。

ROM 儲存 256 種不同的 8 位元值，每一種皆相當於一個不同的波形數值 (即正弦波上的不同電壓點)。8 個位元的計數器則是持續的以時脈信號作控制，以提供 ROM 循序的位址輸入。當計數器循環完 256 個不同的位址時，ROM 也輸出 256 個資料點到 DAC。DAC 輸出將是逐步經過對應於資料點 256 個不同類比電壓值的波形。低通濾波器則是將 DAC 輸出弄平以產生平滑的波形。

複習問題

1. 試說明計算機如何利用靴帶程式？
2. 何謂碼轉換器？
3. 波形產生器的主要元件為何？

9-10　半導體 RAM

記得 RAM 表示隨機存取記憶器 (random-access memory)，即表示任何記憶位址的位置易於被存取。很多形式的記憶器可歸類為具有隨機存取特性，但 RAM 一詞通常是指與 ROM 對立的讀出／寫入記憶器等半導體記憶器。由於實際上使用 RAM 來表示半導體 RWM，因此下列內容將專論於此。

用於計算機中的 RAM 是作為程式與資料的暫時 (temporary) 儲存器。很多 RAM 位址的位置內容在計算機執行程式時被連續改變。如此便需 RAM 有快速的讀出與寫入週期時間以使計算機操作不慢下來。

RAM 的主要缺點是電源有中斷或關掉的情形時，便改變且失去所儲存的資訊。然而，有些 CMOS RAM 在停置模式時 (無讀出或寫入操作發生) 使用小型電源以使其在主電源中斷時可由電池供電。當然，RAM 的主要優點便是能同樣容易地快速寫入或讀出。

下列有關 RAM 的討論內容有些之所以涵蓋了曾提過的 ROM 教材，這是因為此二種形式的記憶器有很多基本觀念是共同之故。

9-11　RAM 結構

如同 ROM 者，想像 RAM 為許多暫存器所組成是很有助益的，其中每個暫存器存放著單獨一個資料字元且各具有特定的位址。RAM 的典型字元容量為 1 K、4 K、8 K、16 K、64 K、128 K、256 K 及 1024 K，且字元大小為 1、4 或 8 位元。我們稍後便可見到字元容量與字元大小可以組合記憶器晶片以擴展之。

圖 9-20 所示為每個可存 4 位元的 64 字元 RAM (即 64×4 記憶器) 的簡化結構。這些字元的位址範圍是由 0 至 63_{10}。為了選擇 64 個位址的其中一個位置來加以讀出或寫入，則二進位址碼被加至解碼電路。由於 $64=2^6$，因此解碼器需 6 位元輸入碼。每個位址碼使某特定解碼器輸出有動作，且接著激能其對應的暫存器。例如，設加入的位址碼為：

$$A_5A_4A_3A_2A_1A_0=011010$$

由於 $011010_2=26_{10}$，因此解碼器輸出 26 為高電位，則選擇暫存器 26 進行讀出或寫入操作。

讀出操作

位址碼取記憶器晶片內的一個暫存器來進行讀出或寫入。為了要讀出選取暫存器的內容，則寫入激能 ($\overline{WE}$)* 輸入必須為 1。此外，晶片選取 (CHIP SELECT, $\overline{CS}$) 輸入必須有動作 (此情形中為 0)。$\overline{WE}=1$、$\overline{CS}=0$ 以及 $\overline{OE}=0$ 的組合激能輸出緩衝器以使選擇暫存器的內容呈現在四個資料輸出端。$\overline{WE}=1$ 也禁抑 (disable) 輸入緩衝器而使資料輸入在讀出操作期間不影響記憶器。

寫入操作

要寫入新的 4 位元字元到選擇的暫存器是需使 $\overline{WE}=0$ 與 $\overline{CS}=0$。此組合激能輸入緩衝器以使加入資料輸入 4 位元的字元可載入選擇暫存器中。$\overline{WE}=0$ 也禁抑輸出三態緩衝器，使資料輸出在寫入操作期間處於 Hi-Z 狀態。當然，寫入操作會掩蓋先前存入位址內的字元。

* 有些廠商使用 $R/\overline{W}$ (讀出／寫入) 符號寫入激能或 $\overline{W}$ 取代 $\overline{WE}$。上述任一情況下的操作是相同的。

晶片選取

大多數的記憶器晶片具有一個或更多個可用來完全激能整個晶片或將之禁能的 *CS* 輸入。在禁能模式中，所有資料輸入與資料輸出被禁能 (Hi-Z)，使得讀出或寫入操作無法發生。在此模式中記憶器所存內容不受影響。當結合記憶器晶片以獲得更大記憶器時，則需有 *CS* 輸入的理由就變得很清楚。注意很多廠商稱這些輸入為晶片激能 (CHIP ENABLE, *CE*)。當 *CS* 或 *CE* 輸入在其動作狀態時，則說記憶器晶片被選到了；否則說它是未被選到。許多的記憶 IC 當其未被選到時將消耗極低的功率。在較大型的記憶器系統中，對於某一個記憶器操作，將會有一個或更多個記憶器晶片被選取到，而其他所有的晶片則未被選到。稍後我們將有更詳細的探討。

公用輸入／輸出接腳

為了要在 IC 封裝上節省接腳，廠商常用公用輸入／輸出接腳來結合資料輸入與資料輸出的功能。$\overline{OE}$ 和 $\overline{WE}$ 輸入控制這些 I/O 接腳的功能。在讀出操作期間，當 $\overline{WE}=1$ 和 $\overline{OE}=0$，I/O 接腳在作用上為可再產生被選擇位址位置內容的資料輸出。在寫入期間，$\overline{WE}=0$ 和 $\overline{OE}=1$，I/O 接腳的作用為將被寫入的資料送上的資料輸入。

我們考慮在圖 9-20 的晶片便可瞭解為何能完成上述功能。用個別的輸入與輸出接腳，則共需 19 隻接腳 (包括接的與電源供給在內)。用 4 隻公共 I/O 接腳，則僅需 15 隻接腳。對具有更大字元大小的晶片而言，接腳的節省變得更為重要。

於大多數的應用中，記憶器裝置是與雙向資料匯流排併用。針對此種類型的系統，即使記憶器晶片擁有個別分開的輸入與輸出接腳，它們將在相同的資料匯流排上接在一起。擁有個別輸入與輸出接腳的 RAM 稱為雙埠 RAM。這些都是使用在注重速度且資料輸入來自不同於資料輸出的裝置。很好的例子為您 PC 上的影音 RAM。RAM 必須反覆地被影音卡讀出以更新螢幕並且不斷地自系統匯流排填入新的更新資訊。

複習問題

1. 說明由既定 RAM 位址位置讀出一字元所需的輸入情況為何？
2. 為何有些 RAM 晶片具有公用輸入／輸出接腳？
3. 對於具有 *CS* 輸入一個 $R/\overline{W}$ 控制輸入、電源的線以及公用 I/O 的 64 K×4 RAM 而言，所需的接腳數為何？

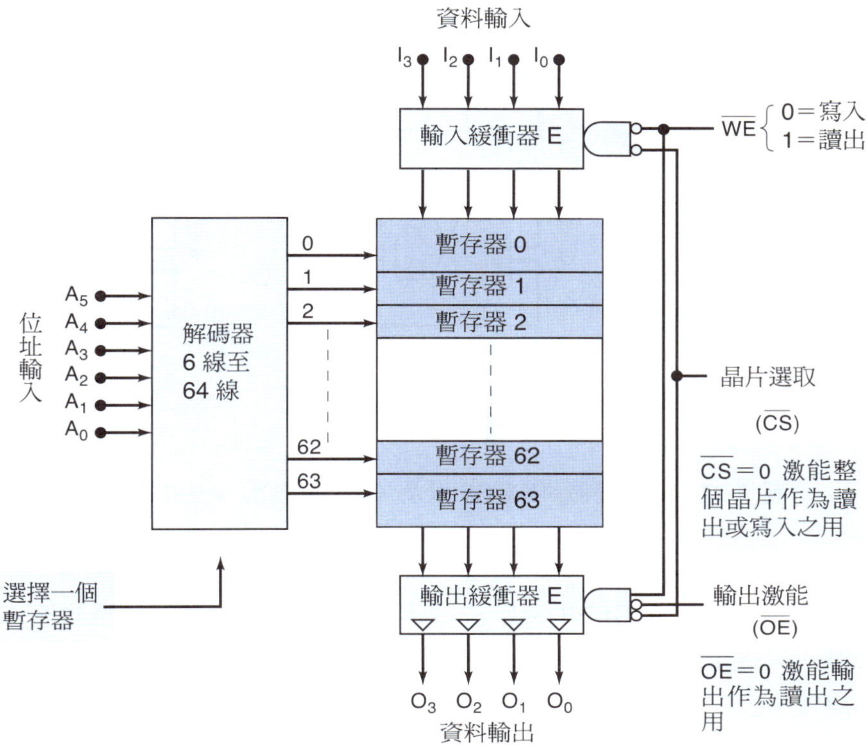

圖 9-20　**64×4 RAM** 的內部組織

9-12　靜態 RAM (SRAM)

我們討論本節的 RAM 操作是針對**靜態 RAM** (static RAM)——它只要加入電源便可儲存資料。只要供應至電路的電源不中斷，靜態 RAM 記憶胞基本上為停留在已知狀態 (儲存某一個位元) 的 FF，於 9-13 節裡我們將說明如同電荷儲存於電容器般地儲存資料的**動態 RAM** (dynamic RAM)。使用動態 RAM 時，所儲存的資料因電容器放電而逐漸消失，因此它需週期性地**回復** (refresh) 資料 (也就是將電容器充電)。

靜態 RAM (SRAM) 已被製造成雙極、MOS 與 BiCMOS 技術；現今大部分的應用都是使用 CMOS RAM。邏輯電路中代表這些技術的優缺點同樣地適用於記憶器。圖 9-21 指出了使用於雙極、NMOS 與 CMOS 技術中之基本閂鎖電路的比較。雙極記憶胞快速、耗電，但由於雙極電晶體比 MOSFET 較為複雜且電阻相對較大，因此，在矽晶片上占用較大的空間。NMOS 記憶胞將 MOSFET (Q_3 與 Q_4) 使用成拉升電阻，使得它更小且電阻值使得它耗用較少的功率來操作。然而，在這

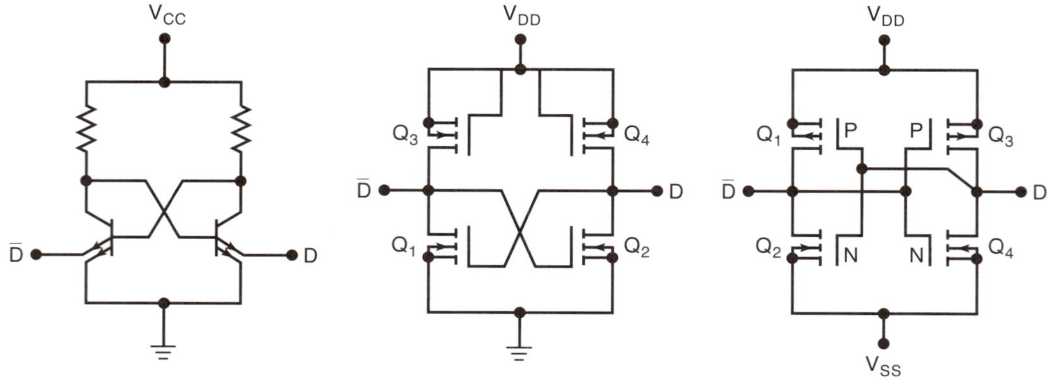

圖 9-21 典型雙極、NMOS 以及 CMOS 靜態 ROM 記憶胞

些記憶胞中，閂鎖電路的其中一面或另一面始終都會有電流通過。CMOS 記憶胞藉由利用 P-型或 N-型 MOSFET 來解決這些問題。於 CMOS 閂鎖器的任一種狀態中，幾乎無任何電流從 V_{DD} 流到 V_{SS}。得到的結果為最低的功率、高速的操作，但電路較為複雜，因此，矽晶片上的基座變得較大。允許字組排來選取記憶胞的電晶體基於簡化的考量並未顯示於圖中，但它們也增加了靜態 RAM 記憶胞的尺寸。

靜態 RAM 時序

RAM IC 最常用來作為計算機的內部記憶器。CPU (中央處理單元) 依所限定的極性速率來對此種記憶器執行讀出與寫入操作。此種與 CPU 界面的記憶器晶片必須快得足夠對 CPU 讀出與寫入命令作響應，且計算機設計者必須關心此種 RAM 的各種時序特性。

並非所有的 RAM 有相同的時序特性，但絕大多數是類似的，因此我們將以一組典型的特性來加以說明。不同時間參數的命名是依廠商而相異，但各參數的意義常可容易的由 RAM 資料表中的記憶器時序圖判定出。圖 9-22 所示為典型 RAM 晶片的整個讀出週期與整個寫入週期之時序圖。

讀出週期

圖 9-22(a) 所示的波形顯示出在記憶器讀出週期期間的位址、$\overline{WE}$、$\overline{OE}$、晶片選擇輸入的動作情形。注意當 CPU 想從某特定的 RAM 位址位置讀出資料時，必須提供以上的輸入信號給 RAM。雖然一個 RAM 可能有來自 CPU 位址匯流排的許多位址輸入，但為了簡化，圖中僅示出兩個；RAM 的資料輸出亦如圖所示。且我

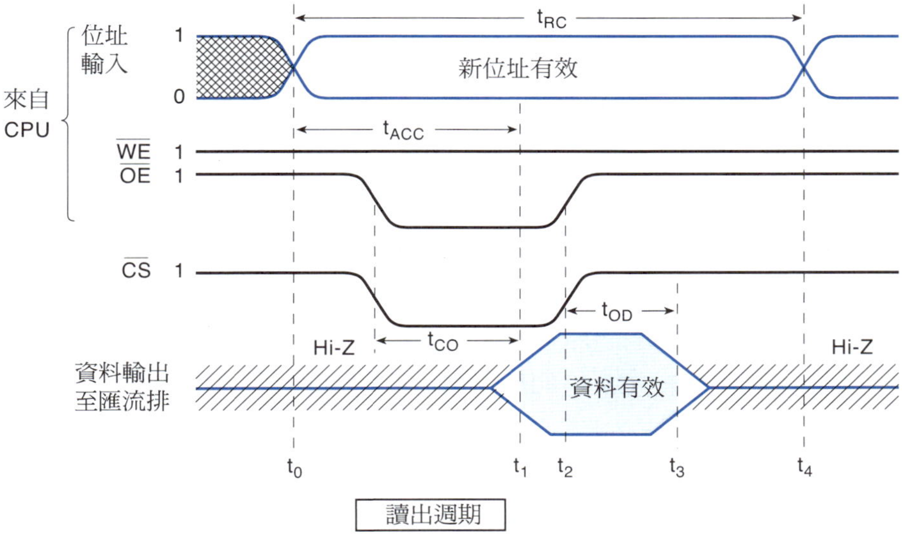

(a)

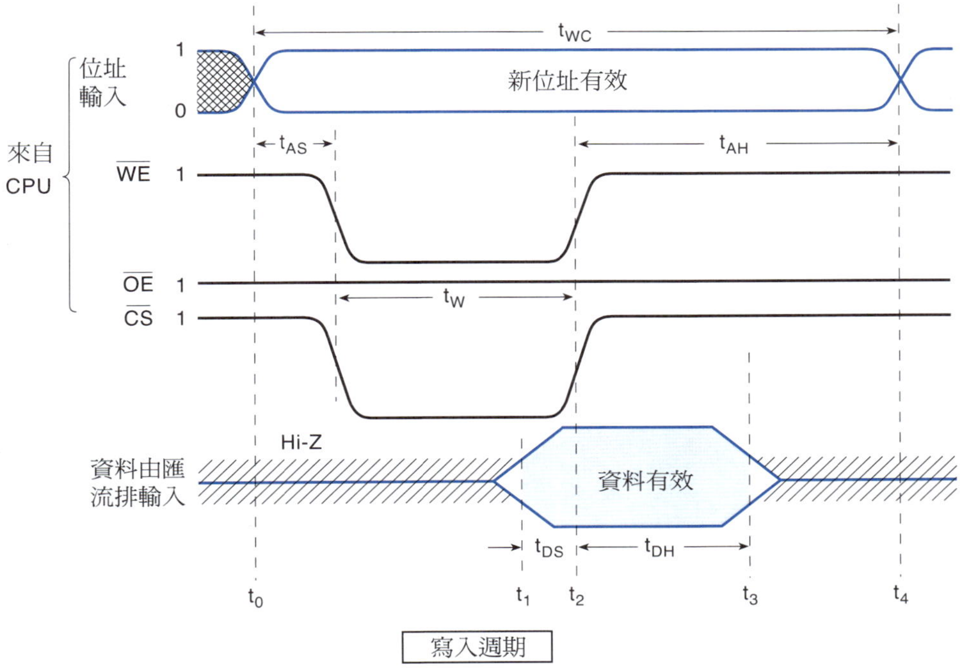

(b)

圖 9-22　靜態 **RAM** 的典型時序圖：**(a)** 讀出週期；**(b)** 寫入週期

們也假設此特定的 RAM 僅具有一個資料輸出。記住 RAM 的資料輸出係連接至 CPU 的資料匯流排 (圖 9-5)。

讀出週期開始於 t_0。在這之前，位址輸入為來自於先前操作位址匯流排上的位址。由於 RAM 的晶片選擇並未動作，因此它將不會對其“舊”位址有響應。注意 t_0 之前 $\overline{WE}$ 線是高電位且在整個讀出週期是停留於高電位。在大多數的記憶系統中，$\overline{WE}$ 通常是維持於高電位狀態，但在寫入週期間被驅動成低電位時例外。由於 $\overline{CS}=1$ 且 $\overline{OE}=1$，因此 RAM 資料輸出處於它的 Hi-Z 狀態。

在時間 t_0 時，CPU 提供一新的位址給 RAM 輸入；這就是將被讀出的位址位置。位址信號穩定後，$\overline{CS}$ 線即可動作。於此圖形中，輸出激能在此相同時刻也動作。記得 $\overline{CS}$ 與 $\overline{OE}$ 皆必須聲明以存取任意的記憶器位置並且分別導通三態驅動器。RAM 在時間 t_1 時將所選定位址位置的資料置於資料輸出線上。t_0 至 t_1 的時間就是 RAM 的存取時間 t_{ACC}，且此時間就是由輸入新位址至資料輸出開始有效間的時間。時間參數 t_{CO} 為記憶器的資料輸出在 $\overline{CS}$ 與 $\overline{OE}$ 變為低電位後由 Hi-Z 變至資料有效的時間。$\overline{CS}$ 之後可能要指定一段時間予輸出待其變成有效，而且要另有一段從 $\overline{OE}$ 到資料變成有效的時間。為簡化起見，我們假設它們都是相同的且稱為 t_{CO}。

在時間 t_2 時，$\overline{CS}$ 與 $\overline{OE}$ 返回至高電位，且 RAM 輸出在 t_{OD} 時間後變為 Hi-Z 狀態。因此，在 t_1 至 t_3 期間，RAM 資料將呈現在資料匯流排線上。欲讀出該資料的裝置，可在這段期間內的任何時候由資料匯流排讀出。於此期間的任何時刻，CPU 可自資料匯流排取得資料並且將這些資料閂鎖到其中一個內部暫存器。

當 CPU 改變位址輸入成不同之位址以作為下一個讀出或寫入週期時，完整的讀出週期時間，t_{RC}，將從 t_0 延長到 t_4。

寫入週期

圖 9-22(b) 所示為寫入週期期間各信號的動作情形。寫入週期於 CPU 提供一新位址給 RAM 時的 t_0 處開始。等待一段稱為位址建立時間 (address setup time) 的時間間隔 t_{AS} 後，CPU 即驅使 $\overline{WE}$ 與 $\overline{CS}$ 線為低電位。如此即可讓 RAM 的位址解碼器有足夠的時間來響應新位址。$\overline{WE}$ 與 $\overline{CS}$ 在寫入時間區間 t_W 內必須保持為低電位。

在寫入時間區間內的 t_1 時，CPU 將欲寫入 RAM 中的有效資料置於資料匯流排上。這些資料必須在 $\overline{WE}$ 與 $\overline{CS}$ 回到高電位前的資料建立時間 t_{DS} (至少) 內保持穩定，且這些資料也必須在 $\overline{WE}$ 與 $\overline{CS}$ 回到高電位後的資料持住時間 t_{DH} (至少) 內保持穩定。注意 $\overline{WE}$ 與 $\overline{CS}$ 係於 t_2 時完成換態至高電位。同樣地，位址輸入也必須在 $\overline{WE}$ 與 $\overline{CS}$ 回到高電位後的位址持住時間 t_{AH} (至少) 內保持為穩定。如果上述任何建立與持住時間需求未滿足，則可靠的寫入操作將不會發生。

當 CPU 改變位址線成下一個讀出或寫入週期要用的新位址時，則完整的寫入週期時間 t_{WC} 為從 t_0 延伸到 t_4。

讀出週期時間 t_{RC} 及寫入週期時間 t_{WC} 為實質上決定記憶晶片可操作多快者。例如，在實際的應用場合裡，CPU 將經常的一個緊接一個的自記憶器讀出連續的資料字元。如果記憶器的 t_{RC} 為 50 ns，則 CPU 可於每 50 ns 讀出一個字元，或是每秒 20 百萬個字元；若 $t_{RC}=10$ ns，則 CPU 每秒可讀出 100 百萬個字元。表 9-2 指出幾個代表性靜態 RAM 晶片的最短讀出及寫入週期時間。

表 9-2

裝　置	t_{RC}(min) (ns)	t_{WC}(min) (ns)
CMOS MCM6206C, 32 K × 8	15	15
NMOS 2147H, 4 K × 1	35	35
BiCMOS MCM6708A, 64 K × 4	8	8

實際的 SRAM 晶片

一個實際 SRAM IC 的例子為 MCM6264C CMOS 8 K×8 RAM，其讀出及寫入週期時間為 12 ns 且停置功率消耗僅為 100 mW。此 IC 的邏輯符號如圖 9-23 所示。注意它擁有 13 個位址輸入，因為 $2^{13}=8192=8$ K，及八條資料 I/O 線。四個控制輸入則根據相隨的模式表決定裝置的操作模式。

於 $\overline{WE}$ 處的低電位在裝置被選取的情形下將寫入資料到 RAM 中——二個晶片選取輸入皆為動作的。注意 "&" 符號是用來表示二者皆必須是動作的。當裝置被選取到且輸出緩衝器為 $\overline{OE}$＝低電位所激能時，若 $\overline{WE}$ 為高電位則將產生讀出操

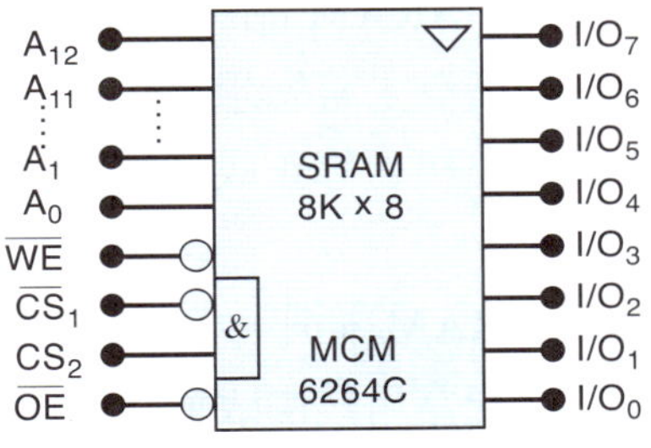

模式	輸　入				I/O 接腳
	$\overline{WE}$	$\overline{CS_1}$	CS_2	$\overline{OE}$	
讀出	1	0	1	0	$DATA_{OUT}$
寫入	0	0	1	X	$DATA_{IN}$
輸出禁抑	1	X	X	1	High Z
未選到 (關電)	X	1	X	X	High Z
	X	X	0	X	

X＝任意狀態

圖 9-23　CMOS MCM6264C 的符號和模式表

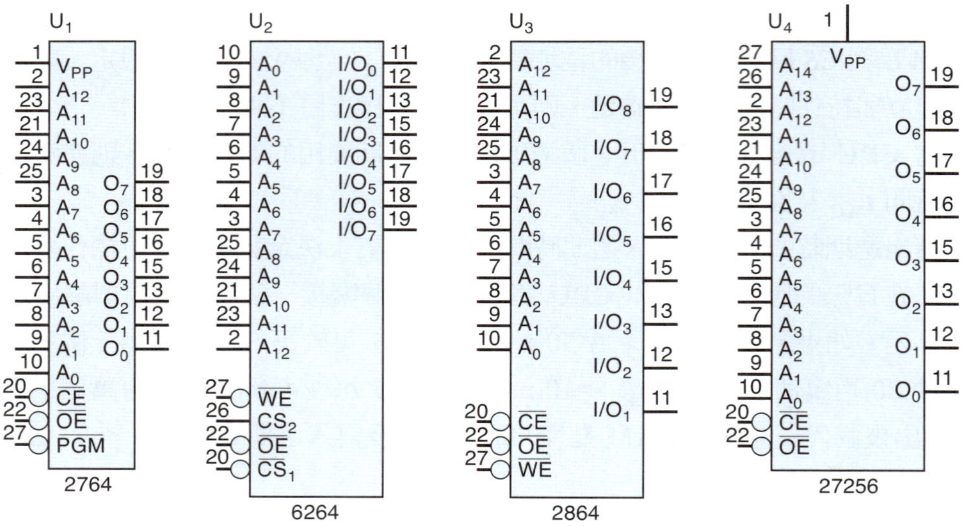

圖 9-24 **JEDEC 標準記憶器封裝**

作。若未被選取到 (解除選取)，則裝置將位於它的低功率模式，而且無任何其他的輸入會有動作。

本章大部分已討論到的裝置可從許多不同的製造商獲得。每家廠商可能提供許多相同尺寸的不同裝置 (如 32 K×8) 但具有不同的規格及特性。同樣也有不同的封裝形式，如 DIP、PLCC 及各種形式海鷗翅膀型的表面黏著者。

當您檢視完本章所描述的各種記憶裝置，您會注意若干相似之處。例如，注意圖 9-24 的晶片及接腳安排。這些全部出自於不同廠商裝置上的相同接腳皆指定予相同的功用，但卻並不一致。**聯合電子裝置工程協會** (the Joint Electronic Device Engineering Council, JEDEC) 所建立的工業標準已可互換記憶裝置。

例題 9-9

某系統是一個 8 K×8 ROM 晶片 (2764) 與二個 8 K×8 SRAM 晶片 (6264) 連接而成。整個 8 K 的 ROM 空間係用於儲存微處理器的指令。若您想將此系統提升到有一些非易變性的讀出／寫入儲存，試問此現存的電路可否修正成能容納此新的修改？

解答：2864 EEPROM 晶片可簡單的替換到其中一個 RAM 插座中。唯一功能上的差異為 EEPROM 有非常長的寫入週期時間需求。這通常可經由改變使用此記憶裝置的微電腦程式來處理。由於 ROM 中已無空間可用來做這些改變，因此需要較大的 ROM。32 K×8 ROM (27C256) 基本上具有與 2764 相同的接腳輸出。我們只需要再連接 2 條位址線 (A_{13} 與 A_{14}) 到 ROM 插座，並以 27C256 晶片取代舊晶片即可。

許多的記憶系統皆利用 JEDEC 標準所提供的易換性優點。所有裝置的共通接腳則是接線到系統匯流排。因不同裝置而有所不同的些許接腳，則連接到可容易修正以組態系統至適當大小及記憶裝置形式的電路上。如此便可讓使用者不需在電路板上切線或焊接就能重組硬體。組態後的電路可簡單成以可動式的跳線或 DIP 開關任由使用者設定，或複雜成計算機能設定或修改以符合系統需求的電路內可規劃邏輯裝置。

複習問題

1. 靜態 RAM 與動態 RAM 有何不同？
2. 何種記憶器技術使用最少量的功率消耗？
3. 在讀出週期期間，何種裝置將資料置於資料匯流排上？
4. 在寫入週期期間，何種裝置將資料置於資料匯流排上？
5. 哪些 RAM 時序參數決定其操作速度？
6. 真或偽：於二個晶片選取輸入皆為動作的情況下，若 $\overline{OE}$ 為低電位則將激能 MCM6264C 的輸出緩衝器。
7. 若 27256 以 2764 取代則接腳 26 與 27 必須如何處理？

9-13　動態 RAM (DRAM)

動態 RAM 係使用 MOS 技術製造且具有高記憶容量、低功率消耗及中等操作速率等特性。如同我們先前說過的，動態 RAM 不像靜態 RAM 般使用 FF 來儲存資訊，而是以一個極小的 MOS 電容器 (典型容量有數 pF) 來儲存 1 與 0。因為儲存在電容器上的電荷在一段時間過後就會因放電而消失，所以動態 RAM 需要週期性的充電；此充電動態 RAM 的過程稱為回復動態 RAM。現代的動態 RAM 的各記憶晶片必須每隔 2、4 或 8 ms 回復一次，否則就會有資料遺失之虞。

若與靜態 RAM 比較，需要做回復的工作則為動態 RAM 的缺點，因為這將需要外部的輔助電路。有些 DRAM 雖然含有不需額外的外部硬體內建回復控制電路，但還是需要特殊的晶片輸入控制信號時序。此外，如我們將看到的，DRAM 的位址輸入處理方式不像 SRAM 那麼直接。總而言之，使用 DRAM 來設計於系統中是比使用 SRAM 者複雜的。然而，其極大的容量及極低的功率消耗使 DRAM 在減少面積、成本及功率的最重要設計考慮因素下為系統記憶器的選擇。

在講求速度與簡單性甚於成本、空間及功率的應用中，靜態 RAM 仍是最佳的選擇。其操作速率通常較動態 RAM 者為快且又不需回復操作。靜態 RAM 的設計較動態 RAM 者簡單，但其不似動態 RAM 有高容量與低功率消耗等特性。

由於其簡單記憶胞結構，動態 RAM 的密度一般為靜態 RAM 的四倍。如此可允許有四倍的記憶器容量置於單塊晶片上，或只需四分之一塊的晶片空間便可具有同數的記憶器。DRAM 儲存每位元的成本一般為 SRAM 的 1/5 到 1/4。額外的節省成本是可行的，因為動態 RAM 有較低功率需求，一般是靜態 RAM 的 1/6 到 1/2，而能允許使用更小型且更便宜的電源。

SRAM 的主要應用場合是在只需要較小量之記憶器的領域中，或需要高速的場合。許多以微處理器控制的儀器及應用只需較小的記憶容量。但有些儀器，如數位儲存示波器及邏輯分析儀，則需極快速的記憶器。因此諸如此類的應用場合通常是使用 SRAM。

大多數個人電腦 (如 PC 或 Mac 的視窗系統) 的主要內部記憶器皆使用 DRAM，這是因其需要高容量及低功率消耗。但這些計算機有時會使用較少量的 SRAM 作為諸如影像繪圖及查表等需要最快速的功能。

複習問題

1. 動態 RAM 與靜態 RAM 比較時有何主要缺點？
2. 列出動態 RAM 優於靜態 RAM 之處。
3. 於您的 PC 主記憶器模組中可能會看到哪一種形式的 RAM？

9-14 動態 RAM 結構與操作

大多數動態 RAM 可被想像成如圖 9-25 所示的單位元記憶胞陣列。此圖所示 16,384 記憶胞被排成 128×128 陣列。各記憶胞在陣列中各自占有某特定列與某特定行。十四個位址輸入被用來選擇 16,384 (2^{14}=16,384) 中的一個記憶胞；較低階的位址位元 A_0 至 A_6 選擇行，而較高階的位址位元 A_7 至 A_{13} 則選擇列。每個 14 位元的位址選擇欲讀出或寫入的特定記憶胞。在圖 9-25 的結構為 16 K×1 DRAM 晶片。DRAM 晶片目前有各種組態可用。具有 4 位元 (或更大) 字元大小的 DRAM 擁有類似於圖 9-25 的記憶胞安排，只是每個陣列中的位置皆含有四個

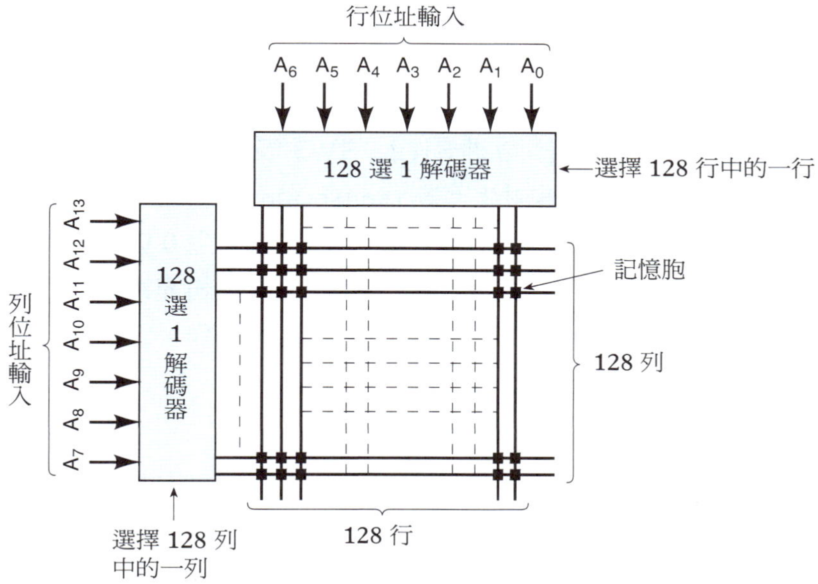

圖 9-25　16 K×1 動態 RAM 中的記憶胞結構

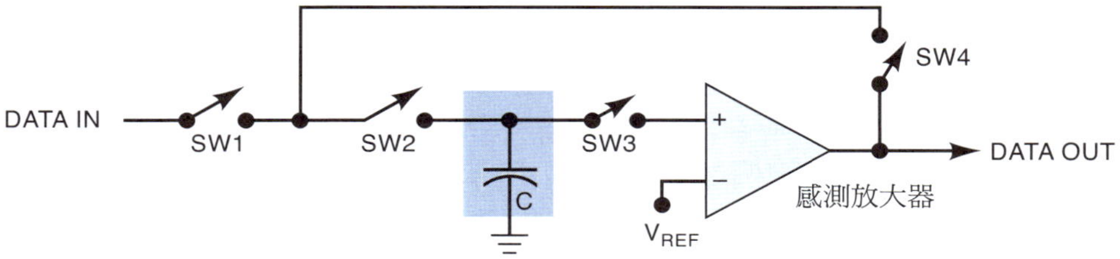

圖 9-26　動態記憶胞的符號表示法。在寫入操作期間，半導體開關 **SW1** 與 **SW2** 為閉合；而在讀出操作，除 **SW1** 外其餘開關都為閉合

記憶胞，而每個加上的位址乃選取一組四個記憶胞來讀出或寫入。如我們稍後將看到者，較大的字元大小可經由適當的排列幾個晶片來組合完成。

圖 9-26 所示為動態記憶胞與其結合電路的符號表示法。許多詳細的電路並未繪出，但此簡化圖足可用以說明讀出與寫入 DRAM 的必要觀念。開關 SW1 至 SW4 實際上為 MOSFET，且受各種位址解碼器輸出及 $\overline{WE}$ 信號所控制。當然，電容器實際上就是記憶胞。有一個感應放大器將伺服著整行的記憶胞，但只操作於被選用到之列中的位元上。

為了將資料寫入記憶胞，來自位址解碼與讀出／寫入邏輯的信號將使開關 SW1 與 SW2 閉合，但使開關 SW3 與 SW4 打開。這使輸入資料可連續至 C。若輸入資料為邏輯 1 則 C 將充電，而若輸入資料為邏輯 0 則 C 將放電。當 C 充電或放電後，C 將因開關打開而與電路隔絕。理想上，C 將永遠保持電荷，但實際上總有漏電路徑存在，以致 C 將逐漸的放電。

為了從記憶胞中讀出資料，開關 SW2、SW3 及 SW4 為閉合且 SW1 為打開。這使電容器電壓能連接至感測放大器 (sense amplifier)。感測放大器係將電容器電壓與參考電壓比較以決定是否為邏輯 0 或 1，且產生 0 V 或 5 V 資料輸出。該資料輸出也被連接至 C (SW2 與 SW4 為閉合) 且藉由再充電或放電而回復電容器電壓。換言之，讀出記憶胞的資料時就順道執行回復操作。

位址多工制

圖 9-25 中所示的 16 K×1 DRAM 陣列以現在的標準來看容量太小了。它具有 14 個位址輸入；而 64 K×1 DRAM 陣列則具有 16 個位址輸入；1 M×4 者需要 20 個位址輸入；4 M×1 者則需要 22 個位址輸入。像這些高容量的記憶晶片如果各位址輸入皆具有各自的接腳，則將需要許多接腳。為了要使這些高容量 DRAM 晶片所需接腳的數目減少，廠商便利用**位址多工制** (address multiplexing) 的技術來使各位址輸入接腳可提供兩個不同的位址位元。接腳數目的減少遂使 IC 包裝的大小大為減少。這在大容量記憶板是非常重要的，因為我們希望在一個記憶板上能夠容納有最大數目的記憶器。

DRAM 結構常見的範例如圖 9-27 中所示。特定記憶器 IC 的內部結構依容量、每個位置的資料位元個數以及製造商而有所不同；然而，我們將著重在常見於所有 DRAM 的方面來討論。記憶胞是排列成矩形陣列的幾個區塊。單獨一列 (針對每個區塊) 是由列解碼器來選取。於該區塊中的特定區塊與列 (資料字組中每個位元的其中一行) 則是由行與區塊解碼器來選取。稍早所描述過的多工化位址技術要求整個位址不能一次提供。相反地，它是以二個部分來提供：先列位址然後是行位址。注意到位址線是同時都連接到列位址暫存器與行位址暫存器。列暫存器儲存位址的上半部，而行暫存器則是儲存下半部。兩個極重要的時序信號控制何時位址訊息將被閂鎖到這些暫存器中。**列位址選通** (row address strobe, $\overline{RAS}$) 位址輸入的內容到列位址暫存器中。**行位址選通** (column address strobe, $\overline{CAS}$) 位址輸入的內容到行位址暫存器中。

整個位址使用 $\overline{RAS}$ 與 $\overline{CAS}$ 信號依兩個步驟加至典型的 DRAM。時序則示於圖 9-27(b)。起初 $\overline{RAS}$ 與 $\overline{CAS}$ 皆為高電位。在 t_0 時，列位址 (即整個位址的上半部) 被送到位址輸入上。在這些列位址暫存器所需的建立時間 (t_{RS}) 後，$\overline{RAS}$ 輸入在 t_1 時被驅動為低電位。此 NGT 便將列位址載入列位址暫存器中，所以上半部的

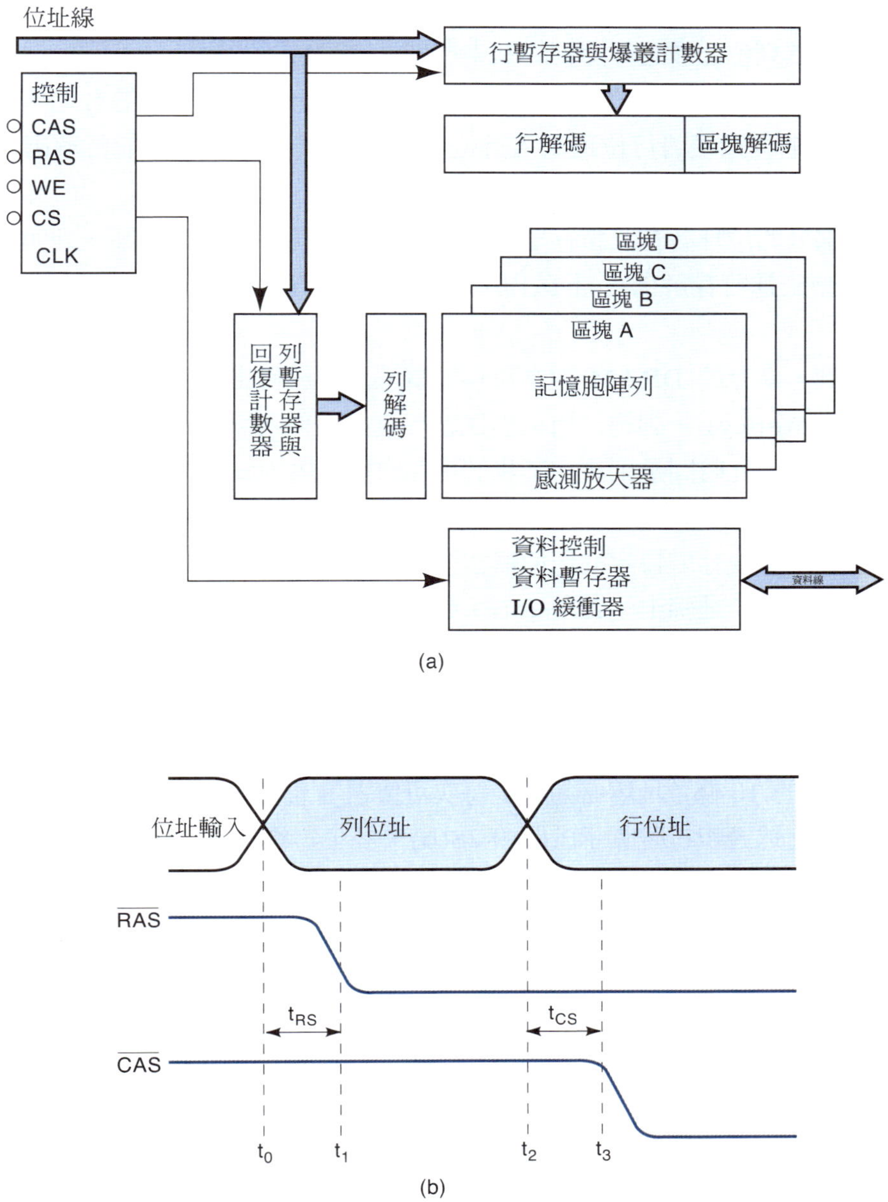

圖 9-27　(a) 典型 **DRAM** 的簡化結構；**(b)** $\overline{RAS}/\overline{CAS}$ 時序圖

位址位元呈現在列位址解碼器的輸入處。$\overline{RAS}$ 的低電位亦激能列位址解碼器，所以它此時便可解碼列位址並選擇陣列的其中一列。

在 t_2 時，行位址 (即整個位址的下半部) 被送到位址輸入上。而在 t_3 時，$\overline{CAS}$ 輸入被驅動為低電位以便將行位址載入行位址暫存器中。$\overline{CAS}$ 亦激能行解碼器，使得行位址解碼器解碼行位址並選擇陣列中的一行。

此刻當兩部分的位址各在其暫存器中時，解碼器將可選擇對應於某一列與某一行的一個記憶胞來進行存解碼，且讀出與寫入操作的情形正如靜態 RAM 中的一樣。

您可以看到，儲存於 DRAM 中之資料能實際出現於輸出之前必須先執行若干操作。**潛伏期** (latency) 一詞經常用來描述執行這些操作所需的時間。每個操作皆花費一定的時間，而此時間量則決定了我們可存取記憶器內資料的最大速率。

在簡單的計算機系統中，至記憶器系統的位址輸入是來自中央處理單元 (CPU)。當 CPU 想要存取特定的記憶器位置時，它可產生完整的位址並將其置放在組成位址匯流排的位址線上。圖 9-28(a) 所示的記憶器具有 64 K 字元的容量，且需要 16 條直接來自 CPU 至記憶器的位址匯流排線。

此結構可適用於 ROM 或靜態 RAM，但對使用多工定址的 DRAM 來說便需加以修改，若全部 64 K 記憶器為 DRAM，則僅需 8 個位址輸入。此意指來自 CPU 位址匯流排的 16 條位址線必須接至每次可傳送 8 位址位元至記憶器位址輸入的多工器電路。上述邏輯符號圖示於圖 9-28(b)。多工器標示為 MUX 的選擇輸入可控制 CPU 位址線 A_0 至 A_7 或位址線 A_8 至 A_{15} 是否呈現在 DRAM 位址輸入上。

MUX 的時序必須要與可選通位址至 DRAM 的 $\overline{RAS}$ 與 $\overline{CAS}$ 同步。此示於圖 9-29。當 $\overline{RAS}$ 為低電位時，則 MUX 必須為低電位，使來自 CPU 的位址線 A_8 至 A_{15} 達到 DRAM 位址輸入可在 $\overline{RAS}$ 的 NGT 處下載。同樣地，當 $\overline{CAS}$ 為低電位時，則 MUX 必須為高電位，使來自 CPU 的 A_0 至 A_7 達到 DRAM 位址輸入可在 $\overline{CAS}$ 的 NGT 處下載。

實際多工與時序電路在此不提，將留在章末習題 (習題 9-26 與 9-27)。

複習問題

1. 試描述 64 K×1 DRAM 的陣列結構。
2. 位址多工制有何優點？
3. 使用 1 M×1 DRAM 晶片需要有多少個位址輸入？
4. $\overline{RAS}$ 與 $\overline{CAS}$ 信號有何功能？
5. MUX 信號有何功能？

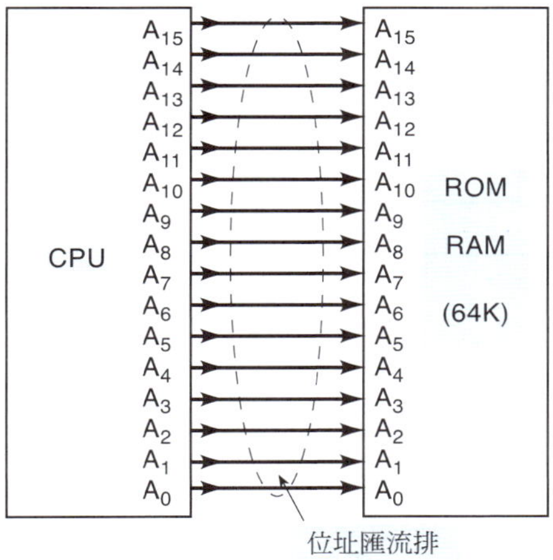

(a)

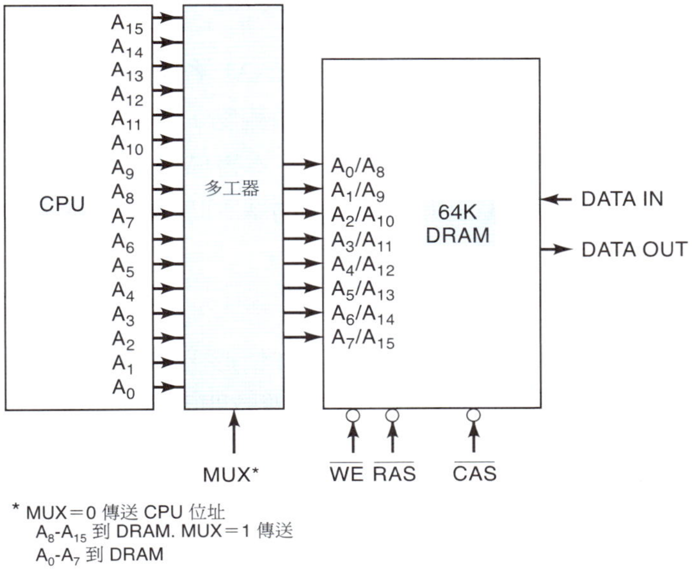

(b)

圖 9-28　(a) CPU 位址匯流排驅動 **ROM** 或靜態 **RAM** 記憶器；**(b) CPU** 位址驅動一個用來多工制 **CPU** 位址線到 **DRAM** 中的多工器

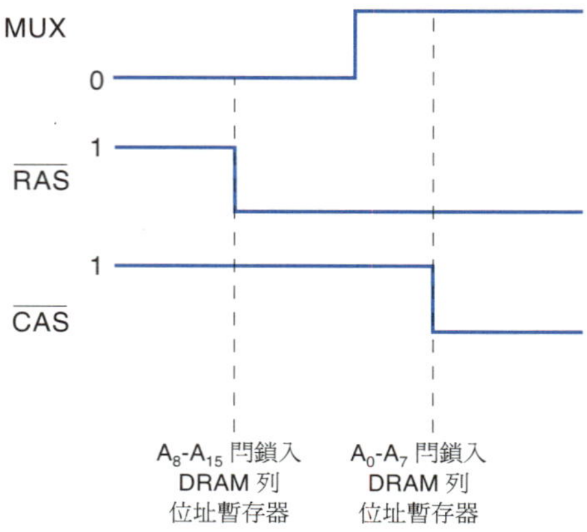

圖 9-29　位址多工所需的時序圖

9-15　DRAM 讀出／寫入週期

DRAM 的讀出與寫入操作時序遠較靜態 RAM 者複雜，且 DRAM 記憶器設計員必須考慮許多精密的時序要求。基於這項觀點，詳細討論這些時序要求可能會使讀者混淆不清而喪失啟蒙的意義。因此，本書僅擬以如圖 9-28(b) 所示的小型 DRAM 系統為例，來討論讀出與寫入操作的基本時間順序。

DRAM 讀出週期

圖 9-30 所示為讀出操作期間信號的典型動作情形。假設在整個操作期間內 $\overline{WE}$ 都必須處於它的高電位狀態。以下為圖中各重要時間所發生事件的逐步說明。

- t_0：MUX 被驅動為低電位，於是列位址位元 (A_8 至 A_{15}) 得以到達 DRAM 位址輸入。
- t_1：$\overline{RAS}$ 被驅動為低電位，於是下載位址輸入進入 DRAM。
- t_2：MUX 被驅動為高電位，於是行位址位元 (A_0 至 A_7) 得以到達 DRAM 位址輸入。
- t_3：$\overline{CAS}$ 被驅動為低電位，於是下載行位址輸入進入 DRAM。
- t_4：DRAM 將選中記憶胞內的資料置於 DATA OUT 線上。
- t_5：MUX、$\overline{RAS}$、$\overline{CAS}$ 及 DATA OUT 回復為起始狀態。

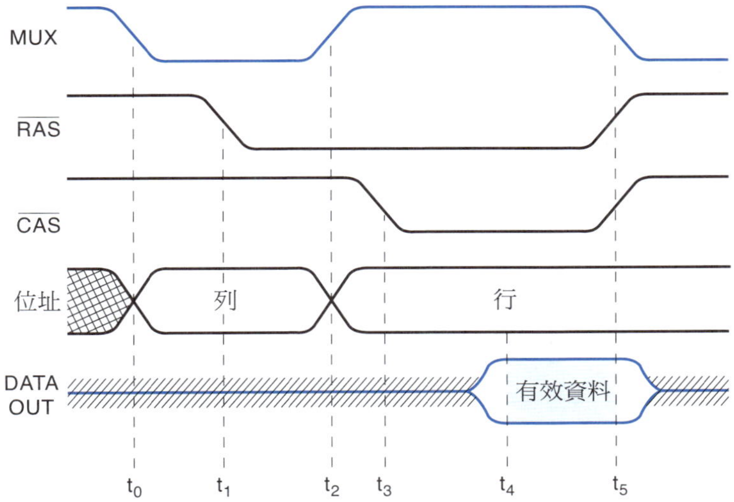

圖 9-30　**DRAM** 讀出操作時的各信號動作情形。$\overline{WE}$ 輸入 (並未標示出) 必須處於高電位狀態

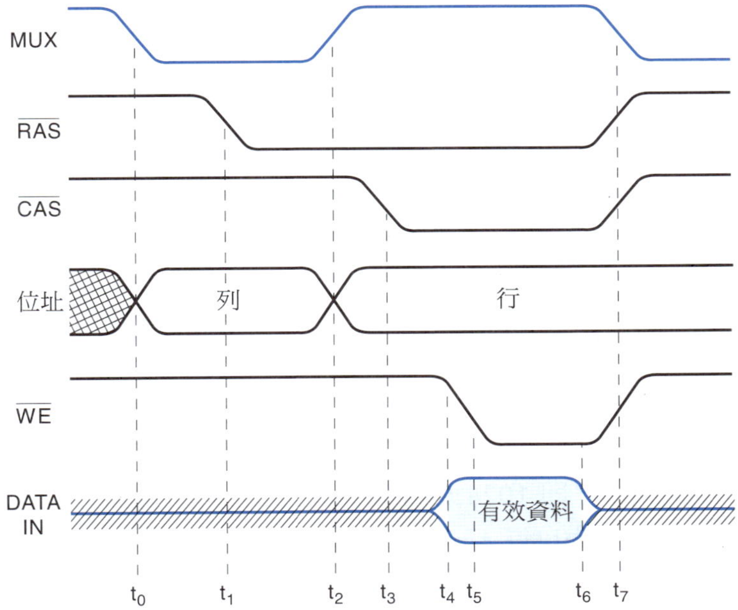

圖 9-31　**DRAM** 寫入操作時的各信號動作情形

DRAM 寫入週期

圖 9-31 所示為 DRAM 在寫入操作期間各信號的典型動作情形。以下為圖中所示各種重要時間所發生事件的說明。

- t_0：*MUX* 處的低電位使列位址得以到達 DRAM 輸入。
- t_1：$\overline{RAS}$ 的 NGT 下載列位址進入 DRAM。
- t_2：*MUX* 處的高電位使行位址得以到達 DRAM 輸入。
- t_3：$\overline{CAS}$ 的 NGT 下載行位址進入 DRAM。
- t_4：將所欲寫入的資料置於 DATA IN 線上。
- t_5：$\overline{WE}$ 被加脈為低電位以將資料寫入所選中的記憶胞。
- t_6：輸入資料從 DATA IN 移走。
- t_7：*MUX*、$\overline{RAS}$、$\overline{CAS}$ 及 $\overline{WE}$ 回復為起始狀態。

複習問題

1. 真或偽：
   (a) 於讀出週期間，$\overline{RAS}$ 信號是在 $\overline{CAS}$ 信號之前動作的。
   (b) 於寫入操作期間，$\overline{CAS}$ 是在 $\overline{RAS}$ 之前動作的。
   (c) $\overline{WE}$ 於整個寫入操作期間是維持於低電位的。
   (d) DRAM 的位址輸入於讀出或寫入操作期間將改變二次。
2. 圖 9-28(b) 中的哪一個信號能確定完整位址的正確部分出現於 DRAM 輸入上？

9-16 DRAM 回復

每一次對 DRAM 記憶胞執行讀出操作時它就要被回復。每個記憶胞皆要作週期性 (典型值為 2 到 8 ms，視裝置而定) 的回復，否則資料將消失。此一要求看似非常困難的 (若不可能) 來滿足大容量的 DRAM。例如，1 M×1 DRAM 有 10^{20} =1,048,576 個記憶胞，即 1024 列×1024 行。為保證每個記憶胞在 4 ms 之內回復，因此將需要讀出操作以每 4 ns (4 ms/1,048,576 ≈ 4 ns) 的速率執行於連續的位址上。這對任何的 DRAM 晶片都太快了。但幸運的是，製造商已將 DRAM 晶片設計成：

只要某個記憶胞執行了讀出操作，則在彼列中的所有記憶胞皆將被回復。

因此，只要對 DRAM 陣列的每一列每 4 ms 執行一次讀出操作，即可保證陣列的每個記憶胞皆被回復。任一位址被選通到列位址轉存器中時，則在彼列中的全部 1024 個記憶胞將被回復。

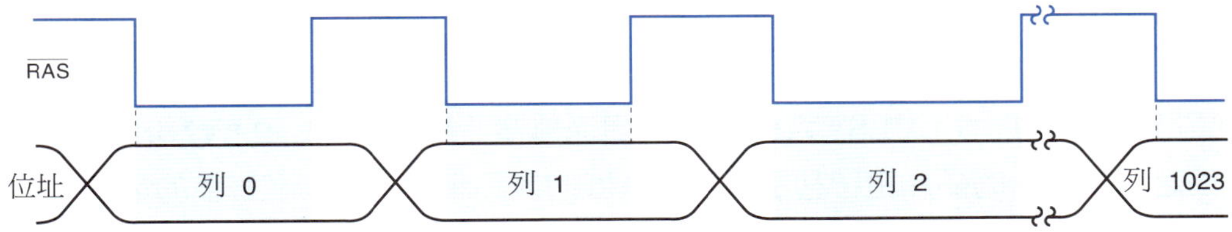

* $R/\overline{W}$ 與 $\overline{CAS}$ 線保持為高位

圖 9-32　僅 $\overline{RAS}$ 回復法只利用 $\overline{RAS}$ 信號將列位址載入到 DRAM 中，以回復該列中的所有記憶胞。僅 $\overline{RAS}$ 回復可用來執行如圖所示的爆叢式回復。回復計數器則提供列 0 到列 1023 的循序列位址

顯然的，此種列回復的特徵使能容易的將所有的 DRAM 記憶胞回復。然而，當 DRAM 在動作時的系統正常操作期間，在要求的回復時間則並不易對 DRAM 的每個列作讀出操作。因此，尚需某一種類的回復控制邏輯，它可能是在 DRAM 晶片的外部或為其內部電路的一部分。但不管是哪一種情形，都會有兩種回復模式：爆叢式 (burst) 回復及分配式 (distributed) 回復。

在爆叢式回復模式時，正常的記憶器操作將被暫停，而 DRAM 的每一列將連續的被回復，直到所有的列皆被回復為止。於分配式回復模式時，列回復是分布於正常的記憶器操作中。

回復 DRAM 最常用的方法為**僅 $\overline{RAS}$ 回復** ($\overline{RAS}$-only refresh)。它是在 $\overline{CAS}$ 和 $\overline{RAS}$ 維持於高電位時以選通一個列位址來執行。圖 9-32 說明了僅 $\overline{RAS}$ 回復是如何的用於擁有 1024 列之 DRAM 的爆叢式回復。因此兩個記憶塊可在相同的時間被回復，實際上是相同於宛如只有 1024 個列。**回復計數器** (refresh counter) 則用來提供 10 位元的列位址予開始於 0000000000 (列 0) 的 DRAM 位址輸入。$\overline{RAS}$ 則被變成脈波低電位以將此位址載入到 DRAM 中，而這將回復列 0。計數器被遞增且重複此程序直到位址 1111111111 (列 1023)。

回復計數器的觀念看似再簡單不過，但我們仍須瞭解在正常的讀出／寫入操作期間是無法將來自回復計數器的列位址與來自 CPU 的位址界面一起。基於這個理由，回復計數器位址必須與 CPU 位址多工制在一起，因此 DRAM 位址的適當源頭將於適當的時刻被激發。

為減輕電腦 CPU 一些這種負擔，通常都使用稱為**動態 RAM (DRAM) 控制器** [dynamic RAM (DRAM) controller]。至少，此晶片將執行位址多工制與回復計數順序的產生，而留下 $\overline{RAS}$、$\overline{CAS}$ 及 MUX 信號時序的產生予其他一些電路與撰寫電腦軟體的人員。其他的 DRAM 控制器則完全自動化。它們的輸入看似非常像靜態 RAM 或 ROM。它們將自動的產生足夠頻繁的回復順序以維持記憶器，將位

址匯流排多工，產生 $\overline{RAS}$ 與 $\overline{CAS}$ 信號，及仲裁 CPU 讀出／寫入週期與區域回復操作間 DRAM 的控制。於現今的個人電腦中，DRAM 控制器及其他的高階控制器電路皆整合在一組 VLSI 電路中，它們係稱為“晶片組”。隨著較新之 DRAM 技術之發展，新的晶片組皆利用最近之進展的優點來設計的。在許多的情況，市場上支撐彼技術的現有 (或預期) 晶片組數量就決定了製造商對 DRAM 技術的投資程度。

現今所生產出的大多數晶片皆有晶片上回復的能力，如此便可不必提供外部回復位址。比如這些方法之一稱為 $\overline{CAS}$ 先於 $\overline{RAS}$ 回復 ($\overline{CAS}$-before-$\overline{RAS}$ refresh)。於此法中，$\overline{CAS}$ 信號首先被驅動成低電位且維持於低電位一直到 $\overline{RAS}$ 轉變成低電位為止。該程序將回復記憶器陣列中的其中一列，並遞增內部用來產生列位址的計數器，若使用此特性來執行爆叢式回復，當 $\overline{RAS}$ 加脈一次予每一列時，$\overline{CAS}$ 可維持在低電位直到全部被回復為止。於此回復週期間，所有的外部位址皆被忽略。

複習問題

1. 真或偽：
   (a) 在大多數的 DRAM 中，只需要自每列中的一個記憶胞讀出即可回復彼列中的全部記憶胞。
   (b) 於爆叢式回復模式中，一個 $\overline{RAS}$ 脈波即可回復整個列。
2. 回復計數器有何功能？
3. DRAM 控制器所執行的功能為何？
4. 真或偽：
   (a) 於僅 $\overline{RAS}$ 回復方法中，$\overline{CAS}$ 信號是維持於低電位。
   (b) $\overline{CAS}$ 先於 $\overline{RAS}$ 回復僅可為具有晶片上回復控制電路的 DRAM 所使用。

9-17 DRAM 技術*

設計人員在為系統選擇特定形式 RAM 裝置時會面臨若干困難的抉擇。容量 (盡可能大)、速度 (盡量快)、功率需求 (愈低愈好)、成本 (愈低愈好) 及便利性 (愈容易替換愈好) 皆必須取得合理的平衡點，因沒有單一形式 RAM 可將這些想要的特性

* 此課題略去並不影響本書其餘部份的連貫性。

最大化。半導體 RAM 的市場正不斷地嘗試於其產品中針對不同的應用創造出這些特性的理想組合。本節將針對若干關於 RAM 技術所使用到的常用名詞加以說明。這是一個極為生動的課題，且若干這些名詞可能於本書付梓前已成歷史，但此處也算是現今最新的技術。

記憶模組

許多家製造個人電腦系統主機板的廠商皆已採用標準的記憶界面接頭。這些接頭接收了一個小的印刷電路卡，其中是將接觸點置於此卡邊緣的兩邊。這些模組卡能允許電腦的記憶元件易於安裝或替換。單排記憶模組 (single-in-line memory module, SIMM) 為在卡的兩面具有 72 個功能性等效的接點。板子每邊多出來的接點則對接點的完好與可靠提供某種程度的保證。這些模組使用只有 5 V 的 DRAM 晶片，容量從 1 到 16 M 個位元，而包裝有表面黏著海鷗翅膀形或 J 線包裝兩型。記憶模組則從 1 到 32 M 個位元容量不等。

較新型的雙排記憶模組 (DIMM) 則在卡的兩面各具有功能性獨具的接點。DIMM 卡的接腳從 168 隻到 240 隻。額外的接腳是必要的，因 DIMM 是連接到諸如較新型 PC 之 64 位元資料匯流排上。3.3 V 與 5 V 兩型皆有。它們有緩衝與非緩衝的版本出現。模組的容量則視安置於上的 DRAM 晶片而定；當 DRAM 容量增加，則 DIMM 的容量也隨之變大。在任何已知系統中所採用的晶片組與主機板設計即決定了選用何種形式的 DIMM。對於若干較精小的應用，如手提式電腦者，則使用小型雙排記憶模組 (SODIMM)。

個人電腦工業的主要問題在足夠快速的記憶系統以跟上微處理器持續增快的時脈速度，但仍要將價格壓低在可被接受的程度內。若干的特殊性能也正附加到基本的 DRAM 裝置上以加強其整個頻寬。目前有一種新的封裝形式稱為 RIMM 正進入市場中。RIMM 是代表 Rambus In-line Memory Module。Rambus 為一家以記憶器技術有著革新方法而進入市場的公司。RIMM 為它們專有的封裝，且其中包含了其專利記憶晶片稱為 Direct Rambus DRAM (DRDRAM)。雖然這些增強性能的方法仍持續的改變，但以下的名詞則廣泛的被引用於與記憶器相關的文件上。

FPM DRAM

快頁模式 (fast page mode, FPM) 允許在目前的“頁”內對隨機記憶位置有較快的存取。頁僅是一個記憶位址範圍，具有相同的較高位址位元值。為了對目前的頁存取資料，只需要改變較低的位址線。

EDO DRAM

延伸式資料輸出 (extended data output, EDO) DRAM 對 FPM DRAM 做了小改進。對於某已知頁的存取，位於現行記憶位置處的資料值將被感測且閂鎖住於輸出接腳上。於 FPM DRAM 中，感測放大器沒有使用閂鎖來驅動輸出，但要求 $\overline{CAS}$ 維持在低準位直到資料值變成有效為止。但若使用 EDO，則當這些資料出現在輸出時，$\overline{CAS}$ 即可完成其週期，於現行頁上的新位址可被解碼，而資料路徑電路可被重置成下一個存取之用。此種作法可允許記憶控制器於字元正被讀出的同時輸出下一個位址。

SDRAM

同步 DRAM 是設計成以幾個順序記憶位置的火速爆叢 (burst) 方式傳送資料。第一個被存取的位置是最慢的，因需經常鎖住列與行位址。資料值是藉由匯流排系統時脈 (取代 $\overline{CAS}$ 控制線) 將相同頁內的成串記憶位置作時脈控制輸出。在內部，SDRAM 組織成兩個記憶庫。如此即可藉由交替存取每個記憶庫來極快速地讀出資料。為提供所有必需的特性及彈性予此型 DRAM 來符合廣泛的系統要求，SDRAM 內部的電路已變得較為複雜。因此需有一套命令程序以告知 SDRAM 需要做哪些選擇，如爆叢長度、順序或插入式資料，及 $\overline{CAS}$ 先於 $\overline{RAS}$ 或自我回復模式。自我回復模式允許記憶裝置執行所有必要的功能以維持其記憶胞被回復。

DDRSDRAM

雙資料速率 SDRAM (Double Data Rate SDRAM) 為經常於計算機文獻中被引用的記憶器界面規格。此名稱是指記憶器模組到 PC 匯流排的界面。DDR 使用了同步 DRAM 技術，但藉由傳送資料於系統時脈的上升與下降緣上來達到較高的資料速率。DDR 基本上能達到二倍快於 SDRAM IC 的傳送速率。DDR2 使用了緩衝技術來產生四倍快於 SDRAM 的 I/O 資料速率，而 DDR3 的資料傳送速率又八倍快於 SDRAM。記住，我們的目標是改善系統性能。鑑於 SDRAM 潛伏期是最快速度的終極限制因素，因此加速系統時脈提供了性能上有限的改善而已。

DRDRAM

直接的 Rambus DRAM (Direct Rambus DRAM) 為 Rambus 公司專屬開發且生產問世的元件。它是在 DRAM 系統架構下整合更多的控制於記憶元件內之創新的方法。此技術仍與其他的標準有著一番爭鬥以於市場中找到其利基。

複習問題

1. SIMM 與 DIMM 可否互換？
2. 何謂一“頁”的記憶？
3. 為何“頁模式”較快速？
4. *EDO* 代表何意？
5. 用於存取若干連續記憶位置的名詞為何？

9-18　其他的記憶器技術

到目前為止我們已討論過的儲存資訊方法包括有熔絲、浮接閘 MOSFET、電容器，以及正反器 (閂鎖器) 電路。其他儲存資料的方法廣泛的使用著，而且新的方法也持續在研究。本節裡我們將討論二種常見的類型：磁性與光學儲存。

磁性儲存

數位資訊的磁性儲存技術追溯到第一部計算機系統。第一種方法包括作為長期儲存的捲筒式的磁帶以及計算機程式與資料檔案的取回：為遷就錄音業產生的技術。下一步的改進則包括了以磁性介質塗裝於硬質 (硬) 磁片上，以及在放射狀的移動磁性讀／寫頭跨過磁片之同時旋轉磁片。如此即提供了較為快速且在磁片表面上之任何位置處更為隨機的資料存取。現代的磁片驅動機構如圖 9-33(a) 中所示。注意到疊片與多個讀／寫頭。

　　最早的硬碟驅動器 (自 1950 年代) 也是以相同的方式建構，但像洗衣機那麼

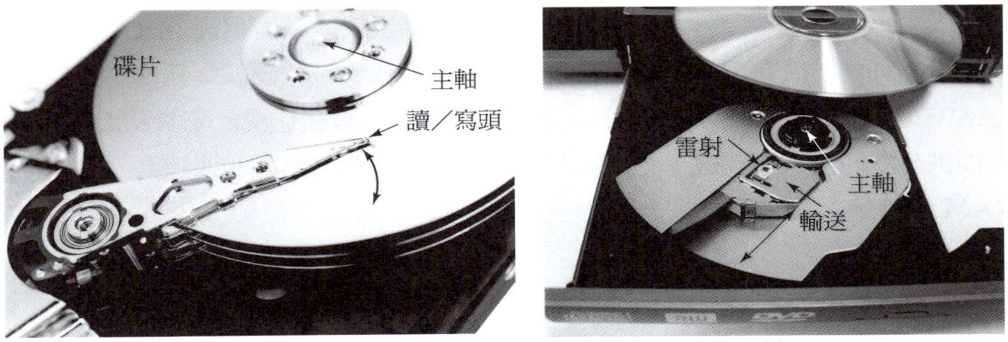

(a)　(b)

圖 9-33　**(a)** 硬碟驅動器覆蓋下；**(b)** 光驅動 **(DVD)**

大，擁有 1/2 馬力的主軸驅動馬達，大概儲存 5 M 個位元組，以現在的標準來看是極少量的資料。接著問世的攜帶式媒體為磁片，本質上是使用相同於硬碟的技術，並且隨著 USB 速掠驅動成為優勢的可攜帶式儲存媒體時即被淘汰。磁片技術主要在儲存 (及讀出) 1 與 0 的儲存密度提升，並且現今非常接近個別磁域物理尺寸的限制。常見於處理如此大量資料的問題皆已克服。譬如，使用於硬碟中的位元錯誤偵測與錯誤更正碼甚至能修復整包的大量錯誤。機械可靠性也已大幅改進，同時也減小了機械空間。

資料最初是使用調頻來儲存：1 與 0 是由二種不同的音頻來表示。現今的硬碟驅動不再使用音調。取而代之的是將媒體的磁域於儲存 1 時作極化而儲存 0 時則反向極化。自這些驅動器讀出的關鍵資訊為 0 到 1 或 1 到 0 的變換，而不是讀出每個資料位元本身。為完成這項工作，資料必須編碼成有限長度的 1 或 0。此種作法稱為運行長度限制 (Run Length Limited, RLL) 編碼。RLL 技術已大幅增加了資料儲存密度。

MRAM 早期的計算機使用了“磁芯”技術，也嘗試了高速、隨機存取、非易變性磁性資料儲存。該技術包含了能於任何一個方向作極化的列與行的小型電磁鐵。基於尺寸、成本，以及功耗需求，此種技術很快即被半導體記憶器取代。但令人驚訝的，這項基本技術近來又以**磁阻隨機存取記憶器** (magnetoresistive random access memeory, MRAM) 形式再被帶回來。記得儲存記憶胞的列與行的格點相同於我們已探討過的半導體記憶器。該技術不再是於每個列與行的交會點處布置一個電晶體，而是想像有一個極化 (旋轉) 於二個可能方向之一的磁性奈米粒子。若某列被存取且電流通過行線，電磁場將產生相同或相反於磁性儲存胞的極性方向。這二個極性的交互作用影響電流通過導線的電阻。被儲存的位元值 (1 或 0) 是根據通過行線上的電阻 (通過的電流量) 來偵測。資料是藉由改變或旋轉磁性位元位置來被寫入。這些裝置現今已商業化但仍昂貴。希望很快能經濟化後 MRAM 大量生產，那麼它就可能成為理想的記憶器技術，並且取代機械式硬碟驅動器、速掠以及 DRAM。它為非易變性而且仍具快速讀／寫時間的事實讓它優於 DRAM。速掠記憶器提供有限的寫入週期數，而 MRAM 則提供無限制的寫入。速掠寫入週期也比 MRAM 慢許多。硬碟驅動器非常慢速而且移動的部分會磨損。

光學記憶器

光碟片是一項重要的數位儲存記憶器技術。數位音頻光碟 (CD) 於 1980 年代初期問世，並且該技術已廣泛的符合計算機資料儲存、數位視頻 (DVD)，以及最近的

藍光碟片 (BD) 的需求。所有這些光學儲存格式本質上是使用相同的技術，主要的不同在於磁片上能被儲存／取回之資訊的格式與密度。磁片是製造成高反射的表面。若要儲存資料於磁片上，有一束強烈的雷射光聚焦於磁片中的極小點處。此道光束改變了表面的光繞射特性，使得它也無法反射光線。數位資料 (1 與 0) 是當磁片旋轉時，藉由點燃或熄掉雷射光一次一個儲存於磁片上。資訊於磁片上是安排成以磁片中心為起點並向外圍前進之連續螺旋資料點。雷射光束的精度能讓大量的資料 (一片 CD 高達 700 M 個位元組) 儲存於光碟片上。

若要讀出資料，只要些微功率的雷射光束聚焦於磁片表面並且量測反射光。任何點處的反射光將被感測成 1 或 0。此光學系統是安裝在機械輸送裝置上並且沿著碟片半徑來回移動，當碟片轉動時遵循著螺旋狀的資料模式。圖 9-33(b) 中所示為一個機構範例。從光學系統取回的資料是在一串的資料流中一次出現一個位元。當光碟半徑改變時控制碟片的角速度即能維持不變的進入資料速率。資料流將被解碼並且群組成資料字元。

可寫入的 CD 與 DVD 能讓我們將硬碟處儲存大量的資料到備份檔案，創造電影片段，並且方便的於很便宜的媒體上分享數位相片。CDR 碟片上的塗料當雷射光擊中時將永久改變它的特性。CD RW 碟片則能讓先前的資料複寫。作法是使用雷射將特殊層作二種不同的熱處理，以在 1 與 0 間來回變換它的反射／繞射特性。

藍光碟片技術使用較短波長的雷射來產生比 CD 與 DVD 格式使用紅光譜雷射可能的更精細光束與較高的位元密度。藍光技術能於每面上儲存高達 25 G 位元組，因此可在單個碟片上置入全長的高畫質影片。

複習問題

1. 現今最常見的磁性儲存裝置為何？
2. 哪一種類型的固態記憶器技術保證可取代許多現有的技術來作為“通用記憶器”？
3. 使用 CD 與 DVD 來儲存數位資訊的優點為何？

9-19　擴展字元大小與容量

在大多數記憶器的應用中，所需的 RAM 或 ROM 記憶器容量或字元大小無法被記憶器晶片所滿足，則數個記憶器晶片必須結合以提供所需的容量與字元大小。我們將以數個實例來說明以記憶器晶片界面至微處理器時所需的所有重要觀念。以下的例子是為了說明之用，而所使用的記憶器晶片的大小則以節省空間的考量來選擇。相同的方法也可推廣到較大型記憶器晶片的情況。

擴展字元大小

若是我們需要一個可儲存 16 個 8 位元字元的記憶器，而現有包含排列成 16×4 記憶器且具有公共 I/O 線的 RAM 記憶器晶片，則可將兩個此種 16×4 晶片組合成所需的記憶器，此結構如圖 9-34 所示者。詳加檢視此圖，並在往下閱讀之前看看能發現些什麼。

由於各個晶片可儲存 16 個 4 位元的字元，而且我們要儲存 16 個 8 位元的字元，因此我們使用每片晶片存半個字元。換言之，RAM-0 存放每一 16 字元的上半階位元，而 RAM-1 儲存每一 16 字元的下半階位元。完整的 8 位元字元便可在接於資料匯流排的 RAM 輸出得到。

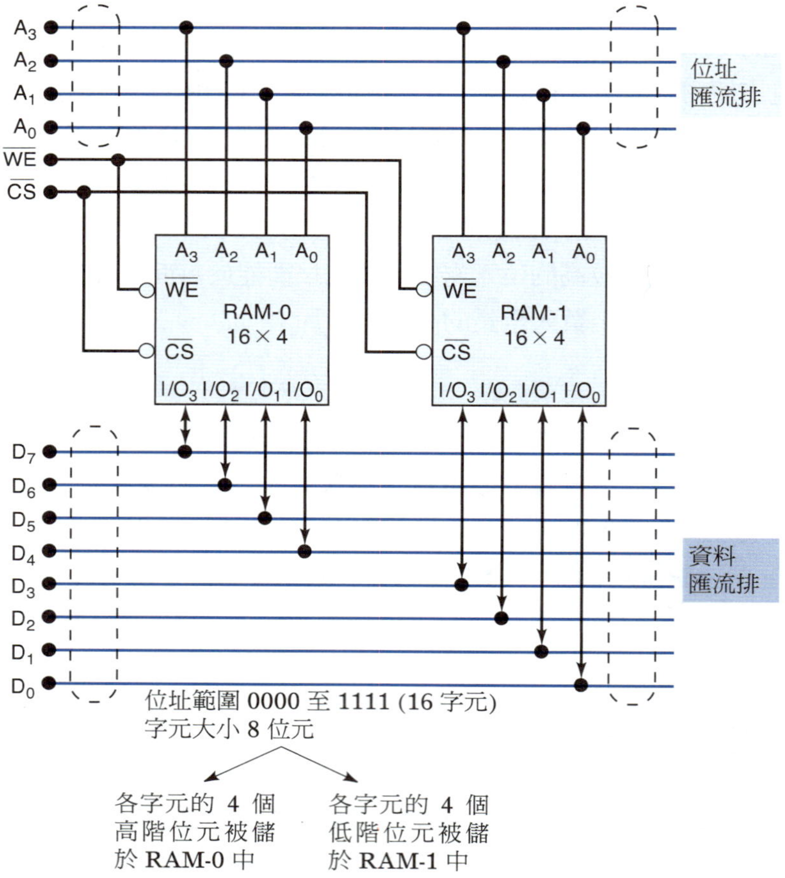

圖 9-34 結合兩個 16×4 RAM 作為 16×8 記憶器模組

於四線位址匯流排 (A_3, A_2, A_1, A_0) 加上適當的位址碼便可選定 16 個字元中的任何一個。此位址線上的位址通常係來自 CPU。注意各位址匯流排線都連接到各晶片的相對位址輸入。其意指一旦位址碼被置於位址匯流排上，則相同於該位址碼的位址將加至各晶片，於是可同時對各晶片的同一位置存取。

一旦某位址被選定時，即可於公用的 $\overline{WE}$ 及 $\overline{CS}$ 線的命令控制下來對該位址讀出或寫入。若要讀出時，則 $\overline{WE}$ 必須為高電位，且 $\overline{CS}$ 必須為低電位，如此使 RAM 的 I/O 線可作為輸出。RAM-0 將其選定的 4 位元字元置於上方的四條資料匯流排線上，且 RAM-1 將其選定的 4 位元字元置在下方的四條資料匯流排線上。於是資料匯流排便含有完整選定的 8 位元字元，則現在可傳送到其他裝置 (通常為 CPU 中的暫存器)。

當為寫入時，則 $\overline{WE}=0$ 且 $\overline{CS}=0$，如此使 RAM 的 I/O 線可作為輸入。要寫入的 8 位元字元可由某些外部裝置放在資料匯流排上 (通常由 CPU)。上方 4 位元將寫入 RAM-0 的選定位置，且下方的 4 位元將寫入 RAM-1。

基本上，兩個 RAM 晶片的組合在作用上有如單個 16×8 記憶器晶片。我們將參考此組合來作 16×8 記憶器模組 (memory module)。

擴展字元大小的相同基本觀念可用於很多不同的情形中。研讀下列例題並繪製一簡圖以查驗答案是否與以前所見者相似。

例題 9-10

2125A 為具有容量 1 K×1 的靜態 RAM IC，它有一個低電位動作的晶片選取輸入，以及分開的資料輸入及輸出。指出如何將幾個 2125A IC 組合成一個 1 K×8 模組。

解答：電路安排如圖 9-35 所示，此處使用 8 個 2125A 晶片為 1 K×8 模組。各晶片儲存有 1024 個 8 位元字元中一個字元的位元。請注意到所有 $\overline{WE}$ 與 $\overline{CS}$ 輸入都接在一起，而且 10-線位址匯流排接至各晶片的位址輸入。2125A 具有各自的資料輸入與資料輸出接腳，各晶片的這兩隻接腳都連接至相同的資料匯流排線上。

擴展容量

假設我們需要可存 32 個 4 位元字元的記憶器，且我們總共有 16×4 的晶片。如圖 9-36 組合兩個 16×4 晶片，可產生想要的記憶器。再一次地，檢驗此圖是否曾見過。

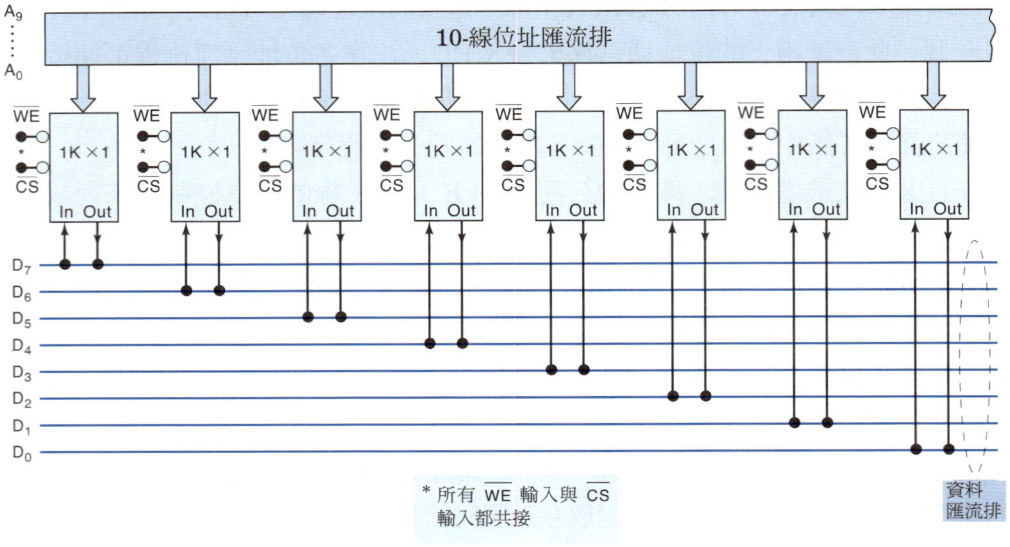

圖 9-35 8 個 2125A 1 K×1 晶片組成 1 K×8 記憶器

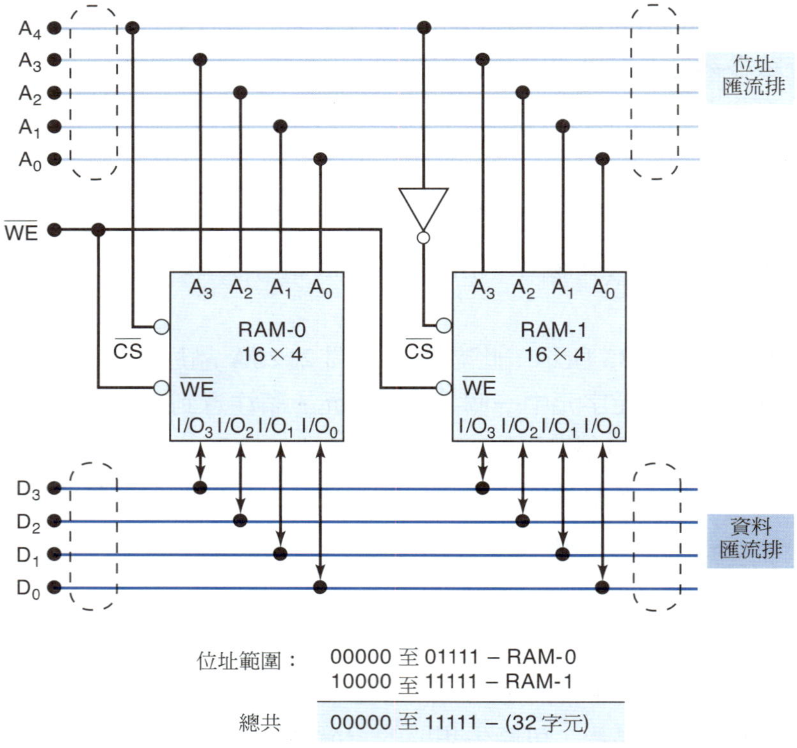

圖 9-36 組合兩個 16×4 晶片作為 32×4 記憶器

各個 RAM 是用來儲存 16 個 4 位元的字元。各 RAM 的四隻資料 I/O 接腳是接連到公共的四線資料匯流排。每次僅有一個 RAM 晶片被選到 (被激能)，因此無匯流排競爭問題。此可由不同邏輯信號驅動各自 $\overline{CS}$ 輸入而加以確保。

記憶器模組的總容量為 32×4，所以必須有 32 個不同的位址，且需五條位址匯流排線。上方位址線 A_4 用來選擇某個 RAM 或其他的 RAM (經 $\overline{CS}$ 輸入) 來讀出或寫入。其他的四條位址線 A_0 至 A_3 是用來由被選擇 RAM 晶片中選擇 16 個記憶器位置中的一個位置。

舉例說明之，即當 $A_4=0$，則 RAM-0 的 $\overline{CS}$ 激能該晶片以使讀出或寫入。接著，在 RAM-0 中的任何位址位置均可由 A_3 至 A_0 來存取。後四條位址線由 0000 至 1111 的範圍選定所欲的位置。因此，代表 RAM-0 中的位置上位址範圍可為：

$$A_4A_3A_2A_1A_0=00000 \text{ 至 } 01111$$

注意當 $A_4=0$ 時，RAM-1 的 $\overline{CS}$ 為高電位，因此它的 I/O 線被禁抑 (Hi-Z) 而不能和資料匯流排連通 (給予或取得資料)。

很顯然，當 $A_4=1$ 時，RAM-0 與 RAM-1 的角色對調了。RAM-1 現被激能，且 A_3 至 A_0 線選定其位置中的一個。因此，RAM-1 的位址範圍為：

$$A_4A_3A_2A_1A_0=10000 \text{ 至 } 11111$$

例題 9-11

我們想要將幾個 2 K×8 PROM 結合以產生出總容量為 8 K×8。需要多少個 PROM 晶片？需要多少位址匯流排線？

解答：需 4 個 PROM 晶片，且每個儲存 8 K 個字元中的 2 K 個。由於 8 K＝8×1024＝8192＝2^{13}，故需 13 條位址匯流排線。

例題 9-11 的記憶器結構類似圖 9-36 的 32×4 記憶器但更為複雜，因其需要一個解碼器電路來產生輸入信號。完整的 8192×8 記憶器圖示於圖 9-37(a) 中。

ROM 區塊的總容量為 8192 個位元組。含有此記憶區塊的系統擁有一個 16 位元的位址匯流排，它基本上為較小型之以微控制器為基礎的系統。此系統中的解碼器僅於 A_{15} 與 A_{14} 為低電位且 E 為高電位時才會被激能。此意味著它僅能解碼小於 4000 hex 的位址。這可由檢視圖 9-37(b) 的記憶器映射即易於理解。您可看到頂部二個 MSB 始終為低電位以使得位址在 4000 hex 以下。位址線 A_{13}-A_{11} 則分別連接到解碼器輸入 C-A。這三個位元被解碼且用以選取其中一個記

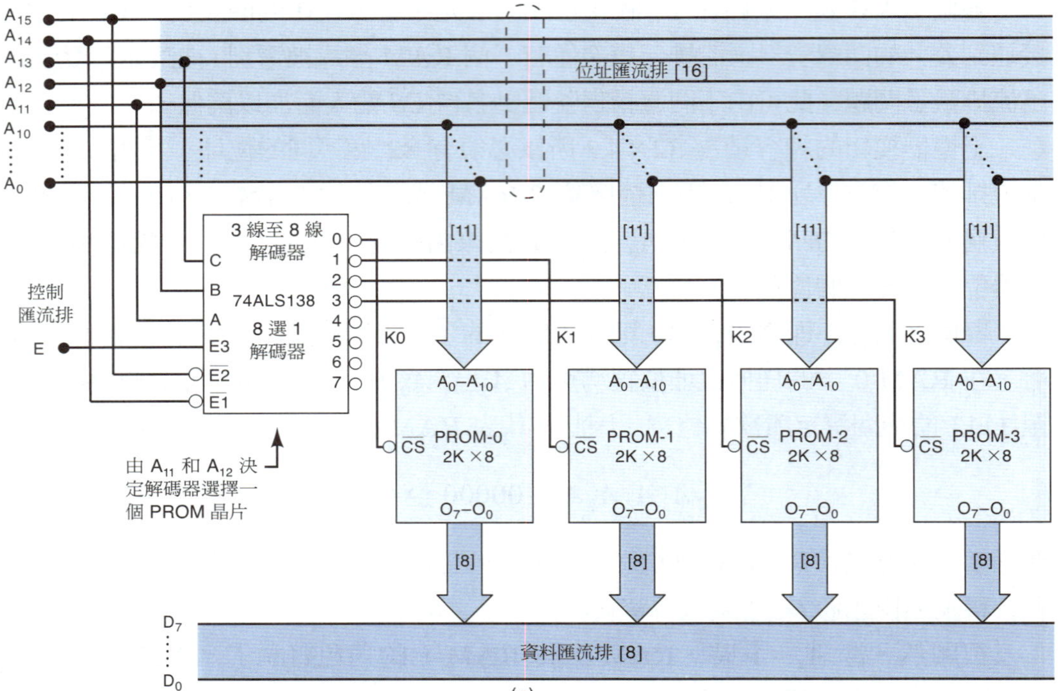

(a)

A_{15}	A_{14}	A_{13}	A_{12}	A_{11}	A_{10}	A_9	A_8	A_7	A_6	A_5	A_4	A_3	A_2	A_1	A_0	位址	系統映射	
0	0	0	0	0	0	0	0	0	0	0	0	0	0	0	0	0000	PROM-0	2K
0	0	0	0	0	1	1	1	1	1	1	1	1	1	1	1	07FF		
0	0	0	0	1	0	0	0	0	0	0	0	0	0	0	0	0800	PROM-1	2K
0	0	0	0	1	1	1	1	1	1	1	1	1	1	1	1	0FFF		
0	0	0	1	0	0	0	0	0	0	0	0	0	0	0	0	1000	PROM-2	2K
0	0	0	1	0	1	1	1	1	1	1	1	1	1	1	1	17FF		
0	0	0	1	1	0	0	0	0	0	0	0	0	0	0	0	1800	PROM-3	2K
0	0	0	1	1	1	1	1	1	1	1	1	1	1	1	1	1FFF		
0	0	1	0	0	0	0	0	0	0	0	0	0	0	0	0	2000	O_4 已解碼擴充	8K
		1	0	1													O_5	
		1	1	0													O_6	
0	0	1	1	1	1	1	1	1	1	1	1	1	1	1	1	3FFF	O_7	
0	1	0	0	0	0	0	0	0	0	0	0	0	0	0	0	4000	可用的	48K
1	1	1	1	1	1	1	1	1	1	1	1	1	1	1	1	FFFF		

(b)

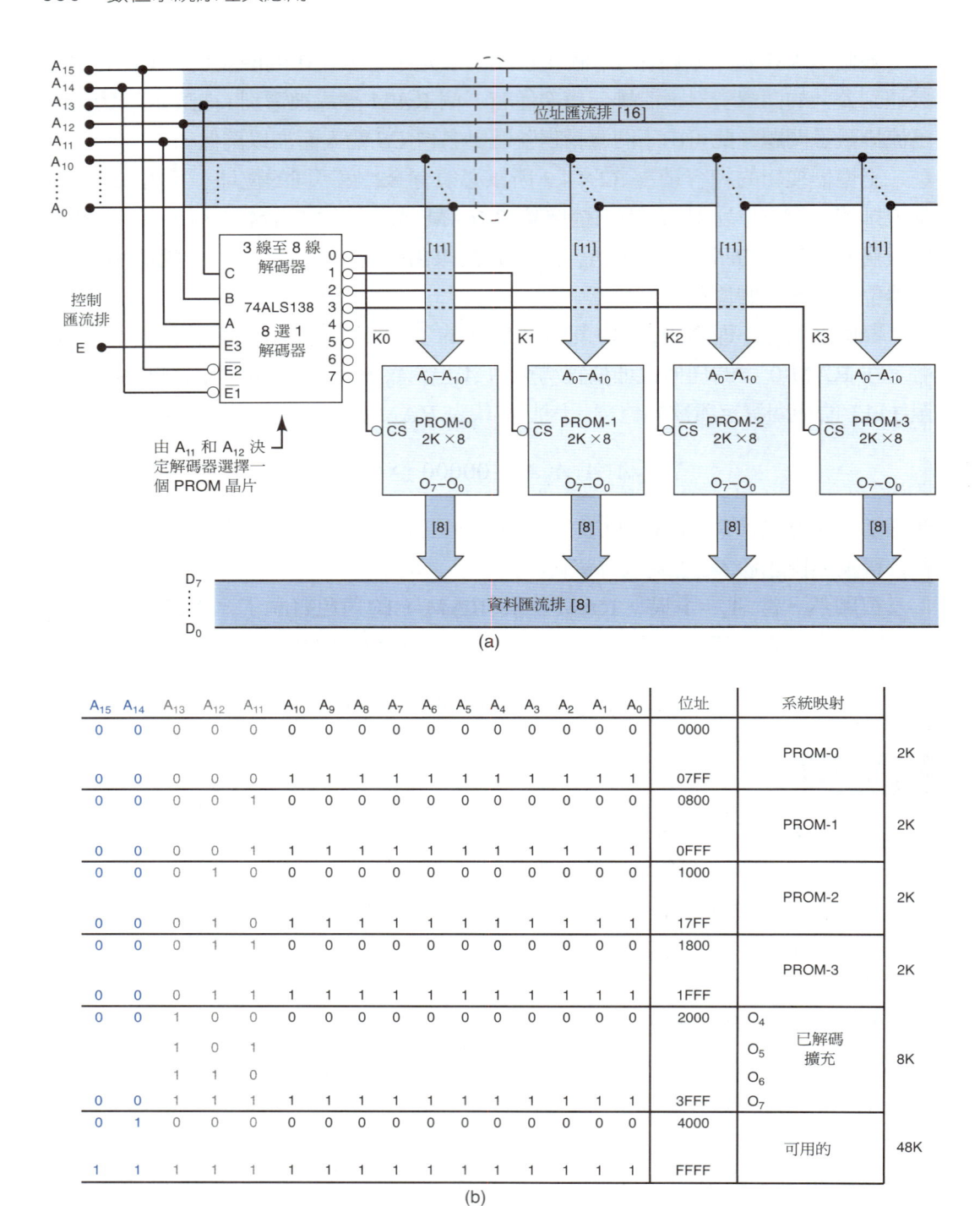

圖 9-37 **(a) 4** 個 **2 K×8 PROM** 被安排以形成總容量為 **8 K×8** 的記憶器；**(b)** 全系統的記憶器映射

憶器 IC。注意到圖 9-37(b) 的位元映射中所有包含於 PROM-0 內的位址有 A_{13}，A_{12}，$A_{11}=0$，0，0；當這些位元的值為 0，0，1 時則選取到 PROM-1；0，1，0 時則選取到 PROM-2；0，1，1 時則為 PROM-3。若選到任何一個 PROM 時，位址線 A_{10}-A_0 的範圍則從全部為 0 到全部為 1。總結此系統的位址技巧，頂部二個位元用來選取此解碼器，接著三個位元 (A_{13}-A_{11}) 是用來選取四個 PROM 晶片的其中一個，而最低的 11 條位址線則用來選取出已被激能之 PROM 中大小為 2048 個位元組之記憶位置的其中一個。

如果系統位址為 4000 或更多個位於位址匯流排上時，則無任何一個 PROM 被激能。儘管如此，解碼器輸出 4-7 則當您想要擴充記憶器系統容量時可用來激能更多的記憶器晶片。圖 9-37(b) 右方的記憶器映射指出了 48 K 之系統空間區域未被此記憶器區塊占用。若要擴充至此記憶器映射區中，則將需要更多的解碼邏輯。

例題 9-12

圖 9-37 所示的記憶器被擴展為 32 K×8 時，將需要什麼？並說明要使用到多少位址線。

解答：一個 32 K 容量將需要有 16 個 2 K PROM 晶片。四個已經顯示出了，而另外四個則可連接到現有解碼器輸出的 O_4-O_7。這只說明了半個系統。其他八個 PROM 晶片則可加上另外一個 74ALS138 解碼器，且僅於 $A_{15}=0$ 且 $A_{14}=1$ 時才被激能來選取。完成的方式是於 A_{14} 與 $\overline{E_1}$ 之間連接一個反相器並將 A_{15} 直接連到 $\overline{E_2}$。其他的連線則相同於現有的解碼器。

不完整的位址解碼

有許多情況是有必要在相同的記憶系統中使用各種不同的記憶裝置。例如，考慮汽車數位儀表板的需求。此種系統基本上是利用微處理器來製作的。因此，我們需要若干非易變性 ROM 來儲存程式指令。我們需要若干讀出／寫入記憶器來儲存代表速度、RPM、汽油儲量等數字，其他的數位化值則必須加以儲存以表示機油壓力、引擎溫度、電瓶電位等。我們也需要一些非易變性讀出／寫入儲存 (EEPROM) 於里程讀數之用，因一旦汽車電瓶離線時，最好該數字不會重置成 0 或假設成隨機值。

圖 9-38 指出可用於微電腦系統中的記憶系統。注意 ROM 部分是由兩個 8 K×8 裝置 (PROM-0 與 PROM-1) 所組成。RAM 部分則需要單獨一個 8 K×8 裝置。可用的 EEPROM 只有一個 2 K×8 裝置。記憶系統需要一個解碼器來一次只

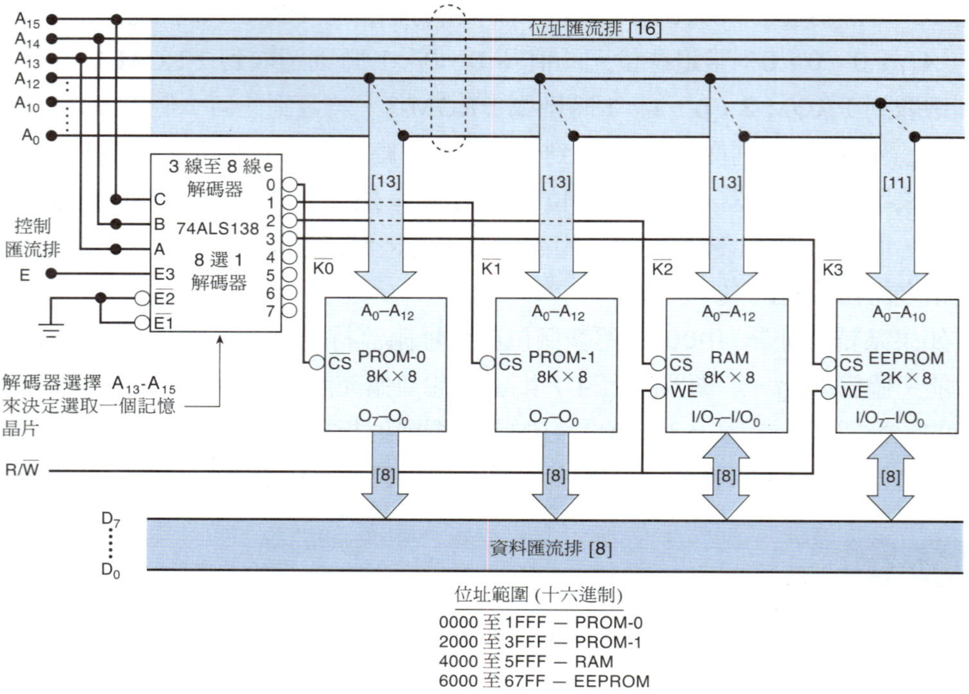

圖 9-38 不完整位址解碼的系統

選擇一個裝置。此解碼器將整個記憶空間 (假設 16 個位址位元) 畫分成 8 K 個位址區塊。換言之，每個解碼器輸出將由 8192 (8 K) 個不同的位址來激能。注意上方的三條位址線控制了解碼器。13 條低階位址線則直接連到記憶晶片上的位址輸入。唯一的例外是 EEPROM 只有 11 條位址線予其 2 K 個位元組的空間。如果此 EEPROM 的位址 (十六進位) 想要從 6000 到 67FF，則它將對這些位址如預期作反應。然而，二條位址線，A_{11} 和 A_{12}，並未包含於此晶片的解碼技巧中。解碼輸出 ($\overline{K3}$) 作用於 8 K 個位址，但它所連接到的晶片則只含有 2 K 個位置。因此，EEPROM 於此解碼過的記憶區塊也將對另外的 6 K 位址有所響應。該相同的 EEPROM 內容也將出現於位址 6800－6FFF、7000－77FF 及 7800－7FFF 處。這些因為不完整解碼而由裝置多餘占用的記憶區域稱為**記憶折疊** (memory foldback) 區。此種情形經常發生於過多的位址空間及必要將解碼邏輯最小化的系統中。此系統的**記憶映射** (memory map)，如圖 9-39 所示，清楚的指出每個裝置的位址皆被指定予相同的記憶空間 (可加以擴充者)。

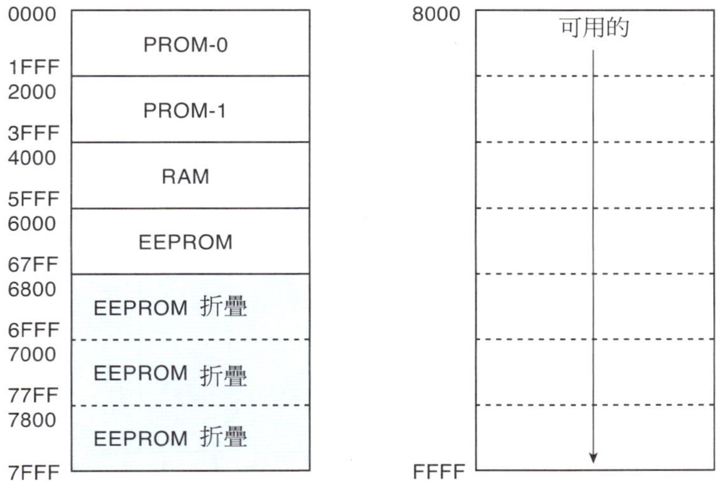

圖 9-39　數位儀表系統的記憶映射

組合 DRAM 晶片

DRAM IC 通常是以字元大小為一或四個位元呈現，因此有必要將若干個結合一起以構成較大字元的模組。圖 9-40 顯示如何組合 8 個 TMS44100 DRAM 晶片以形成一個 4 M×8 記憶模組。每個晶片為 4 M×1 的容量。

有幾項重點要注意。第一，由於 4 M$=2^{22}$，因此記憶晶片具有 11 個位址輸入；記得，DRAM 是使用多工制的位址輸入。位址多工器係取入 22 線的 CPU 位址匯流排並將其改變成 11 線的位址匯流排為 DRAM 晶片使用。第二，全部 8 個晶片的 $\overline{RAS}$、$\overline{CAS}$ 及 $\overline{WE}$ 輸入皆接在一起，使所有的晶片於每個記憶器操作時皆同時被激能。最後，記住許多的 DRAM IC 擁有晶片上的回復控制電路，因此不需要外部的回復控制器。

複習問題

1. MCM6209C 為 64 K×4 靜態 RAM 晶片。需要多少個這種晶片來形成 1 M×4 模組？
2. 64 K×16 模組需要多少個？
3. 真或偽：當記憶晶片被組合形成一個具有較大字元或容量的模組時，每個晶片的 *CS* 輸入始終是接在一起。
4. 真或偽：當記憶晶片組成較大的容量時，每個晶片是連接到相同的資料匯流排線。

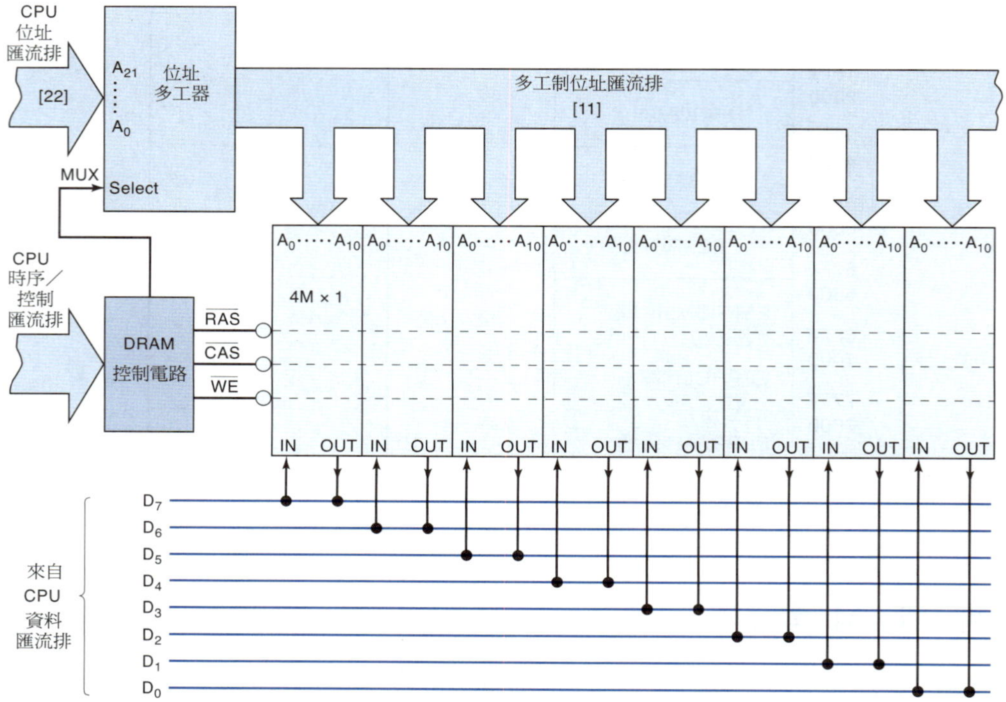

圖 9-40 8 個 4 M×1 DRAM 晶片組合成一個 4 M×8 記憶模組

9-20 特殊的記憶器功能

我們知道 RAM 和 ROM 裝置係用作與 CPU (即微處理器) 直接通訊的高速內部記憶器。本節將簡短的介紹，一些執行於計算機及其他數位設備與系統中半導體記憶器裝置的特殊功能。此處的討論並非詳論這些功能是如何製作的，而是要介紹基本的觀念。

快取記憶器

為了瞭解快取記憶器的角色，我們且回顧關於計算機的幾項事實。

- 硬碟保存著計算機要用到的許多指令，但它們的速度很慢。
- 指令必須行經導線 (資料匯流排) 一段很長的距離。這將限制了不會失真與錯誤的資料線最快速度。
- 當您點選了某項應用時，該項應用的部分程式 (可能許多 M 個位元組) 將自硬碟下載到工作記憶器 (DRAM)。

- 大多數計算機的 CPU 可運作於極高的速度 (超過 2 GHz)。
- DRAM 比硬碟快速很多，但卻比 CPU 慢很多。資料必須行經 DRAM 到 CPU 處。因此，匯流排時脈速率比 CPU 時脈速率慢很多。

存在計算機中的問題為 CPU 處理指令的速度比它們自 DRAM 擷取出的速度快很多。為了利用 CPU 高速的優點，它所擷取的記憶器必須要能夠以相同的速度來提供指令。此即意味著實際的記憶器電路必須很快且必須接近於 CPU 的速度。由於將所有的工作記憶器全部放入 CPU 晶片中並不合理，因此，計算機建築師做了下一步極佳的事。他們建構了一小塊極快速的 SRAM 之快取記憶器 (幾 K 個位元組)。此快取記憶器存放著 CPU 不久即將需要用到指令。由於是極接近 CPU 核心，因此，稱為第 1 層 (L1) 快取記憶器。此快取記憶器的內容可由 CPU 極快速地存取。

現今的 CPU 擁有多個 CPU 核心於相同的 IC 上。每個這些核心都擁有自己的 L1 快取記憶器。它們共享著也是整合在相同 IC 上的共用匯流排界面。結合著共用匯流排界面單元者為另一稱為 L2 快取的記憶器區塊。它可能擁有幾個 M 位元組的容量而且因在相同的 IC 上，若需要即可快速的提供任何的 L1 快取記憶器。L2 快取可從母板上之 DRAM 提供指令，或者系統在母板上 (L2 快取與 DRAM 之間) 可能具備有比 DRAM 快速的 L3 快取記憶器。

CPU 從 L1 快取記憶器處以極快的速度取得指令。當 CPU 需要一個不含於 L1 快取記憶器中的指令時 (稱為快取誤失)，它即轉向 L2 快取記憶器尋找。這樣將花費稍長的時間。如果在 L2 快取記憶器找到需要的，那麼就需要轉向 L3 快取記憶器或甚至系統 DRAM 來重新載入快取記憶器。由於系統匯流排因 DRAM 的潛伏期及資料必須行經的距離之故而運作於極慢的時脈，因此它將花費一段較長的時間。

想到此過程極類似於廚師在廚房的烹調作業。預計要用到的調味料就在身旁。如果還需要其他的東西，廚師就要到儲藏室去找。但如果那兒也找不到，就得向外面的供應商訂購，依此類推。每一級保持庫存量之同時也要管控成本。這些本質上是與我們在計算機中使用快取記憶器的理由相同。

先入先出記憶器 (FIFO)

於**先入先出記憶器** (first-in, first-out memory, **FIFO**) 系統中，寫入到 RAM 儲存區域的資料係依其被寫入的相同次序讀出。換言之，寫入記憶區塊的第一個字元為自記憶區塊讀出的第一個字元；因此名為 FIFO。此觀念如圖 9-41 的說明。

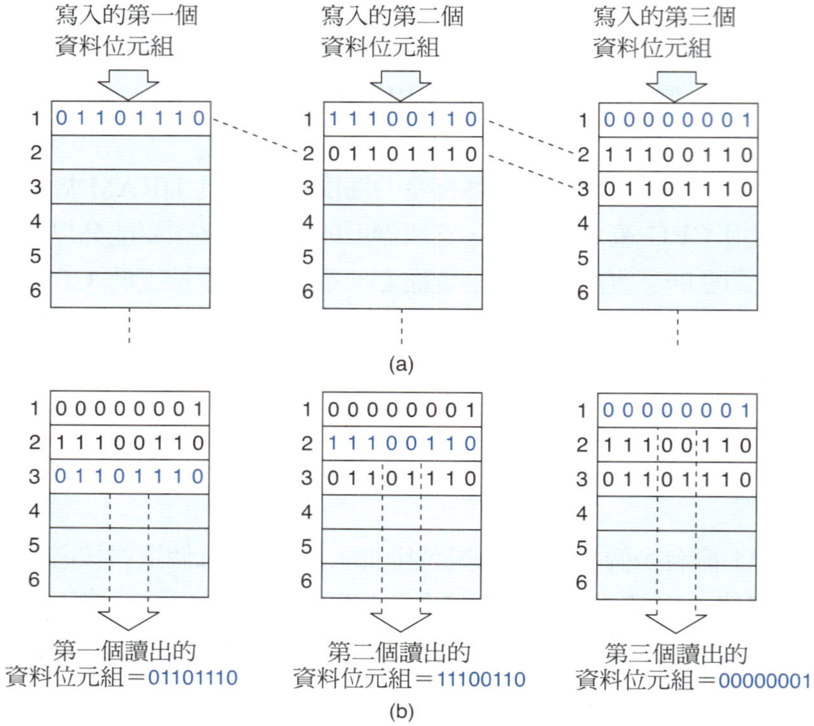

圖 9-41 於 FIFO 中，資料的讀出 (b) 相同於寫入記憶器 (a) 中的次序

圖 9-41(a) 指出寫入三個資料位元組到記憶區塊中的順序。請注意到每當新的位元組被寫入到位置 1 時，其他的位元組將移向下一個位置。圖 9-41(b) 則指出自 FIFO 區塊讀出資料的順序。第一個讀出的位元組為被寫入的第一個位元組，依此類推。FIFO 操作係由一個用來記錄何處資料要被寫入及何處資料要被讀出的特殊位址指標暫存器 (address pointer register) 來控制。

FIFO 在資料傳送速率廣泛不同的系統間作為**資料速率緩衝器** (data-rate buffer) 很有用。其中一個例子為資料從計算機傳送到印表機。計算機以極高的速率傳送字元資料到印表機：例如，每 10 μs 一個位元組。這些資料將填滿印表機中的 FIFO 記憶器。然後印表機以極低的速率自 FIFO 讀出資料，例如，每 5 ms 一個位元組，並以相同於計算機傳送的次序印出對應的字元。

FIFO 也可作為如鍵盤較慢速裝置與高速計算機之間的資料速率緩衝器。此處的 FIFO 係以人類手指較低且非同步的速率接收鍵盤資料並將其儲存起來；然後計算機便可以非常快的速率於程式中方便的某點處讀出所有最近才鍵入的鍵盤資料。依此方式，計算機可於 FIFO 緩衝被填充以資料時執行其他的工作。

圓形緩衝器

資料速率緩衝器 (FIFO) 通常稱為**線性緩衝器** (linear buffer)。一旦緩衝器中全部的位置皆填滿了，則要等到緩衝器皆已騰空後才能再填入資料。此種方式將不會遺失任何一個 "舊" 訊息。類似的另一種記憶器系統稱為**圓形緩衝器** (circular buffer)。這些記憶系統係用來儲存最近進來的 n 個數值，其中 n 是緩衝器中的記憶位置個數。每一次有一個新數值寫入圓形緩衝器時，它將複寫 (取代) 舊數值。圓形緩衝器係以模-n 位址計數器來定址。因此，當已到達最高的位址時，位址計數器將 "折回" 且下一個位置將變成最低的位址。舉例而言，數位式濾波與其他的 DSP 運算皆是利用一群最近的取樣資料來執行計算。DSP 中加入特殊的硬體將較容易在記憶系統製作圓形緩衝器。

複習問題

1. 當電源中斷時有幾種不同的方式可用來處理重要資料的可能漏失？
2. FIFO 的意義何在？
3. 何謂資料速率緩衝器？
4. 圓形緩衝器與線性緩衝器有何不同？

9-21 RAM 系統的故障檢修

所有的計算機都使用 RAM。大多數通用計算機及大多數特殊用途計算機 (諸如以微處理器為基礎的控制器及程序控制計算機等) 亦都有使用某種形式的 ROM。各 RAM 與 ROM IC 係作計算機的部分內部記憶器使用，典型的 RAM 與 ROM IC 內含有數以千計的記憶胞。一個單獨的記憶胞錯誤可能使整個系統失常 (通常稱為 "系統失敗") 或至少使系統操作不可靠。記憶系統的測試與檢修技術通常並不用於其他數位系統。因為記憶系統包含有數以千計完全相同的電路，所以任何一種測試都是用以檢查哪一個記憶位置有誤與哪一個記憶位置則可正常工作。藉由檢視好與壞記憶位置的樣式便可找出造成記憶失敗的可能成因。可能的成因可能發生在記憶器 IC、解碼器 IC、邏輯閘或信號緩衝器及電路連接上 (例如，短路或開路)。

因為 RAM 可被寫入與讀出，所以測試 RAM 經常較測試 ROM 複雜。在本節，我們將研習測試 RAM 記憶器方法中最廣用的一種程序，並將對所測得的結果加以解釋。有關 ROM 的測試則留待下一節再予討論。

瞭解電路操作

我們將以圖 9-42 所示的 RAM 記憶系統來說明電路操作。如前所述，檢修較複雜的電路或系統時應以瞭解其操作為開始。在還沒有討論檢修該 RAM 系統以前，我們應先詳細分析系統以完全瞭解其操作。

總容量為 4 K×8 且由四個 1 K×8 RAM 模組所組成。每一個模組可能恰為一個單獨 IC，或可能由幾個 IC 所組成 (例如，兩個 1 K×4 晶片)。各模組經位址匯流排、資料匯流排及 $R/\overline{W}$ 控制線連接至 CPU。所有的模組都具有公用 I/O 資料線。在讀出操作期間，這些線即變成資料輸出線，此時被選中的模組便將所欲輸出的資料置於此匯流排上以供 CPU 讀取。而在寫入操作期間，這些線即變成記憶器輸入線，此時資料匯流排便接受由 CPU 所產生的寫入資料以供寫入所選中的位置之用。

74ALS138 解碼器與四輸入 OR 閘組合以解碼較高階的六位元位址線，並產生晶片選擇信號 $\overline{K0}$、$\overline{K1}$、$\overline{K2}$ 及 $\overline{K3}$。這些信號可激能特定的 RAM 模組以執行讀出或寫入操作。INVERTER 用以反相 CPU 產生的激能信號 (E) 以使解碼器僅在 E 為高電位時才處於激能狀態。當位址匯流排上的新位址穩定後，E 脈波才發生；當位址線與 $R/\overline{W}$ 線都改變時 E 才變為低電位。這可避免解碼器輸出假脈波而可能錯誤的激能記憶器晶片，且可能促使不正確的資料被儲存 。

各 RAM 模組的位址輸入都連接至 CPU 位址匯流排線 A_0 至 A_9。高階位址線 A_{10} 至 A_{15} 選擇 RAM 模組中的一個，而位址線 A_0 至 A_9 則用來選擇所選中模組中的記憶位置以執行資料存取。下面的例題用以說明如何求出各模組的位址。

例題 9-13

假設圖 9-42 的 CPU 正從位址 06A3 (十六進位) 讀出資料，試問哪一個 RAM 模組的資料將被讀出？

解答：首先將位址 06A3 (十六進位) 改寫成二進制：

A_{15}	A_{14}	A_{13}	A_{12}	A_{11}	A_{10}	A_9	A_8	A_7	A_6	A_5	A_4	A_3	A_2	A_1	A_0
0	0	0	0	0	1	1	0	1	0	1	0	0	0	1	1

於是我們可以發現 A_{15} 至 A_{10} 的電位將可驅動解碼器輸出 $\overline{K1}$ 並選中 RAM 模組 1。此模組內部解碼 A_9 至 A_0 位址線以選定應將哪一個記憶位置的資料置於資料匯流排上。

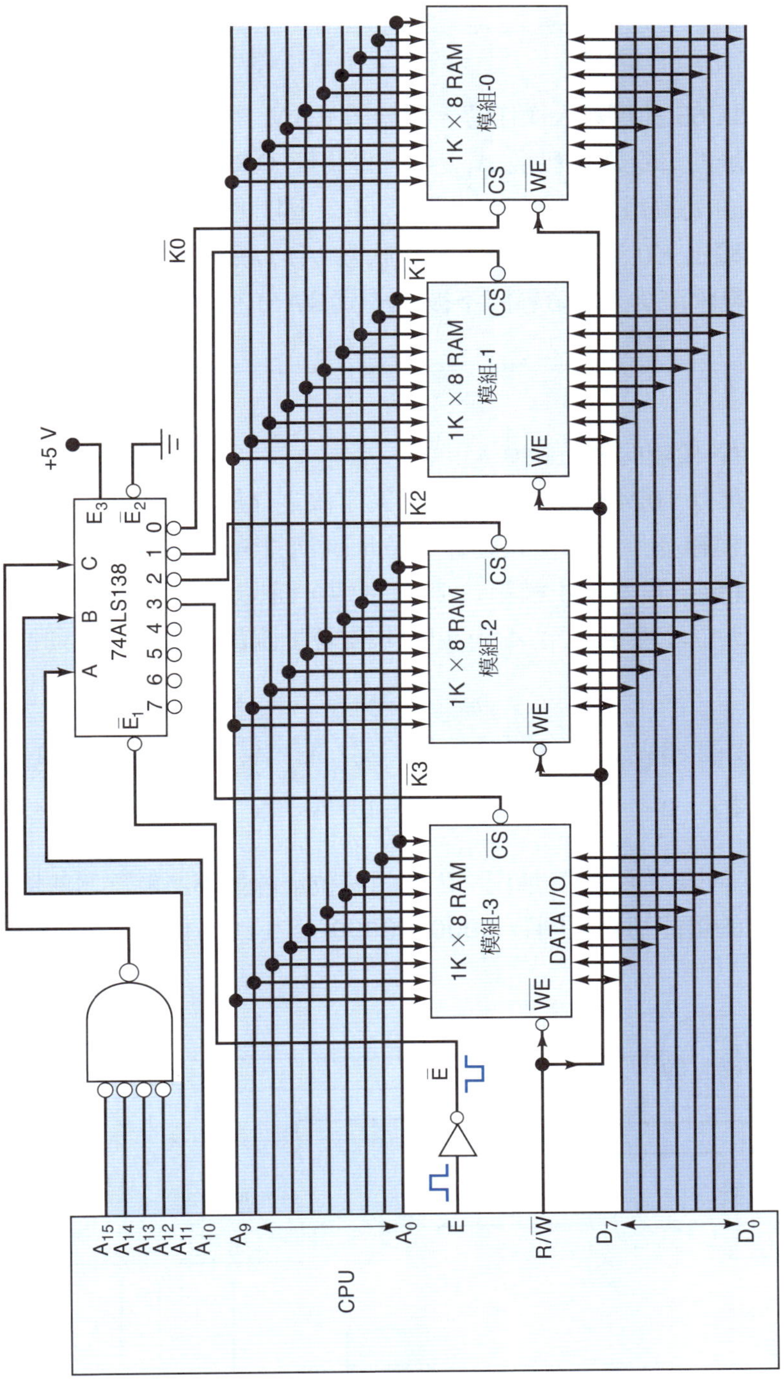

圖 9-42 接至 CPU 的 4 K×8 RAM 記憶器

例題 9-14

當 CPU 對位址 1C65 執行寫入操作時，哪一個 RAM 模組將可被寫入資料？

解答：寫出該位址的二進數可發現 $A_{12}=1$。這將使 OR 閘的輸出為高電位，於是解碼器的 C 輸入亦為高電位。由於 $A_{11}=A_{10}=1$，因此解碼器輸入為 111，所以將使輸出 7 動作。輸出 $\overline{K0}$ 至 $\overline{K3}$ 皆為不動作狀態，所以無一 RAM 模組可被激能。換言之，位於資料匯流排上的資料將不被任一個 RAM 模組所接受。

例題 9-15

試決定圖 9-42 中各模組的位址範圍。

解答：各模組儲存有 1024 個 8 位元字元。為了決定存放在各模組中字元的位址，我們先決定出使模組晶片選擇輸入動作的位址匯流排條件。例如，當解碼器輸入 $\overline{K3}$ 為低電位時 (參見圖 9-43) 模組 3 將被選中，而 $CBA=011$ 將使 $\overline{K3}$ 為低電位。反溯到 CPU 位址線 A_{15} 至 A_{10}，可發現當位址匯流排上置有下列位址時模組 3 將被激能：

A_{15}	A_{14}	A_{13}	A_{12}	A_{11}	A_{10}	A_9	A_8	A_7	A_6	A_5	A_4	A_3	A_2	A_1	A_0
0	0	0	0	1	1	x	x	x	x	x	x	x	x	x	x

A_9 至 A_0 中的 x 代表“任意”情況，因為這些位址線並不為解碼器使用來選定模組 3。A_9 至 A_0 的可能組合範圍為 0000000000 至 1111111111，端視模組 3 接

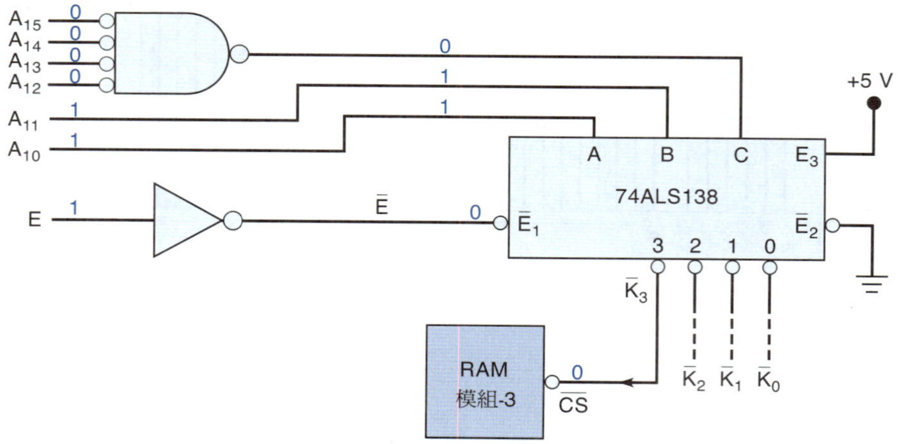

圖 9-43 例題 9-18，選中 RAM 模組-3 所需的位址匯流排條件

收的為何字元。因此，模組 3 的完整位址範圍可由令 x 全為 0，然後全為 1 來決定。

A_{15}	A_{14}	A_{13}	A_{12}	A_{11}	A_{10}	A_9	A_8	A_7	A_6	A_5	A_4	A_3	A_2	A_1	A_0		
0	0	0	0	1	1	0	0	0	0	0	0	0	0	0	0	→	$0C00_{16}$
0	0	0	0	1	1	1	1	1	1	1	1	1	1	1	1	→	$0FFF_{16}$

最後，可得模組 3 的十六進位位址範圍為 0C00 至 0FFF。當 CPU 置於該範圍內的任一位址於位址匯流排時，模組 3 將被激能以依 $R/\overline{W}$ 的狀態而執行讀出或寫入操作。

同樣的分析可用以決定其他 RAM 模組的位址範圍。所得到的結果為：

- 模組 0：0000－03FF
- 模組 1：0400－07FF
- 模組 2：0800－0BFF
- 模組 3：0C00－0FFF

注意四個模組共可組成位址範圍由 0000 至 0FFF。

測試解碼邏輯

在某些場合裡，我們可應用組合電路的各種技術來測試 RAM 電路 (圖 9-43) 中的解碼邏輯電路。藉由外加信號至較高階的 6 位元位址線及 E 並監視對應的解碼器輸出，可輕易地完成測試解碼邏輯電路。作這種測試時必須保證 CPU 與這些信號斷接的。如果 CPU 為插座上的微處理器晶片，則它可輕易的由插座中移走。

一旦不接 CPU，便可由外部測試電路提供 A_{10}-A_{15} 及 E 信號以執行靜態測試 (以手動方式操縱代表各信號的開關) 或動態測試 (以某種形式的計數器來循環各種位址碼)。隨測試信號的加入，解碼器輸出線便可適時響應。在解碼邏輯電路中可以標準信號追蹤技術來隔離錯誤。

假如您未出入系統位址線或沒有方便的方式來產生靜態邏輯信號，則經常可能迫使系統產生一系列的位址。大部分用作發展的計算機系統皆有一段程式儲存於 ROM 中，以允許使用者來顯示並變更任何記憶位置的內容。一旦計算機存取某個記憶位置，適當的位址必須被置於匯流排上，這將促使解碼器輸出轉成低電位 (即使時間很短)。輸入下列命令至計算機：

```
Display from 0400 to 07FF
```

然後將邏輯探針置於 $\overline{K1}$ 輸出上。邏輯探針於資料值被顯示期間應顯示有脈波。

例題 9-16

藉由保持 $E=1$ 及連接 6 位元計數器的輸出至位址輸入線 A_{10} 至 A_{15} 以執行圖 9-43 所示解碼邏輯電路的動態測試。解碼器的輸出如同計數器般在 6 位元碼間循環；以邏輯探針觀察解碼器輸出時可發現 $\overline{K1}$ 與 $\overline{K3}$ 係以脈波方式操作，但 $\overline{K0}$ 與 $\overline{K2}$ 則恆保持為高電位。試問最可能的電路錯誤為何？

解答：$\overline{K0}$ 與 $\overline{K2}$ 可能 (但並不十分可能) 都因內部或外部短路至 V_{CC} 而恆呈高電位。一種最可能的電路錯誤為 A_{10} 與解碼器的 A 輸入間為開路，如此則因開路被視為邏輯高電位而恆無法使偶數解碼器輸出動作。另一種可能的原因為解碼器的 A 輸入短路至 V_{CC}，但這並不十分可能，因為此種電路錯誤亦可能波及到支持位址輸入計數器的操作。

測試完整的 RAM 系統

測試與檢修解碼邏輯電路並不能透露記憶晶片與連接至 CPU 匯流排的接線是否有誤。最普遍用來測試完整 (complete) RAM 系統操作的方法是將由 0 與 1 所組成的樣本寫入各記憶位置，然後再將其讀出以核對是否與先前寫入的樣本相同。有許多不同的樣本可供使用，而最廣用者稱為“棋盤樣本”(checkerboard pattern)。在此樣本中，1 與 0 被交替成 01010101。一旦所有記憶位置以此樣本測試過後，樣本即被反相 (即 10101010) 且再度以新的樣本測試各記憶位置。注意該測試順序可檢查各記憶胞是否有能力儲存與讀出邏輯 1 與邏輯 0。因為棋盤樣本的 0 與 1 是交替出現的，所以它可用以偵測任一交叉連接或相鄰記憶胞間短路等錯誤。有許多其他的樣本可用以偵測 RAM 晶片中各種錯誤模式。

沒有任何一種記憶器測試方法可以百分之百保證必能抓出 RAM 錯誤，縱然各記憶胞都能儲存與讀出邏輯 1 與邏輯 0。例如，它可能能夠儲存與讀出 01010101 與 10101010，但卻不能儲存 11100011。對一個小 RAM 系統而言，如果對各記憶位置試圖儲存與讀出所有可能的樣本，則可能需費一段長時間。基於這個理由，若 RAM 系統能通過棋盤樣本測試，則我們可推論此系統可能是好的；但若無法通過棋盤樣本測試，則系統一定有誤。

以手動方式測試上千個 RAM 記憶位置的儲存與讀出棋盤樣本的情形可能需費數百個鐘頭，所以手動測試是無法付諸實行的。我們通常令 CPU 執行一個記憶器測試程式或連接一特定的測試儀器至 RAM 系統匯流排以取代 CPU 來自動測試

RAM 系統。事實上，在大多數計算機或以微處理器為基礎的設備中，當電源打開時 CPU 隨即自動執行記憶器測試程式；此程式稱為**開機自動測試** (power-up self-test)。開機自動測試副程式 (我們將以 SELF-TEST 稱之) 係儲存於 ROM 中，且無論何時當打開系統時它就自動被執行，或操作員從鍵盤控制時它就被執行。當 CPU 執行 SELF-TEST 時，它將寫入與讀出測試樣本至各 RAM 記憶位置中並顯示一些訊息以回應使用者。它可能只簡單的以 LED 來指示記憶器有誤，或可能在螢幕上顯示或印表機上列印一些描述訊息。典型的訊息可能如：

```
RAM module-3 test OK
ALL RAM working properly
Location 027F faulty in bit positions 6 and 7
```

藉由類似上述的訊息及對 RAM 系統操作的瞭解，檢修員可更進一步採取隔離錯誤的行動。

複習問題

1. 圖 9-42 所示的 RAM 電路中 E 有何功能？
2. 何謂棋盤測試？為什麼需要？
3. 何謂開機自動測試？

9-22　測試 ROM

計算機中的 ROM 電路非常類似於 RAM 電路 (比較圖 9-37 與圖 9-42)。ROM 解碼邏輯電路的測試方法與上節所述 RAM 者相同。但測試 ROM 晶片的方法與測試 RAM 晶片的方法則不同，因為我們不能將測試樣本寫入 ROM 而且如 RAM 者將它們讀回。有幾種方法可以用來核對 ROM IC 的內容。

第一種方法是將 ROM 置於如圖 4-14 中所描述的通用規劃器中。ROM 的正確內容可自檔案載入到規劃器中。通用規劃器可讀出 ROM 的內容，將它與來自檔案的程式作比較，並且驗證它們是否吻合。如果可拿到已知道含有正確資料的 ROM，此通用規劃器即可讓您讀出完好 ROM 的內容到它的記憶器中，然後即以可疑 ROM 取代完好的 ROM 並且比較資料。

第二種方法則使用**核對和** (checksum)。核對和是一種特殊的碼，當 ROM 晶片被規劃時該碼即被儲入最後一個或兩個位置中。核對和係由存放於所有 ROM 位置 (不包括內含核對和的位置) 中的各資料字元總和而成。當測試儀器由待測 ROM

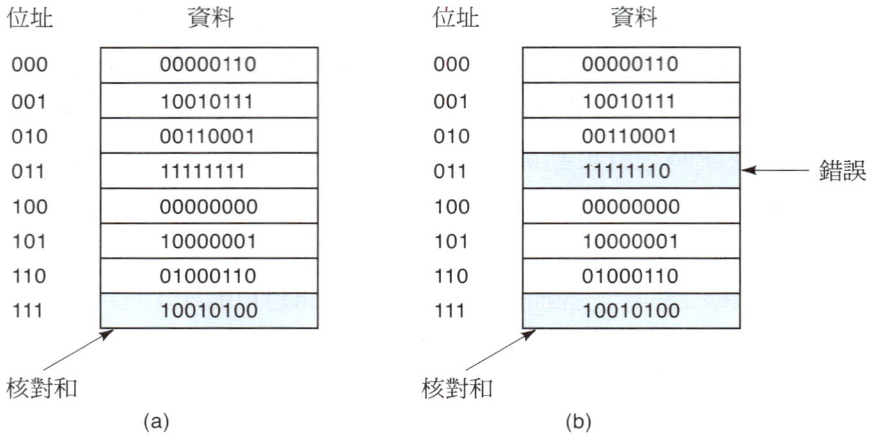

位址	資料		位址	資料	
000	00000110		000	00000110	
001	10010111		001	10010111	
010	00110001		010	00110001	
011	11111111		011	11111110	← 錯誤
100	00000000		100	00000000	
101	10000001		101	10000001	
110	01000110		110	01000110	
111	10010100 ← 核對和		111	10010100 ← 核對和	

圖 9-44 適用於 8×8 ROM 的核對和：(a) 具正確資料的 ROM；(b) 資料有誤的 ROM

位置中讀出資料時，它就將這些資料總和以產生核對和。接著將所產生的核對和與儲存於最後 ROM 位置的核對和比較。如果兩核對和相等，則待測的 ROM 可能是好的 (待測 ROM 資料的某些錯誤組合亦有機會產生正確的核對和)；如果兩核對和不相等，則待測的 ROM 必有錯誤。

核對和觀念可以圖 9-44(a) 所示的小 ROM 記憶器來說明。存放在最後位址的資料字元即為其餘七個資料字元的 8 位元和 (略去由 MSB 所產生的進位)。當此 ROM 被規劃時，核對和即置入最後位置中。圖 9-44(b) 所示的資料為由錯誤 ROM 中讀出的資料，該錯誤 ROM 實際上係以圖 9-44(a) 中之資料規劃的。注意錯誤發生在位址為 011 的字元上。當測試儀器由錯誤 ROM 中讀出各位置資料時，它就利用這些資料計算出核對和。由於資料有錯誤，所以計算出的核對和為 10010011。測試儀器將所計算出的核對和與儲存於 ROM 位置 111 的核對和比較，可發現此兩核對和並不相等，於是產生 ROM 有誤的訊息。當然，真正錯誤的位置並未被偵測到。

核對和方法亦可應用於計算機或以微處理器為基礎的儀器以利用開關自動測試程式來核對系統 ROM 的內容。此時 CPU 將以開機自動測試程式來執行核對和操作，並如自動測試 RAM 般列印出狀態訊息。自動測試程式本身係存放在 ROM 中，因此如果 ROM 有誤則可能無法成功的執行核對和測試。

複習問題

1. 何謂核對和？
2. 核對和的目的何在？

結　論

1. 所有的記憶裝置是儲存二進邏輯準位 (1 與 0) 於陣列結構中。每個被儲存的二進字元的大小 (位元個數) 係隨記憶裝置而有所不同。這些二進值稱為*資料* (data)。
2. 任何資料值儲存於記憶裝置中的的方 (位置) 係由另一個稱為*位址* (address) 的二進數值來識別。每個記憶位置皆有其獨一無二的位址。
3. 所有的記憶裝置皆以相同的一般方式操作。若要將資料寫入記憶器，首先將要出入的位址置於位址輸入上，然後要被儲存的資料值送到資料輸入端，最後則處理控制信號以儲存資料。若要自記憶器讀出資料，先送上位址，然後處理控制信號，最後則資料值出現於輸出接腳上。
4. 記憶裝置經常與微處理器 CPU 一起使用，後者則產生位址與控制信號且提供要被儲存的資料或使用來自記憶器的資料。所謂讀出和寫入*始終*都是從 CPU 的角度來看的。寫入是將資料放到記憶器中，而讀出則是自記憶器取出資料。
5. 大部分的僅讀記憶器 (ROM) 是在某時候將資料鍵入，而從彼時開始，其內容是不會改變的。此一儲存的過程稱為*規劃* (programming)。當電源自裝置移去時它們並不會喪失資料。MROM 則是在製造過程中被規劃的。PROM 則是由使用者作一次規劃的。EPROM 正如 PROM，只是可使用 UV 光線來擦除。EEPROM 和速掠記憶裝置則可作電氣式擦除，且在規劃後仍可再變更內容。CD ROM 則是用於無需變更大量訊息的儲存。
6. 隨機存取記憶器 (RAM) 為資料易被儲存並取回的裝置總稱。資料只在電源加上時才會保存在 RAM 中。
7. 靜態 RAM (SRAM) 使用基本上是閂鎖電路的儲存元件。一旦資料被儲存，只要晶片有加上電源則其將維持不變。靜態 RAM 容易使用，但每個位元的價格較高，且比動態 RAM 消耗較多的功率。
8. 動態 RAM (DRAM) 是利用電容的充放電來儲存資料。儲存胞的簡單性允許 DRAM 儲存大量的資料。由於電容上的電荷必須規則性的作回復，因此 DRAM 比 SRAM 的使用較為複雜。通常都另加電路到 DRAM 系統以控制讀出、寫入及回復週期。在許多新的裝置上，這些特性正被整合到 DRAM 晶片中。DRAM 技術的目標是將更多的位元放置到較小片的矽晶上使消耗較少的功率且反應較為快速。
9. MRAM 是藉由將一個很小的磁性物體於二種可能方向之一極化來儲存資料。當記憶胞被讀取時，它的極性影響到行排的電阻性。電阻性被感測成 1 或 0。

10. 記憶系統需要更廣泛的不同組態。一旦您的系統需要每個位置更多的位元或更多的總字元容量時，記憶晶片便可組合來製作任何想要的組態。所有各種不同形式的 ROM 與 RAM 皆可組合於相同的記憶系統內。

重要辭彙

主記憶器 (main memory)
輔助記憶器 (auxiliary memory)
記憶胞 (memory cell)
記憶字元 (memory word)
位元組 (byte)
容量 (capacity)
密度 (density)
位址 (address)
讀出操作 (read operation)
寫入操作 (write operation)
存取時間 (access time)
易變記憶器 (volatile memory)
隨機存取記憶器 (random-access memory, RAM)
順序存取記憶器 (sequential-access memory, SAM)
讀出／寫入記憶器 (read/write memory, RWM)
靜態記憶裝置 (static memory device)
動態記憶裝置 (dynamic memory device)
主記憶器 (main memory)
輔助記憶器 (auxiliary memory)
僅讀記憶器 (read-only memory, ROM)
快取記憶器 (cache memory)
位址匯流排 (address bus)
資料匯流排 (data bus)
控制匯流排 (control bus)
規劃 (programming)
晶片選擇 (chip select)
功率減退（power-down）
熔絲 (fusible link)
電擦式 PROM (electrically erasable PROM, EEPROM)
速掠記憶器 (flash memory)
NOR 速掠 (NOR flash)
NAND 速掠 (NAND flash)
靴帶程式 (bootstrap program)
回復 (refresh)
聯合電子裝置工程協會 (JEDEC)
位址多工制 (address multiplexing)
列位址選通 (row address strobe, $\overline{RAS}$)
行位址選通 (column address strobe, $\overline{CAS}$)
潛伏期 (latency)
僅 $\overline{RAS}$ 回復 ($\overline{RAS}$-only refresh)
回復計數器 (refresh counter)
DRAM 控制器 (DRAM controller)
磁阻隨機存取記憶器 (magntoresitire random access memory, MRAM)
記憶折疊 (memory foldback)
記憶映射 (memory map)
磁阻性 RAM (magnetoresitive RAM, MRAM)
先入先出記憶器 (frist-in, frist-out memory, FIFO)
資料速率緩衝器 (data-rate buffer)
線性緩衝器 (linear buffer)
圓形緩衝器 (circular buffer)
開機自動測試 (power-up self-test)
核對和 (checksum)

習　題

9-1 至 9-3 節

B　9-1* 某記憶器具有 16 K×32 的容量，它可存入多少字元？每字元的位元數為何？它含有多少記憶胞？

B　9-2 有多少不同位址是被習題 9-1 的記憶器所需要？

B　9-3* 具有十六個位址輸入、四個資料輸入及四個資料輸出的記憶器容量為何？

B　9-4 某記憶器儲存有 8 K 個 16 位元的字元。試問它有多少條資料輸入線與資料輸出線？有多少條位址線？以位元組為單位的容量為何？

精選問題

B　9-5 定義下列的每個名詞。

(a) RAM　(f) 容量
(b) RWM　(g) 易變
(c) ROM　(h) 密度
(d) 內部記憶器　(i) 讀出
(e) 輔助記憶器　(j) 寫入

B　9-6 (a) 計算機記憶系統中有哪三個匯流排？
(b) CPU 是利用哪一個匯流排來選取記憶器位置？
(c) 哪一個匯流排是在讀取操作期間用來攜帶從記憶器到 CPU 的資料？
(d) 在寫入操作期間資料匯流排上的資料來源為何？

9-4 至 9-5 節

B　9-7* 參考圖 9-6。試求下列各輸入情況的資料輸出：
(a) $[A]=1011$；$\overline{CS}=1$，$\overline{OE}=0$
(b) $[A]=0111$；$\overline{CS}=0$，$\overline{OE}=0$

B　9-8 參考圖 9-7。
(a) 哪個暫存器被輸入位址 1011 激能？
(b) 哪個輸入位址碼選擇暫存器 4？

B　9-9* 某 ROM 具有 16 K×4 的容量，且內部結構如圖 9-7 所示。
(a) 有多少暫存器在陣列中？
(b) 各暫存器中有多少位元？
(c) 所需解碼器的大小為何？

精選問題

B　9-10 (a) 真或偽：ROM 不能被擦去。
(b) 規劃或燒錄一個 ROM 的涵意何在？
(c) 定義 ROM 的存取時間。

---

* 標示星號之習題的解答請參閱本書後面。

(d) 1024×4 ROM 需要多少個資料輸入、資料輸出及位址輸入？

(e) ROM 晶片上的解碼器功能為何？

9-6 節

C, D 9-11★ 圖 9-45 所示為資料如何由 ROM 傳到外部暫存器。ROM 具有下列時間參數：$t_{ACC}=250$ ns 且 $t_{OE}=120$ ns。設新位址輸入在 TRANSFER 脈波產生前已被加至 ROM 有 500 ns。試求 TRANSFER 脈波在可靠的資料傳送下最短時間寬度為何？

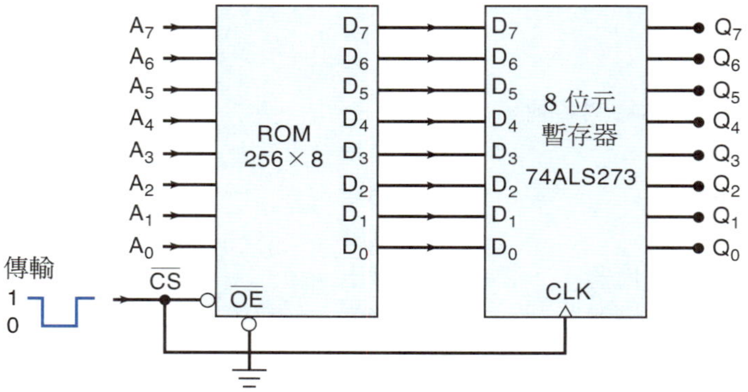

圖 9-45 習題 9-11

C, D 9-12 若位址輸入改成在 TRANSFER 脈波前 70 ns 被加入，重做習題 9-11。

9-7 節至 9-8 節

B 9-13 對於下面的每個敘述指出為何種形式的記憶器：MROM、PROM、EPROM、EEPROM、速掠。有些敘述可能對應於一個以上的記憶器形式。

(a) 可為使用者來規劃，但不可被擦去。

(b) 由製造商來規劃。

(c) 易變的。

(d) 可反覆地擦去及規劃。

(e) 可作個別字元的擦去及重新寫入。

(f) 使用紫外光擦去。

(g) 使用電氣擦去。

(h) 使用熔絲鏈線。

(i) 可作整塊或每 512 個位元組一段來擦去。

(j) 無需自系統移去以作擦去及重新規劃。

(k) 需要特殊的電源電壓來重新規劃。

(l) 擦去時間約為 15 到 20 分鐘。

B 9-14 當 $A_1=A_0=1$ 且 $\overline{EN}=0$ 時，圖 9-9 中的哪一個電晶體可被導通？

9-15★ 試改變於圖 9-9 中的 MROM 連接以期 MROM 能儲存函數 $y=3x+5$。

D　9-16 圖 9-46 所示為可手工規劃 2732 EPROM 的簡單電路。各 EPROM 資料接腳至可置定為 1 或 0 電位的開關。位址輸入被 12 位元計數器所驅動，50 ms 規劃脈波在每次 PROGRAM 按鍵被壓下時便由單擊產生。

(a) 解釋該電路如何被用來以所欲資料順序的規劃 EPROM 記憶器裝置。

(b) 試說明如何使用 74293 與 74121 製作此電路。

(c) 開關跳彈對電路操作是否有影響？

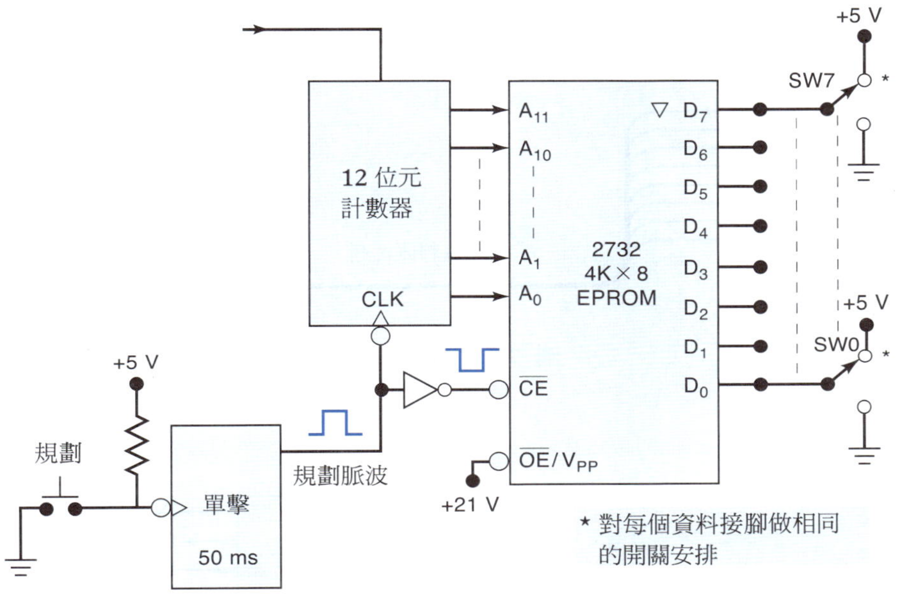

圖 9-46　習題 9-16

N　9-17* 圖 9-47 指出了一個小型的速掠記憶器晶片經由資料匯流排與位址匯流排連接至 CPU。CPU 可藉由傳送所需的記憶器位址並且產生適當的控制信號到晶片來寫入或讀出速掠記憶器陣列。當 CPU 已完成輸出穩定位址並且想要自記憶器裝置讀出資料時，即在 $\overline{RD}$ 線上發出聲明。當 CPU 已經完成輸出穩定位址且已將欲儲存的資料置於資料匯流排上時，即在 $\overline{WR}$ 線上發出聲明。

(a) 需要何種控制邏輯才能讓此速掠記憶器陣列占有介於 8000_{16} 與 $FFFF_{16}$ 之間的位址？

(b) 哪一個匯流排將攜帶命令程式碼從 CPU 到速掠記憶器晶片？

(c) 哪一類型的匯流排週期將被執行以傳送控制程式碼到速掠記憶器晶片？

9-9 節

N　9-18 另一種 ROM 應用為時序與控制信號的產生。圖 9-48 所示為其位址輸入被模-16 計數器所驅動的 16×8 ROM，且每個輸入脈波使 ROM 位址增進一數。若 ROM 如圖 9-6 中被規劃，試繪出脈波加入時各 ROM 輸出的波形，不計 ROM 延遲時間。假設計數器開始於 0000。

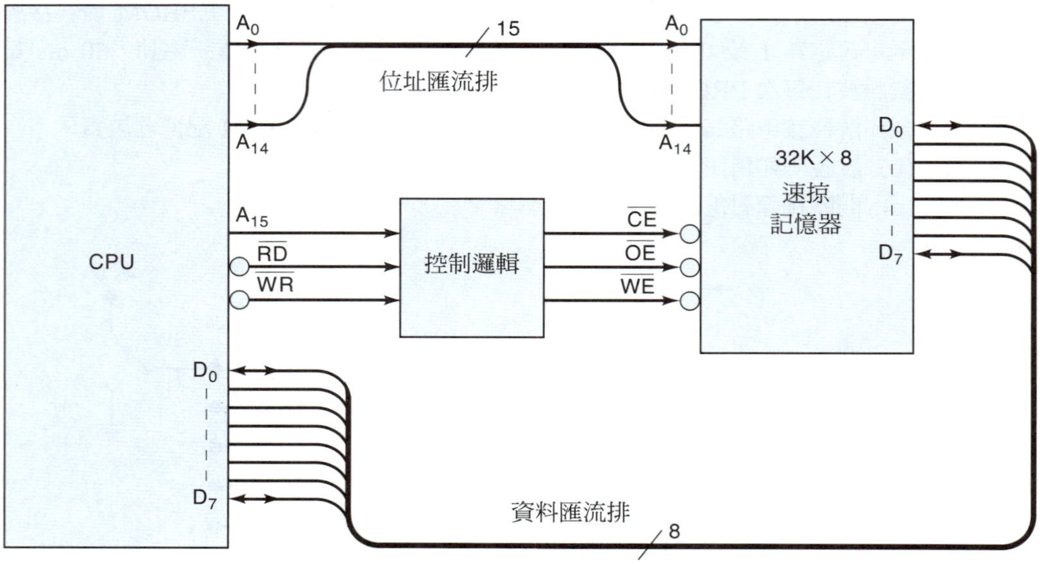

圖 9-47 習題 9-17

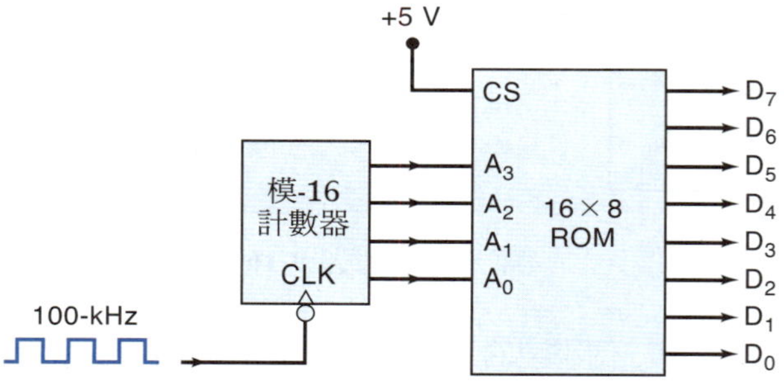

圖 9-48 習題 9-18

D 9-19* 改變存於習題 9-18 ROM 內的程式以產生圖 9-49 的 D_7 波形。

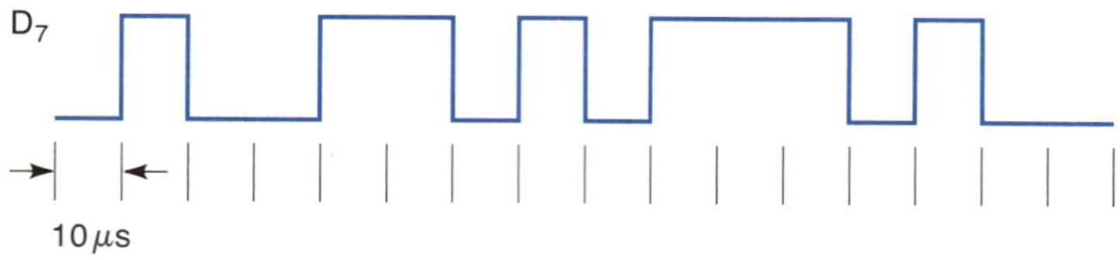

圖 9-49 習題 9-19

D 9-20* 參考圖 9-19 的函數產生器。

(a) 什麼時脈頻率將於輸出端產生 100 Hz 的正弦波？

(b) 何種方法可用來改變正弦波的峰對峰振幅？

N, C 9-21★ 圖 9-50 中所示的系統為一個波形 (函數) 產生器。它是在 1 K 個位元組之 ROM 中使用了四個 256 點的查表來儲存正弦波 (位址 000-0FF)、正斜率之斜坡 (位址 100-1FF)、負斜率之斜坡 (200-2FF)，以及三角波 (300-3FF)。三個輸出通道間的相位關係是由起始時即載入到三個計數器的值來控制。重要的時間參數為 $t_{pd\ (ck\text{-}Q\ 與\ OE\text{-}Qmax)}$、計數器＝10 ns、閂鎖閘＝5 ns 以及 t_{ACC} ROM＝20 ns。仔細研究此電路圖直到您瞭解它是如何操作，然後再回答下列的問題：

(a) 於圖 9-50 中，左方的三個閂鎖器是執行哪一種數位系統的基本建構方塊？

(b) 由 ROM 饋入的四個閂鎖器是充當製作哪一種數位系統的基本建構方塊？

(c) 為何需要八進制閂鎖器來饋送 DAC？

(d) 模-4 功能選取計數器上必須是何種數值才能產生出下列的每個波形：三角、正弦、負斜波、正斜波？

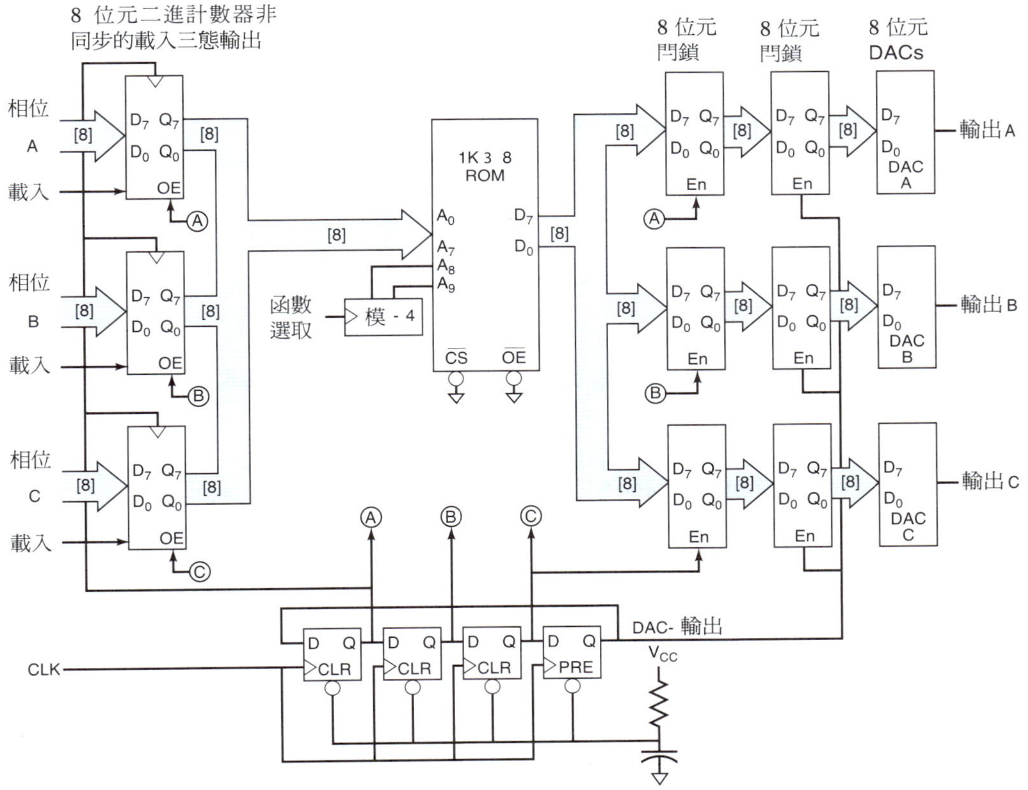

圖 9-50　習題 9-21 與 9-22

C 9-22★ 參考習題 9-21。

(a) 如果計數器 A 最初是載入 0，那麼計數器 B 與 C 必須載入何值才能使 A 比 B 延遲 90° 且 A 比 C 延遲 180°？

(b) 如果計數器 A 最初是載入 0，則計數器 B 與 C 必須載入何值才能產生三相的正弦波，每個輸出之間為 120° 的移位。

(c) DAC_OUT 上之脈波頻率要為何才能產生 60 Hz 的正弦波輸出？

(d) CLK 輸入的最大頻率為何？

(e) 輸出波形的最大頻率為何？

(f) 函數選取計數器的目的何在？

9-11 節

9-23 (a) 已知 MCM101514 為一個具資料輸入與資料輸出及低電位動作晶片激能的 256 K×4 CMOS 靜態 RAM，試繪出其邏輯符號。

(b) 已知 MCM6249 為一具公用 I/O 與低電位動作晶片激能的 1 M×4 CMOS 靜態 RAM，試繪出其邏輯符號。

9-12 節

9-24★ 某靜態 RAM 有下列時間參數 (以 ns 為單位)

$$
\begin{aligned}
t_{RC} &= 100 & t_{AS} &= 20\\
t_{ACC} &= 100 & t_{AH} &= \text{未知}\\
t_{CO} &= 70 & t_{W} &= 40\\
t_{OD} &= 30 & t_{DS} &= 10\\
t_{WC} &= 100 & t_{DH} &= 20
\end{aligned}
$$

(a) 在讀出週期間，位址線穩定後多久，可使有效資料呈現在輸出？

(b) 在 $\overline{CS}$ 回至高電位後，輸出資料將維持有效多久？

(c) 每秒可執行多少讀出操作？

(d) 在寫入週期間，$\overline{WE}$ 與 $\overline{CS}$ 在新位址穩定後可保持高電位多久？

(e) 輸入資料必須維持以得到可靠寫入操作的最短穩定時間為何？

(f) 在 $\overline{WE}$ 與 $\overline{CS}$ 回至高電位後，位址輸入需維持穩定多久？

(g) 每秒可執行多少次寫入操作？

9-13 至 9-17 節

9-25 試繪出 256 K×1 DRAM 的 TMS4256 邏輯符號。使用位址多工的此 DRAM 共可節省多少隻 IC 接腳？

D 9-26 圖 9-51(a) 所示的電路可產生供圖 9-28(b) 電路正確操作所需的 $\overline{RAS}$、$\overline{CAS}$ 及 MUX 信號。10 MHz 的主時脈信號可提供計算機的基本時序，被 CPU 產生的記憶要求信號 ($MEMR$) 如圖 (b) 所示與主時脈同步。$MEMR$ 正常為低電位狀態，且當 CPU 想要存取記憶器以執行讀出或寫入操作時便驅動為高電位。試求 Q_0、$\overline{Q}_1$ 及 Q_2 的波形，且與圖 9-29 所需的波相比較。

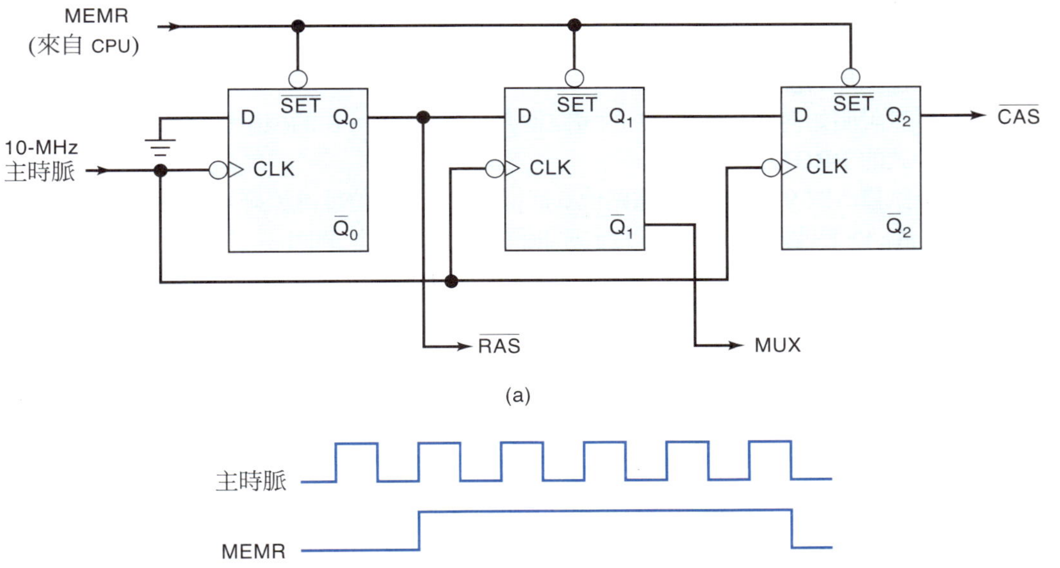

圖 9-51　**習題 9-26**

D　9-27　試說明如何接連兩個 74157 多工器 (圖 9-23) 以提供圖 9-28(b) 所需的多工功能。

9-28　參考圖 9-30 的信號，試說明各重要時間點上所發生的事件。

9-29　以圖 9-31 重做上題。

C　9-30★ 21256 為一個由 512×512 記憶胞陣列所構成的 256 K×1 DRAM。這些記憶胞必須在 4 ms 之內回復才能維持住資料。圖 9-33(a) 指出用來執行 $\overline{CAS}$ 先於 $\overline{RAS}$ 回復週期的信號。每當此種週期發生時，晶片上的回復電路將回復一個陣列的列位址，它是由回復計數器所指定。每一次回復後計數器將遞增。$\overline{CAS}$ 先於 $\overline{RAS}$ 週期要執行多頻繁才能將所有的資料維持住？

N　9-31　來自於 Terasic 公司 DE1 電路板上的 SDRAM 含有 8 M 個位元組的 SDRAM。此 IC 共有 12 條位址 (A_{11}-A_0)。全部 12 個位址位元都藉由 $\overline{RAS}$ 閂鎖到列位址暫存器內。該 IC 具有二個輸入接腳 (與位址輸入分開) 來指定哪一個記憶區塊將被存取。

(a) 此 IC 中共有多少個記憶區塊？
(b) 每個記憶區塊有多少個位元組？
(c) 此 SDRAM 上有多少列必須被回復？
(d) 有多少個位元必須被閂鎖到行位址暫存器中以自選擇到之記憶區塊中選取其中一個記憶器位元組？

9-19 節

D　9-32　試說明如何將兩個 6264 RAM 晶片 (圖 9-23) 結合產生一個 8 K×16 模組。

D 9-33 試說明如何將兩個如圖 9-23 符號所示的 6264 RAM 晶片結合產生一個 16 K×8 RAM 模組。此電路不需任何額外的邏輯。試繪出記憶映射以指出每個記憶晶片的位址範圍。

D 9-34* 試說明如何修改圖 9-37 的電路使其具有 16 K×8 的總記憶容量。使用相同形式的 PROM 晶片。

D 9-35 試修改圖 9-37 的解碼電路使其能操作於 16 線位址匯流排 (即增添 A_{13}、A_{14} 與 A_{15})。四個 PROM 都維持於原相同的十六進位址範圍。

C 9-36 針對圖 9-38 的記憶系統，假設 CPU 是在系統位址 4000 (十六進位) 處儲存一個位元組的資料。

(a) 位元組是儲存在哪一個晶片？

(b) 系統中是否有任何其他的位址可存取此資料位元組？

(c) 假設 CPU 已經儲存一個位元組於位址 6007 處，試回答 (a) 與 (b) 部分。(提示：記住，EEPROM 尚未完全解碼。)

(d) 假設程式儲存一串資料位元組於 EEPROM 且剛好在位址 67FF 處結束第 2048 個位元組。如果程式設計人員允許在位址 6800 處再多儲存一個位元組，則對前 2048 個位元組有何影響？

D 9-37 試依下列規格繪出使用 RAM 晶片的 256 K×8 記憶的完整電路圖：64 K×4 容量、共同的輸入／輸出線及兩個低電位作用的晶片選取輸入。[提示：電路只能使用兩個反相器 (加上記憶器晶片) 來設計。]

9-21 節

9-38* 依下列所述修改圖 9-42 所示的 RAM 電路：將 OR 閘換成 AND 閘且其輸出不接至 C 而係接至 E_3；C 連接至的。試決定各 RAM 模組的位址範圍。

C, D 9-39 試說明如何擴展圖 9-42 的系統成一個具位址範圍由 0000 至 1FFF 的 8 K×8 記憶系統。(提示：此可由增添必須的記憶模組與修改現存的解碼邏輯而達成。)

T 9-40* 藉由保持 $E=1$ 及連接 6 位元計數器輸出至位址輸入 A_{10} 至 A_{15} 來動態測試圖 9-42 的解碼邏輯。當計數器持續以 1 MHz 時脈加脈時解碼器輸出係由示波器 (或邏輯分析儀) 監視。圖 9-52(a) 所示為其顯示信號，試問最可能的為何？

C, T 9-41 以圖 9-52(b) 所示的解碼器輸出重做習題 9-40。

C, D 9-42* 考慮圖 9-42 所示的 RAM 系統。棋盤樣本測試將無法偵測出某些形式的錯誤。例如，若連接 A 輸入至解碼器的線斷了，則對該電路執行棋盤樣本 SELF-TEST 時所顯示的信號將指出記憶器 OK。

(a) 試解釋為何此種電路錯誤不會被偵測到。

(b) 如何修改 SELF-TEST 使其能偵測出此種電路錯誤？

T 9-43* 假設圖 9-42 所示的 1 K×8 模組係由兩個 1 K×4 RAM 晶片組成。當在該 RAM 系統上執行開機自動測試程式時可列印出以下的訊息：

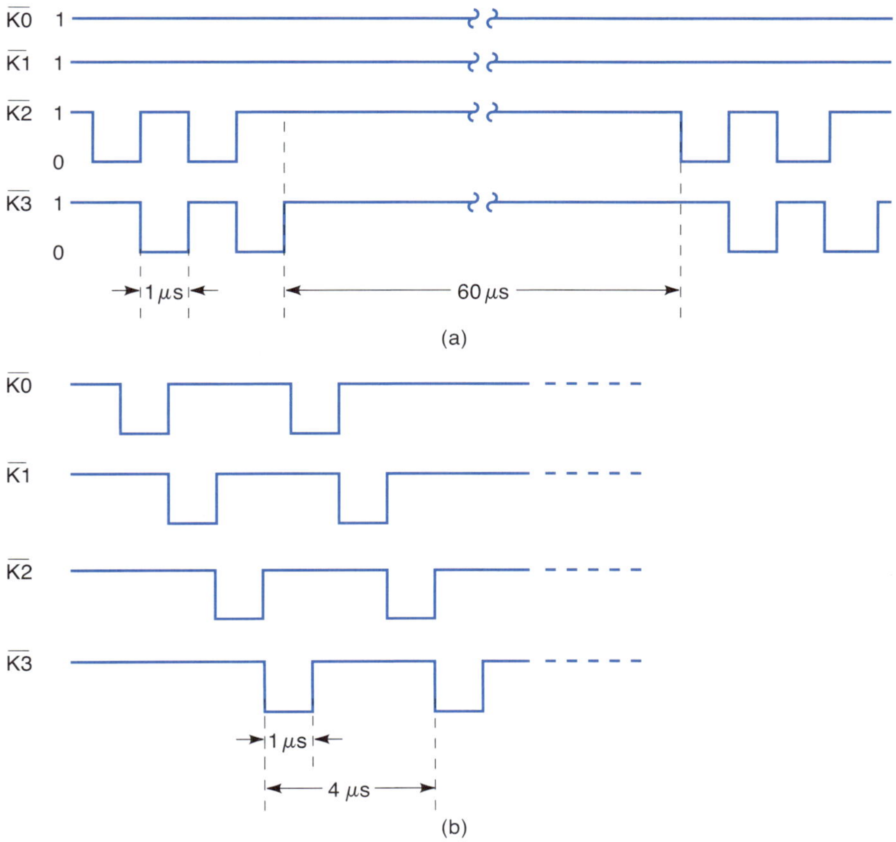

圖 9-52 習題 9-40 和 9-41

```
module-0 test OK
module-1 test OK
address 0800 faulty at bits 4-7
address 0801 faulty at bits 4-7
address 0802 faulty at bits 4-7
   .  .  .    .     .     .   .
   .  .  .    .     .     .   .
   .  .  .    .     .     .   .
address 0BFE faulty at bits 4-7
address 0BFF faulty at bits 4-7
module-3 test OK
```

試檢查這些訊息並列出可能的錯誤。

T 9-44* 當在圖 9-42 所示的 RAM 系統上執行開機自動測試程式時可列印出以下的訊息：

```
module-0 test OK
module-1 test OK
module-2 test OK
address 0C00 faulty at bit 7
address 0C01 faulty at bit 7
address 0C02 faulty at bit 7
   .      . .      .     .
   .      . .      .     .
   .      . .      .     .
address 0FFE faulty at bit 7
address 0FFF faulty at bit 7
```

試檢查這些訊息並列出可能的錯誤。

T 9-45 如果在圖 9-42 所示的 RAM 系統中解碼器輸出 $\overline{K2}$ 與 $\overline{K3}$ 間為短路，則對該系統執行開機自動測試程式時將列印出何種訊息？

9-22 節

T 9-46* 考慮圖 9-6 所示的 16×8 ROM，試將存於位址位置 1111 的資料字元以其餘 15 個資料字元的核對和取代之。

每節複習問題解答

9-1 節

1. 參閱本文。
2. 每個字元有 16 個位元；8192 個字元；131,072 個位元或記憶胞。
3. 在讀出操作時，將有一個字元自記憶位置取出並傳送到另一個裝置。在寫入操作時，有一個新的字元被置於記憶器位置中，取代原先儲存者。
4. 真。
5. SAM：存取時間並非固定，但與字元被存取的實際位置有關。RAM：對於任何的位址位置而言存取時間皆是相同的。
6. RWM 為可同等容易讀出或寫入的記憶器；ROM 則主要作為讀出但卻極少寫入的記憶器。
7. 偽；其資料必須作週期性的回復。

9-2 節

1. 14，12，12
2. 命令記憶器執行讀出操作或寫入操作。
3. 當它在動作狀態時，此輸入將激能記憶器來執行 OE 和 $\overline{WE}$ 輸入所選取到的讀出或寫入操作，當它在不動作狀態時，此輸入將禁抑記憶器使其不能執行讀出或寫入操作。

9-3 節

1. 位址線，資料線，控制線　**2.** 參閱本文。　**3.** 參閱本文。

9-4 節

1. 真。

2. 加上所要的位址輸入；激能控制輸入；資料出現於資料輸出上。

3. 將資料鍵入 ROM 中的程序。

9-5 節

1. $A_3A_2A_1A_0 = 1001$

2. 列選取解碼器將激能選到之列中所有暫存器其中一個激能輸入；行選取解碼器則激能選到之行中所有暫存器其中一個激能輸入；輸出緩衝器則於 $\overline{CS}$ 和 $\overline{OE}$ 輸入被激能時，將資料從內部的資料匯流排傳遞到 ROM 輸出。

9-7 節

1. 偽；由製造商來作。

2. PROM 可為使用者做一次的規劃，它無法被擦去及重新規劃。

3. 真。　**4.** 曝曬於紫外光。　**5.** 真。

6. 自動地以一次一個位址規劃資料到記憶胞中。

7. EEPROM 無需自其電路移去即能作電氣式擦去及重新規劃；且可以一個位元組為單位擦去。

8. 低密度；高成本。　**9.** EEPROM

9-8 節

1. 於電路中可作電氣式擦去及重新規劃。　**2.** 較高的密度；較低的成本。

3. 較短的擦去及規劃時間。　**4.** 此暫存器的內容控制所有的內部晶片功能。

5. 確認記憶位址已經成功的被擦去 (即資料＝全部為 1)。

9-9 節

1. 計算機開機後執行一小段來自於 ROM 的靴帶程式以啟動系統硬體，並且從大量儲存裝置 (磁碟) 下載作業系統軟體。

2. 將某種形式碼所表的資料取出並轉換成另一種形式碼的電路。

3. 計數器，ROM，DAC，低通濾波器。

9-11 節

1. 想要的位址送到位址輸入；$\overline{WE} = 1$；$\overline{CS}$ 或 $\overline{CE}$ 被激能；$\overline{OE}$ 被激發。

2. 減少接腳數目　**3.** 24 隻，包括 V_{CC} 和的線。

9-12 節

1. SRAM 記憶胞為正反器；DRAM 記憶胞使用電容器。　**2.** CMOS　**3.** 記憶器。

4. CPU　**5.** 讀出與寫入週期時間。

6. 偽；當 $\overline{WE}$ 為低電位時，I/O 接腳不管 $\overline{OE}$ 的狀態 (模式表中的第二項) 為何充作資料輸入。

7. A_{13} 仍可連接到接腳 26，A_{14} 則必須移去，且接腳 27 必須接到 +5 V。

9-13 節

1. 一般為較慢速；需要被回復。　**2.** 低功率；高容量；每位元較低成本。　**3.** DRAM

9-14 節

1. 256 列×256 行。　**2.** 節省晶片上的接腳。

3. 1 M＝1024 K＝1024×1024；因此有 1024 列及 1024 行。由於 $1024=2^{10}$，晶片需要 10 個位址輸入。

4. $\overline{RAS}$ 為將列位址閂鎖到 DRAM 的列位址暫存器中。$\overline{CAS}$ 則用來將行位址閂鎖到行位址暫存器中。

5. *MUX* 將整個位址多工輸入到 DRAM 的列與行位址。

9-15 節

1. (a) 真　(b) 偽　(c) 偽　(d) 真　**2.** *MUX*

9-16 節

1. (a) 真　(b) 偽。　**2.** 於回復週期間提供列位址到 DRAM。

3. 位址多工化及回復操作。　**4.** (a) 偽　(b) 真。

9-17 節

1. 否。　**2.** 具有相同上位址 (相同列) 的記憶位置。　**3.** 只有行位址必須閂鎖住。

4. 延伸資料輸出。　**5.** 爆叢。

9-18 節

1. 硬碟驅動器。　**2.** 磁阻隨機存取記憶器。　**3.** 低成本、大容量、可攜性。

9-19 節

1. 16 個。　**2.** 4 個。

3. 偽；在擴充記憶器容量時，每個晶片皆是由一個不同的解碼器輸出來選取 (見圖 9-43)。

4. 真。

9-20 節

1. 最佳化速度對成本關係。　**2.** 資料自記憶器讀出的順序與寫入的相同。

3. FIFO 是用來以廣泛不同的操作速度傳送資料於裝置之間。

4. 圖形緩衝器從最高位址“折回”最低位址，而且最新的資料始終複寫過最舊的資料。

9-21 節

1. 當位址線在變化時以禁抑解碼器來防止解碼突波。

2. 藉由寫入棋盤樣本 (先是 01010101，然後 10101010) 到每個記憶位置中，然後再讀出它們來測試 RAM 的方法，我們之所以使用它係因其將偵測出相鄰記憶胞之間的任何短路或相互影響。

3. 開機後由計算機執行 RAM 的自動測試。

9-22 節

1. 它是置於最後一個或兩個 ROM 位置中，以表示來自所有其他位置的預期 ROM 資料之和。

2. 它是用來測試一個或多個 ROM 位置錯誤的方法。

第 10 章

可規劃邏輯裝置架構*

■ 大　綱

10-1 數位系統族譜

10-2 PLD 電路的基本原理

10-3 PLD 架構

10-4 Altera MAX7000S 族系

10-5 Altera MAX II 族系

10-6 Altera Cyclone 族系

* 本章中提出之裝置的電路圖乃經過 Altera Corporation, San Jose, California 之同意重新製作的。

學習目標

讀完本章之後，將可學會以下幾點：

- 描述不同類別的數位系統裝置。
- 描述不同類型的 PLD。
- 詮釋 PLD 資料手冊訊息。
- 定義 PLD 術語。
- 比較使用於 PLD 中的不同規劃技術。
- 比較不同 PLD 類型的架構。
- 比較 Altera CPLD 與 FPGA 族系的特徵。

引　論

本書之每一章皆已介紹了極為廣泛的數位電路。您現在已瞭解數位系統的建構方塊是如何運作且可結合它們來解決非常多不同的數位問題。即使是較為複雜的數位系統也稍作敘述，如微型計算機者。微型計算機／DSP 與其他數位系統之間明顯的差異在於前者是遵循設計人員所規劃的指令順序來執行。許多的應用場合皆需要比微型計算機／DSP 架構更快的響應，因此在這些情況時就得使用傳統的數位電路。在今日快速進展之技術的市場中，大部分的傳統數位系統已經不再使用僅含有簡易閘或 MSI 類型的功能。取而代之的為使用包含有需用來產生邏輯功能之電路的可規劃邏輯裝置來製作數位系統。這些裝置並非以如計算機或 DSP 所使用之一串指令來規劃，而是改為藉由電子方式來連接或不連接電路中的某些點以組織它們的內部硬體。

為何 PLD 主宰了大部分的市場呢？有了可規劃裝置，相同的功能即可使用一顆 IC 而不再是多個獨立的邏輯晶片來達成。此一特性即意味著較小的電路空間，較少的功率需求，更具可靠性，較少的庫存以及總製造成本降低。

在前面幾章裡，您已熟悉利用 AHDL 或 VHDL 來規劃 PLD 的過程。同時您也已學到了全部的數位系統構築方塊。至此為止，數位電路的 PLD 製作皆以“黑箱”來表示。我們並不在意 PLD 內部是如何令其運作的。既然您瞭解了黑箱內部所有的電路，該是面對它並審視其如何運作的時候了。這將使您在選用 PLD 來解決問題時能做最佳的判斷。本章將檢視各種可用來設計數位系統之不同類別的硬體。然後為您介紹不同族系之 PLD 的架構。

10-1 數位系統族譜

雖然本章主要目的是研究 PLD 架構，但如果能對數位系統設計人員可用到的各種不同硬體選擇加以認識也是很有用的，畢竟這樣應能讓我們對現今之數位硬體選擇多一些瞭解。想要的電路於功能上一般是可利用幾個不同類型之數位電路來完成。本書從頭到尾，我們已經描述了標準的邏輯裝置以及如何使用可規劃邏輯裝置來產生出相同功能的方塊。微型計算機與 DSP 系統也常引入以必要的指令序列 (即應用程式) 來產生出想要的電路功能。設計工程決策必須考慮許多的因素，包括有電路操作所需的速度、製造成本、系統功率消耗、系統尺寸、設計產品可用之工期及其他等。事實上，大多數複雜的數位設計包括了不同硬體類別的混合。不同硬體類型之間許多的相互妥協於設計數位系統時必須加以權衡其輕重。

數位系統族譜 (見圖 10-1) 指出了大多數能用到之硬體選擇於許多類別之數位裝置中作挑選時很有用。圖中的圖形表示並未指出所有的細節——一些較為複雜之裝置類型具有許多額外的子類別，而較舊式且淘汰的裝置類型則為清晰之見而加以刪除了。主要的數位系統分類包括了標準邏輯、特定應用積體電路 (application-specific integrated circuit, ASIC) 以及微型計算機與數位信號處理 (DSP) 裝置。

第一種類型的**標準邏輯** (standard logic) 裝置係指基本功能的數位元件 (閘、正反器、解碼器、多工器、暫存器、計數器等) ，它們有 SSI 與 MSI 晶片可使用。這些裝置已行之多年 (大約超過 45 年) 用於設計複雜的系統。明顯的一項缺點由字面上看就是由數以百計的這些種晶片所構成。若我們的設計不是非常複雜時，這些便宜的裝置仍然可用。共有三種主要的標準邏輯裝置族譜：TTL、CMOS 及 ECL。TTL 係由許多已發展多年之子族系的成熟技術所構成的。極少新的設計是引用了 TTL 邏輯，但許許多多的數位系統仍包含有 TTL 裝置。CMOS 則是現今最受歡迎的標準邏輯裝置族系，主要是它的低功率消耗。ECL 技術當然是應用於較高速的設計中。標準邏輯裝置仍然可為數位設計者所使用，但如果應用是非常的複雜時，則需要許多的 SSI/MSI 晶片。彼種解決方案於吾人現今的設計需求中是非常不具吸引力的。

微型處理器／數位信號處理 (microprocessor/digital signal processing,

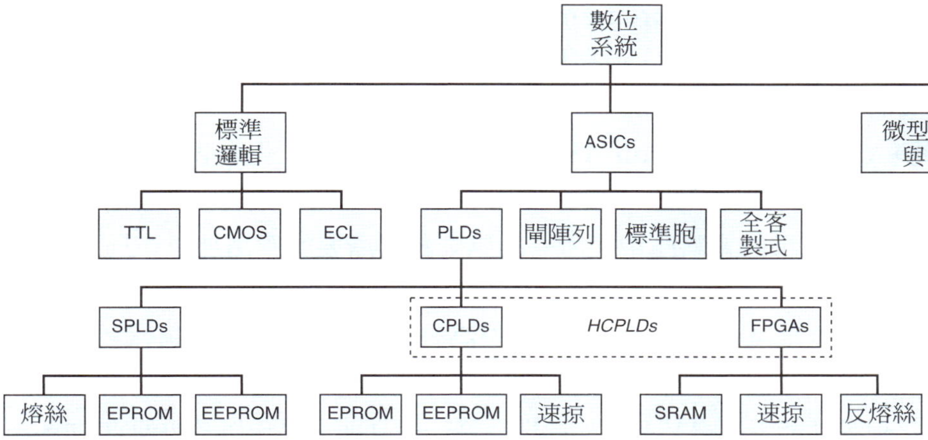

圖 10-1 數位系統族譜

DSP) 類別對數位系統設計而言是非常不同的方式。這些裝置實際上包含了本書處處所討論到之各種類型之功能性方塊。若使用微型處理器／DSP 系統，則裝置即可作電子式之控制，而且資料可由執行為應用所撰寫之指令程式來加以處理。由於所有您想要做的事情只要改變程式即可，因此使用微型處理器／DSP 將能得到極大的彈性。使用此數位系統類別的主要的缺點為速度。使用硬體解決方案於您的系統設計始終快過軟體方案。

第三種主要的數位系統類別稱為**特定應用積體電路** (application-specific integrated circuit, ASIC)。此一廣泛的類別代表了數位系統最新的硬體設計解決方案。如縮寫所意指，積體電路係設計來製作特殊需求的應用。ASIC 裝置有四個子類別可用來產生數位系統：可規劃邏輯裝置 (PLD)、閘陣列、標準胞以及全客製式。

可規劃邏輯裝置 (programmable logic device, PLD)，有時稱之為場可規劃邏輯裝置 (FPLD)，可能為客戶裝配來產生出任何種想要的數位電路，從簡單的邏輯閘到複雜的數位系統。稍早幾章裡已提出了許多 PLD 設計的例子。設計人員有此 ASIC 選擇極不同於其他三種類別。只要極少的投資成本，任何的公司皆可購得需要的發展軟體與硬體來規劃 PLD 予他們的數位設計。相反的，若要獲得閘陣列、標準胞或全客製式 ASIC，則要大多數公司與 IC 製造商簽約製作出想要的 IC 晶片。此一選擇可能極為昂貴，且經常要求您的公司購買大量的元件以降低成本。

閘陣列 (gate array) 為 ULSI 電路，它提供了數十萬計的閘數。想要的邏輯功能則由這些預先製造的閘來互連產生。針對特定應用之客製式設計的罩幕決定了閘之間的互連，像極了罩幕規劃的 ROM 中的選通資料。基於此一理由，它們經常稱為罩幕規劃閘陣列 (mask programmed gate array, MPGA)。單獨來看，這些裝置比相當閘數的 PLD 便宜，但晶片製造商的訂製規劃過程則非常昂貴，且需要較長的前置時間。

標準胞 ASIC (standard-cell ASIC) 使用了稱為胞的預先定義之邏輯功能建構方塊來產生出想要的數位系統。每個胞的 IC 布局事先已經定義，而且可用胞的一個庫存儲存於計算機的資料庫中。所需的胞則針對所要的應用加以布局，而胞之間的互連則被決定了。由於定義元件與互連的所有 IC 製造罩幕皆必須是客戶訂製設計的，因此標準胞 ASIC 的設計成本甚至高於 MPGA 者。產生額外之罩幕所需的前置時間也較長。標準胞確實甚優於閘陣列者。以胞為基礎的功能則已設計成比閘陣列中之對等功能者小得甚多，如此即允許一般高速之操作以及較便宜的製造成本。

全客製式 ASIC (full-custom ASIC) 則被視成最終的 ASIC 選擇。意如其名，所有的元件 (電晶體、電阻與電容器) 以及它們之間的互連皆為 IC 設計人員來做的客製式設計。設計的過程需要極多的時間與成本，但可獲致最快的可能速度以及最小的晶粒 (個別的 IC 晶片) 面積。較小的晶粒面積則允許許多的晶粒安置於矽晶圓上，如此即可大大降低每個 IC 的製造成本。

再談 PLD

本章主要是談 PLD，所以我們將稍作深入來探討此族譜分支。PLD 技術的發展自從 35 多年前第一個 PLD 問世後已持續的進展著。較早的裝置包含了相當於數百個閘數，而現今則有包含數百萬個閘數之零件可用。舊式的裝置於有限的邏輯性能內可處理很少的輸入與很少的輸出。現在則有可處理數以百計之輸入與輸出的 PLD。最初的裝置可能只可規劃一次而已，而且如果設計改變時，舊式的裝置將須自電路移除，而新式者，規劃已變更的設計後，就必須插入它的位置中。有了較新的裝置，內部邏輯設計即可迅速的被變更，此時之晶片可能仍連接至某個電子系統中的印刷電路板上。

一般而言，PLD 可被描述成三種不同類型中的其中一種：**簡易式可規劃邏輯裝置** (simple programmable logic device, SPLD)、**複合式可規劃邏輯裝置** (complex programmable logic device, CPLD) 或**場可規劃閘陣列** (field programmable gate array, FPGA)。由於有許多製造商皆有許多種不同族的 PLD 裝置，所以於架構上有多種變型。我們將嘗試來討論每個類型的一般特性，但事先要作聲明的是：它們之間的區別並不明顯。隨著製造商持續的設計新型且改善的架構，CPLD 與 FPGA 之間的區分經常是有些模糊的，且經常有攪亂市場的目的。CPLD 與 FPGA 合起來常稱為**高容量可規劃邏輯裝置** (high-capacity programmable logic device, HCPLD)。PLD 裝置的規劃技術實際上是根基於不同種類之半導體記憶器。隨著新類型的記憶器被開發出來，相同的技術已應用於新種類之 PLD 裝置的創造上。

可用之邏輯資源量為 SPLD 與 HCPLD 之間主要不同的特徵。今日，SPLD 基本上為包含相當於 600 或更少個閘數的裝置，但 HCPLD 則有數千到數萬個閘數可用。SPLD 內部可規劃信號互連資源有更多的限制。SPLD 通常比 HCPLD 較不複雜且便宜許多。許多較小型的數位系統應用僅需一個 SPLD 資源即可。相反地，HCPLD 則有能力提供極為複雜數位系統的電路資源，而且既大型又精緻的 HCPLD 裝置每年皆有設計出。

SPLD 分類包括了最早期的 PLD 裝置。包含於早期之 PLD 中的邏輯資源量若以今日的標準來看是相對小了許多，但它們卻代表了有能力很容易的製作出客製式 IC 來取代若干個標準邏輯裝置的重要技術跨進。經過多年，許多半導體演進已創造出了不同的 SPLD 類型。第一個首獲電路設計人員青睞的 PLD 類型由字面上看就是燒開規劃矩陣中選擇到的熔絲來被規劃。於這些**一次可規劃** (one-time programmable, OTP) 裝置中所留下的完整熔絲則提供電子式連接予 AND/OR 電路來產生所要的功能。此邏輯裝置則根基於 PROM 記憶器技術 (9-7 節) 中的熔絲線，而且最常稱之為可規劃邏輯陣列 (PLA)。直到 1970 年代，當一個所謂之**可規劃陣列邏輯** (programmable array logic, PAL) 問世後， PLD 才真正廣泛地為數位設計人員所接受。PAL 中的可規劃熔絲線係用來決定要如何的將輸入連接到一組固接到 OR 閘之 AND 閘上。於 1980 年代中期，隨著可紫外光抹去 PROM 的發展而有了 EPROM 為基礎的 PLD，而緊接著則有使用電氣式抹去 (EEPROM) 技術的 PLD 問世。

CPLD 基本上即為結合一個 PAL 形式之裝置的陣列於相同晶片上的裝置。它們的邏輯方塊本身即為可規劃的 AND／固定式 OR 邏輯電路，其可用之乘積項個數則比大部分的 PAL 裝置少。OR 邏輯電路比大多數 PAL 裝置擁有較少的可用乘積項。每個邏輯方塊 [通常稱之為**巨胞** (macrocell)] 基本上可處理許多的輸入變數，且內部可規劃的邏輯信號布局資源傾向均勻分布於整個晶片，因此產生一致的信號延遲。若需要更多的乘積項時，閘即可共用於邏輯方塊之間，或者幾個邏輯方塊可結合來製作表示式。於巨胞中用來製作暫存器的 FF 則經常可組態作 D、JK、T (跳換式) 或 SR 操作。若干 CPLD 架構用的輸入與輸出接腳係與特定的巨胞結合一起，而且基本上有額外的巨胞埋藏其中 (即未連到接腳上者)。其他種類的 CPLD 架構則可能擁有獨立的 I/O 方塊，它具有能用來閂鎖住進入或外出資料的內建暫存器。CPLD 裝置中用到的規劃技術皆為非易變性的，且包括了 EPROM、EEPROM 以及速掠記憶器，並以 EEPROM 最為常見。全部三個技術皆是可擦去且可規劃的。

FPGA 也有一些基本的特性是共有的。它們基本上是由許多互連後即能產生較大型功能之相對很小且獨立的可規劃邏輯模組來組成的。每個模組通常僅能處理四至五個輸入變數。絕大多數的 FPGA 邏輯模組是利用了**尋查表** (look-up table, LUT) 方式來產生所要的邏輯功能。尋查表功能正如一個真值表，於其中的輸出可藉由針對每個輸入組合儲存適當的 0 或 1 來規劃產生出所要的組合功能。晶片內部的可規劃信號路徑資源頃向變化較多，有較多的不同路徑長度可用。產生予某一設計的信號延遲乃視規劃軟體所選用之實際信號路徑而定。邏輯模組也含有可規劃的暫存器。邏輯模組並不與任何的 I/O 接腳相關聯。取而代之的，每個 I/O 接腳是連接到可規劃的輸入／輸出方塊，而它則再連接到具有選用路徑線的邏輯模組。I/O 方塊則可加以組態來提供輸入、輸出或雙向功能，而且內建暫存器可被規劃來閂鎖住進入或外出的資料。FPGA 的一般架構如圖 10-2 中所示。所有的邏輯方塊與輸入／輸出方塊可被規劃來製作出幾乎任何的邏輯電路。可規劃的互連則可經由行經邏輯方塊間之通道中的列與行之接線來完成。有些 FPGA 則包括了大型的 RAM 記憶方塊；其他則否。

FPGA 裝置中使用到的規劃技術包括有 SRAM、速掠記憶器以及反熔絲，其中以 SRAM 最為常用。以 SRAM 為根基的裝置是易變性的，且因此要求 FPGA 於電源接通時重新被組態 (被規劃)。定義每個邏輯方塊如何作用、哪些 I/O 方塊為輸入與輸出，以及方塊間如何互連的規劃資訊是儲存於某種類型的外部記憶器中，而它則將於電源接通時下饋到以 SRAM 為根基的 FPGA 中。反熔絲裝置則為一次規劃的且因此為非易變性的。反熔絲記憶器技術並非目前使用於記憶器裝置者，但如其名所意涵者，它是熔絲技術的相反。它不再是以打開熔絲線來防止信號相連，而是互連之間的絕緣層有個電氣式短路產生來製作出信號之連接。反熔絲裝置係經由終端使用者或工廠或經銷商來規劃於裝置規劃器中。

CPLD 與 FPGA 間之架構差異、不同的 HCPLD 製造商間以及來自同一廠商之不同裝置族系間皆可能影響對某個應用之設計製作的效率性。您可能會問，“此 PLD 族系的架構是否最契合我的應用？”無論如何都很難預測哪個架構使用於複雜的數位系統是最佳的選擇。只有一部分可用的閘能被利用。誰曉得有多少個對等的閘於大型的設計需要用到？信號路徑資源的基本設計可影響有多少個 PLD 邏輯資源可能被用到。FPGA 中常見到的區段互連於相鄰之邏輯方塊間可產生出較短的延遲，但它們也可能於相鄰較遠的方塊間產生出比絕大多數 CPLD 之連續相連

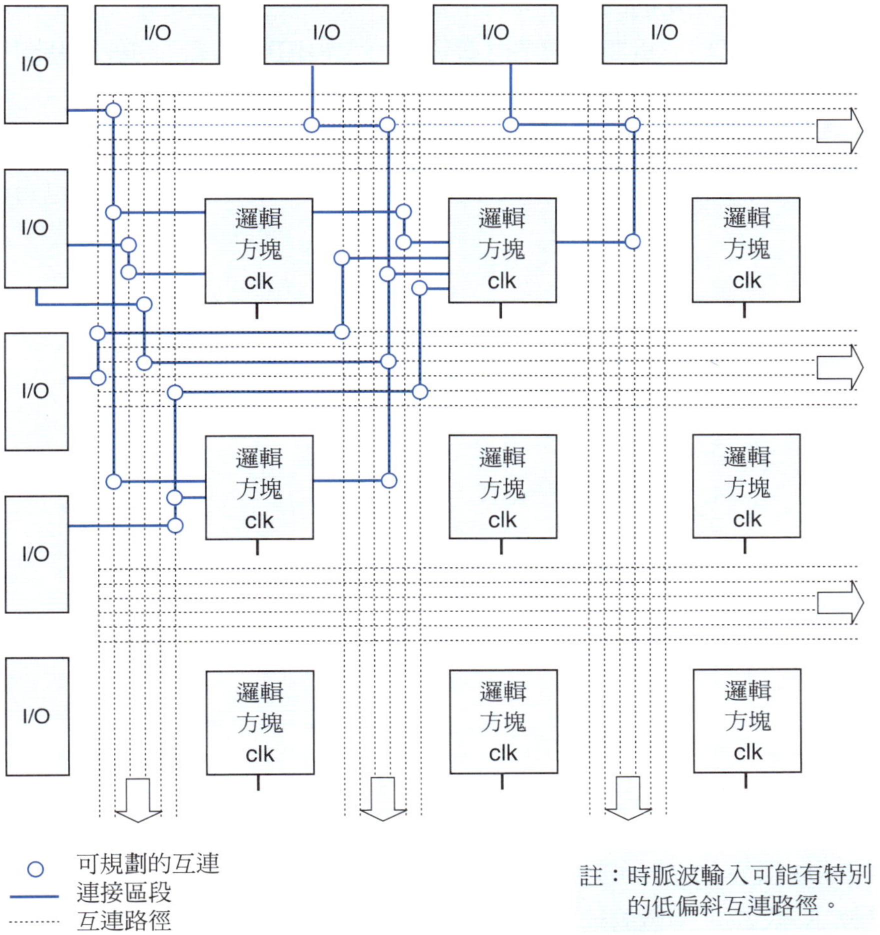

圖 10-2 **FPGA 架構**

者更長的延遲。沒有所謂簡單的答案來回答此一問題，但每個 HCPLD 製造商無論如何都會回答您：我們的產品最好！

比較不同 FPGA 的另一項重要因素為**智慧財產** (intellectual property, IP) 的可用性。此術語是指能與您自已設計的方塊併用之預先定義的方塊用來滿足您應用上的需求。IP 方塊可得自特定的 FPGA 製造商或者合作廠商的商源。Altera 關於一些智慧財產設計的例子是它稱為 Nios® II 的多樣化嵌入式處理器。您通常可免費的評估使用智慧財產程式碼於您的設計中，但若要能使用於您的產品中，通常要付專利金。FPGA 裝置中可用到的智慧財產類型包括了各種嵌入式處理器、DSP 建構方塊以及周邊與界面功能的標準核心電路。電子產品的壽命由於新技術發展以及新一代產品功能的快速步調正變得愈來愈短。針對新產品找出縮短設計與開發週期的方法已益形重要。智慧財產資源可大幅縮短新產品的設計時間，也因此公司即可在短時間內提供產品到市場上予客戶購買。

如您可見到的，PLD 領域極為多樣化且持續改變著。現在您應已對各種不同的類型以及需用來詮釋 PLD 資料手冊的技術有了基本的認識，而且也對它們學習甚多了。

複習問題

1. 數位系統的三個主要種類為何？
2. 微型處理器／DSP 設計的主要缺點為何？
3. ASIC 代表什麼？
4. 四種類型的 ASIC 為何？
5. HCPLD 為何？
6. CPLD 與 FPGA 之間的二個主要差異為何？
7. 易變性意指為何？

10-2　PLD 電路的基本原理

簡單的 PLD 裝置如圖 10-3 中所示。四個 OR 閘的每一個皆可產生出一個為二個輸入變數 A 與 B 之函數的輸出。每個輸出函數皆以位於 AND 閘與 OR 閘之間的熔絲來規劃。

每個輸入 A 與 B 皆供給著一個非反相緩衝器與一個反相緩衝器以產生每個變數的真實與反相形式。這些係為 AND 閘陣列的輸入線 (input line)。每個 AND 閘係連接到二條不同的輸入線以產生獨一無二的輸入變數之乘積。AND 輸出係稱為乘積線 (product line)。

每條乘積線則經由一條熔絲連接到每個 OR 閘之四個輸入的其中一個。如果全部的熔絲起初都是完好的，則每個 OR 輸出將為固定值 1。證明如下：

$$\begin{aligned} O_1 &= \overline{A}\,\overline{B} + \overline{A}B + A\overline{B} + AB \\ &= \overline{A}(\overline{B} + B) + A(\overline{B} + B) \\ &= \overline{A} + A = 1 \end{aligned}$$

四個輸出 O_1、O_2、O_3 與 O_4 的每一個皆可藉由選擇性地燒斷適當的熔絲而將它規劃成 A 與 B 的任何函數。PLD 係設計成每個燒斷的 OR 輸入是當成邏輯 0。譬

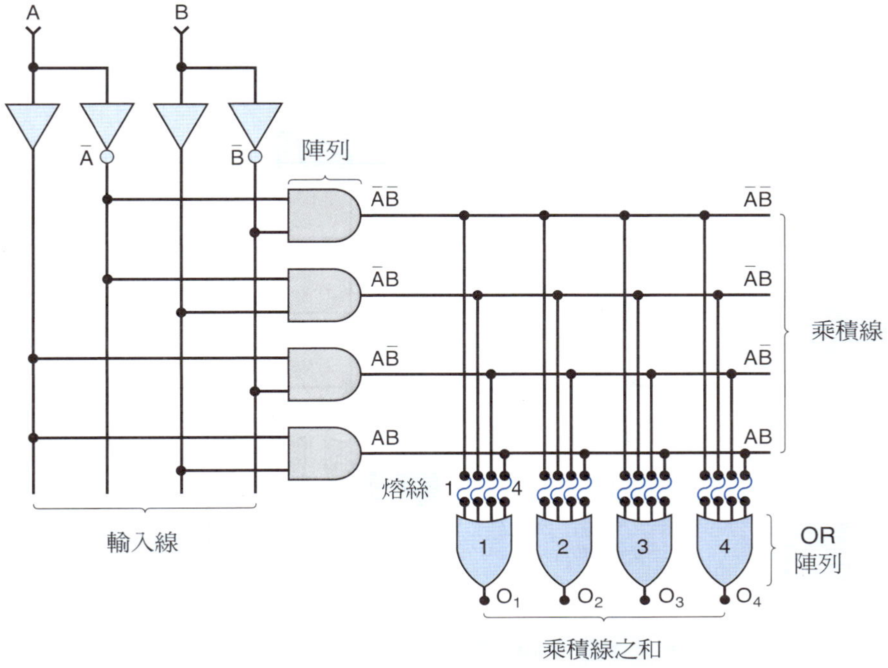

圖 10-3　規劃邏輯裝置的例子

如，如果是燒斷 OR 閘 1 的熔絲 1 與 4，則 O_1 輸出變成：

$$O_1 = 0 + \bar{A}B + A\bar{B} + 0 = \bar{A}B + A\bar{B}$$

我們可將每個 OR 輸出依類似的方式規劃成任何想要的函數。一旦所有的輸出皆已規劃完成，則此裝置將永遠的產生所選用的輸出函數。

PLD 符號表示法

圖 10-3 中的範例僅具有二個輸入變數而且電路圖就已經很複雜了。您可想像如果有更多輸入時 PLD 的電路圖該有多麼複雜。基於此理由，PLD 製造商採用了簡化的符號來表示這些裝置的內部電路。

圖 10-4 則是使用簡化的符號指出相同於圖 10-3 的 PLD 電路。首先要注意的是輸入緩衝器表示成具有二個輸出的單一緩衝器，其中一個輸出為反相，另一個則無。接著，注意到單條線 (single line) 進入到 AND 閘以表示全部四個輸入。每當列線橫越過行線時則表示有一個分開的輸入到 AND 閘。輸入變數線連接到 AND 閘輸入時則以點來表示。一個點意味著此連線到 AND 閘輸入者為固定的接線 (即表示無法再變更者)。乍看之下好像輸入變數是互連在一起的。但您務必瞭解的是

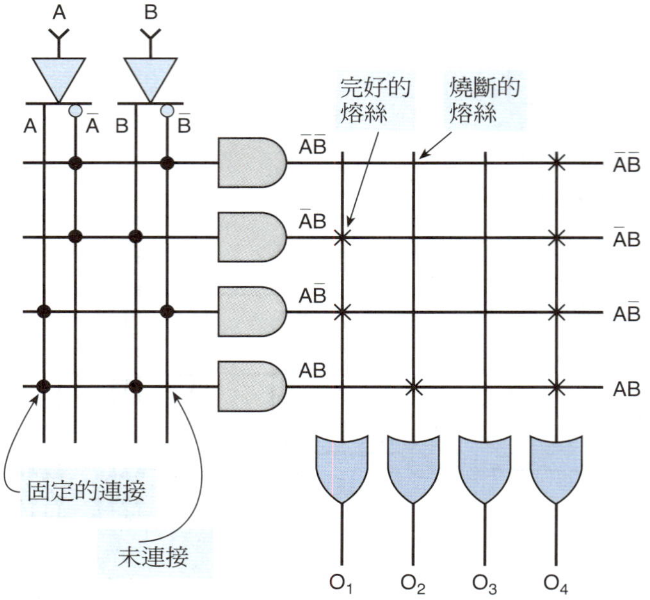

圖 10-4　簡化的 PLD 符號

情況並非如此，因為單條列線係表示多個輸入到 AND 閘。

每個 OR 閘的輸入也藉由表示全部四個輸入的單條線來標示。X 表示連接一條乘積線到 OR 閘之其中一個輸入的完好熔絲。若在任何的相交處沒有 X (或者為點) 表示燒斷的熔絲。對 OR 閘輸入而言，燒斷的熔絲 (未連接的輸入) 係假設為低電位，而對 AND 閘輸入而言，燒斷的熔絲則是高電位。於此範例中，輸出係規劃成：

$$O_1 = \overline{A}B + A\overline{B}$$
$$O_2 = AB$$
$$O_3 = 0$$
$$O_4 = 1$$

複習問題

1. PLD 是什麼？
2. 如果熔絲 1 與 2 被燒斷，則圖 10-3 中的輸出 O_1 為何？
3. X 在 PLD 電路圖上表示什麼？
4. 點在 PLD 電路圖上表示什麼？

10-3 PLD 架構

PLD 之觀念已導致了這些裝置的內部電路許多不同的架構性設計。本節我們將探討若干架構上的基本差異。

PROM

前一節中的可規劃電路的架構包括了規劃連線到 OR 閘。AND 閘係用來解碼所有可能的輸入變數之組合，如圖 10-5(a) 中所示。對於任何已知的輸入組合而言，對應的列是被激能的 (轉變成高電位)。如果 OR 輸入是連接到該列，則 OR 輸出將出現高電位。如果輸入並未連接，則 OR 輸出將呈現低電位。看似熟悉嗎？回看圖 9-9。如果將輸入變數考慮成位址輸入而完好／燒斷熔絲看成儲存的 1 與 0，您即可將它識別成 PROM 的架構。

圖 10-5(b) 指出了 PROM 是如何被規劃以產生四個特定的邏輯函數。我們且遵循輸出 $O_3 = AB + \overline{C}\,\overline{D}$ 的步驟。首先是描繪出對於所有可能之輸入組合所得到的 O_3 輸出 (表 10-1)。

接著，對於哪些輸出將為 1 的情況寫下 AND 乘積。O_3 輸出則將為這些乘積的 OR 和。因此，只有連接這些乘積項到 OR 閘 3 之輸入的熔絲保留完好。其他所有則皆燒斷，如圖 10-5(b) 中所示。遵循此相同的步驟求出其他 OR 閘輸入端處的熔絲狀態。

PROM 可產生輸入變數任意可能的邏輯函數，因為它產生了每個可能的 AND 乘積項。一般而言，需要用到每個輸入組合的應用為 PROM 不錯的適用場合。但無論如何，當要容納的輸入變數量很龐大時，則 PROM 又變得不切實際，因為每多一個輸入變數，則熔絲數即變成雙倍多。

稱呼 PROM 為 PLD 其實只是語意上的問題而已。您已知曉 PROM 是可規劃且為一個邏輯裝置。這只是一種使用 PROM 的方式，且將它的用途考慮成製作 SOP 邏輯表示式而非儲存數值於記憶位置中。真正的問題在於轉譯邏輯方程式變成某已知 PROM 的熔絲圖。設計來規劃 SPLD 的一般性用途邏輯編譯程式則有它能支援的一串 PROM 裝置。如果您是選擇使用任何一個舊式尚可用之 EPROM 作為 PLD，則可能需要產生您自己的位元圖 (如同它們經常所做者)，它將是非常冗長的。

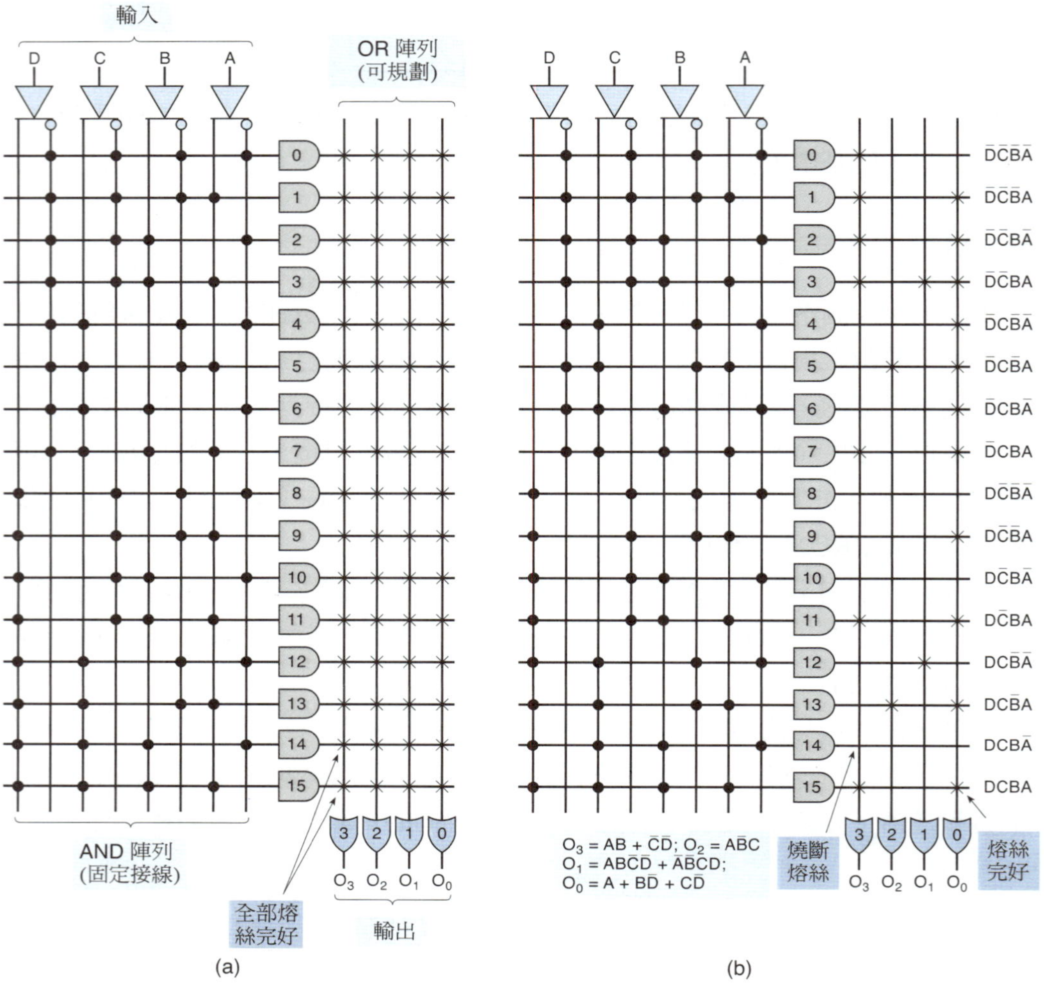

圖 10-5 **(a) PROM** 架構使其適合於 **PLD**；**(b)** 將熔絲燒斷以規劃已知函數的輸出

可規劃陣列邏輯 (PAL)

PROM 架構很適合於每種可能之輸入組合皆需要用來產生輸出函數的哪些應用場合。若干例子如第 9 章所舉證的碼轉換器與數據儲存 (尋查表) 表。然而在製作 SOP 表示式時，它們卻無法極有效率地利用電路。位址輸入的每種組合必須完全的被解碼，且每個展開的乘積項皆有一個用來將它們 OR 在一起的相關熔絲。譬如，注意到圖 10-5 需要多少個熔絲來規劃簡單的 SOP 表示式，且有多少個乘積項經常未使用到。這就導致了另一類所謂可規劃陣列邏輯 (programmable array logic, PAL) 的發展。PAL 的架構稍不同於 PROM 者，如圖 10-6(a) 所示。

PAL 具有與 PROM 類似的 AND 與 OR 架構，但在 PAL 中，AND 閘的輸

表 10-1

D	C	B	A	O_3		
0	0	0	0	1	→	$\overline{D}\,\overline{C}\,\overline{B}\,\overline{A}$
0	0	0	1	1	→	$\overline{D}\,\overline{C}\,\overline{B}A$
0	0	1	0	1	→	$\overline{D}\,\overline{C}B\overline{A}$
0	0	1	1	1	→	$\overline{D}\,\overline{C}BA$
0	1	0	0	0		
0	1	0	1	0		
0	1	1	0	0		
0	1	1	1	1	→	$\overline{D}CBA$
1	0	0	0	0		
1	0	0	1	0		
1	0	1	0	0		
1	0	1	1	1	→	$D\overline{C}BA$
1	1	0	0	0		
1	1	0	1	0		
1	1	1	0	0		
1	1	1	1	1	→	$DCBA$

入是可規劃的，而 OR 閘的輸入則是固接式的。此係意味著每個 AND 閘皆可被規劃來產生四個輸入變數與其補數所構成的乘積。每個 OR 閘則固接到四個 AND 輸出。這將限制了每個輸出函數只有四個乘積項。如果某函數需要超過四個乘積項，則無法使用此 PAL 來製作；因此必須使用具有更多 OR 輸入的 PAL。如果所需的乘積項個數少於四個，則不需要的部分令其為 0。

圖 10-6(b) 指出了此 PAL 是如何被規劃來產生四個特定的邏輯函數。我們且遵循輸出的 $O_3=AB+\overline{C}\,\overline{D}$ 步驟。首先，我們必須將此輸出表示成四個項的 OR 和，蓋 OR 閘具有四個輸入，且將它附加上二個 0。因此：

$$O_3 = AB + \overline{C}\overline{D} + 0 + 0$$

接下來，我們必須決定如何來規劃 AND 閘 1、2、3 與 4 的輸入，以使得它們提供了正確的乘積項到 OR 閘 3。我們將逐項為之。第一項，AB，是藉由保留連接輸入 A 與 B 到 AND 閘 1 的熔絲完好，且燒斷彼線上之所有其他的熔絲來獲得。同樣的，第二項，$\overline{C}\overline{D}$，則是只將連接輸入 $\overline{C}$ 與 $\overline{D}$ 到 AND 閘 2 的熔絲保留完整來獲得。第三項為 0。固定的 0 值係藉由保留 AND 閘 3 之所有的輸入熔絲完整來產生於其輸出端。這將產生 $A\overline{A}B\overline{B}C\overline{C}D\overline{D}$ 的輸出，如我們所知，其值為 0。第四項亦為 0，所以 AND 閘 4 輸入熔絲亦保持完整。

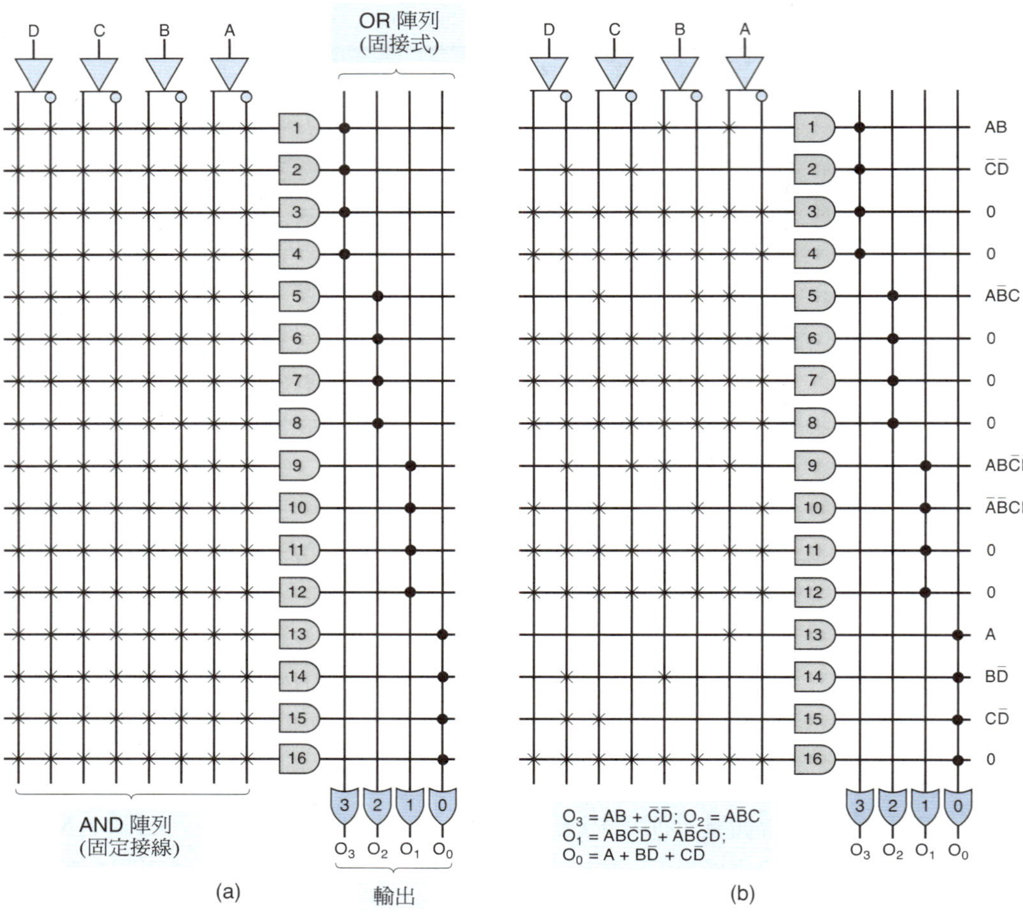

圖 10-6 (a) 典型的 PAL 架構；(b) 相同的 PAL 規劃予某些已知函數

其他 AND 閘的輸入則依類似的方式規劃來產生其他的輸出函數。特別要注意的是許多的 AND 閘都是保持它們所有的輸入熔絲完整，因為它們需要產生 0。

例如，一個實際的 PAL 積體電路，PAL16L8，具有十個邏輯輸入與八個輸出函數。每個輸出 OR 閘都是固接到七個 AND 閘輸出，所以它們產生出包含高達七個項的函數。此特殊 PAL 的附加特徵為八個輸出的其中六個饋回到 AND 陣列中，在哪裡它們即可被連接成任意 AND 閘的輸入。這使得它在產生出所有種類之組合邏輯時非常有用。

PAL 族也包括有先前已描述之基本 SOP 電路的變型。譬如，大多數的 PAL 裝置都具有驅動輸出接腳的三態緩衝器。其他的則將 SOP 邏輯電路通到 D FF 輸入，且利用其中一個接腳作為時脈輸入以將所有的輸出 FF 作同步的時脈控制。由於這些裝置的所有輸出皆通過暫存器，因此稱之為暫存器式 *PLD* (registered

PLD)。PAL16R8 則為一例，它具有高達八個暫存器式輸出 (它們也可充當作輸入) 加上八個專用的輸入。

場可規劃邏輯陣列 (FPLA)

場可規劃邏輯陣列 (field programmable logic array, FPLA) 是於 1970 年代中期開發出來作為第一個非記憶性可規劃邏輯裝置。它乃使用了可規劃 AND 陣列與可規劃 OR 陣列。雖然 FPLA 比 PAL 架構更具彈性，但卻未被工程師們廣為接受。FPLA 大部分用於狀態機設計，其中於每個 SOP 表示中需要較多個乘積項數。

通用型陣列邏輯 (GAL)

通用型陣列邏輯裝置具備了類似於先前所描述的 PAL 裝置的架構。標準、低密度的 PAL 都是一次可規劃的。相反地，GAL 晶片於可規劃的矩陣中使用了 EEPROM 陣列，用來在 AND/OR 電路結構中對 AND 閘的連接。EEPROM 開關可被抹除並且重新規劃至少 100 次。GAL 晶片第二項優於 PAL 裝置的重要特徵為它的可規劃輸出邏輯巨胞 (output logic macrocell, OLMC)。除了用來提供積項之和功能的 AND 與 OR 閘外，GAL 也包含了用於暫存器與計數器應用的可選用正反器、輸出用的三態緩衝器以及用來選擇各種操作模式的控制多工器 (見圖 10-7)。因此，GAL 裝置可用作大多數 PAL 裝置的通用型接腳相容的替代品。於 OLMC 中由 AND 閘並且饋送 OR 閘所產生的積項將產生 SOP 函數，它將送到輸

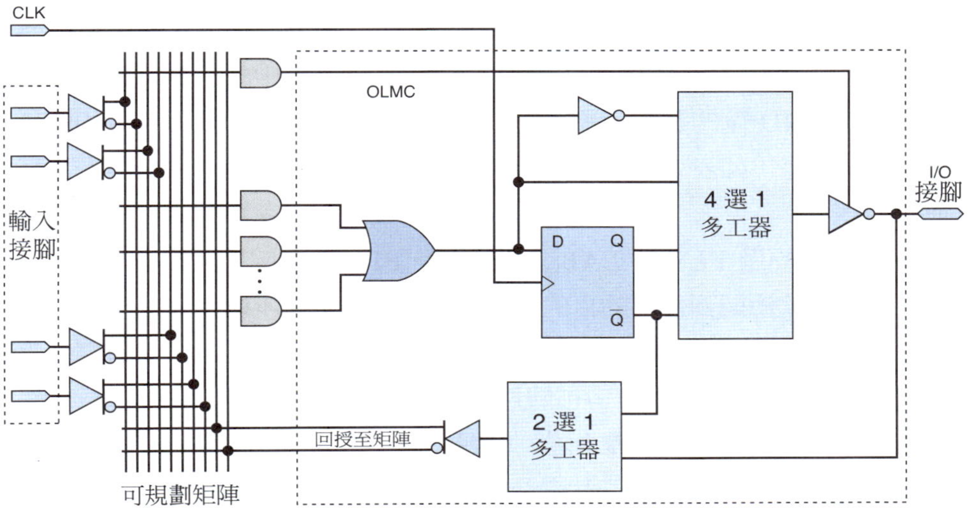

圖 10-7　**GAL 裝置中的可規劃 AND 矩陣與 OLMC 方塊圖**

出作為組合函數或者是以時脈送到 D 正反器作為暫存器式輸出。EEPROM 記憶器陣列中的一些特定位置是用來控制晶片的可規劃連續或其他選用。規劃軟體將自動地處理所有的細節。GAL 晶片為既便宜且多樣化的 SPLD 裝置。

複習問題

1. 驗證圖 10-5(b) 中對於 O_2、O_1 以及 O_0 函數而言，正確的熔絲被燒斷。
2. PAL 具有固接式 ________ 陣列與可規劃 ________ 陣列。
3. PROM 具有固接式 ________ 陣列與可規劃 ________ 陣列。
4. 如果所有來自 AND 閘 14 的熔絲維持完整，則圖 10-5(b) 中 O_1 輸出的方程式為何？
5. 說出 GAL 裝置優於 PAL 裝置的二項好處。

10-4 Altera MAX7000S 族系

我們將一探 HCPLD 架構的究竟，它是 Altera 中以 EEPROM 為基礎的普及 MAX7000S CPLD 族系。此族系中的其中一個裝置，EPM7128S，常見於許多發展用的電路板中，包括了許多教學機構已使用的 Altera UP2。此族系的方塊圖如圖 10-8 中所示。MAX7000S 中的主要架構為**邏輯陣列方塊** (logic array block, LAB) 以及**可規劃互連陣列** (programmable interconnect array, PIA) 。LAB 包含了一組 16 個巨胞，且看似單獨一個 SPLD 裝置。每個巨胞是由可規劃 AND/OR 電路與可規劃暫存器 (FF) 所組成。單獨一個 LAB 中的巨胞可分用諸如公用乘積項或未用 AND 閘的邏輯資源。包含於一個 MAX7000S 族系裝置內的巨胞個數視零件編號而定。如表 10-2 中所示者，EPM7128S 於八個 LBA 中安排有 128 個巨胞。

邏輯信號則經過 PIA 於 LAB 之間流通。PIA 為全域性匯流排，但只於裝置內連接任何的信號源頭到任何的目的上。MAX7000S 的所有輸入以及所有的巨胞輸出皆饋送到 PIA。多達 36 個信號可從 PIA 饋送到每個 LAB。只有需用來產生任何 LAB 所要之功能的信號才會被饋送至彼 LAB 中。

MAX7000S 族系中之裝置上看到的四隻僅作輸入用的接腳可組態成特定的高速控制信號或作為一般性的使用者輸入。三隻專用的輸入接腳 (見圖 10-8) 可當作任何巨胞暫存器的主要全域性時脈 (GCLK1)、主要的三態輸出激能 (OE1) 以及非

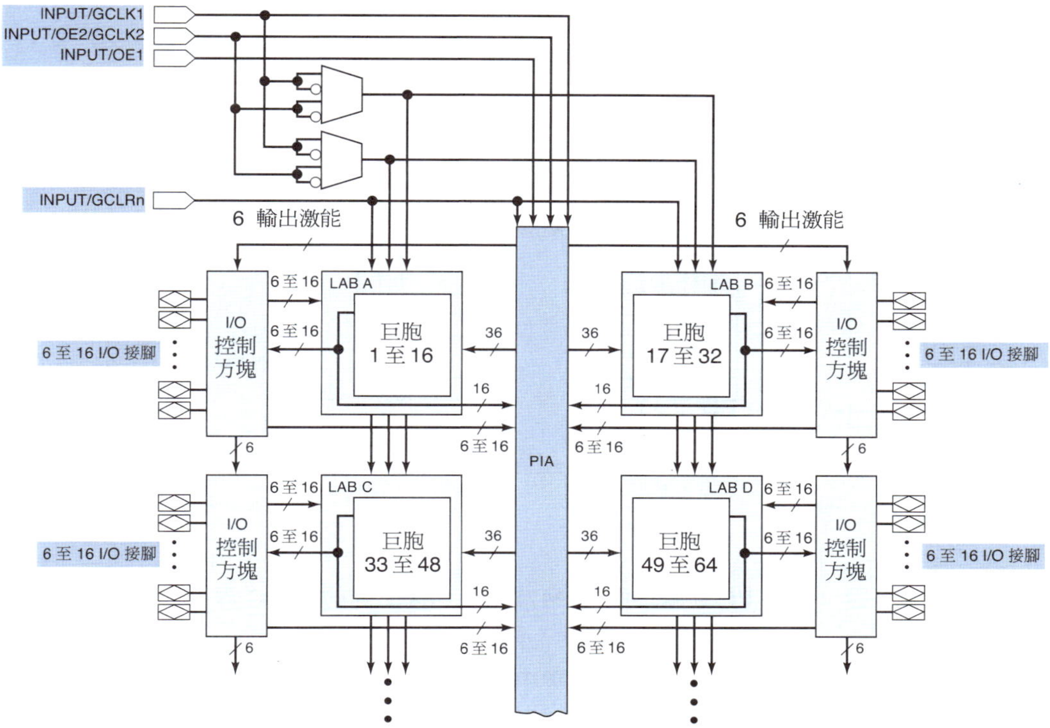

圖 10-8　MAX7000S 族系方塊圖

表 10-2　Altera MAX7000S 族系裝置特性

特　性	EPM7032S	EPM7064S	EPM7128S	EPM7160S	EPM7192S	EPM7256S
可用閘數	600	1250	2500	3200	3750	5000
巨胞	32	64	128	160	192	256
LAB	2	4	8	10	12	16
使用者最多的 I/O 接腳	36	68	100	104	124	164

同步清除 (GCLRn)。第四隻腳則可用作次要的全域性時脈 (GCLK2) 或次要的三態輸出激能 (OE2)。這些接腳如何使用於特定的應用則是在 Quartus II 中自動指定或者在設計過程期間由設計人員手動設定。

MAX7000S 族系中的 I/O 接腳數係連接到特別的巨胞上。使用者可用的 I/O 接腳個數視裝置封裝而定。於一個 160 隻接腳之 PQFP 封裝中的 EPM7128S 每個 LAB 擁有 12 個 I/O 加上 4 個額外僅作輸入的接腳，因此總共有 100 隻接腳。相反地，於 84 隻接腳的 PLCC 封裝內，它是包含於上述之發展用電路板，每個 LAB 擁有 8 個 I/O 加上 4 個額外的接腳，總共有 68 隻 I/O 接腳。EPM7128S 為

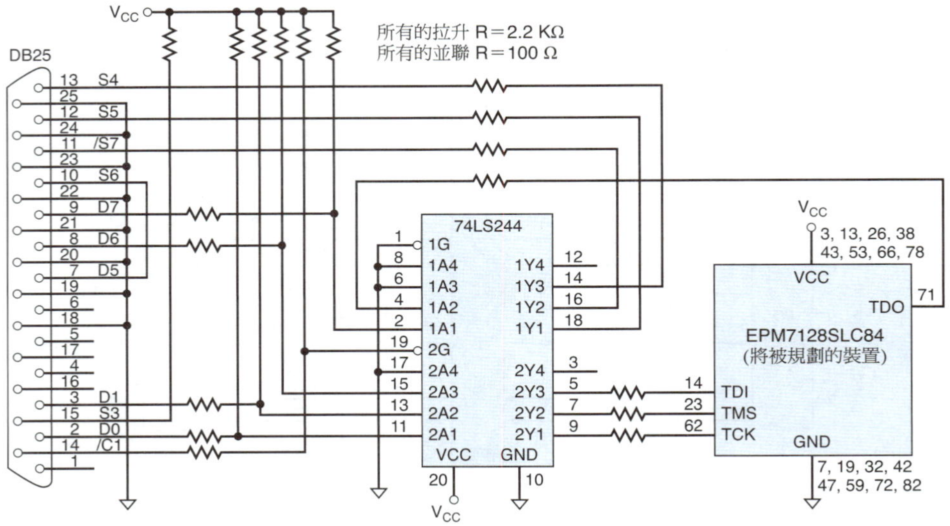

圖 10-9　PC 並聯埠與 EPM7128SLC84 之間的 JTAG 界面

系統內可規劃的 (in-system pragramm able, ISP) 裝置。ISP 特性利用了聯合測試功能群 (joint test action group, JTAG) 界面，它需要 4 隻特殊接腳專用作規劃界面，因此不可用於一般的使用者 I/O。目標 PLD 可藉由連接 JTAG 接腳到 PC 的並列埠 (透過驅動閘) 以於系統內作規劃，如圖 10-9 中所示。JTAG 信號稱為 TDI (測試資料輸入，test data in)、TDO (測試資料輸出，test data out)、TMS (測試模式選取，test mode select) 以及 TCK (測試時脈波，test clock)。這樣就使整個予 EPM7128SLC84 (一個 EPM7128S 於 84 隻接腳的 PLCC 封裝內) 的使用者 I/O 接腳降至 64 隻。但無論如何，如果 EPM7128SLC84 被規劃於 PLD 規劃器中而非系統內時，全部的 68 隻接腳即可用作使用者 I/O。於設計被編譯時，您必須指出裝置是否將使用到 JTAG 界面。於任何一個情況下，您都會看到某些巨胞將不會被直接連到使用者 I/O 接腳。這些巨胞可為編譯程式利用作內部的 (埋藏式) 邏輯。

I/O 控制方塊 (參閱圖 10-8) 則將每個 I/O 接腳組態作輸入、輸出／或雙向的操作。MAX7000S 族系中的所有 I/O 接腳都有一個三態輸出緩衝器，它們是 (1) 永久被激能或禁抑，(2) 由二個全域性輸出激能接腳之一所控制，或 (3) 由其他巨胞所產生的另外輸入或功能所控制。當 I/O 接腳組態成輸入時，相關的巨胞可用於埋藏式的邏輯。於系統內可規劃期間，I/O 接腳將被變成三態且於內部被拉升以消除電路板之衝突。

圖 10-10 指出了 MAX7000S 巨胞的方塊圖。每個巨胞可產生出組合式或暫

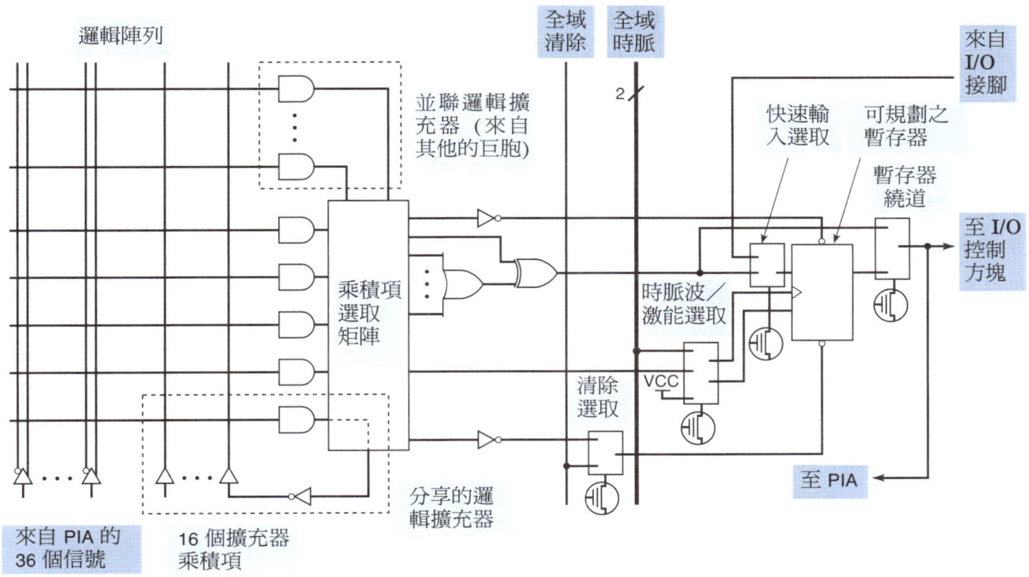

圖 10-10　MAX7000S 族系巨胞

存器式輸出。巨胞中所含有的暫存器 (FF) 將被繞過以產生出一個組合式輸出。可規劃的積和電路看似像極了 GAL 晶片中所見者。每個巨胞可產生五個乘積項。雖然這與稍早所討論之較簡易 GAL 晶片中所看到的還少，但這對大多數之邏輯功能而言是綽綽有餘的。如果需要更多的乘積項，編譯程式將自動地規劃一個巨胞以自相同的 LBA中三個相鄰之巨胞的每個借取多達五個乘積項。此並聯邏輯擴充器選項可提供總共 20 個乘積項。被借用的閘則不再為它們所借取的巨胞所使用。另一項每個 LAB 皆可用的擴充選項係稱為分享的邏輯擴充器。此一選項不再是加入更多的乘積項，而是改以產生一次共用的乘積項後再為 LAB 內部之多個巨胞所使用。每個巨胞只能有一個乘積項可依此方式來使用，但以每個 LAB 有 16 個巨胞來看，這樣即可構成 16 個可用的共用乘積項。編譯程式會自動的依據設計的邏輯需求將 LAB 內部可用的乘積項作最佳之配置。使用任何一種擴充器選項都會帶來些微之額外的傳遞延遲。

對於暫存器式功能而言，每個巨胞 FF 可個別的被規劃來製作 D、T、JK 或 SR 操作。每個可規劃的暫存器可用三種模式作時脈波式控制：(1) 使用全域性時脈波信號，(2) 當 FF 被激能時使用全域性時脈波信號，或者 (3) 使用由一個埋藏式巨胞或 (非全域性) 一隻輸入接腳所產生之陣列時脈波信號。於 EPM7128S 中，二個全域性時脈波接腳的任何一個 (GCLK1 或 GCLK2) 可被用來產生最快速的時脈波對 Q 之性能。每個時脈波邊緣皆可被規劃來觸發 FF。每個暫存器皆可被非同步的重置或者以高電位動作或低電位動作的乘積項來清除。每個暫存器也可使用低電位動作的全域性清除接腳 (GCLRn) 來清除。從 I/O 接腳繞過了 PIA 到暫存器的快速資料輸入路徑也可使用。於裝置中的所有暫存器將於電源接通時自動的被重置。

MAX7000S 裝置具有省電的選項以讓設計人員能規劃每個個別的巨胞成為高速 (turbo 位元啟動) 或低功率 (turbo 位元關閉) 操作。由於大多數之邏輯應用只需要全部閘的一小部分以操作於最高頻率，所以此一特性即可能省下不少的系統功率消耗。設計中以速度為關鍵的路徑可執行於最高的速度，然而其餘的信號路徑則以減低的功率來操作。

複習問題

1. 何謂巨胞？
2. 何謂 ISP 裝置？
3. 於 MAX7000S 裝置上 4 個僅作輸入的接腳提供了哪些特殊的控制功能？
4. 於 MAX7000S 裝置上將選用到之巨胞減速能獲致哪些系統優勢？

10-5 Altera MAX II 族系

CPLD 較新的 Altera MAX II 族系具有一種極不同的架構。此族系不再使用 MAX7000S 中可規劃 AND／固定式-OR 閘陣列，而是建立於尋查表 (LUT) 架構。尋查表是藉著儲存函數輸出結果於以 SRAM 為根基之記憶器中來產生邏輯函數。它基本上是運作如邏輯函數的真值表。SRAM 技術予 PLD 即可比以 EEPROM 為根基之裝置作更為快速的規劃，而且也獲致極高密度的儲存胞以用來規劃較大型的 PLD。為了獲致 MAX II 裝置看似“非易變性”規劃，對於某項設計應用的組態資訊，實際上是儲存在建構於晶片內的速掠記憶器中，也就是組態速掠記憶器 (CFM)。

我們且來審視尋查表的概念。LUT 為產生組合功能之可規劃邏輯方塊的一部分 (參閱圖 10-11)。此功能可用作邏輯方塊的輸出或可為暫存器式的 (由內部的 MUX 所控制)。尋查表本身係由一組儲存著吾人之函數所要之真值表的 FF 所構成的。LUT 通常是很小的，基本上是處理四個輸入變數，也因此我們的真值表將總共有 16 種組合。我們將需要一個 FF 來儲存 16 個函數值的每一個 (參閱圖

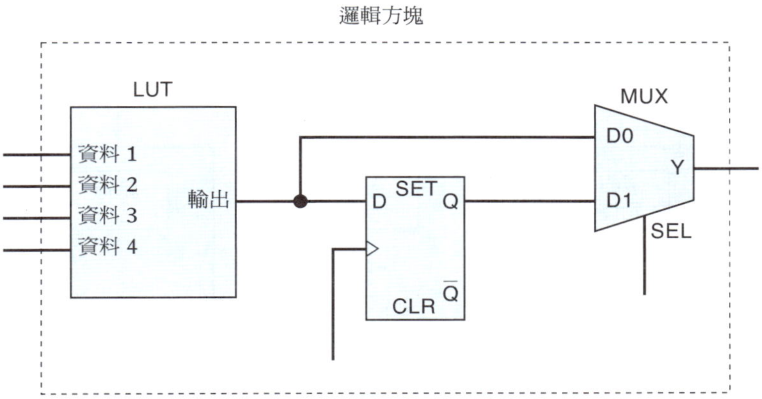

圖 10-11　使用 LUT 的簡化邏輯方塊圖

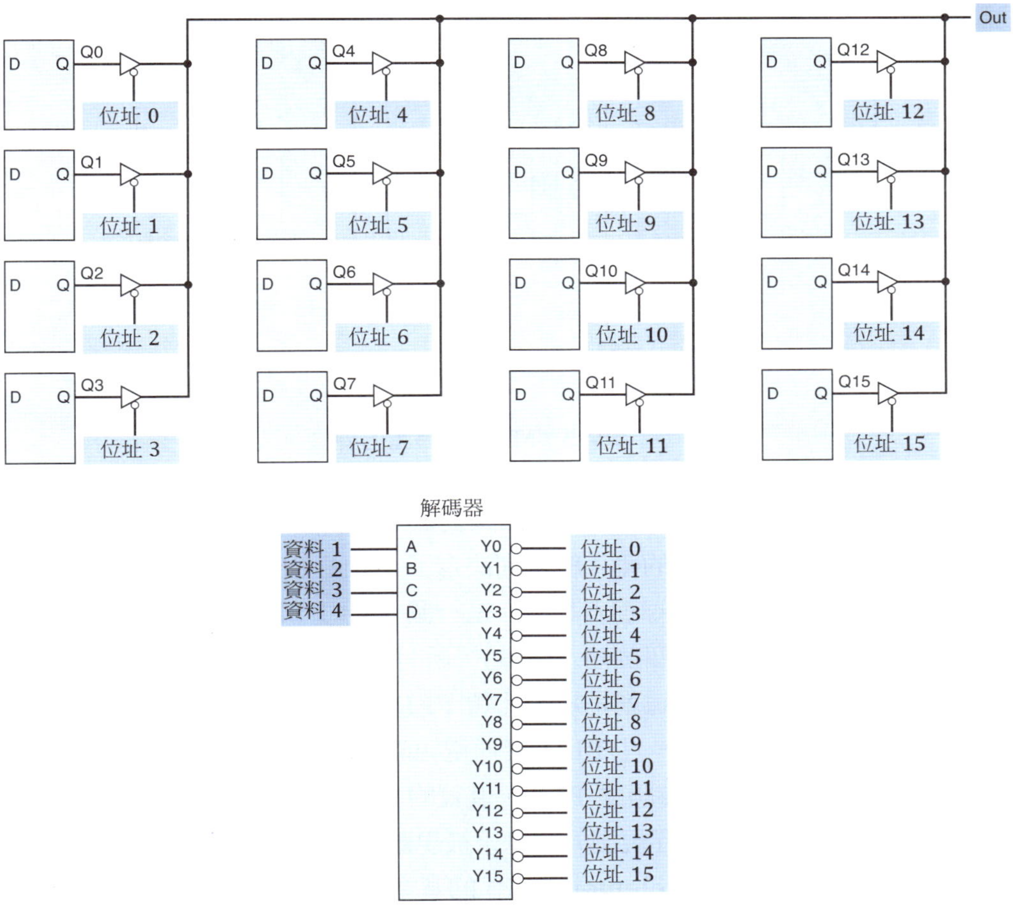

圖 10-12　LUT 的功能方塊圖

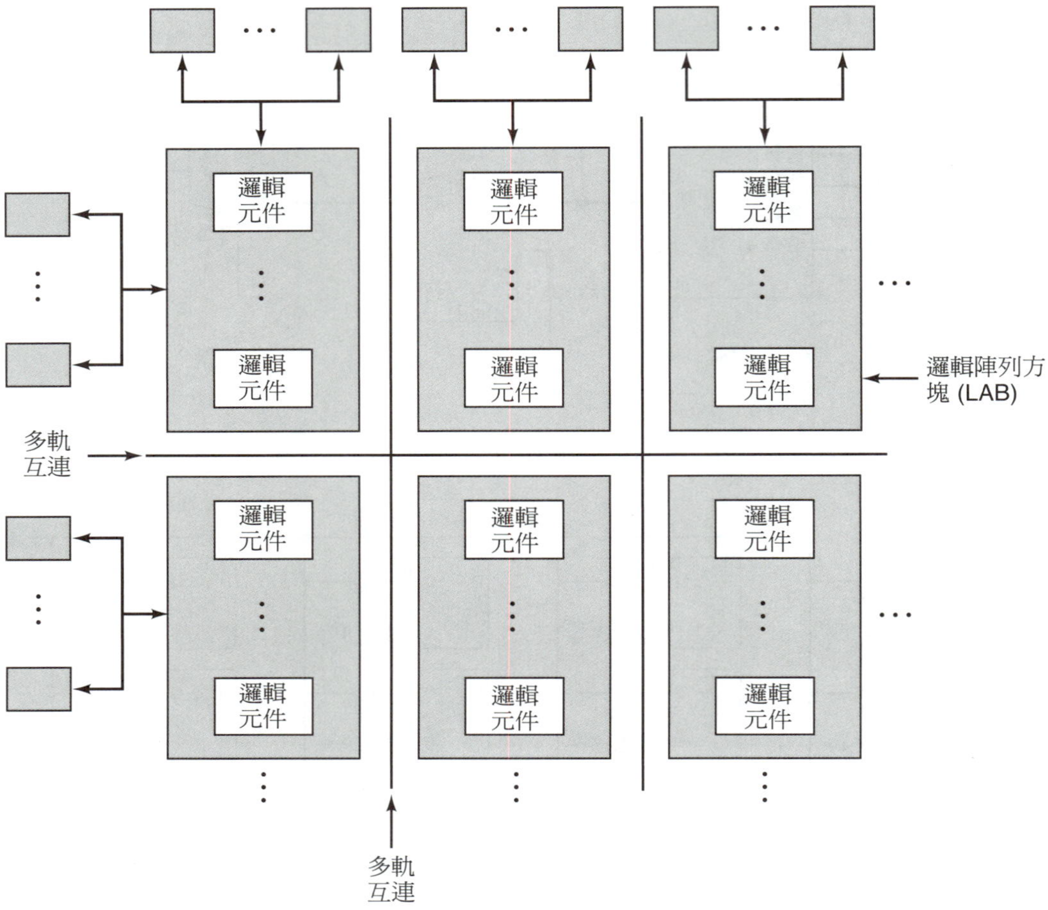

圖 10-13 MAX II 裝置方塊圖

10-12)。我們的範例 LUT 中多達四個輸入變數，將利用可規劃互連來連接到解碼器方塊上的資料輸入。送來的輸入組合則決定了 16 個 FF 的哪一個將被選取來經由三態緩衝器饋入到輸出。尋查表基本上是一個 16×1 SRAM 記憶器方塊。要產生出任何想要之函數 (多達四個輸入變數)，所有我們要做的事為儲存合適的 0 與 1 組合於 LUT 的 FF 中。這就是規劃此類 PLD 必然要做的。由於 FF 為易變性的 (它們是 SRAM)，因此一旦 PLD 接通電源時，我們必須以想要的函數饋入到 LUT 記憶器中。此過程稱為組態 PLD。裝置的其他部分則也是依相同的方式使用其他 SRAM 記憶器位元儲存規劃的訊息來被規劃。這是 MAX II 裝置中的邏輯方塊，稱之為**邏輯元素** (logic element, LE) 的基本規劃方法。

MAX II 架構具有一組由 10 個 LE 排列一起的所謂邏輯陣列方塊，LAB。LAB 是以列與行方式並且以信號互連系統，稱為多軌互連，所構成 (見圖 10-13)。

表 10-3　Altera MAX II 族系特性

特　性	EPM240	EPM570	EPM1270	EPM2210
邏輯元件	240	570	1270	2210
典型的等效巨胞	192	440	980	1700
最多的使用者 I/O 接腳個數	80	160	212	272

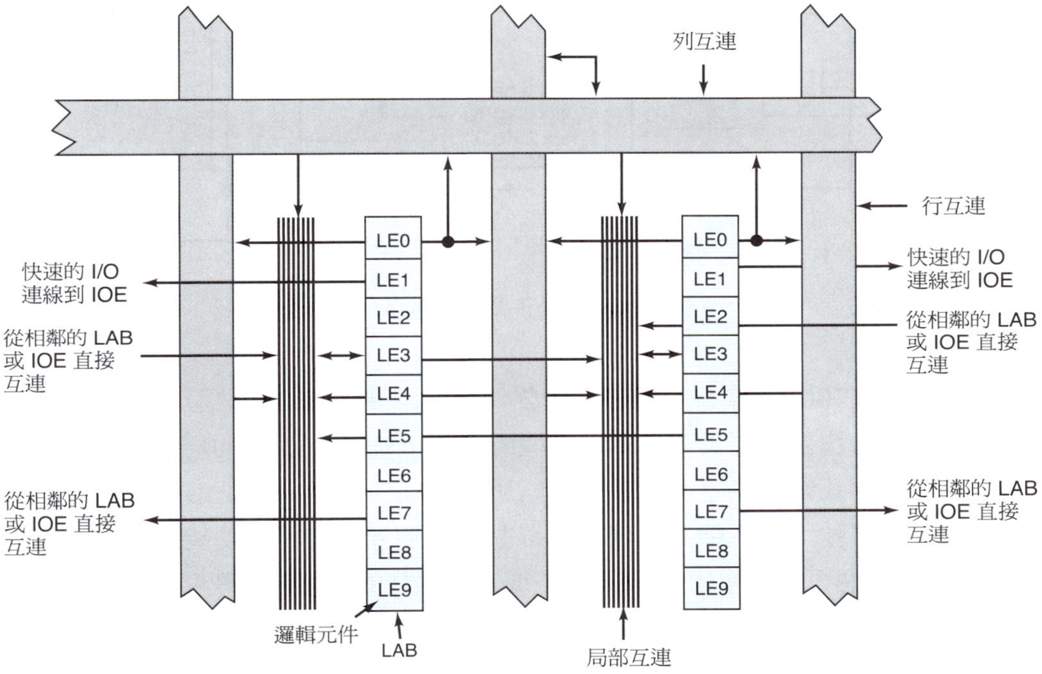

圖 10-14　MAX II LAB 結構

MAX II 裝置的 I/O 接腳是連接到擺放於晶片周邊的輸入／輸出元件 (IOE)。這些 IOE 則接著連接到每個列與行端點處的相鄰 LAB。所需的標準 I/O 特性則隨著裝置作配置時規劃於其中。MAX II 族系中的元件編號辨識了包含於裝置中的總數 (參閱表 10-3)。

除了將信號引導於任意 LAB 之間的列與行多軌互連 (Multi Track) 外，也有在相鄰 LAB 之間的直接互連 (Direct Link)。較快速的局部互連則傳送信號於單獨 LAB 內的 LE 之間 (參閱圖 10-14)，Qurtus II 軟體處理 LAB 內部或者 LAB 之間的邏輯布置以及 LAB 內部或者 LAB 之間的信號流向以獲致最佳性能與面積效率。

MAX II 裝置中最小邏輯單位，LE，方塊圖如圖 10-15 中所示。此邏輯元件

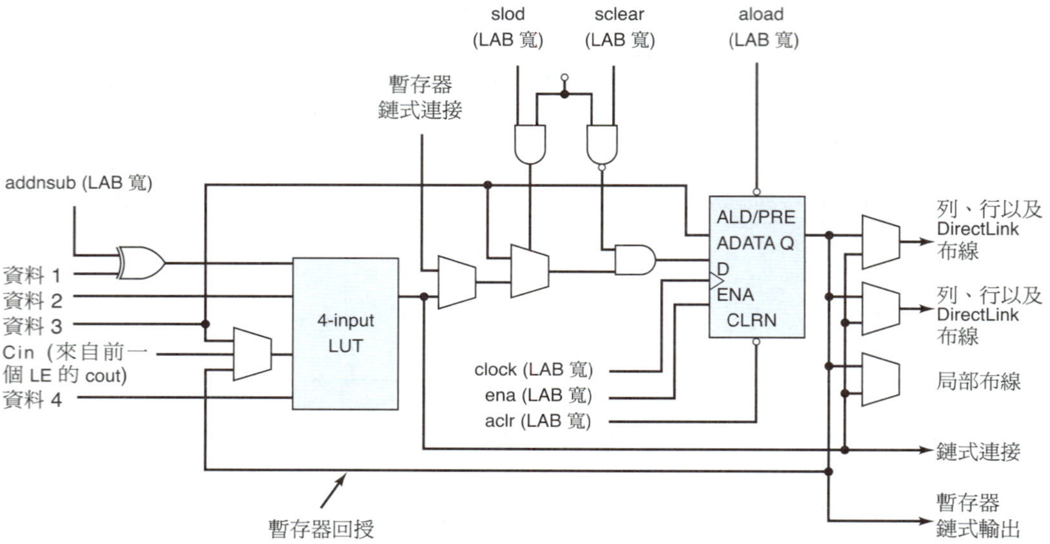

圖 10-15 於正常模式的 MAX II LE

設計是比 MAX7000S 族系有顯著的加強。它能讓諸如加法器／減法器以及移位暫存器的標準方塊製作更具效率。此方塊圖實際上是表示 LE 的組態是在所謂的“正常模式”。正常模式是使用於一般的應用與組合功能。於正常模式時，LAB 局部互連提供了輸入到四輸入的 LUT 以製作四個變數的任意功能。此外，每個 LE 皆包含了一個可被組態成 D、T、JK 或 OR 操作的可規劃的暫存器 (正反器)。對於組合功能而言，LUT 輸出將繞過暫存器並且直接驅動到 LE 輸出。暫存器的緊密包裝特性能讓裝置使用暫存器與 LUT 於不相關的功能以增強裝置的有效利用。位於相同 LAB 內的暫存器能使用暫存器鏈式連接來構成移位暫存器。LAB 寬的信號提供了時脈、非同步清除、非同步預置／載入、同步清除、同步載入以及時脈激能控制予暫存器使用。備用的 LE 組態模式為動態算術模式，它是用來製作諸如加法器、計數器、累積器以及比較器等的電路。

MAX II 裝置具有四個專門用來驅動內部全域性時脈網絡的時脈接腳 (GCLK[3..0])。這四個接腳也可用於全域的控制信號，諸如時脈激能、同步或非同步清除、預置、輸出激能，或者如果它們未用於驅動全域時脈網路時充當作通用 I/O。

每個 MAX II 裝置包含了一個速掠記憶器方塊。此速掠記憶器儲存的大部分是專用組態速掠記憶器方塊，用來提供作所有 SRAM 組態資訊的非易變性儲存。CFM 將於電源開啟時自動的載入並且組態邏輯與 I/O，因此提供了幾乎是瞬間的運作。速掠記憶器的其餘部分稱為使用者速掠記憶器 (UFM) 方塊，共提供了

8192 個位元的通用使用者儲存。UFM 具有針對讀取與寫入資料用途的可規劃埠連結到邏輯陣列。

複習問題

1. 何謂尋查表？
2. SRAM 規劃技術有何優於 EEPROM 者？
3. SRAM 規劃技術與 EEPROM 相比較時有何缺點？

10-6　Altera Cyclone 族系

HCPLD 裝置新的族系仍持續的開發出來。這些新族系的架構提供了在邏輯與信號路線資源、密度 (更多的邏輯元件數)、使用者可用的 I/O 接腳數、更快速以及低價格等加強的各種不同組合。譬如，Altera 設計出了四種 (如本文中寫到) 稱為 Cyclone 系列 (Cyclone、Cyclone II、Cyclone III 以及 Cyclone IV) 的低價位 FPGA 族系。Altera 每種新推出的 Cyclone FPGA 族系都能帶給設計人員更強的整合、更佳的性能、較少的功耗以及更低的價位。許多的教學 (以及工業) 發展電路板都已使用 Cyclone 裝置來設計，包括哪些在許多教學機構廣受歡迎的 Terasic Technologies 公司的 DE0、DE1 以及 DE2 電路板。Cyclone FPGA 具備了與其他使用多重 I/O 標準的數位電路界面的能力，但它們並不支援 5 V 的 I/O。

Cyclone 系列 FPGA 的基本架構類似於 MAX II 族系的結構。於 Cyclone 裝置中，邏輯功能是製作在含有四個輸入，基於 SRAM 的 LUT (尋查表)，與可規劃暫存器 (正反器) 的 LE (邏輯元件) 中。LE 以 LAB 作群組而且信號布線資源包括了 MultiTrack、DirectLink 以及局部連線。不像 MAX II 族系，Cyclone 裝置為非易變性且必須電源開啟時即作組態。Cyclone 裝置則可由外部的控制器 (諸如非易變性 PLD 或微處理器)、組態記憶器裝置或者來自 PC 的載入電纜來作規劃。

除了逐步地提供更高階之設計整合所需的邏輯元件外，Cyclone II、III 以及 IV 族系，每種都具備了包含有 16 個 LE 的 LAB，它的設計增進是採用了較多的暫存器來加強應用時的速度。Cyclone 系列裝置的幾種比較於表 10-4 至 10-7 中。Cyclone 系列中的裝置選用提供予設計人員近 3,000 個到幾乎 150,000 個 LE。

Cyclone FPGA 包含有能組態成雙埠或單埠記憶器之嵌入式 RAM 記憶器區塊字元寬達 36 個位元。此種多樣化嵌入式記憶器可用來支援哪些以 Cyclone 晶

表 10-4 Altera Cyclone II 系列裝置特性

特　性	Cyclone II						
	EP2C5	EP2C8	EP2C15	EP2C20	EP2C35	EP2C50	EP2C70
LE 數	4,608	8,256	14,448	18,752	33,216	50,528	68,416
M4K RAM 區塊數	26	36	52	52	105	129	250
總 RAM 位元數	119,808	165,888	239,616	239,616	483,840	594,432	1,152,000
嵌入乘法器個數	13	18	26	26	35	86	150
PLL 數	2	2	4	4	4	4	4
最多的 I/O 接腳數	158	182	315	315	475	450	622

片來製作的設計應用之 RAM 記憶器需求。Cyclone 與 Cyclone II 裝置包含了 13 個到 250 個 4K 個位元 RAM 的區塊 (加上 512 個位元作同位用)，而 Cyclone III 裝置則擁有多達 432 個 8K 個位元 RAM 的區塊 (因它們包含了額外的 1K 個位元作同位用而標記為 M9K RAM)。Cyclone IV 裝置則具有多達 720 個區塊的 M9K RAM。

Cyclone 系列擁有裝置是具備了 4-16 個專用時脈接腳可加以利用。這些時脈接腳即可用來驅動內部的全域性時脈網路以提供時脈信號予所有的 I/O 元件，LE，記憶器區塊以及其他的晶片資源。其他的控制信號，諸如時脈激能與清除，也可利用全域性時脈網路。內部的鎖相迴路 (plase-lock loop, PLL) 則提供作時脈頻率之乘除、時脈信號相移，以及時脈工作週期規劃。

Cyclone II、Cyclone III 以及 IV FPGA 則擁有結合了可規劃邏輯裝置彈性的嵌入式乘法器方塊，可在諸如數位電視與家庭娛樂系統之計較成本的應用場合提供簡易且效率的各種 DSP 功能製作。其中有個嵌入式乘法器被組態成一個 18×18 乘法器以處理 10-18 位元的輸入寬度或者是二個 9×9 獨立的乘法器作為寬度達 9 個位元的輸入所使用。Quartus II 軟體自動的串聯多個嵌入式乘法器方塊在一起以作為多於 18×18 個位元之乘法器所使用。其中一種能在設計時易於製作乘法器的方法是利用巨函數 lpm_mult。

結　論

1. 可規劃邏輯裝置 (PLD) 已成為數位系統未來的重要技術。
2. PLD 可減少元件庫存，簡化原型電路，縮短發展週期，減少產品的尺寸與功率需求，並允許電路的硬體容易更新。

表 10-5　Altera Cyclone III 系列裝置特性

特　性	Cyclone III							
	EP3C5	EP3C10	EP3C16	EP3C25	EP3C40	EP3C55	EP3C80	EP3C120
LE 數	5,136	10,320	15,408	24,624	39,600	55,856	81,264	119,088
M9K RAM 區塊數	46	46	56	66	126	260	305	432
總 RAM 位元數	414	414	504	594	1,134	2,340	2,745	3,888
嵌入乘法器個數	23	23	56	66	126	156	244	288
PLL 數	2	2	4	4	4	4	4	4
最多的 I/O 接腳數	182	182	346	215	535	377	429	531

表 10-6　Altera Cyclone IV GX 族系

特　性	Cyclone IV GX Family						
	EP4C GX15	EP4C GX22	EP4C GX30	EP4C GX50	EP4C GX75	EP4C GX110	EP4C GX150
LE 數	14,400	21,280	29,440	48,888	73,920	109,424	149,760
M9K RAM 區塊數	60	84	120	278	462	610	720
總 RAM (位元數)	540	756	1,080	2,502	4,158	5,490	6,480
嵌入乘法器個數	0	40	80	140	198	280	360
PLL 數	3	4	4	8	8	8	8
最多的 I/O 接腳數	72	150	290	310	310	475	475

表 10-7　Altera IV E 族系

特　性	Cyclone IV E Family							
	EP4C E6	EP4C E10	EP4C E15	EP4C E30	EP4C E40	EP4C E55	EP4C E75	EP4C E115
LE 數	6,272	10,320	15,208	28,848	39,600	55,856	75,408	114,480
M9K RAM 區塊數	30	46	56	66	126	260	305	432
總 RAM (位元數)	270	414	504	594	1,134	2,340	2,745	3,888
嵌入乘法器個數	15	23	56	66	116	154	200	266
PLL 數	2	2	4	4	4	4	4	4
最多的 I/O 接腳數	182	182	346	535	535	377	429	531

3. 主要的數位系統類別有標準邏輯、特定應用積體電路 (ASIC) 以及微型處理器／數位信號處理 (DSP) 裝置。
4. ASIC 裝置可能為可規劃的邏輯裝置 (PLD)、閘陣列、標準胞或全客製式裝置。
5. PLD 為開發時最便宜的 ASIC 類型。
6. 簡易的 PLD (SPLD) 包含有相當於 600 或更少個數的閘，且以熔絲、EPROM 或 EEPROM 技術作規劃。
7. 高容量 PLD (HCPLD) 有二個主要的架構類別：複合式可規劃邏輯裝置 (CPLD) 以及場可規劃的閘陣列 (FPGA)。
8. 最常用的 CPLD 規劃技術乃為 EEPROM 以及速掠記憶器，二者皆是非易變性的。
9. 最常用的 FPGA 規劃技術為 SRAM，它是易變性的。
10. Altera 的 CPLD 之 MAX7000S 族系為非易變性且是系統內可規劃的 (ISP)。
11. 由於 SRAM 規劃技術是易變性的，因此電源開啟時必須重新組態；但它卻能提供極高密度的儲存胞以用來規劃較大的 PLD。
12. Altera 的 CPLD 之 MAX II 族系使用了晶片上的速掠記憶器，使得電源開啟時能自動的組態裝置。
13. Altera 的 Cyclone 系列 FPGA。

重要辭彙

標準邏輯 (standard logic)
微型處理器 (microprocessor)
數位信號處理 (digital signal processing, DSP)
特定應用積體電路 (application-specific integrated circuit, ASIC)
可規劃邏輯裝置 (programmable logic device, PLD)
閘陣列 (gate array)
標準胞 ASIC (standard-cell ASIC)
全客製式 ASIC (full-custom ASIC)
簡易式可規劃邏輯裝置 (simple programmable logic device, SPLD)
複合式可規劃邏輯裝置 (complex programmable logic device, CPLD)
場可規劃閘陣列 (field programmable gate array, FPGA)
高容量可規劃邏輯裝置 (high-capacity programmable logic device, HCPLD)
一次可規劃 (one-time programmable, OTP)
可規劃陣列邏輯 (programmable array logic, PAL)
巨胞 (macrocell)
尋查表 (look-up table, LUT)
智慧財產 (intellectual property, IP)
邏輯陣列方塊 (logic array block, LAB)
可規劃互連陣列 (programmable interconnect array, PIA)
系統內可規劃的 (in-system programmable, ISP)
邏輯元素 (logic element, LE)

習 題

10-1 節

10-1 試說明下列每個主要數位系統的類別：
- (a) 標準邏輯
- (b) ASIC
- (c) 微型處理器／DSP

10-2* 說出三個於作設計工程決策時通常要考慮到的因素。

10-3 為何微型處理器／DSP 系統稱為某個設計的軟體解決方案？

10-4* 硬體設計解決方案勝於軟體者的主要優點為何？

10-5 試說明下列四種 ASIC 次類別的每一種：
- (a) PLD
- (b) 閘陣列
- (c) 標準胞
- (d) 全客製式

10-6* 全客製式 ASIC 的主要優缺點為何？

10-7 說出六種 PLD 規劃技術的名稱。哪一種是一次可規劃式的？哪一種是易變性的？

10-8* 為何以 SRAM 為根基之 PLD 的規劃不同於其他規劃技術者？

10-4 節

10-9 試說明下列每個於 Altera MAX7000S 族系中所看到之架構的功用：
- (a) LAB
- (b) PIA
- (c) 巨胞

10-10* 有哪二種方式可用來規劃 MAX7000S 族系裝置？

10-11 於 MAX7000S 族系中哪種標準的裝置界面是用於系統內規劃的？

10-12* MAX7000S 族系使用哪一種規劃技術？

10-5 節

10-13 區別 MAX7000S 與 MAX II 族系中用來產生組合功能之邏輯方塊結構之不同處。

10-14 MAX II 族系的 LE 中是使用哪一種類型的規劃技術？

10-15 MAX II CPLD 於應用時如何於電源開啟時完成“即時啟動”？

10-6 節

10-16 MAX II 或 Cyclone 裝置哪一個具備較高層次的整合性？

10-17 Cyclone 裝置是易變性或非易變性？

10-18* 組態 Cyclone FPGA 有哪三種選擇作法？

---

* 標示星號之習題的解答請參閱本書後面。

10-19 哪一種類型的記憶器是嵌入在 Cyclone 晶片中？

10-20 Cyclone FPGA 中是何種內建的特性提供了時脈頻率的乘除功能？

每節複習問題解答

10-1 節

1. 標準邏輯、ASIC、微型處理器。 **2.** 速度。 **3.** 特定應用積體電路。

4. 可規劃邏輯裝置、閘陣列、標準胞、全客製式。 **5.** 高容量可規劃邏輯裝置。

6. (1) 邏輯方塊：可規劃的 AND／固接式-OR 的 CPLD 相對於尋查表 FPGA。
(2) 信號路徑規劃資源：規則的 CPLD 相對於多變的 FPGA。

7. 易變性係指 PLD (或記憶裝置) 於電源關閉時將失去訊息。

10-2 節

1. 一個含有許多閘數的 IC，它的連線可由使用者來修改以執行某一特定的功能。

2. $O_1 = A$ **3.** 完整的熔絲。 **4.** 固定式連接。

10-3 節

2. 固定連線的 OR；可規劃的 AND。

3. 固定連線的 AND；可規劃的 OR。

4. $O_1 = AB\overline{C}\,\overline{D} + \overline{A}\,\overline{B}CD + \overline{A}BCD = AB\overline{C}\,\overline{D} + \overline{A}CD$

5. 可擦去且可重新規劃；有 OLMC。

10-4 節

1. 巨胞為 MAX7000S CPLD 中的可規劃的邏輯方塊，由可規劃 AND/OR 電路與可規劃暫存器 (FF) 所組成。

2. IPS PLD 裝置為系統內可規劃的，此係表示當它連接於電路中時可被規劃。

3. 全域性時脈波、三態輸出激能、非同步清除。

4. 電源消耗可由降低巨胞之速度來減少。

10-5 節

1. 尋查表基本上為一個 16 字元乘上 1 位元的 SRAM 陣列，用來儲存某一簡易邏輯功能想要的輸出邏輯準位。

2. SRAM 比 EEPROM 規劃時較為快速，且具有較高之邏輯胞密度。

3. SRAM 為易變性的，且必須於裝置電源接通時重新組態。

重要辭彙

Access Time　存取時間　於讀出操作時，記憶器接收到新的輸入位址與輸出資料變成可用之間的時間。

Accumulator　累積器　算術／邏輯單元 (ALU) 的主要暫存器。

Acquisition Time　擷取時間　取樣與持住電路抓取到出現於其輸入端上類比值所需的時間。

Active-HIGH (LOW) Decoder　高 (低) 電位動作的解碼器　當偵測發生時於輸出端產生邏輯高電位 (低電位) 的解碼器。

Active Logic Level　動作邏輯準位　電路被視為動作的邏輯準位。如果電路的符號包含一個小圈，電路為低電位動作的。相反的，如果沒有小圈，則電路是高電位動作的。

Addend　加數　要被加到另一數上的數值。

Adder/Subtractor　加法器／減法器　為能藉著將另一個運算元取補數 (取負值) 來做簡算的加法器電路。

Address　位址　唯一辨識記憶器中一個字元位置的數值。

Address Bus　位址匯流排　從 CPU 攜帶位址碼到記憶器與 I/O 裝置的單向信號線。

Address Multiplexing　位址多工制　動態 RAM 中所用到的多工，將整個位址的二個半部分閂鎖入 IC 中以節省 IC 接腳。

Alphanumeric Codes　文數碼　表示數字、字母、打孔標記及特殊字元的碼。

Altera Hardware Description Language (AHDL)　Altera 硬體描述語言 Altera 公司為規劃它們自有的可規劃邏輯裝置所發展出的一個私有的 HDL。

Alternate Logic Symbol　互換邏輯符號 指出輸入與輸出動作準位的邏輯等效符號。

Amplitude　振幅 時變週期波形的高度。

Analog Representation　類比表示法 於某一連續數值範圍內變化數量的表示。

Analog System　類比系統 設計來處理以類比形式表示物理量的裝置組合。

Analog-to-Digital Converter (ADC)　類比至數位轉換器 將類比輸入轉換成對應數位輸出的電路。

& 若使用於 IEEE/ANSI 符號內部時，用以表示 AND 閘或 AND 功能。

AND Gate　AND 閘 製作 AND 運算的數位電路。只當其全部輸入為高電位時，此電路的輸出才為高電位 (邏輯準位 1)。

AND Operation　AND 運算 布爾代數運算中的符號，係為指出二個或更多個邏輯變數的 AND。AND運算的結果僅於所有的變數皆為高電位時才會為高電位 (邏輯準位 1)。

Application-Specific Integrated Circuit (ASIC)　特定應用積體電路 已被特定設計用來滿足某一應用的需求。次類則包括了 PLD、閘陣列、標準胞以及全客製式 IC。

ARCHITECTURE VHDL 中的關鍵字，用來開始定義電路方塊操作的程式方塊。

Arithmetic-Logic Unit (ALU)　算術邏輯單元 用於計算機中執行各種算術及邏輯運算的數位電路。

ASCII Code (American Standard Code for Information Interchange)　美國標準資訊交換碼 大多數計算機製造商所使用的七位元文數碼。

Asserted　聲明 用以描述邏輯信號狀態的名詞；同義於動作的 (active)。

Astable Multivibrator　不穩態多諧振盪器 介於兩個不穩定輸出狀態間振盪的數位電路。

Asynchronous Counter　非同步計數器 計數器的一種形式，其中每個正反器輸出在整個鏈中係充當時脈輸入信號。

Asynchronous Inputs　非同步輸入 能影響正反器操作卻與同步及時脈輸入無關的正反器輸入。

Asynchronous Transfer　非同步傳送 無需時脈輔助即能執行的資料傳送。

Augend　被加數 加數將被加上的數值。

Auxiliary Memory　輔助記憶器 與計算機內部工作記憶器分開的計算機記憶器的部分。通常具有高密度及高容量，如磁碟。

BCD Counter　BCD 計數器 某種二

進計數器，當它未重循環之前將從 0000_2 計數到 1001_2。

BCD-to-Decimal Decoder BCD 至十進數解碼器 將 BCD 輸入換算成單獨一個十進輸出等效值的解碼器。

BCD-to-7-Segment Decoder/Driver BCD至 7 節解碼器／驅動器 取一個四位元 BCD 作為輸入，並激發所要的輸出以顯示等效十進位數於 7 節顯示器的數位電路。

Behavioral Level Abstraction 抽象行為層次 專注於描述電路如何對其輸入作響應的技術。

Bidirectional Data Line 雙向資料線 當資料線視激能輸入的狀態來運作成輸入或輸出時所用到的名詞。

Bilateral Switch 雙向開關 充當作由輸入邏輯準位所控制單刀單擲開關 (SPST) 的 CMOS 電路。

Binary-Coded-Decimal Code (BCD Code) 二進碼的十進數碼 (BCD 碼) 以四個位元的二進等效值表示其每個十進位數的四位元碼。

Binary Counter 二進計數器 一群正反器以特殊的安排連接在一起，其中正反器狀態代表二進數等效於已經發生在計數器輸入端處的時脈數。

Binary Digit 二進數位 即位元。

Binary Point 二進小數點 將二進數整數與小數點部分分開的標誌。

Binary Wumber System 二進制數字系統 一種數目系統，其中只有二個可能的數位值，0 與 1。

Bipolar IC 雙極 IC 為積體數位電路，其中 NPN 與 PNP 電晶體為主要的電路元件。

BIT 於 VHDL 中，表示單獨一個二進位數 (bit) 的資料物件類型。

Bit Array 位元陣列 藉由賦予其名稱並指定元素編號予每個位元位置來表示一群位元的方式。此種相同的結構有時稱為位元向量。

BIT_VECTOR 於 VHDL 中，表示位元陣列的資料物件類型。亦參閱 Bit Array。

Boolean Algebra 布爾代數 於設計及分析數位系統時用作工具的代數程序。於布爾代數中只有二個可能的值，0 與 1。

Boolean Theorems 布爾定理 可應用到布爾代數上以簡化邏輯表示的規則。

Bootstrap Program 靴帶程式 儲存於 ROM 中，當電源啟動時為計算機所執行的程式。

Bubbles 小圈 位於邏輯電路符號輸入或輸出線上的小圈，用以表示某特殊信號的反相。若出現小圈，則言輸入或輸出是低電位動作。

Buffer/Driver 緩衝器／驅動器 設計成比正常邏輯電路擁有較大輸出電流及／或電壓能力的電路。

Buffer Register 緩衝暫存器 暫時保存數位資料的暫存器。

Buried Node 隱藏式節點 電路中一個明訂的點，它無法從彼電路外部來取得使用。

Bus 匯流排 攜帶相關訊息位元的一群接線。

Bus Contention 匯流排競爭 二個或多個動作裝置同時被置於相同匯流排線上的情況。

Bus Drivers 匯流排驅動器 將連接到某一共同匯流排上的裝置輸出緩衝電路；使用於為數很多的裝置共用一個共同匯流排時。

Byte 位元組 八個位元的字元。

Cache Memory 快取記憶器 為一種高速的記憶系統，它可由較低速的 DRAM 載入，但由高速的 CPU 快速取出。

Capacity 容量 於一個記憶器中儲存空間的大小，以位元個數或字元個數來表示。

Carry 進位 二個數目相加時，若結果大於所使用數字系統的基數時所產生的數位或位元。

Carry Propagation 進位傳遞 用以防止進位位元 (Cout) 及加法的結果同時出現於輸出端上的某並聯加法器的實際電路延遲。

Carry Ripple 進位漣波 見 Carry Propagation。

CAS (Column Address Strobe) 行位址選通 用來將行位址閂鎖到 DRAM 的信號。

CAS-before-RAS CAS 先於 RAS 將含有內建回復計數器 DRAM 回復的方法。當 *CAS* 輸入於 *RAS* 被時脈成低電位，內部的回復操作將在晶片上回復計數器所給定的列位址處執行。

Cascading 串接 邏輯電路以串聯的方式連接在一起，其中某一電路的輸出驅動下一個電路的輸入，依此類推。

CASE 為一種根據資料物件值來描述電路操作時自多個選項擇一的控制結構。

Central Processing Unit (CPU) 中央處理單元 計算機的一部分，由算術／邏輯單元 (ALU) 與控制單元所組成。

Checksum 核對和 儲存在最後一個 ROM 位置中的特殊資料字元。它是由所有其他儲存於 ROM 中的資料字元相加所得，且用作錯誤檢查。

Chip Select 晶片選擇 數位裝置的輸入用以控制是否裝置將執行其功能，亦稱晶片激能 (chip enable)。

Circuit Excitation Table 電路激能表 指出電路的可能 PRESENT 到 NEXT 狀態變換以及在每個正反器處所需的 J 與 K 準位。

Circular Buffer 圓形緩衝器 為一種記憶系統，它始終是含有著最近 n 個已被寫入的數值。一旦有新的資料被存入時，它將覆寫過緩衝器中最舊的數值。

Circulating Shift Register 循環移位暫存器 移位暫存器中，最後一個正反器的其中一個輸出連接到第一個正反器的輸入端。

CLEAR 非同步 FF 輸入，為立即使 $Q=0$。

Clear State **清除狀態** 正反器 $Q=0$ 狀態。

Clock **時脈** 長方形脈波串或方波形式的數位信號。

Clock Skew **時脈不對稱** 傳遞延遲時間的不同，使時脈信號到達各 FF 的 CLK 輸入時間亦有所不同。

Clock Transition Times **時脈變換時間** 某特定 IC 所使用時脈信號變換的最短上升及下降時間，由 IC 製造商所規定。

Clocked D Flip-Flop **時脈式 D 正反器** 正反器的一種形式，其中的 D (資料) 輸入為同步輸入。

Clocked Flip-Flop **時脈式正反器** 具有時脈輸入的正反器。

Clocked J-K Flip-Flop **時脈式 J-K 正反器** 正反器的一種形式，其中的輸入 J 與 K 為同步輸入。

Clocked S-R Flip-Flop **時脈式 S-R 正反器** 正反器的一種形式，其中的輸入 SET 和 RESET 為同步輸入。

CMOS (Complementary Metal-Oxide-Semiconductor) **互補金氧半導體** 以 MOSFET 作為主要電路元件的積體電路技術。此邏輯族系屬單極數位 IC 的範疇。

Combinational Logic Circuits **組合邏輯電路** 由邏輯閘組合所構成的電路，輸出到輸入沒有回授。

Comment **註解** 加到任何 HDL 設計檔案中的文字，以於程式中作一般性或個別性的說明程式之目的與運作。

Common Anode **共陽極** 將所有的段 LED 陽極接在一起的 LED 顯示器。

Common Cathode **共陰極** 將所有的段 LED 陰極接在一起的 LED 顯示器。

Common-Control Block **共控制方塊** IEEE/ANSI 標準用來描述當一個或多個輸入於一只 IC 內共同於一個以上電路的符號。

Compiler **編譯程式** 為一則程式，能將一則以高階語言寫成的文字檔案轉譯成能被載入到如 PLD 之可規劃裝置或計算機記憶器中的二進制檔案。

Complement **互補** 見 Invert。

Complex PLD (CPLD) **複合式的 PLD** 含有可連接一起之 PAL 形式方塊陣列的 PLD 等級。

COMPONENT 用於設計檔案最上方的 VHDL 關鍵字，以提供關於庫存元件的訊息。

Computer Word **計算機字組** 一群二進位元，構成了計算機中的主要資訊單元。

Concatenate **串連** 為一個用來描述將二個或更多個資料物件安排或鏈結成有序集合的名稱。

Concurrent **共點的** 同時發生的事件(於同一時刻)。於 HDL 中，由共點敘述所產生的電路不受程式中敘述的次序影響。

Concurrent Assignment Statement 共

點指定敘述　為 AHDL 或 VHDL 中的敘述，用來描述一個與其他同樣以共點敘述描述之電路一起工作的電路。

Conditional Signal Assignment　條件式信號指定　為一個 VHDL 共點結構，用來依序的估算一系列之條件以求出合適的值來指定予某個信號。第一個被估算為真的條件決定了被指定的值。

Constants　常數　可用來表示固定數值 (數量) 的符號名稱。

Contact Bounce　碰觸彈跳　機械開關被強迫到新位置時，將產生振動的特性。振動的結果會使電路反覆的接觸與分開一直到振動消失為止。

Contention　競爭　二個 (或以上) 連接在一起的輸出信號試圖驅動一共同點成不同的電壓準位。見 Bus Contention。

Control Bus　控制匯流排　一組信號線，用來同步 CPU 與分開 μC 元件的活動。

Control Input　控制輸入　與動作時脈變換同步的輸入信號，用以決定正反器的輸出狀態。

Control Unit　控制單元　為計算機的一部分，提供程式指令的解碼以及這些指令執行的必要時序及控制信號。

Counter　計數器　由正反器所組成的序向邏輯電路，經由時脈控制而經過一序列的狀態。

Count Enable　計數激能　同步計數器上的輸入，用來控制輸出是否要對動作的時脈變換加以響應或忽視之。

Crystal-Controlled Clock Generator　石英控制式時脈產生器　使用石英產生精確頻率時脈信號的電路。

D Flip-Flop　D 正反器　見 Clocked D Flip-Flop。

D Latch　D 閂鎖　含有一個 NAND 閘閂鎖及二個操縱 NAND 閘。

Data　資料　數位系統中數值或非數值的二進制表示。資料則為計算機程式使用且經常被修改。

Data Acquisition　資料採集　計算機擷取數位化類比資料的程序。

Data Bus　資料匯流排　攜帶資料於 CPU 和記憶器之間，或於 CPU 和 I/O 裝置間的雙向信號線。

Data Distributors　資料分配器　見 Demultiplexer。

Data-Rate Buffer　資料速率緩衝器　FIFO 的一種應用，它可允許順序資料以兩種不同的速率讀出與寫入 FIFO。

Data Selectors　資料選擇器　見 Multiplexer。

Data Transfer　資料傳送　見並聯資料傳送或串聯資料傳送。

Decade Counter　十進計數器　任何能行經十種不同邏輯狀態的計數器。

Decimal System　十進制系統　使用十種不同數位或符號表示數量的數系。

Decision Control Structures　決策控制結構　描述如何自程式中，二或多個選項中擇一。

Decoder 解碼器 將輸入二進碼換算成對應的單獨數值輸出的數位電路。

Decoding 解碼 識別某一特定二進制組合 (碼) 以顯示出其值或確認其存在的行為。

DEFAULTS 為 AHDL 關鍵字，於程式尚未明確的指定一數值的情況時，用來建立一個預設值予組合式信號。

DeMorgan's Theorems 笛摩根定理 (1) 敘述和 (OR 運算) 的補數等於補數的乘積 (AND 運算) 的定理，及 (2) 敘述乘積 (AND 運算) 的補數等於補數的和 (OR 運算)。

Demultiplexer (DEMUX) 解多工器 為邏輯電路，它將視選取輸入的狀態將其資料輸入導引到多個資料輸出的其中一個上。

Density 密度 儲存位元於已知空間容量中的相對容量量度。

Dependency Notation 從屬表示 以符號式來表示邏輯電路輸入與輸出之間關係的方法。此法係使用安置於接近符號元件頂部中央或幾何中心的識別符號。

Digital Computer 數位計算機 能執行算術及邏輯運算、處理資料及作決策的硬體系統。

Digital Integrated Circuits 數位積體電路 自含的數位電路，係由多種積體電路製造技術的其中一種所產生。

Digital One-Shot 數位式單擊 為使用計數器與時脈波而非 RC 電路作為時基的單擊。

Digital Representation 數位表示法 於某範圍值內以間斷步級值變化的數量表示。

Digital Signal Processing (DSP) 數位信號處理 對於隨後進入的數位資料字組串列執行反覆地計算以完成某種形式的信號狀況。這些資料基本上為類比信號的數位化取樣。

Digital System 數位系統 設計處理以數位形式表示物理量裝置的組合。

Disable 禁抑 電路被禁止執行其正常功能的動作，如將輸入信號傳到其輸出者。

Divide-and-Conquer 分離並克服 為檢修技術，以測試的執行將消除所有可能剩下誤動作原因的一半。

Don't Care 任意 於一組輸入條件下，電路輸出準位被指定成 1 或 0 的情況。

Down Counter 下數計數器 從最大計數值向下數到零的計數器。

Downloading 下載 將輸出檔案傳送到規劃夾具的過程。

DRAM Controller DRAM 控制器 用來處理 DRAM 系統所需回復及位址多工操作的 IC。

Driver 驅動器 一技術性名詞，有時加到 IC 的說明以指出 IC 的輸出可比一般標準 IC 能工作於較高的電流及／或電壓限制。

Dual-in-Line Package (DIP) 雙線封裝 一種極常見的 IC 封裝，具有二列平

行的接腳以插入到 IC 插座上或印刷電路板上的孔洞。

Duty Cycle 工作週期 週期脈波波形處於作用或者聲明狀態的部分時間以 % 來表示。對於高電位作用的信號而言，它是高電位時間除以週期。

Dynamic RAM (DRAM) 動態 RAM 半導體記憶器的一種形式，係將資料儲存成電容器電荷，且需作週期性的回復。

Edge Detector Circuit 邊緣檢測器電路 為能產生伴隨時脈輸入脈波動作變換而發生窄正突波的電路。

Edge-Triggered 邊緣觸發 正反器為信號變換所激發的一種方式。正反器可能是正或負緣觸發式者。

Electrically Compatible 電氣相容 二個來自不同系列的 IC 可直接連接一起，且無需任何特別措施即可保證正常運作。

Electrically Erasable Programmable ROM (EEPROM) 電擦式規劃 (ROM) 可電氣規劃、擦去及再規劃的 ROM。

Electrostatic Discharge (ESD) 靜電放電 將靜電 (即靜電荷) 從某一個表面傳送到另一個表面的常見危險動作。此種脈衝電流可破壞電子裝置。

ELSE 與 IF/THEN 併用的一種控制結構，以於條件為偽時執行另一替代的動作。IF/THEN/ELSE 則始終執行二個動作的其中一個。

ELSIF 於 IF 敘述後可使用多次的一種控制結構，它根據相關的程式是否為真或假以自描述電路操作的多個選項中擇一。

Embedded Microcontroller 嵌入式微控制器 安裝於諸如 VCR 或器具商品中的微控制器。

Enable 激能 允許電路執行其正常功能的動作，如將輸入信號傳送到其輸出。

Encoder 編碼器 視其輸入的哪一個被激能以決定產生輸出碼的數位電路。

Encoding 編碼 使用一群符號來表示數目、字母或字元。

ENTITY VHDL 中的關鍵字，用來定義電路的基本方塊結構。此關鍵字隨後跟著一個方塊的名稱以及它的輸入／輸出埠定義。

Enumerated Type 列舉類型 為 VHDL 對於信號或變數的使用者定義類型。

Erasable Programmable ROM (EPROM) 可擦式規劃 ROM 可由使用者以電氣來規劃的 ROM。它可被擦去 (通常是以紫外光為之) 且可任意地作多次的規劃。

EVENT VHDL 中的關鍵字，用作附加於信號上的屬性以檢測該信號的變換。一般而言，一個事件 (event) 意味著信號改變的狀態。

Exclusive-NOR (XNOR) Circuit 互斥-NOR電路 為雙輸入的邏輯電路，僅當兩個輸入皆相等時才會產生高電位輸出。

Exclusive-OR (XOR) Circuit　互斥-OR 電路　為雙輸入的邏輯電路，僅當兩個輸入不同時才會產生高電位輸出。

Field Programmable Gate Array (FPGA)　場可規劃閘陣列　為 PLD 類，含有較複雜的邏輯胞，可非常彈性的連接以製作高層次的邏輯電路。

Field Programmable Logic Array (FPLA)　場可規劃邏輯陣列　為一種 PLD，它使用了一個可規劃 AND 陣列與一個可規劃 OR 陣列。

Firmware　韌體　儲存於 ROM 中的計算機程式。

First-In, First-Out (FIFO) Memory　先進先出記憶器　為半導體順序存取記憶器，其中的資料字元以相同於資料被寫入的次序讀出。

555 Timer　555 計時器　可接線成操作於多種不同模式的 TTL 相容 IC，如單擊與不穩態多諧振盪器。

Flash Memory　速掠記憶器　為不易變記憶器 IC，具有高速的存取及電路內可擦去 EEPROM，但卻有較高的密度及低售價。

Flip-Flop　正反器　能夠儲存邏輯準位的記憶裝置。

Floating Bus　浮接匯流排　當所有連接到資料匯流排的輸出皆在 Hi-Z 狀態時。

Floating Input　浮接輸入　於邏輯電路中維持不連接的輸入信號。

FOR Loop　FOR 迴圈　見 Iterative Loop。

4-to-10 Decoder　4 至 10 解碼器　見 BCD-to-Decimal Decoder。

Frequency　頻率　波形於每單位時間內的週期數。

Frequency Counter　頻率計數器　可量測並顯示信號頻率的電路。

Frequency Division　除頻　使用正反器電路來產生輸出波形，它的頻率等於輸入時脈頻率除以某個整數值。

Full Adder　全加器　具有三個輸入及二個輸出的邏輯電路。輸入分別為來自前級的進位位元 (C_{IN})、來自被加數的一個位元及來自加數的一個位元。輸出則為加數與來自於被加數和 C_{IN} 位元相加所產生的和位元與進位輸出位元 (C_{OUT})。

Full-Custom　全客製式　一個完全由諸如電晶體、二極體以及電容器之基本電子裝置元件來設計與製造的特定應用積體電路 (ASIC)。

Function Generator　功能產生器　產生多種波形的電路；可使用 ROM、DAC 及計數器構築出。

Function Prototype　功能雛型　包含所有必須要定義的庫存功能與模組的文字描述。

Functionally Equivalent　功能等效　二個不同 IC 所執行的邏輯功能恰好相同。

Fusible Link　熔絲　為導電材料，可藉由極大的電流通過變成不導通 (即開路)。

Gate Array 閘陣列 為特定應用積體電路 (ASIC)，由數十萬個預先製作好的基本閘組成，而這些閘可於生產的最後階段依預定的互連方式結合成想要的數位電路。

GENERATE 為 AHDL 關鍵字，與 FOR 結構併用以遞迴式的定義多個相似的元件，且將它們連接一起。

Glitch 假脈波 電壓暫時、狹窄、虛假及尖銳定義的變化。

Gray Code 格雷碼 為一種編碼，當從某一種狀態轉變成另一種狀態時絕不會超過一個位元改變。

GSI 千兆級的積體 (1,000,000 個閘或更多)。

Half Adder 半加器 為具有二個輸入及二個輸出的邏輯電路，輸入為分別來自被加數及加數的位元。輸出則為來自於被加數及加數與將被加到下一級結果進位 (C_{OUT}) 位元相加所產生的和位元。

Hard Disk 硬式磁碟 用於大量儲存的固定式金屬磁碟。

Hardware Description Language (HDL) 硬體描述語言 遵循嚴謹的語法來表示資料物件與控制結構之文字式描述數位硬體的方法。

Hexadecimal Number System 十六進數系統 基底為 16 的數系；使用數位 0 到 9，加上字母 A 到 F 來表示十六進數目。

Hierachical Design 階層式設計 一種專案設計的方法，它將專案分解成若干個組成模組，每個可再進一步的分解成較簡單的組成模組。

Hierarchy 階層 一群依照大小、重要性或複雜性等級來安排的工作。

High-Capacity PLD 高容量 PLD 含有數以千計之邏輯閘以及巨胞資源，且伴隨著極為彈性之互連資源的 PLD。

Hold Time (t_H) 持住時間 僅隨時脈信號動作變換後的時間間隔，於其間控制輸入必須維持在適當的準位。

Hybrid System 混合系統 同時使用類比與數位技術的系統。

IEEE/ANSI 電機暨電子工程協會／美國國家標準局，二者皆為建立標準的專業組織。

IF/THEN 為一種控制結構，它評估了條件後，條件為真時執行動作，或者條件為偽時跳過動作。

Indeterminate 不明確 指邏輯電壓準位超出邏輯 0 或邏輯 1 所要求的電壓範圍外者。

Index 索引 於位元陣列中任意給定位元之元素編號的另一名稱。

Inhibit Circuits 禁抑電路 控制輸入信號到輸出端通行的邏輯電路。

Input Term Matrix 輸入項矩陣 規劃邏輯裝置的一部分，允許輸入選擇性與內部邏輯電路相連或不連。

Input Unit 輸入單元 計算機用以輔助將訊息饋送到計算機記憶單元或 ALU 的部分。

Instructions 指令 告知計算機該執行

何事的二進碼。一則程式係由順序排列的指令組成。

In-System Programable (ISP) 系統內可規劃的 為一種無需將晶片自它的電路板中移去即可儲存規劃資訊的方法。

INTEGER 於 VHDL 中，表示數值的資料物件類型。

Intellectual Property (IP) 智慧財產 設計人員將一種想法、設計或者描述宣稱是屬於他們所有者。例如，以 HDL 描述的複雜電路 (像電腦者) 則視成智慧財產。

Interfacing 界面 將不相似的裝置依能使其功能相容及協調的方式連接在一起；將某一系統的輸出與具有不同電氣特性不同系統的輸出相連。

Invert 反相 使邏輯準位變成相反的狀態。

INVERTER 也稱 NOT 電路；實現 NOT 運算的邏輯電路。INVERTER 只有一個輸入，且其輸出邏輯準位始終是相反於此輸入的邏輯準位。

Iterative Loop 迴圈 為一個控制結構，意味著反覆的操作以及一個已聲明的遞迴次數。

Jam Transfer 塞入傳送 見 Asynchronous Transfer。

JEDEC 聯合電子裝置工程協會 建立 IC 接腳指定與 PLD 檔案格式。

J-K Excitation Table J-K 激發表 指出單獨一個 J-K 正反器每個可能狀態變換所需 J 與 K 輸入條件的表。

Johnson Counter 強生計數器 為一個移位暫存器，其中最後一個正反器的反相輸出係連接到第一個正反器輸入上。

JTAG (Joint Test Action Group) 聯合測試功能集團 產生能出入 IC 之內部運作以作測試、控制以及規劃用途的標準界面。

Karnaugh Map 卡諾圖 (K 圖) 用來簡化積項之和式的二維真值表形式。

Latch 閂鎖 正反器的一種形式。

Latch-Up 閂鎖住 由裝置輸入及輸出接腳處高電位尖波所產生 CMOS IC 中危險高電流的情況。

Latency 潛伏期 自 DRAM 讀取資料時相關的固有延遲。它是由提供列與行位址時所需之時間以及資料輸出達到穩定時的時間所促成。

LCD 液晶顯示器。

Library 函數庫 常用硬體電路之描述的集合，可用作設計檔案中的模組。

Library of Parameterized Modules (LPM) 參數化模組資料庫 為一組設計極具彈性以讓使用者來指定位元個數、模數、控制選項等的庫存函數總稱。

Linear Buffer 線性緩衝器 為一種先進先出的記憶系統，它是以某一種速率來填滿，但以另一種速率來取空。在它全滿之後，不再有資料可被儲存，除非資料自緩衝器讀出。亦見先進先出 (FIFO) 記憶器。

Literals 字母 於 VHDL 中，將被指

定至資料物件的純量值或位元樣式。

Load Operation 載入操作 資料的傳送到正反器、暫存器、計數器或記憶器位置中。

Local Signal 區域信號 見 Buried Node。

Logic Array Block (LAB) 邏輯陣列方塊 Altera 公司用來描述其 CPLD 建構方塊的名詞。每個 LAB 的複雜性類似於 SPLD 者。

Logic Circuit 邏輯電路 遵循一組邏輯法則運作的任何電路。

Logic Elements 邏輯元素 Altera 公司用來描述其 PLD 之 FLEX10K 族系之建構方塊的名詞。

Logic Function Generation 邏輯功能產生 藉由如多工器的數位 IC 製作直接得自於真值表的邏輯功能。

Logic Level 邏輯準位 電壓變數的狀態。狀態 1 (高電位) 與 0 (低電位) 對應於一數位裝置的二個可用電壓範圍。

Logic Primitive 邏輯原型 基本元件的電路描述，建構入 MAX＋PLUS II 系統資料庫中。

Logic Probe 邏輯探針 為數位除錯工具，它將感測並指示電路中某特定點處的邏輯準位。

Logic Pulser 邏輯脈波器 為測試工具，當以手工激發時將產生短間隔的脈波。

Look-Ahead Carry 前瞻進位 若干並聯加法器的預測能力，無需等待進位傳遞經過全加器，而不管進位位元 (C_{OUT}) 是否因加法的結果而產生，因此縮短總傳遞延遲。

Look-Up Table (LUT) 尋查表 藉由對應於每種輸入變數之組合，儲存正確的輸出邏輯狀態於記憶位置中，來製作出單一邏輯函數的方法。

Looping 迴圈 將卡諾圖包含 1 的相連方形結合一起以簡化積項之和式。

Low-Voltage Technology 低電壓技術 新一代的邏輯裝置，操作於 3.3 V 或更低的電源電壓。

LPM_ADD_SUB 函數庫中可用來做加算或減算的功能。

LPM_COUNTER 函數庫中用來計數的功能。

LPM_FF 函數庫中用作正反器的功能。

LPM_LATCH 函數庫中用作準位觸發式閂鎖的功能。

LPM_MULT 函數庫中用來做乘算的功能。

LPM_SHIFTREG 函數庫中用作移位暫存器的功能。

LSI 大型積體 (100 到 9999 個閘)。

MACHINE 為 AHDL 的一個關鍵字，用來產生設計檔案中的狀態機。

Macrocell 巨胞 由一群諸如 AND 閘、OR 閘、暫存器以及三態控制電路，且能經由程式於 PLD 內部互連的基本數位元件所組成的電路。

Macrofunction 巨集函數 Altera 公司用來在它們的標準 IC 零件之資料

庫中對預先定義之硬體描述作說明。

Magnetic Disk Memory　磁碟記憶器 為大量儲存記憶器，它是將資料儲存於旋轉平坦碟面上的磁化點。

Magnetic Tape Memory　磁帶記憶器 為大量儲存記憶器，是將資料儲存於磁化表面後塑膠性長帶上的磁化點。

Magnetoresistive RAM (MRAM)　磁阻式 RAM 藉由改變極小磁域的極性或者“旋轉”來儲存 1 與 0 的記憶器技術。資訊的讀出是藉由量測流經磁域的電流量 (即旋轉極性影響記憶胞的電阻性) 來完成。

Main Memory　主記憶器 計算機中儲存計算機正在工作的程式及資料的高速記憶器部分。

Mask-Programmed ROM (MROM)　遮罩-規劃 ROM 根據客戶規定而由製造商規劃的 ROM，無法被擦去或再規劃。

Mass Storage　大量儲存 大量資料的儲存，非計算機內部記憶器的一部分。

Maximum Clocking Frequency (f MAX)　最高時脈頻率 可送到正反器的時脈輸入且仍能使它可靠的觸發最高的頻率。

Maxplus2 Function　Maxplus2 函數 Quartus II 使用的名稱，用來描述評估來自於 74XX 系列之 TTL 標準元件的庫存函數。

Mealy Model　Mealy 模型 為一種狀態機模型，其中的輸出信號是受控於組合輸入以及序向電路的狀態。

Megafunctions　巨函數 Altera 資料庫中一種複雜或高階的建構方塊。

Memory　記憶器 電路的輸出於輸入條件改變後仍維持於某一狀態的能力。

Memory Cell　記憶胞 計算機的一部分，將接收自輸入單位的指令和資料，以及來自於算術邏輯單元的結果儲存起來。

Memory Foldback　記憶折疊 因不完全位址解碼之故，於一個以上的位址範圍作多餘的記憶裝置激能。

Memory Map　記憶映射 記憶器系統圖，指出所有存在的記憶器裝置及可用來擴充記憶空間的位址範圍。

Memory Unit　記憶單元 計算機單元中用以儲存指令、由輸入單元接受資料，以及接收來自算術／邏輯單元結果的單元。

Memory Word　記憶字元 於記憶器中一群用來表示指令或某種形式資料的位元。

Microcomputer　微型計算機 計算機族的最新成員，由微處理器晶片、記憶器晶片及 I/O 界面晶片所組成。在某些情況下，所有提到者在單獨一個 IC 中。

Microcontroller　微控制器 用作機器、一套設備或製程控制器的小型微型計算機。

Microprocessor (MPU)　微處理器 含有中央處理單元 (CPU) 的 LSI 晶

片。

Minuend　被減數　減數自其中減去的數目。

MOD Number　模數　計數器可順序經過的不同狀態個數；計數器的頻率除比。

Mode　模式　數位電路中埠的屬性，用來定義它為輸入、輸出或者為雙向。

Monostable Multivibrator　單穩態多諧振盪器　見 One-Shot。

Moore Model　Moore 模型　為一種狀態機模型，其中的輸出信號僅受控於序向電路的輸出。

MOSFET　金氧半導體的場效電晶體。

Most Significant Bit (MSB)　最高有效位元　二進數所表示數量的最左方二進位元 (最大權重)。

Most Significant Digit (MSD)　最高效數字　於某特定數目中攜帶最大權重的數字。

MSI　中型積體 (12 到 99 個閘)。

Multiplexer (MUX)　多工器　為邏輯電路，它視其選取輸入的狀態將多個資料輸入的其中一個通到其輸出端上。

Multiplexing　多工　自多個輸入資料源選取出其中一個，並將選到的資料傳送到單獨一個輸出通道上的過程。

Multistage Counter　多級計數器　許多計數器級連接一起，使其中一級作為下一級的時脈輸入，用以獲致較大的計數範圍或除頻。

NAND Flash Memory　NAND 速掠記憶器。

NAND Gate　NAND 閘　操作如同一個 AND 閘跟隨一個 INVERTER 的 AND 閘。NAND 閘的輸出僅在其所有的輸入皆為高電位 (邏輯準位 1) 時才為低電位 (邏輯準位 0)。

NAND-Gate Latch　NAND 閘閂鎖　由兩個互耦合的 NAND 閘所構成的正反器。

Negation　否定　將正數轉換成其對等負值的運算，反之亦然。帶號二進數經 2 的補數運算後將被否定。

Negative-Going Transition　負降變換　時脈從 1 變換成 0。

Nested　巢狀式　將某種控制結構埋藏到另一控制結構內部。

Nibble　半位元組　四個位元群。

NMOS (N-Channel Metal-Oxide-Semiconductor)　N 通道的金氧半導體　使用 N 通道的 MOSFET 作為主要電路成員的積體電路技術。

NODE　為 AHDL 中的一個關鍵字，用來宣告對彼此設計為區域性的中間變數 (資料物件)。

Noise　雜訊　於週遭可能出現的虛假電壓變動，會使數位電路誤動作。

Nonretriggerable One-Shot　非可重觸發單擊　單擊的一種形式，當它在假穩定狀態時，將不對觸發輸入信號有響應。

Nonvolatile Memory　非易變性記憶器　無需電源即可將訊息儲存起來的記憶器。

Nonvolatile RAM　非易變性 RAM　RAM 陣列及 EEPROM 或速掠於相同 IC 上的組合。EEPROM 充當非易變性儲存到 RAM 中。

NOR Gate　NOR 閘　操作如同一個 OR 閘，跟隨一個 INVERTER 的邏輯電路。NOR 閘的輸出於任何一個或全部的輸入皆為高電位 (邏輯準位 1) 時將為低電位 (邏輯準位 0)。

NOR-Gate Latch　NOR 閘門鎖　由二個互耦合 NOR 閘所構築的正反器。

NOT Circuit　NOT 電路　見 INVERTER。

NOT Operation　NOT 運算　為布爾代數的運算，其中的上橫槓 (−) 或撇號 (’) 為指出一個或多個邏輯變數的反相。

Objects　物件　任何 HDL 程式中表示資料的各種不同方式。

Octal Number System　八進數系　具有基底為 8 的數系；從 0 到 7 的數字用來表示一個八進數。

Octets　成八組　於卡諾圖內相鄰的八個 1 群組。

1-of-10 Decoder　10 選 1 解碼器　見 BCD-to-Decimal Decoder。

1’s-Complement Form　1 的補數形式　當某二進數的每個位元皆取補數所得的結果。

One-Shot　單擊　屬於正反器族的電路，但是只有一個穩定狀態 (通常為 $Q=0$)。

One-Time Programmable (OTP)　一次可規劃　為可規劃元件的廣泛類別，它們是將連線作永遠變更 (如融化掉融絲元件) 來規劃的。

Open-Collector Output　集極開路輸出　某些 TTL 電路的一種輸出構造形式，其中只使用一個具有浮接集極的電晶體。

Operand Address　運算元位址　記憶器中目前被儲存或將被儲存運算元的位址。

Optical Disk Memory　光碟記憶器　大量記憶裝置的種類，係使用鐳射光束自一特殊被覆的碟片上寫入或讀取。

OR Gate　OR 閘　實現 OR 運算的數位電路。如果此電路的任何一個或全部的輸入皆為高電位時，其輸出為高電位 (邏輯準位 1)。

OR Operation　OR 運算　為布爾代數運算，其中的符號 + 為指出二個或多個邏輯變數的 OR。OR 運算的結果則於其中一個或多個變數為高電位時為高電位 (邏輯準位 1)。

Output Logic Macro Cell (OLMC)　輸出邏輯巨胞　為 PLD 中的一群邏輯元件 (閘、多工器、正反器、緩衝器)，其可依不同的方式組態。

Output Unit　輸出單元　計算機中用來自記憶單元或 ALU 接收資料，並將它呈現於外界的部分。

Overflow　溢位　在處理帶號二進數的相加時，將有一個進位 1 自數目的 MSB 位置產生，並進入符號位元的位置上。

Override Inputs　覆蓋輸入
與 Asynchronous Inputs 同義。

PACKAGE　為 VHDL 中的一個關鍵字，用來定義一組可為其他模組使用的全域性元件。

Parallel Adder　並聯加法器　由全加器製作得到的數位電路，且用來同時將來自加數與被加數的全部位元相加一起。

Parallel Counter　並聯計數器
見 Synchronous Counter。

Parallel Data Transfer　並聯資料傳送
暫存器整個內部資料皆同時傳送到另一個暫存器。

Parallel In/Parallel Out Register　並聯輸入／並聯輸出暫存器　暫存器的形式，可被載入並聯資料且可做並聯輸出。

Parallel In/Serial Out Register　並聯輸入／串聯輸出暫存器　暫存器的一種形式，可被載入並聯資料且只有一個串聯輸出。

Parallel Load　並聯負載　見 Parallel Data Transfer。

Parallel-to-Serial Conversion　並聯至串聯轉換　全部的位元皆同時的出現在電路的輸入端，然後一次只傳送一個位元至其輸入端的過程。

Parallel Transmission　並聯傳送　將二進數全部的位元同時自某一個的方傳送到另一個的方。

Parity Bit　同位位元　加到每個碼群的尾端，使將被傳送出去的全部 1 的個數始終為偶數 (或始終為奇數)。

Parity Checker　同位檢查器　取入一組資料位元 (包含同位位元) ，並檢查其是否含有正確的同位電路。

Parity Generator　同位產生器　取入一組資料位元，並產生此資料的正確同位位元電路。

Parity Method　同位法　為了在資料傳輸中能偵測錯誤而設計的一種策略。

Period　週期　週期性事件或波形之一個完整週期所需的時間量。

Periodic　週期的　為一個於時間及外形上本身皆作規則性重複的週期。

Pin Compatible　接腳相容　當二隻不同 IC 上的對應接腳具有相同的功能。

PORT MAP　為 VHDL 中的一個關鍵字，先行於一串指定元件之間的連線。

Positional-Value System　位置值系統
某數字之值與其相對位置有關的系統。

Positive-Going Transition (PGT)　正升變換　當時脈信號從邏輯 0 改變成邏輯 1 時。

Power-Down　功率減退　晶片被禁抑且比完全被激能時汲入更少電流的操作模式。

Power-UP Self-Test　開機自動測試　為儲存於 ROM 中的程式，且於電源接上時為 CPU 執行來測試計算機電路的 RAM 及／或 ROM 部分。

Preprocessor Commands　前置處理器命令　為編譯程式命令，它於主程式碼之前先被處理，以控制程式碼如何來被解譯。

Prescaler 預調比例器 為一個計數器電路，它取入基礎參考頻率並且依比例將頻率往下除至系統所要的速率。

Present State/Next State Table 目前狀態／下一狀態表 為一個表列，它列出了序向 (計數器) 電路的每個可能的目前之狀態以及辨識出對應的下一狀態。

PRESET 用來立即設定 $Q=1$ 的非同步輸入。

Presettable Counter 可預置計數器 可同步或非同步的被預置任何起始計數值的計數器。

Primitive 原型 使用 Quartus II 軟體來設計電路時用到的其中一個基本的功能方塊。

Priority Encoder 優先編碼器 為一特殊形式的編碼器，它能同一時間感測兩個或兩個以上的動作狀態輸入，並產生對應至所感測最高數輸入的輸入碼。

PROCESS 為 VHDL 中的一個關鍵字，定義一個程式方塊的開始，而此方塊則是對一個電路描述其一旦某些信號 (於敏感性串列中) 改變狀態時必須作的響應。所有循序的敘述必須發生於 process 內部。

Product-of-Sums 和項之積 為邏輯表示式，二個或多個 OR 項 (和) 作 AND 所組成的。

Program 程式 二進值編碼指令的序列，設計由計算機完成某特定的任務。

Programmable Array Logic (PAL) 可規劃陣列邏輯 為可規劃邏輯裝置的一種。其 AND 陣列為可規劃，但其 OR 陣列則是硬體接線式的。

Programmable Interconnect Array (PIA) 可規劃互連陣列 Altera 公司用來描述被用來互連 LAB 以及輸入／輸出模組之資源的名稱。

Programmable Logic Array (PLA) 可規劃邏輯陣列 為可規劃邏輯裝置的一種。其 AND 及 OR 陣列皆為可規劃的，也稱 *Field Programmable Logic Array* (*FPLA*)。

Programmable Logic Device (PLD) 可規劃邏輯裝置 含有為數甚多相互連接邏輯功能的 IC。使用者可藉由選擇性燒斷適當的連線來規劃 IC。

Programmable ROM (PROM) 可規劃 ROM 可由使用者以電氣方式來規劃的ROM，它不能被擦去與再規劃。

Programmer 規劃器 用來將適當電源加到 PLD 與 PROM 晶片以規劃它們的夾具。

Programming 規劃 將 1 與 0 儲存於可規劃邏輯裝置，以將它組態成它的行為特性的動作。

Propagation Delay (t_{PLH}, t_{PHL}) 傳遞延遲 從信號送達到輸出改變時的延遲。

Pulse 脈波 代表某一個對數位系統之

事件的瞬間之邏輯狀態的改變。

Pulse-Steering Circuit　脈波操作電路　為一種邏輯電路，視出現於電路輸入的邏輯準位來選取輸入脈波的目的的。

Quasi-Stable State　假穩定狀態　尚未回到穩定狀態 (通常為 $Q=0$) 前單擊暫時觸發成的狀態 (通常為 $Q=1$)。

Random-Access Memory (RAM)　隨機存取記憶器　為一種記憶器，其任何位置處的存取時間皆為相同。

RAS (Row Address Strobe)　列位址選通　將列位址閂鎖到 DRAM 晶片上的信號。

RAS-Only Refresh　僅 RAS 回復　回復 DRAM 的一種方法，其中只有列位址以使用 RAS 輸入來選通到 DRAM 中。

Read　讀出　用來描述 CPU 從另一元件接收資料時的條件。

Read-Only Memory (ROM)　僅讀記憶器　為記憶裝置，設計用來使用於讀出操作與寫入操作比例極高的應用場合。

Read Operation　讀出操作　某特定記憶位置中的字元被感測到，且可能傳送到另一裝置的操作。

Read/Write Memory (RWM)　讀出／寫入記憶器　為同等容易讀出及寫入的任何記憶器。

Refresh Counter　回復計數器　於 DRAM 回復操作期間追蹤列位址的計數器。

Refreshing　回復　再改變動態記憶器胞的程序。

Register　暫存器　能儲存資料的正反器組群。

RESET　與"CLEAR"同義的名詞。

Reset State　重置狀態　正反器的 $Q=0$ 狀態。

Retriggerable One-Shot　可重觸發單擊　為單擊的一種形式，當它位於假穩定狀態時將對觸發輸入信號有所響應。

Ring Counter　環式計數器　為移位暫存器，其中最後一個正反器的輸出係連接到第一個正反器的輸入上。

Ripple Counter　漣波計數器　見 Asynchronous Counter。

Sampling Frequency　取樣頻率　類比信號被數位化的速率 (每秒的取樣數)。

Sampling Interval　取樣間隔　為一個時窗，期間有一個頻率計數器作取樣，也因此決定了信號的未知頻率。

Schematic Capture　圖形抓取　為一則計算機程式，它能解譯圖形符號與信號連接，並且將它們轉譯成邏輯關係。

Schmitt Trigger　史密特觸發　接受緩慢變化的輸入信號，且於輸出端上產生快速且無振盪的變換。

Selected Signal Assignment　選用信號指定　為 VHDL 敘述，它能讓資料物件從多個信號源其中之一依據某程式來指定其值。

Self-Correcting Counter 自我修正計數器 為一種計數器，它始終會前進到它的預定順序，而不管它的初始狀態為何。

Sensitivity List 敏感性串列 一串用來呼用 PROCESS 中之一系列敘述的信號。

Sequential 循序的 依特定次序於某一時刻發生一個。於 HDL 中，經由循序敘述所產生的電路行為相異，視程式中敘述的次序而定。

Sequential-Access Memory (SAM) 順序存取記憶器 為一種記憶器，其中存取時間將視資料的儲存位置而有所不同。

Sequential Circuit 序向電路 為一種邏輯電路，它的輸出可與週期性的時脈信號同步來改變狀態。某一輸出的新狀態係視其目前之狀態以及其他輸出之目前狀態共同來決定。

Serial Data Transfer 串聯資料傳送 資料從某個的方以一次一個位元的方式傳送到另一個的方。

Serial In/Parallel Out 串聯輸入／並聯輸出 暫存器的一種形式，其中資料可作串聯式的載入，且可作並聯式的輸出。

Serial In/Serial Out 串聯輸入／串聯輸出 為暫存器的一種形式，其中資料可作串聯式的載入，且只有一個串聯輸出。

Serial Transmission 串聯傳送 將二進制訊息從某個的方以一次一個位元傳送到另一個的方。

Set 置定 一群鏈結在一起的變數或信號。

SET 閂鎖或 FF 的一個輸入，用來使 $Q=1$。

SET State 置定狀態 正反器的 $Q=1$ 狀態。

Settling Time 置定時間 數位至類比轉換器當其輸入從全部為 0 到全部為 1 時，其輸出從零值變化成位於其滿級值的步級值一半所花費的時間。

Setup Time (t_S) 建立時間 僅先於時脈信號動作變換前的時間間隔，其間的控制輸入必須維持於正確的準位上。

Shift Register 移位暫存器 從某輸入源接受二進資料，然後一次一個位元的將這些資料移位經過一串的正反器。

Sign Bit 符號位元 被加到某二進數最左邊位置處的二進位元，為指出數目是否表示正或負量。

Sign-Magnitude System 符號大小系統 一種表示帶號數的系統，其中最高效位元係代表數值的正負，其餘的位元則代表真正的二進值 (大小)。

Simple PLD 簡易式的 PLD 具有數百個邏輯閘以及可能有一些能利用的可規劃邏輯巨胞。

Simulator 模擬軟體 為計算機程式，係根據邏輯電路的描述及電流輸入計算出邏輯電路的正確輸出狀態。

Spike 尖波 見 Glitch。

SSI 小型積體 (少於 12 個閘)。

Standard Cell **標準胞** 為特定應用積體電路 (ASIC)，係由標準胞設計資料庫中預先設計好的邏輯方塊組成，這些標準胞則於系統設計階段互連一起，並製造於單個 IC 上。

Standard Logic **標準邏輯** 可用於諸如 MSI、SSI 晶片之各種技術中較大型基本 IC 元件的分類。

State Machine **狀態機** 向前推進過若干個已定義之狀態的序向電路。

State Table **狀態表** 為一種表格，其中的項目乃代表順序二進制電路個別 FF 狀態 (即 0 或 1) 的順序。

State Transition Diagram **狀態變換圖** 順序二進制電路操作的圖示法，指出個別 FF 狀態的順序及從某一狀態到下一個狀態的順序。

Static Accuracy Test **靜態精確測試** 送一個固定的二進數值到數位至類比轉換器的輸入端，並精確地量測類比輸出的測試。量測的結果應落於數位至類比轉換器製造廠商所規定的預期範圍之內。

Static RAM (SRAM) **靜態 RAM** 以 FF 記憶胞來儲存資訊的半導體 RAM，此種 RAM 並不需被週期性的回復。

STD_LOGIC 於 VHDL 中，定義成 IEEE 標準的資料類型。它類似於 BIT 類型，只是提供不只 1 或 0 的更多種可能值。

STD_LOGIC_VECTOR 於 VHDL 中，定義成 IEEE 標準的資料類型。它類似於 BIT_VECTOR 類型，但它對每個元件提供了不只 1 或 0 的更多種可能值。

Step Size **步級值** 見 Resolution。

Straight Binary Coding **直接二進編碼** 將十進數以其等效二進數來表示。

Strobing **選通** 常用來消除解碼尖波的技術。

Structural Level of Abstraction **結構層次抽象法** 一種描述數位電路的技術，專門針對模組的埠與信號之連接。

SUBDESIGN 為 AHDL 中的關鍵字，用來開始電路的描述。

Substrate **基座** 為一塊半導體材料，為任何數位 IC 構築方塊的一部分。

Subtrahend **減數** 自被減數減去的數目。

Sum-of-Products **積項之和** 由二個或多個 OR 在一起的 AND 項 (乘積) 所構成的邏輯表示式。

Supercomputers **超級計算機** 具最快速且計算能力的計算機。

Surface Mount **表面黏著** 製作電路板的一種方法，其中 IC 是焊接到電路板表面的導線上。

Synchronous Control Inputs **同步控制輸入** 見 Control Inputs。

Synchronous Counter **同步計數器** 為一種計數器，其中所有正反器皆以時脈波同時的控制。

Synchronous Systems **同步系統** 電路

輸出只能在時脈波變換上改變狀態的系統。

Synchronous Transfer　同步傳送　使用正反器同步及時脈波輸入來執行的資料傳送。

Syntax　語法　針對某種語言定義關鍵字以及它們的安排、使用、標點與格式的規則。

Test Vector　測試向量　於 PLD 尚未被規劃前用來測試 PLD 設計的一組輸入。

Timing Diagram　時序圖　邏輯準位與時間關係的記述。

Toggle Mode　跳換模式　正反器於每個時脈波時皆改變狀態的模式。

Toggling　跳換　從其中一個二進狀態改變成另一個的過程。

Top-Down　由上而下　一種設計方法，開始於整個系統層且然後定義模組的階系。

Transparent　透通的　於 D 閂鎖器中，工作成使 Q 輸出跟隨 D 輸入。

Trigger　觸發　正反器或單擊的輸入信號，使輸出將視控制信號的狀況而改變狀態。

Tristate　三態　輸出構造的一種形式，使產生三種形式的輸出狀態：高電位、低電位及高阻抗 (Hi-Z)。

Truth Table　真值表　記述電路輸出對於其輸入端上邏輯準位各種不同組合的響應。

TTL (Transistor-Transistor Logic)　電晶體／電晶體邏輯　使用雙極電晶體作為主要電路成員的積體電路技術。

2′s-Complement Form　2 的補數形式　當 1 加到某一個 1 的補數形式二進數的最低有效位元位置所得到的結果。

Type　類型　計算機語言中的變數屬性，定義了它的大小以及如何來使用它。

ULSI　極大型積體 (100,000 或更多個閘)。

Unasserted　不聲明　用來描述邏輯信號狀態的名詞，同義於 Inactive。

Up Counter　上數計數器　從零值向上計數到最大計數值的計數器。

Up/Down Counter　上／下數計數器　為一種計數器，它根據其輸入如何被激發來向上或向下計數。

VARIABLE　為 AHDL 中的關鍵字時，用來開始一個定義著資料物件類型與資料庫原型的程式區段。為 VHDL 中的關鍵字時，則用來於 PROCESS 內部宣告區域性資料物件。

Very High Speed Integrated Circuit (VHSIC) Hardware Description Language (VHDL)　極高速積體電路硬體描述語言　為美國國防部為了將複雜的數位系統文件化、模擬以及合成所發展出來的硬體描述語言。

VLSI　超大型積體 (10,000 到 99,999 個閘)。

Volatile Memory　易變記憶器　需要電源來保存訊息的記憶器。

Wired-AND　接線-AND　為描述當開

路集極輸出接在一起時，所產生邏輯功能的名稱。

Word　字組　一組用來表示某特定訊息單位的位元。

Word Size　字組大小　數位系統操作的二進字組位元個數。

WRITE　用來描述 CPU 傳送資料至另一元件時條件的名詞。

Write Operation　寫入操作　新的字元被放置到特定記憶位置的操作。

ZIF　零插入使力插座　IC 插座。

部分習題解答

第一章

1-1. (a) 與 (e) 為數位；(b)、(c) 與 (d) 為類比
1-3. (a) 25 (b) 9.5625 (c) 1241.6875
1-5. 000, 001, 010, 011, 100, 101, 110, 111
1-7. 1023
1-9. 9 個位元
1-11.

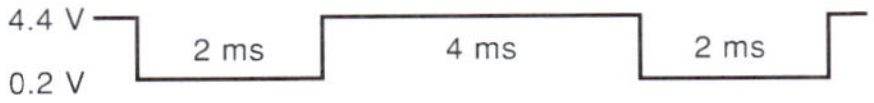

1-13. (a) $2^N - 1 = 15$ 且 $N = 4$；因此，需要 4 條線作並聯傳送 (b) 只需要 1 條線作串聯傳送

第二章

2-1. (a) 22 (c) 2313 (e) 255 (g) 983 (i) 38 (k) 59
2-2. (a) 100101 (c) 10111101 (e) 1001101 (g) 11001101 (i) 111111111
2-3. (a) 255
2-4. (a) 1859 (c) 14333 (e) 357 (g) 2047
2-5. (a) 3B (c) 397 (e) 303 (g) 10000
2-6. (a) 11101000011 (c) 11011111111101 (e) 101100101 (g) 0111111111111
2-7. (a) 16 (c) 909 (e) FF (g) 3D7
2-9. $2133_{10} = 855_{16} = 100001010101_2$
2-11. (a) 146 (c) 14,333 (e) 15 (g) 704
2-12. (a) 4B (c) 800 (e) 1C4D (g) 6413
2-15. 4095_{10}
2-16. (a) 10010010 (c) 0011011111111101 (e) 1111 (g) 1011000000
2-17. 280, 281, 282, 283, 284, 285, 286, 287, 288, 289, 28A, 28B, 28C, 28D, 28E, 28F, 290, 291, 292, 293, 294, 295, 296, 297, 298, 299, 29A, 29B, 29C, 29D, 29E, 29F, 2A0
2-19. (a) 01000111 (c) 000110000111 (e) 00010011 (g) 10001001011000100111 (i) 01110010 (k) 01100001
2-21. (a) 9752 (c) 695 (e) 492
2-22. (a) 64 (b) FFFFFFFF (c) 999,999
2-25. 78, A0, BD, A0, 33, AA, F9
2-26. (a) BEN SMITH
2-27. (a) 101110100 (同位位元在左方) (c) 11000100010000100 (e) 0000101100101
2-28. (a) 無單個位元錯誤 (b) 單個位元錯誤 (c) 雙位元錯誤 (d) 無單個位元錯誤
2-30. (a) 10110001001 (b) 11111111 (c) 209 (d) 59,943 (e) 9C1 (f) 010100010001 (g) 565 (h) 10DC (i) 1961 (j) 15,900 (k) 640 (l) 952B (m) 100001100101 (n) 947 (o) 10001100101 (p) 101100110100 (q) 1001010 (r) 01011000 (BCD)
2-31. (a) 100101 (b) 00110111 (c) 25 (d) 0110011 0110111
2-32. (a) 十六進制 (b) 2 (c) 數位 (d) 格雷碼 (e) 位元組同個位元錯誤 (f) ASCII (g) 十六進制 (h) 位元組
2-33. (a) 1000
2-34. (a) 1011_2
2-35. (a) 777A (c) 1000 (e) A00
2-36. (a) 7778 (c) 0FFE (e) 9FE
2-37. (a) 1,048,576 (b) 五個 (c) 000FF (d) $2k = 0–2047_{10} = 0–7FF_{16}$
2-39. 八個

第三章

3-1.

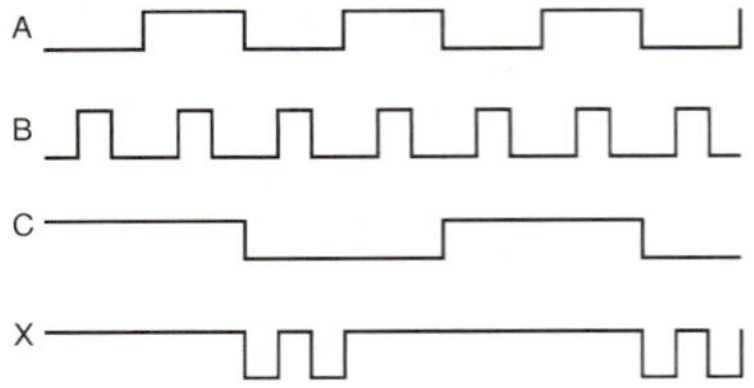

3-3. x 將為固定的高電位。

3-6. (a) 只當 A、B 及 C 全為高電位時，x 才為高電位。

3-7. 將 OR 閘換成 AND 閘。

3-8. OUT 始終為低電位。

3-12. (a) $x = (\overline{A} + \overline{B})BC$ 僅當 ABC＝111 時，x 方為高電位。

3-13. 除了 $EDCBA$＝10101、10110 與 10111 之外，於 E＝1 時，X 於所有情況下皆為高電位。

3-14. (a) $x = D \cdot (\overline{AB + C}) + E$

3-16.

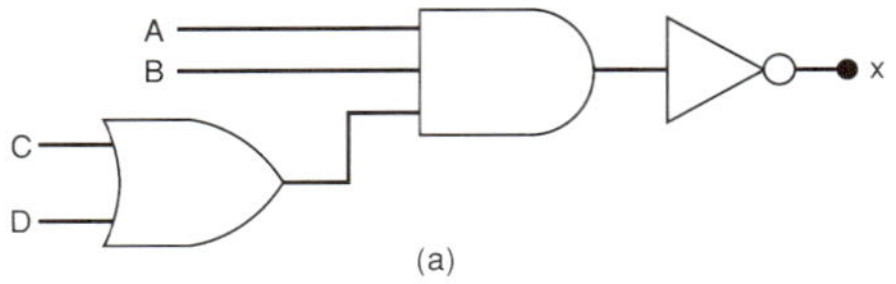

(a)

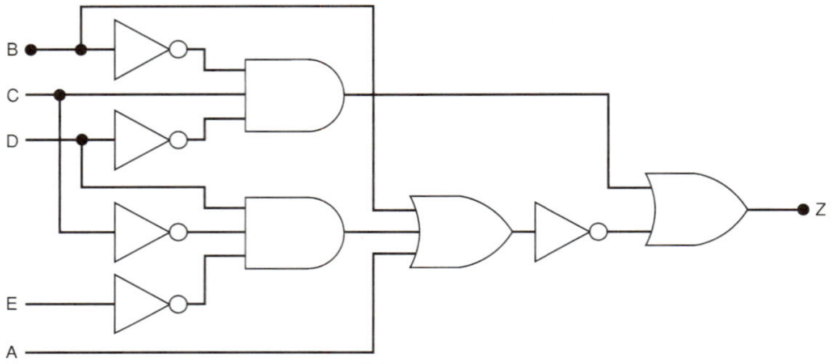

(b)

3-17.

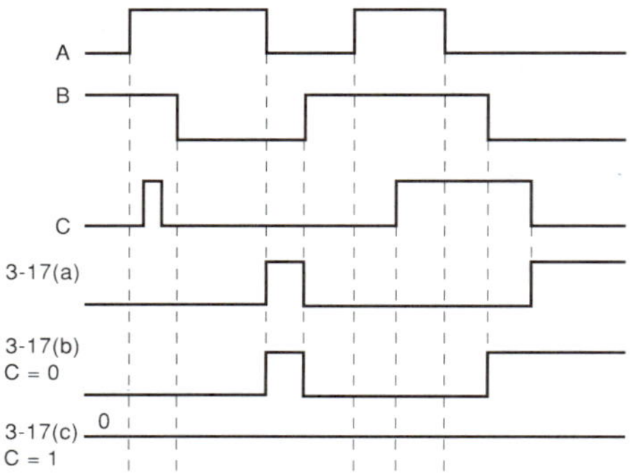

3-19. $x = \overline{(A + B) \cdot (B + \overline{C})}$
只當 A＝B＝0, C＝1 時 x＝0

3-23. (a) 1 (b) A (c) 0 (d) C (e) 0 (f) D (g) D (h) 1 (i) G (j) y

3-24. (a) $MP\overline{N} + \overline{M}\,\overline{P}N$

3-26. (a) $A + \overline{B} + C$ (c) $\overline{A} + \overline{B} + CD$ (e) $A + B$ (g) $\overline{A} + B + \overline{C} + \overline{D}$

3-27. $A + B + \overline{C}$

3-32. (a) 當 T＝1 且 P＝1 或 R＝0 時，W＝1

3-33. (a) NOR (b) AND (c) NAND

3-35. (a)

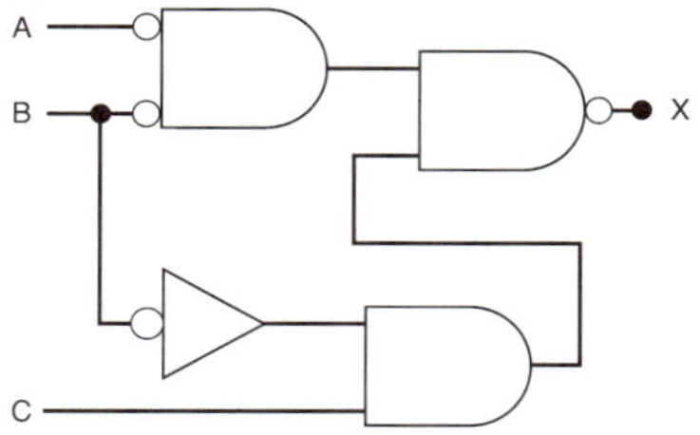

3-38. 當 $E=1$ 或 $D=0$，$B=C=0$ 或 $B=1$ 且 $A=0$ 時 X 變成高電位。

3-39. (a) HIGH (b) LOW

3-41. $\overline{\text{LIGHT}} = 0$ 當 $A = B = 0$ 或 $A = B = 1$

3-43. (a) 偽 (b) 真 (c) 偽 (d) 真
(e) 偽 (f) 偽 (g) 真 (h) 偽 (i) 真 (j) 真

3-45. 見網站上的解答。

3-47. 將反相器置於 74HC30 之 A_7, A_5, A_4, A_2 輸入上。

3-49. 需要六個 2-輸入 NAND 閘。

第四章

4-1. (a) $C\overline{A} + CB$ (b) $\overline{Q}R + Q\overline{R}$ (c) $C + \overline{A}$ (d) $\overline{R}\,\overline{S}\,\overline{T}$
(e) $BC + \overline{B}(\overline{C} + A)$
(f) $BC + \overline{B}(\overline{C} + A)$ 或 $BC + \overline{B}\,\overline{C} + AC$
(g) $\overline{D} + A\overline{B}\,\overline{C} + \overline{A}\,\overline{B}C$
(h) $x = ABC + AB\overline{D} + \overline{A}BD + \overline{B}\,\overline{C}\,\overline{D}$

4-3. $MN + Q$

4-4. 其中一解：$\overline{x} = \overline{B}C + AB\overline{C}$ 另一解：
$x = \overline{A}B + \overline{B}\,\overline{C}$ 另一解：$BC + \overline{B}\,\overline{C} + \overline{A}\,\overline{C}$

4-7. $x = \overline{A}_3(A_2 + A_1A_0)$

4-9.

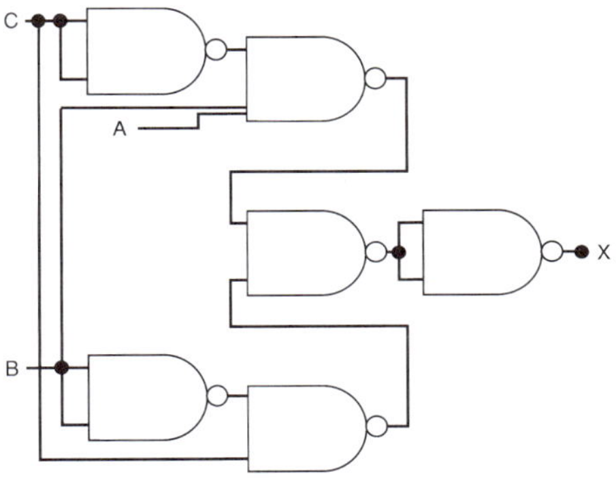

4-11. (a) $x = \overline{A}\,\overline{C} + \overline{B}C + AC\overline{D}$

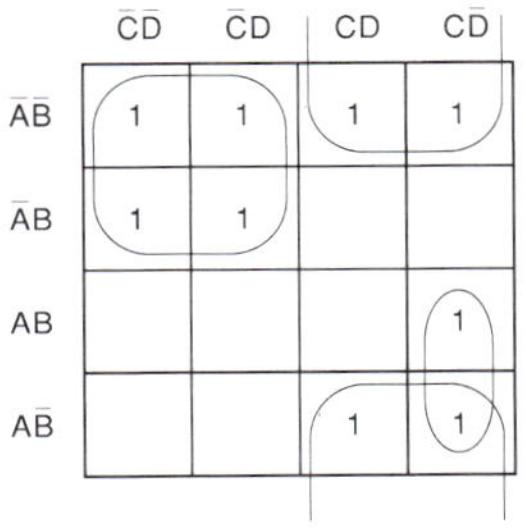

4-14. (a) $x = BC + \overline{B}\,\overline{C} + AC$; 或 $x = BC + \overline{B}\,\overline{C} + A\overline{B}$
(c) 其中一個可能的迴圈。
$x = \overline{A}BD + ABC + AB\overline{D} + \overline{B}\,\overline{C}\,\overline{D}$ ；另一個為：
$x = ABC + \overline{A}BD + A\overline{C}\,\overline{D} + \overline{B}\,\overline{C}\,\overline{D}$

4-15. $x = \overline{A}_3A_2 + \overline{A}_3A_1A_0$

4-16. (a) 最佳解：$x = B\overline{C} + AD$

4-17. $x = \overline{S}_1\overline{S}_2 + \overline{S}_1\overline{S}_3 + \overline{S}_3\overline{S}_4 + \overline{S}_2\overline{S}_3 + \overline{S}_2\overline{S}_4$

4-18. $z = \overline{B}C + \overline{A}B\overline{D}$

4-21. $A = 0, B = C = 1$

4-23. 其中一種可能如下所示。

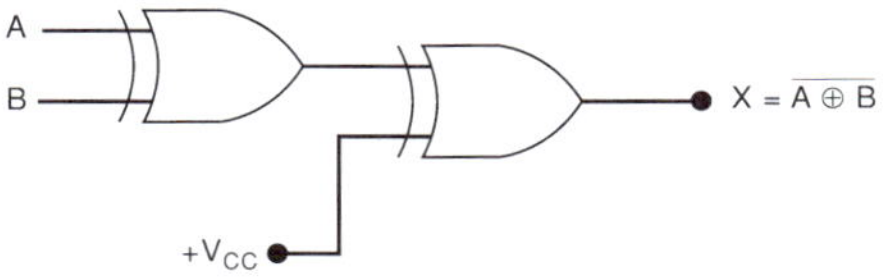

4-24. 四個 XNOR 饋送到一個 AND 閘。

4-26. 四個輸出且其中 z_3 為 MSB。
$z_3 = y_1y_0x_1x_0$
$z_2 = y_1x_1(\overline{y}_0 + \overline{x}_0)$
$z_1 = y_0x_1(\overline{y}_1 + \overline{x}_0) + y_1x_0(\overline{y}_0 + \overline{x}_1)$
$z_0 = y_0x_0$

4-28. $x = AB\overline{(C \oplus D)}$

4-30. N−S $= \overline{C}\,\overline{D}(A + B) + AB(\overline{C} + \overline{D})$; E−W $= \overline{\text{N}}-\overline{\text{S}}$

4-33. (a) 否 (b) 否

4-35. $x = A + BCD$

4-38. $z = x_1x_0y_1y_0 + x_1\overline{x}_0y_1\overline{y}_0 + \overline{x}_1x_0\overline{y}_1y_0 + \overline{x}_1\overline{x}_0\overline{y}_1\overline{y}_0$
無一雙，四個，或八個

4-40. (a) 不確定。 (b) 1.4–1.8 V (c) 見下圖

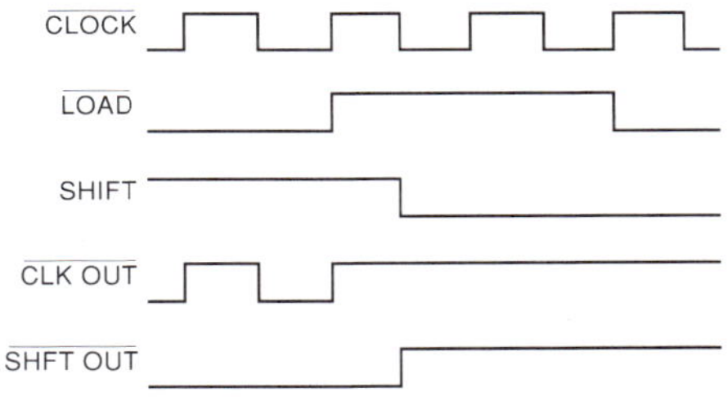

4-43. 可能的錯誤：錯誤的 V_{CC} 或接地至 Z2 上；Z2-1 或 Z2-2 內部或外部開始；Z2-3 內部開路。

4-44. 是：(c), (e), (f) 否：(a), (b), (d), (g)

4-46. Z2-6 與 Z2-11 短路在一起

4-48. 最可能的錯誤：
Z1 上錯誤的接地或 V_{CC}；Z1 向後插入；Z1 內部損壞

4-49. 最可能的錯誤：
Z2-13 短路到 V_{CC}；Z2-8 短路到 V_{CC}；Z2-13 未接連好；Z2-3, Z2-6, Z2-9 或 Z2-10 短路到地

4-50. (a) 真 (b) 真 (c) 偽 (d) 偽 (e) 真

4-54. 布爾方程式；真值表；

4-56. (a) AHDL: gadgets[7..0] :OUTPUT;
VHDL: gadgets :OUT BIT_VECTOR (7 DOWNTO 0);

4-57. (a) AHDL: H"98" B"10011000" 152
VHDL: X"98" B"10011000" 152

4-58. AHDL: outbits[3] = inbits[1];
outbits[2] = inbits[3];
outbits[1] = inbits[0];
outbits[0] = inbits[2];
VHDL: outbits(3) <= inbits(1);
outbits(2) <= inbits(3);
outbits(1) <= inbits(0);
outbits(0) <= inbits(2);

4-60.
```
BEGIN
      IF digital_value[]<10 THEN
           z = VCC; --output a 1
      ELSE z = GND; --output a 0
      END IF;
END;
```
4-62.
```
PROCESS (digital_value)
    BEGIN
          IF (digital_value < 10) THEN
                z < = '1';
          ELSE
                z < = '0';
          END IF;
END PROCESS
```
4-65. S=!P#Q&R

4-68. (a) 00 to EF

第五章

5-1.

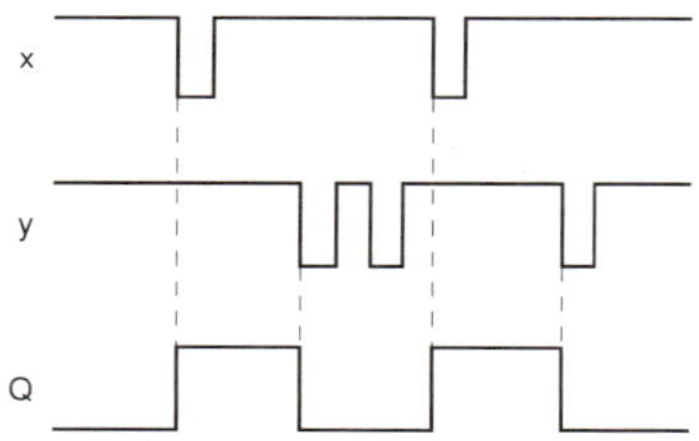

5-3.

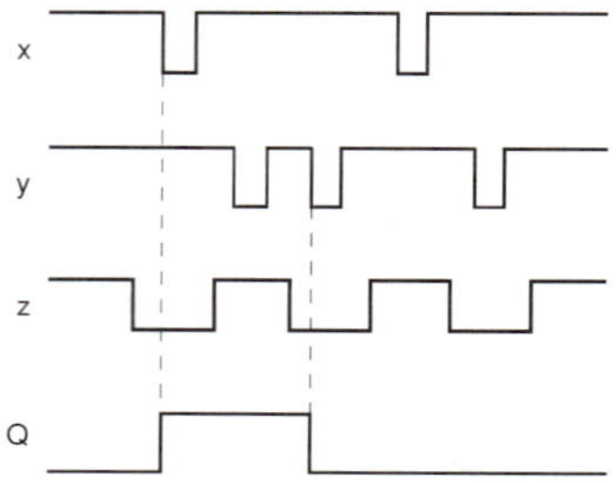

5-6. Z1-4 接到高電位。

5-9. 最初假設 $Q=0$。對 PGT FF 而言：Q 於 CLK 的第一個 PGT 上將轉變成高電位。對 NGT FF 而言：Q 於 CLK 的第一個 NGT 上將轉變成高電位，於第二個 NGT 上將轉變成低電位，且於第四個 NGT 上再轉變成高電位。

5-11.

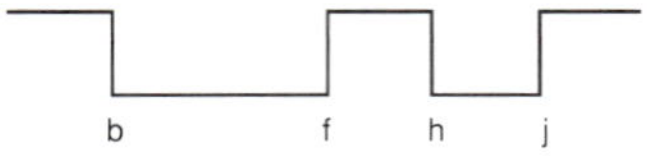

5-12. (a) 5-kHz 方波。

5-14. (a)

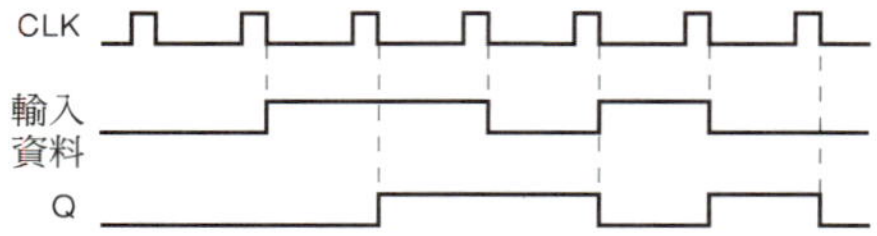

5-16. 500-Hz 方波。

5-21.

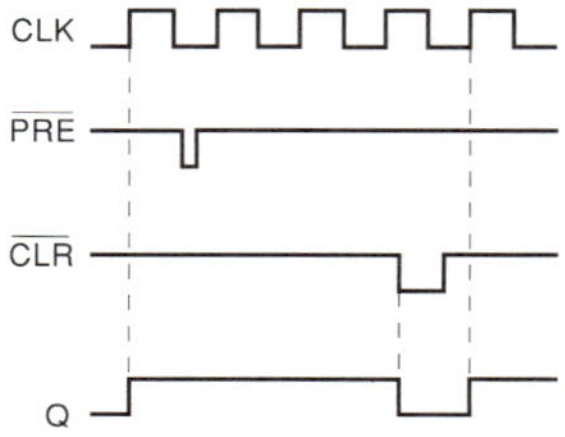

5-23. (a) 200 ns (b) 7474; 74C74

5-25. 連接 A 到 J，$\overline{A}$ 到 K。

5-27. (a) 連接 X 到 J，$\overline{X}$ 到 K。 (b) 利用圖 5-41 的安排。

5-29. 連接 X_0 到 X_2 的 D 輸入。

5-30. (a) 101;011;000

5-33. (a) 10 (b) 1953 Hz (c) 1024 (d) 12

5-36. 將反相器置於 A_8、A_{11} 與 A_{14} 上

5-41.

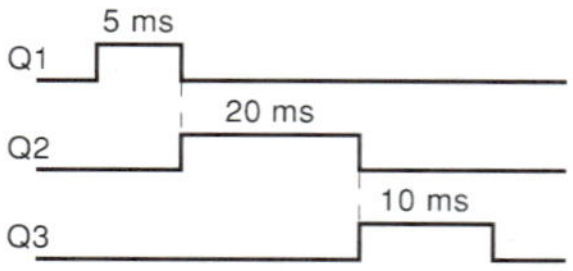

5-43. (a) 當 PGT 發生於 B 時 A_1 或 A_2 必須為低電位。

5-45. 其中一種可能為 $R = 1\ \text{k}\Omega$ 且 $C = 80$ nF

5-50. (a) 否 (b) 是

5-51. (a) 是

5-53. (a) 否 (b) 否

5-55. (a) 否 (b) 否 (c) 否

5-56. (a) NAND 與 NOR 閂鎖器 (b) J-K (c) D 閂鎖器 (d) D 正反器

5-59. 見網站上的解答。

5-61. 見網站上的解答。

5-66. 見網站上的解答。

第六章

6-1. (a) 10101 (b) 10010 (c) 1111.0101 (j) 11 (k) 101 (l) 111.001
6-2. (a) 00100000 (包含符號位元) (b) 11110010 (c) 00111111 (d) 10011000 (e) 01111111 (f) 10000001 (g) 01011001 (h) 11001001
6-3. (a) +13 (b) −3 (c) +123 (d) −103 (e) +127
6-5. -16_{10} 到 15_{10}
6-6. (a) 01001001; 10110111 (b) 11110100; 00001100
6-7. (a) 0 到 1023; −512 到 +511
6-9. (a) 00001111 (b) 11111101 (c) 11111011 (d) 10000000 (e) 00000001
6-11. (a) 100011 (b) 1111001
6-12. (a) 11 (b) 111
6-13. (a) 10010111 (BCD) (b) 10010101 (BCD) (c) 010100100111 (BCD)
6-14. (a) 6E24 (b) 100D (c) 18AB
6-15. (a) 0EFE (b) 229 (c) 02A6
6-17. (a) 119 (b) +119
6-19. SUM $= A \oplus B$; CARRY $= AB$
6-21. $[A] = 1111$, 或 $[A] = 000$ (若 $C_0 = 1$)
6-25. $C_3 = A_2B_2 + (A_2 + B_2)\{A_1B_1 + (A_1 + B_1)[A_0B_0 + A_0C_0 + B_0C_0]$
6-27. (a) SUM = 0111

6-32.

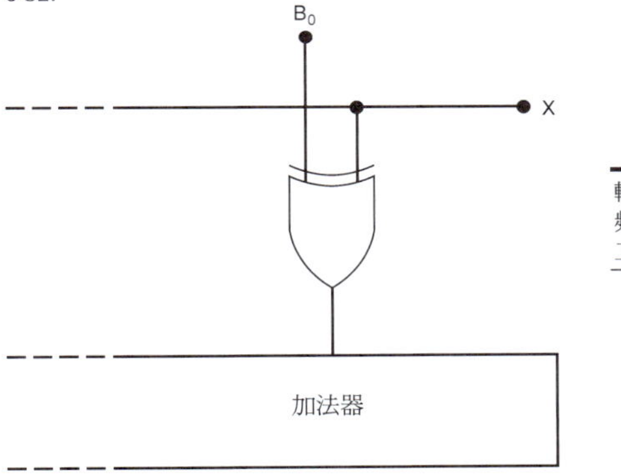

6-33.

	[F]	C_{N+4}	OVR
(a)	1001	0	1

6-35. (a) 00001100
6-37. (a) 0001 (b) 1010
6-39. (a) 1111 (b) 高電位 (c) 未改變 (d) 高電位
6-41. (a) 00000100 (b) 10111111
6-45. (a) 0 (b) 1 (c) 0010110
6-46. **AHDL**

```
z[6..0] = a[7..1];
z[7] = a[0];
```

VHDL

```
z(6..0) < = a(7..1);
z(7) < = a(0);
```

6-53. 使用 D 正反器。連接 $\overline{(S_3 + S_2 + S_1 + S_0)}$ 到 0 FF 的 D 輸入；C_4 到進入 FF 的 D 輸入；而 S_3 則到符號 FF 的 D 輸入。
6-54. 0000000001001001; 1111111110101110

第七章

7-1. (a) 250 kHz; 50% (b) 與 (a) 相同 (c) 1 MHz (d) 32
7-3. 10000_2
7-5. 1000 與 0000 狀態絕不會發生。
7-7. (a) 見網站上的解答。 (b) 33 MHz
7-9. D 處的頻率＝100 Hz (參閱光碟上的電路圖)
7-11. 以三個輸入的 NAND 取代四個輸入的 NAND 來驅動輸入為 Q_5、Q_4 及 Q_1 的所有 FF 的 CLR。
7-13. 見網站上的解答。
7-15. 計數器隨著每個時脈波而在 000 與 111 間變換狀態。
7-17. 見網站上的解答。
7-19. 見網站上的解答。
7-21. (a) 0000, 0001, 0010, 0011, 0100, 0101, 0110, 0111, 1000, 1001, 1010, 1011, 且重複之 (b) MOD-12 (c) QD (MSB) 處的頻率為 CLDK 頻率的 1/2 (d) 33.3%
7-23. (a) 見網站上的解答。 (b) 模-10 (c) 10 下數到 1 (d) 能產生模-10，但並非相同的順序。
7-25. (a)、(b) 見網站上的解答。
7-27. 見網站上的解答。
7-29.

輸出：	QA	QB	QC	QD	RCO
頻率：	3 MHz	1.5 MHz	750 kHz	375 kHz	375 kHz
工作週期：	50%	50%	50%	50%	6.25%

7-31. 頻率 $f_{out1} = 500$ kHz, $f_{out2} = 100$ kHz
7-33. 12M/8 = 1.5M, 1.5M/10 = 150k, 1.5M/15 = 100k 見網站上的解答。
7-35. 見網站上的解答。
7-37. 見網站上的解答。
7-39. 見網站上的解答。
7-41. 見網站上的解答。
7-43. (a) $J_A = B\ \overline{C}$, $K_A = 1$, $J_B = C\ A + \overline{C}\ \overline{A}$, $K_B = 1$, $J_C = B\ \overline{A}$, $K_C = B + \overline{A}$
(b) $J_A = B\ \overline{C}$, $K_A = 1$, $J_B = K_B = 1$, $J_C = K_C = B$
7-45. $J_A = K_A = 1$, $J_B = C\ \overline{A} + D\ \overline{A}$, $K_B = \overline{A}$, $J_C = D\ \overline{A}$, $K_C = \overline{B}\ \overline{A}$, $J_D = \overline{C}\ \overline{B}\ \overline{A}$, $K_D = \overline{A}$
7-47. $D_A = \overline{A}$, $D_B = B\ A + \overline{B}\ \overline{A}$, $D_C = C\ A + C\ B + \overline{C}\ \overline{B}\ \overline{A}$
7-49. 見網站上的解答。
7-51. 見網站上的解答。
7-53. 見網站上的解答。
7-55. 見網站上的解答。
7-57. 見網站上的解答。
7-59. 見網站上的解答。
7-61. 見網站上的解答。
7-63. 見網站上的解答。
7-65. 見網站上的解答。
7-67. 需要八個時脈波來載入 74166，因為晶片中有八個 FF。

7-69. 見網站上的解答。
7-71. 見網站上的解答。
7-73. 見網站上的解答。
7-75. 見網站上的解答。
7-77. 三個輸入的 AND 輸出或者 FF D 的 J、K 輸入短路到地線，FF D 輸出短路到地線，FF D 上的 CLK 輸入開路，NAND 的 B 輸入開路。
7-79. 見網站上的解答。
7-81. 見網站上的解答。
7-83. 見網站上的解答。
7-85. 見網站上的解答。
7-87. 見網站上的解答。
7-89. (a) 並聯 (b) 二進制 (c) 模-8 下數 (d) 模-10, BCD, 十進制 (e) 非同步，漣波 (f) 環式 (g) 強森 (h) 全部皆是 (i) 可預置 (j) 上／下數 (k) 非同步，漣波 (l) 模-10, BCD, 十進制 (m) 同步，並聯

第八章

8-1. (d) 20 Hz (e) 任何時刻僅有一個 LED 亮著
8-2. 24
8-3. 4 個狀態＝4 個步進×15°／步進＝60° 旋轉
8-5. 3 個狀態變換×15°／步進＝45° 旋轉
8-10. 1111
8-12. (a) 1011
8-13. 否
8-15. DAV 轉變成低電位前資料已離開 (高阻抗)。高阻抗狀態被鎖住。
8-16.

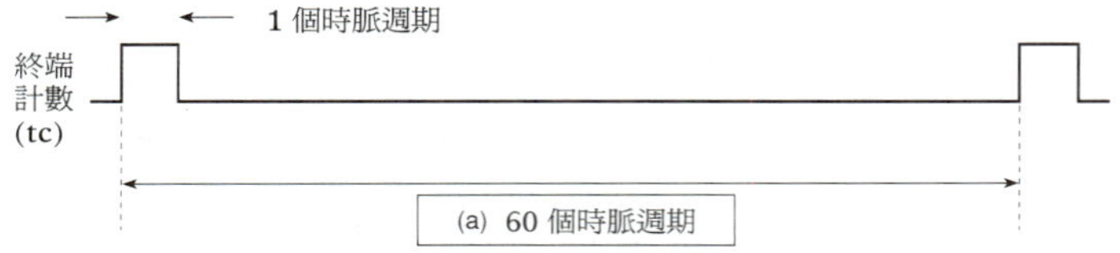

8-17. 60 個週期／秒×60 秒／分×60 分／時×24 時／天＝5,184,000 週期／天。這將花費很長的時間來產生模擬檔案。
8-18. 當置定輸入為動作時，跳過預調比例器且將 60-Hz 時脈直接饋送到秒單位計時器中。
8-26. 見網站上的解答。

第九章

9-1. 16,384; 32; 524,288
9-3. 64K ×4
9-7. (a) 高阻抗 (b) 11101101
9-9. (a) 16,384 (b) 四個 (c) 二個 128 選 1 解碼器
9-11. 120 ns
9-15. 下面的電晶體將具有開路源極連接：$Q_0, Q_2, Q_5, Q_6, Q_7, Q_9, Q_{15}$.
9-17. (a) 擦去全部的記憶位置使持住 FF_{16}
(b) 寫入 $3C_{16}$ 到位址 2300_{16} 中
9-19. 十六進資料：5E, BA, 05, 2F, 99, FB, 00, ED, 3C, FF, B8, C7, 27, EA, 52, 5B
9-20. (a) 25.6 kHz (b) 調整 V_{ref}
9-22. (a) [B]＝40 (十六進數); [C]＝80 (十六進數);
(b) [B]＝55 (十六進數); [C]＝AA (十六進數);
(c) 15, 360 Hz; (d) 28.6 MHz (e) 27.9 kHz
9-24. (a) 100 ns (b) 30 ns (c) 一千萬個 (d) 20 ns (e) 30 ns (f) 40 ns (g) 一千萬個
9-30. 每 7.8 μs
9-34. 加上四個 PROM (PROM-4 至 PROM-7) 到電路上。分別連接它們的資料輸出與位址輸入到資料與位址匯流排。連接 AB_{13} 至解碼器的 C 輸入，且分別連接解碼器輸出 4 至 7 到 PROM 4 至 7 的 $\overline{CS}$ 輸入。
9-38. F000-F3FF; F400-F7FF; F800-FBFF; FC00-FFFF
9-40. 解碼器的 B 輸入為開路且停留於高電位。
9-42. 只有 RAM 模組 1 與 3 被測試著。
9-43. 於模組 2 中具有資料輸出 4 到 7 的 RAM 晶片功能不正常。
9-44. RAM 模組 3，輸出 7 為開路或停留於高電位。
9-46. 核對和＝11101010

第十章

10-2. 電路操作需要的速度、製造成本、系統功率消耗、系統大小、設計產品可用的期程等。
10-4. 操作速度。
10-6. 優點：最高速度與最小晶圓面積；缺點：設計／發展期程與成本。
10-8. SRAM 為根基之 PLD 於電源接通時必須被組態 (規劃)。
10-10. 於 PLD 之規劃器中或系統內 (經由 JTAG 界面)。
10-12. EEPROM
10-18. Cyclone 裝置可使用外部控制器來規劃 (諸如非易變性 PLD 或微處理器、組態記憶器、裝置，或者是來自 PC 的下載電纜)

布爾定理

1. $x \cdot 0 = 0$
2. $x \cdot 1 = x$
3. $x \cdot x = x$
4. $x \cdot \bar{x} = 0$
5. $x + 0 = x$
6. $x + 1 = 1$
7. $x + x = x$
8. $x + \bar{x} = 1$
9. $x + y = y + x$
10. $x \cdot y = y \cdot x$
11. $x + (y + z) = (x + y) + z = x + y + z$
12. $x(yz) = (xy)z = xyz$

13a. $x(y + z) = xy + xz$

13b. $(w + x)(y + z) = wy + xy + wz + xz$

14. $x + xy = x$

15a. $x + \bar{x}y = x + y$

15b. $\bar{x} + xy = \bar{x} + y$

16. $\overline{x + y} = \bar{x}\,\bar{y}$

17. $\overline{xy} = \bar{x} + \bar{y}$

邏輯閘真值表

A	B	OR $A + B$	NOR $\overline{A + B}$	AND $A \cdot B$	NAND $\overline{A \cdot B}$	XOR $A \oplus B$	XNOR $\overline{A \oplus B}$
0	0	0	1	0	1	0	1
0	1	1	0	0	1	1	0
1	0	1	0	0	1	1	0
1	1	1	0	1	0	0	1

邏輯閘符號

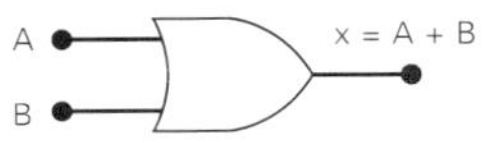

OR 閘

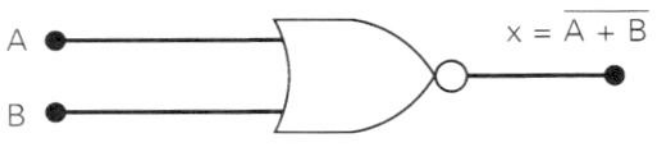

NOR 閘

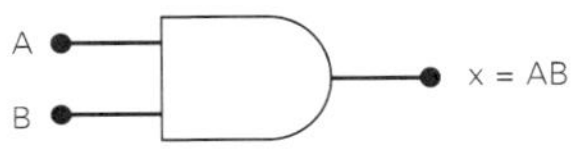

AND 閘

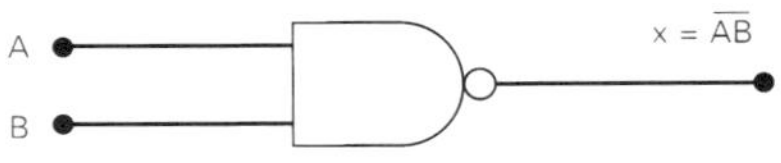

NAND 閘

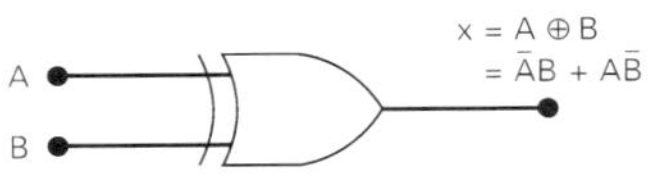

XOR 閘

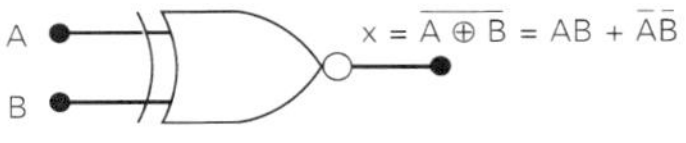

XNOR 閘

正反器 (FF)

NOR 閂鎖

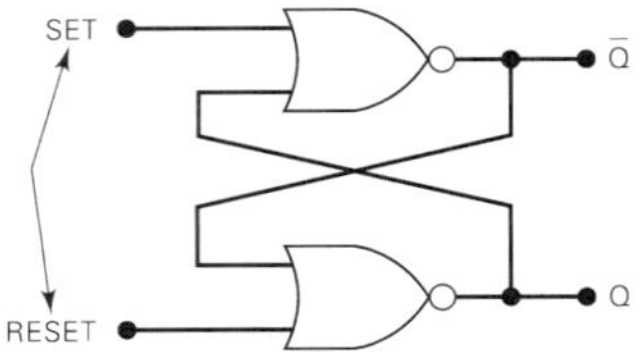

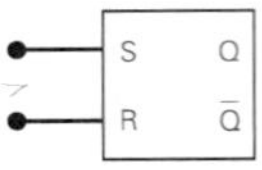

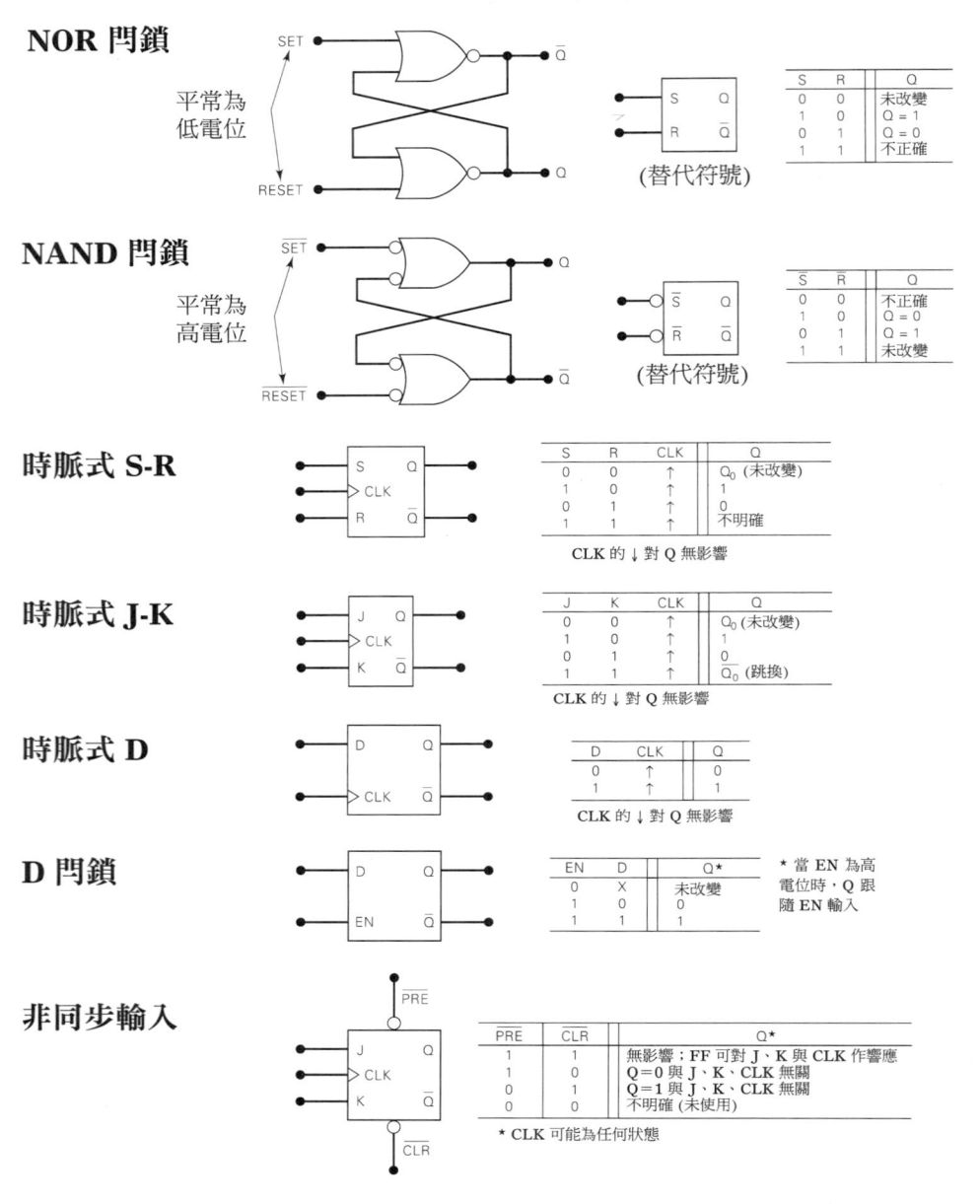

(替代符號)

S	R	Q
0	0	未改變
1	0	Q = 1
0	1	Q = 0
1	1	不正確

NAND 閂鎖

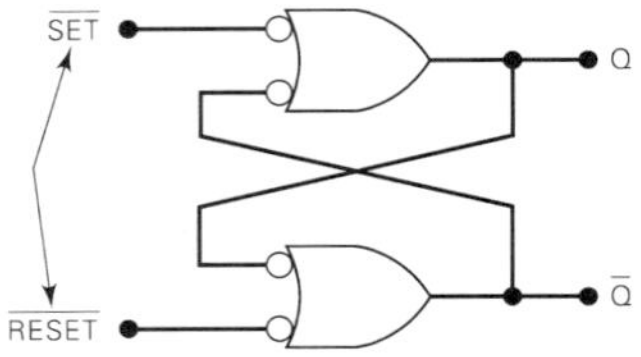

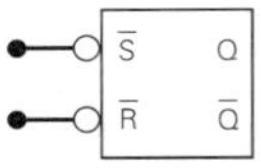

(替代符號)

$\overline{S}$	$\overline{R}$	Q
0	0	不正確
1	0	Q = 0
0	1	Q = 1
1	1	未改變

時脈式 S-R

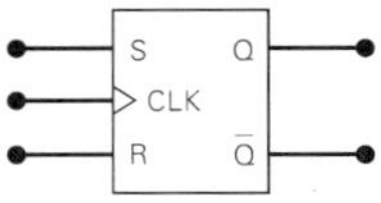

S	R	CLK	Q
0	0	↑	Q_0 (未改變)
1	0	↑	1
0	1	↑	0
1	1	↑	不明確

CLK 的 ↓ 對 Q 無影響

時脈式 J-K

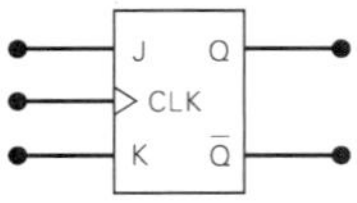

J	K	CLK	Q
0	0	↑	Q_0 (未改變)
1	0	↑	1
0	1	↑	0
1	1	↑	$\overline{Q_0}$ (跳換)

CLK 的 ↓ 對 Q 無影響

時脈式 D

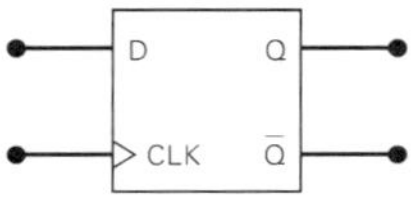

D	CLK	Q
0	↑	0
1	↑	1

CLK 的 ↓ 對 Q 無影響

D 閂鎖

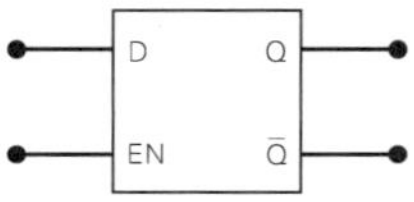

EN	D	Q*
0	X	未改變
1	0	0
1	1	1

* 當 EN 為高電位時，Q 跟隨 EN 輸入

非同步輸入

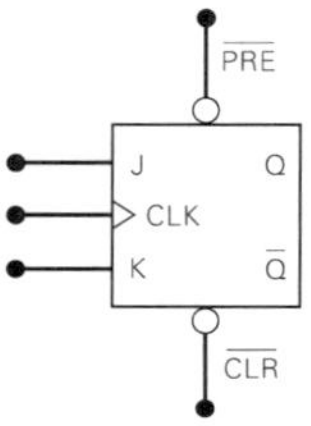

$\overline{PRE}$	$\overline{CLR}$	Q*
1	1	無影響；FF 可對 J、K 與 CLK 作響應
1	0	Q=0 與 J、K、CLK 無關
0	1	Q=1 與 J、K、CLK 無關
0	0	不明確 (未使用)

* CLK 可能為任何狀態